I0034008

Gerhard Franz
Quantenphysik
De Gruyter Studium

Weitere empfehlenswerte Titel

Quantenphysik
Festkörperphysik
Gerhard Franz, 2024
ISBN 978-3-11-124075-6, e-ISBN (PDF) 978-3-11-124157-9

Quantenmechanik
Eine Einführung in die Welt der Wellen und Wahrscheinlichkeiten
Holger Göbel, 2022
ISBN 978-3-11-065935-1, e-ISBN (PDF) 978-3-11-065936-8

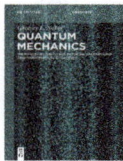

Quantum Mechanics
An Introduction to the Physical Background and Mathematical Structure
Gregory L. Naber, 2021
ISBN 978-3-11-075161-1, e-ISBN (PDF) 978-3-11-075194-9

Mathematische Methoden der Physik
Anwendungen und Theorie von Funktionen, Distributionen und Tensoren
Michael Karbach, 2023
ISBN 978-3-11-105825-2, e-ISBN (PDF) 978-3-11-105922-8

Festkörperphysik
Rudolf Gross, Achim Marx, 2022
ISBN 978-3-11-078234-9, e-ISBN (PDF) 978-3-11-078239-4

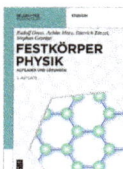

Festkörperphysik
Aufgaben und Lösungen
Rudolf Gross, Achim Marx, Dietrich Einzel, Stephan Geprägs, 2023
ISBN 978-3-11-078235-6, e-ISBN (PDF) 978-3-11-078253-0

Gerhard Franz

Quantenphysik

Quantenmechanik

DE GRUYTER OLDENBOURG

Autor
Prof. Dr. Gerhard Franz
Hochschule München – University of Applied Sciences
Fakultät für angewandte Naturwissenschaften und Mechatronik
Lothstr. 34
80335 München
gerhard.franz@hm.edu

Zum Coverbild: Vereinfachung der Wirklichkeit liegt im Wesen des Atommodells von Bohr und Sommerfeld, aus dem eine neue Theorie entsprang, die bald Quantenmechanik genannt wurde.

ISBN 978-3-11-123798-5
e-ISBN (PDF) 978-3-11-123867-8
e-ISBN (EPUB) 978-3-11-123895-1

Library of Congress Control Number: 2023938952

Bibliografische Information der Deutschen Nationalbibliothek
Die Deutsche Nationalbibliothek verzeichnet diese Publikation in der Deutschen Nationalbibliografie;
detaillierte bibliografische Daten sind im Internet über http://dnb.dnb.de abrufbar.

© 2024 Walter de Gruyter GmbH, Berlin/Boston
Coverabbildung: EzumeImages / iStock / Getty Images Plus
∞ Gedruckt auf säurefreiem Papier
Printed in Germany

www.degruyter.com

Meinem akademischen Lehrer
Heinz Bäßler
gewidmet

Vorwort

Dieses Buch wendet sich an Studierende der Natur- und Materialwissenschaften, die ihre ersten Vorlesungen in Quantenmechanik und Festkörperphysik nach dem Bachelor-Abschluss hören. Es entstand aus mehreren Vorlesungen, die der Verfasser über mehr als ein Jahrzehnt an der Hochschule München gehalten hat mit dem Ziel, den Studierenden ein solides Fundament zu vermitteln, auf dem sie dann spezielle Vorlesungen vor allem spektroskopischer Natur und in Richtung Festkörperphysik mit Gewinn verfolgen können — ein Begleiter „zum Gebrauch neben Vorlesungen".

Dieser hybride Charakter zwischen Skriptum und Lehrbuch bestimmt den Aufbau der Kapitel mit Hintergrundinformationen und Beispielen, die zwar an den richtigen Stellen eingeblendet werden, aber durch den grauen Hintergrund dennoch abgesetzt wirken, wie die wichtigen Formeln am Ende der immer sehr ausführlichen Herleitungen nebst einer Zusammenfassung wichtiger Ergebnisse mit himmelblauem Hintergrund oder Rahmen. Im Informationskasten zu Kapitelbeginn werden Ziel und Inhalt des nun Folgenden adressiert, zum Schluss eine geraffte Zusammenfassung gegeben.

Die Vorgehensweise in den beiden vor-quantenmechanischen Kapiteln ist rein induktiv, um die Notwendigkeit einer neuen Sichtweise zu motivieren und damit die Neugier auf ein längeres Kapitel zu wecken, in dem zunächst die Handwerkszeuge der Quantenmechanik vorgestellt werden, wobei der *Secco*-Charakter durch zahlreiche Beispiele entschärft wird. Dieses Kapitel enthält in ausführlicher Form die klassische Wellentheorie, und von der Wahrscheinlichkeitstheorie und den quantenmechanischen Rezepten nur das, was in den nächsten Kapiteln und auch im zweiten Teil, der Festkörperphysik, benötigt wird. Es wird mit einer Einführung in die Gruppentheorie abgeschlossen, deren Einsatz insbesondere in der Spektroskopie verblüffende Einblicke in komplizierte Sachverhalte eröffnet.

Zur Belohnung können damit bereits einige Eigenwertprobleme gelöst werden. Das einfache Modell des *Elektrons im Kasten mit unendlich hohen Wänden* wird um das Verhalten des Elektrons an Potentialstufen erweitert, und die Potentialbarriere des Kastens wird in der zweiten Näherung auf endliche Höhen reduziert; zur Beschreibung des Tunneleffekts wird die Transfermethode verwendet. Die elegante Theorie wird an die rauhe Wirklichkeit durch die Störungsrechnung angepasst, der für zeitunabhängige Phänomene ein ganzes Kapitel gewidmet wird. Die explizit ausgearbeiteten Probleme enthalten den Harmonischen Oszillator, den Starren Rotator und die Radialgleichung für das Zentralfeldproblem. Mit der zeitabhängigen SCHRÖDINGER-Gleichung und der darauf anzuwendenden Störungsrechnung sind auch dynamische Prozesse zugänglich; wir betrachten dazu die Wechselwirkung eines Zweiniveau-Systems mit dem elektromagnetischen Strahlungsfeld.

Abgeschlossen wird das mit einer eher kurzen Sicht aufMehrelektronensysteme und die chemische Bindung wechselwirkungsfreier Elektronen mittels des

https://doi.org/10.1515/9783111238678-203

Variationstheorems, so dass durch diese Vereinfachung Lösungen ohne numerische Approximationen gelingen, die zwar eine inzwischen perfekte Übereinstimmung mit der Observablen ermöglichen, jedoch durch die zwischengeschaltete *Black Box* den Blick aufs Prinzipielle erschweren. Das sollte aber in einem ersten Kurs über Quantenmechanik im Vordergrund stehen. Deswegen auch die zahlreichen Übungsaufgaben zu jedem Kapitel mit einem ausgearbeiten Lösungsweg — oft gibt es deren mehrere. Auch in der Physik führen viele Wege nach Rom. Sie sind alle so ausgewählt, dass sie ohne programmierte Lösungen auskommen.

Aus zwei Manuskripten über Quantenphysik wurden im Verlag Walter de Gruyter zwei hervorragend ausgestattete Bücher mit phantasievollen Coverbildern. Frau Berber-Nerlinger betreute mich von der wissenschaftlichen Seite und Frau Skambraks übernahm mit Frau Stanciu die editorische Gestaltung. Ohne ihre detailreiche Kenntnis, die ungemein geläufige Fertigkeit in LaTeX und immerwährende Unterstützung wäre die Umsetzung vom Skript zum Lehrbuch nicht möglich gewesen.

München, im Frühjahr 2024

Gerhard Franz

1 Der Schwarze Strahler

Die Quantenphysik wurde mit der Theorie des *Schwarzen Strahlers* im Dez. 1900 geboren und wird deswegen im einführenden Kapitel erschöpfend diskutiert. Der zweite Schwerpunkt ist der Photoeffekt, dem sich die Diskussion des Welle-Teilchen-Dualismus (Versuche von DAVISSON und GERMER, COMPTON-Effekt) im zweiten Kapitel anschließt.

Das Lernziel ist zum einen, die gezielte Vorgehensweise, aber auch die Irrwege der größten Physiker ihrer Zeit zu studieren, die zur Revolution der Quantenmechanik führten, und zum anderen die wichtigsten Grundlagen zu indizieren. Dazu gehören in diesem Kapitel etwas Elektrizitätslehre, Schwingungstheorie und Thermodynamik.

Die Organisation ist derart, dass wir im Abschnitt 1.3.1 die Phänomenologie und in den Abschnitten 1.3.2. bis 1.3.4 die klassische Theorie mit dem PLANCKschen Bruch beschreiben. Es folgt im Abschnitt 1.3.5 die einfachere Abzählmethode mit dem PLANCKschen Wirkungsquantum und im Abschnitt 1.3.6 EINSTEINs Deutung aus den Jahren 1916/1917, die sowohl für die Theorie des Lasers wie für die Anregung von quantenmechanischen Systemen durch elektromagnetische Strahlung von überragender Bedeutung ist, aber auch den Fall eines Zwei-Niveau-Systems verwendet, das zu einem beliebten Modell für quantentheoretische Fragestellungen avanciert ist.

1.1 Einführung

Das wesentliche Ziel der Quantenmechanik ist die vollständige und genaue theoretische Beschreibung von Partikeln atomarer Dimension. Dazu gehören

- die statische Betrachtung auf ein Atom oder Molekül (Bestimmung der Energie des Grundzustandes: warum ist genau dieser Zustand stabil?) ebenso wie die

- Dynamik des quantenmechanischen Systems mit seiner Umgebung, die z. B. durch zahlreiche spektroskopische Untersuchungen ermittelt wird.

Beide Punkte bewirkten eine intensive Verbreiterung der experimentellen Methoden, mit denen vorausgesagte Effekte bestätigt werden sollten, etwa die Voraussage der Existenz des Positrons durch P.A.M. DIRAC, aktuell: BOSE-EINSTEIN-Kondensation.

1.2 Kontinuität ↔ Diskontinuität

Im 19. Jahrhundert sprachen immer neue Versuche wie durch diese Versuche erklärende Modelle für die Richtigkeit der Atomhypothese DEMOKRITS.

https://doi.org/10.1515/9783111238678-001

- Elektrischer Strom: es gibt positive und negative Ladungen, die voneinander getrennt werden können.

- Gasentladungen: es gibt positive und negative Fragmente von Atomen.

- Das Periodensystem MENDELEJEWs suggeriert ein Raster für die chemischen Elemente, also eine gestufte, sich durch ganze Zahlen unterscheidende Anordnung der durch chemische Methoden nicht mehr weiter trennbaren Substanzen.

Gilt dies auch für die Energie? FRAUNHOFER stellte als erster fest, dass im kontinuierlichen Sonnenspektrum „schwarze" Banden gerade an den Stellen auftraten, wo die Linien vieler Elemente zu erwarten wären. BALMER interessierte sich für das Spektrum des Wasserstoffs und fand eine verblüffende Lösung, die numerisch äußerst einfach war. Schließlich fanden HEINRICH HERTZ und PHILIPP LENARD, dass beim Bestrahlen eines Metalls mit UV-Licht Elektronen die Oberfläche mit einer bestimmten Restenergie verlassen (1887/88).

Eines der ungelösten Probleme der theoretischen Physik am Ende des 19. Jahrhunderts war die Frage der sog. *Schwarzen Strahlers*. Sie ist eng verknüpft bzw. folgt direkt aus dem sog. *Gleichverteilungssatz der Energie* (s. Kasten 1.1)

1.1 Gleichverteilungssatz der Energie. Ein abgeschlossenes System besteht aus einer konstanten Zahl von Elementen. Im thermodynamischen Gleichgewicht (T = const, p = const) weisen alle Elemente die gleiche mittlere Energie auf. Dazu muss das Element angeregt sein. Die einzelnen Anregungsarten (Translation, Rotation, Oszillation, Elektronenanregung, ...) erweisen sich als additiv. Man definiert dazu Freiheitsgrade; für die Translation gibt es in den drei cartesischen Koordinaten drei Freiheitsgrade, wobei jeder Freiheitsgrad mit $\frac{1}{2}k_B T$ zur Gesamtenergie beiträgt. Mit der spezifischen Wärme wird die Aufnahmebereitschaft für Wärme quantitativ beschrieben. In diesem einfachen Fall der Translation ist die spezifische Wärme eines jeden Freiheitsgrades $\frac{1}{2}k_B$. Gleiches gilt für die Rotation um die drei Hauptträgheitsachsen (drei Freiheitsgrade, ebenfalls mit $\frac{1}{2}k_B$), wobei bei zweiatomigen Molekülen die Rotation um die Kernverbindungsachse ausfällt, weil das Trägheitsmoment I dieser Achse verschwindet. In all diesen Fällen geht jeder Freiheitsgrad quadratisch in die Energie des Gesamtsystems ein $\left(E_{\text{kin}}^{\text{trans}} = \frac{1}{2}mv^2, E_{\text{kin}}^{\text{rot}} = \frac{1}{2}I\omega^2\right)$. Auch für die Schwingung gilt das für die beiden Energieformen kinetische ($\frac{1}{2}mv^2$) und potentielle Energie ($\frac{1}{2}Dx^2$ mit D der Feder- oder Kraftkonstanten), die einander gleich sind und daher zu einer spezifischen Wärme von $2 \cdot \frac{1}{2}k_B$ führen. Gleichverteilung bedeutet, dass die thermisch zur Verfügung stehende Energie auf alle Freiheitsgrade gleichmäßig verteilt ist, was umgekehrt zur statistischen Definition der Temperatur führt.

So stellte man fest, dass die spezifische Wärme kleiner, aus nur wenigen Atomen bestehenden Moleküle einfachen Regeln folgt, die aus der Thermodynamik ableitbar sind, und zwar gilt für adiabatische Änderungen einer Stoffmenge $\nu = 1$ Mol

(Wärmeaustausch mit der Umgebung wird unterdrückt, d. h. $dU = \delta Q + \delta W$ und $\delta Q = 0$, s. Kasten 1.2)

$$\begin{aligned} pV &= RT \\ &= N_A k_B T \\ U &= \tfrac{3}{2}RT \quad \Rightarrow \\ RT &= \tfrac{2}{3}U, \end{aligned}$$

woraus

$$pV = (\gamma - 1)U \tag{1.1}$$

resultiert; dabei ist γ der sog. Adiabatenkoeffizient, der das Verhältnis der spezifischen Wärmen c_p/c_v bezeichnet und für Edelgase etwa $\frac{\frac{3}{2}R + R}{\frac{3}{2}R} = \frac{5}{3}$ beträgt und für Wasserstoff etwa $\frac{\frac{5}{2}R + R}{\frac{5}{2}R} = \frac{7}{5}$. Pro Freiheitsgrad wird danach eine spezifische Wärme von $\frac{1}{2}k_B = \frac{1}{2}\frac{R}{N_A}$ kreiert.

1.2 Adiabatische Prozesse. Derartige adiabatische Vorgänge spielen eine entscheidende Rolle in der Physik der Atmosphäre. Beispielsweise ist wegen der geringen Wärmeleitfähigkeit der Luft viel eher eine adiabatische denn eine isotherme Schichtung zu erwarten. Um den reduzierten Luftdruck mit steigender Höhe zu beschreiben, wird in erster Näherung die barometrische Höhenformel verwendet, für die allerdings Isothermie Voraussetzung ist. Nimmt man dagegen eine adiabatische Schichtung an, dann findet man

$$p = \frac{\text{const}}{V^\gamma}:$$

eine Halbierung der Dichte (Verdoppelung des Volumens) führt also nicht zu einer Halbierung, sondern zu einer Drittelung des Drucks.

Für adiabatische Änderungen bilden wir das totale Differential unter der Beachtung der Tatsache, dass bei Unterdrückung des Wärmeaustauschs mit der Umgebung die Druckvolumenarbeit pdV gleich der negativen Änderung der inneren Energie ist:

$$\begin{aligned} dU + pdV &= 0 \\ dU &= \tfrac{1}{\gamma-1}d(pV) \quad \Rightarrow \\ dU &= \tfrac{1}{\gamma-1}(pdV + Vdp) \\ &= -pdV, \end{aligned}$$

woraus durch Umformen leicht

$$\gamma \frac{\mathrm{d}V}{V} + \frac{\mathrm{d}p}{p} = 0 \Rightarrow pV^\gamma = \text{const} \tag{1.2}$$

folgt, *wenn γ eine Konstante ist*. Experimentell findet man aber, dass der Adiabatenkoeffizient für Wasserstoff unterhalb von 80 K gegen $^5/_3$ strebt: Wasserstoff wird „einatomig".

Dieses war aber nur eine Schwierigkeit. Wir wollen im 1. Kapitel diesen historischen Weg kurz nachvollziehen und versetzen uns in einen Zustand, der nichts weiß von Lichtquanten und diskreten Energieniveaus.

1.3 Schwarzer Strahler

1.3.1 Phänomenologie

Ein erhitzter Körper strahlt elektromagnetische Strahlung ab. Infrarot-Strahlung wird daher auch als Temperatur- oder Wärmestrahlung bezeichnet, da sie von den Wärmesensoren unserer Haut bereits bei relativ tiefen Temperaturen detektiert wird. Erhöht man die Temperatur, wird die Strahlung auch visuell empfunden und durchläuft die Farben rot $\to$ gelb $\to$ weiß. Der Körper steht dadurch mit seiner Umgebung im thermodynamischen Gleichgewicht.

In einer sehr einfachen, aber historisch nachempfundenen Deutung geraten die Ladungsträger des Körpers in heftige(re), beschleunigte Bewegung und strahlen nach den Gesetzen der Elektrodynamik elektromagnetische Energie ab. KIRCHHOFF stellte 1859 fest, dass eine Fläche umso besser strahlt, je besser sie absorbiert. Denn wäre das nicht so, könnte eine Fläche mehr Energie aufnehmen, als sie abstrahlen würde, sich also im Austausch mit anderen Platten aufheizen (Verstoß gegen den 2. Hauptsatz. s. a Kasten 1.3), und er postulierte daher, dass das Absorptionsvermögen $\alpha(\omega)$ gleich dem Emissionsvermögen $\varepsilon(\omega)$ sein müsse:

$$\alpha(\omega) = \varepsilon(\omega). \tag{1.3}$$

Neben der Oberflächenbeschaffenheit, die sowohl Absorption wie Emission heftig beeinflusst, geht entscheidend die Farbe mit ein. Am besten absorbieren schwarze Flächen, nämlich perfekt über das gesamte sichtbare Frequenzspektrum; folglich müssen sie auch am besten strahlen. KIRCHHOFF bezog daher das Emissionsvermögen ε auf dasjenige der schwarzen Fläche, der er den maximal möglichen Faktor $\tau = 1$ gab — alle anders gefärbten Oberflächen emittieren ja gerade die zu dieser Farbe komplementäre Strahlung, absorbieren (und emittieren) damit weniger als der *Schwarze Körper*.[1]

---

[1]Dabei ist das Absorptionsvermögen vom Absorptionskoeffizienten zu unterscheiden. Während der Absorptionskoeffizient über das Gesetz von BEER und LAMBERT als Materialparameter unabhängig von der Schichtdicke ist, gilt dies für das Absorptionsvermögen gerade nicht. Eine dicke Schicht mit einem kleinen Absorptionskoeffizienten (optisch „dünn") kann also einer dünnen Schicht mit einem großen Absorptionskoeffizienten äquivalent sein. Gleiches gilt für das Emissionsvermögen.

1.3 Thermodynamisches Gleichgewicht. Thermodynamisches Gleichgewicht innerhalb eines abgeschlossenen Systems erfordert $T = $ const, $p = $ const. Seien die Körper innerhalb des Systems fest, auf unterschiedlicher Temperatur und das Medium zwischen ihnen ein gasförmiges oder flüssiges Fluid, bewegen sich dessen Molekeln (Sammelbegriff für Atome und Moleküle) zwar chaotisch, zeigen aber dennoch eine scheinbare Richtung in Richtung Temperatursenke. Diese Bewegung ist die Diffusion. Zusätzlich entstehen durch die Wärmeeinwirkung unterschiedliche Dichten im Fluid, und zu deren Ausgleich fließen Konvektionsströme, die mit wirklichem Materietransport verbunden sind. Berühren sich die Körper flächig, kann zusätzlich Wärmeenergie durch Gitterschwingungen übertragen werden. Diese Prozesse sind allesamt materiegebunden. So wird der Temperaturausgleich durch Diffusion in einer Thermosflasche durch das Vakuum zwischen den beiden koaxialen Flaschen erschwert. Die Verspiegelung der Flaschen dient dazu, auch den dritten Ausgleichsprozess durch Strahlung, der nicht an Materie gebunden ist, zu erschweren. Strahlung kann von der Oberfläche des Körpers reflektiert werden (*Reflexion* R), sie kann aber auch durch die Oberfläche in den Körper eindringen und dort absorbiert werden (*Absorption* A), wobei sich der Körper erwärmt. Schließlich kann der Fall eintreten, dass absorbierte Energie vom Körper nicht aufgenommen werden kann, sondern diesen „ungenutzt" wieder verlässt (z. B. Fensterscheiben und sichtbares Licht); dann spricht man von *Transmission* T. In der Summe muss die Effizienz dieser drei Effekte Eins ergeben: $A + R + T = 1$, und die Energie des inzidenten Lichtstrahls muss nach dem 1. Hauptsatz gleich der Summe der drei eben aufgezählten Flüsse sein. Dabei sind zwei dieser Flüsse ebenfalls Licht, während bei der Absorption Licht in Wärme umgewandelt wird.

Dieses Gebiet wurde nun über mehr als dreißig Jahre ein wichtiges Forschungsfeld für Experimentatoren und Theoretiker. Jene stellten fest, dass selbst berußte rauhe Flächen die zusätzliche Bedingung $\tau = 1$ nur unzureichend erfüllen (höchstens 0,9); der Rest wird entweder reflektiert oder durchgelassen. Außerdem kann man keine Aussage über die dem Sichtbaren angrenzenden Spektralbereiche treffen, die ja von HERSCHEL durch seine bahnbrechenden Untersuchungen zu Beginn des 19. Jahrhunderts entdeckt worden waren. Mit die besten Oberflächen lieferten an Luft oxidierte polierte Kupferoberflächen, auf denen tiefschwarzes, samtiges CuO wuchs. Da das darunterliegende Kupfer aber bereits bei 1 085 °C schmilzt, war das beobachtbare Temperaturfenster nach oben allerdings stark eingeschränkt.

Die Beobachtung der Schwärze von Fenstern in Gebäuden, vor allem aber des tiefschwarzen Eindrucks der Pupille gerade im direkten Vergleich mit samtschwarzen Oberflächen nutzte schließlich WILHELM WIEN in den 1890er Jahren, als er den *Schwarzen Strahler* ersann, einen Strahler, der eben nicht nur den IR-Bereich, sondern Wellen des gesamten Spektrums abstrahlt. Das ist ein allseits geschlossener kubischer Hohlraum mit der Dimension $V = L^3$ mit L der Kastenlänge mit einer derart kleinen Öffnung, dass deren Fläche gegenüber den Dimensionen des Hohlraums vernachlässigt werden kann. Seine überlegene „Performance" spielt

der Hohlraumstrahler bei der Absorption aus: einmal eingefangene Strahlung
wird durch mehrfache Reflexion im Innern schließlich vollständig verschluckt
und in Wärme umgewandelt, also ein *Auge* in einem Kubus. Bringt man aber, z.
B. durch elektrische Heizung, besser noch durch Eintauchen in ein Wärmebad,
die Wände des Hohlraumstrahlers auf die Temperatur T, dann sendet nur die
Pupille elektromagnetische Strahlung aus, die zunächst an den Wänden hin- und
herreflektiert wird und dabei erstens den Hohlraum mit ihr erfüllt und zweitens
für thermodynamisches Gleichgewicht sorgt, bis die Strahlung irgendwann die
Chance erhält, den Hohlraum zu verlassen, in dem also alle Objekte, gleich
welchen Volumens und welcher Natur, einschließlich der Wände gleich viel Strahlung absorbieren und emittieren. **Damit ist die an der Austrittsöffnung
zu messende Intensität der „Schwarzen Strahlung" unabhängig von
der Beschaffenheit der Wände und unabhängig von der den Hohlraum
erfüllenden Materie.** Besonders einfach wird die Betrachtung aber natürlich
mit einem Medium, das für alle vorkommenden Strahlen transluzent ist, also
Vakuum oder (höchstens) Luft. Dann ist die Intensität der Hohlraumstrahlung
eine einfache universelle Funktion von ω und T.

Um von der Größe des Hohlraums unabhängig zu sein, wurde die spektrale
Energiedichte ρ_ω definiert, worunter wir die Energie ε der austretenden Strahlung
pro Volumen V nach $u = \frac{\varepsilon}{V}$ und Frequenzintervall $\mathrm{d}\omega$ bei der Frequenz ω
verstehen:

$$\rho_\omega = \frac{\mathrm{d}u}{\mathrm{d}\omega}. \tag{1.4}$$

1.3.2 Phänomenologische Analyse

Zerlegt man die Hohlraumstrahlung spektral (Versuche von LUMMMER und
PRINGSHEIM), stellt man fest, dass sich Kurven ergeben, die

- der Verteilung nach MAXWELL-BOLTZMANN ähneln, d. h. bei sehr tiefen
  und sehr hohen Frequenzen sehr wenig abgestrahlt wird und dazwischen
  ein Maximum liegt, und

- dass das Maximum der Intensität mit steigender Temperatur sich zu immer
  kürzeren Wellenlängen verschiebt (WIENsches Verschiebungsgesetz). Dabei
  liegt das Maximum z. B. für die Weißglut unserer Wolframdraht-Lampen
  noch im IR (weswegen man mit einer EDISONschen Glühlampe in erster
  Linie eine Aufheizung des Raums bewirkt), Rote Riesen wie die Beteigeuze
  oder Aldebaran bei 3 500 K, die Sonne bei 5 800 K (Abbn. 1.1 und 1.2),
  blau-weiße wie Sirius bei deutlich über 10 000 K.

- Insgesamt steigt bei Temperaturerhöhung die abgestrahlte Energie über
  den gesamten Frequenzbereich stark an.

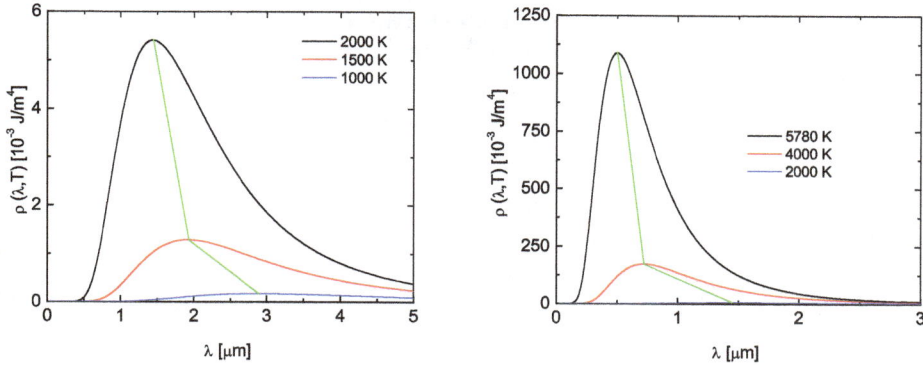

Abb. 1.1. Experimentelle Kurven der Schwarzen Strahlung für verschiedene Temperaturen als Funktion der Wellenlänge. Das Maximum der Kurve von 1 000 K liegt bei 3 μm, das der von 2 000 K bei 1,9 μm, das der Temperatur der Sonnenoberfläche (5 780 K) bei 510 nm, d. h. im grünen Bereich. Die grün eingetragene, die Maxima verbindende Kurve wird vom WIENschen Verschiebungsgesetz beschrieben.

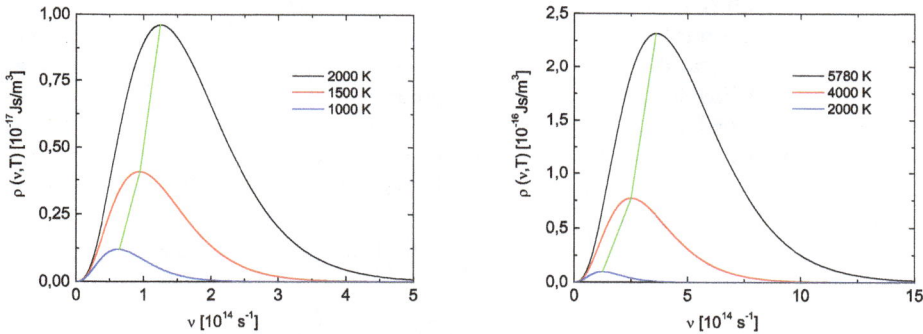

Abb. 1.2. Experimentelle Kurven für verschiedene Temperaturen als Funktion der Frequenz (Energie). Das Maximum der Kurve, das der Temperatur der Sonnenoberfläche (5 780 K) entspricht, liegt nun im Infraroten (der sichtbare Spektralbereich entspricht einer Frequenzregion zwischen 3,75 und $7,5 \cdot 10^{14}$ Hz). Die grün eingetragene, die Maxima verbindende Kurve wird vom WIENschen Verschiebungsgesetz beschrieben.

1.4 Klassische Theorie des Schwarzen Strahlers

1.4.1 Der Ansatz von Rayleigh und Jeans

Nach dem KIRCHHOFFschen Beweis ist die spektrale Dichte ρ_ω völlig unabhängig vom Wandmaterial und allein durch die Temperatur bestimmt ($\rho_\omega = f(\omega, T)$.

Nach Gl. (1.4) ist du die Energiedichte der Strahlung zwischen ω und $\omega + \mathrm{d}\omega$, die mit der Dichte der elektromagnetischen Energie nach dem Theorem von POYNTING über

$$u = \frac{1}{2}(\varepsilon_0 \boldsymbol{E}^2 + \mu_0 \boldsymbol{H}^2) \tag{1.5}$$

zusammenhängt [1], die entscheidende Messgröße.[2] Im Vakuum gelten die Beziehungen

$$\boldsymbol{E} = c \underbrace{\mu_0 \boldsymbol{H}}_{\boldsymbol{B}} \tag{1.6}$$

und

$$\frac{1}{c^2} = \varepsilon_0 \mu_0, \tag{1.7}$$

so dass die Energiedichte den Wert

$$u = \varepsilon_0 \boldsymbol{E}^2 \tag{1.8}$$

annimmt. KIRCHHOFF folgend, ist die zu messende Intensität der Schwarzen Strahlung völlig unabhängig von der Beschaffenheit der Wände, so dass man diese durch eine Gesamtheit von Oszillatoren (Dipolstrahlern) ersetzen kann. Das im Innern des Würfels entstehende elektromagnetische Feld entsteht durch die Abstrahlung dieser Oszillatoren, wobei die Frequenz des Oszillators die Frequenz der Schwingung bestimmt, die einander gleich sind. Damit ist im Gleichgewicht die mittlere Energie der Oszillatoren vollständig durch die spektrale Dichte dieser Wärmestrahlung ρ_ω gegeben.

Um ρ_ω berechnen zu können, ist somit die Kenntnis zweier Größen erforderlich:

- zum einen die Zahl und die Art der Moden oder Eigenschwingungen des elektromagnetischen Feldes pro Volumen und Frequenzintervall und

- zum anderen der Mittelwert der Energie einer Mode bei der Temperatur T.

Welche Moden können sich im Innern des Hohlraums ausbilden? STRUTT, der spätere Lord RAYLEIGH, und JEANS betrachteten dazu einen Würfel, dessen Innenwände total und perfekt verspiegelt seien, so dass keine Intensität durch Absorption oder Transmission verlorengehen kann. Auf Grund unserer Randbedingung können die Moden nur stehende Wellen elektromagnetischen Charakters, also Transversalwellen mit zwei Polarisationsebenen, sein. Sie müssen außerdem einen Knoten an den Grenzen $x, y, z = 0$ und $x, y, z = L$ aufweisen, und ihr Wellenvektor steht jeweils senkrecht auf der jeweils begrenzenden Wand (Abbn. 1.3, Kasten 1.4).

---

[2]In der Literatur wird auch häufig die spektrale Dichte ρ_ν verwendet. Die beiden Größen hängen über $\rho_\omega = \frac{1}{2\pi}\rho_\nu$ zusammen, weil $\omega = 2\pi\nu$ ist. Dann kommt z. B. genau die Formel (11.11) im Gerthsen heraus [2].

1.4 Eigenschwingungen. Um die Eigenschwingungen des geometrisch einfachsten Körpers, eines Würfels, mit den drei orthogonalen Koordinaten x, y und z und der Kantenlänge L zu bestimmen, macht man eine Momentaufnahme, und dann gilt in x-Richtung die für eine beidseitig eingespannte Saite gültige DGl

$$\frac{\mathrm{d}^2\psi}{\mathrm{d}x^2} + k^2\psi = 0.$$

Dabei hängen Wellenzahl k und die Frequenz ω über die Dispersionsrelation $\omega = ck$ mit c der Ausbreitungsgeschwindigkeit zusammen. Mit der Randbedingung, dass die Auslenkung bei $x = 0$ und $x = L$ Null sein muss, erfüllt die Gleichung mit der Amplitude ψ_i^0 und $k_i = i\frac{\pi}{L}$

$$\psi_i = \psi_i^0 \sin k_i x, i \in \mathbb{N}$$

diese DGl. Für den Kubus gilt entsprechend in den drei cartesischen Richtungen

$$\frac{\mathrm{d}^2\psi}{\mathrm{d}x^2} + k_x^2\psi + \frac{\mathrm{d}^2\psi}{\mathrm{d}y^2} + k_y^2\psi + \frac{\mathrm{d}^2\psi}{\mathrm{d}z^2} + k_z^2\psi = 0$$

und

$$k_{ijk}^2 = k_i^2 + k_j^2 + k_k^2$$

und

$$\psi_{ijk} = \psi_i^0 \sin k_i x \cdot \psi_j^0 \sin k_j y \cdot \psi_k^0 \sin k_k z.$$

Im Gegensatz zu dem eindimensionalen Problem, bei dem die k_i^2 nur jeweils einmal erscheinen, gilt das für die Summe aus drei Quadraten nicht mehr. Außer für die Wellenzahlen, bei denen $i = j = k$ ist, treten alle anderen Kombinationen mehrfach auf; und zwar sind die Summanden nicht nur vertauscht, vielmehr nimmt die Zahl der Realisierungsmöglichkeiten mit wachsendem k stark zu. Z. B. ist $k_{112}^2 = \left(1^2 + 1^2 + 2^2 = 6\right)\left(\frac{\pi}{L}\right)^2$ mit insgesamt $\frac{3!}{2!} = 3$ Permutationen, aber zu k_{511} gesellt sich noch k_{333}. In diesen Fällen sind zwar die Moden verschieden, weisen aber dieselbe Frequenz auf. Wenn mehrere Moden die gleiche Frequenz haben, sind sie (oder auch diese Frequenz) *entartet*.

Mit der Bedingung

$$N\frac{\lambda}{2} = L, N \in \mathbb{N} \qquad (1.9)$$

sind die „erlaubten" Wellenlängen dann

$$\lambda_N = \frac{2L}{N}, \qquad (1.10)$$

wozu die Wellenzahlen

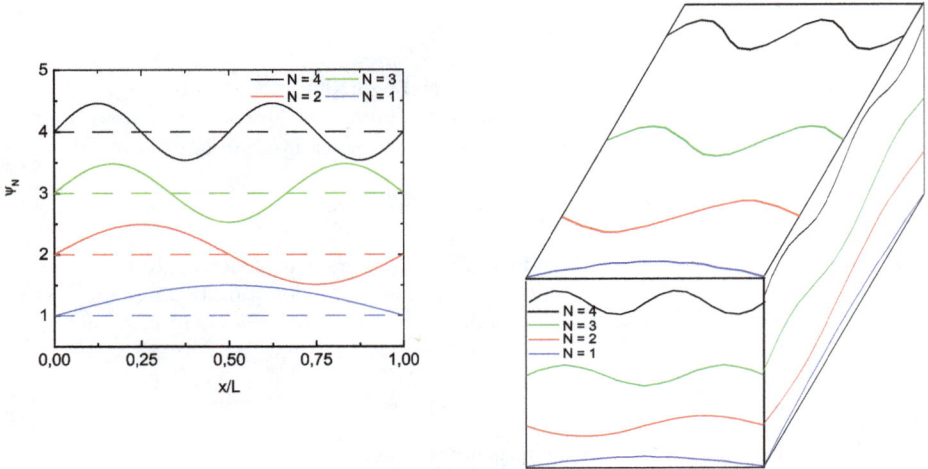

Abb. 1.3. Das erste Modell zur Erklärung der spektralen Strahlungsdichte (Hohl-raumstrahler von JEANS): Ein eindimensionaler Oszillator kann nur in ausgezeichnete Schwingungszustände angeregt werden (lks.). Re.: Die Wände eines Kubus stellt man sich aus einzelnen Oszillatoren bestehend vor, die in jeder der drei cartesischen Achsen unabhängig voneinander angeregt werden können. Die Energieaufnahme wie deren Abgabe erfolgt nach dem Gleichverteilungssatz der Energie: In jeder Richtung beträgt die mittlere Energie $^1/_2 k_B T$. Die Schwingungen erfüllen den gesamten Hohlraum.

$$k_N = N \frac{\pi}{L} \tag{1.11}$$

gehören. Da wir einen Kubus mit drei Dimensionen betrachten, finden wir für die Wellenvektoren entsprechend (s. Kasten 1.4)

$$\boldsymbol{k}_N^2 = \left(N_x^2 + N_y^2 + N_z^2\right) \left(\frac{\pi}{L}\right)^2, \tag{1.12}$$

wobei die Vektoren $\boldsymbol{N}$ nach Gl. (1.9) natürliche Zahlentripel in den drei Raum-richtungen sind. Im so definierten k-Raum entsprechen die $\boldsymbol{k}_N$ einem Punkt in einem primitiven kubischen Gitter mit der Gitterkonstanten $\frac{\pi}{L}$, und das Volumen dieses Gitterpunktes beträgt

$$V = \left(\frac{\pi}{L}\right)^3. \tag{1.13}$$

Nachdem wir nun wissen, welche Moden im Würfel angeregt werden können, fragen wir nach deren Zahl N. Dazu schlagen wir im k-Raum zweidimensional einen Kreis bzw. dreidimensional eine Kugel mit dem Radius k und bestimmen die Zunahme von N bei Vergrößerung des Radius um $\mathrm{d}\boldsymbol{k}$ (Abb. 1.4).

Ist die Kantenlänge L unseres Kubus sehr groß, wird

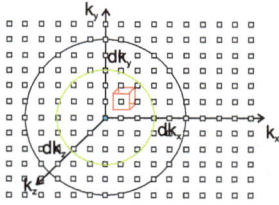

Abb. 1.4. Primitives kubisches Gitter im k-Raum (quadratische Punkte) mit der Einheitszelle (rot). Eine Zunahme des Wellenvektors um dk lässt die grüne Kugel zur schwarzen Kugel wachsen.

$$dk \gg \frac{\pi}{L}, \tag{1.14}$$

was zu einer sehr kleinen Abweichung führt, würden wir das Ergebnis für den Kubus berechnen wollen.[3] Damit erhalten wir unter Beachtung der Tatsachen, dass

- wegen $N \in \mathbb{N}$ die Kugel nur in einem Oktanten drei positive ganze Zahlen aufweist (Abb. 1.5) und

- jeder mögliche Energiezustand durch zwei elektromagnetische Wellen repräsentiert wird, die wegen der zwei Polarisationsrichtungen doppelt zu zählen sind,

eine Zunahme von N um das auf die Einheitszelle reduzierte Volumen der Kugelschale

$$\begin{aligned} dN(k) &= 2\frac{1}{8}\frac{4\pi k^2\,dk}{\left(\frac{\pi}{L}\right)^3} \\ &= V\frac{k^2\,dk}{\pi^2}, \end{aligned} \tag{1.15}$$

wobei wir erstens mit $V = L^3$ gerechnet haben und zweitens der Unterschied zwischen den Volumina von Kugel und Kubus eben umso weniger ins Gewicht fällt, je besser die Bedingung (1.14) erfüllt ist.

Darüber hinaus besteht für eine monochromatische Welle im Vakuum die Beziehung

$$\nu = \frac{c}{\lambda} \Rightarrow \omega = 2\pi\frac{c}{\lambda}, \tag{1.16}$$

umgeschrieben für die Wellenzahl $k = \frac{2\pi}{\lambda}$

$$\omega = ck, \tag{1.17}$$

aus der die Zunahme der Zahl der Moden zwischen ω und $\omega + d\omega$

---

[3]Tatsächlich ist die Beschränkung der Moden auf zwischen zwei Wänden stehenden Wellen mit normalem Wellenvektor willkürlich, und STRUTT und JEANS betrachteten auch Wellen, deren Wellenvektor unter einem Winkel verschieden von 90° auf die Wand trifft. Eine derartige Welle wird nach dem Reflexionsgesetz reflektiert, so dass man das aus inzidenter und reflektierter Welle zusammengesetzte System betrachten muss, und zwar dreidimensional.

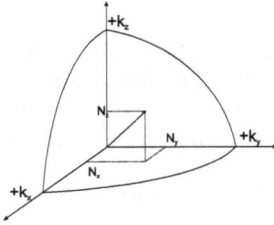

Abb. 1.5. Tatsächlich liegt das Quantenzahltripel N_x, N_y, N_z mit $N \in \mathbb{N}$ im rechten oberen Oktanten, so dass das Wachstum des Kugelradius um d$\boldsymbol{k}$ nur $^1/_8$ der Kugelschale betrifft.

$$dN(\omega) = V \frac{\omega^2}{\pi^2 c^3} \, d\omega \qquad (1.18)$$

folgt, woraus sich schließlich die gesuchte spektrale Dichte der Zustände zu

$$n_\omega = \frac{\omega^2}{\pi^2 c^3} \qquad (1.19)$$

ergibt.

Wenn der Oszillator als konstitutives Wandelement sich im thermischen Gleichgewicht mit seinen Nachbarn befindet, dann hat er nach dem Gleichverteilungssatz der Energie eine mittlere Energie von k_BT, und diese ist gleich der Frequenz der Welle, die von ihm abgestrahlt wird.[4] Damit liegt also die Vermutung nahe, dass der (zeitliche) Mittelwert der Energie des Oszillators, der sich im thermischen Gleichgewicht mit seiner Umgebung befindet, nach

$$\overline{E} = k_BT \qquad (1.20)$$

bestimmt werden kann (Kasten 1.5).

1.5 Harmonischer Oszillator. Die mittlere Energie eines Harmonischen Oszillators ist k_BT, wobei je $^1/_2 k_BT$ auf die Freiheitsgrade der potentiellen und der kinetischen Energie entfallen. Damit ist die aufgenommene Energie genau doppelt so hoch wie für die Freiheitsgrade der Translation und Rotation (s. a. Beisp. 1.1). Der zeitliche Mittelwert einer harmonisch sich ändernden Größe wird berechnet aus dem Integral über eine Periode der Zeitdauer T, also

$$\overline{E} = \frac{1}{T} \int_{t=-\frac{1}{2}T}^{t=\frac{1}{2}T} E_0^2 \sin^2 \omega t \, dt,$$

was mit partieller Integration leicht zu lösen ist und den Wert $^1/_2 E_0$ aufweist.

---

[4]Die Energie der elektromagnetischen Welle hängt — wie die des Oszillators — nach Gl. (1.5) additiv von seinen beiden Summanden ab, die quadratisch als $\boldsymbol{E}^2$ und $\boldsymbol{H}^2$ eingehen.

Um das zu beweisen, benötigen wir die Energieverteilung der klassischen Teilchen, die mit einer MAXWELL-BOLTZMANNschen Verteilungsfunktion

$$f(E) = Ne^{-\beta E}; \beta = \frac{1}{k_B T} \tag{1.21}$$

mit N einer Konstanten beschrieben werden kann. Damit wird die mittlere Energie

$$\overline{E} = \frac{\int NEe^{-\beta E}\,\mathrm{d}E}{\int Ne^{-\beta E}\,\mathrm{d}E}, \tag{1.22}$$

was aber gleich der Ableitung des Logarithmus des Integrals nach β ist:[5]

$$\overline{E} = -\frac{\partial}{\partial \beta} \ln \int_0^\infty e^{-\beta E}\,\mathrm{d}E = -\frac{\partial}{\partial \beta} \ln \frac{1}{\beta} = k_B T. \tag{1.23}$$

Die Integration setzt eine kontinuierliche Aufnahme und Abgabe von Energie voraus.

Damit resultiert aus der Modendichte einerseits und der thermischen Energie andererseits die spektrale Energiedichte zu

$$\rho(\omega, T) = n(\omega)\overline{E} = \frac{\omega^2}{\pi^2 c^3} k_B T, \tag{1.24}$$

das Gesetz von RAYLEIGH-JEANS, nachdem für sehr niedrige Frequenzen die spektrale Verteilung sehr genau einem quadratischen Gesetz gehorcht.

Untersucht man die Abhängigkeit der spektralen Energiedichte als Funktion der Wellenlänge der untersuchten Strahlung, findet man mit Gl. (1.16)

$$\begin{aligned}
\rho(\lambda, T) &= \frac{\mathrm{d}u}{\mathrm{d}\omega}\frac{\mathrm{d}\omega}{\mathrm{d}\lambda} \\
&= -\frac{8\pi c^3}{\lambda^4} k_B T.
\end{aligned} \tag{1.25}$$

Damit konnte ein erster Erfolg verbucht werden. Allerdings gab es starke Diskrepanzen auf der hochfrequenten Seite. Vor allem aber führt die Extrapolation für höhere und hohe Frequenzen zu einer Divergenz der Energiedichte (und damit natürlich auch der Energie selbst), was EHRENFEST als *Ultraviolettkatastrophe* bezeichnete (Abb. 1.6):

---

[5]
$$\int e^{-\beta E}\,\mathrm{d}E = -\frac{1}{\beta}e^{-\beta E}\Big|_0^\infty = \frac{1}{\beta};$$

$$u = \int_0^\infty \rho_\omega \mathrm{d}\omega = \frac{k_\mathrm{B}T}{\pi^2 c^3} \int_0^\infty \omega^2 \mathrm{d}\omega \to \infty. \tag{1.26}$$

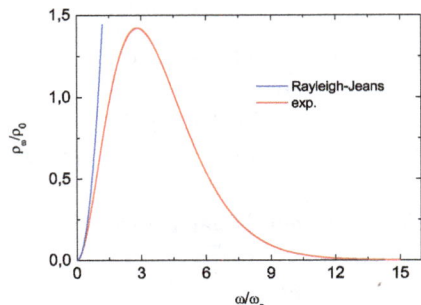

Abb. 1.6. Graph des Grenzgesetzes von RAYLEIGH-JEANS ($\rho_\omega = \rho_0 x^2$ mit $x = \omega/\omega_0$), verglichen mit der experimentellen Kurve.

Im JEANSschen Hohlraumstrahler würde also nicht, wie der Gleichverteilungssatz der Energie es fordert, die gesamte Strahlungsenergie über alle Wellenlängen gleichmäßig verteilt sein, sondern sich vielmehr erstens im Gebiet sehr kurzer (unendlich kurzer) Wellenlängen konzentrieren, denn im Gegensatz zu einem Ensemble aus Molekeln, deren Zahl zwar sehr groß, aber dennoch endlich ist, gibt es diese Restriktion für Schwingungen nicht! Jeder Oszillator würde also zweitens nur mit einem unendlich kleinen Anteil an der Gesamtleistung beteiligt sein. Aus Wärmestrahlung würde so rotes, gelbes, ... blaues, ultraviolettes Licht werden *ad infinitum*, eben die EHRENFESTsche Ultraviolettkatastrophe oder das JEANSsche Paradoxon.

1.4.2 Der Wiensche Ansatz

Der erste Ausweg aus diesem Dilemma stammt von WIEN [3]. Er ging von den Prämissen aus, dass

- die Intensität I der emittierten Strahlung proportional der Zahl der angeregten Moleküle und damit

- eine Funktion der Geschwindigkeit der Moleküle sein müsse.

Damit erhielt er für die Intensität mit einem BOLTZMANNschen Ansatz

$$\begin{aligned} I(\lambda) &= F(\lambda)\mathrm{e}^{-\beta f(\lambda)} \\ &= F(\lambda)\mathrm{e}^{-\frac{f(\lambda)}{k_\mathrm{B}T}}, \end{aligned} \tag{1.27}$$

wobei F und f zu bestimmende Funktionen sind. In seiner Arbeit fordert er für das Argument des Exponenten

$$f(\lambda) = \frac{c}{\lambda},$$ (1.28)

womit erstmals eine Abhängigkeit der Strahlungsenergie von der Wellenlänge (Frequenz) erscheint, wodurch mit Gl. (1.26) die Abstrahlung kurzer Wellenlängen (oder hoher Frequenzen) benachteiligt wird, so dass ihr Anteil an der Gesamtstrahlung abnehmen muss. Für F findet er

$$F(\lambda) = \frac{C}{\lambda^5},$$ (1.29)

woraus sich ein Maximum bei

$$\lambda = 5\beta c = \frac{c}{5k_{\mathrm{B}}T}$$ (1.30)

ergibt. Auf der hochfrequenten Seite fällt die spektrale Dichte nun steiler ab, als sie auf der langwelligen Seite ansteigt, nämlich „nur" parabolisch (Abb. 1.7). Damit

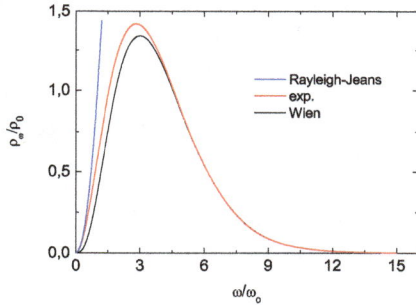

Abb. 1.7. Graphen der beiden Grenzgesetze von RAYLEIGH-JEANS ($\rho_\omega = \rho_0 x^2$) und WIEN ($\rho_\omega = \rho_0 x^3 \mathrm{e}^{-x}$ mit $x = \omega/\omega_0$), verglichen mit der experimentellen Kurve.

beschreibt das WIENsche Strahlungsgesetz richtig ein Maximum der Intensität als Produkt zweier gegenläufiger Faktoren, einem ansteigenden Faktor ω^3, der durch eine noch stärker fallende Exponentialfunktion für hohe Energien und/oder Frequenzen wieder heruntergezogen wird. Für $\lambda \to 0, \infty$ gehen sowohl $I(\lambda)$ als auch $\frac{\mathrm{d}I}{\mathrm{d}\lambda}$ gegen Null.

Darüber hinaus macht die Gl. (1.30) auch verständlich, dass das Maximum von $\rho(\omega, T)$ mit steigender Temperatur sich zu höheren Frequenzen (kürzeren Wellenlängen) hin verschiebt; das ist als WIENsches Verschiebungsgesetz bekannt (Abbn. 1.8).

1.5 Plancks Deutung: Erstmaliges Auftreten diskreter Zustände

Beide Grenzgesetze approximieren danach je eine Seite der $\rho(\omega, T)$-Kurve richtig, aber die endgültige Lösung dieses Dilemmas gelang erst PLANCK durch die

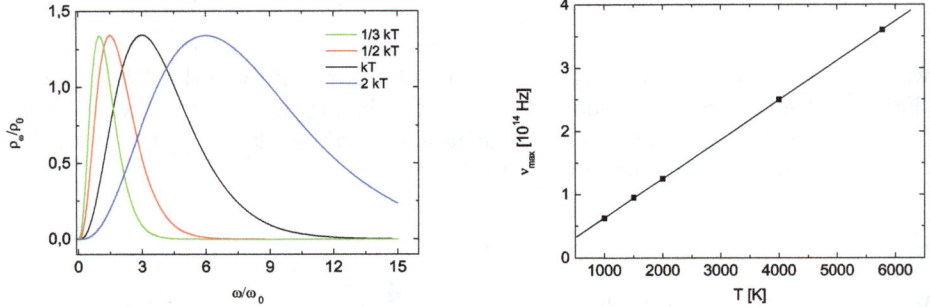

Abb. 1.8. Das WIENsche Gesetz beschreibt die Schwarze Strahlung nicht nur richtig für hohe Frequenzen (kurze Wellenlängen), sondern liefert auch ein Maximum der Intensität (lks.). Die Frequenz, bei der dieses Maximum auftritt, ist mit der Temperatur durch eine lineare Relation verbunden (re.).

Forderung nach quantenhafter Natur der Strahlung. Er begann mit der Überlegung seiner Kollegen, dass die Wand des Kubus aus Oszillatoren bestehe, die im thermischen Gleichgewicht die elektromagnetische Strahlung aussenden, die den Kubus erfüllt. Da das aufgenommene Spektrum kontinuierlich ist, also keine Strahlungslöcher beobachtet werden, müssen es Oszillatoren sein, die jede der beobachteten Frequenzen emittieren können. Weiterhin gibt es einen „Vorrat" an Frequenzen, die ein strahlender Körper aussenden kann, und zwar gibt es mehr hohe als tiefe Frequenzen. Und wie WIEN ansetzte, muss zur Vermeidung der Ultraviolettkatastrophe die Abstrahlung hoher Frequenzen benachteiligt sein.

Bei Energie- oder Temperaturerhöhung nimmt dann die Wahrscheinlichkeit, dass der Körper auch höhere Frequenzen abstrahlt, zu, und das Maximum, das dadurch entsteht, dass der zweite den ersten Effekt überholt, verschiebt sich zu höheren Energien. D. h. nicht nur zwischen Temperatur und Energie besteht eine Proportionalität, sondern auch zwischen Energie und Frequenz.

Jedoch kann die kontinuierlich angebotene thermische Energie vom Oszillator mit einer gerasterten Energieleiter nur ganz oder gar nicht aufgenommen werden.

- Zu welchem Bruchteil nun die Oszillatoren angeregt sind, wird durch den Bruch im Argument der Exponentialfunktion

$$\mathrm{e}^{-\frac{f(\omega)}{k_\mathrm{B}T}} \equiv \mathrm{e}^{-\beta f(\omega)}$$

bestimmt. Bei tiefen Temperaturen ist die thermische Energie für nahezu alle Oszillatoren zu gering, um einen nachweisbaren Bruchteil der Oszillatoren anzuregen, da hier $f(\omega) \gg k_\mathrm{B}T$ ist. Daher befinden sich fast alle Oszillatoren im Grundzustand, können deswegen nicht strahlen und damit keinen Beitrag zum elektromagnetischen Feld im Hohlraum liefern. Mit steigender Temperatur werden die Oszillatoren mit kleinem $f(\omega)$ in den „Anregungsmodus" gehoben, wobei wegen $e^{-\frac{f(\omega)}{k_B T}}$ dieser Faktor nie größer als Eins werden kann. Ist dieser Oszillatortyp voll angeregt, zeigt er keine Abweichung vom „klassischen" Verhalten. So verbleibt ein immer kleiner werdender Anteil von Oszillatoren mit größerem oder schließlich großem $f(\omega)$ im Grundmodus. Das wird durch den Exponentialfaktor des WIENschen Gesetzes ausgedrückt.

- Bei hohen Temperaturen ist dagegen geht der Exponentialfaktor für alle Oszillatoren gegen Eins, da $f(\omega) \ll k_B T$, und wir bekommen einen Übergang zur klassischen Betrachtungsweise von RAYLEIGH und JEANS.

1.6 Zustandssumme. Unter der Zustandssume $Q = \sum_i g_i e^{-\beta E_i}$ versteht man die Summe von allen BOLTZMANN-Termen der einzelnen Anregungen (Translation, Rotation, Oszillation, wobei $\beta = \frac{1}{k_B T}$, s. a. Abschn. 4.10). Die Energien E_i sind diskret und können auch mehrfach auftreten (Entartung), was mit den Gewichtsfaktoren g_i berücksichtigt wird. Die Zustandssumm erweist sich als motorische Zelle der Thermodynamik, da aus ihr die thermodynamischen Funktionen Innere Energie und Entropie durch Differenzieren ermittelt werden können, z. B. die Innere Energie nach den Gln. (1.22/23).

Mathematisch ging PLANCK so vor, dass er bei der *Bestimmung des Mittelwerts der Energie in den Gln. (1.22/23) das Integral für eine kontinuierliche Energieaufnahme und -abnahme verwarf und durch die Zustandssumme ersetzte, wobei er von einer harmonischen Anregung der Oszillatoren ausging.* Folglich ist $E_n = nE$, und der Oszillator mit der Energie E_n unterscheidet sich damit von seinen Nachbarn E_{n-1} und E_{n+1} gerade um das *Energiequantum E*, im Zusammenhang mit der elektromagnetischen Strahlung bald als *Photon* bezeichnet. In Gl. (1.31) starten wir mit einer unendlichen geometrischen Reihe (Kasten 1.6):

$$
\begin{aligned}
\langle E \rangle &= \frac{\sum_{n=1}^{\infty} E_n\, e^{-n\beta E}}{\sum_{n=1}^{\infty} e^{-n\beta E}} \\
&= -\frac{\partial}{\partial \beta} \ln \sum_{n=1}^{\infty} e^{-n\beta E} \\
&= -\frac{\partial}{\partial \beta} \ln \frac{1}{1 - e^{-\beta E}}.
\end{aligned}
\tag{1.31}
$$

Setzen wir für das Argument des Logarithmus z nach

$$
z = \frac{1}{1 - e^{-\beta E}},
$$

folgt für deren Ableitung nach β, also der inversen Temperatur

$$\frac{\mathrm{d}z}{\mathrm{d}\beta} = -\frac{Ee^{-\beta E}}{(1 - e^{-\beta E})^2},$$

das wir zur Lösung von Gl. (1.31) nach

$$\begin{aligned} -\frac{\mathrm{d}\ln z}{\mathrm{d}\beta} &= \frac{Ee^{-\beta E}(1 - e^{-\beta E})}{(1 - e^{-\beta E})^2} \\ &= \frac{Ee^{-\beta E}}{1 - e^{-\beta E}} \end{aligned}$$

verwenden. Damit ergibt Gl. (1.31)

$$-\frac{\partial}{\partial\beta} \ln \frac{1}{1 - e^{-\beta E}} = \frac{Ee^{-\beta E}}{1 - e^{-\beta E}}.$$

Multiplikation mit $e^{\beta E}$ liefert

$$-\frac{\partial}{\partial\beta} \ln \frac{1}{1 - e^{-\beta E}} = \frac{E}{e^{\beta E} - 1}.$$

Setzt man diesen Wert in die Gl. (1.24) ein, erhält man die Formel

$$\rho_\omega = \frac{\omega^2}{\pi^2 c^3} \frac{E}{e^{\beta E} - 1}. \tag{1.32}$$

Damit diese Formel mit dem WIENschen Gesetz bei hohen Frequenzen übereinstimmt, ist es hinreichend, zu fordern, dass

$$E \propto (\omega = 2\pi\,\nu).$$

Dabei wählte PLANCK die Formel

$$\boxed{E = h\nu} \tag{1.33}$$

mit h der PLANCKschen Konstanten, wobei das „h" für *Hilfskonstante* stand.[6] Damit erhalten wir die PLANCKsche Formel

$$\rho\mathrm{d}\omega = \frac{\hbar\omega^3}{\pi^2 c^3} \frac{1}{e^{\hbar\omega/k_\mathrm{B}T} - 1} \mathrm{d}\omega, \tag{1.34}$$

die in hervorragender Weise das Experiment beschreibt (Abbn. 1.9) [4].

Obwohl die Frequenz mit der dritten Potenz im Zähler steht, der aber aus zwei Faktoren besteht, nämlich der Energie selbst, und aus der mit der Frequenz quadratisch zunehmenden Zahl der in einem Intervall $\mathrm{d}\omega$ möglichen Frequenzen, der sog. Zustandsdichte $\mathscr{D}$, wird durch den sehr viel größeren Wert von $\hbar\omega/k_\mathrm{B}T$, mit dem die Zahl e potenziert wird, die Parabel 3. Grades „nach unten" gezogen! Mit dieser Gleichung konnte PLANCK also die Verteilung der Frequenzen bei einer bestimmten Temperatur T über den gesamten Frequenzbereich beschreiben.

---

[6]Später erfand P.A.M. DIRAC das $\hbar$ für $\frac{h}{2\pi}$, das hier durchgängig verwendet wird.

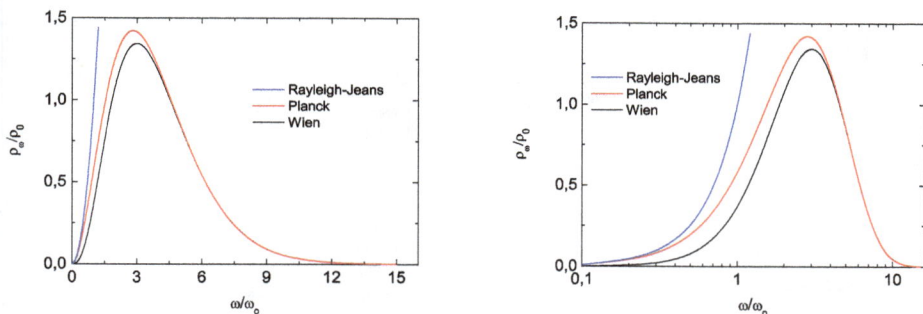

Abb. 1.9. Kurven der beiden Grenzgesetze von Rayleigh-Jeans ($\rho_\omega = \rho_0 x^2$) und Wien ($\rho_\omega = \rho_0 x^3 e^{-x}$), verglichen mit der Planckschen Kurve ($\rho_\omega = \rho_0 x^3/(e^x - 1)$). $\rho_0 = (k_B T)^3/\pi^2 \hbar^2 c^3$, $x = \omega/\omega_0$, $\omega_0 = k_B T/\hbar$, lks. im linearen, re. im halblogarithmischen Maßstab.

Die Plancksche Gleichung

$$\rho d\omega = \hbar\omega \frac{\omega^2}{\pi^2 c^3} \frac{1}{e^{\hbar\omega/k_B T} - 1} d\omega$$

ist zusammengesetzt aus mehreren Beiträgen:

1. der Energie $E = \hbar\omega$,

2. der Wahrscheinlichkeit des Auftretens $\frac{1}{e^{\hbar\omega/k_B T}-1}$ oder auch die *mittlere Zahl der Photonen pro Mode* — diese kann kleiner oder größer als Eins sein —,

3. der Zahl der Zustände $\mathscr{D} \propto \omega^2$ pro Frequenzintervall $d\omega$ und

4. einem Normierungsfaktor $\frac{1}{\pi^2 c^3}$.

Division von Gl. (1.34) durch die Energie der Quanten ergibt folglich deren Zahl pro Volumen, also die spektrale Photonendichte (Abbn. 1.10).

Obwohl also Planck von einer Maxwell-Boltzmann-Verteilung der Moden im Hohlraumstrahler ausging, erhielt er als Ergebnis dennoch eine andere Verteilung für die spektrale Strahlungsdichte, weil die Energieaufnahme und -abgabe

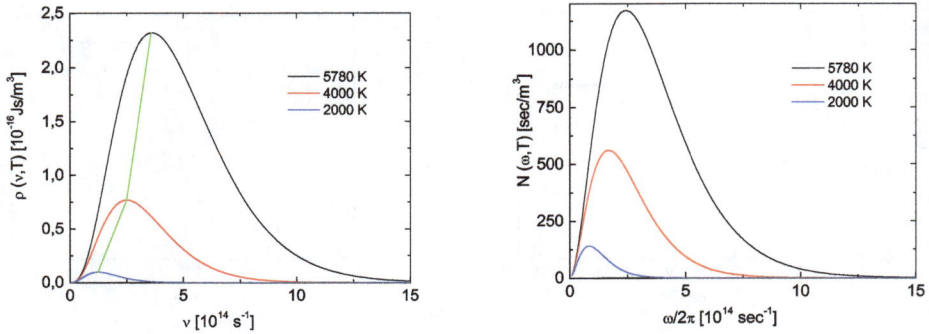

Abb. 1.10. Spektrale Strahlungsdichte $\rho(\omega, T)$ (lks.) und Modenzahl $N(\rho, T)$ (re.) für den Schwarzen Strahler. Man sieht, dass die Zahl der Moden mit steigender Frequenz stärker abnimmt als die spektrale Strahlungsdichte.

gerastert vonstatten geht.[7] Die Modenenergie skaliert also **gerastert** mit der Frequenz. Wird dem Oszillator thermische Energie angeboten, die zwischen den Energien der Moden liegt, kann sie nicht aufgenommen werden.

1.5.1 Plancks Deutung: Quantenstatistik

Statistisch gesehen, lautet nun die Fragestellung für eine Gesamtheit von Harmonischen Oszillatoren, der über n äquidistante Energienievaus mit dem Abstand $\hbar\omega$ verfügt (Abb. 1.11, hier nochmals eindimensional dargestellt): Wie hoch ist das Gewicht eines jeden Zustandes zur Gesamtenergie? Wenn die Zahl der Zustände im Grundzustand N_0 mit der Energie E_0 beträgt, dann ist die Wahrscheinlichkeit der Besetzung eines Zustandes der Energie E_1

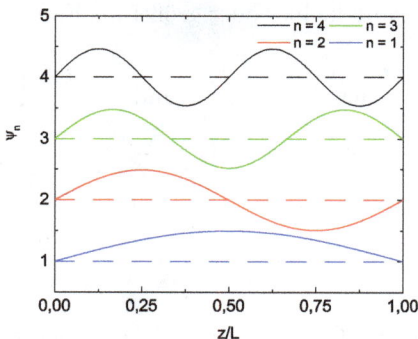

Abb. 1.11. PLANCKs Deutung des Schwarzen Strahlers: Die Oszillatoren werden mit der Fundamentalmode und ihren höheren Harmonischen in einem Kubus der Länge L angeregt [hier gezeigt für normal zwischen zwei Wänden stehenden Moden, aber es gibt auch Moden mit nicht normaler Inzidenz, Gl. (1.19) für die spektrale Modendichte].

---

[7]Dies liegt außerdem an der niedrigen Dichte und der hohen Temperatur, zum anderen an der (unbewussten) Vernachlässigung der sog. Nullpunktsschwingung (s. Kap. 8).

$$P_1 = \frac{N_1}{N_0} = \exp\left\{\frac{-(E_1 - E_0)}{k_B T}\right\}. \tag{1.35}$$

Setzen wir den Grundzustand auf Null, vereinfacht sich die Gleichung zu

$$P_1 = \frac{N_1}{N_0} = \exp\left\{\frac{-E_1}{k_B T}\right\}, \tag{1.36}$$

und der Energiebeitrag ist entsprechend

$$E_1 \cdot P_1 = \hbar\omega \cdot P_1. \tag{1.37}$$

Für den zweiten Zustand der Energie $E_2 = 2 \cdot E_1 = 2\hbar\omega$ wird

$$P_2 = \frac{N_2}{N_0} = \exp\left\{\frac{-E_2}{k_B T}\right\} = \exp\left\{\frac{-2 \cdot E_1}{k_B T}\right\},$$

und für den n-ten Zustand der Energie $E_n = n \cdot E_1 = n\hbar\omega$ folgt

$$P_n = \frac{N_n}{N_0} = \exp\left\{\frac{-n \cdot E_1}{k_B T}\right\} = \exp\left\{\frac{-n \cdot \hbar\omega}{k_B T}\right\},$$

sein Beitrag zur Gesamtenergie

$$nE_1 \cdot P_n. \tag{1.38}$$

Damit ist die Besetzung eines Zustandes höherer Energie weniger wahrscheinlich als die Besetzung eines Zustandes niedrigerer Energie.
Klammern wir den Term $E_1 = \hbar\omega$ aus und bezeichnen $\exp\left\{\frac{-\hbar\omega}{k_B T}\right\}$ mit x, erhalten wir für den Mittelwert

$$\langle E \rangle = \frac{\sum_i P_i E_i}{\sum_i P_i} = \frac{\hbar\omega(0 + x + 2x^2 + 3x^3 + \ldots)}{1 + x + x^2 + x^3 + \ldots}$$

oder

$$\langle E \rangle = \frac{\sum_i P_i E_i}{\sum_i P_i} = \frac{\hbar\omega(0x^0 + 1x^1 + 2x^2 + 3x^3 + \ldots)}{x^0 + x^1 + x^2 + x^3 + \ldots}.$$

Der letzte Quotient kann weiter faktorisiert werden zu

$$\langle E \rangle = \hbar\omega\frac{(x^1 + x^2 + x^3 + \ldots)(x^0 + x^1 + x^2 + \ldots)}{x^0 + x^1 + x^2 + x^3 + \ldots},$$

so dass als Summe

$$\langle E \rangle = \hbar\omega \sum_i^\infty x^i$$

stehen bleibt, die unendliche geometrische Reihe

$$\sum_{i}^{\infty} x^i = x^1 + x^2 + x^3 + \ldots = x(1 + x^1 + x^2 + \ldots),$$

die für $x < 1$ konvergiert und den Wert

$$x\frac{1}{1-x} \tag{1.39}$$

hat. Erweitern mit $1/x$ liefert

$$\frac{1}{\frac{1}{x}-1},$$

also nach der Rücksubstitution $x = \exp\left\{\frac{-\hbar\omega}{k_\mathrm{B}T}\right\}$

$$\frac{1}{\mathrm{e}^{\hbar\omega/k_\mathrm{B}T}-1} \tag{1.40}$$

genau den Exponentialausdruck der PLANCKschen Formel, um die die Formel von RAYLEIGH und JEANS [Gln. (1.24/25)] modifiziert werden muss, um die Ultraviolettkatastrophe zu vermeiden:

$$\langle E \rangle = \frac{\hbar\omega}{\mathrm{e}^{\hbar\omega/k_\mathrm{B}T}-1}\cdots,$$

und natürlich ergibt diese Formel für den Fall sehr niedriger Frequenzen ($\omega \to 0$) oder sehr hoher Temperaturen ($T \to \infty$) den Wert $k_\mathrm{B}T$ für den Mittelwert der Energie.

Aus Gl. (1.34) ergeben sich zwangsläufig die Grenzfälle des RAYLEIGH-JEANSschen Gesetzes

$$\boxed{\frac{\hbar\omega}{k_\mathrm{B}T} \ll 1: \mathrm{e}^{\frac{\hbar\omega}{k_\mathrm{B}T}} \approx 1 + \frac{\hbar\omega}{k_\mathrm{B}T} \Rightarrow \rho_\omega = \frac{\omega^2}{\pi^2 c^3} k_\mathrm{B}T} \tag{1.41}$$

und des WIENschen Gesetzes

$$\boxed{\frac{\hbar\omega}{k_\mathrm{B}T} \gg 1 \Rightarrow \rho_\omega = \frac{\hbar\omega^3}{\pi^2 c^3}\mathrm{e}^{-\frac{\hbar\omega}{k_\mathrm{B}T}}.} \tag{1.42}$$

Der Ersatz eines Integrals, das eine kontinuierliche Energieaufnahme und -abgabe suggeriert, durch eine Summe mit einer gerasterten Leiter von Zuständen unterschiedlicher Energie ist von PLANCK also aus der Bestimmung der mittleren Energie eines Oszillators übertragen worden; schließlich war seine Profession Thermodynamik, wofür er auch sein erstes Lehrbuch verfasste [5, 6].

1.6 Einsteins Deutung: Strahlungsgleichgewicht

Die Natur der Oszillatoren bleibt in allen bisher betrachteten Ansätzen offen. In Analogie zum mathematischen Pendel könnte man sie als mathematische Oszillatoren mit einem streng definierten Obertonspektrum bezeichnen. Der PLANCKsche Oszillator kann die Energie nur quantenhaft auf- und abgeben, eine „besondere Eigenschaft", die er nur ihnen zuschrieb, nicht aber der elektromagnetischen Strahlung.

EINSTEIN stellte dagegen die Hypothese auf, dass die Oszillatoren mit der elektromagnetischen Strahlung deswegen wechselwirken können, weil diese selbst aus quantenhaften Korpuskeln besteht, die Träger der Energie $\hbar\omega$ sind.

Angenommen, man hat ein System mit zwei Niveaus, einem unteren, das meist als m und einem oberen, das meist als n bezeichnet wird, die um eine Energie $E = \hbar\omega$ voneinander separiert sind, so dass dessen oberes Niveau durch Absorption eines Photons dieser Energie besetzt oder „bevölkert" werden kann, dann gibt es drei Prozesse (Abb. 1.12):

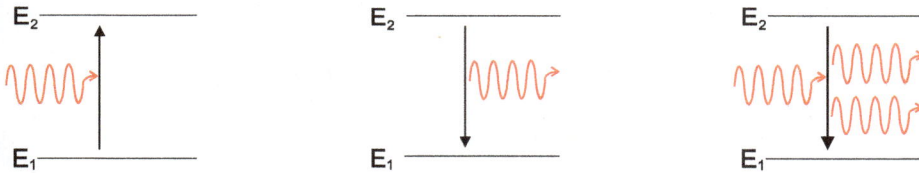

Abb. 1.12. Nach EINSTEIN unterscheiden wir im Strahlungsgleichgewicht drei Prozesse, hier dargestellt für ein Zweiniveausystem mit einer Energiedifferenz $E_2 - E_1$. Lks.: induzierte Absorption, M.: spontane Emission, re.: induzierte Emission.

- spontane Emission des Betrags $\hbar\omega$: $\propto$ Anzahldichte angeregter Teilchen N_n mit A_{nm} der Geschwindigkeitskonstanten der spontanen Emission, die Leistung im Intervall zwischen ω und $\omega + \mathrm{d}\omega$ ist

$$P_{\text{Emiss.}}^{\text{spont.}} \, \mathrm{d}\omega = A_{nm} N_n \hbar\omega \, \mathrm{d}\omega; \tag{1.43}$$

- Absorption der Energie $\hbar\omega$: $B_{mn}\rho(\omega, T)N_m\mathrm{d}\omega$ mit $B_{mn}\rho_\omega$ der Geschwindigkeitskonstanten der Absorption der Teilchen der Anzahldichte N_m; die aufgenommene Leistung im Intervall zwischen ω und $\omega + \mathrm{d}\omega$ ist

$$P_{\text{Absorp.}}^{\text{induz.}} \, \mathrm{d}\omega = N_m B_{mn}\rho(\omega, T)\hbar\omega \, \mathrm{d}\omega, \tag{1.44}$$

- erzwungene Emission, die Umkehrung des Prozesses der (durch ein Strahlungsfeld erzwungenen) Absorption: $B_{nm}N_n\rho(\omega,T)\mathrm{d}\omega$, die Leistung im Intervall zwischen ω und $\omega + \mathrm{d}\omega$ ist

$$P_{\text{Emiss.}}^{\text{induz.}}\,\mathrm{d}\omega = N_n B_{nm}\rho(\omega,T)\hbar\omega\,\mathrm{d}\omega. \tag{1.45}$$

Im Gleichgewicht treten so viele Absorptionen wie Emissionen auf, wobei die Dichte der angeregten Zustände n durch die MAXWELL-BOLTZMANN-Verteilung gegeben ist:

$$\frac{N_n}{N_m} = \mathrm{e}^{-E/k_\mathrm{B}T} = \mathrm{e}^{-\hbar\omega/k_\mathrm{B}T}, \tag{1.46}$$

also

$$B_{mn}\rho(\omega,T)N_m\mathrm{d}\omega = N_n[A_{nm} + B_{nm}\rho(\omega,T)]\,\mathrm{d}\omega \tag{1.47}$$

bzw. mit Gl. (1.46)

$$B_{mn}\rho N_m\mathrm{d}\omega = N_m\mathrm{e}^{-\hbar\omega/k_\mathrm{B}T}(A_{nm} + B_{nm}\rho)\,\mathrm{d}\omega, \tag{1.48}$$

womit sich die spektrale Energiedichte zu

$$\rho\mathrm{d}\omega = \frac{A_{nm}\mathrm{e}^{-\hbar\omega/k_\mathrm{B}T}}{B_{mn} - B_{nm}\mathrm{e}^{-\hbar\omega/k_\mathrm{B}T}}\mathrm{d}\omega \tag{1.49}$$

erweist. Division durch B_{nm} und Multiplikation mit $\mathrm{e}^{\frac{\hbar\omega}{k_\mathrm{B}T}}$ führt zu

$$\rho\mathrm{d}\omega = \frac{A_{nm}}{B_{nm}} \cdot \frac{1}{\frac{B_{mn}}{B_{nm}}\mathrm{e}^{\frac{\hbar\omega}{k_\mathrm{B}T}} - 1}\,\mathrm{d}\omega. \tag{1.50}$$

Für $T \to \infty$ wächst die Strahlungsdichte unbegrenzt an, was mit der Forderung, dass der Nenner von Gl. (1.50) gegen Null geht, identisch ist. Das bedeutet

$$B_{mn} = B_{nm}\mathrm{e}^{\frac{-\hbar\omega}{k_\mathrm{B}T}}, \tag{1.51}$$

was nur für $B_{mn} = B_{nm}$ richtig ist. Um zweitens das Verhältnis A_{nm}/B_{nm} zu bestimmen, kann man etwa, wie dies EINSTEIN scharfsinnig tat, den langwelligen Grenzwert benutzen, der sich zu

$$\lim_{\frac{\hbar\omega}{k_\mathrm{B}T}\to 0} \rho_\omega = \frac{A_{nm}}{B_{nm}}\frac{k_\mathrm{B}T}{\hbar\omega} \tag{1.52}$$

erweist. Gleichsetzung mit Gl. (1.24) ergibt

$$\frac{A_{nm}}{B_{nm}}\frac{k_\mathrm{B}T}{\hbar\omega} = \frac{\omega^2}{\pi^2 c^3}k_\mathrm{B}T, \tag{1.53}$$

somit für das Verhältnis der Koeffizienten A_{nm} und B_{nm}

$$\frac{A_{nm}}{B_{nm}} = \frac{\hbar\omega^3}{\pi^2 c^3} \Rightarrow \frac{A_{nm}}{B_{nm}} = \frac{4h}{\lambda^3}, \tag{1.54}$$

also genau den Vorfaktor der PLANCKschen Formel. Folglich

1. hängt die Intensität der emittierten spontanen Strahlung von A_{nm} und der Zahl N_n der angeregten Oszillatoren ab.

2. ist nur die Kenntnis eines einzigen der EINSTEINschen Koeffizienten notwendig.

3. sind nach Gl. (1.54) die Koeffizienten der induzierten Prozesse zwar demjenigen für spontane Emission proportional, fallen aber stark mit der Frequenz, nämlich mit ω^3.

4. ist die Emission bei hohen Frequenzen überwiegend spontan, während der Anteil der induzierten Emission zu niedrigen Frequenzen hin zunimmt.[8]

5. geht aus der Gl. (1.48) hervor, dass es wegen $N_m > N_n$ wahrscheinlicher ist, dass ein Photon absorbiert wird, als dass es seine Intensität durch induzierte Emission verdoppelt.

6. ist die Dimension des Koeffizienten A Volumen/Zeit, und er ist der Lebensdauer des angeregten Zustandes umgekehrt proportional (Beisp. 1.1).

Beispiel 1.1 Für gelbes Licht (600 nm) wird das Verhältnis A/B $3{,}91 \cdot 10^{-14}\,\mathrm{erg\,s/cm^3} = 3{,}91 \cdot 10^{-15}\,\mathrm{J\,s/m^3}$. Der Bruch ist $7 \cdot 10^{-4}$ für $T = 3\,300\,\mathrm{K}$. Er gibt direkt das Verhältnis zwischen den im Strahlungsfeld der Stärke ρ_ω auftretenden induzierten zu den spontanen Übergängen an.

1.7 Schlussfolgerungen

1.7.1 Wiensches Verschiebungsgesetz

Das Maximum der Strahlungsdichte eines Schwarzen Strahlers ergibt sich durch Differenzieren von Gl. (1.34) und graphische Auswertung zu (s. Aufg. 1.19/20)

---

[8]Um den Anteil der induzierten Emission gegenüber dem der spontanen Emission zu erhöhen, muss man die Intensität des Strahlungsfeldes vergrößern, wie das beim Laser passiert (*gain guiding*), Division der Gln. (1.43) und (1.45).

$$\omega_{\text{max}} = \frac{2{,}82 k_{\text{B}} T}{\hbar} = 3{,}70 \cdot 10^{11}\, T \qquad (1.55)$$

und hat am Maximum den Wert

$$\rho(\omega_{\text{Max}}, T)\mathrm{d}\omega = \frac{\hbar \omega^3}{\pi^2 c^3} \cdot \frac{1}{\mathrm{e}^{2{,}82} - 1}\mathrm{d}\omega = 0{,}040 \cdot \frac{(k_{\text{B}} T)^3}{\hbar^2 c^3}\mathrm{d}\omega \qquad (1.56)$$

bzw. auf Wellenlängen umgeschrieben

$$\lambda_{\text{max}} \cdot T = 0{,}29\,\text{cm K.} \qquad (1.57)$$

Das ist das WIENsche Verschiebungsgesetz. Durch Erhöhung der Temperatur eines absolut schwarzen Körpers wird das Maximum der Strahlungsintensität hin zu kürzeren Wellenlängen verschoben (s. Abbn. 1.8).

1.7.2 Stefan-Boltzmannsches Gesetz

Für die Energiedichte folgt weiter

$$u = \int_0^\infty \rho_\omega \mathrm{d}\omega = \frac{\hbar}{\pi^2 c^3} \int_0^\infty \frac{\omega^3 \mathrm{d}\omega}{\mathrm{e}^{\frac{\hbar\omega}{k_{\text{B}} T}} - 1}. \qquad (1.58)$$

Substituiert man $x = \frac{\hbar\omega}{k_{\text{B}} T}$ und $\mathrm{d}\omega = \frac{k_{\text{B}} T}{\hbar}\mathrm{d}x$, wird daraus

$$u = \frac{(k_{\text{B}} T)^4}{\hbar^3 \pi^2 c^3} \int_0^\infty \frac{x^3 \mathrm{d}x}{\mathrm{e}^x - 1}. \qquad (1.59)$$

Beachtet man noch, dass das bestimmte Integral $\int_0^\infty \frac{x^3 \mathrm{d}x}{\mathrm{e}^x - 1} = 6\frac{\pi^4}{90}$ ist [7], erhält man weiterhin das STEFAN-BOLTZMANNsche Gesetz mit a der Konstanten $7{,}56 \cdot 10^{-15}\,\text{erg/cm}^3\text{K}^4$ oder $7{,}56 \cdot 10^{-16}\,\text{J/m}^3\text{K}^4$

$$u = \frac{\pi^2}{15} \frac{k_{\text{B}}^4 T^4}{c^3 \hbar^3} = a T^4, \qquad (1.60)$$

das die Gesamtenergie definiert, die ein Schwarzer Strahler abgibt. Das ist die Urfunktion, aus der sich die PLANCKsche Formel durch Differenzieren ergibt (Abbn. 1.13) — übrigens das gleiche Integral, das bei der Bestimmung der spezifischen Wärme eines Festkörpers nach DEBYE auftritt (s. Kap. II, 3). Die Fläche unter der PLANCK-Kurve, als Dreiecksfläche angenähert, ist etwa $1/2$ Höhe · Breite. Die Höhe des Maximums ist proportional ω^3, also T^3 [Gln. (1.59/60)]. Die Breite ist etwa $k_{\text{B}} T$.

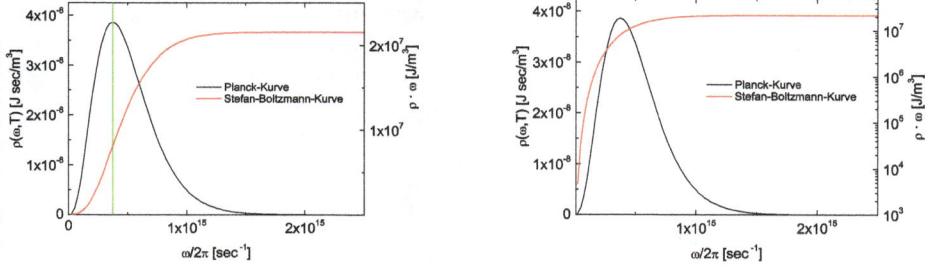

Abb. 1.13. Für die Oberflächentemperatur der Sonne wird die PLANCKsche Funktion integriert. Man sieht sehr schön die Wendestelle des STEFAN-BOLTZMANNschen Gesetzes, die mit dem Maximum der PLANCKschen Funktion koinzidiert. Das gleiche Integral ist bei der Bestimmung der Gesamtenergie eines Festkörpers nach DEBYE zu lösen.

1.7.3 Lambert-Strahler

Ist das KIRCHHOFFsche Gesetz erfüllt, dann muss das von der Geometrie des Strahlers unabhängig sein. Das bedeutet: die Leuchtdichte bzw. Strahldichte ist nach allen Richtungen gleich, also vollkommen diffus. Für einen flächenhaften Strahler ist damit das Ideal eine Kugel mit der Strahlerfläche als Tangentialfläche (Abb. 1.14).

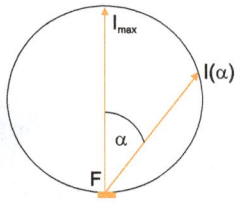

Abb. 1.14. Ein idealer Schwarzer Strahler strahlt diffus in alle Richtungen gleich intensiv ab. Was unter einem Betrachtungswinkel α an Intensität verlorengeht, wird durch die perspektivische Vergrößerung der strahlenden Fläche kompensiert.

In Abb. 1.14 bedeuten F die Einheitsfläche des Strahlers und α der Winkel gegen die Flächennormale. Dann geht die Strahlungsstärke $I(\alpha)$ des Elements F mit steigendem Winkel α zurück, aber unter dem Betrachtungswinkel α vergrößert sich das Flächenelement um den inversen Betrag, so dass das Flächenelement F isotrop abstrahlt:

$$\frac{I(\alpha)}{F\cos\alpha} = I_{\max} = P. \tag{1.61}$$

1.7.3.1 Experimentelle Bestimmung im idealen Fall. Experimentell bestimmt man nicht die Energiedichte $u = E/V$, sondern die Energie σT^4, die in jeder Sekunde von einem schwarzen Körper mit 1 cm^2 Oberfläche in den Halbraum $\Omega = 2\pi$ gestrahlt wird, so dass die von dem Empfänger detektierte Strahlung (Oberfläche der Kugel ist viermal die Oberfläche der scheinbaren Kreisscheibe des Senders)

$$\frac{P}{A} = \frac{u}{4} \cdot c \qquad (1.62)$$

ist (GAUSSscher Satz).

1.7 Gaussscher Satz. In der Gl. (1.62) finden wir eine Ausnutzung des GAUSSschen Satzes, den wir für ein elektrisches Feld als POISSON-Gleichung kennengelernt haben:

$$\iiint \nabla \cdot \boldsymbol{E} \cdot \mathrm{d}^3 x = \iint \boldsymbol{E} \cdot \mathrm{d}\boldsymbol{A} = \frac{\rho}{E_0},$$

und der, für unsere Zwecke umgeschrieben, bei Winkelunabhängigkeit der Strahlungsquelle mit D der Flussdichte der Strahlung lautet:

$$\iiint \nabla \cdot \boldsymbol{D} \cdot \mathrm{d}^3 x = \iint D \mathrm{d}A = \frac{\partial E}{\partial t}.$$

Algebraisch ist dies dem Fluss an Gasteilchen identisch, die entweder auf eine Fläche eines Würfels prallen (hier wird c durch die mittlere Geschwindigkeit $\langle v \rangle$ der Partikeln ersetzt), oder die durch ein kleines Loch im Würfel diesen verlassen (Effusion). Tatsächlich kann über der strahlenden Fläche nur in den Halbraum 2π emittiert werden.

Dazu gehen wir davon aus, dass die Gleichgewichtsstrahlung vollkommen isotrop ist, d. h. die Photonen bewegen sich mit gleicher Wahrscheinlichkeit in alle Richtungen. Folglich ist die spektrale Strahlungsdichte per Einheits-Raumwinkel (4π)

$$\frac{1}{4\pi} \rho_\omega. \qquad (1.63)$$

In der Zeit t verlässt durch die Oberfläche A ein Strom von $\frac{\rho_\omega}{4\pi} ctA$ Photonen das Parallelepiped des Schwarzen Strahlers (Abb. 1.15). Da sein Volumen allgemein $Act \cos \vartheta$ beträgt, erhalten wir bei Multiplikation von Gl. (1.63) mit diesem Wert die Energie innerhalb seines Volumens, bei weiterer Multiplikation mit dem Volumenelement des Raumwinkels $\sin \vartheta \mathrm{d}\vartheta \mathrm{d}\varphi$ und Division durch t die in der Zeit t in dieses Raumwinkelelement ausgesendete Strahlung

$$\mathrm{d}P = \frac{\rho_\omega}{4\pi} \sin \vartheta \cos \vartheta \mathrm{d}\vartheta \mathrm{d}\varphi. \qquad (1.64)$$

Beachtet man nun, dass die Energie durch die Fläche A nur in den Halbraum mit dem Raumwinkel 2π abgestrahlt werden kann, so dass das mit $\cos \vartheta$ zu

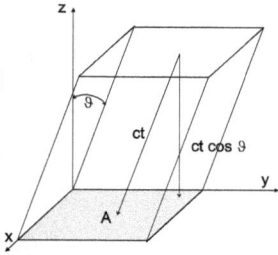

Abb. 1.15. Skizze zur Berechnung des Photonenstroms, der das Parallelepiped mit der Basisfläche A in der Zeit t verlässt. Für einen Quader ist $\cos \vartheta = 1$, und das Volumen wird einfach $A\,c\,t$.

multiplizierende Integral über den Winkel ϑ nicht von Null bis π, sondern nur bis $\frac{1}{2}\pi$ genommen werden darf, womit das winkelabhängige Integral der Gl. (1.64)

$$\int_0^{\frac{\pi}{2}} \sin\vartheta \cos\vartheta \mathrm{d}\vartheta \int_0^{2\pi} \mathrm{d}\varphi = \pi \tag{1.65}$$

dann π ergibt, folgt für die winkelunabhängige spektrale Strahlungsdichte durch die Fläche A

$$\rho_\omega = \frac{Ac}{4}\frac{\hbar\omega^3}{\pi^2 c^3}\frac{1}{e^{\frac{\hbar\omega}{k_\mathrm{B}T}} - 1}, \tag{1.66}$$

und die Leistung der Schwarzkörperstrahlung, bezogen auf die Einheitsfläche und Sekunde, ist

$$\mathrm{d}P_\omega = \frac{1}{At}\rho_\omega\,\mathrm{d}\omega = \frac{c}{4}\frac{\hbar\omega^3}{\pi^2 c^3}\frac{1}{e^{\frac{\hbar\omega}{k_\mathrm{B}T}} - 1}\mathrm{d}\omega. \tag{1.67}$$

Intuitiv bedeutet die Formel (1.67), dass sich die (spektrale) Strahlungsdichte u mit der Geschwindigkeit c bewegt. Der Faktor $\frac{1}{4}$ berücksichtigt die Isotropie der Strahlung; sie geht nicht nur in Richtung des Loches der Fläche A.

Für den Bereich des sichtbaren Lichtes bezeichnet man diese Größe mit Stilb oder Candela/cm^2, der mit dem Halbraumwinkel 2π multiplizierte Wert ist in Lumen (s. Aufg. 1.21/23). Damit wird die STEFAN-BOLTZMANN-Konstante

$$\sigma = \frac{c}{4}a = 5{,}67 \cdot 10^{-8}\,\frac{\mathrm{W}}{\mathrm{m}^2\,\mathrm{K}^4}. \tag{1.68}$$

1.7.3.2 Restriktionen im realen Fall. Tatsächlich existiert kein Schwarzer Strahler. Sorgfältig hergestellte kupferne Eichkegel mit sehr geringer Neigung, um viele Reflexionen zu erhalten, die auf der Innenseite mit nativem, hoch absorbierendem Kupferoxid überzogen sind, werden als Eichinstrumente benutzt, und ihr Absorptionsgrad α (und damit auch ihr Emissionsvermögen ε) auf Eins gesetzt. Derartige Systeme reflektieren also nicht, noch findet eine Transmission statt, und bei einer Temperatur T_0 berechnet sich die emittierte Strahlungsleistung zu

$$P_0 = \sigma \varepsilon_0 T_0^4. \tag{1.69}$$

Ein reale(re)s System weist ein ε auf, das kleiner als Eins ist, und damit wird seine abgestrahlte Leistung

$$P_1 = \sigma \varepsilon_1 T_1^4 : \tag{1.70}$$

Bei gleicher Temperatur ist also die abgestrahlte Leistung geringer, oder umgekehrt: Bei gleicher abgegebener Leistung ist die (Farb-)Temperatur des realen Systems, T_1, höher als die des Schwarzen Strahlers, T_0. Um das quantitativ zu machen, verwenden wir das PLANCKsche Gesetz in der WIENschen Näherung, was deswegen berechtigt ist, weil die gemessenen Frequenzen weit rechts vom Maximum der Kurve liegen. Wir bekommen

$$P_{0,1} = P = \varepsilon_{0,1} \frac{\hbar \omega^3}{\pi^2 c^3} e^{-\hbar \omega / k_B T_{0,1}}, \tag{1.71}$$

woraus nach Logarithmieren folgt

$$\ln \frac{\varepsilon_1}{\varepsilon_0} = \frac{\hbar \omega}{k_B} \left(\frac{1}{T_1} - \frac{1}{T_0} \right), \tag{1.72}$$

was für reale Strahlungsverhältnisse, also Emissivitäten, die kleiner als Eins sein müssen, bedeuten muss, dass $T_1 > T_0$ wird. Bei Kenntnis von ε_1 ist umgekehrt

$$T_0^4 = \varepsilon_1 T_1^4, \tag{1.73}$$

und ein für Schwarze Strahler geeichtes Pyrometer findet eine zu tiefe Temperatur. Schließlich gibt es noch graue Strahler, für die $\varepsilon(\lambda) = $ const und zusätzlich $\alpha = \varepsilon < 1$ gilt. Ihre Strahlungsleistung ist proportional der des Schwarzen Strahlers. Deren Farbtemperatur muss mit der Schwarzen Temperatur übereinstimmen (Abb. 1.16).

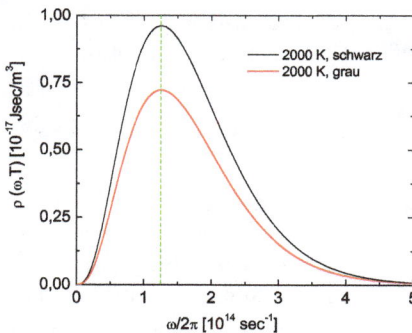

Abb. 1.16. Der Schwarze Strahler ist eine Idealisierung. Reale Strahler sind „grau", ihr ε ist ebenfalls konstant über den ganzen Spektralbereich, aber kleiner als das des Schwarzen Strahlers, d. h. die Maxima beider Funktion koinzidieren.

1.7.3.3 Sonne als Schwarzer Strahler und Farbtemperatur. Das Strahlungsmaximum der Sonnenoberfläche (Photosphäre) liegt bei $\nu = 3{,}4 \cdot 10^{14}$ Hz, woraus sich mit Gln. (1.55/56) eine Temperatur von 5 800 K ergibt. Sie wird in erster Näherung als Schwarzer Strahler betrachtet, was trotz der lächerlich kleinen Gasdichte und des damit verbundenen sehr kleinen absoluten Absorptionskoeffizienten μ gerechtfertigt ist, weil der Sonnenradius ja etwa 500 000 km beträgt und damit alle vom „Atomofen" ankommende Strahlung absorbiert und wieder neu verteilt wird.[9] Unter der *Farbtemperatur* versteht man die Temperatur des Schwarzen Strahlers, bei der dieser einen bestimmten Farbeindruck vermittelt. Das gilt gut für Sterne der Hauptreihe im HERTZSPRUNG-RUSSELL-Diagramm, weniger dagegen für glühende Metalle, bei denen die Farbtemperatur wesentlich über der mit konventionellen Methoden gemessenen Temperatur liegt, da ε fast proportional der Temperatur ist, also $P \propto T^5$ statt T^4. Bei gleicher Farbtemperatur sind daher Metalle kühler (Beisp. 1.2, zum Unterschied der Maxima in Wellenlänge und Frequenz s. Aufg. 1.16).

Beispiel 1.2 Angenommen, die Reflektivität eines Metalls betrage 80 %, dann ist die Farbtemperatur der korrigierten Schwarzen Strahlung für Rotglut etwa $4000 \cdot (1 - 0{,}8) \approx 800$ K, was mit der Erfahrung übereinstimmt.

1.8 Abschließende Bemerkung

Nach der PLANCKschen Hypothese besitzen Prozesse wie die Emission und die Absorption elektromagnetischer Strahlung Quantencharakter, d. h. die Energieveränderung der Mikroteilchen verläuft für diese Prozesse sprungartig. Die von ihm vorgelegte, die experimentellen Sachverhalte vollkommen richtig beschreibende, Formel für die spektrale Energiedichte stellte sich als Verteilungsfunktion für eine bestimmte Art von Quantenteilchen heraus, die später unter dem Namen *Bosonen* zusammengefasst werden sollte.

Wie wir sahen, waren die beiden Grenzgesetze des PLANCKschen Strahlungsgesetzes incl. des WIENschen Verschiebungsgesetzes bereits vorher empirisch abgeleitet worden. Auch war bereits lange bekannt, dass z. B. der photographische Film, der vorwiegend aus einer AgBr-Emulsion besteht, im Violetten, aber noch deutlicher in einer Umgebung mit hohem UV-Anteil, wesentlich kürzer belichtet werden muss als in einer langwelligeren Umgebung, und dass ein Film in einer Dunkelkammer sogar unter Rotlicht entwickelt werden kann. Die Quantenhypothese lag also, wie die Relativitätstheorie, zu der etwa LORENTZ und FITZGERALD bereits wesentliche Beiträge geliefert hatten, sozusagen „in der Luft." Dieses beim

---

[9]Wenn die Sonne ein Schwarzer Strahler wäre, müsste sie ein LAMBERTsches Profil zeigen. Tatsächlich weist sie aber eine Mitte-Rand-Verdunkelung auf [8].

photographischen Film anzuwendende Argument wandte nun EINSTEIN auf den Photoeffekt an.

1.9 Aufgaben und Lösungen

1.9.1 Elektrodynamik

Aufgabe 1.1 Die Energiedichte eines geladenen Plattenkondensators ist $^1\!/_2\,\boldsymbol{D}\cdot\boldsymbol{E}$, was man bei Proportionalität zwischen $\boldsymbol{D}$ und $\boldsymbol{E}$ oft schreiben kann als $\boldsymbol{D}=\varepsilon_0\varepsilon\boldsymbol{E}$. In normaler Atmosphäre tritt oberhalb von $2{,}5\cdot10^6$ V/m Funkenüberschlag auf. Welche Energiedichte hat das elektrische Feld ($\varepsilon=1$)?

Lösung. Der Wert ist $\rho=27{,}5$ J/m^3.

Aufgabe 1.2 Wenn die von einem Eichsender abgestrahlte ebene Welle eine Bestrahlungsstärke von 1 W/m^2 hat: wie groß ist die Amplitude der elektrischen Feldstärke?

Lösung. Die mittlere Stromdichte der Energie ist

$$\overline{S}=1\,\frac{\mathrm{W}}{\mathrm{m}^2}, \tag{1}$$

und der POYNTING-Vektor ist

$$\boldsymbol{S}=\boldsymbol{E}\times\boldsymbol{H}. \tag{2}$$

Im Vakuum sind $\boldsymbol{E}$ und $\boldsymbol{H}$ gleichphasig,[10] außerdem ist

$$\mid B\mid=\frac{1}{c}\mid E\mid, \tag{3}$$

also

$$\mid B\mid=\sqrt{\varepsilon_0\mu_0}\mid E\mid \tag{4}$$

oder

$$\mid H\mid=\sqrt{\frac{\varepsilon_0}{\mu_0}}\mid E\mid, \tag{5}$$

damit also für den Betrag des POYNTING-Vektors:

$$\mid S\mid=\sqrt{\frac{\varepsilon_0}{\mu_0}}\mid E\mid^2. \tag{6}$$

Bei einer ebenen Welle ist der zeitliche Mittelwert $\overline{\sin^2\omega t}=\frac{1}{2}$, damit

---

[10]Dies gilt auch für Luft, in der die Materiedichte um drei Größenordnungen kleiner ist als in kondensierter Materie.

$$\overline{|S|} = \frac{1}{2}\sqrt{\frac{\varepsilon_0}{\mu_0}}\,|E|^2 \approx 27\,\frac{V}{m}. \tag{7}$$

Aufgabe 1.3 Nach dem GAUSSschen Satz nimmt die Intensität eines Flusses mit $1/r^2$ nach außen ab, z. B. magnetischer Fluss und Flussdichte: $\Phi = \oint B\,2\pi\,r\,\mathrm{d}r = B\pi r^2$. Begründen Sie, warum in der Nahzone eines Strahlungsfeldes, in dem man die Wellen als Kugelwellen betrachten muss, die Amplituden der beiden Feldvektoren nur mit $1/r$ abfallen!

Lösung. Die Intensität einer Welle ist dem Quadrat der Feldstärke proportional:

$$|S| = \sqrt{\frac{\varepsilon_0}{\mu_0}}\,|E|^2\,. \tag{1}$$

Da die Intensität aber gleichzeitig mit dem Quadrat der Entfernung abnimmt, geht die radiale Variation der Feldstärke aber nur mit $1/r$.

Aufgabe 1.4 Zeigen Sie, dass nach dem Theorem von POYNTING die Kontinuitätsgleichung der Energie eines elektromagnetischen Feldes (2) sich von der Kontinuitätsgleichung für die elektrische Ladung (1)

$$-\frac{\partial \rho}{\partial t} = \nabla \cdot \boldsymbol{j} \tag{1}$$

algebraisch und physikalisch unterscheidet um einen Term $\boldsymbol{E} \cdot \boldsymbol{j}$

$$-\frac{\partial u}{\partial t} = \nabla \cdot \boldsymbol{S} + \boldsymbol{E} \cdot \boldsymbol{j}. \tag{2}$$

Zeigen Sie weiterhin die Identität von

$$\boldsymbol{S} = \boldsymbol{E} \times \boldsymbol{H}. \tag{3}$$

Lösung. Die Ergänzung des Stromgliedes in der 3. MAXWELLschen Gleichung erlaubt es uns, einen Ausdruck für die Energie eines Strahlungsfeldes zu finden. Insgesamt gesehen, muss die Änderung der Energiedichte eines elektromagnetischen Feldes gleich der Summe aus der Ergiebigkeit des Energieflusses sein, der aus den Wänden tritt, die die Quelle umschließen, + der Änderung der kinetischen Energie der Teilchen, die durch die Arbeitsleistung des elektromagnetischen Feldes an den Teilchen entstanden ist. Dabei leistet nur das elektrische Feld Arbeit, nicht dagegen das Magnetfeld, da die Kraft, mit der ein Magnetfeld auf ein Teilchen wirkt, immer senkrecht auf dessen Geschwindigkeit steht. Die zeitliche Änderung des Impulses ist

$$\boldsymbol{F} = \frac{\mathrm{d}\boldsymbol{p}}{\mathrm{d}t} = e_0\boldsymbol{E} + e_0\boldsymbol{v} \times \boldsymbol{B}, \tag{4}$$

und die Änderung der kinetischen Energie $T = p^2/2m_\mathrm{e}$ ist

$$\frac{\mathrm{d}T}{\mathrm{d}t} = \boldsymbol{v} \cdot \dot{\boldsymbol{p}} \tag{5}$$

bzw. mit Gl. (4)

$$\frac{\mathrm{d}T}{\mathrm{d}t} = e_0\boldsymbol{v} \cdot \boldsymbol{E}, \tag{6}$$

auf das Volumen bezogen mit

$$\boldsymbol{j} = e_0 n\boldsymbol{v} = \rho\boldsymbol{v} \tag{7}$$

$$\frac{1}{V}\frac{\mathrm{d}T}{\mathrm{d}t} = e_0 n\boldsymbol{v}\boldsymbol{E} = \boldsymbol{j} \cdot \boldsymbol{E}. \tag{8}$$

Damit ergibt sich aus Gl. (2)

$$-\frac{\partial}{\partial t}\int_V u\,\mathrm{d}V = \int_V \nabla \cdot \boldsymbol{S}\,\mathrm{d}V + \int_V \boldsymbol{E} \cdot \boldsymbol{j}\,\mathrm{d}V \tag{9}$$

bzw. mit dem GAUSSschen Satz

$$-\frac{\partial}{\partial t}\int_V u\,\mathrm{d}V = \oint \boldsymbol{S} \cdot \mathrm{d}\boldsymbol{A} + \int_V \boldsymbol{E} \cdot \boldsymbol{j}\,\mathrm{d}V. \tag{10}$$

Da dieses für jedes Volumen gelten muss, können wir die Integrale fortlassen und gelangen zur differentiellen Form der Energieerhaltung für elektromagnetische Felder:

$$-\frac{\partial u}{\partial t} = \nabla \cdot \boldsymbol{S} + \boldsymbol{E} \cdot \boldsymbol{j} \Rightarrow \boldsymbol{E} \cdot \boldsymbol{j} = -\frac{\partial u}{\partial t} - \nabla \cdot \boldsymbol{S}. \tag{11}$$

Die linke Seite ergibt sich durch Bildung des Skalarproduktes aus der 3. MAXWELL-Gleichung mit $\boldsymbol{E}$

$$\boldsymbol{j} = \nabla \times \boldsymbol{H} - \frac{\partial \boldsymbol{D}}{\partial t} \tag{12}$$

zu

$$\boldsymbol{E} \cdot \boldsymbol{j} = \varepsilon_0\,c^2\boldsymbol{E} \cdot (\nabla \times \boldsymbol{B}) - \frac{\varepsilon_0}{2}\frac{\partial}{\partial t}(\boldsymbol{E} \cdot \boldsymbol{E}), \tag{13}$$

wobei wir im zweiten Summanden die Produktregel angewendet haben. Kümmern wir uns um den ersten Term auf der rechten Seite der Gl. (13), der durch Umstellen von

$$\boldsymbol{E} \cdot (\nabla \times \boldsymbol{B}) \tag{14}$$

über

$$(\nabla \times \boldsymbol{B}) \cdot \boldsymbol{E} \tag{15}$$

zu

$$\nabla \cdot (\boldsymbol{B} \times \boldsymbol{E}) \tag{16}$$

wird, da wir von Gl.(14) nach Gl. (15) von der Kommutativität des Skalarprodukts profitieren und im Spatprodukt (15/16) die beiden Multiplikationsarten vertauschen dürfen. Aber Gl. (16) kann nicht dasselbe sein wie Gl. (14), da in Gl. (14) die Differentialoperation mit $\nabla \times \boldsymbol{B}$ nur auf das $\boldsymbol{B}$-Feld wirkt, während die Operation ∇ in Gl. (16) auf beide Feldstärkevektoren Anwendung findet.

Dennoch führt uns dieser „Umweg" rasch zum Ziel. Gl. (16) kann nämlich nach Gesetzen der Vektoralgebra als Linearkombination

$$\nabla \cdot (\boldsymbol{B} \times \boldsymbol{E}) = (\nabla \times \boldsymbol{B}) \cdot \boldsymbol{E} - (\nabla \times \boldsymbol{E}) \cdot \boldsymbol{B}, \tag{17}$$

geschrieben werden, woraus für den Minuenden

$$(\nabla \times \boldsymbol{B}) \cdot \boldsymbol{E} = \nabla \cdot (\boldsymbol{B} \times \boldsymbol{E}) + (\nabla \times \boldsymbol{E}) \cdot \boldsymbol{B} \tag{18}$$

resultiert. Setzen wir in den zweiten Term auf der rechten Seite der Gl. (18) die 4. MAXWELL-Gleichung ein, können wir schließlich, wiederum mit der Produktregel,

$$(\nabla \times \boldsymbol{B}) \cdot \boldsymbol{E} = \nabla \cdot (\boldsymbol{B} \times \boldsymbol{E}) - \frac{1}{2} \frac{\partial}{\partial t} (\boldsymbol{B} \cdot \boldsymbol{B}) \tag{19}$$

schreiben, so dass wir für $\boldsymbol{E} \cdot \boldsymbol{j}$ in Gl. (13) endgültig

$$\boldsymbol{E} \cdot \boldsymbol{j} = \varepsilon_0 c^2 \left[\nabla \cdot (\boldsymbol{B} \times \boldsymbol{E}) - \frac{1}{2} \frac{\partial}{\partial t} (\boldsymbol{B} \cdot \boldsymbol{B}) \right] - \frac{\varepsilon_0}{2} \frac{\partial}{\partial t} (\boldsymbol{E} \cdot \boldsymbol{E}) \tag{20}$$

erhalten, was eine Identität zu Gl. (2) dann ist, wenn

$$\boldsymbol{S} = \varepsilon_0 c^2 (\boldsymbol{E} \times \boldsymbol{B}) \tag{21}$$

und

$$u = \frac{\varepsilon_0}{2} (\boldsymbol{E} \cdot \boldsymbol{E}) + \frac{\varepsilon_0 c^2}{2} (\boldsymbol{B} \cdot \boldsymbol{B}). \tag{22}$$

Der Vektor $\boldsymbol{S} = \boldsymbol{E} \times \boldsymbol{H}$ wird nach seinem Entdecker POYNTING-Vektor genannt, und $u = \frac{1}{2} (\boldsymbol{D} \cdot \boldsymbol{E}) + \frac{1}{2} (\boldsymbol{B} \cdot \boldsymbol{H})$ ist die Dichte des elektromagnetischen Feldes.

1.9.2 Thermodynamik

Aufgabe 1.5 Warum wäre ein Absorptionskoeffizient, der numerisch vom Emissionskoeffizienten abweicht, ein Verstoß gegen den 2. Hauptsatz der Thermodynamik?

Lösung. Das Substrat könnte entweder mehr oder weniger Energie absorbieren als emittieren. Angenommen, es würde weniger absorbieren als emittieren, würde es sich abkühlen. Da es sich aber im thermischen Gleichgewicht mit seiner Umgebung befindet, würde so kontinuierlich ungeordnete Energie in gerichtete (Strahlungs-)Energie umgewandelt. Würde es mehr absorbieren als emittieren, also der Umgebung Energie entziehen, würde es sich selbst aufheizen und die Umgebung abkühlen — ein feiner Kühlschrank! In beiden Fällen finden wir also Wärmeflüsse, die nicht zum Ausgleich der Temperaturen führen, sondern im Gegenteil solche Unterschiede erzeugen.

Aufgabe 1.6 Die Verteilung der Geschwindigkeiten, die Molekeln eines idealen Gases bei einer Temperatur T aufweisen, ist durch die MAXWELL-BOLTZMANN-Verteilung

$$f(v)\,\mathrm{d}v = \mathrm{const}\exp\left(-\frac{mv^2}{2k_\mathrm{B}T}\right)\mathrm{d}v \qquad (1)$$

gegeben: Bei gegebener Temperatur T nimmt die Zahl der Molekeln höherer Energie exponentiell ab. Die Konstante enthält u. a. das statistische Gewicht der v-Intervalle und wird über die Bedingung

$$\int_0^\infty f(v)\,\mathrm{d}v = 1 \qquad (2)$$

normiert, denn erstens müssen alle Molekeln Geschwindigkeiten zwischen Null und Unendlich haben und zweitens muss die Summe über alle möglichen Bruchteile verschiedener Geschwindigkeiten eben Eins ergeben. Je höher die Temperatur, umso breiter die Verteilung, wobei sich das Maximum zu höheren Geschwindigkeiten verschiebt (Abb. 1.17). Wie kann es sein, dass trotz dieser breiten

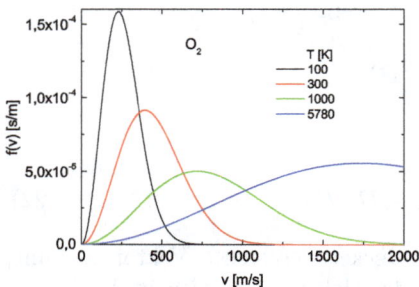

Abb. 1.17. MAXWELL-BOLTZMANN-Verteilung von O_2 für die Temperaturen 100, 300, 1 000 und 5 780 K.

Abhängigkeit der Geschwindigkeiten die mittlere Energie $\langle E \rangle$ ein derart scharfes Maximum darstellt, dass Abweichungen von $\langle E \rangle$ nicht beobachtet werden? Man sollte doch vermuten, dass die Molekeln mit der geringsten Energie die größte Wahrscheinlichkeit hätten, beobachtet zu werden?

Lösung. Nach der kinetischen Gastheorie besitzen die Molekeln ausschließlich kinetische Energie, da diese keine Anziehungskräfte aufeinander ausüben; die Innere Energie U ist also nur die Summe der kinetischen Energien E_{kin} der n Molekeln. Nach dem Gleichverteilungssatz ist die Energie auf die drei Koordinaten gleichmäßig verteilt, und es ist

$$\frac{m}{2}\langle v_x^2 \rangle = \frac{m}{2}\langle v_y^2 \rangle = \frac{m}{2}\langle v_z^2 \rangle = \frac{1}{2}k_B T. \tag{3}$$

Die Verteilungsfunktion f hängt also von der Veränderlichen

$$v^2 = v_x^2 + v_y^2 + v_z^2 \tag{4}$$

ab, in der wir die Kugelgleichung erkennen. f muss also kugelsymmetrisch sein und im Prinzip

$$f(v_x, v_y, v_z) = \text{const} \exp\left(-\frac{\frac{m}{2}\left(v_x^2 + v_y^2 + v_z^2\right)}{k_B T}\right) \tag{5}$$

lauten. Normiert man die Wahrscheinlichkeit

$$\int_{-\infty}^{\infty} f \, \mathrm{d}v_x \mathrm{d}v_y \mathrm{d}v_z = 1, \tag{6}$$

findet man

$$f(v_x, v_y, v_z) = \left(\frac{m}{2\pi k_B T}\right)^{3/2} \exp\left(-\frac{\frac{m}{2}\left(v_x^2 + v_y^2 + v_z^2\right)}{k_B T}\right). \tag{7}$$

Daraus ersehen wir, dass der die Verteilung dominierende Term eine Exponentialfunktion ist, deren Zähler die hier zu untersuchende Größe, nämlich die kinetische Energie, enthält; und im Nenner steht die thermische Energie.

Wäre die Verteilungsfunktion allein für die Sortierung der Molekeln nach ihrer Energie verantwortlich, dann läge das Maximum tatsächlich bei $v^2 = 0$, was offensichtlich verkehrt ist. Vielmehr müssen wir nach der Wahrscheinlichkeit in einem bestimmten Energieintervall fragen, hier also im Geschwindigkeitsintervall zwischen v und $v + \mathrm{d}v$, so dass

$$n(v_x, v_y, v_z) \, \mathrm{d}v_x \mathrm{d}v_y \mathrm{d}v_z = n f(v_x, v_y, v_z) \, \mathrm{d}v_x \mathrm{d}v_y \mathrm{d}v_z \tag{8}$$

resultiert, womit die Wahrscheinlichkeit $P(v)\mathrm{d}v$ dafür, dass die Geschwindigkeit zwischen v und $v + \mathrm{d}v$ liegen,

$$P(v)\mathrm{d}v = \iiint_v^{v+\mathrm{d}v} f(v_x, v_y, v_z) \, \mathrm{d}v_x \mathrm{d}v_y \mathrm{d}v_z \tag{9}$$

beträgt. Wie groß ist dieses Geschwindigkeitsintervall? Diese Fragestellung haben wir im Abschn. 1.4 untersucht. Zweidimensional stellt sich dieses Problem in Abb. 1.18 dar. Wir sehen, dass dieses Intervall im Zweidimensionalen eine Kreisschale $2\pi r \mathrm{d}r$, im Dreidimensionalen also eine Kugelschale mit $4\pi r^2 \mathrm{d}r$ darstellt, so dass

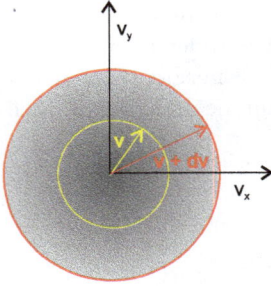

Abb. 1.18. Das Kreisschalensegment zwischen v und $v + \mathrm{d}v$. Während die Fläche mit steigendem v quadratisch zunimmt, fällt f exponentiell, was durch den radial sinkenden Schwärzungsgrad ausgedrückt wird.

$$P(v)\mathrm{d}v = \mathrm{const}\, 4\pi \, \exp\left(-\frac{\frac{m}{2}\left(v_x^2 + v_y^2 + v_z^2\right)}{k_\mathrm{B}T}\right) v^2\,\mathrm{d}v : \qquad (10)$$

$P(v)\mathrm{d}v$ ist die Differenz der Volumina der Kugeln mit Radius $v + \mathrm{d}v$ und v.

Man muss eben nicht nur die Wahrscheinlichkeit selbst untersuchen, die in der Tat bei $\sqrt{v^2} = 0$ ein Maximum hat, sondern sich auch um die Molekeln in dem Intervall zwischen v und $v + \mathrm{d}v$ kümmern, und erst dann gewinnt man eine Aussage über die (relative) Anzahl der Molekeln im entsprechenden Geschwindigkeitsintervall.

Nach Voraussetzung der kinetischen Gastheorie entspricht diesen Geschwindigkeiten eine kinetische Energie, die gleich der Gesamtenergie E ist. Durch Substitution von $\mathrm{d}v$ durch $\mathrm{d}E$ erhält man

$$v^2\mathrm{d}v \rightarrow \sqrt{\frac{2E}{m^3}}\,\mathrm{d}E, \qquad (11)$$

womit

$$P(E)\mathrm{d}E = \mathrm{const}\, \exp\left(-\frac{E}{k_\mathrm{B}T}\right)\sqrt{E}\,\mathrm{d}E \qquad (12)$$

wird. Sowohl in Gl. (10) wie in Gl. (12) haben wir im Integranden ein Produkt aus zwei Faktoren stehen, von denen der eine Faktor monoton steigt und der zweite monoton fällt. Das führt immer zum Auftreten eines Extremums, was wir eben von der Geschwindigkeitsverteilung nach Maxwell-Boltzmann her kennen.

Nun zur Beantwortung unserer Fragestellung, nämlich der Energieverteilung von n Molekeln im thermischen Gleichgewicht, die in dem Energieintervall zwischen E und $E + \mathrm{d}E$ einen Energie von

$$E = E_1 + E_2 + \ldots + E_n \qquad (13)$$

aufweisen sollen. Da die Molekeln als harte Kugeln bei Stoßprozessen nur Impuls austauschen, gewinnen wir für die Gesamtwahrscheinlichkeit, dass die erste Molekel mit der Energie E_1 im Geschwindigkeitsintervall $dv_{x_1} dv_{y_1} dv_{z_1} \equiv d(1)$ liege, die i-te Molekel mit der Energie E_i im Geschwindigkeitsintervall $dv_{x_i} dv_{y_i} dv_{z_i} \equiv d(i)$ und die n-te Molekel mit der Energie E_n im Geschwindigkeitsintervall $dv_{x_n} dv_{y_n} dv_{z_n} \equiv d(n)$, den Ausdruck

$$f(v_{x_1}, v_{y_1}, v_{z_1}) \, d(1) \ldots f(v_{x_i}, v_{y_i}, v_{z_i}) \, d(i) \ldots f(v_{x_n}, v_{y_n}, v_{z_n}) \, d(n). \tag{14}$$

In Erweiterung der Gl. (7) für eine Molekel ist das für die Verteilungsfunktion f

$$
\begin{aligned}
f &= \text{const} \exp\left(-\frac{\frac{m}{2}\left(v_{x_1}^2 + v_{y_1}^2 + v_{z_1}^2 + \ldots + v_{x_i}^2 + v_{y_i}^2 + v_{z_i}^2 + \ldots + v_{x_n}^2 + v_{y_n}^2 + v_{z_n}^2\right)}{k_B T}\right) \\
&= \text{const} \exp\left(-\frac{\frac{m}{2}\sum_i^n v_{x_i}^2 + v_{y_i}^2 + v_{z_i}^2}{k_B T}\right) \\
&= \text{const} \exp\left(-\frac{\sum_i^n E_i}{k_B T}\right)
\end{aligned}
\tag{15}
$$

mit dem Differential

$$dv_{x_1} dv_{y_1} dv_{z_1} \ldots dv_{x_i} dv_{y_i} dv_{z_i} \ldots dv_{x_n} dv_{y_n} dv_{z_n} \equiv d(1)\,d(i)\,d(n) \tag{16}$$

Die Aufgabe besteht als erstes darin, das Volumen V der Energie-Kugel der Dimension $3n$ zu ermitteln und daraus zweitens die Kugelschale mit dem Radius dE. Das Volumen beträgt

$$V = \text{const} \left(\sqrt{E}\right)^{3n}, \tag{17}$$

woraus sich die Ableitung nach E zu

$$dV = \text{const} \frac{3n}{2} E^{\frac{3n}{2} - 1} \, dE \tag{18}$$

ergibt. Die Wahrscheinlichkeitsfunktion für n Molekeln lautet nun

$$P_n(E) \, dE = \text{const} \, e^{-\frac{E}{k_B T}} E^{\frac{3n}{2} - 1} \, dE. \tag{19}$$

$P_n(E)$ besteht wiederum aus zwei Faktoren, von denen der erste vom Maximum bei Eins monoton fällt und der andere über alle Maßen anwächst. Wie aus den Abbn. 1.19 ersichtlich, führt dies bereits bei einer Zahl $n = 200$ zu einem scharfen Maximum. Für atomare Zahlen eines Gases allerdings, das unter Standardbedingungen eine Dichte von 10^{19} Molekeln pro cm^3 aufweist, werden folglich Abweichungen vom Maximum nicht beobachtbar sein. Das Maximum ist nach Voraussetzung der Mittelwert, in drei Dimensionen für 1 Mol

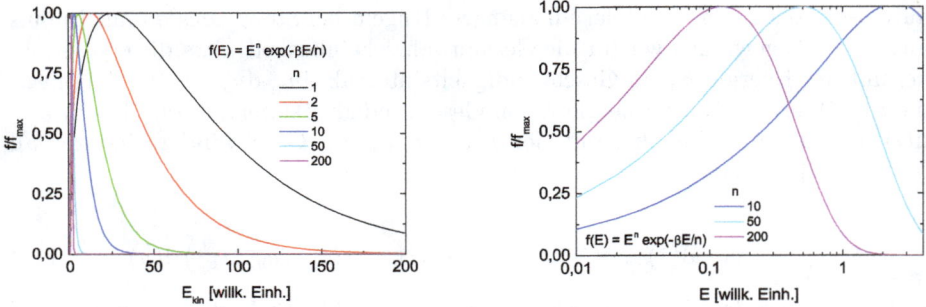

Abb. 1.19. Die Verteilungsfunktion P_n nimmt mit zunehmender Zahl n der Molekeln an Schärfe dramatisch zu ($\beta = \frac{1}{k_{\mathrm{B}} T}$), wegen der Schärfe der Funktion re. mit logarithmischer Abszisse für große n dargestellt (alle Funktionen auf das Maximum reduziert).

$$\langle E \rangle = \frac{3}{2} \underbrace{N_{\mathrm{A}} k_{\mathrm{B}}}_{R} T. \tag{20}$$

Aufgabe 1.7 Bestimmen Sie aus der Gleichung für den Mittelwert der Energie

$$\langle E \rangle = \frac{\sum\limits_{i=1}^{\infty} E_i\, \mathrm{e}^{-\beta E_i}}{\sum\limits_{i=1}^{\infty} \mathrm{e}^{-\beta E_i}} = -\frac{\partial}{\partial \beta} \ln \sum\limits_{i=1}^{\infty} \mathrm{e}^{-\beta E_i} \tag{1}$$

mit $\beta = \frac{1}{k_{\mathrm{B}} T}$ das mittlere Schwankungsquadrat der Energie!

Lösung. Das mittlere Schwankungsquadrat ist definiert als

$$\langle \Delta E^2 \rangle = \langle E^2 \rangle - \langle E \rangle^2. \tag{2}$$

Wir differenzieren nach der Quotientenregel die Bestimmungsgleichung für den Mittelwert der Energie (1) nach β und erhalten

$$\frac{\partial \langle E \rangle}{\partial \beta} = -\frac{\sum\limits_i E_i^2\, \mathrm{e}^{-\beta E_i}}{\sum\limits_i \mathrm{e}^{-\beta E_i}} - \frac{\sum\limits_i E_i\, \mathrm{e}^{-\beta E_i} \cdot \sum\limits_i -E_i\, \mathrm{e}^{-\beta E_i}}{(\sum\limits_i \mathrm{e}^{-\beta E_i})^2}. \tag{3}$$

Der Minuend ist $\langle E^2 \rangle$, der Subtrahend dagegen $\langle E \rangle^2$, womit wir gezeigt haben, dass

$$\langle \Delta E^2 \rangle = -\frac{\partial \langle E \rangle}{\partial \beta}. \tag{4}$$

Wie groß ist das mittlere Schwankungsquadrat jetzt absolut? Um das abzu-schätzen, ändern wir das Differential von der Veränderlichen β nach T ($\beta = \frac{1}{k_B T}$) mit

$$\left(\frac{\partial \langle E \rangle}{\partial \beta}\right)_{V,N} = \left(\frac{\partial \langle E \rangle}{\partial T}\right)_{V,N} \cdot \left(\frac{\partial T}{\partial \beta}\right)_{V,N} = -\langle c_V \rangle k_B T^2, \tag{5}$$

also

$$\langle \Delta E^2 \rangle = \langle c_V \rangle k_B T^2 \tag{6}$$

und setzen das ins Verhältnis zu $\langle E \rangle$:

$$\frac{\sqrt{\langle \Delta E^2 \rangle}}{\langle E \rangle} = \frac{T\sqrt{k_B \langle c_V \rangle}}{\langle E \rangle}. \tag{7}$$

Sowohl c_V als auch E sind extensive Größen, hängen also von der Teilchen-zahldichte N ab. Folglich ist der Quotient in Gl. (7) proportional zu $\frac{1}{\sqrt{N}}$. Für ein (kanonisches) Ensemble, wie ein Gas bei einem Druck von 1 atm mit einer Teilchenzahldichte von $10^{19}/\mathrm{cm}^3$, ist die Schwankung um den Mittelwert von der Größenordnung von 10^{-10}, also unmessbar!

1.9.3 Schwarzer Strahler

Aufgabe 1.8 Gegeben eine Keramik-Vase (hellgrau) mit schwarzer Schrift. Beim Verglasungsprozess wird die Temperatur auf Gelbglut getrieben. Die Schrift erscheint im Ofen nun nicht mehr dunkel, sondern heller als der Hintergrund. Warum?

Lösung. Hier ist am einfachsten mit dem KIRCHHOFFschen Gesetz zu argumen-tieren. Ein besonders gut absorbierender Körper, eben ein *Schwarzer Körper*, emittiert auch besonders gut. Das Vasenmaterial war anfangs ein schlechter grau-er Strahler. Dieser zeigt ein in beiden Richtungen reduziertes Verhalten, da er die Strahlung nicht vollständig absorbiert, sondern einen Teil reflektiert. D. h. seine abgestrahlte Leistung ist niedriger als die des schwarzen Strahlers — bei gleicher Farbe. Hier kommt ein zusätzlicher Effekt hinzu. Durch die Verglasung steigt die Reflektivität, und damit ist bei gleicher Temperatur — die Vase befindet sich ja in einem Wärmebad! — die Abstrahlung geringer, damit aber sinkt die emittierte Intensität, sie wirkt gegenüber dem anderen Teil, der Schrift, dunkler.

Aufgabe 1.9 Bestimmen Sie für die Frequenzen von

1. 2,45 GHz (handelsübliche Magnetron-Frequenz, wie sie zum Betrieb von Mikrowellenöfen verwendet wird),

2. $\omega = 4 \cdot 10^{15}\,\mathrm{s}^{-1}$, was einer Frequenz von $\nu = 6{,}4 \cdot 10^{14}\,\mathrm{s}^{-1}$ entspricht oder einer Wellenlänge von 470 nm (blaugrün) und

3. für weiche Röntgenstrahlen der Energie 1 keV, was einer Frequenz von $2{,}42 \cdot 10^{17}$ Hz entspricht,

das Verhältnis der EINSTEIN-Koeffizienten A/B. Was ziehen Sie für Schlussfolgerungen aus diesen Zahlen?

Lösung. Die Wellenlängen sind 12,25 cm, 500 nm und 12,3 Å. Das Verhältnis beträgt

1.
$$\frac{A}{B} = 1{,}44 \cdot 10^{-30}\ \mathrm{J\,s/m^3}, \tag{1}$$

2.
$$\frac{A}{B} = 2{,}12 \cdot 10^{-14}\ \mathrm{J\,s/m^3}, \tag{2}$$

3.
$$\frac{A}{B} = 1{,}4 \cdot 10^{-6}\ \mathrm{J\,s/m^3}. \tag{3}$$

Die spontanen Übergänge nehmen dramatisch zu und sind damit hauptsächlich verantwortlich für die Schwierigkeiten, einen kurzwelligen Laser zu realisieren.

Aufgabe 1.10 Bestimmen Sie für eine bei 3 000 °C betriebene Glühlampe die spektrale Strahlungsdichte bei 500 nm!

Lösung. Mit dem Ergebnis der letzten Aufgabe und dem Exponentialfaktor ergibt sich ρ_ω zu

$$\rho_\omega = \frac{A}{B} \frac{1}{e^{\frac{\hbar\omega}{k_\mathrm{B}T}} - 1}. \tag{1}$$

Damit erhalten wir für die spektrale Strahlungsdichte einen Wert von

$$\rho_\omega = 3{,}2 \cdot 10^{-18}\ \mathrm{Js/m^3}, \tag{2}$$

was für grünes Licht der Wellenlänge 500 nm einen Faktor

$$\frac{1}{e^{\frac{\hbar\omega}{k_\mathrm{B}T}} - 1} = 1{,}51 \cdot 10^{-4} \tag{2}$$

ausmacht: Die induzierte Emission spielt nahezu keine Rolle.

Aufgabe 1.11 Die EINSTEINsche Herleitung des PLANCKschen Strahlungsgesetzes beruht auf dem Strahlungsgleichgewicht: die Prozesse der induzierten Absorption (A) sind gleich der Summe aus spontaner (S) und induzierter Emission (I)

$$A = S + I. \tag{1}$$

Dabei wird weiter angenommen, dass die Besetzung des höheren Niveaus (N') nach MAXWELL-BOLTZMANN aus dem unteren (N) bestimmt werden darf nach

$$N' = N \exp\left(-\frac{E' - E}{k_\mathrm{B} T}\right) = N \exp\left(-\frac{\hbar\omega}{k_\mathrm{B} T}\right), \tag{2}$$

so dass die EINSTEINsche Formel

$$B\rho_\omega N \mathrm{d}\omega = (AN\mathrm{e}^{-\hbar\omega/k_\mathrm{B}T} + B\rho_\omega N\mathrm{e}^{-\hbar\omega/k_\mathrm{B}T})\mathrm{d}\omega \tag{4}$$

mit ρ_ω der spektralen Strahlungsdichte und den EINSTEINschen Koeffizienten A und B resultiert. Angenommen, es gäbe keine induzierte Emission, Gl. (1) lautete also

$$A = S, \tag{5}$$

und das Verhältnis der Koeffizienten von induzierter (B) Absorption zu spontaner (A) Emission bliebe bei

$$\frac{B}{A} = \frac{\pi^2 c^3}{\hbar\omega^3}, \tag{6}$$

wie lautete das PLANCKsche Strahlungsgesetz dann? Was ist Ihre direkte Schlussfolgerung?

Lösung. Mit

$$B\rho_\omega = A\mathrm{e}^{-\hbar\omega/k_\mathrm{B}T} \tag{7}$$

erhalten wir das WIENsche Gesetz

$$\rho_\omega = \frac{A}{B}\mathrm{e}^{-\hbar\omega/k_\mathrm{B}T} = \frac{\hbar\omega^3}{\pi^2 c^3}\mathrm{e}^{-\hbar\omega/k_\mathrm{B}T}. \tag{8}$$

Bekanntlich beschreibt dieses Gesetz im Bereich $\hbar\omega \ll k_\mathrm{B}T$, also bei tiefen Frequenzen oder hohen Temperaturen, das Verhalten des Schwarzen Strahlers mit einer zu steilen Abhängigkeit, nämlich skaliert ρ_ω mit ω^3 (statt $\rho_\omega \propto \omega^2$; s. Kap. 1, Abbn. 1.6/9).

Aufgabe 1.12 Ein Hohlraum ($V = 1\,\mathrm{cm}^3$) wird auf $1\,500\,\mathrm{K}$ aufgeheizt. Wie hoch ist der Energiebetrag im Bereich des gelben Lichts ($550 - 575\,\mathrm{nm}$) und im nahen IR ($1\,000 - 1\,025\,\mathrm{nm}$)? Nehmen Sie für das Wellenlängenintervall $\Delta\lambda = 25\,\mathrm{nm}$ an ($\mathrm{d}\lambda \to \Delta\lambda$) und rechnen Sie mit der WIENschen Näherung (Rechteckformel für das Integral!)!

Lösung. Umrechnen von $\omega \longrightarrow \lambda$ ergibt für $\mathrm{d}u$ mit

$$\frac{\mathrm{d}\omega}{\mathrm{d}\lambda} = -\frac{2\pi c}{\lambda^2} \tag{1}$$

$$\mathrm{d}u(\lambda) = -\frac{8\pi hc}{\lambda^5}\exp\left(-\frac{hc}{\lambda k_{\mathrm{B}}T}\right)\mathrm{d}\lambda, \tag{2}$$

also für $\Delta\lambda = 25\,\mathrm{nm}$ im gelben (Mittelpunkt: $562{,}5\,\mathrm{nm}$) $8{,}88 \cdot 10^{-14}\,\mathrm{J/cm}^3$ und im IR (Mittelpunkt: $1\,012{,}5\,\mathrm{nm}$) $9{,}02 \cdot 10^{-12}\,\mathrm{J/cm}^3$, also einen Faktor 100 höher. Die Energie eines gelben Photons ist z. B. bei $5\,625\,\text{Å}$ $3{,}52 \cdot 10^{-19}\,\mathrm{J}$ oder $2{,}2\,\mathrm{eV}$. Damit wird die Anzahl der Photonen ($N = u/E$): N im gelben Bereich ist $2{,}5 \cdot 10^5$, und im IR $4{,}6 \cdot 10^7$. Das Spektrum hat also seinen Schwerpunkt ganz überwiegend im IR.

Aufgabe 1.13 Wenn die Zeit des Sonnenuntergangs $2\,\mathrm{min}\ 8\,\mathrm{s}$ dauert: wie hoch ist die Oberflächentemperatur der Sonne? Benutzen Sie die Solarkonstante $S = 1\,368\,\frac{\mathrm{J}}{\mathrm{m}^2}$ zur Bestimmung und vergleichen Sie das Ergebnis mit der mittleren Oberflächentemperatur der Erde von $15\,^\circ\mathrm{C}$!

Lösung. Zur Lösung der Aufgabe benötigen wir das Gesetz von STEFAN und BOLTZMANN, also Angaben über Größe und Entfernung der Sonne, zumindest parametrisiert, was uns mit der ersten Angabe gelingt.

Ein Sonnendurchmesser ($= 2$ Radien) benötigt $128\,\mathrm{s}$ zur Überquerung. Am Tag des Äquinoktiums, an dem die Sonnenbahn genau zwölf Stunden über dem Horizont steht, sind das dann ($12\,\mathrm{h}$ für $180\,^\circ$, Abb. 1.20)

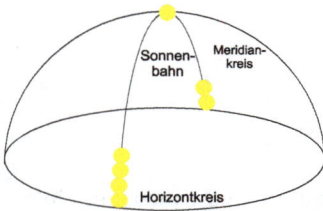

Abb. 1.20. Der (scheinbare) Lauf der Sonne am Tag des Äquinoktiums. Der Horizont wird am Erdäquator senkrecht geschnitten, sonst schief entsprechend der Höhe des Breitenkreises (am Pol $90 - 90\,^\circ$, also gar nicht).

$$\frac{720 \cdot 60}{128} = 337{,}5\ \varnothing_\odot \tag{1}$$

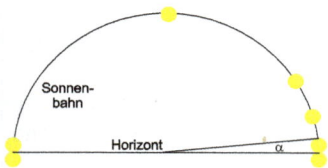

Abb. 1.21. Ein Sonnendurchmesser beträgt 0,53°. Also ist $\tan\alpha \times r_{\odot\, \text{♁}} = \varnothing_{\odot}$.

oder $\alpha = 0,53°$ oder 675 Sonnenradien (Abb. 1.21). Also ist das Verhältnis von Sonnendurchmesser $\varnothing_{\odot}$ zu Erdbahnradius $l_{\odot\,\text{♁}}$

$$\frac{\varnothing_{\odot}}{l_{\odot\,\text{♁}}} = \tan\alpha, \tag{2}$$

d. h. der Abstand der Sonne von der Erde beträgt etwas mehr als das Hundertfache des Sonnendurchmessers, genau $1/\tan\alpha = 108$ Sonnendurchmesser (= 216 Sonnenradien, wie auch das Verhältnis von Sonnendurchmesser zu Erdbahndurchmesser ebenfalls 108 beträgt). — Crosscheck: $150 \cdot 10^6 \cdot \tan\alpha = 1,38 \cdot 10^6$ km.

In Wirklichkeit dreht sich natürlich die Erde. Also ist ein scheinbarer Sonnendurchmesser (Abb. 1.22)

$$\frac{\varnothing_{\odot,\text{scheinbar}}}{r_{\text{♁}}} = \tan\alpha \tag{3}$$

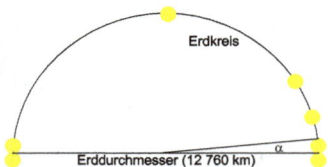

Abb. 1.22. In Wirklichkeit dreht sich die Erde, und wir bekommen für unsere Bedingung $\frac{\varnothing_{\odot,\text{scheinbar}}}{r_{\text{♁}}} = \tan\alpha$ einen Wert für einen scheinbaren Sonnendurchmesser von 59,3 km.

mit $\varnothing_{\odot,\text{scheinbar}} = 59,26$ km.

Die Intensitätsabschwächung geht mit dem GAUSSschen Satz quadratisch mit der Entfernung. Folglich ist die Strahlung bei uns um den Faktor $(1/216)^2$ auf 21 ppm „geschwächt". Die von der Sonne in den Raum 4π abgegebene Leistung ist

$$P_{\odot} = I_{\odot}A_{\odot} = \sigma T_{\odot}^4 4\pi r_{\odot}^2. \tag{3}$$

Davon erreicht uns nach der Entfernung von 108 Sonnendurchmessern ($= d_{\odot\,\text{♁}} =150$ Mio. km $= 216 r_{\odot}$) noch $(1/216)^2$. Also ist dort die Intensität auf der Kugelschale mit der Oberfläche $4\pi d_{\odot\,\text{♁}}^2$

$$I_{\odot,\,d_{\odot\oplus}} = \frac{\sigma T_\odot^4 \cdot 4\pi r_\odot^2}{4\pi (216 \cdot r_\odot)^2}. \tag{4}$$

Die Erde fängt davon einen Bruchteil ein mit ihrer auf eine Ebene projizierten Fläche, also dem Querschnitt $\pi r_\oplus^2$, also nur mit einem Viertel der Kugeloberfläche. Also ist die gesamte von der Erde absorbierte Leistung

$$P_\oplus = I_{\odot,\,d_{\odot\oplus}} \pi r_\oplus^2. \tag{5}$$

Wir erkennen im Vorfaktor der Fläche genau die Solarkonstante! Die Gesamtstrahlungsleistung der Sonne auf der Erde beträgt ja mit $S = 1\,368\,\frac{\text{J}}{\text{m}^2}$ und $r_\oplus = 6\,370\,\text{km}$

$$\begin{aligned}
P_{\odot,\,d_{\odot\oplus}} &= S\pi r_\oplus^2 \\
&= 1\,368 \cdot 10^3 \cdot \pi\, 6\,370 \cdot 10^{12}\,\text{W} \\
&= 1{,}74 \cdot 10^{17}\,\text{W}.
\end{aligned} \tag{6}$$

Gleichsetzen von S mit dem Ergebnis aus Gl. (4) liefert eine Temperatur der Sonnenoberfläche von

$$T_\odot = 5\,790\,\text{K} = 5\,520\,°\text{C}, \tag{7}$$

ein Wert, der sehr dicht am heute mitgeteilten Wert von $5\,778\,\text{K}$ liegt. Dass dieser Wert eher zufällig dort liegt, weil sich zwei gegenläufige Effekte fast „canceln", ist ein in der Quantenmechanik oft beobachtetes Phänomen. Was haben wir nicht berücksichtigt?

Dazu bestimmen wir zunächst $T_\oplus$ aus dem Gesetz von STEFAN und BOLTZMANN nach

$$T_\oplus = \sqrt[4]{\frac{P_\oplus}{\sigma A_\oplus}}, \tag{8}$$

wobei hier die Kugeloberfläche einzusetzen ist, also $A = 4\,\pi r_\oplus^2$. Natürlich muss die Leistungsaufnahme im Gleichgewicht gleich deren Abgabe sein:

$$P_{\odot,\,d_{\odot\oplus}} = P_\oplus = \overbrace{\frac{\sigma T_\odot^4 \cdot \pi r_\odot^2}{(216 \cdot r_\odot)^2} \cdot \pi r_\oplus^2}^{\text{Aufnahme}} = \overbrace{\sigma T_\oplus^4 \cdot 4\pi r_\oplus^2}^{\text{Abgabe}} \tag{9}$$

Als Ergebnis der von der halben Erde aufgenommenen und der ganzen Erde abgegebenen Leistung ergibt sich mit Gl. (8) eine Oberflächentemperatur von $278{,}6\,\text{K}$, also ein zu tiefer Wert, der etwa $10\,°\text{C}$ unter dem von den Meteorologen über die ganze Erde gemittelten Wert liegt.

Damit ist klar: die Schwarzkörperstrahlung allein reicht für eine zielgenaue Betrachtung nicht aus! Wir vernachlässigten die Albedo, astronomisch das Rückstrahlvermögen — sie beträgt jedoch statt des (unberücksichtigten) Wertes von Null tatsächlich etwa $0{,}3$, wodurch die aufgenommene Strahlungsleistung sinkt. Dafür sind auf der Erde vor allem Wolken verantwortlich. Es wäre auf der Erde mit einer gemittelten Temperatur von $-19\,°C$ für den Menschen sehr ungemütlich, würde der Treibhauseffekt nicht die Entwicklung des Homo sapiens sapiens möglich gemacht haben. Damit steigt $\langle T_{\oplus} \rangle$ auf stolze $+15\,°C$. Dreht man also die Richtung der Rechnung damit um, ergäbe sich mit diesem Wert für die Oberflächentemperatur der Sonne sogar ein Wert von $T_{\odot} = 5986$ K, also ungefähr $5\,700\,°C$. Dieser Wert ist nun zu hoch.

Zusammengefasst ergibt sich also: Nur mit einem im Weltraum aufgebauten Sonnensegel bekannter Fläche lässt sich $T_{\odot}$ exakt bestimmen. Die Albedo (der Wolken) und der Treibhauseffekt verhindern eine korrekte terrestrische Bestimmung.

Aufgabe 1.14 Zeigen Sie, dass die Reihe in der Gl. (1) durch den PLANCKschen Exponentialfaktor ersetzt werden kann, wenn $E_i = i \cdot E_0$:

$$\langle E \rangle = -\frac{\partial}{\partial \beta} \ln \sum_{i=1}^{\infty} \mathrm{e}^{-\beta E_i} = -\frac{\partial}{\partial \beta} \ln \frac{1}{1 - \mathrm{e}^{-\beta E_0}} \tag{1}$$

Lösung. Der Ausdruck

$$\sum_{i=1}^{\infty} \mathrm{e}^{-\beta E_i} \tag{1}$$

stellt eine unendliche Reihe dar, deren erste Glieder

$$\mathrm{e}^{-1 \cdot \beta E_0} + \mathrm{e}^{-2 \cdot \beta E_0} + \mathrm{e}^{-3 \cdot \beta E_0} \ldots, \tag{2}$$

lauten; also ist die Summe

$$\sum = \frac{1}{1 - \mathrm{e}^{-\beta E_0}}, \tag{3}$$

genau der Quotient in Gl. (1.39). Dann dort weiter.

Aufgabe 1.15 In welchem Frequenzbereich strahlt ein schwarzer Körper am meisten Energie ab? Und wo die meisten Photonen?

Lösung. Man ermittelt die Zahl der Photonen pro Zeiteinheit bei gegebener Leistung durch Division mit der Energie eines einzelnen Lichtquants: $Z = P/h\nu$. Die PLANCKsche Formel liefert nicht die Energie pro Zeiteinheit, sondern die Energiedichte pro Frequenzintervall. Division durch die Energie der Lichtquanten liefert folglich die Zahl der Photonen pro Frequenzintervall: $Z_\omega = \rho_\omega/h\nu$.

Der Photonenfluss und die Intensität [Leistung durch Fläche, Gl. (1.62)] hängen nach

$$j = \frac{u}{4} \cdot c \tag{1}$$

zusammen (s. a. Aufg. 2.3 − 2.5), spektral aufgelöst nach Gl. (1.67).

Das Maximum der schwarzen Strahlungsdichte findet man daher durch Differenzierung und Nullsetzen der PLANCKschen Strahlungsformel nach ν oder $x = h\nu/k_B T$, das der Photonenstromdichte durch vorherige Division durch ν bzw. x:

$$\rho(\nu) = \frac{\partial \rho(\nu,T)}{\partial \nu} \propto \frac{\partial x^3/(e^x-1)}{\partial \nu} \Rightarrow j = \frac{\partial x^2/(e^x-1)}{\partial \nu} \tag{2}$$

Für Umrechnen in Wellenlängen benötigen wir den Zusammenhang

$$\nu = \frac{c}{\lambda} \Rightarrow d\nu = -\frac{c}{\lambda^2}d\lambda \tag{3}$$

und folglich für die Wellenlängenabhängigkeit

$$\rho(\lambda) \propto \frac{x^5}{e^x-1}$$
$$j(\lambda) \propto x^4/(e^x-1), \tag{4}$$

also

$$\frac{d}{dx}\frac{x^4}{e^x-1} = 0 \Rightarrow x = 4\left(1 - e^{-x}\right). \tag{5}$$

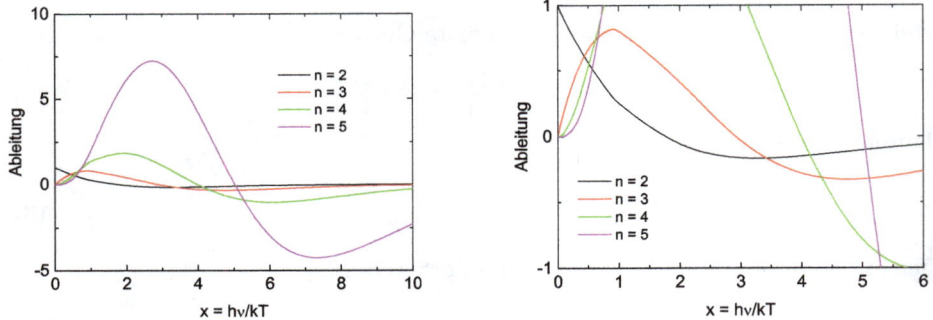

Abb. 1.23. Ableitungen der PLANCKschen Strahlungsformel für das Argument $h\nu/k_B T$ zum Auffinden des Extremums.

Wir suchen also das Maximum der Funktionen (Abbn. 1.23)

$$\frac{x^n}{e^x-1}, \tag{6}$$

resp. die Wurzeln von deren Ableitungen

$$x = n\left(1 - e^{-x}\right), \tag{7}$$

was für große n ungefähr x ergibt, bei kleinen finden sich dagegen bedeutende Abweichungen (vgl. den Näherungswert x' gegen x, Tab. 1.1).

Tabelle 1.1. Nullstellen der Funktion $x^n/(\mathrm{e}^x - 1)$.

n	x'	x
2	1,58	1,5881
3	2,81	2,8194
4	3,91	3,9198
5	4,96	4,9649
6	5,98	5,9848
7	6,99	6,9936
8	7,99	7,9973
9	8,99	8,9989
10	9,99	9,9995

Das bedeutet z. B. für unsere Sonne ($T = 5\,700$ K), dass das Intensitätsmaximum $I(\lambda)$ bei $5\,070$ Å, das Maximum des Photonenflusses (Mittelwert der asymmetrischen PLANCK-Funktion) dagegen erst bei $6\,450$ Å, also im (Infra-) Roten, liegt (s. Abbn. 1.24/25).[11]

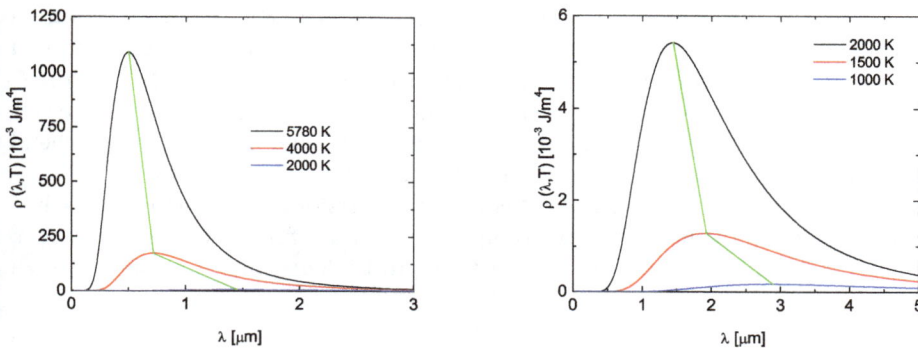

Abb. 1.24. PLANCKsche Strahlungsformel für verschiedene Temperaturen des schwarzen Hohlraums als Funktion der Wellenlänge. Das Maximum der Kurve von $1\,000$ K liegt bei 3 μm, das der von $2\,000$ K bei 1,9 μm, das der Temperatur der Sonnenoberfläche ($5\,780$ K) bei 510 nm, d. h. im grünen Bereich. Die grün eingetragene, die Maxima verbindende Kurve wird vom WIENschen Verschiebungsgesetz beschrieben.

[11]Die Komplementärfarbe von rot ist grün. Eine Substanz, die rotes Licht absorbiert, erscheint also grün. Offenbar ist das Chlorophyll deswegen grün, weil die Pflanze eher am Maximum des Photonenflusses arbeitet als am Intensitätsmaximum.

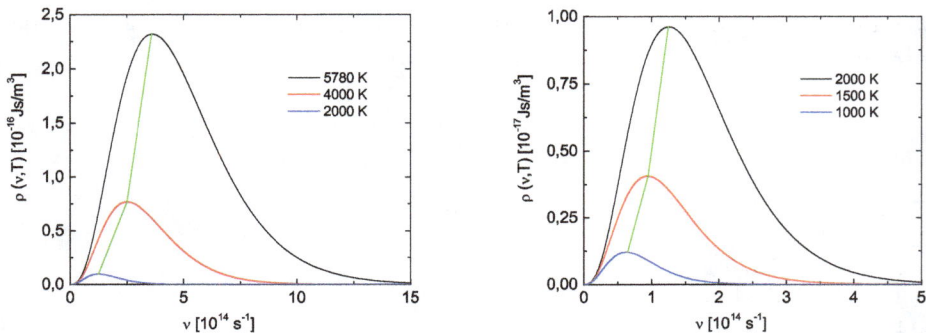

Abb. 1.25. PLANCKsche Strahlungsformel für verschiedene Temperaturen des schwarzen Hohlraums als Funktion der Frequenz (Energie). Das Maximum der Kurve, das der Temperatur der Sonnenoberfläche (5 780 K) entspricht, liegt nun im Infraroten (sichtbarer Spektralbereich entspricht einer Frequenzregion zwischen 3,75 und $7,5 \cdot 10^{14}$ Hz). Die grün eingetragene, die Maxima verbindende Kurve wird vom WIENschen Verschiebungsgesetz beschrieben.

Aufgabe 1.16 Welcher Anteil der Gesamtemission eines schwarzen Körpers der Temperatur $T = 1\,000, 2\,000$ und $4\,000$ K fällt in den sichtbaren Spektralbereich?

Lösung. Die spektrale Empfindlichkeit des Auges ε ist ziemlich genau eine GAUSSsche Glockenkurve mit den Nullwerten bei 420 und 740 nm und dem Maximum bei 580 nm. Diese Funktion ist mit der PLANCKschen Funktion zu multiplizieren und zu integrieren. Eine genaue Integration der PLANCKschen Formel in einem definierten Spektralbereich ist sehr schwer; dabei kommt die ζ-Funktion ins Spiel. Daher wird die Glockenkurve besser durch ein Rechteck ersetzt der Höhe 1 in der Halbwertsbreite zwischen etwa 500 und 650 nm (entsprechend $\nu_1 = 4,6 \cdot 10^{14}$ Hz und $\nu_2 = 6 \cdot 10^{14}$ Hz; 400 nm entsprechen $7,5 \cdot 10^{14}$ Hz).

Eine Annäherung der PLANCKschen Strahlungsformel mit dem WIENschen Gesetz (der Exponent ist für die Temperaturstrahler für sichtbares Licht groß gegen Eins) ergibt dagegen den Energiefluss pro Einheitsfäche A pro Sekunde zu

$$j = \frac{P}{A} = \frac{cE}{4\pi V} = \frac{c}{4\pi} \int_0^\infty \rho_\omega(\omega, T)\, \mathrm{d}\omega : \tag{1}$$

Die Energiedichte E/V bewegt sich in $t = 1$ s um die Strecke ct; die Energie wird in den Raumwinkel 4π gestrahlt. Dann lautet das Integral

$$\int \rho_\omega \mathrm{d}\omega \approx \frac{\hbar}{\pi^2\,c^3} \int_{\omega_1}^{\omega_2} \omega^3 \mathrm{e}^{-\hbar\omega/k_\mathrm{B}T}\, \mathrm{d}\omega, \tag{2}$$

also

$$\frac{(k_\mathrm{B}T)^4}{\pi^2\,c^3\,\hbar^3} \int_{x_1}^{x_2} x^3 \mathrm{e}^{-x}\, \mathrm{d}x, \tag{3}$$

was durch vierfache Rekursion der partiellen Integration zu

$$\frac{(k_B T)^4}{\pi^2 c^3 \hbar^3} \left(e^{-x_1} \left(x_1^3 + 3x_1^2 + 6x_1 + 6 \right) - e^{-x_2} \left(x_2^3 + 3x_2^2 + 6x_2 + 6 \right) \right) \qquad (4)$$

wird. Das Ergebnis geht aus Tab. 1.2 hervor. In der letzten Spalte findet sich der gewünschte Wirkungsgrad η. Erst bei 4 000 K sind knapp 15 % der gesamten Strahlung im empfindlichen Bereich des Auges.

Tabelle 1.2. Berechnete optische und totale Leistungen von schwarzen Strahlern im Bereich der Augenempfindlichkeit ($\nu_1 = 4.5 \cdot 10^{14}$ Hz, $\nu_2 = 6 \cdot 10^{14}$ Hz); Δ ist die Differenz in Gl. (4), L ist das Produkt in Gl. (4), 1 lm $\approx$ 1,5 mW/cm^2.

T	$x = h\nu_i / k_B T$		Δ	L	P	P_Σ	η
	ν_1	ν_2					
[K]				[Cd/cm^2]	[mW/cm^2]	[mW/cm^2]	
1 000	21,6	28,8	$4.8 \cdot 10^{-6}$	$4.5 \cdot 10^{-4}$	$4.2 \cdot 10^{-3}$	5 670	$7 \cdot 10^{-7}$
2 000	10,8	14,4	0,032	49,6	467,4	90 720	0,005
4 000	5,4	7,2	0,85	$2.1 \cdot 10^4$	$1.9 \cdot 10^5$	$1.45 \cdot 10^6$	0,13

Aufgabe 1.17 Wie würde sich die Energieverteilung des schwarzen Körpers ändern, wenn es nur spontane Emission gäbe? Was können Sie über das Verhältnis von spontaner zu erzwungener Emission bei einigen Temperaturen und einigen Spektralbereichen sagen?

Lösung. Im Gleichgewicht muss die Absorption (A) genauso groß sein wie die Summe aus spontaner (S) und induzierter (I) Emission:

$$A = S + I, \qquad (1)$$

in der Nomenklatur des Kap. 1:

$$B\rho n_0 d\omega = A n_0 e^{-\hbar\omega/k_B T} d\omega + B\rho n_0 e^{-\hbar\omega/k_B T} d\omega, \qquad (2)$$

wenn also der letzte Term Null sein soll, vereinfacht sich das zu

$$B\rho n_0 d\omega = A n_0 e^{-\hbar\omega/k_B T} d\omega, \qquad (3)$$

womit sich das WIENsche Gesetz ergibt:

$$\rho = \frac{A}{B} e^{-\hbar\omega/k_B T} = \frac{\hbar\omega^3}{\pi^2 c^3} e^{-\hbar\omega/k_B T} : \qquad (4)$$

der Hauptteil der Emission (99 %), der bei hohen Frequenzen liegt, ist also spontan bedingt, nur der tieffrequente Bereich ist induziert.

Aufgabe 1.18 Verifizieren Sie das WIENsche Verschiebungsgesetz aus dem PLANCKschen Gesetz!

Lösung. Die (nullzusetzende) Ableitung der PLANCKschen Funktion nach ω lautet

$$\frac{3\hbar\omega^2}{\pi^2 c^3}\frac{1}{e^{\hbar\omega/k_B T}-1} - \frac{\hbar\omega^3}{\pi^2 c^3}\frac{\hbar}{k_B T}\frac{e^{\hbar\omega/k_B T}}{(e^{\hbar\omega/k_B T}-1)^2} = 0, \tag{1}$$

bzw. nach Ausklammern

$$\frac{1}{e^{\hbar\omega/k_B T}-1}\left(\frac{3\hbar\omega^2}{\pi^2 c^3} - \frac{\hbar^2\omega^3}{\pi^2 c^3 k_B T}e^{\hbar\omega/k_B T}\frac{1}{e^{\hbar\omega/k_B T}-1}\right) = 0, \tag{2}$$

was mit $x = \frac{\hbar\omega}{k_B T}$ geschrieben werden kann als

$$3 = \frac{x e^x}{e^x - 1} \Rightarrow \frac{x}{3} = \frac{e^x - 1}{e^x} \rightarrow \frac{x}{3} = 1 - e^{-x}, \tag{3}$$

da der Bruch vor der Klammer nie Null werden kann. Diese transzendente Gleichung muss graphisch gelöst werden (s. Abb. 1.26). Damit ist

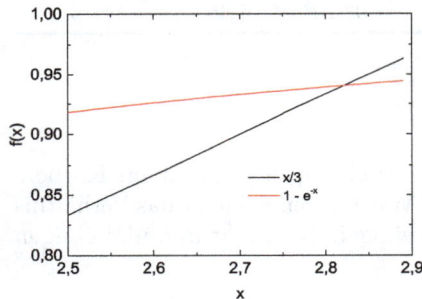

Abb. 1.26. Verlauf der beiden Funktionen aus Gl. (3) liefert einen Wert für x von 2,82.

$$\omega = \frac{2{,}82}{\hbar}k_B T. \tag{4}$$

Ein anderer Weg geht über das NEWTONsche Verfahren. Danach wird der Näherungswert einer Nullstelle bestimmt über

$$x_{n+1} = x_n - \frac{f(x)}{f'(x)}. \tag{5}$$

Wir lösen Gl. (3) auf nach

$$f(x) = 1 - e^{-x} - \frac{x}{3}, \tag{6}$$

was die Ableitung

$$f'(x) = e^{-x} - \frac{1}{3} \qquad (7)$$

ergibt. Wir beginnen mit $x_0 = 3$ und erhalten bereits für x_1 einen Wert von 2,8243. x_2 ist dann 2,82144 und x_3 2,821439, also hinreichend konvergent.

Aufgabe 1.19 Verifizieren Sie das WIENsche Verschiebungsgesetz aus dem PLANCKschen Gesetz für die Verschiebung von λ!

Lösung. Das WIENsche Verschiebungsgesetz verlangt eine lineare Beziehung zwischen der Temperatur und der Frequenz, die selbst wieder umgekehrt proportional zur Wellenlänge ist. Das erfassen wir mit

$$\omega = \frac{2\pi c}{\lambda} \Rightarrow \lambda = \frac{2\pi c}{\omega} \Rightarrow \frac{d\lambda}{d\omega} = -\frac{2\pi c}{\omega^2} \qquad (1)$$

und schreiben für die Energiedichte

$$u = \int_0^\infty \rho_\omega \, d\omega = \int_0^\infty \rho_\lambda \, d\lambda \qquad (2)$$

und deren Abhängigkeit von λ aus ρ_ω

$$\rho_\lambda = \rho_\omega \frac{d\omega}{d\lambda}, \qquad (3)$$

differenziert

$$\rho_\lambda = -\rho_\omega \frac{2\pi c}{\lambda^2} \qquad (4)$$

und nach Einsetzen von ρ_ω

$$\rho_\lambda = \frac{16\pi^2 c\hbar}{\lambda^5} \cdot \frac{1}{e^{2\pi\hbar c/k_B T\lambda} - 1}. \qquad (5)$$

Zum Auffinden des Extremums muss die Ableitung verschwinden:

$$\frac{d\rho_\lambda}{d\lambda} = 0. \qquad (6)$$

Setzt man $a = 16\pi^2 c\hbar$ und $b = 2\pi c\hbar/k_B T$, wird

$$\rho_\lambda = \frac{a}{\lambda^5(e^{b/\lambda} - 1)}, \qquad (7)$$

was differenziert für den Zähler

$$5\lambda(e^{b\lambda} - 1) - be^{b/\lambda} = 0 \qquad (8)$$

ergibt, was durch weitere Substitution von $y = b/\lambda$ zu

$$y = 5(1 - e^{-y}) \qquad (9)$$

führt. Diese transzendente Gleichung hat eine Wurzel etwa bei $y \approx 4{,}9649$ (s. Tab. 1.1), und damit ergibt sich

$$\lambda_{\max} T = 0{,}2822 \,\mathrm{cm\,K}. \tag{10}$$

Nimmt man auch hier wieder das NEWTONsche Verfahren zur Hand und lösen Gl. (9) auf, dann ist zunächst

$$1 - \frac{y}{5} = \mathrm{e}^{-y}. \tag{11}$$

Die Gerade hat eine Nullstelle bei $y = 5$, die Exp-Funktion ist dagegen bei $y = 5$ noch auf einem Wert von 0,0067. Also ist

$$y' = 1 - 5\mathrm{e}^{-y}, \tag{12}$$

und daraus folgt bereits für x_1 ($x_0 = 5$):

$$x_1 = 4{,}9654. \tag{13}$$

Aufgabe 1.20 Wie groß ist die Energieabstrahlung eines unbekleideten Menschen mit der Hautfläche von $1\,\mathrm{m}^2$ und einer Hauttemperatur von $33\,^\circ\mathrm{C}$ bei Umgebungstemperaturen von 0, 25 und $50\,^\circ\mathrm{C}$? Aus der Tatsache, dass nur die rote Nase Bardolfos in VERDIS *Falstaff* nachts leuchtete, dürfen Sie schließen, dass die Energie im IR mit der Charakteristik der Schwarzen Strahlung abgestrahlt wird.

Lösung.

$$P = \sigma(T_1^4 - T_2^4) \cdot A. \tag{1}$$

P wird damit 315 (0), 447 (25), 497 (33) und 618 W ($50\,^\circ\mathrm{C}$). Damit werden abgestrahlt bzw. aufgenommen:

$$\Delta P_1 = -182, \Delta P_2 = -50, \Delta P_3 = +121 \,\mathrm{W}. \tag{2}$$

Die Betriebsleistung eines Menschen beträgt im *Standby*-Modus etwa 100 W.

Aufgabe 1.21 Die EINSTEINsche Herleitung des PLANCKschen Strahlungsgesetzes beruht auf dem Strahlungsgleichgewicht: die Prozesse der induzierten Absorption (A) sind gleich der Summe aus spontaner (S) und induzierter Emission (I):

$$A = S + I. \tag{1}$$

Dabei wird weiter angenommen, dass die Besetzung des höheren Niveaus (N') nach MAXWELL-BOLTZMANN aus dem unteren (N) bestimmt werden darf:

$$N' = N \exp\left(-\frac{E' - E}{k_{\mathrm{B}}T}\right) = N \exp\left(-\frac{\hbar\omega}{k_{\mathrm{B}}T}\right). \tag{2}$$

Stellt ρ_ω die spektrale Strahlungsdichte

$$\rho_\omega = \frac{\hbar\omega^3}{\pi^2 c^3} \frac{1}{e^{\hbar\omega/k_{\mathrm{B}}T} - 1} \tag{3}$$

nach PLANCK dar, dann wird aus Gl. (1)

$$B\rho_\omega N \mathrm{d}\omega = (AN e^{-\hbar\omega/k_{\mathrm{B}}T} + B\rho_\omega N e^{-\hbar\omega/k_{\mathrm{B}}T})\mathrm{d}\omega \tag{4}$$

mit dem Verhältnis der Koeffizienten von induzierter B zu spontaner A Emission

$$\frac{B}{A} = \frac{\pi^2 c^3}{\hbar\omega^3}. \tag{5}$$

Wie groß ist das Verhältnis von induzierter zu spontaner Emission?

Lösung.

$$\frac{I}{S} = \frac{\rho_\omega B}{A} = \frac{\pi^2 c^3}{\hbar\omega^3}\rho_\omega = \frac{1}{e^{\hbar\omega/k_{\mathrm{B}}T} - 1}. \tag{6}$$

Die induzierte Emission nimmt mit der Stärke des Strahlungsfeldes zu (beim Laser spricht man von *gain guiding*) und mit steigender Frequenz stark ab. Bei hohen Frequenzen ist also die Emission ganz überwiegend spontan (s. Abb. 1.27).

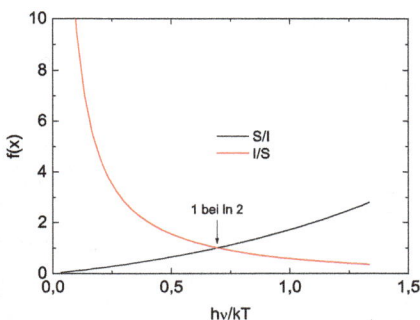

Abb. 1.27. Verlauf von I/S (rot) und S/I (schwarz) für kleine $x = \hbar\omega/k_{\mathrm{B}}T$. Für kleine x überwiegt die induzierte Abstrahlung, für große x dagegen die spontane.

Sind die Werte für I/S und S/I gleich, schlägt die Bevorzugung um. Das ist der Fall für $\frac{\hbar\omega}{k_{\mathrm{B}}T} = \ln 2$. Für die Sonne mit 6 000 K ist das bei 3,45 µm.

Aufgabe 1.22 Erklären Sie aus dem PLANCKschen Strahlungsgesetz die Temperaturabhängigkeit der Gesamtenergiedichte! Wie heißt dieses Gesetz (das Integral $\int_0^\infty \frac{x^3}{e^x - 1}\mathrm{d}x$ hat den Wert $\frac{\pi^4}{15}$)?

Lösung.

$$u = \int_0^\infty \rho_\omega \mathrm{d}\omega = \frac{\hbar}{\pi^2 c^3} \int_0^\infty \frac{\omega^3 \mathrm{d}\omega}{\mathrm{e}^{\frac{\hbar\omega}{k_\mathrm{B}T}} - 1}. \tag{1.58}$$

Substituiert man $x = \frac{\hbar\omega}{k_\mathrm{B}T}$, also $\mathrm{d}\omega = \frac{k_\mathrm{B}T}{\hbar}\mathrm{d}x$, wird daraus

$$u = \frac{(k_\mathrm{B}T)^4}{\hbar^3 \pi^2 c^3} \int_0^\infty \frac{x^3 \mathrm{d}x}{\mathrm{e}^x - 1}. \tag{1.59}$$

Beachtet man noch, dass das bestimmte Integral $\int_0^\infty \frac{x^3 \mathrm{d}x}{\mathrm{e}^x - 1} = \frac{\pi^4}{15}$ ist, erhält man weiterhin das STEFAN-BOLTZMANNsche Gesetz mit a der Konstanten $7{,}56 \cdot 10^{-15}$ erg/cm^{3}K^4 oder $7{,}56 \cdot 10^{-16}$ J/m^{3}K^4.

Aufgabe 1.23 Sie betreiben eine 80 W-Birne bei 3000 °C und 230 V. Bestimmen Sie die Oberfläche A, die Länge l und den Durchmesser d des Wolfram-Drahtes ($\varrho = 1{,}0 \cdot 10^{-4}$ Ωcm)! Vernachlässigen Sie dabei die Umgebungstemperatur bei Ihrer Abschätzung, so dass die elektrische Leistung vollständig in Strahlungsenergie umgewandelt wird.

Lösung.

$$P_\text{elektr.} = \frac{U^2}{R} = \frac{\pi \left(\frac{d}{2}\right)^2 U^2}{\varrho l} \Rightarrow R = 661\,\Omega. \tag{1}$$

Aus dem STEFAN-BOLTZMANNschen Gesetz bestimmen wir die Oberfläche O des Drahtes zu

$$P_\text{strahl.} = \sigma O T^4 = \sigma \pi d l T^4 \Rightarrow O = 2\pi\,r\,l = 12{,}3\,\text{mm}^2. \tag{2}$$

Aus dem OHMschen Gesetz bestimmen wir mit (1) + (2) den Radius des Drahtes zu

$$r = \left(\frac{\sigma \varrho O^2 T^4}{2\pi^2\,U^2}\right)^{\frac{1}{3}} = 10\,\mu\text{m}, \tag{3}$$

woraus sich mit

$$l = \frac{O}{2\pi\,r}, \tag{4}$$

die Länge zu 195 mm ergibt.

Aufgabe 1.24 Wenn es stimmt, dass ein blaues Photon doppelt so viel „wert" ist wie ein rotes Photon: Warum ist es dann, wie die Beobachtungen LENARDS zeigten, dennoch nicht möglich, durch Aufnahme von zwei oder mehr roten Photonen die notwendige Austrittsarbeit im UV zu erbringen (Temperatur 3 000 K)? Argumentieren Sie mit den EINSTEIN-Koeffizienten und machen Sie eine Skizze der (virtuellen) Energieniveaus für dieses Gedankenexperiment!

Lösung. Die Aufnahme des zweiten Photons muss während der Lebensdauer des angeregten Zustands erfolgen. Deren Dauern werden durch die EINSTEINschen Strahlungskoeffizienten bestimmt.

Das Gedankenexperiment ist also: Anregung zu einem virtuellen Zustand, der um 1,5 eV über dem Grundzustand liegt, von dort entweder spontaner Zerfall oder induzierte Anregung. Es ist also erstens egal, wie hoch dieser Zustand besetzt ist. Zweitens ist das Verhältnis zwischen diesen Prozessen gegeben durch

$$\frac{B\rho}{A} = \frac{1}{e^{\hbar\omega/k_\mathrm{B}T} - 1}, \tag{1}$$

was für rotes Licht und die oben genannte Temperatur $2{,}4 \cdot 10^{-3}$ ist. Also ist

$$B\rho = 2{,}4 \cdot 10^{-3}A \Rightarrow A \gg B\rho, \text{ aber } A = \frac{1}{\tau} \Rightarrow \tau \ll B\rho \tag{2}$$

mit τ der Lebensdauer des angeregten Zustands. Die spontane Emission wird wesentlich wahrscheinlicher sein als die Absorption eines zweiten Quants, mit dem die Promotion in einen angeregten Zustand bewerkstelligt werden könnte. Dieser „Zwei-Photonen-Prozess" genannte Vorgang kann nur im intensiven Strahlungsfeld eines Lasers gelingen [9].

Aufgabe 1.25 Diskutieren Sie den Umschlag von induzierter zu spontaner Emission als Funktion der Wellenlänge oder Frequenz bei Raumtemperatur an Hand der EINSTEIN-Koeffizienten für 5 MHz (NMR-Bereich) und $5 \cdot 10^{14}$ Hz (gelbes Licht) bei Zimmertemperatur!

Lösung. Die Energien der Lichtquanten unterscheiden sich um 8 Größenordnungen:

gelbes Licht: $E = h\nu = 3{,}3 \cdot 10^{-19}\,\mathrm{J} = 2\,\mathrm{eV}$, NMR: $E = 3{,}3 \cdot 10^{-27}\,\mathrm{J} = 20\,\mathrm{n\,eV}$. (1)

$$\frac{B\rho}{A} = \frac{1}{e^{\frac{h\nu}{k_\mathrm{B}T}} - 1}. \tag{2}$$

gelbes Licht: $\dfrac{B\rho}{A} = \dfrac{1}{e^{80} - 1} = 0$, NMR: $\dfrac{B\rho}{A} = \dfrac{1}{e^{0{,}8 \cdot 10^{-6}} - 1} = \infty$: (3)

im Gegensatz zu Licht finden bei NMR mit erdrückender Wahrscheinlichkeit induzierte Prozesse statt.

2 Quanteneffekte

Mit der EINSTEINschen Deutung des Photoeffekts wurde die jahrhundertealte Auseinandersetzung zwischen NEWTON und HUYGENS erneut befeuert. Dem wird Rechnung getragen mit der beidseitigen Diskussion des Strahlungsdrucks, der Einführung der Gleichung von DE BROGLIE sowie der gravitativen Ablenkung von Licht, die den korpuskularen Charakter unterstreichen, und dem der Wellencharakter des langsamen Elektrons gegenübergestellt wird. Das wird zum Anlass genommen, einiges der Wellenlehre zu wiederholen und die daraus folgende Unbestimmtheitsrelation zu formulieren. Weiters wird der korpuskulare Charakter der RÖNTGEN-Strahlung an Hand des COMPTON-Effektes studiert und das BOHRsche Atommodell besprochen, und zwar in einer heuristischen Version, die sehr zielgerichtet wirkt, und dann in einer zweiten, die die Schwierigkeiten bei der Begründung einer nach außen so einfachen Theorie erahnen lässt. Abgeschlossen wird mit den magnetischen Phänomenen, den Versuchen von ZEEMAN sowie STERN und GERLACH, die den Boden vorbereiteten für die Aufstellung der Quantentheorie.

2.1 Photoeffekt

2.1.1 Phänomenologie

Nach den Vorstellungen von MAXWELL sollte die Energie, die durch eine elektromagnetische Welle auf eine bestimmte Fläche eingestrahlt wird, nur von der Amplitude der Welle und der Bestrahlungsdauer abhängen, nicht dagegen von der Frequenz (s. Kap. 1). Tatsächlich beobachtete man aber, dass Elektronen aus einem Metall austreten konnten, wenn die Frequenz nur hoch genug (bzw. die Wellenlänge genügend klein) war. Für die höheren Alkalimetalle etwa reichte schon das nahe IR aus (Abbn. 2.1 und 2.2), bei Natrium liegt die Schwelle bei 6 500 Å.

2.1.2 Einsteins Deutung

Licht wird nicht nur in Quanten abgestrahlt, auch bei der Bestrahlung beobachtet man, dass die Energie einer Lichtwelle nicht kontinuierlich eingestrahlt, sondern in Form vieler einzelner Energiepakete, sog. Quanten der Energie, aufgenommen wird:

$$E = h\nu = \hbar\omega, \tag{2.1}$$

womit die photoelektrische Gleichung

https://doi.org/10.1515/9783111238678-002

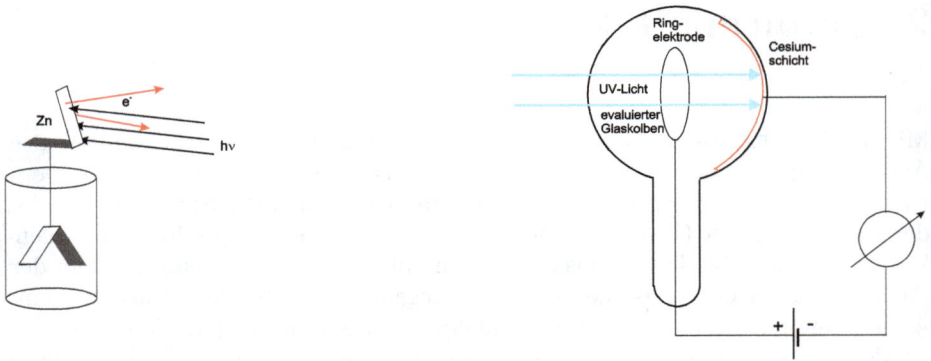

Abb. 2.1. Lks.: Wird eine Zinkplatte mit UV-Licht bestrahlt, lädt sich ein daran angeschlossenes Elektroskop auf, als Folge spreizen sich die Blättchen. Bei einem negativ aufgeladenen Elektroskop fallen die Blättchen zusammen. Schlussfolgerung: es werden negative Ladungen ausgelöst. Re.: Photozelle zum Nachweis des lichtelektrischen Effekts (H. HERTZ, P. LENARD, ab 1887). Wenn die Metallschicht an die Kathode gelegt wird, wird ein Photostrom beobachtet.

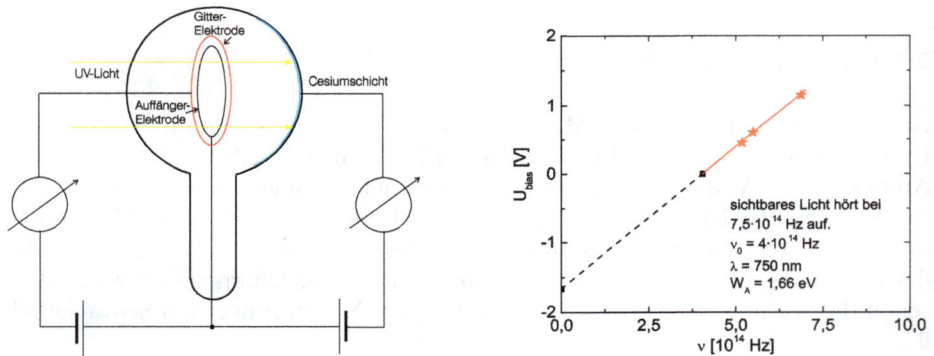

Abb. 2.2. Lks.: Wird in die Photozelle ein Gitter eingebaut, kann an dieses eine negative Gegenspannung angelegt werden, das den Photostrom unterdrückt. Re.: Der Photostrom ist eine lineare Funktion der eingestrahlten Frequenz und weist einen Schwellenwert auf. Dargestellt sind die Messwerte der Gegenspannung, die gerade ausreicht, um die Photoelektronen von der Auffängerelektrode fernzuhalten. Die Schwellenfrequenz ν_0 ist die Frequenz, die gerade ausreicht, um ein Elektron aus dem Metall herauszulösen. Ein Lichtquant höherer Energie verleiht dem Elektron zusätzlich kinetische Energie.

$$\hbar\omega = W_A + \frac{1}{2}mv^2 \qquad\qquad (2.2)$$

lautet. Die Energie des Lichtquants ist gleich der Austrittsarbeit W_A plus der dem Elektron erteilten kinetischen Energie. Da sich die Geschwindigkeit der Photoelektronen nur schwer messen lässt, bestimmt man statt dessen die kinetische Energie $\frac{1}{2}mv^2$ aus der Messung der als Gegenspannung angelegten Spannung U, die gerade ausreicht, um die Photoelektronen von der Auffängerelektrode fernzuhalten, dann ist[1]

$$eU = \frac{1}{2}mv^2 \Rightarrow eU = \hbar\omega - W_A. \qquad\qquad (2.3)$$

Einige Werte für W_A sind in Tab. 2.1 aufgeführt. Generell kann gesagt werden, dass E_A eine charakteristische Größe für verschiedene Metalle ist, insofern systematische Gänge innerhalb von Gruppen des Periodensystems festgestellt werden, andererseits aber auch die kristallographische Orientierung, vor allem aber die Oberflächenbehandlung, diesen Wert empfindlich beeinflussen. Damit sind „Bulk"-Theorien ausgereizt.

Tabelle 2.1. Austrittsarbeiten W_A für verschiedenen Systeme. W_A hängt stark von der Oberflächenbeschaffenheit und der Kristallorientierung, weniger dagegen von der kristallographischen Richtung und am wenigsten von der Dotierung (bei Halbleitern) ab [10].

Material	W_A [eV]
Na	2,28
K	2,25
Ba	1,8 − 2,52
BaO	1,0
LaB$_6$	2,14
Al	3,0 − 4,2
Cu	4,3 − 4,5
Ag	4,05 − 4,6
Au	4,8 − 5,4
W	4,5
Si	4,4 − 4,7

Für die PLANCKschen Oszillatoren gilt außerdem im Umkehrschluss, dass sie elektromagnetische Strahlung deshalb quantenhaft emittieren und absorbieren, weil die Strahlung selbst aus einzelnen Korpuskeln besteht, die Träger der Energie $h\nu$ sind.

---

[1] Diese Messung diente lange Jahre zur genauesten Bestimmung von $\hbar$.

2.2 Strahlungsdruck

Könnten die aus dem Metall befreiten Elektronen auch das Ergebnis eines Impulstransfers vom Lichtquant auf das Metall sein?

Aus Gl. (1.5) folgt für den klassischen Ausdruck der Energie E von Lichtwellen

$$E = \frac{1}{2} \int \left(\varepsilon_0 \boldsymbol{E}^2 + \mu_0 \boldsymbol{H}^2\right) \mathrm{d}^3 x = \int \varepsilon_0 \boldsymbol{E}^2 \, \mathrm{d}^3 x, \tag{2.4}$$

wobei die Integration über den gesamten Raum durchgeführt wird. Die Intensität einer elektromagnetischen Welle (also Leistung pro Fläche oder Energie pro Zeiteinheit und Fläche) wird durch den POYNTING-Vektor $\boldsymbol{S} = \boldsymbol{E} \times \boldsymbol{H}$ beschrieben, wobei die Beziehung $\boldsymbol{B} = \frac{1}{c}\boldsymbol{E}$ besteht.[2] Für bewegte geladene Partikeln gilt außerdem, dass die Kraft zwischen ihnen für einen ruhenden Beobachter als LORENTZ-Kraft gesehen wird, für einen bewegten dagegen als elektrische Kraft. D. h. es gilt außerdem, dass $\boldsymbol{F}_{\mathrm{el}} = \boldsymbol{F}_{\mathrm{L}} \Rightarrow e_0 \boldsymbol{v} \times \boldsymbol{B} = e_0 \boldsymbol{E}$, d. h. $\boldsymbol{v} \times \boldsymbol{B} = \boldsymbol{E}$.

Um das elektromagnetische Moment zu bestimmen, wird der Vektor $\boldsymbol{g}$ für die Impulsdichte des Feldes eingeführt:

$$\boldsymbol{g} = \boldsymbol{D} \times \boldsymbol{B} = \frac{1}{c^2} \boldsymbol{S}, \tag{2.5}$$

der mit den im Vakuum gültigen Beziehungen $\boldsymbol{D} = \varepsilon_0 \boldsymbol{E}$ und $\boldsymbol{B} = \mu_0 \boldsymbol{B}$ dann

$$\begin{aligned} \boldsymbol{g} &= \frac{1}{c^2 \mu_0} \boldsymbol{B} \times \boldsymbol{E} \\ &= \varepsilon_0 \boldsymbol{B} \times (\boldsymbol{v} \times \boldsymbol{B}) \end{aligned} \tag{2.6}$$

liefert. Da andererseits $\boldsymbol{B} = \frac{\boldsymbol{E}}{c}$ ist, wird aus Gl. (2.6)

$$\boldsymbol{g} = \frac{\varepsilon_0}{c^2} \boldsymbol{E} \times (\boldsymbol{v} \times \boldsymbol{E}), \tag{2.7}$$

woraus nach dem Entwicklungssatz

$$\boxed{\boldsymbol{g} = \frac{\varepsilon_0}{c^2} E^2 \boldsymbol{v}} \tag{2.8}$$

folgt. Der Faktor $\frac{\varepsilon_0}{c^2} E^2$ hat offenbar die Funktion einer Dichte, also Masse pro Volumen, womit wir insgesamt die Dichte eines Impulses erhalten. Beim Auftreffen auf eine Oberfläche bekommen wir für die ideal absorbierenden Oberflächen eines schwarzen Strahlers einen genau halb so großen Impulstransfer wie für ideal reflektierende Flächen (s. kinet. Gastheorie).

Dieser Druck rührt daher, dass das $\boldsymbol{E}$-Feld Ladungen in einer Oberfläche influenziert, und diese bewegten Ladungen (Strom) nun mit dem $\boldsymbol{H}$-Feld der Welle wechselwirken, wodurch eine Kraftwirkung auf die Oberfläche ausgeübt wird (Kasten 2.1):[3]

---

[2] Dieser Zusammenhang ist übrigens unabhängig von der Wahl des Einheitensystems.

[3] Dieser Strahlungsdruck wurde erstmals von KEPLER postuliert, der sich nicht erklären konnte, weshalb sich von der Sonne entfernende Kometen ihren Schweif vor sich hertragen.

2.1 Die Wirkung des magnetischen Feldes. Dass es in erster Linie das elektrische Feld ist, das auf das Elektron wirkt, hat folgenden Grund: In der elektromagnetischen Welle sind der $\boldsymbol{E}$- und der $\boldsymbol{H}$-Vektor im Vakuum gleich groß und phasenstarr miteinander verbunden, dagegen ist die Flussdichte $\boldsymbol{B}$ um $1/c$ kleiner als die elektrische Feldstärke. Jetzt ist die Kraft auf das Elektron vom $\boldsymbol{E}$-Feld $e_0\boldsymbol{E}$, die vom $\boldsymbol{H}$-Feld $e_0\boldsymbol{v} \times \boldsymbol{B} = \frac{e_0}{c}\boldsymbol{v} \times \boldsymbol{E}$. Die Geschwindigkeit des Elektrons beträgt im Atom nun 1 % der Lichtgeschwindigkeit; also ist auch die magnetische Wirkung nur 1 % der elektrischen.

Verbindet man umgekehrt die für relativistische Teilchen geltende EINSTEIN-Beziehung $E = mc^2$ mit der PLANCKschen Formel $E = h\nu$

$$
\begin{aligned}
E &= mc^2 \\
&= c\,\underbrace{mc}_{p} \\
&= h\nu \\
&= \tfrac{hc}{\lambda} \\
&= c\,\underbrace{\frac{h}{\lambda}}_{p}\,,
\end{aligned}
\tag{2.9}
$$

ergibt sich für den Impuls die (skalar oder vektoriell geschriebene) Formel

$$
\begin{aligned}
p &= \tfrac{h}{\lambda} \\
\boldsymbol{p} &= \hbar\boldsymbol{k}
\end{aligned}
\tag{2.10}
$$

mit $\boldsymbol{k}$ dem Wellenvektor (skalar der Wellenzahl), der parallel zu $\boldsymbol{S}$ gerichtet ist. Das elektromagnetische Feld kann danach eine Gesamtheit von Teilchen, den *Photonen* der Ruhemasse Null und der Energie $\varepsilon = h\nu$ betrachtet werden. Nachdem die NEWTONsche Korpuskularstruktur des Lichts durch die Wellentheorie seines großen Gegenübers HUYGENS für mehr als zwei Jahrhunderte obsolet gewesen war, wurde sie durch die genialen Erklärungen PLANCKs und EINSTEINs glänzend rehabilitiert. Sowohl die schwarze Strahlung wie der Photoeffekt sind eine Manifestation der korpuskularen Struktur der elektromagnetischen Energie. Aus der Tatsache, dass die relativistische Gleichung für die Ruheenergie eine wesentliche Rolle bei der Beschreibung des quantenmechanisch begründeten Strahlungsdrucks spielt, ergibt sich nun die Notwendigkeit der Beschreibung einiger relativistischer Phänomene.

2.3 Relativistische Phänomene

Die Beobachtung, dass Licht durch ein Schwerefeld nicht beeinflusst würde, musste revidiert werden. Tatsächlich erfahren Photonen im Schwerefeld eines Sterns Kräfte, die sowohl zu einer Ablenkung des Lichtstrahls wie zu einer Verlangsamung, also zu einer Energieerniedrigung, führen:

- Licht von Sternen, das die Sonne in sehr geringer Entfernung passiert, wird tatsächlich zum Sonnenzentrum abgelenkt. Da unsere Augen dem abgelenkten Lichtstrahl folgen, erscheint uns der Stern unter einem steileren Betrachtungswinkel, als er in Wirklichkeit ist. Diese Voraussage EINSTEINs konnte 1919 im Golf von Guinea mit der ersten totalen Sonnenfinsternis nach dem 1. Weltkrieg und ein halbes Jahr später, als die Sonne in Opposition zu der ersten Stellung stand, von ARTHUR EDDINGTON nachgewiesen werden (Abb. 2.3) [11, 12].

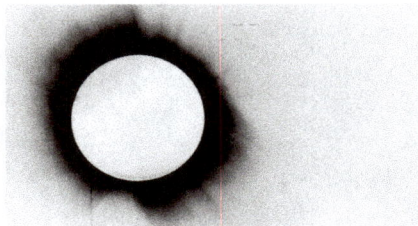

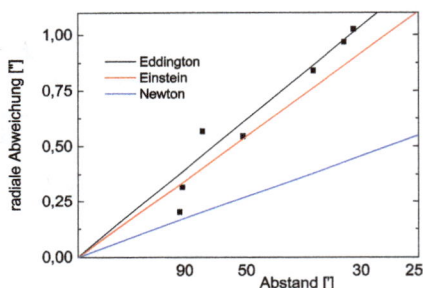

Abb. 2.3. Lks.: Eine von EDDINGTONs Photographien der Sonnenfinsternis von 1919 [11]. Re.: Radiale Abweichung der Sternpositionen (in Bogensekunden) gegen den reziproken Abstand vom Zentrum in Bogenminuten [12].

- Die Masse der Lichtenergie macht nach EINSTEINs berühmter Formel

$$mc^2 = \hbar\omega \tag{2.11}$$

aus. Um dem Gravitationsfeld eines Sterns zu entkommen, muss also die Arbeit

$$W = -\int_r^\infty F\,\mathrm{d}r = \gamma\frac{M}{r^2}\frac{\hbar\omega}{c^2}\,\mathrm{d}r \tag{2.12}$$

geleistet werden. Da diese Energie dem Photon fehlt, ergibt sich eine relative Frequenzverschiebung von

$$\frac{\Delta\omega}{\omega} = -\gamma\frac{M}{r}\frac{1}{c^2}. \tag{2.13}$$

Für die Sonne macht das etwa 2 ppm aus, für den Sirius aber schon 60 ppm. Da die Lichtwellen sich im Vakuum nur mit einer Geschwindigkeit, eben c, vorwärts bewegen (können), manifestiert sich die Erniedrigung der Energie in einer Rotverschiebung. Dies konnte erstmalig bei der Strahlung von Weißen Zwergen 1925 von W.S. ADAMS gemessen werden.

Beim MÖSSBAUER-Effekt wird die resonante Absorption von γ-Strahlen durch eine Verschiebung von zwei Proben gegeneinander mit einer geradezu lächerlichen Geschwindigkeit ermöglicht oder verhindert. Z. B. geht ein $^{57}_{27}$Co-Kern durch Elektroneneinfang aus der K-Schale in einen angeregten $^{57}_{26}$Fe-Kern über (deswegen ist das ein sog. K-Einfang), der durch Abstrahlung eines γ-Quants mit 14,4 keV relaxiert. Beim Abstrahlen erfährt der Kern daher einen gewaltigen Rückstoß, der durch Einbau in ein Kristallgitter (Masse ∞) minim, aber nicht zu Null, gemacht wird. Wegen der Schärfe der Spektrallinie (Güte von 10^{12}) kann das Quant also von einem anderen $^{57}_{26}$Fe-Kern nicht resonant absorbiert werden. Bewegt man aber Sender und präsumtiven Absorber mit relativen Geschwindigkeiten von lediglich einigen cm/s gegeneinander ($\nu' = \frac{c}{\lambda'} = \frac{c}{(c-v)T} = \frac{\nu}{1-v/c}$), reicht die durch den DOPPLER-Effekt ausgelöste Verstimmung von weniger als 1 ppb aus, um eine Absorption zu ermöglichen.

2.3.1 Relativistischer Energiesatz

Während bei niedrigen Geschwindigkeiten ($v \ll c$) der Impuls nach $p = \frac{2T}{v}$ mit der kinetischen Energie zusammenhängt, ergibt sich für relativistische Teilchen bei hohen Geschwindigkeiten ($v = c$) dagegen $p = \frac{E=T}{c}$, woraus durch Verbindung mit der PLANCKschen Formel [Gl. (2.1)] weiter die Beziehung (2.9) folgt. Bilden wir die Differenz der Impulsquadrate eines nicht-relativistischen und eines relativistischen freien Teilchens mit $\beta = \frac{v}{c}$

$$
\begin{aligned}
p^2 &= \frac{m_0^2 v^2}{1-\beta^2} \quad \text{nicht-relativistisches Teilchen} \\
&= \frac{E^2}{c^2} \quad \text{relativistisches Teilchen} \\
&= m^2 c^2 \\
&= \frac{m_0^2 c^2}{1-\beta^2},
\end{aligned}
\tag{2.14}
$$

erhalten wir

$$
\frac{E^2}{c^2} - p^2 = \frac{m_0^2}{c^2 - v^2}\left(c^2 - v^2\right)c^2 = m_0^2 c^2.
$$

Damit kann man erstens E durch p nach

$$
E = \sqrt{p^2 c^2 + m_0^2 c^4} = c\sqrt{p^2 + m_0^2 c^2}
\tag{2.15}
$$

ausdrücken, dem *relativistischen Energiesatz*, woraus für Photonen wegen $E = pc$ folgt, dass $m_0 = 0$ ist. Zweitens ist nach Voraussetzung die Propagationsgeschwindigkeit der Photonen c. Und drittens ist für Teilchen, deren Geschwindigkeit klein ist gegen die Lichtgeschwindigkeit, die Energie des bewegten Körpers

$E = m(v)c^2$, und seine Ruheenergie $E_0 = m_0 c^2$, die kinetische Energie T als Differenz $T = E - m_0 c^2$ oder

$$
\begin{aligned}
T &= m_0 c \sqrt{c^2 + \tfrac{v^2}{1-\beta^2}} - m_0 c^2 \\
&= m_0 c \sqrt{\tfrac{c^2 - v^2 + v^2}{1-\beta^2}} - m_0 c^2 \\
&= m_0 c^2 \left(\tfrac{1}{\sqrt{1-\beta^2}} - 1 \right).
\end{aligned}
\tag{2.16}
$$

Hieraus ergibt sich nach Entwicklung der Wurzel näherungsweise für $v \ll c$ wiederum

$$
T \approx m_0 c^2 \left(1 + \frac{1}{2}\frac{v^2}{c^2} - 1 \right) \Rightarrow T = \frac{m_0}{2} v^2.
$$

Aus Gl. (2.14.1) folgt für den Impuls mit einer geschwindigkeitsabhängigen Masse

$$
\begin{aligned}
p &= v \cdot m(v) \\
&= v \cdot \tfrac{m_0}{1-\beta^2},
\end{aligned}
\tag{2.17}
$$

also mit einer entwickelten Wurzel wiederum näherungsweise

$$
m(v) = m_0 \left(1 + \frac{1}{c^2}\frac{1}{2} v^2 \right).
$$

Isolieren wir die Massen, sehen wir, dass der durch die Beschleunigung auf die Geschwindigkeit v erzielte Gewinn an Gesamtenergie

$$
\begin{aligned}
\Delta m &= m(v) - m_0 \\
&= \tfrac{1}{c^2} \underbrace{\tfrac{1}{2}\tfrac{m_0}{v^2}}_{T = \Delta E}
\end{aligned}
$$

gleich dem c^2-fachen Wert des Massenzuwachses ist:

$$
\Delta E = \Delta m c^2.
\tag{2.18}
$$

2.4 Wellennatur des Elektrons

Licht weist also neben den Welleneigenschaften, die durch λ und ν charakterisiert werden, auch noch Korpuskulareigenschaften auf, die durch $E = \hbar\omega$ und $\boldsymbol{p} = \hbar\boldsymbol{k}$ bestimmt werden. Umgekehrt zeigten einige Experimente einige neue Tatsachen, die einerseits die korpuskulare Struktur des Elektrons zu bestätigen schienen, andererseits aber auch hier eine Dualität von Teilchen und Welle wahrscheinlich machten.

2.4.1 Experimente

Durch den Parabelversuch von J.J. THOMSON war das e/m-Verhältnis des Elektrons und durch den Schwebeversuch von MILLIKAN die Elementarladung bestimmt worden. Es gab also keinen Zweifel daran, dass die mechanische Masse mit einer Ladung verknüpft war.

2.4.1.1 Bestimmung des e/m-Verhältnisses durch Thomson. Nach Abb. 2.4 in einer Glühkathode erzeugte und durch die zwischen Kathode und Anode anliegende Spannungsdifferenz U_0 beschleunigte Elektronen würden durch ein Loch in der Anode geradlinig weiterfliegen. Werden sie jedoch durch ein senkrecht zur Zeichenebene liegendes Magnetfeld der Flussdichte B abgelenkt, erfahren sie die LORENTZ-Kraft $F_\mathrm{L} = -e_0 v \times B$. Diese Kraft zwingt die Elek-

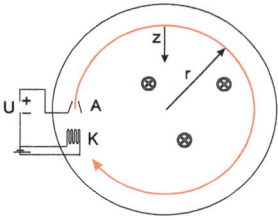

Abb. 2.4. In einer WEHNELTröhre werden bei niedrigen Drücken (typisch $1 - 10\,\mathrm{Pa}$) aus einer Glühkathode Elektronen erzeugt und zur Anode beschleunigt. In einem Magnetfeld werden sie auf Kreisbahnen geführt. Beim Stoß auf Restgasmoleküle erzeugen sie Strahlung.

tronen als Zentripetalkraft $F_\mathrm{Z} = m_\mathrm{e} v \times r$ auf eine Kreisbahn, da nur bei der Kreisbahn der Geschwindigkeitsvektor immer senkrecht auf dem Kraftvektor steht. Diese Kreisbahn ist als Leuchtspur sichtbar, da die Elektronen bei ihrer Bewegung mit Restgasmolekülen stoßen und diese anregen. Da sowohl U wie B bekannt sind, lässt sich das Verhältnis $\frac{e_0}{m_\mathrm{e}}$ mit der Beziehung $v = \sqrt{2\frac{e_0}{m_\mathrm{e}}U}$ leicht bestimmen zu

$$\begin{aligned} \frac{e_0}{m_\mathrm{e}} &= \frac{v}{B\,r} \\ &= \frac{2U}{(r\,B)^2}. \end{aligned} \qquad (2.19)$$

Zur Bestimmung entweder der Masse des Elektrons oder seiner Ladung bedarf es also eines weiteren Experimentes.

2.4.1.2 Bestimmung der Elementarladung durch Millikan. Als erster bestimmte MILLIKAN die Größe der Elementarladung. Dazu baute er eine Apparatur, die aus einem Zylinder besteht, der in Achsenmitte ein Rohr aufweist, das eine Verbindung zu einem zweiten Zylinder herstellt, in dem sich zwei Kondensatorplatten befinden. Senkrecht dazu befindet sich ein Loch mit einem angeschlossenen Zerstäuber. Durch Versprühen eines Öls werden sehr kleine Nebeltröpfchen erzeugt. Diese fallen im Schwerefeld der Erde und werden durch die Viskosität der Luft abgebremst. Ihre Endgeschwindigkeit kann mit dem STOKESschen Gesetz

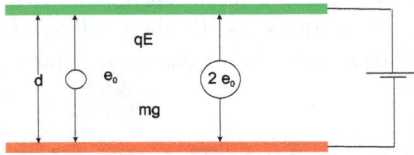

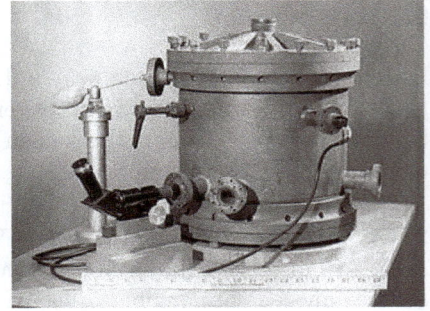

Abb. 2.5. Lks.: MILLIKAN-Versuch: Ein Öltröpfchen, das eine oder eine Vielzahl der Elementarladung trägt, schwebt im konstanten Kondensatorfeld. Re.: Original-Reaktor von MILLIKAN [13].

errechnet werden. Dazu wird unterhalb des Rohrs auf Achsenmitte im unteren Zylinder zwischen den Kondensatorplatten ein Fernrohr angebracht, mit dem die Tröpfchen, und zwar ihr Radius und ihr Weg von oben nach unten, untersucht werden können. Aus der Zeit zwischen Eintritt und Austritt aus dem Beobachtungsfeld ermittelt man die Fallgeschwindigkeit der Tröpfchen. Aus dem Radius bestimmt man das Volumen der Tröpfchen, mit der Öldichte kann man ihre Masse errechnen. Während der optischen Verfolgung der Tröpfchen wird eine Spannung an die Platten gelegt, wodurch ein elektrisches Feld entsteht, das zur teilweisen Ionisation der Tröpfchen führt. Man beobachtet dann viererlei: (ungeladene) Tröpfchen, die mit gleicher Geschwindigkeit weiterfallen, und (positiv oder negativ) geladene, deren Geschwindigkeit sich ändert, weil sie beschleunigt fallen, wieder andere, die steigen, und schließlich welche, die schweben. Wir verfolgen das Schicksal eines dieser Tröpfchens, dessen Fallgeschwindigkeit wir vorher bestimmt haben. Für ein schwebendes Tröpfchen kompensieren sich elektrische und Gewichtskraft (d: Plattenabstand, Abb. 2.5) nach

$$\underbrace{m \cdot g}_{F_{\text{Gewicht}}} = \underbrace{n \cdot e_0 \cdot \frac{U}{d}}_{F_{\text{elektr}}} . \tag{2.20}$$

Es stellte sich heraus, dass die Tröpfchenladung immer ein Vielfaches einer bestimmten Größe war, auf die man als „Elementarladung" spekuliert und nun gefunden hatte.

2.4.1.3 Beugung von Elektronen.
Andererseits zeigten DAVISSON und GERMER, dass Elektronenstrahlen nach dem Durchgang durch dünne Metallfolien auf einem Szintillationsschirm Bilder erzeugten, die aussahen, als ob es sich um Strahlen mit Wellencharakter handele (Abb. 2.6).

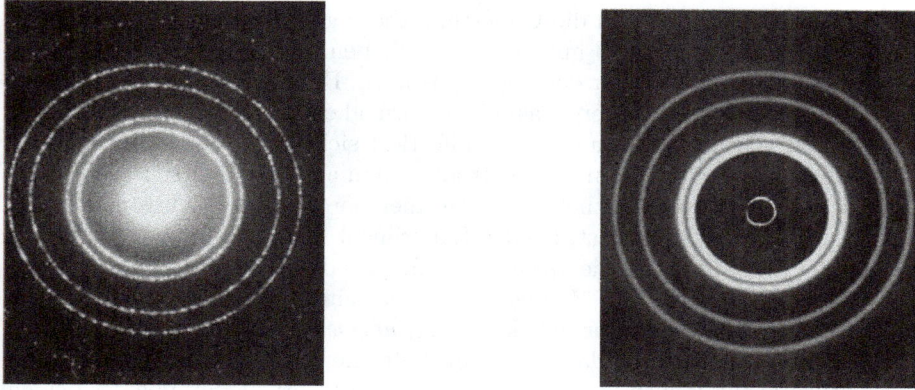

Abb. 2.6. Beugungsbilder von Elektronen (lks.) und RÖNTGEN-Strahlen (re.) nach Passieren einer dünnen Aluminiumfolie (DEBYE-SCHERRER-Verfahren). Die Ähnlichkeit ist frappant [14] © Springer-Verlag, 1958.

Ein klassisches Experiment ist die Beugung von Elektronen am YOUNGschen Doppelspalt (Abb. 2.7). Die von einer Quelle ausgesandten Elektronen passieren einen Doppelspalt und werden auf einer photographischen Platte registriert. Im einen Fall (Abb. 2.7 lks.) sind beide Schlitze offen, im anderen Fall (Abb. 2.7 re.) ist alternativ nur ein Schlitz offen und der andere geschlossen.[4]

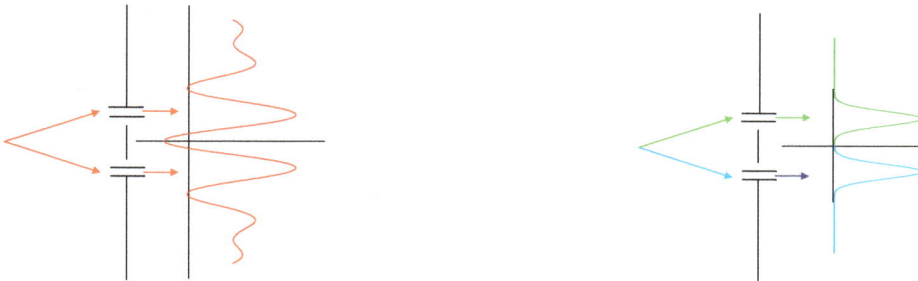

Abb. 2.7. Beugungsbilder von Elektronen nach Passieren des YOUNGschen Doppelspalts. Lks.: Beide Schlitze offen, re.: konsekutive Messung, jeweils nur ein Schlitz offen.

Wären die Teilchen bewegte Massenpunkte, dürfte das Ergebnis nicht davon abhängen, ob ein Schlitz offen oder geschlossen ist oder beide gleichzeitig offen sind, solange die gleiche Anzahl von Teilchen entweder den oberen oder unteren

---

[4]Die Darstellung im Bild re. suggeriert eine GAUSSsche Glockenkurve. Dies ist nur in erster Näherung richtig. In Wirklichkeit ist die Intensität der Funktion $\frac{\sin x}{x}$, der sog. *Spaltfunktion*, proportional.

Schlitz passiert. Wir können die Unbestimmtheit: geht ein Elektron durch den oberen oder unteren Schlitz? nur dadurch aufheben, indem wir den Schirm mit den Schlitzen unmittelbar vor der Platte postieren. Dann wird die experimentelle Anordnung jedoch so verändert, dass das ursprüngliche Beugungsbild nicht mehr beobachtbar sein kann. Zum einen manifestiert sich in dem Beugungsbild der Wellencharakter der (langsamen) Elektronen. Zum anderen aber sehen wir, dass die Festlegung der veränderlichen Größe, hier der Ort des Elektrons auf der Platte, solange *unbestimmt* ist, bis das Experiment durchgeführt worden ist. In diesem Moment tritt durch die Wechselwirkung mit der Apparatur ein messbarer, makroskopischer Effekt auf. Demgegenüber ist eine physikalische Größe, die lediglich dem Experimentator unbekannt ist, *ungewiss*.

Wenn wir annehmen, dass bis zum Auftreffen auf dem Schirm aus den Kugelwellen ebene Wellen entstanden sind, dann ist dort die Summe der beiden elektrischen Feldvektoren (Abb. 2.8)

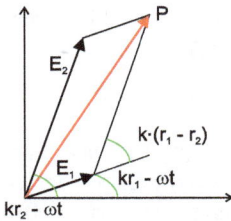

Abb. 2.8. Zeiger- oder Rotordiagramm der elektrischen Feldvektoren im Punkte P. Die Phasendifferenz der beiden Vektoren ist $\delta = (\boldsymbol{k} \cdot \boldsymbol{r}_2 - \omega t) - (\boldsymbol{k} \cdot \boldsymbol{r}_1 - \omega t) = \boldsymbol{k} \cdot (\boldsymbol{r}_1 - \boldsymbol{r}_2)$.

$$\boxed{\boldsymbol{E}_1 + \boldsymbol{E}_2 = \boldsymbol{E},} \tag{2.21}$$

genauer für die beiden Vektoren bei einer harmonischen Anregung

$$\boldsymbol{E}_{1,\,2} = \boldsymbol{E}_{1,\,2}^0 \sin\left(\boldsymbol{k} \cdot \boldsymbol{r}_{1,\,2} - \omega t\right),$$

wobei der Winkel

$$\delta = \boldsymbol{k} \cdot (\boldsymbol{r}_1 - \boldsymbol{r}_2)$$

der Phasendifferenz der beiden Vektoren entspricht. Anwendung des Skalarproduktes oder des Cosinussatzes ergibt für die Energie E_P am Punkte P

$$\boxed{E_\mathrm{P} = (\boldsymbol{E}_1 + \boldsymbol{E}_2)^2 = E_1^2 + E_2^2 + 2E_1E_2 \cos\delta.} \tag{2.22}$$

Der dritte Term wird als *Interferenzterm* bezeichnet. Für uns ist außerdem von allergrößter Bedeutung, dass bei der Interferenz sich die elektrischen Felder nach Gl. (2.21) addieren wie bei der Interferenz elektromagnetischer Wellen — und nicht z. B. die Intensitäten. In der Elektrodynamik wurde das damit begründet, dass

die MAXWELLschen Gleichungen lineare DGln sind, so dass die Superposition von
partikulären Lösungen wieder eine Lösung ist. Die Intensität der resultierenden
Welle ergibt sich dann als Quadrat der resultierenden Feldstärke.

Periodische Wellenvorgänge überlagern sich nach dem Superpositionsprinzip
ungestört; dabei addieren sich die Amplituden [Feldstärken, Gl. (2.21)]. Die
Intensitäten ergeben sich durch Quadrierung der Summen bzw. Differenzen
der Amplituden [Gl. (2.22)].

Beobachtet wird nun sowohl vom (unmenschlichen) Detektor wie vom mensch-
lichen Auge die Intensität, also die Bestrahlungsstärke Leistung/Fläche. Es
handelt sich also um sog. *quadratische Detektoren*. D. h. aber dass die MAXWELL-
Gleichungen keine direkt messbare Größe beschreiben.

Mit diesen Experimenten ist also die Wellennatur der Elektronen klar bewiesen, und man spricht von einer *Materiewelle*. Aber auch das Ergebnis beim
Verschließen eines Schlitzes, das der Zielscheibe eines ungeübten Schützen entspricht, lässt eine weitere Folgerung zu, denn das ist das Beugungsbild einer
Elementarwelle: *Die Intensität der Elektronenwelle (also ihr Amplitudenquadrat)
auf dem Schirm ist folglich der Wahrscheinlichkeit des Auftreffens des Elektrons
proportional.* Das ist die statistische Interpretation der Materiewelle von MAX
BORN.

Damit unterscheidet sich die Mikrowelt, in der $\hbar$ eine Rolle spielt, von der
Makrowelt fundamental. Ein konventionelles Experiment liefert eine Aussage
dadurch, dass durch die Beeinflussung der Messapparatur durch ein Teilchen
oder durch Energie ein makroskopischer Effekt ausgelöst wird. Wir beobachten eine *causa efficiens*, die einen Effekt verursacht, der prinzipiell beliebig
genau vorhersagbar ist. Diese Kausalität wird in der Quantenmechanik in
Frage gestellt.

2.4.2 de Broglie-Beziehung

Um diese Ergebnisse zu verstehen, verband DE BROGLIE 1923 in einem küh-
nen Wurf die EINSTEINsche Gleichung für die Ruheenergie $E = mc^2$ mit der
PLANCKschen Formel für die Größe eines Energiequants nach Gl. (2.9)

$$
\begin{aligned}
E &= h\nu \\
&= h\frac{c}{\lambda} \\
&= c\ \underbrace{\frac{h}{\lambda}}_{p} \\
&= c\ \overbrace{mc}
\end{aligned}
$$

und übertrug sie auf Elementarteilchen, in erster Linie auf Elektronen:[5]

$$p = \frac{h}{\lambda}$$
$$\boldsymbol{p} = \hbar\boldsymbol{k}.$$

(2.23)

M. a. W., der Dualismus soll nicht nur für Licht charakteristisch sein, sondern auch für Elektronen und beliebige andere Quantenteilchen gelten, und die DE BROGLIEsche Wellenlänge eines sich bewegenden Teilchens ist

$$\lambda = \frac{2\pi}{k} = \frac{h}{p}.$$

(2.24)

Danach beschreiben wir in Analogie zum Licht die Bewegung freier Teilchen, z. B. entlang der x-Achse, mit einer ebenen Welle

$$\psi(x,t) = \psi_0 \mathrm{e}^{-\mathrm{i}(\omega t - kx)} = \psi_0 \mathrm{e}^{-\frac{\mathrm{i}}{\hbar}(Et - px)}.$$

(2.25)

Aus diesen Experimenten und den daraus gezogenen Schlüssen erhellt die Notwendigkeit, bestimmte Begriffe der Wellentheorie, die für das Verständnis der SCHRÖDINGERschen Wellenmechanik unmittelbar erforderlich sind, im Rahmen dieser Abhandlung darzulegen.

2.4.3 Welle und Partikel

2.4.3.1 Monochromatische Wellen und Phasengeschwindigkeit. Die symmetrische Wellengleichung lautet

$$\frac{1}{c^2}\frac{\partial^2 \xi}{\partial t^2} = \frac{\partial^2 \xi}{\partial x^2},$$

(2.26)

und sie wird durch den allgemeinen Ansatz

$$\psi = f(x - ct)$$

(2.27)

gelöst, wobei f eine zweimal nach Ort und Zeit differenzierbare Funktion

$$\frac{\partial^2 \psi}{\partial x^2} = \psi'' = f''(x - ct)$$
$$\frac{\partial^2 \psi}{\partial t^2} = \ddot{\psi} = c^2 \ddot{f}(x - ct)$$

(2.28)

sein muss, was von den Kreisfunktionen Sinus und Cosinus sowie von der Exponentialfunktion mit imaginärem Argument geliefert wird. Schreiben wir

$$y = x - ct,$$

(2.29)

---

[5] Die Dissertation folgte 1924.

erhalten wir eine Funktion, die nur von y abhängt. Trennen wir das auf in x und t, dann ist $f(x)$ eine Funktion des Profils, die sich mit der Geschwindigkeit c nach positiven Werten von x bewegt. Ein mit der Geschwindigkeit c sich nach rechts bewegender Beobachter beobachtet immer denselben Funktionswert oder dieselbe Phase y von ψ, d. h. $y = $ const. Diese Funktion wird auch oft

$$f(x - ct) = F\left(t - \frac{x}{c}\right) \tag{2.30}$$

geschrieben, da

$$F\left(t - \frac{x}{c}\right) = F\left(-\frac{x - ct}{c}\right) = f(x - ct) \tag{2.31}$$

ist. Wenn $f(x - ct)$ eine Lösung der DGl ist, dann ist $f(x + ct)$ natürlich auch eine, da die DGl nur das Quadrat von c enthält. Also ist die allgemeine Lösung

$$\psi = f(x - ct) + g(x + ct). \tag{2.32}$$

Für eine elektromagnetische Welle der Energie $E = h\frac{c}{\lambda}$ wird aus Gl. (2.29) eine neue Veränderliche

$$z = \frac{1}{k}\left[kx - kct\right] = \frac{1}{k}\left[kx - \omega t\right],$$

damit also

$$y = kx - \omega t = \frac{1}{\hbar}\left(px - Et\right) = \text{const},$$

woraus

$$px_1 - Et_1 = px_2 - Et_2 = \text{const}$$

und weiter

$$E\Delta t - p\Delta x = 0 \Rightarrow \frac{\Delta x}{\Delta t} = c = v_{\text{Ph}} \tag{2.33}$$

folgen. In der Abb. 2.9 wird die Propagation der Welle in der Zeit- und Ortsdomäne deutlich. Nach einer Periode ist die Welle in der Zeit T um λ vorwärts gewandert, woraus sich die Propagationsgeschwindigkeit der Phase zu

$$v_{\text{Ph}} = c = \frac{\text{Weg}}{\text{Zeit}} = \frac{\lambda}{T} = \nu\lambda = \frac{\omega}{k}, \tag{2.34}$$

der *Phasengeschwindigkeit*, ergibt, was für die Wellenfunktion zu

$$\begin{aligned}\psi &= \psi_0 \sin\left(2\pi\left(\frac{x}{\lambda} - \nu t\right)\right)\\ &= \psi_0 \sin\left(\frac{2\pi}{\lambda}\left(x - v_{\text{Ph}}t\right)\right)\\ &= \psi_0 \sin\left(k\left(x - v_{\text{Ph}}t\right)\right)\end{aligned} \tag{2.35}$$

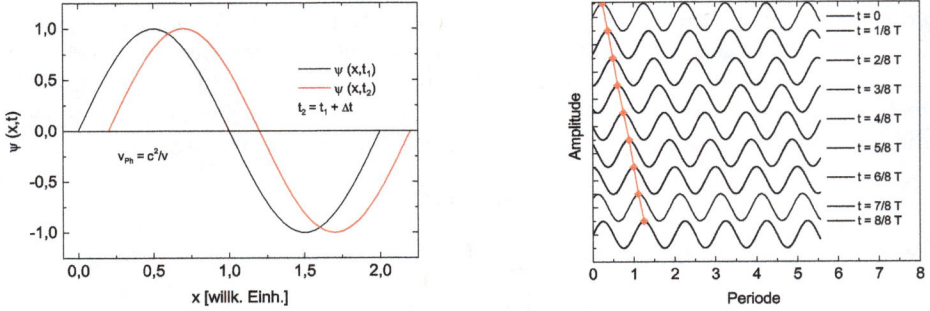

Abb. 2.9. Monochromatische Welle. Lks.: In der Zeit Δt wandert die Welle um Δx. Re.: Das Fortschreiten in der Zeit und im Ort wird hier deutlich, indem Punkte gleicher Phase miteinander verbunden werden. Nach einer Periode ist die Welle in der Zeit T um λ vorwärts gewandert.

führt, was ganz offensichtlich eine spezielle Lösung der allgemeinen Gl. (2.31) darstellt. Die Phasengeschwindigkeit ist im Vakuum eine Konstante. In diesem Fall ist nach Gl. (2.34) $\omega = v_{\mathrm{Ph}}k$.

Die Gl. (2.35) enthält neben der Amplitude ψ_0 viel Information.

- Der auf dem Wellenkamm mit v_{Ph} mitbewegte Beobachter sieht eine konstante Phase.

- Ein den ganzen Vorgang an einem festen Ort befindlicher Beobachter misst die Zahl der an ihm pro Zeiteinheit vorbeiziehenden Maxima ($x = x_0$, t ausgedehnt).

- In einer Momentaufnahme des ganzen Zustandes erkennen wir die räumliche Periodizität in der Wellenlänge ($t = t_0$, x ausgedehnt).

Man bezeichnet das als Dispersionsfreiheit: Im Vakuum bewegen sich Wellen gleich welcher Wellenlänge mit der gleichen Geschwindigkeit vorwärts.

Bewiesen wurde das an der Bedeckung der Monde des Jupiter. Würden wir im Weltall (hier: interplanetarer Raum, vakuummäßig so gut wie Weltall) eine Abhängigkeit der Ausbreitungsgeschwindigkeit von der Wellenlänge beobachten, dann müsste beim Untergang resp. dem Wiederaufgehen entweder zuerst das blaue oder das rote Licht bei uns ankommen. Bei 900 s Laufzeitdifferenz zwischen den beiden Äquinoktien und etwa 300 Mio. km Entfernungsunterschied (Durchmesser der Erdbahn) müssten auch winzige Unterschiede im Dispersionsverhalten manifest werden. Dem ist nicht so — im Gegensatz zum Durchgang eines weißen Lichtstrahls durch Materie.

Um die Dispersion zu erfassen, führen wir die Gruppengeschwindigkeit ein, die ein wesentliches Manko der Wellengleichung (2.26) korrigiert. Sie ist die Gleichung einer monochromatischen Welle [Gl. (2.35)], die in Zeit und Raum unendlich ausgedehnt ist. Tatsächlich ist die Größenordnung eines sog. Wellenzuges aber in der Gegend einiger Meter. Er hat also Anfang und Ende und kann daher nicht monochromatisch sein, was wir phänomenologisch in diesem und theoretisch im nächsten Kapitel und dem Kap. 11 untersuchen werden. Danach wird eine Spektrallinie durch eine LORENTZ-Kurve mit einer gewissen Breite und einem — je nach Dämpfung — mehr oder weniger spitzigen Maximum beschrieben, der in den Tabellenwerken aufgeführten Wellenlänge.

2.4.3.2 Wellengruppe und Gruppengeschwindigkeit.
Zur Begriffsdefinition greifen wir das akustische Phänomen der Schwebung auf, das An- und Abschwellen der Lautstärke, wenn zwei leicht verstimmte Töne gleichzeitig erklingen, denn optische Analog-Experimente sind sehr viel schwerer auszuführen, da unser Gesichtssinn Bildfolgen von mehr 16/s nicht mehr auflösen kann — deswegen wurde die Bildfolge beim Tonfilm auf 24 Hz festgelegt.

Wir untersuchen nun die einfachste *Gruppe von Wellen* oder eine *Wellengruppe mit einer orts- und zeitabhängigen Amplitude*, in Abb. 2.10 gezeigt für die Überlagerung von Wellen mit einem Frequenzverhältnis von 9:8, was im akustischen einer großen Sekunde entspricht (wie zwischen c'' und d''; $\nu_1 = 1\,000$ Hz, $\nu_2 = 1\,125$ Hz). Die Schwebungsfrequenz beträgt $\Delta\nu = {}^1\!/_8 \cdot \nu_1$, die Frequenz der Einhüllenden deren Hälfte. Die Wellengruppe propagiert mit der Gruppengeschwindigkeit $v_{\mathrm{Gr}} = \frac{\Delta\omega}{\Delta k}$.

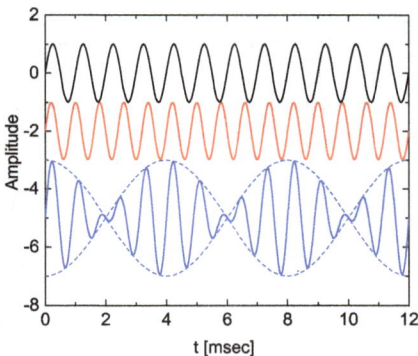

Abb. 2.10. Die Überlagerung zweier Wellenfunktionen ergibt eine zeitabhängige Resultierende, hier gezeigt für das Verhältnis von Grundton zu großer Sekunde [8:9, $\nu_1 = 1\,000$ Hz (schwarz), $\nu_2 = 1\,125$ Hz (rot)].

Für den einfachsten Fall gleicher Amplitude und gleicher Propagationsrichtung ergibt sich für die Überlagerung der Wellen $\psi_i = \psi_0 \cos(k_i x - \omega_i t)$

$$\psi = 2\psi_0 \underbrace{\cos\left(\frac{k_1 - k_2}{2}x - \frac{\omega_1 - \omega_2}{2}t\right)}_{\text{Amplitudenfaktor}} \underbrace{\cos\left(\frac{k_1 + k_2}{2}x - \frac{\omega_1 + \omega_2}{2}t\right)}_{\text{Phasenfaktor}}, \qquad (2.36)$$

eine unendlich ausgedehnte, in $+x$-Richtung laufende Welle der mittleren Kreisfrequenz $\langle\omega\rangle = \frac{\omega_1 + \omega_2}{2}$ und der mittleren Wellenzahl $\langle k\rangle = \frac{k_1 + k_2}{2}$ (zweiter Cosinusfaktor), woraus sich die Phasengeschwindigkeit zu

$$\begin{aligned} v_{\text{Ph}} &= \frac{\omega}{k} \\ &= \frac{\omega_1 + \omega_2}{k_1 + k_2} \end{aligned} \qquad (2.37)$$

ergibt, wobei die Amplitude mit dem ersten Cosinusfaktor oszilliert (Extrema bei $n\pi$ und Wurzeln bei $n\frac{\pi}{2}$), und die Gruppengeschwindigkeit

$$\begin{aligned} v_{\text{Gr}} &= \frac{\Delta\omega}{\Delta k} \\ &= \frac{\omega_1 - \omega_2}{k_1 - k_2}, \end{aligned} \qquad (2.38)$$

genauer deren Grenzwert $\lim\limits_{k\to 0} \frac{\Delta\omega}{\Delta k}$, liefert (Abb. 2.10). Wir finden einen deutlichen Unterschied zwischen v_{Ph} und v_{Gr}: Dispersion.

2.4.3.3 Dispersion in Materie. Wenden wir diese Definition auf den Fall der Wellenfunktion (2.35) mit $\omega = v_{\text{Ph}}k$ an, dann finden wir, dass im Vakuum für die monochromatische Wellen gleich welcher Frequenz die Gruppengeschwindigkeit gleich der Phasengeschwindigkeit ist:

$$\begin{aligned} v_{\text{Gr}} &= \lim_{\Delta k \to 0} \frac{\Delta\omega}{\Delta k} \\ &= \frac{\mathrm{d}\omega}{\mathrm{d}k} \\ &= \frac{\mathrm{d}}{\mathrm{d}k}v_{\text{Ph}}k \\ &= v_{\text{Ph}}. \end{aligned} \qquad (2.39)$$

Dies ist eben deswegen so, weil ein linearer Zusammenhang zwischen ω und k besteht.

Beim Durchgang durch nicht-absorbierende Materie beobachten wir eine Zerlegung eines „weißen" Lichtstrahls, und man definiert den Brechungsindex mit

$$|n|^2 = \frac{c^2 k^2}{\omega^2}, \qquad (2.40)$$

quadratisch deshalb, weil bei Absorption zusätzliche komplexe Anteile dazukommen, und der gesamte Brechungsindex als beobachtbare Größe reell werden muss. Bei normaler Dispersion ist $\frac{\mathrm{d}n}{\mathrm{d}k} > 0$, aber $\frac{\mathrm{d}\omega}{\mathrm{d}k} < 0$: rotes Licht ist schneller als blaues, bei anomaler Dispersion ist $\frac{\mathrm{d}\omega}{\mathrm{d}k} > 0$, und blaues Licht ist schneller als rotes.[6] Nehmen wir nun an, dass ω eine Funktion von k ist, also $\omega = \omega(k)$, dann finden wir aus Gl. (2.34) für die Gruppengeschwindigkeit, entweder nach k oder nach λ abgeleitet, wobei dann $\mathrm{d}k = -\frac{2\pi}{\lambda^2}\,\mathrm{d}\lambda$ nachdifferenziert werden muss,

---

[6]In Wasser ($n = 4/3$) ist $n(400\text{ nm})$ 1,348 und $n(800\text{ nm})$ 1,330.

$$
\begin{aligned}
v_{\mathrm{Gr}} &= \frac{\partial}{\partial k}(v_{\mathrm{Ph}} \cdot k) \\
&= v_{\mathrm{Ph}} + k\frac{\partial v_{\mathrm{Ph}}}{\partial k} \\
&= v_{\mathrm{Ph}} - \lambda\frac{\partial v_{\mathrm{Ph}}}{\partial \lambda} :
\end{aligned}
\tag{2.41}
$$

bei normaler Dispersion ist $v_{\mathrm{Gr}} < v_{\mathrm{Ph}}$, bei anomaler Dispersion umgekehrt.

2.4.3.4 Phasengeschwindigkeit einer Materiewelle. Setzen wir nun für die Gesamtenergie eines freien materiellen Teilchens Gl. (2.15) und der DE BROGLIE-Beziehung

$$
E = m_0 c^2 + \hbar\omega = m_0 c^2 + \frac{\hbar^2 k^2}{2m_0},
\tag{2.42}
$$

dann wird für die Frequenz[7]

$$
\omega = \frac{\hbar k^2}{2m_0},
\tag{2.43}
$$

und die Phasengeschwindigkeit $c = \frac{\omega}{k}$ beträgt

$$
\begin{aligned}
v_{\mathrm{Ph}} &= \frac{\omega}{k} \\
&= \frac{\hbar}{2m_0}k \\
&= \frac{p}{2m_0} \\
&= \frac{v}{2} :
\end{aligned}
\tag{2.44}
$$

wir finden einen quadratischen Zusammenhang zwischen der Frequenz und der Wellenzahl, und daher besteht auch im Vakuum eine Abhängigkeit der Phasengeschwindigkeit von der Wellenlänge oder der Frequenz. v_{Ph} ist nach Gl. (2.44) halb so groß wie die Teilchengeschwindigkeit v, die etwa gleich der Gruppengeschwindigkeit des dem Teilchen zugeordneten Wellenpaketes

$$
\begin{aligned}
v_{\mathrm{Gr}} &= v_{\mathrm{Ph}} + k\frac{\partial v_{\mathrm{Ph}}}{\partial k} \\
&= \frac{\hbar k}{2m_0} + \frac{\hbar k}{2m_0} \\
&= \frac{\hbar k}{m_0} \\
&= v
\end{aligned}
\tag{2.45}
$$

ist. Materiewellen zeigen immer Dispersion, auch im Vakuum (Abb. 2.11, Beisp. 2.1).

---

[7]Da in der nicht-relativistischen Theorie die Energie immer nur bis auf eine additive Konstante definiert ist, unterdrückt man gewöhnlich die Ruheenergie $m_0 c^2$ des Teilchens bei der Definition seiner kinetischen Energie.

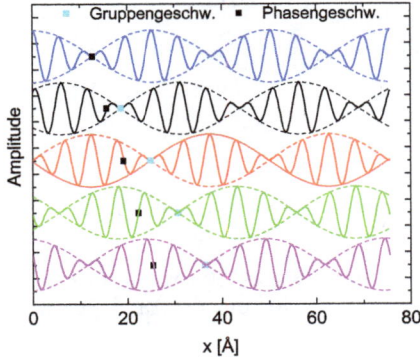

Abb. 2.11. Fünf Momentaufnahmen zur Bewegung einer Wellengruppe und ihrer Phase nach jeweils $n \cdot 5{,}4$ fs. Die Wellengruppe propagiert mit der Gruppengeschwindigkeit v_{Gr} (Knoten in cyan). Bei der Phasengeschwindigkeit v_{Ph} fragen wir gleichzeitig nach dem Ort des nächsten Nulldurchgangs (Knoten in schwarz). Die Aufnahmen zu den Zeiten $t_1 = 0$ und $t_n = n \cdot 5{,}4$ fs zeigen: Die Phase kommt langsamer vorwärts als die Front der Wellengruppe, so dass $v_{Ph} = \frac{1}{2} v_{Gr}$ wird [Gl. (2.44)] (die mittlere Wellenlänge ist 6,29 Å, die mittlere Kreisfrequenz $58{,}57 \cdot 10^{14}$ Hz). Zerfließen der Wellengruppe ist vernachlässigt.

Die Dispersionsrelationen für Photonen mit der konstanten Phasengeschwindigkeit $v_{Ph} = c$ und der freier Elektronen mit $v_{Ph} = \frac{\hbar k}{2 m_e}$ bzw. der Gruppengeschwindigkeit $v_{Gr} = \frac{\hbar k}{m_e}$ sind in Abb. 2.12 graphisch erfasst.

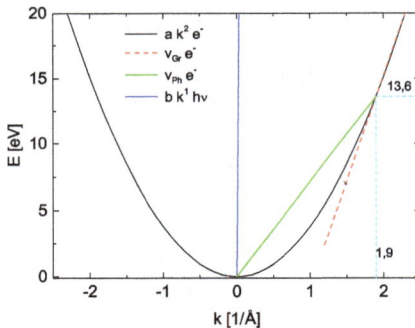

Abb. 2.12. $E(k)$-Zusammenhang von Photonen (blau, linear) und freien Elektronen (schwarz, quadratisch). Die Gruppengeschwindigkeit der Elektronen ist die rote Tangente bei $k = 1{,}9/$Å und $E = 13{,}6$ eV, deren Phasengeschwindigkeit die grüne Gerade. In der Legende bedeuten $a = \frac{\hbar^2}{2 m_e}$, $b = \hbar c$, $h\nu$ Photon.

Wegen der sehr hohen wellenzahlunabhängigen Phasengeschwindigkeit der Photonen ist der $E(k)$-Zusammenhang nahezu unendlich steil. Der parabolische $E(k)$-Zusammenhang für die Elektronen ist dagegen flach. Eingezeichnet ist der Wert für $k = 1{,}9/$Å, der für Elektronen einer Wellenlänge von 3,3 Å und einer Energie von 13,6 eV erreicht wird. Die Nullpunktsenergie $m_0 c^2$ der Elektronen bei $k = 0$ beträgt 513 keV.

Beispiel 2.1 Für den Fall der in der Abb. 2.11 dargestellten Wellen [in der Akustik wären das z. B. der Kammerton a' (440 Hz) und das h' (495 Hz)] würde das bei einer Phasengeschwindigkeit von $3 \cdot 10^8$ m/s und entsprechenden Frequenzen von $440 \cdot 10^{12}$ Hz (gerade sichtbares Rot) bzw. $495 \cdot 10^{12}$ Hz (gelb) bedeuten:

1. Die Wellenlängen betragen 682 bzw. 606 nm, die Wellenzahlen also $9{,}21 \cdot 10^6$/m bzw. $10{,}37 \cdot 10^6$/m und die Kreisfrequenzen sind 2,763 bzw. $3{,}110 \cdot 10^{15}$ Hz.

2. Damit ergeben sich die Mittelwerte von k und ω nach $\langle k \rangle = \frac{k_1 + k_2}{2}$ zu $\langle k \rangle = 9{,}79 \cdot 10^6$/m und $\langle \omega \rangle = 2\,937{,}4 \cdot 10^{15}$ Hz,

3. woraus sich für die Phasengeschwindigkeit ein Rechenwert von natürlich $3 \cdot 10^8$ m/s ergibt. Die Einhüllende breitet sich mit $v_{\mathrm{Gr}} = \frac{\Delta \omega}{\Delta k} = 2{,}99 \cdot 10^8$ m/s aus, also kein Unterschied. Es darf ja auch keiner da sein, denn elektromagnetische Wellen zeigen im Vakuum keine Dispersion.

Im Bereich der Materiewellen sieht das aber ganz anders aus: Das Elektron auf der BALMER-Bahn hat eine kinetische Energie von $E_1 = 3{,}4$ eV oder $5{,}44 \cdot 10^{-19}$ J und damit einen Impuls p_1 von $\sqrt{2 m_e E} = 9{,}95 \cdot 10^{-25}$ N s und eine Geschwindigkeit von $1{,}09 \cdot 10^6$ m/s, was nach DE BROGLIE einer Wellenlänge λ_1 von 0,666 nm und einer Wellenzahl k_1 von $9{,}43 \cdot 10^9$/m entspricht. Die Umlauffrequenz ist $\nu_1 = \frac{p}{2 \pi m_e r_2} = 8{,}22 \cdot 10^{14}$ /s und ihre Kreisfrequenz entsprechend $\omega_1 = 51{,}70 \cdot 10^{14}$/s. Bei einem Frequenzverhältnis von 9:8 lauten die entsprechenden Zahlen $k_2 = 10{,}609 \cdot 10^9$/m [Verhältnis $(9:8)^1$], aber wegen der quadratischen Abhängigkeit der Energie vom Impuls für $\omega_2 = 65{,}43 \cdot 10^{14}$/s [Verhältnis $(9:8)^2$]. Auch hier liefert wieder die Mittelwertbildung für k und ω: $\langle k \rangle = 10{,}0195 \cdot 10^9$/m und $\langle \omega \rangle = 58{,}565 \cdot 10^{14}$/s. Die Resultierende weist eine Phasengeschwindigkeit $v_{\mathrm{Ph}} = 5{,}845 \cdot 10^5$ m/s auf, aber eine Gruppengeschwindigkeit von $11{,}65 \cdot 10^5$ m/s: v_{Gr} ist also fast doppelt so hoch wie v_{Ph} und nur etwas größer als die Teilchengeschwindigkeit. Dies muss auch so sein, denn wenn das Teilchen sich mit dieser Geschwindigkeit bewegt und damit einen mittleren Impuls $\langle p \rangle$ aufweist, dann ist das ja gleichbedeutend mit der zeitlichen Verschiebung der Wahrscheinlichkeit, es anzutreffen (Abb. 2.12).

Propagiert die Welle von links nach rechts, muss der Phasenpunkt, etwa der Nulldurchgang, scheinbar gegen die Welle laufen, um dann links am Ende der Wellengruppe sein Ziel zu erreichen. Es ist evident, dass das länger dauern muss, im Falle der Materiewelle eben doppelt so lange [15].

In Abb. 2.11 sieht man das sehr schön im roten Teilbild, dass bei einer Propagation um eine Viertel-Phase (10,8 fsec) das Bild einer halben Gruppe dazukommt, im rotvioletten Teilbild ist nach 21,6 fsec eine Halb-Phase oder eine halbe Gruppe dazugekommen. In dieser Zeit hat also die Gruppenfront 12,5 Å (25 Å) zurückgelegt, die Phase dagegen nur etwa 6,3 Å (12,5 Å), eben einen bzw. zwei Mittelwert(e) $\langle \lambda \rangle$.

Wenn alle Wellen in der Realität mehr oder weniger polychromatisch sind, sie also ein $k + \Delta k$ aufweisen, so dass in einem dispergierenden Medium auch $\omega + \Delta \omega$ folgt, dann ist zu untersuchen, inwieweit diese Unschärfe bereits in der klassischen Wellenlehre angelegt ist.

2.5 Unschärferelation einer klassischen Welle

Die Wellenlänge einer Welle kann nur mit einer bestimmten Präzision angegeben werden. So ist es z. B. erforderlich, mehrere Wellenzüge abzuwarten, um die (mittlere) Wellenlänge einer Wellengruppe tatsächlich messen zu können. Im Beispiel der Abb. 2.10 muss man 8 ms warten, um zu entscheiden, ob neun oder zehn Wellenberge vorübergezogen sind.

Die Wellenlänge an einem bestimmten Ort kann also gar nicht definiert sein, da die Welle immer aus einer endlichen Anzahl von Wellenzügen unterschiedlicher Wellenlängen besteht. Die Größen λ und x sowie ν und t sind folglich komplementär. Was ist die größte Unsicherheit?

Habe unser Element Δx die Länge L, dann ist die Zahl der darauf passenden Wellenzüge

$$N = \frac{L}{\lambda} = \frac{kL}{2\pi}. \tag{2.46}$$

Da wir bei einer endlichen Länge die Wellenlänge λ — und damit auch k — nur mit einer endlichen Sicherheit bestimmen können, könnten auch $N+1$ Wellenzüge einer etwas kürzeren Wellenlänge

$$N + 1 = \frac{(k + \Delta k)L}{2\pi}$$

darauf passen, was mit Gl. (2.46)

$$\frac{kL}{2\pi} + 1 = \frac{(k + \Delta k)L}{2\pi} \Rightarrow \frac{kL + 2\pi}{2\pi} = \frac{(k + \Delta k)L}{2\pi}$$

ergibt. Nach Auflösen folgt

$$2\pi = L\Delta k = \Delta x \Delta k, \tag{2.47}$$

was die unterste Grenze der Unsicherheit darstellt, denn wenn $N + 2$ Wellenzüge auf unsere Länge $\Delta x = L$ passen würden, würde ja

$$4\pi = L\Delta k = \Delta x \Delta k \tag{2.48}$$

gelten. Bei konstanter Phasengeschwindigkeit ersetzen wir Δx durch $c\Delta t$ und Δk durch $\frac{1}{c}\Delta\omega$ und erhalten die beiden Unbestimmtheitsbeziehungen (Beisp. 2.2)

$$\begin{aligned} \Delta k \Delta x &\geq 2\pi \\ \Delta\omega \Delta t &\geq 2\pi. \end{aligned} \tag{2.49}$$

Beispiel 2.2 Aus der Akustik wissen wir, dass ein hoher Ton in kürzerer Zeit sauber definiert ist als ein tiefer. Für das a ($\nu = 110\,\text{Hz}$) und seine jeweils um einen Halbton verschiedenen Nachbartöne as: $^{15}/_{16} \cdot 110\,\text{Hz}$: 103 Hz ($\Delta\nu = -7\,\text{Hz}$) und ais: $^{16}/_{15} \cdot 110\,\text{Hz}$: 117 Hz ($\Delta\nu = +7\,\text{Hz}$) folgt, dass wir zur Unterscheidung dieser drei Töne, d. h. auf mindestens einen Viertelton $\Delta\nu/2$ genau, diesen Ton

$$\frac{1}{\frac{\Delta\nu/2}{\nu}} \cdot \nu$$

lang hören müssen, also

$$\frac{1}{\Delta\nu/2} = \frac{1}{3,5\,\text{Hz}} \approx 0,29\,\text{s}.$$

In dieser Zeit treffen also vom

- as 29,9 Wellenzüge;
- a 31,9 Wellenzüge;
- ais 33,9 Wellenzüge

das Ohr. Die Unterscheidung um einen Wellenzug macht also bereits einen Viertelton aus. Da eher die doppelte Reinheit erforderlich ist, bedeutet das für die schnellste sauber zu singende Bassnote eine Zeit von etwa $^1/_4$ s. Klar ist, dass bei einer Verachtfachung der Frequenz (drei Oktaven höher) diese Zeit sehr kurz werden kann. Zwar sind die Verhältnisse gleich:

- as″: 825 Hz;
- a″: 880 Hz;
- ais″: 939 Hz,

doch um zwischen diesen Tönen zu unterscheiden, sagen wir nur auf fünf Wellenzüge genau, reicht bereits eine Zeitdifferenz von etwa $5 : 880 \approx 6\,\text{ms}$ aus, d. h. die Zeit sinkt auf etwa $1/150\,\text{s}$ ab.

2.6 Unschärferelationen einer Materiewelle

Für eine DE BROGLIEsche Materiewelle ergibt sich daraus einfach

$$\Delta x \Delta p \geq h, \tag{2.50}$$

die die Bezeichnung *Unbestimmtheitsrelation* erhielt, und die wir im Abschn. 3.8 aus einer Wellengruppe ableiten werden.

Durch diese Gleichung sind der Impuls und der Ort einer Materiewelle durch die HEISENBERGsche Unschärferelation $\Delta p \Delta x \geq h$ miteinander verbunden. Einsetzen der PLANCK-EINSTEIN-Beziehung $E = h\nu = hc/\lambda$ [Gl. (1.42)] mit $\Delta x = c\Delta t$ liefert die sog. *4. Unschärferelation*

$$\Delta E = h\Delta\nu$$
$$= \frac{hc}{\Delta\lambda}$$
$$= \frac{hc}{h}\Delta p$$
$$\Rightarrow$$
$$\Delta p = \frac{\Delta E}{c},$$

woraus sich

$$\Delta E \Delta t \geq h \tag{2.51}$$

ergibt, die uns später bei der Bestimmung der Schärfe der Spektrallinien nochmals beschäftigen wird (s. Kap. 4/11). In beiden Fällen sind es zueinander komplementäre Größen, die durch die FOURIER-Analyse miteinander verknüpft werden.

In der Literatur finden wir meist statt Gl. (2.50)

$$\Delta p \Delta x \geq \hbar, \tag{2.52}$$

die aus einem Gedankenexperiment folgt, nachdem es unmöglich sei, Ort und Impuls einer Partikel simultan besser als durch die Schranke $\hbar$ gegeben zu bestimmen (Beisp. 2.3).

Beispiel 2.3 HEISENBERGs Gedankenexperiment verlangt nach einem Ultramikroskop, mit dem man den Ort eines Elektrons sehr genau bestimmen kann, indem das Objekt mit Licht einer sehr kurzen Wellenlänge λ bestrahlt wird. Entsteht zwischen dem einfallenden und gestreuten Strahl ein gewisser Winkel φ, dann kann man den Ort des Elektrons in einer Fläche, die parallel zur Objektivfläche liegt, mit der Genauigkeit $\Delta x \propto \frac{\lambda}{\sin\varphi}$ bestimmen. Weil das eingestrahlte Licht den Impuls $p = \frac{h}{\lambda}$ aufweist, wird das Elektron durch die Beobachtung einen Impuls erleiden, der zu einer Ortsveränderung führt. Je genauer die Bestimmung durchgeführt werden soll, indem die Wellenlänge der einfallenden Strahlung gesenkt wird, umso größer ist der Impuls der Strahlung, und umso ungenauer wird das Resultat der Messung werden. D. h. aber, dass sich der Impuls in der gleichen Richtung ebenfalls nur auf $\Delta p \propto \frac{h}{\lambda}$ genau bestimmen lässt, woraus sich wieder die Unbestimmtheitsrelation (2.52) ergibt. Da diese Antinomie der elektromagnetischen Strahlung inhärent ist, ist das Problem grundsätzlicher Natur und kann nie aufgelöst werden. Wir werden auf diese Erklärung am Ende des Kap. 5 zurückkommen.

Es sei explizit darauf hingewiesen, dass die Gl. (2.52) von HEISENBERG mittels der Eigenschaft der Nichtkommutierbarkeit von Operatoren aufgefunden wurde.

2.7 Compton-Effekt

Im selben Jahr, in dem DE BROGLIE seine Formel aufstellte, indem er von der
Seite der Materie kam und einem (langsamen) Elektron eine Welleneigenschaft
attestierte, untersuchte COMPTON die spektrale Verteilung der Intensität der
Streustrahlung einer RÖNTGENröhre an Graphit und anderen Stoffen (Lithium,
Beryllium, Eisen, Kupfer, ...) in einer Ionisationskammer unter verschiedenen
Winkeln (Abb. 2.13). Die durch MAX VON LAUE initiierten Versuche hatten klar
bewiesen, dass es sich bei den „X-Strahlen" um kurzwellige elektromagnetische
Wellen handelte. Klassisch würde man daher eine Streuung bei unveränderter
Wellenlänge erwarten. Tatsächlich aber beobachtet man neben dem „Nullstrahl"
das Auftreten eines zweiten, langwellig verschobenen Maximums. Die Wellenlänge,

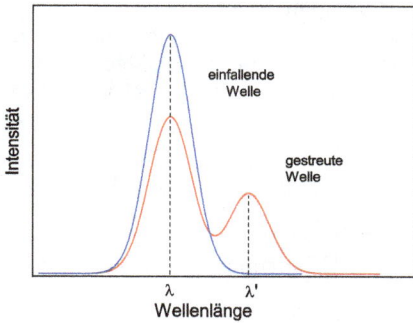

Abb. 2.13. Prinzipskizze der spektralen Verteilung der RÖNTGEN-Strahlung beim COMPTON-Effekt vor (blaue) und nach (rot) der Streuung.

die diesem zusätzlichen Maximum entspricht, ist umso stärker verschoben, je größer der Streuwinkel ϑ ist; am frappierendsten aber ist, dass bei Rückwärtsstreuung,
also bei Streuung um 180°, der Wert immer 0,0484 Å beträgt, unabhängig von der
eingestrahlten Wellenlänge (Abb. 2.14). RÖNTGEN-Strahlung einer Wellenlänge

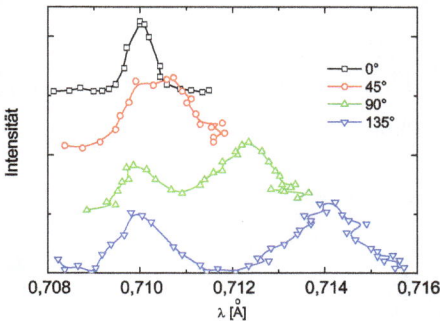

Abb. 2.14. COMPTONs Nobel-preis-Experiment: K_α-Strahlung von Molybdän fällt auf Graphit. Gezeigt ist die spektrale Verteilung der RÖNTGEN-Strahlung unter verschiedenen Winkeln [16].

von 1 Å hat eine Energie von 12 keV, die Bindungsenergie der Valenzelektronen
liegt aber nur in der Gegend von 10 eV. Die Energie des RÖNTGEN-Quants ist

also groß gegen die Bindungsenergie des Elektrons, und das Elektron kann als quasi-frei betrachtet werden.

Als alter Billardspieler näherte sich COMPTON dem Problem spielerisch (Abbn. 2.15). Er betrachtete die RÖNTGEN-Quanten genauso als Kugeln wie die

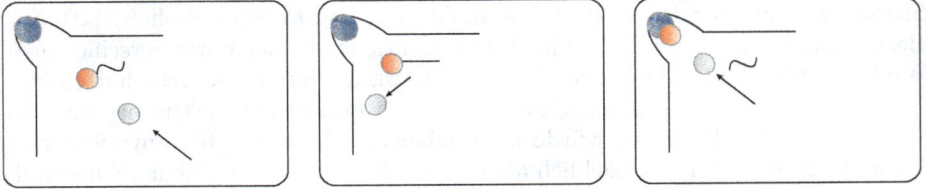

Abb. 2.15. Billard: Eine Zielkugel ist mit einem Bindfaden an einem Nagel befestigt (lks.). M.: Bei niedriger Geschwindigkeit bleibt die rote Kugel am Bindfaden hängen, und die weiße Kugel wird stark abgelenkt. Re.: Bei hoher Geschwindigkeit dagegen „bemerkt" die weiße Kugel den Bindfaden gar nicht, und die rote Kugel wird vom Bindfaden getrennt.

Elektronen und überprüfte die Erhaltungssätze von Energie und Impuls.[8]

Geht man von folgendem Bild und den beiden Erhaltungssätzen für Energie [aus Gl. (2.15)] und Impuls

$$\left.\begin{array}{l} \hbar(\omega - \omega') = \sqrt{E^2 + E_0^2} - E_0 \\ \qquad = \sqrt{m^2 v^2 c^2 + m_0^2 c^4} - m_0 c^2 \\ \hbar(\boldsymbol{k} - \boldsymbol{k}') = m\boldsymbol{v} \end{array}\right\} \qquad (2.53)$$

aus mit m_0 und $m = m_0/\sqrt{1 - \beta^2}$ der Elektronenmasse vor und nach dem Stoß, $\boldsymbol{v}$ der Geschwindigkeit des Elektrons nach dem Stoß, $\beta = v/c$, $\hbar k = \hbar\omega/c$ und $\hbar k' = \hbar\omega'/c$ dem Photonenimpuls vor und nach dem Stoß (Abb. 2.16), dann ist unter Anwendung des Cosinus-Satzes

$$\hbar^2[k^2 + k'^2 - 2\cos(\boldsymbol{k} \cdot \boldsymbol{k}')] = m^2 v^2. \qquad (2.54)$$

Wir kümmern uns erst um die linke Seite: Für Photonen ist $\omega = kc$, also auch

$$\frac{\hbar^2}{c^2}[(\omega^2 + \omega'^2 - 2\omega\omega' \cos\vartheta)] = m^2 v^2$$

oder

$$\frac{\hbar^2}{c^2}[(\omega - \omega')^2 + 2\omega\omega' - 2\omega\omega' \cos\vartheta)] = m^2 v^2,$$

---

[8]Bei der RAYLEIGHschen Streuung verändert sich die Frequenz des Lichts nicht, außerdem würde man als Folge eines Energieverlustes der elektromagnetischen Welle eine Reduktion der Amplitude erwarten.

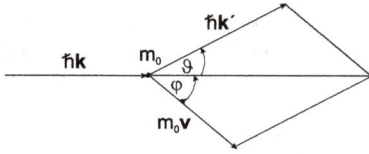

Abb. 2.16. Lichtstreuung an einem quasifreien Elektron. Die Energie des RÖNTGEN-Quants ist groß gegen die Bindungsenergie des Elektrons.

woraus sofort

$$\frac{\hbar^2}{c^2}(\omega^2 - \omega'^2) + 2\frac{\hbar\omega}{c}\frac{\hbar\omega'}{c}(1 - \cos\vartheta) = m^2 v^2$$

folgt. Jetzt die rechte Seite. Löst man den Energiesatz (2.53) nach $(mvc)^2$ und isoliert den quadratischen Impuls des Elektrons, wird

$$(mv)^2 = \frac{\hbar^2}{c^2}(\omega - \omega')^2 + \frac{2E_0}{c^2}(\hbar\omega - \hbar\omega'),$$

was nach Division durch $E_0 \hbar\omega\hbar\omega'$

$$\frac{1 - \cos\vartheta}{E_0} = \frac{1}{\hbar}\left(\frac{1}{\omega'} - \frac{1}{\omega}\right)$$

ergibt. Umrechnen in Wellenlängen liefert

$$\frac{1 - \cos\vartheta}{m_0 c^2} = \frac{\lambda' - \lambda}{hc},$$

und für $\Delta\lambda$ schließlich die Schlussformel

$$\Delta\lambda = \lambda' - \lambda = \frac{h}{m_0 c}(1 - \cos\vartheta) = \lambda_0(1 - \cos\vartheta) \qquad (2.55)$$

mit λ_0 der COMPTON-Wellenlänge des Elektrons (Wellenlänge der RÖNTGEN-Quanten, die die gleiche Masse wie ein ruhendes Elektron hätten, $\lambda_0 = 2{,}4 \cdot 10^{-10}$ cm)

$$\lambda_0 = \frac{2\pi\hbar}{m_0 c} = \frac{h}{m_0 c}. \qquad (2.56)$$

Setzt man in Gl. (2.55) die Formel $1 - \cos\vartheta = 2\sin^2\frac{\vartheta}{2}$ ein, also

$$\Delta\lambda = \lambda' - \lambda = 2\lambda_0 \sin^2\frac{\vartheta}{2}, \qquad (2.57)$$

ist das Maximum bei Rückwärtsstreuung um 180° besonders augenfällig. Aus der COMPTON-Gleichung (2.55) geht hervor, dass

- die Zunahme der Wellenlänge umso wesentlicher ist, je größer der Streuwinkel ist, und dass

- die Änderung der Wellenlänge nur vom Streuwinkel, nicht dagegen von der Wellenlänge und damit von der Frequenz abhängt. Schreibt man jedoch für

$$\Delta\lambda = \lambda' - \lambda = \frac{c}{\nu'} - \frac{c}{\nu} = c\frac{\nu - \nu'}{\nu\,\nu'},$$

und setzt das in Gl. (2.57) ein

$$c\frac{\nu - \nu'}{\nu\,\nu'} = 2\lambda_0 \sin^2\frac{\vartheta}{2},$$

folgt für die Differenz der Frequenzen

$$\begin{aligned}\Delta\nu &= \nu - \nu' \\ &= 2\,\nu\,\nu'\frac{h}{m_0 c^2}\sin^2\frac{\vartheta}{2},\end{aligned}$$

damit also für ν'

$$\nu' = \frac{\nu}{1 + \frac{2\hbar\omega}{m_0 c^2}\sin^2\frac{\vartheta}{2}}. \tag{2.58}$$

Da sich ja selbst im RÖNTGEN-Bereich ν und ν' kaum unterscheiden, ist

$$\Delta\nu \approx \nu^2 \Rightarrow \frac{\Delta\nu}{\nu} \approx \nu:$$

Praktisch sind die relativen Frequenz- bzw. Wellenlängenänderungen umso eher sichtbar, je höher die Frequenz bzw. je kürzer die Wellenlänge ist. Daher ist der Effekt am besten im RÖNTGEN- bzw. Gammastrahlenbereich beobachtbar, wie wir aus Gl. (2.55) sehen ($\Delta\lambda \propto \lambda_0$):

$$\text{UV/VIS}: \frac{\Delta\lambda}{\lambda} \approx \frac{\lambda_0}{\lambda} \approx 10^{-5} = 10^{-3}$$

$$\text{X}\,(10^{-8} - 10^{-9}\,\text{cm}): \frac{\lambda_0}{\lambda} \approx 10^{-1} = 10.$$

Dann aber ist die Energie der Photonen so groß, dass die Elektronen auf den äußeren Bahnen als „frei" zu betrachten sind und ihre kinetische Energie vernachlässigbar klein ist. Das verschobene Maximum wird durch die Streuung an Elektronen verursacht, die zwar an den Kern gebunden sind, bei denen jedoch die ihre Bindungsenergie klein gegen die Quantenenergie der RÖNTGEN-Strahlen ist. Danach suchte COMPTON auch seine Substanzen aus (Paraffin oder Graphit). Und deswegen findet man in vielen Erklärungen die Formulierung „frei" für das mit $1 - 10\,\text{eV}$ gebundene Elektron.

Für Abschätzungen ist die Gl. (2.56) sehr brauchbar: Wegen der geringen Größe von λ_0 kann man diese Streuung nur bei sehr kurzen Wellenlängen beobachten, da die optimale Energieübertragung bei Gleichheit der stoßenden Massen erfolgt. Ein solches Photon würde bei Rückwärtsstreuung seine Wellenlänge verdoppeln, seinen Impuls oder seine dynamische Masse also halbieren. Die Stoßgesetze verlangen dagegen, dass bei Massengleichheit und zentralem Stoß das stoßende Teilchen liegenbleibt, und das gestoßene Teilchen mit der gleichen Geschwindigkeit fortfliegt. Dies zeigt, dass relativistisch gerechnet werden muss.

Sehen wir uns dazu nochmals die Gl. (2.16.3) für die Energieübertragung auf das Elektron an:

$$E_{\text{kin, e}} = \hbar\omega - \hbar\omega'$$
$$= m_0 c^2 \left(\frac{1}{\sqrt{1-\beta^2}} - 1 \right) \tag{2.59}$$

Aus Gl. (2.59.1) wird das Verhältnis der Elektronenenergie nach dem Stoß zur Energie des Photons vor dem Stoß

$$\frac{E_{\text{kin, e}}}{\hbar\omega} = 1 - \frac{\omega'}{\omega}. \tag{2.60}$$

Gl. (2.58) schreiben wir auf ω' um und erhalten

$$\omega' = \frac{\omega}{1 + 2\frac{\hbar\omega}{m_0 c^2} \sin^2 \frac{\vartheta}{2}}. \tag{2.61}$$

Setzen wir Gl. (2.61) in Gl. (2.60) ein, liefert das

$$\frac{E_{\text{kin, e}}}{\hbar\omega} = \frac{2\frac{\hbar\omega}{m_0 c^2} \sin^2 \frac{\vartheta}{2}}{1 + 2\frac{\hbar\omega}{m_0 c^2} \sin^2 \frac{\vartheta}{2}}.$$

Mit der Definition für λ_0 [Gl. (2.56)] erhalten wir für die kinetische Energie des Elektrons

$$E_{\text{kin, e}} = \hbar\omega \frac{2\frac{\lambda_0 \nu}{c} \sin^2 \frac{\vartheta}{2}}{1 + 2\frac{\lambda_0 \nu}{c} \sin^2 \frac{\vartheta}{2}},$$

was durch Erweitern mit $\frac{c}{\nu} = \lambda$ zu

$$E_{\text{kin, e}} = \hbar\omega \frac{2\lambda_0 \sin^2 \frac{\vartheta}{2}}{\lambda + 2\lambda_0 \sin^2 \frac{\vartheta}{2}}$$

wird. Nehmen wir nun an, wir schießen mit Photonen der COMPTON-Wellenlänge auf die Elektronen ($\lambda = \lambda_0$) und beobachten den zentralen Stoß (*head-on collision*), dann wird daraus

$$E_{\text{kin, e}} = \frac{2}{3} \hbar\omega : \tag{2.62}$$

Das Elektron bekommt im Fall maximalen Energietransfers nur $^2/_3$ der Photonenenergie, weil zusätzlich ein Massentransfer einhergeht: das Elektron gewinnt Masse, das Photon verliert sie.

Diese Herleitung nützt den Welle-Teilchen-Dualismus auf geschickte Weise aus. Von den beiden alternativen Möglichkeiten zur Erklärung gilt seit der Erfindung von OCKHAMS Rasiermesser, dass die einfachere Erklärung die richtige sei: *simplex signum veri*. Man kann aber auch die Zunahme der Geschwindigkeit des Elektrons Δv durch die einfallende elektromagnetische Welle mit der Frequenz ω_0 als erzwungene Schwingung weit weg von der Resonanzfrequenz mit dem DOPPLER-Effekt deuten [17].

2.8 Bohrsches Atommodell

2.8.1 Geschichtlicher Abriss

FRAUNHOFER konnte bereits 1815 mehr als 500 dunkle Linien im kontinuierlichen Sonnenspektrum katalogisieren. 1859 gelang KIRCHHOFF an der Natrium-D-Linie der Nachweis, dass die Linien in Absorption und Emission übereinstimmen.[9] Das Edelgas Helium hat seinen Namen seiner Entdeckung zu verdanken, wurden doch seine FRAUNHOFER-Linien 1868 im Sonnenspektrum aufgefunden. Das Edelgas konnte aber terrestrisch erst 1895 in texanischen Erdgasquellen nachgewiesen werden — spektroskopisch in Emission einer Edelgasentladung, deren Physik seit Mitte des 19. Jahrhunderts eine stürmische Entwicklung erlebt hatte. 1885 leitete BALMER für die ersten vier sichtbaren Wasserstofflinien eine empirische Formel her. Diese Linien liegen im roten, blaugrünen, blauen und violetten Gebiet (die H_ε-Linie liegt bereits im UV, Tab. 2.2):

Tabelle 2.2. BALMER-Linien des Wasserstoffatoms (1885).

Linie	λ [nm]
H_α	656,279
H_β	486,133
H_γ	434,047
H_δ	410,174
H_ε	397,008

Nachdem LORENTZ Anfang der 1890er Jahre die Vorstellungen MAXWELLS über die Entstehung elektromagnetischer Strahlung und deren Nachweis durch die Erzeugung von Radiowellen (Kurzwellen) mittels eines Schwingkreises durch H. HERTZ zu einer Theorie der Lichterzeugung durch schwingende Atome vorgestellt und prognostiziert hatte, dass die Spektrallinien von Atomen, die sich in einem Magnetfeld befänden, aufgespaltet würden, konnte ZEEMAN diese These 1895

---

[9]Die Natrium-D-Linie ist bei höherer Auflösung ein Dublett mit den Bezeichnungen D_1 und D_2 bei 5 896 und 5 890 Å im Verhältnis 1 : 2.

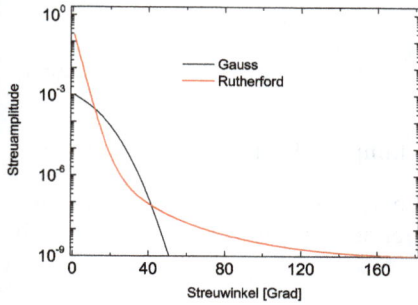

Abb. 2.17. Rutherfordscher Streuversuch von α-Teilchen an einer Goldfolie. Winkelabhängigkeit der Streuamplitude nach Thomsons Modell und nach Rutherfords Formel [steile Hyperbel-Gleichung (2.63)].

im Prinzip verifizieren. Allerdings passte die beobachtete Frequenz nicht zur Masse des Atoms, sondern war nur mit Schwingungen eines um Größenordnungen leichteren Teilchens kompatibel. Das würde aber die damalige Hypothese befeuern, dass ein Atom aus subatomaren Teilchen bestehen müsste.

Zahlreiche Versuche im Lenard-Rohr, bei denen Kathodenstrahlen eine Folie aus z. B. Aluminium durchschossen und auf einem ZnS-Schirm nachgewiesen werden konnten, legten zusätzlich nahe, dass die Masse nicht gleichmäßig im Atom verteilt sein kann. Eines der interessantesten Modelle legte 1904 J.J. Thomson vor, eine gleichmäßige Verteilung der positiven Ladung in einer Kugel mit schwingfähigen negativen Ladungen, sein sog. *Melonenmodell*.

Rutherfords Streuversuche von α-Teilchen an dünner Goldfolie (1906 – 1911) ließen erhebliche Zweifel aufkommen. Er fand nahezu keine Ablenkung der α-Teilchen, und das musste bedeuten, dass die Masse nicht gleichmäßig im Atom verteilt sein kann, sondern dass ein Atom aus einem schweren Kern besteht, der gleichsinnig wie die α-Teilchen geladen ist (also nach der Festlegung Thomsons positiv), der die α-Teilchen durch sein Coulomb-Feld auf Hyperbelbahnen ablenkt und nicht, wie das Thomsonsche Modell erwarten ließe, auf einer Glockenkurve [Abb. 2.17, Z: Ordnungszahl (79 für Gold, 2 für Helium), Δx: Dicke der Folie, Ω: Raumwinkel]:

$$\frac{\mathrm{d}N}{N} = \mathrm{const}\,\frac{Z^2 e_0^4}{\sin^4 \varphi/2}\,\mathrm{d}\Omega\Delta x; \tag{2.63}$$

durch die Gewichtung mit $1/\sin^4 \varphi$ sind große Streuwinkel außerordentlich selten.

2.8.2 Postulate

Um diesen Widerspruch zwischen dem *Melonenmodell* Thomsons und Rutherfords Versuchen zu lösen, schuf N. Bohr 1913 sein Modell des Wasserstoffatoms. Er benötigte dazu zwei Postulate:

- Die Bahnen der Elektronen um den Kern sind Kreisbahnen, und die wellenmechanische Bedingung für stabile Bahnen lautet

$$L_n = r \cdot p = n\hbar \tag{2.64}$$

mit n einer ganzen Zahl und L dem Drehimpuls des Elektrons (Abb. 2.18).

- Diese Bewegung ist dadurch ausgezeichnet, dass trotz der beschleunigten Bewegung einer (Elementar-)Ladung dennoch keine Energie abgestrahlt wird.[10]

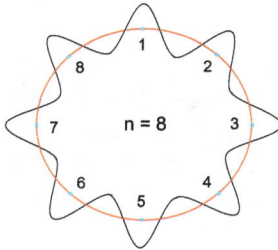

Abb. 2.18. Das 1. BOHRsche Postulat in der Form einer Materiewelle. Es können nur ganze Wellenzüge auf dem Umfang eines Kreises untergebracht werden: $n\lambda = 2\pi r$ (hier: $n = 8$).

2.8.3 Berechnung der innersten Bahn

Wir stellen die Gleichung auf für Kräftegleichgewicht: Zentrifugalkraft entgegengesetzt gleich der elektrostatischen Kraft (Z: Ordnungszahl):

$$\frac{m_e v^2}{r} = -\frac{1}{4\pi\epsilon_0}\frac{Ze_0^2}{r^2} \tag{2.65}$$

oder

$$m_e v^2 = 2E_{\text{kin}} = -\frac{1}{4\pi\epsilon_0}\frac{Ze_0^2}{r} = E_{\text{pot}} \tag{2.66}$$

Wir erkennen eine Beziehung zwischen den beiden Energieformen der Mechanik und formulieren das

---

[10]Das zweite Postulat war nur durch den Erfolg gerechtfertigt. Erst zehn Jahre später konnte DE BROGLIE zeigen, dass durch Einsetzen seiner Beziehung $\lambda = \frac{h}{p_e}$ in Gl. (2.64) herauskommt, dass nur ganze Vielfache ganzer Wellenlängen auf die Kreisbahn passen:

$$n\lambda = 2\pi r:$$

es entsteht ein System stehender Wellen, gerastert mit n, und stehende Wellen transportieren keine Energie. Folglich kann auch keine Energie abgestrahlt werden, s. a. Abschn. 2.9.

Virialtheorem der Mechanik: *In einem Zentralfeld ist die kinetische Energie gleich der entgegengesetzten Hälfte der potentiellen Energie.* Dies ist ein spezieller Fall der Potentialform $V \propto r^y$, für den $\langle T \rangle = \frac{1}{2} y \langle V \rangle$ ist. Für das COULOMB-Potential gilt $V \propto r^{-1}$, also ist $y = -1$ und $\langle T \rangle = -\frac{1}{2} \langle V \rangle$.

Damit wird

$$E = E_{\text{pot}} + (E_{\text{kin}} = -\frac{1}{2} E_{\text{pot}}) = \frac{1}{2} E_{\text{pot}}. \tag{2.67}$$

Mit Gl. (2.64) folgt allgemein für r aus Gl. (2.66)

$$r_n = \frac{4\pi\varepsilon_0 \hbar^2}{Z \, e_0^2 \, m_e} \cdot n^2 : \tag{2.68}$$

Die Radien verhalten sich wie die Quadrate ganzer Zahlen. Diese Gleichung, eingesetzt in Gl. (2.66), ergibt für die potentielle Energie der n-ten Bahn

$$E_{\text{pot}} = \left(\frac{1}{4\pi\varepsilon_0}\right)^2 \frac{m_e Z^2 \, e_0^4}{n^2 \hbar^2} = \frac{m_e (Z \, e_0^2)^2}{4\varepsilon_0^2 h^2 n^2} : \tag{2.69}$$

die potentielle Energie ist dem Quadrat des Produkts der Elementarladungen von Kern und Elektron proportional, die Gesamtenergie der n-ten Bahn ist nach dem Virialsatz genau halb so groß:

$$E = E_{\text{pot}} + E_{\text{kin}} = \frac{1}{2} \frac{m_e (Z \, e_0^2)^2}{4\varepsilon_0^2 h^2 n^2}, \tag{2.70}$$

und die Kombination der Gln. (2.65) und (2.68) liefert für die Bahngeschwindigkeit

$$v_n = \frac{Z \, e_0^2}{4\pi\varepsilon_0 \hbar} \cdot \frac{1}{n}. \tag{2.71}$$

v_n verhält sich also proportional $1/n$, wobei n später den Namen *Hauptquantenzahl* erhielt. Einsetzen ergibt für die erste Bahn ($n = 1$) aus Gl. (2.69) mit $Z = 1$

$$E_{\text{pot}} = 2 E_{\text{Ion}} = \frac{m_e (Z \, e_0^2)^2}{4\varepsilon_0^2 h^2} \cdot \frac{1}{n^2} = -27,2 \, \text{eV}, \tag{2.72}$$

für die Gesamtenergie der ersten Bahn also mit dem Virialsatz $-13,60$ eV. Für die Gesamtenergie der n-ten Bahn wird damit für ein wasserstoffähnliches Atom mit einer Kernladung $Z e_0$

$$E_n = -13{,}60\frac{Z^2}{n^2} \text{ eV},\tag{2.73}$$

im speziellen für Wasserstoff mit $Z = 1$

$$E_n = -\frac{13{,}60}{n^2} \text{ eV}\tag{2.74}$$

und für r $(n = 1)$ damit

$$r = 0{,}529 \cdot 10^{-8} \text{ cm}.\tag{2.75}$$

Man bezeichnet diesen Wert als BOHRschen Radius a_0. Für $n = 1$ ergibt sich schließlich für die Bahngeschwindigkeit

$$v = \frac{2{,}56 \cdot 10^{-38}}{2 \cdot 8{,}85 \cdot 6{,}63 \cdot 10^{-12} \cdot 10^{-34}} \text{ m/s},\tag{2.76}$$

also etwa $2{,}2 \cdot 10^6$ m/s, etwa **1/137 der Lichtgeschwindigkeit**. Der Vorfaktor in Gl. (2.71) besteht nur aus Konstanten und wird mit $n = 1$ zu Ehren SOMMERFELDs als SOMMERFELDsche Feinstrukturkonstante α bezeichnet:[11]

$$\alpha = \frac{e_0^2}{4\pi\varepsilon_0\hbar c} = \frac{1}{137}.\tag{2.77}$$

Entsprechend für a_0 in Gl. (2.68)

$$a_0 = \frac{\hbar}{\alpha m_e c},\tag{2.78}$$

der sich damit als atomare Längeneinheit erweist. Aus den Gln. (2.68) + (2.71) folgt noch, dass

$$\left.\begin{array}{l} E_{\text{pot}} \propto \frac{1}{r_{\text{n}}} \propto \frac{1}{n^2} \\ E_{\text{kin}} \propto v^2 \propto \frac{1}{n^2}, \end{array}\right\}\tag{2.79}$$

denn da beide Energieformen unabhängig voneinander beide dem Virialsatz genügen müssen, müssen sie notwendig die gleiche Abhängigkeit von n aufweisen.

2.8.4 Berechnung des Spektrums

Die elektrische Wechselwirkung ist $F = -e_0^2/(4\pi\varepsilon_0 a_0^2)$; damit wird die Energie zum Anheben von der Bahn mit dem Radius r_m und der Quantenzahl m auf die Bahn mit Radius r_n und der Quantenzahl n

---

[11]Im damals gebräuchlichen *cgs*-System war die Konstante ε_0 unbekannt. In diesem System ist $\alpha = \frac{e_0^2}{\hbar c}$.

$$W_1 = -\frac{1}{4\pi\varepsilon_0} \int_{r_m}^{r_n} \frac{e_0^2}{r^2}\,\mathrm{d}r = \frac{1}{4\pi\varepsilon_0} e_0^2 \left(\frac{1}{r_m} - \frac{1}{r_n}\right).$$

Mit Gl. (2.68) folgt dann

$$W_1 = \frac{e_0^4 m_e}{4\varepsilon_0^2 h^2} \left(\frac{1}{m^2} - \frac{1}{n^2}\right). \tag{2.80}$$

Wegen des Virialsatzes wird die Hälfte der aufzuwendenden Energie dadurch geliefert, dass die kinetische Energie auf der äußeren Bahn kleiner ist [Gl. (2.71)], also

$$W_2 = \frac{m_e}{2}(v_{n=2}^2 - v_{n=1}^2) = \frac{e_0^4 m_e}{8\varepsilon_0^2 h^2} \left(\frac{1}{m^2} - \frac{1}{n^2}\right), \tag{2.81}$$

und die insgesamt aufzuwendende Energie beträgt damit nur $W = W_1 - W_2$, was man leicht umrechnet in die Frequenz des ausgesandten Lichts

$$\Delta E = h\nu = \frac{m_e}{2}(v_m^2 - v_n^2) = \frac{e_0^4 m_e}{8\varepsilon_0^2 h^2} \left(\frac{1}{m^2} - \frac{1}{n^2}\right) \Rightarrow$$

$$\nu = \frac{m_e}{2}(v_m^2 - v_n^2) = \frac{e_0^4 m_e}{8\varepsilon_0^2 h^3} \left(\frac{1}{m^2} - \frac{1}{n^2}\right) = R\left(\frac{1}{m^2} - \frac{1}{n^2}\right), \tag{2.82}$$

mit R der RYDBERG-Konstanten (Abb. 2.19). Die Formel (2.82) war schon früher von RITZ abgeleitet worden, und der eigentliche Triumph der BOHRschen Theorie war daher die Feststellung, dass er R ausschließlich aus Naturkonstanten ermitteln konnte. R beträgt 13,59 eV, in der bei Spektroskopikern besonders beliebten

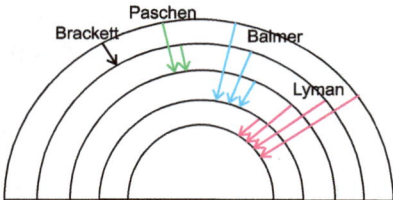

Abb. 2.19. Das BOHRsche Atommodell beschreibt nicht nur die Frequenzen der bereits bekannten BALMER-Serie im VIS-Bereich (Zielbahn ist $m = 2$) exakt, sondern auch die erst später im UV (LYMAN, $m = 1$) bzw. im UR entdeckten [PASCHEN ($m = 3$), BRACKETT ($m = 4$)], nicht maßstäblich.

Einheit von „Wellenzahlen" [cm^{-1}] sind es 107 690 cm^{-1}, und in reziproken Sekunden sind es $3{,}29 \cdot 10^{15}$ s^{-1}.

2.8.5 Die atomare Energieeinheit

Es hat sich als vorteilhaft erwiesen, beim Studium der kleinsten Größen andere Einheiten zu verwenden.[12] Das aus den Elektronenspektrum ermittelte Niveau

---

[12]Dies meinten zumindest ihre Propagandisten. Da zu ihnen die bedeutendsten Physiker zählten, und dieses System vor allem in der theoretischen Literatur benutzt wird, verwenden wir diese Einheit manchmal in den nachfolgenden Kapiteln.

des Grundzustandes des Wasserstoffatoms ergibt sich zu $-13,6$ eV, seine potentielle Energie zu $-27,2$ eV und die kinetische Energie zu $+13,6$ eV, der erste angeregte Zustand zu $-3,4$ eV. Die Energien von $13,6$ eV bzw. $27,2$ eV werden als atomare Energieeinheiten verwendet, jene wird *Rydberg* [Ry], diese *Hartree* [E_h] genannt. Für die Masse verwendet man statt Gramm die Masse des Elektrons, für die Ladung statt Coulomb die Ladung des Elektrons, vor allem aber für die Wirkung, das Produkt aus Energie und Zeit, das durch 2π geteilte PLANCKsche Wirkungsquantum. Es ist offensichtlich, dass damit die Zeit *zu einer abgeleiteten* Größe wird. Das wird in der Tab. 2.3 zusammengestellt.

Tabelle 2.3. Atomare Einheiten, die in der Literatur häufig Verwendung finden.

Größe	*Einheit*	*Wert* [MKSA-Einh.]	*Formel* [MKSA-Einh.]	*Formel* [a.u.-Einh.]
Länge	Bohr	$0,53 \cdot 10^{-10}$ m	a_0	1
Masse		$9,1 \cdot 10^{-31}$ kg	m_e	1
Ladung		$1,6 \cdot 10^{-19}$ C	e_0	1
Wirkung		$1,054 \cdot 10^{-34}$ J s	$\hbar$	1
Energie	Ry	$13,6$ V	$\dfrac{\hbar^2}{2m_e\,a_0^2}$	$\dfrac{1}{2}$
Energie	E_h	$27,2$ eV	$\dfrac{\hbar^2}{m_e\,a_0^2}$	1

Beide Energiegrößen hängen mit der Selbstenergie des Elektrons über die SOMMERFELDsche Feinstrukturkonstante

$$\left. \begin{aligned} 1\,E_h &= \alpha^2 m_e c^2 \\ 1\,Ry &= \tfrac{1}{2}\alpha^2 m_e c^2 \end{aligned} \right\} \tag{2.83}$$

zusammen.

2.8.6 Quantisierung auch für höhere Atome?

FRANCK und G. HERTZ beschossen im Jahr 1914, also kurze Zeit nach der Veröffentlichung des BOHRschen Aufsatzes, in dem er sein Modell vorstellte, mit Elektronen Quecksilberdampf und bestimmten den Anodenstrom.

Dazu wird an ein Filament in einer Vakuumröhre eine Heizspannung U_H angelegt, und auf Grund des RICHARDSON-Effektes werden Elektronen emittiert, die durch eine variable Spannung U_0, die an ein Gitter angelegt wird, auf die maximale Geschwindigkeit $v = \sqrt{\frac{2e_0}{m_e}U_0}$ beschleunigt werden. Eine Bremsspannung U_1 zwischen dem Gitter und der Anode kann die Elektronen verzögern, die durch das Gitter fliegen. Dieses Feld kann entweder nur die langsamsten oder auch alle Elektronen am Erreichen der Anode hindern.

Bei der Ionisierungsenergie von $4,9$ eV resp. Vielfachen davon beobachten sie ausgeprägte Dellen in der *U-I*-Kennlinie, was am einfachsten durch unelastische

Stöße der Elektronen an den Atomen interpretiert werden kann, die ihrerseits ionisiert werden (Abbn. 2.20 + 2.21). Bei diesem unelastischen Stoß würden die Elektronen von einer Geschwindigkeit von $1,3 \cdot 10^6$ m/s auf Null abgebremst.

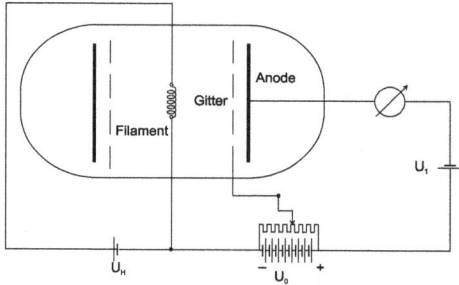

Abb. 2.20. Versuch von FRANCK und G. HERTZ I: In einer mit Hg-Dampf gefüllten Vakuumröhre werden Elektronen aus einem Filament emittiert und durch ein Gitter beschleunigt.

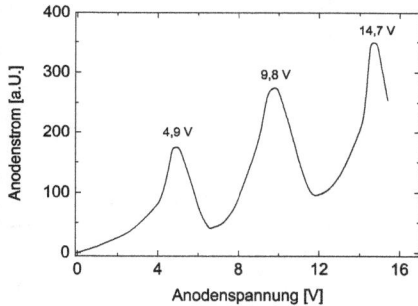

Abb. 2.21. Versuch von FRANCK und HERTZ II: Der Anodenstrom als Funktion der Beschleunigungsspannung (Elektronenenergie) in Quecksilberdampf [18]. Bei der Ionisierungsenergie von 4,9 eV bzw. Vielfachen davon beobachtet man ausgeprägte Dellen in der Kennlinie.

D. h. aber, dass die Absorption der Energie in Stufen, eben quantenhaft, vonstatten gehen müsste. Das Angebot von Elektronen mit einer Energie unterhalb von $n \cdot 4,9$ eV (und dann in dem Intervall bis kurz vor der nächsten Schwelle) könnte somit nicht wahrgenommen werden.

2.8.7 Stabilität von Atomen

Warum fällt das Elektron auf Grund der elektrostatischen Wechselwirkung nicht in den Kern hinein? In der Quantenmechanik gilt die Unschärferelation:

$$\Delta x \Delta p \geq \hbar.$$

Für ein Teilchen, das in ein kugelförmiges Volumen mit dem Radius r eingesperrt sei, bedeutet das also für die Angabe der aktuellen Position eine Unschärfe von maximal r:

$$\Delta p \geq \frac{\hbar}{r}$$

und damit eine Unschärfe der kinetischen Energie von maximal

$$\Delta E = \frac{(\Delta p)^2}{2m_\mathrm{e}} = \frac{\hbar^2}{2m_\mathrm{e}r^2} = T.$$

Die gesamte Energie ist

$$E = V + T = -\frac{e_0^2}{4\pi\varepsilon_0 r} + \frac{\hbar^2}{2m_\mathrm{e}r^2}, \tag{2.84}$$

was durch Nullsetzen der ersten Ableitung

$$\frac{\mathrm{d}E}{\mathrm{d}r} = \frac{e_0^2}{4\pi\varepsilon_0 r^2} - \frac{\hbar^2}{m_\mathrm{e}r^3} = 0$$

zu einem r von

$$r = \frac{\hbar^2 \cdot 4\pi\varepsilon_0}{m_\mathrm{e}e_0^2} = 0{,}53 \cdot 10^{-8}\,\mathrm{cm} \tag{2.85}$$

führt, also exakt dem BOHRschen Radius.

2.8.8 Das Korrespondenzprinzip

Offensichtlich sind Quanteneffekte umso leichter beobachtbar, je kleiner die Quantenzahlen sind; schließlich bekommt man bei sehr hohen Quantenzahlen, deren reziproke Werte sich nahezu nicht mehr unterscheiden, einen Übergang ins Kontinuum, also klassisches Verhalten. Dieser unscharfe Übergang ist dem der Strahlen- hin zur Wellenoptik sehr ähnlich.

Bestimmt man die Frequenz eines Übergangs für sehr große n:

$$\nu = R\left(\frac{1}{n^2} - \frac{1}{(n+1)^2}\right) \approx \frac{2R}{n^3}, \tag{2.86}$$

stellt man fest, dass sie gleich der Umlauffrequenz eines BOHRschen Elektrons ist [Kombination der Gl. (2.68) und (2.71)] [19]:

$$\nu = \frac{v}{2\pi r} = \left(\frac{1}{4\pi\varepsilon_0}\right)^2 \frac{Z^2 e_0^4}{\hbar^3} \cdot \frac{1}{n^3} \Rightarrow \tag{2.87}$$

$$\nu = \frac{v}{2\pi r} = \frac{2R}{n^3}, \tag{2.88}$$

wie man dies für ein klassisch oszillierendes Elektron erwartet. Für sehr kleine Quantenzahlen dagegen gibt es drastische Unterschiede. So ist die Umlauffrequenz auf der innersten Bahn $6{,}58 \cdot 10^{15}\,\mathrm{s}^{-1}$, die Frequenz des Übergangs $2 \rightarrow 1$ dagegen nur $2{,}47 \cdot 10^{15}\,\mathrm{s}^{-1}$.

Dieses von BOHR erst 1923 so genannte Korrespondenzprinzip, dass für hohe Quantenzahlen die Resultate mit denen der klassischen Theorie übereinstimmen, was auch für die Intensität und die Polarisation der Spektrallinien gilt, die von seinem Modell gar nicht erfasst werden, benutzte er aber bereits zehn Jahre früher in der berühmten Arbeit über sein Atommodell [20].

2.9 Die Bohrsche Quantelung

Ein Elektron bewege sich unter dem Einfluss einer Zentralkraft der Ladung Ze_0 periodisch auf einer gebundenen Bahn, also einer Ellipse mit den Koordinaten $x = a \cos \omega t$ und $y = b \sin \omega t$, für den Spezialfall $a = b$ also auf einem Kreis.[13] Die Bewegung des kreisenden Elektrons kann auch aus zwei Schwingungen zusammengesetzt gedacht werden, die eine Phasenverschiebung um $\frac{\pi}{2}$ aufweisen, wobei es sich dann um zwei eindimensionale Oszillatoren handelt. Der aus den Lage- und Impulskoordinaten gebildete Phasenraum dieses Oszillators, der nur eine q- und eine p-Koordinate aufweist, ist die pq-Ebene.[14] Nach der PLANCKschen Formel beträgt die Gesamtenergie $E_n = n\hbar\omega_n$, so dass die beiden Teilenergien

$$V = \tfrac{1}{2}kq^2$$
$$T = \frac{p^2}{2m_e} \tag{2.89}$$

mit k der Kraftkonstanten betragen, zusammen also

$$\left. \begin{array}{ll} \frac{1}{2}kq^2 + \frac{p^2}{2m_e} & = n\hbar\omega \\[2mm] \frac{q^2}{\frac{2n\hbar\omega}{k}} + \frac{p^2}{2m_e n\hbar\omega} & = 1 \\[2mm] \left(\frac{q}{\sqrt{\frac{2E}{m_e\omega^2}}}\right)^2 + \left(\frac{p}{\sqrt{2m_e E}}\right)^2 & = 1, \end{array} \right\} \tag{2.90}$$

der Gleichung einer Ellipse mit den Halbachsen $a = \sqrt{\frac{2n\hbar\omega}{k}}$ und $b = \sqrt{2m_e n\hbar\omega}$ und $\omega = \sqrt{\frac{k}{m_e}}$, die das Element bei konstanter Energie durchläuft, und die *Phasenbahn* genannt wird. Das Phasenintegral J ist dann der Inhalt der Fläche A dieser Bahn über einen Umlauf (Abb. 2.22).

$$\begin{aligned} J &= \oint_0^{2\pi} p\,dq \\ &= ab\pi \\ &= 2\pi n\hbar\omega\sqrt{\frac{m_e}{k}} \\ &= nh: \end{aligned} \tag{2.91}$$

---

[13]Bei einer periodischen Bewegung kehrt der Massenpunkt nach einer bestimmten Zeit an seinen Ausgangspunkt zurück.

[14]In der theoretischen Mechanik schreibt man die verallgemeinerte Lagekoordinate mit q. Im Phasenraum wird einem Zustand ein Punkt in einem hochdimensionalen Raum mit $2n$ Dimensionen (Freiheitsgrade) zugeordnet, der durch n cartesische Koordinaten für die n Lagekoordinaten q_i und die n Impulskoordinaten p_i aufgespannt wird.

Nach der PLANCKschen Theorie sind nur solche Zustände erlaubt, für die das Phasenintegral ein ganzes Vielfaches von h ist.

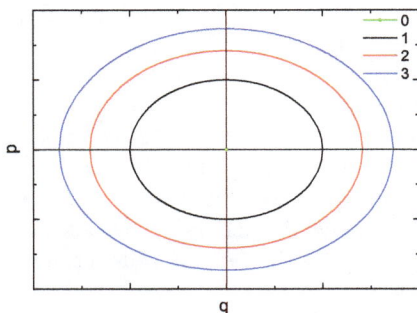

Abb. 2.22. Die Phasenbahnen des eindimensionalen Oszillators sind stabile Ellipsen mit den Halbachsen $a = \sqrt{\frac{2n\hbar\omega}{k}}$ auf der q- und $b = \sqrt{2m_e n\hbar\omega}$ auf der p-Achse mit $\omega = \sqrt{\frac{k}{m_e}}$. n ist die Hauptquantenzahl (Legende re. o.).

Die Ellipsen in Abb. 2.22 setzen $E = $ const voraus. Wäre dem nicht so, würde das Elektron etwa Energie durch Abstrahlung verlieren, dann wäre die Phasenbahn eine Spirale zum Zentrum.

Dieser Zusammenhang legt nahe, eine untere Grenze für das Koordinatenpaar $p_i\, q_i$ zu fordern, das wir nach SOMMERFELD als Elementarzelle des Phasenraums

$$\Delta\Omega_i = \Delta p_i \Delta q_i = h \tag{2.92}$$

schreiben [21].[15]

2.10 Die Hamilton-Funktion

Die HAMILTON-Funktion spielt eine zentrale Rolle in der Mechanik. Für ein konservatives Kraftfeld ist die Energie eine Erhaltungsgröße, so dass

$$E = T(p_i) + V(q_i) = \text{const} \tag{2.93}$$

gilt. In der Mechanik wird diese Energiefunktion als HAMILTON-Funktion $\mathscr{H}$ bezeichnet, wobei aus

---

[15]Die Elementarzelle des Phasenraums spielt eine bedeutende Rolle bei der Beschreibung der Zustandsdichte $\mathscr{D}$ (s. II, Kap. 4) [22].

$$p = \sqrt{2m_0 T}$$
$$= \frac{\partial \mathscr{H}}{\partial v}$$
$$= \frac{\partial \mathscr{H}}{\partial \dot{q}} \qquad (2.94)$$
$$= m_0 \dot{q}$$

und

$$v = \frac{\partial \mathscr{H}}{\partial p}$$
$$= \frac{p}{m} \qquad (2.95)$$

die kanonischen Bewegungsgleichungen

$$\dot{q} = \frac{\partial \mathscr{H}(q_i, p_i)}{\partial p}$$
$$\dot{p} = -\frac{\partial \mathscr{H}(q_i, p_i)}{\partial q} \qquad (2.96)$$

resultieren. In dieser Darstellung ist die potentielle Energie eine Funktion allein der Teilchenkoordinaten, die der kinetischen Energie allein eine der Teilchenge-schwindigkeiten. Dann ist die Kraft nur eine Funktion der Teilchenkoordinaten und der Zeit, und wir erhalten sie als Gradienten des Potentials Φ oder der potentiellen Energie V

$$\left.\begin{array}{l} \boldsymbol{F} = -\nabla V(q_i) \\ \ddot{\boldsymbol{q}} = -\nabla \Phi(q_i, t). \end{array}\right\} \qquad (2.97)$$

Hängen die Kräfte nicht von der Zeit ab, ist $V(q_i)$ die potentielle Energie des Teilchens.[16]

Umgekehrt ist $E = E(q_i, \dot{q}_i, t)$ eine Erhaltungsgröße, wenn sie für alle Bahn-kurven $q_i(t)$ konstant bleibt, also $\frac{dE}{dt} = 0$. Wenn also, wie anfangs in Gl. (2.93) gefordert, E eine Konstante ist und keine Zeitabhängigkeit aufweist, dann ist auch $\mathscr{H}$ konstant. Dies gilt auch für den (linearen) Impuls und den Drehimpuls (Invarianz gegenüber Translation und Rotation).

Beispiel 2.4 Die Trajektorie einer Partikel i unter dem Einfluss eines Potentials Φ ist $m_i \ddot{q} = -\frac{dV}{dx}$ oder massenspezifisch $\ddot{q} = -\frac{d\Phi}{dx}$. Wenn $\Phi(q)$ konstant ist und damit nicht ortsabhängig, dann ist das Potential invariant gegenüber Translationen. Daraus folgt aus $\frac{d\Phi}{dx} = 0$ aber sofort auch $m_i \ddot{q} = 0$, integriert: $m_i \dot{q}$ ist eine Konstante.

Eine wichtige Eigenschaft der HAMILTON-Funktion ist ihre Invarianz gegen-über einer Zeitumkehr. Seien zur Zeit $t = t_0$ Koordinate und Impuls q_0 und p_0,

---

[16]Hängen die Kräfte zusätzlich von den Geschwindigkeiten der Teilchen ab, werden die Feldgleichungen um das Vektorpotential $\boldsymbol{A}$ erweitert und die Kraft um die LORENTZ-Kraft.

zur Zeit $t_1 > t_0$ entsprechend q_1 und p_1. Wenn wir jetzt bei $t = t_1$ die Bewegung rückwärts laufen lassen, so dass wir mit den Phasenkoordinaten q_1 und $-p_1$ starten, dann wird in einem mechanischen, konservativen System zur Zeit $t = t_0$ der Anfangszustand mit q_0 und p_0 wieder erreicht sein. Man sieht also, dass die Zeit t durch $-t$ ersetzt werden kann (Beisp. 2.4).

Damit ist das System auch invariant gegenüber einer Zeitumkehr (Abb. 2.23).[17] Während also die Ortskoordinaten unverändert bleiben ($q(t) \rightarrow q'(t)$), werden die Impulse der Teilchen durch ihre negativen ersetzt ($p(t) \rightarrow -p'(t)$):

$$\mathscr{H}(\boldsymbol{q}_i, \boldsymbol{p}_i) = \mathscr{H}(\boldsymbol{q}_i, -\boldsymbol{p}_i) \qquad (2.98)$$

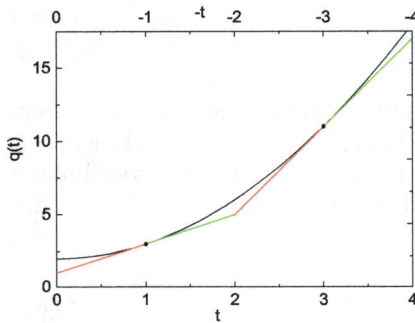

Abb. 2.23. Zeitumkehr in einem konservativen mechanischen System: $q(t) = q'(t)$, aber $p(t) = -p'(t)$. Die Ableitungen an den Punkten $t = \pm 1$ und $t = \pm 3$ (grün steigend, rot fallend) sind punktsymmetrisch zueinander.

Ist die HAMILTON-Funktion $\mathscr{H}$ quadratisch in p, so ist die Bewegung zeitumkehrinvariant, und die Zeitumkehr ist mit einer Bewegungsumkehr verbunden, was auch der bessere Name wäre. Zwar kann die Zeit durch eine Koordinate ausgedrückt werden, aber klar ist, dass *eine Partikel an einer Stelle q_k zu zwei Zeiten t_1 und t_2 sein kann, dass sie aber nicht zur Zeit t an zwei Stellen q_i und q_j sein kann.*

Bei Kenntnis der HAMILTON-Funktion lassen sich die Bewegungsgleichungen eines Teilchens in einem beliebigen Koordinatensystem aufstellen, und für die hier genannten Bedingungen (konservatives System) stellen wir die HAMILTON-Funktion

$$\mathscr{H} = T(p_1, p_2, p_3, t) + V(q_1, q_2, q_3, t) \qquad (2.99)$$

---

[17]Es sei explizit darauf hingewiesen, dass dies nicht in Systemen gilt, bei denen magnetische Effekte involviert sind.

auf. Nur im cartesischen Koordinatensystem ergibt sich die Besonderheit, dass das Quadrat des Impulses durch die Summe der Quadrate der drei Impulskomponenten p_i ($i = 1, 2, 3$) gebildet wird, weil keine Kreuzterme auftreten. In allen anderen Koordinatensystemen vermittelt zwischen den Komponenten p_i ($i = 1, 2, 3$) noch eine zusätzliche Matrix für die Metrik der Koordinaten q_j. Z. B. ist die kinetische Energie in Kugelkoordinaten (r, ϑ, φ) gegeben durch

$$
\begin{aligned}
T &= \tfrac{m}{2} \left(\tfrac{\mathrm{d}s}{\mathrm{d}t} \right)^2 \\
&= \tfrac{m}{2} \left(\dot{r}^2 + r^2 \dot{\vartheta}^2 + r^2 \sin^2 \vartheta \dot{\varphi}^2 \right).
\end{aligned}
\tag{2.100}
$$

Werden die Impulskoordinaten $p_r = m\dot{r}, p_\vartheta = mr^2\dot{\vartheta}, p_\varphi = mr^2 \sin^2 \vartheta \dot{\varphi}$ verwendet, erhält man die Gleichung

$$
T = \frac{1}{2m} \left(p_r^2 + \frac{1}{r^2} p_\vartheta^2 + \frac{1}{r^2 \sin^2 \vartheta} p_\varphi^2 \right),
\tag{2.101}
$$

aus der zunächst ersichtlich ist, dass sowohl p_ϑ wie p_φ nicht mehr die Dimension von Impulsen haben. Außerdem ist die Metrik eine Funktion der Koordinaten und kann daher nicht gleichzeitig mit der Messung des Impulses stattfinden, und daher definieren wir eine allgemeine Matrix (a_{ij}), die diese Faktoren enthält und deren Elemente von den Koordinaten q_i abhängig sind, mit

$$
T = \sum_{i,j=1}^{3} (a_{ij})(q_1, q_2, q_3) p_i\, p_j.
\tag{2.102}
$$

Die Bestimmung der kinetischen Energie des Teilchens durch die Messung seiner Impulse ist nur im cartesischen Koordinatensystem möglich [23, 24], (Aufg. 2.2).

2.11 Das kreisende Elektron

Das statische Melonenmodell J.J. THOMSONs war also durch die RUTHER-FORDschen Versuche obsolet geworden. Nach der BOHRschen Theorie bewegt sich das Elektron in sehr großen Distanzen um den sehr schweren, aber sehr kleinen Wasserstoffkern und erzeugt dadurch einen Strom. Der Längenunterschied beträgt ca. fünf Größenordnungen. Der Drehimpuls des sich auf Kreisbahnen um den H-Kern bewegenden Elektrons kann nach den Überlegungen des Abschn. 2.9 mit

$$
\oint p \, \mathrm{d}q = 2\pi\, m_e r v = n h
\tag{2.103}
$$

berechnet werden, wobei q als einziger Parameter mit dem Radius r_n der $n$ten Kreisbahn identifiziert wird. Obwohl die stabilen Umlaufbahnen bei Wirkung einer Zentralkraft Ellipsen sind, konnte BOHR die H-Linien mit Kreisbahnen bis auf mehrere Nachkommastellen genau bestimmen. Diese Beschränkung auf

Kreisbahnen wurde zwei Jahre später von ihm und SOMMERFELD aufgehoben und auf elliptische Bahnen ausgeweitet (1916), um einerseits der NEWTONschen Mechanik Folge zu leisten und andererseits auch die Spektren der Alkalimetalle interpretieren zu können.

Für eine Kreisbahn mit einem Freiheitsgrad ($q_1 = r$) ist das Phasenintegral in der Gl. (2.103) danach auf zwei Koordinaten zu erweitern, da eine Ellipse durch zwei Parameter beschrieben wird (s. Kap. 10). Aus einer werden folglich zwei Quantenzahlen, die gleich noch um eine dritte erweitert wird. SOMMERFELD tat das durch die Einführung zweier Winkel, eines azimutalen (ϑ) und eines polaren (φ) Winkels, der die Neigung der einzelnen Ellipsen gegeneinander beschreibt, wobei ebenfalls nur bestimmte Werte zugelassen sind (L der Drehimpuls)

$$\oint p\,\mathrm{d}q = \int_0^{2\pi} L\mathrm{d}\varphi = nh, \tag{2.104}$$

die wir später als magnetische Quantenzahl (m) und Nebenquantenzahl (l) kennenlernen werden. BOHR und SOMMERFELD bestimmten auch die Variationsbreite dieser beiden zusätzlich erforderlichen Quantenzahlen. Läuft l von 0 bis $n-1$, überstreichen die Werte für m den Bereich von $-l \leq m \leq +l$ incl. der Null, und die Zahl der möglichen Werte für m beträgt damit $2l + 1$, was genau der *Multiplizität g* in entsprechenden Spektrallinien der Alkalimetalle entspricht, die ihrer Linienarmut immer noch überschaubar bleiben.[18] Ein angeregter Zustand mit $l = 0$ zeigt demnach beim strahlenden Zerfall ein Singulett, einer mit $l = 1$ dagegen ein Triplett. — Mit diesen drei Quantenzahlen ist bereits die Konstruktion des halben Periodensystems möglich.

Bei höherer Auflösung fand man, dass nicht nur die Linien des Wasserstoffs Zwillingslinien sind, sondern auch die der Alkalimetalle; so besteht etwa die Na-D-Linie aus den beiden Linien bei 5 896 Å (D$_1$-Linie) und bei 5 890 Å (D$_2$-Linie), was einer Differenz von 2,1 meV entspricht oder einem Energie-Verhältnis zum Schwerpunkt des Zwillings von 0,1 %. Dieses Pärchen wurde spektroskopisch dem Übergang $3p \rightarrow 3s$ zugeordnet (3 ist die Hauptquantenzahl, p und s beschreiben die Nebenquantenzahl). Der Abstand zwischen diesen Zwillingslinien nimmt mit steigender Hauptquantenzahl systematisch ab, was den Schluss nahelegte, dass die p-Niveaus zusätzlich aufgespalten sind, aber nicht das 3s-Niveau. Das wäre das Indiz für eine vierte Quantenzahl. Elementare Überlegungen zeigten, dass im Na-Atom ein magnetisches Feld von 10,5 T herrschen muss, um diese Feinstruktur zu erzeugen (Abschn. 2.10/11 + 10.6/7, Aufg. 2.35). Im Zuge der Interpretation dieser Atomspektren definierte SOMMERFELD dann auch seine Feinstrukturkonstante α.

Mit der Beschreibung eines sich schnell um den Kern bewegenden Elektrons hatte BOHR nicht nur dem Elektron einen Drehimpuls zugeordnet, sondern auch einen elektronischen Ringstrom postuliert, der wiederum ein magnetisches

---

[18]SOMMERFELD ließ allerdings l bis n gehen; im Falle $l = n$ entstünde die BOHRsche Kreisbahn. Je unähnlicher n und l wären, umso höher die Exzentrizität. Den Fall $l = 0$, bei dem sich das Elektron nicht auf einer besonders exzentrischen Bahn bewegen, sondern auf einer Geraden durch den Kern schwingen würde, schloss er aus.

Moment μ zur Folge hat: fast hundert Jahre früher hatte Øersted die magnetische Wirkung des elektrischen Stroms entdeckt (1820), und zwei Jahre später hatte Ampère die Vermutung ausgesprochen, dass „Molekularströme" für das Auftreten des Magnetismus verantwortlich seien.

2.11.1 Das magnetische Moment des kreisenden Elektrons

Nach dem Bohrschen Atommodell entstehen bei der Umkreisung eines Elektrons um den Kern ein Drehimpuls $\boldsymbol{L}$ und ein magnetisches Moment $\boldsymbol{\mu}$, wobei gilt:[19]

$$\boldsymbol{L} = m_e \boldsymbol{r} \times \boldsymbol{v}. \tag{2.105}$$

Dabei steht $\boldsymbol{L}$ senkrecht auf der durch $\boldsymbol{r}$ und $\boldsymbol{v}$ gebildeten Fläche.

Das magnetische Moment der gleichen Umlaufbahn ist Strom (Ladung mal Umlauffrequenz) mal Fläche:

$$\mu = e_0 \cdot \frac{\omega}{2\pi} \cdot \pi r^2 = \frac{e_0 v r}{2} \tag{2.106}$$

und steht gleichfalls senkrecht auf der durch $\boldsymbol{r}$ und $\boldsymbol{v}$ gebildeten Ebene (Abb. 2.24), und sie hängen über

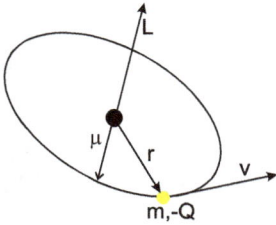

Abb. 2.24. Drehimpuls $\boldsymbol{L}$ und magnetisches Moment $\boldsymbol{\mu}$ stehen senkrecht auf der von $\boldsymbol{r}$ und $\boldsymbol{v}$ gebildeten Ebene und sind bei einem Elektron antiparallel zueinander orientiert.

$$\boldsymbol{\mu} = \frac{e_0}{2m_e} \boldsymbol{L} = \frac{e_0}{2} \boldsymbol{r} \times \boldsymbol{v} \tag{2.107}$$

zusammen. Das Verhältnis hängt also weder von der Geschwindigkeit noch vom Radius ab. Da ein Elektron aber negativ geladen ist, zeigen Drehimpuls und magnetisches Moment demzufolge in genau entgegengesetzte Richtungen, und das Verhältnis aus dem magnetischen Moment μ und dem Drehimpuls L

$$\gamma = \frac{\mu}{L} = -\frac{1}{2} \frac{e_0}{m_e} \tag{2.108}$$

ist das gyromagnetische Verhältnis γ. Das magnetische Moment im Grundzustand ($n = 1$) ist

---

[19]Wie wir wissen, ist die nicht-relativistische Rechnung für die meisten Atome erlaubt, da die Elektronengeschwindigkeiten in der Größenordnung von $\frac{e_0^2}{4\pi\varepsilon_0\hbar}c = \frac{1}{137}c$ sind.

$$\mu_{\mathrm{B}} = -\frac{e_0 \hbar}{2m_{\mathrm{e}}}, \tag{2.109}$$

heißt BOHRsches Magneton und beträgt $9{,}27 \cdot 10^{-24}\,\mathrm{A\,m^2}$ oder $5{,}79 \cdot 10^{-5}\,\mathrm{eV/T}$.[20]

Diese Hypothese musste nun experimentell verifiziert werden. Das magnetische Moment einer makroskopischen Probe ist das Produkt aus Magnetisierung M und dem Volumen V, ist experimentell leicht zugänglich und kann mit dem theoretischen Wert abgeglichen werden; der Drehimpuls stammt aus der BOHRschen Theorie.

2.11.2 Der Versuch von Einstein und de Haas

Von den zahlreichen Substanzen zeigen nur wenige das Phänomen des permanenten Magnetismus, auch und gerade dann, wenn ein Draht nicht vom elektrischen Strom durchflossen wird. Bei Eisen ist das aber der Fall. Dessen Magnetismus muss auf Ringströme auf atomarer Ebene zurückzuführen sein, nach denen bisher aber nicht gesucht worden war. Änderte man das magnetische atomare Moment, müsste das eine Änderung des experimentell beobachtbaren makroskopischen Drehimpulses zur Folge haben. Die erste Frage also war, ob die Hypothese AMPÈREs und BOHRs experimentell verifiziert werden konnte und die zweite die nach dem quantitativen Zusammenhang zwischen diesen beiden Größen, den man als gyromagnetisches Verhältnis bezeichnete. Diese Fragestellungen wurden bereits ein Jahr nach der Vorstellung des BOHRschen Atommodells 1915 von EINSTEIN und DE HAAS in einem geradezu spektakulären Experiment beantwortet (Abb. 2.25) — gleichzeitig ein hervorragendes Beispiel, dass eine theoretische Voraussage ein Experiment nach sich zog, und das heute ein Praktikumsversuch ist. EINSTEIN und DE HAAS verwendeten eine sog. Torsionswaage. Ein Eisenstab hängt an einem Quarzfaden in einer Spule. Am Quarzfaden ist ein Spiegel befestigt, auf den ein Lichtstrahl gerichtet wird. Fließt plötzlich ein Entladungsstrom aus einem großen Kondensator, dann wird der Stab magnetisiert, also seine magnetischen Momente aus der chaotischen Gleichverteilung ausgerichtet, was zu der Magnetisierung M führt, der Dichte des magnetischen Momentes ($M = \frac{\mu_0 \mu}{V}$).[21] Der damit verbundene Aufbau eines Drehimpulses ist das Drehmoment, das sichtbar wird dadurch, dass der auftreffende Lichtstrahl in einem Zeitraum Δt um den Winkel $\Delta\varphi$ abgelenkt wird, und die Winkelgeschwindigkeit ist

---

[20]Dies ist die unspektakuläre Variante. μ_{B} wird nach der Theorie DIRACs auch erreicht von einem Elektron, das mit Lichtgeschwindigkeit auf einem Kreis unterwegs ist, dessen Umfang gerade die COMPTON-Wellenlänge beträgt [Gl. (2.56)] und damit den relativistischen Charakter des Magnetismus manifest macht.

[21]Die Angabe $M = 2 \cdot 10^3\,\frac{\mathrm{A}}{\mathrm{cm}}$ z. B. bedeutet, dass das magnetische Moment von $1\,\mathrm{cm^3}$ Materie $2\,\mathrm{kA\,cm^2}$ beträgt.

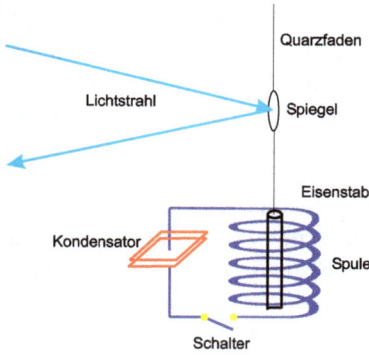

Quarzfaden

Lichtstrahl

Spiegel

Eisenstab

Kondensator

Spule

Schalter

Abb. 2.25. Durch das Torsions-waagen-Experiment von EINSTEIN und DE HAAS wurde nachgewie-sen, dass Drehimpuls und magneti-sches Moment miteinander verkop-pelt sind. Der durch den plötzlichen Stromstoß durch die Spule schlag-artig magnetisierte Eisenstab er-fährt ein heftiges Drehmoment.

$$\omega = \frac{\mathrm{d}\varphi}{\mathrm{d}t} = \frac{L}{I} \tag{2.110}$$

mit I dem Trägheitsmoment des Eisenstabes. Offenbar muss zur Erhaltung des Gesamtdrehimpulses Null das durch die konzertierte Ausrichtung der magne-tischen Mikromomente entstehende Drehmoment durch eine makroskopische Gegenbewegung kompensiert werden. Die quantitative Auswertung war nicht einfach — nicht zuletzt wegen der Hysterese (Magnetisierung M und Magnetfeld H wachsen nicht proportional miteinander). Sie gaben ihren Messfehler mit nur $10\,\%$ an [25]. Der Wert für das gyromagnetische Verhältnis war zwar doppelt so groß wie nach Gl. (2.108) prognostiziert, bedeutete aber dennoch eine starke Unterstützung für das BOHRsche Atommodell.

Außerdem war klar bewiesen, dass das Eisen nicht aus lauter kleinen Stabma-gneten besteht, sondern dass die Magnetisierung an einen Drehimpuls gekoppelt ist, den EINSTEIN und DE HAAS auf das Bahnmoment der den Eisenkern umkrei-senden Elektronen zurückführten. Zur Übereinstimmung mit dem Experiment wurde Gl. (2.107) erweitert zu[22]

$$\mu = -g_s \mu_\mathrm{B} = -g_s \frac{e_0}{2m_\mathrm{e}} L \tag{2.111}$$

mit g_s dem LANDÉ-Faktor, der für ein freies oder einsames Elektron (wie eben das $5s$-Elektron des Ag) ziemlich genau 2 beträgt.

2.12 Zeeman-Effekt

Wenn das kreisende Elektron aber einen Ringstrom mit einem damit assoziierten magnetischen Moment darstellte, dann waren umgekehrt auch die spektrosko-pischen Effekte im Magnetfeld verständlich. Als erster hatte FARADAY darüber

---

[22]Da μ und L gleichgerichtet sind, lassen wir die Vektorschreibweise weg.

nicht nur spekuliert, sondern derartige Experimente auch durchgeführt, die mit dem nach ihm benannten Effekt gekrönt wurden. Er fand nämlich 1845, dass die Ebene einer linear polarisierten Lichtwelle gedreht wird, wenn ein magnetisches Feld parallel zur Ausbreitungsrichtung des Lichts wirkt. Mit den gleichen Magneten und den Mitte des 19. Jahrhunderts zur Verfügung stehenden Spektrometern war er aber an Emissionslinien von Alkalimetallen und Wasserstoff gescheitert.

Das gelang erst ZEEMAN genau ein halbes Jahrhundert später. Er fand nicht nur eine Aufspaltung der sehr scharfen Spektrallinien, sondern konnte auch nachweisen, dass die Aufspaltung proportional der Feldstärke des Magnetfeldes war. Und in der Tat waren für den Nachweis dieses Effektes Flussdichten in der Größenordnung einiger T erforderlich. Die klassische Theorie dazu entwickelte LORENTZ im letzten Jahrzehnt des 19. Jahrhunderts.

2.12.1 Präzession der atomaren Magnete

Als kreiselnde Magneten werden Radikale und Kerne mit einem magnetischen Moment verschieden von Null zur Präzession gezwungen (Abb. 2.26).

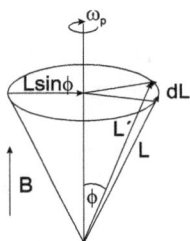

Abb. 2.26. Bei Einwirkung eines Magnetfelds präzediert der Kreisel mit Drehimpuls L und magnetischem Moment μ mit der Präzessionsfrequenz ω_P. Dabei ändert sich der Betrag des Drehimpulses nicht.

Dabei ist die zeitliche Änderung des Drehimpulses gleich dem Drehmoment, wobei

$$M = \frac{\mathrm{d}L}{\mathrm{d}t} = \omega_P L \sin \Phi, \tag{2.112}$$

also die Projektion von L auf den Präzessionskegel. Unsere Observable ist jedoch nicht der Drehimpuls, sondern das magnetische Moment, und das Drehmoment ist nicht das Kreuzprodukt aus Kraft und Kraftarm, sondern aus magnetischem Moment und magnetischer Flussdichte

$$\boldsymbol{M} = \boldsymbol{\mu} \times \boldsymbol{B} \Rightarrow \mu B \sin \Phi \Rightarrow \omega_P = \frac{\mu}{L} B. \tag{2.113}$$

Die daraus resultierende Präzessionsfrequenz ist die LARMOR-Frequenz ω_L. Sie ist genau halb so groß wie die Cylotronfrequenz ω_{ce} in einem gleichstarken Magnetfeld.

Aus diesem Bild ersehen wir, dass nach der klassischen Theorie Elektronen und magnetische Kerne in einem Magnetfeld präzedieren. Dabei bleibt der Betrag des Drehimpulses konstant, aber seine Richtung ändert sich kontinuierlich. Wollen wir den Betrag des Drehimpulses selbst verändern, sollten wir ein Drehmoment ausüben, das nach Gl. (2.113) umso wirkungsvoller agiert, je größer der Sinus des Winkels zwischen magnetischem Moment und statischem Magnetfeld ist. Da es sich um bewegte Ladungen handelt, wird Licht der Präzessionsfrequenz ω_P abgestrahlt, wobei das System Energie verliert, bis es schließlich parallel zum statischen Magnetfeld steht.

2.12.2 Klassische Betrachtung der Energie im Magnetfeld

Ein Elektron bewege sich in der xy-Ebene auf einer Kreisbahn. Dann ist die anfängliche Zentripetalkraft auf das Elektron gegeben durch

$$F_{Z,0} = m_e \omega^2 r. \tag{2.114}$$

Es werde nun in z-Richtung ein das System beeinflussendes Magnetfeld eingeschaltet. Die LORENTZ-Kraft

$$F_L = -e_0 v \times B \tag{2.115}$$

wirkt zu einer Fläche senkrecht zu sich selbst und verändert die Energie des Elektrons, obwohl die LORENTZ-Kraft senkrecht zur Geschwindigkeit steht. Deshalb muss die Arbeit, wie jede Arbeit einer beliebigen zentripetalen Kraft, Null sein. Das Elektron bildet jedoch einen Kreisstrom, der einem magnetischen Dipol entspricht, dessen Energie

$$U_{\text{magn}} = -\boldsymbol{\mu}_{\text{magn}} \cdot B \tag{2.116}$$

ist. Im Laufe der zeitlichen Änderung des Magnetfeldes auf den Wert $B_z = B$ wirkt auf ein Elektron die in Bewegungsrichtung liegende Komponente des elektrischen Feldes E:

$$\nabla \times E = -\frac{\partial B}{\partial t} \Rightarrow \tag{2.117}$$

$$\int_A \nabla \times E \cdot dA = -\frac{\partial}{\partial t} \int_A B \cdot dA \Rightarrow \tag{2.118}$$

$$\oint_c E \cdot ds = -\int_A dA \cdot \frac{\partial B}{\partial t}. \tag{2.119}$$

- In Gl. (2.118) gibt der STOKESsche Satz die Umwandlung eines Linien- oder Umlauf-Integrals in ein Oberflächenintegral an.

- In Gl. (2.119) spielt im rechten Integral die Fläche die Rolle eines Parameters, weswegen man die beiden Faktoren im Integral trennen darf.

Da es sich um eine Kreisbahn handelt, ist

$$2\pi r \boldsymbol{E} = -\pi r^2 \frac{\partial \boldsymbol{B}}{\partial t} \Rightarrow \boldsymbol{E} = -\frac{r}{2}\frac{\partial \boldsymbol{B}}{\partial t}. \tag{2.120}$$

Die dem Elektron additiv zugeführte Geschwindigkeitskomponente ist also

$$m_{\mathrm{e}}\frac{\mathrm{d}}{\mathrm{d}t}\boldsymbol{v}_{\mathrm{magn}} = -e_0\boldsymbol{E} = \frac{re_0}{2}\frac{\partial}{\partial t}\boldsymbol{B}, \tag{2.121}$$

so dass wir schließlich

$$\boldsymbol{v}_{\mathrm{magn}} = \frac{re_0}{2m_{\mathrm{e}}}\boldsymbol{B} = \gamma r \boldsymbol{B} \tag{2.122}$$

erhalten mit γ dem in Gl. (2.108) definierten magnetogyrischen Verhältnis. Weil $\boldsymbol{B}$ parallel zur z-Achse steht und nach der Definition der LORENTZ-Kraft die drei Vektoren $\boldsymbol{v}_{\mathrm{magn}}$, $\boldsymbol{r}$ und $\boldsymbol{F}_{\mathrm{L}}$ senkrecht aufeinander stehen, also

$$\boldsymbol{v}_{\mathrm{magn}}\perp\boldsymbol{r}\perp\boldsymbol{F}_{\mathrm{L}}, \tag{2.123}$$

kann man die induzierte Bahngeschwindigkeit in Vektorform

$$\boldsymbol{v}_{\mathrm{magn}} = \gamma\boldsymbol{B}\times\boldsymbol{r} \tag{2.124}$$

anschreiben, worin wir in

$$\boldsymbol{\omega}_{\mathrm{L}} = \gamma\boldsymbol{B} \tag{2.125}$$

die LARMOR-Frequenz finden. Die Geschwindigkeit des Elektrons hat zwar zugenommen, aber die Geschwindigkeitserhöhung besteht in einer Präzessionsbewegung um die $\boldsymbol{B}$-Achse mit der Winkelgeschwindigkeit $\boldsymbol{\omega}_{\mathrm{L}}$.

Die Zentripetalkraft beträgt nun

$$\boldsymbol{F}_{\mathrm{Z}} = m_{\mathrm{e}}\frac{(\boldsymbol{v}+\boldsymbol{v}_{\mathrm{magn}})^2}{r}, \tag{2.126}$$

und da $|\boldsymbol{v}| \gg |\boldsymbol{v}_{\mathrm{magn}}|$, bekommen wir beim Entwickeln des Quadrats

$$\boldsymbol{F}_{\mathrm{Z}} \approx \frac{m_{\mathrm{e}}}{r}\left(v^2 + 2\boldsymbol{v}\cdot\boldsymbol{v}_{\mathrm{magn}}\right), \tag{2.127}$$

was mit Gl. (2.122) schließlich zu

$$\boldsymbol{F}_{\mathrm{Z}} \approx \boldsymbol{F}_{\mathrm{Z},\,0} + \boldsymbol{F}_{\mathrm{L}} \tag{2.128}$$

führt.

Die Vergrößerung der Zentripetalkraft besteht ausschließlich in einer Zunahme der LORENTZ-Kraft senkrecht zum Bahngeschwindigkeitsvektor. Damit muss die Energieänderung Null sein, weil der Produktvektor aus v und B senkrecht auf seinen Komponenten steht. Folglich ist das innere Produkt aus v und des senkrecht auf ihr stehenden Kreuzproduktes Null. Das geht aber nur, wenn der Betrag von v stehenbleibt. Also darf sich nur seine Richtung ändern. Wenn aber die zeitliche Änderung von v, das ist $\dot{v}$, auf der Geschwindigkeit v senkrecht steht, kann es sich bei der durch das Magnetfeld erzeugten Veränderung der Geschwindigkeit nur um die Kreisbewegung handeln, und v wie auch ihre beiden Komponenten ω und r bleiben unverändert. Die Wirkung des Magnetfeldes besteht in einer zusätzlichen Präzession des Gesamtsystems um die Achse des B-Feldes. Das ist der Satz von LARMOR.

2.12.3 Klassische Betrachtung des Zeeman-Effektes

Die 1892 vorgestellte LORENTZsche Elektronentheorie besagt, dass sich im einfachsten Modell das Elektron unter der Wirkung einer harmonischen Kraft

$$F + m_e \omega_0^2 x = 0 \tag{2.129}$$

bewegt, womit die Schwingungsgleichung eines Elektrons im homogenen und konstanten Magnetfeld B

$$m_e \ddot{r} + m_e \omega_0^2 r = F_L = -e_0 \dot{r} \times B \tag{2.130}$$

wird. Projiziert man diese Gleichung auf die Koordinaten, wobei die z-Achse in Richtung des B-Feldes zeigt, so dass $H_x = H_y = 0, H_z = H$, findet man mit $i \times j = k, \, j \times k = i, \, k \times i = j$ die drei Komponenten

$$\left. \begin{array}{l} \ddot{x} + \omega_0^2 x + \frac{e_0}{m_e} \dot{y} B = 0 \\ \ddot{y} + \omega_0^2 y - \frac{e_0}{m_e} \dot{x} B = 0 \\ \ddot{z} + \omega_0^2 z \qquad\quad = 0. \end{array} \right\} \tag{2.131}$$

Multipliziert man die zweite Gleichung mit $i^2 = -1$ und definiert $\xi = x + iy$, wird aus den ersten beiden Gleichungen

$$\ddot{\xi} = \ddot{x} + i\ddot{y} \Rightarrow \ddot{\xi} + \omega_0^2 \xi + \frac{e_0}{m_e} B \left(\dot{y} - i\dot{x} \right) = 0, \tag{2.132}$$

was nach Umformungen über

$$\ddot{\xi} + \omega_0^2 \xi + \frac{e_0}{m_e} B \left(\dot{y} - i\xi - \dot{y} \right) = 0, \tag{2.133}$$

zur erzwungenen Schwingung

$$\ddot{\xi} + \omega_0^2 \xi - \frac{e_0}{m_e} B i \xi = 0 \tag{2.134}$$

führt. Ist die LARMOR-Frequenz

$$\omega_{\mathrm{L}} = \frac{e_0}{2m_{\mathrm{e}}} B \ll \omega_0, \tag{2.135}$$

ist die Lösung der Schwingungsgleichung

$$\xi = \mathrm{e}^{\mathrm{i}\omega_{\mathrm{L}}t} \left(A\mathrm{e}^{\mathrm{i}\omega_0 t} + B\mathrm{e}^{-\mathrm{i}\omega_0 t} \right), \tag{2.136}$$

da

$$\mathrm{e}^{\mathrm{i}at} = \xi \Rightarrow \ddot{\xi} = -a^2\xi, \tag{2.137}$$

so dass wir die Gleichung

$$-a^2 + \omega_0^2 + 2a\omega_{\mathrm{L}} = 0 \tag{2.138}$$

erhalten, aus der

$$a \approx \omega_0 + \omega_{\mathrm{L}} \tag{2.139}$$

folgt.

Für die z-Koordinate gilt mit Gl. (2.131.3)

$$z = C\mathrm{e}^{\pm\mathrm{i}\omega_0 t}. \tag{2.140}$$

Unter dem Einfluss eines Magnetfeldes muss sich also die Frequenz der Schwingungen eines Elektrons ändern, das einen dreidimensionalen Oszillator darstellt (normaler ZEEMAN-Effekt). Ein Atom im Magnetfeld muss folglich eine Strahlung mit drei verschiedenen Frequenzen emittieren, die linear polarisiert sind (π-Polarisation senkrecht zum Magnetfeld):

$$\omega_0 - \omega_{\mathrm{L}}, \omega_0, \omega_0 + \omega_{\mathrm{L}}. \tag{2.141}$$

Dabei stehen die erste und die dritte Abstrahlungsrichtung mit $\tilde{E}$ senkrecht auf B, während die unverschobene ihr $\tilde{E}$-Feld parallel zu B hat. — Ein Dipol-Oszillator emittiert nicht in Richtung seiner Schwingung. Deshalb wird man in z-Richtung nur die Schwebungsfrequenzen $\omega_0 \pm \omega_{\mathrm{L}}$ nachweisen können, die circular polarisiert sind, σ^+ (CW) und σ^- (CCW, Abb. 2.27).

2.13 Der Elektronenspin

2.13.1 Versuch von Stern und Gerlach

1922 untersuchten STERN und GERLACH das Verhalten eines Strahl aus Silberatomen in einem stark inhomogenen Magnetfeld [27]. Silber hat die Elektronenkonfiguration [Kr]$4d^{10}\,5s^1$, weist also ein $5s$-Elektron auf, dessen Nebenquantenzahl l Null ist. Wie aus der Abb. 2.28.1, die den Versuchsaufbau skizziert, ersichtlich, ist der Strahl senkrecht zu dem Magnetfeld orientiert.

Bei ihrer Überlegung gingen sie von einem magnetischen Stab-Dipol mit dem magnetischen Moment $\boldsymbol{\mu}$ und der Länge l aus, dessen Projektion auf die

Abb. 2.27. Lks.: Quer zu den Linien des statischen Magnetfeldes betrachtet, sehen wir drei Linien: Die mittlere zeigt die ursprüngliche Frequenz (ω_0) und schwingt parallel zum Magnetfeld, die beiden anderen ($\omega_0 \pm \omega_L$) schwingen dagegen senkrecht zur Feldrichtung, sind also linear polarisiert (π-Polarisation). Re.: Beobachtet man in der Feldrichtung, sieht man nur die Komponenten $\omega_0 \pm \omega_L$, gegensinnig circular polarisiert (σ^+ für CW, σ^- für CCW) [26].

z-Achse $\mu_z = \boldsymbol{\mu} \cos \vartheta = -\mu_\mathrm{B} m$ mit μ_B dem BOHRschen Magneton und m der magnetischen Quantenzahl beträgt, das wegen $l = 0$ verschwinden sollte (Abb. 2.28.2 mit dem Prinzipbild des magnetischen Dipols im Feld).

Im homogenen Magnetfeld ($B_\mathrm{x} = B_\mathrm{y} = 0$, $B_\mathrm{z} = B$) erfolgte eine Präzession um die Feldlinien, die zusätzliche Energie wäre

$$U = -\boldsymbol{\mu} \cdot \boldsymbol{B} = \mu B \cos \vartheta, \tag{2.142}$$

und die ausgeübte Kraft folglich gerade wegen der Homogenität Null (parallele Feldlinien).

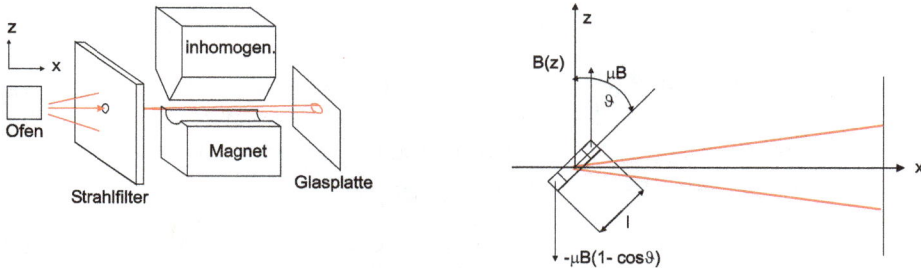

Abb. 2.28. STERN und GERLACH beobachteten erstmals die *Richtungsquantelung* an Ag-Atomen. Die Bewegungsrichtung der Atome ist senkrecht zum Magnetfeld und senkrecht zu dessen Gradienten.

Im inhomogenen Feld dagegen wirkt eine zusätzliche Kraft auf die magnetischen Momente, die nach

$$F_z = \mu B(z)\,(1 - \cos\vartheta)$$
$$= \underbrace{\mu\cos\vartheta}_{\mu_z}\frac{\partial B}{\partial z}$$
$$= -\mu_{\mathrm{B}}m\frac{\partial B}{\partial z} \tag{2.143}$$

berechnet wird, was zu einer Aufspaltung des Strahls in z-Richtung führen sollte, so dass man klassisch eine Ellipse in z-Richtung in Abhängigkeit der (Inhomogenität) der Magnetfeldstärke erwartet, da jede Einstellung des Dipols möglich wäre.

Tatsächlich wurden auf der Glasplatte zwei Flecke beobachtet. Offenbar sind zwei diskrete Einstellmöglichkeiten des Dipols zum Feld möglich, nämlich parallel und antiparallel. Da das Einstellverhältnis der beiden Strahlen zusätzlich durch die thermische Energie verschmiert wird, beobachtet man nicht zwei Punkte, sondern zwei Flecken auf dem Auffänger (sog. *Richtungsquantelung*).

War nicht nur die Aufspaltung rätselhaft, galt das auch für die Zahl der Flecke, die sog. Multiplizität, die nach $2l + 1$ berechnet werden kann und damit immer für $l \in \mathbb{Z}^+$ eine ungerade Zahl liefert. Die BOHRsche Theorie hätte für $L = (n = 1)\hbar$ ein Triplett gefordert. Mit der Zahl 2 ist aber als einzige Lösung nur $l \to {}^1\!/_2$ kompatibel. Das deutete auf eine bis dahin unbekannte Quantenzahl, mit der aber die Zahl der möglichen Elektronenbahnen, die die Elektronen aufnehmen könnten, auf die erforderliche Anzahl gesteigert werden könnte, nämlich auf das Doppelte von n^2 mit n der Hauptquantenzahl, wobei nach Gl. (10.44) $n^2 = \sum\limits_{l=0}^{n-1} 2l + 1$ ist, also in der ersten Periode mit $n = 1$ und $l = 0$ ist $n^2 = 1$, in der zweiten mit $n = 2$ und $l_{\max} = 1$ ist $n^2 = 4$.

Wenn die Größe des auf die z-Achse projizierten magnetischen Momentes aber nur die Hälfte des Bahnmomentes mit $l = 1$ ausmacht, dann muss der LANDÉ-Faktor Zwei betragen, womit das Resultat des Torsionswaagen-Versuchs von EINSTEIN und DE HAAS bestätigt werden konnte.

Mit freien Elektronen gelingt das Experiment nicht, da die LORENTZ-Kraft auf die freie Ladung viel größer ist als die Kraft auf den Dipol. „Closed Shell"-Moleküle zeigen keine Aufspaltung. STERN und GERLACH deuteten das mit dem fehlenden magnetischen Moment.

Die Schlussfolgerungen aus diesem Experiment waren bedeutend.

1. Das magnetische Moment kann sich zum Magnetfeld nicht beliebig orientieren, vielmehr können sich nur wenige und diskrete Winkel einstellen.

2. Die Multiplizität von 2 ist nur mit der Quantenzahl $\pm^1/_2$ kompatibel.

3. Das setzt gleichzeitig voraus, dass das einsame s-Elektron kein Bahnmoment hat, d. h. l muss verschwinden.

4. Wenn das Ag-Atom trotz des fehlenden Bahnmomentes dennoch durch ein Magnetfeld abgelenkt werden kann, muss es eine zusätzliche Bewegung geben, die zum Aufbau eines magnetischen Moments Anlass gibt, das genau doppelt so groß ist wie das nach Gl. (2.109) berechnete, das auf dem BOHRschen Atommodell beruht.

5. Dieses zusätzliche Moment, das offenbar eine Multiplizität von 2 erzeugt, könnte dann auch die Ursache für die Feinstruktur im Wasserstoffatom verantwortlich sein, indem es mit dem Bahnmoment koppelte. Das hatte SOMMERFELD mit seiner Feinstrukturkonstanten α quantitativ gemacht.

6. „Closed shell"-Atome und Moleküle mit abgesättigtem Spin sind gegenüber einem Magnetfeld unempfindlich; sie haben also kein Spinmoment.

Mit dem gequantelten Spin konnte dann PAULI in den Jahren 1923/24 eine letzte, zweiwertige, Quantenzahl postulieren und sein Ausschließungs- oder Antisymmetrieprinzip definieren, mit dessen Hilfe das Periodensystem vollständig aufgebaut werden kann [28] − [30].

GOUDSMIT veröffentlichte 1925 eine Arbeit, in der er nachwies, dass die Anwendung des PAULIschen Ausschließungsprinzips durch Benutzung der zwei von LANDÉ beschriebenen Quantenzahlen m_l und m_s vereinfacht werden könne [31, 32]; dabei betrug die Quantenzahl m_s immer $\pm^1/_2$, die die beiden Zustände mit $s = \pm\frac{1}{2}\hbar$ erzeugt [33, 34]. Nur damit kann die aus den optischen Spektren bekannte Multiplizität mit $2n + 1$ beim STERN-GERLACH-Versuch erklärt werden.

Mit diesen Schlussfolgerungen musste auch das Experiment von EINSTEIN und DE HAAS neu interpretiert werden. Gemessen worden war nicht das magnetische Moment, das durch den Bahndrehimpuls hervorgerufen wird, sondern das magnetische Spinmoment.

Da das gyromagnetische Verhältnis den ganzen Wert der spezifischen Ladung des Elektrons (statt des halben für ein Bahndrehmoment) aufweist, hatten die beiden demonstriert, dass im magnetisierten Eisen weder das elementare magnetische Moment noch der Drehimpuls auf umlaufende Elektronen zurückzuführen ist. Vielmehr war es der erste experimentelle Nachweis für den Spin der Elektronen.

Das gyromagnetische Verhältnis γ ist für ein reines p-Orbitalmoment $\frac{1}{2}\frac{e_0}{m_\mathrm{e}}$, für ein reines Spinmoment $1{,}0012\frac{e_0}{m_\mathrm{e}}$ und liegt für für komplizierte Systeme, wie Atome, dazwischen. Der LANDÉ-Faktor beträgt damit auch nicht 2, sondern ist etwas größer, nämlich $2{,}0023$.[23]

2.13.2 Nichtklassizität des Elektronenspins

Unter der Annahme, dass das dennoch beobachtete magnetische Moment durch das kreiselnde Elektron mit dem klassischen Elektronenradius $r_\mathrm{klass} = 2{,}82 \cdot 10^{-13}$ cm hervorgerufen wird, überlegten GOUDSMIT und UHLENBECK wenig später, dass sich für die äquatoriale Rotationsgeschwindigkeit des Elektrons mit Gl. (2.144) und einem g-Faktor von 2

$$L = \hbar = m_\mathrm{e} r v \qquad (2.144)$$

eine Geschwindigkeit von

$$v = \frac{2\hbar}{m_\mathrm{e} r_\mathrm{klass}} \qquad (2.145)$$

ergäbe, damit also

$$v = 273 \cdot c, \qquad (2.146)$$

was die Notwendigkeit einer relativistischen Korrektur offensichtlich macht [33, 34] und weit über die Abschätzung einer sich mit Lichtgeschwindigkeit bewegenden Elementarladung auf einem Kreis mit dem Umfang der COMPTON-Wellenlänge hinausgeht. Sie gelang DIRAC glänzend mit seiner Gleichung, die den Spin *en passant* entstehen lässt — und auch eine Erklärung dafür liefert, dass der LANDÉsche g-Faktor g_s für ein spinnendes Elektron genau doppelt so hoch wie für ein p-Elektron ist, wodurch die Präzessionsfrequenz ω_L genauso groß ist, wie es die Cyclotronfrequenz ω_ce wäre.

2.14 Das Komplementaritätsprinzip

Das Dilemma der unterschiedlichen Erscheinungsformen von Teilchen und Welle und deren Erklärungversuch mit zwei unterschiedlichen Theorien versuchte BOHR 1927 mit seinem Komplementaritätsprinzip zu lösen, wonach es in einem Experiment unmöglich ist, beide Manifestationen der elektromagnetischen Wechselwirkung zu beobachten.

Diese Antinomie fand ihr künstlerisches Pendant in einer Reihe von Bildern PICASSOs, der in seiner kubistischen Phase versuchte, auf einem Bild das Antlitz

---

[23]Der genaue Wert wird in der Quantenelektrodynamik entwickelt aus einer Potenzreihe, deren erste zwei Glieder $g = 2\left(1 + \frac{\alpha}{2\pi} \ldots\right)$ lauten. — Wegen der sehr viel größeren Kernmassen sind die entsprechenden Momente der Kerne um Größenordnungen niedriger; auch das Neutron besitzt ein magnetisches Moment mit einem negativen g-Faktor, was ein Planetenmodell mit einem positiven Kern suggeriert.

und das Profil von meist rot behüteten Frauen zu vereinen, was voraussehbar schiefging, hier aber meist unter „künstlerischer Freiheit" subsumiert wird, etwa „La femme qui pleure au chapeau rouge" von 1935, oder in einer Retrospektive „Une femme lisant" von 1953.

2.15 Abschließende Bemerkung

Mit dem EINSTEINschen Photoeffekt und dem COMPTON-Effekt haben wir nun zwei Erscheinungen kennengelernt, bei denen der korpuskulare Charakter der Strahlung eine einfache Interpretation ermöglicht. Der Triumph der durch unwiderlegbare Experimente fundierten HUYGENSschen Wellentheorie über die Korpuskulartheorie NEWTONs schien dadurch relativiert. Tatsächlich aber befinden wir uns jetzt erst recht in einem unlösbaren Dilemma, denn die Konzepte von Welle und Teilchen sind nicht zur Deckung zu bringen. Ein Photon gleich welcher Energie besitzt zwar einen Impuls, aber keine Ruhemasse und bewegt sich als Welle mit einer Phasengeschwindigkeit, die im Vakuum schlicht als *Lichtgeschwindigkeit* bezeichnet wird.

In den beiden inkriminierten Fällen aber haben wir eine elektromagnetische Wechselwirkung — wichtig ist bei der Kleinheit der Messgröße auch die Beobachtung, dass wir überhaupt eine Wechselwirkung für eine positive Aussage benötigen, aus der eine Theorie entstehen kann, und dass diese Wechselwirkung selbst das Messergebnis beeinflusst. Diese Wechselwirkung ist gequantelt, wofür die beiden besprochenen Experimente ausgezeichnete Beispiele sind.

Und wir sehen, besonders gut beim Photoeffekt, dass die elegante Herleitung der elektromagnetischen Wellen, gleich, ob im Vakuum oder im dielektrischen oder metallischen Substrat oder im Wellenleiter, keine umfassende Gültigkeit hat, sondern in ein unlösbares Dilemma hineinläuft. Es gibt also wieder mindestens zwei Seiten einer Medaille, die Quantenelektrodynamik heißt, und mit der eine quantitative Betrachtung dieser Phänomene widerspruchsfrei gelingt.

Umgekehrt wird Ähnliches im Bereich der Materie beobachtet. Der Wellencharakter langsamer Elektronen im Beugungsexperiment von DAVISSON und GERMER widerspricht dem meist manifesten Teilchencharakter. BOHR entwickelte eine Theorie, die darauf fußt, dass der Ort eines von einem Atomkern gebundenen Elektrons nicht genauer als im Å-Bereich bestimmbar ist, und konnte damit das Elektronenspektrum des Wasserstoffatoms beschreiben, zumindest dessen x-Achse. Dazu war es aber erforderlich, die in Stein gemeißelten Gleichungen von MAXWELL für den Mikrokosmos flagrant zu verletzen!

Die unmittelbar nach Aufstellung der BOHRschen Theorie für das Wasserstoffatom durchgeführte Erweiterung auf die Alkaliatome durch SOMMERFELD und BOHR in den Jahren 1915/16 führte zur Definition zweier weiterer Quantenzahlen, mit denen man das halbe Periodensystem aufbauen konnte, und mit denen der von der LORENTZschen Elektronentheorie vorhergesagte ZEEMAN-Effekt besser verstanden werden konnte. Die Verdoppelung würde mit der vierten Quantenzahl, dem Spin, gelingen.

All dies hatte die Entwicklung zweier Theorien durch HEISENBERG (1925) und SCHRÖDINGER (1926) zur Folge, die mathematisch und physikalisch ineinander überführbar sind, und denen wir uns in den nächsten zwei Kapiteln zuwenden werden. Wir werden uns dann mit einigen Erweiterungen und Anwendungen dieser von SCHRÖDINGER genannten Wellenmechanik beschäftigen, ehe wir uns im Kap. 9 mit dem Drehimpuls und seiner Quantelung auseinandersetzen werden, die auch den Spin umfasst, der selbst aber heuristisch eingeführt werden wird, da er ein relativistischer Effekt ist.

2.16 Aufgaben und Lösungen

2.16.1 Grundlagen

Aufgabe 2.1 Geben Sie je ein Beispiel für eine lineare und eine nichtlineare Funktion an und begründen Sie Ihre Wahl!

Lösung. Eines der wichtigsten Prinzipien der Physik ist das aus dem Superpositionsprinzip herausgehende Prinzip der Linearität. Die Ursache ist darin zu finden, dass viele Gesetzmäßigkeiten durch eine lineare DGl zu beschreiben sind. Wenn eine lineare DGl etwa zwei Lösungen f_1 und f_2 hat, dann ist die Summe $f_1 + f_2$ auch eine. Daher sind viele der fundamentalen Gesetze der Physik linear. Nicht linear sind die trigonometrischen Funktionen oder die Exponentialfunktion, bei der mindestens ein Parameter als Exponent verschieden von Eins vorkommt.

So genügt bei kleinen Auslenkungen die Schwingung eines Federpendels der linearen Gleichung

$$\frac{\mathrm{d}^2 x}{\mathrm{d}t^2} = -kx^1, \tag{1}$$

während ein Pendel mit der Gleichung

$$\frac{\mathrm{d}^2 \theta}{\mathrm{d}t^2} = -\frac{g}{L} \sin \theta \tag{2}$$

beschrieben wird, die durch elliptische Integrale gelöst wird. Die Rückstellkraft hängt dann von der Amplitude ab (was für den linearen Fall nicht gilt!), die Amplitude ist nicht mehr eine eindeutige Funktion von ω oder umgekehrt formuliert: ω hängt stark von der Amplitude ab etc.

Aufgabe 2.2 Zeigen Sie, dass die Beziehung für die kinetische Energie einer Partikel bereits im einfachsten krummlinig-orthogonalen Koordinatensystem, dem der ebenen Polarkoordinaten mit den Koordinaten r und φ, notwendig Ergänzungsterme zu

$$E_{\text{kin}} = \frac{m}{2} \left(\dot{x}^2 + \dot{y}^2 \right) \tag{1}$$

erfordert!

Lösung. Mit Abb. 2.29 bilden wir die Quadrate der Differentiale

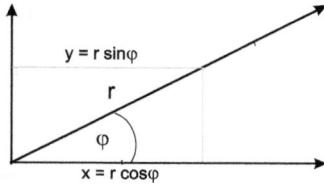

y = r sinφ

r

φ

x = r cosφ

Abb. 2.29. Die Koordinaten (x, y) des Punktes P_1 im cartesischen und r, φ im Polarkoordinatensystem.

$$\left.\begin{aligned}
\left(\tfrac{dx}{dt}\right)^2 &= \left(\tfrac{dr}{dt}\right)^2 \cos^2\varphi + 2r\sin\varphi\cos\varphi\tfrac{dr}{dt}\tfrac{d\varphi}{dt} + r^2\cos^2\varphi\left(\tfrac{d\varphi}{dt}\right)^2 \\
\left(\tfrac{dy}{dt}\right)^2 &= \left(\tfrac{dr}{dt}\right)^2 \sin^2\varphi - 2r\sin\varphi\cos\varphi\tfrac{dr}{dt}\tfrac{d\varphi}{dt} + r^2\sin^2\varphi\left(\tfrac{d\varphi}{dt}\right)^2.
\end{aligned}\right\} \tag{2}$$

Es ist also

$$\left(\frac{dx}{dt}\right)^2 + \left(\frac{dy}{dt}\right)^2 = \left(\frac{dr}{dt}\right)^2 + r^2\left(\frac{d\varphi}{dt}\right)^2, \tag{3}$$

was bedeutet, dass die Messung der beiden Größen $\frac{dr}{dt}$ und $\frac{d\varphi}{dt}$ noch nicht die kinetische Energie bestimmt, da dazu noch die sog. *Metrik* bekannt sein muss, das ist die Matrix, die zwischen den x, y und r, φ vermittelt, und die wir in Gl. (2.102) mit (a_{ij}) bezeichnet haben. Dazu muss aber eine Koordinatenbestimmung erfolgen, die wegen der Unbestimmtheitsrelation nicht gleichzeitig erfolgen darf.

Nur im cartesischen Koordinatensystem ist die kinetische Energie die Summe der Quadrate der Impulskomponenten p_x, p_y und p_z.

2.16.2 Strahlungsdruck

Aufgabe 2.3 Die Solarkonstante beträgt in der Sahara $S = 1{,}4 \cdot 10^3$ W/m². Wie hoch ist dort der Strahlungsdruck? Verwenden Sie die EINSTEINsche Masse-Energie-Beziehung und die DE BROGLIE-Beziehung zur Ermittlung! Verwenden Sie die Näherung des Schwarzen Strahlers! Wie hoch wäre der Druck, wenn der Boden nicht aus Fels oder Sand, sondern aus einem Alu-Spiegel bestünde?

Lösung. Es gibt verschiedene Möglichkeiten zum Beginn, etwa mit der der PLANCKschen Gleichung und der DE BROGLIE-Beziehung

$$E = h\nu \ \text{ und } \ p(\text{Impuls}) = \tfrac{h}{\lambda}$$
$$= \tfrac{h\nu}{c} \tag{1}$$
$$= \tfrac{E}{c}.$$

Außerdem ist für relativistische Teilchen

$$E = mc^2 = pc \Rightarrow p = \frac{E}{c}. \tag{2}$$

Betrachten wir die Energieströmung, deren Intensität (Leistung/Fläche) durch den POYNTING-Vektor S beschrieben wird, so dass

$$E = \int S A \, \mathrm{d}t \tag{3}$$

wird. Gl. (3) in Gl. (2) liefert

$$
\begin{aligned}
p(\text{Druck}) &= \frac{F}{A} \\
&= \frac{1}{A}\frac{\Delta p}{\Delta t} \\
&= \frac{1}{A}\frac{\mathrm{d}p}{\mathrm{d}t}
\end{aligned}
\tag{4}
$$

$$\int \frac{S \cdot A}{c} \, \mathrm{d}t = 4{,}7 \cdot 10^{-6} \, \text{Pa}.$$

Beim Alu-Spiegel hat man perfekte Reflexion. D. h. der Druck ist genau doppelt so hoch wie im hier angenommenen Fall.

Aufgabe 2.4 Berechnen Sie die Beschleunigung einer kugelförmigen, perfekt absorbierenden Partikel mit einem Radius von 10^{-4} cm und einer Dichte von $2\,\mathrm{g/cm^3}$ durch den Strahlungsdruck des Sonnenlichts, wenn es sich in einem gut evakuierten Glasgefäß befindet. Die Solarkonstante ist $1{,}4 \cdot 10^{-1}\,\mathrm{W/cm^2}$, der Druck ist $p = I/c$.

Lösung. Aus Volumen und Dichte bestimmen wir zunächst die Masse der Partikel, also

$$V = 4{,}19 \cdot 10^{-12} \, \mathrm{cm^3}, \tag{1}$$

$$m = 8{,}4 \cdot 10^{-12} \, \mathrm{g}. \tag{2}$$

Für die Fläche berücksichtigen wir aber nur die Projektion der getroffenen Halbkugel mit der Fläche $2\pi r^2$, also die Kreisfläche

$$A = \frac{1}{4} 4\pi r^2 = 3{,}15 \cdot 10^{-8} \, \mathrm{cm^2}, \tag{3}$$

sonst würden polnahe Strahlen genauso stark bewertet wir äquatorial auftreffende Strahlen. Mit

$$F = ma = \frac{I}{c}A \Rightarrow a = \frac{I \cdot A}{m \cdot c} \tag{4}$$

bekommen wir dann für

$$p = \frac{I}{c} = \frac{1{,}4 \cdot 10^3 \ \mathrm{W\,m^{-2}}}{3 \cdot 10^8 \ \mathrm{m\,s^{-1}}} = 7 \cdot 10^2 \ \mathrm{J\,m^{-3}} \tag{5}$$

$$a = 0{,}18 \cdot 10^{-2} \ \mathrm{m/s^2}. \tag{6}$$

Aufgabe 2.5 Zur Eichmessung, um den Strahlungsdruck der Sonnenphotonen zu messen:

- Wie groß ist die auf eine perfekt reflektierende Fläche von $1 \ \mathrm{m^2}$ Anzahl von Photonen, die dort senkrecht auftreffen, von

    - einem Laserstrahl ($\lambda = 656 \ \mathrm{nm}$, $P = 5 \ \mathrm{mW}$)
    - einer ebenen elektromagnetischen Welle aus einem Magnetron ($f = 2{,}45 \ \mathrm{GHz}$, $\lambda = 12{,}25 \ \mathrm{cm}$, $P = 5 \ \mathrm{mW}$)?

- Wie groß ist die mittlere Kraft auf die Platte?

Lösung. Die Anzahl der pro Sekunde auftreffenden Photonen ν ist gleich dem Quotienten aus Strahlungsleistung und Photonenenergie:

$$\nu = \frac{P}{\hbar\omega} = \frac{P}{hc/\lambda} \tag{1}$$

Das ergibt folglich für

- $656 \ \mathrm{nm}$: $\nu = 1{,}64 \cdot 10^{16} \ \mathrm{Hz}$;

- $12{,}25 \ \mathrm{cm}$: $\nu = 3{,}06 \cdot 10^{21} \ \mathrm{Hz}$.

Bei senkrechtem Einfall ist der Kraftstoß wegen Impulsumkehr

$$\Delta p = 2\frac{h}{\lambda}, \tag{2}$$

was mit Gl. (1)

$$\overline{F} = \nu \frac{2h}{\lambda} = \frac{2P}{c} \tag{3}$$

ergibt. Da die Geschwindigkeit beider Wellen c ist, ergibt sich für

$$\overline{F} = 0{,}33 \cdot 10^{-10} \ \mathrm{N}. \tag{4}$$

2.16.3 Plancksche Formel, de Broglie-Beziehung

Aufgabe 2.6 Welche Möglichkeiten kennen Sie, um quantenmechanische Systeme anzuregen? Was sind die prinzipiellen Unterschiede?

Lösung. Anregung durch Stoß (schwere Teilchen untereinander, im Hochvakuum oder im Plasma auch mit Elektronen) oder durch elektromagnetische Strahlung. In allen Fällen muss natürlich die erforderliche Schwellenenergie aufgebracht werden, da es sich um unelastische Streuprozesse handelt. Im Gegensatz zu den ersten beiden Fällen ist dann aber bei den Photonen auch schon wieder Schluss: es muss die Photonenenergie im Rahmen der Breite der Spektrallinie mit der Energie des anzuregenden Oszillators übereinstimmen.

Aufgabe 2.7 Bestimmen Sie die DE BROGLIE-Wellenlänge für ein $1s$-Elektron, das eine Bahngeschwindigkeit von $2\,200$ km/s aufweist!

Lösung. Der Wert von $0{,}33$ nm $= 3{,}3$ Å ist genau die BOHRsche Bedingung $2\pi r = n\lambda$ für $n = 1$ und $r = a_0$.

Aufgabe 2.8 Bestimmen Sie die DE BROGLIE-Wellenlänge für ein Elektron der Energie $1{,}5$ eV!

Lösung. $29{,}7$ Å ≈ 3 nm. Das ist der Wert auf der PASCHEN-Bahn ($n = 3$).

Aufgabe 2.9 Bestimmen Sie die DE BROGLIE-Wellenlänge für ein Photon, dessen Masse gleich der Ruhemasse des Elektrons ist!

Lösung. Wir setzen mit der DE BROGLIE-Beziehung an und bekommen die COMPTON-Wellenlänge

$$\lambda = \frac{h}{m_e c} = 2{,}4 \cdot 10^{-10} \text{ cm.} \tag{1}$$

Aufgabe 2.10 Wie groß ist die Wellenlänge eines Elektrons mit einer kinetischen Energie von $13{,}6$ eV?

Lösung.

$$E = \frac{1}{2} m_e v^2 = 13{,}6 \cdot 1{,}6 \cdot 10^{-19} \text{ J} = 2{,}19 \cdot 10^{-18} \text{ J}$$

$$p_e = \sqrt{E \cdot 2 m_e} = \sqrt{4{,}38 \cdot 9{,}11 \cdot 10^{-18-31}} \text{ kg m s}^{-1}$$

$$p_e = 2{,}00 \cdot 10^{-24}\,\mathrm{N\,s}$$

$$\lambda = \frac{h}{mv} = \frac{6{,}625 \cdot 10^{-34}\,\mathrm{kg\,m^2\,s^{-1}}}{2{,}00 \cdot 10^{-24}\,\mathrm{kg\,m\,s^{-1}}} = 3{,}31 \cdot 10^{-10}\,\mathrm{m} = 3{,}31\,\text{Å} = 2\pi \cdot a_0$$

Aufgabe 2.11 Wo liegt die kurzwellige Grenze der Bremsstrahlung einer mit 50 kV betriebenen RÖNTGEN-Röhre?

Lösung. Die auf die Antikathode auftreffenden Elektronen besitzen die Energie 50 000 eV oder

$$1{,}6 \cdot 50 \cdot 10^{-19+3} = 8{,}01 \cdot 10^{-15}\,\mathrm{J}. \tag{1}$$

Die Wellenlänge ergibt sich dann nach

$$\begin{aligned}\lambda &= \frac{c}{\nu} \\ &= \frac{c}{Eh^{-1}} \\ &= \frac{hc}{E} \\ &= 0{,}248\,\text{Å}.\end{aligned} \tag{2}$$

Aufgabe 2.12 Ein Lichtstrahl der Wellenlänge 6 500 Å und der Intensität (Leistung) $1 \cdot 10^{-1}$ J/s [24] trifft auf eine Natriumzelle und wird dort mit einem Wirkungsgrad von 100 % zur PE-Erzeugung verwendet. Wie hoch ist der PE-Strom?

Lösung. Die Energie eines Lichtquants beträgt $3{,}06 \cdot 10^{-19}$ J. Daraus folgt ein Photonenfluss von

$$\frac{1 \cdot 10^{-1}}{3{,}06 \cdot 10^{-19}} = 3{,}27 \cdot 10^{17}\,\text{Photonen/s}.$$

Bei einem Wirkungsgrad von 100% erzeugen diese Photonen gleich viele Elektronen oder

$$3{,}27 \cdot 10^{17} \cdot 1{,}6 \cdot 10^{-19} = 5{,}2 \cdot 10^{-2}\,\mathrm{A} = 52\,\mathrm{mA}.$$

Aufgabe 2.13 Eine Röhre, die Wasserstoffatome im Grundzustand enthält, ist transparent, absorbiert also keinerlei Licht im sichtbaren Bereich, sondern nur im äußersten Ultraviolett. Die Wellenlänge der langwelligsten Absorptionslinie beträgt $\lambda = 1\,216$ Å. Um welchen Betrag liegt der angeregte Zustand energetisch über dem Grundzustand?

[24]Das ist etwa die Sonnenenergie pro cm^2; die Solarkonstante beträgt 0,14 W/cm^2.

Lösung.

$$\nu = \frac{c}{\lambda} = \frac{3 \cdot 10^8 \, \mathrm{m\,s^{-1}}}{1{,}2 \cdot 10^{-7} \, \mathrm{m}} = 2{,}47 \cdot 10^{15} \, \mathrm{Hz} \tag{1}$$

$$E = h\nu = 6{,}6 \cdot 2{,}47 \cdot 10^{-34+15} = 1{,}634 \cdot 10^{-18} \, \mathrm{J} = 10{,}20 \, \mathrm{eV} \tag{2}$$

Da der Grundzustand ein Niveau von $-13{,}6$ eV hat, liegt der erste angeregte Zustand bei $-3{,}4$ eV, d. h. alle anderen Niveaus und Übergänge sind auf das Energiefenster zwischen $-3{,}4$ und 0 eV beschränkt.

Aufgabe 2.14 Zur Strukturuntersuchung kann man mit Teilchen (Elektronen, Neutronen), aber auch mit RÖNTGEN-Strahlung arbeiten. Welche Energie (in eV), welchen Impuls und welche Geschwindigkeit haben ein Neutron mit einer Wellenlänge von 1 Å (0,1 nm) und ein gleichlanges RÖNTGEN-Quant?

Lösung.

Neutron.

$$\begin{aligned}
p_{\mathrm{N}} &= \frac{h}{\lambda} \\
&= \frac{6{,}625 \cdot 10^{-34}}{1 \cdot 10^{-10}} \left[\frac{\mathrm{kg\,m}}{\mathrm{s}}\right] \\
&= 6{,}63 \cdot 10^{-19} \, \mathrm{g\,cm/s} \\
&= 6{,}63 \cdot 10^{-24} \, \mathrm{N\,s}.
\end{aligned} \tag{1}$$

$$\begin{aligned}
v_{\mathrm{N}} &= \frac{6{,}63 \cdot 10^{-24}}{1840 \cdot 9{,}1 \cdot 10^{-31}} \left[\frac{\mathrm{m}}{\mathrm{s}}\right] \\
&= 3{,}96 \cdot 10^5 \, \mathrm{cm/s} = 3{,}96 \, \mathrm{km/s}.
\end{aligned} \tag{2}$$

$$\begin{aligned}
E_{\mathrm{N}} &= \frac{p^2}{2m} \\
&= 0{,}08 \, \mathrm{eV} \\
&= 1{,}28 \cdot 10^{-20} \, \mathrm{J}.
\end{aligned} \tag{3}$$

Das sind sog. *thermische Neutronen.*

Röntgenquant. Die entsprechende Überlegung für die Energie sieht hier so aus:

$$\begin{aligned}
E_{\mathrm{X}} &= h\nu \\
&= h\frac{c}{\lambda} \\
&= \frac{6{,}625 \cdot 10^{-27} \cdot 3 \cdot 10^{10}}{1 \cdot 10^{-8}} \\
&= 1{,}99 \cdot 10^{-8} \, \mathrm{erg} \\
&= 1{,}99 \cdot 10^{-15} \, \mathrm{J} \\
&= 12{,}4 \, \mathrm{keV}.
\end{aligned} \tag{5}$$

Da die Ausbreitungsgeschwindigkeit der RÖNTGEN-Strahlen $v_{\mathrm{X}} = c$ ist, wird für den Impuls

$$p_X = \frac{E}{c}$$
$$= \frac{E/\nu}{c/\nu}$$
$$= \frac{h}{\lambda} \tag{6}$$
$$= 6{,}63 \cdot 10^{-24} \, \text{N s}.$$

Bei gleichem Impuls ist die Energie der Neutronen um Größenordnungen geringer, umgekehrt ist bei gleicher Energie der Impuls der RÖNTGEN-Strahlen wesentlich größer als der der Neutronen. Wir werden bei der Strukturuntersuchung von Festkörpern auf die Vor- und Nachteile eingehen.

Aufgabe 2.15 Zur Strukturuntersuchung kann man mit Elektronen, aber auch mit RÖNTGEN-Strahlung arbeiten. Welche Energie (in eV), welchen Impuls und welche Geschwindigkeit hat ein Elektron, das an der (100)-Ebene unter einem Winkel von 45° bei einer Gitterkonstanten von $d = 4 \, \text{Å}$ reflektiert werden soll? Was ist folglich der Unterschied zwischen den Elektronen, mit denen ein Streubild oder mit denen ein Interferenzbild erzeugt werden soll?

Lösung. Wir beginnen mit der BRAGG-Gleichung (1)

$$n\lambda = 2d \sin \vartheta$$
$$= \frac{8 \cdot \sqrt{2}}{2} \tag{1}$$
$$= 5{,}656 \, \text{Å},$$

verwenden die DE BROGLIE-Gleichung zur Bestimmung des Impulses

$$p = \frac{h}{\lambda} = 1{,}172 \cdot 10^{-24} \, \text{N s} \tag{2}$$

und für ein freies Elektron die Beziehung für die kinetische Energie, so dass

$$E = 7{,}5 \cdot 10^{-19} \, \text{J} = 3{,}75 \, \text{eV}. \tag{3}$$

Die Elektronen sind extrem niederenergetisch. Mit diesen Elektronen kann man also in Beugung untersuchen, während Elektronen höherer Energie dazu verwendet werden, Streuexperimente an Oberflächen auszuführen (Erzeugung von Sekundärelektronen im Bereich einiger $10 - 100 \, \text{V}$, Erzeugung von Rückstreuelektronen mit Elektronen von einigen kV).

Aufgabe 2.16 Berechnen Sie die Wellenlänge eines Elektrons, das durch die Spannung 10 kV beschleunigt wurde und eine Geschwindigkeit von $6 \cdot 10^7 \, \text{m/s}$ besitzt, und eines Stickstoffmoleküls (Masse 28 amu) bei 25 °C!

Lösung. Die gesamte Energie des Elektrons, die es durch die Beschleunigung durch die Potentialdifferenz erhalten hat, ist die kinetische Energie

$$E_e = E_{kin}$$
$$= QU \tag{1}$$
$$= 1{,}6 \cdot 10^{-15}\,\text{J}.$$

In der Tat hat ein Elektron mit dieser Geschwindigkeit die eben errechnete kinetische Energie:

$$E = \tfrac{1}{2}mv^2$$
$$= \tfrac{1}{2} \cdot 9 \cdot 10^{-31} \cdot 36 \cdot 10^{14}\,\text{kg}\,\text{m}^2/\text{s}^2 \tag{2}$$
$$= 1{,}6 \cdot 10^{-15}\,\text{J}$$

Aus Gl. (1) ergibt sich ein Impuls von

$$p = mv$$
$$= 9 \cdot 6 \cdot 10^{-31} \cdot 10^7\,\text{kgm/s} \tag{3}$$
$$= 5{,}4 \cdot 10^{-23}\,\text{N\,s},$$

woraus wir mit der DE BROGLIE-Beziehung eine Wellenlänge von

$$\lambda = 1{,}1 \cdot 10^{-11}\,\text{m} \tag{4}$$

erhalten. Umgekehrt ist die thermische Energie eines N_2-Moleküls

$$E_{kin} = k_B T \Rightarrow v = \sqrt{\frac{2E_{kin}}{m}}.^{25} \tag{5}$$

$$\sqrt{\langle v^2 \rangle} = 3\frac{RT}{M} \Rightarrow v = 420\,\text{m/s}. \tag{6}$$

$$p = 1{,}95 \cdot 10^{-23}\,\text{N\,s}. \tag{7}$$

$$\lambda = 3{,}2 \cdot 10^{-11}\,\text{m}. \tag{8}$$

Die Werte der Wellenlängen sind also in der gleichen Größenordnung, was Voraussetzung für die Verwendung mittelenergetischer Elektronen als Sonde für Moleküluntersuchungen ist.

2.16.4 Einsteinscher Photoeffekt

Aufgabe 2.17 Welche Gegenspannung unterbindet den Strom von Photoelektronen, der durch Auftreffen von Licht der Wellenlänge 6 500 Å in einer Natriumzelle erzeugt wird? Die Austrittsarbeit W_A von Na beträgt 1,91 eV.

---

[25]Oft wird auch der Wert von $^3/_2\,k_B T$ für die thermische Energie (pro Freiheitsgrad $^1/_2\,k_B T$) eingesetzt. Der hier verwendete Wert von $k_B T$ ergibt sich z. B. bei der Ableitung der barometrischen Höhenformel.

Lösung.

$$E = h\frac{c}{\lambda} = 3{,}06 \cdot 10^{-19} \, \text{J} = 1{,}91 \, \text{eV} : \tag{1}$$

Die photoelektrische Schwelle von Natrium liegt gerade bei 6 500 Å. Die von Licht dieser Wellenlänge erzeugten Photonen erhalten also eben noch keine kinetische Energie, denn die Energie der Lichtquanten reicht gerade nur aus, die Elektronen aus dem Natrium zu lösen. Deshalb hält bereits eine äußerst kleine Gegenspannung den PE-Strom auf.

Aufgabe 2.18 Welche Gegenspannung unterdrückt dann den PE-Strom, den Licht einer Wellenlänge von 3 250 Å in einer Natriumzelle erzeugt?

Lösung.

$$E = h\nu = h\frac{c}{\lambda} = 6{,}12 \cdot 10^{-19} \, \text{J} = 3{,}75 \, \text{eV}.$$

Davon wird etwa die Hälfte zur Herauslösung der Photoelektronen benötigt $\Rightarrow$

$$U = \frac{3{,}06}{1{,}602} \cdot 10^{-19+19} = 1{,}84 \, \text{V}.$$

2.16.5 Unschärferelation

Aufgabe 2.19 Modell des Neutrons: Ein Proton und ein Elektron, beide als Punktladungen betrachtet, sollen innerhalb eines Kubus mit einer Kantenlänge von 1 fm eingesperrt werden, was der größenordnungsmäßige Durchmesser des Neutrons ist; sie werden durch COULOMBsche Kräfte zusammengehalten. Begründen Sie mit der Unschärferelation quantitativ, warum dieses Modell falsch ist. Was hat das für Konsequenzen bei der Entstehung der β-Strahlung?

Lösung.

$$\Delta p_x \geq \frac{\hbar}{\Delta x = 10^{-13} \, \text{cm}} \Rightarrow \Delta p_x \geq 10^{-14} \, \text{g cm s}^{-1}. \tag{1}$$

Das bedeutet in drei Raumrichtungen eine kinetische Energie von

$$E_{\text{kin}} = \frac{1}{2m_{\text{e}}} \left(\Delta p_x^2 + \Delta p_y^2 + \Delta p_z^2 \right). \tag{2}$$

$$\Delta E_{\text{kin}} \approx \frac{3 \cdot 10^{-28}}{18 \cdot 10^{-28}} \cdot 10^{-7} = 2 \cdot 10^{-8} \, \text{J}. \tag{3}$$

$$E_{\text{pot}} = \frac{1}{4\pi\varepsilon_0} \frac{e_0^2}{r} = 2 \cdot 10^{-13} \, \text{J} : \tag{4}$$

Der Gewinn an potentieller Energie reicht für ein Gleichgewicht bei weitem nicht aus, um ein Elektron auf ein Volumen von $10^{-(3 \cdot 13 = 39)}$ cm^3 einzusperren! Elektronen können sich nicht im Kern aufhalten.

Aufgabe 2.20 Die H_α-Linie der BALMER-Serie des H-Atoms hat die Frequenz $4,57 \cdot 10^{14}$ Hz und eine natürliche Linienbreite von $3 \cdot 10^7$ Hz. Bestimmen Sie die mittlere Lebensdauer des angeregten Zustandes!

Lösung. Wir machen das mit der sog. 4. Unschärferelation, indem wir den Kehrwert der Frequenzunschärfe

$$\Delta t = 1/\Delta\nu \tag{1}$$

zu 33 nsec bestimmen. Mit $\Delta E = \hbar/\Delta t$ folgt eine Energiebreite von $2 \cdot 10^{-26}$ J oder
$1,25 \cdot 10^{-7}$ eV.

2.16.6 Compton-Effekt

Aufgabe 2.21 Vergleichen Sie mit den Gleichungen für die COMPTON-Streuung den zentralen Stoß eines Photons mit einem quasi-freien Elektrons, mit dem klassischen Fall eines zentralen Stoßes zweier gleichschwerer Kugeln! Sie sollten dazu folgende Fragen beantworten:

- Was bedeutet „quasi-frei" in diesem Zusammenhang?

- Unter welchem Winkel ist $\Delta\lambda$ maximal?

- Wie groß ist $\Delta\lambda$ dann?

- Was passiert im klassischen Fall?

- Wie groß wäre die Masse eines Photons der Wellenlänge 2,43 pm?

Lösung.

1. COMPTON verwendete Substrate aus Graphit und einer Vielzahl von Elementen, z. B. Lithium und Molybdän, die er mit Röntgenstrahlen in einer Ionisationskammer beschoss. Die Bindungsenergie der Valenzelektronen (einige eV) ist klein gegenüber der Photonenenergie. Er untersuchte die spektrale Verteilung der Intensität der Streustrahlung unter verschiedenen Winkeln. Es entsteht ein zusätzliches, bathochrom verschobenes Maximum. Die Wellenlänge, die diesem zusätzlichen Maximum entspricht, ist umso stärker verschoben, je größer der Streuwinkel ϑ ist. Überprüft wurden die Erhaltungssätze von Energie und Impuls.

2. Mit der Formel (2.57)

$$\Delta\lambda = \lambda' - \lambda = 2\lambda_0 \sin^2 \frac{\vartheta}{2} \tag{1}$$

ist es leicht, auszurechnen, dass der maximale Transfer bei Rückwärtsstreuung (180°) stattfindet.

3. $\Delta\lambda$ ist dann $2\lambda_0$.

4. Bei der RAYLEIGHschen Streuung verändert sich die Frequenz des Lichts nicht. Aus der Mechanik (Stoßlatte) ist bekannt, dass es zu einem vollständigen Energieübertrag kommt.

5. λ_0 ist die COMPTON-Wellenlänge des Elektrons (Wellenlänge der RÖNTGEN-Quanten, die die gleiche Masse wie ein ruhendes Elektron haben) $2,4 \cdot 10^{-10}$ cm:

$$\lambda = \frac{h}{m_e c} = 2{,}4 \, \text{pm}. \tag{2}$$

Aufgabe 2.22 Bestimmen Sie die Zunahme der Wellenlänge des RÖNTGEN-Quants bei der Ablenkung um $45, 90, 135$ und $180°$.

Lösung.

- $45°$ 0,71 pm;

- $90°$ 2,42 pm (λ_0);

- $135°$ 4,14 pm;

- $180°$ 4,85 pm $(2\,\lambda_0)$.

Aufgabe 2.23 Beim GAU des Plutonium-Brüters in Tschernobyl im Jahre 1986 wurde viel $^{241}_{94}\text{Pu}$ freigesetzt, das eine Halbwertszeit von 14,4 Jahren aufweist und als β-Strahler in das halbwegs stabile Americium-Isotop $^{241}_{95}\text{Am}$ mit einer Halbwertszeit von 432,2 Jahren als α-Strahler in $^{237}_{93}\text{Np}$ zerfällt, und jeder Zerfall ist von der Emission von γ-Strahlen begleitet. Die γ-Quanten des Am weisen eine Energie von 59,57 keV auf, und mit ihnen wird ein Blech aus Aluminium beschossen, das halbkugelförmig über der Quelle und dem energiedispersiven Detektor aus NaI angebracht ist, die auf den Enden des Durchmessers der Halbkugel liegen (Abb. 2.30).

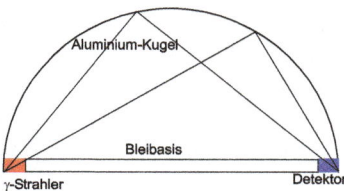

Abb. 2.30. Zur Monochromasie der Streustrahlung beim COMPTON-Effekt.

- Erklären Sie die prinzipiellen Unterschiede zwischen der RAYLEIGHschen Streuung und dem COMPTON-Effekt mit seiner Formel!

- Geben Sie die Energie der im Detektor registrierten Photonen an. Warum gibt es keine Streubreite?

Lösung. Der COMPTON-Effekt beruht auf einer unelastischen Streuung kurzwelliger Photonen an in einem Atomgitter gebundenen Elektronen, was durch den dabei auftretenden Energieverlust zu einer Vergrößerung der Wellenlänge der inzidenten Strahlung nach

$$\Delta\lambda = \lambda' - \lambda = \frac{h}{m_0 c}(1 - \cos\vartheta) = 2\lambda_0 \sin^2\frac{\vartheta}{2} \qquad (1)$$

führt mit λ_0 der COMPTON-Wellenlänge des Elektrons (Wellenlänge der RÖNTGEN-Quanten, die die gleiche Masse wie ein ruhendes Elektron haben, $\lambda_0 = 2{,}4 \cdot 10^{-10}$ cm):

$$\lambda_0 = \frac{2\pi\hbar}{m_0 c} = \frac{h}{m_0 c}. \qquad (2)$$

RAYLEIGH-Streuung ist dagegen elastisch. Im vorliegenden Fall der Am-γ-Quelle findet jedes Streuereignis unter einem Winkel von 90° statt (THALES-Kreis), und damit ist die ausschließlich zu beobachtende Wellenlänge der Streustrahlung genau

$$\Delta\lambda = 2\lambda_0 \left(\frac{1}{\sqrt{2}}\right)^2 = \lambda_0. \qquad (3)$$

Die Wellenlänge der γ-Strahlung ist

$$\lambda' = \lambda + \Delta\lambda = 2{,}08 \cdot 10^{-9} \text{ cm} + \lambda_0, \qquad (4)$$

also ist $\lambda' = 0{,}2323$ Å. Die Energie des gestreuten Photons ist damit

$$E' = \frac{hc}{\lambda + \lambda_0} \qquad (5)$$

mit

$$\lambda_0 = 2{,}4 \cdot 10^{-12} \text{ m}, \qquad (6)$$

was leicht umgeschrieben werden kann zu

$$E' = \frac{hc}{\frac{hc}{E_0} + \frac{hc}{E}} = \frac{E_0 \cdot E}{E_0 + E}, \qquad (7)$$

$$E' = 5{,}33 \cdot 10^4 \text{ eV}. \qquad (8)$$

Dasselbe Ergebnis erhält man auch leicht aus

$$E' = \frac{hc}{\lambda'}. \qquad (9)$$

2.16.7 Bohrsches Atommodell

Aufgabe 2.24 Wie hoch ist die DE BROGLIE-Wellenlänge des $1s$-Elektrons im Wasserstoff-Atom?

Lösung. Einsetzen in die erste BOHRsche Bedingung ergibt eine Wellenlänge von 3,32 Å.

Aufgabe 2.25 Berechnen Sie den Durchmesser des Wasserstoff-Atoms und die Elektronengeschwindigkeit für $n = 2$!

Lösung.

$$
\begin{aligned}
r_2 &= \frac{\varepsilon_0 h^2 (n=2)^2}{\pi e_0^2 m_e} \\
&= 4a_0 \\
&= 2{,}12 \text{ Å.}
\end{aligned}
\tag{1}
$$

$$
\begin{aligned}
v_2 &= \frac{e_0^2}{2\varepsilon_0 h (n=2)} \\
&= \frac{v_1}{2} \\
&= 1{,}09 \cdot 10^6 \text{ m/s.}
\end{aligned}
\tag{2}
$$

Aufgabe 2.26 Berechnen Sie das Ionisationspotential des Wasserstoff-Atoms aus dem Grundzustand heraus!

Lösung. Nach dem Virialsatz ist die Gesamtenergie des H-Atoms gleich der Hälfte der potentiellen Energie, die bei der Bindung eines Elektrons aus dem Unendlichen auf den Abstand $r = a_0$ frei wird:

$$
W_e = \frac{1}{2} \int_{r=r_1}^{r=\infty} \frac{e_0^2}{4\pi\varepsilon_0 r^2} \mathrm{d}r = \frac{1}{2} \frac{e_0^2}{4\pi\varepsilon_0} \left(\frac{1}{r_1}\right) = 13{,}59 \text{ eV.}
\tag{1}
$$

Aufgabe 2.27 Berechnen Sie die Frequenzen der ersten drei Linien der LYMAN-Serie des Wasserstoff-Atoms!

Lösung. Die Energie-Eigenwerte ergeben sich mit ($1 \text{ eV} = 8066 \text{ cm}^{-1}$)

$$
E_n(1) = -13{,}60 \cdot 8066 \cdot \frac{1}{n^2} = -109\,700 \cdot \frac{1}{n^2} \text{ cm}^{-1}
\tag{1}
$$

zu

$$
\begin{aligned}
E_1 &= 13{,}6 \text{ eV} &&= -109\,700 \text{ cm}^{-1} \\
E_2 &= 3{,}4 \text{ eV} &&= -27\,400 \text{ cm}^{-1} \\
E_3 &= 1{,}51 \text{ eV} &&= -12\,200 \text{ cm}^{-1} \\
E_4 &= 0{,}85 \text{ eV} &&= -6\,900 \text{ cm}^{-1} \\
E_\infty & &&= -0 \text{ cm}^{-1}.
\end{aligned}
$$

Damit folgt für die Wellenzahlen der ersten drei LYMAN-Linien in den Einheiten „Wellenzahlen"

$$\Delta E = h\nu = \overline{R}\left(1 - \frac{1}{n^2}\right) \qquad (2)$$

$$
\begin{aligned}
\Delta E_{12} &= 82\,300 \text{ cm}^{-1} \\
\Delta E_{13} &= 97\,500 \text{ cm}^{-1} \\
\Delta E_{14} &= 102\,800 \text{ cm}^{-1} \\
\Delta E_{1\infty} &= 109\,700 \text{ cm}^{-1}.
\end{aligned}
$$

Aufgabe 2.28 Berechnen Sie das Verhältnis der Wechselwirkungen von Gravitation zur elektrostatischen für das Wasserstoff-Atom im Grundzustand!

Lösung.

$$
\begin{aligned}
F_{\mathrm{C}} &= \frac{e_0^2}{4\pi\varepsilon_0}\frac{1}{r^2} \\
&= 8{,}2\cdot 10^{-8} \text{ N},
\end{aligned}
\qquad (1)
$$

$$
\begin{aligned}
F_{\mathrm{grav}} &= \gamma\frac{m_1 m_2}{r^2} \\
&= 6{,}67\cdot 10^{-11}\,\frac{1836\cdot(9{,}11\cdot 10^{-31})^2}{(0{,}529\cdot 10^{-10})^2}\,\text{m}^3\,\text{kg}^{-1}\,\text{s}^{-2}\,\text{kg}^2\,\text{m}^{-2} \\
&= 6{,}67\cdot 9{,}11^2\cdot 1{,}836/0{,}529^2\cdot 10^{-53}\,\text{N} \\
&= 3{,}62\cdot 10^{-47}\,\text{N}.
\end{aligned}
\qquad (5)
$$

Damit ergibt sich ein Verhältnis der beiden Kräfte von $2{,}3\cdot 10^{39}$ zugunsten der elektrostatischen Wechselwirkung.

Aufgabe 2.29 Beschreiben Sie den Unterschied zwischen den Bahnen der Planeten und denen der Elektronen im BOHRschen Atommodell!

Lösung. Der wesentliche Unterschied besteht in der Quantelung des Drehimpulses, wodurch definierte Bahnen ausgezeichnet und ausschließlich zugelassen sind. Dem steht die BODEsche Theorie gegenüber, derzufolge auch die Planeten in einer merkwürdigen Ordnung um die Sonne aufgereiht sind.[26] Weitere Unterschiede sind Ellipsen vs. Kreisbahnen, magnetisches Moment ...

---

[26]Die Astronomen TITIUS und BODE studierten die mittleren Abstände der Planeten. Für den Abstand von 1 Einheit für die Erde (sog. astronomische Einheit, AE) ergibt sich in der Nomenklatur J.F. WURMs die Folge

$$r_n = 0{,}4 + 0{,}3\cdot 2^n,$$

mit $n = 0$ für ☿, und dann hochzählend um 1, also $n = 1$ für ♀, $n = 2$ für ♁ etc.

Aufgabe 2.30 Wieso ist das Atom eigentlich nach außen neutral?

Lösung. Nach dem GAUSSschen Satz ist der (elektrische) Fluss Φ durch eine geschlossenen Fläche gleich dem Volumenintegral der Divergenz dieses (elektrischen) Flusses:

$$\iiint \nabla \cdot \Phi \, \mathrm{d}^3 x = \iint \Phi \, \mathrm{d}A = \int \Phi \, 2\pi r \mathrm{d}r = 0. \tag{1}$$

Die Flüsse der positiven Kernladung und der negativen Elektronenladung gleichen sich in einiger Entfernung vom Atom genau aus. Dicht am Atom ist das nicht unbedingt der Fall (HEITLER-LONDONsche Dispersionskräfte dienen zur Erklärung der Kondensation der Edelgase).

Aufgabe 2.31 Nehmen Sie an, zwischen Wasserstoffkern und Elektron befinde sich ein Dielektrikum der Dielektrizitätskonstanten (DK) ε.

- Schreiben Sie die Gleichungen für die Energieniveaus und den BOHRschen Radius hin!

- Bestimmen Sie dann die Energieniveaus für ein Medium mit $\varepsilon = 16$ (entspricht dem Fall des Germaniums)! Geben Sie den BOHRschen Radius an!

Lösung. In der Gleichung für die elektrostatische Energie für zwei Punktladungen steht neben ε_0 nun die relative DK ε

$$V = -\frac{e_0^2}{4\pi\varepsilon_0\varepsilon r}, \tag{1}$$

und mit dem Virialsatz

$$E = T + V = \frac{1}{2}V \tag{2}$$

wird für die Energie des $n$ten Zustandes

$$E_n = \frac{e_0^4 m_e}{8\varepsilon_0^2 \varepsilon^2 h^2} \cdot \left(\frac{1}{n}\right)^2 = R_\infty \left(\frac{1}{\varepsilon n}\right)^2, \tag{3}$$

und der Abstand nimmt mit ε zu:

$$r = \frac{\varepsilon_0 \varepsilon h^2}{\pi e_0^2 m_e} n^2 = a_0 \, \varepsilon \, n^2, \tag{4}$$

während die Energie mit $\frac{1}{\varepsilon^2}$ auf

$$E_{\text{Ion}} = -0{,}053 \,\text{eV} \tag{5}$$

abnimmt. Nach Gl. (1) ist das Produkt aus V und r konstant. Mit $V = 27{,}2\,\text{eV}$ ergibt sich folgendes r:

$$r = 271{,}5\,\text{Å} = 513\,a_0 \tag{6}$$

Rechnet man mit einem Atomdurchmesser von $1{,}5\,a_0$, wird dieses freigesetzte Elektron auf etwa 6 Mio. Atome verteilt.

Aufgabe 2.32 Wie schwer müssten zwei gleich schwere Massen sein, damit sie sich im Abstand des BOHRschen Radius mit derselben Kraft anziehen wie zwei Elementarladungen?

Lösung. Die Massen müssten $2\,\mu\text{g}$ (genau: $1{,}86\,\mu\text{g}$) schwer sein.

Aufgabe 2.33 Stellen Sie sich zwei gleiche Ladungen im Abstand Sonne/Erde vor, die die gleiche Kraft aufeinander ausüben sollen wie die beiden Himmelskörper. Wie groß (in Einheiten der Elementarladung) müssen die Ladungen sein? Wieviel Elementarladungen sind das? Und wieviel Mol?

Lösung. Die Ladungen betragen $2{,}97 \cdot 10^{17}\,\text{C}$ oder $1{,}88 \cdot 10^{36}\,e_0$, d. h. $3 \cdot 10^{12}$ Mol.

Aufgabe 2.34 Was verstehen Sie unter einer Seriengrenze? Beginnen Sie dazu am besten mit einem Beispiel, etwa mit der BALMER-Serie!

Lösung. Ist die Abhängigkeit der Energie der Linien einer Spektralserie umgekehrt proportional einer Laufzahl, so konvergieren diese mit steigender Energie in einem Häufungspunkt, der Seriengrenze. Z. B. sind die Linien der BALMER-Serie gegeben durch

$$E_n = R \left(\frac{1}{4} - \frac{1}{n^2} \right). \tag{1}$$

Für großes n konvergiert diese Folge gegen $R/4$.

Aufgabe 2.35 Nach BOHR bewegt sich das $1s$-Elektron mit $1/137$-tel der Lichtgeschwindigkeit auf der ersten BOHRschen Bahn um den Kern. Bestimmen Sie das Magnetfeld am Kern (Abb. 2.31).

Lösung.
Das BIOT-SAVARTsche Gesetz lautet

$$\mathrm{d}\boldsymbol{H} = \frac{1}{4\pi} I \frac{\mathrm{d}\boldsymbol{s} \times \boldsymbol{r}}{r^2}. \tag{1}$$

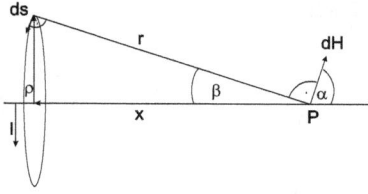

Abb. 2.31. Vom Elektron auf dem Radius ρ umkreiste Fläche. d$\boldsymbol{s}$ steht senkrecht auf $\boldsymbol{\rho}$ und $\boldsymbol{r}$. Im Falle der Untersuchung des Mittelpunkts der Kreisfläche ist zusätzlich $\boldsymbol{\rho} = \boldsymbol{r}$.

Mit diesem Gesetz bestimmen wir die magnetische Feldstärke eines Stromleiters der Länge ds, der von einem Strom der Stärke I durchflossen wird, an der Stelle r, im besonderen am Punkt P. Das entstehende Feld $\boldsymbol{H}$ steht senkrecht auf $\boldsymbol{r}$ und senkrecht auf $\boldsymbol{s}$, und

$$\sin\beta = \frac{\rho}{r}, \beta = 90° - \alpha \Rightarrow \cos\alpha = \frac{\rho}{r}. \tag{2}$$

Wir benötigen nur die x-Komponente, denn in den anderen Richtungen ergänzen sich alle Magnetfeldkomponenten zu Null:

$$\mathrm{d}H_x = \frac{I}{4\pi}\frac{\mathrm{d}s}{r^3}r\cos\alpha \Rightarrow H = \frac{I}{4\pi}\frac{\rho}{r^3}\int_0^{2\pi\rho}\mathrm{d}s. \tag{3}$$

Im konkreten Fall des H-Atoms ($v = \frac{1}{137}c$) bedeutet das eine Stromstärke von

$$I = \frac{e_0\omega r}{2\pi r} = 1{,}05\,\mathrm{mA}, \tag{4}$$

womit wir für das Magnetfeld eines rotierenden Elektrons im Ursprung (für verschwindendes x wird $r = \rho$)

$$H = \frac{I}{2}\frac{\rho^2}{r^3} \Rightarrow H = \frac{I}{2\rho} \tag{5}$$

erhalten, woraus ein Magnetfeld von

$$H = 1{,}05\cdot10^7\,\frac{\mathrm{A}}{\mathrm{m}} \tag{6}$$

und eine magnetische Flussdichte von 13,2 T resultieren.[27] Zum Vergleich:

- Die Linien D_1 und D_2 des Natriums weisen eine Aufspaltung von 6 Å (5 890 bzw. 5 896 Å) oder 3,31 meV auf, was eine Flussdichte von 57 T erfordert.

- Das Proton im H-Atom erregt im Abstand der ersten BOHRschen Bahn eine Feldstärke von $5{,}8\cdot10^9$ V/cm.

---

[27]Tatsächlich hat ein s-Elektron kein Bahnmoment, da es keinen Drehimpuls besitzt; aber das durch den Spin erzeugte magnetische Moment ist nahezu gleich groß.

- In einer Luftspule mit 5 cm Länge und 50 Windungen, durch die ein Strom von 5 A fließt, entsteht ein Magnetfeld von 5 kA/m.

Aufgabe 2.36 Die H_α-Linie des H-Atoms liegt bei 656 nm. Gibt es eine solche Linie auch im He^+-Atom?

Lösung. Im H-Atom kommt diese Linie zustande durch den Übergang $n = 3 \to n = 2$ und wird berechnet nach

$$E_{32} = Z^2 \cdot 13{,}6 \left(\tfrac{1}{2^2} - \tfrac{1}{3^2}\right) \ [\text{eV}]$$
$$= \tfrac{5}{36} \cdot 13{,}6 \ \text{eV}. \tag{1}$$

mit $Z = 1$. Für das wasserstoffähnliche He^+-Ion ist $Z = 2$ und damit der Zähler in Gl. (1) $4 \cdot 13{,}6$ eV. Damit das Ergebnis mit Gl. (1) übereinstimmt, muss die Differenz der Brüche mit $^1/_4$ multipliziert werden, also ist das der Übergang mit $6 \to 4$:

$$E_{64} = 2^2 \cdot 13{,}6 \tfrac{1}{4} \left(\tfrac{1}{(2 \cdot 2)^2} - \tfrac{1}{(2 \cdot 3)^2}\right) \ [\text{eV}]$$
$$= 2^2 \cdot 13{,}6 \left(\tfrac{1}{16} - \tfrac{1}{36}\right) \ \text{eV} \tag{2}$$
$$= 2^2 \cdot 13{,}6 \left(\tfrac{1}{4^2} - \tfrac{1}{6^2}\right) \ \text{eV}.$$

Tatsächlich ist die RYDBERG-Konstante des He^+ geringfügig größer als die des H-Atoms, wodurch es zu einer kurzwelligen Verschiebung kommt.

2.16.8 Klassischer Elektronenradius

Aufgabe 2.37 Bestimmen Sie den klassischen Elektronenradius aus der Ruheenergie des Elektrons und dem Ansatz einer gleichmäßig auf der Oberfläche einer Kugel verteilten Ladung!

Lösung. Die Energiedichte eines elektromagnetischen Feldes ist im Vakuum gegeben durch

$$u = \frac{1}{2}\left(\varepsilon_0 E^2 + \mu_0 H^2\right), \tag{1}$$

im elektrischen Feld allein (Ladung in Ruhe):

$$u = \frac{1}{2}\varepsilon_0 E^2. \tag{2}$$

Das elektrische Feld einer Punktladung Q ist

$$E = \frac{1}{4\pi\varepsilon_0}\frac{Q}{r^2}, \tag{3}$$

damit

$$u = \frac{Q^2}{32\pi^2\varepsilon_0 r^4}. \tag{4}$$

Damit ergibt sich die gesamte Energie U, wenn man über das Volumenelement $4\pi r^2 \mathrm{d}r$ integriert:

$$U_{\text{elec}} = \int_a^\infty u \cdot 4\pi r^2 \mathrm{d}r = \int_a^\infty \frac{Q^2}{8\pi\varepsilon_0 r^2}\mathrm{d}r, \tag{5}$$

wobei a der Radius der Kugel sei, auf der die Ladung gleichmäßig verteilt sei, so dass man

$$U_{\text{elec}} = \frac{1}{2}\frac{Q^2}{4\pi\varepsilon_0}\frac{1}{a} \tag{6}$$

erhält, was mit der Ruhenergie $E = m_e c^2$ und für $Q = e_0$

$$U_{\text{elec}} = \frac{e_0^2}{8\pi\varepsilon_0 r} = m_e c^2 \tag{7}$$

ergibt. Also ist der klassische Elektronenradius

$$a = \frac{1}{2}\frac{1}{4\pi\varepsilon_0}\frac{e_0^2}{m_e c^2} \Rightarrow a = 1{,}4 \cdot 10^{-15}\ \text{m}. \tag{8}$$

Das ist genau die Hälfte des Wertes, die man durch Gleichsetzung der Selbstenergie mit der Ruhenergie

$$U_{\text{selbst}} = \frac{1}{4\pi\varepsilon_0}\frac{e_0^2}{r} = m_e c^2 \tag{9}$$

erhält. In der Literatur wird der klassische Elektronenradius aus dieser Gleichsetzung bestimmt, und man erhält einen Wert von 2,82 fm. Weswegen wird diese Größe als „klassischer Elektronenradius" bezeichnet? Weil es zahlreiche Möglichkeiten gibt, die Ladung e_0 zu verteilen. In unserem Fall haben wir die Singularität bei $r = 0$ ausgespart, indem wir fordern, dass die Ladung auf einer Kugel mit dem Radius $r = a$ verteilt und das Innere der Kugel ladungsfrei sei.

Aufgabe 2.38 Bestimmen Sie den klassischen Elektronenradius aus der Ruhenergie des Elektrons und dem Ansatz einer homogen im Volumen einer Kugel verteilten Ladung.

Lösung. Die im Außenraum gleiche Feldenergie wird durch eine andere Ladungsträgerverteilung erzeugt. Die Ladung $Q(r)$ werde durch die homogen verteilte Ladungsdichte

$$Q(r) = \frac{4\pi}{3}\rho_e r^3 \tag{1}$$

erzeugt. Damit trägt eine Kugelschale der Dicke $\mathrm{d}r$ die Partialladung

$$dQ(r) = \rho_e 4\pi r^2\, dr. \tag{2}$$

Beginnend im Ursprung, bläht sich die Ladung $Q = e_0$ von $r = 0$ auf den Endradius $r = a$ auf. Die Gesamtenergie der Kugel wird mit dem COULOMBschen Gesetz

$$\varepsilon = +\frac{1}{4\pi\varepsilon_0} \int_{r=0}^{r=a} \int_{Q=0}^{e_0} Q\, dQ(r)\, \frac{dr}{r^2} \tag{3}$$

erfasst, was mit den Gln. (1) + (2) über

$$\varepsilon = +\frac{1}{4\pi\varepsilon_0} \frac{4\pi}{3} \rho_e^2 \int_{r=0}^{r=a} \frac{r^3 4\pi r^2}{r}\, dr, \tag{4}$$

zu

$$\varepsilon = +\frac{16\pi^2 \rho_e^2}{12\pi\varepsilon_0} \int_{r=0}^{a} \frac{r^5}{r}\, dr, \tag{5}$$

wird, so dass wir für die Selbstenergie des Elektrons

$$\varepsilon = +\frac{4\pi \rho_e^2}{15\varepsilon_0} a^5 \tag{6}$$

erhalten. Mit der Ladungsdichte aus Gl. (1) bekommen wir schließlich für die Gesamtladung e_0

$$\varepsilon = \frac{3}{5} \frac{1}{4\pi\varepsilon_0} \frac{e_0^2}{a}, \tag{7}$$

was mit der Ruhenenergie gleichgesetzt, zu

$$a = \frac{3}{5} \frac{1}{4\pi\varepsilon_0} \frac{e_0^2}{m_e c^2} \tag{8}$$

führt, also zu einem geringfügig größeren Wert als bei der gleichmäßig auf der Oberfläche mit Radius a verteilten Ladung. Weiteres zu dieser spannenden Frage findet man z. B. in den FEYNMAN Lectures oder im JACKSON [35] − [37].

2.16.9 Relativistische Fragestellungen

Aufgabe 2.39 C. ANDERSON und S. NEDDERMEYER entdeckten zwischen 1936 und 1938 Teilchen in der Höhenstrahlung, deren Masse etwa dem 200-fachen der Elektronenmasse entsprach, und die μ-Mesonen genannt wurden.[28] Sie mussten

---

[28]In den 1960er Jahren wurde der Name *Meson* für Teilchen mit starker Wechselwirkung reserviert, und das μ-Meson ist seit dieser Zeit ein Myon, das nach

$$\mu^- \to e^- + \overline{\nu}_e + \nu_\mu$$

zerfällt mit $\overline{\nu}_e$ einem Elektron-Antineutrino und ν_μ einem Myon-Neutrino.

durch die primäre Höhenstrahlung, deren Absorption/Vernichtung durch Kollisionen mit den Bestandteilen der Atmosphäre, die in einer Höhe von etwa 15 km beginnt, erzeugt worden sein. Aus terrestrischen Experimenten kannte man deren Halbwertszeit; Myonen zerfallen in Elektronen und verschiedene Neutrinosorten, und $\tau_{1/2}$ beträgt etwa 1,5 µs. Das Labor der beiden befand sich auf Meereshöhe. Erklären Sie dieses sog. *Myonen-Paradoxon*.

Lösung. Höhenstrahlung besteht hauptsächlich aus Protonen, die sich durch den interplanetaren Raum in sehr hoher Geschwindigkeit bewegen und aus der Sonne resp. galaktischen Quellen stammen. Sie wurden erstmals durch Experimente mit einem Wasserstoffballon von V.F. HESS 1912 nachgewiesen. Beim Auftreffen auf die ersten Luftmolekeln, also in etwa 15 km Höhe an der obersten Grenze der Troposphäre, ist ihr Energiefluss etwa so hoch wie der Energiefluss des Sternenlichts. Ergebnis dieser Kollisionen sind in erster Linie die Myonen.

Bei einer Halbwertszeit von 1,5 µs sind nach dem Zehnfachen dieser Zeit, also 15 µs, noch 0,3 ppm Myonen übrig. Bewegten sie sich mit Lichtgeschwindigkeit, hätten sie etwa 4,5 km zurückgelegt. Nach $13\,\tau_{1/2}$ oder 15 km hätten noch 2 ppb das Labor erreicht — deutlich weniger als gemessen.

Zur Lösung dieses Dilemmas setzten C. ANDERSON und S. NEDDERMEYER nun mit EINSTEINs Formel für die Zeitdilatation bewegter Objekte

$$\tau' = \frac{t}{\sqrt{1 - \beta^2}}\tau_{1/2} \text{ mit } \beta = \frac{v}{c} \tag{1}$$

an, wonach die Zeit in einem System S', das sich relativ zu einem Beobachtersystem S mit konstanter Geschwindigkeit bewegt, relativ zu S langsamer vergeht.

Bei Annahme einer Geschwindigkeit von $v_\mu = 0{,}9992\,c$ würde sich τ' um den Faktor 25 gegenüber einem ruhenden Myon erhöht und dem Teilchen ein $\tau_{1/2}$ von $25 \cdot 1{,}5 = 37{,}5$ µs verliehen haben.

Der Zeitdilatation entspricht eine Längenkontraktion um den gleichen Faktor

$$s'_x = \sqrt{1 - \beta^2}\,s_x, \tag{2}$$

mit s_x der Strecke, die vom ruhenden Beobachter im System S und s'_x der Strecke, die vom auf dem Myon mitreisenden Beobachter gemessen wird, und wobei mit dem Index angedeutet wird, dass die Kontraktion nur in der Bewegungsrichtung stattfindet.

Bei CERN wurden vierzig Jahre später Myonen, die mit $v_\mu = 0{,}99942\,c$ nahezu Lichtgeschwindigkeit hatten, in einem Speicherring auf Kreisbahnen gehalten, und der Zerfall der Myonen mit Hilfe von Elektronendetektoren beobachtet.

Die im Speicherring kreisenden Myonen zerfielen aufgrund der Zeitdilatation mit einer Halbwertszeit von $\tau_{1/2} = 44{,}6$ µs. Dies ist eine deutlich längere Zeit als die Halbwertszeit von $\tau_{1/2} = 1{,}52$ µs, die man für langsame Myonen feststellt und entspricht genau der Formel (1).

Aufgabe 2.40 Wie EINSTEIN herleiten konnte, krümmt sich der Raum durch die Schwerkraft. Phänomenologisch erscheint der Strahl eines Sterns, der sich dicht an der Sonne vorbeibewegt, um einen steileren Winkel als ohne diese Ablenkung durchs Schwerefeld. Diese Ablenkung ergibt sich zu [38]

$$\alpha = -\frac{1}{c^2} \int_{\vartheta=-\frac{\pi}{2}}^{\vartheta=\frac{\pi}{2}} \frac{kM}{r^2} \cos\vartheta \, ds = \frac{2kM}{c^2 \Delta}. \tag{1}$$

„Ein an der Sonne vorbeigehender Lichtstrahl erlitte demnach eine Ablenkung vom Betrage $4 \cdot 10^{-6} = 0{,}83$ Bogensekunden," schreibt er in seiner berühmten Arbeit aus dem Jahre 1911. Wenn die Verhältnisse von Gravitation zu Elektrodynamik im H-Atom etwa 40 Größenordnungen ausmachen: Warum gibt es keine Ablenkung im elektrischen Feld?

Lösung. Sehr starke elektrische Felder, z. B. an zwei parallelen Rasierklingen mit Abstand $a = 0{,}1 - 0{,}5$ mm, liegen bei 10^7 V/cm an einer Schneide mit Radius $r = 0{,}5 - 1$ µm einige 10 kV an. Selbst diese verursachen absolut keine Abweichung von der Geradlinigkeit der Lichtausbreitung. Aber auch diese Felder sind klein gegenüber denen im Atom. Z. B. erregt das Proton im H-Atom im Abstand der ersten BOHRschen Bahn eine Feldstärke von $5{,}8 \cdot 10^9$ V/cm und eine Feldinhomogenität $\left(\frac{\partial E}{\partial r}\right)_0 \approx 10^{11}$ V/cm². Selbst hier ist keine merkliche Abweichung festzustellen. *Die Ablenkung von Photonen erfordert quadratische Zusatzglieder in den MAXWELL-Gleichungen für sehr starke Felder.*

3 Handwerkskasten der Quantenmechanik

Um ohne große Umwege in die Quantenmechanik einsteigen zu können, sind verschiedene Begriffsbildungen erforderlich. Dazu gehören der Vektorraum, die ABELsche Gruppe und der HILBERT-Raum. Danach kümmern wir uns erst um periodische Funktionen, die mit FOURIER-Reihen approximiert werden, sowie um unperiodische Funktionen und das FOURIER-Integral, mit dem die in Kap. 2 durchgeführte Entwicklung eines Wellenpakets vollständiger wird. Danach blicken wir auf die GAUSSsche Normalverteilung im Orts- und Impulsraum und deren singuläre Stellung unter den Verteilungsfunktionen. Es folgt nun die Einführung in die Welt der Operatoren und Eigengleichungen in der Orts- und Impulsdarstellung; darin eingelagert sind die Axiome der Quantenmechanik, denen sich dann die Lösung des Eigenwertproblems in der Energiedarstellung, also der Operatoren als Matrizen, und als dritter *Approach* ein Ausflug in die DIRACsche Nomenklatur der Eigenzustände anschließt — alle drei Versionen werden in der Literatur verwendet.

3.1 Einführung

Mit den beiden vor-quantenmechanischen Kapiteln ist das Dilemma nun beschrieben, in dem die Physik sich jetzt befand. Die Gewissheit, zu einem beliebigen Zeitpunkt einen Zustand durch seinen Ort q und seinen Impuls p im Phasenraum zu definieren, so dass seine Trajektorie mit beliebiger Genauigkeit mittels der HAMILTON-Funktion in die Vergangenheit zurück- und in die Zukunft vorausberechnet werden kann, ließ das Gespenst des LAPLACEschen Dämons entstehen. In Kap. 2 fanden wir aber, dass die Annahmen, die zur Aufstellung der HAMILTON-Funktion führten, im Mikrokosmos wegen der Welleneigenschaften der Materie nicht mehr haltbar sind, so dass ein grundlegend neues Konzept zur Zustandsbeschreibung erforderlich ist. Dieses kann daher prinzipiell keine Verlängerung des bisherigen Systems mit einigen Zusatztermen mehr sein und ist daher auch nicht aus diesem ab- oder herleitbar, sondern erfordert einen axiomatischen Aufbau.

Es enthält wesentliche Elemente aus der Wellentheorie, insbesondere das der ungestörten Überlagerung von Wellen bei der Beschreibung der Interferenz und ihrer Erklärung durch lineare Operationen der Feldstärkevektoren. Sie sind die Elemente eines Raums, der passend Vektorraum genannt und aus dem heraus die erweiterte Beschreibung des Mikrokosmos begonnen wird, der aber wegen der Komplexizität der zu untersuchenden Fragestellungen später erweitert werden muss.

https://doi.org/10.1515/9783111238678-003

3.2 Vektorraum

Ein Vektorraum ist eine algebraische Struktur, die aus Elementen besteht, die Vektoren genannt werden. Mit ihnen können bestimmte Rechenoperationen durchgeführt werden, deren Ergebnis wiederum ein Vektor desselben Vektorraums ist. Die Basis eines Vektorraums ist die geringste Menge von Vektoren, mit denen es möglich ist, jeden Vektor durch eindeutige Koordinaten zu beschreiben, die skalare Zahlen sind. Man bezeichnet dann diese Basis als linear unabhängig und die diesen Vektorraum aufspannenden Vektoren als Basisvektoren. Deren Anzahl heißt Dimension n des Vektorraums. Sie ist unabhängig von der Wahl der Basis und kann auch unendlich sein.

Die skalaren Zahlen, mit denen die Koordinaten eines Vektors beschrieben werden, und mit denen man einen Vektor algebraisch verändern kann, stammen aus einem *Körper*, einer Menge, auf der eine Addition und eine Multiplikation nach der Formel $(K, +, \cdot)$ derart definiert sind, dass diese Menge eine ABELsche Gruppe darstellt. Man sagt dann, der aus diesen Vektoren gebildete Vektorraum sei ein Vektorraum „über" oder „auf" einem bestimmten Körper. Seien die Elemente die der reellen Zahlen, spricht man von einem Vektorraum über den reellen Zahlen. Sind es komplexe Zahlen, ist es der Vektorraum über den komplexen Zahlen mit der Dimension n: $\mathbb{C}^n$. Die Elemente eines Vektorraums können aber auch Funktionen oder Matrizen sein, also z. B. die Funktionen C im Intervall $[a, b]$: $C[a, b]$.

3.3 Abelsche Gruppe

Alle hier betrachteten Vektorräume erfüllen die Kriterien einer ABELschen Gruppe, innerhalb derer bestimmte Rechenoperationen definiert sind. Das sind für die

3.3.1 Addition

- **Kommutativgesetz**

$$a + b = b + a, \tag{3.1}$$

- **Assoziativgesetz**

$$a + (b + c) = (a + b) + c, \tag{3.2}$$

- Existenz eines **inversen Elements**

$$-a, \tag{3.3}$$

- aus dessen Verknüpfung zu a die Existenz eines neutralen Elements

$$a + (-a) = o \tag{3.4}$$

folgt; und für die

3.3.2 Skalare Multiplikation

- **Distributivgesetze**

$$a(\boldsymbol{b} + \boldsymbol{c}) = a\boldsymbol{b} + a\boldsymbol{c}$$
$$= b\boldsymbol{a} + c\boldsymbol{a}, \tag{3.5}$$

- Existenz eines neutralen Einselements, das den Wert des Vektors

$$1\,\boldsymbol{a} = \boldsymbol{a} \tag{3.6}$$

unverändert lässt.

Damit sind sämtliche Anforderungen an ein Objekt erfüllt, zu dem man ein anderes Element aus dem Vektorraum addieren, aber auch mit einem aus dem reellen oder komplexen Körper stammenden Skalar dehnen oder stauchen kann.

3.3.3 Skalarprodukt und Norm im Euklidischen Raum

Wir definieren ein Skalarprodukt zwischen zwei Vektoren, die den Winkel Φ einschließen, mit

$$\boldsymbol{a} \cdot \boldsymbol{b} = ab \cos \Phi, \tag{3.7}$$

was, auf den Vektor $\boldsymbol{a}$ selbst angewendet,

$$\boldsymbol{a} \cdot \boldsymbol{a} = a\,a(\cos \Phi = 1) = a^2 \tag{3.8}$$

bedeutet. Mit Gl. (3.8) bestimmen wir das Betragsquadrat, die Wurzel daraus

$$\sqrt{a^2} = |a| \equiv \|\,a\,\|, \tag{3.9}$$

ist der Betrag oder die *Norm*, geometrisch die Länge des Vektors. Gl. (3.7) erlaubt es uns, den Winkel zwischen zwei Vektoren zu bestimmen, aber auch die Projektion des Vektors auf eine Achse des Koordinatensystems. Insbesondere ist das Skalarprodukt zweier zueinander orthogonaler Vektoren Null.

3.3.4 Orthonormalbasis

Die einzelnen Vektoren werden nun durch eine Linearkombination linear unabhängiger Basisvektoren aufgespannt, z. B. im dreidimensionalen Vektorraum V^3

$$\boldsymbol{l} = x\boldsymbol{i} + y\boldsymbol{j} + z\boldsymbol{k}, \tag{3.10}$$

den wir jetzt allgemein in n Dimensionen schreiben als

$$l = \sum_{k=1}^{n} \alpha_k \boldsymbol{b}_k = \begin{pmatrix} \alpha_1 \\ \vdots \\ \alpha_n \end{pmatrix}. \tag{3.11}$$

Wie wir aus Gl. (3.7) sehen, bestimmen wir die Koeffizienten α_k unter Ausnutzung der Bedingung, dass zueinander orthogonale Vektoren ein verschwindendes Skalarprodukt haben, nach dieser Rechenregel durch skalare Multiplikation mit einer Orthonormalbasis (ONB) $\{\boldsymbol{b}_k\}$

$$\boldsymbol{b} = \sum_{k=1}^{n} 1 \, \boldsymbol{b}_k \tag{3.12}$$

mit den orthogonalen Einheitsvektoren $\boldsymbol{b}_k$, also die k-te Komponente einfach zu

$$\boxed{\alpha_k = l \cdot \boldsymbol{b} = \sum_{k=1}^{n} 1 \, \alpha_k l_k b_i \delta_{ik} \Rightarrow \alpha_k = b_k \alpha_k b_k = \alpha_k (b_k \cdot b_k = 1)} \tag{3.13}$$

mit dem Kronecker-Symbol

$$\delta_{ik} = \begin{cases} 1 & \text{falls } i = k \\ 0 & \text{falls } i \neq k. \end{cases} \tag{3.14}$$

Der Koeffizient wird Fourier-Koeffizient genannt, da diese Methode von Fourier entwickelt worden ist, bei der ebenfalls zueinander orthogonale Funktionen die Basis seiner Analyse periodischer Vorgänge darstellen.

3.3.5 Skalarprodukt und Norm im reellen und komplexen Vektorraum

Auf einem reellen Vektorraum V ist das Skalarprodukt eine Abbildung $\langle \cdot, \cdot \rangle$: $V \times V \to \mathbb{R}$ *linear* definiert, und man schreibt das nun in spitzigen Klammern, die Vektoren nicht fett, der Skalarproduktpunkt wird durch ein Komma , oder einen Absolut-Strich | ersetzt, vor allem in der später einzuführenden Nomenklatur Diracs.

Das Skalarprodukt auf dem reellen Vektorraum ist symmetrisch, in jedem seiner beiden Argumente linear und positiv definit. Seien a, b, c mit $a, b \in V$ und $\lambda, \mu \in \mathbb{R}$, dann gilt

$$\left. \begin{array}{lll} \text{linear} & \langle \lambda a + \mu b, c \rangle = \lambda \langle a, c \rangle + \mu \langle b, c \rangle \\ & \langle c, \lambda a + \mu b \rangle = \lambda \langle c, a \rangle + \mu \langle c, b \rangle \\ \text{symmetrisch} & \langle a, b \rangle \quad = \langle b, a \rangle \\ \text{positiv definit} & \langle a, a \rangle \quad \geq 0, 0 \text{ wenn a} = 0. \end{array} \right\} \tag{3.15}$$

Die in Gl. (3.9) für Euklidische Vektoren definierte Norm formulieren wir nun mit

$$\| \cdot \|: V \to \mathbb{R}, a \mapsto \| a \| \equiv \sqrt{\langle a, a \rangle}, \tag{3.16}$$

einer Vorschrift, die mit der Bestimmung des Betrages einer komplexen Zahl übereinstimmt. Auf einem komplexen Vektorraum V ist das Skalarprodukt als Abbildung von Paaren derartiger Vektoren $\langle \cdot, \cdot \rangle : V \times V \to \mathbb{C}$ in die komplexen Zahlen definiert, und zwar *sesquilinear*, worunter wir verstehen, dass es antilinear im ersten, dagegen linear im zweiten Argument ist.[1] Dabei stammt das erste Argument aus dem dualen Vektorraum V^*, das durch lineare Abbildung der Elemente aus dem Vektorraum V entsteht.

Man erhält als Ergebnis der Produktbildung ein Paar konjugiert-komplexer Zahlen mit demselben Betrag (s. Abschn. 3.11). Das hat zur Folge, dass das Skalarprodukt nicht symmetrisch, sondern hermitesch sich verhält, also konjugiert-komplex und vertauscht und, daraus folgend, positiv definit ist:

$$\left.\begin{array}{lll} \text{antilinear} & \langle \lambda a + \mu b, c \rangle & = \lambda^* \langle a, c \rangle + \mu^* \langle b, c \rangle \\[4pt] \text{linear} & \langle c, \lambda a + \mu v \rangle & = \lambda \langle c, a \rangle + \mu \langle c, b \rangle \\[4pt] \text{hermitesch} & \langle a, b \rangle & = \langle b, a \rangle^* \\[4pt] \text{positiv definit} & \langle a, a \rangle & \geq 0, 0 \text{ wenn a} = 0. \end{array}\right\} \tag{3.17}$$

3.4 Hilbert-Raum

Wenn V ein komplexer Vektorraum ist und ein Skalarprodukt nach Gl. (3.17) definiert werden kann, dann bezeichnet man V als Prä-HILBERT-Raum. Über das Skalarprodukt ist eine Norm nach Gl. (3.16) definiert, und wegen der positiven Definitheit ist der Wurzelterm immer positiv. Diese Norm erfüllt die SCHWARZsche Ungleichung

$$|\langle a, b \rangle| \leq \| a \| \cdot \| b \| \tag{3.18}$$

und die Dreiecksungleichung (s. Aufg. 3.1 + 3.2)

$$\| a + b \| \leq \| a \| + \| b \|. \tag{3.19}$$

Der einfachste Fall eines Prä-HILBERT-Raumes ist der n-dimensionalen Vektorraum V^n. Gln. (3.11) und (3.17) verbindend, finden wir für das Skalarprodukt

$$\left\langle \begin{pmatrix} \alpha_1 \\ \vdots \\ \alpha_n \end{pmatrix}, \begin{pmatrix} \beta_1 \\ \vdots \\ \beta_n \end{pmatrix} \right\rangle = \sum_{i=1}^{n} \alpha_i^* \beta_i. \tag{3.20}$$

Tatsächlich beobachten wir in der Quantenmechanik oft unendlich-dimensionale Vektorräume. Zu deren Erfassung erinnern wir uns an die Folge von CAUCHY,

---

[1] sesqui heißt $1 + \frac{1}{2}$.

eine Folge von Elementen a_i einer Menge, deren Abstand sich mit wachsendem Index $i \in \mathbb{N}$ verringert und schließlich unter eine Schranke $\varepsilon > 0$ fällt, so dass für alle Glieder der Folge es ein Glied $n_0 < m$ gibt, für das die Norm

$$\| a - a_m \| < \varepsilon \tag{3.21}$$

gilt. Ist dies der Fall, bezeichnen wir die Folge als *konvergent* (Konvergenzkriterium von CAUCHY). Das bedeutet, dass das Element a_m als Grenzwert einer CAUCHY-Folge von Elementen des Vektorraums V dargestellt werden kann, und der Grenzwert der Differenz der Vektoren a_m und a_n verschwindet:

$$\lim_{m,\,n\to\infty} \| a_m - a_n \| = 0. \tag{3.22}$$

Damit ist es möglich, den Vektor a durch die orthonormierten Basisvektoren a_n darzustellen, also

$$a = \sum_n \lambda_n a_n, \lambda_n \in \mathbb{C}. \tag{3.23}$$

Gilt das für jedes Element in V, dann ist der Prä-HILBERT-Raum **vollständig und separabel** und damit zum HILBERT-Raum $\mathcal{H}$ avanciert.[2] Die Menge der orthonormierten Basisvektoren $\{a_n\}$ bildet ein **vollständiges Orthonormalsystem** VONS. Damit haben wir uns die Möglichkeit verschafft, Vektoren mit der Dimension ∞ zu behandeln.

3.4.1 L^2-Raum

Als Elemente eines komplexeren HILBERT-Raumes $\mathcal{H}$ betrachten wir nun Funktionen, die zusätzlich quadrat-integrabel sein sollen. Der Grund hierfür ist der folgende: In der statistischen Physik wird die Wahrscheinlichkeit des Eintretens eines Ereignisses mit Wahrscheinlichkeitsfunktionen beschrieben. Diese Funktionen müssen normierbar sein — schließlich muss die Summe aller Wahrscheinlichkeiten Eins ergeben. Bei der Definition der Norm eines Vektors haben wir — wie bei der Definition des Betrags einer komplexen Zahl mit $|c|^2 = c^*c$ — die Bildung des Quadrats verwendet. Da wir uns in der Quantenmechanik aber auch mit nicht-beobachtbaren komplexen Funktionen beschäftigen, definieren wir den Begriff der *quadratischen Integrierbarkeit* in einem Intervall $[a,b]$, worunter wir verstehen wollen, dass die beiden Integrale

$$\left. \begin{array}{l} \int_a^b f(x,t)\,\mathrm{d}x \\[1mm] \int_a^b |f(x,t)|^2\,\mathrm{d}x \end{array} \right\} \tag{3.24}$$

existieren, die Absolutstriche deswegen, weil auch komplexe Funktionen $f(x,t) = g(x,t) + \mathrm{i}h(x,t)$ betrachtet werden können, die dann wegen

---

[2]Der Begriff *Vollständigkeit eines Systems* wird synonym mit dem Begriff seiner *Abgeschlossenheit* verwendet.

$$|f(x,t)|^2 = g^2(x,t) + h^2(x,t)$$

quadratisch integrierbar im Intervall $[a, b]$ sind. Für beliebige Grenzen gilt dann

$$\int_{-\infty}^{+\infty} |f(x,t)|^2 \, \mathrm{d}x = \int_{-\infty}^{+\infty} f^*(x,t) f(x,t) \, \mathrm{d}x \equiv \| f \|^2 < \infty, \qquad (3.25)$$

wobei $f^*(x,t)$ die konjugiert-komplexe Funktion von $f(x,t)$ bedeutet und $\| f \|$ ihre Norm. Der Raum aller quadratisch integrablen Funktionen wird mit L^2 (manchmal auch L_2) bezeichnet.

Gl. (3.25) suggeriert, dass dieses Integral über das Produkt einer Funktion mit ihrem konjugiert-komplexen Pendant auch von zwei verschiedenen Funktionen gebildet werden kann, und die Tatsache, dass es nicht divergieren darf, so dass eine Norm bestimmt werden kann, führt zur Definition des sesquilinearen Skalarprodukts der beiden Funktionen f und g auf $L^2[-a, +a]$

$$\langle f(x,t), g(x,t) \rangle = \int_{-a}^{+a} f^*(x,t) \, g(x,t) \, \mathrm{d}x, \qquad (3.26)$$

und die Bedingung (3.25) bedeutet, dass das Skalarprodukt nicht divergiert. Dabei müssen die Integrationsgrenzen nicht notwendig bis $\pm\infty$ gehen. Für den Fall der FOURIER-Reihen betragen die Integrationsgrenzen etwa $-\pi$ und $+\pi$.

Wenn das Skalarprodukt für die beiden Funktionen f und $g \in L^2$ definiert ist, dann ist das auch erfüllt für die beiden Fälle

$$\left. \begin{array}{ll} (\lambda f)(x) & = \lambda f(x) \\ (f + g)(x) & = f(x) + g(x), \end{array} \right\} \qquad (3.27)$$

denn es ist wegen der Sesquilinearität des Skalarproduktes

$$\langle \lambda f, \lambda f \rangle = |\lambda|^2 \langle f, f \rangle, \qquad (3.28)$$

was ja Voraussetzung dafür ist, dass $f \in L^2$. Im zweiten Beispiel lösen wir das Skalarprodukt auf nach

$$\langle (f + g), (f + g) \rangle = \langle f, f \rangle + \langle f, g \rangle + \langle g, f \rangle + \langle g, g \rangle, \qquad (3.29)$$

und nach Gl. (3.26) sind alle vier Terme Elemente von L^2, daraus folgt $\langle (f + g), (f + g) \rangle < \infty$, und damit ist auch $\langle (f + g), (f + g) \rangle \in L^2$.

Der L^2-Raum ist unendlich-dimensional und separabel, worunter wir verstehen, dass sich jede Funktion $f \in L^2$ in die Linearkombination der Basisvektoren a_i

$$f = \sum_{i=1}^{\infty} \lambda_i a_i \qquad (3.30)$$

kleiden lässt, die eine Menge orthonormaler Vektoren darstellt, die also das Kriterium

$$\langle a_i, a_j \rangle = \delta_{ij} \tag{3.31}$$

erfüllen.

3.4.2 Zusammenfassung

Für einen Vektorraum V über einem Körper, etwa der reellen Zahlen $\mathbb{R}^n$ oder komplexen Zahlen $\mathbb{C}^n$, definieren wir ein Skalarprodukt mit den Anforderungen an eine ABELsche Gruppe. Dann ist auch das Skalarprodukt ein Element dieses Vektorraums, der dann als Prä-HILBERT-Raum bezeichnet wird. Ist der Prä-HILBERT-Raum vollständig, kann man also jedes seiner Elemente aus der Basis konstruieren, wird er zum HILBERT-Raum $\mathcal{H}$. Die Zahl linear unabhängiger Vektoren bestimmt die Dimension n des Vektorraumes — HILBERT selbst sprach vom *Folgenraum*. Die linear unabhängigen Vektoren sind dadurch ausgezeichnet, dass ihr Skalarprodukt verschwindet. Die Norm wird durch Gl. (3.16) bestimmt.

Elemente des HILBERT-Raums können neben Vektoren auch Funktionen sein, also sowohl reelle wie komplexe Zahlen, aber auch *Polynome mit reellen Koeffizienten* wie die stetigen Funktionen aus einem Intervall $[a, b]$, die die Bedingungen für eine ABELsche Gruppe erfüllen. Ihre Norm wird mit Gl. (3.25) bestimmt.

Die vollständige Menge dieser orthonormierten Elemente bildet ein vollständiges Orthonormalsystem, akronymisiert VONS.

Ein sehr wichtiger Vektorraum ist der der komplexwertigen Funktionen im Intervall $[-\pi, +\pi]$, die wir in den nächsten beiden Abschnitten untersuchen werden.

3.5 Fourierreihen

Im Rahmen seiner Untersuchungen über Wärmeleitung, also eines extrem nichtperiodischen Phänomens, entwickelte FOURIER die Theorie der periodischen Funktionen, die durch die nach ihm benannten Reihen dargestellt werden.

Wir gehen von einer Funktion einer Veränderlichen x aus, die eine Periode von 2π haben solle und im Intervall $-\pi \le x \le +\pi$ definiert sei, also

$$\Psi(x + 2\pi) = \Psi(x), \tag{3.32}$$

so dass das Argument x in Bogenmaß gemessen werde. Wenn die Funktion periodisch ist, dann lässt sie sich durch eine FOURIER-Reihe aus $2n+1$ Gliedern aus Sinus- und Cosinusfunktionen approximieren, deren Argumente die ganzzahligen Bruchteile der Periode $\frac{2\pi}{n}$ darstellen:

$$\Psi(x) = a_0 + \sum_{n=1}^{\infty} a_n \cos nx + \sum_{n=1}^{\infty} b_n \sin nx. \tag{3.33}$$

Nachdem die Argumente der Kreisfunktionen auf den harmonischen Bereich beschränkt bleiben, worunter wir die Fundamentalmode mit $n = 1$ verstehen, denen die höheren Moden, beginnend mit $n = 2$, folgen, aber keine Nichtlinearitäten zugelassen sind,[3] besteht die Aufgabe in der Bestimmung der FOURIER-Koeffizienten a_0, a_n und b_n, für die FOURIER das nach ihm benannte Verfahren entwickelt hat, bei dem er scharfsinnig die Orthogonalitätsbedingungen zwischen den Kreisfunktionen einsetzte:

$$
\begin{aligned}
\int \cos mx \sin nx \, dx &= 0 \\
\left. \begin{array}{l} \int \cos mx \cos nx \, dx \\ \int \sin mx \sin nx \, dx \end{array} \right\} &= 0, m \neq n.
\end{aligned} \tag{3.34}
$$

Wir folgen seinem Verfahren zunächst für reelle Koeffizienten. Da wir drei unterschiedliche Koeffizienten definiert haben, die für einen frequenzunabhängigen Anteil mit a_0 sowie zwei Anteile stehen, die entweder achsen- oder einfach symmetrisch (s), gerade (g) oder even (e) sind oder punkt- oder asymmetrisch (a), ungerade (u) oder odd (o), werden diese Koeffizienten folgerndermaßen bestimmt.

- Die Bestimmung von a_0 erfolgt durch die Integration der Gl. (3.33) über die Periode von $-\pi$ bis $+\pi$ nach

$$
\int_{-\pi}^{+\pi} \Psi(x) \, dx = a_0 \pi + \sum_{n=1}^{\infty} a_n \underbrace{\int_{-\pi}^{+\pi} \cos nx \, dx}_{= \, 0} + \sum_{n=1}^{\infty} b_n \underbrace{\int_{-\pi}^{+\pi} \sin nx \, dx}_{= \, 0} ,
$$

$$\tag{3.35}$$

da das Integral einer jeden Kreisfunktion über eine Periode verschwindet. So bleibt

$$
a_0 = \frac{1}{\pi} \int_{-\pi}^{+\pi} \Psi(x) \, dx.
$$

- Die Bestimmung der FOURIER-Koeffizienten a_n der geraden oder achsensymmetrischen Glieder erfolgt durch die Integration des Produkts der Gl. (3.33) mit dem Satz der Cosinus-Funktionen $\cos mx$ mit $m = 1, 2, \ldots$ über die Periode von $-\pi$ bis $+\pi$ nach

$$
\begin{aligned}
\int_{-\pi}^{+\pi} \Psi(x) \cos mx \, dx &= a_0 \int_{-\pi}^{+\pi} \cos mx \, dx && \text{Integral} \\
&= + \sum_{n=1}^{\infty} a_n \int_{-\pi}^{+\pi} \cos nx \cos mx \, dx && \text{gerade Summe} \\
&= + \sum_{n=1}^{\infty} b_n \int_{-\pi}^{+\pi} \sin nx \cos mx \, dx && \text{gemischte Summe.}
\end{aligned}
$$

$$\tag{3.36}$$

---

[3]Die einfachste Nichtlinearität ist die Antwort eines Fadenpendels auf die auslenkende Kraft, die nicht dem HOOKEschen Gesetz folgt, sondern dem Gesetz $F_r = -F_G \sin \Phi$ mit F_r der rücktreibenden, F_G der Gewichtskraft und Φ dem Auslenkwinkel aus der Ruhelage. Nur für kleine Werte von Φ kann man den Sinus entwickeln und erhält die harmonische Näherung.

– Der erste Term verschwindet, weil auch hier das Integral über eine Periode von Kreisfunktionen zu bilden ist.

– Die „gerade" Summe, die nur aus Produkten aus Cosinus-Funktionen besteht, wird mit dem Additionstheorem
$\cos nx \cos mx = \frac{1}{2}\cos(n+m)x + \frac{1}{2}\cos(n-m)x$ angegriffen. Da die $n, m \in \mathbb{Z}$, verschwinden alle Glieder, deren Summe $m + n \neq 0$ ist. Der einzige Term mit einem endlichen Ergebnis ist $n - m = 0$, also $n = m$, für den $\int_{-\pi}^{+\pi} \psi(x) \cdot \cos(0)\, \mathrm{d}x = \pi a_n$ resultiert, und wir schreiben das mit dem KRONECKER-Delta

$$\int_{-\pi}^{+\pi} \cos nx \cos mx\, \mathrm{d}x = \pi \delta_{mn}. \qquad (3.37)$$

– Die „gemischte" Summe, die aus gemischten Produkten aus Sinus- und Cosinus-Funktionen besteht, wird mit dem Additionstheorem
$\sin nx \cos mx = \frac{1}{2}\sin(n+m)x + \frac{1}{2}\sin(n-m)x$ angegangen. Da die $n, m \in \mathbb{Z}$, verschwinden alle Glieder, deren Summe $m + n \neq 0$ ist. Alle Terme verschwinden, selbst der Term mit $n = m$, da im Integral $\int \sin(0)\, \mathrm{d}x$ der Funktionswert $\sin(0)$ Null beträgt.

Also bleibt als einziger Term

$$a_n = \frac{1}{\pi} \int_{-\pi}^{+\pi} \psi(x) \cos nx\, \mathrm{d}x, n = 1, 2\ldots$$

übrig.

• Entsprechend geht man zur Bestimmung der „ungeraden" FOURIER-Koeffizienten b_n vor, nämlich durch die Integration des Produkts der Gl. (3.33) mit dem Satz der Sinus-Funktionen $\sin mx$ mit $m = 1, 2, \ldots$ über die Periode von $-\pi$ bis $+\pi$ nach

$$
\begin{aligned}
\int_{-\pi}^{+\pi} \Psi(x) \sin mx\, \mathrm{d}x &= a_0 \int_{-\pi}^{+\pi} \sin mx\, \mathrm{d}x && \text{Integral} \\
&+ \sum_{n=1}^{\infty} a_n \int_{-\pi}^{+\pi} \cos nx \sin mx\, \mathrm{d}x && \text{gemischte Summe} \\
&+ \sum_{n=1}^{\infty} b_n \int_{-\pi}^{+\pi} \sin nx \sin mx\, \mathrm{d}x && \text{gerade Summe.}
\end{aligned}
$$

$$(3.38)$$

– Der erste Term verschwindet, weil auch hier das Integral über eine Periode von Kreisfunktionen zu bilden ist.

– Die „gemischte" Summe, die aus gemischten Produkten aus Sinus- und Cosinus-Funktionen besteht, haben wir schon untersucht.

– Die „gerade" Summe, die nur aus Produkten aus Sinus-Funktionen besteht, wird mit dem Additionstheorem $\sin nx \sin mx = \frac{1}{2}\cos(n-m)\,x - \frac{1}{2}\cos(n+m)\,x$ angegriffen. Da die $n, m \in \mathbb{Z}$, verschwinden alle Glieder, deren Summe $m + n \neq 0$ ist. Der einzige Term mit einem endlichen Ergebnis ist auch hier $n - m = 0$, also $n = m$, für den $\int_{-\pi}^{+\pi} \psi(x) \cdot \cos(0)\,\mathrm{d}x = \pi b_n$ resultiert.

Also bleibt auch hier als einziger Term

$$b_n = \frac{1}{\pi} \int_{-\pi}^{+\pi} \psi(x) \sin nx\,\mathrm{d}x, n = 1, 2 \ldots$$

übrig.

Damit ist die Bestimmung der Koeffizienten

$$\left.\begin{array}{l} a_0 = \frac{1}{\pi} \int_{-\pi}^{+\pi} \psi(x)\,\mathrm{d}x \\[4pt] a_n = \frac{1}{\pi} \int_{-\pi}^{+\pi} \psi(x) \cos nx\,\mathrm{d}x, n = 1, 2 \ldots \\[4pt] b_n = \frac{1}{\pi} \int_{-\pi}^{+\pi} \psi(x) \sin nx\,\mathrm{d}x, n = 1, 2 \ldots \end{array}\right\} \qquad (3.39)$$

für die Reihe

$$\Psi(x) = a_0 + \sum_{n=1}^{\infty} a_n \cos nx + \sum_{n=1}^{\infty} b_n \sin nx$$

vollständig. Bei einer geraden Funktion mit $f(+x) = f(-x)$ verschwinden alle b_n, bei einer ungeraden Funktion mit $f(-x) = -f(+x)$ sind alle a_n einschließlich a_0 Null.

In Exponentialschreibweise — dann aber von $-\infty$ bis $+\infty$, weil die beiden Kreisfunktionen über die EULER-Relation auch Glieder mit negativem Exponenten liefern — schreiben wir

$$\Psi(x) = a_0 + \sum_{n=-\infty}^{+\infty} \frac{a_n}{2} \left(\mathrm{e}^{\mathrm{i}nx} + \mathrm{e}^{-\mathrm{i}nx}\right) + \sum_{n=-\infty}^{+\infty} \frac{b_n}{2\mathrm{i}} \left(\mathrm{e}^{\mathrm{i}nx} - \mathrm{e}^{-\mathrm{i}nx}\right). \qquad (3.40)$$

Sortieren nach gleichen Exponenten und Erweitern des imaginären Koeffizienten mit i liefert

$$\Psi(x) = a_0 + \sum_{-\infty}^{+\infty} \frac{a_n - \mathrm{i}b_n}{2} \mathrm{e}^{\mathrm{i}nx} + \sum_{-\infty}^{+\infty} \frac{a_n + \mathrm{i}b_n}{2} \mathrm{e}^{-\mathrm{i}nx} \qquad (3.41)$$

Um das noch etwas zu vereinfachen, setzt man

$$c_n = \begin{cases} \frac{a_n - \mathrm{i}b_n}{2}, & n > 0 \\[6pt] \frac{a_n + \mathrm{i}b_n}{2}, & n < 0, \end{cases}$$

wobei die c_n zu c_{-n} konjugiert-komplex sind. Mit dieser Definition der Koeffizienten gewinnt man die Reihe

$$\Psi(x) = \sum_{n=-\infty}^{+\infty} c_n \mathrm{e}^{\mathrm{i}nx}, \tag{3.42}$$

womit die Ausnahmestellung des Glieds a_0 aufgehoben wird (Beisp. 3.1). Für die Integralgrenzen kann man z. B. auch $-\pi$ und $+\pi$ wählen, oder für eine andere Periode, etwa zwischen $-l$ und $+l$ mit $L = 2l$ und der Veränderlichen y, so dass

$$y = x\frac{\pi}{l} \Rightarrow f(x) = f\left(\frac{lz}{\pi}\right) = g(z)$$

die Grenzen umdefinieren, z. B. von $-l$ bis $+l$ — eben eine Periode. Im ersten Fall ist die Veränderliche die Phase oder ein Winkel Φ. Dieser Winkel ist für eine Schwingung $\Phi = \omega t$, die zeitliche Periode, und für eine ebene Welle $\Phi = kx - \omega t$ mit kx der räumlichen Periode (s. Aufg. z. Kap. 3).

Beispiel 3.1 Die (zueinander orthogonalen) Kreisfunktionen $\sin\Phi$ und $\cos\Phi$ sind nach der EULER-Formel Superpositionen der Exponentialfunktion mit imaginärem Argument und stellen Linearkombinationen mit dem Faktor $\frac{1}{2}$ bzw. $\frac{1}{2\mathrm{i}}$ dar:

$$\sin\Phi = \frac{1}{2\mathrm{i}}\mathrm{e}^{\mathrm{i}\Phi} - \frac{1}{2\mathrm{i}}\mathrm{e}^{-\mathrm{i}\Phi}$$
$$\cos\Phi = \frac{1}{2}\mathrm{e}^{\mathrm{i}\Phi} + \frac{1}{2}\mathrm{e}^{-\mathrm{i}\Phi}$$

Mit der Formel (3.41) ergeben sich übrigens für die EULERschen Formeln die beiden endlichen Reihen

$$\sin\Phi = \frac{1}{2}\sum_{n=-1}^{n=+1}(-n\mathrm{i})\mathrm{e}^{n\mathrm{i}\Phi}$$
$$\cos\Phi = \frac{1}{2}\sum_{n=-1}^{n=+1}n^2\mathrm{e}^{n\mathrm{i}\Phi}.$$

Die Gl. (3.33) suggeriert, dass die Güte der Approximation mit der Zahl der Glieder der FOURIER-Reihe steigen müsse. Da die bereits berechneten FOURIER-Koeffizienten a_m, b_m für $m < n$ nicht von n abhängen, bleiben diese Koeffizienten beim Errechnen des neuen Gliedes $m + 1$ unverändert gültig: die Koeffizienten $a_0, a_1, \ldots, a_{m-1}, a_m$ (entsprechend die Koeffizienten b_m) sind endgültig [39] (s. a. Beisp. 3.2).

Beispiel 3.2 Eine der ersten Reihen, die FOURIER untersuchte, war die Signumfunktion

$$f(x) = \begin{cases} +1 \text{ für } 0 < x < \pi, \\ -1 \text{ für } -\pi < x < 0. \end{cases}$$

Da die Funktion $f(x)$ ungerade ist, besteht sie nur aus Sinustermen, die wir nach Gl. (3.39) mit

$$\begin{aligned} b_n &= \tfrac{1}{\pi} \int_{-\pi}^{+\pi} f(x) \cdot \sin nx \, dx \\ &= \tfrac{1}{\pi} \int_{-\pi}^{0} f(x) \cdot \sin nx \, dx + \tfrac{1}{\pi} \int_{0}^{+\pi} f(x) \cdot \sin nx \, dx \\ &= -\tfrac{1}{\pi} \int_{-\pi}^{0} 1 \cdot \sin nx \, dx + \tfrac{1}{\pi} \int_{0}^{+\pi} 1 \cdot \sin nx \, dx \\ &= \tfrac{2}{\pi} \int_{0}^{+\pi} 1 \cdot \sin nx \, dx \\ &= \tfrac{2}{\pi} - \tfrac{1}{n} \cos nx \big|_0^{\pi} \\ &= \tfrac{2}{\pi} \left(-\tfrac{1}{n} \cos n\pi + \tfrac{1}{n} \right) \end{aligned}$$

ermitteln, was für gerade n für den Cosinus $+1$, insgesamt also für die b_n immer Null ergibt, während für ungerade n Werte für den Cosinus von -1 folgen, insgesamt also

$$b_n = \frac{4}{n\pi}, \quad n = 1, 3, 5, \ldots.$$

Damit erhalten wir für die Signumfunktion die mit ungeradem n fortschreitende Sinusreihe

$$f(x) = \frac{4}{\pi} \left(\sin x + \frac{1}{3} \sin 3x + \frac{1}{5} \sin 5x + \ldots \right)$$

oder als Summe

$$f(x) = \frac{4}{\pi} \sum_{n=1}^{\infty} \frac{1}{2n-1} \sin (2n-1) x.$$

Dass ein unstetiger Linienzug durch eine Überlagerung einfachster stetiger Funktionen zu approximieren sei, erregte ungeheures Aufsehen [40].

3.5.1 Zusammenfassung

Ein periodischer Vorgang wird mathematisch durch eine FOURIER-Reihe von zueinander orthogonalen Funktionen beschrieben. Mit den FOURIER-Koeffizienten c_n wird der Anteil der Partialfunktion ψ_n am gesamten Vorgang erfasst; die c_n werden durch Multiplikation mit den Kreisfunktionen und anschließende Integration ermittelt, wobei wegen der Orthogonalitätsbedingungen die Funktionen ungleicher Ordnung verschwinden, ebenso wie die Produkte der beiden zueinander orthogonalen Kreisfunktionen.

Eine gerade (achsensymmetrische) Funktion besteht nur aus Cosinus-, eine ungerade (punktsymmetrische) nur aus Sinustermen. Meist hat man es mit geraden Funktionen zu tun, insbesondere dann, wenn man keine „schöne" Welle, sondern ein aperiodisches Ereignis hat, auf das man diesen Calculus anwenden möchte, und das man dann durch Legen des Maximums in den Ursprung achsensymmetrisch macht.

Nach dem Endgültigkeitsprinzip bleiben die errechneten FOURIER-Koeffizienten bei der nächsten Approximation unverändert erhalten.

3.6 Die Fouriertransformation

Periodische Vorgänge lassen sich also spektral in eine FOURIER-Reihe zerlegen, bei der die FOURIER-Koeffizienten durch die Standard-Integration bestimmt werden. Da wir an Wellen interessiert sind, schreiben wir in Gl. (3.41) im Exponenten die Ortsabhängigkeit für eine ebene Welle mit

$$\Psi(x) = \sum_{n=-\infty}^{+\infty} c_n \mathrm{e}^{\mathrm{i}k_n x} \text{ mit } c_n = \frac{1}{2l} \int_{-l}^{l} \Psi(\xi) \mathrm{e}^{-\mathrm{i}\,k_n \xi}\, \mathrm{d}\xi \qquad (3.43)$$

an, wobei die Wellenzahl über $k_n = \frac{n\pi}{l}$ definiert werde. Für eine Folge von harmonischen Wellen, die aus einem Grundton und verschiedenen Obertönen bestehen, und die in einem Kasten der Länge $2l = n\frac{\lambda}{2}$ angeregt werden, ist dann die Differenz zweier Töne ν_{n+1} und ν_n gegeben durch (Abb. 3.1)

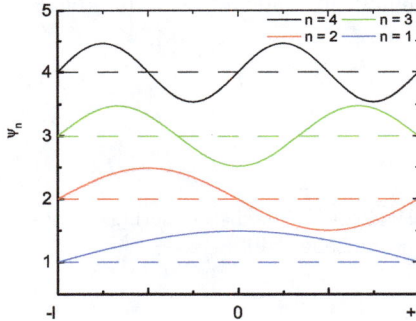

Abb. 3.1. Harmonische Folge stehender Wellen aus Grundton und den direkt folgenden Obertönen in einem Kasten.

$$\Delta k = k_{n+1} - k_n = k_1 = \frac{\pi}{l} \Rightarrow \frac{1}{2l} = \frac{\Delta k}{2\pi}. \qquad (3.44)$$

Mit unseren Definitionen für Δk gehen wir jetzt in unsere Reihengleichung (3.43)

$$\Psi(x) = \frac{1}{2\pi} \sum_{n=-\infty}^{\infty} \Delta k \mathrm{e}^{\mathrm{i}k_n x} \int_{-l}^{l} \Psi(\xi) \mathrm{e}^{-\mathrm{i}k_n \xi}\, \mathrm{d}\xi \qquad (3.45)$$

hinein. Was passiert mit unserer diskreten Reihe, wenn unsere Kastenlänge $L = 2l$ sehr groß wird, im Grenzfall ∞? Das Δk zwischen zwei benachbarten

Reihengliedern wird sehr klein werden, irgendwann gegen Null gehen, und damit wird die Folge der Glieder kontinuierlich werden, das die Indizierung natürlich sinnlos macht $(k_n \to k)$, und aus der Summe wird ein Integral, das FOURIER-Integral, was wir durch

$$\lim_{k \to 0} \Delta k = \mathrm{d}k = \frac{\pi}{l} \Rightarrow \frac{1}{2l} = \frac{\mathrm{d}k}{2\pi}$$

berücksichtigen:

$$\Psi(x) = \lim_{l \to \infty} \frac{1}{2\pi} \int_{-\infty}^{\infty} \mathrm{e}^{\mathrm{i}kx}\, \mathrm{d}k \int_{-l}^{l} \mathrm{e}^{-\mathrm{i}k\xi}\, \mathrm{d}\xi. \qquad (3.46)$$

Wir haben also aus einem diskreten Spektrum, das mit der FOURIER-Reihe beschrieben werden kann, ein sich über alle Wellenzahlen k erstreckendes, kontinuierliches Spektrum gemacht

$$\Psi(x) = \frac{1}{2\pi} \int_{-\infty}^{\infty} \Phi(k) \mathrm{e}^{\mathrm{i}xk}\, \mathrm{d}k \qquad (3.47)$$

mit dem Limes als Gedächtnisstütze

$$\Phi(k) = \lim_{l \to \infty} \int_{-l}^{l} \mathrm{e}^{-\mathrm{i}k\xi}\, \mathrm{d}\xi, \qquad (3.48)$$

so dass wir schlussendlich

$$\Phi(k) = \int_{-\infty}^{\infty} \mathrm{e}^{-\mathrm{i}k\xi}\, \mathrm{d}\xi \qquad (3.49)$$

erhalten.

$\Psi(x)$ ist die FOURIER-Transformierte von $\Phi(k)$, die ihrerseits die inverse FOURIER-Transformierte von $\Psi(x)$ ist. Die Ortskoordinate x und die Wellenzahl $k_n = \frac{n\pi}{l}$ mit l der Periode sind genauso komplementär zueinander wie die Zeit t und die Kreisfrequenz $\omega = 2\pi\nu = 2\pi\frac{c}{\lambda}$ mit ν der Frequenz, c der Phasengeschwindigkeit und λ der Wellenlänge.

Diese gleichberechtigten Funktionen gehören also so zueinander wie der Sinus und der Cosinus, und daher spaltet ARNOLD SOMMERFELD den Vorfaktor $\frac{1}{2\pi}$ symmetrisch zwischen beiden Funktionen mit

$$\left. \begin{aligned} \Psi(x) &= \frac{1}{\sqrt{2\pi}} \int_{-\pi}^{+\pi} \Phi(k) \mathrm{e}^{\mathrm{i}xk}\, \mathrm{d}k \\ \Phi(k) &= \frac{1}{\sqrt{2\pi}} \int_{-\pi}^{+\pi} \Psi(x) \mathrm{e}^{-\mathrm{i}kx}\, \mathrm{d}x \end{aligned} \right\} \qquad (3.50)$$

auf, die er als „besonders elegante Formulierung des FOURIERschen Integraltheorems" lobt [41].

Eine der wichtigsten Anwendungen für ein nicht-periodisches Ereignis ist die Wahrscheinlichkeitsdichte für ein Quantenteilchen, das mit der GAUSSschen Glockenkurve beschrieben werden kann.

3.7 Die Glockenkurve

3.7.1 Unschärfe

Wir untersuchen die Observable L durch insgesamt n Messungen, die das Ergebnis L_i liefern, und bestimmen deren Scharmittelwert durch

$$\langle L \rangle = \frac{1}{n} \sum_{i=1}^{n} L_i, \tag{3.51}$$

was für eine sehr große Zahl von Messungen

$$\langle L \rangle = \lim_{n \to \infty} \frac{1}{n} \sum_{i=1}^{n} L_i = \int_{-\infty}^{\infty} L\, W\, \mathrm{d}^3 x \tag{3.52}$$

mit W einer normierten Verteilungsfunktion ergibt, bei der die Wahrscheinlichkeitsdichte als Funktion der zufällig verteilten Messwerte x aufgetragen wird.

$W(x)$ ist für eine normal verteilte Gesamtheit die GAUSSsche Glockenkurve mit dem Scheitel- oder Erwartungswert $\langle L \rangle$. In Abb. 3.2 ist eine Glockenkurve dargestellt.

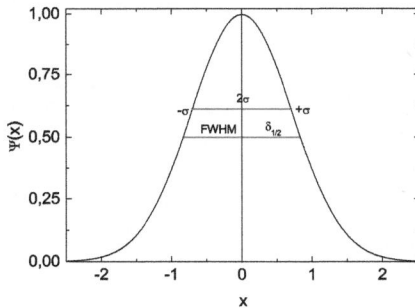

Abb. 3.2. GAUSSsche Glockenkurve $\psi(x)$ der Gesamtheit zufällig verteilter Messresultate x. Das Maximum ist der Scharmittelwert und heißt Erwartungswert; eingezeichnet sind die Standardabweichung σ und die Halbwertsbreite $\delta_{1/2}$.

Der Graph folgt der Funktion

$$W(x) = \frac{1}{\sqrt{2\pi}\sigma} \mathrm{e}^{-\frac{1}{2}\left(\frac{x}{\sigma}\right)^2} \tag{3.53}$$

Eingezeichnet sind die Standardabweichung σ, die die x-Koordinate der Wendestellen aufweist. Die Breite der Verteilungsfunktion $\psi(x)$ beträgt hier also 2σ; in diesem Intervall liegen 68,3 % der Messwerte. Die Halbwertsbreite $FWHM$ oder $\delta_{1/2}$ bei halber Höhe des Erwartungswertes beträgt $\sqrt{8 \ln 2}\sigma$. Diese Funktion ist bereits normiert, d. h. ihr Integral beträgt Eins.

Diese Verteilungsfunktion steht in der Quantenmechanik im Zentrum.

Wir überlegen uns nun, wie wahrscheinlich die Schwankungen dieser Größe L um ihren Mittelwert $\langle L \rangle$ sind, wobei der Mittelwert eines Mittelwerts natürlich dieser selbst ist:

$$\langle L - \langle L \rangle \rangle^2 = \langle L^2 \rangle - 2 \langle L \rangle^2 + \langle L \rangle^2$$
$$= \langle L^2 \rangle - \langle L \rangle^2 \tag{3.54}$$
$$= \langle (\Delta L)^2 \rangle,$$

und die Wurzel aus dieser Größe, dem mittleren Schwankungsquadrat, die Standardabweichung ist. Für eine diskrete Anzahl von Werten für L_i ist

$$\langle (\Delta L)^2 \rangle = \lim_{n \to \infty} \frac{1}{n} \sum_{i=1}^{n} (L_i - \langle L \rangle)^2. \tag{3.55}$$

3.7.2 Systematisierung

Nun betrachten wir ein Teilchen, dessen Zustand durch eine GAUSSsche Verteilung Verteilungsfunktion beschrieben werden kann. Um mit der späteren Definition des Absolutquadrates einer oft komplexen Wellenfunktion ψ als Wahrscheinlichkeitsdichte kompatibel zu sein, wird auch oft die Wurzel aus $W(x)$ definiert und dann ihr Absolutquadrat genommen, also

$$W(x) = |\psi(x)|^2$$
$$= \left(\frac{1}{\sqrt{\sqrt{2\pi}\sigma}} e^{-\frac{1}{4}\left(\frac{x}{\sigma}\right)^2} \right)^2, \tag{3.56}$$

so dass der Erwartungswert seiner Ortskoordinate $\langle x \rangle$ nach den Gln. (3.52/53) mit

$$\langle x \rangle = \int_{-\infty}^{\infty} \psi(x)^* \, x \, \psi(x) \, dx$$
$$= \int_{-\infty}^{\infty} \psi(x)^* \, \psi(x) \, x \, dx$$
$$= \int_{-\infty}^{\infty} |\psi(x)|^2 \, x \, dx \tag{3.57}$$
$$= \int_{-\infty}^{\infty} W(x) \, x \, dx$$

zu beschreiben ist. Seine Unschärfe (Standardabweichung) ist für ein Koordinatensystem, dessen Nullpunkt mit dem Schwerpunkt des Wellenpakets zusammenfällt, also $\langle x \rangle = 0 \Rightarrow \langle x \rangle^2 = 0$, nach den Gln. (3.54)

$$\Delta x = \sqrt{\langle x^2 \rangle - \langle x \rangle^2}$$
$$= \sqrt{\langle (\Delta x)^2 \rangle} \tag{3.58}$$
$$= \sqrt{\langle x^2 \rangle}.$$

Die Berechnung von Δx verlangt demnach die Lösung des Integrals

$$\langle x^2 \rangle = \int_{-\infty}^{\infty} \psi(x)^* \, x^2 \, \psi(x) \, dx.$$

Wir zerlegen das x^2 und bekommen den freundlichen Integranden $x \, e^{x^2}$

$$\langle x^2 \rangle = \frac{1}{\sqrt{2\pi}a} \int_{-\infty}^{\infty} x \cdot \left(x e^{-\frac{1}{2}\left(\frac{x}{a}\right)^2} \right) \, \mathrm{d}x,$$

der die Stammfunktion $-e^{-\frac{1}{2}\left(\frac{x}{a}\right)^2}$ aufweist. Dieses Integral wird mit partieller Integration

$$\int_{-\infty}^{+\infty} x \left(x e^{\left(-\frac{x^2}{2a^2}\right)} \right) \, \mathrm{d}x = -x a^2 e^{\left(-\frac{x^2}{2a^2}\right)} \Bigg|_{-\infty}^{+\infty} + \int_{-\infty}^{+\infty} a^2 e^{\left(-\frac{x^2}{2a^2}\right)} \, \mathrm{d}x$$

gelöst. Der erste Summand ist als Produkt einer geraden und einer ungeraden Funktion über den gesamten Definitionsbereich (immer) Null, der zweite $a^2\sqrt{2\pi a^2}$, so dass

$$\langle x^2 \rangle = \frac{1}{\sqrt{2\pi}a} a^2 \sqrt{2\pi a^2} = a^2$$

herauskommt. Die Wurzel dieses Ausdrucks ist aber nach den Gln. (3.58)

$$\sqrt{\langle x^2 \rangle} = \sqrt{\int_{-\infty}^{\infty} \psi(x,t)^* \, x^2 \, \psi(x,t) \, \mathrm{d}x} = \sigma: \qquad (3.59)$$

Δx ist also gleich der Standardabweichung σ: gerade die halbe Breite der GAUSS-Verteilung, deren erstes Konfidenzintervall zwischen $-\sigma$ und $+\sigma$ liegt. *Diesen Typ der Abweichung bezeichnet man als* kohärenten Zustand *oder* kohärente Wellenfunktion. *Von allen möglichen Wellenpaketen weist dieser Zustand die geringste Breite auf, also minimale* Unschärfe.

3.7.3 Fourier-Transformierte

Mit dem Auffinden der Glockenkurve gelang GAUSS nicht nur eine systematische Behandlung zufällig entstandener Gesamtheiten; diese Funktion weist einige außerordentliche Eigenschaften auf, so dass man geneigt ist, das HERTZsche Diktum über die MAXWELL-Gleichungen, man habe oft den Eindruck, sie seien klüger als ihr Erfinder, auch darauf anzuwenden.

Führen wir mit der Gl. (3.53) eine FOURIER-Transformation

$$\phi(k) = \frac{1}{\sqrt{2\pi}\sigma} \exp\left(-\frac{1}{2} \left(\frac{x}{\sigma}\right)^2 \right) \exp\left(-\mathrm{i}kx \right) \, \mathrm{d}x \qquad (3.60)$$

durch, wird

$$\phi(k) = \exp\left(-\frac{1}{2}(k\sigma)^2 \right) \int_{-\infty}^{\infty} \exp\left(-\left(\frac{x}{\sqrt{2\sigma^2}} + \mathrm{i}k\sqrt{\frac{\sigma^2}{2}} \right)^2 \right).$$

Bei der Substitution fällt der zweite Summand weg, und das Integral hat den Wert $\sqrt{2\sigma^2 \pi}$, womit die FOURIER-Transformierte zu

$$\phi(k) = \sqrt{2\sigma^2\pi}\,\exp\left(-\frac{1}{2}(k\sigma)^2\right) \qquad (3.61)$$

resultiert, wiederum eine Glockenkurve, die sich von der Verteilungsfunktion für x wesentlich dadurch unterscheidet, dass die Varianz σ^2 nun im Zähler statt im Nenner steht.

Die FOURIER-Transformierte der GAUSSschen Glockenkurve ist wieder eine solche GAUSSsche Glockenkurve, multipliziert mit der Standardabweichung. Dies ist eine singuläre Eigenschaft der GAUSSschen Glockenkurve (s. Aufg. 3.14).

Und steht in Gl. (3.53) die Standardabweichung σ für den Ort im Nenner des Exponenten, so steht σ in Gl. (3.61) für die komplementäre Wellenzahl im Zähler $\Rightarrow$ eine schlanke GAUSSsche Glockenkurve im Ortsraum (großes σ im Nenner) ist nach der FOURIER-Transformation eine breite Glockenkurve im k-Raum geworden [großes σ im Zähler (Abbn. 3.3)]!

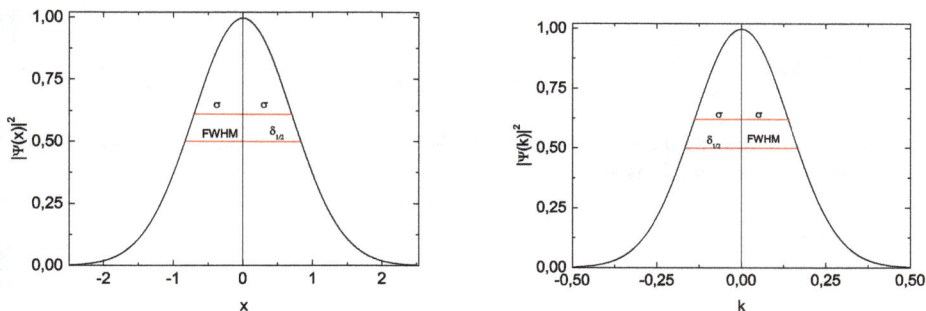

Abb. 3.3. Verteilung der Wahrscheinlichkeitsdichten im Orts- und Impulsraum. Eingezeichnet die Standardabweichung σ auf der Höhe der Wendepunkte und die Halbwertsbreite $\delta_{1/2}$ oder *FWHM*. Wenn die Verteilung im Impulsraum (re.) eingeschränkt wird, verbreitert sie sich im Ortsraum (lks.) und umgekehrt.

3.8 Die δ-Funktion

Ein anderes nicht-periodisches Ereignis sehen wir in der *Spaltfunktion*, der wir im Abschn. 2.4 erstmals begegneten. Der Grundtyp dieser Funktion ist si(x) als Spaltfunktion oder Kardinalsinus, ihre normierte Variante sinc(x)

$$\left. \begin{array}{ll} \text{si}(x) & = \frac{\sin x}{x} \quad \text{mit dem Integral} \quad \pi \\[2mm] \text{sinc}(x) & = \frac{\sin \pi x}{\pi x} \quad \text{mit dem Integral} \quad 1. \end{array} \right\} \tag{3.62}$$

Oft wird aber auch auch die unnormierte Spaltfunktion als sinc-Funktion bezeichnet. Diese Funktion, die mit dem *Steigerungsfaktor* $\alpha = 1$

$$\text{si}(\alpha x) = \frac{\sin \alpha x}{x} \tag{3.63}$$

unscheinbar daherkommt, wird für große Werte von α immer schärfer um $x = 0$ mit $\lim\limits_{x \to 0} \frac{\sin \alpha x}{x} = \alpha$ zentriert [in den Abbn. 3.4 ist das für sinc(αx) gezeigt; der Scheitelwert ist durch π dividiert], wobei das Integral von si(αx) immer bei π, das

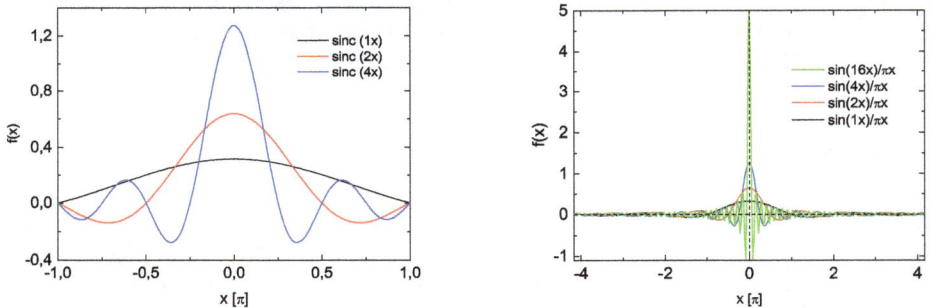

Abb. 3.4. Die Funktion $x \to \frac{\sin \alpha x}{\pi x}$ geht für $\alpha \to \infty$ bei $x = 0$ gegen ∞. Dennoch bleibt die Fläche konstant bei Eins stehen.

von sinc(αx) immer bei Eins bleibt (DIRICHLET-Integral). Im Limes für $\alpha \to \infty$ ergibt sich

$$\begin{aligned} \lim_{\alpha \to \infty} \frac{\sin \alpha x}{\pi x} &= \lim_{\alpha \to \infty} \frac{1}{2\pi} \frac{e^{i\alpha x} - e^{-i\alpha x}}{ix} \\ &= \lim_{\alpha \to \infty} \frac{1}{2\pi} \int_{-\alpha}^{+\alpha} e^{ixk} \, dk \\ &= \frac{1}{2\pi} \int_{-\infty}^{+\infty} e^{ixk} \, dk, \end{aligned} \tag{3.64}$$

womit wir die FOURIER-Darstellung der δ-Funktion

$$\delta(x) = \frac{1}{2\pi} \int_{-\infty}^{+\infty} 1 \cdot e^{ixk} \, dk \qquad (3.65)$$

gewinnen, deren FOURIER-Transformierte Eins ergibt:

$$1 = \int_{-\infty}^{+\infty} \delta(x) e^{-ikx} \, dx \qquad (3.66)$$

Wenn x eine Veränderliche ist, dann ist wegen der Superponierbarkeit $x - x_0$ auch eine, und wir schreiben für das FOURIER-Integral der (nicht normierbaren) ebenen Welle e^{ikx}

$$\frac{1}{2\pi} \int_{-\infty}^{+\infty} 1 \cdot e^{i(x-x_0)k} \, dk = \delta(x - x_0), \qquad (3.67)$$

mit demselben Ergebnis für die FOURIER-Transformierte:

$$\int_{-\infty}^{+\infty} \delta(x - x_0) e^{-ik(x-x_0)} \, dx = 1 \qquad (3.68)$$

bzw. für die zu x komplementäre Größe k

$$\begin{aligned}
\frac{1}{2\pi} \int_{-\infty}^{+\infty} 1 \cdot e^{i(k-k_0)x} \, dx &= \delta(k - k_0) \\
\int_{-\infty}^{+\infty} \delta(k - k_0) e^{-ix(k-k_0)} \, dk &= 1.
\end{aligned} \qquad (3.69)$$

Dreidimensional ergibt sich

$$\begin{aligned}
\frac{1}{(2\pi)^3} \int_{-\infty}^{+\infty} e^{i\boldsymbol{k}\cdot(\boldsymbol{r}-\boldsymbol{r}_0)} \, d\boldsymbol{k} &= \delta(\boldsymbol{r} - \boldsymbol{r}_0) \\
\int_{-\infty}^{+\infty} \delta(\boldsymbol{r} - \boldsymbol{r}_0) e^{-i\boldsymbol{k}\cdot(\boldsymbol{r}-\boldsymbol{r}_0)} \, d\boldsymbol{r} &= 1.
\end{aligned} \qquad (3.70)$$

Wegen ihres nadelförmigen Charakters vermag die δ-Funktion den Wert einer (kontinuierlichen) Funktion $f(x)$ an der Stelle $x = x_0$ herauszufiltern (Aufg. 3.15)

$$\int_{-\infty}^{+\infty} f(x)\delta(x - x_0) \, dx = f(x_0) \qquad (3.71)$$

und erinnert an das KRONECKER-Symbol δ_{mn} der Gl. (3.14): das Symbol $\delta(x - x_0)$ spielt für eine kontinuierliche Funktion oder unendliche Basis die gleiche Rolle wie δ_{mn} für eine endliche Basis mit einem diskreten Spektrum.

Wir ersehen daran, dass wegen dieser Filtereigenschaft die δ-Funktion keine Funktion im herkömmlichen Sinne ist. Mathematiker sprechen von einer Distribution. Im Konsens mit der physikalischen Literatur wird aber hier der Ausdruck δ-Funktion verwendet. Es sei noch erwähnt, dass bei der FOURIER-Transformation das Vorzeichen im Exponentialterm in der angelsächsischen Literatur meistens alternativ gesetzt wird.

Wollen wir also den Ort einer ebenen Welle nach der Gl. (3.67) stark lokalisieren, dann wird diese ein Frequenzspektrum im k-Raum aufweisen, das extrem breitbandig ist. Alle k-Werte sind gleich wahrscheinlich. Mit der Gl. (3.69.1) folgt umgekehrt, dass (nur) eine im Ortsraum unendlich ausgedehnte Welle genau eine Frequenz, nämlich bei $k = k_0$, aufweist, also monochromatisch ist.

Oft findet man den Normierungsfaktor 2π symmetrisch zwischen den beiden Funktionen (3.67) und (3.69.1) aufgespalten, so dass entsprechend aus diesen Gleichungen

$$
\begin{aligned}
\frac{1}{\sqrt{2\pi}} \int_{-\infty}^{+\infty} 1 \cdot e^{i(x-x_0)k} \, dk &= \delta(x - x_0) \\
\frac{1}{\sqrt{2\pi}} \int_{-\infty}^{+\infty} 1 \cdot e^{-i(k-k_0)x} \, dx &= \delta(k - k_0)
\end{aligned}
\tag{3.72}
$$

wird.

3.9 Wellenpaket einer Materiewelle

Nachdem wir uns im Abschn. 2.4 phänomenologisch um das Wellenpaket einer konventionellen Welle und um das einer Materiewelle gekümmert haben, untersuchen wir nun die DE BROGLIEsche Welle eines freien Teilchens mit den Instrumenten der FOURIER-Integration und der δ-Funktion. Die Energie der DE BROGLIE-Welle ist

$$
E = \hbar\omega = \frac{p^2}{2m_0} = \frac{\hbar^2 k^2}{2m_0},
$$

wozu oft noch die Ruheenergie $m_0 c^2$ addiert wird, wodurch die Frequenz der Materiewelle zunächst quadratisch von der Wellenzahl abhängt, und aus der weiterhin eine Dispersion, also eine $\omega(k)$-Abhängigkeit, auch im Vakuum resultiert, so dass

$$
\begin{aligned}
\omega &= \frac{\hbar k^2}{2m_0} \\
v_{\text{Ph}} = \frac{\omega}{k} &= \frac{\hbar k}{2m_0} \\
v_{\text{Gr}} = \frac{\partial \omega}{\partial k} &= \frac{\hbar k}{m_0}
\end{aligned}
\tag{3.73}
$$

folgt, im Gegensatz zur elektromagnetischen Welle, für die bei konstanter Phase $kx - \omega t$ die Phasengeschwindigkeit $v_{\text{Ph}} = \frac{x}{t}$ gleich der Gruppengeschwindigkeit

v_{Gr} wird. Da unsere Wellen nur eine um ein kleines Δk unterschiedliche Wellenzahl aufweisen sollen, d. h. $\Delta k \ll k$, können wir die Gleichung der ebenen Welle als

$$\psi(x,t) = \int_{k_0 - \frac{\Delta k}{2}}^{k_0 + \frac{\Delta k}{2}} C(k) e^{-i(\omega t - kx)} \, dk \tag{3.74}$$

niederschreiben, wobei $k_0 = \frac{2\pi}{\lambda_0}$ die mittlere Wellenzahl der Gruppe ist. Wegen der Kleinheit von $\Delta k = k - k_0$ können wir diese Gleichung um die Stelle k_0 nach k entwickeln und erhalten mit $k = k_0 + (k - k_0)$

$$\omega = \omega_0 + \left(\frac{d\omega}{dk}\right)_0 (k - k_0) + \dots;$$

dabei wählen wir die Amplituden $C(k)$ so aus, dass sie nur in diesem Intervall $k_0 \pm \frac{1}{2}\Delta k$ verschieden von Null sind. Dann nimmt die Wellenfunktion mit $\Delta k = k - k_0 \Rightarrow k = k_0 + \Delta k$ folgende Form an:

$$\psi(x,t) = C(k_0) e^{-i(\omega_0 t - k_0 x)} \int_{-\frac{\Delta k}{2}}^{+\frac{\Delta k}{2}} e^{-i\left[\left(\frac{d\omega}{dk}\right)_0 t - x\right]\Delta k} \, d\Delta k. \tag{3.75}$$

Mit der Substitution für die Phase ξ

$$\xi = \frac{\Delta k}{2}\left[x - \left(\frac{d\omega}{dk}\right)_0 t\right], \tag{3.76}$$

also

$$d\xi = \frac{d\Delta k}{2}\left[x - \left(\frac{d\omega}{dk}\right)_0 t\right],$$

wird

$$\psi(x,t) = C(k_0) e^{-i(\omega_0 t - k_0 x)} \frac{2}{x - \left(\frac{d\omega}{dk}\right)_0 t} \int_{-\frac{\Delta k}{2}}^{+\frac{\Delta k}{2}} e^{2i\xi} d\xi, \tag{3.77}$$

als bestimmtes Integral

$$\psi(x,t) = C(k_0) e^{-i(\omega_0 t - k_0 x)} \frac{e^{2i\xi}\Big|_{-\frac{\Delta k}{2}}^{+\frac{\Delta k}{2}}}{i\left[x - \left(\frac{d\omega}{dk}\right)_0 t\right]},$$

ausgeschrieben mit der Definition von ξ

$$\psi(x,t) = C(k_0) e^{-i(\omega_0 t - k_0 x)} \frac{e^{i\left[x - \left(\frac{d\omega}{dk}\right)_0 t\right]\Delta k} - e^{-i\left[x - \left(\frac{d\omega}{dk}\right)_0 t\right]\Delta k}}{i\left[x - \left(\frac{d\omega}{dk}\right)_0 t\right]}, \tag{3.78}$$

was mit der EULERschen Formel kürzer wird:

$$\psi(x,t) = 2C(k_0) e^{-i(\omega_0 t - k_0 x)} \frac{\sin\left\{\left[x - \left(\frac{d\omega}{dk}\right)_0 t\right]\Delta k\right\}}{x - \left(\frac{d\omega}{dk}\right)_0 t}. \tag{3.79}$$

In dieser Formel erkennen wir im Bruch genau die im Abschn. 3.8 definierte
δ-Funktion, die den Funktionswert bei dem Phasenwert

$$\xi = \left(\frac{d\omega}{dk}\right)_0 t\,\Delta k \tag{3.80}$$

herausfiltert. Da das Argument des Sinus die kleine Größe Δk enthält, wird sich
dieses als Funktion von x und t zwar nur langsam ändern, **aber es ist nicht
konstant in Zeit und Ort**. Betrachten wir den Bruch als die Amplitude $C(x,t)$
einer nahezu monochromatischen Welle und $\omega_0 t - k_0 x$ als ihre Phase, können
wir dafür

$$\psi(x,t) = C(x,t)e^{-i(\omega_0 t - k_0 x)}$$

schreiben. Die Amplitude zeigt dabei die Abhängigkeit

$$C \approx \frac{\sin \xi}{\xi}. \tag{3.81}$$

3.9.1 Gruppengeschwindigkeit

Damit können wir das Maximum der Amplitude, also den Schwerpunkt des
Wellenpaketes, am Ort (Abb. 3.5)

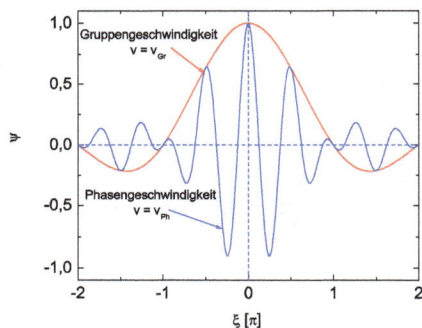

Abb. 3.5. Die Form des aus zwei monochromatischen Wellen bestehenden Wellenpaketes bei $t = 0$.

$$x = \left(\frac{d\omega}{dk}\right)_0 t \tag{3.82}$$

identifizieren, woraus folgt, dass sich der Schwerpunkt der Wellengruppe mit der
konstanten Geschwindigkeit

$$v_{\mathrm{Gr}} = \frac{dx}{dt} = \left(\frac{d\omega}{dk}\right)_0 \tag{3.83}$$

bewegt. Legt man den Schwerpunkt des Wellenpaketes also zur Zeit $t = 0$ auf
das erste Maximum, d. h. wenn nach Gl. (3.78) $\xi = \frac{\Delta k}{2}x$ auch $x = 0$ und damit

auch $\xi = 0$ sind, dann ist seine Ausbreitung nach Gl. (3.81) durch $C = \sin x = 0$ gegeben, d. h. die Grenzen sind klar bei π und π gezogen, wo die Amplitude zum erstenmal verschwindet, und damit ist der Bereich in x (Abb. 3.5)

$$\left.\begin{array}{ll}\sin \xi = 0 & \Rightarrow \xi = \pm\pi \Rightarrow \Delta \xi = 2\pi \\ \Delta \xi = \frac{\Delta k}{2}\Delta x & \Rightarrow \frac{\Delta x \Delta k}{2} = 2\pi,\end{array}\right\} \qquad (3.84)$$

was wir im Abschn. 2.5 als wellentheoretisches Charakteristikum kennengelernt hatten. Für eine DE BROGLIE-Welle folgt daraus erneut eine Version der HEISENBERGschen Unschärferelation

$$\boxed{\Delta p \Delta x = 2\,h,} \qquad (3.85)$$

die wir im Abschn. 2.5 durch Einsetzen der DE BROGLIE-Beziehung in die Wellenunschärfe $\Delta x \Delta k \geq 2\pi$ gewonnen hatten. Für ein freies Teilchen ergibt sich aus Gl. (3.73)

$$\frac{\mathrm{d}\omega}{\mathrm{d}k} = \frac{\hbar k}{m_0} = \frac{m_0 v}{m_0} = v: \qquad (3.86)$$

die Gruppengeschwindigkeit des Wellenpakets einer DE BROGLIEschen Welle ist genauso groß wie die Geschwindigkeit des durch die Welle beschriebenen Teilchens

$$v_{\mathrm{Gr}} = v, \qquad (3.87)$$

und damit beschreibt das Wellenpaket die räumliche Ausdehnung des Teilchens. Je kleiner Δk, umso höher wird die Amplitude. Im Grenzfall der ebenen Welle wird $\Delta k = 0$ und $k = k_0$: die Welle ist im Ortsraum beliebig ausgedehnt.

Wenn sich diese Wellengruppe bewegt, dann wird sie wegen der Dispersion *zerfließen*: die Breite nimmt zu, ihre Höhe nimmt ab, während die Fläche unterhalb dieser Glockenkurve konstant bleibt.

3.9.2 Zerfließen des Wellenpakets

Wie sieht jetzt diese Wellenbewegung quantitativ aus? Dazu betrachten wir ein ähnliches Wellenpaket wie im Abschn. 3.7, das aber jetzt um x_0 zentriert sei, zum Zeitpunkt $t_0 = 0$:

$$\psi(x,0) = \frac{1}{\sqrt[4]{2\pi\sigma}} e^{ik_0 x}\, e^{-(x-x_0)^2/4\sigma}, \qquad (3.88)$$

dessen FOURIER-Transformierte

$$\begin{aligned}\phi(k,0) &= \int_{-\infty}^{\infty} \psi(x,0) e^{-ikx}\,\mathrm{d}x \\ &= \sqrt[4]{8\pi\sigma}\, e^{-\sigma^2(k-k_0)^2} e^{-i(k-k_0)x_0}\end{aligned}$$

und dessen Breite umgekehrt proportional zur anfänglichen Standardabweichung σ ist. Es bewege sich im Ortsraum als ebene Welle

$$\psi(x,t) = \frac{1}{2\pi} \int_{-\infty}^{\infty} e^{i(kx-\omega t)} \, \phi(k,0) \, dk.$$

Mit der Phasengeschwindigkeit $\omega = \frac{\hbar k^2}{2m}$ aus Gl. (3.73) erhält man daraus

$$\psi(x,t) = \frac{1}{2\pi} \int_{-\infty}^{\infty} e^{-i\left(kx - \frac{\hbar k^2}{2m}t\right)} \, \phi(k,0) \, dk,$$

vollständig

$$\psi(x,t) = \frac{1}{2\pi} \sqrt{\frac{\sigma}{\sqrt{\pi}}} \int_{-\infty}^{\infty} e^{-\frac{1}{2}(k-k_0)^2 \sigma^2} e^{i\left(kx - \frac{\hbar k^2}{2m}t\right)} \, dk$$
$$= \sqrt[4]{8\pi\sigma} \frac{1}{2\pi} \int_{-\infty}^{\infty} e^{-i(k-k_0)x_0} e^{-\sigma(k-k_0)^2} e^{i\left(kx - \hbar k^2 t/2m\right)} \, dk.$$

Substituieren wir k durch $k + k_0$, wird etwas einfacher

$$\psi(x,t) = \sqrt[4]{8\pi\sigma} \frac{1}{2\pi} \int_{-\infty}^{\infty} e^{-ikx_0} e^{-\sigma k^2} e^{i\left((k+k_0)x - \hbar(k+k_0)^2 t/2m\right)} \, dk$$
$$= \sqrt[4]{8\pi\sigma} \frac{1}{2\pi} \int_{-\infty}^{\infty} e^{-k^2(\sigma+i\hbar t/2m)} e^{ik(x-\hbar k_0 t/m - x_0)} e^{-ik_0(x+\hbar k_0 t/2m)} \, dk.$$

Ds Integral besteht aus drei Exponentialfaktoren, von denen der letzte nur von k_0, nicht aber von k abhängt. Dieser enthält die Phaseninformation, und wir können ihn zum Vorfaktor schlagen und erhalten

$$\psi(x,t) = A \int_{-\infty}^{\infty} e^{-ak^2} e^{2bk} \, dk$$

mit

$$A = \frac{1}{2\pi} \sqrt[4]{8\pi\sigma} \underbrace{e^{-ik_0(x+\hbar k_0 t/2m)}}_{\text{Phase}}$$

und

$$\begin{aligned} a &= (\sigma + i\hbar t/2m) \\ b &= \tfrac{i}{2}(x - \hbar k_0 t/m - x_0). \end{aligned} \tag{3.89}$$

Das ist das Standardintegral $\int e^{-\left(ax^2 + 2bx\right)} \, dx = \sqrt{\frac{\pi}{a}} e^{-b^2/a}$. Wir sehen, dass der Koeffizient a die zeitliche Änderung der Standardabweichung σ beschreibt. Setzen wir $\sigma_t = a$, finden wir für $\psi(x,t)$

$$\psi(x,t) = \sqrt[4]{\frac{\sigma}{2\pi\sigma_t^2}} \exp\left(-ik_0\left(x + \frac{\hbar k_0}{2m}t\right)\right) \exp\left(-\frac{\left(x - \frac{\hbar k_0}{m}t - x_0\right)^2}{4\sigma_t}\right)$$

$$\tag{3.90}$$

und für $\langle x \rangle$ aus der zweiten Exp-Funktion

$$\langle x \rangle = x_0 + \frac{\hbar k_0}{m} t.$$

- Die Wellenfunktion ist zwar nach wie vor eine GAUSSsche Glockenkurve, aber

- mit dem Normierungsfaktor und dem zweiten Exponentialterm läuft sie zeitlich auseinander. Für große Zeiten wird nach den Gln. (3.89) $\sigma_t \propto t$ und $\Delta x \approx \frac{\hbar t}{m\sigma}$. Je schärfer die Lokalisation der Welle zur Zeit t_0, also umso kleiner σ_t, umso schneller ist sie zerflossen. Dies ist offenbar dann der Fall, wenn $\frac{\hbar t}{m\sigma^2} \approx 1$. Da m im Nenner dieser Quotienten steht, ist besonders für Mikroteilchen dieser Prozess bedeutsam (Beisp. 3.3).

Beispiel 3.3 Für ein Makroteilchen einer Masse von 1 g und einer Ausdehnung von 1 mm zerfließt das Teilchen erst in 10^{25} s, also praktisch nicht. Ein Elektron mit einer Masse von 10^{-30} g und einer Ausdehnung im Bereich von fm zerfließt in einem Zeitraum von größenordnungsmäßig 10^{-26} s.

Dies ist in Abb. 3.6 für ein Elektron gezeigt, das mit einer Anfangsenergie von $22{,}6\,\text{eV} = \frac{5}{3}\text{Ry}$ (1 Ry = 13,6 eV) und einer einer Anfangsbreite von 2,00 Å startet. Es ist nahezu sofort zerflossen.

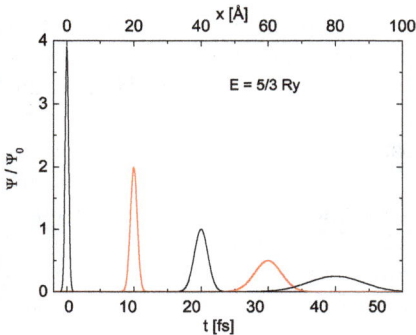

Abb. 3.6. Zerfließen eines Wellenpakets, mit dem ein Elektron als Materiewelle beschrieben wird. Der Anfangswert ist $\frac{5}{3}\text{Ry} = 22{,}6$ eV, und damit ist die spektrale Breite zu Beginn 2 Å.

Was bedeutet das? Natürlich bleibt ein Elektron ein Elektron mit einer Ausdehnung von höchstens einigen fm, aber unsere Kenntnis über seinen Ort wird im Laufe der Zeit immer ungenauer. Dasselbe gilt für seinen Impuls resp. seine Geschwindigkeit.

3.10 Eigenwertgleichung I

3.10.1 Einleitung

Da eine gleichzeitige Erfassung vieler aus der klassischen Physik bekannten Messgrößen in mikroskopischen Systemen nicht sinnvoll ist, unterteilen wir die Messvorrichtungen durch die Sondierung nach ihrer Eigenschaft. Der Preis für die positive Erfassung einer Messgröße wird durch die Nichtvereinbarkeit der Erfassung einer dazu komplementären Größe, wie die zwischen Ort und Impuls, bezahlt.

Wir hatten im Abschn. 3.6 gesehen, dass wir mathematisch die Frage nach der Ortsbestimmung eines Teilchenensembles mit einer Verteilungs- oder Wellenfunktion ψ beantworten können, die von deren Koordinaten x abhängt. Interessieren wir uns nun für dessen Impuls, haben wir also Messdaten auszuwerten, die wir mit einer dafür sensiblen Messvorrichtung erhalten haben. Die Wellenfunktion liegt aber als Funktion von x vor. Diese kann jedoch durch eine FOURIER-Transformation leicht in eine funktionale Abhängigkeit für den Impuls p gebracht werden, und wir sagen, dass der jeweilige Zustand in der x- oder der p-Darstellung gegeben ist, also in derjenigen der jeweiligen unabhängigen Veränderlichen und schreiben das als Integrale in den Gln. (3.51).

Die quantenmechanische Idee ist nun, dass nicht nur Ort und Impuls, sondern vor allem die wichtigste Observable, nämlich die durch Spektroskopie zugängliche Gesamtenergie, durch sog. *Operatoren*, die auf die Wellenfunktion wirken, ermittelt werden können. Alles, was wir über ein System wissen können, steckt in der Wellenfunktion. Und je nachdem, welche Frage wir mit welchem Operator an unser System stellen wollen, bekommen wir eine Teilantwort. Es steckt aber im Wesen der durch die FOURIER-Transformation begründeten Unschärfe, dass wir nicht alle Antworten unseres Systems gleichzeitig erhalten können.

Wie wir zu Beginn gesehen haben, sind die hier zu betrachtenden Elemente des HILBERT-Raumes entweder Funktionen oder Vektoren. In jenem Fall werden die Operatoren als Differential- oder Multiplikationsoperatoren dargestellt, in diesem Fall wird der Operator durch eine Matrix. Beide Elemente können die Dimension ∞ aufweisen.

Ziel ist in dieser ersten Darstellung die Lösung des Eigenwertproblems, wenn die Eigenfunktion(en) und der Operator gegeben sind. Eine andere Darstellung ist die sog. E-Darstellung, in der die Teilchenenergie als unabhängige Variable betrachtet und nach Operator und Eigenvektor gefragt wird (Abschn. 3.11).

Wir werden uns in diesem Abschnitt mit der x- und p-Darstellung beschäftigen und fassen zunächst unsere Feststellungen bzgl. der ein Wellenpaket beschreibenden Funktionen zusammen.

3.10.2 Wellenfunktionen

Wir beginnen mit zwei Axiomen:

Axiom 1 Zu einem Teilchen (Wellenpaket) gehört eine eindeutige, quadratisch integrable, im allgemeinen komplexe Wellenfunktion $\Psi(x,t)$. Sie beschreibt den Zustand des Teilchens. Dabei gibt $\Psi^*(x,t)\Psi(x,t)\,\mathrm{d}x$ die Wahrscheinlichkeit an, das Teilchen zur Zeit t zwischen x und $x + \mathrm{d}x$ anzutreffen, was wir mit

$$\mathrm{d}P = \Psi^*(x,t)\Psi(x,t)\,\mathrm{d}x \qquad (3.91)$$

schreiben. Die Größe $\Psi^*(x,t)\Psi(x,t)$ wird daher als Wahrscheinlichkeitsdichte bezeichnet.

Axiom 2 Da die Funktion quadratisch integrabel ist, weist sie keine Singularitäten auf. Sie ist stetig und differenzierbar und kann daher normiert werden: Die Wahrscheinlichkeit, das Teilchen zur Zeit t irgendwo auf der x-Achse zu finden, muss natürlich Eins sein:

$$\int_{-\infty}^{+\infty} \Psi^*(x,t)\Psi(x,t)\,\mathrm{d}x = 1 \qquad (3.92)$$

Dies bedeutet insbesondere, dass die Funktion Ψ und ihre Differentialquotienten (Ableitung) im Unendlichen verschwinden müssen.

Sei die Funktion Ψ nach Gl. (3.42) entwickelbar in die Reihe

$$\Psi = \sum_n c_n\psi_n, \qquad (3.93)$$

dann ist nach dem 1. Axiom $|c_n|^2$ die Wahrscheinlichkeit dafür, dass der der Funktion ψ_n zugeordnete Eigenwert E_n beobachtet wird. Sind die Funktionen ψ_n orthonormiert, muss die Quadratsumme über die c_n Eins ergeben, im Falle komplexer Koeffizienten

$$\sum_n |c_n^*c_n| = 1. \qquad (3.94)$$

Ist diese Bedingung nicht erfüllt, sind die Funktionen ψ_n noch nicht normiert, und dann gilt für eindimensionale Funktionen ψ

$$\int \Psi^*(x)\Psi(x)\,\mathrm{d}x = \sum_n |c_n^* c_n|, \tag{3.95}$$

in der wir unsere Normierungsgleichung (3.16) wiederfinden. Wie erhalten wir die normierten Entwicklungskoeffizienten c_n?

Wir gehen von Gl. (3.93) aus und multiplizieren Ψ mit der konjugiert-komplexen Funktion ψ_m^*; die nachfolgende Integration ergibt

$$\int \psi_m^*(x)\Psi(x)\,\mathrm{d}x = \sum_n c_n^* \int \psi_m^*(x)\psi_n(x)\,\mathrm{d}x. \tag{3.96}$$

Nach Voraussetzung der Orthonormalität der Eigenfunktionen $\psi_i(x)$ werden die Integrale unter dem Summenzeichen δ_{mn}

$$\int \psi_m^*(x)\psi_n(x)\,\mathrm{d}x = \delta_{mn}, \tag{3.97}$$

womit für Gl. (3.96)

$$\int \psi_m^*(x)\Psi(x)\,\mathrm{d}x = \sum_n c_n \delta_{mn} = c_m \tag{3.98}$$

resultiert.

Das sind unsere Funktionen, mit denen wir die Wahrscheinlichkeiten bestimmen, dass eine Beobachtung einer physikalischen Größe einen bestimmten Messwert liefert. Die Rechenvorschrift dazu liefert das

Axiom 3 Wenn wir nach dem 1. Axiom feststellen können, dass mit der Kenntnis der Wellenfunktion $\Psi(x,t)$ der Zustand des Teilchens bekannt ist, dann bedeutet das, dass die Wahrscheinlichkeit, die eine Observable A im Zustand Ψ im Mittel annimmt, die also den sog. *Erwartungswert* bezeichnet, der bei einer unendlich großen Zahl von Versuchen auch tatsächlich immer erreicht wird, gegeben ist durch

$$\langle A \rangle = \int_{-\infty}^{+\infty} \Psi^*(x,t)\,\mathbf{A}\,\Psi(x,t)\,\mathrm{d}x. \tag{3.99}$$

$\mathbf{A}$ ist ein linearer Operator. Für den Fall, dass A einzelne skalare Werte annimmt, z. B. den Wert A_m, gilt

$$\mathbf{A}\psi_m(x,t) = A_m \psi_m(x,t). \tag{3.100}$$

Der Erwartungswert $\langle A \rangle$ (Mittelwert) ist dann gleich dem Eigenwert A_m im Zustand ψ_m.

- Die Gl. (3.99) nimmt die aus der Wahrscheinlichkeitsrechnung bekannte Gl. (3.57) zur Bildung des Mittelwerts auf.

- Wir erkennen in dieser Gleichung außerdem das Skalarprodukt aus Gl. (3.26), wobei die zweite Funktion unter dem Integral zunächst durch **A** verändert wird.

- Der Operator ist ein linearer Integraloperator.

3.10.3 Operatoren

3.10.3.1 Motivation. Mit dem 3. Axiom ordnen wir einer Observablen A, worunter wir eine Messgröße verstehen, einen Operator **A** zu, wofür wir symbolisch $A \to \mathbf{A}$ schreiben. Dieser Operator stellt eine bestimmte Rechenvorschrift dar, die auf die nachfolgende Funktion anzuwenden ist. Mit

$$\psi = \mathbf{A}\Phi$$

wird etwa der Funktion Φ die Funktion ψ zugeordnet. **A** kann jedwede Operation bedeuten: eine Multiplikation ($\mathbf{A} = x$), aber auch eine Wurzel ($\mathbf{A} = \sqrt{}$). Die Operation bestimmt den Namen des Operators. Also ist der eine Differentiation ($\mathbf{A} = \frac{\mathrm{d}}{\mathrm{d}x}$) auslösende Operator der Differentialoperator. Die rechts des Operators stehenden Funktionen sind im Fall der Quantenmechanik Wellenfunktionen, deren Produkt $|\psi(x)^*\psi(x)|$ ein Maß für die Wahrscheinlichkeitsdichte ist, mit der sich ein Quantenteilchen an dem einen oder dem anderen Ort des Raumes finden lässt.

Da die Wellenfunktionen dem Superpositionsprinzip gehorchen müssen, sind alle Operatoren linear. Die in der Quantenmechanik verwendeten Operatoren stellen daher Objekte des oben definierten HILBERT-Raumes dar. Dieser Ersatz der Funktionen einer physikalischen Größe durch den entsprechenden Operator erfolgt gemäß des *Korrespondenzprinzips der Quantenmechanik*.

Die Observablen, etwa die Energie oder der Drehimpuls, sind Funktionen des Orts und des Impulses. Deren Komponenten werden als erstes durch die Komponenten der beiden Operatoren für Ort und Impuls substituiert. In der sog. *Ortsdarstellung* ist der Ortsoperator ein multiplikativer Operator und zerfällt z. B. in die drei cartesischen Koordinaten, während der Impulsoperator ein *linearer Differentialoperator* nach den Koordinaten ist, so dass $\psi \to \psi'$ verändert wird. Mit dem Vorfaktor $\frac{\hbar}{\mathrm{i}}$ fallen die Eigenwerte dieses Operators mit den Messwerten des Impulses zusammen (Tab. 3.1):

$$\boldsymbol{p} \longrightarrow \frac{\hbar}{\mathrm{i}} \frac{\partial}{\partial(x,y,z)} \boldsymbol{i}, \boldsymbol{j}, \boldsymbol{k} \longrightarrow \frac{\hbar}{\mathrm{i}} \nabla$$

Wie wir im Abschn. 3.6 gesehen haben, sind die beiden Veränderlichen x und k über eine FOURIER-Transformation verbunden. Wir können also gleichberechtigt auch im k-Raum den Impuls als multiplikativen Operator definieren und den Ort als Differentialoperator. Das ist die sog. *Impuls-Darstellung*:

$$\boldsymbol{p} \to \mathbf{p} \text{ und } \boldsymbol{r} \to -\frac{\hbar}{\mathrm{i}} \frac{\partial}{\partial p},$$

Tabelle 3.1. Messwert, Operator und Eigenwert im Ortsraum.

Messwert	Operator	Erwartungswert
x	$x = \mathbf{x}$	$\langle x \rangle = \int \Psi^* \mathbf{x} \Psi \, \mathrm{d}x$
p_x	$\frac{\hbar}{\mathrm{i}} \frac{\partial}{\partial x}$	$\langle p_x \rangle = \int \Psi^* \frac{\hbar}{\mathrm{i}} \frac{\partial}{\partial x} \Psi \, \mathrm{d}x$

und Tab. 3.1 verändert sich in der Impulsdarstellung komplementär zu Tab. 3.2. Wir werden in der Festkörperphysik oft auf diese Darstellung zurückkommen.

Tabelle 3.2. Messwert, Operator und Eigenwert im Impulsraum.

Messwert	Operator	Erwartungswert
p_x	$p_x = \mathbf{p}_x$	$\langle p_x \rangle = \int \Psi^* \mathbf{p}_x \Psi \, \mathrm{d}p_x$
x	$-\frac{\hbar}{\mathrm{i}} \frac{\partial}{\partial p_x}$	$\langle x \rangle = -\int \Psi^* \frac{\hbar}{\mathrm{i}} \frac{\partial}{\partial p_x} \Psi \, \mathrm{d}p_x$

Aus der Gl. (3.26), mit der das Skalarprodukt zweier Funktion mit einem Integral über diese verknüpft wird, der Gl. (3.57) für die Bildung des Mittelwerts einer Funktion und den Gln. (3.99/100) des 3. Axioms erkennen wir nun die Erweiterung von einer Funktion $f(x)$ zu einem Operator, der die rechts von ihm stehende Funktion verändert, deren Ergebnis danach mit einer konjugiert-komplexen Funktion multipliziert und schließlich das Volumenintegral gebildet wird, um seinen Erwartungswert zu erhalten, der eine Messgröße darstellt. Dieser Messwert (Mittelwert oder Eigenwert) ist also der Mittel- oder Eigenwert des Operators:

$$\langle A \rangle = \langle \mathbf{A} \rangle \tag{3.101}$$

Im Drucksatz schreibt man im allgemeinen für Operatoren wie für Matrizen und Tensoren fette, senkrechte Buchstaben — im Unterschied zu Vektoren, die im EUKLIDischen Vektorraum fett und kursiv geschrieben werden.

3.10.3.2 Rechengesetze für Operatoren. Mit der Gleichung

$$\mathbf{A}(\alpha \psi + \beta \Phi) = \alpha \mathbf{A} \psi + \beta \mathbf{A} \Phi \tag{3.102}$$

mit α, β Zahlen und ψ, Φ Funktionen wird die Linearität eines Operators definiert. Physikalisch bedeutet dies, dass die Anwendung eines Operators auf die Überlagerung zweier Wellenfunktionen mit den Amplitudenkoeffizienten α und β gleich ist der Überlagerung der Funktionen $\mathbf{A}\psi$ und $\mathbf{A}\Phi$, gewichtet um ihre α und β.

Daraus resultiert, dass lineare Operatoren mit einer Konstanten γ

$$(\gamma\mathbf{A})\,\psi = \gamma\,(\mathbf{A}\psi) = \mathbf{A}(\gamma\psi) \qquad (3.103)$$

gestreckt oder gestaucht werden, was auch für die Funktion ψ nach

$$(\gamma\mathbf{A})\,\psi = \mathbf{A}\,(\gamma\psi) \qquad (3.104)$$

gilt. Für die Addition zweier Operatoren $\mathbf{A}$ und $\mathbf{B}$ gilt das Kommutativgesetz

$$(\mathbf{A}+\mathbf{B})\psi = \mathbf{A}\psi + \mathbf{B}\psi = \mathbf{B}\psi + \mathbf{A}\psi = (\mathbf{B}+\mathbf{A})\psi. \qquad (3.105)$$

Auch ein Produkt aus zwei Operatoren ist definiert. Sei $\mathbf{P} = \mathbf{AB}$, dann gilt das Assoziativgesetz

$$\mathbf{P}\psi = (\mathbf{AB})\psi) = \mathbf{A}(\mathbf{B}\psi).^4 \qquad (3.106)$$

Für das Produkt von Operatoren gilt das Kommutativgesetz meist nicht, so dass

$$(\mathbf{AB})\psi) = \mathbf{A}(\mathbf{B}\psi) \neq \mathbf{B}(\mathbf{A}\psi) = (\mathbf{BA})\psi, \qquad (3.107)$$

und es kann im Rahmen der Algebra nicht vertauschbarer Größen ein zweites Produkt $\mathbf{P}' = \mathbf{BA}$ definiert werden (Beisp. 3.4).

Beispiel 3.4 Seien $\mathbf{A} = \mathrm{i}\frac{\partial}{\partial x}$ und $\mathbf{B} = x$, dann ist in einem Fall

$$\begin{aligned}
\mathbf{P}\psi &= \mathbf{A}\,(\mathbf{B}\psi) \\
&= \mathrm{i}\frac{\partial}{\partial x}\,(x\psi) \\
&= \mathrm{i}\psi + \mathrm{i}x\frac{\partial\psi}{\partial x} \\
&= \mathrm{i}\left(1 + x\frac{\partial}{\partial x}\right)\psi,
\end{aligned}$$

und der Produktoperator folglich

$$\mathbf{P} = \mathrm{i}\left(1 + x\frac{\partial}{\partial x}\right),$$

im anderen Fall dagegen

$$\begin{aligned}
\mathbf{P}'\psi &= \mathbf{B}\,(\mathbf{A}\psi) \\
&= x\mathrm{i}\frac{\partial}{\partial\psi},
\end{aligned}$$

und der Produktoperator folglich

$$\mathbf{P}' = \mathrm{i}x\frac{\partial}{\partial x}.$$

---

[4]In dieser symbolischen Schreibweise ist es unüblich, ein Verknüpfungszeichen zwischen die Operatoren zu setzen.

Ist $\mathbf{A} = \mathbf{A}$, schreibt man auch

$$\mathbf{P} = \mathbf{A}^2 = \mathbf{AA}, \tag{3.108}$$

womit der Einstieg in die Potenzbildung von Operatoren beginnt (Beisp. 3.5).

Beispiel 3.5 Seien $\mathbf{A} = x$ und $\mathbf{B} = \mathrm{i}\frac{\partial}{\partial x}$, dann ist $\mathbf{P} = \mathbf{AB}$, und $\mathbf{P}^2$ ergibt sich zu

$$\mathbf{P}^2 = \left(x\mathrm{i}\frac{\partial}{\partial x}\right)\left(x\mathrm{i}\frac{\partial}{\partial x}\right)$$
$$= x\mathrm{i}^2\left(x\frac{\partial^2}{\partial x^2} + \frac{\partial}{\partial x}\right)$$
$$= -x\left(x\frac{\partial^2}{\partial x^2} + \frac{\partial}{\partial x}\right).$$

3.10.3.3 Hermitescher Operator.
Die Wellenfunktion selbst ist keine Observable und kann daher komplex sein. Messgrößen dagegen sind immer reell. Damit die Erwartungswerte der Forderung

$$\alpha = \alpha^* \tag{3.109}$$

genügen können, muss daher für den Operator

$$\int_{-\infty}^{\infty} \phi^* \left(\mathbf{A}\psi\right)\,\mathrm{d}x = \int_{-\infty}^{\infty} \left(\mathbf{A}\phi\right)^* \psi\,\mathrm{d}x \tag{3.110}$$

gelten: Es ist gleichgültig, auf welche der beiden Funktionen der Operator angewendet wird. Diese Eigenschaft heißt man hermitesch (Beisp. 3.6).

Beispiel 3.6 Ist der Operator des Impulses hermitesch? Dazu muss $\langle p_x \rangle = \langle p_x^* \rangle$ sein, also

$$\langle p_x \rangle = \int_{-\infty}^{\infty} \phi^* \mathbf{p}_x \psi\,\mathrm{d}x$$
$$= \int_{-\infty}^{\infty} \phi^* \left(\frac{\hbar}{\mathrm{i}}\frac{\partial}{\partial x}\psi\right)\,\mathrm{d}x.$$

sein. Partielle Integration ergibt

$$\frac{\hbar}{\mathrm{i}}\,\phi^*\psi\big|_{-\infty}^{\infty} - \frac{\hbar}{\mathrm{i}}\int_{-\infty}^{\infty}\left(\frac{\partial}{\partial x}\phi^*\right)\psi\,\mathrm{d}x,$$

und da die Wellenfunktionen im Unendlichen verschwinden müssen, bleibt nur der Subtrahend übrig, der

$$-\int_{-\infty}^{\infty} \frac{\hbar}{\mathrm{i}} \left(\frac{\partial}{\partial x} \phi^* \right) \psi \, \mathrm{d}x = \int_{-\infty}^{\infty} \mathbf{p}_x^* \phi^* \psi \, \mathrm{d}x$$

liefert, womit genau die Forderung nach Gl. (3.110) erfüllt wird. Also ist $\mathbf{p}_x$ ein linearer und HERMITEscher Operator.

Der durch Multiplikation zweier HERMITEscher Operatoren entstehende Operator ist nicht zwangsläufig ebenfalls hermitesch. Auch wenn sich ein Operator nun als nicht-hermitesch erweist (s. Aufgaben im Abschn. 3.11.4), gibt es Rezepte, um ihn zu „hermitesieren". Dazu müssen die einzelnen Faktoren einer klassischen Funktion solange umgestellt werden, bis die daraus resultierenden Operatoren hermitesch sind (Beisp. 3.7).

Beispiel 3.7

$$x p_x \longrightarrow \frac{\hbar}{\mathrm{i}} x \frac{\partial}{\partial x} ?$$

Dieser Operator ist nicht-hermitesch. Vielmehr müssen wir den Produktansatz in eine Summe

$$x p_x \longrightarrow \frac{1}{2} \left(\mathbf{x} \mathbf{p}_x + \mathbf{p}_x \mathbf{x} \right) + \frac{1}{2} \left(\mathbf{x} \mathbf{p}_x - \mathbf{p}_x \mathbf{x} \right)$$

zerlegen; diese *Symmetrisierung* liefert dann einen HERMITEschen Operator.

Axiom 4 Liefern zwei Eigenfunktionen eines HERMITEschen Operators zwei verschiedene Eigenwerte, sind sie orthogonal zueinander. Es soll also gelten:

$$\mathbf{A}\psi_1 = \alpha_1 \psi_1 \text{ und } \mathbf{A}\psi_2 = \alpha_2 \psi_2 \Rightarrow \int \psi_2^* \psi_1 \, \mathrm{d}^3 x = 0.$$

Dazu multiplizieren wir die erste Gleichung von links mit ψ_2^* und das konjugiert-komplexe der zweiten Gleichung von links mit ψ_1, integrieren

$$\int \psi_2^* \mathbf{A} \psi_1 \, \mathrm{d}^3 x = \alpha_1 \int \psi_2^* \psi_1 \, \mathrm{d}^3 x \text{ und } \int \psi_1 \mathbf{A}^* \psi_2^* \, \mathrm{d}^3 x = \alpha_2 \int \psi_1 \psi_2^* \, \mathrm{d}^3 x$$

und bilden die Differenz:

$$\int \psi_2^* \mathbf{A} \psi_1 \, \mathrm{d}^3 x - \int \psi_1 \mathbf{A}^* \psi_2^* \, \mathrm{d}^3 x = (\alpha_1 - \alpha_2) \int \psi_2^* \psi_1 \, \mathrm{d}^3 x.$$

Nach Gl. (3.110) ist die linke Seite der Gleichung die Definition des HERMITEschen Operators und Null. Da $\alpha_1 \neq \alpha_2$ und damit verschieden von Null ist, muss das Integral über die beiden (normierbaren) Funktionen ψ_1 und ψ_2 verschwinden, wodurch die Orthogonalität bewiesen ist.

3.10.3.4 Kommutatoren. In Gl. (3.107) wurde darauf hingewiesen, dass die Produktbildung der Operatoren meist nicht kommutativ ist.

Da die meisten Operatoren nicht *kommutieren*, worunter wir verstehen, dass

$$\mathbf{B\,H} = \mathbf{H\,B} \Rightarrow (\mathbf{B\,H} - \mathbf{H\,B}) = 0 \tag{3.111}$$

und hier geschrieben in der sog. *Operatorschreibweise* ohne die Funktion ψ, auf die der Operator wirkt, ist die Reihenfolge der Operationen streng einzuhalten.

Kommutieren zwei Operatoren, lässt sich immer ein Satz von Funktionen finden, die Eigenfunktionen beider Operatoren sind. Dazu setzen wir mit den zwei Operatoren **A** und seinen Eigenfunktionen ψ sowie **B** mit den Eigenfunktionen ϕ

$$\begin{aligned} \mathbf{A}\psi_i &= \alpha_i\psi_i \\ \mathbf{B}\phi_j &= \beta_j\phi_j \end{aligned} \tag{3.112}$$

an. Wenden wir jetzt die Operation **A** auf Gl. (3.112.2) an:

$$\mathbf{A}\,\mathbf{B}\phi_j = \mathbf{A}\beta_j\phi_j = \beta_j\mathbf{A}\phi_j \tag{3.113}$$

was aber wegen Gl. (3.112.1)

$$\mathbf{A}\,\mathbf{B}\phi_j = \mathbf{A}\psi_j = \alpha_j\beta_j\phi_j \tag{3.114}$$

zur Folge hat, also

$$\psi_j = \beta_j\phi_j:$$

ψ_j ist erstens eine Eigenfunktion aus dem Satz der ϕ_j, also ist ψ linear abhängig von ϕ. Zweitens folgt aus den Gln. (3.113) und (3.114) bei Kommutierbarkeit

$$\mathbf{B}(\mathbf{A}\phi_j) = \beta_j(\mathbf{A}\phi_j):$$

$\mathbf{A}\phi_j$ ist eine Eigenfunktion von **B** mit dem Eigenwert β_j. Da aber ϕ_j gleichzeitig eine Eigenfunktion von **B** mit dem Eigenwert β_j ist, geht dies nur dann, wenn die $\mathbf{A}\phi_j$ sich von den ϕ_j um eine multiplikative Konstante nach

$$\mathbf{A}\phi_j = \kappa\phi_j \tag{3.115}$$

unterscheiden: Die ϕ sind auch Eigenfunktionen des Operators **A** mit dem Eigenwert κ, q. e. d.

Kommutieren aber zwei Operatoren nicht miteinander, gibt es folglich umgekehrt keinen Satz von Eigenfunktionen, die gleichzeitig Eigenfunktionen beider Operatoren sind. *Ergo* gibt es auch kein Experiment, das zum Ergebnis hat, dass beide beobachteten Größen (die „Observablen") gleichzeitig scharf definiert sind (Beisp. 3.8).

Beispiel 3.8 x und $\partial/\partial x$ sind keine kommutierenden Operatoren. Folglich sind x und p_x nicht beide gleichzeitig scharf definiert:

$$\mathbf{A} = \frac{\hbar}{i}\frac{d}{dx} \text{ und } \mathbf{B} = x$$

$$\mathbf{A}(\mathbf{B}\psi) = \frac{\hbar}{i}\left(\frac{d}{dx}x\psi\right) = \frac{\hbar}{i}\left(\psi + x\frac{d\psi}{dx}\right)$$

$$\mathbf{B}(\mathbf{A}\psi) = x\frac{\hbar}{i}\frac{d\psi}{dx}$$

$$(\mathbf{AB} - \mathbf{BA})\psi = \frac{\hbar}{i}\psi = -i\hbar\psi \neq 0$$

$$\mathbf{p}_x\mathbf{x} - \mathbf{x}\mathbf{p}_x = [\mathbf{p}, \mathbf{x}] = -i\hbar$$

Damit kennen wir nun neben zwei experimentell begründeten Unschärferelationen nun eine quantenmechanisch hergeleitete.[5] Dieses Ergebnis gilt nicht nur für p_x und die ihm zugeordnete Koordinate, sondern für jede Funktion, die eine Abhängigkeit von dieser Koordinate hat, insbesondere also die zugehörige Potentialfunktion $\Phi(x)$, so dass der Kommutator zwischen p_x und der zugehörigen Potentialfunktion $\Phi(x)$ lautet:

$$\Phi_x\mathbf{p}_x - \mathbf{p}_x\Phi_x = \frac{\hbar}{i}\frac{\partial\Phi}{\partial x}, \tag{3.116}$$

was bedeutet, dass es keine Zustände gibt, bei denen der Impuls (kinetische Energie) und die ihm zugeordnete Koordinate (potentielle Energie) gleichzeitig scharfe Werte aufweisen.

Von zwei Seiten kommend, verallgemeinern wir dieses Resultat:

Wenn immer zwei Operatoren nicht kommutieren, dann gehorchen sie der Unschärferelation. Die Unschärferelation ist eine Folge des Welle-Teilchen-Dualismus, der die Grundlage der Quantenmechanik ist. Sie ist von äußeren Bedingungen unabhängig und hängt deswegen nicht von einem Beobachtungsvorgang ab.

---

[5]In Abschn. 2.5/6 für eine Materiewelle, abgeleitet aus einer mechanischen Welle, im Abschn. 3.9 für eine Wellengruppe.

3.10.4 Unschärfe „revisited"

Wir greifen nun die quantitative Behandlung der Frage nach dem Erwartungswert einer Gesamtheit von Beobachtungen, die wir im Abschn. 3.7 begonnen hatten, wieder auf, und zwar für die beiden zueinander komplementären Größen Ort und Impuls resp. Wellenzahl.

Wir hatten gesehen, dass mit der Glockenkurve Fragestellungen nach dem Mittelwert, dem mittleren Schwankungsquadrat und der Unschärfe quantitativ beantwortet werden können. Insbesondere spielt die Standardabweichung σ, die die Wendepunkte der achsensymmetrische Funktion verbindet, eine bedeutende Rolle.

Das betrifft die Zuordnung zweier zueinander komplementärer Größen, etwa dem Ort und dem Impuls (Wellenzahl) oder der Zeit und der Frequenz. Bei der FOURIER-Transformation nämlich wechselt σ ihren Platz vom Nenner des Exponenten in dessen Zähler. Das bedeutet, dass eine schlanke Verteilung in der Zeitdomäne (scharf definierter Impuls) eine breite Frequenzverteilung aufweist und umgekehrt [Gln (3.53) und (3.61)]:

$$\left.\begin{array}{l} \psi(x) = \frac{1}{\sqrt{2\pi}a}\mathrm{e}^{-\frac{1}{2}\left(\frac{x}{a}\right)^2} \\[2mm] \Phi(k) = \sqrt{2\sigma^2\pi}\mathrm{e}^{-\frac{1}{2}(ak)^2}. \end{array}\right\} \tag{3.117}$$

Zudem ist die Unschärfe Δx gleich dem mittleren Schwankungsquadrat $\sqrt{\langle x^2 \rangle}$ für den auf Null gelegten Schwerpunkt der Verteilung [Gl. (3.59)].

Wir hatten aber noch nicht den Fall untersucht, dass wir im Integral $\langle x \rangle = \int_{-\infty}^{\infty} W(x)\,x\,\mathrm{d}x$ nicht das Quadrat der Verteilung $W(x) = |\psi|^2$ als Integranden verwenden können, wie das bei einer multiplikativen Größe der Fall ist, sondern wenn x ein Operator $\mathbf{A}$ ist, der vor der Integration auf die Verteilungsfunktion anzuwenden ist. In diesem Fall ist die Reihenfolge der Operationen nach

$$\langle x \rangle = \int_{-\infty}^{\infty} \psi(x)^* \, \mathbf{A} \, \psi(x)\,\mathrm{d}x$$

zwingend vorgeschrieben.

x und k sind komplementäre Größen. Die Beziehung zueinander ist

$$\begin{array}{l} k \;= -\mathrm{i}\frac{\partial}{\partial x} \\[2mm] k^2 = -\frac{\partial^2}{\partial x^2} : \end{array}$$

Im Gegensatz zu den Gln. (3.57), nach denen der Erwartungswert für $\langle x^2 \rangle$ durch einen Integranden aus zwei Faktoren gebildet wird, der aus dem Quadrat $|\psi(x)|^2$ und der zu untersuchenden Größe gebildet wird, ist dies hier komplexer. Erst muss die Funktion (3.117.2) zweimal differenziert und dann mit sich selbst multipliziert werden, um den Integranden zu bestimmen, so dass wir als Bestimmungsgleichung für das mittlere Schwankungsquadrat $\langle k_x^2 \rangle$

$$\langle k_x^2 \rangle = N^2 \int_{-\infty}^{\infty} \mathrm{e}^{-\frac{1}{2}(ax)^2} \left(-\frac{\partial^2}{\partial x^2}\right) \mathrm{e}^{-\frac{1}{2}(ax)^2}\,\mathrm{d}x$$

mit N^2 einem Normierungsfaktor zu lösen haben.

Ausführen der Differentiation

$$\frac{\partial^2}{\partial x^2} e^{-\frac{1}{2}(ax)^2} = \left(e^{-\frac{1}{2}(ax)^2}\right)^2 \left(4a^2 + (2xa^2)^2\right)$$

und nachfolgende partielle Integration liefern

$$\langle k_x^2 \rangle = \frac{1}{4a^2},$$

so dass als Produkt der beiden komplementären Größen x und k

$$
\begin{aligned}
(\Delta x)^2 (\Delta k_x)^2 &\geq \langle x^2 \rangle \langle k_x^2 \rangle \\
&\geq a^2 \frac{1}{4a^2} \\
&\geq \frac{1}{4} \\
\Delta x \Delta k_x &\geq \frac{1}{2}
\end{aligned}
\tag{3.118}
$$

resultiert. Erinnern wir uns an die DE BROGLIE-Beziehung, gewinnen wir daraus die exakteste *Unschärferelation* zu

$$
\begin{aligned}
(\Delta x)^2 (\Delta p_x)^2 &\geq \langle x^2 \rangle \langle p_x^2 \rangle \\
&\geq a^2 \frac{\hbar^2}{4a^2} \\
&\geq \frac{\hbar^2}{4} \\
\Delta x \Delta p_x &\geq \frac{\hbar}{2}.
\end{aligned}
\tag{3.119}
$$

Die Unschärfe wird am exaktesten nach

$$(\Delta x)^2 (\Delta p)^2 \geq \left(\frac{\hbar}{2}\right)^2$$

aus einem kohärenten Zustand, beschrieben durch eine GAUSSsche Glocken-kurve, quantifiziert. Nur dafür gilt das Gleichheitszeichen in den Gln. (3.118) und (3.119), sonst ist in den Ungleichungen die linke Seite immer größer. Dies wurde von H.P. ROBERTSON im Jahre 1929 allgemeingültig bewiesen [42].

3.10.5 Erwartungswert und Eigenwert

Axiom 5 Die Observablen atomarer Systeme zeichnen sich dadurch aus, dass sie entweder diskrete, quantisierte Eigenwerte sind (etwa die Energie eines gebundenen Elektrons), oder dass sie Mittelwerte einer Wahrscheinlichkeitsverteilung sind (z. B. die Elektronendichte). Ein diskreter Eigenwert bedeutet, dass bei jeder Messung i derselbe Wert A_i erhalten wird.

Zur Untersuchung dieses Axioms greifen wir die in den Gln. (3.99/100) gestellte Frage wieder auf und setzen als Verteilungsfunktion W die Wellenfunktion Ψ ein, auf die der Operator $\mathbf{A}$ einwirken möge, der die Observable A repräsentiere:

$$\begin{aligned} \langle A \rangle &= \lim_{n \to \infty} \tfrac{1}{n} \sum_{i=1}^{n} A_i \\ &= \int_{-\infty}^{\infty} \Psi^* \mathbf{A} \Psi \, \mathrm{d}^3 x \end{aligned} \tag{3.120}$$

mit Ψ einer normierten Wellenfunktion. A_i ist [wie in den Gln. (3.51/52)] das Ergebnis der i-ten Messung der Observablen A.

Wenn ein Operator $\mathbf{A}$ nur einen Wert α und eine zu lösende Funktion Ψ besitzt, dann wird dieser dem Mittelwert gleich sein, weswegen nicht nur die Differenz zwischen $\langle A \rangle$ and α nach

$$\left. \begin{aligned} \mathbf{A}\Psi &= \alpha \Psi & \Rightarrow \\ \langle A \rangle &= \int \Psi^* \mathbf{A} \Psi \, \mathrm{d}^3 x & \Rightarrow \\ &= \alpha \int \Psi^* \Psi \, \mathrm{d}^3 x = \alpha \Rightarrow \\ \langle A \rangle - \alpha &= 0 \end{aligned} \right\} \tag{3.121}$$

verschwindet, sondern auch die zwischen den $\langle A_i \rangle$ und α, woraus für die Standardabweichung ebenfalls wegen der Hermitizität von $\mathbf{A}$

$$\begin{aligned} \sigma &= (A_i - \langle A \rangle)^2 \\ &= \int \Psi^* (\mathbf{A} - \alpha)^2 \Psi \, \mathrm{d}^3 x \\ &= \int ((\mathbf{A} - \alpha)\Psi)^* (\mathbf{A} - \alpha)\Psi \, \mathrm{d}^3 x \\ &= 0 \end{aligned} \tag{3.122}$$

resultiert. Meist sind die Operatoren Differentialoperatoren, und die Gl. (3.121) eine lineare homogene DGl, deren Eindeutigkeit durch die Randbedingungen gegeben ist. Von der Wellentheorie her wissen wir, dass es selbst dann nur für einige wenige Werte von α Lösungen gibt. Wenn der Operator $\mathbf{A}$ also mehrere *Eigenwerte* $\alpha_1, \alpha_2, \ldots, \alpha_n$ besitzt, die zu den *Eigenfunktionen* $\psi_1, \psi_2, \ldots, \psi_n$ gehören, wie dies für das Spektrum von Werten für die Energie typisch ist, können wir mit dem allgemeinen Ansatz

$$\Psi = \sum_m c_m \psi_m \tag{3.123}$$

für den Mittelwert des Operators **A** finden, dass

$$
\begin{aligned}
\langle A \rangle &= \int \sum_m c_m^* \psi_m^* \mathbf{A} \sum_n c_n \psi_n \, \mathrm{d}^3 x \\
&= \sum_m \sum_n c_m^* c_n \int \psi_m^* \mathbf{A} \psi_n \, \mathrm{d}^3 x \\
&= \sum_m \sum_n c_m^* c_n \alpha_m \delta_{mn},
\end{aligned}
\tag{3.124}
$$

und damit

$$\boxed{\langle A \rangle = c_m^2 \alpha_m.} \tag{3.125}$$

c_m^2 ist dabei die Wahrscheinlichkeit, mit der ein Quantenzustand m mit dem Eigenwert α_m besetzt werden kann. Sind alle c_m, mit Ausnahme von c_{m_0}, gleich Null, ist $\langle A \rangle = \alpha_{m_0}$, und der Mittelwert stimmt mit dem Eigenwert überein. Sind dagegen mehrere Koeffizienten c_m verschieden von Null, ergibt sich aus den Experimenten entweder der eine oder der andere Wert, und zwar mit der Wahrscheinlichkeit c_m^2 (Beisp. 3.9).

Das bekannteste Beispiel ist die bereits im Kap. 1 gestreifte Frage nach den Schwingungen eines Körpers, im einfachsten Falle also die einer an beiden Enden befestigten Saite der Länge l, die eben genau ein Spektrum von Eigenfunktionen liefert, und die Randbedingungen werden mit der Bedingung festgelegt, dass die Schnelle u an den Einspannpunkten $l = 0$ und $l = l$ verschwinden muss.

In der Quantenmechanik wird die Wellenfunktion aber stets über den ganzen Wertebereich (für x meist von ∞ nach $+\infty$) definiert, was hier meist zur Forderung nach Konstanz der Gesamtzahl der betrachteten Teilchen führt, aus der dann ähnliche Randbedingungen hervorgehen.

Wenn wir etwa fordern, dass die Wahrscheinlichkeit, ein Teilchen irgendwo zwischen $-\infty$ und ∞ zu finden, 100 % sein muss, dann darf diese Wahrscheinlichkeit nicht von der Zeit abhängen:

$$\frac{\mathrm{d}}{\mathrm{d}t} \int \Psi^* \Psi \, \mathrm{d}^3 x = 0 \tag{3.126}$$

und dazu sind die im Abschn. 3.9.2 erhobenen Forderungen ausreichend. *Damit wird die von* BOHR *aufgeworfene Frage nach der* Quantelung *durch ein rein mathematisches Verfahren der Bestimmung von Eigenfunktionen und Eigenwerten gelöst und folglich jeder Willkür entzogen.*

Beispiel 3.9 Wir betrachten ein System, das zwei Zustände einnehmen kann. Der Zustand 1 wird durch die Wellenfunktion $\psi_1(q_1)$ mit dem Eigenwert E_1 gegeben, der Zustand 2 durch die Wellenfunktion $\psi_2(q_2)$ mit dem Eigenwert E_2. Nach dem 4. Axiom sind die beiden Funktionen zueinander orthogonal. Befindet sich das System im ersten Zustand, dann gehört der Eigenwert also zu einem Eigenzustand, und der Erwartungswert ist identisch mit dem Eigenwert, genauso im zweiten Fall. Jede Linearkombination von ψ_1 und ψ_2

$$\Psi = c_1\psi_1 + c_2\psi_2, \text{ allgemein } \Psi = \sum_n c_n\psi_n$$

mit c_1, c_2 Konstanten ergibt einen Zustand, in dem eine Messung entweder mit der Wahrscheinlichkeit $\dfrac{|c_1^2|}{|c_1^2|+|c_2^2|}$ das Ergebnis 1 mit dem Eigenwert E_1 oder mit der Wahrscheinlichkeit $\dfrac{|c_2^2|}{|c_1^2|+|c_2^2|}$ das Ergebnis 2 mit dem Eigenwert E_2 hat.

In diesem Fall ist der Erwartungswert nicht gleich dem Eigenwert, im Falle einer Messung finden wir mit einer Wahrscheinlichkeit, die über das Verhältnis der Quadrate der Amplitudenkoeffizienten c_n gegeben ist, den Erwartungswert, der immer bestimmbar ist. Befindet sich das System in einem Eigenzustand, fallen daher Eigenwert und Erwartungswert zusammen.

3.10.5.1 Hamilton-Operator.
Unter den hier untersuchten Operatoren ragt der Energieoperator zur Bestimmung der Gesamtenergie in einem stationären System heraus. Für ein konservatives mechanisches System ist

$$E = T(p) + V(x) = \text{const} \Rightarrow T = E(p) - V(x). \tag{3.127}$$

Wir hatten diese Energiefunktion als HAMILTON-Funktion $\mathscr{H}$ im Abschn. 2.10 eingeführt. Jetzt ersetzen wir in $\mathscr{H}$ die vom Ort und vom Impuls abhängigen Teilbereiche durch Operatoren und erhalten formal die stationäre SCHRÖDINGER-Gleichung. Ihre prinzipielle Form lautet

$$\mathbf{H}\psi_n(x,y,z,t) = E_n\psi_n(x,t)\,\psi_n(y,t)\,\psi_n(z,t), \tag{3.128}$$

in Worten: der Operator $\mathbf{H}$, angewendet auf die Eigenfunktion $\psi_n(x,y,z,t)$ des Zustandes n, ergibt skalare Größen E_n, die sog. Eigenwerte, des n-ten Zustandes, multipliziert mit der Eigenfunktion $\psi(x,y,z,t)$, die das Produkt der drei Teilfunktionen $\psi_n(x,t)$, $\psi_n(y,t)$ und $\psi_n(z,t)$ ist, weil die Operatoren orthogonal zueinander sind.

3.10.5.2 Paritätsoperator.
Ein anderer sehr wichtiger Operator ist der Paritätsoperator, den wir auf die Funktion $\psi(x)$ einwirken lassen. Welche Werte nehmen die Eigenwerte λ an? Sei

$$\mathbf{P}\psi(x) = \lambda\psi(x), \tag{3.129}$$

dann wird aus der nochmaligen Anwendung

$$\mathbf{PP}\psi(x) = \mathbf{P}\lambda\psi(x),$$

und da der Eigenwert λ nur eine Zahl ist, schreiben wir mit Gl. (3.108)

$$\begin{aligned}\mathbf{PP}\psi(x) = \mathbf{P}^2\psi \\ = \lambda\mathbf{P}\psi(x) \\ = \lambda^2\psi(x),\end{aligned}$$

womit sich die Eigenwerte λ und der Operator $\mathbf{P}^2$ zu

$$\boxed{\begin{aligned}\lambda &= \pm 1 \\ \mathbf{P}^2 &= \mathbf{I}\end{aligned}} \tag{3.130}$$

mit $\mathbf{I}$ dem Einheitsoperator erweisen, dessen Anwendung die Funktion unverändert belässt. Die beiden Eigenwerte λ lassen zwar den absoluten Wert der Funktion unverändert, haben aber bedeutende Konsequenzen für deren Symmetrie. Bei Spiegelung des Arguments $x \to -x$ bedeutet

$$\lambda = \pm 1 \begin{cases} +1: & \text{gerade Parität: symmetrische } \psi \\ -1: & \text{ungerade Parität: antisymmetrische } \psi, \end{cases} \tag{3.131}$$

was für die Funktionen

$$\psi(x) = \psi(-x) \text{ oder } \psi(x) = -\psi(-x) \tag{3.132}$$

zur Folge hat.

Entweder sind die Funktionen bzgl. der Vertauschung der Raumkoordinaten symmetrisch oder antisymmetrisch. Finden wir also einen Satz von Eigenfunktionen zu irgendeinem Operator $\mathbf{H}$, und verschwindet der Kommutator der beiden Operatoren $\mathbf{H}$ und $\mathbf{P}$, dann liefert nach den Gln. (3.111 − 3.115) dieser Satz von Eigenfunktionen auch Eigenwerte zu $\mathbf{P}$. Typisch für die hier untersuchten Sätze von Funktionen ist, dass sie mit steigender Hierarchie (Quantenzahl) abwechselnd entweder symmetrisch oder antisymmetrisch sind.

3.10.6 Eigenwerte von Operatoren und die δ-Funktion

Da wir in der Quantenmechanik die Wahrscheinlichkeitsverteilung von Variablen untersuchen, denen Operatoren entsprechen, sind kommutierende Operatoren also die notwendige Bedingung dafür, dass die ihnen entsprechenden physikalischen Größen exakt berechnet und auch gemessen werden können. Ihre Wahrscheinlichkeitsverteilung kann mit δ-Funktionen beschrieben werden, die gleichzeitig eingenommen werden. Dazu zunächst zwei Beispiele.

3.10.6.1 Ortsoperator. Dazu schreiben wir als erstes die Definitionsgleichung des Ortsoperators auf. Die Gleichung

$$\mathbf{x}\psi = x'\psi \tag{3.133}$$

ist gleichbedeutend mit

$$(x - x')\psi = 0,$$

die ein Verschwinden jeder Funktion ψ für $x \neq x'$ verlangt. Nur für $x = x'$ verlangen wir, dass

$$\int_{-\infty}^{\infty} \psi^*\psi \, \mathrm{d}^3 x = 1 \tag{3.134}$$

ergibt. Randbedingung ist, dass diese Funktion über den gesamten Wertebereich stetig und differenzierbar ist, wozu es ausreicht, dass x eine *beliebige reelle Zahl* ist, m. a. W.: wir erhalten ein kontinuierliches Spektrum der Eigenwerte von x

$$-\infty \leq x \leq \infty,$$

was genau der Definition der δ-Funktion

$$x' = \int_{-\infty}^{\infty} \mathrm{d}x \, \delta(x - x') \tag{3.135}$$

entspricht, die man auf verschiedene Weise erhalten kann — wir fanden den Zugang über den Grenzwert der Spaltfunktion $\frac{\sin \alpha x}{x}$ und die GAUSSsche Glockenkurve mit verschwindender Halbwertsbreite (Aufg. 3.15).

3.10.6.2 Impulsoperator. Dann kümmern wir uns noch um den Impuls, für den wir

$$\mathbf{p}_x\psi = p_x\psi \tag{3.136}$$

mit p_x dem Eigenwert schreiben können. Setzen wir die Definitionsgleichung des Impulsoperators ein, gewinnen wir

$$\frac{\hbar}{\mathrm{i}} \frac{\partial \psi}{\partial x} = p_x\psi,$$

die wir leicht integrieren können

$$\psi_{p_x}(x) = N e^{\frac{i}{\hbar} p_x\, x},\qquad(3.137)$$

der Gleichung einer ebenen Welle mit $k_x = \frac{p_x}{\hbar}$, wobei k_x eine beliebige Zahl $\in \mathbb{R}$ ist, und N einer Normierungskonstanten, m. a. W.: *Wir erhalten ein kontinuierliches Spektrum der Eigenwerte von k_x* nach

$$-\infty < p_x < +\infty.$$

Die Normierung nach dem 2. Axiom [Gl. (3.92)] führt allerdings zu einer Schwierigkeit, da das Integral

$$\int_{-\infty}^{+\infty} \psi_{p_x}^*(x)\psi_{p_x}(x)\,\mathrm{d}x = N^* N \int_{-\infty}^{+\infty} e^{\frac{i}{\hbar}(p_x - p_x)x}\qquad(3.138)$$

divergiert. Zur Lösung dieses Integrals existieren zwei Verfahren. Das erste stammt von MAX BORN und verwendet die Bestimmung der *Periodizitätslänge*. Wir untersuchen dieses Verfahren in Aufg. 4.5. Hier wählen wir den eleganten Weg über die δ-Funktion, so dass wir Gl. (3.138) so

$$\int_{-\infty}^{+\infty} \psi_{p_x'}^*(x)\psi_{p_x}(x)\,\mathrm{d}x = N_{p_x'}^* N_{p_x} \int_{-\infty}^{+\infty} e^{\frac{i}{\hbar}(p_x' - p_x)x}$$

umschreiben und dann ψ_{p_x} auf die δ-Funktion

$$\int_{-\infty}^{+\infty} \psi_{p_x'}^*(x)\psi_{p_x}(x)\,\mathrm{d}x = N^2\, 2\pi\hbar\, \delta(p_x' - p_x)$$

normieren, woraus sich N zu

$$N = \frac{1}{\sqrt{2\pi\,\hbar}}\qquad(3.139)$$

mit

$$\psi_{p_x}(x) = \frac{1}{\sqrt{2\pi\,\hbar}} e^{\frac{i}{\hbar} p_x x}\qquad(3.140)$$

ergibt: Die Eigenfunktionen ψ_x des Impulsoperators $\mathbf{p}_x$ sind ebene DE BROGLIE-Wellen, die moderne Beschreibung der von DE BROGLIE ausgesprochenen Vermutung, dass die nach ihm benannten Wellen einen Zustand mit einem bestimmten Teilchenimpuls beschreiben.

Nicht-kommutierende Operatoren dagegen entsprechen physikalischen Veränderlichen, die nicht gleichzeitig exakt bestimmbar sind: Je näher die Wahrscheinlichkeitsverteilung einer Veränderlichen der δ-Funktion ist, umso breiter ist sie es in der anderen physikalischen Größe (Abb. 3.3).

3.10.6.3 Kontinuierliches Spektrum von Eigenwerten. Die eben untersuchten Fälle beschreiben nicht gerasterte, sondern kontinuierliche Eigenwerte. Da diese Problemstellung häufig auftritt, untersuchen wir das genauer. Dazu drehen wir die Fragestellung nochmals um.

Wenn wir eine beliebige (gerasterte) Wellenfunktion

$$\Psi(x) = \sum_n c_n \psi_n(x) \tag{3.141}$$

vorliegen haben, die aus einem endlichen Satz von Eigenfunktionen $\psi_n(x)$ besteht, dann ermitteln wir deren Amplitudenkoeffizienten nach der Vorschrift der Gln. (3.93) − (3.98) mit

$$c_n = \int_{-\infty}^{+\infty} \psi_n^*(x)\Psi(x)\,\mathrm{d}x,$$

also

$$c_m = \sum_n c_n \delta_{mn}. \tag{3.142}$$

Hat der Operator dagegen ein kontinuierliches Spektrum, etwa bei einem freien Teilchen, das wir als ebene Welle beschreiben, bedeutet das für die beobachtbare physikalische Größe, deren Eigenwert, die Wellenzahl, wir mit k ohne Suffix bezeichnen, weil k eben eine kontinuierlich durchstimmbare Größe ist, eine dazu gehörige Eigenfunktion ψ_k, so dass der Eigenwert die Rolle eines zusätzlichen Parameters spielt, also

$$\psi(x,k) = \psi_k(x).$$

Genauso, wie wir eine bisher betrachtete gerasterte Wellenfunktion in einer diskrete FOURIER-Reihe mit einem diskreten Spektrum entwickelt haben, entwickeln wir nun die Wellenfunktion ψ aus einem vollständigen Satz aus Eigenfunktionen mit einem kontinuierlichen Spektrum, so dass wir die Gleichung

$$\Psi(x) = \int c_k \psi_k(x)\,\mathrm{d}k \tag{3.143}$$

erhalten, wobei die Integration über den gesamten Raum ausgeführt wird, in der Werte für k beobachtet werden. $\psi_k(x)$ ist auf die δ-Funktion, $|\Psi(x)|^2$ auf Eins normiert.

Die wichtigste Eigenschaft der Eigenfunktionen ist ihre gegenseitige Orthogonalität und Normiertheit (Orthonormiertheit). Zur Beschreibung dieses Sachverhalts ist die δ-Funktion prädestiniert. Für diese gilt nach Abschn. 3.8

$$\int_a^b \delta(k' - k)\, dk' = 0, \text{ wenn } k' = k \text{ außerhalb des Intervalls } (a, b) \text{ liegt,}$$

$$\int_a^b \delta(k' - k)\, dk' = 1, \text{ wenn } k' = k \text{ innerhalb des Intervalls } (a, b) \text{ liegt.}$$

Und für eine differenzierbare Funktion $f(k')$ ist dann

$$\int_a^b f(k')\delta(k' - k)\, dk' = 0, \qquad \text{wenn } k' = k \text{ außerhalb des Intervalls } (a, b) \text{ liegt,}$$

$$\int_a^b f(k')\delta(k' - k)\, dk' = f(k), \text{ wenn } k' = k \text{ innerhalb des Intervalls } (a, b) \text{ liegt.}$$

Aus diesen Gleichungen folgt als allgemeine Bedingung für Orthonormiertheit für ein kontinuierliches Spektrum

$$\int_{-\infty}^{\infty} \psi_{k'}(x)^* \psi_k(x)\, dx = \delta(k' - k). \tag{3.144}$$

Diese Gleichung entspricht derjenigen für ein diskretes Spektrum [Gl. (3.97)]. $\delta(k' - k)$ verschwindet überall mit Ausnahme des Punktes $k' = k$, wo δ unendlich und das Integral über δ Eins wird.

Wie groß sind nun die Entwicklungskoeffizienten? Wir versuchen wie im diskreten Fall, die Funktionen $\psi_k(x)$ so zu normieren, dass die in Rede stehende Observable, die durch die Funktion ψ beschrieben wird, einen Wert zwischen k und $k + dk$ mit der Wahrscheinlichkeit $|c_k^* c_k|$ hat. Also ist

$$\begin{aligned} \sum_n |c_n^* c_n| &= 1: \text{diskret} \\ \int_{-\infty}^{\infty} |c_k^* c_k|\, dk &= 1: \text{kontinuierlich.} \end{aligned} \tag{3.145}$$

Das Integral in Gl. (3.145.2) ist aber auch

$$\int \Psi^*(x)\Psi(x)\, dx = \int |c_k^* c_k|\, dk, \tag{3.146}$$

und aus der Gl. (3.96) für den diskreten Fall gewinnen wir die Gleichung

$$\int \Psi^*(x)\Psi(x)\, dx = \iint c_k^* \psi_k(x)^* \Psi(x)\, dk\, dx, \tag{3.147}$$

aus deren Vergleich wir die Formel

$$c_k = \int \psi_k^*(x)\, \Psi(x)\, \mathrm{d}x \qquad (3.148)$$

erhalten. Setzt man Gl. (3.143) in Gl. (3.148) ein, finden wir

$$c_k = \int c_{k'} \underbrace{\int \psi_{k'}(x)\psi_k^*(x)\, \mathrm{d}x}\, \mathrm{d}k'. \qquad (3.149)$$

Damit diese Gleichung für alle c_k gilt, muss der Koeffizient von c_k' im Integranden, also das unterklammerte Integral, für alle $k' \neq k$ verschwinden und nur für $k' = k$ Eins werden — sonst wäre das Integral auch für diesen Fall Null! Daraus erkennen wir sofort, dass für die generelle Gültigkeit

$$\int \psi_{k'}(x)\psi_k^*(x)\, \mathrm{d}x = \delta(k' - k) \qquad (3.150)$$

sein muss, woraus schließlich die normierten Koeffizienten

$$c_k = \int c_{k'}\delta(k' - k)\, \mathrm{d}k' \qquad (3.151)$$

resultieren.

Nun berechnen wir den Erwartungswert eines Zustands für diese Funktionen. Dazu benötigen wir $\psi(x)$ in der Form von Gl. (3.143). Der Erwartungswert ist nach dem 3. Axiom definiert als

$$\begin{aligned}
\langle k \rangle &= \int \Psi^*(x)\, \mathbf{k}\, \Psi(x)\, \mathrm{d}x \\
&= \int\!\!\int \underbrace{c_{k'}^*\psi_{k'}^*(x)\, \mathrm{d}k'}_{\Psi^*(x)}\, \mathbf{k} \underbrace{\int c_k\psi_k(x)\, \mathrm{d}k}_{\Psi(x)}\, \mathrm{d}x.
\end{aligned} \qquad (3.152)$$

Beachten wir ferner, dass

$$\begin{aligned}
\mathbf{k}\psi_k(x) &= k\psi_k(x) \\
\int \psi_{k'}^*(x)\psi_k(x)\, \mathrm{d}x &= \delta(k' - k),
\end{aligned}$$

ergibt sich schließlich

$$\begin{aligned}
\langle k \rangle &= \int\!\int c_{k'}^*\psi_{k'}(x)\, \mathrm{d}k'\, k \int c_k\psi_k(x)\, \mathrm{d}k\, \mathrm{d}x \\
&= \int c_{k'}^* c_k\, \mathrm{d}k'\, \mathrm{d}k\, k\, \delta(k' - k) \\
&= \int |c_k|^2\, k\, \mathrm{d}k.
\end{aligned} \qquad (3.153)$$

Die Normierung selbst erhalten wir aus $\int \psi^*(x)\psi(x)\, \mathrm{d}x = 1$ mit der gleichen Funktion (3.143) zu

$$\int |c_k|^2\, \mathrm{d}k = 1. \qquad (3.154)$$

Die Entwicklung dieses Zustands oder der Wellenfunktion $\psi(x)$ wird also im Fall des kontinuierlichen Spektrums nach den Gln. (3.150/151) mit δ-Funktionen durchgeführt [$\psi_k(x) \to \delta(k)$], und die Koeffizientenermittlung gelingt mit einem Integral, das einem FOURIERschen Integral gleicht (s. Abschn. 3.6).

FOURIER lehrt uns aber noch ein weiteres. Wenn die Funktionen $\Psi(x)$ nach Gl. (3.143) entwickelbar sind als ein Satz von Funktionen $\psi_k(x)$ mit den Entwicklungskoeffizienten c_k nach Gl. (3.148), also in der Ortsdarstellung, dann ist umgekehrt die Funktion $\Psi(k)$ entwickelbar als ein Satz von Funktionen $\psi_x^*(k)$, deren Entwicklungskoeffizienten die c_x^* sind, die Impulsdarstellung. Beide Darstellungen, einmal in der Koordinate x, einmal in der dazu komplementären Koordinate k, beschreiben das System vollständig.

Die einen Zustand beschreibenden Wellenfunktionen bestehen aus orthonormierten Eigenfunktionen, die wir mit der Gl. (3.97) für ein diskretes, mit der Gl. (3.144) für ein kontinuierliches Spektrum überprüfen:

$$\int \psi_m^* \psi_n \, \mathrm{d}x = \delta_{mn} \tag{3.97}$$

$$\int_{-\infty}^{\infty} \psi_{k'}(x)^* \psi_k(x) \, \mathrm{d}x = \delta(k' - k) \tag{3.144}$$

Ihre Entwicklungskoeffizienten bestimmen wir nach der Gl. (3.98) für den diskreten, mit der Gl. (3.151) im kontinuierlichen Fall:

$$c_m = \sum_n \int \psi_n^* \psi_m \, \mathrm{d}x, \tag{3.98}$$

$$c_k = \int c_{k'} \delta(k' - k) \, \mathrm{d}k' \tag{3.151}$$

Mit den Wellenfunktionen bestimmen wir nach dem 3. Axiom Erwartungswerte [Gln. (3.99/100)].

$$\langle A \rangle = \int_{-\infty}^{+\infty} \Psi^*(x, t) \, \mathbf{A} \, \Psi(x, t) \, \mathrm{d}x. \tag{3.99}$$

$\mathbf{A}$ ist ein linearer Operator. Für den Fall, dass A einzelne skalare Werte annimmt, z. B. den Wert A_m (5. Axiom), gilt

$$\mathbf{A}\psi_m(x, t) = A_m \psi_m(x, t). \tag{3.100}$$

Diese Operation entspricht der Bildung eines anfangs besprochenen Mittelwerts. Die Messgröße wird hier von einem Operator substituiert, der entweder mit den Wellenfunktionen zunächst multipliziert wird, bevor der ganze Term über die Veränderliche integriert wird. Dies ist bei Untersuchungen der Ortsabhängigkeit der Fall, z. B. bei der Messung der Elektronendichte. Man erhält dabei den Mittelwert des Operators.

Alternative ist ein Operator, der die rechts von ihm stehende Funktion verändert, meist ein Differentialoperator, etwa bei Untersuchungen der kinetischen Energie, wonach sich die Integration anschließt.

Untersucht man eine „scharfe" Messung, die mit Gl. (3.100) zu beschreiben ist, erhält man den oder die Eigenwerte des Operators. Mit der Integration wird aus der Wahrscheinlichkeitsdichte eine Wahrscheinlichkeit, und das Integral muss Eins betragen, was die Gesamtwahrscheinlichkeit widerspiegelt. Operatoren haben bestimmte mathematische Eigenschaften. Eine der hervorstechendsten ist ihre Nichtkommutierbarkeit. Kommutieren zwei Operatoren, können die ihnen zugeordneten Messgrößen beide gleichzeitig „scharf" gemessen werden. Um das zu prognostizieren, muss nicht die Eigenwertgleichung gelöst werden, sondern es reicht die Betrachtung der Operatoren und ihres Kommutators aus. Ist dieser verschieden von Null, ist keine scharfe Messung der untersuchten Größen gleichzeitig möglich.

3.11 Eigenwertgleichung II

3.11.1 Matrizen

Wie HEISENBERG in seiner 1925 auf Helgoland entstandenen Matrizenmechanik gezeigt hat, können Operatoren elegant als Matrizen dargestellt werden, die auf Vektoren als zu verändernde Elemente einwirken. Vor dem Einstieg in Probleme der Quantenmechanik müssen wir uns daher einen Überblick der wichtigsten Begriffe und Operationsmöglichkeiten verschaffen. Matrizen sind Anordnungen von Zahlen aus n Zeilen und m Spalten, so dass das Matrixelement a_{mn} dasjenige in der m-ten Zeile und n-ten Spalte ist. Die gesamte Matrix wird mit $\mathbf{A} = (a_{ik})$, $i = 1, 2, \ldots, m$, $i = 1, 2, \ldots, n$ bezeichnet.

Durch Transposition werden die Elemente der Zeilen und Spalten vertauscht, so dass die Matrix $\mathbf{A} = (a_{ik})$ dadurch zur *transponierten* Matrix $\mathbf{A}^{\mathrm{T}} = (a_{ki})$ wird (Abb. 3.7). Von Bedeutung ist ferner die *konjugiert-komplexe* Matrix $\mathbf{A}^*$, in der die komplexen Zahlen durch ihre konjugiert-komplexe Zahl ersetzt worden sind (Abb. 3.8). Die Matrix $\mathbf{A} = (a_{ik})$ geht also in die Matrix $\mathbf{A}^* = (a_{ik}^*)$ über.

Führt man die beiden Operationen Transponieren und Konjugieren aus, entsteht die *adjungierte* Matrix $\mathbf{A}^+$ (Abb. 3.9): $\mathbf{A} = (a_{ik}) \rightarrow \mathbf{A}^{\mathrm{T}} = (a_{ki}) \rightarrow \mathbf{A}^+ = (a_{ki}^*)$. Sind adjungierte und ursprüngliche Matrix identisch, bezeichnet man die adjungierte Matrix als *selbstadjungiert* oder hermitesch mit $\mathbf{A}^\dagger$ (Abb.

$$\begin{pmatrix} 1 & 2 & 3 \\ 4 & 5 & 6 \\ 7 & 8 & 9 \end{pmatrix} \qquad \begin{pmatrix} 1 & 4 & 7 \\ 2 & 5 & 8 \\ 3 & 6 & 9 \end{pmatrix}$$
$$\mathbf{A} \qquad\qquad\qquad \mathbf{A}^{\mathrm{T}}$$

Abb. 3.7. Die „6" in der Matrix $\mathbf{A}$ ist das Element a_{23}; in der transponierten Matrix $\mathbf{A}^{\mathrm{T}}$ ist das Element nun a_{32}.

$$\begin{pmatrix} 1+3\mathrm{i} & 2-\mathrm{i} & 3 \\ 4 & 5 & 6+5\mathrm{i} \\ 7-2\mathrm{i} & 8+\mathrm{i} & 9 \end{pmatrix} \qquad \begin{pmatrix} 1-3\mathrm{i} & 2+\mathrm{i} & 3 \\ 4 & 5 & 6-5\mathrm{i} \\ 7+2\mathrm{i} & 8-\mathrm{i} & 9 \end{pmatrix}$$
$$\mathbf{A} \qquad\qquad\qquad\qquad \mathbf{A}^{*}$$

Abb. 3.8. In der konjugiert-komplexen Matrix $\mathbf{A}^{*}$ sind alle komplexen Elemente durch ihr konjugiert-komplexes Pendant in $\mathbf{A}$ ersetzt.

$$\begin{pmatrix} 1+3\mathrm{i} & 2-\mathrm{i} & 3 \\ 4 & 5 & 6+5\mathrm{i} \\ 7-2\mathrm{i} & 8+\mathrm{i} & 9 \end{pmatrix} \qquad \begin{pmatrix} 1-3\mathrm{i} & 2+\mathrm{i} & 3 \\ 4 & 5 & 6-5\mathrm{i} \\ 7+2\mathrm{i} & 8-\mathrm{i} & 9 \end{pmatrix}$$
$$\mathbf{A} \qquad\qquad\qquad\qquad \mathbf{A}^{*}$$

$$\begin{pmatrix} 1-3\mathrm{i} & 4 & 7+2\mathrm{i} \\ 2+\mathrm{i} & 5 & 8-\mathrm{i} \\ 3 & 6-5\mathrm{i} & 9 \end{pmatrix}$$
$$(\mathbf{A}^{*})^{\mathrm{T}} = \mathbf{A}^{+}$$

Abb. 3.9. In der adjungierten Matrix $\mathbf{A}^{+}$ sind alle komplexen Elemente durch ihr konjugiert-komplexes Pendant in $\mathbf{A}$ ersetzt und zusätzlich transponiert.

3.10): $(a_{ik}^{*})^{\mathrm{T}} = (a_{ki}^{*}) = (a_{ik})$. Da die Elemente auf der Hauptdiagonalen ihren Platz nicht verlassen, müssen sie reell sein.

Besteht eine Matrix nur aus einer Zeile oder Spalte, liegt ein Zeilen- oder Spaltenvektor vor. Wie man leicht sieht, ist ein Spaltenvektor ein transponierter Zeilenvektor und *vice versa* (Abb. 3.11).

Die Matrizen erfüllen alle oben beschriebenen Rechenregeln für Operatoren, insbesondere ist die Multiplikation von Matrizen nicht kommutativ. Damit erfüllen die Matrizen nicht die Kriterien, die an eine ABELsche Gruppe gestellt werden. Die Elemente einer Produktmatrix ergeben sich durch Skalarproduktbildung

$$\begin{pmatrix} 1 & 2-i & 3+2i \\ 2+i & 7 & 4-3i \\ 3-2i & 4+3i & 6 \end{pmatrix} \qquad \begin{pmatrix} 1 & 2+i & 3-2i \\ 2-i & 7 & 4+3i \\ 3+2i & 4-3i & 6 \end{pmatrix}$$

$$\mathbf{A} \qquad\qquad\qquad\qquad \mathbf{A}^{\mathrm{T}}$$

$$\begin{pmatrix} 1 & 2-i & 3+2i \\ 2+i & 7 & 4-3i \\ 3-2i & 4+3i & 6 \end{pmatrix}$$

$$\left(\mathbf{A}^{\mathrm{T}}\right)^{*} = \mathbf{A}^{\dagger}$$

Abb. 3.10. In der adjungierten Matrix $\mathbf{A}^{\mathrm{T}}$ sind alle komplexen Elemente durch ihr konjugiert-komplexes Pendant in $\mathbf{A}$ ersetzt und zusätzlich transponiert. Ist $\mathbf{A}^{+} = \mathbf{A}$, und stimmen damit alle Elemente von $\mathbf{A}^{+}$, also a_{nm}^{*}, mit ihren ursprünglichen Elementen a_{mn} überein, ist die Matrix selbstadjungiert oder hermitesch und wird mit $\mathbf{A}^{\dagger}$ bezeichnet. Die Diagonalelemente sind in einer HERMITEschen Matrix immer reell.

$$\begin{pmatrix} 1 & 2-i & 3+2i \end{pmatrix} \qquad\qquad \begin{pmatrix} 1 \\ 2-i \\ 3+2i \end{pmatrix}$$

$$\mathbf{A} \qquad\qquad\qquad\qquad \mathbf{A}^{\mathrm{T}}$$

Abb. 3.11. Vektoren sind einzeilige oder einspaltige Matrizen. Aus einem Zeilenvektor entsteht durch Transposition ein Spaltenvektor und umgekehrt. Werden die Elemente zusätzlich komplex konjugiert, spricht man vom *adjungierten* Vektor.

und Aufsummation der Zeilenelemente der ersten mit den Spaltenelementen der zweiten Matrix (Beisp. 3.10), und wir schreiben das als $(c_{mn}) = \sum\limits_{k}(a_{mk})(b_{kn})$.

Beispiel 3.10 Am Beispiel der Matrizen $\mathbf{A}$ und $\mathbf{B}$ zeigt sich, dass die Produktbildung $(c_{mn}) = \sum\limits_{k}(a_{mk})(b_{kn})$ nicht dem kommutativen Gesetz gehorcht.

$$\mathbf{AB} = \begin{pmatrix} 1 & 2 \\ 3 & 4 \end{pmatrix}\begin{pmatrix} 5 & 6 \\ 7 & 8 \end{pmatrix} = \begin{pmatrix} 1\cdot5+2\cdot7 & 3\cdot6+4\cdot8 \\ 3\cdot5+4\cdot7 & 3\cdot2+4\cdot8 \end{pmatrix} = \begin{pmatrix} 19 & 50 \\ 43 & 38 \end{pmatrix}$$

Dagegen erhält man bei der alternativen Produktbildung

$$\mathbf{BA} = \begin{pmatrix} 5 & 6 \\ 7 & 8 \end{pmatrix}\begin{pmatrix} 1 & 2 \\ 3 & 4 \end{pmatrix} = \begin{pmatrix} 5\cdot1+6\cdot3 & 5\cdot2+6\cdot4 \\ 7\cdot1+8\cdot3 & 7\cdot2+8\cdot4 \end{pmatrix} = \begin{pmatrix} 23 & 34 \\ 31 & 46 \end{pmatrix}$$

Zur Lösung von Eigenwertproblemen ist die Kenntnis der *inversen* Matrix $\mathbf{A}^{-1}$ erforderlich. Dazu benötigt man die Determinante der Matrix, und die Operation gelingt in allen Fällen mit einer Matrix, die größer als eine 2x2-Matrix ist, in einem zeitlich sehr aufwendigen Verfahren mit allerdings simpler Algebra (Beisp. 3.11).

Beispiel 3.11 Für die Matrix

$$\mathbf{A} = \begin{pmatrix} 1 & 2 \\ 3 & 4 \end{pmatrix}$$

beträgt die Determinante

$$\det(\mathbf{A}) = \begin{vmatrix} 1 & 2 \\ 3 & 4 \end{vmatrix} = -2.$$

Die inverse Matrix ergibt sich durch Vertauschen der Diagonalelemente und der Vorzeichenänderung der beiden anderen Elemente und Division durch den Wert der Determinante zu

$$\mathbf{A}^{-1} = \frac{1}{-2} \begin{pmatrix} 4 & -2 \\ -3 & 1 \end{pmatrix} = \begin{pmatrix} -2 & 1 \\ \frac{3}{2} & -\frac{1}{2} \end{pmatrix}.$$

Aus der Produktbildung der Matrix $\mathbf{A}$ und ihrer inversen geht die Einheitsmatrix hervor, eine Matrix mit lauter Nullen, deren Hauptdiagonalelemente alle aus Einsen bestehen (Beisp. 3.12). Wir bezeichnen sie mit dem Symbol $\mathbf{I}$ — wie den Einheitsoperator, das Quadrat des Paritätsoperators. Die Elemente sind $(a_{mn}) = (\delta_{mn})$.

Beispiel 3.12

$$\mathbf{A}\mathbf{A}^{-1} = \begin{pmatrix} 1 & 2 \\ 3 & 4 \end{pmatrix} \begin{pmatrix} -2 & 1 \\ \frac{3}{2} & -\frac{1}{2} \end{pmatrix} = \begin{pmatrix} -2+3 & 1-1 \\ -6+6 & 3-2 \end{pmatrix} = \begin{pmatrix} 1 & 0 \\ 0 & 1 \end{pmatrix}$$

$$\mathbf{A}^{-1}\mathbf{A} = \begin{pmatrix} -2 & 1 \\ \frac{3}{2} & -\frac{1}{2} \end{pmatrix} \begin{pmatrix} 1 & 2 \\ 3 & 4 \end{pmatrix} = \begin{pmatrix} -2+3 & -4+4 \\ \frac{3}{2}-\frac{3}{2} & 3-2 \end{pmatrix} = \begin{pmatrix} 1 & 0 \\ 0 & 1 \end{pmatrix}$$

Diese Produktbildung ist kommutativ.

Die Einheitsmatrix spielt die Rolle des neutralen Elements bei der Einwirkung auf Matrizen (Vektoren), die also unverändert aus dieser Operation hervorgehen. Es gilt also $\mathbf{IA} = \mathbf{A}$ wie auch $\mathbf{IA} = \mathbf{A}$.

Verschwindet in einer quadratischen Matrix das Skalarprodukt zwischen Zeilen und Spalten (ihrer normierten Zeilen- und Spaltenvektoren), dann ist die

Matrix *orthogonal* und wird meist mit $\mathbf{Q}$ bezeichnet. Ist die Matrix komplex, heißt sie *unitär* und erhält den Buchstaben $\mathbf{U}$. Drehmatrizen sind typische Beispiele für orthogonale Matrizen (Beisp. 3.13, Abb. 3.12).

Beispiel 3.13 Eine das Koordinatensystem nach rechts drehende Matrix besteht aus den vier Elementen

$$Q = \begin{pmatrix} \cos\vartheta & \sin\vartheta \\ -\sin\vartheta & \cos\vartheta \end{pmatrix}.$$

Eine Drehung der beiden Einheitsvektoren $\boldsymbol{e}_1 = \begin{pmatrix} 1 \\ 0 \end{pmatrix}$ und $\boldsymbol{e}_2 = \begin{pmatrix} 0 \\ 1 \end{pmatrix}$ um $45° = \frac{\pi}{4}$ ergibt die Komponenten der neuen Basisvektoren $\boldsymbol{e}'_{1,2}$ in der alten Basis $\boldsymbol{e}_{1,2}$ zu

$$\boldsymbol{e}'_1 = \begin{pmatrix} \frac{1}{\sqrt{2}} & \frac{1}{\sqrt{2}} \\ -\frac{1}{\sqrt{2}} & \frac{1}{\sqrt{2}} \end{pmatrix} \begin{pmatrix} 1 \\ 0 \end{pmatrix} = \begin{pmatrix} \frac{1}{\sqrt{2}} \\ -\frac{1}{\sqrt{2}} \end{pmatrix}$$

$$\boldsymbol{e}'_2 = \begin{pmatrix} \frac{1}{\sqrt{2}} & \frac{1}{\sqrt{2}} \\ -\frac{1}{\sqrt{2}} & \frac{1}{\sqrt{2}} \end{pmatrix} \begin{pmatrix} 0 \\ 1 \end{pmatrix} = \begin{pmatrix} \frac{1}{\sqrt{2}} \\ \frac{1}{\sqrt{2}} \end{pmatrix}.$$

Die Drehmatrix, hier im speziellen Fall

$$Q = \begin{pmatrix} \frac{1}{\sqrt{2}} & \frac{1}{\sqrt{2}} \\ -\frac{1}{\sqrt{2}} & \frac{1}{\sqrt{2}} \end{pmatrix},$$

besteht im zweidimensionalen Raum aus zwei zueinander orthonormierten Spaltenvektoren. Der Linksdrehung des Vektors entspricht eine Rechtsdrehung des Koordinatensystems.

Abb. 3.12. Lks.: Die Rechtsdrehung (CW) eines cartesischen Koordinatensystems (rot) um einen Winkel ϑ erzeugt ein zweites Koordinatensystems (schwarz). Dies entspricht einer Linksdrehung (CCW) des Vektors (re., von grün nach blau).

Transformiert man eine derartige Matrix $\mathbf{Q} \to \mathbf{Q}^{\mathrm{T}}$, dann ist $\mathbf{Q}^{\mathrm{T}} = \mathbf{Q}^{-1}$, für die komplexe Matrix ist das die adjungierte Matrix $\mathbf{Q}^{+} = \mathbf{U}^{+}$. Die Determinante von

$\mathbf{Q}$ oder $\mathbf{U}$ beträgt ± 1 (Beisp. 3.14). Damit stellen die Spalten- und Zeilenvektoren zudem eine Orthonormalbasis (ONB) dar.

Führt man nach einer Drehung eine inverse Drehung aus, erhält man wieder den Ausgangszustand (gleiches gilt für Spiegelungen). Daher muss das Ergebnis die Einheitsmatrix sein. Die Determinante einer Drehmatrix hat den Wert $+1$, die für Spiegelungen den Wert -1.

Beispiel 3.14 Ein typisches Beispiel für eine orthogonale Matrix ist die eben betrachtete Drehmatrix, zu der eine inverse Matrix $\mathbf{Q}^{-1}$ existiert, die die Drehung der (linksdrehenden) Matrix $\mathbf{Q}$ wieder aufhebt. Wir schreiben das so:

$$\mathbf{Q}^{-1}\mathbf{Q} = \begin{pmatrix} \cos\vartheta & -\sin\vartheta \\ \sin\vartheta & \cos\vartheta \end{pmatrix} \begin{pmatrix} \cos\vartheta & \sin\vartheta \\ -\sin\vartheta & \cos\vartheta \end{pmatrix}$$

$$= \begin{pmatrix} \cos^2\vartheta + \sin^2\vartheta & \cos\vartheta\sin\vartheta - \sin\vartheta\cos\vartheta \\ \sin\vartheta\cos\vartheta - \cos\vartheta\sin\vartheta & \sin^2\vartheta + \cos^2\vartheta \end{pmatrix}$$

Ersichtlich ist die Produktmatrix die Einheitsmatrix

$$\mathbf{Q}^{-1}\mathbf{Q} = \begin{pmatrix} 1 & 0 \\ 0 & 1 \end{pmatrix},$$

im allgemeinen Fall

$$\sum_k (u_{ik}^\dagger)(u_{kl}) = \sum_k (u_{ki}^*)(u_{kl})$$

$$= \delta_{il}.$$

Ihre Determinante

$$\begin{vmatrix} 1 & 0 \\ 0 & 1 \end{vmatrix}$$

beträgt Eins. Der einfachste Fall einer unitären Matrix findet sich in

$$\mathbf{U} = \begin{pmatrix} 0 & i \\ i & 0 \end{pmatrix},$$

denn es ist

$$\mathbf{U}\mathbf{U}^{-1} = \begin{pmatrix} 0 & i \\ i & 0 \end{pmatrix} \begin{pmatrix} 0 & -i \\ -i & 0 \end{pmatrix}$$

$$= \begin{pmatrix} 1 & 0 \\ 0 & 1 \end{pmatrix}.$$

3.11.2 Energie-Darstellung

Bei der bisherigen Fragestellung waren die Eigenfunktionen in x- oder p-Darstellung gegeben, und es sollten die n Eigenwerte eines Operators $\mathbf{A}$ bestimmt werden, wobei die Zahl der Eigenwerte λ_n und der zugehörigen Eigenfunktionen ψ_n auch Unendlich werden können. Wir schreiben das als

$$\mathbf{A}\psi_n(x) = \lambda_n\psi_n(x).$$

Nun nehmen wir an, dass die Eigenwerte ein Spektrum λ_1, λ_2, $\ldots$, λ_n aufweisen mit den zugehörigen Eigenfunktionen $\psi_n(x)$, so dass wir in einem Satz von n Gleichungen die Funktion ψ durch

$$\Psi(x) = \sum_n a_n(x)\psi_n(x) \text{ mit } a_n(x) = \int \Psi^*(x)\psi_n(x)\,\mathrm{d}x$$

beschreiben können, womit der Beitrag einer jeden Eigenfunktion ψ_n des Zustandes mit dem Eigenwert λ_n zum Gesamtzustand des Systems festgelegt wird.

Zur Lösung des Eigenwertproblems greifen wir das in der Linearen Algebra gebräuchliche Verfahren zur Lösung eines linearen Gleichungssystems

$$\mathbf{A}X = \mathbf{\Lambda} \tag{3.155}$$

auf mit $\mathbf{A}$ einer Koeffizientenmatrix, X einem Vektor, der aus i Veränderlichen x_i gebildet wird, und $\mathbf{\Lambda}$ dem Lösungsvektor, der aus n Eigenwerten λ_i besteht. Ist die Determinante von $\mathbf{A}$ verschieden von Null, kann die inverse Matrix $\mathbf{A}^{-1}$ gebildet werden, und Multiplikation dieser Gleichung von links mit $\mathbf{A}^{-1}$ resultiert in der Bestimmungsgleichung für den Vektor der Veränderlichen

$$\underbrace{\mathbf{A}^{-1}\mathbf{A}}_{\mathbf{I}}X = \mathbf{A}^{-1}\cdot\mathbf{\Lambda}.$$

So elegant diese Formulierung ist, so wenig operational ist sie.

Unsere Eigenwertgleichung haben wir erstmals in der Gl. (3.121) als $\mathbf{A}\psi = \lambda\psi$ formuliert: Ein Operator, angewendet auf eine Funktion, reproduziert diese Funktion samt einem Eigenwert, einer reellen oder komplexen Zahl. Dabei stellt $\mathbf{A}$ einen Differential- oder Multiplikationsoperator dar.

In diesem Kontext werden nun diese Operatoren durch eine Matrix und die Eigenfunktion durch einen Eigenvektor ersetzt, und die Aufgabe ist die Bestimmung der Entwicklungskoeffizienten a_i der Eigenvektoren $\boldsymbol{\psi}_i$ und der zu diesem Eigenvektor gehörenden Eigenwerte λ_i:

$$\mathbf{A}\boldsymbol{\psi}_i = \lambda_i\boldsymbol{\psi}_i. \tag{3.156}$$

Drücken wir nun den Operator in der sog. *Energie-* oder *E-Darstellung* mit der (ausführlicher geschriebenen) Matrix

$$\mathbf{A} = \begin{pmatrix} a_{11} & a_{12} & \cdots & a_{1n} \\ a_{21} & a_{22} & \cdots & a_{2n} \\ \vdots & \vdots & \ddots & \vdots \\ a_{n1} & a_{n2} & \cdots & a_{nn} \end{pmatrix}$$

aus, so dass wir die Gleichung

$$\begin{pmatrix} a_{11} & a_{12} & \cdots & a_{1n} \\ a_{21} & a_{22} & \cdots & a_{2n} \\ \vdots & \vdots & \ddots & \vdots \\ a_{n1} & a_{n2} & \cdots & a_{nn} \end{pmatrix} \begin{pmatrix} a_1 \\ a_2 \\ \vdots \\ a_n \end{pmatrix} = \lambda_i \begin{pmatrix} a_1 \\ a_2 \\ \vdots \\ a_n \end{pmatrix} \tag{3.157}$$

gewinnen: Zur n-dimensionalen Matrix $\mathbf{A}$ gibt es n Eigenvektoren $\boldsymbol{\psi}_i$ mit den Entwicklungskoeffizienten a_i und n dazugehörende Eigenwerte λ_i, die den jeweiligen Vektor lediglich affin stauchen oder strecken, jedoch seine Richtung unverändert lassen.

Beachtet man, dass man für λ_i auch $\lambda_i \mathbf{I}$ schreiben kann,

$$\begin{pmatrix} a_{11} & a_{12} & \cdots & a_{1n} \\ a_{21} & a_{22} & \cdots & a_{2n} \\ \vdots & \vdots & \ddots & \vdots \\ a_{n1} & a_{n2} & \cdots & a_{nn} \end{pmatrix} \begin{pmatrix} a_1 \\ a_2 \\ \vdots \\ a_n \end{pmatrix} = \lambda_i \begin{pmatrix} 1 & 0 & \cdots & 0 \\ 0 & 1 & \cdots & 0 \\ \vdots & \vdots & \ddots & \vdots \\ 0 & 0 & \cdots & 1 \end{pmatrix} \begin{pmatrix} a_1 \\ a_2 \\ \vdots \\ a_n \end{pmatrix},$$

homogenisieren wir Gl. (3.156) zur *Charakteristischen Matrix*

$$(\mathbf{A} - \lambda_i \mathbf{I})\,\boldsymbol{\psi}_i = 0. \tag{3.158}$$

Diese Matrixgleichung stellt die Kurzform eines linearen homogenen Gleichungssystems n-ten Grades zur Bestimmung der Vektoren ψ_i dar, das nach dem Fundamentalsatz der Algebra über n Wurzeln mit n Eigenvektoren verfügt, ausführlich

$$\begin{pmatrix} a_{11} - \lambda_i & a_{12} & \cdots & a_{1n} \\ a_{21} & a_{22} - \lambda_i & \cdots & a_{2n} \\ \vdots & \vdots & \ddots & \vdots \\ a_{n1} & a_{n2} & \cdots & a_{nn} - \lambda_i \end{pmatrix} \begin{pmatrix} a_1 \\ a_2 \\ \vdots \\ a_n \end{pmatrix} = 0. \tag{3.159}$$

Ersichtlich liegt das Problem nun in der n-fachen Bestimmung der Matrix $(\mathbf{A} - \lambda_i \mathbf{I})$ und weist maximal eine prohibitiv wirkende Zahl von n^2 Matrixelementen auf.

Die Koeffizientendeterminante dieses System heißt *Säkulardeterminante*, und ihre Wurzeln (Nullstellen) sind die Eigenwerte λ_i unseres Eigenwertproblems, ausführlich ist

$$\det(\mathbf{A} - \lambda \mathbf{I}) = \begin{vmatrix} a_{11} - \lambda_i & a_{12} & \cdots & a_{1n} \\ a_{21} & a_{22} - \lambda_i & \cdots & a_{2n} \\ \vdots & \vdots & \ddots & \vdots \\ a_{n1} & a_{n2} & \cdots & a_{nn} - \lambda_i \end{vmatrix} = 0. \tag{3.160}$$

Das bei der Auflösung dieser Determinante entstehende Polynom ist das *Charakteristische Polynom* $P_n(\lambda)$ mit n seiner Ordnung. Die Matrix als Repräsentant des Operators **A** besitzt ein ganzes Spektrum von Eigenvektoren und ihren dazugehörigen Eigenwerten, hier für den ersten Eigenwert und seinen Eigenvektor mit den Komponenten a_i

$$\begin{pmatrix} a_{11} & a_{12} & \cdots & a_{1n} \\ a_{21} & a_{22} & \cdots & a_{2n} \\ \vdots & \vdots & \ddots & \vdots \\ a_{n1} & a_{n2} & \cdots & a_{nn} \end{pmatrix} \begin{pmatrix} a_1 \\ a_2 \\ \vdots \\ a_n \end{pmatrix} = \lambda_1 \begin{pmatrix} a_1 \\ a_2 \\ \vdots \\ a_n \end{pmatrix}. \tag{3.161}$$

Hat man die n Eigenwerte ermittelt, kann ein Vektor Λ erzeugt werden, der die Elemente λ_i enthält, und man hat damit die Aufgabe der Gl. (3.158) derart gelöst, dass die mit beliebigen Elementen besetzte Matrix **A** in eine Matrix Λ *diagonalisiert* worden ist, deren Elemente gemäß

$$\underbrace{\begin{pmatrix} 1 & 0 & \cdots & 0 \\ 0 & 1 & \cdots & 0 \\ \vdots & \vdots & \ddots & \vdots \\ 0 & 0 & \cdots & 1 \end{pmatrix}}_{\mathbf{I}} \underbrace{\begin{pmatrix} \lambda_1 \\ \lambda_2 \\ \vdots \\ \lambda_n \end{pmatrix}}_{\Lambda} = \underbrace{\begin{pmatrix} \lambda_1 & 0 & \cdots & 0 \\ 0 & \lambda_2 & \cdots & 0 \\ \vdots & \vdots & \ddots & \vdots \\ 0 & 0 & \cdots & \lambda_n \end{pmatrix}}_{\Lambda} \tag{3.162}$$

die Eigenwerte darstellen. Da diese Matrix ja nur auf der Hauptdiagonalen Elemente besitzt, ergeben sich also n Gleichungen für die n Eigenwerte, die genau die Vorgaben der Eigenwertgleichung, erfüllen, mit einem Operator einen Vektor so zu drehen, dass er nurmehr eine affine Änderung erfährt — also eine Stauchung oder Dehnung bei unveränderter Richtung.

Diese n Gleichungen für die n Eigenvektoren und Eigenwerte fassen wir in einer Matrix-Gleichung zusammen. Schreiben wir die Eigenvektoren mit aufsteigenden Eigenwerten als Spaltenvektoren nebeneinander in eine Matrix **S**, also für $n = 3$ etwa

$$\mathbf{S} = \begin{pmatrix} a_1 & b_1 & c_1 \\ a_2 & b_2 & c_2 \\ a_3 & b_3 & c_3 \end{pmatrix},$$

dann gilt die Bestimmungsgleichung

$$\mathbf{AS} = \mathbf{S}\Lambda: \tag{3.163}$$

Jeder Eigenvektor wird genau mit seinem Eigenwert verändert (s. Beisp. 3.15).

Da das erste Eigenwertproblem die Ermittlung der Eigenwerte der Energie war, ersehen wir daraus die Begriffsbildung *E-Darstellung*.

Für den Fall, dass sich die Gleichung (3.158) für die Bestimmung des Erwartungswertes als Eigenwertgleichung erweist, stellt diese Gleichung das Spektrum der Eigenwerte dar; dabei ist λ_n der $n$te Eigenwert des Operators **A**. Mit dieser Gleichung ist die Aufgabe, die Eigenwerte des Operators **A** zu finden, klar gestellt: *Die in einer beliebigen Darstellung gegebene Matrix des Operators* **A** *muss mit den Methoden der Linearen Algebra auf Diagonalform gebracht werden:*

$$\mathbf{AS} = \mathbf{S\Lambda}$$

mit **S** der Matrix der zueinander orthogonalen Eigenvektoren in Spaltenform und **Λ** der Diagonalmatrix mit den Eigenwerten λ_n. Die so ermittelten Eigenvektoren sind damit linear unabhängig und bilden eine *Basis*, die *Eigenbasis zur Matrix* **A**. Weil das das Spektrum der Eigenwerte ist, heißt man dies die *Spektraldarstellung* des Operators.

Beispiel 3.15 Die Matrix

$$\begin{pmatrix} 1 & 0 & 1 \\ 0 & 1 & 1 \\ 1 & 1 & 2 \end{pmatrix}$$

weist die Säkulardeterminante

$$\begin{vmatrix} 1-\lambda & 0 & 1 \\ 0 & 1-\lambda & 1 \\ 1 & 1 & 2-\lambda \end{vmatrix}$$

auf, die für eine nicht-triviale Lösung verschwinden muss. Die Auflösung nach der SARRUSschen Regel und Faktorisierung liefert

$$\begin{aligned} (2-\lambda)(1-\lambda)^2 - 2(1-\lambda) &= 0 \\ -\lambda\left(\lambda^2 - 4\lambda + 3\right) &= 0 \\ (\lambda-2)^2 &= 1 \\ \lambda - 2 &= \pm 1, \end{aligned}$$

aus der sich die drei Eigenwerte zu $\lambda_1 = 0, \lambda_2 = 1, \lambda_3 = 3$ ergeben. Einsetzen in die Charakteristische Matrix [Gl. (3.159)] liefert für den Eigenvektor, hier gezeigt für den zweiten mit dem Eigenwert $\lambda_2 = 1$

$$\left(\begin{pmatrix} 1 & 0 & 1 \\ 0 & 1 & 1 \\ 1 & 1 & 2 \end{pmatrix} - 1 \cdot \begin{pmatrix} 1 & 0 & 0 \\ 0 & 1 & 0 \\ 0 & 0 & 1 \end{pmatrix}\right) \begin{pmatrix} x_1 \\ x_2 \\ x_3 \end{pmatrix} = \begin{pmatrix} 0 & 0 & 1 \\ 0 & 0 & 1 \\ 1 & 1 & 1 \end{pmatrix} \begin{pmatrix} x_1 \\ x_2 \\ x_3 \end{pmatrix} = 0,$$

woraus die drei Bestimmungsgleichungen

$$\begin{aligned} x_3 &= 0 \\ x_3 &= 0 \\ x_1 + x_2 + x_3 &= 0 \end{aligned}$$

resultieren, deren Auflösung den Vektor

$$\psi_2 = \psi \begin{pmatrix} 1 \\ -1 \\ 0 \end{pmatrix}$$

ergibt (mit $\psi \in \mathbb{C}$ einem Parameter), entsprechend für den ersten und den dritten Eigenwert $\lambda_1 = 0$ und $\lambda_3 = 3$

$$\psi_1 = \psi \begin{pmatrix} 1 \\ 1 \\ -1 \end{pmatrix}, \psi_3 = \psi \begin{pmatrix} 1 \\ 1 \\ 2 \end{pmatrix}.$$

Aus den drei zueinander orthogonalen Eigenvektoren — zur Überprüfung dieses Sachverhalts ist im Gegensatz zur Gl. (3.98), mit der die Orthogonalität von Eigenfunktionen ermittelt wird, keine meist aufwendige Integration erforderlich! — wird nun die 3×3-Matrix $\mathbf{S}$ kreiert, bei der die Eigenvektoren in Spaltenform mit steigendem Eigenwert niedergeschrieben werden, und es gilt die Gl. (3.157)

$$\underbrace{\begin{pmatrix} 1 & 0 & 1 \\ 0 & 1 & 1 \\ 1 & 1 & 2 \end{pmatrix}}_{\mathbf{A}} \underbrace{\begin{pmatrix} 1 & 1 & 1 \\ 1 & -1 & 1 \\ -1 & 0 & 2 \end{pmatrix}}_{\mathbf{S}} = \underbrace{\begin{pmatrix} 1 & 1 & 1 \\ 1 & -1 & 1 \\ -1 & 0 & 2 \end{pmatrix}}_{\mathbf{S}} \underbrace{\begin{pmatrix} 0 & 0 & 0 \\ 0 & 1 & 0 \\ 0 & 0 & 3 \end{pmatrix}}_{\mathbf{\Lambda}}.$$

Dabei ist Sp, die *Spur* beider Matrizen $\mathbf{A}$ und $\mathbf{\Lambda}$, gleich. Die Spur ist die Summe der Hauptdiagonalelemente

$$\mathrm{Sp}(\mathbf{A}) = \sum_i^n a_{ii}.$$

Jede Zeile der Matrix $\mathbf{A}$ stellt eine Eigenwertgleichung dar, und es gibt folglich n Wurzeln dieses Problems. Zur Lösung dieses Gleichungssystems n-ter Ordnung gibt es zahlreiche Operationsverfahren der Linearen Algebra, etwa die Methode der *Basis- oder Ähnlichkeitstransformation*, bei der dann das Eliminationsverfahren nach GAUSS, und/oder die Diagonalisierungsmethode nach JACOBI oder SCHMIDT, zum Zuge kommen.

So kann man eine Matrix aus den Eigenvektoren als Spaltenvektoren aufstellen und deren inverse Matrix bestimmen. Da die Eigenvektoren ja zueinander orthogonal sind, erfüllt diese Matrix das Kriterium der Unitarität, d. h. die zur Ausgangsmatrix adjungierte Matrix ist auch ihre inverse. Eine Operation der Charakteristischen Matrix mit diesen beiden Matrizen ergibt dann die gewünschte

Diagonalmatrix (zur prinzipiellen Vorgehensweise s. Abschn. 3.12.4 über unitäre Operatoren). Die Invertierung einer Matrix ist oft durchsichtiger zu formulieren und zu verstehen — zudem *die* Standardaufgabe der Linearen Algebra, und daher gibt es zahllose Computer-Programme zu deren Lösung.

Zwar erscheint dieses Verfahren umständlicher als das Lösen einer Eigenwertgleichung mit Differential- und Integraloperatoren, tatsächlich ist das Arbeiten in der *Energiedarstellung*, in der der HAMILTON-Operator diagonal wirkt, insbesondere beim Einsatz von Näherungsfunktionen, dem Lösungsansatz der *reinen Lehre* mit DGln oft überlegen.

Wie sieht die Bildung des Erwartungswertes nun in der Summenschreibweise aus? Wie wir in diesem Kapitel gesehen haben, sind die Begriffe Eigenvektor und Eigenfunktion beide Elemente des HILBERT-Raumes.

In der Orts- bzw. Impulsdarstellung lassen wir einen Operator $\mathbf{A}$ auf eine Wellenfunktion ψ wirken, die wir als Überlagerung einzelner Eigenfunktionen

$$\Psi(x) = \sum_n a_n \psi_n(x)$$
$$\Psi^*(x) = \sum_m a_m^* \psi_m(x)$$

verstehen. Wir erhalten einen Erwartungswert nach Gl. (3.124.1)

$$\langle A \rangle = \int \sum_m a_m^* \psi_m^*(x) \mathbf{A} \sum_n a_n \psi_n(x) \, \mathrm{d}x, \qquad (3.164)$$

und wenn das System diskrete oder kontinuierliche Eigenzustände aufweist, ergibt sich ein Spektrum von Eigenwerten nach der Gleichungssequenz (3.124). Mit der Doppelsumme in der Gleichung

$$\langle A \rangle = \sum_m \sum_n a_m^* a_n \lambda_{mn} \qquad (3.165)$$

mit

$$\lambda_{mn} = \int \psi_m^*(x) \mathbf{A} \psi_n(x) \, \mathrm{d}x \qquad (3.166)$$

bestimmen wir den Mittelwert einer Größe, wenn der darstellende Operator $\mathbf{A}$ als Matrix gegeben ist, womit wir den Übergang zu Vektoren vollziehen. Wenn wir die Eigenwertgleichung $\mathbf{A}\Psi(x) = \langle A \rangle \, \Psi(x)$ schreiben als

$$\langle A \rangle = \Psi^\dagger(x) \mathbf{A} \Psi(x) \qquad (3.167)$$

mit $\Psi^\dagger$ dem zu Ψ adjungierten Vektor des Dualraumes, dessen Elemente also konjugiert-komplex und transponiert zu Ψ sind, folgt für $\langle A \rangle$

$$\langle A \rangle = \sum_n \sum_m a_m^* a_n \int \psi_m^\dagger(x) \psi_n(x) \, \mathrm{d}x. \qquad (3.168)$$

Die Eigenvektoren ψ_n des Operators $\mathbf{A}$ haben die Entwicklungskoeffizienten a_n, und die Matrix wird diagonal mit

$$
\begin{aligned}
\lambda_{mm} &= \int \psi_m^\dagger(x)\mathbf{A}\psi_n(x)\,\mathrm{d}x \\
&= \lambda_{mn}\delta_{mn}.
\end{aligned}
\tag{3.169}
$$

Die E-Darstellung der Operatoren ergibt sich für den Fall einer kontinuierlichen Veränderlichen durch Ersatz der Summen durch Integrale und des KRONECKER-Symbols bzw. der Einheitsmatrix durch

$$
\delta_{mn} = \delta(x' - x),
\tag{3.170}
$$

womit die Elemente der Diagonalmatrix des Operators $\mathbf{A}$ die Form

$$
A_{x'x} = A(x')\delta(x' - x)
\tag{3.171}
$$

aufweisen.

Zur weiteren Diskussion der E-Darstellung betrachten wir nun die Notation von DIRAC.

3.12 Diracsche Nomenklatur

Um sich das Integral- bzw. Summenzeichen bei der Mittelwert- bzw. Eigenwertgleichung zu sparen, hat P.A.M. DIRAC seine sog. bra-ket-Schreibweise ersonnen.[6] In SCHRÖDINGERS Sprache hatten wir mit der Gl. (3.99)

$$
\langle A \rangle = \int_{-\infty}^{\infty} \Psi^* \mathbf{A} \Psi \, \mathrm{d}^3 x
$$

die Vorschrift zur Bestimmung eines Erwartungswerts des Operators $\mathbf{A}$ gefunden. DIRAC nennt die Funktion Ψ den *Ket*, und der *Bra* ist die konjugiert-komplexe Funktion Ψ^*, über die das Integral gebildet wird, das er in spitze Klammern einschließt, so dass

$$
\langle \psi | \mathbf{A} | \psi \rangle = \int_{-\infty}^{\infty} \Psi^*(x)\mathbf{A}\Psi(x) \, \mathrm{d}^3 x
\tag{3.172}
$$

wird. Zur Normierung erinnern wir uns an Gl. (3.9)

$$
\sqrt{\mathbf{A}^2} = |\mathbf{A}| \equiv \|\mathbf{A}\|
$$

und schreiben

$$
\langle \Psi | \Psi \rangle = \int_{-\infty}^{\infty} \Psi^* \Psi \, \mathrm{d}^3 x = 1,
\tag{3.173}
$$

---

[6]Mathematisch gesehen, ist diese Darstellung unabhängig von der Orthonormalbasis.

so dass sich damit auch in der Notation der Kreis zum Skalarprodukt der Gl. (3.26) schließt. Diese Notation führt zu einer vereinfachten kontext-bezogenen Schreibweise. So schreibt man oft statt $|\psi_n\rangle$ nur $|n\rangle$.

In der Matrizensprache HEISENBERGs definieren wir auf einer m-dimensionalen Orthonormalbasis $\{\Phi_m\}$ einen Vektor $|\psi\rangle$

$$|\Psi(x)\rangle = \sum_m a_m |\Phi_m(x)\rangle, \tag{3.174}$$

wobei

$$\langle \Phi_l(x)| \, \Phi_m(x)\rangle = \delta_{lm} \text{ und } a_m = \int \Psi^* \psi_m \, dx,$$

auf den ein Operator $\mathbf{A}$ wirken möge [s. a. Gln. (3.155/156)]. Ein Operator auf dem Vektorraum, der selbstadjungiert ist, für den $\mathbf{A} = \mathbf{A}^\dagger$ gilt, hat reelle Eigenwerte und orthogonale Eigenvektoren. Dann gibt es bekanntlich zwei Fälle: Entweder dreht der Operator $|\psi\rangle$, so dass ein neuer Vektor

$$\mathbf{A} \, |\psi\rangle = |\Phi\rangle \tag{3.175}$$

entsteht, oder es existiert eine Zahl λ_n, so dass

$$\mathbf{A} \, |\psi_n\rangle = \lambda_n \, |\psi_n\rangle, \tag{3.176}$$

und dann heißt man λ_n den *Eigenwert* von $\mathbf{A}$, und $|\psi_n\rangle$ ist der *Eigenvektor*, *Eigenzustand* oder *Zustandsvektor* des n-ten Zustands; auch dieser Vektor kann durch eine Linearkombination von Elementen einer beliebigen Basis $|e_i\rangle$ aufgespannt werden, wobei diese aus einer maximalen Anzahl linear unabhängiger Vektoren besteht und die Anzahl der Basiselemente die Dimension des Vektorraums bestimmt:

$$|\psi_n\rangle = \sum_i a_i \, |e_i\rangle$$

In den Gln. (3.16) und (3.21) hatten wir das Skalarprodukt zwischen zwei Funktionen definiert. Übersetzt in die DIRACsche Sprache, ist das Skalarprodukt zwischen einem weiteren Bra-Vektor $\langle\phi|$ und dem Ket-Vektor $|\Phi\rangle$, kurz *Bra* und *Ket*

$$\langle\phi| \, \Phi\rangle = \langle\phi| \, \mathbf{A} \, \psi\rangle \tag{3.177}$$

das *Matrixelement* aus Gl. (3.168). Technisch ist der Ket ein Spaltenvektor $|\Phi\rangle$ mit den komplexen Elementen μ_i, hier dargestellt in einer zweidimensionalen Basis

$$\begin{pmatrix} a + c\,\mathrm{i} \\ b - d\,\mathrm{i} \end{pmatrix}, \tag{3.178}$$

wobei die $a, b, c, d \in \mathbb{R}$ sind und der zugehörige adjungierte *Bra* $\langle \phi |$ der duale Zeilenvektor mit den komplexen Elementen ν_i

$$(\quad a - c\mathrm{i} \quad \quad b + d\mathrm{i} \quad), \tag{3.179}$$

mit dem Skalarprodukt $a^2 + c^2 + b^2 + d^2$. Im zu $\mathbf{A}$ *adjungierten Operator* sind die entstehenden Matrixelemente konjugiert-komplex, wenn *Bra* und *Ket* vertauscht werden, wobei der Vektor *Ket* $|\Phi\rangle = \mathbf{A}\,|\psi\rangle$ dem Dualvektor *Bra* $\langle \Phi | = \langle \psi |\,\mathbf{A}^\dagger$ nach $(|\Phi\rangle)^\dagger = \langle \Phi |$ zugeordnet wird (Antilinearität des Skalarprodukts). Diese Zuordnung heißt *Konjugation* oder *Überwälzung*.

$$\langle \phi |\, (\mathbf{A}\psi)\rangle = \big\langle\, \mathbf{A}^\dagger \phi\,\big|\, \psi \big\rangle = \langle \psi |\, (\mathbf{A}^\dagger \phi)\rangle^* . \tag{3.180}$$

Es ist also gleich, ob der Operator $\mathbf{A}$ nach links auf den Vektor ψ oder nach rechts auf den Vektor ϕ wirkt.[7] Weiter lässt man die Klammern um den Vektor und den auf ihn wirkenden Operator weg und schreibt etwa

$$\langle \psi |\, (\mathbf{A}^\dagger \phi)\rangle^* = \langle \psi |\, \mathbf{A}^\dagger\, |\phi\,\rangle^* \tag{3.181}$$

(s. a. Beisp. 13.16). Ausführlich ist diese Skalarproduktbildung mit dem Ket $|\mathbf{A}|\,\psi\rangle = |\Phi\rangle$, dessen hermitesche Variante den Bra $(|\mathbf{A}|\,\psi\rangle)^\dagger = (|\Phi\rangle)^\dagger = \langle \Phi | = \langle \psi |\,\mathbf{A}^\dagger$ darstellt, so dass aus den letzten beiden Gleichungen

$$\langle \phi |\, (\mathbf{A}\psi)\rangle = (\langle \phi | \Phi\rangle) = (\langle \Phi | \phi\rangle)^* = \big\langle \psi\, \big|\,\mathbf{A}^\dagger\,\big|\, \phi \big\rangle^* \tag{3.182}$$

wird. Für den Fall

- $\langle \phi | = | \psi\rangle$ ist das entstehende Matrixelement der *Erwartungswert* im *Zustand* $|\psi\rangle$, womit wir den Anschluss an die Gln. (3.124) finden;

- $(\mathbf{A}^*)^{\mathrm{T}} = \mathbf{A}$, heißt der Operator *selbstadjungiert* oder *hermitesch* und wird nach Abb. 3.10 mit $\mathbf{A}^\dagger$ bezeichnet, und seine Erwartungswerte $\lambda = \langle \psi |\,\mathbf{A}\,|\psi\rangle$ müssen reell sein. Wenn man von der Gleichung $\mathbf{A}\,|\psi\rangle = \lambda\,|\psi\rangle$ ausgeht, wird in der DIRACschen Nomenklatur daraus

$$
\begin{aligned}
\lambda_{nm} &= \langle \psi_n\, |\mathbf{A}|\,\psi_m\rangle \\
&= \big\langle \psi_m\, \big|\mathbf{A}^\dagger\big|\, \psi_n\big\rangle^* \\
&= \langle \psi_m\, |\mathbf{A}|\,\psi_n\rangle^* \\
&= \lambda_{mn}^* \\
&= \big((\lambda_{mn})^{\mathrm{T}}\big)^*
\end{aligned}
\tag{3.183}
$$

was zu beweisen war:

$$\mathbf{A} = \mathbf{A}^\dagger \Leftrightarrow \lambda_{nm} = \lambda_{mn}^* . \tag{3.184}$$

---

[7]Eine Matrix kann von links oder von rechts mit einem Vektor multipliziert werden.

DIRAC folgend, bezeichnet das Matrixelement λ_{nm} die Reihenfolge der Einwirkung des Operators $\mathbf{A}$ zunächst auf den Eigenvektor ψ_m, dem sich dann die Skalarmultiplikation mit dem Eigenvektor ψ_n anschließt.

Die zugehörige Eigenwertgleichung für die Energie des n-ten Zustands heißt dann für einen diagonalisierten Operator $\mathbf{H}$

$$E_n = \langle \psi_n | \mathbf{H} | \psi_n \rangle = \langle \psi_n | \mathbf{H} | \psi_n \rangle^* , \qquad (3.185)$$

verkürzt:

$$E_n = \langle n | \mathbf{H} | n \rangle = \langle n | \mathbf{H} | n \rangle^* , \qquad (3.186)$$

das Matrixelement in Gl. (3.183.1) wird also üblicherweise als $\lambda_{mn} = \langle m | \mathbf{A} | n \rangle$ geschrieben.

Die Eigenschaften HERMITEscher Operatoren lassen sich besonders gut in der E-Darstellung zeigen. Dazu das

Beispiel 3.16 Hermitesch bedeutet transponiert (T) + konjugiert-komplex (∗).
Z. B. gilt
$$\mathbf{C}^\dagger = (\mathbf{A}\mathbf{B})^\dagger = \mathbf{B}^\dagger \mathbf{A}^\dagger.$$
Verwendet man die Matrix-Schreibweise, ist
$$(c_{mn})^{\mathrm{T}} = (c_{nm})^* = \sum_i (a_{ni}^* b_{im})^*$$
$$= \sum_i (b_{mi}^* b_{im})^*$$
$$= \sum_i (b_{mi})^* (b_{im})^*$$

In der Bra-Ket-Schreibweise erhält man für den Produktoperator
$$\langle \Phi | \mathbf{A}\mathbf{B} | \psi \rangle = \langle \Phi | (\mathbf{A}\mathbf{B}) | \psi \rangle$$
$$= \langle (\mathbf{A}\mathbf{B})^\dagger \phi | \psi \rangle,$$

dagegen für den in seine Faktoren aufgespalteten Operator
$$\langle \Phi | \mathbf{A}\mathbf{B} | \psi \rangle = \langle \mathbf{A}^\dagger \Phi | \mathbf{B} | \psi \rangle$$
$$= \langle (\mathbf{B}^\dagger \mathbf{A}^\dagger) \phi | \psi \rangle$$
$$= \langle \mathbf{B}^\dagger \mathbf{A}^\dagger \phi | \psi \rangle,$$

woraus sich durch Vergleich die Behauptung ergibt.

3.12.1 Projektion und Vollständigkeitsrelation

Unsere Basis $\{\,|e_l\rangle\,\} = \{\,|l\rangle\,\}$ ist orthonormiert, also

$$\langle i\,|j\rangle = \delta_{ij} = \left\{ \begin{array}{ll} 1 & \text{falls } i = j \\ 0 & \text{falls } i \neq j. \end{array} \right. \tag{3.187}$$

Damit können wir die Koeffizienten des Ket-Vektors $|\Psi\rangle$ leicht als Komponenten in der Orthonormalbasis $\{\,|e_l\rangle\,\}$ durch Skalarproduktbildung bestimmen (Abb. 3.13):

$$|\Psi\rangle = \left(\begin{array}{c} a_1 \\ a_2 \end{array} \right) = a_1\,|i\rangle + a_2\,|j\rangle = \sum_l a_l\,|e_l\rangle, \tag{3.188}$$

also für die Komponente $|i\rangle$

$$\begin{aligned} \langle i\,|\Psi\rangle &= \sum_l a_l\,\langle i|\,l\rangle \\ &= a_l\,\delta_{il} \\ &= a_i. \end{aligned} \tag{3.189}$$

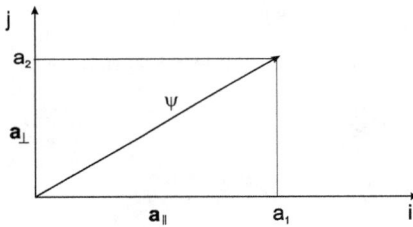

Abb. 3.13. Die Zerlegung eines Vektors in eine parallele und dazu senkrechte Komponente fällt im cartesischen Koordinatensystem mit der Aufgabe zusammen, die Projektionen des Vektors auf die Achsen durchzuführen.

Wie aus Abb. 3.13 ersichtlich, haben wir geometrisch die Projektion des Vektors ψ auf die beiden cartesischen Koordinatenachsen $|l\rangle$ in einen parallelen und dazu senkrechten Anteil durchgeführt. Die beiden Achsenabschnitte haben eine Länge von a_1 und a_2 und zeigen in die Richtungen $|i\rangle$ und $|j\rangle$, und wir haben die beiden Vektoren

$$\begin{aligned} a_1\,|i\rangle &= \langle i|\,\psi\rangle\,|i\rangle = |i\rangle\,\langle i|\,\Psi\rangle \\ a_2\,|j\rangle &= \langle j|\,\psi\rangle\,|j\rangle = |j\rangle\,\langle j|\,\Psi\rangle \end{aligned} \tag{3.190}$$

mit den Längen a_1 und a_2 erzeugt.

Wir können auch sagen, dass wir einen Projektionsoperator $\mathbf{P}$ verwenden, der einen Ket-Vektor auf einen bestimmten Unter- oder Eigenraum projiziert — das ist in unserem Falle der jeweils eindimensionale Unterraum der $|l\rangle$:

$$\mathbf{P}_i\Psi = |i\rangle\,\langle i|\,\Psi\rangle \Rightarrow \mathbf{P}_i = |i\rangle\,\langle i| \tag{3.191}$$

Während wir das Skalarprodukt mit geschlossenen Klammern schreiben, sehen wir hier, dass ein Operator, der ja nach FEYNMANs Worten „hungry for something" ist, in der „ket-bra"-Schreibweise mit offenen Klammern geschrieben wird.

Aus der zweiten Hälfte der Gl. (3.191) sehen wir, dass wir für die Projektion auf einen jeden (eindimensionalen) Unterraum einen Projektionsoperator oder Projektor benötigen, und *der Operator* $\mathbf{P}_i$ *ist der Projektor auf den Zustand* $|i\rangle$. Für unseren auf drei Dimensionen erweiterten Zustand $\mathbf{\Psi}$ in Abb. 3.13 ist mit

$$\begin{aligned}\mathbf{P} &= |i\rangle\langle i| + |j\rangle\langle j| + |k\rangle\langle k| \\ &= \sum_{l=1}^{n} |l\rangle\langle l|\end{aligned} \tag{3.192}$$

und Gl. (3.188)

$$\mathbf{P}|\Psi\rangle = |i\rangle\,\langle i|\,a_1\,|i\rangle + |j\rangle\,\langle j|\,a_2\,|j\rangle + |k\rangle\,\langle k|\,a_3\,|k\rangle,$$

was durch Herausziehen der Koeffizienten a_l

$$\mathbf{P}|\Psi\rangle = \sum_l a_l\,|l\rangle\langle l|l\rangle = \sum_l a_l\,\langle l|l\rangle\,|l\rangle \tag{3.193}$$

ergibt. Da nach Gl. (3.188) aber $|\Psi\rangle = \sum_l a_l\,|l\rangle$, muss

$$\sum_l |l\rangle\langle l| = \mathbf{I} \tag{3.194}$$

sein, also den Einheitsoperator ergeben, was „Zerlegung der Einheit" oder auch „Vollständigkeitsrelation" genannt wird, denn ein Zustand ist erst nach der Summation über alle Projektionen auf die Unterräume vollständig beschrieben. Ist die Basis $\{|l\rangle\}$ nicht vollständig (s. Abschn. 3.4), geht $\mathbf{I}$ in einen mehrdimensionalen Projektionsoperator $\mathbf{P}_l$ auf den entsprechenden Unterraum über.

Damit können wir den Zustand $|\Psi\rangle$ in der Basis $\{|l\rangle\}$ mit

$$\begin{aligned}|\Psi\rangle &= \mathbf{I}\,|\Psi\rangle \\ &= \sum_l |l\rangle\langle l|\,|\Psi\rangle \\ &= \sum_l \underbrace{\langle l|\Psi\rangle}_{a_l}\,|l\rangle \\ &= \sum_l a_l\,|l\rangle\end{aligned} \tag{3.195}$$

anschreiben.

Für eine kontinuierliche Basis kommen wir von

$$\psi_l(r)\,\psi_l^*(r') = \delta(r - r')$$

nach

$$\sum_l |l\rangle\langle l| = \mathbf{I} \rightarrow \int \mathrm{d}l\; |l\rangle\langle l| = \mathbf{I}. \tag{3.196}$$

Damit haben wir die Möglichkeit gewonnen, einen Vektor durch eine Matrix in einer beliebigen Basis darzustellen, also den Vektor $|\psi\rangle$ von der Basis j in die Basis i als Vektor $|\phi\rangle$ zu transformieren. Das geht so:

$$
\begin{aligned}
|\phi\rangle &= \mathbf{A}\,|\psi\rangle \\
&= 1 \cdot \mathbf{A} \cdot 1\,|\psi\rangle \\
&= \sum_i |i\rangle\langle i|\,\mathbf{A} \sum_j |j\rangle\langle j|\,\psi\rangle \\
&= \sum_i \sum_j |i\rangle\langle i|\,\mathbf{A}\,|j\rangle\langle j|\,\psi\rangle \\
|\phi\rangle &= \sum_i \sum_j c_{ij}\,|i\rangle\langle j|\,\psi\rangle
\end{aligned}
\tag{3.197}
$$

woraus die Beschreibung des Operators $\mathbf{A}$ in der DIRAC-Notation (diskrete oder kontinuierliche Basis)

$$
\begin{aligned}
\mathbf{A} &= \sum_i \sum_j c_{ij}\,|i\rangle\langle j| \qquad \text{mit } c_{ij} = \langle i|\mathbf{A}|j\rangle \quad \text{(diskrete Basis)} \\
&= \int \mathrm{d}j \int \mathrm{d}i\,\alpha(i)\,|i\rangle\langle j| \text{ mit } \alpha(i) = \langle i|\mathbf{A}|j\rangle \text{ (kontinuierliche Basis)}
\end{aligned}
$$

$$\tag{3.198}$$

folgt. Wenn eine Projektion auf einen Unterraum erfolgt ist, bringt eine Wiederholung dieser Operation keine Veränderung mehr:

$$(\mathbf{P}_i)^2 = \mathbf{P}_i\mathbf{P}_i = |i\rangle\underbrace{\langle i|i\rangle}_{=1}\langle i| = |i\rangle\langle i| = \mathbf{P}_i \tag{3.199}$$

Da die Zustandsvektoren orthogonal zueinander sind, hat weiterhin eine Projektion auf einen anderen Unterraum, also

$$\mathbf{P}_i\mathbf{P}_j = |i\rangle\underbrace{\langle j|i\rangle}_{=0}\langle j| = 0, \tag{3.200}$$

keine weitere Änderung des Ergebnisses mehr zur Folge.

Diese Darstellungen werden oft verwendet, denn sie beschreiben eben den quantenmechanischen Prozess der Messung, die in das System eingreift und seinen Zustand verändert. Liegt das System zu Beginn in einem beliebigen Zustand $|\Psi\rangle$ vor, so kann es sich nach der Messung in einem Eigenzustand befinden, und man sagt, durch die Projektion sei der Zustand $|\Psi\rangle$ in den durch den Eigenvektor $|l\rangle$ „aufgespannten" Unterraum projiziert worden. Der Projektor für diese Operation heißt $\mathbf{P}_l = |l\rangle\langle l|$, und das System befindet sich nach der Messung im Zustand $|l\rangle$: $\mathbf{P}_l |\Psi\rangle = a_l |l\rangle |$ mit der (komplexen) Beobachtungswahrscheinlichkeit $|a_l|^2$. Wenn das System sich aber bereits in diesem Eigenzustand $|l\rangle$ befand, der zu dem Operator der Observablen gehört, dann wird keine Änderung des Zustands mehr beobachtet. Besonders eindrucksvoll ist die projizierte Komponente eines Operators auf die Koordinatenachse beim Drehimpulsoperator (s. Abschn. 9.7).

3.12.2 Spektraldarstellung des Operators

Betrachten wir die Gl. (3.198.1) genauer, in der wir den Operator $\mathbf{A}$ in der Summendarstellung als

$$\mathbf{A} = \sum_i \sum_j a_{ij} |i\rangle\langle j| \text{ mit } a_{ij} = \langle i|\mathbf{A}|j\rangle$$

schreiben. Ziel der durchzuführenden Operationen ist eine Diagonalisierung der den Operator beschreibenden Matrix, so dass die Eigenvektoren $|\psi\rangle$ in diesem Fall die Basisvektoren darstellen, die der Eigenwertgleichung $\mathbf{A}|\psi\rangle = \lambda_i|\psi_i\rangle$ genügen. Das ist genau dann der Fall, wenn

$$\begin{aligned} a_{ij} &= \langle\psi_i|\mathbf{A}|\psi_j\rangle \\ &= \lambda_j\delta_{ij} \\ &= \lambda_i, \end{aligned}$$

und wir schreiben den Operator

$$\mathbf{A} = \sum_i \lambda_i |\psi_i\rangle\langle\psi_i|: \tag{3.201}$$

Der Operator $\mathbf{A}$ ist in der Basis $|\psi\rangle$ seiner Eigenzustände ψ *spektral zerlegt* worden (*Spektraldarstellung des Operators* $\mathbf{A}$). Ist $\lambda = 1$, erhalten wir mit Gl. (3.194) die Spektraldarstellung des Einheitsoperators in der Basis seiner Eigenvektoren, die mit den Basisvektoren des n-dimensionalen HILBERT-Raumes zusammenfallen.

Nun setzen wir in die DIRACsche Beschreibung für den Eigenwert λ_i, den wir in den Gln. (3.99/100) des 3. Axioms definiert haben

$$\lambda_i = \langle A \rangle = \langle \psi | \, \mathbf{A} \, | \psi \rangle \,, \tag{3.202}$$

die Zerlegung der Einheit ein. Mit ein bisschen Algebra

$$
\begin{aligned}
\langle A \rangle = \langle \psi | \, \mathbf{A} \, | \psi \rangle \\
&= \langle \psi | \, \mathbf{A} \sum_i | i \rangle \langle i | \, \psi \rangle \\
&= \sum_i \langle \psi | \, \mathbf{A} | \, i \rangle \langle i | \, \psi \rangle \\
&= \sum_i \lambda_i \, \langle \psi | \, i \rangle \langle i | \, \psi \rangle \\
&= \sum_i \lambda_i \, \langle i | \, \psi \rangle^2 \\
&= \sum_i \lambda_i \, |c_i|^2 \\
\langle A \rangle \qquad &= \sum_i \lambda_i P(\lambda_i)
\end{aligned}
\tag{3.203}
$$

sehen wir mit $P(\lambda_i) = |c_i|^2$ dem Betragsquadrat der Entwicklungskoeffizienten c_i mit $\sum_i |c_i|^2 = 1$ den Vorteil der DIRACschen Schreibweise. Die möglichen Ergebnisse einer Messung von $\mathbf{A}$ sind die Eigenwerte λ_i, die mit der Wahrscheinlichkeit $P(\lambda_i) = |c_i|^2$ beobachtet werden.

3.12.3 Darstellung in einer Basis

Wir wollen diese Darstellung eines Operators in einer Basis verallgemeinern, denn sie erweist sich als großer Vorteil der Nomenklatur DIRACs. Das machen wir uns anhand der bereits mehrfach verwendeten Eigenwertgleichung für den (eindimensionalen) Ort klar, wobei $\mathbf{x}$ der Ortsoperator, $|x\rangle$ der Eigenzustand und x der Eigenwert sind

$$\mathbf{x} \, |x\rangle = x \, |x\rangle \tag{3.204}$$

und die Eigenzustände unter der Annahme, dass diese über den Definitionsbereich sowohl kontinuierlich wie in gleicher Dichte erklärt und orthonormiert sind, auf die δ-Funktion normiert werden können, die wir uns mit der Gl. (3.70) verschafft haben. Dann verschwindet der Eigenwert x' über den gesamten Bereich außer an der Stelle $x = x'$, also

$$
\begin{aligned}
\langle x' | \, x \rangle &= \int \mathrm{d}x \, \langle x' | \, k \rangle \langle k | \, x \rangle \\
&= \delta(x' - x) \\
&= \tfrac{1}{2\pi} \int \mathrm{d}k \, e^{ik(x'-x)}.
\end{aligned}
\tag{3.205}
$$

Damit bilden sie eine Orthonormalbasis $\{|x\rangle\}$, und ein beliebiger Zustand $|\psi\rangle$ kann nach dieser Basis entwickelt werden. Mit der Fortschreibung des Einheitsoperators aus Gl. (3.195) für eine kontinuierliche Basis

$$\mathbf{I} = \int \mathrm{d}x \, |x\rangle \langle x| \tag{3.206}$$

entwickeln wir den Zustand $|\psi\rangle$ in der Basis $\{|x\rangle\}$ durch

$$|\psi\rangle = \mathbf{I}\,|\psi\rangle = \int \mathrm{d}x\,|x\rangle\,\langle x|\,\psi\rangle. \qquad (3.207)$$

Das Skalarprodukt

$$\langle x|\,\psi\rangle = \psi(x) \qquad (3.208)$$

sagt uns, wie groß die Wahrscheinlichkeitsdichte

$$P_x(|\psi\rangle) = |\langle x|\,\psi\rangle|^2 \qquad (3.209)$$

ist, den Zustand $|\psi\rangle$ bei einer Ortsmessung am Ort x zu finden. Weiterhin ergibt sich aus Gl. (3.204)

$$\mathbf{x}\,|x\rangle = x\,|x\rangle$$

die Ortsdarstellung des Ortsoperators in $|x'\rangle$

$$\langle x'|\,\mathbf{x}\,|x\rangle = x\,\langle x'|\,x\rangle = x\delta(x'-x), \qquad (3.210)$$

also gerade die Diagonal- oder *Spektraldarstellung* des (eindimensionalen) Operators $\mathbf{x}$.

Wenn in der Gl. (3.208) das Skalarprodukt die Ortsdarstellung des Zustandes $|\psi\rangle$ ist, also die Wellenfunktion im Ortsraum, dann ist analog

$$\langle k|\,\psi\rangle = \psi(k) \qquad (3.211)$$

die Wellenfunktion des gleichen Zustands $|\psi\rangle$ im k-Raum, und in der Impulsdarstellung gehören zum Impulsoperator analog die orthonormierten Eigenfunktionen

$$\begin{aligned}
\langle p'|\,p\rangle &= \int \mathrm{d}x\,\langle p'|\,x\rangle\,\langle x|\,p\rangle \\
&= \tfrac{1}{2\pi}\int \mathrm{d}x\,\mathrm{e}^{\frac{i}{\hbar}(p'-p)} \qquad (3.212) \\
&= \delta(p'-p).
\end{aligned}$$

Wenn wir jeden Zustand in den orthonormalen Basen $\{|x\rangle\}$ und $\{|p\rangle\}$ darstellen können, dann können wir insbesondere auch die Ortszustände $|x\rangle$ nach den Impulszuständen $|p\rangle$ und umgekehrt entwickeln, also

$$\left.\begin{aligned}
|p\rangle &= \int \mathrm{d}x\,|x\rangle\,\langle x|\,p\rangle \\
|x\rangle &= \int \mathrm{d}p\,|p\rangle\,\langle p|\,x\rangle.
\end{aligned}\right\} \qquad (3.213)$$

Wir bilden nochmals mit Gl. (3.205) das Skalarprodukt

$$\begin{aligned}
\langle x' | x \rangle &= \delta(x' - x) \\
&= \int dk \, \langle x' | k \rangle \langle k | x \rangle \\
&= \tfrac{1}{2\pi} \int dk \, e^{ik(x'-x)} \\
&= \tfrac{1}{2\pi\hbar} \int dp \, e^{\frac{i}{\hbar}(p'-p)}.
\end{aligned} \tag{3.214}$$

Die Integranden der rechten Seiten sind also

$$\langle x' | k \rangle \langle k | x \rangle = \frac{1}{2\pi} e^{ik(x'-x)}, \tag{3.215}$$

oder

$$\begin{aligned}
\langle x' | k \rangle &= \tfrac{1}{\sqrt{2\pi}} e^{ik\,x'} \\
\langle k | x \rangle &= \tfrac{1}{\sqrt{2\pi}} e^{-ik\,x} :
\end{aligned} \tag{3.216}$$

Die FOURIER-Transformation stellt sich in der DIRACschen Nomenklatur als Wechsel der Basis heraus [s. Gln. (3.71/72)]!

3.12.4 Unitärer Operator

Nachdem wir uns mit der Schreibweise des $\langle \text{Bra} |$ und $| \text{Ket} \rangle$ vertraut gemacht haben, wollen wir nun am Beispiel des unitären Operators andere Aspekte der Eleganz und der Luzidität der DIRACschen Methode studieren. Der im Beisp. 3.14 beschriebene unitäre Operator erhält bei Anwendung auf Vektoren $| \psi_i \rangle$ das Skalarprodukt, also zum einen

$$\mathbf{U} \, | \psi_1 \rangle = | \Phi_1 \rangle \quad \text{und} \quad \mathbf{U} \, | \psi_2 \rangle = | \Phi_2 \rangle$$

und zum anderen

$$\langle \psi_1 | \psi_2 \rangle = \langle \Phi_1 | \Phi_2 \rangle ,$$

denn es ist wegen der Hermitizität [(Gl. (3.180)]

$$\begin{aligned}
\langle \Phi_1 | \Phi_2 \rangle &= \langle \mathbf{U}\psi_1 | \mathbf{U}\psi_2 \rangle \\
&= \langle \mathbf{U}^\dagger \mathbf{U}\psi_1 | \psi_2 \rangle .
\end{aligned} \tag{3.217}$$

Aus Gl. (3.217.2) muss die Folgerung

$$\mathbf{U}^\dagger \mathbf{U} \equiv \mathbf{I} \tag{3.218}$$

gezogen werden, was in der Summenschreibweise als

$$\sum_k \left(\mathbf{U}^\dagger\right)_{ik} \mathbf{U}_{kj} = \sum_k \left(\mathbf{U}^*\right)_{ki} \mathbf{U}_{kj}$$
$$= \delta_{ij} \tag{3.219}$$

zu formulieren ist, so dass aus Gl. (3.217.2)

$$\langle \mathbf{I}\psi_1 \mid \psi_2 \rangle$$

resultiert, was genau dann gilt, wenn

$$\mathbf{U}^{-1} = \mathbf{U}^\dagger \tag{3.220}$$

ist. Dann aber kann der Eigenwert von $\mathbf{U}$ und $\mathbf{U}^\dagger = \mathbf{U}^{-1}$ nur $|\lambda| = 1$ sein.

Das bedeutet, dass es zu jedem HERMITEschen Operator $\mathbf{A}$ mit einem Eigenwert λ einen unitären Operator

$$\boxed{\mathbf{U} = \exp \mathrm{i}\mathbf{A} = \exp \mathrm{i}\alpha} \tag{3.221}$$

geben muss (Theorem von STONE [43]). Wenn aber dieser unitäre Operator $\mathbf{U}$ mit dem Operator $\mathbf{A}$ nach

$$\mathbf{UA} - \mathbf{AB} = [\mathbf{U}, \mathbf{A}] = 0 \tag{3.222}$$

kommutiert, dann befriedigen die gleichen Eigenfunktionen beide Operatoren!

Wir sehen uns nun zwei unitäre Operatoren an, den Paritäts- und den Translationsoperator. Den bereits im Beisp. 3.14 eingeführten Drehoperator untersuchen wir bei der Basistransformation zum Abschluss dieses Abschnittes und streifen ihn nochmals bei der Diskussion des Drehimpulses (s. Abschn. 9.7).

3.12.4.1 Paritätsoperator. Im Abschn. 3.10.3 hatten wir den Paritätsoperator kennengelernt, mit dem das Antisymmetrieprinzip beschrieben wird, das als PAULI-Prinzip die Welt der Fermionen regiert. In der DIRAC-Nomenklatur sei $|\psi\rangle$ der Zustand eines (spinlosen) Teilchens und $|\psi'\rangle$ sein am Ursprung gespiegelter Zustand, so dass der Orts-Eigenket durch Einwirkung des Paritätsoperators in

$$\mathbf{P} |x\rangle = |-x\rangle \tag{3.223}$$

überführt werde, dann führt die nochmalige Anwendung von $\mathbf{P}$ auf

$$\mathbf{PP} |x\rangle = \mathbf{P} |-x\rangle = |x\rangle . \tag{3.224}$$

Daraus folgt unmittelbar

$$\mathbf{P}^2 = \mathbf{I}, \tag{3.225}$$

und die Eigenwerte von $\mathbf{P}$ sind ± 1, was wir bereits in Gl. (3.130) sahen: der Paritätsoperator ist unitär und hermitesch. Das hat folgende Konsequenz, hier gezeigt am Ortsoperator $\mathbf{x}$, der die Eigenwerte x

$$\mathbf{x} \,|x\rangle = x \,|x\rangle \tag{3.226}$$

hat. Nach Gl. (3.223) ist

$$\mathbf{xP} \,|x\rangle = \mathbf{x} \,|-x\rangle , \tag{3.227}$$

umgekehrt ist unter Beachtung von $\mathbf{P}^{-1} \,|-x\rangle = |-x\rangle$

$$\begin{aligned}
\mathbf{Px} \,|x\rangle &= \mathbf{Px} \underbrace{\mathbf{P}^{-1}\mathbf{P}}_{\mathbf{I}} \,|x\rangle \\
&= \mathbf{PxP}^{-1} \,|-x\rangle \\
&= \mathbf{Px} \,|-x\rangle \\
&= -\mathbf{x} \,|-x\rangle .
\end{aligned} \tag{3.228}$$

Aus dem Vergleich der Gln. (3.227) und (3.228) resultiert

$$\mathbf{Px} = -\mathbf{xP} : \tag{3.229}$$

die Operatoren $\mathbf{x}$ und $\mathbf{P}$ *antivertauschen*, und damit gibt es keine gemeinsamen Eigenvektoren. Die Eigenvektoren von $\mathbf{P}$ müssen entweder alle ungerade oder alle gerade sein und sind in der Ortsdarstellung die Wellenfunktionen ψ.

3.12.4.2 Translationsoperator.

Wann führt eine Operation zu einem ununterscheidbaren Ergebnis? Hierzu gibt uns die Gruppentheorie erschöpfende Auskunft. Es gibt Spiegelungen, vor allem aber Rotationen um eine n-zählige Drehachse. Beispielsweise liefert eine Drehung eines Benzolmoleküls in einer Achse senkrecht zum Oblaten-Molekül um 120° eine von der Ausgangssituation ununterscheidbare Konfiguration. Da senkrecht zu dieser Achse weitere Drehachsen zu finden sind, bekommt dieses Molekül die Punktgruppe D_{6h} nach SCHOENFLIES. Dann gibt es aber auch Translationssymmetrie im Kristallgitter. Gibt es 32 Symmetrieklassen nach SCHOENFLIES, unterscheiden HERMANN-MAUGUIN 230 Kristallklassen. Und auch hier ist nach der Operation der Translation der neue vom ursprünglichen Zustand nicht unterscheidbar — mithin ein wunderbarer Fall für unseren unitären Operator.

Wir gehen also von einem periodischen Potential mit der Periode a aus und schreiben

$$\Phi(x) = \Phi(x + a) \tag{3.230}$$

und definieren den Translationsoperator $\mathbf{T}$ über

$$\langle x| \,\mathbf{T} \,|\psi\rangle = \langle(x + a)| \,\psi\rangle , \tag{3.231}$$

was für unsere Eigenfunktion bedeutet, dass

$$\psi(x + a) = \psi(x) + a\frac{\mathrm{d}\psi}{\mathrm{d}x} + \frac{1}{2}a^2\frac{\mathrm{d}^2\psi}{\mathrm{d}x^2} + \dots , \tag{3.232}$$

worin wir umgekehrt die Reihenentwicklung der Expontentialfunktion nach TAY-LOR erkennen:

$$\psi(x + a) = \exp\left(a\frac{\mathrm{d}}{\mathrm{d}x}\right)\psi,$$ (3.233)

oder, indem wir den Impulsoperator in Gl. (3.233) einsetzen,

$$\mathbf{T} = \exp\left(\frac{\mathrm{i}\,a\,\mathbf{p}}{\hbar}\right).$$ (3.234)

Damit ist der Translationsoperator

1. unitär: $\mathbf{T}^\dagger = \mathbf{T}^{-1}$, und damit

2. nicht-hermitesch, womit seine Eigenwerte nicht reell sein müssen,

3. und kommutiert mit dem HAMILTON-Operator für den Fall eines git-terperiodischen Potentials:

$$[\mathbf{H}, \mathbf{T}] = 0.$$ (3.235)

Erinnern wir uns an die DE BROGLIE-Beziehung, erhalten wir aus Gl. (3.234) schließlich

$$\mathbf{T} = \exp\left(\mathrm{i}\,a\,k\right)$$ (3.236)

und damit für die Eigenfunktion

$$\psi(x + a) = \mathrm{e}^{ika}\psi(x).$$ (3.237)

Damit haben wir den Grundstein gelegt für die BLOCH-Wellen, die sich durch die gesamte Festkörpertheorie ziehen. Dort wird über die Gleichung

$$\psi(x) = \mathrm{e}^{ika}u_k(x)$$ (3.238)

die gitterperiodische Funktion

$$u_k(x + a) = u_k(x)$$ (3.239)

definiert, die sog. BLOCH-Welle.

3.12.4.3 Ähnlichkeitstransformation. Wie wir an Hand der Beisp. 3.14/15 sahen, muss es für einen Eigenwert unerheblich sein, in welcher Basis der Operator wirkt. Ein unitärer Operator vermittelt zwischen den Orthonormalbasen durch

$$|e'_k\rangle = \mathbf{U}\,|e_k\rangle\,, \tag{3.240}$$

verkürzt

$$|k'\rangle = \mathbf{U}\,|k\rangle\,, \tag{3.241}$$

was das Skalarprodukt zwischen zwei Basisvektoren im alten (ungestrichenen) und neuen (gestrichenen) System mit

$$\begin{aligned}\langle k'|\,l'\rangle &= \langle k\,|\mathbf{U}^\dagger\mathbf{U}|\,l\rangle\\ &= \langle k|\,l\rangle\\ &= \delta_{kl}\end{aligned} \tag{3.242}$$

bestätigt. Jeder Basisvektor des alten Systems wird durch $\mathbf{U}$ auf einen Basisvektor im neuem System durch

$$\mathbf{U} = \sum_k |k'\rangle\langle k| \tag{3.243}$$

abgebildet, wie man mittels des Einheitsoperators sieht:

$$\begin{aligned}\mathbf{U}^\dagger\mathbf{U} &= \sum_k \sum_l |k'\rangle \underbrace{\langle k\,|l\rangle}_{\delta_{kl}} \langle l'|\\ &= \sum_k |k'\rangle\langle k'|\\ &= \mathbf{I}.\end{aligned} \tag{3.244}$$

Nach Gl. (3.240) vermittelt $\mathbf{U}$ zwischen dem ungestrichenen und dem gestrichenen System. Gleichzeitig werden aber die Matrixelemente des alten Systems mit

$$\begin{aligned}u_{ij} &= \langle i\,|\mathbf{U}|\,j\rangle\\ &= \sum_k \langle i|\,k'\rangle \underbrace{\langle k\,|j\rangle}_{\delta_{kj}}\\ &= \langle i\,|j'\rangle\end{aligned} \tag{3.245}$$

beschrieben, was bedeutet: *Die Spalten der Transformationsmatrix $\mathbf{U}$ sind die Eigenvektoren, und deren Elemente sind die Koeffizienten des j-ten Eigenzustands $\langle i\,|j'\rangle$ der neuen Basisvektoren in der alten Basis.*

Nun zu einem Vektor $|s\rangle$, dessen Koeffizienten aus dem Skalarprodukt

$$s_i = \langle i|\,s\rangle \ \text{ bzw. } \ s'_i = \langle i'|\,s\rangle \tag{3.246}$$

bestimmt werden. Mit dem schon mehrfach ausgeübten Trick wird der Einheitsoperator $\mathbf{I}$ in die Gl. (3.246) eingeschoben, so dass wir

$$s'_i = \langle i' | \underbrace{\sum_j |j\rangle\langle j|}_{\mathbf{I}} |s\rangle$$

$$= \sum_j \langle i' | j \rangle \underbrace{\langle j | s \rangle}_{s_j} \tag{3.247}$$

erhalten. Im ersten Skalarprodukt der Gl. (3.247.2) erkennen wir das Matrixelement des adjungierten unitären Operators aus Gl. (3.245), nun aber in der neuen Basis:

$$s'_i = (u^\dagger)_{ij} s_j. \tag{3.248}$$

Unter Verwendung der inversen unitären Matrix $\mathbf{U}^\dagger = \mathbf{U}^{-1}$ *erhalten wir die Koeffizienten eines Vektors* [s. a. Gln. (3.197)].

Abschließend untersuchen wir die Transformation der Matrixelemente eines Operators. Wir bestimmen die Matrixelemente in der neuen Basis erneut mit dem Trick der Einfügung des Einheitsoperators, nun aber auf beiden Seiten der Zustandsvektoren, so dass wir

$$a_{i'j'} = \langle i' | \mathbf{A} | j' \rangle$$

$$= \langle i' | \underbrace{\sum_k |k\rangle\langle k|}_{\mathbf{I}} \mathbf{A} \underbrace{\sum_l |l\rangle\langle l|}_{\mathbf{I}} | j' \rangle \tag{3.249}$$

$$= \sum_k \sum_l \langle i' | k \rangle \langle k | \mathbf{A} | l \rangle \langle l | j' \rangle$$

gewinnen, wobei wir Gl. (3.245) benutzen. In Gl. (3.249.3) erkennen wir links die adjungierte Matrix $(u^\dagger)_{ik}$, in der Mitte das Matrixelement a_{kl} und rechts die Matrix $(u)_{lj}$, also

$$a_{i'j'} = \sum_k \sum_l (u^\dagger)_{ik} a_{kl} (u)_{lj} \tag{3.250}$$

Die Elemente einer Matrix, die einer Basistransformation unterworfen wurde, finden wir nach Gl. (3.250), wobei in der j-ten Spalte der unitären Matrix mit dem Element $(u)_{lj}$ *die konjugiert-komplexe Komponente des j-ten neuen Basisvektors in der alten Basis steht. Von überragender Bedeutung ist, dass die Matrixelemente* $\langle k | \mathbf{A} | l \rangle = a_{kl}$ *durch die Basistransformation keine Veränderung erfahren — sie sind ja die Ergebnisse der Rechnung, mit denen experimentelle Ergebnisse verglichen werden.*

In der Symbolschreibweise finden wir kurz (Beisp. 3.17)

$$\mathbf{A}' = \mathbf{U}^\dagger \mathbf{A} \mathbf{U}. \tag{3.251}$$

Beispiel 3.17 Die Drehmatrix aus Beisp. 3.13/14

$$\mathbf{A} = \begin{pmatrix} \cos\vartheta & -\sin\vartheta \\ \sin\vartheta & \cos\vartheta \end{pmatrix}$$

hat im Reellen die Eigenwerte 0 und π, im Komplexen dagegen die Eigenwerte $e^{\pm i\vartheta}$, d. h. sie sind kontinuierlich und erstrecken sich von 0 bis 2π, und die Eigenvektoren dieser Eigenwerte lauten

$$\psi \begin{pmatrix} 1 \\ i \end{pmatrix}, \psi \in \mathbb{C},$$

und

$$\psi \begin{pmatrix} i \\ 1 \end{pmatrix}, \psi \in \mathbb{C},$$

normiert

$$\psi_1 = \frac{1}{\sqrt{2}} \begin{pmatrix} 1 \\ i \end{pmatrix} \text{ und } \psi_2 = \frac{1}{\sqrt{2}} \begin{pmatrix} i \\ 1 \end{pmatrix},$$

die damit die ganze x-y-Ebene erfüllen (und damit den ganzen Vektorraum), so dass sich die beiden Matrizen

$$\mathbf{U} = \frac{1}{\sqrt{2}} \begin{pmatrix} 1 & i \\ i & 1 \end{pmatrix} \text{ und } \mathbf{U}^{\dagger} = \mathbf{U}^{-1} = \frac{1}{\sqrt{2}} \begin{pmatrix} 1 & -i \\ -i & 1 \end{pmatrix}$$

ergeben, aus der die Matrixgleichung

$$\mathbf{A}' = \mathbf{U}^{-1}\mathbf{A}\mathbf{U} = \begin{pmatrix} 1 & 0 \\ 0 & 1 \end{pmatrix}$$

folgt, mit $\mathbf{A}'$ der Diagonalmatrix mit den Eigenwerten.

Damit haben wir die prinzipielle Vorgehensweise der Diagonalisierung einer beliebigen Matrix mittels der *Ähnlichkeitstransformation* kennengelernt.

3.13 Gruppentheorie

3.13.1 Symmetrieoperationen

Diese Ähnlichkeitstransformation spielt eine große Rolle in der Gruppentheorie, denn sie gilt nicht nur für Vektoren, sondern auch für Matrizen, also Operatoren.

Die nun zu untersuchenden Gegenstände sind ganz allgemein Moleküle, deren Bauplan wir unter dem Aspekt der Symmetrie betrachten. Moleküle gehorchen gemäß ihrer Symmetrie bestimmten Symmetrieoperationen, nach deren Ausführung sich das Molekül in einer vom Ausgangszustand nicht unterscheidbaren Konfiguration seiner Atome befindet: Das Molekül ist gegenüber dieser Operation *invariant*. Zu diesen Operationen zählen

1. **Drehung um eine oder mehrere Achsen**. Erhalten wir nach einer Drehung um 180° eine vom Originalzustand ununterscheidbare Konfiguration, sprechen wir von einer zweizähligen Achse. Der Wert von 2 ist der Divisor des Bruchs $\frac{360°}{2}$, der 180° ergibt. Die höchste Zähligkeit führt zur Punktgruppe C_n. Weist ein Molekül weitere, zu dieser Achse senkrecht orientierte Drehachsen auf, steigt es zur Punktgruppe D_n auf.

2. **Spiegelung an Ebenen**, in deren Ebene die Drehachse höchster Zähligkeit liegt. Sie erhalten die Bezeichnung σ_v.

3. **Spiegelung an dazu senkrechten Ebenen**, die die Bezeichung σ_h erhalten.

4. **Inversionen an einem Zentrum** mit dem Symbol i, an dem alle Atome entweder symmetrisch oder antisymmetrisch gespiegelt werden.

5. **Drehungen um Achsen mit nachfolgender Spiegelung an Ebenen**; sie erhalten das Symbol S_n.

Dazu kommt die **indentitäre Abbildung** E mit dem Einheitselement E: Nicht nur jedes Atom eines Moleküls, sondern auch jede Koordinate werden auf sich selbst abgebildet. Auch ein Molekül der allerniedrigsten Symmetrie weist dieses Symmetrie auf, aber eben auch nur diese.

Wir bezeichnen die Achsen, Ebenen, das Inversionszentrum und das Einheitselement als *Symmetrieelement*, die Zuordnung oder Abbildung der Atome durch das Symmetrieelement als *Symmetrieoperation*. Diese Abbildungen lassen sich als Multiplikationen eines Vektors mit einer Matrix ausdrücken.

Je niedriger die Symmetrie, umso geringer die Zahl der Symmetrieelemente und der mit ihnen möglichen Symmetrieoperationen. Gilt auch das Gegenteil? Die Antwort auf diese Frage ist nicht ganz eindeutig, wie wir im Laufe dieser Betrachtung sehen werden.

Einige Beispiele sind in Beisp. 3.18 gezeigt.

Beispiel 3.18 Lks.: Das Molekül H_2O besitzt eine zweizählige Drehachse, die durch das O-Atom geht und zwei senkrecht aufeinanderstehenden Spiegelebenen. Damit gehört das H_2O zur Punktgruppe C_{2v}. M.: Das CO_2-Molekül ist linear gebaut und weist in der Molekülachse mit unendlicher Zähligkeit auf. Senkrecht dazu steht eine zweizählige Achse C_2 mit unendlich vielen Einstellmöglichkeiten. Da auch noch Spiegelebenen existieren, gehört CO_2 zur Punktgruppe $D_{\infty h}$. Re.: Das Ethylenmolekül ist planar gebaut und verfügt über zwei senkrecht aufeinanderstehende zweizählige Drehachsen mit doppelter Orientierungsmöglichkeit. Da es auch noch Spiegelebenen besitzt, zählt es zur Punktgruppe D_{2h}.

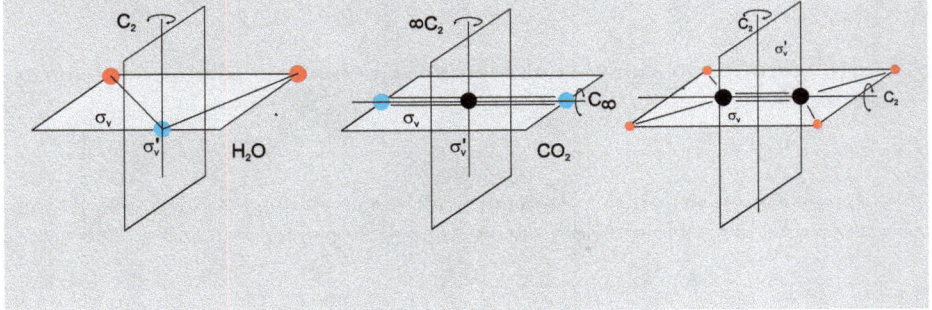

Betrachten wir zu Beginn das Ammoniak-Molekül mit der Formel NH_3, ein vieratomiges Molekül, dessen Geometrie durch eine trigonale Pyramide beschrieben wird (Abb. 3.14). Die drei H-Atome bilden ein gleichseitiges Dreieck, oberhalb dessen das N-Atom thront. Die Positionen der vier Atome werden durch drei gleiche Bindungen zwischen dem N-Atom und den H-Atomen definiert und bestimmen die *Basis* dieser Darstellung der Dimension 4 durch $\{a_1, a_2, a_3, a_N\}$ und den Zeilenvektor (a_1, a_2, a_3, a_N), den wir einigen Symmetrieoperationen unterwerfen.

Zwar sind die Basisvektoren voneinander nicht linear unabhängig, dafür hat man in den Matrizen nur Nuller und Einser.

Als erstes untersuchen wir die Spiegelung an einer Ebene, die parallel zur Drehachse verläuft. Schreiben wir für die Operation σ_v, die auf den Zeilenvektor (a_1, a_2, a_3, a_N) wirkt, dann gilt

$$\sigma_v (a_1, a_2, a_3, a_N) = (a_1, a_2, a_3, a_N) \begin{pmatrix} 0 & 1 & 0 & 0 \\ 1 & 0 & 0 & 0 \\ 0 & 0 & 1 & 0 \\ 0 & 0 & 0 & 1 \end{pmatrix}: \qquad (3.252)$$

Die Positionen der Atome N und H_3 sind unverändert, die H-Atome ① und ② haben ihre Koordinaten getauscht.

Nehmen wir eine C_3-Achse in CW-Richtung, also mathematisch negativ, dann tauschen die H-Atome ihre Plätze. ③ geht auf den Platz von ②, dieses auf den Platz von ① und ① schließlich auf den Platz von ③, also

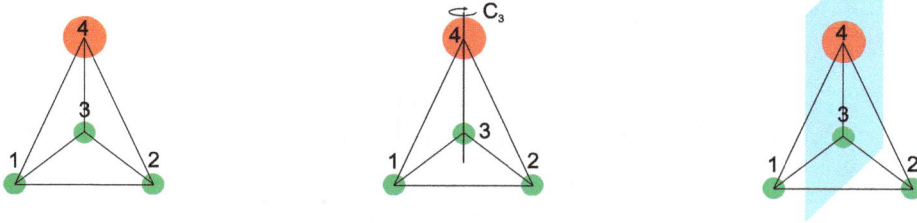

Abb. 3.14. Lks.: Das Ammoniak-Molekül gehört zur Punktgruppe C_{3v}. Die drei H-Ato-me bilden ein gleichseitiges Dreieck, oberhalb dessen das N-Atom thront. M.: Durch das N-Atome und den Schwerpunkt des Dreiecks geht die dreizählige Drehachse mit der Bezeichnung C_3. Re.: Spiegelung σ an einer durch ein H-Atom (3) und das N-Atom gehenden Ebene spiegelt die beiden H-Atome 1 und 2, so dass nach der Operation das H-Atom ① die Koordinaten des H-Atoms ②, nämlich a_2, hat und umgekehrt das H-Atom ② die Koordinaten a_1 aufweist. Von diesen Spiegelebenen gibt es drei. Von beiden Symmetrieoperationen ist das N-Atom nicht betroffen.

$$C_3^- (a_N, a_1, a_2, a_3, a_N) = (a_1, a_2, a_3, a_N) \begin{pmatrix} 0\,0\,1\,0 \\ 1\,0\,0\,0 \\ 0\,1\,0\,0 \\ 0\,0\,0\,1 \end{pmatrix}. \tag{3.253}$$

Machen wir die Drehung in CCW-Richtung, geht Atom ③ auf den Platz von Atom ①, das Atom ① auf den von ②, dieses auf den Platz von Atom ③, und wir finden

$$C_3^+ (a_1, a_2, a_3, a_N) = (a_1, a_2, a_3, a_N) \begin{pmatrix} 0\,1\,0\,0 \\ 0\,0\,1\,0 \\ 1\,0\,0\,0 \\ 0\,0\,0\,1 \end{pmatrix}. \tag{3.254}$$

Die beiden Operationen C_3^- und C_3^+ sind zueinander invers und ergeben daher bei konsekutiver Ausführung die identitäre Abbildung E:

$$C_3^- \cdot C_3^+ = \begin{pmatrix} 0\,0\,1\,0 \\ 1\,0\,0\,0 \\ 0\,1\,0\,0 \\ 0\,0\,0\,1 \end{pmatrix} \cdot \begin{pmatrix} 0\,1\,0\,0 \\ 0\,0\,1\,0 \\ 1\,0\,0\,0 \\ 0\,0\,0\,1 \end{pmatrix} = \underbrace{\begin{pmatrix} 1\,0\,0\,0 \\ 0\,1\,0\,0 \\ 0\,0\,1\,0 \\ 0\,0\,0\,1 \end{pmatrix}}_{E}, \tag{3.255}$$

und natürlich ist auch $C_3^- \cdot C_3^+ = E$. Insgesamt finden wir zwei Drehachsen, die zueinander kollinear sind.

Führt man eine Drehung und eine Spiegelung nacheinander aus, etwa

$$C_3^+ \cdot \sigma_\mathrm{v} = \begin{pmatrix} 0\ 1\ 0\ 0 \\ 0\ 0\ 1\ 0 \\ 1\ 0\ 0\ 0 \\ 0\ 0\ 0\ 1 \end{pmatrix} \cdot \begin{pmatrix} 0\ 1\ 0\ 0 \\ 1\ 0\ 0\ 0 \\ 0\ 0\ 1\ 0 \\ 0\ 0\ 0\ 1 \end{pmatrix} = \underbrace{\begin{pmatrix} 1\ 0\ 0\ 0 \\ 0\ 0\ 1\ 0 \\ 0\ 1\ 0\ 0 \\ 0\ 0\ 0\ 1 \end{pmatrix}}_{\sigma_v'}, \tag{3.256}$$

resultiert eine weitere Spiegelung, von denen es insgesamt drei gibt: $\sigma_\mathrm{v}, \sigma_\mathrm{v}'$ und σ_v''. Diese Spiegelebene erhalten wir, indem wir die Faktoren in Gl. (3.256) vertauschen:

$$\sigma_\mathrm{v} \cdot C_3^+ = \begin{pmatrix} 0\ 1\ 0\ 0 \\ 1\ 0\ 0\ 0 \\ 0\ 0\ 1\ 0 \\ 0\ 0\ 0\ 1 \end{pmatrix} \cdot \begin{pmatrix} 0\ 1\ 0\ 0 \\ 0\ 0\ 1\ 0 \\ 1\ 0\ 0\ 0 \\ 0\ 0\ 0\ 1 \end{pmatrix} = \underbrace{\begin{pmatrix} 0\ 0\ 1\ 0 \\ 0\ 1\ 0\ 0 \\ 1\ 0\ 0\ 0 \\ 0\ 0\ 0\ 1 \end{pmatrix}}_{\sigma_v''}: \tag{3.257}$$

Diese Verknüpfung ist also nicht kommutativ.

Wir sehen: die multiplikative Verknüpfung der Symmetrieoperationen einer Gruppe erzeugt keine Elemente, die aus der Gruppe herausragen, sondern die Gruppe stellt ein abgeschlossenes System dar. Daher können wir nach den Rechenregeln für Matrizen eine Matrix aufstellen, in der diese Verknüpfungen erfasst werden, und die als Multiplikationstafel bezeichnet wird (Tab. 3.3).

Tabelle 3.3. Multiplikationstafel der Punktgruppe C_{3v}. Der erste Faktor steht rechts und ist ein Zeilenelement, der zweite Faktor steht links und ist ein Spaltenelement.

C_{3v}	E	C_3^+	C_3^-	σ_v	σ_v'	σ_v''
E	E	C_3^+	C_3^-	σ_v	σ_v'	σ_v''
C_3^+	C_3^+	C_3^-	E	σ_v''	σ_v	σ_v'
C_3^-	C_3^-	E	C_3^+	σ_v'	σ_v''	σ_v
σ_v	σ_v	σ_v'	σ_v''	E	C_3^+	C_3^-
σ_v'	σ_v'	σ_v''	σ_v	C_3^-	E	C_3^+
σ_v''	σ_v''	σ_v	σ_v'	C_3^+	C_3^-	E

An Symmetrieelementen haben wir

- eine Identität E

- zwei Drehachsen C_3

- drei Spiegelebenen σ_v

gefunden, insgesamt also sechs Elemente. Das wird als *Ordnung* der Gruppe bezeichnet: $h = 6$. Jedes Element kommt in der Produktmatrix in jeder Zeile und jeder Spalte genau einmal vor.

So können wir ein erstes Zwischenfazit ziehen:

- Die Elemente einer Punktgruppe sind Symmetrieoperationen R, die sich mathematisch als Matrizen beschreiben lassen.

- Die Zahl der Symmetrieoperationen ist die Ordnung h der Gruppe.

- Symmetrieoperationen können hintereinandergeschaltet werden und lassen sich als Multiplikation von Matrizen ausführen, die im allgemeinen nicht-kommutativ sind.

- Das Ergebnis einer derartigen Verknpfung ist ebenfalls ein Element der Gruppe.

- Es existiert ein Einheitselement E, dessen Anwendung auf eine Symmetrieoperation diese unverändert belässt.

- Es existiert zu jeder Operation ein inverses Element, und diese Operation ist kommutativ.

- Moleküle können nach ihrer Symmetrie klassifiziert werden.

- Die Nomenklatur für Punktgruppen wurde von A.M. SCHOENFLIES begründet. Das hier exemplarisch betrachtete NH_3-Molekül gehört zur Punktgruppe C_{3v}.

- Die Punktgruppe C_{3v} ist nicht-abelsch.

3.13.2 Klassen von Symmetrieoperationen

Die Gln. (3.253) bis (3.255) zeigen, dass die beiden Drehoperationen C_3^+ und C_3^- zu einem vergleichbaren Effekt gleicher Stärke führen. Ähnliches gilt für die Wirkung der drei Spiegelebenen.

Man fasst derartige Symmetrieoperationen als *Klasse* zusammen. Ob die Gruppenelemente R und R' dieses Kriterium erfüllen, wird mathematisch durch die im Abschn. 3.12 eingeführte Ähnlichkeitstransformation

$$\mathbf{R}' = \mathbf{U}^{-1}\,\mathbf{R}\,\mathbf{U} \qquad\qquad (3.258)$$

entschieden, und man sagt bei positiver Diskriminierung, dass die beiden Elemente $\mathbf{R}'$ und $\mathbf{R}$ zueinander konjugiert sind.

Wir wissen, dass eine CW-Rotation durch eine Spiegelung in eine CCW-Rotation umgewandelt wird. Daher ist eine Verknüpfung

$$C_3^- = \sigma_v' C_3^+ \sigma_v \qquad\qquad (3.259)$$

erwartbar zielführend. Allgemein muss das Produkt der beiden Symmetrieoperationen $\mathbf{R}$ und $\mathbf{R}^{-1}$ die identitäre Abbildung E ergeben; die möglichen Operationen können wir für die Punktgruppe C_{3v} der Tab. 3.3 entnehmen.

Für die Operation E gilt die Ähnlichkeitstransformation immer; sie bildet daher eine eigene Klasse.

Für die betrachtete Punktgruppe C_{3v} stellen wir fest, dass

- die drei Spiegelungen an den drei Spiegelebenen durch eine Drehung C_3 ineinander überführt werden können, genauso, wie das

- für die beiden Drehungen C_3^+ und C_3^- gelingt.

Die Punktgruppe C_{3v} zerfällt also in die drei konjugierten Klassen $\{E\}$, $\{C_3^+, C_3^-\}$, und $\{\sigma_v, \sigma_v', \sigma_v''\}$.

3.13.3 Darstellungen

- Die Menge aller durch Matrizen darstellbaren Operationen R innerhalb einer Gruppe ist eine **Darstellung Γ** der Gruppe.

- Die **Dimension** der (Transformations-)Matrizen ist durch die Anzahl der Basisvektoren gegeben und ist für alle Elemente der Darstellung Γ gleich.

- Alle Elemente einer Darstellung können durch Matrizenmultiplikationen ineinander überführt werden.

- Eindimensionale Darstellungen, deren Matrizen alle gleich Eins sind, heißen **total-symmetrische (auch identische) Darstellungen**; sie erhalten immer die Bezeichnung A_1.

- Besteht zwischen zwei Darstellungen Γ' und Γ eine Beziehung

$$\boldsymbol{\Gamma}' = \mathbf{U}^{-1}\,\boldsymbol{\Gamma}\,\mathbf{U}, \qquad\qquad (3.260)$$

werden die Darstellungen als **äquivalent** bezeichnet.

3.13.4 Reduktion der Darstellung

Betrachtet man die Matrizen der Gln. (3.252) − (3.254) für die beiden Klassen C_3 und σ_v und deren Produkte in den Gln. (3.256/257), springt ins Auge, dass die erste Zeile und die erste Spalte unverändert aus dieser Operation hervorgehen, und die Matrizenmultiplikation nur die unteren Elemente innerhalb einer 3×3-Matrix betrifft:

$$\begin{pmatrix} 0 & 1 & 0 & 0 \\ 1 & 0 & 0 & 0 \\ 0 & 0 & 1 & 0 \\ 0 & 0 & 0 & 1 \end{pmatrix}. \tag{3.261}$$

Man kann dementsprechend aus jeder 4×4-Matrix den unteren Block jeder Matrix abspalten und erhält aus der vierdimensionalen Basis zwei: eine eindimensionale, nur die Koordinaten des N-Atoms enthaltende und eine dreidimensionale für die drei H-Atome, insgesamt also

$$\begin{pmatrix} 0 & 1 & 0 & 0 \\ 1 & 0 & 0 & 0 \\ 0 & 0 & 1 & 0 \\ 0 & 0 & 0 & 1 \end{pmatrix} = 1 \begin{pmatrix} 0 & 1 & 0 \\ 1 & 0 & 0 \\ 0 & 0 & 1 \end{pmatrix}, \tag{3.262}$$

bezeichnet diese Operation als *Reduzierung der Darstellung* und schreibt das als

$$\mathbf{\Gamma}^{(4)} = \mathbf{\Gamma}^{(3)} \oplus \mathbf{\Gamma}^{(1)}: \tag{3.263}$$

die vierdimensionale Darstellung ist reduziert zu der **direkten Summe** einer drei- und einer eindimensionalen Darstellung.

> Die Bezeichung „direkte" Summe wird verwendet, um diese Summenbildung von der einfachen Summenbildung zweier Matrizen zu unterscheiden.

Wir haben damit gezeigt, dass die Darstellung (3.261) **reduzibel** ist. Aber auch die Matrix auf der rechten Seite der Gl. (3.262) kann noch einmal in

$$\begin{pmatrix} 0 & 1 & 0 \\ 1 & 0 & 0 \\ 0 & 0 & 1 \end{pmatrix} = 1 \begin{pmatrix} 0 & 1 \\ 1 & 0 \end{pmatrix} \tag{3.264}$$

aufgespaltet werden, und wir erhalten die 4×4-Matrix (3.261) in blockdiagonaler Form:

$$
\begin{pmatrix} 0 & 1 & 0 & 0 \\ 1 & 0 & 0 & 0 \\ 0 & 0 & 1 & 0 \\ 0 & 0 & 0 & 1 \end{pmatrix} = \boxed{\begin{pmatrix} 0 & 1 \\ 1 & 0 \end{pmatrix}} \quad \boxed{1} \atop \boxed{1} \tag{3.265}
$$

Die in dieser Einführung für ein dreidimensionales Problem verwendeten vierdimensionalen Matrizen sind natürlich überdimensioniert. Um uns das perfekte Werkzeug zu verschaffen, untersuchen wir zunächst die

3.13.5 Koordinatentransformation in der Gruppe C_{3v}

Die Drehung um eine C_3-Achse ist eine Koordinatentransformation. Wir untersuchen nun diese Operation in zwei verschiedenen Koordinatensystemen, dem üblichen cartesischen und einem der Geometrie des Moleküls besser angepassten Koordinatensystem, bei dem der Winkel zwischen den Basisvektoren 120° beträgt.

Die Achse geht durch das N-Atom und durchstößt den Schwerpunkt des durch die drei H-Atome gebildeten gleichseitigen Dreiecks (Abb. 3.15).

Abb. 3.15. Das Ammoniak-Molekül gehört zur Punktgruppe C_{3v}. Die Drehung um die C_3-Achse findet in dem durch die drei H-Atome gebildeten gleichseitigen Dreieck statt, oberhalb dessen das N-Atom unbeweglich thront. Lks.: Ein Koordinatensystem mit zwei senkrecht zueinander angeordneten Basisvektoren und den drei Spiegelebenen, re. ein der Drehung um jeweils 120° angepasstes Koordinatensystem. In beiden Systemen lassen sich die Symmetrieoperationen äquivalent beschreiben.

Im Fall ① betrachten wir ein Zweibein aus den beiden rechtwinklig zueinander orientierten Basisvektoren

$$a = \begin{pmatrix} 1 \\ 0 \end{pmatrix} \text{ und } b = \begin{pmatrix} 0 \\ 1 \end{pmatrix}.$$

Eine CW-Drehung der Basis um $120°$ mit der Drehmatrix

$$\begin{pmatrix} \cos\vartheta & -\sin\vartheta \\ \sin\vartheta & \cos\vartheta \end{pmatrix} = \begin{pmatrix} -\frac{1}{2} & -\frac{\sqrt{3}}{2} \\ \frac{\sqrt{3}}{2} & -\frac{1}{2} \end{pmatrix} \tag{3.266}$$

liefert

$$C_3^+ a = \begin{pmatrix} -\frac{1}{2} \\ -\frac{\sqrt{3}}{2} \end{pmatrix}, \; C_3^+ b = \begin{pmatrix} \frac{\sqrt{3}}{2} \\ -\frac{1}{2} \end{pmatrix}. \tag{3.267}$$

Eine CW-Drehung um $240°$, oder, was dasselbe ist, eine CCW-Drehung um $120°$

$$\begin{pmatrix} \cos\vartheta & \sin\vartheta \\ -\sin\vartheta & \cos\vartheta \end{pmatrix} = \begin{pmatrix} -\frac{1}{2} & \frac{\sqrt{3}}{2} \\ -\frac{\sqrt{3}}{2} & -\frac{1}{2} \end{pmatrix} \tag{3.268}$$

ergibt

$$\left(C_3^+\right)^2 a = C_3^- a \begin{pmatrix} -\frac{1}{2} \\ -\frac{\sqrt{3}}{2} \end{pmatrix}, \; C_3^- b = \begin{pmatrix} \frac{\sqrt{3}}{2} \\ -\frac{1}{2} \end{pmatrix}. \tag{3.269}$$

Die Spur beider Drehmatrizen beträgt -1.

Im Fall ② betrachten wir ein Zweibein aus den beiden im Winkel von $120°$ zueinander orientierten Basisvektoren

$$a' = \begin{pmatrix} \frac{\sqrt{3}}{2} \\ -\frac{1}{2} \end{pmatrix} \text{ und } b' = \begin{pmatrix} 0 \\ 1 \end{pmatrix},$$

wobei die Werte in den Spaltenvektoren sich auf die beiden cartesischen Basisvektoren beziehen.

Bei einer CW-Rotation der Basisvektoren erhalten wir folgende neue Positionen:

- $a' \to -a' - b'$,

- $b' \to a'$,

bei einer CCW-Rotation der Basisvektoren dagegen:

- $a' \to b'$,

- $b' \to -a' - b'$.

Dazu sind in diesem Koordinatensystem für die CW-Rotation die Drehmatrix

$$C_3^+ = \begin{pmatrix} -1 & -1 \\ 1 & 0 \end{pmatrix} \tag{3.270}$$

resp. für die CCW-Rotation

$$C_3^- = \begin{pmatrix} 0 & 1 \\ -1 & -1 \end{pmatrix} \tag{3.271}$$

erforderlich. Die Spur beider Drehmatrizen beträgt wie im Fall ① −1.

Studieren wir nun die Definitionsgleichungen der gestrichenen Basisvektoren in der ungestrichenen Basis und umgekehrt, so ist

$$\begin{aligned}
a' &= \tfrac{\sqrt{3}}{2}a - \tfrac{1}{2}b \\
b' &= 0 \cdot a + 1 \cdot b \\
a &= \tfrac{2}{\sqrt{3}}a' + \tfrac{1}{\sqrt{3}}b' \\
b &= 0 \cdot a' + 1 \cdot b'.
\end{aligned}$$

Das liefert uns schließlich die beiden Matrizen für die Koordinaten- resp. Ähnlichkeitstransformation

$$\begin{aligned}
\mathbf{U} &= \begin{pmatrix} \tfrac{\sqrt{3}}{2} & -\tfrac{1}{2} \\ 0 & 1 \end{pmatrix} \\
\mathbf{U}^{-1} &= \begin{pmatrix} \tfrac{2}{\sqrt{3}} & \tfrac{1}{\sqrt{3}} \\ 0 & 1 \end{pmatrix},
\end{aligned} \tag{3.272}$$

und das Produkt dieser beiden Matrizen ergibt wirklich die Einheitsmatrix $\mathbf{I}$:

$$\begin{pmatrix} \tfrac{\sqrt{3}}{2} & -\tfrac{1}{2} \\ 0 & 1 \end{pmatrix} \cdot \begin{pmatrix} \tfrac{2}{\sqrt{3}} & \tfrac{1}{\sqrt{3}} \\ 0 & 1 \end{pmatrix} = \begin{pmatrix} 1 & 0 \\ 0 & 1 \end{pmatrix}. \tag{3.273}$$

Als Ähnlichkeitstransformation erhalten wir etwa

$$\begin{aligned}
\mathbf{U}^{-1}\,\mathbf{\Gamma}(C_3^+)\mathbf{U} &= \begin{pmatrix} \tfrac{2}{\sqrt{3}} & \tfrac{1}{\sqrt{3}} \\ 0 & 1 \end{pmatrix} \cdot \begin{pmatrix} -\tfrac{1}{2} & -\tfrac{\sqrt{3}}{2} \\ \tfrac{\sqrt{3}}{2} & -\tfrac{1}{2} \end{pmatrix} \cdot \begin{pmatrix} \tfrac{\sqrt{3}}{2} & -\tfrac{1}{2} \\ 0 & 1 \end{pmatrix} \\
&= \begin{pmatrix} -1 & -1 \\ 1 & 0 \end{pmatrix},
\end{aligned} \tag{3.274}$$

was mit der Matrix aus Gl. (3.270) übereinstimmt. Wegen der Assoziativität der Multiplikation von Matrizen ist $\left[\mathbf{U}^{-1}\,\mathbf{\Gamma}(C_3^+)\right]\mathbf{U} = \mathbf{U}^{-1}\left[\mathbf{\Gamma}(C_3^+)\mathbf{U}\right]$.

Die einfachste Spiegelung ist die Operation σ_v, denn hier ist einfach $\sigma_\mathrm{v}a = -a$, was durch die Matrix

$$\sigma_\mathrm{v} = \begin{pmatrix} -1 & 0 \\ 0 & 1 \end{pmatrix} \tag{3.275}$$

gelöst wird. Die Matrizen der beiden anderen Spiegelebenen gewinnen wir durch Matrizenmultiplikation, wobei wir die Vorschrift der Multiplikationstafel (Tab. 3.3) entnehmen, also

$$\sigma_v' = C_3^- \sigma_v = \begin{pmatrix} \frac{1}{2} & \frac{\sqrt{3}}{2} \\ \frac{\sqrt{3}}{2} & -\frac{1}{2} \end{pmatrix} \wedge \sigma_v'' = C_3^+ \sigma_v = \begin{pmatrix} \frac{1}{2} & -\frac{\sqrt{3}}{2} \\ -\frac{\sqrt{3}}{2} & -\frac{1}{2}. \end{pmatrix} \tag{3.276}$$

Auch diese Matrizen sind zweidimensional; ihre Spur beträgt übrigens 0. Sie sind deswegen zweidimensional, weil wir nur Operationen an den drei H-Atomen in der trigonalen Ebene durchgeführt haben. Das N-Atom bewegt sich bei allen Operationen nicht. Daher ist die Erhöhung der Dimension von 2 auf 3 aller sechs Matrizen (E, $2\,C_3$, $3\,\sigma_v$) nach rechts bzw. Blockdiagonalisierung nach links

$$1 \cdot \begin{pmatrix} -\frac{1}{2} & -\frac{\sqrt{3}}{2} \\ \frac{\sqrt{3}}{2} & -\frac{1}{2} \end{pmatrix} \leftrightarrow \begin{pmatrix} 1 & 0 & 0 \\ -\frac{1}{2} & -\frac{\sqrt{3}}{2} & 0 \\ \frac{\sqrt{3}}{2} & -\frac{1}{2} & 0 \end{pmatrix} \tag{3.277}$$

leicht möglich, hier gezeigt an C_3^+.

Diese Eins ist die kleinste mögliche Matrix und ist in allen dreidimensionalen Matrizen konstitutiver Bestandteil, ihre Bezeichnung ist Γ_1 und wirkt auf die Operationsklassen wie folgt:

$$\Gamma_1(E) = \Gamma_1(C_3^+) = \Gamma_1(C_3^-) = \Gamma_1(\sigma_v) = \Gamma_1(\sigma_v') = \Gamma_1(\sigma_v'') = 1.$$

Insgesamt finden wir insgesamt sechs Matrizen der Darstellung Γ_3:

$$\Gamma_3(E) = \begin{pmatrix} 1 & 0 \\ 0 & 1 \end{pmatrix}$$

$$\Gamma_3(C_3^+) = \begin{pmatrix} -\frac{1}{2} & -\frac{\sqrt{3}}{2} \\ +\frac{\sqrt{3}}{2} & -\frac{1}{2} \end{pmatrix}, \Gamma_3(C_3^-) = \begin{pmatrix} -\frac{1}{2} & +\frac{\sqrt{3}}{2} \\ -\frac{\sqrt{3}}{2} & -\frac{1}{2} \end{pmatrix}$$

$$\Gamma_3(\sigma_v') = \begin{pmatrix} \frac{1}{2} & \frac{\sqrt{3}}{2} \\ \frac{\sqrt{3}}{2} & -\frac{1}{2} \end{pmatrix}, \Gamma_3(\sigma_v) = \begin{pmatrix} -1 & 0 \\ 0 & 1 \end{pmatrix}, \Gamma_3(\sigma_v'') = \begin{pmatrix} \frac{1}{2} & -\frac{\sqrt{3}}{2} \\ -\frac{\sqrt{3}}{2} & -\frac{1}{2} \end{pmatrix}.$$

Damit stellen wir fest: Den Symmetrieoperationen können Transformationsmatrizen zugeordnet werden, wovon wir für den Symmetrietyp C_{3v} drei verschiedene Klassen gefunden haben. Offenbar existiert für die Dimension keine Grenze nach oben. In der Einführung begannen wir mit einer 4×4-Matrix, fanden in Gl. (3.277) eine 3×3-Matrix für das dreidimensionale Problem, während für die C_3-Rotation der drei H-Atome eine zweidimensionale Matrix ausreichte. Beispielsweise hätten wir zum Studium von Molekülschwingungen an jedem Atom ein dreidimensionales Koordinatensystem anbringen und studieren können, in welcher Weise sich die Basis der insgesamt 4×3 Koordinaten verändert, wofür wir eine 12×12-Matrix hätten aufstellen müssen. Für den Fall der Konstruktion von Molekülorbitalen wäre die Basis deutlich kleiner.

Nach unten ist die Zahl jedoch begrenzt, da wir die Dimension durch eine oder mehrere Ähnlichkeitstransformationen reduzieren können. Endpunkt dieses

Verfahrens ist eine Matrix mit nur einem Element, also ein Skalar. Wie wir hier gesehen haben, ist es aber offenbar nicht immer möglich, diesen Status zu erreichen, und es verbleibt eine Matrix mit einer Dimension, die höher als Eins ist. Diesen Endpunkt einer Transformation bezeichnet man als **irreduzible Darstellung**.

3.13.6 Die Theoreme der Orthogonalität

Wir stellten bereits im Abschn. 3.11 fest, dass Drehmatrizen *orthogonal* (im Komplexen unitär) zueinander sind. Diese hier sind bereits *orthonormiert* — was auch für die Spiegelmatrizen zutrifft. Dieser Sachverhalt kann zu einem Theorem verdichtet werden, das als *Großes Orthogonalitätstheorem* bezeichnet wird.

Für dessen Formulierung definieren wir

- die Summe der Gruppenmitglieder ist die Ordnung h einer Gruppe,

- die Dimension l_i der i-ten irreduziblen Darstellung Γ, unter der wir eine quadratische Matrix der Ordnung $l_i \times l_i$ verstehen,

- die verschiedenen Symmetrieoperationen der Darstellung Γ, die den Buchstaben R erhalten,

so dass $\Gamma_i(R)_{nm}$ die Operation R in der m-ten Zeile und n-ten Spalte der i-ten Darstellung Γ einer Gruppe ist, in unserem Beispiel $C_{3\mathrm{v}}$ mit $h = 6$, und wir schreiben

$$\sum_R \left(\Gamma_i(R)_{jk} \right)^* \Gamma_l(R)_{mn} = \frac{h}{\sqrt{l_i l_l}} \delta_{il}\, \delta_{jm}\, \delta_{kn}, \tag{3.278}$$

da auch komplexe Zahlen möglich sind. Dabei muss die Summe über alle Gruppenelemente gebildet werden. l_i ist die Dimension der Darstellung Γ_i.

Nach diesem Theorem sind alle Darstellungen orthogonal. Diese Darstellungen bestehen aus einer Summe von Operationsklassen, für $C_{3\mathrm{v}}$ sind das diese drei: E, C_3, σ_{v}. Dazu das

Beispiel 3.19 Im einzelnen studieren wir das Theorem an den beiden irreduziblen Darstellungen Γ_1 (für alle Symmetrieklassen eine Matrix der Ordnung 1×1) und Γ_3 mit ihren sechs zweidimensionalen Matrizen der Ordnung 2×2. Für sie ist $i = 1$ und $l = 1$ oder $i = 3$ und $l = 3$ oder $i = 1$ und $j = 3$ oder umgekehrt. Die Laufindizes j, k und m, n können entweder 1 oder 2 sein.

Als erstes Γ_1 der Dimension $l = 1$ mit $i = 1, l = 1$ $j = 1$, $k = 1$ sowie $m = 1, n = 1$:

$$1^* \cdot 1 + 1^* \cdot 1 + 1^* \cdot 1 + 1^* \cdot 1 + 1^* \cdot 1 + 1^* \cdot 1 = 6 = \frac{6}{1}.$$

Dann Γ_3 der Dimension $l = 2$ mit $i = 3$, $l = 3$:

- Dazu nehmen wir zunächst zwei gleiche Positionen an: $j = 1, k = 1$ und $m = 1, n = 1$, $\Gamma_i(R)_{11}$ und $\Gamma_l(R)_{11}$:

$$1 \cdot 1 + -\frac{1}{2} \cdot -\frac{1}{2} + -\frac{1}{2} \cdot -\frac{1}{2} + 1 \cdot 1 + -\frac{1}{2} \cdot -\frac{1}{2} + -\frac{1}{2} \cdot -\frac{1}{2} = 3 = \frac{6}{2}.$$

- $j = 1, k = 2$ und $m = 1, n = 2$, $\Gamma_i(R)_{12}$ und $\Gamma_l(R)_{12}$:

$$0 + \frac{3}{4} + \frac{3}{4} + 0 + \frac{3}{4} + \frac{3}{4} = 3 = \frac{6}{2}.$$

- Und jetzt zwei verschiedene Plätze in den Matrizen: $j = 2, k = 1$ und $m = 2, n = 2$, $\Gamma_i(R)_{21}$ und $\Gamma_l(R)_{22}$:

$$0 + \frac{3}{4} - \frac{3}{4} + 0 - \frac{3}{4} + \frac{3}{4} = 0.$$

Bis auf einen Faktor $\frac{h}{\sqrt{l_i l_l}}$ sind die Darstellungen auch normiert.

Damit ist darüber hinaus gezeigt, dass

$$\sum_R \Gamma_i(R)^* \, \Gamma_i(R) \sqrt{l_i^* l_i} = h.$$

Dieses Große Orthogonalitätstheorem ist für fundamentale Aussagen sehr wertvoll, aber für die überwiegende Zahl der Anwendungen viel zu aufwendig. Der Sachverhalt aber, dass eine Einteilung der Symmetrieoperationen in Klassen möglich ist, erlaubt uns nun, eine wesentliche grundsätzliche Vereinfachung durchzuführen. Dazu betrachten wir nun

3.13.6.1 Die Spur einer Matrix.
Die im Zusammenhang mit dem Eigenwertproblem in Abschn. 3.11 behandelte Spur einer Matrix ist die Summe ihrer Hauptdiagonalelemente

$$\mathrm{Sp}(\mathbf{A}) = \sum_i a_{ii}. \tag{3.279}$$

Seien $\mathbf{C}$ und $\mathbf{D}$ zwei Matrizen, für die ihrerseits

$$\mathbf{C} = \mathbf{AB} \wedge \mathbf{D} = \mathbf{BA}$$

gelten, dann ist

$$
\begin{aligned}
\mathrm{Sp}(\mathbf{C}) &= \sum_j c_{jj} &&= \sum_j \sum_k a_{jk} b_{kj} \\
\mathrm{Sp}(\mathbf{D}) &= \sum_j d_{jj} &&= \sum_k \sum_j a_{kj} b_{jk} \\
&= \sum_j \sum_k a_{kj} b_{jk} &&= \sum_j \sum_k a_{jk} b_{kj} \\
&= \mathrm{Sp}(\mathbf{C}):
\end{aligned}
$$

Die Spur zweier Matrizen, die aus einem kommutativen Produkt $\mathbf{A}\cdot\mathbf{B} = \mathbf{B}\cdot\mathbf{A}$ entstanden sind, ist gleich:

$$\mathrm{Sp}\,(\mathbf{A}\cdot\mathbf{B}) = \mathrm{Sp}\,(\mathbf{B}\cdot\mathbf{A}). \tag{3.280}$$

Durch die Ähnlichkeitstransformationen verbundene Matrizen, etwa die Matrizen der Klasse innerhalb einer Gruppe, weisen die gleiche Spur auf. Sei etwa

$$\boldsymbol{\Gamma}' = \mathbf{U}^{-1}\,\boldsymbol{\Gamma}\mathbf{U},$$

dann soll

$$\mathrm{Sp}(\boldsymbol{\Gamma}') = \mathrm{Sp}(\mathbf{U}^{-1}\,\boldsymbol{\Gamma}\mathbf{U})$$

gelten. Unter Anwendung des eben bewiesenen Satzes über die Spur eines Matrizenproduktes sowie des Assoziativgesetzes der Matrizenmultiplikation schreiben wir

$$
\begin{aligned}
\mathrm{Sp}(\boldsymbol{\Gamma}') &= \mathrm{Sp}\left[(\mathbf{U}^{-1}\,\boldsymbol{\Gamma})\,\mathbf{U}\right] \\
&= \mathrm{Sp}\left[\mathbf{U}\,(\mathbf{U}^{-1}\,\boldsymbol{\Gamma})\right] \\
&= \mathrm{Sp}\left[(\mathbf{U}\mathbf{U}^{-1})\,\boldsymbol{\Gamma}\right] \\
&= \mathrm{Sp}\,(\mathbf{I}\cdot\boldsymbol{\Gamma}) \\
&= \mathrm{Sp}\,(\boldsymbol{\Gamma}),
\end{aligned}
$$

demnach gilt

Konjugierte Matrizen $\boldsymbol{\Gamma}'$ und $\boldsymbol{\Gamma}$ haben identische Spuren:

$$\mathrm{Sp}\,(\boldsymbol{\Gamma}') = \mathrm{Sp}\,(\boldsymbol{\Gamma}). \tag{3.281}$$

Damit stellen wir die Spur einer Matrix — ein reiner Skalar — als wesentlichstes Charakteristikum einer Matrix als deren Surrogat in das Zentrum der weiteren Betrachtungen; *die Spur erhält in gruppentheoretischen Betrachtungen den Buchstaben χ und wird als Charakter des Gruppenelementes bezeichnet.*

Wir ersetzen nun die Matrizen der irreduziblen Darstellungen $\Gamma_i(R)$ durch deren Charaktere χ und schreiben das *Kleine Orthogonalitätstheorem*

$$\sum_R \chi_i(R)\,\chi_j(R) = \frac{h}{l}\delta_{ij} \tag{3.282}$$

an (die Spur einer HERMITEschen Matrix besteht aus immer nur reellen Zahlen). Zunächst untersuchen wir den Anschluss an das Große Orthogonalitätstheorem im

Beispiel 3.20 Im einzelnen studieren wir das Theorem an den beiden irreduziblen Darstellungen χ_1 (für alle Symmetrieklassen eine Charakteristik von 1) und χ_3 mit ihren sechs zweidimensionalen Matrizen der Ordnung 2×2. Die Werte für χ sind hier

$$\chi_1 : \forall\, \chi_1(R) = 1 \Rightarrow 2\cdot 1^2 + 2 \cdot 1^2 + 3 \cdot 1^2 = 6 = \frac{6}{1}.$$

$$\chi_3 : \chi_3(E) = 1\cdot 2,\, 2\cdot\chi_3(C_3) = 2\cdot(-1),\, 3\cdot\chi_3(\sigma_v) = 3\cdot 0 \Rightarrow \frac{1\cdot 2^2 + 2 \cdot (-1)^2}{l} = 3 = \frac{6}{2}.$$

Damit erhalten wir dasselbe Resultat wie für die große Lösung.

Beide Fälle zeigen, dass

$$\sum_i [\chi_i(R)]^2 = h \tag{3.283}$$

ist.

3.13.7 Charaktertafel

In der Gruppe C_{3v} haben wir drei verschiedenen Operationsklassen gefunden, die alle orthogonal zueinander sind: E, C_3 und σ_v, wobei C_3 doppelt und σ_v dreimal auftreten. Das macht eine Gesamtzahl von $h = 6$ unterschiedlichen Operationen. Die Forderung ist nun, dass C_{3v} auch drei unterschiedliche irreduzible Darstellungen aufweisen muss, die ebenfalls der Gleichung

$$\sum_i l_i^2 = h \tag{3.284}$$

genügen muss. Da die Matrizen der irreduziblen Darstellung Γ aber durch die Spuren der Matrizen ersetzt worden sind, spricht man oft vom Symmetrietyp und ersetzt die Symbole für die irreduzible Darstellung (Γ) durch die für den Charakter (χ). Welche Kriterien muss diese fehlende Darstellung erfüllen?

- **Dimension:**

$$\begin{aligned} l_2^2 &= h - l_1^2 - l_3^2 \\ &= 6 - 1 - 4 \\ &= 1: \end{aligned}$$

  Es muss sich um eine eindimensionale Darstellung handeln, die Charaktere können also nur 1 oder -1 sein.

- Die Symmetrietypen und die Symmetrieoperationen müssen **zueinander orthogonal** sein. Dazu stellt man sich beide als dreidimensionale Vektoren vor, die komponentenweise miteinander nach den Regeln des Skalarprodukts von Vektoren multipliziert werden können. Es wird eine quadratische Matrix gebildet, deren Zeilen die Symmetrietypen und deren Spalten die Klassen der Symmetrieoperationen bilden. Dann sieht unsere vorläufige Darstellung so aus:

C_{3v}	E	$2C_3$	$3\sigma_v$
χ_1	1	1	1
χ_2	?	?	?
χ_3	2	-1	0

- Damit ist die einzige Möglichkeit für die fehlende Zeile $1\ 1\ -1$, und wir können die **Charaktertafel** für C_{3v} in die Form

	C_{3v}	E	$2C_3$	$3\sigma_v$
Irreduzible	A_1	1	1	1
Darstellungen	A_2	1	1	-1
	E	2	-1	0

$$\tag{3.285}$$

Klassen / Charaktere

kleiden. *Symmetrietypen und Operationsklassen bilden jeweils für sich orthogonale Vektoren.* Für die Symmetrietypen gilt folgende Nomenklatur:

- Großbuchstaben A, B: eindimensionale Darstellung, symmetrisches resp. antisymmetrisches Verhalten bezöglich der höchstzähligen Drehachse C_n.

- Großbuchstaben E und T: zwei- resp. dreidimensionale Darstellung.

- Untere Indizes $1, 2$: symmetrisches resp. antisymmetrisches Verhalten bezüglich einer die höchstzählige Drehachse enthaltenden Spiegelebene.

- Obere Indizes $'$, $''$: symmetrisches resp. antisymmetrisches Verhalten bezüglich der Spiegelebene senkrecht zur höchstzähligen Drehachse.

- Untere Indizes $_g$ oder $_u$: symmetrisches (gerades) resp. antisymmetrisches Verhalten bezüglich der Spiegelung an einem Inversionszentrum.

- Die Matrizen einer Symmetrieoperation können durch ihre Spuren substituiert werden und werden dann *Charakter* genannt. Diese Charaktere können zu irreduziblen Darstellungen zusammengefasst werden und heißen *Symmetrietyp*. Sie bilden Vektoren, die zu anderen Symmetrietypen orthogonal sind: $\sum\limits_R \chi_i(R)\chi_j(R) = 0$.

- Die Summe der Quadrate der Dimensionen dieser Matrizen ergeben die *Ordnung* der Gruppe.

- Die Summe der Quadrate der Spuren aller Matrizen, die zu einer irreduziblen Darstellung gehören, ergeben ebenfalls die Ordnung der Gruppe.

- Die Zahl der irreduziblen Darstellungen ist gleich der Zahl der Symmetrieklassen.

- Der Charakter (die Spur der Matrix) einer Operation ist für alle Elemente einer Klasse gleich.

Diese Charaktertafeln enthalten die Symmetrietypen (Irreduzible Darstellungen) in der höchstmöglichen Dichte. Alle Fragestellungen, in denen die Symmetrie eine Rolle spielt, können durch Anwendung der Charaktertafeln eingeordnet und oft kategorisiert werden, was meist eine vereinfachte modellhafte Beschreibung eines experimentellen Sachverhalts ermöglicht.

Oft sind die Charaktertafeln noch durch eine weitere Kolonne ergänzt, in der das Verhalten der Translation und der Rotation bezüglich des Symmetrietyps mitgeteilt wird, manchmal folgt noch eine Sektion mit Quadraten und gemischten Produkten, etwa x^2 und xy. Die (vollständige) Charaktertafel der Punktgruppe C_{3v} sieht dann so aus:

$C_{3\mathrm{v}}$	E	$2C_3$	$3\sigma_\mathrm{v}$	$h = 6$	
A_1	1	1	1	z	$x^2 + y^2, z^2$
A_2	1	1	-1	R_z	
E	2	-1	0	$(x,y)(R_x, Ry)$	$(x^2 - y^2, xy), (xz, yz).$

$$(3.286)$$

Um diese Einträge in der dritten Kolonne eintragen zu können, ist es hilfreich, die Atome mit einem cartesischen Dreibein zu versehen (Abb. 3.16) und die

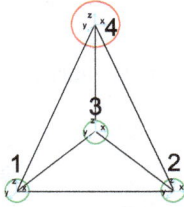

Abb. 3.16. Zur Zuordnung der je drei Freiheitsgrade der Translation und der Rotation zu irreduziblen Darstellungen wird jedes Atom mit einem cartesischen Dreibein versehen.

entsprechenden Bewegungen des gesamten Moleküls zu verfolgen.

- Die Translation in z-Richtung, also die Abbildung $\Gamma(R)\, z \to z'$, ist eine Funktion allein der Basis $\{z\}$ und enthält keine Mischanteile der beiden anderen Koordinaten. Die neuen Koordinaten haben sich nach dieser Symmetrieoperation nur auf der z-Achse geändert, und zwar für alle Atome des Moleküls um den gleichen Betrag:

$$\Gamma(R)\, z(0,0,0) \to (0,0,1).$$

  Aus der Charaktertafel ersehen wir, dass die Funktion z eine Basis der irreduziblen Darstellung A_1 bildet, also total-symmetrisch transformiert.

- x und y bilden die zweidimensionale Basis der Translation und Rotation in der x-y-Ebene. Sie transformieren in der Punktgruppe $C_{3\mathrm{v}}$ nach dem Symmetrietyp E.

- Damit wird die Darstellung für die drei Translationen insgesamt

$$\Gamma_\mathrm{trans} = A_1 \oplus E.$$

- Die Rotation um die z-Achse schließlich ist symmetrisch bezüglich C_3, jedoch antisymmetrisch bezüglich einer Spiegelung, also $C_3 R_z = +R_z$, aber $\sigma_\mathrm{v} R_z = (-1)R_z$. Damit transformiert sie nach A_2.

- Um die Rotationen R_x und R_y einzuordnen, ist zweierlei zu beachten: Die beiden Achsen gehen durch das N-Atom, nicht durch den Schwerpunkt des Moleküls, und die Vorzeichenänderungen der Basisvektoren werden nur an diesem Atom betrachtet, weil die H-Atome ihren ursprünglichen Platz verlassen und damit eine Konfiguration erzeugen, die von der Ausgangs-darstellung verschieden ist. Danach ändern sich bei einer Rotation um die x-Achse die Vorzeichen der beiden Basisvektoren y und z bei unverändertem Wert für x, also $1 - 1 - 1 = -1$, dasselbe für die y-Achse. R_x und R_y sind also doppelt entartet und kommen daher in den Symmetrietyp E, so dass wir insgesamt für die drei Rotationen

$$\Gamma_{\text{rot}} = A_2 \oplus E$$

gewinnen.

Übrigens transformieren die p-Orbitale p_x, p_y und p_z entsprechend den Koordinaten und werden deswegen auch so genannt. Gilt das auch für die Einträge in der vierten Kolonne, transformiert also das d_{xy}-Orbital nach E und steht deswegen hier?

Zur Beantwortung dieser Frage untersuchen wir

3.13.8 Das direkte Produkt

Wir kümmern uns um die Wirkung einer Symmetrieoperation R auf zwei Funk-tionen, die als Basis für Darstellungen innerhalb dieser Gruppe dienen, allgemein etwa X und Y. Dann ist in Summenschreibweise

$$R(X_i) = \sum_{j=1}^{k} x_{ij} X_j$$
$$R(Y_l) = \sum_{m=1}^{n} y_{lm} Y_m$$

und

$$R(X_i Y_l) = \sum_{j=1}^{k} \sum_{m=1}^{n} x_{ij} y_{lm} X_j \otimes Y_m,$$

wobei das Produkt $x_{ij} y_{lm} \equiv z_{il,jm}$ eine Matrix der Größe $(kn) \times (kn)$ formt und das Produkt $X_j \otimes Y_m$ das direkte Produkt darstellt, das also auch eine Basis für Darstellungen der Gruppe ist.

Zwei 2×2-Matrizen erzeugen also eine Matrix mit 16 Elementen (s. Aufg. 3.40), und es gilt der Satz

Die Spur des direkten Produktes zweier Matrizen ist gleich dem Produkt der Spuren der beiden multiplizierten Matrizen:

$$\chi_{i \otimes l}(R) = \sum_{jm} z_{jm,jm} = \sum_{j} \sum_{m} x_{jj} y_{mm} = \chi_X(R) \chi_Y(R).$$

Es ist also

$$\chi_{1 \otimes 2}(R) = \chi_1(R)\chi_2(R). \tag{3.287}$$

Die Feststellung dieses Sachverhalts ist nicht hoch genug einzuschätzen, ermöglicht das doch, die Spur, gruppentheoretisch den Charakter, anstelle der Matrizen einzusetzen und einfachste Operationen innerhalb der Charaktertafel, aber auch zwischen ihnen, auszuführen.

3.13.9 Die reduzible Darstellung und ihre Ausreduktion für C_{3v}

Wir sahen bereits im Kap. 1, dass die Aufnahme von Wärmeenergie mit der Temperatur skaliert. Proportionalitätsfaktor ist die spezifische Wärme, die ein Maß für die molekulare „Senke" darstellt, in die Energie hineinfließen kann. Dies geschieht nach dem Prinzip von LE CHATELIER, nach dem Materie versucht, dem äußeren Zwang auszuweichen.[8] Aufgespaltet wird diese Senke in einem Molekül zunächst nach dem Gleichverteilungssatz der Energie in die Freiheitsgrade der Translation, Rotation und Schwingung. Bei der Translation und der Rotation bewegt sich das Molekül als ganze Einheit, bei der Schwingung bewegen sich einzelne Atome gegeneinander.

Die Zahl der Freiheitsgrade F eines (gewinkelten) Moleküls aus N Atomen ist $F = 3N$. Zieht man davon die externen Freiheitsgrade, nämlich drei für die Translation und drei für die Rotation ab, verblieben $3N - 6$ Freiheitsgrade, mit denen die Atome gegeneinander schwingen können. Alle Bewegungen, ob Translation, Rotation oder Schwingungen, gehören zu einem bestimmten Symmetrietyp, der der Punktgruppe des Moleküls eigen ist.

Um diese zu ermitteln, erhält jedes Atom ein Dreibein, und die Änderung der drei cartesischen Basisvektoren gemäß den Symmetrieoperationen der Punktgruppe C_{3v} wird bestimmt — davor und danach (Abb. 3.17).

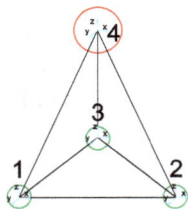

Abb. 3.17. Zur Bestimmung der reduziblen Darstellung wird das Ammoniak-Molekül den vier Symmetrieoperationen unterworfen. Das geht am einfachsten, wenn jedes Atom mit einem cartesischen Dreibein versehen wird.

Aus diesen wir eine reduzible Darstellung ermittelt, und daraus kann geschlussfolgert werden, aus welchen Symmetrietypen (also den Spuren der irreduziblen Darstellungen) sich die reduzible Darstellung zusammensetzt.

---

[8]Die Bedeutung des LE CHATELIERschen Prinzips in der Physik wird in der Abhandlung von LANDAU, ACHIESER und LIFSCHITZ gewürdigt [44].

Das wird an der C_3^+-Rotation des NH_3-Moleküls demonstriert. Dazu bilden wir eine 12×12-Matrix mit den Ausgangs- und Zielpositionen der Atome, die wir in Abb. 3.13 durchnummeriert haben. Die Werte für die Drehmatrix entnehmen wir der Gl. (3.266).

C_{3v}	x_1	y_1	z_1	x_2	y_2	z_2	x_3	y_3	z_3	x_4	y_4	z_4
x_1'	0	0	0	$-\frac{1}{2}$	$-\sqrt{\frac{3}{2}}$	0	0	0	0	0	0	0
y_1'	0	0	0	$\sqrt{\frac{3}{2}}$	$-\frac{1}{2}$	0	0	0	0	0	0	0
z_1'	0	0	0	0	0	1	0	0	0	0	0	0
x_2'	0	0	0	0	0	0	$-\frac{1}{2}$	$-\sqrt{\frac{3}{2}}$	0	0	0	0
y_2'	0	0	0	0	0	0	$\sqrt{\frac{3}{2}}$	$-\frac{1}{2}$	0	0	0	0
z_2'	0	0	0	0	0	0	0	0	1	0	0	0
x_3'	$-\frac{1}{2}$	$-\sqrt{\frac{3}{2}}$	0	0	0	0	0	0	0	0	0	0
y_3'	$\sqrt{\frac{3}{2}}$	$-\frac{1}{2}$	0	0	0	0	0	0	0	0	0	0
z_3'	0	0	1	0	0	0	0	0	0	0	0	0
x_4'	0	0	0	0	0	0	0	0	0	$-\frac{1}{2}$	$-\sqrt{\frac{3}{2}}$	0
y_4'	0	0	0	0	0	0	0	0	0	$\sqrt{\frac{3}{2}}$	$-\frac{1}{2}$	0
z_4'	0	0	0	0	0	0	0	0	0	0	0	1

$$(3.288)$$

Atom ① geht auf die Position des Atoms ②, ② auf ③, ③ auf ①, und das N-Atom ④ bleibt zwar liegen, dreht aber die x- und y-Koordinaten in der Ebene der drei H-Atome. Die neuen Positionen des Atoms ① sind die alten des Atoms ②, *und damit werden die Diagonalelemente der ersten drei Zeilen und Reihen Null, genauso wie für die beiden anderen H-Atome. Nur für das N-Atom gibt es drei Diagonalelemente.*

Die Spur dieser Matrix ist Null.

Mit einer ähnlichen Matrix bestimmen wir die Spur, also den Charakter, der Operation E. Da alle Atome mit all ihren drei Basisvektoren liegen bleiben, ist die Spur dieser Matrix $4 \cdot 3 = 12$.

Schließlich erhalten wir für die Spiegelung an einer Ebene, etwa σ_v, bei der neben dem N-Atom das H-Atom ③ liegenbleiben soll (also jeweils zwei Basisvektoren ihr Vorzeichen erhalten und eines getauscht wird), eine Spur von $2 \cdot (2-1) = 2$.

Diese Zahlen schreiben wir nun unter die Charaktertafel und erhalten die reduzible Darstellung für unser Problem mit

C_{3v}	E	$2C_3$	$3\sigma_v$	$h = 6$
A_1	1	1	1	z
A_2	1	1	-1	R_z
E	2	-1	0	$(x,y)(R_x, R_y)$
χ_{red}	12	0	2	

$$(3.289)$$

Wir ziehen davon die sechs externen Bewegungen ab, von denen wir ja bereits wissen, wie sie transformieren,[9] und erhalten

$$\chi_{\text{red}} = 6 \oplus 0 \oplus 2. \tag{3.290}$$

Wie aber findet man nun die Symmetrietypen der einzelnen Schwingungen heraus? Oder anders gefragt: Wie oft ist welcher Symmetrietyp in der reduziblen Darstellung enthalten? Dazu muss die reduzible Darstellung mittels der Charaktertafel „ausreduziert" werden.

Als erstes erinnern wir uns an die Ähnlichkeitstransformation: mit ihrer Hilfe ist es möglich, jede reduzible Darstellung in Matrizen entlang der Diagonale der Gruppe aufzuspalten. Darüber hinaus bleibt der Charakter der Matrix unverändert.

Sei also $\chi_i(R)$ die i-te irreduzible Darstellung und $\chi_{\text{red}}(R)$ die reduzible Darstellung des NH_3-Moleküls, dann kann man

$$\chi_{\text{red}}(R) = \sum_i a_i \chi_i(R) \tag{3.291}$$

schreiben, wobei a_i die Anzahl des Auftretens des Charakters χ_i entlang der Diagonalen ist. Diese Koeffizienten a_i müssen jetzt bestimmt werden, was wir mit dem FOURIERschen Verfahren in Gl. (3.98) zum erstenmal gemacht haben. Multiplizieren wir beide Seiten nämlich mit einer zu $\chi_{\text{red}}(R)$ orthogonalen Darstellung, etwa $\chi_j(R)$,

$$\begin{aligned}
\sum_R \chi(R)\chi_j(R) &= \sum_R \sum_i a_i \chi_i(R)\chi_j(R) \\
&= \sum_i \sum_R a_i \chi_i(R)\chi_j(R),
\end{aligned} \tag{3.292}$$

dann wissen wir von der rechten Seite, dass mit Gln. (3.124) und (3.283)

$$\begin{aligned}
\sum_i \sum_R a_i \chi_i(R)\chi_j(R) &= a_i \sum_R \chi_i(R)\chi_j(R) \\
&= a_i h \delta_{ij}
\end{aligned}$$

übrigbleibt, aufgelöst nach a_i:

$$a_i = \frac{1}{h} \sum_R \chi(R)\chi_i(R). \tag{3.293}$$

Die Zahl der in der reduziblen Darstellung χ_{red} enthaltenen irreduziblen Darstellung $\chi_i(R)$ ergibt sich Aufsummation der direkten Produkte ihrer Komponenten und nachfolgende Division durch die Ordnung der Gruppe (s. Beisp. 3.21).

---

[9](x, y) und (R_x, R_y) stehen in Klammern und werden ja schon durch das E doppelt berücksichtigt).

Beispiel 3.21 Bei der Ausreduktion einer reduziblen Darstellung (hier die Transformation der Basisvektoren der Punktgruppe C_{3v}) wird der Tatsache der Vielfältigkeit verschiedener Symmetrieoperationen Rechnung getragen. Hinter $2C_3$ verbergen sich ja zwei unterschiedliche Drehrichtungen. Daher wird diese Spalte mit der Zahl 2 multipliziert, die dritte Spalte mit der Zahl 3. Das Ergebnis ist die linke Charaktertafel. Nun werden die sechs irreduziblen Darstellungen für z, R_z sowie $(x, y), (R_x, R_y)$ abgezogen, also für $C_3 : 0 - [2 + 2 + (2 \cdot -2)] = 0$ (rechte Charaktertafel):

C_{3v}	E	C_3	σ_v		C_{3v}	E	C_3	σ_v
A_1	1	2	3		A_1	1	2	3
A_2	1	2	-3	$\Rightarrow$	A_2	1	2	-3
E	2	-2	0		E	2	-2	0
χ_{red}	12	0	2		χ_{red}	6	0	2

Die Elemente der reduziblen Darstellung werden nun nach Gl. (3.292) als direktes Produkt mit den jeweiligen irreduziblen Darstellungen multipliziert, anschließend addiert und schließlich durch $h = 6$ dividiert:

$$\frac{1}{6} \sum_R \chi(A_1)\chi_{red} = \frac{1}{6}(1 \cdot 6 + 2 \cdot 0 + 2 \cdot 3)$$
$$= \frac{12}{6}$$
$$= 2$$
$$\frac{1}{6} \sum_R \chi(A_2)\chi_{red} = 1 \cdot 6(1 \cdot 6 + 2 \cdot 0 - 3 \cdot 2)$$
$$= 0$$
$$\frac{1}{6} \sum_R \chi(E)\chi_{ed} = \frac{1}{6}(2 \cdot 6 - 2 \cdot 0 + 0 \cdot 2)$$
$$= \frac{12}{6}$$
$$= 2.$$

Damit ist die reduzible Darstellung ausreduziert. Das Ergebnis ist: Es kommen sechs Schwingungen vor, davon sind zwei entartet (Symmetrietyp E) und zwei gehören zum Symmetrietyp A_1, transformieren also total-symmetrisch (s. a. Kap. 8, 11 und 13).

3.13.10 Direktes Produkt und endliches Integral

Direkte Produkte sind zwischen allen Symmetrietypen definiert, aber auch mit sich selbst, also das Quadrat eines Symmetrietyps. Das Ergebnis kann ein andere irreduzible Darstellung sein, aber auch eine reduzible Darstellung erzeugen. Für die Punktgruppe C_{3v} haben wir es mit einer überschaubaren Anzahl zu tun (Beisp. 3.22).

Beispiel 3.22

$$A_1 \otimes A_1 = A_1$$
$$A_1 \otimes A_2 = A_2$$
$$A_1 \otimes E \; = E$$

$$A_2 \otimes A_2 = A_1$$
$$A_2 \otimes E \; = E$$

$$E \otimes E \; = E \oplus A_1 \oplus A_2$$

Das letzte Produkt wird einfach in die Darstellungen zerlegt.

A_1 hat die Eigenschaft eines neutralen Elements.

Die größte Bedeutung des direkten Produkts in der Atomphysik aber liegt im folgenden: Es ist aus der Integralrechnung bekannt, dass eine ungerade oder antisymmetrische Funktion, für die $f(x) = -f(-x)$ gilt, ein verschwindendes Integral aufweist. Damit das Integral endlich ist, muss diese Antisymmetrie beseitigt werden. Übertragen auf die Gruppentheorie, heißt das, dass der Integrand $f_A \, f_B$ unter allen Operationen seiner Symmetriegruppe zumindest z. T. invariant ist. Im Falle der ungeraden Funktion $x \to x$ bildet der Ursprung als Inversionszentrum die Funktionswerte eben antisymmetrisch ab. Für das Produkt der beiden Funktionen f_A und f_B bedeutet das, dass es die Basis für eine total-symmetrische Darstellung bildet. Hat man eine reduzible Darstellung für eine molekulares System aufgestellt, dann muss bei der Ausreduktion derselben eine total-symmetrische Darstellung enthalten sein.

Liege eine reduzible Darstellung $\chi_{\text{red}} = \chi_{A \otimes B}$ vor, dann ist die i-te irreduzible Darstellung χ_i nach Gl. (3.293) a_i-mal in $\chi_{A \otimes B}$ enthalten:

$$a_i = \frac{1}{h} \sum_R \chi_{A \otimes B}(R) \chi_i(R),$$

für die total-symmetrische Darstellung $\chi_1 \equiv A_1$ mit lauter Einsen also

$$a_i = \frac{1}{h} \sum_R \chi_{A \otimes B}(R),$$

was aber nach Gl. (3.287) auch als

$$\chi_{A \otimes B}(R) = \chi_A(R) \chi_B(R)$$

geschrieben kann. Damit resultiert für a_1:

$$a_1 = \frac{1}{h} \sum_R \chi_A(R) \chi_B(R).$$

Da alle Charaktere orthogonal zueinander sind, ist also

$$a_1 = \delta_{AB} \tag{3.294}$$

mit δ_{AB} dem KRONECKER-Delta.

Enthält ein direktes Produkt $A \otimes B$ die total-symmetrische Darstellung A_1, dann kommt sie genau einmal vor.
Umgekehrt gilt: Die Darstellung eines direkten Produktes $A \otimes B$ enthält die total-symmetrische Darstellung A_1 nur dann, und zwar genau einmal, wenn für die Charaktere der beiden Darstellungen gilt, dass $\chi_A = \chi_B$.

3.13.11 Zusammenfassung

Eine Gruppe besteht aus *Symmetrieoperationen*, die mathematisch als Matrizen beschrieben werden können. Sie gehorchen bestimmten *Darstellungen*, die sie bezüglich ihrer Invarianz kategorisieren. Als zielführende Vereinfachung hat sich die Verwendung der *Spur* der Matrizen erwiesen. Die Zusammenstellung der Symmetrieoperationen und der (irreduziblen) Darstellungen erfolgt in der *Charaktertafel*, einer von der Punktgruppe abhängigen Matrix, deren Zeilen aus den Darstellungen und deren Spalten aus den Symmetrieoperationen bestehen. Beide können als zueinander orthogonale Vektoren aufgefasst werden.

    Je nach Fragestellung erstellt man aus der Geometrie des Moleküls eine reduzible Darstellung, aus der mit Hilfe der Charaktertafel die Zahl der in ihr enthaltenen irreduziblen Darstellungen bestimmt werden kann. Das mathematische Hilfsmittel dazu ist das *direkte Produkt*, bei dem die Elemente der irreduziblen Darstellungen nach Art des Skalarprodukts miteinander multipliziert werden.

3.14 Kompilation wichtiger Gleichungen

Die in diesem Kapitel verwendeten Beziehungen sind in den verschiedenen Darstellungen nacheinander entwickelt worden, was sich in den unterschiedlichen Bezeichnungen Eigenfunktion, Eigenvektor und Eigenzustand manifestiert. Sie gelten in einer endlichen (diskreten), aber auch in einer unendlichen (kontinuierlichen) Basis.

    In diesem Abschnitt sind wichtige Gleichungen und Begriffe summarisch dargestellt.

3.14.1 Eigenvektor und Eigenzustand

Ein Eigenvektor oder -zustand $|\Psi\rangle \in \mathcal{H}$ lässt sich in einer orthonormierten Basis $\{|\Phi_i\rangle\}$ nach

$$|\Psi\rangle = \sum_i a_i\,|\Phi_i\rangle\,, \text{ wobei } \langle\Phi_i|\,\Phi_j\rangle = \delta_{ij} \text{ und } a_i = \int \langle\Psi|\,\Phi_i\rangle\,, \qquad (3.295)$$

entwickeln [s. Gln. (3.156)/174)]. Den Satz der Entwicklungskoeffizienten a_i heißt man Darstellung von $|\Psi\rangle$ in der Basis $\{|\Phi_i\rangle\}$.

Dies kann man auch mittels des Projektionsoperators beschreiben [Gl. (3.193)]:

$$\mathbf{P}_l\,|\Psi\rangle = |l\rangle\,\langle l|\,\Psi\rangle = a_l\,|l\rangle\,. \qquad (3.296)$$

Zu jedem (Spalten-)Vektor oder Ket

$$|\Psi\rangle = \begin{pmatrix} a_1 \\ a_2 \\ \vdots \\ a_n \end{pmatrix} \qquad (3.297)$$

existiert ein konjugiert-komplexer Zeilenvektor Bra Ψ^* im Dualraum

$$\langle\Psi| = \begin{pmatrix} a_1^* & c_2^* & \cdots & c_n^* \end{pmatrix}\,, \qquad (3.298)$$

aus denen ein Skalarprodukt durch die Vorschrift

$$\langle\Psi_1|\,\Psi_2\rangle = \int \mathrm{d}^3x\,\Psi_1^*(x)\Psi_2(x) \qquad (3.299)$$

gebildet wird, das antilinear im ersten Argument, dagegen linear im zweiten Argument ist

$$\left.\begin{aligned} \langle b\Psi_1|\,\Psi_2\rangle &= b^*\,\langle\Psi_1|\,\Psi_2\rangle \\ \langle\Psi_1|\,b\Psi_2\rangle &= b\,\langle\Psi_1|\,\Psi_2\rangle\,, \end{aligned}\right\} \qquad (3.300)$$

und aus dem eine Norm

$$\|\,\Psi\,\| = \sqrt{\langle\Psi|\,\Psi\rangle} \qquad (3.301)$$

definiert ist. Für ein kontinuierliches Spektrum schreiben wir statt Gl. (3.252)

$$|\Psi\rangle = \int \mathrm{d}i\,a(i)\,|\psi\rangle\,. \qquad (3.302)$$

3.14.2 Operator

Ein Operator $\mathbf{A}$ ist eine Rechenvorschrift, die jedem Element $|\psi\rangle$ aus einer Menge $\{|\psi_i\rangle\}$ ein Bildelement $|\Phi\rangle$ nach

$$|\Phi\rangle = \mathbf{A}\,|\psi\rangle \qquad (3.303)$$

zuordnet. Die in der Quantenmechanik verwendeten Operatoren sind in eineindeutiger Weise einer Messgröße zugeordnet und sind

- linear $\mathbf{A}\left(a_1\left|\psi_1\right\rangle + a_2\left|\psi_2\right\rangle\right) = a_1\mathbf{A}\left|\psi_1\right\rangle + a_2\mathbf{A}\left|\psi_2\right\rangle$, womit sie dem Superpositionsprinzip gehorchen;

- hermitesch $\mathbf{A} = \mathbf{A}^\dagger$ oder in Matrixschreibweise $(a_{ik}) = (a_{ki}^*)$, womit die Hauptdiagonalelemente a_{ii} reell sind.

Sind die $\left|\psi_i\right\rangle$ Basisvektoren einer Orthonormalbasis $\{\left|\psi_i\right\rangle\}$, dann weist der Operator $\mathbf{A}$ in dieser Basis die Matrixelemente

$$a_{ij} = \left\langle\psi_i\right|\mathbf{A}\psi_j\rangle \tag{3.304}$$

auf. Mit der Überwälzung auf den adjungierten Operator [s. Gl. (3.180)] wird

$$a_{ij} = \left\langle\psi_j\right|\mathbf{A}^{\mathrm{T}}\psi_i\rangle^* = a_{ji}^*. \tag{3.305}$$

Ein Operator wird in einer diskreten/kontinuierlichen Basis als

$$
\begin{aligned}
\mathbf{A} &= \sum_i\sum_j c_{ij}\left|i\right\rangle\left\langle j\right| \qquad \text{mit } c_{ij} = \left\langle i\right|\mathbf{A}\left|j\right\rangle \text{ (diskrete Basis)}\\
&= \int \mathrm{d}j \int \mathrm{d}i\, \alpha(i)\left|i\right\rangle\left\langle j\right| \text{ mit } \alpha(i) = \left\langle i\right|\mathbf{A}\left|j\right\rangle \text{ (kontinuierliche Basis)}
\end{aligned}
\tag{3.306}
$$

dargestellt [s. Gl. (3.198)]. Ein spezieller Operator ist der Einheitsoperator [Gl. (3.196)]

$$\sum_l\left|l\right\rangle\left\langle l\right| = \mathbf{I} \rightarrow \int \mathrm{d}\psi\,\left|\psi\right\rangle\left\langle\psi\right| = \mathbf{I}. \tag{3.307}$$

3.14.3 Erwartungswerte

Experimentell wird das mittlere Schwankungsquadrat

$$
\begin{aligned}
\left\langle A - \left\langle A\right\rangle\right\rangle^2 &= \left\langle A^2\right\rangle - \left\langle A\right\rangle^2\\
&= \left\langle\left(\Delta A\right)^2\right\rangle
\end{aligned}
\tag{3.308}
$$

um den Mittelwert einer Größe $\left\langle A\right\rangle$ untersucht [Gl. (3.54)], der ein HERMITEscher Operator $\mathbf{A}$ zugeordnet ist, der einen Satz von Eigenzuständen $\left|\psi_i\right\rangle$ aufweist, so dass die quantenmechanische Frage

$$\left\langle\left(\Delta\mathbf{A}\right)^2\right\rangle = \left\langle\psi_i\left|\left(\mathbf{A} - \left\langle\mathbf{A}\right\rangle\right)^2\right|\psi_i\right\rangle \tag{3.309}$$

lautet. Das mittlere Schwankungsquadrat ist ≥ 0. Ist es größer als Null, dann ist der Erwartungswert der Mittelwert des Operators $\mathbf{A}$ im Zustand ψ_i.

3.14.4 Eigenwerte

Verschwindet aber das mittlere Schwankungsquadrat, dann haben wir es mit einem
Eigenwert λ_i des Eigenzustandes $|\psi_i\rangle$ zu tun, und es gilt die Eigenwertgleichung

$$\mathbf{A}\,|\psi_i\rangle = \lambda_i\,|\psi_i\rangle\,. \tag{3.310}$$

Die Menge dieser Werte bildet das Spektrum der (reellen) Eigenwerte; die zugehörigen Eigenvektoren oder -zustände sind zueinander orthogonal. Das Spektrum
kann diskret oder kontinuierlich sein, was wir verkürzt mit $|\psi_i\rangle = |i\rangle$ als

$$
\begin{aligned}
\langle i|\,j\rangle &= \delta_{ij} & \text{diskret} \\
&= \delta(i-j) & \text{kontinuierlich}
\end{aligned} \tag{3.311}
$$

schreiben.

3.15 Abschließende Bemerkung

Mit diesen Begriffsbildungen und Werkzeugen können wir jetzt die typischen
Fragestellungen der Quantenmechanik und Festkörperphysik angreifen, sowohl
induktiv beschreibend als auch deduktiv ableitend.

Die beiden Methoden der Wellenmechanik SCHRÖDINGERs und der Matrizenmechanik HEISENBERGs wurden zusammengeführt in der Schreibweise DIRACs,
in der Funktionen und Operatoren mit der linearen Algebra behandelt werden,
und die VON NEUMANN in den heute weit verbreiteten Formalismus goss.

Während die SCHRÖDINGERsche Wellenmechanik beim Aufstellen von Gleichungen einfacher Systeme Vorteile bietet, beruht der Charme der Matrizenme-
thode darin, gleich einen operationalen Satz von Gleichungen auch für große
Ensembles gewonnen zu haben, der vom Rechner zum HAMILTON-Operator
diagonalisiert werden kann.

Wir werden mit beiden Methoden arbeiten, sowohl in der Störungsrechnung wie auch bei den beiden Beispielen des harmonischen Oszillators und des
starren Rotators, und auch im zweiten Teil dieser Vorlesung, der der Festkörperphysik gewidmet ist. Das KEPLERsche Problem wird nur mit der Variante
SCHRÖDINGERs angegangen, da selbst HEISENBERG an diesem Problem mit seiner
Matrizenmechanik gescheitert war [45]. Dass dies dennoch möglich ist, zeigte
PAULI [46].

Die Schreibweise DIRACs ist elegant und luzide. Sie erspart aber nicht die
tatsächliche Ausintegration bzw. Inversion von Matrizen zur Diagonalisierung
derselben. Die Antwort, welche die beste Darstellung sei, gibt FEYNMAN an anderer Stelle, wo er die Formeln für das Kreuzprodukt, die 3×3-Determinante und
ihre numerische Auflösung in die drei faktorisierten Summanden vergleicht ...

SCHRÖDINGER selbst meint dazu [47]: „Diese Äquivalenz hatte bereits DAVID
HILBERT (1862 − 1943) vermutet: ‚HILBERT ... sagte, er hätte nur einmal mit
Matrizen zu tun gehabt, und zwar bei der Lösung von Differentialgleichungen mit

Randbedingungen. Um weiterzukommen, sollten sie sich daher die Differentialgleichung ansehen, aus der sich ihre Matrizen ergeben hätten. Die Physiker hielten
das für eine Ungereimtheit und dachten sich, HILBERT wüsste nicht, wovon er
redet.'" [48].

3.16 Aufgaben und Lösungen

3.16.1 Grundlagen

Aufgabe 3.1 Beweisen Sie die SCHWARZsche Ungleichung

$$|\langle a, b \rangle| \leq \|a\| \cdot \|b\|! \tag{1}$$

Lösung. Seien $a, \lambda b$ zwei Vektoren mit $\lambda \in \mathbb{C}$, dann ist

$$\begin{aligned}
0 &\leq \langle a - \lambda b, a - \lambda b \rangle \\
&= \langle a, a \rangle - \lambda^* \langle a, b \rangle - \lambda \langle b, a \rangle + \lambda^* \lambda \langle b, b \rangle .
\end{aligned} \tag{2}$$

Sei

$$\lambda = \frac{\langle a, b \rangle}{\langle b, b \rangle}, \tag{3}$$

dann folgt mit

$$\begin{aligned}
\langle b, a \rangle &= \langle a, b \rangle^* \\
&= \lambda^* \langle b, b \rangle^* \\
&= \lambda^* \langle b, b \rangle
\end{aligned} \tag{4}$$

für

$$\begin{aligned}
0 &\leq \langle a, a \rangle - \lambda^* \langle a, b \rangle \\
&= \|a\|^2 - \frac{\langle a, b \rangle^*}{\|b\|^2} \cdot \langle a, b \rangle .
\end{aligned} \tag{5}$$

Multiplikation mit der Norm von b führt zur Behauptung

$$\begin{aligned}
0 &\leq \|a\|^2 \cdot \|b\|^2 - \| \langle a, b \rangle \|^2 \\
\| \langle a, b \rangle \|^2 &\leq \|a\|^2 \cdot \|b\|^2 \\
\| \langle a, b \rangle \| &\leq \|a\| \cdot \|b\|.
\end{aligned} \tag{6}$$

Aufgabe 3.2 Beweisen Sie die Dreiecksungleichung

$$\|a + b\| \leq \|a\| + \|b\|. \tag{1}$$

Lösung.

$$\begin{aligned}
\|a+b\|^2 &= \langle a+b, a+b \rangle \\
&= \langle a,a \rangle + \langle a,b \rangle + \langle b,a \rangle + \langle b,b \rangle \\
&= \|a\|^2 + \langle a,b \rangle^* + \langle a,b \rangle + \|b\|^2 \\
&= \|a\|^2 + 2\Re(\langle a,b \rangle) + \|b\|^2 \\
&\leq \|a\|^2 + 2|\langle a,b \rangle| + \|b\|^2 \\
&\leq \|a\|^2 + 2\|a\| \cdot \|b\| + \|b\|^2 \\
&= (\|a\| + \|b\|)^2
\end{aligned}$$

In Zeile 4 beachten wir, dass $(x+y\mathrm{i}) + (x-y\mathrm{i}) = 2x$ ergibt, in Zeile 5, dass $\Re(z) \leq |z|$ ist.

Aufgabe 3.3 Ist die Funktion

$$f(x) = \frac{1}{x} \tag{1}$$

im Intervall [0,1] quadratisch integrierbar?

Lösung. Quadratische Integrabilität heißt, dass das Integral des Quadrates der Funktion auf dem Intervall existiert und endlich ist. Wir sehen, dass die Funktion $f(x) = \frac{1}{x^2}$ an der Stelle $x_0 = 0$ nicht definiert ist und eine Polstelle hat, und dass das Integral

$$\int_0^1 \frac{1}{x^2}\,\mathrm{d}x = -\frac{1}{x}\Big|_0^1 \tag{2}$$

bei 0 divergiert. Diese Divergenz liegt beim $\frac{1}{r}$-Potential und seiner Ableitung, der Feldstärke, vor, die man mit der δ-Funktion beschreibt, beginnend mit der POISSON-Gleichung

$$\nabla^2 \Phi = -\frac{1}{\varepsilon_0} \int \rho(\boldsymbol{x}')\delta(\boldsymbol{x}-\boldsymbol{x}')\,\mathrm{d}^3 x' = -\frac{1}{\varepsilon_0}\rho(\boldsymbol{x}). \tag{3}$$

Aufgabe 3.4 Ist die Funktion

$$f(x) = \frac{1}{\sqrt[3]{x}} \tag{1}$$

im Intervall [0, 1] quadratisch integrierbar?

Lösung. Ja, weil das Integral

$$\int_0^1 \left(\frac{1}{\sqrt[3]{x}}\right)^2 \mathrm{d}x = 3x^{1/3} \tag{2}$$

über dem Intervall definiert ist und keine Singularitäten, sondern den Wert 3 aufweist.

Aufgabe 3.5 Zeigen Sie, dass

$$\int_{-\pi}^{\pi} \cos kx \sin lx \, \mathrm{d}x = 0 \tag{1}$$

und

$$\left. \begin{array}{l} \frac{1}{\pi} \int_{-\pi}^{\pi} \cos kx \cos lx \, \mathrm{d}x \\[2mm] \frac{1}{\pi} \int_{-\pi}^{\pi} \sin kx \sin lx \, \mathrm{d}x \end{array} \right\} = \delta_{kl}! \tag{2}$$

Lösung.
Die Untersuchung der Orthogonalität der Kreisfunktionen geschieht am besten über die EULERsche Formel

$$\int_{-\pi}^{\pi} \cos kx \cos lx \, \mathrm{d}x = \frac{1}{4} \int_{-\pi}^{+\pi} \left(\mathrm{e}^{\mathrm{i}(k+l)x} + \mathrm{e}^{\mathrm{i}(k-l)x} + \mathrm{e}^{\mathrm{i}(-k+l)x} + \mathrm{e}^{\mathrm{i}(-k-l)x} \right) \, \mathrm{d}x, \tag{3}$$

was die insgesamt vier Terme

$$\frac{1}{\pm\mathrm{i}(k+l)} \mathrm{e}^{\pm\mathrm{i}(k+l)x} \Big|_{-\pi}^{\pi} + \frac{1}{\pm\mathrm{i}(k-l)} \mathrm{e}^{\pm\mathrm{i}(k-l)x} \Big|_{-\pi}^{\pi} \tag{4}$$

ergibt. Für $k = l$ ist der erste Term Null, da $\mathrm{e}^{\mathrm{i}\pi 0} = 1$, beim zweiten müssen wir nach L'HÔSPITAL vorgehen, setzen als Veränderliche $k - l = y$ und leiten Zähler [als Funktion $f(y)$] und Nenner [als Funktion $g(y)$] danach ab. Bekanntlich sind die Limites der Quotienten der Stammfunktionen und derjenigen der abgeleiteten Funktionen gleich. Hier lassen wir y nach Null gehen, also

$$\lim_{y \to 0} \frac{f'(y)}{g'(y)} = \lim_{y \to 0} \frac{f(y)}{g(y)}, \tag{5}$$

vereinfacht

$$\frac{\mathrm{d}}{\mathrm{d}y} \frac{1}{\pm\mathrm{i}y} \mathrm{e}^{\pm\mathrm{i}yx} = \frac{\pm\mathrm{i}x \mathrm{e}^{\pm\mathrm{i}yx}}{\pm\mathrm{i}} = x \mathrm{e}^{\pm\mathrm{i}yx} \tag{6}$$

$$x \mathrm{e}^{\pm\mathrm{i}yx} \Big|_{-\pi}^{\pi} = \pi \mathrm{e}^{\pm\mathrm{i}0\cdot\pi} - (-\pi) \mathrm{e}^{\pm\mathrm{i}0\cdot\pi} = 2\pi \tag{7}$$

Ein Integral hat also den Wert 2π, das zweimal, einmal für $+$, einmal für $-$, macht 4π, dividiert durch 4 macht π.

Ein anderer Weg ist die Verwendung der Additionstheoreme. Es ist z. B.

$$\sin kx \sin lx = \frac{1}{2} \left(\cos(k - l)x - \cos(k + l)x \right), \tag{8}$$

also für $k \neq l$

$$\frac{1}{2}\frac{1}{k-l}\sin(k-l)x\bigg|_{-\pi}^{\pi} + \frac{1}{2}\frac{1}{k+l}\sin(k+l)x\bigg|_{-\pi}^{\pi} = 0, \tag{9}$$

und für $k = l$

$$\frac{1}{2}\frac{1}{k-l}\sin(k-l)x\bigg|_{-\pi}^{\pi} + \frac{1}{2}\frac{1}{k+l}\sin(k+l)x\bigg|_{-\pi}^{\pi} = 0 \tag{10}$$

verschwindet der zweite Summand natürlich; für den ersten müssen wir erneut L'HOSPITAL mit $y = k - l$

$$\frac{\mathrm{d}}{\mathrm{d}y}\frac{\sin yx}{y} = \frac{x\cos yx}{1} \tag{11}$$

in Anspruch nehmen. In den Grenzen von $-\pi$ bis π ergibt das

$$\pi(-1) - [-\pi \cdot (-1)] = -2\pi, \tag{12}$$

mit der $^1/_2$ aus Gl. (10) also $-\pi$.

Aufgabe 3.6 Zeigen Sie an Hand der Gleichung

$$ay_1'' + by_1' + cy_1 = 0, \tag{1}$$

dass sie dem Superpositionsprinzip gehorcht!

Lösung. Im einfachsten Fall einer homogenen DGl ist klar, dass mit dem System

$$a_1 y_1'' + b_2 y_1' + c_1 y_1 = 0 \tag{2}$$

$$a_2 y_2'' + b_2 y_2' + c_2 y_2 = 0 \tag{3}$$

wir für die Lösungen $y_1(x)$ und $y_2(x)$ durch Einsetzen in die Gleichungen (2/3) und Summation der beiden Lösungen in beliebigen Verhältnissen auch wieder eine Lösung dieses Systems erhalten, also

$$a_1 y_1'' + a_2 y_2'' + b_1 y_1' + b_2 y_2' + c_1 y_1 + c_2 y_2 = 0, \tag{4}$$

was man als Linearkombination bezeichnet. Man kann also die Lösung der DGln aus den Einzellösungen und anschließende Addition erhalten. Dasselbe gilt, wenn auf der rechten Seite von (2/3) nicht Null, sondern irgendwelche Funktionen $f(x)$

$$a_1 y_1'' + b_1 y_1' + c_1 y_1 = f_1(x) \tag{5}$$

$$a_2 y_2'' + b_2 y_2' + c_2 y_2 = f_2(x) \tag{6}$$

stehen. Statt Gl. (4) bekommen wir dann

$$a_1 y_1'' + a_2 y_2'' + b_1 y_1' + b_2 y_2' + c_1 y_1 + c_2 y_2 = f_1(x) + f_2(x), \tag{7}$$

und die Lösung $y(x)$ ist demnach die Summe der Teillösungen

$$y(x) = y_1(x) + y_2(x). \tag{8}$$

Aufgabe 3.7 Das komplexe Skalarprodukt zweier Spaltenvektoren $\boldsymbol{a}$ und $\boldsymbol{b}$ ist definiert als

$$\boldsymbol{a}^\dagger \cdot \boldsymbol{b} = \left(\boldsymbol{b}^\dagger \cdot \boldsymbol{a}\right)^*. \tag{1}$$

Zeigen Sie das an den beiden zweidimensionalen Vektoren

$$\begin{pmatrix} 3 + 5\mathrm{i} \\ 2 - 2\mathrm{i} \end{pmatrix} \tag{2}$$

und

$$\begin{pmatrix} 2 - 3\mathrm{i} \\ 1 + 2\mathrm{i} \end{pmatrix}. \tag{3}$$

Lösung. Ein Vektor wird adjungiert, zum Zeilenvektor transformiert und mit dem unveränderten Spaltenvektor gliedweise multipliziert, schließlich die Produkte addiert:

$$(3 - 5\mathrm{i})(2 - 3\mathrm{i}) + (2 + 2\mathrm{i})(1 + 2\mathrm{i}) = -11 - 13\mathrm{i} \tag{4}$$

$$(2 + 3\mathrm{i})(3 + 5\mathrm{i}) + (1 - 2\mathrm{i})(2 - 2\mathrm{i}) = -11 + 13\mathrm{i} \tag{5}$$

Es entsteht eine komplexe Zahl und die konjugiert-komplexe dazu. Die Beträge sind natürlich gleich.

3.16.2 Fouriertransformation

Aufgabe 3.8 Geben Sie die FOURIER-Transformierte der gedämpften Schwingung

$$\psi(t) = \frac{\psi_0}{\sqrt{2\pi}} \mathrm{e}^{-\frac{\delta}{2}t} \, \mathrm{e}^{\mathrm{i}\omega_0 t} \tag{1}$$

mit $\omega_0 = 1/\mathrm{s}$ und $\delta = 2/\mathrm{s}$ an. Zeichnen Sie auch die Funktion!

Lösung. Das FOURIER-Integral lautet

$$\phi(\omega) = \frac{\psi_0}{\sqrt{2\pi}} \int_0^\infty \mathrm{e}^{-\frac{\delta t}{2}} \mathrm{e}^{-\mathrm{i}(\omega - \omega_0)t} \, \mathrm{d}t, \tag{2}$$

woraus sich durch Integration

$$\phi(\omega) = -\frac{\psi_0}{\sqrt{2\pi}} \frac{1}{\frac{\delta}{2} + i(\omega - \omega_0)} e^{-\frac{\delta t}{2}} e^{-i(\omega - \omega_0)t} \Big|_0^\infty \tag{3}$$

ergibt. Das Integral ist -1 (obere Grenze ist Null), und damit wird

$$\phi(\omega) = \frac{\psi_0}{\sqrt{2\pi}} \frac{1}{\frac{\delta}{2} + i(\omega - \omega_0)}, \tag{4}$$

so dass sich durch Auftrennen in Real- und Imaginärteil

$$\phi(\omega) = \frac{\psi_0}{\sqrt{2\pi}} \left(\frac{\frac{\delta}{2}}{\left(\frac{\delta}{2}\right)^2 + (\omega - \omega_0)^2} - \frac{i(\omega - \omega_0)}{\left(\frac{\delta}{2}\right)^2 + (\omega - \omega_0)^2} \right) \tag{5}$$

und Verwendung des Realteils

$$\phi(\omega) = \frac{\psi_0}{\sqrt{2\pi}} \frac{\delta}{2} \frac{1}{\left(\frac{\delta}{2}\right)^2 + (\omega - \omega_0)^2} \tag{6}$$

eine Glockenkurve mit Maximum bei ω_0 ergibt (Abb. 3.18, hier dargestellt als Betrag). Da die Energie einer Schwingung dem Quadrat ihrer Amplitude

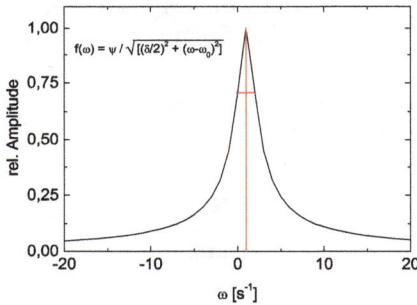

Abb. 3.18. Die FOURIER-Transformierte einer gedämpften Schwingung ist eine LORENTZsche Glockenkurve mit Maximum bei ω_0.

proportional ist, ist die Halbwertsbreite dort, wo die Quadrate der Funktionswerte im Verhältnis 2 : 1 zueinander stehen (Abb. 3.19). Dazu nehmen wir Gl. (4) und bestimmen das Betragsquadrat, sog. „Power"-Darstellung.

Am Maximum ist $\omega = \omega_0$, also

$$\frac{1}{2} = \frac{\frac{1}{\frac{\delta^2}{4} + (\omega_0 - \omega)^2}}{\frac{1}{\frac{\delta^2}{4}}}, \tag{6}$$

oder

$$2\left(\frac{\delta}{2}\right)^2 = \left(\frac{\delta}{2}\right)^2 + (\omega_0 - \omega)^2, \tag{7}$$

was

$$\left(\frac{\delta}{2}\right)^2 = (\omega_0 - \omega)^2 \tag{8}$$

ergibt oder

$$\frac{\delta}{2} = \omega_0 - \omega. \tag{9}$$

q. e. d.

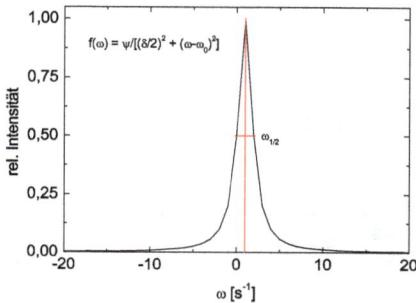

Abb. 3.19. Die Halbwertsbreite wird vom Quadrat der Amplitudenfunktion bestimmt.

Aufgabe 3.9 Geben Sie die FOURIER-Transformierte der Schwingung $\psi = \psi_0 e^{i\omega t}$ an, die die Zeit $\tau = 2\,\mathrm{s}$ bzw. $\tau = 5\,\mathrm{s}$ dauern, und zeichnen Sie die Funktionen! Die Kreisfrequenz ω_0 soll 1 Hz betragen.

Lösung. Die Aufgaben werden auf gleiche Weise gelöst. Der Lösungsweg wird an $\tau = 2\,\mathrm{s}$ gezeigt. Zunächst wird das Integrations-Intervall symmetrisch zum Ursprung ($t = 0$) gelegt, so dass $\frac{1}{2}\tau = 1\,\mathrm{s}$ wird.

$$\psi(\omega) = \frac{\psi_0}{\sqrt{2\pi}} \int_{-\frac{\tau}{2}}^{\frac{\tau}{2}} e^{i[(\omega-\omega_0)t]}\, dt \tag{1}$$

$$\psi(\omega) = \frac{\psi_0}{\sqrt{2\pi}} \frac{1}{i(\omega - \omega_0)} \left(e^{i(\omega-\omega_0)\frac{\tau}{2}} - e^{-i(\omega-\omega_0)\frac{\tau}{2}} \right) \tag{2}$$

$$\psi(\omega) = \sqrt{\frac{2}{\pi}} \frac{\psi_0}{(\omega - \omega_0)} \sin(\omega - \omega_0)\frac{\tau}{2} \tag{3}$$

$$\psi(\omega) = \sqrt{\frac{2}{\pi}} \frac{\psi_0}{(\omega - \omega_0)} \frac{\frac{\tau}{2}}{\frac{\tau}{2}} \sin(\omega - \omega_0)\frac{\tau}{2} \tag{4}$$

Mit

$$y = (\omega - \omega_0)\frac{\tau}{2} = \frac{\omega - \omega_0}{2}\tau \tag{5}$$

erhalten wir

$$\psi(y) = \sqrt{\frac{2}{\pi}} \psi_0 \frac{\tau}{2} \frac{\sin y}{y}. \tag{6}$$

Die Funktion $\frac{\sin y}{y}$, die wir bereits im Abschn. 2.4.6 untersucht haben, spielt in der Beugungstheorie eine überragende Rolle und wird als *Spaltfunktion* bezeichnet (Abbn. 3.20). Ihre Nullstellen liegen bei

$$y = n\pi, n = 0, 1, 2 \ldots, \tag{7}$$

ihre Extrema bei $y = 0$ und

$$y = \left(n + \frac{1}{2}\right)\pi - \frac{1}{\left(n + \frac{1}{2}\right)\pi}, \tag{8}$$

sind also nicht äquidistant.

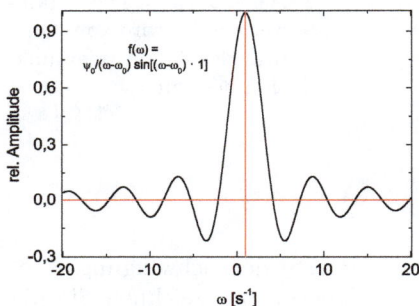

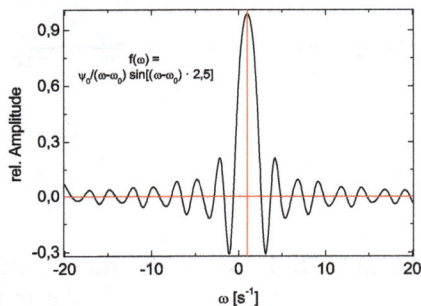

Abb. 3.20. Die FOURIER-Transformierte einer zeitlich limitierten Sinusschwingung ist ähnlich dem Beugungsbild eines Spaltes. Je kürzer die Dauer, umso unschärfer seine Frequenz: so ist der Sinusimpuls lks. 2, re. dagegen 5 s lang.

Da nach Gl. (5) $\Delta\omega \propto \frac{1}{\tau}$, ist die Halbwertsbreite umso breiter, je kürzer τ. Wir ermitteln sie aus der Bedingung (6) und erhalten

$$\frac{|\psi(y)|}{|\psi(0)|} = \frac{1}{2} = \frac{\sin y}{y}. \tag{9}$$

Das ist eine transzendente Gleichung, die graphisch gelöst wird (Abb. 3.21):

$$\frac{1}{2}y = \sin y \tag{10}$$

und wir finden sie zu

$$\omega_{1/2} = \frac{2 \cdot 1{,}79}{\tau} = \frac{3{,}79}{\tau}. \tag{11}$$

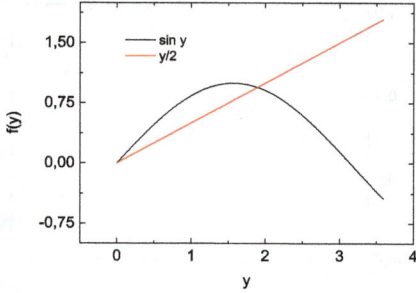

Abb. 3.21. Mit Gl. (10) ergibt sich die Wurzel der Halbwertsbreite zu $\omega_{1/2} = \frac{2 \cdot 1{,}79}{\tau} = \frac{3{,}79}{\tau}$,

Die Intensität erhalten wir durch Quadrierung der Gl. (6) zu

$$I \propto \psi^2(\omega') = \frac{2}{\pi} \psi_0^2 \left(\frac{\tau}{2}\right)^2 \frac{\sin^2 y}{y^2}. \tag{12}$$

Aufgabe 3.10 Man kann den FOURIER-Formalismus auch auf nichtperiodische Vorgänge anwenden. Eine der wichtigsten derartigen Fragestellungen ist die nach der Beugung am Spalt, die mit dieser (quantenmechanischen) Fragestellung identisch ist: Ein Teilchen ist lokalisiert zwischen $-\frac{a}{2}$ und $+\frac{a}{2}$. Bestimmen Sie die FOURIER-Transformierte dieses Systems!

Lösung.

$$\psi(x) = \begin{cases} b, & -\frac{a}{2} \leq x \leq +\frac{a}{2} \\ 0, & \text{sonst} \end{cases} \tag{1}$$

Gesucht ist $\phi(k)$. Die FOURIER-Transformierte ist

$$\phi(k) = \frac{b}{\sqrt{2\pi}} \int_{-\frac{a}{2}}^{+\frac{a}{2}} e^{-ikx}\, dx. \tag{2}$$

Die Integration führt zu

$$\phi(k) = -\frac{b}{\sqrt{2\pi}} \left. \frac{e^{-ikx}}{ik} \right|_{-\frac{a}{2}}^{+\frac{a}{2}}, \tag{3}$$

was unter Benutzung der EULERschen Formel für den Sinus

$$\phi(k) = \frac{b}{\sqrt{2\pi}} \frac{2\sin\left(k\frac{a}{2}\right)}{k} \tag{4}$$

oder

$$\phi(k) = \frac{ab}{\sqrt{2\pi}} \frac{\sin\left(k\frac{a}{2}\right)}{k\frac{a}{2}} \tag{5}$$

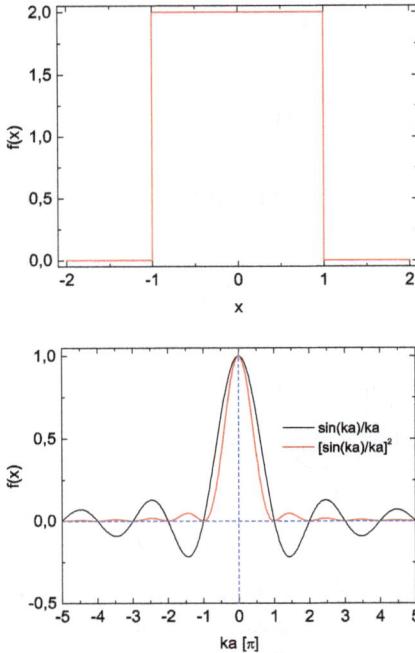

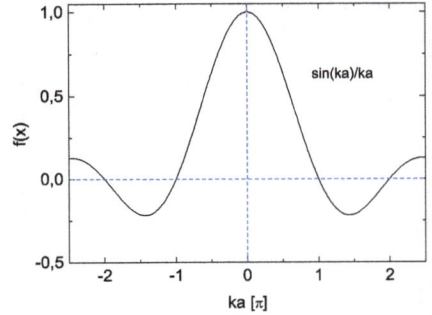

Abb. 3.22. Die FOURIER-Transformierte eines Rechteckimpulses ist die des Beugungsbildes eines Spalts (o.lks.). O.re. die FOURIERtransformierte und u.lks. auch die zugehörige Intensität $(a = 2, b = 2)$.

ergibt (Abbn. 3.22).
Wir sehen uns die Grenzfälle mit der Unschärferelation an:

- Ist a sehr klein, ist das Teilchen also stark lokalisiert, wird $\sin ka \approx ka$, und damit wird aus Gl. (5) $\phi(k) \approx \frac{ab}{\sqrt{2\pi}}$: ϕ wird unabhängig von k, kann damit jeden Wert annehmen, die kinetische Energie auch; der Wellencharakter geht verloren.

- Ist a sehr groß, der Ort also beliebig unscharf, wird nach L'HOSPITAL für alle Steigerungskoeffizienten a der Scheitelwert bei Null liegen, der Funktionswert $\phi(k) = \sqrt{\frac{1}{2\pi}} \frac{\sin ka}{ka}$ immer bei Eins, für $\phi(k) = \sqrt{\frac{1}{2\pi}} \frac{\sin ka}{k}$ bei a. Bereits für $a = 1$ hat die Spaltfunktion ihre erste Wurzel bei $\pm\pi$, oder $k = \pm\frac{\pi}{a}$, um sich für höhere Werte von a immer stärker auf das erste Maximum bei $k = 0$ zu konzentrieren. k und damit die kinetische Energie sind also klar definiert, am genauesten eben für einen unendlich ausgedehnte Welle mit $a \to \infty$ (Abbn. 3.23).

Aufgabe 3.11 Zeigen Sie die Identität in Formel (3.59)!

Lösung. Es ist zu zeigen, dass die Unschärfe Δx eines Teilchens, dessen Wahrscheinlichkeitsdichte durch eine GAUSS-Verteilung gegeben ist, gerade seine Breite a beträgt. Wir beginnen mit dem Fehlerintegral

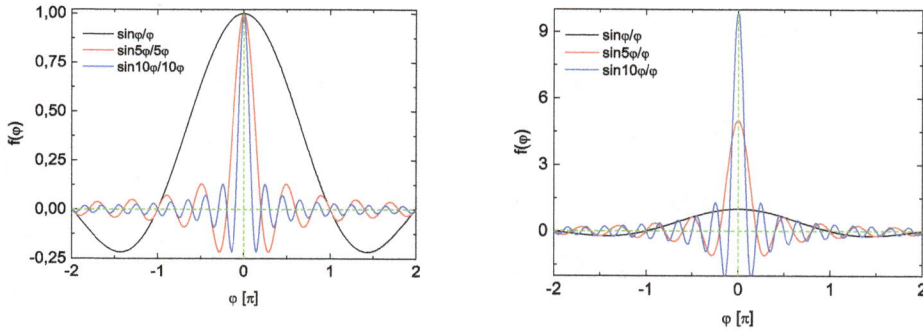

Abb. 3.23. Die Spaltfunktion für verschiedene Steigerungskoeffizienten a im Argument. Die Funktion wird mit steigendem a (größerer Ortsunschärfe) immer schärfer zentriert um einen Wert von k, wird also immer monochromatischer.

$$\int_{-\infty}^{+\infty} e^{-kz^2}\, \mathrm{d}z = \sqrt{\frac{\pi}{k}}. \tag{1}$$

Wenn nach PYTHAGORAS $z^2 = x^2 + y^2$ gilt, dann ist auch

$$\int_{-\infty}^{+\infty} e^{-kz^2}\, \mathrm{d}z = \int_{-\infty}^{+\infty} e^{-kx^2}\, \mathrm{d}x \int_{-\infty}^{+\infty} e^{-ky^2}\, \mathrm{d}y = \left(\sqrt{\frac{\pi}{k}}\right)^2 \Rightarrow \tag{2}$$

$$\int_{-\infty}^{+\infty} e^{-kx^2}\, \mathrm{d}z = \sqrt{\int_{-\infty}^{+\infty} e^{-kx^2}\, \mathrm{d}x \int_{-\infty}^{+\infty} e^{-ky^2}\, \mathrm{d}y}. \tag{3}$$

r in Polarkoordinaten ist der trigonometrische Pythagoras, also

$$\begin{aligned} x &= r\cos\varphi \\ y &= r\sin\varphi, \end{aligned} \tag{4}$$

das Flächenelement

$$\mathrm{d}A = r\,\mathrm{d}r\,\mathrm{d}\varphi, \tag{5}$$

und wir bekommen

$$\begin{aligned} \int_{-\infty}^{+\infty} e^{-kx^2}\, \mathrm{d}x &= \sqrt{\int_0^{+\infty} \int_0^{2\pi} e^{-kr^2}\, r\,\mathrm{d}r\,\mathrm{d}\varphi} \\ &= \sqrt{2\pi \int_0^{+\infty} e^{-kr^2}\, r\,\mathrm{d}r}. \end{aligned} \tag{6}$$

Einmal partielle Integration mit $z = kx^2$ liefert

$$\int_{-\infty}^{+\infty} e^{-kx^2}\, \mathrm{d}x = \sqrt{\frac{\pi}{k}}. \tag{7}$$

Damit steigen wir in die Gleichung

$$\Delta x = \sqrt{\langle x^2 \rangle} = \sqrt{\psi(x,t)^* \, x^2 \, \psi(x,t) \, \mathrm{d}x} \tag{8}$$

ein. Wir zerlegen das x^2 und bekommen den freundlichen Integranden $x\,\mathrm{e}^{x^2}$

$$\langle x^2 \rangle = \frac{1}{\sqrt{2\pi} a} \int_{-\infty}^{\infty} x \cdot \left(x \mathrm{e}^{-\frac{1}{2}\left(\frac{x}{a}\right)^2} \right) \mathrm{d}x,$$

der die Stammfunktion $-\mathrm{e}^{-\frac{1}{2}\left(\frac{x}{a}\right)^2}$ aufweist. Dieses Integral wird mit partieller Integration

$$\int_{-\infty}^{+\infty} x \left(x \mathrm{e}^{\left(-\frac{x^2}{2a^2}\right)} \right) \mathrm{d}x = -x a^2 \mathrm{e}^{\left(-\frac{x^2}{2a^2}\right)} \Big|_{-\infty}^{+\infty} + \int_{-\infty}^{+\infty} a^2 \mathrm{e}^{\left(-\frac{x^2}{2a^2}\right)} \mathrm{d}x$$

gelöst. Der erste Summand ist als Produkt einer geraden und einer ungeraden Funktion über den gesamten Definitionsbereich (immer) Null, der zweite $a^2\sqrt{2\pi a^2}$, so dass

$$\langle x^2 \rangle = \frac{1}{\sqrt{2\pi} a} a^2 \sqrt{2\pi a^2} = a^2 \tag{9}$$

herauskommt. Dieser Ausdruck ist aber

$$\sqrt{\langle x^2 \rangle} = \sqrt{\int_{-\infty}^{\infty} \psi(x,t)^* \, x^2 \, \psi(x,t) \, \mathrm{d}x} = a. \tag{10}$$

Aufgabe 3.12 Gegeben die symmetrische Funktion

$$\mathrm{e}^{-\alpha|\omega|}, \tag{1}$$

s. Abb. 3.24. Bestimmen Sie die FOURIER-transformierte Funktion!

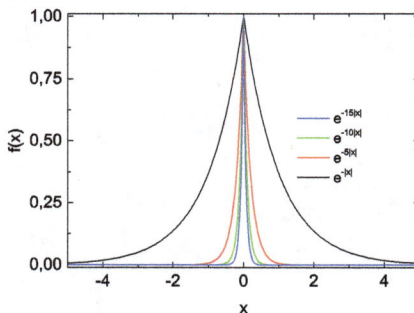

Abb. 3.24. Die gerade doppelseitige Exponentialfunktion für verschiedene Werte für den Steigerungskoeffizienten α im Argument. Die Funktion wird immer schärfer.

Lösung. Nach der EULER-Formel ist

$$\int_{-\infty}^{+\infty} \mathrm{e}^{-\alpha|\omega|}\, \mathrm{e}^{-\mathrm{i}\beta\omega}\, \mathrm{d}\omega = 2 \int_0^{+\infty} \mathrm{e}^{-\alpha\omega}\, \cos\beta\omega\, \mathrm{d}\omega \tag{2}$$

aus Symmetriegründen. Wegen der leichteren Integrierbarkeit der Exponentialfunktion schreiben wir das aber wieder um und nehmen dann nur den Realteil nach

$$\Re\left(2 \int_0^{+\infty} \mathrm{e}^{(-\alpha+\mathrm{i}\beta)\omega}\, \mathrm{d}\omega\right) = \Re\left(\frac{2}{-\alpha+\mathrm{i}\beta}\, \mathrm{e}^{-(\alpha+\mathrm{i}\beta)\omega}\,\Big|_{\omega=0}^{\omega=\infty}\right). \tag{3}$$

An der oberen Grenze verschwindet das Integral, da die Exponentialfunktion mit imaginärem Argument nur zwischen -1 und $+1$

$$\mathrm{e}^{-(\alpha+\mathrm{i}\beta)\omega} = \mathrm{e}^{-\alpha\omega} \cdot \mathrm{e}^{-\mathrm{i}\beta\omega} \tag{4}$$

schwankt; der zweite Term ist dagegen Eins. Also wird für den Realteil die Bildfunktion

$$\frac{\alpha}{\alpha^2 + \beta^2}. \tag{5}$$

Aufgabe 3.13 Gegeben die symmetrische Funktion

$$\alpha \mathrm{e}^{-\alpha|\omega|}, \tag{1}$$

s. Abb. 3.25. Bestimmen Sie die FOURIER-transformierte Funktion!

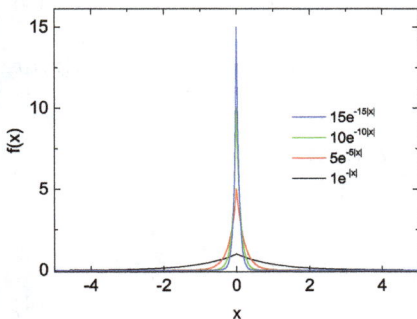

Abb. 3.25. Die gerade doppelseitige Exponentialfunktion für verschiedene Werte für den Steigerungskoeffizienten α im Argument und im Vorfaktor. Die Funktion wird immer schärfer, die Fläche aber bleibt gleich.

Lösung.

$$\alpha \int_{-\infty}^{+\infty} \mathrm{e}^{-\alpha|\omega|}\, \mathrm{e}^{-\mathrm{i}\beta\omega}\, \mathrm{d}\omega = 2\alpha \int_0^{+\infty} \mathrm{e}^{-\alpha\omega}\, \cos\beta\omega\, \mathrm{d}\omega \tag{2}$$

aus Symmetriegründen. Wegen der leichteren Integrierbarkeit der Exponentialfunktion schreiben wir das aber wieder um und nehmen dann nur den Realteil, also

$$\Re\left(2\alpha \int_0^{+\infty} e^{(-\alpha+i\beta)\omega}\,d\omega\right) = \Re\left(\frac{2\alpha}{-\alpha+i\beta}\;e^{-(\alpha+i\beta)\omega}\Big|_{\omega=0}^{\omega=\infty}\right). \tag{3}$$

An der oberen Grenze verschwindet das Integral, da die Exponentialfunktion mit imaginärem Argument nur zwischen -1 und $+1$ schwankt:

$$e^{-(\alpha+i\beta)\omega} = e^{-\alpha\omega}\cdot e^{-i\beta\omega} \tag{4}$$

Der zweite Term ist dagegen Eins. Also wird für den Realteil die Bildfunktion

$$\frac{\alpha^2}{\alpha^2+\beta^2}, \tag{5}$$

und das Integral ist für alle α gleich groß.

Aufgabe 3.14 Gegeben die GAUSSsche Glockenkurve

$$G(t) = N e^{-\left(\frac{t}{\sqrt{2}\sigma}\right)^2}, \tag{1}$$

mit N einer Normierungskonstanten und σ der Standardabweichung. Bestimmen Sie die FOURIER-Transformierte in der Frequenzdomäne und die Halbwertsbreiten!

Lösung. Die FOURIER-Transformierte ist

$$G(\omega) = \frac{N}{\sqrt{2\pi}} \int_{-\infty}^{\infty} e^{-\left(\frac{t}{\sqrt{2}\sigma}\right)^2} e^{-i\omega t}\,dt \tag{2}$$

mit N einer noch zu bestimmenden Normierungskonstanten über $1 = \int_{-\infty}^{\infty} G(t)\,dt$. Erweitern des Exponenten E um eine „quadratische Ergänzung"

$$E = \left(Ax + \frac{B}{2A}\right)^2 - \left(\frac{B}{2A}\right)^2 \tag{3}$$

mit

$$\begin{aligned} A^2 &= \frac{1}{2\sigma^2}\\ B &= i\omega \end{aligned} \tag{4}$$

führt zu

$$\int_{-\infty}^{\infty} e^{-\left(At+\frac{B}{2A}\right)^2} e^{\left(\frac{B}{2A}\right)^2}\,dt, \tag{5}$$

was durch Vorziehen der Konstanten jetzt wieder in ein „einfaches" Integral

$$N e^{\left(\frac{B}{2A}\right)^2} \int_{-\infty}^{\infty} e^{-\left(At+\frac{B}{2A}\right)^2}\,dt, \tag{6}$$

verwandelt werden kann mit der Substitution

$$z = A\,t + \frac{B}{2\,A} \Rightarrow \mathrm{d}t = \frac{\mathrm{d}z}{A}, \tag{7}$$

so dass

$$G(\omega) = \frac{N}{A\sqrt{2\pi}}\sqrt{\pi}\mathrm{e}^{-\left(\frac{B}{2A}\right)^2} \tag{8}$$

wird, was durch Rücksubstitution einfach

$$G(\omega) = N\sigma\,\mathrm{e}^{-\left(\frac{\omega\sigma}{\sqrt{2}}\right)^2} \tag{9}$$

ergibt. Damit wir wieder ein symmetrisches Ergebnis erhalten, setzen wir N auf $\frac{1}{\sqrt{2\pi}}$:

$$G(\omega) = \frac{\sigma}{\sqrt{2\pi}}\mathrm{e}^{-\left(\frac{\omega\sigma}{\sqrt{2}}\right)^2}. \tag{10}$$

Die FOURIER-Transformierte der GAUSSschen Glockenkurve ist wieder eine solche GAUSSsche Glockenkurve, multipliziert mit der Standardabweichung. Und steht in Gl. (1) die Standardabweichung für die Zeit quadratisch im Nenner des Exponenten, so steht sie in Gl. (10) für die komplementäre Frequenz quadratisch im Zähler $\Rightarrow$ eine schlanke GAUSSsche Glockenkurve in der Zeitdomäne (großes σ^2 im Nenner) ist nach der FOURIER-Transformation eine breite Glockenkurve in der Frequenzdomäne (großes σ^2 im Zähler!

Der Maximalwert in der Zeit liegt bei $t = 0$ und beträgt natürlich Eins, so dass der Wert für $1/2$ bestimmt wird durch

$$\frac{1}{2} = \mathrm{e}^{-\frac{t^2}{2\sigma^2}}, \tag{11}$$

logarithmiert

$$-\ln 2 = -\frac{t^2}{2\sigma^2}, \tag{12}$$

was dann für t

$$t = \pm\sqrt{2\sigma^2\ln 2} = \pm\sigma\sqrt{2\ln 2} \tag{13}$$

ergibt, und die *Halbwertsbreite* $\omega_{1/2}$ oder *FWHM* ist natürlich die Summe beider Werte:

$$\omega_{1/2} = 2\sqrt{2\ln 2}\,\sigma. \tag{14}$$

In der Frequenzdomäne gilt aber

$$\frac{1}{2} = \sigma\mathrm{e}^{-\left(\frac{\omega\sigma}{\sqrt{2}}\right)^2}, \tag{15}$$

logarithmiert

$$-\ln(2\sigma) = -\left(\frac{\omega\sigma}{\sqrt{2}}\right)^2, \tag{16}$$

woraus sofort

$$\omega_{1/2} = \pm\frac{\sqrt{2\ln(2\sigma)}}{\sigma} \tag{17}$$

folgt. Z. B. ist für $\sigma = 2$ die Halbwertsbreite 1,665.

Aufgabe 3.15 Zeigen Sie mit der GAUSSschen Glockenkurve, dass die δ-Funktion den Funktionswert an der Stelle $x = x_0$ herausfiltert!

Lösung. Die Glockenkurve ist eine der sog. „Ersatzfunktionen" für die δ-Funktion. Wenn wir die Halbwertsbreite immer schmäler werden lassen, wird die Glockenkurve immer nadelähnlicher (Abb. 3.26) und weist schließlich nur mehr am

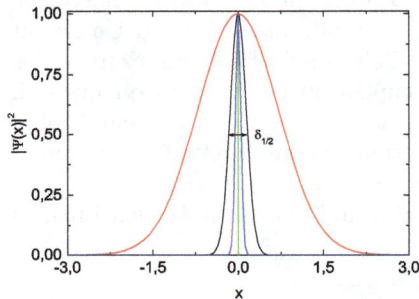

Abb. 3.26. Mit sinkender Halbwertsbreite ähnelt die GAUSSsche Glockenkurve immer mehr einer Nadelfunktion.

Scheitelwert einen Funktionswert auf, und wir formulieren als δ-Funktion den Grenzwert für verschwindende Halbwertsbreite $\delta_{1/2}$ ähnlich, wie wir das in Gl. (3.64) für die Spaltfunktion mit dem Steigerungsfaktor α getan haben,

$$\delta(x - x_0) = \lim_{\sigma \to 0} \frac{1}{\sqrt{2\pi}\sigma} e^{-\frac{1}{2}\left(\frac{x-x_0}{\sigma}\right)^2}, \tag{1}$$

die wegen des Faktors σ im Nenner auf ihre Normierbarkeit untersucht werden muss. Von allen denkbaren Funktionen ist diese am nicht-perodischsten. Wie wir im Abschn. 3.6 gesehen haben, wird ein derartiges Ereignis mit einem FOURIER-Integral

$$f(x_0) = \int_{-\infty}^{\infty} f(x)\,\delta(x - x_0)\,\mathrm{d}x = \lim_{\sigma \to 0} \int_{-\infty}^{\infty} \frac{1}{\sqrt{2\pi}\sigma}\,f(x)\,e^{-\frac{1}{2}\left(\frac{x-x_0}{\sigma}\right)^2}\,\mathrm{d}x \tag{2}$$

beschrieben. Wir substituieren

$$z = \frac{x - x_0}{\sqrt{2}\sigma} \Rightarrow dz = \frac{dx}{\sqrt{2}\sigma} \tag{3}$$

und erhalten für das Integral auf der rechten Seite

$$\int_{-\infty}^{\infty} \frac{1}{\sqrt{2\pi}\sigma} f(x)\, e^{-\frac{1}{2}\left(\frac{x-x_0}{\sigma}\right)^2} dx = \int_{-\infty}^{\infty} \frac{1}{\sqrt{2\pi}\sigma} \sqrt{2}\sigma\, f(\sqrt{2}\sigma z + x_0)\, e^{-z^2} dz. \tag{4}$$

Wenn wir die Funktion $f(z)$ an der Stelle $x = x_0$ entwickeln, ergibt sich für die Differenz $(\sqrt{2}\,\sigma\, z + x_0) - x_0$, also

$$f(z) = f(x_0) + f'(x_0)(\sqrt{2}\,\sigma\, z) + \frac{1}{2} f''(x_0)(\sqrt{2}\,\sigma\, z)^2 \dots , \tag{5}$$

was nur höhere Ordnungen von σz beinhaltet. Da sich im Vorfaktor das a herauskürzt, verschwinden für den Grenzfall $\sigma \to 0$ alle Glieder außer dem ersten, und wir erhalten für das Integral

$$\lim_{\sigma \to 0} \frac{1}{\sqrt{\pi}} \int_{-\infty}^{\infty} f(x_0)\, e^{-z^2}\, dz = \frac{1}{\sqrt{\pi}} f(x_0) \int_{-\infty}^{\infty} e^{-z^2}\, dz. \tag{6}$$

Da das Integral gerade $\sqrt{\pi}$ ausmacht und sich gegen den Bruch vor dem Integral herauskürzt, gilt für den Grenzfall der GAUSSssche Glockenkurve genau die Behauptung nach Gl. (2):

$$\int_{-\infty}^{\infty} f(x)\, \delta(x - x_0)\, dx = f(x_0). \tag{7}$$

Aufgabe 3.16 Bestimmen Sie die FOURIER-Transformierte der Cosinus-Funktion mit $\psi(t) = \psi_0 \cos \omega_0 t$! Verwenden Sie dazu die δ-Funktion

$$\delta(\omega - \omega_0) = \frac{1}{2\pi} \int_{-\infty}^{\infty} e^{-i(\omega - \omega_0)t}\, dt! \tag{1}$$

Lösung. Wir spalten den Vorfaktor $\frac{1}{2\pi}$ symmetrisch auf und erhalten mit der EULER-Formel

$$\frac{1}{\sqrt{2\pi}} \int_{-\infty}^{\infty} \psi_0 \cos \omega_0 t\, e^{-i\omega t}\, dt = \frac{1}{\sqrt{2\pi}} \int_{-\infty}^{\infty} \psi_0 \frac{e^{i\omega_0 t} + e^{-i\omega_0 t}}{2} e^{-i\omega t}\, dt \tag{2}$$

Ausklammern und Umformen der Exp-Terme ergibt

$$\psi(\omega) = \frac{1}{\sqrt{2\pi}} \frac{\psi_0}{2} \int_{-\infty}^{\infty} \left(e^{i\omega_0 t} + e^{-i\omega_0 t} \right) e^{-i\omega t}\, dt \tag{3}$$

und

$$\psi(\omega) = \frac{1}{2\pi}\sqrt{2\pi}\,\frac{\psi_0}{2}\int_{-\infty}^{\infty}\left(e^{-i(\omega+\omega_0)t} + e^{-i(\omega-\omega_0)t}\right)\,dt. \tag{4}$$

Mit der obigen Definitionsgleichung (1) der δ-Funktion wird

$$\psi(\omega) = \frac{\psi_0}{2}\sqrt{2\pi}[\delta(\omega - \omega_0) + \delta(\omega + \omega_0)]: \tag{5}$$

Das FOURIER-Spektrum hat genau zwei diskrete Frequenzen, nämlich bei $\omega = \omega_0$ und bei $\omega = -\omega_0$.

3.16.3 Strahlungstheorie

Aufgabe 3.17 Eine Spektrallinie mit LORENTZ-Profil wird durch DOPPLER-Verbreiterung zu einer GAUSSschen Glockenkurve, in der man einige ausgezeichnete Werte definieren kann. Was sagt uns z. B. die Halbwertsbreite? Und wo ist der Wert auf ca. $^1/_3$ abgefallen?

Lösung. Die (eindimensionale) Geschwindigkeitsverteilung im Gas kann durch eine GAUSS-Verteilung

$$f(v_x) = A\exp\left(-\frac{mv_x^2}{2k_\mathrm{B}T}\right)\,dv_x \tag{1}$$

beschrieben werden. Die DOPPLER-Verbreiterung um die ursprünglich scharfe Spektrallinie der Frequenz ω_0 ist

$$\omega_0 - \omega = \omega_0\,\frac{v_x}{c}, \tag{2}$$

woraus

$$v_x = c\,\frac{\omega_0 - \omega}{\omega_0} \tag{3}$$

wird. Die Geschwindigkeitsverteilung $f(v_x)$ erzeugt also eine spektrale Frequenzverteilung $f(\omega)$ nach

$$f(\omega) = A\exp\left(-\frac{mc^2(\omega_0 - \omega)^2}{2\omega_0^2 k_\mathrm{B}T}\right)\,d\omega. \tag{4}$$

Üblich ist es, die Abkürzung

$$\sigma = \omega_0\sqrt{\frac{k_\mathrm{B}T}{mc^2}} \tag{5}$$

einzuführen, so dass die Glockenkurve in die Form

$$f(\omega) = \exp\left(-\frac{(\omega_0 - \omega)^2}{2\sigma^2}\right) \tag{6}$$

gekleidet werden kann. Die Halbwertsbreite $\omega_{1/2}$ liegt für ein GAUSS-Profil um den Scheitel, bei dem für $\omega = 0$ der Wert 1 erreicht wird. Die Forderung lautet also

$$\omega_{1/2} = 2\sqrt{2\ln 2}\sigma. \tag{7}$$

Der Faktor $2\sqrt{2\ln 2}$ vor dem σ beträgt 2,355. Reduziert auf die Wellenlänge, wird daraus

$$\Delta\lambda = 2{,}36\lambda_0 \cdot \sqrt{\frac{k_B T}{mc^2}}. \tag{8}$$

So ergibt sich für die Kr-Wellenlänge $\lambda = 763$ nm mit einer Masse von $m = 1{,}4 \cdot 10^{-22}$ g bei 300 K ein $\delta_{1/2}$ von $3 \cdot 10^{-2}$ nm, was gut mit dem beobachteten Wert übereinstimmt. Für das H-Atom mit einer Masse, die nur das $\frac{1}{84}$tel des Kr-Atoms ausmacht, ist die Spreizung nach Gl. (8) um $\sqrt{\frac{1}{84}}$ größer (Abb. 3.27).

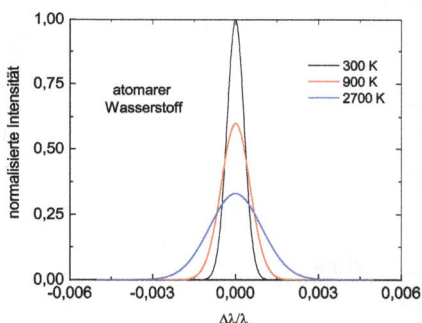

Abb. 3.27. DOPPLER-Verbreiterung einer Spektrallinie des atomaren Wasserstoffs bei Erhöhung der Umgebungstemperatur von 300 auf 2 700 K, also um einen Faktor 9.

Zusätzlich ist klar, dass ein Abfall auf etwa $\frac{1}{3}$, genauer auf 1/e-tel, gegeben ist durch

$$f(\omega) = e^{-1}. \tag{8}$$

Also muss das Argument des Exponenten gerade Eins sein oder

$$\omega - \omega_0 = \sqrt{2}\sigma. \tag{9}$$

Aufgabe 3.18 Bestimmen Sie aus der 4. Unschärferelation die Lebensdauer des angeregten Zustandes der bekannten Na-D-Linie bei 5 891 Å ($3^2P_{1/2} \rightarrow 3^2S_{1/2}$), wenn die Linienbreite $6 \cdot 10^{-5}$ Å beträgt! Nehmen Sie die Gleichung für einen kohärenten Zustand!

Lösung. Für die GAUSSsche Glockenkurve gilt die genaueste Unschärferelation, Gln. (3.119), aus denen

$$\Delta E \Delta t = \frac{\hbar}{2} \tag{1}$$

folgt. Die Umrechnung von Linienbreite in einer Längeneinheit in eine Linienbreite für die Frequenz ergibt etwa 10 MHz, aus der nach Gl. (1) eine Lebensdauer von 16 ns resultiert.

Aufgabe 3.19 Was ist der Unterschied zwischen Lebensdauer eines angeregten Zustandes und der Emissionszeit?

Lösung. Die Lebensdauer **ist** die Emissionszeit. Sie tritt in der Quantenphysik an die Stelle der Abklingzeit eines Oszillators im klassischen Strahlungsmodell. Vorausgesetzt wird, dass der Quantensprung beliebig schnell erfolgt, also genau die in den beiden vorherigen Aufgaben diskutierten unterschiedlichen Betrachtungen, entweder gedämpfte Oszillation oder Oszillation in einer bestimmten Zeit, gleichgesetzt werden (können),[10] ist also ein digitaler Prozess, bei dem die Lebensdauer des angeregten Zustandes groß gegenüber der Zeit des Qantensprungs ist. Dann ist die Zahl der spontanen Zerfallsakte pro Zeiteinheit

$$\frac{\mathrm{d}N}{\mathrm{d}t} = -A_{\mathrm{n'n}}N, \tag{1}$$

und wir erhalten eine Reaktion 1. Ordnung nach

$$N(t) = N_0 \mathrm{e}^{-t/\tau} \Rightarrow \tau = \frac{1}{A_{\mathrm{n'n}}}. \tag{2}$$

τ ist die mittlere Zeit, in der sich das System im angeregten Zustand befindet, und ist das Zeitintegral der zur Zeit t vorhandenen Zustände, bezogen auf die Zahl der Zustände zum Zeitpunkt $t = 0$, mal dem Verhältnis von Gesamtzeit zu eben dieser Lebensdauer:

$$\int_0^\infty \frac{N(t)}{N_0} \frac{t}{\tau} \, \mathrm{d}t. \tag{3}$$

Nach Gl. (2) ist

$$\frac{N(t)}{N_0} = \mathrm{e}^{-\frac{t}{\tau}}, \tag{4}$$

so dass Gl. (3) gerade die Lebensdauer τ bedeutet. Sie ergibt sich aus dem Verhältnis der Gesamtenergie einer Schwingung zu der abgestrahlten Leistung, also für eine elektronische Anregung mit den Gleichungen für den HERTZschen Dipol

$$E = \frac{1}{2}m_{\mathrm{e}}v^2 = \frac{1}{2}m_{\mathrm{e}}x_0^2\omega^2 \tag{5}$$

---

[10]Wie erst kürzlich an der ETH nachgewiesen werden konnte, erfolgt der Übergang in einem Zeitraum von weniger als 34 Attosekunden [49].

$$P = \frac{\mu^2 \omega^4}{3 \cdot 2\pi\varepsilon_0 c^3} = \frac{e_0^2 x_0^2 \omega^4}{3 \cdot 2\pi\varepsilon_0 c^3} \tag{6}$$

zu etwa $\tau \approx 10^{-8}$ s, woraus sich eine Dämpfungskonstante von

$$\Delta\omega = \frac{2\pi}{\tau} \tag{7}$$

ergibt. Damit erhalten wir eine Halbwertsbreite von

$$\delta = 2 \frac{2\pi}{\tau}. \tag{8}$$

Unter der Kohärenzlänge L verstehen wir die Länge, über die eine konstante Phasenbeziehung eine definierte Interferenz erlaubt. Sei eine Welle aus zwei monochromatischen Teilwellen k_1 und $k_2 = k_1 - \Delta k$ unterwegs mit $\varphi = kx - \omega t$. Wir betrachten die beiden Wellen zu einem eingefrorenen Zeitpunkt t, so dass wir uns nur um den Ort kümmern. Wenn sie am Ort $x = 0$ in Phase seien, dann wird am Ort $x = l_c$ eine Phasendifferenz von $\Delta\varphi = (k_1 - k_2)l_c$ vorliegen. Betrachten wir eine Phasendifferenz von $\Delta\varphi \approx 60°$ als nicht mehr tolerabel, weil das Interferenzmuster entscheidend an Kontrast verloren hat, dann gilt

$$\Delta\varphi = (k_1 - k_2)l_c = \left(\frac{2\pi}{\lambda} - \frac{2\pi}{\lambda + \Delta\lambda} \right) l_c, \tag{9}$$

aufgelöst (Vernachlässigung von $\lambda\,\Delta\lambda$) nach l_c liefert die Kohärenzlänge

$$l_c \approx \frac{\lambda^2}{2\pi\Delta\lambda}. \tag{10}$$

Z. B. hat die grüne Hg-Linie bei 546 nm in einer Niederdruck-Entladungsröhre eine Halbwertsbreite von 0,028 Å, damit wird die Kohärenzlänge 11 mm oder etwa $20\,000\,\lambda$, während die Na-D-Linie bei 596 nm eine Halbwertsbreite von 0,6 nm aufweist und damit nur eine Kohärenzlänge von 600 μm oder $1\,000\,\lambda$.

Aufgabe 3.20 Beim WIENschen Versuch werden in einer elektrischen Entladung Kanalstrahlen, meist Wasserstoffionen (in diesem Falle also Protonen), durch eine Lochblende in der Kathode geschossen, wo sie beschleunigt werden. In dem dahinterliegenden Beobachtungsraum stoßen sie mit H_2-Molekülen zusammen und regen sie zum Leuchten an.

Wird der Druck weiter reduziert, verschwindet der Kanalstrahl nahezu vollständig; nur ein etwa 1 cm langer Schweif unmittelbar hinter dem Kanal bleibt auch bei noch so gutem Vakuum immer noch sichtbar. Daher nahm WIEN an, dass er von Kanalstrahlteilchen stammen müsse, die unmittelbar vor Verlassen des Kanals noch angeregt worden seien. Die beobachtete Leuchterscheinung wäre dann das Abklingleuchten dieser Anregung.

Bestimmen Sie für einen Kanalstrahl, der mit 60 kV beschleunigt wird, aus der Abschwächung auf 1 e-tel nach 7 mm die Lebensdauer der angeregten

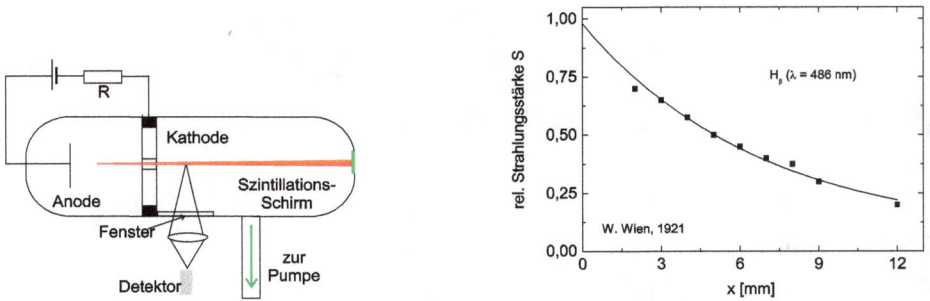

Abb. 3.28. Abklingleuchten von Kanalstrahlen nach W. WIEN, 1921. Wasserstoff-kanalstrahlen werden durch eine Blende in der Kathode beschleunigt und fliegen feldfrei weiter, wo sie auf H_2-Moleküle treffen und diese anregen (können), u. a. in optische Niveaus. Die Leuchtintensität nimmt nach einem BEERschen Gesetz ab.

Zustände (Abbn. 3.28, $v = \sqrt{2e_0\, U/m}$)! Bestimmen Sie außerdem die Länge des Wellenzuges und für die H_α-Strahlung die Anzahl der Wellenlängen!

Lösung. WIENs Überlegung geht dahin, die mittlere Lebensdauer $\tau = \bar{t}$ über das BEERsche Gesetz mit der Zerfallskonstanten γ zu bestimmen, also die Wahrscheinlichkeit des Überlebens

$$\mathrm{d}W(t) = -\gamma W \mathrm{d}t \Rightarrow W = W_0 \mathrm{e}^{-\gamma t}. \tag{1}$$

W_0 zur Zeit $t = 0$ ist natürlich Eins. Der Wert

$$\mathrm{d}W(t) = \gamma W \mathrm{d}t \tag{2}$$

ergibt dann umgekehrt die Wahrscheinlichkeit des Zerfalls im Zeitraum zwischen t und $t+\mathrm{d}t$ an. Die mittlere Lebensdauer τ ist dann die über die Zeit t aufsummierte Wahrscheinlichkeit des Zerfalls, also

$$\tau = \int_0^\infty t\, \mathrm{d}W(t) \tag{3}$$

oder

$$\tau = \int_0^\infty t\, \gamma\, W(t)\, \mathrm{d}t \Rightarrow \tau = \int_0^\infty t\, \gamma\, W_0\, \mathrm{e}^{-\gamma t}\, \mathrm{d}t. \tag{4}$$

Da $W_0 = 1$, vereinfacht sich Gl. (4) zu

$$\tau = \int_0^\infty t\,\gamma\,e^{-\gamma t}\,dt$$

$$= \gamma\left(-\frac{t}{\gamma}e^{-\gamma t}\Big|_0^\infty + \frac{1}{\gamma}\int_0^\infty e^{-\gamma t}\,dt\right)$$

$$= -te^{-\gamma t}\Big|_0^\infty + \int_0^\infty e^{-\gamma t}\,dt \tag{5}$$

$$= -\frac{1}{\gamma}\,e^{-\gamma t}\Big|_0^\infty$$

$$= \frac{1}{\gamma}.$$

Setzen wir das in die Bestimmungsgleichung für v ein, erhalten wir einen Wert von

$$v = \sqrt{\frac{2e_0\,U}{m_{H+}}} = 3{,}4\cdot 10^6 \text{ m/s}, \tag{6}$$

was für die abstandsabhängige Intensität I

$$I = I_0\,\exp\left(-\frac{t}{\tau}\right) = I_0\,\exp\left(-\frac{x}{v\tau}\right) \tag{7}$$

bedeutet und für die Lebensdauer

$$\tau = 2{,}1\cdot 10^{-9}\text{ s.} \tag{8}$$

Damit ist die Länge des Wellenzuges $L = c\tau = 63$ cm. Die H_α-Linie hat eine Wellenlänge von 656,279 nm, und damit sind das ziemlich genau 1 Million Wellenlängen ($0{,}96\cdot 10^6$).

3.16.4 Quantenmechanik

3.16.4.1 Eigenschaften von Operatoren.

Aufgabe 3.21 Sind der Differentialoperator und der Wurzeloperator lineare Operatoren?

Lösung. Nach Gl. (3.102) soll gelten:

$$\mathbf{A}(\alpha\psi + \beta\varphi) = \alpha\mathbf{A}\psi + \beta\mathbf{A}\varphi \tag{1}$$

Für die beiden Operatoren ist dann die Forderung

$$\frac{d}{dx}(\alpha\psi + \beta\varphi) = \alpha\frac{d}{dx}\psi + \beta\frac{d}{dx}\varphi \tag{2}$$

und

$$\sqrt{\alpha\psi + \beta\varphi} = \alpha\sqrt{\psi} + \beta\sqrt{\varphi}. \tag{3}$$

Gl. (2) ist richtig, Gl. (3) nicht.

Aufgabe 3.22 Zeigen Sie, dass der Operator $\frac{\partial}{\partial x}$ nicht, aber der Operator $i\frac{\partial}{\partial x}$ sehr wohl hermitesch ist!

Lösung. Wir machen das an der ebenen Welle $\psi = \psi_0 e^{ikx}$ und ihrem konjugiert-komplexen $\psi^* = \psi_0 e^{-ikx}$ fest: Die Bedingung für Hermitizität lautet

$$f^*(\mathbf{A}g) = g(\mathbf{A}f)^*. \tag{1}$$

Für den ersten Fall ergibt sich für die linke Seite von Gl. (1)

$$\int_{x_1}^{x_2} e^{-ikx} \frac{\partial}{\partial x} e^{ikx}\, \mathrm{d}x = ik(x_2 - x_1), \tag{2}$$

und die rechte Seite

$$\int_{x_1}^{x_2} \frac{\partial}{\partial x} e^{-ikx} e^{ikx}\, \mathrm{d}x = -ik(x_2 - x_1), \tag{3}$$

die Seiten sind also unegal. Mit dem i werden dagegen

$$\int_{x_1}^{x_2} -i\frac{\partial}{\partial x} e^{-ikx} e^{ikx}\, \mathrm{d}x = +i^2 k(x_2 - x_1) = -k(x_2 - x_1), \tag{4}$$

$$\int_{x_1}^{x_2} e^{-ikx} i\frac{\partial}{\partial x} e^{ikx}\, \mathrm{d}x = +i^2 k(x_2 - x_1) = -k(x_2 - x_1). \tag{5}$$

Aufgabe 3.23 Ist der Operator der kinetischen Energie ein HERMITEscher Operator?

Lösung. HERMITEsche Operatoren haben reelle Erwartungswerte. Es ist also zu zeigen, dass $\langle T \rangle = \langle T^* \rangle$. Mit partieller Integration unter Beachtung des Axioms, dass die Wellenfunktion im Unendlichen verschwinden muss, ergibt sich die Sequenz

$$\langle T \rangle = -\frac{\hbar^2}{2m} \int_{-\infty}^{\infty} \phi^*(x) \frac{\mathrm{d}^2}{\mathrm{d}x^2} \psi(x)\, \mathrm{d}x$$

$$= -\frac{\hbar^2}{2m} \phi^*(x) \frac{\mathrm{d}\psi(x)}{\mathrm{d}x} \Big|_{-\infty}^{\infty} + \frac{\hbar^2}{2m} \int_{-\infty}^{\infty} \frac{\mathrm{d}\phi^*(x)}{\mathrm{d}x} \frac{\mathrm{d}\psi(x)}{\mathrm{d}x}\, \mathrm{d}x$$

$$= 0 + \frac{\hbar^2}{2m} \frac{\mathrm{d}\phi^*(x)}{\mathrm{d}x} \psi(x) \Big|_{-\infty}^{\infty} - \frac{\hbar^2}{2m} \int_{-\infty}^{\infty} \frac{\mathrm{d}^2\phi^*(x)}{\mathrm{d}x^2} \psi(x)\, \mathrm{d}x \tag{1}$$

$$= -\frac{\hbar^2}{2m} \int_{-\infty}^{\infty} \left(\frac{\mathrm{d}^2\phi(x)}{\mathrm{d}x^2} \right)^* \psi(x)\, \mathrm{d}x$$

$$= \langle T^* \rangle,$$

so dass die Frage zu bejahen ist.

Aufgabe 3.24 Zeigen Sie mittels der ebenen Welle, dass der Differentialoperator des Impulses hermitescher Natur sein muss!

Lösung. Die allgemeine Forderung lautet

$$\int_{x_1}^{x_2} \psi^* \mathbf{B} \psi \, \mathrm{d}^3 x = \int_{x_1}^{x_2} \psi \mathbf{B}^* \psi^* \, \mathrm{d}^3 x, \tag{1}$$

damit für eine ebene Welle $\mathrm{e}^{\mathrm{i}kx}$ und deren konjugiert-Komplexes $\mathrm{e}^{-\mathrm{i}kx}$ für den Differentialoperator $\frac{\hbar}{\mathrm{i}} \frac{\partial}{\partial x}$

$$\int_{x_1}^{x_2} \mathrm{e}^{-\mathrm{i}kx} \frac{\hbar}{\mathrm{i}} \frac{\partial}{\partial x} \mathrm{e}^{\mathrm{i}kx} \, \mathrm{d}x = \int_{x_1}^{x_2} \mathrm{e}^{\mathrm{i}kx} \frac{\hbar}{-\mathrm{i}} \frac{\partial}{\partial x} \mathrm{e}^{-\mathrm{i}kx} \, \mathrm{d}x. \tag{2}$$

$$\int_{x_1}^{x_2} \hbar k \, \mathrm{d}x = \int_{x_1}^{x_2} \hbar k \, \mathrm{d}x, \tag{3}$$

$$\hbar k(x_2 - x_1) = \hbar k(x_2 - x_1). \tag{4}$$

Aufgabe 3.25 Zeigen Sie in Operatorschreibweise, dass, wenn $\mathbf{P}$ der Paritätsoperator ist,

$$\mathbf{PAP} = \mathbf{B} \tag{1}$$

gelten soll, woraus weiter

$$\mathbf{PA}^2\mathbf{P} = \mathbf{B}^2 \tag{2}$$

folgt. Richtig?

Lösung.
Von links

$$\mathbf{PPAP} = \mathbf{PB}, \tag{3}$$

und da nach Voraussetzung $\mathbf{PP} = 1$, folgt

$$\mathbf{AP} = \mathbf{PB}. \tag{4}$$

Erneut von links

$$\mathbf{AAP} = \mathbf{APB}, \tag{5}$$

was

$$\mathbf{A}^2\mathbf{P} = \mathbf{APB} \tag{6}$$

ist. Multiplikation von links mit $\mathbf{P}$ liefert schließlich

$$\mathbf{PA}^2\mathbf{P} = \underbrace{\mathbf{PAP}}_{\mathbf{B}} \mathbf{B}; \tag{7}$$

die rechte Seite ist nach Gl. (1) aber die Behauptung.

3.16.4.2 Kommutatoren.

Aufgabe 3.26 Zeigen Sie, dass die Operatoren des Impulses und des Ortes für die gleiche Koordinate nicht kommutieren, indem Sie sie auf die Funktion f wirken lassen!

Lösung.

$$\mathbf{A} = \frac{\hbar}{i}\frac{d}{dx}$$
$$\mathbf{B} = x \tag{1}$$

$$\mathbf{A}\,\mathbf{B}f = \frac{\hbar}{i}\frac{d}{dx}xf$$
$$= \frac{\hbar}{i}\left(f + x\frac{df}{dx}\right) \tag{2}$$

$$\mathbf{B}\,\mathbf{A}f = x\frac{\hbar}{i}\frac{df}{dx} \tag{3}$$

$$(\mathbf{A}\mathbf{B} - \mathbf{B}\mathbf{A})f = \frac{\hbar}{i}f$$
$$= -i\hbar f \neq 0. \tag{4}$$

x kann einfach die Teilchenkoordinate sein, aber auch eine von dieser abhängige Größe. Beispielsweise ist die potentielle Energie $U = U(x, y, z)$ eine Funktion der Teilchenkoordinaten, deren spezielle Form experimentell bestimmt wird und die ein Kraftfeld beschreibt, das auf ein Teilchen einwirkt. Das bedeutet, dass Impuls und potentielle Energie für dieselben Teilchenkoordinate nicht gleichzeitig genau bestimmbar sind.

Aufgabe 3.27 Zeigen Sie, dass die Operatoren des Impulses und des Ortes dagegen für unterschiedliche Koordinaten durchaus kommutieren, indem Sie sie auf die Funktion f wirken lassen!

Lösung.

$$\mathbf{A} = \frac{\hbar}{i}\frac{d}{dx}$$
$$\mathbf{B} = y \tag{1}$$

$$\mathbf{A}\,\mathbf{B}f = \frac{\hbar}{i}\frac{d}{dx}yf = \frac{\hbar}{i}\left(y \cdot \frac{df}{dx}\right) \tag{2}$$

$$\mathbf{B}\,\mathbf{A}f = \frac{\hbar}{i}\frac{df}{dx} \cdot y \tag{3}$$

$$(\mathbf{A}\mathbf{B} - \mathbf{B}\mathbf{A})f = 0 \tag{4}$$

Aufgabe 3.28 Bestimmen Sie den Kommutator zwischen den Operatoren der kinetischen und der potentiellen Energie in cartesischen Koordinaten, die durch $\mathbf{T} = -\frac{\hbar^2}{2m}\nabla^2$ und $\mathbf{U} = U(x, y, z)$ gegeben sind, für die x-Koordinate!

Lösung. Wir wenden die beiden Operatoren auf eine Funktion $\psi(x, y, z)$ an und erhalten

$$(\mathbf{UT} - \mathbf{TU})\psi = -\frac{\hbar^2}{2m}\left(U\frac{\partial^2}{\partial^2 x}\psi - U\frac{\partial^2}{\partial^2 x}\psi - \psi\frac{\partial^2}{\partial^2 x}U\right)$$
$$= \frac{\hbar^2}{2m}\psi\frac{\partial^2}{\partial^2 x}U: \tag{1}$$

Es gibt keine Zustände, für die kinetische Energie und potentielle Energie gleichzeitig scharfe Werte annehmen können.

3.16.4.3 Wahrscheinlichkeiten.

Aufgabe 3.29 In einem System mit zwei Zuständen $|1\rangle$ und $|2\rangle$ betragen die Entwicklungskoeffizienten $a = -i\sqrt{\frac{2}{3}}$ und $b = \sqrt{\frac{1}{3}}$. Sie untersuchen das System mit Absorptionsspektroskopie. Schreiben Sie die Wellenfunktion an! Bestimmen Sie darüber hinaus die Wahrscheinlichkeit, dass Sie das System im angeregten Zustand auffinden! Sie wiederholen die Messung unmittelbar. Wie groß ist die Wahrscheinlichkeit jetzt, dass Sie Ihr System erneut im angeregten Zustand vorfinden?

Lösung. Die Wellenfunktion lautet

$$\psi = a\,|1\rangle + b\,|2\rangle. \tag{1}$$

Die Wahrscheinlichkeit, das System im angeregten Zustand anzutreffen, ist

$$P(|2\rangle) = |b|^2 = \frac{1}{3}. \tag{2}$$

Unmittelbar nach der Anregung ist das System eben im Zustand $|2\rangle$. Eine instantan durchgeführte zweite Messung ergibt dann die Wahrscheinlichkeit von 100 %, das System im Zustand $|2\rangle$ vorzufinden.

3.16.4.4 Eigenwertgleichung.

Aufgabe 3.30 Was sind die Eigenwerte der Funktion $e^{k_n x}$ für den Differentialoperator?

Lösung.

$$\frac{\mathrm{d}}{\mathrm{d}x}e^{k_n x} = k_n e^{k_n x}: \tag{1}$$

Die Eigenfunktionen e^{kx} besitzen für den Differentialoperator die Eigenwerte $k_n = nk_0$ und weisen ein kontinuierliches Spektrum auf.

Aufgabe 3.31 Beschreiben Sie die Eigenwertgleichung für den Ortsoperator in der E-Darstellung!

Lösung. Die Eigenwertgleichung heißt

$$\mathbf{x}\psi_k = x_k\psi_k \tag{1}$$

und wird von der δ-Funktion erfüllt, indem wir

$$\int_{-\infty}^{\infty} \mathbf{x}\delta(x - x_k)\,\mathrm{d}x = \int_{-\infty}^{\infty} x_k\delta(x - x_k)\,\mathrm{d}x \tag{2}$$

schreiben. Von der linken Seite haben wir mit Gl. (3.71) definiert, dass sie den Wert x_k haben muss, auf der rechten Seite ist x_k eine Konstante, die man vor das Integralzeichen ziehen kann, und

$$\int_{-\infty}^{\infty} \delta(x - x_k)\,\mathrm{d}x = 1. \tag{3}$$

Aufgabe 3.32 Wenn die Funktionen ψ und ϕ Eigenfunktionen desselben Operators $\mathbf{B}$ mit unterschiedlichen Eigenwerten a und b sind, wie groß ist dann das Integral

$$\int \psi^*\mathbf{B}\phi\,\mathrm{d}^3x? \tag{1}$$

Lösung I in Schrödinger-Notation.

$$\mathbf{B}\psi = a\psi. \tag{2}$$

$$\mathbf{B}\phi = b\phi \tag{3}$$

Da die Operatoren hermitesch sein sollen, bedeutet das, dass auch

$$\mathbf{B}^*\phi^* = b\phi^*. \tag{4}$$

Multiplizieren wir Gl. (2) von links mit ϕ^* und Gl. (4) von links mit ψ, integrieren über den Raum und bilden die Differenz:

$$\int \phi^*\mathbf{B}\psi\,\mathrm{d}^3x - \int \psi\mathbf{B}^*\phi^*\,\mathrm{d}^3x = \int \phi^*a\psi\,\mathrm{d}^3x - \int \psi b\phi^*\,\mathrm{d}^3x \tag{5}$$

$$\int \phi^*a\psi\,\mathrm{d}^3x - \int \psi b\phi^*\,\mathrm{d}^3x = a\int \phi^*\psi\,\mathrm{d}^3x - b\int \psi\phi^*\,\mathrm{d}^3x \tag{6}$$

$$a\int \phi^*\psi\,\mathrm{d}^3x - b\int \psi\phi^*\,\mathrm{d}^3x = (a - b)\int \phi^*\psi\,\mathrm{d}^3x. \tag{7}$$

Wegen der Definition für einen HERMITEschen Operator

$$\int \phi^* \mathbf{B} \psi \, \mathrm{d}^3 x = \int \psi (\mathbf{B}\phi)^* \, \mathrm{d}^3 x \tag{8}$$

ist die linke Seite der Gl. (7) Null. Damit muss das Integral in Gl. (1) auch für $a \neq b$ ebenfalls Null sein.

Lösung II in Dirac-Notation.

$$\mathbf{B} \, |\psi\rangle = a \, |\psi\rangle \tag{9}$$

$$\mathbf{B} \, |\phi\rangle = b \, |\phi\rangle \tag{10}$$

$$\begin{aligned} a \, \langle\psi|\phi\rangle &= (a \, \langle\phi|\psi\rangle)^* = (\langle\phi|\, \mathbf{B}\, |\psi\rangle)^* \\ &= \langle\psi|\, \mathbf{B}\, |\phi\rangle = b \, \langle\psi|\phi\rangle \end{aligned} \tag{11}$$

Da $a \neq b$ ist, müssen $|\psi\rangle$ und $|\phi\rangle$ orthogonal zueinander sein.

Aufgabe 3.33 Bestimmen Sie für eine DE BROGLIE-Welle den Mittelwert des Impulses in x-Richtung!

Lösung.

$$\langle p_x \rangle = \left\langle \psi \left| \frac{\hbar}{\mathrm{i}} \frac{\partial}{\partial x} \right| \psi \right\rangle, \tag{1}$$

wobei $\psi = \psi_0 \mathrm{e}^{\frac{-\mathrm{i}}{\hbar}(Et - p_x x)}$. Differenzieren und Integration liefern

$$\langle p_x \rangle = \frac{\hbar}{\mathrm{i}} \frac{\mathrm{i}}{\hbar} p_x \, \langle\psi|\psi\rangle = p_x. \tag{2}$$

Aufgabe 3.34 Zeigen Sie, dass die Eigenwerte eines HERMITEschen Operators reell sind!

Lösung. Wegen der Definition für einen HERMITEschen Operator

$$\int \phi^* (\mathbf{B}\phi) \, \mathrm{d}^3 x = \int \phi (\mathbf{B}\phi)^* \, \mathrm{d}^3 x \tag{1}$$

muss

$$B \int \phi^* \phi \, \mathrm{d}^3 x = B^* \int \phi \phi^* \, \mathrm{d}^3 x \tag{2}$$

sein. Da die Integrale gleich sind, muss das auch für deren Koeffizienten gelten.

3.16.4.5 Entwicklung in Eigenfunktionen.

Aufgabe 3.35 Entwickeln Sie $|x\rangle$ in der Orts- und der Impulsdarstellung!

Lösung.

$$|x\rangle = \mathbf{I}\,|x\rangle = \int \mathrm{d}x'\, |x'\rangle\,\langle x'|\,x\rangle, \tag{1}$$

was mit der δ-Funktion leicht in

$$|x\rangle = \int \mathrm{d}x'\, \delta(x' - x) = |x\rangle \tag{2}$$

umgeschrieben werden kann. Entsprechend für die Impulsdarstellung mit Gl. (3.213)

$$|x\rangle = \mathbf{I}\,|x\rangle = \int \mathrm{d}p\, |p\rangle\,\langle p|\,x\rangle; \tag{3}$$

und mit der Gl. (3.216.2) erhalten wir

$$|x\rangle = \frac{1}{\sqrt{2\pi\hbar}} \int \mathrm{d}p\, \mathrm{e}^{-\frac{i}{\hbar}(p_x\,x)}\, |p\rangle. \tag{4}$$

Aufgabe 3.36 Einwickeln Sie einen Zustand $|\psi\rangle$ in der Ortsdarstellung!

Lösung. Mit Gl. (3.208)

$$\langle x|\,\psi\rangle = \psi(x) \tag{1}$$

für das Skalarprodukt erhalten wir

$$|\psi\rangle = \int \mathrm{d}x\, |x\rangle\,\langle x|\,\psi\rangle = \int \mathrm{d}x\, \psi(x)\, |x\rangle. \tag{2}$$

Aufgabe 3.37 Bestimmen Sie in der Impuls-Darstellung die Wellenfunktion eines sich frei bewegenden Elektrons! Bestimmen Sie dazu zunächst die Wellenfunktion in der Ortsdarstellung! Schreiben Sie anschließend die Normierungsbedingung in der p-Darstellung nieder! Verwenden Sie dazu die konventionelle Darstellung!

Lösung. Man wählt dazu die Elektronenbewegung entlang der x-Achse. Die allgemeinen Gleichungen heißen etwa

$$\begin{aligned}
\psi(p_0') &= N \mathrm{e}^{\frac{i}{\hbar}(p_0'\,x)} \\
\psi(p_0)^* &= N \mathrm{e}^{-\frac{i}{\hbar}(p_0\,x)}.
\end{aligned} \tag{1}$$

Wir normieren mittels der δ-Funktion

$$\int \psi^*(p_0)\,\psi(p'_0)\,\mathrm{d}x = N^2 \int_{-\infty}^{\infty} \mathrm{d}x\, \mathrm{e}^{\frac{i}{\hbar}(p'_0-p_0))x}$$
$$= N^2 2\pi\hbar\delta\,(p'_0 - p_0) \tag{2}$$
$$= \delta\,(p'_0 - p_0)\,,$$

womit sich für die Normierungskonstante

$$N = \frac{1}{\sqrt{2\pi\hbar}} \tag{3}$$

und für die Wellenfunktion

$$\psi(p_0, x) = \frac{1}{\sqrt{2\pi\hbar}} \mathrm{e}^{\frac{i}{\hbar}p_0\,x} \tag{4}$$

ergeben. Der Übergang zur p-Darstellung ergibt sich durch die FOURIER-Transformation nach Gl. (3.69) zu

$$\Phi(p_0, p) = \frac{1}{\sqrt{2\pi\hbar}} \int_{-\infty}^{\infty} \psi(p_0, x')\,\mathrm{e}^{-\frac{i}{\hbar}p_0\,x'}\,\mathrm{d}x' \tag{5}$$

zu

$$\Phi(p_0, p) = \delta(p - p_0). \tag{6}$$

Die Normierung ist für die Orts- und Impulsdarstellung gleich:

$$\int_{-\infty}^{\infty} \psi^*(p'_0, x)\,\psi(p_0, x)\,\mathrm{d}x = \int_{-\infty}^{\infty} \Phi^*(p'_0, p)\,\Phi(p_0, p)\,\mathrm{d}p = \delta(p'_0 - p_0). \tag{7}$$

Aufgabe 3.38 Einwickeln Sie die Cosinusfunktion nach den Eigenfunktionen des Operators $\mathbf{A}_z$

$$\psi_m = \frac{1}{\sqrt{2\pi}} \mathrm{e}^{im\varphi},\; m = 0,\,\pm 1,\,\pm 2 \ldots, \tag{1}$$

die zueinander orthonormiert sind und damit eine vollständige Basis bilden!

Lösung. Die erste Behauptung ist also

$$\int_0^{2\pi} \psi_m^* \psi_n \mathrm{d}\varphi = \begin{cases} 1, & m = n \\ 0, & m \neq n \end{cases} \tag{2}$$

für die Funktion $\Phi = \cos\varphi$

$$\Phi = \sum_{m=-\infty}^{\infty} c_m \psi_m(\varphi), \tag{3}$$

so dass die Koeffizienten c_m sich nach dem Verfahren von FOURIER

$$c_m = \int_0^{2\pi} \psi_m^* \cos\varphi \, \mathrm{d}\varphi \tag{4}$$

bestimmen lassen. Mit der EULER-Formel ist dann

$$c_m = \frac{1}{2}\frac{1}{\sqrt{2\pi}} \int_0^{2\pi} \mathrm{e}^{-\mathrm{i}m\varphi} \left(\mathrm{e}^{\mathrm{i}\varphi} + \mathrm{e}^{-\mathrm{i}\varphi}\right) \mathrm{d}\varphi, \tag{5}$$

was

$$c_m = \frac{1}{2}\frac{1}{\sqrt{2\pi}} \left[\int_0^{2\pi} \mathrm{e}^{-\mathrm{i}m\varphi}\mathrm{e}^{\mathrm{i}\varphi}\mathrm{d}\varphi + \int_0^{2\pi} \mathrm{e}^{-\mathrm{i}m\varphi}\mathrm{e}^{-\mathrm{i}\varphi}\mathrm{d}\varphi \right] \tag{6}$$

ergibt. Mit dem KRONECKER-Delta ist schließlich

$$\begin{aligned} c_m &= \frac{2\pi}{2\sqrt{2\pi}}\delta_{m,-1} \\ &= \frac{2\pi}{2\sqrt{2\pi}}\delta_{m,1}, \end{aligned} \tag{7}$$

und die beiden Koeffizienten sind

$$\begin{aligned} c_1 &= \frac{\sqrt{2\pi}}{2} \\ c_{-1} &= \frac{\sqrt{2\pi}}{2} : \end{aligned} \tag{8}$$

die Entwicklung nach den Exponentialfunktionen mit ganzzahligem imaginärem Argument beschränkt sich auf zwei Terme. Alle anderen verschwinden.

3.16.5 Gruppentheorie

Aufgabe 3.39 Bilden Sie das direkte Produkt der irreduziblen Darstellung Γ_3 von C_{3v}!

Lösung. Nach Gl. (3.285) lautet die irreduzible Darstellung von $\Gamma_3 = E$

C_{3v}	E	$2\,C_3$	$3\,\sigma_v$	$h = 6$
$\Gamma_3 = E$	2	-1	0	

(1)

ihr Quadrat demnach

C_{3v}	E	$2\,C_3$	$3\,\sigma_v$	$h = 6$
E^2	$2\cdot 2$	$2\cdot(-1)$	$2\cdot 0$	

(2)

Das ergibt ausreduziert

$$E \otimes E = A_1 + A_2 + E \tag{3}$$

und bestätigt das Theorem, dass das direkte Produkt einer irreduziblen Darstellung die total-symmetrische Darstellung genau einmal enthält.

Aufgabe 3.40 Einwickeln Sie aus den Charaktertafeln der Punktgruppen D_2 und C_i die Charaktertafel für D_{2h}! Die beiden Charaktertafeln lauten

$$
\begin{array}{c|cc|c}
C_i & E & i & h = 2 \\
\hline
A_g & 1 & 1 & \\
A_u & 1 & -1 &
\end{array}
\tag{1}
$$

und

$$
\begin{array}{c|cccc|c}
C_2 & E & C_2(z) & C_2(y) & C_2(x) & h = 4 \\
\hline
A & 1 & 1 & 1 & 1 & \\
B_1 & 1 & 1 & -1 & -1 & \\
B_2 & 1 & -1 & 1 & -1 & \\
B_3 & 1 & -1 & -1 & 1 &
\end{array}
\tag{2}
$$

Lösung. Wir erwarten eine Matrix aus $h_1 \cdot h_2 = 8$ Zeilen und Spalten. Die Vorgehensweise zur Bildung des direkten Produktes, aus denen die Charaktertafel der acht Darstellungen der Punktgruppe D_{2h} ermittelt wird, ist

$$
\begin{array}{c|ccc}
\Gamma(D_{2h}) & \Gamma(C_i) & \otimes & \Gamma(C_2) \\
\hline
1 & A_g & & A \\
2 & A_g & & B_1 \\
3 & A_g & & B_2 \\
4 & A_g & & B_3 \\
5 & A_u & & A \\
6 & A_u & & B_1 \\
7 & A_u & & B_2 \\
8 & A_u & & B_3,
\end{array}
\tag{3}
$$

$$
\begin{array}{c|cccccccc|c}
D_{2h} & E & C_2(z) & C_2(y) & C_2(x) & i & \sigma_{xy} & \sigma_{xz} & \sigma_{yz} & h = 8 \\
\hline
A_g & 1 & 1 & 1 & 1 & 1 & 1 & 1 & 1 & \\
B_{1g} & 1 & 1 & -1 & -1 & 1 & 1 & -1 & -1 & \\
B_{2g} & 1 & -1 & 1 & -1 & 1 & -1 & 1 & -1 & \\
B_{3g} & 1 & -1 & -1 & 1 & 1 & -1 & -1 & 1 & \\
A_u & 1 & 1 & 1 & 1 & -1 & -1 & -1 & -1 & \\
B_{1u} & 1 & 1 & -1 & -1 & -1 & -1 & 1 & 1 & \\
B_{2u} & 1 & -1 & 1 & -1 & -1 & 1 & -1 & 1 & \\
B_{3u} & 1 & -1 & -1 & 1 & -1 & 1 & 1 & -1 &
\end{array}
\tag{4}
$$

Weitere Aufgaben. Weitere Aufgaben zur Quantenmechanik finden sich in den nachfolgenden Kapiteln.

4 Wellenmechanik

Zu Beginn des Kapitels erfolgt eine Rekapitulation der in den ersten drei Kapiteln erreichten Aussagen; hier allerdings in Textform ohne Formeln. Dann werden wir die SCHRÖDINGER-Gleichung zunächst mit dem Korrespondenzprinzip einführen und die zeitunabhängige Form auf einfachste stationäre Systeme, nämlich das Elektron im Kasten, anwenden. Weiterhin finden wir die zeitabhängige SCHRÖDINGER-Gleichung. Zum Abschluss dieses Kapitels untersuchen wir die beiden SCHRÖDINGER-Gleichungen auf ihre Verwendbarkeit, untersuchen quantenmechanische Effekte in der Makrowelt und geben eine anschauliche Erklärung für den statistischen Charakter der Quantenmechanik.

4.1 Da capo: Was ist eine Messung?

In der klassischen Physik gilt das Prinzip der Kausalität. Um ein System zu beschreiben, müssen an diesem Messungen durchgeführt werden. Es wird stillschweigend vorausgesetzt, dass eine Messung an diesem System störungsfrei erfolgt: Der Akt der Messung beeinflusst den Zustand nicht, in dem sich das System befindet. Die beobachteten Schwankungen der Messresultate sind zufällig und lassen sich daher mit der GAUSSschen Fehlerrechnung beschreiben.

Während die Voraussetzung der Kausalität auf unsere Beobachtungen der Natur und die Interpretation der Ergebnisse derselben zuerst von KANT Ende des 18. Jahrhunderts kritisiert wurden, stellte man in der 1920er Jahren fest, dass es eine untere Grenze gibt, ab der die Störungsfreiheit der Messung nicht mehr gegeben ist. Der Zustand des gemessenen Systems wird durch den Akt der Messung verändert: es tritt eine nicht mehr zu vernachlässigende Wechselwirkung zwischen messender Sonde und gemessenem System auf.

Im Bereich, wo diese Beobachtungen bedeutungsvoll sind, in dem also die Zahl $\hbar$ eine wesentliche Rolle spielt, sind die Systeme sehr klein, und es gibt nur wenige, diskrete, Zustände. Sie unterscheiden sich also ganz wesentlich von den klassischen Systemen, in denen kontinuierliche Veränderungen möglich sind, und es daher sinnlos ist, von einer Diskretisierung dieser Zustände zu sprechen.

Sowohl vor wie nach der Messung nimmt dieses Quantensystem einen Zustand ein, der das System (teilweise oder umfassend) charakterisiert. Die Messwerte werden als Eigenwerte bezeichnet (s. Abschn. 3.10 ff.).

In die Sprache der Quantenmechanik übersetzt: Liegt das System zu Beginn der Messung in einem beliebigen Zustand $|\Psi\rangle$ vor, so kann es sich nach der Messung in einem Eigenzustand befinden, und man sagt, durch eine Projektion sei der Zustand $|\Psi\rangle$ in den durch den Eigenvektor $|l\rangle$ aufgespannten Unterraum projiziert worden. Der Projektor für diese Operation heißt $\mathbf{P}_l = |l\rangle\langle l|$, und das System befindet sich nach der Messung im Zustand $|l\rangle$: $\mathbf{P}_l |\Psi\rangle = a_l |l\rangle|$ mit der (komplexen) Beobachtungswahrscheinlichkeit $|a_l|^2$ und dem Eigenwert λ_l. Wenn das System sich aber bereits in diesem Eigenzustand $|l\rangle$ befand, der zu dem

https://doi.org/10.1515/9783111238678-004

Operator der Observablen gehört, dann wird keine Änderung des Zustands mehr beobachtet.

Wir haben uns im letzten Kapitel die mathematischen Hilfsmittel der Quantenmechanik verschafft, um nun solche Eigenwertprobleme anzugehen. Zunächst verwenden wir das Korrespondenzprinzip zur Überführung der Wellengleichung in die SCHRÖDINGER-Gleichung.

4.2 Zeitunabhängige Schrödinger-Gleichung

Die Wellengleichung eines mechanischen Systems lautet

$$\Delta\Psi = \nabla^2\Psi = \frac{1}{c^2}\,\ddot{\Psi};\qquad\qquad(4.1)$$

sie beschreibt eine sich im Raum fortbewegende zeitliche Störung oder Auslenkung (Abb. 4.1).

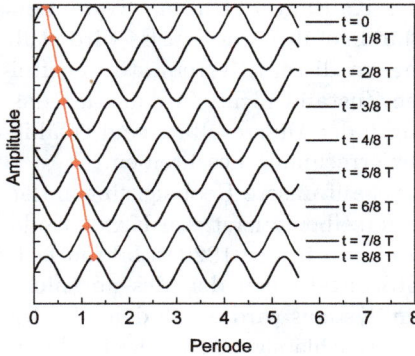

Abb. 4.1. Welle: Eine sich in Raum und Zeit nach rechts ausbreitende, periodische Störung. Die Phase ist die Differenz $\varphi = kx - \omega t$.

Wenn es sich um eine monochromatische Welle handelt, die sich frei in Raum und Zeit bewegt, kann man die Lösung der Gl. (4.1) mit einem nur ortsabhängigen und einem nur zeitabhängigen, mit der Frequenz ω oszillierenden Anteil (FOURIERscher Ansatz):

$$\Psi(x, y, z, t) = \psi(x, y, z) \cdot e^{i\omega t}\qquad\qquad(4.2)$$

suchen, so dass man für $\ddot{\Psi}$

$$\ddot{\Psi} = -\omega^2\psi(x, y, z) \cdot e^{i\omega t} = -\omega^2\Psi\qquad\qquad(4.3)$$

erhält, aus der für die Wellengleichung

$$\left.\begin{array}{l}\left(\nabla^2 + \frac{\omega^2}{c^2}\right)\psi(x, y, z)e^{i\omega t} = 0 \\[2mm] \left(\nabla^2 + k^2\right)\psi(x, y, z)e^{i\omega t}\ = 0\end{array}\right\}\qquad(4.4)$$

resultiert. Um aus dieser allgemeinen Wellengleichung, die einen universellen Charakter hat, eine Wellengleichung „abzuleiten", die die Wellenbewegung eines Elektrons beschreiben kann, ersetzen wir in der Gl. (4.4.2) k durch die DE BROGLIE-Beziehung $p = \hbar k$ und gewinnen

$$\left(\nabla^2 + \frac{p^2}{\hbar^2}\right)\psi(x, y, z)\mathrm{e}^{\mathrm{i}\omega t} = 0. \tag{4.5}$$

Berücksichtigt man ferner den Energiesatz

$$\frac{p^2}{2m_0} + V(x, y, z) = E = \mathrm{const}, \tag{4.6}$$

findet man

$$\left(\nabla^2 + \frac{2m_0}{\hbar^2}\left(E - V(x, y, z)\right)\right)\psi(x, y, z)\mathrm{e}^{\mathrm{i}\omega t} = 0, \tag{4.7}$$

aus der man einfach durch Eliminierung des Zeitfaktors

$$\left(\nabla^2 + \frac{2m_0}{\hbar^2}\left(E - V(x, y, z)\right)\right)\psi(x, y, z) = 0 \tag{4.8}$$

erhält, die zeitunabhängige SCHRÖDINGER-Gleichung,[1] meist als

$$\begin{aligned} E\,\psi(x, y, z) &= \underbrace{-\frac{\hbar^2}{2m_0}\nabla^2\,\psi(x, y, z)}_{\mathbf{T}} + \underbrace{V(x, y, z)}_{\mathbf{V}}\,\psi(x, y, z) \\ &= \mathbf{T}\psi(x, y, z) + \mathbf{V}\psi(x, y, z) \\ &= (\mathbf{T} + \mathbf{V})\,\psi(x, y, z) \\ &= \mathbf{H}\,\psi(x, y, z) \end{aligned} \tag{4.9}$$

geschrieben, wobei wir von der Linearität der Operatoren $\mathbf{T}$ für die kinetische und $\mathbf{V}$ für die potentielle Energie Gebrauch machen. Für die meisten Phänomene, etwa die Bestimmung der Eigenwerte der Energie, die zeitlich konstant sind, reicht dieser Ansatz aus. Er kann also dann verwendet werden, wenn sich das Quantenteilchen in einem zeitunabhängigen Potential bewegt und damit die Gesamtenergie konstant ist. In diesem Falle hängt also der HAMILTON-Operator nicht von der Zeit ab, sondern fällt mit dem Operator der Gesamtenergie zusammen. Wenn wir uns etwas Vertrautheit mit der SCHRÖDINGER-Gleichung erworben haben werden, werden wir dies im Abschn. 4.7 genauer studieren.

In dieser Gleichung scheint der Energiesatz $\mathscr{H} = T + V$ zu stecken, womit es leicht wäre, die dritte unbekannte Größe aus den beiden anderen Bestimmungsstücken exakt zu bestimmen. Tatsächlich handelt es sich aber um die Operatoren

---

[1] Die (tatsächliche) Division ist deswegen erlaubt, weil die Wellenfunktion eines Teilchens nicht Null sein darf. Die zeitliche Abhängigkeit muss immer verschieden von Null sein; die Funktion $\psi(x, y, z)$ ist in ihrem Definitionsbereich verschieden von Null.

von Gesamtenergie sowie ihren Teilbeträgen potentieller und kinetischer Energie, die auf die Verteilungsfunktion ψ angewendet werden, so dass die Operatoren $\mathbf{T}$ und $\mathbf{V}$ nur die Mittelwerte liefern.

Beispiel 4.1 Wir betrachten einen *stationären Zustand*, den wir mit der Gleichung

$$\Psi(x,t) = \psi(x)\mathrm{e}^{-\mathrm{i}\frac{E}{\hbar}t}$$

beschreiben können. Wie wir sehen, ist Ψ zeitabhängig, die Wahrscheinlichkeitsdichte

$$|\Psi(x,t)|^2 = \Psi^*\Psi = \psi^*\mathrm{e}^{\mathrm{i}\frac{E}{\hbar}t}\psi\mathrm{e}^{-\mathrm{i}\frac{E}{\hbar}t} = |\psi(x)|^2$$

aber nicht.

Beispiel 4.2 Für den Fall ebener Wellen $\mathrm{e}^{\mathrm{i}kx}$ ergeben sich die Energieeigenwerte bei fehlender Ortsabhängigkeit des Potentials zu

$$E_n = \frac{\hbar^2 k_n^2}{2m_0} + (V = \mathrm{const}), \tag{4.10}$$

was für die Wellenlänge geschrieben werden kann als ($T = E_{\mathrm{kin}}$):

$$\lambda = \frac{h}{\sqrt{2m_0(E-V)}} = \frac{h}{\sqrt{2m_0 T}}. \tag{4.11}$$

Das bedeutet für

$$V = 0 \Rightarrow E = T \text{ und } \lambda = \frac{h}{p} : k \text{ ist scharf, } x \text{ ist beliebig unscharf,} \tag{4.12}$$

$$0 \leq V < E : \lambda \text{ steigt,}$$

$$V = E : T = 0 \Rightarrow \lambda \longrightarrow \infty. \tag{4.13}$$

$$V > E : T \epsilon \mathbb{N} \Rightarrow: \lambda \epsilon \mathbb{I}. \tag{4.14}$$

Die Wellenlänge nimmt über alle Maßen zu, wenn die kinetische Energie gegen Null geht, und sie wird imaginär im Falle $V > E$ (z. B. beim Tunneleffekt im Potentialwall, s. Kap. 7). Umgekehrt wird ein System mit einem scharfen Impuls nach Gl. (4.12) durch eine ebene Welle beschrieben, die nicht lokalisierbar ist, sondern im Gegenteil unendlich ausgedehnt ist.

Wenn dagegen das Potential ortsabhängig wird, wird es schwierig, Lösungen der SCHRÖDINGER-Gleichung zu finden. Meist ist es sinnlos, von einer Wellenlänge zu sprechen, da dafür mehrere Wellenzüge vorhanden sein müssen. Je kürzer aber die Wellenlänge, umso stärker die Krümmung der Kurve (Wellenfunktion), die durch $\nabla^2\psi$ beschrieben wird und nach Gl. (4.12) bei $V = 0$ gleich der kinetischen Energie ist.

4.3 Zeitabhängige Schrödinger-Gleichung

Um zeitabhängige Phänomene zu beschreiben, reichen die Gln. (4.8/9) nicht aus; wir benötigen die *zeitabhängige* SCHRÖDINGER-*Gleichung*. Mit ihr werden z. B. Strahlungsübergänge beschrieben. Dazu setzen wir wieder eine ebene Materiewelle mit

$$\Psi(x, y, z, t) = \psi_0 \cdot e^{\frac{i}{\hbar}(px - Et)} \qquad (4.15)$$

an und bilden zunächst die erste Zeit- und die zweite Ortsableitung:

$$\left.\begin{array}{l} \nabla^2\Psi(x, y, z, t) = -\left(\frac{p}{\hbar}\right)^2 \Psi(x, y, z, t) \\ \dot{\Psi}(x, y, z, t) \quad = -\frac{i}{\hbar} E \Psi(x, y, z, t) \end{array}\right\} \qquad (4.16)$$

Mit dem Energiesatz $\mathcal{H} = T + V$ erkennen wir in (4.16.1) die Analoga für die kinetische, in (4.16.2) für die Gesamtenergie und schreiben die vollständige SCHRÖDINGER-Gleichung

$$-\frac{\hbar}{i}\frac{\partial}{\partial t}\Psi(x, y, z, t) = \left(-\frac{\hbar^2}{2m_0}\nabla^2 + V\right)\Psi(x, y, z, t) \qquad (4.17)$$

auf,[2] mit der die Dynamik des Systems beschrieben wird, und formulieren:

Axiom 6 Die Dynamik eines quantenmechanischen Systems wird durch die vollständige SCHRÖDINGER-Gleichung beschrieben.

Hängt die potentielle Energie nicht von der Zeit ab, genügt es, Lösungen für die stationäre SCHRÖDINGER-Gleichung zu finden, z. B. für die Eigenwerte der Energie. Die Wellenfunktion, die der Gl. (4.17) genügt, haben wir bereits mit dem FOURIERschen Verfahren in den Gln. (4.6/7) angesetzt und machen das nochmals explizit mit dem Separationsparameter E für die linke Seite:

$$-\frac{\hbar}{i}\frac{\partial}{\partial t}\Psi(t) = E\Psi(t),$$

was für die monochromatische Welle

---

[2]Für die Formulierung dieser Funktion erhielt SCHRÖDINGER 1933 den Nobelpreis.

$$\Psi(t) = E e^{-i\frac{E}{\hbar}t}$$

gelöst wird. Also für das Produkt aus zeit- und ortsabhängiger Funktion

$$\Psi(x, y, z, t) = \sum_n c_n \psi(x, y, z) \cdot e^{-i\frac{E_n}{\hbar}t}, \tag{4.18}$$

die, in Gl. (4.17) eingesetzt,

$$\sum_n c_n e^{\frac{-iE_n t}{\hbar}} \left(E_n + \frac{\hbar^2}{2m_0} \nabla^2 - \mathbf{V} \right) \psi_n = 0 \tag{4.19}$$

ergibt. Die monochromatische Welle ist also ein partieller Fall der Gl. (4.18), wozu in dieser Gleichung $c_{n_0} = 1$ und alle anderen Entwicklungskoeffizienten auf Null gesetzt werden müssen.

4.3.1 Zeitumkehr II

Wir hatten in Abschn. 2.10 gesehen, dass in einem konservativen mechanischen System die HAMILTON-Funktion zeitinvariant ist. Mit der Definition der vollständigen SCHRÖDINGER-Gleichung in Gl. (4.18) können wir das auch für Systeme der Quantenmechanik fordern, wenn die zur Gl. (4.18) konjugiert-komplex ist. Zeigen wir das für eine ebene Welle mit einem Phasenfaktor von $kx - \omega t = \frac{1}{\hbar}(px - Et)$, dann ist

$$-\frac{\hbar}{i} \frac{\partial}{\partial t} \exp\left[\frac{i}{\hbar}(px - Et) \right] = E, \tag{4.20}$$

und der konjugiert-komplexe Phasenfaktor mit gleichzeitiger Substitution von t durch $-t$ $kx + \omega t = \frac{1}{\hbar}(px + Et)$, was mit $-i$ versehen, dasselbe Ergebnis, nämlich

$$-\frac{\hbar}{i} \frac{\partial}{\partial t} \exp\left[\frac{-i}{\hbar}(px + Et) \right] = E, \tag{4.21}$$

liefert.

Wenn die SCHRÖDINGER-Gleichung $\Psi(x, y, z, t)$ eine Lösung des HAMILTON-Operators ist, dann ist bei Zeitumkehr $t \to -t$ $\Psi(x, y, z, -t)$ deswegen keine Lösung, weil die SCHRÖDINGER-Gleichung erster Ordnung in t ist. Dagegen ist bei Zeitumkehr $t \to -t$ das konjugiert-komplexe Pendant

$$t \to -t \Rightarrow \Psi(x, y, z, t) \to \Psi^*(x, y, z, -t)$$

zeitinvariant.

4.3.2 Resümee

Der (formale) Übergang von der klassischen Theorie zur Quantenmechanik besteht also nach dem BOHRschen Korrespondenzprinzip darin, dass man in dem klassischen Ausdruck des Erhaltungssatzes der Energie

$$
\begin{aligned}
E - \left(\frac{p^2}{2m} + V \right) &= 0 \\
\mathscr{H} - (T + V) &= 0
\end{aligned}
\tag{4.22}
$$

anstelle der HAMILTON-Funktion $\mathscr{H}$, des Impulses p und der potentiellen Energie V die entsprechenden Operatoren einsetzt und diese auf die Wellenfunktion anwendet. Damit wird schließlich unter Definition des HAMILTON-Operators

$$
\mathbf{H} = -\frac{\hbar^2}{2m_0} \nabla^2 + \mathbf{V}(r)
\tag{4.23}
$$

$$
(E - \mathbf{H})\Psi = 0,
\tag{4.24}
$$

was sich für den Fall der stationären SCHRÖDINGER-Gleichung zu

$$
(E_\mathrm{n} - \mathbf{H})\psi_\mathrm{n} = 0
\tag{4.25}
$$

oder

$$
E_\mathrm{n}\psi_\mathrm{n} = \mathbf{H}\psi_\mathrm{n}
\tag{4.26}
$$

vereinfacht. Für den stationären Fall ist der Erwartungswert des HAMILTON-Operators gleich dem Eigenwert der Energie, genau wie im klassischen stationären Fall die HAMILTON-Funktion gleich der Energie des Teilchens ist.

Es gibt mehrere Unterschiede zur klassischen Mechanik:

- In der zeitabhängigen SCHRÖDINGER-Gleichung finden wir eine erste Zeitableitung und eine zweite Ortsableitung: die beiden Kategorien werden also ungleich behandelt und können deswegen relativistisch nicht invariant sein. Warum? Weil wir in Gl. (4.22) von der „normalen" Beziehung zwischen Energie und Impuls $E = \frac{p^2}{2m}$ ausgegangen sind. Beide Alternativen, also entweder für beide Kategorien die zweiten Ableitungen (Gleichung von KLEIN und GORDON) wie nur die erste Ableitung (DIRAC-Gleichung) erweitern die von HEISENBERG und SCHRÖDINGER begründete nicht-relativistische Quantenmechanik und „liefern" Wellengleichungen für die beiden Quantenteilchensorten Fermionen und Bosonen.

- Wenn aber nur die erste Zeitableitung auftritt, bedeutet das umgekehrt, dass die Anfangsbedingungen bereits mit $\Psi(x, y, z, t = t_0)$ ausreichend beschrieben sind — im Unterschied sowohl zu der Formulierung NEWTONs, in der die zweite Zeitableitung auftritt, so dass die Anfangsbedingungen erst mit der Kenntnis auch der Geschwindigkeiten vollständig bekannt sind. Ähnliches finden wir für die Wellengleichung, die in zweiter Ordnung symmetrisch in Ort und Zeit ist, aber aus den Gleichungen von MAXWELL gewonnen wird, die erster Ordnung in den Kategorien Ort und Zeit sind. Im Unterschied zur Wellengleichung finden wir in der SCHRÖDINGER-Gleichung — wiederum durch unsere „einfache" Energie-Impuls-Beziehung — eine Abhängigkeit von der Masse wie von der Größe $\hbar$. Diese Asymmetrie hat aber noch eine weitere Konsequenz:

- In der zeitabhängigen SCHRÖDINGER-Gleichung tritt nämlich noch eine imaginäre Größe vor die erste Zeitableitung. In der klassischen Mechanik bezeichnen Differentialgleichungen erster Ordnung und ersten Grades keine periodischen Lösungen; durch sie werden vielmehr irreversible Prozesse beschrieben wie z. B. die Diffusion, Dissipation von Energie durch Reibung etc. Für diese Prozesse gilt die Invarianz der Gleichungen gegenüber der Zeit nicht. Wegen des imaginären Koeffizienten von $\dot{\Psi}$ kann die SCHRÖDINGER-Gleichung als DGl 1. Ordnung und 1. Grades auch periodische Lösungen in der Zeit besitzen. Mathematisch wird das dadurch erreicht, dass die konjugiert-komplexe Funktion Ψ^* das Gegenstück zur Urfunktion Ψ darstellt. Zeigen wir das an der Gl. (4.18)

$$-\frac{\hbar}{i}\frac{\partial}{\partial t}E\Psi(x,y,z,t) = \left(-\frac{\hbar^2}{2m_0}\nabla^2 + V\right)\Psi(x,y,z,t).$$

Für $t \to -t$ erhalten wir bei der Differentiation nach der Zeit ein zusätzliches Minuszeichen, was wir dadurch berücksichtigen, dass wir

$$-\frac{\hbar}{i}\frac{\partial}{\partial t}E\psi(x,y,z,-t) = -\frac{\hbar}{i}\frac{\partial}{\partial t}E\psi^*(x,y,z,t) \qquad (4.27)$$

schreiben. Auf der rechten Seite spielt das keine Rolle, da hier die zweite Ableitung nach den Ortskoordinaten gebildet wird, die natürlich invariant gegen die Zeit ist:

$$\left(-\frac{\hbar^2}{2m_0}\nabla^2 + V\right)\psi(x,y,z,t) = \left(-\frac{\hbar^2}{2m_0}\nabla^2 + V\right)\psi^*(x,y,z,-t). \quad (4.28)$$

Damit ist also

$$\Psi(x,y,z,t) = \Psi^*(x,y,z,-t). \qquad (4.29)$$

Um die Zeitinvarianz für eine Bewegungsgleichung erster Ordnung in t zu sichern, wird der nur reelle Elemente enthaltende unendlich-dimensionale Vektorraum auf den auch komplexe Elemente enthaltenden HILBERT-Raum ausgedehnt.

- Die Gl. (4.26) liefert zwar ein Ergebnis für die Gesamtenergie, aber nicht für die beiden Beiträge separat. Die potentielle Energie eines Teilchens hängt ausschließlich von den Koordinaten, die kinetische Energie von der Geschwindigkeit des Teilchens ab. Aber es gibt keine Zustände quantenmechanischer Gesamtheiten, die gleichzeitig scharf für Ort und Impuls definiert sind. Daher kann man die Gesamtenergie nicht dadurch bestimmen, indem man die potentielle und die kinetische Energie separat misst (Aufg. 3.26 − 3.28).

In den beiden vorangegangenen Kapiteln haben wir einige Axiome aufgestellt, die noch etwas redundant sind. Meist sind sie zu diesen fünf Axiomen zusammengefasst:

1. Der Zustand eines quantenmechanische Systems wird zu einem Zeitpunkt $t = t_0$ durch eine Wellenfunktion ψ oder einen Zustandsvektor $|\psi, t_0\rangle$ beschrieben, der Element eines HILBERT-Raums ist (t ist nur ein Parameter).

2. Messbare physikalische Größen A, sog. *Observable*, werden durch HERMITEsche Operatoren $\mathbf{A}$ beschrieben.

3. Ergibt eine einzelne Messung von $\mathbf{A}$ einen Eigenwert λ_n, dann ist das System nach der Messung im zu λ_n gehörenden Eigenzustand $|\psi_n\rangle$ oder $|n\rangle$ von $\mathbf{A}$.

4. Die Wahrscheinlichkeit, dass eine Messung von $\mathbf{A}$ am Zustand $|\psi_n\rangle$ den Eigenwert λ_n ergibt, ist $|\langle\psi_n|\psi\rangle|^2$.

5. Auf diesem HILBERT-Raum ist ein HERMITEscher HAMILTON-Operator $\mathbf{H}$ definiert, der die Dynamik des Zustandsvektors $|\psi, t\rangle$ bestimmt [SCHRÖDINGER-Gleichung, Gl. (4.17)]:

$$-\frac{\hbar}{\mathrm{i}} \frac{\partial}{\partial t} \Psi(x, y, z, t) = \mathbf{H}\Psi(x, y, z, t) \equiv \left(-\frac{\hbar^2}{2m_0}\nabla^2 + V\right)\Psi(x, y, z, t),$$

in DIRAC-Notation

$$\mathbf{H}\,|\Psi(x, y, z, t)\rangle = -\frac{\hbar}{\mathrm{i}} \frac{\partial}{\partial t}\,|\Psi(x, y, z, t)\rangle.$$

4.4 Erwartungswert und Eigenwert, da capo

An diesem speziellen Fall der Energie eines Systems haben wir das quantenmechanische Verfahren exemplifiziert, um einen Erwartungswert zu bestimmen, der
eine observable Größe darstellt.

Das typische Verfahren ist also folgendermaßen:

- Aufstellen der SCHRÖDINGER-Gleichung

$$E_n \psi_n = \mathbf{H} \psi_n \qquad (4.30)$$

- Multiplikation von links mit der konjugiert-komplexen Wellenfunktion und
  Integration des Produkts:

$$\int \psi_n^* E_n \psi_n \, \mathrm{d}x = \int \psi_n^* \mathbf{H} \psi_n \, \mathrm{d}x = \langle \psi_n | \, \mathbf{H} \, | \psi_n \rangle = \langle n | \, \mathbf{H} \, | n \rangle \qquad (4.31)$$

- Da E_n ein Zahlenwert ist, kann man ihn vor das Integral ziehen und die
  Energie isolieren:

$$E_n = \frac{\langle n | \, \mathbf{H} \, | n \rangle}{\langle n | \, n \rangle} \qquad (4.32)$$

- Sind die Funktionen ψ_n orthonormiert, ist der Nenner Eins, und wir erhalten
  als Bestimmungsgleichung

$$E_n = \int \psi_n^* \mathbf{H} \psi_n \, \mathrm{dx} = \langle n | \, \mathbf{H} \, | n \rangle \,. \qquad (4.33)$$

Es soll hier nochmals darauf hingewiesen werden, dass die Begriffe *Eigenfunktion*
und *Eigenvektor* in der Quantenmechanik oft synonym verwendet werden. Während in der SCHRÖDINGERschen Darstellung meist die Bezeichnung *Eigenfunktion*
üblich ist, hat der *Eigenvektor* seinen Charme in der Matrizenmechanik, in der
ein Operator als Matrix einen Eigenvektor dreht und man eine Diagonalmatrix
erhält, deren Elemente die Eigenwerte des Eigenzustandes darstellen.

4.5 Elektron im Kasten

4.5.1 Stationäre Wellen

Die Wellengleichung für eine vorlaufende $\psi_1 = \psi_{1,0} \sin (kx - \omega t)$ und eine rück-
laufende Welle $\psi_2 = \psi_{2,0} \sin (kx + \omega t)$ ist bei gleicher Amplitude ψ_0:[3]

$$\psi = \psi_0 \left[\sin(kx - \omega t) + \sin(kx + \omega t) \right] \qquad (4.34)$$

---

[3]Damit die Phase φ konstant bleibt, muss bei wachsendem t x abnehmen; die Welle läuft
dann nach links, zu negativen x-Werten. Wenn x dagegen zunimmt, die Welle also nach rechts
läuft, muss t abnehmen. Für $t = 0$ ergibt sich für die Phase $\varphi = kx$.

Mit den trigonometrischen Additionstheoremen $\sin\alpha + \sin\beta = 2\sin\frac{\alpha+\beta}{2}\cos\frac{\alpha-\beta}{2}$ ergibt sich daraus

$$\psi = 2\psi_0 \cos(\omega t)\sin(kx) = 2\psi_0 \sin(2\pi\frac{x}{\lambda})\cos(2\pi\frac{ct}{\lambda}), \qquad (4.35)$$

die Gleichung einer Sinusschwingung, deren Amplitude $2\psi_0\cos\left(2\pi\frac{x}{\lambda}\right)$ sich längs der x-Richtung periodisch ändert. Dort, wo t ein ganzes Vielfaches der halben Schwingungsdauer ist, ist $x = n\lambda/2$ und ψ verschwindet hier; an Stellen, an denen die Amplitude ihren Maximalwert $2\psi_0$ erreicht, liegen die Schwingungsbäuche. Eine an ihren Enden eingespannte Saite kann nur so schwingen, dass an den Enden Schwingungsknoten oder einfach Knoten sind (Abb. 4.2). Der Abstand zweier Knoten ist $^1/_2\lambda$. Die Wellenlängen λ_n der auf einer Saite der Länge L möglichen Schwingungen ergeben sich aus

$$L = n\frac{\lambda}{2} \Rightarrow \lambda_n = \frac{2L}{n}, \qquad (4.36)$$

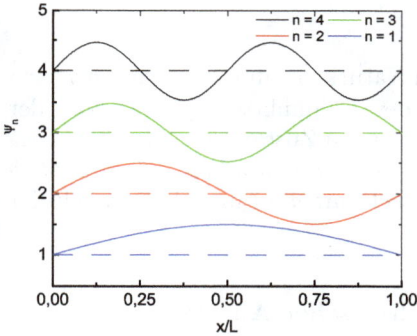

Abb. 4.2. Eine an beiden Enden eingespannte Saite der Länge L schwingt so, dass an beiden Enden zwangsläufig Schwingungsknoten auftreten müssen (die aber nicht mitgezählt werden): $L = n\frac{\lambda}{2}$.

damit die Eigenfunktionen selbst zu[4]

$$\psi_n = \psi_{0,n}\sin\left(\frac{2\pi}{\lambda_n}x - \omega t\right) = \psi_{0,n}\sin\left(\frac{n\pi}{L}x - \omega t\right). \qquad (4.37)$$

4.5.2 Energie-Eigenwerte: Semiklassischer Ansatz

Die an den Enden eingespannte Saite ist das einfachste Modell eines gebundenen Elektrons, dessen Bewegungsfreiheit durch unüberwindbare Potentialwände einge-

---

[4]Genau genommen muss die Amplitude $\psi_{0,n}$ noch derart normiert werden, dass

$$\int_0^L \psi_n^2\,\mathrm{d}x = 1.$$

Damit ergibt sich als Wert für ψ_0: $\sqrt{\frac{2}{L}}$.

schränkt wird. Im Gegensatz zu einem klassischen Teilchen sind die Zustände des Elektrons gerastert und werden durch die Wellenfunktionen (4.37) beschrieben.

Setzt man die DE BROGLIE-Beziehung für λ_1

$$\begin{aligned} p_1 &= \hbar k_1 \\ &= \hbar \frac{2\pi}{\lambda_1} \\ &= \hbar \frac{2\pi}{2L} \\ &= \hbar \frac{\pi}{L} \end{aligned}$$

ein, erhält man mit $T = \frac{p^2}{2m_e}$ für die kinetische Energie eines Elektrons bei verschwindender potentieller Energie ($V(x) = 0 \Rightarrow E = T$)

$$\begin{aligned} E_n &= \frac{\hbar^2}{2m_e} \left(\frac{\pi}{L}\right)^2 n^2 \\ &= \underbrace{\frac{h^2}{8m_e L^2}}_{E^0} n^2 \end{aligned} \tag{4.38}$$

mit E^0 der Kastenkonstanten, die neben den Naturkonstanten nur vom inversen Quadrat der Kastenbreite abhängt. Sie ist mit der Nullpunktsenergie identisch, der Bewegungsenergie, die das Elektron auch im tiefsten Zustand noch besitzt. Dies sind die *Eigenwerte der Energie eines Elektrons im Potentialtopf mit unendlich hohen Wänden*. Die Energie nimmt quadratisch mit n zu und damit auch der Abstand zwischen den Zuständen.

4.5.3 Energie-Eigenwerte: Quantenmechanischer Ansatz

Wir adaptieren nun das quasiklassische System der Abb. 4.2 für den quantenmechanischen Fall und nehmen folgende Potentialverteilung in den Regionen

- I: $x \leq -\frac{a}{2}$; $V_i = \infty$;

- II: $0 \leq x \leq a$; $V_{II} = 0$ und

- III: $x > \frac{a}{2}$; $V_{III} = \infty$

an (Abb. (4.3). Da $V_i = V_{III}$, bezeichnen wir die Potentialgrenzen mit V_0. Das Innere des Potentialtopfes ist potentialfrei; daher ist die gesamte Energie des Elektrons kinetischer Natur. Nach der Unschärferelation kann der Ort des Elektrons nicht exakt bestimmt werden. Je enger der Topf, umso größer seine inhärente kinetische Energie, und umso tiefer der Topf, desto mehr Zustände gibt es, in denen das Elektron gefunden werden kann. Im Gegensatz zum Elektron, das sich potentialfrei im Raum bewegt und dabei kontinuierlich Energie aufnehmen oder abgeben kann, sind nun die Zustände diskret. Damit handelt es sich um ein Eigenwertproblem, bei dem der Eigenwert der Energie dadurch ermittelt wird,

V

$V_0 > E$

$V_0 = \infty$ $V_0 = \infty$

$V_{\|} = 0$

I   II   III

$-\frac{a}{2}$ $\frac{a}{2}$

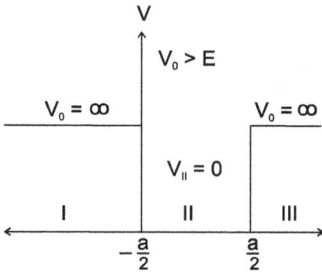

Abb. 4.3. Ein (eindimensionaler) Potentialtopf mit der Ausdehnung a und der Tiefe $V_0 \to \infty$ hat ein Elektron eingefangen.

dass der HAMILTON-Operator auf die Wellenfunktion nach den Gln. (4.30 − 4.33) angewendet wird (eindimensionaler, stationärer Fall):

$$\mathbf{H}\psi_n = \overbrace{-\frac{\hbar^2}{2m}\frac{\mathrm{d}^2}{\mathrm{d}x^2}}^{\mathbf{T}}\psi_n + \overbrace{V(x)}^{\mathbf{V}}\psi_n$$

$$= -\frac{\hbar^2}{2m}\frac{\mathrm{d}^2}{\mathrm{d}x^2}\sin\left[\left(\frac{n\pi}{a}\right)x\right] + V(x)\sin\left[\left(\frac{n\pi}{a}\right)x\right] \qquad (4.39)$$

$$= -\frac{\hbar^2}{2m}\left(\frac{n\pi}{a}\right)^2(-\psi_n) + V(x)\psi_n$$

$$= \left(\frac{h^2}{8ma^2}n^2 + V(x)\right)\psi_n$$

Wir müssen nun mit der konjugiert-komplexen Wellenfunktion von links multiplizieren und das Produkt integrieren, allgemein

$$E_n = \frac{\int_{-\infty}^{\infty}\psi_n^*\mathbf{H}\psi_n\,\mathrm{d}x}{\int_{-\infty}^{\infty}\psi_n^*\psi_n\,\mathrm{d}x}, \qquad (4.40)$$

wobei der HAMILTON-Operator die einfache Struktur

$$\left.\begin{array}{ll} x < -\frac{a}{2} & \mathbf{H} = \mathbf{V} \\ -\frac{a}{2} < x < \frac{a}{2} & \mathbf{H} = \mathbf{T} \\ x > \frac{a}{2} & \mathbf{H} = \mathbf{V} \end{array}\right\} \qquad (4.41)$$

aufweist. Jenseits der Topfgrenzen aber geht $V(x)$ gegen Unendlich! Das hat bedeutende Konsequenzen für die Wellenfunktion ψ: nur innerhalb des Kastens darf sie verschieden von Null sein. Denn wäre sie jenseits der Grenzen endlich, würde die Gesamtenergie divergieren. Folglich reduzieren sich die Integrationsgrenzen auf $-\frac{a}{2}$ und $\frac{a}{2}$.

Weil ψ_n aus der Sinusfamilie stammt und die Differentiation bereits in den Gln. (4.39) vollzogen wurde, treten die Integrale des Quadratsinus im Zähler und Nenner gleich auf, da wir die Innenableitung als Konstante vor das Integralzeichen ziehen können. Daraus resultiert

$$E_n = \frac{\hbar^2}{2m} \left(\frac{n\pi}{a}\right)^2 \frac{\int_{-a/2}^{a/2} \psi_n^* \psi_n \, \mathrm{d}x}{\int_{-a/2}^{a/2} \psi_n^* \psi_n \, \mathrm{d}x}; \qquad (4.42)$$

und weil das Integral für eine orthonormierte Funktion Eins, damit also verschieden von Null, ist, dürfen wir kürzen und identifizieren die Eigenwerte als identisch mit denen nach Gl. (4.38) erhaltenen Werten.

Wie man sieht, ist die Wahrscheinlichkeitsdichte $|\psi_n|^2$, $n \in \mathbb{N}$ erstens vom jeweiligen Energiezustand abhängig und zweitens nicht über den Raum konstant. An den Knoten ist $|\psi_n|^2$ sogar Null (Abbn. 4.4). Mit steigendem n wird die Wahrscheinlichkeitsdichte immer gleichmäßiger über den Kastenbereich, und für $n \to \infty$ ist sie absolut homogen, was dem „klassischen" Grenzwert entspricht, der ja eine derartige Abhängigkeit gar nicht kennt. Das ist eine Manifestation des in Abschn. 2.8 besprochenen Korrespondenzprinzips.

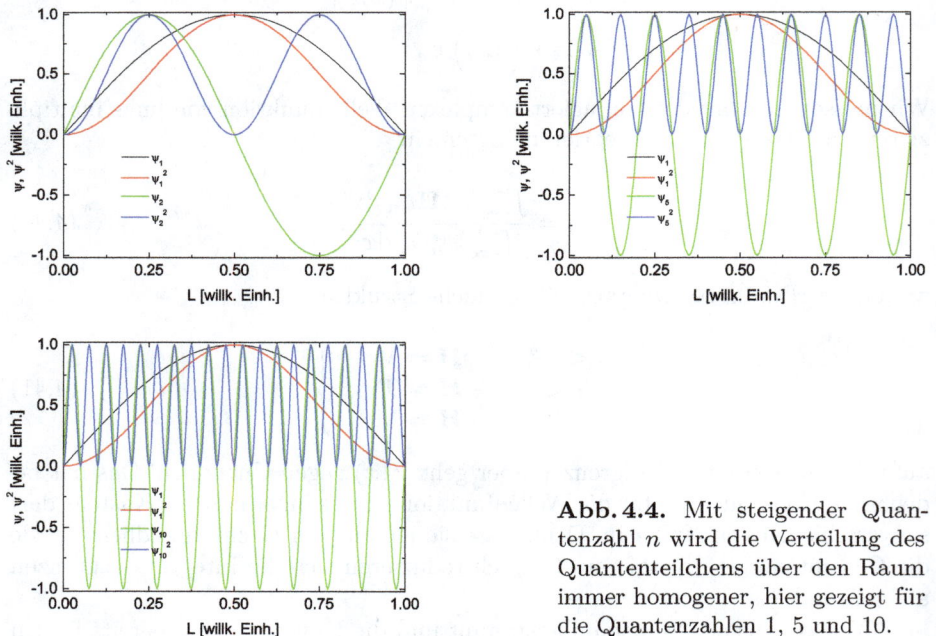

Abb. 4.4. Mit steigender Quantenzahl n wird die Verteilung des Quantenteilchens über den Raum immer homogener, hier gezeigt für die Quantenzahlen 1, 5 und 10.

Das *Elektron im Kasten mit unendlich hohen Wänden* beschränkt die Wellenfunktion notwendig auf den Bereich des Kastens. Sie muss jenseits der Grenzen verschwinden, denn sonst würde die potentielle Energie nach

$$E_{\text{pot}} = \int_{-\infty}^{\infty} \psi^*(x) V(x) \psi(x)\,\mathrm{d}x$$

divergieren.

Wie aus dem Beisp. 4.3 ersichtlich, wurde dieses an Einfachheit nicht zu übertreffende Modell die Drosophila der Spektroskopie.

Beispiel 4.3 Organische Moleküle mit den Abmessungen einiger nm sind deswegen geeignete Studienobjekte für das Kastenmodell mit unendlich hohen Wänden, weil die molaren Wärmen der Phasenumwandlung fest → flüssig und flüssig → dampfförmig klein gegenüber den spektroskopisch ermittelten Elektronenübergängen sind und damit suggerieren, dass die intermolekularen Wechselwirkungskräfte klein sind. Trotz der hohen Dichte „merken" die Moleküle nur wenig voneinander. Dies bedeutet lediglich geringe Fehler bei der Annahme unendlich hoher Wände, die es nicht gibt.

Besonders beeindruckend sind die Abschätzungen, die man für Systeme mit konjugierten π-Systemen erhält, das sind Kohlenstoffgerüste mit alternativen Einfach- und Doppelbindungen, kettenförmig, wie Hexatrien, oder ringförmig, wie Benzol. Das Dekapentaen ist ein solches Molekül und weist eine Länge von 12,6 Å auf.

Decapentaen ist ein lineares System mit fünf konjugierten Doppelbindungen.

Nach Gl. (4.38) berechnet man die Kastenkonstante K zu

$$K = \frac{h^2}{8m_{\text{e}}} \frac{1}{L^2} = 0{,}26 \text{ eV},$$

was diese Modell-Eigenwerte nach sich zieht:

n	E_n [eV]	$\Delta E_{i,\,i+1}$ [eV]
1	0,26	
		0,78
2	1,04	
		1,30
3	2,34	
		1,82
4	4,16	
		2,34
5	6,50	
		2,90
6	9,40	

Die Übergänge ab $3 \to 4$ haben eine Energie von größer als 1,5 eV und liegen somit im VIS. Das langwellige Maximum des Dekapentaens liegt bei ca. 3,7 eV; es müsste am ehesten mit dem Übergang $5 \to 6$ verglichen werden — immerhin eine Abweichung von nur 50 %.

4.5.4 Eigenschaften der Wellenfunktionen

An diesem einfachen Beispiel studieren wir die Eigenschaften der Wellenfunktionen in der operationalen Form mit Integralen:

- Die Serie der Funktionen stellt ein *vollständiges Funktionensystem* dar; somit kann jede Funktion $\Psi(x)$ als Linearkombination der ψ_n dargestellt werden, was physikalisch der *Überlagerung von Eigenfunktionen* entspricht:

$$\Psi(x) = \sum_{n=1}^{\infty} a_n \psi_n(x) = \sqrt{\frac{2}{L}} \sum_{n=1}^{\infty} a_n \sin\left(\frac{n\pi}{a}x\right) \tag{4.43}$$

Dabei bezeichnet die Wellenfunktion mit $n = 1$ den Grundzustand, die mit $n > 1$ die der angeregten Zustände.

- Die Abfolge der Funktionen ist gerade (g oder e) ungerade (u oder o).

- Die Zahl der Wurzeln (Nullstellen) ist $n - 1$.

- Die Funktionen sind zueinander orthogonal und für sich normiert (orthonormiert).

- Die Bestimmung der FOURIER-Koeffizienten a_n nützt die Orthogonalität der Wellenfunktionen aus:

$$\int_{-\infty}^{+\infty} \psi_m^*(x)\, f(x)\, \mathrm{d}x = \int_{-\infty}^{+\infty} \sum_{n=1}^{\infty} \psi_m^*(x)\, a_n \psi_n(x)\, \mathrm{d}x, \qquad (4.44)$$

was durch Herausziehen des Koeffizienten a_n

$$\int_{-\infty}^{+\infty} \psi_m^*(x)\, f(x)\, \mathrm{d}x = \sum_{n=1}^{\infty} a_n \int_{-\infty}^{+\infty} \psi_m^*(x)\psi_n(x)\, \mathrm{d}x$$

ergibt. Die beiden Funktionen sind zueinander orthogonal; alle Funktionen sind normiert, woraus

$$\int_{-\infty}^{+\infty} \psi_m^*(x)\, f(x)\, \mathrm{d}x = \sum_{n=1}^{\infty} a_n \delta_{mn} = a_m \qquad (4.45)$$

folgt.

- Stationäre Zustände sind zeitlich unabhängig. Sei $\Psi_n(x,t) = \psi_n(x)\mathrm{e}^{-\mathrm{i}\frac{E_n}{\hbar}t}$ die Wellenfunktion des n-ten Zustands, dann ist die Wahrscheinlichkeitsdichte

$$|\Psi(x,t)|^2 = \int_{-\infty}^{+\infty} \psi_n^*(x)\mathrm{e}^{\mathrm{i}\frac{E_n}{\hbar}t}\psi_n(x)\mathrm{e}^{-\mathrm{i}\frac{E_n}{\hbar}t}\, \mathrm{d}x, \qquad (4.46)$$

in der, wie man leicht sieht, die zeitlichen Faktoren herausfallen, so dass

$$|\Psi(x,t)|^2 = \int_{-\infty}^{+\infty} \psi_n^*(x)\psi_n(x)\, \mathrm{d}x \qquad (4.47)$$

übrigbleibt.

4.6 Kontinuitätsgleichung

Aus der Elektrodynamik ist uns die Kontinuitätsgleichung

$$\frac{\partial \rho}{\partial t} + \nabla \cdot \boldsymbol{j} = 0 \qquad (4.48)$$

bekannt: Die Ergiebigkeit der Stromdichte beim Durchströmen durch einen Würfel ist gleich der negativen Zeitableitung der Stromdichte (Abb. 4.5).

Diese Gleichung ist eine differentielle Form des Satzes von der Ladungserhaltung.

Um das zu beweisen, integrieren wir Gl. (4.48) über den Raum

$$\int \frac{\partial \rho}{\partial t}\, \mathrm{d}^3 x + \int \nabla \cdot \boldsymbol{j}\, \mathrm{d}^3 x = \text{const.}$$

Da wir über den Raum integrieren, können wir die Zeitableitung vor das Integral ziehen. Wenden wir den GAUSSschen Satz an, können wir das Volumen- in ein Oberflächenintegral umwandeln:

$$\frac{\mathrm{d}}{\mathrm{d}t} \int \rho \, \mathrm{d}^3 x + \oint \boldsymbol{j} \cdot \mathrm{d}\boldsymbol{S} = \text{const.}$$

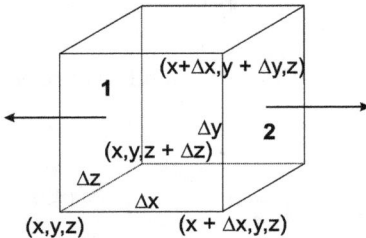

Abb. 4.5. Eine Flüssigkeit strömt durch die Flächen 1 und 2 in x-Richtung von negativen x zu positiven x durch einen Würfel. Wie groß ist die *Ergiebigkeit* des Quellengebiets?

Im Unendlichen verschwinden sowohl Ladungen wie Ströme, damit wird das Oberflächenintegral Null, und es bleibt der Ladungserhaltungssatz:

$$e_0 = \int \rho \, \mathrm{d}^3 x = \text{const.}$$

Wie sieht das nun im Quantenbild aus?

Im Kap. 3 haben wir gesehen, dass eine Wellenfunktion $\Psi(x,t)$ quadratintegrabel sein muss, d. h. ihr Linien- oder Raumintegral muss zu jedem Zeitpunkt t normierbar sein:

$$\int_{-\infty}^{+\infty} |\Psi(x,t)|^2 \mathrm{d}x = 1$$

Was heißt „zu jedem Zeitpunkt"? Da hier die Zeitabhängigkeit eines Zustandes untersucht wird, müssen wir die zeitabhängige SCHRÖDINGER-Gleichung benutzen; den ortsabhängigen Anteil lassen wir als konstant nach Gl. (4.52) weg:

$$-\frac{\hbar}{\mathrm{i}} \frac{\partial}{\partial t} \Psi(x,t) = \left(-\frac{\hbar^2}{2m_0} \frac{\partial^2}{\partial x^2} + V(x,t) \right) \Psi(x,t) \tag{4.49}$$

etwas umgeschrieben

$$\frac{\partial}{\partial t} \Psi(x,t) - \left(+\frac{\mathrm{i}\hbar}{2m_0} \frac{\partial^2}{\partial x^2} - \frac{\mathrm{i}}{\hbar} V(x,t) \right) \Psi(x,t) = 0; \tag{4.50}$$

das konjugiert-komplexe Pendant sieht so aus:

$$\frac{\hbar}{\mathrm{i}} \frac{\partial}{\partial t} \Psi^*(x,t) = \left(-\frac{\hbar^2}{2m_0} \frac{\partial^2}{\partial x^2} + V(x,t) \right) \Psi^*(x,t), \tag{4.51}$$

umgeschrieben

$$\frac{\partial}{\partial t} \Psi^*(x,t) + \left(\frac{\mathrm{i}\hbar}{2m_0} \frac{\partial^2}{\partial x^2} - \frac{\mathrm{i}}{\hbar} V(x,t) \right) \Psi^*(x,t) = 0; \tag{4.52}$$

Multiplikation von Gl. (4.50) mit $\Psi^*(t)$ und von Gl. (4.52) mit $\Psi(t)$ liefert

$$\Psi^*(t)\frac{\partial}{\partial t}\Psi(t) - \Psi^*(t)\left(+\frac{\mathrm{i}\hbar}{2m_0}\frac{\partial^2}{\partial x^2} - \frac{\mathrm{i}}{\hbar}V\right)\Psi(t) = 0; \qquad (4.53)$$

umgeschrieben

$$\Psi(t)\frac{\partial}{\partial t}\Psi^*(t) + \Psi(t)\left(\frac{\mathrm{i}\hbar}{2m_0}\frac{\partial^2}{\partial x^2} - \frac{\mathrm{i}}{\hbar}V\right)\Psi^*(t) = 0. \qquad (4.54)$$

Bei Addition der Gln. (4.53) und (4.54) unter doppelter Berücksichtigung der Produktregel folgt

$$\frac{\partial}{\partial t}\left[\Psi^*(t)\,\Psi(t)\right] + \frac{\mathrm{i}\hbar}{2m_0}\nabla\left[\Psi(t)\nabla\Psi^*(t) - \Psi^*(t)\nabla\Psi(t)\right] = 0. \qquad (4.55)$$

Wenn wir diese Gleichung mit der Kontinuitätsgleichung (4.48) vergleichen und außerdem berücksichtigen, dass $\rho = e_0 n$ mit n der Teilchenzahldichte, die hier ja gleich der Wahrscheinlichkeitsdichte $\Psi^*(t)\Psi(t)$ ist, also

$$\rho = e_0\,\Psi^*(t)\Psi(t), \qquad (4.56)$$

in dem wir ja die Ähnlichkeit mit dem ersten Summanden der Gl. (4.55) erkennen, dann finden wir für die Stromdichte, wenn wir den zweiten Summanden mit e_0 multiplizieren,

$$\boldsymbol{j} = \frac{\mathrm{i}e_0\hbar}{2m_0}\left[\Psi(t)\nabla\Psi^*(t) - \Psi^*(t)\nabla\Psi(t)\right]. \qquad (4.57)$$

Nach Gl. (4.56) ist die Ladung e_0 eine Erhaltungsgröße, und ihre Verteilung über den Raum, die Ladungsträgerdichte, wird über die Wahrscheinlichkeitsdichte $|\Psi^*(t)\Psi(t)|$ beschrieben, die Änderung von $|\Psi^*(t)\Psi(t)|$, der Wahrscheinlichkeitsstrom durch die das Volumen begrenzende Oberfläche, aber mit Gl. (4.57).

Mit der Analogie zwischen der für Ladungen oder eine inkompressible Flüssigkeit geltenden Kontinuitätsgleichung stellen wir fest, dass die Wahrscheinlichkeit weder erzeugt noch vernichtet werden kann. Sie kann sich in einem Volumen nur dadurch ändern, indem sie hinaus- bzw. hineinfließt.

4.6.1 Monochromatische Welle

Für die monochromatische Welle mit

$$\Psi(x,t) = \Psi_0 \mathrm{e}^{\mathrm{i}(kx-\omega t)} \qquad (4.58)$$

ergeben sich eine Ladungsdichte von

$$\rho = e_0 \Psi^*(x,t)\,\Psi(x,t) \tag{4.59}$$

und eine Stromdichte von

$$j = \frac{ie_0\hbar}{2m_0}\left[\Psi(x,t)\nabla\Psi^*(x,t) - \Psi^*(x,t)\nabla\Psi(x,t)\right] = |\Psi_0|^2\frac{\hbar k}{m} = \text{konst}, \tag{4.60}$$

die beide zeitunabhängig sind.

Darüber hinaus finden wir, dass für reelle Wellenfunktionen $\Psi(t) = \Psi^*(t)$ die Stromdichte immer verschwindet.

4.6.2 Ebene Welle

Diese Wellenfunktion beschreiben wir mit

$$\psi = \frac{1}{\sqrt{L^3}}e^{\frac{i}{\hbar}\boldsymbol{p}\cdot\boldsymbol{r}}. \tag{4.61}$$

Setzen wir diesen Ausdruck für Ψ in die Gln. (4.56) und (4.57) ein, finden wir für Ladungs- und Stromdichte

$$\rho = e_0\Psi^*\Psi = \frac{1}{L^3}e_0, \tag{4.62}$$

$$j = \frac{e_0}{m_0\,L^3}\boldsymbol{p} = \rho\boldsymbol{v}: \tag{4.63}$$

Die Ladungsdichte ist gleich der Größe dieser Ladung, dividiert durch das gesamte Volumen bei gleichmäßiger Verteilung; und die Stromdichte können wir mit dem Ausdruck, den wir aus der klassischen Elektrodynamik her kennen, beschreiben.

4.6.3 Elektron im Kasten

Hier verschwindet die Stromdichte im Potentialtopf, denn die Schwingungen des Elektrons werden mit reellen Wellenfunktionen beschrieben und sind stehende Wellen. Stehende Wellen erzeugen aber keinen Teilchenstrom.

4.7 Die Schrödinger-Gleichungen

4.7.1 Eigenzustand mit einer Eigenfunktion

In den Abschnitten 4.2 und 4.3 haben wir die beiden SCHRÖDINGER-Gleichungen eingeführt. Wir sahen, dass

- das Volumenintegral über das Quadrat der Wellenfunktion bzw. das Produkt mit ihrem konjugiert-komplexen Pendant als Wahrscheinlichkeit interpretiert werden kann, das Elektron in einem bestimmten Volumen anzutreffen;

- die Quantenzustände, auch Eigenzustände genannt, durch Wellenfunktionen beschrieben werden können, und

- je nach Potentialfunktion ein HAMILTON-Operator definiert werden kann, zu dem ein Satz von Eigenfunktionen gehört, mit denen die Eigenwerte der Energie des Systems bestimmt werden können.

- Zur Untersuchung zeitunabhängiger Phänomene reicht die zeitunabhängige SCHRÖDINGER-Gleichung aus, zeitabhängige Phänomene erfordern dagegen die Behandlung mit der zeitabhängigen SCHRÖDINGER-Gleichung.

Sehen wir uns dazu das Wasserstoffatom an, das im Grundzustand durch einen einzigen Zustand beschrieben werden kann, also mit nur einer Wellenfunktion. Diese habe einen zeitunabhängigen und einen zeitabhängigen Anteil:

$$\Psi(x,t) = \psi_1(x)\mathrm{e}^{-\mathrm{i}\frac{E_1}{\hbar}t} = \sqrt[3]{\frac{1}{a_0}}\mathrm{e}^{-\frac{r}{2a_0}} \cdot \mathrm{e}^{-\mathrm{i}\frac{E_1}{\hbar}t}. \qquad (4.64)$$

In diesem Fall ist $\psi(x)$ sogar reell, und bei der Multiplikation mit ihrem konjugiert-komplexen Pendant fällt der Zeitfaktor heraus. Das bedeutet, dass die Ladungsverteilung zeitlich konstant ist und damit, vom elektrischen Standpunkt aus gesehen, die Ladungen also entweder statisch verteilt oder gleichförmig bewegt (konstante Ströme) sein müssen, m. a. W. das „Melonenmodell" von J.J. THOMSON wird wiederbelebt. Dadurch ist das erste BOHRsche Postulat auf eine überraschende Weise erklärt.

Als nächstes untersuchen wir für Wasserstoff mit Gl. (4.64) die Bestimmung der Energie des einzigen Eigenzustandes in seinem Grundzustand, und dazu stellen wir die SCHRÖDINGER-Gleichung mit $\Psi_1(x,t) = \psi(x)\mathrm{e}^{-\mathrm{i}\frac{E_1}{\hbar}t}$ auf:

$$\mathbf{H}\psi_1(x)\mathrm{e}^{-\mathrm{i}\frac{E_1}{\hbar}t} = -\frac{\hbar}{\mathrm{i}}\frac{\partial}{\partial t}\psi_1(x)\mathrm{e}^{-\mathrm{i}\frac{E_1}{\hbar}t}$$

$$= \mathrm{i}\frac{E_1}{\hbar}\frac{\hbar}{\mathrm{i}}\psi_1(x)\mathrm{e}^{-\mathrm{i}\frac{E_1}{\hbar}t} \qquad (4.65)$$

$$= E_1\psi_1(x)\mathrm{e}^{-\mathrm{i}\frac{E_1}{\hbar}t}.$$

Der nächste Schritt besteht im Multiplizieren dieser Gleichung mit der konjugiert-komplexen Funktion von links:

$$\psi_1^*(x)\mathrm{e}^{\mathrm{i}\frac{E_1}{\hbar}t}\mathbf{H}\psi_1(x)\mathrm{e}^{-\mathrm{i}\frac{E_1}{\hbar}t} = \psi_1^*(x)\mathrm{e}^{\mathrm{i}\frac{E_1}{\hbar}t}E_1\psi_1(x)\mathrm{e}^{-\mathrm{i}\frac{E_1}{\hbar}t}. \qquad (4.66)$$

Der HAMILTON-Operator besteht aus einem Anteil für die kinetische Energie und einem für die potentielle Energie. Sind beide nicht zeitabhängig, kann man den zeitabhängigen Anteil von $\Psi_1(x,t) = \psi(x)\mathrm{e}^{-\mathrm{i}\frac{E_1}{\hbar}t}$ vor den Operator ziehen und gegen die linke Seite kürzen:

$$E_1 \psi_1^*(x) e^{i\frac{E_1}{\hbar}t} \psi_1(x) e^{-i\frac{E_1}{\hbar}t} = e^{i\frac{E_1}{\hbar}t} e^{-i\frac{E_1}{\hbar}t} \psi_1^*(x) \mathbf{H} \psi_1(x) \qquad (4.67)$$

und es bleibt

$$E_1 \psi_1^*(x) \psi_1(x) = \psi_1^*(x) \mathbf{H} \psi_1(x) \qquad (4.68)$$

übrig. Zur Bestimmung der Eigenwerte der Energie eines stabilen Systems ohne Zeitabhängigkeit reicht die Anwendung der zeitunabhängigen SCHRÖDINGER-Gleichung aus. Die Wahrscheinlichkeitsdichten ergeben sich aus den Quadraten der Wellenfunktionen ψ_i; für den Fall des „Elektrons im Kasten" ist dies für die beiden ersten Wellen in Abb. 4.6 gezeigt.

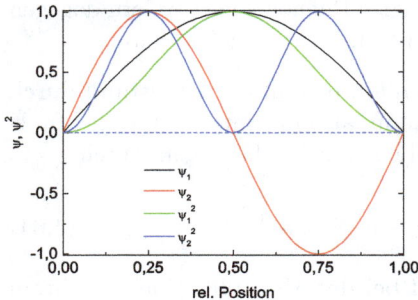

Abb. 4.6. Die Wahrscheinlichkeitsdichte stationärer Zustände ist unabhängig von der Zeit.

4.7.2 Eigenzustand mit zwei Eigenfunktionen

Da die Eigenfunktionen zueinander orthogonal sind, ergibt die Ermittlung der Eigenwerte der Energie für einen Eigenzustand, der aus einem Gemisch zweier Eigenfunktionen $\Psi_1(x,t)$ und $\Psi_2(x,t)$

$$\Psi(x,t) = c_1 \Psi_1(x,t) + c_2 \Psi_2(x,t) \qquad (4.69)$$

mit c_1, c_2 den Mischungskoeffizienten durch Superponierung gebildet wird, zwei Eigenwerte E_1 und E_2. Damit ist die Wahrscheinlichkeit, dass der Eigenwert E_1 beobachtet wird,

$$P_1 = \frac{c_1^2}{c_1^2 + c_2^2} \qquad (4.70)$$

und *vice versa*. Die Wahrscheinlichkeitsdichte für ein Elektron hängt aber im Gegensatz zu einem stationären Zustand sehr wohl von der Zeit ab (Abbn. 4.7/8).

Zeigen wir dies für das „Elektron im Kasten", dessen erste Harmonische eine Wellenfunktion bilden sollen mit

$$\begin{aligned} E_1 &= \frac{h^2}{8m_0 a^2} 1^2 \\ E_2 &= \frac{h^2}{8m_0 a^2} 2^2, \end{aligned} \qquad (4.71)$$

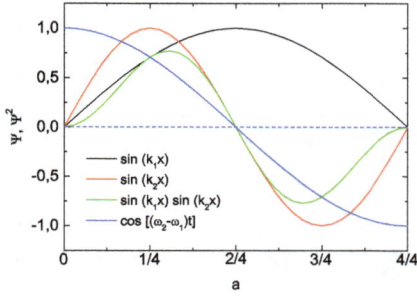

Abb. 4.7. Die Interferenz zwischen zwei (stationären) Eigenfunktionen ergibt eine zeitabhängige Resultierende, hier gezeigt für „das Elektron im Kasten", für die 1. und 2. Harmonische, die mit der (zeitlichen) Cosinus-Funktion moduliert werden.

woraus sich für die Wellenfunktion

$$\Psi(x,t) = c_1\Psi_1(x,t) + c_2\Psi_2(x,t), \tag{4.72}$$

im speziellen Fall der Sinuswellen

$$\Psi(x,t) = c_1\psi_{0,1}\sin\left(1\frac{\pi}{a}x\right)e^{-i\omega_1 t} + c_2\psi_{0,2}\sin\left(2\frac{\pi}{a}x\right)e^{-i\omega_2 t} \tag{4.73}$$

ergibt und damit für die Wahrscheinlichkeitsdichte $\Psi^*(x,t)\Psi(x,t)$ mit den Abkürzungen $\psi_i(x) = \psi_{0,i}\sin\left(\frac{\pi}{a}x\right) = \psi_i$

$$\Psi^*(x,t)\Psi(x,t) = c_1^2\psi_1^2 + c_1\,c_2\psi_1\psi_2\left(e^{i(\omega_2-\omega_1)t} + e^{-i(\omega_2-\omega_1)t}\right) + c_2^2\psi_2^2. \tag{4.74}$$

Im mittleren Term erkennen wir die Cosinus-Funktion, die die beiden ortsabhängigen Funktionen ψ_1 und ψ_2 nach

$$\Psi^*(x,t)\Psi(x,t) = c_1^2\psi_1^2 + 2(c_1\,c_2\psi_1\psi_2)\cos(\omega_2 - \omega_1)t + c_2^2\psi_2^2 \tag{4.75}$$

moduliert.

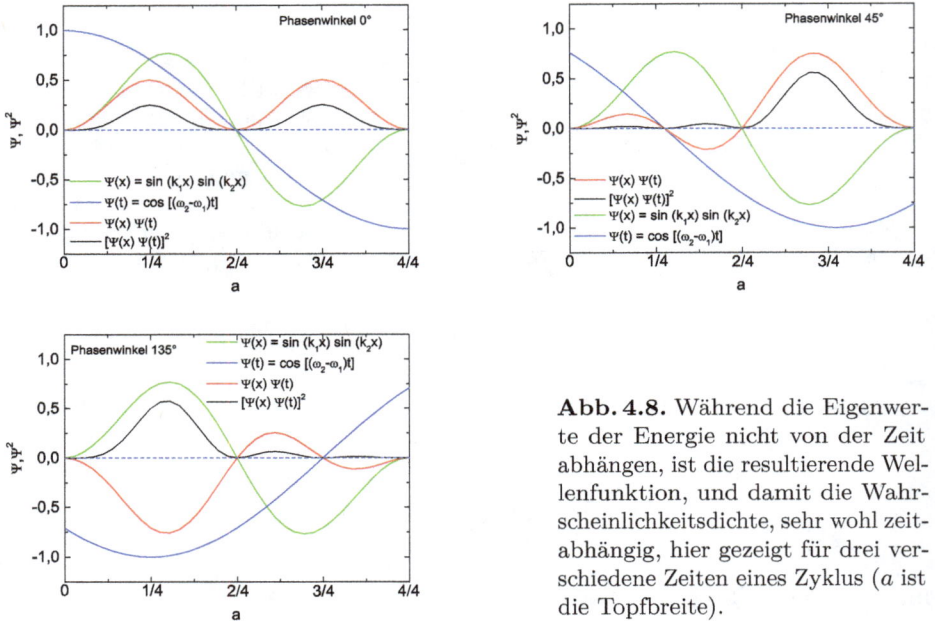

Abb. 4.8. Während die Eigenwerte der Energie nicht von der Zeit abhängen, ist die resultierende Wellenfunktion, und damit die Wahrscheinlichkeitsdichte, sehr wohl zeitabhängig, hier gezeigt für drei verschiedene Zeiten eines Zyklus (a ist die Topfbreite).

Die Wahrscheinlichkeitsdichte oszilliert mit der Zeit. Das bedeutet, dass ein Teilchen eine bestimmte Wahrscheinlichkeit besitzt, dass es in einem aus zwei Zuständen bestehenden System gleichzeitig in beiden Zuständen gefunden werden kann. *Ein Quantenteilchen kann also — im Gegensatz zu einem klassischen Partikel — zur gleichen Zeit in zwei Zuständen sein.* Dieses Auftreten gemischter Glieder führt

- zur Interferenz von Materiewellen (s. Kap. 2, YOUNGscher Versuch) und damit

- zur Lokalisierung von Materiewellen durch das Entstehen von Wellenpaketen, die eben durch Überlagerung monochromatischer, unendlich ausgedehnter Wellen entstehen. Der dadurch begrenzte Raum wird über die DE BROGLIE-Beziehung mit der Lage des Teilchens in Beziehung gebracht.

Dieses Phänomen spielt eine bedeutende Rolle sowohl bei der Wechselwirkung zwischen Elektronen untereinander wie auch der zwischen Elektronen und Licht.

Wie aus den Gln. (4.74/75) ersichtlich, ändert das Interferenzglied nichts für die Bestimmung der (zeitunabhängigen) Eigenwerte der Energie, da die beiden Eigenfunktionen zueinander orthogonal sind.

Die Schlussfolgerung daraus ist teilweise trivial, führt aber andererseits zu erstaunlichen Konsequenzen: Wenn keine Messung durchgeführt wird, können wir auch keine Aussage über das System treffen. Das System befindet sich dann aber nicht in einem undefinierten Zustand, sondern in einem Zustand, der aus einer Überlagerung aller möglichen Zustände besteht. In der abstrakten Welt der Quantenmechanik ist das nicht so schlimm, aber der Bruch mit den Modellen der Vergangenheit wird bei der Vergrößerung auf die reale Welt evident [50].

4.8 Quantenmechanik und makroskopische Welt

4.8.1 Schrödingers Katze

SCHRÖDINGERs Katze befindet sich in einer Kammer, deren Atmosphäre durch die Freisetzung eines durch radioaktiven Zerfall entstehenden giftigen Gases für die Katze tödlich sein wird. Wir kennen die Halbwertszeit des Elements genau. Da der radioaktive Zerfall absolut unabhängig von äußeren Einflüssen ist, kann die Katze nach einer bestimmten Zeit noch am Leben sein oder auch nicht. Der Zustand ist also eine Überlagerung von „tot" und „lebendig", den wir mit Gl. (4.69)

$$\Psi(x,t) = c_1 \Psi_1(x,t) + c_2 \Psi_2(x,t)$$

identifizieren, wobei Ψ_1 den Status „lebende Katze" und Ψ_2 den Status „tote Katze" beschreiben. Wir finden also einen eklatanten Widerspruch zur Wirklichkeit.

Die Lösung dieses Problems liegt darin, dass erst eine Messung das eine oder andere Ergebnis ergibt, aber evidentermaßen können nicht beide gleichzeitig beobachtet werden, weder in einem makroskopischen noch in einem mikroskopischen System. Diese Messung entspricht in der sog. *Kopenhagener Deutung* der Quantenmechanik, dass Ψ kollabiert, entweder in den einen Zustand, der durch Ψ_1 mit der Wahrscheinlichkeit $[c_1/(c_1 + c_2)]^2$ beschrieben wird, oder eben den anderen Zustand mit Ψ_2, der mit der Wahrscheinlichkeit $[c_2/(c_1 + c_2)]^2$ eingenommen wird.

4.8.2 Die spukhafte Fernwirkung

In einem 1935 erschienenen Aufsatz fragten ALBERT EINSTEIN, NATHAN ROSEN und BORIS PODOLSKY, ob die Quantenmechanik nur eine unvollständige Beschreibung physikalischer Probleme liefern könne [51, 52].

Ihr Beispiel beruht auf folgender Annahme: Bei einem Experiment stoßen zwei Teilchen zusammen und fliegen danach auseinander. Bekannt ist der Gesamtimpuls p, jedoch sind die beiden Impulse p_1 und p_2 unbestimmt. Gleiches gilt für den Vektor $r = q_1 - q_2$ der relativen Lage der Teilchen zueinander. Wenn der Impuls p_1 des Teilchens 1 gemessen wird, ist damit *gleichzeitig* der Impuls p_2 bestimmt. Gleiches gilt für die Koordinaten.

- Sind Ort und Impuls der zweiten Partikel davon abhängig, was an der ersten Partikel gemessen wird? Ist die Information am zweiten Messpunkt instantan erhältlich?

- Misst man am zweiten Ort den Impuls und am ersten den Ort oder umgekehrt, dann sind offenbar beide Größen absolut bestimmbar.

Die Antwort darauf ist:

- Die Impulswerte des Teilchens 2 liegen seit dem Stoß fest, genau wie die des Teilchens 1. Die Messung macht diese Werte nur manifest. Eine Größe, die bestimmt gemacht werden kann, kann aber ihren Wert erst bei der Messung offenbaren, nicht vorher.

- Die Apparatur zur Messung des Impulses ist natürlich eine andere als die, mit der der Ort des Teilchens gemessen wird. Wird in den Abbn. 4.9 (Wiederholung der Abbn. 2.7) der Schirm direkt hinter den Schlitzen befestigt, ist eine genaue Ortsmessung möglich, aber keine Impulsmessung und *vice versa*.

Abb. 4.9. Beugungsbilder von Elektronen nach Passieren des YOUNGschen Doppelspalts. Lks.: Beide Schlitze offen, re.: konsekutive Messung, jeweils nur ein Schlitz offen.

4.8.3 Verschränkung

Während diese beiden Beispiele den typischen Status der *Gedankenexperimente* haben, mit denen während der damals abgehaltenen Konferenzen die Fraktion um BOHR und HEISENBERG EINSTEIN beim Bier eine Denksportaufgabe für die Nacht aufgaben, ergab sich doch umgekehrt die Möglichkeit, mit einer gemeinsamen

Wellenfunktion den Status zweier Teilchen beschreiben zu können. Wären diese Teilchen auf bekannte Weise miteinander verkoppelt, würde man die Eigenschaft des Teilchens ② instantan kennen, wenn man die Eigenschaft von Teilchen ① durch Messung ermittelt hätte.

Ein triviales Rechenbeispiel macht das klar: Wenn die Summe zweier Zahlen verschwindet, dann ist bei Kenntnis dieses Zusammenhangs die Größe der zweiten Zahl bekannt, wenn die erste Zahl genannt wurde.

In der Quantenmechanik benötigen wir dazu ein genau bekanntes Zweizustandssystem, z. B. die zwei orthogonalen Polarisationszustände eines Photons. Wenn wir ein Paar davon durch einen Prozess gleichzeitig erzeugen würden, dann stehen ihre Ausbreitungsrichtungen, Frequenzen und eben auch ihre Polarisation in diesem bekannten Zusammenhang zueinander. Man spricht von Korrelation oder mit SCHRÖDINGER von *Verschränkung* [53].

Zunächst wurde mit Ca-Atomen experimentiert, die durch optisches Pumpen in einen energetisch hochliegenden Zustand angeregt werden, der dann in einen Zwischenzustand übergeht. Dieser strahlt in einer zweistufigen Kaskade ein Zwillingspaar von Photonen ab [54].[5] Regt man den $^1S_0$-Grundzustand $(4s^2)$ zum $^1P_1$-Zustand $(3d^1\,4p^1)$ an, kann dieser zum $^1S_0$-Zustand zerfallen $(4p^2)$, der in einem Zwei-Schritt-Prozess wieder den Grundzustand erreicht.

$$^1S_0\,(4p^2) \rightarrow\, ^1P_1(4p^1\,4s^1),\ 5\,513\ \text{Å};$$

$$^1P_1\,(4p^1\,4s^1) \rightarrow\, ^1S_0(4s^2),\ 4\,227\ \text{Å}.$$

Da an dieser Photonengeneration auch das Ca-Atom beteiligt ist, sind die drei Erhaltungssätze der Energie, des Impulses und des Drehimpulses komplizierter (man denke an den β-Zerfall mit seiner breiten Energieverteilung!), und die wenigsten Photonen sind verwendbar.

Daher war die Wiederentdeckung der sog. *parametrischen Fluoreszenz* der Durchbruch für eine wirkliche Paarerzeugung von Photonenpaaren. Dieses Paar kann man durch intensive Bestrahlung eines Kristalls erzeugen, der nichtlineare Eigenschaften hat. Die bekannteste nichtlineare Eigenschaft ist die Doppelbrechung. Die Erzeugung dieses Photonenpaares unterliegt den Gesetzen der Erhaltung. Folglich sind die beiden entstandenen Photonen nicht voneinander unabhängig. Zur Bestrahlung dient ein sog. Pumplaser mit besonders hoher Leistung [55].

Wie wir an den beiden *Gedankenexperimenten* gesehen haben, ist es nun so, dass die Polarisation weder des ersten noch des zweiten Photons zum Zeitpunkt ihrer Generation unbekannt ist, aber feststeht. Bekannt wird sie aber erst zum Zeitpunkt der Messung. Da die Messung an irgendeinem Ort zu irgendeinem Zeitpunkt durchgeführt wird, liegt damit gleichzeitig die Polarisation des zweiten Photons fest. Gleichzeitig bedeutet instantan: ohne die von der Relativitätstheorie geforderte Nachzeitigkeit durch die für die mit Lichtgeschwindigkeit übertragene Information der durchgeführten Messung. Wenn diese Messungen an zwei

---

[5]Beim optischen Pumpen wird ein Medium durch Lichtquellen hoher Intensität — etwa einen Laser oder eine Blitzlichtlampe — angeregt, d. h. Elektronen in der Valenzschale werden in ein höheres Energieniveau promoviert. Ist beim Zerfall ein metastabiles Niveau involviert, kann es zu einer Besetzungsinversion kommen.

geometrischen Orten durchgeführt werden, für die die Gleich- oder Nichtgleich-
zeitigkeit ohne Relevanz ist, wird der prinzipielle Unterschied nicht bemerkt. Da
dieser Effekt aber überhaupt nicht von der Entfernung und damit auch von der
Übertragungsgeschwindigkeit der durch ein Experiment erhaltenen Information
abhängt, ist die Schnelligkeit dieser Informationsübertragung auch kein Verstoß
gegen die Relativitätstheorie.

Dieses Experiment ist die klarste Evidenz für die Nichtlokalität der Quantenmechanik. Weil derartige Fragestellungen bei ihrer Aufstellung gar nicht adressiert
wurden, hätte sie nur durch Zufall eine Antwort auf diese Frage liefern können.

Dieses Phänomen wird auch oft mit der sog. *Dekohärenz* erklärt: Das makroskopische System ist nie isoliert, sondern wechselwirkt immer mit der Umgebung.
Objekte und auch Systeme, die mit der SCHRÖDINGER-Gleichung beschrieben
werden, sind aber abgeschlossen (s. a. [56]).

4.9 Die statistische Interpretation der Unbestimmtheitsrelation

Makroteilchen regiert der sog. *Virialsatz der Mechanik*, nach dem für ein Zentralfeldproblem gilt ($E_{kin} = T = p^2/2m$; $E_{pot} = V(r) = e_0^2/r$ mit m der (reduzierten)
Masse, p dem Impuls des sich bewegenden Teilchens, e_0 der Elementarladung, r
dem Radius des Systems):

$$\mathscr{H} = T + V(r) = \text{const und } T = -\frac{1}{2}V(r) \qquad (4.76)$$

Würden diese Gesetze auch in der Mikrowelt gelten, bestimmte sich danach das aus den Elektronenspektrum ermittelte Niveau des Grundzustandes
des Wasserstoffatoms zu $-13,6\,\text{eV}$, seine potentielle Energie zu $-27,2\,\text{eV}$ und
die kinetische Energie zu $+13,6\,\text{eV}$, der erste angeregte Zustand zu $-3,4\,\text{eV}$.
Diese Energiezustände sind scharf, wie man leicht aus den Spektrallinien der sog.
LYMAN- und BALMER-Serie sieht (die ja den Energiedifferenzen entsprechen).

Nun kann man andererseits aus Messungen der Streuung von Elektronen an
Atomen auf die Elektronendichte innerhalb der Atome schließen: danach befindet
sich ein erheblicher Anteil der Elektronen in einem solch großen Abstand vom
Kern, dass für diesen gelten würde, dass $E \leq V(r)$ oder $|V(r)| < |E|$. Das
ist aber nur möglich für kinetische Energien, für die gilt $T \leq 0$, d. h. aber für
einen Impuls, der entweder Null oder sogar imaginär wäre! *Folglich existiert ein
derartiges Größenpaar in der Quantenmechanik nicht.*

Die Vorstellung, es könnte irgendein wie auch immer geartetes Experiment geben, mit dem man Impuls und Ort eines Quantenteilchens beliebig genau bestimmen könnte, und die Unbestimmtheitsrelation

$$\Delta p \Delta x \geq \hbar$$

sei nur durch unzulängliche Versuchsbedingungen gegeben, ist also definitiv falsch.

4.10 Bemerkungen zur Boltzmann-Statistik

4.10.1 Zahl der Zustände

Das Modell des Elektrons im Kasten ist noch in einer anderen Richtung von großer Bedeutung. Wir betrachten den Fall eines Gases, das der kinetischen Gastheorie gehorcht, bei dem also keinerlei Wechselwirkungsenergie zwischen den Molekeln existiert und somit die Gesamtenergie (= Innere Energie) des Systems gleich der Summe der kinetischen Energien E_n der einzelnen Molekeln ist.

Ist dieses System im thermischen Gleichgewicht, dann ist die Wahrscheinlichkeit, dass sich ein Teilchen im Zustand E_n befindet, nach BOLTZMANN

$$P_n = a e^{-\beta E_n}, \quad \beta = \frac{1}{k_B T}. \tag{4.77}$$

n kann alle Werte zwischen Eins und Unendlich annehmen. Beachtet man, dass sich die Summe der Wahrscheinlichkeiten zu Eins summiert, folgt sofort

$$\sum_n P_n = 1$$
$$= a \sum_n e^{-\beta E_n},$$

woraus sich der Proportionalitätsfaktor a als die Summe aller Wahrscheinlichkeiten

$$a = \frac{1}{\sum_n e^{-\beta E_n}} \tag{4.78}$$

herausstellt, die als **Zustandssumme**

$$\boxed{Q = \sum_n e^{-\beta E_n}} \tag{4.79}$$

bezeichnet wird. Die Wahrscheinlichkeit, dass der Zustand mit der Energie $E = 0$ beobachtet wird, erweist sich danach zu

$$P(0) = \frac{1}{Q}, \tag{4.80}$$

und alle andere Zustände werden folglich mit einer Wahrscheinlichkeit beobachtet, die kleiner ist (Abb. 4.10), so dass für die Verteilung von N Molekeln mit dem

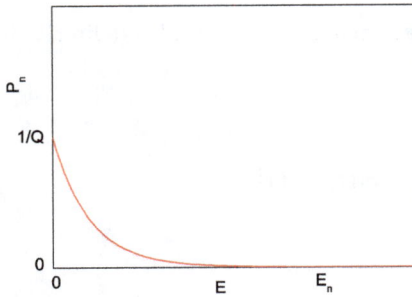

Abb. 4.10. Die BOLTZ-MANN-Terme nehmen mit steigender Energie E_n ab.

Entartungsgrad $g_n = 1$

$$\begin{aligned} f_n &= \frac{N_n}{N} \\ &= \frac{e^{-\beta E_n}}{\sum\limits_n e^{-\beta E_n}} \\ &= \frac{e^{-\beta E_n}}{Q} \end{aligned} \tag{4.81}$$

gilt.

Wir betrachten nun das Elementarteilchen der Masse m_0 als Welle mit der Wellenzahl $k_n = \frac{2\pi}{\lambda_n}$, wobei λ_n mit der Länge L des (eindimensionalen) Kastens nach $\lambda_n = n\frac{L}{2}$ steht, setzen die Eigenwerte E_n nach Gl. (4.38)

$$\begin{aligned} E_n &= \underbrace{\frac{\hbar^2 \pi^2}{2m_0 L^2}}_{K} n^2 \\ &= K n^2 \end{aligned} \tag{4.82}$$

ein und erhalten mit der Kastenkonstanten K

$$f_n = \frac{e^{-n^2 K \beta}}{\sum\limits_n e^{-n^2 K \beta}}. \tag{4.83}$$

Für einen eindimensionalen Kasten mit $L = 10$ cm Länge ergibt sich für ein Ar-Atom mit der Masse 40 amu $= 6{,}65 \cdot 10^{-26}$ kg eine Kastenkonstante von $5{,}56 \cdot 10^{-22}$ eV, und damit ist ersichtlich, dass die ersten zwei Milliarden Zustände eine Energie aufweisen, die kleiner als $k_\mathrm{B}T$ ist ($\frac{k_\mathrm{B}T}{K} \geq n^2$).

Quantitativ ist das Besetzungsverhältnis N_n/N_1 einer eindimensionalen Verteilung der Translationsenergie von Ar-Atomen bei RT für einen 10 cm langen Kasten in den Abbn. 4.11 dargestellt ($f_1 = 1$). Wir sehen, dass die Quantenzahlen

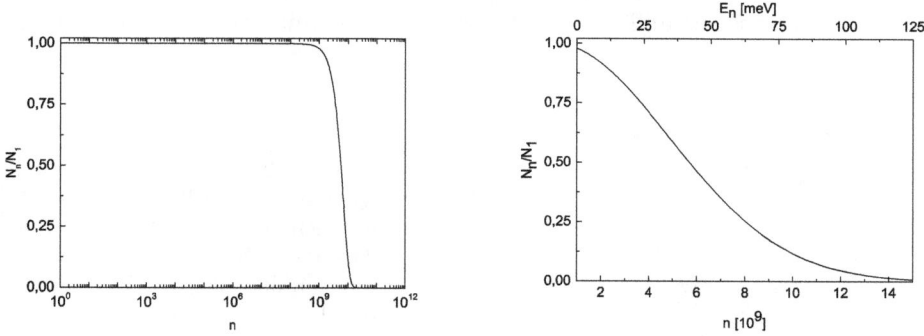

Abb. 4.11. Eindimensionale Verteilung der Translationsenergie von Ar-Atomen in einem 10 cm langen Kasten bei RT, im logarithmischen (lks.) und im linearen Maßstab (re.).

in dem Bereich, wo Änderungen der Besetzungsverhältnisse stattfinden, und zwar von Eins nach Null bei steigender Quantenzahl n, im Bereich von 10^9 liegen. Davor betragen die f_n 1, danach 0. Genau in der Dekade, in der der Mittelwert liegt (8 meV), bricht f_n ein.

Unter Standardbedingungen (STP) haben dann $\sqrt[3]{\frac{N_A}{22,4}} = 0,3 \cdot 10^8$ Molekeln die Möglichkeit, sich in diesen Zuständen zu verteilen. Bereits im eindimensionalen Fall überwiegt also die Zahl der möglichen Quantenzustände mit $f_n > 0$ bei weitem die Zahl der Molekeln.

Erweitern wir Gl. (4.82) für einen Würfel, wird

$$E = \frac{\hbar^2 \pi^2}{2m_0 L^2} \left(i^2 + j^2 + k^2 \right), \tag{4.84}$$

wobei die i, j, k unabhängig voneinander hochlaufen, solange, bis in der Summe ein Wert für E_{max} erreicht ist, bei dem f verschwindet. Gl. (4.84) ist die Gleichung einer Kugel. Die Diskussion in Abschn. 1.4 aufgreifend, stellen wir uns zu jedem Quantenpunkt einen kleinen Kubus vor, der ein Element der Kugel mit dem Radius

$$r = \sqrt{\frac{E}{\frac{\hbar^2 \pi^2}{2m_0 L^2}}}$$

darstellt. Abgesehen von einigen Unrauhigkeiten an der Kugeloberfläche wird die Summe der i, j, k dann die Zahl der Zustände sein, die den N Molekeln für ihre

Translationsbewegung zur Verfügung stehen. Da die $i, j, k \in \mathbb{N}$ sind, kommt nur ein Oktant in Betracht (Abb. 4.12).

Im Gegensatz zum eindimensionalen Fall, bei dem $g_n = 1$ für alle Zustände ist, steigt die Zahl der Realisierungsmöglichkeiten im Dreidimensionalen steil an. Z. B. ist der Zustand mit der Energie 3 K nur mit dem Tripel (1 1 1) in

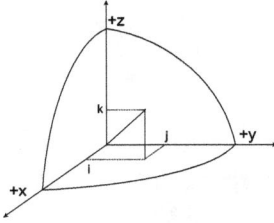

Abb. 4.12. Tatsächlich liegt das Quantenzahltripel i, j, k mit $n \in \mathbb{N}$ im rechten oberen Oktanten, so dass das Wachstum des Kugelradius um d$\boldsymbol{n}$ nur $\frac{1}{8}$ der Kugelschale betrifft.

der Notation E_{111} darstellbar, der mit der Energie 12 K nur als E_{222}, aber der Zustand E_{333} kann zusätzlich durch E_{511} und seine Permutationen E_{151} und E_{115} realisiert werden; sein Entartungsgrad ist also höher.

Damit wird das Verhältnis Ξ zwischen der Zahl der Zustände und der Zahl der Molekeln mit wachsendem n schnell größer.

Beispiel 4.4 Für ein Ar-Atom, das sich in einem eindimensionalen Volumen von 10 cm befindet, ist die Kastenkonstante $K = 5{,}13 \cdot 10^{-22}$ eV. Die mittlere Energie ist für jeden Freiheitsgrad $\langle E \rangle = \frac{1}{2} k_B T$, so dass wir

$$\frac{1}{2} k_B T = \frac{h^2 \langle n \rangle^2}{8 m_0 V^{2/3}}$$

erhalten, aufgelöst nach

$$\langle n \rangle^2 = \frac{4 k_B T m_0 V^{2/3}}{h^2}.$$

Bei RT oder 300 K ergibt das etwa

$$\langle n \rangle \approx 5 \cdot 10^9;$$

dies sieht man auch aus den Abbn. 4.11. In drei Dimensionen folgt $\langle n \rangle \approx 1{,}25 \cdot 10^{29}$. In Ar sind bei 1 bar und bei RT in 1 l $2{,}7 \cdot 10^{22}$ Atome enthalten. Jedes Atom hat also mehr als 1 Mio. Zustände zur Verfügung. Damit ist die Besetzung einer Zelle entweder Null oder Eins (Abbn. 4.11). — Der niedrigste Wert für die Translationsenergie ergibt sich übrigens zu $E_1(111) = K(1^2 + 1^2 + 1^2) \approx 2 \cdot 10^{-21}$ eV.

Beispiel 4.5 Die mittlere thermische Energie bei RT ist etwa $4 \cdot 10^{-21}$ J oder 0,026 eV. Dann ist der Abstand zwischen zwei Niveaus typisch $\frac{10^{-2}}{10^9} \approx 10$ peV.

4.10.2 Mittlere Energie

Mit den Gln. (4.81) beschreiben wir die Verteilung der Molekeln gemäß ihrer Energie im thermischen Gleichgewicht. Daraus bestimmen wir die mittlere Energie einer Molekel nach

$$\langle E \rangle = \frac{\sum\limits_{n} E_n e^{-\beta E_n}}{\sum\limits_{n} e^{-\beta E_n}} = \frac{\sum\limits_{n} E_n e^{-\beta E_n}}{Q}. \tag{4.85}$$

In dieser Gleichung ist der Zähler die Ableitung des Nenners, so dass wir dafür einfacher

$$\boxed{\langle E \rangle = -\frac{\partial \ln Q}{\partial \beta}} \tag{4.86}$$

schreiben können. Bei Kenntnis der Zustandssumme lässt sich durch einfaches Differenzieren nach der Temperatur die mittlere thermische Energie eines idealen Gases bestimmen. Wie erhält man Q, wenn man die Eigenwerte der betrachteten Bewegung der Molekel kennt, hier also der Translation?

Da die Abstände der Eigenwerte der Translation klein gegen $k_B T$ sind, heißt das zunächst, dass die (nochmals mit ausführlich geschriebenem Exponenten) Summe im Nenner der Gl. (4.85) durch ein Integral

$$\sum_{n} e^{\frac{-n^2 h^2 \beta}{8 m_0 L^2}} \rightarrow \int_{n=1}^{\infty} e^{\frac{-n^2 h^2 \beta}{8 m_0 L^2}} \, dn \tag{4.87}$$

ersetzt werden kann. Mit der Substitution $x^2 = \frac{n^2 h^2 \beta}{8 m_0 L^2}$ wird das Integral im Nenner in das bestimmte Integral

$$\int_{n=1}^{\infty} e^{\frac{-n^2 h^2 \beta}{8 m_0 L^2}} \, dn = \sqrt{\frac{8 m_0 L^2}{\beta h^2}} \int_{x=1}^{\infty} e^{-x^2} \, dx$$
$$= \sqrt{\frac{8 m_0 L^2}{\beta h^2}} \frac{\sqrt{\pi}}{2} \tag{4.88}$$
$$= \frac{L}{h} \sqrt{\frac{2 \pi m_0}{\beta}}$$

überführt. In drei Dimensionen wird daraus

$$Q = \frac{L^3}{h^3} \left(\frac{2\pi m_0}{\beta} \right)^{3/2}$$
$$= \frac{L^3}{h^3} \left(2\pi m_0 k_\mathrm{B} T \right)^{3/2} , \tag{4.89}$$

wobei

$$\Lambda = \frac{2\pi m_0 k_\mathrm{B} T}{h} \tag{4.90}$$

als *thermische Wellenlänge* bezeichnet wird.

Damit haben wir uns einen Weg eröffnet, um die Zustandssumme einer Molekel zu bestimmen. Für N Molekeln eines idealen Gases erwarten wir, dass dessen mittlere Energie einfach gleich der Summe der mittleren Energien der einzelnen Molekeln ist mit der Folge, dass sich die Molekülzustandssummen multiplizieren, so dass

$$\langle E \rangle = -\frac{\partial \ln(Q^N)}{\partial \beta} \tag{4.91}$$

werden sollte.

Beispiel 4.6 Wir betrachten zwei Molekeln eines idealen Gases. Sei die Zustandssumme der Molekel a $Q_a = \sum_n \mathrm{e}^{-\beta E_{an}}$, die der Molekel b $Q_b = \sum_n \mathrm{e}^{-\beta E_{bn}}$, dann ist nach Voraussetzung $Q_{a+b} = \sum_n \mathrm{e}^{-\beta(E_{an}+E_{bn})} = \sum_n \mathrm{e}^{-\beta E_{an}} \sum_n \mathrm{e}^{-\beta E_{bn}}$.

Da die Molekeln eines idealen Gases aber ununterscheidbar sind (im Gegensatz zu den Bausteinen eines Gitters), muss Q^N noch durch die Zahl der Permutationen, die keinen Unterschied zu einer anderen Konfiguration erzeugen, dividiert werden, so daß wir für die *Systemzustandssumme*

$$Z = \frac{Q^N}{N!} \tag{4.92}$$

erhalten. Beispielsweise kann man die Kombination 1 2 3 sechsmal, also 3! mal, permutieren, die Kombination 1 1 1 aber nur einmal. Damit wird aus Gl. (4.91)

$$\langle E \rangle = -\frac{\partial}{\partial \beta} \ln \left(\frac{Q^N}{N!} \right) . \tag{4.93}$$

Ersetzt man $N!$ durch die STIRLINGsche Näherungsformel in ihrer einfachsten Form, nämlich

$$\ln N! = N \ln N - N$$

bzw. nach der Rückkehr zum Numerus

$$N! = N^N \, \mathrm{e}^{-N}, \tag{4.94}$$

gewinnen wir aus Gl. (4.93)

$$\langle E \rangle = -\frac{\partial}{\partial \beta} \ln \left(\frac{Q\mathrm{e}}{N} \right)^N. \tag{4.95}$$

Da der Logarithmus eines Produktes die Summe der Logarithmen seiner Faktoren ist, also

$$\ln \left(\frac{Q\mathrm{e}}{N} \right)^N = N \ln Q + N \ln \mathrm{e} - N \ln N,$$

bleibt bei der partiellen Ableitung nach β oder der inversen Temperatur nur der erste Term übrig, so dass nach Einsetzen von Q aus Gl. (4.89.1)

$$\begin{aligned}
\langle E \rangle &= -\tfrac{3}{2} N \tfrac{\partial}{\partial \beta} \ln \tfrac{1}{\beta} \\
&= -\tfrac{3}{2} N \left(-\tfrac{1}{\beta} \right) \\
&= \tfrac{3}{2} \tfrac{N}{\beta}
\end{aligned} \tag{4.96}$$

resultiert, was identisch zu

$$\langle E \rangle = \frac{3}{2} N k_\mathrm{B} T \tag{4.97}$$

ist. Für ein Mol beträgt die mittlere Energie eines Ensembles wechselwirkungsfreier Teilchen, etwa die Molekeln eines idealen Gases, demnach

$$\langle E \rangle = \frac{3}{2} R T, \tag{4.98}$$

das aus der kinetischen Gastheorie her bekannte Resultat.

Beispiel 4.7 Für ein Ar-Atom, das sich in einem (eindimensionalen) Volumen von $10\,\mathrm{cm}$ befindet, ist die Kastenkonstante $K = 5{,}13 \cdot 10^{-22}\,\mathrm{eV}$ und $Q = 2{,}47 \cdot 10^{29}$ bei RT. Verdoppeln wir die Temperatur, vergrößert sich Q auf einen Wert von $6{,}98 \cdot 10^{29}$. Q hängt von der Masse des Teilchens, dem Volumen und der Temperatur ab. So sinkt Q für molekularen Wasserstoff auf $2{,}76 \cdot 10^{27}$.

Die Wahrscheinlichkeit der Besetzung eines Zustandes wird durch den BOLTZMANN-Term $e^{-\beta E_i} = e^{E_i/k_B T}$ ausgedrückt. Im Falle der Translation haben sehr viele Zustände Energien, die klein gegen $k_B T$ sind. Daraus folgt, dass die ganz überwiegende Zahl der Zustände entweder besetzt (Wahrscheinlichkeit Eins) oder unbesetzt sind (Wahrscheinlichkeit Null). Weil die Anzahl der Energiezustände mit der Besetzungswahrscheinlichkeit Eins für die Translation für ein ideales Gas unter Standardbedingungen (STP) wesentlich größer als die Zahl der darin befindlichen Molekeln ist, bedeutet das, dass viele Zustände, deren Energie kleiner als die mittlere Energie beträgt, unbesetzt bleiben.

Bei Kenntnis der Zustandssumme Q lässt sich die mittlere Energie eines idealen Gases aus *first principles* bestimmen.

4.11 Abschließende Bemerkung

Mit der über das Korrespondenzprinzip eingeführten SCHRÖDINGER-Gleichung haben wir ein mächtiges Werkzeug gewonnen, mit dem wir Eigenwertprobleme quantitativ lösen können. Ursprünglich für zeitabhängige Prozesse abgeleitet, erweist sich die zeitunabhängige Variante als ausreichend, um auf stationäre Probleme eine Antwort für die Gesamtenergie eines Zustands zu geben. Ein Zustand ist „stationär", wenn seine Gesamtenergie nicht von der Zeit abhängt. Für diesen Fall hat die den HAMILTON-Operator befriedigende Eigenfunktion eine eindeutige Frequenz. Dieser Operator ist für ein hier betrachtetes konservatives System die Summe der Operatoren von potentieller und kinetischer Energie. Im Gegensatz zu diesen beiden Teilbereichen der Gesamtenergie erweist es sich, dass dieser Erwartungswert den Charakter eines Eigenwerts besitzt. Für gebundene Systeme mit einer negativen Gesamtenergie erhält man ein Spektrum von Eigenwerten. Die Lokalisation des Zustandes erweist sich als umso geringer, je kleiner der Absolutwert der potentiellen Energie ist. Verschwindet die potentielle Energie, erhält man nicht-lokalisierbare ebene Wellen als Eigenfunktionen.

Der Gesamtzustand des Systems wird mit der Wellenfunktion beschrieben, der Überlagerung der Eigenfunktionen, die einen jeden Zustand beschreiben. Dabei trägt jeder Zustand mit dem Absolutquadrat seines Gewichtskoeffizienten zum Gesamtzustand bei, genau, wie auch die Verteilung des Elektrons in Ort und Impuls durch das Absolutquadrat der Eigenfunktion bestimmt werden kann.

Bei Kenntnis der Zustandssumme Q lässt sich die mittlere Energie eines idealen Gases aus *first principles* bestimmen.

4.12 Aufgaben und Lösungen

Aufgabe 4.1 Normieren Sie die Sinusfunktion eines „Elektrons im Kasten mit unendlich hohen Wänden"!

Lösung.

$$1 = \int_0^L |\psi_0|^2 \sin^2 \frac{n\pi}{L} x \, \mathrm{d}x \tag{1}$$

$$1 = |\psi_0|^2 \int_0^L \sin^2 \frac{n\pi}{L} x \, \mathrm{d}x \tag{2}$$

Substitution von $z = \frac{n\pi}{L} x$ ergibt das Integral

$$1 = |\psi_0|^2 \frac{L}{n\pi} \int \sin^2 z \, \mathrm{d}z, \tag{3}$$

dessen Lösung

$$1 = |\psi_0|^2 \frac{L}{n\pi} \left(-\frac{\cos z \sin z}{2} + \frac{z}{2} \right) \tag{4}$$

elementar ist. Rücksubstitution liefert dann

$$1 = |\psi_0|^2 \frac{L}{n\pi} \left(-\frac{\cos \frac{n\pi x}{L} \sin \frac{n\pi x}{L}}{2} + \frac{n\pi x}{2L} \right)\Bigg|_0^L. \tag{5}$$

Der erste Term in der Klammer verschwindet, da $\sin n\pi = 0$, und es folgt

$$1 = |\psi_0|^2 \frac{L}{2}. \tag{6}$$

Also ist der Normierungsfaktor

$$\psi_0 = \pm\sqrt{\frac{2}{L}}. \tag{7}$$

Aufgabe 4.2 Bestimmen Sie die Eigenwerte der Energie für ein O_2-Molekül in einem 5 m langen Raum!

Lösung. Mit dem Ansatz aus den vorherigen Aufgaben und der Masse eines O_2-Moleküls

$$m_{O_2} = \frac{32\,\mathrm{g}}{0{,}6 \cdot 10^{24}} = 5{,}4 \cdot 10^{-26}\,\mathrm{kg} \tag{1}$$

wird mit der Kastenkonstante $\frac{h^2}{8\,m\,a^2} = 4{,}0 \cdot 10^{-44}\,\mathrm{J}$

$$n^2 \cdot 4{,}0 \cdot 10^{-44}\,\mathrm{J}. \tag{2}$$

Bei 300 K ist $k_BT \approx 1/40$ eV oder $4,4 \cdot 10^{-21}$ J, womit sich für n^2

$$n^2 = \frac{44 \cdot 10^{-22}}{4 \cdot 10^{-44}} = 11 \cdot 10^{22} \tag{3}$$

bzw. für die Wurzel

$$n = 3,3 \cdot 10^{11} \tag{4}$$

ergeben. In die Raumlänge von 5 m passen dann mit $L = 1/2 n\lambda$

$$\lambda = \frac{2L}{n} = \frac{10}{3,3 \cdot 10^{11}} \text{ m} \tag{5}$$

oder

$$\lambda = 33 \text{ pm} \tag{6}$$

$1,5 \cdot 10^{11}$ Perioden. Ein Graph, gezogen mit schwarzer Tinte, würde also die Schwärze des Schwarzen Strahlers in den schwarzen Schatten stellen. Der Durchmesser eines O_2-Moleküls ist aber etwa $3,2$ Å $= 320$ pm, also das Zehnfache der ausgerechneten Wellenlänge! Damit ist die Lage eines O_2-Moleküls vollständig beliebig. Rufen Sie sich in Erinnerung, dass k_BT ein statistisch definierter Wert für eine MB-Verteilung ist!

Der Test über die Formel von DE BROGLIE ergibt ebenfalls

$$\lambda = \frac{h}{p} = \frac{h}{\sqrt{2m_{O_2}E}} \tag{7}$$

$\lambda = 30$ pm, die Länge einer Wellengruppe.

Aufgabe 4.3 Ermitteln Sie den Erwartungswert des Ortes für ein Elektron im Potentialtopf der Länge L mit unendlich hohen Wänden für die $n$te Mode mit der quantenmechanischen Methode und der Normierung aus der vorherigen Aufgabe!

Lösung. Der Ortsoperator ist

$$\mathbf{x} = x, \tag{1}$$

und unsere Wellenfunktion

$$\psi_n = \sqrt{\frac{2}{L}} \sin \frac{n\pi x}{L}, \tag{2}$$

womit die Gleichung für den Erwartungswert

$$\langle x \rangle = \frac{2}{L} \int_0^L \sin \frac{n\pi x}{L} x \sin \frac{n\pi x}{L} \, dx \tag{3}$$

$$\langle x \rangle = \frac{2}{L} \int_0^L x \, \sin^2 \frac{n\pi x}{L} \, dx \tag{4}$$

wird. Das Integral ist etwas kompliziert und geht z. B. mit partieller Integration mit $u' = \sin^2(ax)$, dieses Integral ist ja $\frac{x}{2} - \frac{1}{2a}\sin(ax)\cos(ax)$; die Stammfunktion ist also

$$\int x \sin^2(ax) \, dx = \frac{x^2}{4} - \frac{x}{2a}\sin(ax)\cos(ax) + \frac{1}{2a^2}\sin^2(ax).^6 \tag{5}$$

Da in den Grenzen 0 und L das Argument des Sinus entweder 0 oder $n\,\pi$ immer zum Verschwinden des Sinus führt, sind die beiden letzten Terme Null, so dass mit dem Normierungsfaktor aus der letzten Aufgabe

$$\langle x \rangle = \frac{2}{L}\frac{L^2}{4} = \frac{L}{2} \tag{6}$$

übrigbleibt: Der Erwartungswert ist in der Kastenmitte!

Aufgabe 4.4 Ermitteln Sie die Unschärfe des Ortes für ein Elektron im Potentialtopf der Länge L mit unendlich hohen Wänden für die $n$te Mode mit der quantenmechanischen Methode und der Normierung aus der vorherigen Aufgabe!

Lösung. Wir wissen, dass

$$(\Delta x)^2 = \left\langle (x - \langle x \rangle)^2 \right\rangle = \langle x^2 \rangle - \langle x \rangle^2 . \tag{1}$$

Den Minuenden haben wir eben fast ausgerechnet; den müssen wir nur noch quadrieren. Den Subtrahenden müssen wir nach eben dieser Methode ausrechnen.

$$\langle x^2 \rangle = \frac{2}{L} \int_{-L/2}^{+L/2} \sin \frac{n\pi x}{L} x^2 \sin \frac{n\pi x}{L} \, dx, \tag{2}$$

weiter am einfachsten mit der EULER-Formel

$$\langle x^2 \rangle = \frac{2}{L} \int_0^L \frac{x^2}{2i} \left(e^{2in\pi x/L} - e^{-2in\pi x/L} \right) dx, \tag{3}$$

was dann nach zwei Rekursionen

$$(\Delta x)^2 = \left\langle (x - \langle x \rangle)^2 \right\rangle = \frac{L^2}{12} \left(1 - \frac{6}{n^2\pi^2} \right) \tag{4}$$

liefert.

---

[6]wobei auch $\sin(ax)\cos(ax) = \frac{1}{2}\sin(2ax)$ geschrieben werden kann.

Aufgabe 4.5 Ermitteln Sie den Erwartungswert des Impulses für ein Elektron im eindimensionalen Potentialtopf der Länge L mit unendlich hohen Wänden für die $n$te Mode in x-Darstellung. Wie ist die Stetigkeit an den Topfgrenzen? Machen Sie dasselbe für ein freies Quantenteilchen, das als eindimensionale ebene Welle mit dem Wellenvektor k_x unterwegs ist. Kommentieren Sie das Ergebnis!

Lösung.

Die Eigenwert-Gleichung lautet

$$\mathbf{p}\psi_n = p_n\psi_n \tag{1}$$

mit

$$\mathbf{p} = \frac{\hbar}{i}\frac{\partial}{\partial x}, \tag{2}$$

dem eindimensionalen Impulsoperator und der $n$ten Eigenmode

$$\begin{aligned}\psi_n &= \psi_0 \sin\left(k_n x\right) \\ &= \left(\frac{n\pi x}{L}\right). \end{aligned} \tag{3}$$

Zur Bestimmung des Erwartungswerts bestimmen wir zunächst $\frac{\hbar}{i}\frac{\partial\psi}{\partial x}$ und erhalten

$$\frac{\hbar}{i}\frac{\partial\psi}{\partial x} = \frac{\hbar}{i}k\cos(kx), \tag{4}$$

der von links mit dem Konjugiert-Komplexen multipliziert und integriert wird zu

$$\langle p \rangle = \frac{\hbar k}{i}\psi_0^2 \int_0^L \sin kx \cos kx \, \mathrm{d}x. \tag{5}$$

Das Integral wird von $-\infty$ bis $+\infty$, effektiv aber nur zwischen 0 und L genommen, da die Funktion außerhalb dieser Grenzen verschwindet:

$$\langle p \rangle = \frac{\hbar}{2i}\psi_0^2 \sin^2 \frac{n\pi x}{L}\Big|_0^L \tag{6}$$

und ist Null, da der Integrand aus einer geraden und ungeraden Funktion mit gleicher Periode verschwindet: alle Werte zwischen $-\pi$ und π sind gleich wahrscheinlich. Das bedeutet: die nach rechts propagierende und die nach links propagierende Welle sind gleich stark. Die Gleichung muss noch über

$$1 = \int_0^L |\psi_0|^2 \sin^2 \frac{n\pi x}{L}\,\mathrm{d}x \Rightarrow \psi_0 = \sqrt{\frac{2}{L}} \tag{7}$$

normiert werden. Die Stetigkeitsbedingung ist nicht erfüllt. Dies liegt an der unrealistischen, unstetigen Annahme $V \to \infty$ für die Grenzen.

Für eine ebene Welle mit dem Wellenvektor k_x, die sich mit einer konstanten Geschwindigkeit $v_{\mathrm{Ph}} = \frac{\omega}{k}$ bewegt, sieht das aber so

$$\psi_x = \psi_0 e^{ik_x x} \tag{8}$$

aus, und es gibt keine Randbedingungen, das Teilchen kann eine beliebige Energie haben. In den Grenzen zwischen $-\infty$ und $+\infty$ zeigt sich: eine ebene Welle ist unendlich ausgedehnt und damit nicht quadratisch integrabel, da

$$\langle p_x \rangle = \hbar \cdot k_x \psi_0^2 \int_{-\infty}^{+\infty} e^{-ik_x\,x} e^{ik_x\,x}\,\mathrm{d}x \tag{9}$$

$$\langle p_x \rangle = \psi_0^2\,\hbar \cdot k_x x |_{-\infty}^{\infty} \tag{10}$$

ist, und im Algorithmus der δ-Funktion schreiben wir für das Integral der Gl. (9)

$$\left.\begin{array}{rcl} \int_{-\infty}^{\infty} \psi_{k'}^* \psi_k\,\mathrm{d}x & = & \delta(k'-k) \\ \langle k' | k \rangle & = & \delta(k'-k): \end{array}\right\} \tag{11}$$

Ein freies Teilchen kann nicht gleichzeitig in einem (gebundenen) stationären Zustand sein. Es ist eben „frei". Diese Überlegung zeigt, dass ein prinzipiell endlich ausgedehntes Teilchen nicht als ebene Welle beschreibbar ist, sondern nur als Wellenpaket.

Um das Problem der Nichtnormierbarkeit der unendlich ausgedehnten ebenen Welle zu lösen, gibt es neben der Normierung auf die δ-Funktion, die wir im Abschn. 3.10.5 untersuchten, den von BORN vorgeschlagenen Weg der Bestimmung der *Periodizitätslänge*. Dazu schreiben wir zunächst die eindimensionale SCHRÖDINGER-Gleichung für ein freies Teilchen mit

$$\left(\frac{\mathrm{d}^2}{\mathrm{d}x^2} + k_n^2 \right) \psi_k(x) = 0 \tag{12}$$

an, deren Lösungen, wie wir schon wissen, ebene Wellen nach

$$\psi_{k_n}(x) = \psi_0 e^{ik_n x} \tag{13}$$

mit einem kontinuierlichen Spektrum der Eigenwerte k_n sind. BORN arbeitet nun mit einem Trick. Er macht den unendlich langen Wellenzug durch Einführung einer Periodizitätslänge L diskret und betrachtet nur das Gebiet innerhalb dieser Länge. Periodizität bedeutet, dass

$$\psi(x) = \psi(x + L) \tag{14}$$

ist, dabei kann L gegen Unendlich gehen. Damit wird zunächst

$$\begin{aligned} \psi_0 e^{ik_n x} & = \psi_0 e^{ik_n(x+L)} \\ & = \psi_0 e^{ik_n x} e^{ik_n L}, \end{aligned} \tag{15}$$

woraus sofort

$$e^{ik_n L} = 1 \tag{16}$$

folgt und weiter für

$$k_n = \frac{2\pi n}{L}, \, n = 0, \, \pm 1, \, \pm 2, \, \ldots \tag{17}$$

Weil die Wellenfunktion ψ über den Bereich L periodisch ist, nimmt die Normierungsbedingung die Form

$$\int_{-L/2}^{L/2} \psi^* \psi \, \mathrm{d}x = 1 \tag{18}$$

an, mit Gl. (13)

$$\psi_0 = \frac{1}{\sqrt{L}}, \tag{19}$$

so dass die normierte Wellenfunktion so aussieht:

$$\begin{aligned} \psi_n &= \frac{1}{\sqrt{L}} e^{ik_n x} \\ &= \frac{1}{\sqrt{L}} e^{i\frac{2\pi n}{L} x}. \end{aligned} \tag{20}$$

Eine Überprüfung der Orthonormalität ergibt das gewünschte Resultat der Normierung einer unendlich ausgedehnten ebenen Welle mit

$$\begin{aligned} \int_{-L/2}^{L/2} \psi_n^* \psi_m \, \mathrm{d}x &= \frac{1}{L} \int_{-L/2}^{L/2} e^{i\frac{2\pi}{L}(m-n)x} \, \mathrm{d}x \\ &= \frac{\sin(\pi(n-m))}{\pi(n-m)} \\ &= \begin{cases} 0 & \text{wenn} \quad n \neq m \\ 1 & \text{wenn} \quad n = m. \end{cases} \end{aligned} \tag{21}$$

Lässt man L nun gegen Unendlich gehen, erhalten wir für die Differenz zweier benachbarter Energieniveaus mit k_n und k_m, wobei $k_i = \frac{2\pi}{L} i$

$$\lim_{L \to \infty} \Delta E_{nm} = \frac{\hbar^2}{2m} \frac{4\pi}{L^2} \left(n^2 - m^2\right) = 0, \tag{22}$$

so dass das diskrete Spektrum kontinuierlich wird!

Aufgabe 4.6 Ermitteln Sie die Unschärfe des Impulses für ein Elektron im Potentialtopf der Länge L mit unendlich hohen Wänden für die $n$te Mode mit der quantenmechanischen Methode!

Lösung. Wir wissen, dass

$$(\Delta p_x)^2 = \left\langle (p_x - \langle p_x \rangle)^2 \right\rangle = \left\langle p_x^2 \right\rangle - \langle p_x \rangle^2. \tag{1}$$

Wir rechnen zunächst p_x aus:

$$
\begin{aligned}
\langle p_x \rangle &= \tfrac{2}{L}\tfrac{\hbar}{i}\int_{-L/2}^{+L/2}\sin\tfrac{n\pi x}{L}\tfrac{\mathrm{d}}{\mathrm{d}x}\sin\tfrac{n\pi x}{L}\,\mathrm{d}x \\
&= \tfrac{2}{L}\tfrac{n\pi}{L}\tfrac{\hbar}{i}\int_{-L/2}^{+L/2}\sin\tfrac{n\pi x}{L}\cos\tfrac{n\pi x}{L}\,\mathrm{d}x \\
&= \tfrac{2}{L}\tfrac{n\pi}{L}\tfrac{\hbar}{i}\int_{-L/2}^{+L/2}\sin\tfrac{n\pi x}{L}\,\mathrm{d}\sin\tfrac{n\pi x}{L} \\
&= \tfrac{2}{iL}\tfrac{\hbar}{}\sin^2\tfrac{n\pi x}{L}\Big|_{-L/2}^{+L/2}.
\end{aligned}
\tag{2}
$$

Das Integral verschwindet. Also ist die Schwankungsbreite

$$
(\Delta p_x)^2 = \langle p_x^2 \rangle = -\hbar^2 \int_{-L/2}^{+L/2} \psi \frac{\mathrm{d}^2\psi}{\mathrm{d}x^2}\,\mathrm{d}x,
\tag{5}
$$

was dann erstmal

$$
-\frac{2\hbar^2}{L}\int_{-L/2}^{+L/2}\sin\frac{n\pi x}{L}\frac{\mathrm{d}^2}{\mathrm{d}x^2}\sin\frac{n\pi x}{L}\,\mathrm{d}x
\tag{6}
$$

ergibt. Partielle Integration liefert dann

$$
(\Delta p_x)^2 = \left(\frac{n\pi\hbar}{L}\right)^2.
\tag{7}
$$

Aufgabe 4.7 Bestimmen Sie aus den letzten Aufgaben die quadratische HEISENBERGsche Unschärferelation!

Lösung. Nach den Gln. (3.64) ist die quadratische Unschärferelation

$$
(\Delta x)^2(\Delta p)^2 \geq \frac{\hbar^2}{4},
\tag{1}
$$

wobei wir für den kohärenten Zustand ein Gleichheitszeichen setzen dürfen. Wir setzen die Schlussgleichungen aus den beiden letzten Aufgabe ein und erhalten

$$
\frac{n^2\pi^2\hbar^2}{12}\left(1 - \frac{6}{n^2\pi^2}\right) = \frac{n^2\pi^2\hbar^2}{12} - \frac{\hbar^2}{2},
\tag{2}
$$

eine Differenz, die für $n = 1$ am kleinsten ist, nämlich

$$
(\Delta x)^2(\Delta p)^2 \geq \hbar^2\frac{\pi^2 - 6}{12} = 0{,}32\hbar^2 :
\tag{3}
$$

Das Produkt der Unschärfen von $\mathbf{x}$ und $\mathbf{p}_x$ ist nach unten beschränkt und etwas größer als für den kohärenten Zustand.

Aufgabe 4.8 Hat das Teilchen im Kasten bzw. als ebene Welle einen Eigenwert des Impulses?

Lösung. Damit das der Fall ist, darf der Erwartungswert nicht der Mittelwert sein, sondern muss einen speziellen Wert, eben den Eigenwert, haben, und die Eigenwertgleichung

$$\mathbf{p}\psi_n = p\psi_n \tag{1}$$

muss erfüllt sein. Für das „Elektron im Kasten" sind das wegen der Randbedingung, dass die Amplitude ψ bei $x = 0$ und $x = L$ beidesmal verschwinden muss, die Sinusfunktion, bei der ebenen Welle die Exponential-Funktion mit imaginärem Argument. „Elektron im Kasten":

$$\mathbf{p}\psi_n = \frac{\hbar}{i} \frac{\partial}{\partial x} \sin \frac{n\pi x}{L} = \frac{\hbar}{i} \frac{n\pi}{L} \cos \frac{n\pi x}{L} \tag{2}$$

Es handelt sich nicht um eine Eigenwertgleichung, denn die Sinusfunktion hat sich nach der Operation in die Cosinusfunktion geändert. Damit ist der Erwartungswert kein Eigenwert.

Für die ebene Welle gilt

$$\mathbf{p}\psi_n = \frac{\hbar}{i} \frac{\partial}{\partial x} e^{ik_n x} = \frac{\hbar}{i} i k_n e^{ik_n x} = \hbar k_n e^{ik_n x} : \tag{3}$$

Ja, bzgl. des Differentialoperators ist die Exponential-Funktion eine Eigenfunktion und liefert die mit k_n „gerasterten" Eigenwerte des Impulses, die aber eine kontinuierliche Folge darstellen.

Aufgabe 4.9 Zeigen Sie für das *Elektron im Kasten* der Länge L mit dem Impuls p, dass die maximale Unsicherheit in Position und Impuls gerade den niedrigsten Energiewert $E_1 = \hbar^2 \pi^2 / (2 m_e L^2)$ ergibt!

Lösung. Die maximale Ortsunschärfe ist L, die maximale Unschärfe des Impulses reicht aber von $-p_x$ bis $+p_x$, überstreicht also $2p_x$, so dass wir

$$\Delta x = L, \Delta p = 2p_x \Rightarrow p_x = \frac{h}{2L} \tag{1}$$

erhalten, und mit der Beziehung für die kinetische Energie

$$E = \frac{p^2}{2m_e} \tag{2}$$

folgt

$$E = \frac{h^2}{8 m_e L^2} = \frac{\hbar^2 \pi^2}{2 m_e L^2}. \tag{3}$$

Aufgabe 4.10 Erklären Sie an Hand der SCHRÖDINGER-Gleichung das Verhalten der Wellenfunktion für unterschiedliche kinetische Energien von $T = 0$ bis $T > V$ für eine monochromatische ebene Welle ($E \to p \to \lambda$)!

Lösung.

$$-\frac{\hbar^2}{2m_0}\nabla^2\psi + V(x)\psi = E\psi, \tag{1}$$

woraus sich für den Fall ebener Wellen e^{ikx} die Energieeigenwerte bei fehlender Ortsabhängigkeit des Potentials zu

$$E_n = \frac{\hbar^2 k_n^2}{2m_0} + V \tag{2}$$

ergeben, und was für die Wellenlänge geschrieben werden kann als ($T = E_{\mathrm{kin}}$)

$$\lambda = \frac{h}{\sqrt{2m_0(E-V)}} = \frac{h}{\sqrt{2m_0 T}}. \tag{3}$$

Für die einzelnen Bereiche der potentiellen Energie folgt dann

$$V = 0: \lambda = \frac{h}{p}, \tag{4}$$

$$0 \le V < E: \lambda \text{ steigt}, \tag{5}$$

$$V = E: T = 0 \Rightarrow \lambda \longrightarrow \infty, \tag{6}$$

$$V > E: T < 0 \Rightarrow \lambda \in \mathbb{I}. \tag{7}$$

Für eine freie Materiewelle, bei der also $V = 0$ ist, ist die DE BROGLIE-Beziehung erfüllt. Das System mit einem scharfen Impuls wird durch eine ebene Welle beschrieben, die nicht lokalisierbar ist, sondern im Gegenteil unendlich ausgedehnt ist. Die Wellenlänge nimmt über alle Maßen zu, wenn die kinetische Energie gegen Null geht. Verschwindet die kinetische Energie, findet ein Cutoff bei der Ausbreitung elektromagnetischer Strahlung statt (die Wellenlänge wird singulär). Die Wellenlänge wird imaginär im Falle $V > E$ (z. B. beim Tunneleffekt im Potentialwall, s. Kap. 7).

Aufgabe 4.11 In der hier gewählten „Herleitung" der SCHRÖDINGER-Gleichung nach dem BOHRschen Korrespondenzprinzip geht man von der Wellengleichung aus, in der die zweite Ortsableitung mit der zweiten Zeitableitung verknüpft ist. Zeigen Sie, dass die Herangehensweise mit dem Energiesatz $E = T + V = \frac{p^2}{2m} + V$ zum gleichen Ergebnis führt, obwohl im Impuls-Operator nur die erste Ortsableitung steht!

Lösung. Das Produkt p_x^2 wird in der Operatorschreibweise ersetzt durch

$$p_x \rightarrow \frac{\hbar}{i}\frac{\partial}{\partial x}, \tag{1}$$

in der die strenge Anordnung der Operatoren zum Tragen kommt:

$$p_x^2 \rightarrow \frac{\hbar}{i}\frac{\partial}{\partial x}\left(\frac{\hbar}{i}\frac{\partial}{\partial x}\right) \tag{2}$$

also

$$p_x^2 \rightarrow -\hbar^2\frac{\partial^2}{\partial x^2}. \tag{3}$$

Aufgabe 4.12 Beschreiben Sie die Eigenwertgleichung für den HAMILTON-Operator in der E-Darstellung!

Lösung. Der HAMILTON-Operator lautet

$$\mathbf{H} = -\frac{\hbar^2}{2m}\frac{\partial^2}{\partial x^2} + V(x), \tag{1}$$

und seine Matrixelemente sind dann

$$H_{x'x} = -\frac{\hbar^2}{2m}\frac{\partial^2\delta(x-x')}{\partial x^2} + V(x')\delta(x-x'). \tag{2}$$

Aufgabe 4.13 Zeigen Sie, dass mit der zeitabhängigen SCHRÖDINGER-Gleichung in einem konservativen mechanischen System die HAMILTON-Funktion zeitinvariant ist. Setzen Sie mit der ebenen Welle an! Zeigen Sie insbesondere, dass die einfache Zeitumkehr ($t \Rightarrow -t$) zum falschen, und dass nur die zusätzliche Umformung in die konjugiert-komplexe Form zum richtigen Ergebnis führt!

Lösung. Es soll gezeigt werden, dass für die zeitabhängige SCHRÖDINGER-Gleichung

$$-\frac{\hbar}{i}\frac{\partial}{\partial t}\exp\left[\frac{i}{\hbar}(px-Et)\right] = -\frac{\hbar^2}{2m}\frac{\partial^2}{\partial x^2}\exp\left[\frac{i}{\hbar}(px-Et)\right] \tag{1}$$

für die Zeitumkehr $t \rightarrow -t$

$$-\frac{\hbar}{i}\frac{\partial}{\partial t}\exp\left[\frac{i}{\hbar}(px+Et)\right] = -\frac{\hbar^2}{2m}\frac{\partial^2}{\partial x^2}\exp\left[\frac{i}{\hbar}(px+Et)\right] \tag{2}$$

ein falsches Ergebnis erzielt wird, aber ein richtiges, wenn die konjugiert-komplexe Wellenfunktion verwendet wird, also

$$-\frac{\hbar}{i}\frac{\partial}{\partial t}\exp\left[\frac{-i}{\hbar}(px+Et)\right] = -\frac{\hbar^2}{2m}\frac{\partial^2}{\partial x^2}\exp\left[\frac{-i}{\hbar}(px+Et)\right]. \tag{3}$$

Fall (1):

$$-\frac{\hbar}{i}(-i\omega)\exp\left[\frac{i}{\hbar}(px - Et)\right] = -\frac{\hbar^2}{2m}(-ik)^2\exp\left[\frac{i}{\hbar}(px - Et)\right] \Rightarrow \hbar\omega = \frac{\hbar^2}{2m}k^2.$$

$$(4)$$

Fall (2):

$$-\frac{\hbar}{i}(i\omega)\exp\left[\frac{i}{\hbar}(px + Et)\right] = -\frac{\hbar^2}{2m}(ik)^2\exp\left[\frac{i}{\hbar}(px + Et)\right] \Rightarrow -\hbar\omega = \frac{\hbar^2}{2m}k^2.$$

$$(5)$$

Fall (3):

$$-\frac{\hbar}{i}(-i\omega)\exp\left[\frac{i}{\hbar}(px + Et)\right] = -\frac{\hbar^2}{2m}(-ik)^2\exp\left[\frac{i}{\hbar}(px + Et)\right] \Rightarrow \hbar\omega = \frac{\hbar^2}{2m}k^2$$

$$(6)$$

q.e.d.

5 Störungsrechnung

Unter dem Begriff der Störungstheorie verstehen wir das von GAUSS entwickelte systematische Verfahren, um für einen vorgegebenen Energieeigenwert E_n die Entwicklungskoeffizienten E_n^k und ψ_n^k bis zu einer vorgegebenen Ordnung $k_{\max}$ zu bestimmen. Dies wird auf zwei verschiedenen Ebenen gemacht, zunächst für ein Zweiniveau-System, dann allgemein gefasst. Dem schließt sich die Betrachtung für entartete Zustände an. Schließlich betrachten wir das Zweiniveau-System erneut und studieren mit der zeitabhängigen SCHRÖDINGER-Gleichung die RABI-Oszillation.

Nach der Einführung der Störungsrechnung verwenden wir im Kap. I, 11 dieses Werkzeug, um sie in der zeitabhängigen Form der SCHRÖDINGER-Gleichung auf dipolare Strahlungsvorgänge wirken zu lassen; und als Ergebnis erhalten wir die Auswahlregeln der Spektroskopie. Schließlich dient sie zur quantitativen Beschreibung von Mehrelektronenatomen und einfachsten Molekülen in den abschließenden Kapiteln. Im Festkörperbuch werden wir sehr elegant die Störungsrechnung zur Erklärung des Dia- und Paramagnetismus und zur Entstehung des Energiegaps verwenden (II, 6 + 7).

5.1 Allgemeine Formulierung des Problems

Eine der Glanzleistungen von C. F. GAUSS war die approximative Lösung des Dreikörperproblems mit Hilfe seiner Störungsrechnung, die er für die genaue Berechnung von Planetenbahnen erfand. Diese zeigen Abweichungen von der NEWTONschen Gravitationstheorie, bei der die Umlaufbahn auf Grund der Gravitation zwischen der Sonne und dem jeweiligen Planeten bestimmt wird, und die er auf die sehr viel schwächere gegenseitige Gravitation unter den Planeten zurückführte.

5.1 Astronomische Störungsrechnung. Die erste erfolgreiche Anwendung der GAUSSschen Störungsrechnung gelang dem französischen Astronomen U. LEVERRIER im Jahre 1846, der Abweichungen der Bahnkurve des Uranus von der durch die NEWTONsche Gravitationstheorie berechneten Trajektorie untersuchte. Er schickte das Ergebnis seiner Berechnungen an das Berliner Observatorium. Dort fand J. GALLE bereits in der nächsten sternklaren Nacht den Planeten Neptun nahe der prognostizierten Position.

Der einfachste Ansatz besteht in einer additiven Aufspaltung der Gravitation. Dabei sind die potentiellen Teillösungen erstens mit der NEWTONschen Theorie ermittelbar und zweitens in einen sehr großen und einen sehr kleinen Anteil

https://doi.org/10.1515/9783111238678-005

trennbar. Mit diesem GAUSSschen Ansatz wird nun seine Störungsrechnung auf Probleme des Mikrokosmos angesetzt. Dabei werden wir Ähnlichkeiten, aber auch einige Unterschiede feststellen. Z. B. kann eine kleine Störung durchaus große Auswirkungen auf die Observable, den Eigenwert der Energie, haben.

Wir stören unser System, z. B. durch die Einwirkung eines statischen elektrischen oder magnetischen Feldes, später auch eines dipolaren Wechselfeldes, bei dem die Stärke des statischen oder oszillierenden Feldes sicher klein gegenüber den Feldern sind, wie sie in Atomen oder Molekülen herrschen. Das übliche Verfahren ist, die Eigenfunktionen des ungestörten Systems als Basis zur Bestimmung der Eigenfunktionen des gestörten Systems zu verwenden. Normalerweise müssen die Eigenfunktionen der gebundenen und ungebundenen (Grund- und angeregter) Zustände berücksichtigt werden.

Dieses Zwei-Niveau-System wird in der Quantenmechanik häufig verwendet. Besonders einfach und durchsichtig(er) als im allgemeinen Fall kann auch die Störungsrechnung erklärt werden, weswegen wir damit beginnen. Die Funktion eines Zwei-Niveau-Systems kann geschrieben werden als

$$\psi = c_1\psi_1 + c_2\psi_2 \tag{5.1}$$

mit den orthonormierten Funktionen ψ_1 und ψ_2. Der Operator $\mathbf{H}$ erzeuge die Eigenwerte E_1 und E_2 nach

$$\mathbf{H}\psi = c_1\mathbf{H}\psi_1 + c_2\mathbf{H}\psi_2 = E_1\psi_1 + E_2\psi_2, \tag{5.2}$$

also nach Multiplikation mit der konjugiert-komplexen Funktion und Integration in den Grenzen zwischen $-\infty$ und ∞ in der Schreibweise SCHRÖDINGERs

$$\begin{aligned}
\int \psi_1^*\mathbf{H}\psi\, \mathrm{d}^3x &= c_1 \int \psi_1^*\mathbf{H}\psi_1\, \mathrm{d}^3x + c_2 \int \psi_1^*\mathbf{H}\psi_2\, \mathrm{d}^3x = E_1 \\
\int \psi_2^*\mathbf{H}\psi\, \mathrm{d}^3x &= c_1 \int \psi_2^*\mathbf{H}\psi_1\, \mathrm{d}^3x + c_2 \int \psi_2^*\mathbf{H}\psi_2\, \mathrm{d}^3x = E_2,
\end{aligned} \tag{5.3}$$

in der Matrixschreibweise HEISENBERGs mit den Vektoren $|1\rangle$ und $|2\rangle$ statt der Funktionen ψ_1 und ψ_2

$$\begin{pmatrix} H_{11} & H_{12} \\ H_{21} & H_{22} \end{pmatrix} \begin{pmatrix} c_1 \\ c_2 \end{pmatrix} = \begin{pmatrix} E_1 & 0 \\ 0 & E_2 \end{pmatrix} \begin{pmatrix} c_1 \\ c_2 \end{pmatrix}, \tag{5.4}$$

oder in der DIRACschen Notation

$$H_{ii} = \int_{-\infty}^{\infty} \psi_i^*\mathbf{H}\psi_i\, \mathrm{d}^3x = \langle i|\,\mathbf{H}\,|i\rangle. \tag{5.5}$$

Dabei sind die Quadrate der Mischungskoeffizienten c_i proportional der Wahrscheinlichkeit des Auftretens des Systems im jeweiligen Zustand $|i\rangle$:

$$P_i = |c_i|^2. \tag{5.6}$$

Dieses so beschriebene System werde nun durch ein äußeres Feld gestört, was zu einer kleinen Veränderung des beobachteten Messwertes führe. Ziel ist es, die in Gl. (5.4) durchgeführte Diagonalisierung mit möglichst wenig Aufwand auch im gestörten System beizubehalten.

5.2 Störungsrechnung

5.2.1 Störoperator H′

Die allgemeine Gleichung mit einem allgemeinen Operator mit vier ungleichen Elementen geht für eine Eigenwertgleichung in einen Operator über, in dem nur die Hauptdiagonalelemente besetzt sind. Sei $\mathbf{H}^0$ der HAMILTON-Operator des ungestörten Zustandes und $\mathbf{H}'$ ein HERMITEscher Störoperator, den wir später genauer untersuchen werden:

$$\mathbf{H}^0 = \begin{pmatrix} E_1^{(0)} & 0 \\ 0 & E_2^{(0)} \end{pmatrix} \tag{5.7}$$

die mit den Vektoren $\psi_1 = |1\rangle$ und $\psi_2 = |2\rangle$ die beiden Eigenwertgleichungen liefert, die wir als SCHRÖDINGER-Gleichung kennengelernt haben, und die wir nun

$$\left. \begin{array}{l} \mathbf{H}^0 |1\rangle = E_1^{(0)} |1\rangle \\ \mathbf{H}^0 |2\rangle = E_2^{(0)} |2\rangle \end{array} \right\} \tag{5.8}$$

schreiben. Wenn $\mathbf{H} = \mathbf{H}^0 + \mathbf{H}'$, dann ist mit (umgeschriebener) Gl. (5.1)

$$|\psi\rangle = c_1 |1\rangle + c_2 |2\rangle \tag{5.9}$$

$$\left(\mathbf{H}^0 + \mathbf{H}' - E\right) \left(c_1 |1\rangle + c_2 |2\rangle\right) = 0, \tag{5.10}$$

was wegen der Linearität

$$c_1 \left(\mathbf{H}^0 + \mathbf{H}' - E\right) |1\rangle + c_2 \left(\mathbf{H}^0 + \mathbf{H}' - E\right) |2\rangle = 0 \tag{5.11}$$

liefert. Mit Gl. (5.8) wird auch

$$c_1 \left(E_1^{(0)} - E + \mathbf{H}'\right) |1\rangle + c_2 \left(E_2^{(0)} - E + \mathbf{H}'\right) |2\rangle = 0. \tag{5.12}$$

Das übliche quantenmechanische Verfahren zur Ermittlung eines Eigenwertes besteht in der Multiplikation mit dem dualen Bra $\langle k|$ und anschließender Integration, in DIRACscher bra-ket-Schreibweise für $\langle 1|$:

$$c_1 \left((E_1^{(0)} - E) \langle 1| 1 \rangle + \langle 1| \mathbf{H}' |1 \rangle \right)$$
$$+ c_2 \left((E_2^{(0)} - E) \langle 1| 2 \rangle + \langle 1| \mathbf{H}' |2 \rangle \right) = 0 \qquad (5.13)$$

wobei wegen der Orthonormalität der $|k \rangle$ sich das zu

$$c_1 \left((E_1^{(0)} - E) + \langle 1| \mathbf{H}' |1 \rangle \right) + c_2 \langle 1| \mathbf{H}' |2 \rangle = 0 \qquad (5.14)$$

verkürzt. Entsprechend mit $|2 \rangle$

$$c_2 \left((E_2^{(0)} - E) + \langle 2| \mathbf{H}' |2 \rangle \right) + c_1 \langle 2| \mathbf{H}' |1 \rangle = 0. \qquad (5.15)$$

Wir sehen also neben der Wechselwirkung der Störung auf unsere *ungestörten* Eigenzustände oder -funktionen zwei „Kreuzterme", die offenbar den Einfluss auf den jeweils anderen Zustand enthalten.

Dieses System der sog. *Säulargleichungen* hat eine nicht-triviale Lösung für den Fall, dass die Säkulardeterminante

$$\begin{vmatrix} E_1^{(0)} + \langle 1| \mathbf{H}' |1 \rangle - E & \langle 1| \mathbf{H}' |2 \rangle \\ \langle 2| \mathbf{H}' |1 \rangle & E_2^{(0)} + \langle 2| \mathbf{H}' |2 \rangle - E \end{vmatrix} = 0 \qquad (5.16)$$

verschwindet, und nach etwas (viel) Algebra ergibt sich für die Energie E

$$E_{12} = \tfrac{1}{2} \left(E_1^{(0)} + \langle 1| \mathbf{H}' |1 \rangle + E_2^{(0)} + \langle 2| \mathbf{H}' |2 \rangle \right)$$
$$\pm \sqrt{ \tfrac{1}{4} \left[\left(E_1^{(0)} + \langle 1| \mathbf{H}' |1 \rangle \right) - \left(E_2^{(0)} + \langle 2| \mathbf{H}' |2 \rangle \right) \right]^2 + \langle 1| \mathbf{H}' |2 \rangle \langle 2| \mathbf{H}' |1 \rangle }. \qquad (5.17)$$

Aus dieser Gleichung entspringen jetzt die Näherungen, hier die der ersten und zweiten Näherung.

5.2.2 Störung 1. Ordnung

Gehen wir zunächst davon aus, dass

$$\langle i| \mathbf{H}' |k \rangle = 0, \qquad (5.18)$$

dann erhalten wir für die zwei Werte der Energie

$$E_{1,2} = \tfrac{1}{2} \left(E_1^{(0)} + \langle 1| \mathbf{H}' |1 \rangle + E_2^{(0)} + \langle 2| \mathbf{H}' |2 \rangle \right)$$
$$\pm \tfrac{1}{2} \left[\left(E_1^{(0)} + \langle 1| \mathbf{H}' |1 \rangle \right) - \left(E_2^{(0)} + \langle 2| \mathbf{H}' |2 \rangle \right) \right], \qquad (5.19)$$

also

$$E_1 = E_1^{(0)} + \langle 1| \mathbf{H}' |1\rangle$$
$$E_2 = E_2^{(0)} + \langle 2| \mathbf{H}' |2\rangle. \tag{5.20}$$

Die gestörten Eigenwerte sind also die Eigenwerte des ungestörten Zustandes, denen additiv der Eigenwert des Störperators zugeschlagen wird.

5.2.3 Störung 2. Ordnung

Jetzt verlangen wir, dass

$$\langle i|\mathbf{H}'|k\rangle \neq 0, \tag{5.21}$$

da wir aber aus der Säkulardeterminante (5.16) sehen, dass die Diagonalterme reichlich viele Summanden haben, schlagen wir mit Gl. (5.20) die Terme $\langle i|\mathbf{H}'|i\rangle$ den Eigenwerten $E_i^{(0)}$, schreiben dafür E_i und erhalten die kürzere Säkulardeterminante

$$\begin{vmatrix} E_1 - E & \langle 1|\mathbf{H}'|2\rangle \\ \langle 2|\mathbf{H}'|1\rangle & E_2 - E \end{vmatrix} = 0. \tag{5.22}$$

Unter Beachtung der Hermitizität $\langle 1|\mathbf{H}'|2\rangle = \langle 2|\mathbf{H}'|1\rangle$ ergibt sich für E

$$E_{12} = \frac{1}{2}(E_1 + E_2) \pm \frac{1}{2}\sqrt{4\langle 1|\mathbf{H}'|2\rangle^2 + (E_1 - E_2)^2}, \tag{5.23}$$

womit die Koeffizienten c_k zugänglich werden. Für den Fall, dass $E_2 > E_1$,[1] und die Störung nach Voraussetzung klein ist, wenn also

$$\langle 1|\mathbf{H}'|2\rangle^2 \ll (E_2 - E_1)^2, \tag{5.24}$$

klammern wir $E_2 - E_1$ in der Wurzel aus, somit

$$\sqrt{4\langle 1|\mathbf{H}'|2\rangle^2 + (E_1 - E_2)^2} = (E_1 - E_2)\sqrt{1 + \frac{4\langle 1|\mathbf{H}'|2\rangle^2}{(E_1 - E_2)^2}}. \tag{5.25}$$

Entwickeln wir die Wurzel nach $\sqrt{1 + x} \approx 1 + \frac{x}{2}$, finden wir

$$\sqrt{4\langle 1|\mathbf{H}'|2\rangle^2 + (E_1 - E_2)^2} \approx (E_1 - E_2)\left(1 + \frac{2\langle 1|\mathbf{H}'|2\rangle^2}{(E_1 - E_2)^2}\right), \tag{5.26}$$

was zu den beiden Energien (b mit $+$ steht für bindend, a mit $-$ steht für antibindend, alle Beträge sind negativ, so dass $E_1 - E_2 < 0$ ist.)

---

[1]N.B.: $(E_1 - E_2)^2 = (E_2 - E_1)^2$.

$$E_a = E_2 - \frac{\langle 1|\mathbf{H'}|2\rangle^2}{E_1 - E_2}$$

$$E_b = E_1 + \frac{\langle 1|\mathbf{H'}|2\rangle^2}{E_1 - E_2} \tag{5.27}$$

führt, wobei nach Gl. (5.20) $E_i = E_i^0 + \langle i|\mathbf{H'}|i\rangle$ ist: Der untere Zustand wird energetisch abgesenkt, der obere Zustand dagegen angehoben (Abb. 5.1). Dabei gilt der Schwerpunktsatz, nach dem die Summe der Anhebungen gleich der Summe der Absenkungen ist.

Die Störung in 2. Ordnung ist proportional dem Quadrat der Kreuzterme und umgekehrt proportional der Energiedifferenz zwischen den wechselwirkenden Zuständen.

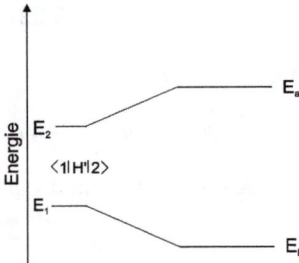

Abb. 5.1. In der hier gewählten Näherung führt die kleine Störung $\mathbf{H'}$ nach dem Schwerpunktsatz zu einer Absenkung des Zustandes mit der geringeren Energie und einer gleich hohen Anhebung des Zustandes mit der höheren Energie.

Ersichtlich führt bei entarteten Zuständen ($E_1 = E_2 = E$) die Anwendung derselben Prozedur zu dem Energiepaar

$$\left. \begin{aligned} E_a &= E - \frac{\langle 1|\mathbf{H'}|2\rangle}{E - E} \\ E_b &= E + \frac{\langle 1|\mathbf{H'}|2\rangle}{E - E}, \end{aligned} \right\} \tag{5.28}$$

weil die Annahme einer kleinen Störung gar nicht zutrifft; folglich muss das Problem exakt gelöst werden, denn es tritt ja eine Singularität auf deswegen, weil der Nenner des Quotienten in der Wurzel verschwindet [Gln. (5.25)]. Meist wird allerdings die Entartung aufgehoben.

5.3 Die Methode von Schrödinger

Jetzt zu der Frage, warum wir von Störungsrechnung 1. und 2. Ordnung sprechen. Dazu untersuchen wir den Störoperator $\mathbf{H}'$ als Matrix nun genauer. Dieses Verfahren heißt man SCHRÖDINGERsche Störungsrechnung. Nach der quantenmechanischen Voraussetzung soll es ein linearer HERMITEscher Operator sein mit $H_{21} = H_{12}^*$, also

$$\mathbf{h} = \begin{pmatrix} H_{11} & H_{12} \\ H_{21} & H_{22} \end{pmatrix}, \tag{5.29}$$

so dass nach wie vor

$$\mathbf{H} = \mathbf{H}^0 + \lambda \mathbf{h} \tag{5.30}$$

gelten soll. H_{11} ist das Matrixelement $\langle 1 | h | 1 \rangle$, H_{12} das $\langle 1 | h | 2 \rangle$, H_{12} das $\langle 2 | h | 1 \rangle$, und H_{22} ist $\langle 2 | h | 2 \rangle$. Ganz besonders interessant ist der Parameter λ, der klein sein soll, weil die Störung eben nicht groß sein darf, und den wir in eine Potenzreihe entwickeln. Wir suchen wieder nach den Linearkoeffizienten c_1 und c_2 und stellen die Säkulargleichungen auf — wie in den Gln. (5.14/15):

$$\left. \begin{array}{ll} c_1[E_1^{(0)} - E + \lambda H_{11}] + c_2 \lambda H_{12} & = 0 \\ c_1 \lambda H_{21} \qquad\qquad + c_2[E_2^{(0)} - E + \lambda H_{22}] = 0. \end{array} \right\} \tag{5.31}$$

Wie oben muss die Säkulardeterminante der Koeffizienten c_k verschwinden:

$$\begin{vmatrix} E_1^{(0)} - E + \lambda H_{11} & \lambda H_{12} \\ \lambda H_{21} & E_2^{(0)} - E + \lambda H_{22} \end{vmatrix} = 0. \tag{5.32}$$

Das ergibt nach etwas (viel) Algebra für die Energie E die zu (5.17) analoge Gleichung

$$\begin{aligned} E_{12} &= \tfrac{1}{2} \left(E_1^{(0)} + \lambda H_{11} + E_2^{(0)} + \lambda H_{22} \right) \\ &\pm \sqrt{\tfrac{1}{4} \left[(E_1^{(0)} + \lambda H_{11}) - (E_2^{(0)} + \lambda H_{22}) \right]^2 + \lambda^2 H_{12} H_{21}}. \end{aligned} \tag{5.33}$$

5.3.1 Störung 0. Ordnung

Aus Gl. (5.33) folgen für $\lambda^0 = 1$ die Eigenwerte $E_1 = E_1^{(0)}$ und $E_2 = E_2^{(0)}$.

5.3.2 Störung 1. Ordnung

In der Gl. (5.33) wird für kleine λ die Wurzel entwickelt, wie wir das schon zur Auflösung der Säkulargleichungen (5.14/15) mit der Säkulardeterminante (5.16) getan haben. Ein kleines λ bedeutet, dass

$$\Delta E = \left| E_1^{(0)} - E_2^{(0)} \right| \gg |\lambda(H_{11} - H_{22})| = \lambda \Delta H$$
$$= \left| E_1^{(0)} - E_2^{(0)} \right| \gg \lambda^2 \left(|H_{12}| = |H_{21}| \right), \tag{5.34}$$

also

$$\sqrt{\frac{1}{4}(\Delta E + \lambda \Delta H)^2 + \lambda^2 |H_{12} H_{21}|^2},$$

woraus bei Vernachlässigung des in λ quadratischen Glieds

$$\frac{1}{2}(\Delta E + \lambda \Delta H) = \frac{1}{2} \left[(E_1^{(0)} + \lambda H_{11}) - (E_2^{(0)} + \lambda H_{22}) \right]$$

folgt: die Korrektur des ungestörten Eigenwerts $E_i^{(0)}$ ergibt sich zu

$$E_i(\lambda) = E_i^{(0)} + \lambda H_{ii} + \mathcal{O}(\lambda)^2, i = 1, 2. \tag{5.35}$$

Damit haben wir folgende wichtige Erkenntnis gewonnen:

Die Störung in 1. Ordnung enthält wegen $\lambda^1 = \lambda$ nur das *lineare Glied*, also in 1. Ordnung, und ist einfach der Eigenwert des Störoperators, der mit den Eigenfunktionen der ungestörten Zustände ermittelt wird:

$$E_i^{(1)} = \langle i | \mathbf{H}' | i \rangle \tag{5.36}$$

5.3.3 Störung 2. Ordnung

Wir beginnen wieder bei der Gl. (5.33), schlagen die Störterme in 1. Ordnung den Eigenwerten der ungestörten Zustände zu, also

$$E_i^{(0)} := E_i^{(0)} + \lambda E_i^{(1)}, \tag{5.37}$$

und erhalten für die Wurzel den kürzeren Ausdruck

$$\sqrt{\frac{1}{4} \left(E_1^{(0)} - E_2^{(0)} \right)^2 + \lambda^2 H_{12} H_{21}}.$$

Nun fordern wir wieder $\left[(E_1^{(0)} - E_2^{(0)}) \right]^2 \gg \lambda^2 H_{12} H_{21}$, klammern $\left(E_1^{(0)} - E_2^{(0)} \right)^2$ aus und entwickeln nach λ:

$$\sqrt{\tfrac{1}{4}\left(E_1^{(0)}-E_2^{(0)}\right)^2+\lambda^2 H_{12}H_{21}} = \tfrac{1}{2}\left(E_1^{(0)}-E_2^{(0)}\right)\sqrt{1+\frac{4\lambda^2 H_{12}H_{21}}{\left(E_2^{(0)}-E_1^{(0)}\right)^2}}$$

$$\approx \tfrac{1}{2}\left(E_1^{(0)}-E_2^{(0)}\right)\left(1+\lambda^2\frac{2H_{12}H_{21}}{\left(E_2^{(0)}-E_1^{(0)}\right)^2}\right),$$

der letzte Ausdruck aufgelöst:

$$\tfrac{1}{2}\left(E_1^{(0)}-E_2^{(0)}\right)+\lambda^2\frac{H_{12}H_{21}^2}{E_2^{(0)}-E_1^{(0)}},$$

womit für die beiden Energien (auch hier steht b mit $+$ für bindend, a mit $-$ für antibindend) sich

$$E_a = E_2^{(0)} - \frac{\langle 1|\mathbf{H}'|2\rangle^2}{E_1^{(0)}-E_2^{(0)}}$$
$$E_b = E_1^{(0)} + \frac{\langle 1|\mathbf{H}'|2\rangle^2}{E_1^{(0)}-E_2^{(0)}}$$

(5.38)

ergibt [s. Gl. (5.27)].

Die Störung in 2. Ordnung ist proportional den quadratischen nichtdiagonalen Matrixelementen der Störmatrix, und im Zähler steht ein symmetrisches Produkt, das immer reell sein muss. Für den Fall der Hermitizität $A_{nk} = A_{kn}^*$ erhalten wir für den Zähler von Gl. (5.38) H_{nk}^2, der damit immer größer Null sein muss.

Die Wechselwirkungen mit Zuständen, deren Eigenwerte der Energie höher liegen als der in Betrachtung stehende mit dem Index k, erniedrigen dessen Energie und umgekehrt. Insbesondere ist die Korrektur zweiter Ordnung zum Grundzustand E_k^0 immer negativ, da für alle anderen Zustände gilt, dass $E_k^0 < E_n^0$, natürlich $|E_k^0| > |E_n^0|$, da es sich ja um negative Energien in einem gebundenen Zustand handelt.

Der untere Zustand wird energetisch abgesenkt, der obere Zustand dagegen angehoben — ein grundlegendes Prinzip der Natur der chemischen Bindung.

5.4 Verallgemeinerung

Dieses Verfahren mit einem Störoperator, der klein sein soll, erlaubt uns, sowohl ihn selbst wie die Eigenfunktionen und Eigenwerte in Potenzreihen von λ zu entwickeln, einem Parameter, mit dem wir die Störung variabel gestalten können, also nach Gl. (5.30):

$$\mathbf{H} = \mathbf{H}^0 + \mathbf{H'}, \text{ wobei } \mathbf{H'} = \lambda\mathbf{h}. \tag{5.39}$$

Erwartet wird, dass sich die Eigenwerte $E_n^{(i)}$ und die Eigenzustände $|n^{(i)}>$ des Operators bis zur Störung der i-ten Ordnung nur wenig von den Eigenwerten $E_n^{(0)}$ und Eigenzuständen $|n^{(0)}>$ des ungestörten Zustandes unterscheiden und mit dem Steuerparameter λ kontinuierlich ineinander übergehen. Für $\lambda = 0$ beobachten wir keine Störung, und $\mathbf{H}$ geht in $\mathbf{H}^0$ über:

$$\lim_{\lambda \to 0} \lambda\mathbf{h} = 0 \Rightarrow \mathbf{H} = \mathbf{H}^0. \tag{5.40}$$

Für $\lambda = 1$ ist die Störung maximal, und $\mathbf{H'}$ erreicht dann seinen Maximalwert:[2]

$$\lim_{\lambda \to 1} \lambda\mathbf{h} = 1 \Rightarrow \mathbf{h} = \mathbf{H'}. \tag{5.41}$$

Für die Eigenfunktionen und ihre Koeffizienten schreiben wir

$$\left. \begin{array}{l} \psi_n = \psi_n^{(0)}\lambda^0 + \left(\frac{\partial\psi_n}{\partial\lambda}\right)\lambda^1 + \frac{1}{2!}\left(\frac{\partial^2\psi_n}{\partial\lambda^2}\right)\lambda^2 \\ \psi_n = \psi_n^{(0)}\lambda^0 + \psi_n^{(1)}\lambda^1 + \psi_n^{(2)}\lambda^2 \\ c_n = c_n^{(0)}\lambda^0 + c_n^{(1)}\lambda^1 + c_n^{(2)}\lambda^2, \end{array} \right\} \tag{5.42}$$

was in der DIRACschen (Kurz-)Schreibweise mit vertauschter Reihenfolge der Faktoren so

$$|n\rangle = \lambda^0 \left|n^{(0)}\right\rangle + \lambda^1 \left|n^{(1)}\right\rangle + \lambda^2 \left|n^{(2)}\right\rangle \tag{5.43}$$

aussieht. Für die Energieapproximation finden wir entsprechend

$$\begin{array}{l} E = E^{(0)} + \lambda^1\left(\frac{\partial E}{\partial\lambda}\right) + \lambda^2\frac{1}{2!}\left(\frac{\partial^2 E}{\partial\lambda^2}\right) \\ E = \lambda^0 E^{(0)} + \lambda^1 E^{(1)} + \lambda^2 E^{(2)}. \end{array} \tag{5.44}$$

Rechnen wir die Eigenwertgleichung $(\mathbf{H} - E_n)\psi_n = 0$ mit den Gln. (5.39) und (5.42/43)

$$\begin{array}{c} \left(\mathbf{H}^0 + \lambda\mathbf{h}\right) \qquad \left(\lambda^0|n^{(0)}\rangle + \lambda^1|n^{(1)}\rangle + \lambda^2|n^{(2)}\rangle\right) = \\ \left(\lambda^0 E_n^{(0)} + \lambda^1 E_n^{(1)} + \lambda^2 E_n^{(2)}\right) \left(\lambda^0|n^{(0)}\rangle + \lambda^1|n^{(1)}\rangle + \lambda^2|n^{(2)}\rangle\right) \end{array} \tag{5.45}$$

aus, allgemein also

---

[2]Tatsächlich wird mit λ der Grad der Reihenentwicklung beschrieben.

$$\left(\mathbf{H}^0 + \lambda\mathbf{h}\right) \sum_{i=0}^{k} \lambda^i \left|n^{(i)}\right\rangle = \sum_{i=0}^{k} \lambda^i E_n^{(i)} \sum_{i=0}^{k} \lambda^i \left|n^{(i)}\right\rangle, \qquad (5.46)$$

und sortieren nach gleichen Potenzen bis zur k-ten Ordnung von λ, so dass wir ein Polynom k-ter Ordnung

$$f(\lambda) = a_0\lambda^0 + a_1\lambda^1 + a_2\lambda^2 + \ldots + a_k\lambda^k = 0 \qquad (5.47)$$

erhalten, in dem die Koeffizienten a_i wie folgt definiert sind

$$
\begin{aligned}
&\lambda^0 && \left(\mathbf{H}^0 - E_n^{(0)}\right) \left|n^{(0)}\right\rangle \\
+\ &\lambda^1 && \left[\left(\mathbf{H}^0 - E_n^{(0)}\right) \left|n^{(1)}\right\rangle + \left(\mathbf{h} - E_n^{(1)}\right) \left|n^{(0)}\right\rangle\right] \\
+\ &\lambda^2 && \left[\left(\mathbf{H}^0 - E_n^{(0)}\right) \left|n^{(2)}\right\rangle + \left(\mathbf{h} - E_n^{(1)}\right) \left|n^{(1)}\right\rangle - E_n^{(2)} \left|n^{(0)}\right\rangle\right] \\
&\ \ \vdots \\
+\ &\lambda^k && \left[\left(\mathbf{H}^0 - E_n^{(0)}\right) \left|n^{(k)}\right\rangle + \left(\mathbf{h} - E_n^{(k-1)}\right) \left|n^{(k-1)}\right\rangle - \ldots - E_n^{(k)} \left|n^{(0)}\right\rangle\right] \\
=\ &0.
\end{aligned}
$$

$$(5.48)$$

Allgemein gilt also für λ^k

$$
\begin{aligned}
\mathbf{H}^0 \left|n^{(k)}\right\rangle + \mathbf{h} \left|n^{(k-1)}\right\rangle &= \sum_{i=0}^{k} E_n^{(i)} \left|n^{(k-i)}\right\rangle \\
&= E_n^{(0)} \left|n^{(k)}\right\rangle + \sum_{i=1}^{k-1} E_n^{(i)} \left|n^{(k-i)}\right\rangle + E_n^{(k)} \left|n^{(0)}\right\rangle,
\end{aligned}
$$

$$(5.49)$$

wobei wir in Gl. (5.49.2) das erste und das letzte Glied der rechten Seite besonders herausheben.

Gl. (5.48) ist für $\lambda \neq 0$ nur dann erfüllt, wenn die Koeffizienten a_i einzeln verschwinden. Somit finden wir bei der Beschränkung auf die ersten drei Basisgleichungen für die nullte, erste und zweite Ordnung

$$
\begin{aligned}
a_0 = 0:\ &\lambda^0 \left(\mathbf{H}^0 - E_n^{(0)}\right) \left|n^{(0)}\right\rangle && = 0 \\
a_1 = 0:\ &\lambda^1 \left[\left(\mathbf{H}^0 - E_n^{(0)}\right) \left|n^{(1)}\right\rangle + \left(\mathbf{h} - E_n^{(1)}\right) \left|n^{(0)}\right\rangle\right] && = 0 \\
a_2 = 0:\ &\lambda^2 \left[\left(\mathbf{H}^0 - E_n^{(0)}\right) \left|n^{(2)}\right\rangle + \left(\mathbf{h} - E_n^{(1)}\right) \left|n^{(1)}\right\rangle - E_n^{(2)} \left|n^{(0)}\right\rangle\right] && = 0.
\end{aligned}
$$

$$(5.50)$$

Da die λ, gleich in welcher Potenz, vor den Klammern stehen, ist ihr Wert tatsächlich unerheblich. Setzt man den Wert auf Eins, ist der Wert von λ im Gleichungssystem (5.50) auch für alle a_i gleich Eins.

5.4.1 Orthogonalitätstheorem

Sowohl für die Energiekorrekturen wie für die Bestimmung der Koeffizienten der Eigenfunktion des gestörten Zustandes nutzen wir nun die Tatsache, dass die Eigenfunktionen des ungestörten Zustandes orthonormal zueinander sind; sie bilden ein vollständiges Orthogonalsystem (VONS). Und deswegen ist es ein probater Weg, die Funktion des gestörten Zustandes $\left| n^{(1)} \right\rangle$ in der Basis der ungestörten Terme

$$\left| n^{(k)} \right\rangle = \sum_m c_{nm} \left| m^{(0)} \right\rangle \text{ mit } c_{nm} = \left\langle m^{(0)} \middle| n^{(k)} \right\rangle \tag{5.51}$$

zu entwickeln. Um daraus die Korrekturen für E^0 und $\left| n^{(0)} \right\rangle$ in der i-ten Ordnung zu bestimmen, müssen wir noch die Eigenfunktionen normieren mit

$$\left\langle n^{(0)} \middle| n^{(i)} \right\rangle = 1, \tag{5.52}$$

und da der Zustand $\left| n^{(i)} \right\rangle$ nach Gl. (5.43) in einer Potenzreihenentwicklung von den verschiedenen Störzuständen abhängt, die mit λ^i mit i der Ordnung gewichtet werden, folgt unmittelbar

$$\lambda^0 \left\langle n^{(0)} \middle| n^{(0)} \right\rangle + \lambda^1 \left\langle n^{(0)} \middle| n^{(1)} \right\rangle + \lambda^2 \left\langle n^{(0)} \middle| n^{(2)} \right\rangle + \ldots = 1. \tag{5.53}$$

Weil $\lambda \neq 0$ sein soll und das Skalarprodukt des ersten Summanden $\left\langle n^{(0)} \middle| n^{(0)} \right\rangle \equiv 1$, müssen alle anderen Skalarprodukte verschwinden:

$$\left\langle n^{(0)} \middle| n^{(1)} \right\rangle = \left\langle n^{(0)} \middle| n^{(2)} \right\rangle = \left\langle n^{(0)} \middle| n^{(i)} \right\rangle = 0 \tag{5.54}$$

Was bedeutet das?

Gemäß dieser Konstruktionsvorschrift ist der nach den Gln. (5.42/43) linearkombinierte Eigenvektor des gestörten Zustandes orthogonal zum Eigenvektor des ungestörten Zustandes. Dafür gibt es zwei Gründe.

Der erste Grund liegt in der Orthogonalität der Eigenvektoren nach dem FOURIERschen Prinzip: Wenn die Eigenvektoren eines jeden gestörten Zustandes, gleich welcher Ordnung, orthogonal zu denen des ungestörten Zustandes sein sollen, dann enthalten sie Beiträge aller Eigenvektoren, mit einer Ausnahme: der gerade betrachtete Zustand darf nicht zugemischt werden. Um etwa zu sichern, dass der Zustand $\left| n^{(1)} \right\rangle$ senkrecht auf dem Zustand $\left| m^{(0)} \right\rangle$ steht, fehlt also genau m in der Summe über alle ungestörten Zustände.

Außerdem stehen die $\left| n^{(i)} \right\rangle$ nach Gl. (5.42) für die i-ten Ableitungen des ungestörten Vektors $\left| n^{(0)} \right\rangle$. Und so, wie der Gradient einer Funktion in Richtung deren stärkster Veränderung zeigt, also senkrecht auf dieser steht, sollte das auch hier der Fall sein.

Dieser Befund wird kondensiert im

Orthogonalitätstheorem: Die Eigenfunktion des gestörten Zustandes ist orthogonal zu denen des ungestörten Zustandes und enthält deswegen Beiträge aller Eigenfunktionen, mit einer Ausnahme: Um zu sichern, dass die Eigenfunktion $|n^{(i)}\rangle$ für den Zustand m senkrecht auf der Funktion $|m^{(0)}\rangle$ steht, darf kein Anteil von ihr der gestörten Eigenfunktion zugemischt werden!

Das Gleichungssystem (5.50) wird nun mit der Methode der Sukzessiven Approximation gelöst. Für $a_0 = 0$ [Gl. (5.50.1)] erhalten wir damit die Korrektur in 0. Ordnung, mit $a_1 = 0$ [Gl. (5.50.2)] die 1. Ordnung, wozu mit Gl. (5.50.3) und $a_2 = 0$ die in 2. Ordnung dazukommen.

5.4.2 Störung 0. Ordnung

Wenn $a_0 = 0$ ist, wird aus Gl. (5.50.1) die SCHRÖDINGER-Gleichung für das ungestörte System, das ist die nullte Ordnung (λ^0) mit der Eigenwertgleichung

$$\left(\mathbf{H}^0 - E_n^{(0)}\right)\left|n^{(0)}\right\rangle = 0. \tag{5.55}$$

Projizieren auf einen beliebigen ungestörten Zustand bedeutet das Schließen der Eigenwertgleichung mit einem *Bra*, etwa

$$\left\langle k^{(0)}\right|\left(\mathbf{H}^0 - E_n^{(0)}\right)\left|n^{(0)}\right\rangle = \delta_{kn}. \tag{5.56}$$

5.4.3 Korrektur 1. Ordnung

Nun studieren wir in dem Gleichungssystem (5.50) die 1. Ordnung mit λ^1:

$$\left(\mathbf{H}^0 - E_n^{(0)}\right)\left|n^{(1)}\right\rangle = \left(E_n^{(1)} - \mathbf{h}\right)\left|n^{(0)}\right\rangle \tag{5.57}$$

In dieser Gleichung sind unbekannt: $E_n^{(1)}$ und $|n^{(1)}\rangle$. Einsetzen von Gl. (5.51) für $|n^{(1)}\rangle$ liefert

$$\sum_m c_{nm}\left(\mathbf{H}^0 - E_n^{(0)}\right)\left|m^{(0)}\right\rangle = \left(E_n^{(1)} - \mathbf{h}\right)\left|n^{(0)}\right\rangle. \tag{5.58}$$

Im Minuenden unter der Summe erkennen wir die SCHRÖDINGER-Gleichung

$$\mathbf{H}^0\left|m^{(0)}\right\rangle = E_m^{(0)}\left|m^{(0)}\right\rangle,$$

die, eingesetzt in Gl. (5.58),

$$\sum_m c_{nm} \left(E_m^{(0)} - E_n^{(0)} \right) \left| m^{(0)} \right\rangle = \left(E_n^{(1)} - \mathbf{h} \right) \left| n^{(0)} \right\rangle \qquad (5.59)$$

ergibt. Projektion auf den ungestörten Zustand durch Schließen mit einem beliebigen *Bra*-Vektor $\left\langle k^{(0)} \right|$ ergibt für die linke Seite

$$\begin{aligned}
\sum_m c_{nm} \left(E_m^{(0)} - E_n^{(0)} \right) \left\langle k^{(0)} \middle| m^{(0)} \right\rangle &= \sum_m c_{nm} \left(E_m^{(0)} - E_n^{(0)} \right) \delta_{km} \\
&= c_{nk} \left(E_k^{(0)} - E_n^{(0)} \right).
\end{aligned} \qquad (5.60)$$

Die rechte Seite liefert nach der Skalarproduktbildung mit $\left\langle k^{(0)} \right|$

$$\begin{aligned}
\left\langle k^{(0)} \middle| \left(E_n^{(1)} - \mathbf{h} \right) \middle| n^{(0)} \right\rangle &= E_n^{(1)} \left\langle k^{(0)} \middle| n^{(0)} \right\rangle - \left\langle k^{(0)} \middle| \mathbf{h} \middle| n^{(0)} \right\rangle \\
&= E_n^{(1)} \delta_{nk} - \left\langle k^{(0)} \middle| \mathbf{h} \middle| n^{(0)} \right\rangle,
\end{aligned} \qquad (5.61)$$

insgesamt also

$$c_{nk} \left(E_k^{(0)} - E_n^{(0)} \right) = E_n^{(1)} \delta_{nk} - \left\langle k^{(0)} \middle| \mathbf{h} \middle| n^{(0)} \right\rangle. \qquad (5.62)$$

Hier haben wir jetzt folgende Fallunterscheidung zu treffen:

Energiekorrektur 1. Ordnung: $k = n$: $E_n^{(1)} = \left\langle n^{(0)} \middle| \mathbf{h} \middle| n^{(0)} \right\rangle$, $\qquad (5.63)$

Koeffizientenkorrektur 1. Ordnung: $k \neq n$: $c_{nk} = \dfrac{\left\langle k^{(0)} \middle| \mathbf{h} \middle| n^{(0)} \right\rangle}{E_k^{(0)} - E_n^{(0)}}$, $\quad (5.64)$

und mit Gl. (5.51)

Zustandskorrektur 1. Ordnung: $\left| n^{(1)} \right\rangle = \displaystyle\sum_{n \neq k} \dfrac{\left\langle k^{(0)} \middle| \mathbf{h} \middle| n^{(0)} \right\rangle}{E_k^{(0)} - E_n^{(0)}} \left| k^{(0)} \right\rangle.$

$$(5.65)$$

- Aus Gl. (5.63) ist ersichtlich, dass die Energiekorrektur in 1. Ordnung der Eigenwert des Störoperators ist.

- Schreibt man Gl. (5.63) als Volumenintegral

$$E_n^{(1)} = \left\langle n^{(0)} \middle| \mathbf{h} \middle| n^{(0)} \right\rangle = \int_{-\infty}^{\infty} \psi_n^{(0)*}(x)\mathbf{h}(x)\psi_n^{(0)}(x)\, \mathrm{d}^3x,$$

  sieht man, dass es für eine starke Störung entscheidend darauf ankommt, dass Störung und Wahrscheinlichkeitsdichte am gleichen Ort x große Werte aufweisen.

- In der Matrix des Operators $\mathbf{H}'$ sind die Diagonalelemente $k = n$ besetzt. Dagegen werden gerade diese Diagonalelemente zur Bestimmung der Entwicklungskoeffizienten ausgespart [Gl. (5.64)].

5.4.4 Energiekorrektur 2. Ordnung

Genauso verfahren wir nun mit Gl. (5.50.3) für $k = 2$. Operation mit einem Bra liefert

$$\underbrace{\left\langle k^{(0)} \middle| \left(\mathbf{H}^0 - E_n^{(0)}\right) \middle| n^{(2)} \right\rangle}_{①} + \underbrace{\left\langle k^{(0)} \middle| \left(\mathbf{h} - E_n^{(1)}\right) \middle| n^{(1)} \right\rangle}_{②} - \underbrace{E_n^{(2)} \left\langle k^{(0)} \middle| n^{(0)} \right\rangle}_{③} = 0.$$

(5.66)

Den Term ① hatten wir eben in 1. Ordnung studiert. Auch $\left| n^{(2)} \right\rangle$ entwickeln wir nach Gl. (5.51); mit Gl. (5.60) finden wir für $n = k$

$$\left\langle k^{(0)} \middle| \left(\mathbf{H}^0 - E_n^{(0)}\right) \middle| n^{(2)} \right\rangle = c_{nk} \left(E_k^{(0)} - E_n^{(0)} \right)$$
$$= 0.$$

In ② verschwindet das Skalarprodukt $E_n^{(1)} \left\langle k^{(0)} \middle| n^{(1)} \right\rangle$, in ③ ist $\left\langle k^{(0)} \middle| n^{(0)} \right\rangle = \delta_{kn}$, so dass als Ergebnis der 2. Energiekorrektur übrigbleibt:

$$E_n^{(2)} = \left\langle k^{(0)} \middle| \mathbf{h} \middle| n^{(1)} \right\rangle \tag{5.67}$$

$\left| n^{(1)} \right\rangle$ kennen wir aber aus Gl. (5.65) für die Korrektur des Zustands in 1. Ordnung, so dass wir für die zweite Korrektur der Energie

$$E_n^{(2)} = \sum_{n \neq k} \left\langle k^{(0)} \middle| \mathbf{h} \middle| n^{(0)} \right\rangle \frac{\left\langle k^{(0)} \middle| \mathbf{h} \middle| n^{(0)} \right\rangle}{E_n^{(0)} - E_k^{(0)}} \tag{5.68}$$

erhalten. Wir sehen, dass die Faktoren des Produkts gleich sind, und man schreibt

$$E_n^{(2)} = \sum_{\substack{n \neq k \\ n = 1}}^{N} \frac{|\langle k^{(0)}| \, \mathbf{h} \, |n^{(0)}\rangle|^2}{E_n^{(0)} - E_k^{(0)}}, \tag{5.69}$$

was für den Eigenwert der Energie im Zustand n

$$E_n = E_n(0) + \lambda \, \langle n| \, \mathbf{h} \, |n\rangle + \lambda^2 \sum_{n \neq k} \frac{|\langle k^{(0)}| \, \mathbf{h} \, |n^{(0)}\rangle|^2}{E_n^{(0)} - E_k^{(0)}} + \mathcal{O}(\lambda^3) \tag{5.70}$$

heißt. Aus Gl. (5.69) sehen wir Folgendes:

- In zweiter Näherung ist die Korrektur zur Energie des Grundzustandes $(n = 1)$ immer negativ, da immer gilt, dass $k > n$, also $E_1 < E_k$.

- Diese Tatsache bedeutet, dass das in der Reihenentwicklung nach λ quadratische Glied, also $\frac{\partial^2 E}{\partial \lambda^2}$, immer negativ ist, und die Energie des Grundzustandes eine konkave Funktion des Störparameters λ mit einem Maximum ist.

- In zweiter Näherung ist die Korrektur zur Energie des höchsten Zustandes $(n = N)$ immer positiv, da $E_N > E_k \; \forall k \neq N$.

- Zueinander gehörige Paare „stoßen" sich ab. Dies gilt bei Systemen, die über mehr als zwei Zustände verfügen, insbesondere für Zustände gleichen Symmetrietyps. Besonders stark wirken energetisch eng benachbarte Paare aufeinander.

- Die Störungsreihe konvergiert besonders rasch, wenn auch die Nichtdiagonalelemente des Störoperators viel kleiner als die Energiedifferenz im Nenner sind.

5.4.5 Energiekorrektur k-ter Ordnung

Dazu betrachten wir abschließend Gl. (5.49) für die k-te Ordnung

$$\underbrace{\mathbf{H}^0 \left| n^{(k)} \right\rangle}_{\textcircled{1}} + \underbrace{\mathbf{h} \left| n^{(k-1)} \right\rangle}_{\textcircled{2}} = \underbrace{E_n^{(0)} \left| n^{(k)} \right\rangle}_{\textcircled{3}} + \underbrace{\sum_{i=1}^{k-1} E_n^{(i)} \left| n^{(k-i)} \right\rangle}_{\textcircled{4}} + \underbrace{E_n^{(k)} \left| n^{(0)} \right\rangle}_{\textcircled{5}},$$

(5.71)

bei der wir nun sehen, dass die Terme ① und ③ sich gegenseitig auslöschen, und vom Term ④ wegen der Orthogonalitätsbedingungen ebenfalls nichts übrig bleibt, so dass die Eigenwertgleichung

$$\mathbf{h} \left| n^{(k-1)} \right\rangle = E_n^{(k)} \left| n^{(0)} \right\rangle$$

(5.72)

erscheint, deren Lösung durch das Schließen mit einem Bra des ungestörten Zustands

$$E_n^{(k)} = \left\langle n^{(0)} \right| \mathbf{h} \left| n^{(k-1)} \right\rangle$$

(5.73)

gelingt.

Dieses Verfahren ist rasch zielführend, wenn auch in höheren Ordnungen schnell unhandlich werdend. Außerdem sind zwar nach Gln. (5.52) − (5.54) die höheren Ordnungen zum Grundzustand orthonormiert, aber es ist zum Schluss erforderlich, die einzelnen gestörten Eigenfunktionen zu „renormieren".

Um die Energie in 2. Ordnung zu erhalten, musste zunächst die Korrektur des Eigenzustandes in 1. Ordnung durchgeführt werden. Dieses rekursive Verfahren erlaubt umgekehrt bei Kenntnis der Korrektur eines Zustands des Grades k die Erhöhung der Genauigkeit der Energie zum Grad $k + 1$ durch eine einfache Operation.

5.5 Störungstheorie mit Entartung

Sind die Zustände $\left| m_1^{(0)} \right\rangle$, $\left| m_2^{(0)} \right\rangle$, ..., $\left| m_k^{(0)} \right\rangle$ entartet, haben sie also den gleichen Eigenwert $E_m^{(0)}$, ist deren Differenz Null, so dass der Quotient in den Gln. (5.27/38) und (5.64/65) sehr groß wird und evtl. sogar divergiert.

Daher ist für ein System, das einen entarteten Grundzustand aufweist, ein genauer Blick auf die Störung $\mathbf{H}'$ erforderlich, die auf die entarteten Zustände unterschiedlich wirkt, etwa wegen einer anisotropen Wechselwirkung, die wir bei jedem Vektorfeld vorfinden, wodurch die Entartung aufgehoben wird. Erst dann kann man die Eigenzustände identifizieren, die die nullte Näherung der Eigenzustände des Operators $\mathbf{H} = \mathbf{H}^0 + \mathbf{H}'$ darstellen. Die nullte Näherung hatten wir in der TAYLOR-Reihenentwicklung von λ mit $\lambda = 0$ gekennzeichnet. In dieser Näherung fallen die Zustände von $\mathbf{H}^0$ und $\mathbf{H}$ zusammen.

Prinzipiell ist wegen der Orthogonalität auch jede Linearkombination dieser Eigenzustände für die Energie $E_m^{(0)}$

$$\left| m_L^{(0)} \right\rangle = \sum_{j=1}^{k} c_{mLj}^{(0)} \left| m_j^{(0)} \right\rangle \tag{5.74}$$

eine Lösung von $\mathbf{H}^{(0)} \left| m_L^{(0)} \right\rangle = E_m^{(0)} \left| m_L^{(0)} \right\rangle$, hier die L-te Variante (L, K für Linearkombination).

Da aber wegen der Störung nicht alle $\left| m_j^{(0)} \right\rangle$ für diese Linearkombination herangezogen werden können, müssen wir die geeigneten Zustände identifizieren, die sich aus den Eigenzuständen von $\mathbf{H}$ für $\lambda \to 0$ ergeben. Welche sind das? Das sind die, die der Eigenwertgleichung genügen, bei denen also die Störung diagonal ist, so dass

$$\left\langle m_K^{(0)} \left| \mathbf{H}' \right| m_L^{(0)} \right\rangle = 0 \text{ für } K \neq L, \tag{5.75}$$

womit die Singularitäten der Gln. (5.27/38) bzw. (5.64/65) durch das Entstehen des unbestimmten Ausdrucks $\frac{0}{0}$ umschifft werden. Diese Linearkombinationen entstehen durch eine unitäre Transformation mit

$$\mathbf{U}\mathbf{U}^{\dagger} = \mathbf{U}\mathbf{U}^{-1} = \mathbf{I}$$

mit der Forderung an die Koeffizienten

$$\sum_{j=1}^{k} c_{mLj}^{(0)} c_{mKj}^{*(0)} = \delta_{LK}. \tag{5.76}$$

Damit sind die $\left| m_L^{(0)} \right\rangle$ ebenfalls mögliche Eigenzustände der nullten Näherung mit zu bestimmenden Entwicklungskoeffizienten $c_{mLj}^{(0)}$.

Nun drehen wir unsere Störung auf mit $\mathbf{H}' = \lambda \mathbf{h}$. Dann ist bereits bei $\lambda = 0$ die Voraussetzung, die zur Aufstellung der Gln. (5.63/64) geführt hat, nicht mehr gegeben, und die Entwicklungskoeffizienten c_{mLj}^0 können miteinander verknüpft werden.

Dazu beginnen wir mit der Gl. (5.48.2) für die 1. Ordnung ($\lambda = 1$):

$$\left(\mathbf{H}^0 - E_m^{(0)} \right) \left| m_L^{(1)} \right\rangle + \left(\mathbf{h} - E_{mL}^{(1)} \right) \left| m_L^{(0)} \right\rangle = 0,$$

also

$$\left(\mathbf{H}^0 - E_m^{(0)} \right) \left| m_L^{(1)} \right\rangle + \sum_{j=1}^{k} c_{mLj} \left(\mathbf{h} - E_{mL}^{(1)} \right) \left| m_j^{(0)} \right\rangle = 0,$$

und schließen mit einer anderen Funktion $\left\langle m_l^0 \right|$

$$\underbrace{\langle m_l^0 | \left(\mathbf{H}^0 - E_m^{(0)} \right) \left| m_L^{(1)} \right\rangle}_{\textcircled{1}} + \underbrace{\sum_{j=1}^{k} c_{mLj} \left\langle m_l^0 \left(\mathbf{h} - E_{mL}^{(1)} \right) \middle| m_j^{(0)} \right\rangle}_{\textcircled{2}} = 0.$$

Entwickeln wir $\left| m_L^{(1)} \right\rangle$ nach den Eigenfunktionen $\left| n_j^0 \right\rangle$ des ungestörten Systems $(n \neq m)$, dann verschwindet Term ① wegen Orthogonalität, und es bleibt

$$\sum_{j=1}^{k} c_{mLj} \left(\langle m_l^0 | \mathbf{h} \left| m_j^{(0)} \right\rangle - E_{mL}^{(1)} \delta_{lj} \right) = 0 \; (l = 1, \ldots, k) \tag{5.77}$$

übrig, ein homogenes lineares Gleichungssystem zur Bestimmung der Koeffizienten c_{mLj}, das uns zum erstenmal im Abschn. 3.11 bei der Säkulargleichung begegnete, und dessen Lösung eine Standardaufgabe der Linearen Algebra ist; es muss nämlich — wie in Gl. (3.160) — die Säkulardeterminante verschwinden:

$$\left| \langle m_l^0 | \mathbf{h} \left| m_j^{(0)} \right\rangle - E_{mL}^{(1)} \delta_{lj} \right| = 0. \tag{5.78}$$

Gl. (5.78) ist ein Polynom k-ten Grades in $E_{mL}^{(1)}$. Man erhält also insgesamt k Störenergien $E_{mL}^{(1)}$, für die das Gleichungssystem (5.77) k-mal zu lösen ist. *Das Ergebnis ist ein Satz von Koeffizienten c_{mLj} mit $(j = 1, \ldots, k)$ für die Linearkombination $\left| m_L^{(0)} \right\rangle$ aus Gl. (5.74), die $\mathbf{H}'$ in die Spektraldarstellung überführt und damit das Eigenwertproblem löst. Da die Matrixelemente $\left\langle m_l^0 | \mathbf{h} | m_j^{(0)} \right\rangle$ als klein angenommen werden, zerfällt der Zustand für $\lambda \to 0$ in eine Reihe energetisch eng benachbarter Zustände.*

5.5.1 Doppelte Entartung

Die niedrigste Entartung ist $k = 2$: zum Eigenwert $E_m^{(0)}$ gibt es zwei Eigenfunktionen $\left| \varphi_1^{(0)} \right\rangle$ und $\left| \varphi_2^{(0)} \right\rangle$. Die dieses System beschreibende Funktion konstruieren wir als Linearkombination zu

$$\left| \Psi^{(0)} \right\rangle = c_1 \left| \varphi_1^{(0)} \right\rangle + c_2 \left| \varphi_2^{(0)} \right\rangle, \tag{5.79}$$

und da sie zum gleichen Energiewert $E_m^{(0)}$ gehören, lassen wir diesen Index weg. Der Störoperator $\mathbf{h}$ erzeugt die vier Produkte

$$H_{11} = \left\langle \varphi_1^{(0)} \left| \mathbf{h} \right| \varphi_1(0) \right\rangle$$

$$H_{12} = \left\langle \varphi_1^{(0)} \left| \mathbf{h} \right| \varphi_2(0) \right\rangle$$

$$H_{21} = \left\langle \varphi_2^{(0)} \left| \mathbf{h} \right| \varphi_1(0) \right\rangle$$

$$H_{22} = \left\langle \varphi_2^{(0)} \left| \mathbf{h} \right| \varphi_2(0) \right\rangle,$$

(5.80)

wobei aus einem entarteten Ausgangsniveau durch die Störung zwei Zielniveaus entstehen.

Wir gehen in diese Überlegung mit Gl. (5.50.2), hier gezeigt für $\left\langle \varphi_1^{(0)} \right|$

$$\underbrace{\left\langle \varphi_1^{(0)} \left| \mathbf{H}^0 - E^{(0)} \right| \Psi^{(0)} \right\rangle}_{0} = \left\langle \varphi_1^{(0)} \left| (E^{(1)} - \mathbf{h}) \right| \Psi^{(0)} \right\rangle$$

$$= \begin{array}{c} c_1 E^{(1)} \underbrace{\left\langle \varphi_1^{(0)} \middle| \varphi_1^{(0)} \right\rangle}_{1} + c_2 E^{(1)} \underbrace{\left\langle \varphi_1^{(0)} \middle| \varphi_2^{(0)} \right\rangle}_{0} \\ -c_1 \underbrace{\left\langle \varphi_1^{(0)} \left| \mathbf{h} \right| \varphi_1^{(0)} \right\rangle}_{H_{11}} - c_2 \underbrace{\left\langle \varphi_1^{(0)} \left| \mathbf{h} \right| \varphi_2^{(0)} \right\rangle}_{H_{12}}, \end{array}$$

(5.81)

aus denen sich analog zu Gl. (5.31) mit das Säkulargleichungssystem

$$\left. \begin{array}{ll} c_1 \left[E^{(0)} - E + H_{11} \right] + c_2 \, H_{12} & = 0 \\ c_1 \, H_{21} \qquad\qquad + c_2 \left[E^{(0)} - E + H_{22} \right] = 0 \end{array} \right\} \qquad (5.82)$$

ergibt. Wie oben muss die Säkulardeterminante der Koeffizienten c_k verschwinden, so dass mit $E = E^{(0)} + E^{(1)}$

$$\left| \begin{array}{cc} H_{11} - E^{(1)} & H_{12} \\ H_{21} & H_{22} - E^{(1)} \end{array} \right| = 0 \qquad (5.83)$$

wird, aus deren Auflösung für die Energie E die zu Gl. (5.17) analoge Gleichung

$$E_{1,2}^{(1)} = \tfrac{1}{2} \left(H_{11} + H_{22} \right)$$

$$\pm \sqrt{\tfrac{1}{4} \left[H_{11} \right) - H_{22} \right]^2 + H_{12} H_{21}}.$$

(5.84)

folgt. Die Eigenvektoren sind durch die Entwicklungskoeffizienten

$$\left. \begin{array}{ll} \frac{c_1}{c_2} & = \frac{H_{12}}{E_{1,2} - H_{11}} \\ c_1^2 + c_2^2 & = 1 \end{array} \right\} \qquad (5.85)$$

charakterisiert. Für den Fall $H_{12} = H_{21}$ und $H_{11} = H_{22}$ erhalten wir für die Energien $E^{(1)}$ und deren Zustände $|\psi\rangle$ folgendes Resultat:

$$
\begin{aligned}
E_1^{(1)} &= E^{(0)} + H_{11} + H_{12} \\
|\psi_1\rangle &= \tfrac{1}{\sqrt{2}}\left(\left|\varphi_1^{(0)}\right\rangle + \left|\varphi_2^{(0)}\right\rangle\right) \\
E_2^{(1)} &= E^{(0)} + H_{11} - H_{12} \\
|\psi_2\rangle &= \tfrac{1}{\sqrt{2}}\left(\left|\varphi_1^{(0)}\right\rangle - \left|\varphi_2^{(0)}\right\rangle\right).
\end{aligned}
\tag{5.86}
$$

- Dadurch wird die Entartung aufgehoben.

- Aus einem Zustand entstehen zwei, deren Energien um

$$
\Delta E = 2H_{12}
\tag{5.87}
$$

voneinander separiert sind. Der Einfluss der Störung ist maximal.

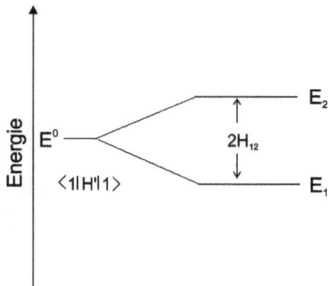

Abb. 5.2. Ist der Ausgangszustand entartet — hier doppelt —, spaltet die Störung diesen Zustand nach dem Schwerpunktsatz auf.

Derartige Fälle sind sehr häufig. Beispielsweise sind im Wasserstoffatom wegen fehlender Elektron-Elektron-Wechselwirkung die Zustände gleicher Hauptquantenzahl n entartet — deswegen ist das H-Spektrum so linienarm. Für die Hauptquantenzahl $n = 2$ etwa sind die s- und die drei p-Zustände zu insgesamt vier Zuständen entartet, für $n = 3$ kommen noch fünf d-Zustände dazu, also insgesamt eine neunfache Entartung. Im elektrischen Feld und im Magnetfeld kommt es daher zu einer vielfachen Linienaufspaltung beim Aufnehmen optischer Spektren.

Betrachtet man etwa die BALMER-Linien des H-Atoms, von denen wir ja wissen, dass sie die Emissionslinien des Übergangs $n \to 2$ sind. Der Zielzustand spaltet im elektrischen Feld dreifach auf (einer davon ist wiederum entartet, linearer STARK-Effekt).

5.6 Das Zweiniveau-System „revisited"

Zum Abschluss dieses Kapitels studieren wir nochmals das Zweiniveau-System, eine dem Harmonischen Oszillator und dem BOHRschen Atommodell vergleichbare Allzweckwaffe — nicht nur in der Atomphysik, es ist ja auch in der Thermodynamik sehr beliebt. Wir sehen uns die Zustände im ungestörten und im gestörten Fall an. Wenden wir als Störquelle ein elektromagnetisches Feld an, verwenden wir die zeitabhängige SCHRÖDINGER-Gleichung, um den Übergang zwischen zwei stationären Zuständen zu verstehen. Schließlich kommen wir bis zu den RABI-Oszillationen. Dieser Übergang wird hier mit großem Abstand betrachtet, während das Kap. 11 diesem Prozess *en miniature* gewidmet ist.

5.6.1 Eigenbasis und Hamilton-Oerator

Wir betrachten ein Zweiniveausystem. In seiner Eigenbasis

$$\left\{ \left| \begin{array}{c} 1 \\ 2 \end{array} \right\rangle \right\} \tag{5.88}$$

mit den Zuständen

$$|1\rangle = \left(\begin{array}{c} 1 \\ 0 \end{array} \right) \tag{5.89}$$

und

$$|2\rangle = \left(\begin{array}{c} 0 \\ 1 \end{array} \right) \tag{5.90}$$

hat der HAMILTON-Operator die Form

$$\mathbf{H}^0 = \left(\begin{array}{cc} E_1 & 0 \\ 0 & E_2 \end{array} \right). \tag{5.91}$$

5.6.2 Eigenwerte

Wir teilen die Energiestrecke E symmetrisch auf, $E_1 = \frac{E}{2}$ und $E_2 = -\frac{E}{2}$, so dass aus Gl. (5.91)

$$\mathbf{H}^0 = \left(\begin{array}{cc} +\frac{E}{2} & 0 \\ 0 & -\frac{E}{2} \end{array} \right) \tag{5.92}$$

wird. Das System $|\Psi(t)\rangle$ wird damit beschrieben durch

$$|\Psi(t)\rangle = c_1 |1\rangle \exp\left(\frac{-\mathrm{i}E_1 t}{\hbar} \right) + c_2 |2\rangle \exp\left(\frac{-\mathrm{i}E_2 t}{\hbar} \right). \tag{5.93}$$

Die Eigenzustände $|i\rangle$ von $\mathbf{H}$ seien zeitunabhängig; das bedeutet, dass die Wahrscheinlichkeit P, das System im Zustand $|1\rangle$ zur Zeit t zu finden, genauso groß ist wie zur Anfangszeit bei $t = 0$:

$$
\begin{aligned}
P_i(t) &= |\langle i|\Psi\rangle|^2 \\
&= \left| c_i \exp\left(-\tfrac{\mathrm{i}E_i t}{\hbar}\right) \right|^2 \\
&= |c_i|^2 \\
&= P_i(0).
\end{aligned}
\tag{5.94}
$$

Und da die Zustände zueinander orthogonal sind, gilt für die Matrixelemente

$$
H_{ij} = \delta_{ij},
\tag{5.95}
$$

was bedeutet, dass die Wahrscheinlichkeit P, das Elektron sowohl im Zustand $|1\rangle$ wie $|2\rangle$ gleichzeitig zu finden, exakt Null ist.

Nun stören wir das System mit elektromagnetischen Wellen. Sei der Stör-operator $\mathbf{H}'$ und dessen Matrixelemente $H_{12} = \hbar V$ und $H_{21} = \hbar V^*$

$$
\mathbf{H}' = \begin{pmatrix} 0 & \hbar V \\ \hbar V^* & 0 \end{pmatrix},
\tag{5.96}
$$

bei denen die beiden Nebendiagonalelemente die beiden Zustände miteinander koppeln, und die komplex-konjugierte Größe V^* die Hermitizität des Operators sichert. Es sind also die beiden Nebendiagonalelemente, die zu Übergängen zwischen den beiden Zuständen $|1\rangle$ und $|2\rangle$ Anlass geben, in Absorption und in Emission.

Der gesamte, das Geschehen beschreibende HAMILTON-Operator lautet folglich

$$
\mathbf{H} = \mathbf{H}^0 + \mathbf{H}' = \begin{pmatrix} \frac{E}{2} & \hbar V \\ \hbar V^* & -\frac{E}{2} \end{pmatrix},
\tag{5.97}
$$

und damit die Säkulargleichung

$$
(\mathbf{H} - \lambda_{1,2}\mathbf{I}) \begin{vmatrix} 1 \\ 2 \end{vmatrix} = 0,
\tag{5.98}
$$

aus der sich die Säkulardeterminante

$$
\begin{vmatrix} \frac{E}{2} - \lambda & \hbar V \\ \hbar V^* & -\frac{E}{2} - \lambda \end{vmatrix} = 0
\tag{5.99}
$$

mit der Lösung

$$
\lambda_{1,2} = \pm\sqrt{\frac{E^2}{4} + |\hbar V|^2}
\tag{5.100}
$$

ergibt. Wir identifizieren die $\oplus$-Variante mit λ_1 und die $\ominus$-Variante mit λ_2 und finden (Abb. 5.3)

$$\left. \begin{array}{l} \lim\limits_{V \to 0} \lambda_1 = \frac{E}{2} \\[4pt] \lim\limits_{V \to 0} \lambda_2 = -\frac{E}{2}. \end{array} \right\} \tag{5.101}$$

$$\left. \begin{array}{l} \lim\limits_{E/V \to 0} \lambda_1 = +\hbar V \\[4pt] \lim\limits_{E/V \to 0} \lambda_2 = -\hbar V. \end{array} \right\} \tag{5.102}$$

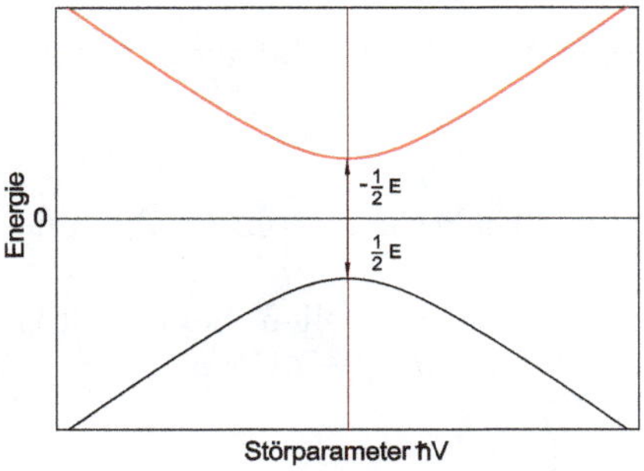

Abb. 5.3. In einem Zwei-Niveau–System „stoßen" sich die Zustände mit wachsender Kopplung V voneinander ab. Bei verschwindender Kopplung erhält man die stationären Zustände mit $\frac{E}{2}$ (unten) und $-\frac{E}{2}$ oben.

> In einem Zwei-Niveau-System „stoßen" sich die Zustände mit wachsender Kopplung V voneinander ab. Bei verschwindender Kopplung erhält man die stationären Zustände mit $\frac{E}{2}$ (unten) und $-\frac{E}{2}$ (oben).

5.6.3 Eigenzustände

Nun erwarten wir, dass die P_i und c_i zeitabhängig werden und Werte annehmen, die verschieden sind von Null oder Eins. Dabei soll der Anstieg resp. Abfall langsam sein gegenüber den Oszillationen, die das ungestörte Elektron vollführt.

Um diese Koeffizienten zu bestimmen, beschäftigen wir uns mit der Energiedifferenz, wozu wir die zeitabhängige SCHRÖDINGER-Gleichung verwenden:

$$-\frac{\hbar}{\mathrm{i}} \frac{\partial}{\partial t} |\Psi(t)\rangle = (\mathbf{H}^0 + \mathbf{H}') |\Psi(t)\rangle. \tag{5.103}$$

Für die linke Seite der Gl. (5.103) können wir auch

$$-\frac{\hbar}{\mathrm{i}} \frac{\partial}{\partial t} |\Psi(t)\rangle = -\frac{\hbar}{\mathrm{i}} \frac{\partial}{\partial t} \sum_k c_k(t) \exp\left(-\frac{\mathrm{i}E_k t}{\hbar}\right) |k\rangle \tag{5.104}$$

schreiben. Die Projektion auf den Zustand $\langle l|$ liefert (Multiplikation mit dem *Bra* und Integration):

$$-\frac{\hbar}{i} \left\langle l \left| \exp\left(\frac{iE_l t}{\hbar}\right) \frac{\partial}{\partial t} \sum_k c_k(t) \exp\left(-\frac{iE_k t}{\hbar}\right) \right| k \right\rangle = -\frac{\hbar}{i} \frac{\partial c_l}{\partial t} + c_l(t) E_l. \quad (5.105)$$

Nun die rechte Seite der Gl. (5.103). Einsetzen von Gl. (5.93) ergibt zunächst

$$\left(\mathbf{H}^0 + \mathbf{H}'\right) \Psi(t) = \sum_k c_k(t) \exp\left(\frac{-iE_k t}{\hbar}\right) \left(\mathbf{H}^0 + \mathbf{H}'\right) |k\rangle, \quad (5.106)$$

die Projektion auf den Zustand $\langle l|$ dann auch hier mit der Differenz

$$E_l - E_k = E_{lk} \text{ und } \frac{E_{lk}}{\hbar} = \omega_{lk}, \quad (5.107)$$

weiterhin für das Matrixelement

$$\langle l| \mathbf{H}' |k\rangle = H_{lk}$$

$$\sum_k c_k(t) \exp\left(i\omega_{lk}t\right) \langle l| \mathbf{H}^0 + \mathbf{H}' |k\rangle = \underbrace{\sum_k c_k(t) E_k \delta_{lk}}_{c_l(t) E_l} + \sum_k c_k(t) \exp\left(i\omega_{lk}t\right) H_{lk}.$$

$$(5.108)$$

Die Gln. (5.105) und (5.108) resultieren in

$$-\frac{\hbar}{i} \frac{\partial c_1}{\partial t} = c_k(t) \exp\left(i\omega_{lk}t\right) H_{lk}, \quad (5.109)$$

einem System gekoppelter DGln 1. Ordnung für die Entwicklungskoeffizienten c_k, deren Quadrate die Wahrscheinlichkeit, das System in dem k-ten Zustand anzutreffen, angeben.

In unserem Fall eines Zweiniveau-Systems erhalten wir das Gleichungssystem

$$\left.\begin{array}{l} -\frac{\hbar}{i} \frac{\partial c_1}{\partial t} = c_1(t) \exp\left(i\omega_{11}t\right) H_{11} + c_2(t) \exp\left(i\omega_{12}t\right) H_{12} \\ -\frac{\hbar}{i} \frac{\partial c_2}{\partial t} = c_1(t) \exp\left(i\omega_{21}t\right) H_{21} + c_2(t) \exp\left(i\omega_{22}t\right) H_{22}, \end{array}\right\} \quad (5.110)$$

bei denen die Elemente mit H_{ii} verschwinden, da nur die Nichtdiagonalelemente Beiträge zur Veränderung der c_i leisten. Damit resultiert aus dem System (5.110)

$$\left.\begin{array}{l} -\frac{\hbar}{i} \frac{\partial c_1}{\partial t} = c_2(t) \exp\left(i\omega_{12}t\right) H_{12} \\ -\frac{\hbar}{i} \frac{\partial c_2}{\partial t} = c_1(t) \exp\left(i\omega_{21}t\right) H_{21}, \end{array}\right\} \quad (5.111)$$

wobei $\omega_{21} = -\omega_{12}$ ist. Nun müssen wir diese Elemente H_{12} und H_{21} etwas genauer spezifizieren. Das tun wir, indem wir ein Strahlungsfeld damit assoziieren, das nach

$$\left.\begin{array}{l} \langle 1 |H_{12}| 2\rangle = \hbar V \exp\left(i\omega t\right) \\ \langle 2 |H_{21}| 1\rangle^* = \hbar V^* \exp\left(-i\omega t\right) \end{array}\right\} \quad (5.112)$$

auf unser System einwirkt. Dann wird aus Gl. (5.111)

$$\left.\begin{array}{l} \frac{\partial c_1}{\partial t} = -ic_2(t)V \exp\left(i\left(\omega - \omega_{21}t\right)\right) \\[2mm] \frac{\partial c_2}{\partial t} = -ic_1(t)V \exp\left(-i\left(\omega - \omega_{21}t\right)\right). \end{array}\right\} \tag{5.113}$$

Das elementarste Verfahren zur Lösung eines derartigen Systems ist das Einsetzen — und bei einem System von lediglich zwei Veränderlichen auch schnell. Wir gewinnen damit zwei entkoppelte DGln zweiter Ordnung für entweder c_1 oder c_2, hier gezeigt für c_2

$$\ddot{c}_2 + i\left(\omega - \omega_{21}\right)\dot{c}_2 + |V|^2 c_2 = 0, \tag{5.114}$$

deren allgemeine Lösung

$$\left.\begin{array}{l} c_2 = \left(Ae^{i\Omega t} + Be^{-i\Omega t}\right)\exp\left(\frac{-i(\omega-\omega_{21})t}{2}\right) \text{ mit} \\[2mm] \Omega = \quad \frac{1}{2}\sqrt{4|V|^2 + (\omega - \omega_{21})^2} \end{array}\right\} \tag{5.115}$$

ist, wobei die A, B durch die Anfangsbedingungen bestimmt sind.

5.6.4 Rabi-Oszillationen

Wir beginnen mit $c_1(0) = 1$ und $c_2(0) = 0$. Das ergibt die Entwicklungskoeffizienten

$$\left.\begin{array}{l} c_1(t) = \exp\left(\frac{i(\omega-\omega_{21})t}{2}\right)\left(\cos\Omega t - \frac{i(\omega-\omega_{21})}{2\Omega}\sin\Omega t\right) \\[2mm] c_2(t) = -i\frac{|V|}{\Omega}\exp\left(\frac{-i(\omega-\omega_{21})t}{2}\right)\sin\Omega t. \end{array}\right\} \tag{5.116}$$

Damit ist die Wahrscheinlichkeit, das System zur Zeit t im Zustand $|1\rangle$ zu finden, $|c_1|^2$, und im Zustand $|2\rangle$ entsprechend $|c_1|^2$. Die Entwicklungskoeffizienten werden also wesentlich durch die Veränderliche Ω bestimmt, die wiederum von der Größe des Störparameters V abhängt:

$$\left.\begin{array}{l} P_1(t) = 1 - P_2(t) \\[2mm] P_2(t) = \frac{4|V|^2}{4|V|^2 + (\omega - \omega_{21})^2}\sin^2(\Omega t). \end{array}\right\} \tag{5.117}$$

Zur Zeit $t = 0$ ist das System vollständig im Zustand $|1\rangle$. Damit hat das System die Energie $+\frac{E}{2}$. Nach einer Viertelperiode, $\frac{T}{4} = \frac{2\pi}{4\Omega}$, ist das System vollständig im Zustand $|2\rangle$ (Abb. 5.4). Damit ist $c_2 = 1$ und $-\frac{E}{2}$. Dieser Vorgang wiederholt sich periodisch. Damit nimmt das Teilchen in der ersten Viertelperiode Energie auf und gibt sie in der zweiten Viertelperiode wieder ab.

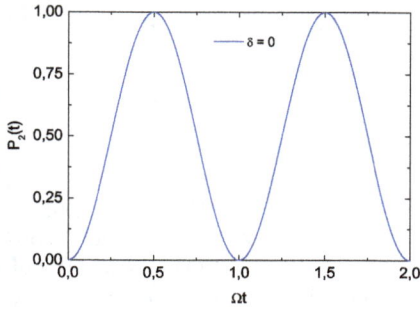

Abb. 5.4. Wahrscheinlichkeit $P_2(t)$, den Zustand $|2\rangle$ zu beobachten, als Funktion von Ωt bei genau getroffener Resonanz (Verstimmung $\delta = 0$).

Unter dem Einfluss einer zeitabhängigen Störung oszilliert das System zwischen zwei stabilen Zuständen mit der RABI-Frequenz, die doppelt so groß ist wie Ω

$$\Omega_R = 2\Omega. \tag{5.118}$$

Damit dieses Phänomen des Hin- und Herschaukelns effektiv zu beobachten ist, muss die Resonanz exakt getroffen werden. Ist das der Fall, ist also $\omega = \omega_{21}$, dann erhalten wir aus den Gln. (5.117)

$$\left.\begin{array}{l} P_1(t) = \cos^2(\Omega\,t) \\ P_2(t) = \sin^2(\Omega t). \end{array}\right\} \tag{5.119}$$

Wir untersuchen die zwei Grenzfälle $\omega_{12} \to 0$ und $\frac{V}{\omega_{12}} \to 0$:

$$P_2(t) = \frac{4|V|^2}{4|V|^2 + (\omega - \omega_{21})^2} \sin^2\left(\frac{t}{2}\sqrt{4|V|^2 + (\omega - \omega_{21})^2}\right).$$

Ist $\omega_{21} = 0$, wird

$$P_2(t) = \sin^2|V|t,$$

das bedeutet, dass ein Hin- und Herpendeln zwischen den beiden Zuständen erfolgt — wie bei einer Schwebung zwischen zwei gekoppelten mechanischen Pendeln (Abb. 5.5).

Ist dagegen $V \ll \omega_{21}$, dann kann $P_2(t)$ nicht größer werden als $\left(\frac{(2|V|)}{\omega_{21}}\right)^2$ (Abb. 5.5). Damit ist ersten die Wahrscheinlichkeit, dass die Störung das System in den energiereicheren Zustand treibt, sehr viel kleiner. Zudem wird die Oszillationsfrequenz ausschließlich von der energetischen Distanz der beiden Zustände bestimmt. Je größer die energetische Separation, umso höher die Frequenz der Oszillation.

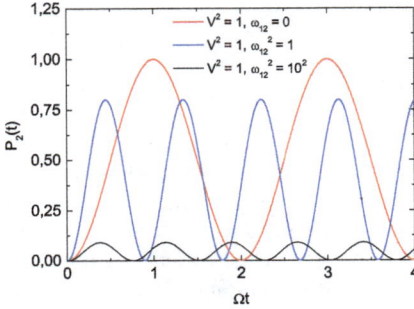

Abb. 5.5.   Wahrscheinlichkeit $P_2(t)$, den Zustand $|2\rangle$ zu beobachten, als Funktion von Ωt bei verschiedenen Stärken der Störung.

5.7 Abschließende Bemerkung

Mit dem Verfahren der Störungsrechnung haben wir ein Verfahren kennengelernt, mit dem das Lösen von Eigenwertproblemen realer Systeme möglich ist. Bedingung für gute Resultate ist, dass die Störung klein ist, so dass der Störoperator zum Operator des ungestörten Systems addiert werden kann. Bei unveränderten Eigenfunktionen ist dann die Störung der Erwartungswert des Störoperators. Typisch ist ein Überschießen der Korrektur. Die Störung in 2. Ordnung mit geänderten Eigenfunktionen nimmt dann die Korrektur etwas zurück, so dass die vier Rezepte

$$
\begin{aligned}
&\textit{Energiekorrektur 1. Ordnung} && n = k & E_n^{(1)} &= \left\langle n^{(0)} \right| \mathbf{h} \left| n^{(0)} \right\rangle \\[2mm]
&\textit{Koeffizientenkorrektur 1. Ordnung} && n \neq k & c_{kn} &= \frac{\left\langle k^{(0)} \right| \mathbf{h} \left| n^{(0)} \right\rangle}{E_k^{(0)} - E_n^{(0)}} \\[2mm]
&\textit{Zustandskorrektur 1. Ordnung} && n \neq k & \left| n^{(1)} \right\rangle &= \sum_{n \neq k} \frac{\left\langle k^{(0)} \right| \mathbf{h} \left| n^{(0)} \right\rangle}{E_n^{(0)} - E_k^{(0)}} \left| k^{(0)} \right\rangle \\[2mm]
&\textit{Energiekorrektur 2. Ordnung} && n \neq k & E_n^{(2)} &= \sum_{n \neq k} \frac{\left| \left\langle k^{(0)} \right| \mathbf{h} \left| n^{(0)} \right\rangle \right|^2}{E_n^{(0)} - E_k^{(0)}}
\end{aligned}
$$

$$(5.120)$$

anzuwenden sind.

Aus der Gleichung

$$
E_n^{(k)} = \left\langle n^{(0)} \right| \mathbf{h} \left| n^{(k-1)} \right\rangle
\tag{5.121}
$$

schließlich geht der rekursive Charakter des Verfahrens von SCHRÖDINGER hervor. Hat man sich die Kenntnis des Grades $k - 1$ verschafft, kann man mit der Sukzessiven Approximation den nächsthöheren Grad in k erhalten.

Aus der Gl. (5.120.4) ist ersichtlich, dass die Korrektur 2. Ordnung für die Energie die Energiedifferenzen ungestörter Eigenwerte enthält. Gleiches gilt für die Koeffizienten der Eigenfunktionen in 1. Ordnung [(Gl. 5.120.2.)]. Daher haben insbesondere die Zustände, deren Energie-Eigenwerte sehr dicht beieinander liegen, den stärksten Einfluss auf die Wellenfunktion!

Weiter ist Voraussetzung der Kleinheit des Operators $\mathbf{H}' = \lambda\mathbf{h}$ gegenüber $\mathbf{H}^0$, dass auch

$$\left|\frac{\lambda h_{mk}}{E_m^{(0)} - E_k^{(0)}}\right| \ll 1. \tag{5.122}$$

Da dieses Verfahren iterativ angewendet werden kann und oft schnell konvergiert, wird nur selten über die 2. Ordnung hinaus entwickelt.

Oft sind Zustände entartet, so dass die in Abschn. 5.5 geschilderte Erweiterung angewendet werden muss. Die Entartung kann den Ausgangszustand, aber auch den Zielzustand betreffen.

5.8 Aufgaben und Lösungen

Die Übungsaufgaben zur Störungsrechnung sind über die Kapitel verteilt, da es sich als vorteilhaft erwiesen hat, diesen Calculus an konkreten Problemen zu studieren, etwa beim harmonischen Oszillator, in der chemischen Bindung beim He-Atom und ganz intensiv beim HMO-Modell, bei magnetischen Effekten und in der Festkörperphysik, wo die Entstehung des Bandgaps ein besonders wichtiger Fall ist. Daher werden hier nur einige grundsätzliche Fragestellungen untersucht.

Aufgabe 5.1 Zeigen Sie, daß die Korrektur 2. Ordnung für die Energie des Grundzustands immer negativ ist!

Lösung. Nach den Gln. (5.38) ist die Energie des ungestörten tiefsten Zustands E_k^0, von der jetzt die Energie eines ungestörten höheren Zustandes abgezogen wird. Dieser ist aber arithmetisch kleiner, also weniger stark negativ. Da der Zähler für einen HERMITEschen Operator immer positiv sein muß, zieht die Korrektur 2. Ordnung den unteren Zustand immer nach unten, den oberen des Zustandspaars aber weiter nach oben (weniger negativ). Damit wird die zu starke Erhöhung der Energie, die mit der Störung 1. Ordnung verbunden ist, z. T. wieder in die richtige Richtung kompensiert. Im Laborslang spricht man von der *Abstoßung* der Terme.

Aufgabe 5.2 Zeigen Sie, dass die Wellenfunktion mit gestörten Amplitudenkoeffizienten orthogonal zu der mit ungestörten Koeffizienten ist!

Lösung. Die Eigenfunktion des ungestörten Zustandes ist normiert, also

$$\left\langle n^{(0)} \middle| n^{(0)} \right\rangle = 1. \tag{1}$$

Weiterhin ist nach der Gl. (5.43) die Eigenfunktion des gestörten Zustandes bis zur zweiten Ordnung

$$|n\rangle = \lambda^0 \left| n^{(0)} \right\rangle + \lambda^1 \left| n^{(1)} \right\rangle + \lambda^2 \left| n^{(2)} \right\rangle, \tag{2}$$

wobei mit Gln. (5.42.1) + (5.44) ersichtlich ist, dass z. B. für die 1. Ordnung

$$\left| n^{(1)} \right\rangle = \left(\frac{\partial \psi}{\partial \lambda} \right) \tag{3}$$

ist. Um die c_n zu bestimmen, nehmen wir Gl. (2) und multiplizieren von links mit $\langle n^{(0)}$:

$$\left\langle n^{(0)} \middle| n \right\rangle = \lambda^0 \left\langle n^{(0)} \middle| n^{(0)} \right\rangle + \lambda^1 \left\langle n^{(0)} \middle| n^{(1)} \right\rangle + \lambda^2 \left\langle n^{(0)} \middle| n^{(2)} \right\rangle \tag{4}$$

Da der erste Summand Eins ist, kann die Summe der beiden Terme für die Störung in 1. Ordnung und die der 2. Ordnung zusammen nur Null ergeben. Insbesondere gilt also

$$\lambda^1 \left\langle n^{(0)} \middle| n^{(1)} \right\rangle = 0. \tag{5}$$

Da λ natürlich verschieden sein soll von Null, bedeutet das, dass die Störterme in 1. Ordnung orthogonal zu den Termen in 0. Ordnung sein müssen. Nach Gl. (3) sehen wir außerdem, dass die Störung in 1. Ordnung die Ableitung der ungestörten Eigenfunktion ist. Wenn sie beide aufeinander senkrecht stehen, ist das also dasselbe Verhältnis wie der des Gradienten zur abzuleitenden Funktion (Potential zur Feldstärke).

Diese Feststellung gilt nicht nur für die gestörte Funktion in 1. Ordnung, sondern auch für alle weiteren.

Aufgabe 5.3 Zeigen Sie für das „Elektron im Kasten mit unendlich hohen Wänden", wie sich die Eigenwerte der Energie in einem Plattenkondensator verschieben!

Lösung. In einem Plattenkondensator liegt ein konstantes elektrisches Feld und damit ein linearer Anstieg des Potentials zwischen den Platten vor. Damit ist der Störoperator

$$\mathbf{H}' = e_0 E \, x, \tag{1}$$

den wir additiv zum $\mathbf{H}^0 = -\frac{\hbar^2}{2m} \frac{\partial^2}{\partial x}$ auf die ungestörten Eigenfunktionen

$$\psi_n = \sqrt{\frac{2}{L}} \sin\left(\frac{n\pi x}{L} \right) \tag{2}$$

einwirken lassen. Wir erhalten für die Energieverschiebung H'_{nn}

$$H'_{nn} = \frac{2E}{L} \int_0^L x \sin^2\left(\frac{n\pi x}{L}\right) \, \mathrm{d}x, \tag{3}$$

also nach partieller Integration

$$H'_{nn} = \frac{E\,L}{2}, \tag{4}$$

in der Tat den Mittelwert.

6 Quantenteilchen und konstantes Potential

In diesem Kapitel untersuchen wir Quantenteilchen, die mit konstanten Potentialen wechselwirken. Dies wird am einfachsten Fall, dem Anlaufen eines Quantenteilchens gegen eine Potentialschwelle, exekutiert, dem sich die Bewegung eines Quantenteilchens in einem symmetrischen Potentialtopf mit endlich hohen Wänden anschließt. Es folgt die Bestimmung der diskreten Eigenzustände und ihrer Energieniveaus innerhalb dieses Topfes.

6.1 Einführung

Das *Elektron im Kasten* wird neben dem BOHRschen Atommodell vielfach zur Überprüfung komplizierterer Methoden eingesetzt. Wir wollen hier den Sprung zu realistischeren Systemen wagen. Ausgehend vom Fall $V(x) = \text{const}$ wird vermutet, dass sich bei langsamen Veränderungen von $V(x)$ auch die Wellenzahlen k oder κ nur langsam verändern, und man damit die einzelnen Teilbereiche der Gesamtwellenfunktion separat berechnen kann.

6.2 Quantenteilchen gegen einen Potentialwall

Dazu untersuchen wir als erstes das Verhalten eines Quantenteilchens an einer Potentialstufe der Höhe V_0, wie das bei einem Materialübergang der Fall ist.

Für einen Teilchenstrom, der klassisch zu behandeln ist, gilt die Kontinuitätsgleichung (4.48). Noch einfacher, für inkompressible Medien, bleibt die Stromdichte j vor und hinter der Potentialstufe unverändert, also $j_1 = j_2$. Die Geschwindigkeit der Teilchen reduziert sich nach

$$v = \sqrt{2m_0(E - V_0)}, \tag{6.1}$$

und daher muss sich die Dichte nach $j = \rho v$ erhöhen. Dies geht bis $E = V_0$. Steigt V_0 über E, versiegt der Strom, die Dichte sinkt im Bereich jenseits der Schwelle auf Null ab. Quantenteilchen können dagegen auch als Wellenpakete agieren und haben daher eine endliche Wahrscheinlichkeit, jenseits des Walls angetroffen zu werden.

Da das Problem — wie im vorher diskutierten Fall des „Elektrons im Kasten" — nicht zeitabhängig ist, untersuchen wir nur die Ortsabhängigkeit und nehmen diese Potentialverteilung in den beiden Regionen

- I: $x \leq 0$: $V(x) = 0$ und

https://doi.org/10.1515/9783111238678-006

• II: $0 \le x$: $V(x) = V_0$

an (Abb. 6.1).

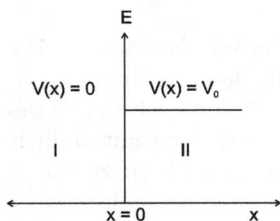

Abb. 6.1. Verhältnisse für ein Quantenteilchen, das mit einer Wand kollidiert. Für ein Wellenpaket besteht eine endliche Wahrscheinlichkeit, in die Wand einzudringen: seine Aufenthaltswahrscheinlichkeit ist also verschieden von Null.

Mit der SCHRÖDINGER-Gleichung (4.9) erhalten wir in der Region I

$$\nabla^2 \psi_{\mathrm{I}} + k_{\mathrm{I}}^2 \psi_{\mathrm{I}} = \nabla^2 \psi_{\mathrm{I}} + \frac{2E\,m_0}{\hbar^2} \psi_{\mathrm{I}} = 0, \tag{6.2}$$

deren Lösung die trigonometrischen Funktionen oder die Exponentialfunktion mit imaginärem Argument sind[1]

$$\psi_{\mathrm{I}} = A_1 \mathrm{e}^{\mathrm{i}k_{\mathrm{I}}x} + A_2 \mathrm{e}^{-\mathrm{i}k_{\mathrm{I}}x} \tag{6.3}$$

mit

$$k_{\mathrm{I}}^2 = \frac{2E\,m_0}{\hbar}. \tag{6.4}$$

In der Region II dagegen gilt

$$\nabla^2 \psi_{\mathrm{II}} + k_{\mathrm{II}}^2 \psi_{\mathrm{II}} = 0, \tag{6.5}$$

wobei

$$k_{\mathrm{II}}^2 = \frac{2m_0\,(E - V_0)}{\hbar^2} \tag{6.6}$$

eine Zahl größer oder kleiner Null sein kann.

6.2.1 Verhalten für $E > V_0$

Die Lösung im Bereich II ist

$$\psi_{\mathrm{II}} = B_1 \mathrm{e}^{\mathrm{i}k_{\mathrm{II}}x} + B_2 \mathrm{e}^{-\mathrm{i}k_{\mathrm{II}}x}, \tag{6.7}$$

---

[1]Die Amplitudenkoeffizienten werden dem Brauch folgend mit großen Buchstaben geschrieben.

und da wir nur eine von links nach rechts laufende Welle betrachten, muss der Amplitudenkoeffizient B_2 Null sein. Weiterhin fordern wir, dass die Funktion an der Nahtstelle $x = 0$ nach den quantenmechanischen Axiomen stetig und differenzierbar ist, also

$$\psi_{\mathrm{I}}(0) = \psi_{\mathrm{II}}(0); \tag{6.8}$$

$$\left.\frac{\mathrm{d}\psi_{\mathrm{I}}}{\mathrm{d}x}\right|_{x=0} = \left.\frac{\mathrm{d}\psi_{\mathrm{II}}}{\mathrm{d}x}\right|_{x=0}. \tag{6.9}$$

Daraus folgt unmittelbar für die Ableitung aus Gln. (6.3) und (6.7)

$$\left.\begin{aligned} \psi_{\mathrm{I}}' &= \mathrm{i}k_{\mathrm{I}}\left(A_1\,\mathrm{e}^{\mathrm{i}k_{\mathrm{I}}x} - A_2\,\mathrm{e}^{-\mathrm{i}k_{\mathrm{I}}x}\right) \\ \psi_{\mathrm{II}}' &= \mathrm{i}k_{\mathrm{II}}B_1\mathrm{e}^{\mathrm{i}k_{\mathrm{II}}x} \end{aligned}\right\} \tag{6.10}$$

für eine vorwärts laufende Welle und damit (aus den Funktionen bzw. den Ableitungen)

$$\left.\begin{aligned} A_1 + A_2 &= B_1 \\ \mathrm{i}k_{\mathrm{II}}B_1 &= \mathrm{i}k_{\mathrm{I}}(A_1 - A_2). \end{aligned}\right\} \tag{6.11}$$

Der Amplitudenkoeffizient B_1 errechnet sich damit zu

$$B_1 = A_1\frac{2\,k_{\mathrm{I}}}{k_{\mathrm{I}} + k_{\mathrm{II}}}, \tag{6.12}$$

woraus man eine Beziehung für die Amplitudenkoeffizienten in der Region I zu

$$A_2 = A_1\,\frac{k_{\mathrm{I}} - k_{\mathrm{II}}}{k_{\mathrm{I}} + k_{\mathrm{II}}} \tag{6.13}$$

findet: In der Region I hat die Wellenfunktion damit die Form

$$\psi_{\mathrm{I}} = A_1\left(\mathrm{e}^{\mathrm{i}k_{\mathrm{I}}x} + \frac{k_{\mathrm{I}} - k_{\mathrm{II}}}{k_{\mathrm{I}} + k_{\mathrm{II}}}\,\mathrm{e}^{-\mathrm{i}k_{\mathrm{I}}x}\right), \tag{6.14}$$

in der Region II die Form

$$\psi_{\mathrm{II}} = A_1\frac{2\,k_{\mathrm{I}}}{k_{\mathrm{I}} + k_{\mathrm{II}}}\,\mathrm{e}^{\mathrm{i}k_{\mathrm{II}}x}. \tag{6.15}$$

Da die Wellenzahlen k_{I} und k_{II} nach den Gln. (6.4) und (6.6) reell sind, definieren wir die Verhältnisse der Amplitudenfaktoren in den Gln. (6.12) und (6.13)

$$t = \frac{B_1}{A_1} = \frac{2\,k_{\mathrm{I}}}{k_{\mathrm{I}} + k_{\mathrm{II}}}, \tag{6.16}$$

$$r = \frac{A_2}{A_1} = \frac{k_{\mathrm{I}} - k_{\mathrm{II}}}{k_{\mathrm{I}} + k_{\mathrm{II}}}, \tag{6.17}$$

wobei das Quantenteilchen mit dem Quadrat von r reflektiert wird. Das Verhältnis der Amplitudenquadrate der einfallenden und der durchgehenden (reflektierten) Welle ist dann unser Durchlässigkeits- bzw. Reflexionskoeffizient $D = t^2$ bzw. $R = r^2$ und

$$R + D = 1. \tag{6.18}$$

Klassisch erfolgt keine Reflexion $(R = 0, D = 1)$, das Teilchen würde nur langsamer, weil es eben beim Überwinden des Walls kinetische Energie verlieren würde. Das entspricht dem Grenzfall für sehr große Energie

$$
\begin{aligned}
E &\to \infty &\Rightarrow \\
k_{\mathrm{II}} &\to k_{\mathrm{I}} &\Rightarrow \\
R &\to 0 & \\
T &\to 1. &
\end{aligned}
$$

Mit dem Brechungsindex

$$n = \sqrt{1 - \frac{V_0}{E}} = \frac{k_{\mathrm{II}}}{k_{\mathrm{I}}} \tag{6.19}$$

ergeben sich die FRESNEL-Formeln

$$D = \left(\frac{2}{1+n}\right)^2 \tag{6.20}$$

und

$$R = \left(\frac{1-n}{1+n}\right)^2 \tag{6.21}$$

für senkrechte Inzidenz.

6.2.2 Verhalten für $E < V_0$

In diesem Fall wird k_{II} in Gl. (6.6)

$$k_{\mathrm{II}} = \sqrt{\frac{2m_0\,(E - V_0)}{\hbar^2}} \tag{6.22}$$

imaginär, und wir verwenden für die Wellenzahl den Buchstaben κ, so dass die SCHRÖDINGER-Gleichung im Gebiet II

$$\nabla^2 \psi_{\mathrm{II}} + \kappa^2 \psi_{\mathrm{II}} = 0 \qquad (6.23)$$

lautet. Wegen $k_{\mathrm{II}} \in \mathbb{I}$ ist die Lösung dieser DGl daher nicht die Schwingungsgleichung, sondern z. B. die Exponentialfunktion mit reellem Argument. Die Lösung ist folglich

$$\psi_{\mathrm{II}} = B_1 \mathrm{e}^{\kappa x} + B_2 \mathrm{e}^{-\kappa x}, \qquad (6.24)$$

und da die Funktion nach Voraussetzung endlich und normierbar sein soll, muss nun der Amplitudenkoeffizient B_1 Null sein. Außerdem muss die Funktion an der Nahtstelle $x = 0$ stetig und differenzierbar sein, also

$$\psi_{\mathrm{I}}(0) = \psi_{\mathrm{II}}(0) \qquad (6.25)$$

und

$$\left. \frac{\mathrm{d}\psi_{\mathrm{I}}}{\mathrm{d}x} \right|_{x=0} = \left. \frac{\mathrm{d}\psi_{\mathrm{II}}}{\mathrm{d}x} \right|_{x=0}. \qquad (6.26)$$

Daraus folgt unmittelbar für die Ableitung aus den Gln. (6.3) und (6.24)

$$\left. \begin{array}{l} \psi_{\mathrm{I}}' = \mathrm{i}k \left(A_1 \, \mathrm{e}^{\mathrm{i}kx} - A_2 \, \mathrm{e}^{-\mathrm{i}kx} \right) \\ \psi_{\mathrm{II}}' = -\kappa B_2 \mathrm{e}^{-\kappa x} \end{array} \right\} \qquad (6.27)$$

für eine vorwärts laufende Welle und damit (aus den Funktionen bzw. den Ableitungen)

$$\left. \begin{array}{l} A_1 + A_2 = B_2 \\ \mathrm{i}k(A_1 - A_2) = -\kappa B_2. \end{array} \right\} \qquad (6.28)$$

Der Amplitudenkoeffizient B_2 errechnet sich folglich zu

$$B_2 = A_1 \frac{2k}{k + \mathrm{i}\kappa}, \qquad (6.29)$$

woraus man eine Beziehung für die Amplitudenkoeffizienten in der Region I zu

$$A_2 = A_1 \frac{k - \mathrm{i}\kappa}{k + \mathrm{i}\kappa} \qquad (6.30)$$

findet: In der Region I hat die Wellenfunktion damit die Form

$$\psi_{\mathrm{I}} = A_1 \left(\mathrm{e}^{\mathrm{i}kx} + \frac{k - \mathrm{i}\kappa}{k + \mathrm{i}\kappa} \mathrm{e}^{-\mathrm{i}kx} \right), \qquad (6.31)$$

in der Region II die Form

$$\psi_{\mathrm{II}} = A_1 \frac{2\,k}{k + \mathrm{i}\kappa} \mathrm{e}^{-\kappa x}, \qquad (6.32)$$

woraus sich das Verhältnis der Reflexion ergibt zu

$$R = \left|\frac{A_2}{A_1}\right|^2 = \frac{(k-\kappa)^2}{(k+\kappa)^2} = 1, \tag{6.33}$$

was Totalreflexion bedeutet. Es wird aber auch ein Eindringen der Welle in den Bereich der Potentialschwelle beobachtet:

$$D = \left|\frac{B_2}{A_1}\right|^2 = \frac{(2k)^2}{(k+\kappa)^2}, \tag{6.34}$$

wobei wiederum

$$R + D = 1 \Rightarrow D = 1 - R \tag{6.35}$$

ist, da die Welle auf einer Länge von $1/\kappa$ auf 1 e-tel abfällt, und damit die Intensität der transmittierten Welle nach den Gln. (6.33) und (6.35) zu Null wird, was wir auch nach Gl. (4.57) für reelle Wellenfunktionen erwarten (Abb. 6.2). Obwohl die Materiewelle nach Gl. (6.34) eine endliche Wahrscheinlichkeit

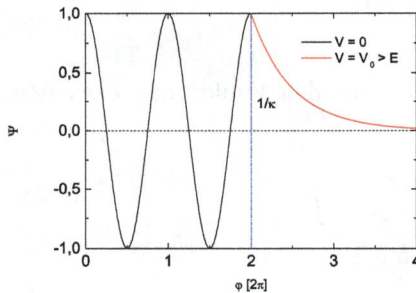

Abb. 6.2. Wellenpaket gegen Schwelle. Die Welle dringt eine gewisse Tiefe ein, die Eindringtiefe wird mit 1 e-tel definiert, also ist also $x = 1/\kappa$. Die Intensität ist dann bereits auf $1/10$ abgefallen. $R = 1$: Totalreflexion.

für die Transmission hat, wird sie nach Gl. (6.33) vollständig reflektiert. Da ihre Gruppengeschwindigkeit endlich ist, vergeht für das Vor- und Zurücklaufen ein endlicher Zeitraum, was in einer Phasenverschiebung gegenüber der einlaufenden Welle resultiert, die bekanntlich aus dem $\tan\varphi$ zwischen Real- und Imaginärteil von R bestimmt wird. Da $|R| = 1$, kann man direkt

$$R = |r^2| = e^{-2i\varphi}$$

schreiben, also

$$\cos 2\varphi = \Re(R) = \frac{k^2 - \kappa^2}{k^2 + \kappa^2},$$

$$\sin 2\varphi = \Im(R) = \frac{4k^2}{k^2 + \kappa^2},$$

woraus für den $\tan\varphi$

$$\tan\varphi = \frac{\sin 2\varphi}{1 + \cos 2\varphi} = \frac{\kappa}{k} \tag{6.36}$$

und für die Wellenfunktion selbst

$$\psi(x,t) = e^{ikx} + e^{-i(kx + 2\varphi)} \tag{6.37}$$

resultieren.

6.2.3 Verhalten für $E < 0$

Nun sind nach den Gln. (6.4) und (6.6) sowohl k_{I} wie auch k_{II} rein imaginär, so dass keine fortlaufenden Wellen als Lösungen der SCHRÖDINGER-Gleichung existieren.

6.3 Quantenteilchen im endlich hohen Potentialtopf

Der Erfolg des Modells des *Elektron im Kasten* ist verblüffend und hat den Weg für viele Beschichtungsexperimente gewiesen, bei denen das Ziel war, sehr dünne Schichten auf einem möglichst glatten Substrat abzuscheiden und zu modellieren. Während der Potentialsprung „nach oben" gegen Luft tatsächlich als Unendlich angenommen werden konnte, galt das für das „Interface" Substrat/Schicht zweifellos nicht. Daher wurden Berechnungen für das *Elektron im Kasten mit endlich hohen Wänden* begonnen — in beiden Fällen bedeutend früher, bevor es mit der Molekularstrahlepitaxie (MBE) gelang, tatsächlich hochreine dünne Schichten im Sub-100 nm-Bereich zu realisieren.

6.3.1 Aufstellen der Wellenfunktionen

Wir nehmen im einfachsten Falle folgende Potentialverteilung in den Regionen

- I: $x \leq -\frac{a}{2}; V = V_0 > E$;
- II: $0 \leq x \leq a; V = 0$ und
- III: $x > \frac{a}{2}; V = V_0 > E$

an. Ist $V\left(-\frac{a}{2}\right) = V\left(\frac{a}{2}\right)$, spricht man vom symmetrischen Potentialtopf (Abb. 6.3). Mit der SCHRÖDINGER-Gleichung (4.9) erhalten wir in der Region II:

$$\nabla^2\psi_{\mathrm{II}} + k^2\psi_{\mathrm{II}} = \nabla^2\psi_{\mathrm{II}} + \frac{2E\,m_0}{\hbar^2}\psi_{\mathrm{II}} = 0, \tag{6.38}$$

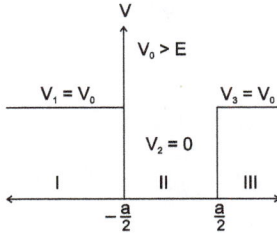

Abb. 6.3. Verhältnisse für ein Quantenteilchen endlicher kinetischer Energie E zwischen sehr hohen, jedoch nicht unendlich hohen Potentialbarrieren. Im hier gezeigten Fall $V_1 = V_3 = V_0$ spricht man vom symmetrischen Potentialtopf.

deren Lösung die trigonometrischen Funktionen oder die Exponentialfunktion mit imaginärem Argument

$$\psi_{\mathrm{II}} = B_1 \cos kx + B_2 \sin kx \tag{6.39}$$

sind mit

$$k = \pm\sqrt{\frac{2E\,m_0}{\hbar^2}}. \tag{6.40}$$

In den Regionen I und III dagegen gilt

$$\nabla^2\psi_{\mathrm{I}} + \kappa^2\psi_{\mathrm{I}} = 0, \tag{6.41}$$

wobei

$$\kappa^2 = \frac{2(E - V_0)m_0}{\hbar^2} \tag{6.42}$$

eine Zahl kleiner Null ist. Deswegen ist die Wurzel der Gl. (6.42)

$$\kappa = \pm\mathrm{i}\sqrt{\frac{2(V_0 - E)m_0}{\hbar^2}} \tag{6.43}$$

rein imaginär, und die Lösung dieser DGl ist daher nicht die Schwingungsgleichung, sondern z. B. die Exponentialfunktion mit reellem Argument. Die Lösung ist folglich

$$\psi_{\mathrm{I}} = (A, C)_1 \mathrm{e}^{\kappa x} + (A, C)_2 \mathrm{e}^{-\kappa x}, \tag{6.44}$$

und da die Funktion nach Voraussetzung endlich und normierbar sein soll, müssen die Amplitudenkoeffizienten A_2 und C_1 Null sein. Außerdem muss die Funktion an den Nahtstellen $x = -\frac{a}{2}$ und $x = \frac{a}{2}$ stetig und differenzierbar sein, also

$$\left.\begin{array}{l} \psi_{\mathrm{I}}\left(-\frac{a}{2}\right) = \psi_{\mathrm{II}}\left(-\frac{a}{2}\right) \\ \psi_{\mathrm{II}}\left(\frac{a}{2}\right) = \psi_{\mathrm{III}}\left(\frac{a}{2}\right) \end{array}\right\} \tag{6.45}$$

und

$$\left.\frac{\mathrm{d}\psi_{\mathrm{I}}}{\mathrm{d}x}\right|_{x=-\frac{a}{2}} = \left.\frac{\mathrm{d}\psi_{\mathrm{II}}}{\mathrm{d}x}\right|_{x=-\frac{a}{2}} \; ; \quad \left.\frac{\mathrm{d}\psi_{\mathrm{II}}}{\mathrm{d}x}\right|_{x=\frac{a}{2}} = \left.\frac{\mathrm{d}\psi_{\mathrm{III}}}{\mathrm{d}x}\right|_{x=\frac{a}{2}} . \tag{6.46}$$

Da es sich um einen symmetrischen Potentialtopf handelt, schlussfolgern wir $|A_1| = |C_2|$. Aus Gl. (6.39) sehen wir, dass die undulatorische Lösung im Bereich II eine Überlagerung aus einer Sinus- und einer Cosinus-Funktion darstellt. Unter dem Symmetrieaspekt handelt es sich um ungerade (u) oder antisymmetrische (as) bzw. gerade (g) oder symmetrische (s) Funktionen. Wir sahen aber in Abschn. 4.5, dass die Eigenfunktionen des Elektrons im Kasten mit unendlich hohen Wänden, der ja den Grenzfall des nun zu diskutierenden Problems darstellt, immer alternativ als (g) oder (u) auftreten und nie als Überlagerung einen Zustand beschreiben.

Daher suchen wir die Lösung dieses Eigenwertproblems als Alternative einer symmetrischen Ψ_{s} und einer antisymmetrischen Ψ_{as} Teillösung, wobei die beiden Wellenfunktionen jeweils in die drei Teile

$$\left.\begin{array}{l} \psi_{\mathrm{I}} = A_{\mathrm{as}}e^{\kappa x} \\ \psi_{\mathrm{II}} = B_{\mathrm{as}}\sin kx \\ \psi_{\mathrm{III}} = -A_{\mathrm{as}}e^{-\kappa x} \end{array}\right\} \psi = \psi_{\mathrm{as}} \tag{6.47}$$

resp.

$$\left.\begin{array}{l} \psi_{\mathrm{I}} = A_{\mathrm{s}}e^{\kappa x} \\ \psi_{\mathrm{II}} = B_{\mathrm{s}}\cos kx \\ \psi_{\mathrm{III}} = A_{\mathrm{s}}e^{-\kappa x} \end{array}\right\} \psi = \psi_{\mathrm{s}} \tag{6.48}$$

zerfallen. Das unterschiedliche Symmetrieverhalten berücksichtigen wir in den Beträgen und Vorzeichen von A_{as} und A_{s}. Bei der Division der Funktionen (Ableitung dividiert durch die Urfunktion) fallen die Amplitudenkoeffizienten heraus, und wir gewinnen die beiden Zielgleichungen

$$\left.\begin{array}{l} -A_{\mathrm{as}}e^{-\kappa\frac{a}{2}} = B_{\mathrm{as}}\sin\left(k\frac{a}{2}\right) \\ A_{\mathrm{as}}\kappa e^{-\kappa\frac{a}{2}} = B_{\mathrm{as}}k\cos\left(k\frac{a}{2}\right) \\ -\frac{\kappa}{k} = \cot\left(k\frac{a}{2}\right) \end{array}\right\} -\psi(-x) = \psi(x) \tag{6.49}$$

$$\left.\begin{array}{l} A_{\mathrm{s}}e^{-\kappa\frac{a}{2}} = B_{\mathrm{s}}\cos\left(k\frac{a}{2}\right) \\ -A_{\mathrm{s}}\kappa e^{-\kappa\frac{a}{2}} = -B_{\mathrm{s}}k\sin\left(k\frac{a}{2}\right) \\ \frac{\kappa}{k} = \tan\left(k\frac{a}{2}\right) \end{array}\right\} \psi(-x) = \psi(x). \tag{6.50}$$

Dieses Ergebnis ist die Basis der Bestimmung der Eigenfunktionen und der Eigenwerte.

6.3.2 Eigenwerte

Die Gln. (6.49/50) lauten etwas umgeschrieben

$$\begin{aligned} \frac{\kappa}{k} &= -\cot\left(k\frac{a}{2}\right) \\ \frac{\kappa}{k} &= \tan\left(k\frac{a}{2}\right). \end{aligned} \tag{6.51}$$

Wenn wir das Argument der Kreisfunktionen $k\frac{a}{2}$ mit α bezeichnen, so dass $k^2 = \frac{4\alpha^2}{a^2}$, dann finden wir für α^2 und seine Wurzel

$$\alpha^2 = \frac{m_0 a^2}{2\hbar^2} \Rightarrow \alpha = \sqrt{\frac{m_0 a^2}{2\hbar^2} E}; \tag{6.52}$$

ähnlich für V_0

$$\beta^2 = \frac{m_0 a^2}{2\hbar^2} V_0 \Rightarrow \beta = \sqrt{\frac{m_0 a^2}{2\hbar^2} V_0}. \tag{6.53}$$

Der Vorfaktor von E in der Definitionsgleichung (6.52) für α findet sich auch in der Definitionsgleichung (6.53) für β. Wir erkennen darin die um $\left(\frac{2}{\pi}\right)^2$ verkleinerte inverse Kastenkonstante E^0 aus der Gl. (4.38) wieder. Bezeichnen wir diese mit E_0

$$E_0 = \frac{2\hbar^2}{m_0 a^2}, \tag{6.54}$$

dann resultieren daraus die Gleichungen

$$\left.\begin{aligned} \alpha &= \sqrt{\frac{E}{E_0}}, \quad E = \alpha^2 E_0 \\ \beta &= \sqrt{\frac{V_0}{E_0}}, \quad V_0 = \beta^2 E_0, \end{aligned}\right\} \tag{6.55}$$

so dass wir mit α^2 die kinetische Energie des Teilchens und mit β^2 die Tiefe des Kastens in Kasteneinheiten parametrisiert haben.

Aus der antisymmetrischen Lösung (6.49) wird nun

$$\begin{aligned} \cot\alpha &= -\sqrt{\frac{\beta^2-\alpha^2}{\alpha^2}} \\ \tan\alpha &= -\sqrt{\frac{\alpha^2}{\beta^2-\alpha^2}} \\ \alpha\cot\alpha &= -\sqrt{\beta^2-\alpha^2} \end{aligned} \tag{6.56}$$

und aus Gl. (6.50) analog für die symmetrische Variante

$$\begin{aligned} \tan\alpha &= \sqrt{\frac{\beta^2-\alpha^2}{\alpha^2}} \\ \alpha\tan\alpha &= \sqrt{\beta^2-\alpha^2}. \end{aligned} \tag{6.57}$$

Trägt man in den Gln. (6.56.1) bzw. (6.57.1) den Tangens/Cotangens und den Quotienten $\pm\frac{\kappa}{k}$ gegen α für verschiedene Potentialtiefen (β) auf, erhält man aus den Schnittpunkten die Wurzeln der Eigenwertgleichungen (Abb. 6.4).[2]

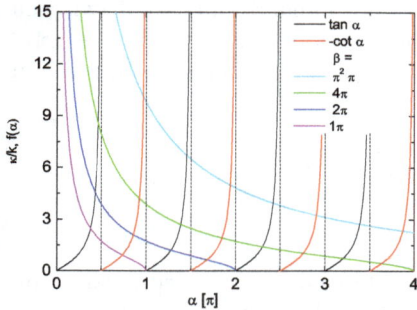

Abb. 6.4. Graphische Bestimmung der Eigenwerte der Energie im Kasten mit endlich hohen Wänden für verschiedene β. Die Schnittpunkte sind die gesuchten Abszissenwerte.

Bei der Betrachtung des Graphen fällt qualitativ Folgendes auf:

- Je flacher der Potentialtopf, also je kleiner β, umso geringer die Zahl der Zustände der vom Topf gefangenen Quantenteilchen.

- Die symmetrische Lösung wird aus den Schnittpunkten mit der Tangens-Funktion (schwarz), die antisymmetrische Lösung aus den Schnittpunkten der negativen Cotangens-Funktion (rot) gewonnen.

- Für gleiches β ist die Zahl der Wurzeln im symmetrischen Fall höher als im antisymmetrischen Fall, genau um Eins.

- In der Hierachie wechseln sich symmetrische und antisymmetrische Lösungen ab.

- Es beginnt im 1. Quadranten mit einer symmetrischen Lösung; in diesem Quadranten findet sich offenbar keine antisymmetrische Lösung.

- Die Lage der Wurzeln als Funktion von α ist nie äquidistant, wie etwa im Fall des Kastens mit unendlich hohen Wänden. Für diese liegen die Schnittpunkte bei $n\frac{\pi}{2}$. Man sieht für große n (relativ zum Wert für V_0) immer drastischere Abweichungen von diesem Zielwert.

- Erreicht die kinetische Energie E den Potentialtopfwert V_0, muss der Funktionswert verschwinden, was auch der Fall ist.

---

[2]Da die Abszisse in Einheiten von π reduziert ist, muss β dann umgekehrt noch mit π multipliziert werden. — Die Schnittpunkte für den Topf mit unendlich hohen Wänden liegen bei $n\frac{\pi}{2}$.

Nun zur quantitativen Auswertung der Kurvenschar der Abb. 6.4. Die Schnittpunkte der Kurven ergeben mit dem Parameter β die gesuchten Wurzeln in $\alpha = k\frac{a}{2}$. Die Zahl der Schnittpunkte für gegebenes V_0 ergibt sich wie folgt:

- Im ersten Quadranten mit $0 < \alpha < \frac{\pi}{2}$ liegt immer ein Schnittpunkt zwischen $\frac{\kappa}{k}$ und $\tan\alpha$ (symmetrische Variante), aber nie einer zwischen $\frac{\kappa}{k}$ und $-\cot\alpha$. Der erste Schnittpunkt der asymmetrischen liegt daher erst im zweiten Quadranten, woraus die Bedingung

$$\beta^2 > \left(\frac{\pi}{2}\right)^2$$

  resultiert.

- Der Tangens hat Polstellen bei $n\frac{\pi}{2}$, der Cotangens bei $n\pi$. Jedesmal, wenn β diese Werte überschreitet, ist ein Schnittpunkt dazugekommen.

s		β_1			β_3	
$\longrightarrow$	0		$\frac{\pi}{2}$	π		$\frac{3\pi}{2}$
as				β_2		

Damit ergeben sich die Bedingungen für die Zahl n der Eigenwerte im symmetrischen Fall zu

$$n_{\mathrm{s}} = \frac{\alpha}{\pi}, \, n \in \mathbb{N}$$

und für den antisymmetrischen Fall

$$\frac{\pi}{2}(2n_{\mathrm{as}} - 1) < \alpha < \frac{\pi}{2}(2n_{\mathrm{as}} + 1).$$

- Die Zahl der symmetrischen Wurzeln übersteigt den Wert der antisymmetrischen um Eins.

- Im ersten Quadranten gibt es nie eine antisymmetrische Lösung.

Wir gehen mit dem Abszissenwert α des Schnittpunktes aus der Abb. 6.4 in die Gl. (6.55.1), aus der die Eigenwerte der Energie in Einheiten von E_0 folgen [Gl. (6.(54)]. Da nach der Bedingung $\alpha = \frac{ka}{2}$, ist

$$\begin{aligned}
E &= \frac{\hbar^2}{2m_0}k^2 \\
&= \frac{\hbar^2}{2m_0}\left(\frac{2\alpha}{a}\right)^2 \\
&= \frac{2\hbar^2}{m_0 a^2}\alpha^2 \\
&= E_0\alpha^2.
\end{aligned} \tag{6.58}$$

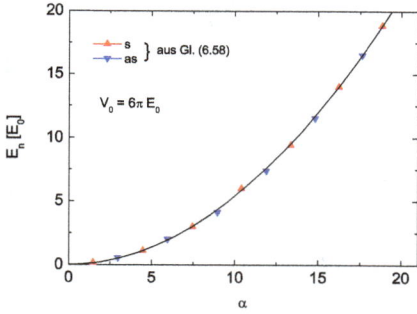

Abb. 6.5. Energieeigenwerte eines Quantentopfes mit einem V_0 von $(6\pi)^2 E_0$. Die Energie hängt quadratisch von $\alpha = k\frac{a}{2}$ ab, aber die α_n sind nicht äquidistant.

Für Quantentopf der Tiefe $V_0 = (6\pi)^2 E_0$ sind die Eigenwerte in Abb. 6.5 dargestellt.

Durch Division der Abszissenwerte mit $\frac{\pi}{2}$, dem äquidistanten Fall, erhalten wir ungefähr die Quantenzahl n. In der Abb. 6.6 sind die Eigenwerte der Energie E_n gegen die so berechneten Werte für n_∞ aufgetragen, für zwei Werte für V_0. Die

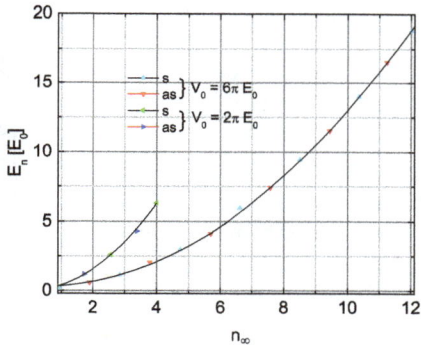

Abb. 6.6. Eigenwerte eines Quantentopfes mit einer Tiefe von $(2\pi)^2 E_0$ bzw. $(6\pi)^2 E_0$. Je flacher der Topf, umso größer die Abweichungen von der Äquidistanz der unabhängigen Impulskomponente α.

Abweichungen von der Ganzzahligkeit, die dem äquidistanten Fall entspricht, sind durch das eingezeichnete Gitter gut erkennbar. Durch das Zusammenrutschen der Schnittpunkte erhält man Quantenzahlen für $V_0 = 2\pi E_0$ bis $n = 5$, für $V_0 = 6\pi E_0$ bis $n = 13$, während n_∞ gerade mal bis 4 resp. 12 geht.

In diesem Maßstab sieht man die Abweichungen der Werte von α von der Äquidistanz zu $n\frac{\pi}{2}$ sehr schön.

Es ist instruktiv, sich die Werte für kleine und große α anzusehen. Was ist der minimale Eigenwert für beide Lösungen?

Für die symmetrische Variante ist die Wurzel $\sqrt{\frac{\beta^2 - \alpha^2}{\alpha^2}}$ in Gl. (6.57) größer als Null, wie auch $\tan\alpha$. Dieser ist im ersten und dritten Quadranten größer als Null. Die erste Bedingung aber fordert, dass der kleinste Wert von α im ersten Quadranten liegen muss. Um das zu beweisen, setzen wir in die Identität $\cos\alpha = \frac{1}{\sqrt{\tan^2\alpha+1}}$ die Gl. (6.57.1) ein und erhalten mit Gl. (6.55.2)

$$\begin{aligned}
\cos\alpha &= \frac{1}{\sqrt{1+\frac{\beta^2-\alpha^2}{\alpha^2}}}\\
&= \frac{\alpha}{\beta}\\
&= \sqrt{\frac{E_0}{V_0}}\,\alpha,
\end{aligned} \tag{6.59}$$

eine Gleichung, die im ersten Quadranten ($0 < \alpha \leq \frac{\pi}{2}$) für beliebige Werte von β gilt, weil $\beta = \text{const} > 0$ ist. Dies ist in Abb. 6.7 für $\beta = 0{,}15E_0$ gezeigt.

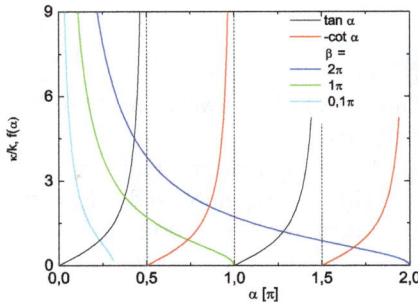

Abb. 6.7. Untersuchung der Minima der symmetrischen und der antisymmetrischen Lösung für sehr kleine Werte von V_0.

Für die antisymmetrische Variante ist die Wurzel $\sqrt{\frac{\beta^2-\alpha^2}{\alpha^2}}$ in den Gln. (6.56) dagegen kleiner als Null, wie auch $\tan\alpha$. Dieser ist im zweiten und vierten Quadranten kleiner als Null, aber nicht im ersten. Daher kann es für $\alpha < \frac{\pi}{2}$ keine Wurzel geben! Hier setzen wir in die Identität $\sin\alpha = -\frac{\tan\alpha}{\sqrt{\tan^2\alpha+1}}$ die Gl. (6.56.2) ein und erhalten mit Gl. (6.55.2) analog

$$\begin{aligned}
\sin\alpha &= \frac{\alpha}{\beta}\\
&= \sqrt{\frac{E_0}{V_0}}\,\alpha.
\end{aligned} \tag{6.60}$$

Da wir wissen, dass die erste Lösung im zweiten Quadranten liegen muss, substituieren wir α nach

$$\alpha = \frac{\pi}{2} + \gamma$$

mit $0 \leq \gamma \leq \frac{\pi}{2}$, so dass

$$\cos\gamma = \frac{\pi}{2\beta} + \frac{\gamma}{\beta},$$

was für $\beta > \frac{\pi}{2}$ erfüllt ist, was bedeutet, dass der minimale Wert für V_0 sich aus der Ungleichung

$$V_0 \geq E_0 \left(\frac{\pi}{2}\right)^2 \tag{6.61}$$

gewinnen lässt.

Die maximalen Werte ergeben sich in beiden Fällen durch das Verschwinden von κ, also wenn

$$
\left.\begin{array}{rl}
\underbrace{\dfrac{V_0 - E}{E_0}}_{\kappa^2} &= \underbrace{\dfrac{V_0}{E_0}}_{\beta^2} - \underbrace{\dfrac{E}{E_0}}_{\alpha^2} \\[2mm]
\kappa^2 &= \beta^2 - \alpha^2 \\[1mm]
\dfrac{V_0}{E_0} &= \dfrac{E}{E_0} \\[1mm]
V_0 &= E,
\end{array}\right\} \tag{6.62}
$$

wenn also die kinetische Energie der Teilchen so groß geworden ist, dass der Potentialtopf das Teilchen nicht mehr einfangen kann. In Aufg. 6.3 werden wir diesen Weg weiter beschreiten, um einen alternativen Weg zur Bestimmung der Eigenwerte der Energie zu finden [57].

6.3.2.1 Asymptotisches Verhalten für $V_0 \to \infty$.

Für unendlich hohe Wände finden wir mit Gl. (4.38) für E^0 einen Wert von $\frac{\hbar^2}{2m_0}\left(\frac{\pi}{a}\right)^2$. Für $V_0 \to \infty$ folgt nach der Definitionsgleichung (6.53), dass auch $\beta \to \infty$ strebt, so dass sich aus den Gln. (6.56/57)

$$
\left.\begin{array}{rl}
\alpha &= \arctan\left(\sqrt{\dfrac{\beta^2 - \alpha^2}{\alpha^2}}\right) \\[2mm]
&= \arctan(\infty) \\[1mm]
&= \left(\dfrac{2n}{2} + 1\right)\dfrac{\pi}{2}; n \in \mathbb{Z} \\[2mm]
\alpha &= \operatorname{arccot}\left(-\sqrt{\dfrac{\beta^2 - \alpha^2}{\alpha^2}}\right) \\[2mm]
&= \operatorname{arccot}(-\infty) \\[1mm]
&= \left(\dfrac{2n}{2}\right)\dfrac{\pi}{2}; n \in \mathbb{Z}
\end{array}\right\} \tag{6.63}
$$

ergibt. Erinnern wir uns, dass $\alpha = k\frac{a}{2}$, resultiert mit Gl. (6.55.1) ebenfalls der Wert $E^0 = \frac{\hbar^2}{2m_0}\left(\frac{\pi}{a}\right)^2$.

6.3.3 Eigenfunktionen

Die Teilgleichungen haben wir schon bestimmt [Gln. (6.47/48)]. Zur Bestimmung der Amplitudenkoeffizienten nutzen wir die Stetigkeitsbedingungen $\psi_{\mathrm{I}}\left(-\frac{a}{2}\right) = \psi_{\mathrm{II}}\left(-\frac{a}{2}\right)$ und $\psi_{\mathrm{III}}\left(\frac{a}{2}\right) = \psi_{\mathrm{II}}\left(\frac{a}{2}\right)$ aus und gewinnen bei Berücksichtigung des Symmetrieverhaltens $\psi(x) = \psi(-x)$ resp. $\psi(x) = -\psi(-x)$ die Gleichungen

$$
\left.\begin{array}{rl}
A_{\mathrm{as}}e^{-\kappa\frac{a}{2}} &= -B_{\mathrm{as}}\sin\left(k\frac{a}{2}\right) \\[1mm]
A_{\mathrm{as}} &= -B_{\mathrm{as}}e^{\kappa\frac{a}{2}}\sin\left(k\frac{a}{2}\right) \\[1mm]
A_{\mathrm{s}}e^{-\kappa\frac{a}{2}} &= B_{\mathrm{s}}\cos\left(k\frac{a}{2}\right) \\[1mm]
A_{\mathrm{s}} &= B_{\mathrm{s}}e^{\kappa\frac{a}{2}}\cos\left(k\frac{a}{2}\right),
\end{array}\right\} \tag{6.64}
$$

so dass sich die Gesamtwellenfunktionen aus den Teilen

$$\Psi_{as} = B_{as} \begin{cases} -e^{\kappa \frac{a}{2}} \sin\left(k\frac{a}{2}\right) e^{\kappa x} \\ \sin kx \\ e^{\kappa \frac{a}{2}} \sin\left(k\frac{a}{2}\right) e^{-\kappa x} \end{cases} \tag{6.65}$$

resp.

$$\Psi_{s} = B_{s} \begin{cases} e^{\kappa \frac{a}{2}} \cos\left(k\frac{a}{2}\right) e^{\kappa x} \\ \cos kx \\ e^{\kappa \frac{a}{2}} \cos\left(k\frac{a}{2}\right) e^{-\kappa x} \end{cases} \tag{6.66}$$

zusammensetzen. Reduziert man die Abszisse auf die Grenzen des Topfes, indem man das Argument der beiden Funktionen durch

$$kx = k\overbrace{\frac{a}{2}}^{\alpha} \cdot \overbrace{\frac{x}{\frac{a}{2}}}^{z}$$

darstellt, erhält man aus den Gln. (6.65) und (6.66)

$$\Psi_{as} = B_{as} \begin{cases} -e^{\kappa(z+1)} \sin \alpha \\ \sin \alpha z \\ e^{-\kappa(z-1)} \sin \alpha \end{cases} \tag{6.67}$$

resp.

$$\Psi_{s} = B_{s} \begin{cases} e^{\kappa(z+1)} \cos \alpha \\ \cos \alpha z \\ e^{-\kappa(z-1)} \cos \alpha. \end{cases} \tag{6.68}$$

Für das Potential $V_0 = 2\pi E_0$ mit insgesamt vier stabilen Zuständen bei $E_1 = 1{,}35\, E_0$, $E_2 = 2{,}70\, E_0$, $E_3 = 4{,}02\, E_0$ und $E_4 = 5{,}31\, E_0$ — der fünfte Zustand liegt gerade bei $2\pi E_0$ — sind die Eigenfunktionen in Abb. 6.8 dargestellt. Man erkennt, dass sie endliche Werte jenseits der Topfgrenzen ($|z| > 1$) aufweisen. Dieses Hineinragen in klassisch verbotene Bereiche ist umso ausgedehnter, je höher n ist, was sowohl am kleineren κ ($\propto \sqrt{V_0 - E_n}$) wie am zunehmenden Argument der Kreisfunktionen an der Topfgrenze liegt.

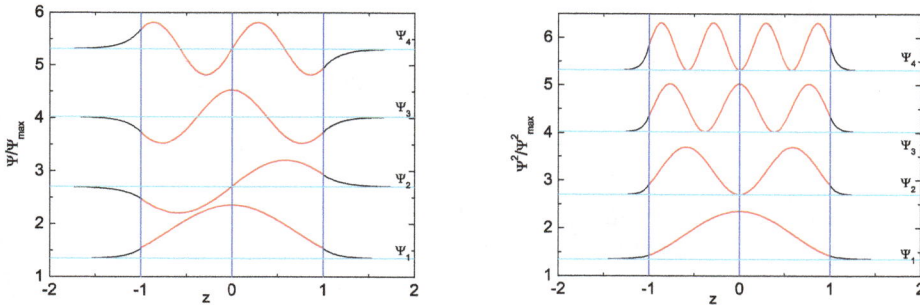

Abb. 6.8. Für ein V_0 von $2\pi E_0$ gibt es vier stabile Zustände. Deren Eigenfunktionen (lks.) resp. deren Quadrate (re.) sind in aufsteigender Energie, reduziert auf E_0, dargestellt. Je höher n, umso weiter greift die Funktion in Gebiete jenseits der Topfgrenzen aus, die von $-z$ bis $+z$ reichen.

Aus dieser Darstellung sehen wir, dass

- die Knotenzahl (Zahl der Nullstellen) $n - 1$ beträgt,

- auch außerhalb des Topfes die Wellenfunktionen Werte verschieden von Null erreichen, was klassisch verboten ist, und

- wie im Kasten mit unendlich hohen Wänden die Funktionen mit steigendem n alternativ zum symmetrischen oder antisymmetrischen Typ gehören.

6.4 Abschließende Bemerkung

Mit der Methode des Aneinanderflickens von Wellenfunktionen haben wir ein breit anwendbares Werkzeug gewonnen, mit dem wir nicht nur die Propagation von Materiewellen in unterschiedlichen Potentialen verfolgen können, sondern auch realistische Quantentöpfe berechnen können, die an andere Gebiete grenzen. Genau an diesen Umkehrpunkten, an denen die kinetische Energie zunächst verschwindet und dann sogar negativ werden müsste (und der daraus resultierende Impuls imaginär), greift das Verfahren an, das mit einfacher Algebra zum Ziel führt und uns außerdem nachdrücklich vor Augen führt, dass genau für $p \to 0$ die DE BROGLIEsche Wellenlänge gegen Unendlich geht, womit die Welleneigenschaften des Quantenteilchens besonders augenfällig werden.

6.5 Aufgaben und Lösungen

Aufgabe 6.1 Zeigen Sie mit der Gl. (4.57) für die Wahrscheinlichkeitsamplitude,

$$j = \frac{ie_0\hbar}{2m_0} \left[\Psi(t)\nabla\Psi^*(t) - \Psi^*(t)\nabla\Psi(t) \right],$$

wie die Stromdichten für eine an einer Potentialstufe V_0 reflektierte ebene Welle mit der Energie E für die beiden Fälle $E > V_0$ und $E < V_0$ verlaufen!

Lösung. Nach Abseparation der Zeitabhängigkeit wird die von links nach rechts propagierende ebene Welle beschrieben mit

$$\psi(x) = \psi_0\, e^{ik_1 x}, \tag{1}$$

die reflektierte Welle mit

$$\psi(x) = r\psi_0\, e^{-ik_1 x}, \tag{2}$$

und die in die Schwelle hineinlaufende Welle mit

$$\psi(x) = t\psi_0\, e^{ik_2 x}. \tag{3}$$

Mit Gl. (4.57) wird für die propagierende Welle

$$j_0 = \frac{ie_0\hbar}{2m} \left(-ik_1\, e^{ik_1 x}\, e^{-ik_1 x} - -ik_1\, e^{-ik_1 x}\, e^{ik_1 x} \right) = \frac{e_0\hbar k_1}{m}, \tag{4}$$

für die reflektierte Welle

$$j_r = -|r|^2 \frac{e_0\hbar k_1}{m}, \tag{5}$$

und für die transmittierte Welle

$$j_t = |t|^2 \frac{e_0\hbar k_2}{m}. \tag{6}$$

Mit den Randbedingungen Stetigkeit und Differenzierbarkeit folgt dann

$$\left. \begin{array}{l} 1 + r = t \\ i(k - kr) = ik_2 t, \end{array} \right\} \tag{7}$$

also

$$\left. \begin{array}{l} r = \frac{k_1 - k_2}{k_1 + k_2} \\ t = \frac{2k_1}{k_1 + k_2}. \end{array} \right\} \tag{8}$$

Damit ergeben sich die reflektierte und die transmittierte Stromdichten zu

$$j_r = \frac{e_0\hbar k_1}{m} \left(\frac{k_1 - k_2}{k_1 + k_2} \right)^2, \tag{9}$$

$$j_t = \frac{e_0 \hbar k_1}{m} \frac{4k_1\, k_2}{(k_1 + k_2)^2}.$$ (10)

Da

$$\left. \begin{array}{l} j_0 = j_r + j_t \\ 1 = |r|^2 + |t|^2, \end{array} \right\}$$ (11)

bekommen wir für

- $E > V_0$ ein $k_2 > 0$, und es gibt eine reflektierte und eine transmittierte Welle,

- $E \gg V_0$ zwei Wellenzahlen, die etwa gleich groß sind: $k_1 \approx k_2$, und es gibt fast nur Transmission,

- $E < V_0$ ein imaginäres k_2 mit Totalreflexion.

Aufgabe 6.2 Ein Elektron prallt mit einer Energie von 250 eV gegen eine Schwelle einer Höhe von 37,7 eV. Bestimmen Sie R und D!

Lösung. Bei $E = 250$ eV folgt ein p von

$$p = \sqrt{2m_e\,(E - V_0)},$$ (1)

also $78{,}7 \cdot 10^{-25}$ N s und damit für den Wellenvektor k ein Wert von $7{,}5 \cdot 10^{10}/$m. Mit Gl. (6.16) errechnet sich ein Durchlässigkeitskoeffizient $D = t^2$ von 0,832. Die separate Kontrolle liefert den Wert für R von 0,168. In Abb. 6.9 sind die Werte für D und R als Funktion von E aufgetragen.

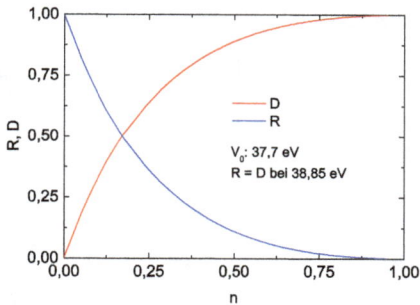

Abb. 6.9. D und R als Funktion des Brechungsindex [Energie des Wellenpakets nach Gl. (6.19)] für ein V_0 von 37,7 eV.

Aufgabe 6.3 Die transzendenten Gleichungen (6.59) und (6.60) eröffnen uns einen zweiten Weg, um das Eigenwertproblem graphisch zu lösen [57].
Symmetrische Lösung. Wir beginnen mit der symmetrischen Variante und bezeichnen mit den Gln. (4.38) und (6.55.2) den Parameter

$$\beta = \sqrt{\frac{V_0}{E_0}}, \tag{1}$$

so dass die Bestimmungsgleichung für die Wurzeln α

$$\begin{aligned}
\cos \alpha &= \sqrt{\frac{E_0}{V_0}}\,\alpha \\
&= \frac{\alpha}{\beta}
\end{aligned} \tag{2}$$

lautet. Wir erinnern uns erstens an die Verwandtschaft der beiden Kreisfunktionen nach

$$\cos \alpha = \sin\left(\frac{\pi}{2} - \alpha\right) \tag{3}$$

sowie zweitens daran, dass wegen der Periodizität mit 2π es mehr als eine Lösung geben kann, also

$$\left.\begin{aligned}
\cos \alpha &= \sin\left(\frac{n\pi}{2} - \alpha\right) \\
&= \pm\frac{\alpha}{\beta} \\
\oplus &: n = 1 \\
\ominus &: n = 3 \\
\oplus &: n = 5 \\
\ominus &: n = 7 \dots
\end{aligned}\right\} \tag{4}$$

mit der Nebenbedingung $\tan \alpha > 0$, was im ersten und dritten Quadranten der Fall ist:

$$\left.\begin{aligned}
n = 1 &: \sin\left(\tfrac{1\pi}{2} - \alpha\right) = \cos \alpha = \frac{\alpha}{\beta} \\
n = 3 &: \sin\left(\tfrac{3\pi}{2} - \alpha\right) = -\cos \alpha = \frac{\alpha}{\beta} \\
n = 5 &: \sin\left(\tfrac{5\pi}{2} - \alpha\right) = \cos \alpha = \frac{\alpha}{\beta} \\
n = 7 &: \sin\left(\tfrac{7\pi}{2} - \alpha\right) = -\cos \alpha = \frac{\alpha}{\beta}
\end{aligned}\right\} \tag{5}$$

n ist also ungerade.

Beispiel 6.1 Beispielsweise ist für $x = 30° = \frac{\pi}{6}$ der Funktionswert für $n = 1 : 0{,}5$, was gleich dem Cosinus-Wert des Arguments $90° - 30°$ ist (1. Quadrant), und für $n = 3 - 0{,}5$, was gleich dem Cosinus-Wert des Arguments $270° - 30°$ ist (3. Quadrant).

Antisymmetrische Lösung. Für gerades n wird die Sinusfunktion (6.60) tatsächlich herangezogen, was aber mit der Phasenverschiebung um π einen Vorzeichenwechsel bedeutet, und die Bestimmungsgleichung für α lautet

$$\left.\begin{aligned} \sin\left(\tfrac{n\pi}{2} - \alpha\right) &= \sin\alpha \\ &= \pm\tfrac{\alpha}{\beta} \\ \oplus : n &= 2 \\ \ominus : n &= 4 \end{aligned}\right\} \tag{6}$$

mit der Nebenbedingung $\cot\alpha < 0$; dies ist im zweiten und vierten Quadranten der Fall:

$$\left.\begin{aligned} n = 2 : \sin\left(\tfrac{2\pi}{2} - \alpha\right) &= \sin\alpha = \tfrac{\alpha}{\beta} \\ n = 4 : \sin\left(\tfrac{4\pi}{2} - \alpha\right) &= -\sin\alpha = \tfrac{\alpha}{\beta} \end{aligned}\right\} \tag{7}$$

n ist gerade.

Auch diese transzendenten Gleichungen lösen wir graphisch. Fragen wir zunächst nach sinnvollen Lösungen der Gln. (4) und (6). In jenem Fall ergeben sich die Lösungen als Schnittpunkte der Cosinus-Funktion mit der Geraden für Bereiche, in denen die Tangens-Funktion größer als Null ist, also in den ungeraden Quadranten, hier: im ersten und dritten Quadranten, in diesem Fall dagegen als Schnittpunkte der Sinus-Funktion mit der Geraden für Bereiche, in denen n gerade und die Cotangens-Funktion kleiner Null ist, also im zweiten und vierten Quadranten. In den Abbn. 6.10 sind die negativen Abszissenwerte durch eine um π phasenverschobene zweite Funktion in den positiven Wertebereich hineingespiegelt; die entsprechenden Abschnitte sind grün markiert.

- Sinus-Funktion: Der erste Schnittpunkt ergibt sich für ein β von $\tfrac{\pi}{2}$ aus Abb. 6.10 bei $\alpha = \pi/2$, wo

$$\sin\alpha = 1 \Rightarrow \alpha\frac{\pi}{2} = 1 \Rightarrow \beta = \frac{\pi}{2},$$

woraus sich mit Gl. (6.54) für die geringste notwendige Tiefe des Potentialtopfes

$$\begin{aligned} V_0 &= \frac{\hbar^2\pi^2}{2m_0 a^2} \\ &= \frac{h^2}{8m_0 a^2} \\ &= E^0 \end{aligned}$$

ergibt. An dieser Stelle (bei $\alpha = \tfrac{\pi}{2}$) ist nach der Definitionsgleichung von $\alpha = k\tfrac{a}{2}$ $k = \pi/a$. Das erste neu auftretende Niveau hätte dann die Energie $E = 0$, also gerade nicht ausreichend. Kleinere β (kleinere V_0) liefern überhaupt keine Schnittpunkte.

Die Mindesttiefe V_0 ist umso größer, je kleiner die Topfbreite a ist; sie gehorchen der Abhängigkeit $V_0 \propto \frac{1}{a^2}$. Ist β beispielsweise für $100\,\text{nm}$ $V_0 = 37\,\mu\text{eV}$, dann ist für $1\,\text{nm}$ bereits $V_0 = 0{,}37\,\text{eV}$.

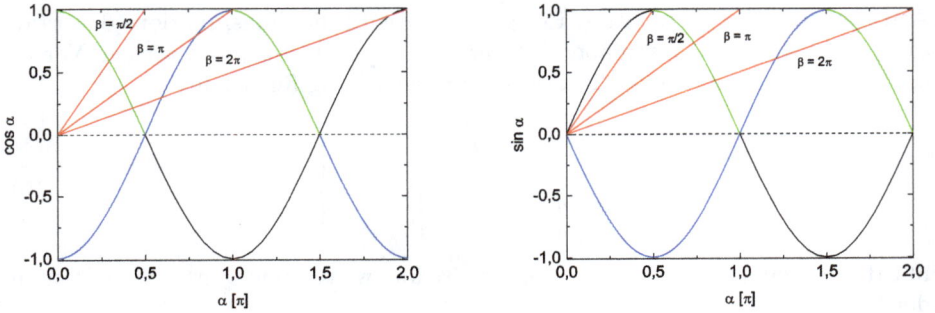

Abb. 6.10. Zum Eigenwertproblem eines Quantenteilchens in einem Potentialtopf mit endlich hohen Wänden. Lks. die Bedingung für die Gln. (5) mit $\tan\alpha > 0$, re. die Bedingung für die Gln. (6) mit $\tan\alpha < 0$, beide durch diese Nebenbedingung herausgehobenen Bereiche sind grün markiert. Für die flachste Gerade mit $\beta = 2\pi$ erhält man den Schnittpunkt durch eine um π verschobene Sinus-oder Cosinus-Kurve, oder durch Fortsetzung in den Bereich für negative Argumente.

- Cosinus-Funktion: Im ersten Quadranten findet sich immer ein Schnittpunkt.

Flacher Potentialtopf. Für den Fall

$$V_0 \ll \frac{2\hbar^2}{m_0 a^2} \Rightarrow \beta \ll 1 \tag{8}$$

hat Gl. (6) evtl. überhaupt keine Wurzel (Abb. 6.11.1).

Mitteltiefer Potentialtopf. Für den Fall mittlerer β hat die Gl. (6) eine Wurzel (Abb. 6.11.2). Das (eine) Energieniveau liegt mit

- $\beta = 0{,}6\pi = 1{,}88$, also einem V_0 von $3{,}55\,E_0$, liegt bei $3{,}32\,E_0$, also ganz knapp am Rand.

- Dazu kommt noch das Niveau der symmetrischen Lösung bei $\alpha = 0{,}321\pi$, das bei $1{,}02\,E_0$ liegt (Abb. 6.11.3).

- Abb. 6.11.4: Vergleich der Lage der Energien beider Töpfe. Lks.: Topf einer Tiefe von $V_0 = 3{,}55E_0$ mit zwei Zuständen bei $E_1 = 1{,}02E_0$ und $E_2 = 3.32E_0$. V_0 ist der Absolutbetrag der Topftiefe. Re.: die ersten beiden Zustände eines Topfes mit unendlich hohen Wänden. Hier ist $E_2 = 4E_1$ (der Wert für E_1 wird dabei als Nullpunktsenergie verwendet). Im Topf mit endlich hohen Wänden rutschen die Energieterme markant zusammen.

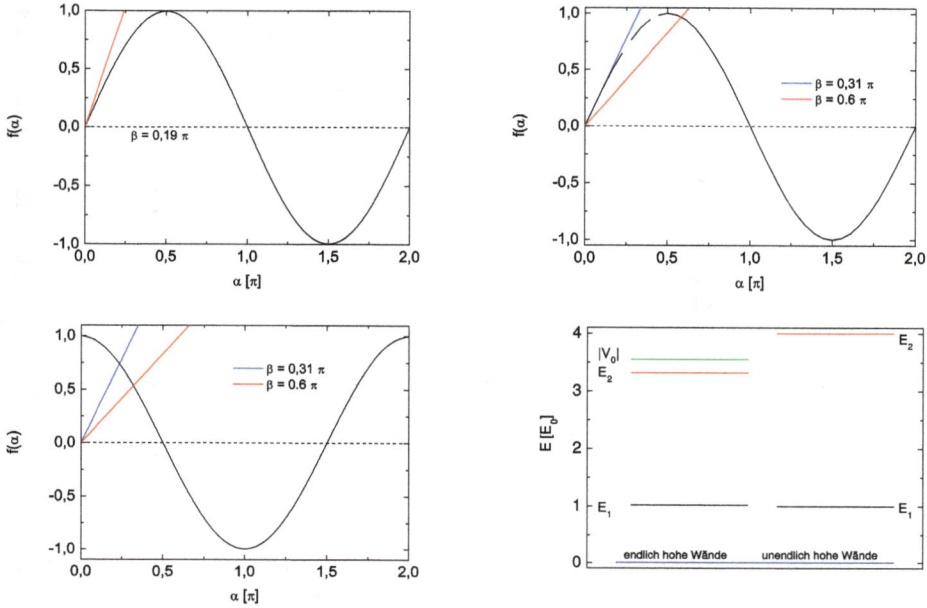

Abb. 6.11. Für flache Quantentöpfe ($\beta \approx \frac{1}{2}\pi$) berechnete graphische Lösungen der Gl. (6) für den antisymmetrischen Fall. Für zu kleines β (flacher Potentialtopf) hat die Gleichung entweder überhaupt keine (lks. o.) oder nur eine Wurzel (re. o.). Das zweite Energieniveau, also das erste und einzige der antisymmetrischen Wurzel, liegt für $\beta = 0{,}6\pi$ in der Nähe des oberen Topfrandes. Dazu kommt noch das erste Niveau bei $\alpha = 0{,}321\pi$ aus der symmetrischen Lösung (l. u.). Re. u.: Vergleich der beiden Quantentöpfe in Einheiten von E_0. Bei einer Topftiefe von $3{,}55\,E_0$, was aus einem β von $0{,}6\pi$ folgt, gibt es zwei Zustände, deren Abstand nur $2{,}20\,E_0$ beträgt, im Gegensatz zum Topf mit unendliche hohen Wänden mit einer Distanz von $3\,E_0$.

- Unterhalb von $\beta = 1 = 0{,}31\pi$ verschwindet der antisymmetrische Beitrag.

Tiefer Potentialtopf. Für den Fall größerer β, die einem tiefen Potentialtopf äquivalent sind, dagegen kann es mehrere Wurzeln geben (Tab. 6.1 u. Abbn. 6.12).

Als Prototypen eines realen Moleküls verwenden wir Hexatrien, das uns im Kap. 11 nochmals beschäftigen wird, und das gerade eine Kastenlänge von $12{,}6\,\text{Å}$ aufweist (Abb. 6.13).

Auch in diesem Fall erhalten wir zwar einen quadratischen Zusammenhang zwischen k und E, aber bei etwas variablem β (also nicht äquidistant wie im Falle unendlich hoher Wände!). Der Grund dafür liegt eben in der Bildung der Wurzeln über die Gln. (4) und (6): Nur im Falle $V_0 \to \infty \Rightarrow \beta \to \infty$ liegen die

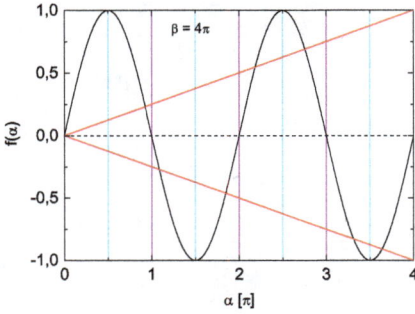

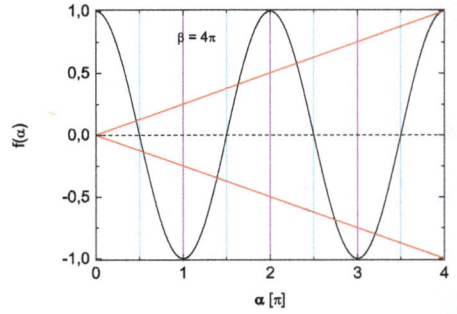

Abb. 6.12. Für sehr großes β, also einen sehr tiefen Potentialwall, gibt es mehrere Wurzeln. Hier ist $\beta = 4\pi$.

Abb. 6.13. Die konjugierten Olefine (hier Hexatrien) können in der einfachen HMO-Theorie als eindimensionaler Kasten modelliert werden (s. Kap. 13).

Wurzeln auf der Abszisse und sind äquidistant um π voneinander entfernt. Die so berechneten Energieeigenwerte sind in der Abb. 6.14 gezeigt.

Die Unterschiede zwischen den beiden Beispielen mit $\beta = 0,6\pi$ und $\beta = 4\pi$ sind eklatant. In diesem Fall sind wir von dem Kasten mit unendlich hohen Wänden nicht mehr sehr weit entfernt ...

Für diesen Grenzfall mit $V_0, \beta \to \infty$ resultiert mit der Gl. (6)

$$\left.\begin{aligned}
\sin\left(\tfrac{n\pi}{2} - \alpha\right) &= \tfrac{\alpha}{\beta} \\
&= 0 \qquad\qquad \Rightarrow \\
\tfrac{n\pi}{2} &= \alpha_n \\
k_n &= \tfrac{2\alpha_n}{a} \qquad\quad \Rightarrow \\
E_n &= \tfrac{\hbar^2}{2m}\left(\tfrac{2\alpha_n}{a}\right)^2 ;
\end{aligned}\right\} \tag{15}$$

der Wert von

$$\begin{aligned}
E_n &= \tfrac{2\hbar^2}{ma^2}(2\alpha_n)^2 \\
&= \tfrac{2\hbar^2}{ma^2}\tfrac{n^2\pi^2}{4},
\end{aligned} \tag{16}$$

was zu unserer bekannten Formel

Tabelle 6.1. Erste Wurzeln der Gln. (4) + (6) und Eigenwerte nach Gl. (6.58) für $E_0 = 0{,}26$ eV, $a = 1{,}26$ nm, $\beta = 4\pi$, reduziert auf den Wert $\alpha_1 = 1{,}458$. Zum Vergleich in Spalte 4 die nach Gl. (17) berechneten Werte für unendlich hohen Potentialwall.

α	$\alpha\,[\pi]$	E [eV]	E [eV] ∞
0,000	0,000	0,00	0,00
1,458	0,464	0,26	
$\frac{1}{2}\pi$	$\frac{1}{2}$		0,26
2,922	0,930	1,04	
$\frac{2}{2}\pi$	$\frac{2}{2}$		1,04
4,360	1,388	2,33	
$\frac{3}{2}\pi$	$\frac{3}{2}$		2,34
5,806	1,848	4,00	
$\frac{4}{2}\pi$	2		4,16
7,239	2,304	6,41	
$\frac{5}{2}\pi$	$\frac{5}{2}$		6,50
8,665	2,758	9,18	
$\frac{6}{2}\pi$	3		9,36
10,07	3,204	12,40	
$\frac{7}{2}\pi$	3,5		12,74
11,42	3,636	15,95	
$\frac{8}{2}\pi$	4		16,64

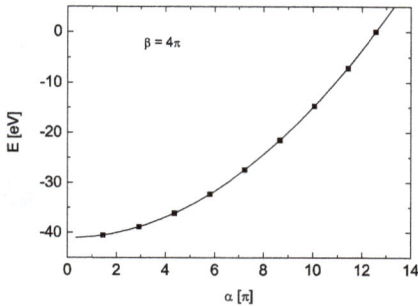

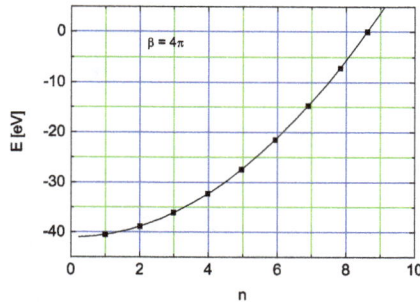

Abb. 6.14. Berechnete Modell-Energieeigenwerte für diesen Quantentopf, lks. als Funktion von α, re. reduziert auf α_1, das auf $n = 1$ gesetzt wird. Durch die Gitterlinien erkennt man gut die Abweichungen von der Äquidistanz.

$$E_n = n^2 \underbrace{\frac{h^2}{8m_0 a^2}}_{E^0} \qquad (17)$$

führt, einen Wert, den wir im Kap. 4 für den Fall unendlich hoher Wände kennengelernt haben.

Um diesen Grenzwert zu erreichen, muss der Quotient $\tan \alpha = \frac{\alpha}{\beta}$ also gegen Null streben. Umgekehrt werden die Abweichungen zu diesem Grenzwert umso größer, je kleiner β ist, was zu einer steileren Geraden in den Abbn. 6.10 − 6.12 führt.

7 Tunneleffekt

Eine der erstaunlichsten Eigenschaften der Quantenteilchen ist ihre Fähigkeit, Wände zu passieren. Die quantenmechanische Erklärung dieses Tunneleffektes baut zwar auf der Methode des Aneinanderflickens von Wellenfunktionen auf; hier wird aber mit der Transfermatrix auf eine aus der Wellenoptik bekannte Methode zurückgegriffen. Als geeignete Beispiele des Tunneleffektes dienen der α-Zerfall sowie die Fusion zweier Protonen zu einem Deuteron.

7.1 Quantenteilchen im Potentialwall

Wie wir im Kap. 6 gesehen haben, kann eine Materiewelle in einen Potentialwall endlicher Höhe und unendlicher Breite eindringen. In der Wellentheorie entspricht einem negativen Wert der kinetischen Energie (und damit einem imaginären Wert des Impulses) nur eine exponentielle Abhängigkeit der Wellenfunktion von den Koordinaten. *Weil die Wellenfunktion im Potentialwall nicht den Wert Null annimmt, ist sogar das „Durchsickern" eines Quantenteilchens durch einen hinreichend schmalen Potentialberg möglich* (s. die Prinzip-Darstellungen der Abb. 7.1). Dieser Potentialberg entsteht z. B. für ein α-Teilchen dadurch, dass es zwar durch die starke, langreichweitige COULOMBsche Abstoßung gleichsinniger Ladung aus dem Kern gedrückt wird, es aber gleichzeitig durch die noch stärkeren, allerdings sehr kurzreichweitigen Kernkräfte, die nur bis zum Kernradius gehen, angezogen wird (Tröpfchenmodell v. WEIZSÄCKERs). Daher ist ein Überwinden des COULOMBwalls nur durch einen den Quantenteilchen vorbehaltenen Mechanismus des „Tunnelns" möglich (sog. Tunnel-Paradoxon).

In diesem Abschnitt wollen wir der quantitativen Untersuchung der Frage nach dem Transmissionskoeffizienten (im Wellenbild) oder Diffusionskoeffizienten (im Teilchenbild) nachgehen. Wir werden zunächst die Lösung für einen rechteckigen Potentialwall suchen und dann für einen kontinuierlichen, und zwar in beiden Fällen für einen hohen Potentialberg, der den Tunneleffekt beschreibt, und dann die Lösung für einen flachen Potentialberg, mit dem wir den Kreis zum *Elektron im Kasten* schließen.

Mit dem Symbol m_0 für die Masse drücken wir aus, dass nicht nur Elektronen (β-Teilchen), sondern auch α-Teilchen durch Barrieren tunneln können.

7.1.1 Transfermatrix

Dabei überlegen wir uns als erstes, dass wir die Stromdichte definieren mit $j = nv$ mit n der Teilchenzahldichte und v ihrer Geschwindigkeit, hier also mit $|\psi|^2 v$.

Wir teilen unser Gebiet wieder in drei Teile, allerdings gegenüber dem Kasten der Abb. 6.3 invertiert, also die Bereiche I und III mit frei laufenden Wellen und den Bereich II mit einem Potentialwall, in dem die Wellenfunktion zerfällt (Abb. 7.1).

https://doi.org/10.1515/9783111238678-007

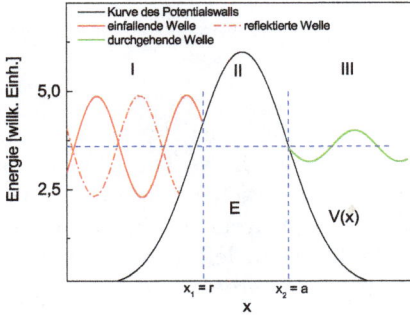

Abb. 7.1. Zur Beschreibung des Tunneleffekts einer DE BRO-GLIEschen Welle mit einem Potentialwall, der mit $\frac{1}{r}$ abfällt.

Die SCHRÖDINGER-Gleichung muss überall stetig und differenzierbar sein, was besonders für die Nahtstellen x_1 und x_2 gelten muss. Da sich das Teilchen in den Gebieten I und III im potentialfreien Raum bewegt und beim Tunneln keine kinetische Energie verlieren soll, ist $v_{\mathrm{I}} = v_{\mathrm{III}}$. Um also die Intensitätsabschwächung zu bestimmen, reicht es aus, das Verhältnis der Wahrscheinlichkeitsdichten $\frac{\psi_{\mathrm{III}}^* \psi_{\mathrm{III}}}{\psi_{\mathrm{I}}^* \psi_{\mathrm{I}}}$ zu berechnen.

Beginnen wir mit einem vereinfachten Modell, das anstelle des mit $1/r$ abfallenden COULOMB-Walls zunächst eine rechteckige Schwelle annimmt, und dem Gebiet III, in dem nur eine sich vorwärts bewegende Welle (positive Propagationsrichtung) existiert. Wir sehen uns eine hohe Schwelle mit $E < V_0$ zur Ableitung an und anschließend die Lösung für eine flache Schwelle $E > V_0$ (Abb. 7.2). Der Impuls der DE BROGLIEschen Welle ist hier

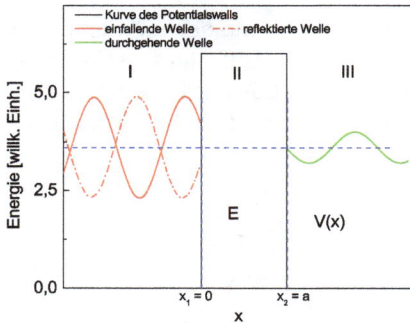

Abb. 7.2. Zur Beschreibung des Tunneleffekts einer DE BRO-GLIEschen Welle beginnen wir mit einem rechteckigen Potentialwall mit $E < V_0$.

$$p = \sqrt{2m_0(E - V(x))}, \tag{7.1}$$

die Wellenfunktion selbst ist eine Linearkombination der Partikulärlösungen

$$\psi_{\mathrm{III}} = C_1 e^{ik(x-x_2)} + C_2 e^{-ik(x-x_2)}, \tag{7.2}$$

und für k gilt

$$k^2 = \frac{2m_0 E}{\hbar^2}. \tag{7.3}$$

Im Gebiet II mit $x_1 \leq x \leq x_2$ beobachten wir einen imaginären Wellenvektor und damit einen reellen Exponenten mit dem zu bestimmenden Absorptionskoeffizienten κ:

$$\psi_{\mathrm{II}} = B_1 e^{\kappa x} + B_2 e^{-\kappa x} \tag{7.4}$$

wobei

$$\kappa^2 = \frac{2m_0}{\hbar^2} (V_0 - E) \Rightarrow \kappa = \pm i \sqrt{\frac{2m_0}{\hbar^2} (V_0 - E)} \tag{7.5}$$

ist (V_0 ist die Höhe des Potentialwalls). Im Gebiet I ($x \leq x_1$) schließlich ist mit dem k aus Gl. (7.3)

$$\psi_{\mathrm{I}} = A_1 e^{ikx} + A_2 e^{-ikx}. \tag{7.6}$$

Die Bestimmung der Amplitudenkoeffizienten nutzt die Tatsache der Stetigkeit und Differenzierbarkeit an den Stellen $x_1 = -a$ und $x_2 = a$ aus:

$$\left. \begin{aligned} A_1 e^{ikx} + A_2 e^{-ikx} &= B_1 e^{\kappa x} + B_2 e^{-\kappa x} \\ A_1 e^{ikx} - A_2 e^{-ikx} &= \tfrac{\kappa}{ik} (B_1 e^{\kappa x} - B_2 e^{-\kappa x}) \\ B_1 e^{\kappa x} + B_2 e^{-\kappa x} &= C_1 e^{ikx} + C_2 e^{-ikx} \\ B_1 e^{\kappa x} - B_2 e^{-\kappa x} &= \tfrac{ik}{\kappa} (C_1 e^{ikx} - C_2 e^{-ikx}) \end{aligned} \right\} \tag{7.7}$$

was dann die vier Gleichungen

$$\left. \begin{aligned} A_1 e^{ik(-a)} + A_2 e^{-ik(-a)} &= B_1 e^{\kappa(-a)} + B_2 e^{-\kappa(-a)} \\ A_1 e^{ik(-a)} - A_2 e^{-ik(-a)} &= \tfrac{\kappa}{ik} (B_1 e^{\kappa(-a)} - B_2 e^{-\kappa(-a)}) \end{aligned} \right\} \tag{7.8}$$

und

$$\left. \begin{aligned} B_1 e^{\kappa a} + B_2 e^{-\kappa a} &= C_1 e^{ika} + C_2 e^{-ika} \\ B_1 e^{\kappa a} - B_2 e^{-\kappa a} &= \tfrac{ik}{\kappa} (C_1 e^{ika} - C_2 e^{-ika}) \end{aligned} \right\} \tag{7.9}$$

ergibt. Die Stromdichten in sehr großen Entfernungen vom Potentialwall ($x \to -\infty$ und $x \to \infty$) müssen

$$\left. \begin{aligned} x \to -\infty : j_- &= (|A_1|^2 - |A_2|^2) \tfrac{\hbar k}{m_0} \\ x \to \infty : j_+ &= (|C_1|^2 - |C_2|^2) \tfrac{\hbar k}{m_0} \end{aligned} \right\} \tag{7.10}$$

sein. Die Bedingungen (7.8) und (7.9) schreiben wir jetzt als die zwei Matrixgleichungen

$$\begin{pmatrix} e^{-ika} & e^{ika} \\ e^{-ika} & -e^{ika} \end{pmatrix} \begin{pmatrix} A_1 \\ A_2 \end{pmatrix} = \begin{pmatrix} e^{-\kappa a} & e^{\kappa a} \\ \frac{i\kappa}{k}e^{-\kappa a} & -\frac{i\kappa}{k}e^{\kappa a} \end{pmatrix} \begin{pmatrix} B_1 \\ B_2 \end{pmatrix} \qquad (7.11)$$

und

$$\begin{pmatrix} e^{\kappa a} & e^{-\kappa a} \\ e^{\kappa a} & -e^{-\kappa a} \end{pmatrix} \begin{pmatrix} B_1 \\ B_2 \end{pmatrix} = \begin{pmatrix} e^{ika} & e^{-ika} \\ \frac{ik}{\kappa}e^{ika} & -\frac{ik}{\kappa}e^{-ika} \end{pmatrix} \begin{pmatrix} C_1 \\ C_2 \end{pmatrix}. \qquad (7.12)$$

Da wir am Transfer

$$\begin{pmatrix} A_1 \\ A_2 \end{pmatrix} \rightarrow \begin{pmatrix} C_1 \\ C_2 \end{pmatrix} \text{ über } \begin{pmatrix} B_1 \\ B_2 \end{pmatrix} \qquad (7.13)$$

interessiert sind, müssen wir in der ersten Gleichung den Vektor $\boldsymbol{A} = A_i$ und in der zweiten Gleichung den Vektor $\boldsymbol{B} = B_i$ isolieren. Dazu müssen die beiden Gleichungen von links mit der jeweils inversen Matrix multipliziert werden.

7.1 Zur Matrix M reziproke Matrix $\mathbf{M}^{-1}$. Wenn $\mathbf{M}$ eine 2×2-Matrix mit $\begin{pmatrix} a & b \\ c & d \end{pmatrix}$ ist, dann ist die dazu reziproke Matrix

$$\mathbf{M}^{-1} = \frac{1}{\begin{vmatrix} a & b \\ c & d \end{vmatrix}} \begin{pmatrix} d & -b \\ -c & a \end{pmatrix}.$$

Wenn wir die Matrizen in Gl. (7.11) mit $\mathbf{M}_1$ und $\mathbf{M}_2$, die in Gl. (7.12) mit $\mathbf{M}_3$ und $\mathbf{M}_4$ bezeichnen, müssen die Operationen

$$\mathbf{M}_1^{-1}\mathbf{M}_1 \begin{pmatrix} A_1 \\ A_2 \end{pmatrix} = \mathbf{M}_1^{-1}\mathbf{M}_2 \begin{pmatrix} B_1 \\ B_2 \end{pmatrix} \Rightarrow \begin{pmatrix} A_1 \\ A_2 \end{pmatrix} = \mathbf{M}_1^{-1}\mathbf{M}_2 \begin{pmatrix} B_1 \\ B_2 \end{pmatrix} \quad (7.14)$$

und

$$\mathbf{M}_3^{-1}\mathbf{M}_3 \begin{pmatrix} B_1 \\ B_2 \end{pmatrix} = \mathbf{M}_3^{-1}\mathbf{M}_4 \begin{pmatrix} C_1 \\ C_2 \end{pmatrix} \Rightarrow \begin{pmatrix} B_1 \\ B_2 \end{pmatrix} = \mathbf{M}_3^{-1}\mathbf{M}_4 \begin{pmatrix} C_1 \\ C_2 \end{pmatrix} \quad (7.15)$$

durchgeführt werden, woraus durch Eliminierung des Vektors B_i die sog. *Transfermatrix*

$$\mathbf{M} = \mathbf{M}_1^{-1} \cdot \mathbf{M}_2 \cdot \mathbf{M}_3^{-1} \cdot \mathbf{M}_4 \qquad (7.16)$$

entsteht, die den Vektor $\boldsymbol{A}$ direkt in den Vektor $\boldsymbol{C}$ überführt (s. Übungsaufgaben z. Kap. 7). Definieren wir noch den Brechungsindex n über

$$n = \frac{k}{\kappa} = \sqrt{\frac{E}{V_0 - E}}, \tag{7.17}$$

erhalten wir die Abkürzungen

$$\left.\begin{array}{rcccc} \gamma &=& \frac{\kappa}{k} - \frac{k}{\kappa} &=& \frac{1}{n} - n \\[2mm] \delta &=& \frac{\kappa}{k} + \frac{k}{\kappa} &=& \frac{1}{n} + n. \end{array}\right\} \tag{7.18}$$

Damit wird

$$\mathbf{M} = \begin{pmatrix} \left(\cosh 2\kappa a + \frac{i}{2}\gamma \sinh 2\kappa a\right) e^{2ika} & \frac{i}{2}\delta \sinh 2\kappa a \\[2mm] -\frac{i}{2}\delta \sinh 2\kappa a & \left(\cosh 2\kappa a - \frac{i}{2}\gamma \sinh 2\kappa a\right) e^{-2ika} \end{pmatrix}, \tag{7.19}$$

also

$$\begin{pmatrix} A_1 \\ A_2 \end{pmatrix} = \begin{pmatrix} M_{11} & M_{12} \\ M_{21} & M_{22} \end{pmatrix} \begin{pmatrix} C_1 \\ C_2 \end{pmatrix}. \tag{7.20}$$

Der Vorteil gegenüber der Methode des Aneinanderflickens von Wellenfunktionen, mit der die Koeffizienten ebenfalls bestimmt werden können, ist die einfache Ausweitung auf mehrere konsekutive Potentialstufen.

7.1.2 Transmission und Reflexion für einen hohen Potentialwall

In unserer Ableitung konnten wir vier Gleichungen für die sechs Veränderlichen A_1, A_2, B_1, B_2, C_1 und C_2 aufstellen. Weil C_2 als Amplitude einer Welle, die sich, von rechts kommend, in Richtung negativer x-Werte ausbreiten würde, nicht existiert, bedeutet das die Reduktion auf nur mehr fünf Variable. Da wir ja außerdem nur am Verhältnis der transmittierten bzw. reflektierten Intensitäten interessiert sind, geben wir die Stromdichte der am Punkt $x_1 = -a$ einströmenden Welle nach Gl. (4.57) an mit

$$j = \frac{i e_0 \hbar}{2 m_0} \left[\Psi(t)\nabla\Psi^*(t) - \Psi^*(t)\nabla\Psi(t)\right] = |A_1|^2 \frac{\hbar k}{m_0}. \tag{7.21}$$

Damit gewinnen wir die beiden Subgleichungen

$$A_1 = M_{11}\,C_1 \atop A_2 = M_{21}\,C_1, \qquad \Bigg\} \qquad (7.22)$$

woraus sich die Verhältnisse T für die Transmission T bzw. R für die Reflexion R zu

$$T = \frac{C_1}{A_1} = \frac{1}{M_{11}} = \frac{\mathrm{e}^{-2\mathrm{i}ka}}{\cosh 2\kappa a + \frac{\mathrm{i}}{2}\gamma \sinh 2\kappa a} \qquad (7.23)$$

und

$$R = \frac{A_2}{A_1} = \frac{M_{21}}{M_{11}} = -\frac{\frac{\mathrm{i}}{2}\delta\mathrm{e}^{-2\mathrm{i}ka}\sinh 2\kappa a}{\cosh 2\kappa a + \frac{\mathrm{i}}{2}\gamma \sinh 2\kappa a} \qquad (7.24)$$

ergeben.[1] Daraus folgt schließlich für die beiden Koeffizienten der Transmission resp. der Reflexion

$$D = |T|^2 = \left| \frac{C_1^* C_1}{A_1^* A_1} \right| = \frac{1}{\cosh^2 2\kappa a + \frac{1}{4}\gamma^2 \sinh^2 2\kappa a} \qquad (7.25)$$

oder einfacher, da $\delta^2 = \gamma^2 + 4$,

$$D = \frac{1}{1 + \frac{1}{4}\delta^2 \sinh^2 2\kappa a} \qquad (7.26)$$

resp.

$$|R|^2 = \left| \frac{A_2^* A_2}{A_1^* A_1} \right| = \frac{\frac{1}{4}\delta^2 \sinh^2 2\kappa a}{1 + \frac{1}{4}\delta^2 \sinh^2 2\kappa a}, \qquad (7.27)$$

so dass die Summe der beiden Koeffizienten Eins ergibt: jedes einströmende Teilchen wird entweder reflektiert oder durchgelassen. Wie aus den beiden Gleichungen (7.26) und (7.27) ersichtlich, hängen die beiden Koeffizienten von den beiden (dimensionslosen) Größen κa und $\delta = \frac{1}{n} + n = \frac{\kappa}{k} + \frac{k}{\kappa}$ ab.

Da die Barrieren meist entweder sehr hoch oder sehr breit sind, wird die Formel (7.26) oft vereinfacht. Für $\kappa a \gg 1$ verkürzt sich nämlich der sinh, der ja ausgeschrieben $\sinh x = \frac{\mathrm{e}^x - \mathrm{e}^{-x}}{2}$ ist, auf etwa $\frac{1}{2}\mathrm{e}^x$, entsprechend $\sinh^2 x \approx \frac{1}{4}\mathrm{e}^{2x}$, und wir finden zunächst aus Gl. (7.26)

$$D \approx \frac{1}{1 + \frac{1}{4}\delta^2 \frac{\mathrm{e}^{4\kappa a}}{4}}. \qquad (7.28)$$

Erweitern mit $\mathrm{e}^{-4\kappa a}$ führt bei Vernachlässigung des nun kleinen ersten Summanden im Nenner $(1 \gg \mathrm{e}^{-4\kappa a})$ auf

---

[1]NB. Wir schreiben hier T für den Transmissionskoeffizienten und E für die kinetische Energie.

$$D \approx \frac{e^{-4\kappa a}}{\frac{1}{16} \left(\delta^2 = \left(\frac{1}{n} + n \right)^2 \right)} \tag{7.29}$$

und schließlich zu der oft verwendeten Näherungsformel

$$D = \exp\left(-4\kappa a + \ln \frac{16\,n^2}{(1 + n^2)^2} \right) \tag{7.30}$$

oder mit Gl. (7.17) für n

$$D = \frac{16\,E\,(V_0 - E)}{V_0^2} e^{-\frac{4a}{\hbar} \sqrt{2m_0(V_0 - E)}}. \tag{7.31}$$

- Wenn $\hbar$ Null ist, ergibt sich das klassische Resultat $D = 0$.

- Die Zerfallswahrscheinlichkeit des Kerns (also die messbare Halbwertszeit $\tau_{1/2}$) ist umgekehrt proportional zu D.

- Zusätzlich muss aber zur Bestimmung von τ noch die Bildungsrate des Quantenteilchens (α- oder β-Teilchen) berücksichtigt werden, das als Ergebnis der Instabilität des Atomkerns schließlich ejektiert wird, d. h. der umgekehrte Tunneleffekt.

- a wird zwar auch kleiner, darf aber eigentlich nicht berücksichtigt werden, da wir bei der Ableitung ein rechteckiges Kastenpotential mit $a = $ const angenommen haben. Dieses a kann sich jedoch aus mehreren Subschichten bei gleicher Höhe additiv zusammensetzen, was zu einer Multiplikation der Tunnelwahrscheinlichkeiten Anlass

$$D = D(a_1 + a_2) = D(a_1) \cdot D(a_2) \tag{7.32}$$

gibt.

In Abb. 7.3 ist das dargestellt für Elektronen durch eine Potentialbarriere unterschiedlicher Breite als Funktion der kinetischen Energie der Elektronen.

7.1.3 Variation der Wallbreite

Gl. (7.32) weist uns den Weg für einen kontinuierlich ansteigenden Energiewall. Um also auch a variieren zu können und damit eine $\frac{1}{r}$-Abhängigkeit des COULOMB-Walles zu berücksichtigen, beginnen wir mit Gl. (7.30), bei der wir den zweiten

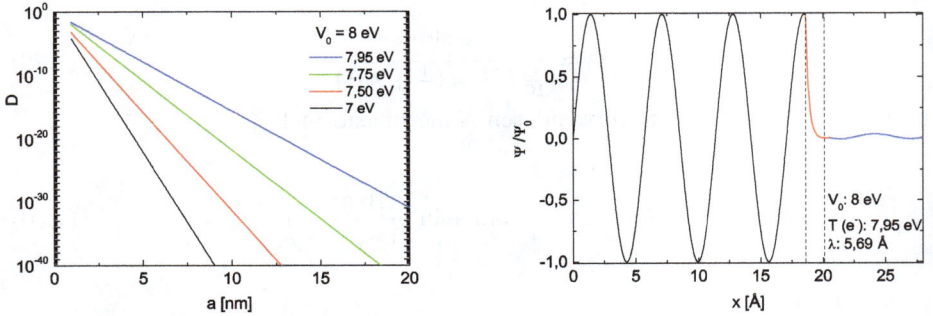

Abb. 7.3. Lks.: nach Gl. (7.30) berechnete Durchlässigkeitskoeffizienten für Elektronen durch einen Potentialwall der Höhe 8 eV. Re.: Bei einer Breite von 1,5 nm beobachten wir eine Abschwächung der Amplitude auf weniger als 2 % für Elektronen mit 7,95 eV ($\lambda = 156\,\text{nm}$).

Summanden vernachlässigen (weil $\frac{16\,n^2}{(1+n^2)^2}$ wenig verschieden von Eins ist), und betrachten a nicht als konstant, sondern als variabel mit der Stufenbreite $\Delta x = 2a$:

$$D = \exp\left(-\tfrac{4a}{\hbar}\sqrt{2m_0(V_0 - E)}\right) \qquad \Rightarrow$$
$$= \prod_{i=1}^{n} \exp\left(-\tfrac{2}{\hbar}\sqrt{2m_0(V(x_i) - E)}\,\Delta x\right) \tag{7.33}$$

was mit dem Additionstheorem der Exponentialfunktion geschrieben werden kann als

$$D = \exp\left(-\frac{2}{\hbar}\sum_{i=1}^{n}\sqrt{2m_0(V(x_i) - E)}\,\Delta x\right) \tag{7.34}$$

oder dann als Integral

$$D = \exp\left(-\frac{2}{\hbar}\int_{x_1}^{x_2}\sqrt{2m_0(V(x_i) - E)}\,\mathrm{d}x\right), \tag{7.35}$$

in den Grenzen $x_1 = R$, dem Kernradius, bis zu $x_2 = a$, dem *point of no return*, bei dem die Gesamtenergie gleich der potentiellen Energie ist (Abb. 7.4). Der Exponentialterm in Gl. (7.35) wird GEORGE GAMOW zu Ehren der GAMOW-Faktor genannt. Diese exponentielle Näherung ist umso besser, je dicker der Potentialwall ist.

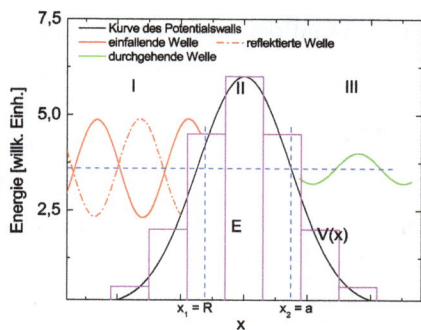

Abb. 7.4. Die Breite des Potentialwalls wird durch Integration im Exponenten von Gl. (7.35) ermittelt, wobei aus der Austrittsgeschwindigkeit des α-Teilchens der Wert für x_2 bestimmt wird.

7.1.4 Transmission an einem flachen Potentialwall und Resonanzen

Nehmen wir uns nochmals unsere Matrix (7.19) vor, die wir für die Bedingung $E < V_0$ angeschrieben hatten. Wir hatten im Kap. 6 und auch zu Beginn dieses Kapitels gesehen, dass die Gleichungen für Transmission für die alternative Bedingung $E > V_0$ sich sehr ähnlich sehen: in der Wurzel steht statt $\sqrt{2m_0(V_0 - E)}$ nun $\sqrt{2m_0(E - V_0)}$, und der resultierende Impuls ist im ersten Fall imaginär; außerdem steht statt des Sinus oder Cosinus das hyperbolische Pendant sinh oder cosh.

Ersetzen wir folglich $V_0 \to -V_0$, also

$$V_0 \to -V_0 \Rightarrow \hbar\kappa = \sqrt{2m_0(V_0 - E)} \to \sqrt{2m_0(-V_0 - E)} = \sqrt{-2m_0(V_0 + E)}, \tag{7.36}$$

dann wird unter Beachtung der Identitäten $\cosh ix = \cos x$ und $\sinh ix = i \sin x$ der Wellenvektor κ aus Gl. (7.23) wieder für eine undulatorische Lösung $\kappa \to ik$:

$$T(E) = \frac{C_1}{A_1} = \frac{1}{M_{11}} = \frac{e^{-2ika}}{\cos 2ka - \frac{i}{2}\gamma \sin 2ka}, \tag{7.37}$$

woraus für das Quadrat, also die durchgelassene Intensität, selbst

$$D = |T(E)|^2 = \frac{C_1^* C_1}{A_1^* A_1} = \frac{1}{\cos^2 2ka + \frac{1}{4}\gamma^2 \sin^2 2ka} \tag{7.38}$$

folgt. Unter Beachtung der Gln. (7.17/18) können wir für γ^2

$$\gamma^2 = \frac{V_0^2}{E(V_0 + E)} \tag{7.39}$$

schreiben, was für den Durchlässigkeitskoeffizienten D

$$D = |T(E)|^2 = \frac{1}{1 + \frac{1}{4}\frac{V_0^2}{E(V_0 + E)} \sin^2 2ka} \tag{7.40}$$

liefert. Der Maximalwert von 1 wird also erreicht, wenn der Sinus verschwindet, also für

$$\sin 2ka = 0 \Rightarrow k = \frac{n\pi}{2a}, \tag{7.41}$$

mit n einer ganzen Zahl, worin wir die Eigenwerte der Energie für den Potentialtopf unendlicher Tiefe der Breite $2a$ erblicken, allerdings mit dem Boden $-V_0$:

$$E_n = \frac{\hbar^2 \pi^2}{2m_0(2a)^2} n^2 - V_0. \tag{7.42}$$

Diese Maxima, die sog. *Resonanzen*, treten also auf, wenn $E \geq V_0$; je höher allerdings die Energie des Wellenpakets ist, umso weniger ausgeprägt erwarten wir sie.

In Abb. 7.5 ist daher die transmittierte Intensität gegen das Verhältnis der beiden Energien aufgetragen (1 a.u. = 27,2 eV = 2 Ry).

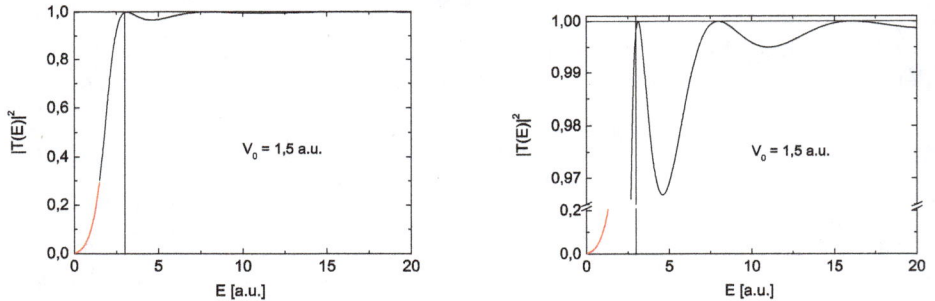

Abb. 7.5. Allmählicher Anstieg der Intensität eines Wellenpakets durch einen Potentialwall beim Erhöhen seiner kinetischen Energie. Ist der Gleichstand erreicht, kommt es bei weiterer Energieerhöhung zu Resonanzen.

7.2 α-Zerfall

7.2.1 Empirische Gesetze

Bei der α-Emission entsteht aus dem zerfallenden Element ein neues, das eine um 2 geringere Ordnungszahl besitzt (1. radioaktiver Verschiebungssatz von SODDY und FAJANS).

Bis vor kurzem schienen die Reaktionen, die zum Kernzerfall führen, vollständig isoliert von den Umgebungsbedingungen zu sein.[2] Als typische Reaktion 1. Ordnung findet man

$$\frac{\mathrm{d}N}{\mathrm{d}t} = -\lambda N \qquad (7.43)$$

mit N der Zahl der Kerne zum Zeitpunkt t, die sich mit der radioaktiven Zerfallskonstanten λ im Zeitintervall $\mathrm{d}t$ um $\mathrm{d}N$ verringern, aus der man das CURIEsche Zerfallsgesetz

$$N = N_0 \mathrm{e}^{-\lambda t} \qquad (7.44)$$

gewinnt. Die Halbwertszeit $\tau_{1/2}$, nach der genau die Hälfte der Atome zerfallen ist, bestimmt sich durch Einsetzen von $N = \frac{1}{2}N_0$ in Gl. (7.44) zu

$$\tau_{1/2} = \frac{\ln 2}{\lambda} = \frac{0{,}693}{\lambda}. \qquad (7.45)$$

Bereits 1912 stellten GEIGER und NUTALL eine Beziehung zwischen der Zerfallskonstanten λ und der Reichweite l der α-Strahlung

$$\ln \lambda = B + M \ln l \qquad (7.46)$$

an allen drei bis dahin bekannten Zerfallsreihen auf (Abb. 7.6 für die Zerfallsreihe des $^{238}_{92}$U).

Gl. (7.46) beschreibt in guter Näherung eine Gerade mit einem negativen Achsenabschnitt B und der Steigung $m = M$, dem Atomgewicht in amu. Da die Reichweite l als einfache Potenz der Energie als $l = C \cdot E^\gamma$ geschrieben werden kann, findet man das Gesetz von GEIGER und NUTALL oft auch in der Form

$$\ln \lambda = B + M' \ln E. \qquad (7.47)$$

---

[2]Ein internationaler Arbeitskreis fand 2017, dass in atmosphärischen Blitzen photonucleare Reaktionen ablaufen, nachgewiesen durch Positronen und Neutronen [58].

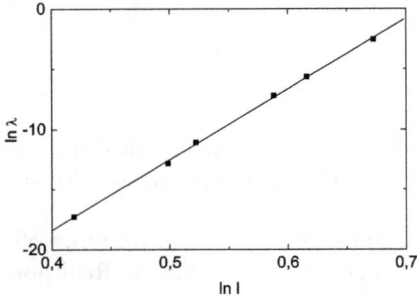

Abb. 7.6. Kurve von GEIGER und NUTALL für die Zerfallsreihe des $^{238}_{92}$U mit einer Halbwertszeit von 4,468 Mrd. Jahren (α-Strahler; bei dem Zerfallsakt entsteht $^{234}_{90}$Th).

7.2.2 Theorie

7.2.2.1 Energiebetrachtung. Das Zerplatzen des Kerns lässt aus einem Mutterkern der Ladung Ze_0 einen Tochterkern der Ladung $(Z - 2)e_0$ und ein α-Teilchen mit $2e_0$ entstehen. Bei einer bestimmten Größe des Kerns werden sich die Kernkräfte mit der COULOMBschen Abstoßung die Waage halten:

$$V = \begin{cases} \frac{2(Z-2)}{r}e_0^2 & r > R \\ V_0 & r < R \end{cases} \tag{7.48}$$

wobei V_0

- auf die Energie gesetzt wird, mit der das α-Teilchen den Kern verlässt und

- dieser Wert mit dem untersten Niveau des α-Teilchens im Kern gleichgesetzt wird.

Ist also der Energieberg durchtunnelt, wird das α-Teilchen vom COULOMB-Wall abgestoßen und erhält dessen kinetische Energie.

7.2.2.2 Stoßzahl und Zerfallskonstante. Aus den Gln. (7.30/31) folgt zunächst, dass die Zerfallswahrscheinlichkeit eines Kerns umso größer wird, desto höher das Kernniveau liegt, von dem aus die α-Emission erfolgt, weil die Potentialbarriere $V_0 - E$ dann schrumpft.

Bei Integration des GAMOW-Faktors [Exponent der Gl. (7.35)] erhält man die Tunnelwahrscheinlichkeit. Dazu wird eine Beziehung zwischen der radioaktiven Zerfallskonstanten λ der Gln. (7.43/44) und dem Durchlässigkeitskoeffizienten D der Gl. (7.35) aufgestellt:

$$\lambda = nD, \tag{7.49}$$

Beispiel 7.1 Für die Gln. (7.48) schätzen wir R ab. Der Radius des Kerns ist $\propto M^{1/3}$. Die Proportionalitätskonstante wurde zu 0,14 pm gefunden:

$$R = 1{,}4 \cdot 10^{-13} M^{\frac{1}{3}} \text{ cm}$$

Setzt man den so errechneten Wert für $^{238}_{92}\text{U}$ ein, ergibt sich die Höhe des Potentialbergs, der das α-Teilchen im Kern festhält, mit Gl. (7.48) zu

$$V_B = \frac{2(Z-2)}{1{,}4 \cdot 10^{-13} M^{1/3}} e_0^2 \approx 28{,}1 \text{ MeV}.$$

Tatsächlich wird die kinetische Energie der austretenden α-Teilchen zu nur 4,2 MeV gemessen. Zur Bestimmung der kinetischen Energie erinnern wir uns einerseits an die Gleichung des „Elektrons im Kasten" mit $E = \frac{\hbar^2 \pi^2}{2m_e a^2}$. Substituiert man die Topfbreite a mit dem Kernradius R und die Elektronenmasse m_e mit der Masse m_0 des α-Teilchens, dann erhalten wir

$$E = \frac{\hbar^2 \pi^2}{2m_0 R^2},$$

woraus wir mit dem eben bestimmten Wert für R und der Bedingung (7.48.1) den Wert für

$$V_0 = E = \frac{2(Z-2)}{r} e_0^2 = 4{,}2 \text{ MeV}$$

erhalten.

wobei n die Zahl der Stöße mit dem Wall pro Sekunde darstellt. Diese lässt sich mit

$$n \propto \frac{v_0}{R}$$

abschätzen, wobei v_0 die Geschwindigkeit des α-Teilchens im Kern ist. Mit der Unschärferelation verknüpfen wir den Impuls des α-Teilchens mit seiner Ortsunschärfe zu

$$m_0 v_0 R \approx \hbar \Rightarrow n \approx \frac{\hbar}{m_\alpha R^2} \tag{7.50}$$

und somit aus Gl. (7.35)

$$\lambda = \frac{\hbar}{m_0 R^2} \exp\left(-\frac{2}{\hbar} \int_{x_1}^{x_2} \sqrt{2\,m_\alpha(V(x_i) - E)}\,\mathrm{d}x\right), \tag{7.51}$$

logarithmiert

$$\ln \lambda = \ln \frac{\hbar}{m_0 R^2} - \frac{2}{\hbar} \int_{x_1}^{x_2} \sqrt{2\,m_\alpha(V(x_i) - E)}\,\mathrm{d}x, \tag{7.52}$$

wobei sich das Integral zwischen den Umkehrpunkten des α-Teilchens im Kern erstreckt, m. a. W. den Kerndurchmesser abbildet. Die obere Grenze folgt aus der Energiebedingung, dass nämlich die Gesamtenergie des α-Teilchens gleich der COULOMBschen Energie ist, also

$$\frac{2(Z-2)}{x_2}e_0^2 = E. \tag{7.53}$$

Setzt man also $V(x_i) = \frac{E\,x_2}{x}$ in das Integral in Gl. (7.52) ein, ergibt sich für die Zerfallskonstante des α-Zerfalls

$$\ln\lambda = B - \frac{A}{\sqrt{E}} \tag{7.54}$$

und nach Einsetzen der Halbwertszeit τ

$$\tau_{1/2} = \frac{\ln 2}{\lambda} \tag{7.55}$$

folgt schlussendlich

$$\ln\tau_{1/2} = \frac{A}{\sqrt{E}} - (B - \ln 0{,}693). \tag{7.56}$$

Gegenüber dem empirischen, bereits 1911 von GEIGER und NUTALL abgeleiteten Gesetz erhalten wir somit eine Beziehung zwischen der Halbwertszeit und der Energie der emittierten α-Teilchen:

- Der Koeffizient A ist proportional zur Ordnungszahl Z, während

- der Koeffizient B nicht nur von Z, sondern auch vom Kerndurchmesser abhängt. Mit steigendem Z ändert sich der Kerndurchmesser kaum, so dass man ihn als konstant ansehen darf.

Je kleiner also die Energie der austretenden α-Teilchen, umso größer die Halbwertszeit. Die Halbierung der kinetischen Energie von 8 auf 4 MeV führt zu einer Erhöhung der mittleren Lebensdauer von einigen Mikrosekunden auf einige Milliarden Jahre (Abb. 7.7)!

7.2.2.3 Bestimmung der Größen des Kernpotentials.
Wegen der starken Kernkräfte werden die Nucleonen stabiler Kerne trotz der hohen COULOMB-Abstoßung zusammengehalten. Umgekehrt braucht man hohe Energien, um positiv geladenen Teilchen dem Kern zu nähern und sogar mit ihm zu verschmelzen; es muss also der sog. COULOMBwall überwunden werden. Dazu verwendet man seit

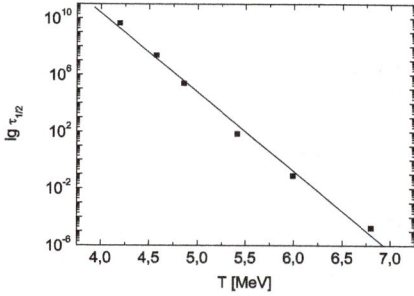

Abb. 7.7. Logarithmus der Halbwertszeit $\tau_{\frac{1}{2}}$ (in Jahren) als Funktion der Energie der α-Teilchen verschiedener Uran-Isotope [59].

RUTHERFORD α-Teilchen, dem im Jahre 1919 auch die erste Kernumwandlung mit

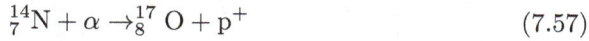

$$^{14}_{7}\mathrm{N} + \alpha \rightarrow ^{17}_{8}\mathrm{O} + \mathrm{p}^{+} \tag{7.57}$$

gelang (α: α-Teilchen, p^+: Proton). Unterhalb einer Bewegungsenergie von etwa 20 MeV erhält man seine typischen Streukurven. Ab etwa 24 MeV beobachtet man aber auch eine Absorption.

Beschießt man etwa stabile $^{207}_{82}$Pb-Kerne mit α-Teilchen, entsteht der $^{210}_{84}$Po-Kern, der radioaktiv unter Aussendung von α-Teilchen mit einer Energie von nur 5,3 MeV wieder zerfällt. D. h. das α-Teilchen muss nicht bis zum Rand des COULOMBwalls steigen, um von dort ejektiert zu werden, sondern tunnelt eben durch diesen hindurch. Unter Annahme der $\frac{1}{r}$-Abhängigkeit des Abstoßungspotentials errechnet man eine Breite des COULOMBwalls von 0,45 fm, dem $4^1/_2$-fachen Kernradius.

Diese Unterschiede sind so eklatant, dass wir in erster Näherung die beiden Quantentöpfe des Bleis und des Poloniums gleichsetzen (Abb. 7.8).

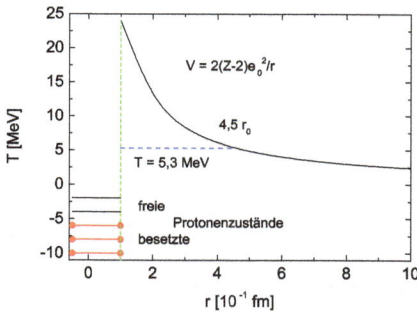

Abb. 7.8. Einfaches Kernmodell mit COULOMB-Wall zur Beschreibung des Kernzerfalls mit der Emission eines α-Teilchens.

Mit Gl. (7.31) errechnen wir aus diesen Daten einen Transmissionskoeffizienten von $D = 0{,}18$.

Beispiel 7.2 Eine der wichtigsten Reaktionen ist die Kernverschmelzung von zwei Wasserstoffkernen zu einem Deuterium-Kern, dem sog. *Deuteron*, aus dem dann durch Kernverschmelzung Helium wird. Diese Reaktion ist die Hauptenergiequelle der Hauptreihensterne im HERTZSPRUNG-RUSSELL-Diagramm, also auch in unserer Sonne (Positron ${}_1^0 e^+$, Elektron-Neutrino ${}_0^0 \overline{\nu}$):

$$p^+ + p^+ \rightarrow {}_1^2 D + {}_1^0 e^+ + {}_0^0 \overline{\nu}$$

Der Kern hat einen Durchmesser von 1 fm (1 Fermi); und selbst um diese COULOMB-Barriere von etwa 1,4 MeV zu überwinden, ist über $E_{kin} = \frac{3}{2} k_B T$ eine Temperatur von 11,2 GK erforderlich.[3] Die Temperatur im Atomofen der Sonne beträgt aber „nur" 15 MK, also ziemlich genau drei Größenordnungen zu wenig. Die Lösung dieses Dilemmas ist der Tunneleffekt. Wie aus den Abbn. 7.9 ersichtlich, in der der Transmissionskoeffizient gegen den Abstand für eine COULOMB-Abstoßung nach Gln. (7.26/29) aufgetragen ist, nimmt dieser stark mit der Temperatur, also der Energie, der Protonen zu. Es ist aber auch ersichtlich, dass die vielfach verwendete Formel (7.29), in der der $\sinh^2 x$ durch die Funktion $\frac{1}{4} e^{2x}$ approximiert wird, oft ungeeignet ist.

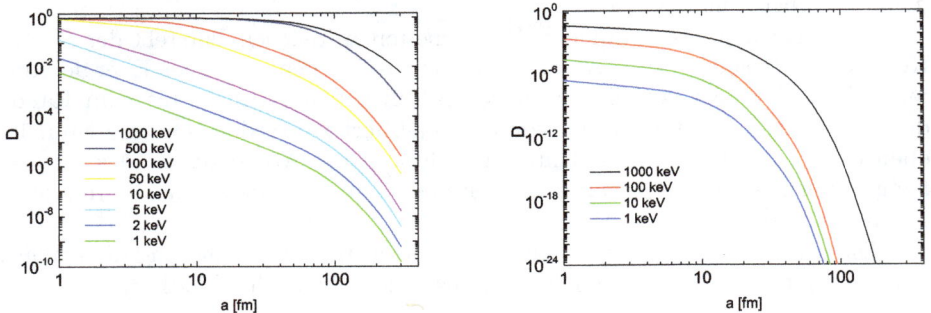

Abb. 7.9. Nach Gln. (7.26, lks.) und (7.29, re.) berechnete Transmissionskoeffizienten der Kollision zweier Protonen zu einem Deuteron für verschiedene kinetische Energien der Protonen. 1 keV entspricht einer Temperatur von 12 Mio. K, 1,3 keV einer Temperatur von 15 Mio. K. Ein bedeutender Teil dieser Protonen hat Energien von jenseits von 10 keV. Hier sind auch Kurven mit einer sehr hohen Bewegungsenergie eingetragen.

Beispiel 7.3 Für verschiedene Temperaturen sind die Verteilungskurven nach MAXWELL-BOLTZMANN in der Abb. 7.10 gezeigt. Der Temperatur von 15 Mio. K entspricht eine Energie von 1,3 keV. Die Tunnelwahrscheinlichkeit, ausgedrückt über D, hängt empfindlich vom möglichen Abstand der beiden Kerne ab. Bei kleinsten Abständen von 1 fm würde man ein D von fast Eins beobachten.

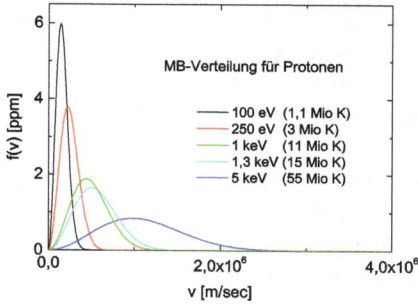

Abb. 7.10. Geschwindigkeitsverteilungen nach MAXWELL-BOLTZMANN für die Wasserstoff-Kerne (Protonen) bei verschiedenen Temperaturen.

7.3 Unbestimmtheitsrelation und Tunneleffekt

Innerhalb des Potentialbergs ist die Amplitude

$$\psi_{\mathrm{II}} = A_2 \mathrm{e}^{\kappa x} \tag{7.58}$$

mit κ dem Wellenvektor, der über die DE BROGLIE-Beziehung mit der Wurzel aus der Gesamtenergie

$$\kappa = \frac{1}{\hbar}\sqrt{2m_0(V-E)} = \text{const} \tag{7.59}$$

zusammenhängt, was für die Schwankungsbreite des Impulses und die Unschärfe

$$\left.\begin{array}{ll}\Delta p & = \hbar\kappa \\ \Delta p \Delta x & = \hbar\kappa(l = x_2 - x_1)\end{array}\right\} \tag{7.60}$$

bedeutet. Da nach Voraussetzung jedoch

$$\kappa l \gg 1 \tag{7.61}$$

ist, sind keine Aussagen über die Zustände der Teilchen innerhalb des Energiewalles selbst möglich, insbesondere keine, die einen imaginären Impuls des Quantenteilchens betreffen.

7.4 Das Tunnelmikroskop

Der Tunneleffekt ist zwar mit dem Hintergrund der Zerfalls von Atomkernen eingeführt worden, beschreibt aber auch die Emission von kalten Elektronen aus einem Metall unter dem Einfluss des elektrischen Feldes, zudem die Kontaktpotentialdifferenz, ohne die pn-Übergänge unverständlich bleiben (Aufg. 7.1/7.2), ebenso das Prinzip des Rastertunnelmikroskops: Elektronen können eine gewisse Potentialschwelle untertunneln, wobei sich der Tunnelstrom exponentiell mit der Breite der Schwelle abschwächt.

Das Anregungsprinzip ist die Feldemission aus einer sehr feinen Kathode, wofür die Techniken in den Jahren seit 1982, als das Rastertunnelmikroskop von BINNIG und ROHRER in den IBM-Laborooratorien zu Rüschlikon erfunden wurde [60], so fortentwickelt wurden, dass eine reproduzierbare Herstellung von Spitzen bis in den atomaren Bereich möglich geworden ist.

An die zu untersuchende Oberfläche wird also eine Spannung U angelegt, die größer ist als die Austrittsarbeit W_A, wobei der Strom in gewissen Grenzen proportional zu dieser ist (s. Abschn. 2.1). Legt man genau diese Spannung an, würden die Oberfläche also gerade noch keine Elektronen emittieren, nach unseren Betrachtungen aber doch. Und zwar würde der Tunnelstrom I_T wesentlich durch die veränderte Gl. (7.31)

$$D = \frac{16\, E\, (W_A - E)}{W_A^2}\, e^{-\frac{4a}{\hbar}\sqrt{2m_0(W_A - E)}} \tag{7.62}$$

definiert, in der a dann den Abstand der Spitze zur abzurasternden Oberfläche darstellt und E die Energie der Tunnelelektronen.

Damit der zwischen der Metallnadel und der elektrische leitende Oberfläche fließende Tunnelstrom I_T konstant bleibt, muss bei unebener Oberfläche die Höhe der Nadel durch eine Regelkreisschleife verändert werden. Das geschieht am einfachsten durch Transformation des Stromsignals I_R in eine Spannung, die die Piezokristalle in den drei Raumrichtungen verbiegt, so dass sich der Abstand a verändert. Durch Anlegen einer Gegenspannung wird nun der Abstand der Nadel von der zu untersuchenden Oberfläche konstant gehalten. Dieses Signal ist dann ein Punkt auf dem Weg zu einem x, y-Höhenprofil, das durch Abrastern entsteht (Abb. 7.11). Bei korrekter Kalibration ist das Potentialrelief dem Höhenrelief gleich.

Es ist klar, dass nach dem Prinzip der Feldemission der Nadelradius des Tunnelmikroskops erstens diese Größe beeinflusst, zweitens aber natürlich die Ortsauflösung definiert.

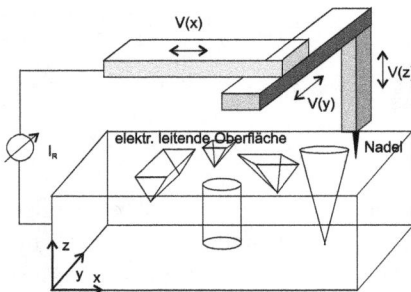

Abb. 7.11. Prinzip des Rastertun-nelmikroskops.

7.5 Abschließende Bemerkung

Der Tunneleffekt gehört zu den spektakulärsten Phänomenen der Mikrowelt, da eine Erklärung nur über den Wellencharakter möglich ist, und er demzufolge kein Analogon in der klassischen Mechanik aufweist. Umgekehrt wurde erst nach der Erklärung des quantenmechanischen Tunneleffektes die nicht vollständige Totalreflexion an einem NICOLschen Prisma beobachtet. Mit den hier vorgestellten zwei Verfahren, der Methode des Aneinanderflickens von Wellenfunktionen und der Transfermatrix, können viele Probleme *straightforward* gelöst werden — Probleme, die durchaus nicht nur akademischer Natur sind wie der radioaktive Zerfall oder die Kernfusion, denn der glühelektrische Effekt oder die Feldemission von Elektronen werden in jedem Rasterelektronenmikroskop angewandt.

7.6 Aufgaben und Lösungen

Aufgabe 7.1 Bildkraft: Bestimmen Sie die Kraft, die ein α-Teilchen 1 nm vor der Oberfläche eines metallischen Leiters erfährt! Wird das α-Teilchen angezogen oder abgestoßen?

Lösung. Wird nach Abb. 7.12 eine Probeladung vor eine Metallplatte gebracht, die frei bewegliche, d. h. insbesondere verschiebbare, Elektronen enthält, dann krümmen sich die Feldlinien derart, dass sie normal auf der Oberfläche stehen. Jede tangentiale Feldlinie würde solange Ladungen verschieben, bis sie senkrecht auf der Metalloberfläche stünde.

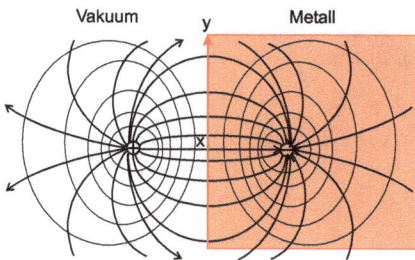

Abb. 7.12. Die Feldlinien einer Probeladung vor einer metallischen Fläche enden auf dieser senkrecht. Die Ladungen werden im metallischen Volumen verschoben, wodurch ein zusätzliches Feld entsteht.

Wenn der horizontale Abstand zur Metalloberfläche x sei, dann ist die Feldkomponente der positiven Punktladung

$$E = -\frac{1}{4\pi\varepsilon_0}\frac{Qx}{(x^2+y^2)^{3/2}}. \tag{1}$$

Wenn wir dazu das entgegengesetzt gleiche elektrische Feld addieren, das von der negativen (virtuellen) Bildladung erzeugt wird, bekommen wir

$$E = -\frac{1}{4\pi\varepsilon_0}\frac{2Qx}{(x^2+y^2)^{3/2}} \tag{2}$$

bzw. für die Ladungsdichte an der Oberfläche

$$\sigma(r) = \varepsilon_0 E(y) = -\frac{1}{4\pi}\frac{2Qx}{(x^2+y^2)^{3/2}}. \tag{3}$$

Die Größe der entstandenen Bildladung ermitteln wir damit zu

$$Q = \int \sigma(r)\,\mathrm{d}A = \int \sigma(r)\,2\pi r\,\mathrm{d}r, \tag{4}$$

also zu

$$Q = -\int_{y=0}^{y=\infty}\frac{1}{4\pi}\frac{2Qx}{(x^2+y^2)^{3/2}}\,2\pi r\,\mathrm{d}r. \tag{5}$$

Substituieren wir $r = \sqrt{x^2+y^2}$, wird

$$Q = -Qx\int_{r=0}^{r=\infty} r\,\frac{\mathrm{d}r}{r^3}, \tag{6}$$

woraus

$$Q = Qx\left.\frac{1}{r=\sqrt{x^2+y^2}}\right|_{y=0}^{y=\infty} \Rightarrow Q = Qx\left[\frac{1}{\infty}-\frac{1}{\sqrt{x^2}}\right] = -Q \tag{7}$$

folgt. Diese Spiegelladung scheint bei $-x$ zu liegen, so dass der Abstand der beiden Ladungen $2x$ wäre, womit die tatsächlich ausgeübte Kraft

$$F = \frac{1}{4\pi\varepsilon_0}\frac{Q^2}{(2x)^2} \tag{8}$$

ist, also

$$F = 9{,}26 \cdot 10^{-10}\text{ N}. \tag{9}$$

Aufgabe 7.2 Skizzieren Sie den Verlauf der potentiellen Energie eines Elektrons im Metall (FERMI-Energie ε_F, Austrittsarbeit W_A) ohne Feld und in einem äußeren elektrischen Feld mit und ohne Bildkraft! Wie hoch ist die zu durchtunnelnde Schichtdicke bei einem Feld von 10^7 V/cm?

Lösung. Wenn vom elektrischen Feld eine gewisse Arbeit aufgewendet werden muss, um das Metall zu verlassen, dann muss die potentielle Energie im Metall niedriger als außerhalb sein. Legen wir ihren Wert vereinfachend auf Null, dann muss zum Verlassen des eines Elektrons aus dem Metall mindestens die Austrittsarbeit W_A zugeführt werden:[4]

$$\frac{1}{2}m_e v^2 = \hbar\omega - W_A \tag{1}$$

Wird normal zur Oberfläche des Metalls ein elektrisches Feld E angelegt, dann nimmt im Vakuum die potentielle Energie die Form

$$V(x) = W_A - e_0 E x \tag{2}$$

an, während im Metall kein Feld erzeugt werden kann; das Potential verändert sich nicht, so dass ein Dreieckspotential entsteht. Als Ergebnis sinkt bei steigendem Feld nach Gl. (2) die zum Verlassen des Metalls erforderliche Austrittsarbeit.

Außerhalb des Metalls kommt noch die Bildkraft

$$\left.\begin{array}{l} F(x) = e_0 E - \frac{1}{4\pi\varepsilon_0}\frac{e_0^2}{4x^2} \\[2mm] V(x) = W_A - e_0 E x - \frac{1}{4\pi\varepsilon_0}\frac{e_0^2}{4x} \end{array}\right\} \tag{3}$$

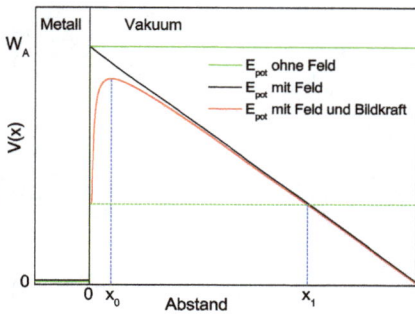

Abb. 7.13. Die potentielle Energie eines Elektrons im Metall ohne Feld und im Vakuum mit äußerem elektrischen Feld.

hinzu. Das Maximum dieser Funktion liegt bei

$$-e_0 E + \frac{1}{4\pi\varepsilon_0}\frac{e_0^2}{4x^2} = 0 \Rightarrow x_0 = \sqrt{\frac{e_0}{16\pi\varepsilon_0 E}}, \tag{4}$$

so dass $V(x)$ stets kleiner als W_A ist (Abb. 7.13), da sich V_{max} bei $x = x_0$ ergibt zu

$$V_{max} = W_A - \frac{1}{4}\sqrt{\frac{1}{\pi\varepsilon_0}e_0^3 E}. \tag{5}$$

---

[4]Hier sieht man sehr schön den Einfluss der unterschiedlichen Bezugspunkte. Während die Austrittsarbeit vom Vakuumlevel ($U = 0$ V) gemessen wird, ist der Ausgangspunkt der FERMI-Energie 0 V, und es wird etwas „draufgesattelt". Leider sind noch verschiedene andere Energien mit im Spiel, so dass wir die beiden Energien nur theoretisch miteinander vergleichen können.

Durch Berücksichtigung der Bildkraft verringert sich zwar die Austrittsarbeit, die kalte Emission lässt sich dadurch jedoch nicht erklären. Dieser Effekt heißt nach einem seiner Entdecker SCHOTTKY-Effekt. Dadurch wird die Austrittsarbeit der Elektronen aus einer Glühkathode bei hoher Anodenspannung reduziert, und man erreicht einen exponentiell ansteigenden Anodenstrom.

Aufgabe 7.3 Bestimmen Sie nach Aufg. 7.2 nun den Transmissionskoeffizienten D bei vernachlässigbarer Bildkraft, der FERMI-Energie ε_F und einer Feldstärke E!

Lösung. Aus der graphischen Darstellung zur Aufgabe 7.2 (Abb. 7.13) ist ersichtlich, dass das äußere Feld einen Potentialberg erzeugt, der von Elektronen durchtunnelt werden kann:

$$D = e^{-\frac{2\sqrt{2m_e}}{\hbar}\int_0^{x_1}\sqrt{V(x)-\varepsilon}\,dx}, \tag{1}$$

wobei der Punkt x_1 am Bergende (die Länge des Tunnels) sich auf Grund der Beziehung

$$\varepsilon_F - e_0\,E\,x_1 = \varepsilon \Rightarrow x_1 = \frac{\varepsilon_F - \varepsilon}{e_0 E} \tag{2}$$

ergibt. Das Integral

$$\int_0^{x_1}\sqrt{V(x)-\varepsilon}\,dx = \int_0^{x_1}\sqrt{\varepsilon_F - e_0\,E\,x - \varepsilon}\,dx \tag{3}$$

liefert

$$\frac{2}{3}\sqrt{e_0 E}x_1^{3/2}; \tag{4}$$

beim Einsetzen von Beziehung (2) in Gl. (4) resultiert für D

$$D = e^{-\frac{4}{3}\frac{\sqrt{2m_e}}{e_0\hbar E}(\varepsilon_F - \varepsilon)^{3/2}}, \tag{5}$$

hängt also

- für eine Dreieckschwelle exponentiell mit $^4/_3$ sowie

- exponentiell von der inversen Feldstärke und der FERMI-Energie

ab.

Aufgabe 7.4 Ein Elektron läuft gegen eine Energiebarriere von 1 a.u. = 27,2 eV mit einer Energie von 13,6 eV bei einer Breite des Potentialtopfs a von 1 Å. Bestimmen Sie den Transmissionskoeffizienten!

Lösung. Mit Gl. (7.31) bekommen wir ein D von 0,023, also 2,3 %.

Aufgabe 7.5 Wenn ein Elektron eine kinetische Energie E von 1 eV habe, wie groß ist die Transmissionswahrscheinlichkeit, wenn die Barriere eine Höhe von 10 eV aufweist und deren Breite 5 Å beträgt?

Lösung. Nach Gl. (7.31) sinkt die Wahrscheinlichkeit auf $1{,}8 \cdot 10^{-7}$ ab.

Aufgabe 7.6 Ein Proton läuft gegen eine Energiebarriere von 2 eV mit einer Energie von 1 eV bei einer Breite des Potentialtopfs a von 1 Å. Bestimmen Sie den Transmissionskoeffizienten!

Lösung. Mit Gl. (7.31) bekommen wir ein D von $1{,}8 \cdot 10^{-10}$, also 0,2 ppb. Im Verhältnis zum Elektron ist also der Tunneleffekt für Protonen für „chemische" Energien sehr unwahrscheinlich. Aber für Kerneffekte ist die entscheidende Größe nicht in der Gegend von Å, sondern von fm, also 5 Größenordnungen weniger. Gleichzeitig sind die Energien und die Massen auch höher, statt größenordnungsmäßig eV nun MeV, allerdings unter der Wurzel, so dass der GAMOW-Faktor etwa zwei Größenordnungen größer wird.

Aufgabe 7.7 Bestimmen Sie die Energie der α-Strahlen, die beim Zerfall des $^{238}_{92}$U-Kerns in den $^{234}_{90}$Th-Kern entstehen!

Lösung. Die Massen der beiden Kerne sind 238,05079 amu und 234,04363 amu, der He-Kern hat 4,00260 amu. Daraus errechnet sich ein Massendefekt Δm von 0,00456, der nach der EINSTEINschen Beziehung eine Energie von 4,25 MeV liefert (die Massen der Elektronen canceln sich).

Aufgabe 7.8 Überlegen Sie, ob durch Ejektion eines Protons der $^{238}_{92}$U-Kern in einen $^{237}_{91}$Pa-Kern übergehen kann!

Lösung. Die Massen der beiden Kerne sind 238,05079 amu und 237,05121 amu, der H-Kern hat 1,00783 amu. Daraus errechnet sich ein Massendefekt Δm von $-0{,}00825$ amu; somit muss nach der EINSTEINschen Beziehung eine Energie von 7,79 MeV aufgewendet werden, um diese Reaktion durchzuführen.

Aufgabe 7.9 Bestimmen Sie die Elemente der Transfermatrix (7.19/20)!

Lösung. Die Aufgabe besteht in der Aufstellung zweier inverser Matrizen $\mathbf{M}_1^{-1}$ und $\mathbf{M}_3^{-1}$ und der finalen Produktbildung $\mathbf{M}_1^{-1} \cdot \mathbf{M}_2 \cdot \mathbf{M}_3^{-1}\mathbf{M}_4$. Die Determinante von

$$\mathbf{M}_1 = \begin{pmatrix} e^{-ika} & e^{ika} \\ e^{-ika} & -e^{ika} \end{pmatrix} \tag{1}$$

lautet:

$$\begin{vmatrix} e^{-ika} & e^{ika} \\ e^{-ika} & -e^{ika} \end{vmatrix} \tag{2}$$

und hat den Wert -2, also

$$\mathbf{M}^{-1} = -\frac{1}{2} \begin{pmatrix} -e^{ika} & -e^{ika} \\ -e^{-ika} & e^{-ika} \end{pmatrix} \tag{3}$$

$$\mathbf{M}^{-1} \cdot \mathbf{M}_2 = \frac{1}{2} \begin{pmatrix} e^{ika} & e^{ika} \\ e^{-ika} & -e^{-ika} \end{pmatrix} \cdot \begin{pmatrix} e^{-\kappa a} & e^{\kappa a} \\ -\frac{i\kappa}{k} e^{-\kappa a} & \frac{i\kappa}{k} e^{\kappa a} \end{pmatrix}. \tag{4}$$

Damit wird das erste Matrizenprodukt

$$\frac{1}{2} \begin{pmatrix} (1 - \frac{i\kappa}{k}) e^{(ik-\kappa)a} & (1 + \frac{i\kappa}{k}) e^{(ik+\kappa)a} \\ (1 + \frac{i\kappa}{k}) e^{-(ik+\kappa)a} & (1 - \frac{i\kappa}{k}) e^{(-ik+\kappa)a} \end{pmatrix}. \tag{5}$$

Und jetzt dasselbe für $\mathbf{M}_3$:

$$\mathbf{M}_3 = \begin{pmatrix} e^{\kappa a} & e^{-\kappa a} \\ e^{\kappa a} & -e^{-\kappa a} \end{pmatrix}. \tag{6}$$

Die Determinante lautet:

$$\begin{vmatrix} e^{\kappa a} & e^{-\kappa a} \\ e^{\kappa a} & -e^{\kappa a} \end{vmatrix} \tag{7}$$

und hat den Wert -2.

$$\mathbf{M}_3^{-1} = -\frac{1}{2} \begin{pmatrix} -e^{-\kappa a} & -e^{-\kappa a} \\ -e^{\kappa a} & e^{\kappa a} \end{pmatrix} \tag{8}$$

$$\mathbf{M}^{-3} \cdot \mathbf{M}_4 = \frac{1}{2} \begin{pmatrix} e^{-\kappa a} & e^{-\kappa a} \\ e^{\kappa a} & -e^{\kappa a} \end{pmatrix} \cdot \begin{pmatrix} e^{ika} & e^{-ika} \\ \frac{ik}{\kappa} e^{ika} & -\frac{ik}{\kappa} e^{-ika} \end{pmatrix}. \tag{9}$$

Damit wird das zweite Matrizenprodukt

$$\frac{1}{2} \begin{pmatrix} (1 + \frac{ik}{\kappa}) e^{(ik-\kappa)a} & (1 - \frac{ik}{\kappa}) e^{-(ik+\kappa)a} \\ (1 - \frac{ik}{\kappa}) e^{(ik+\kappa)a} & (1 + \frac{ik}{\kappa}) e^{(\kappa-ik)a} \end{pmatrix}. \tag{10}$$

Durch Multiplikation der Matrizen in den Gln. (5) + (10) erhält man Gl. (7.19), hier gezeigt am Element M_{11}:

$$M_{11} = \frac{1}{4} \left(\left(1 - \frac{i\kappa}{k} + \frac{ik}{\kappa} + 1 \right) e^{2(ik-\kappa)a} + \left(1 + \frac{i\kappa}{k} - \frac{ik}{\kappa} + 1 \right) e^{2(ik+\kappa)a} \right), \tag{11}$$

$$M_{11} = e^{2ika} \left(\cosh 2\kappa a + \frac{i}{2} \left(\frac{\kappa}{k} - \frac{k}{\kappa} \right) \sinh 2\kappa a \right). \tag{12}$$

8 Quanten-Oszillatoren

Die Bestimmung der Eigenwerte der Energie eines Systems ist eine zentrale Aufgabe in der Quantenmechanik. Neben dem *Elektron im Kasten* ist das wichtigste System der *Harmonische Oszillator*. Dieser wird daher in diesem Kapitel mit drei unterschiedlichen Verfahren untersucht. Genauso wie das Elektron im Kasten ist der Harmonische Oszillator nicht nur ein Gedankenexperiment, sondern ein Modell, mit dem molekulare Schwingungen sehr genau beschrieben werden können, aus denen die Potentialkurven real existierender Moleküle zugänglich sind. Der erste Test des Harmonischen Oszillators als perfektes quantenmechanisches Modell gelang beim Schwarzen Strahler (Kap. 1) und der spezifischen Wärme von Festkörpern beim Annähern an den absoluten Nullpunkt (Kap. II, 3).

8.1 Grenzen der Bewegung

Ein Masseteilchen kann sich energetisch nur innerhalb eines Bereichs aufhalten, in dem seine potentielle Energie kleiner als seine Gesamtenergie ist (Abb. 8.1):

$$E = T + V = \frac{m}{2}v^2 + V(x) = \text{const} \tag{8.1}$$

und wir definieren:

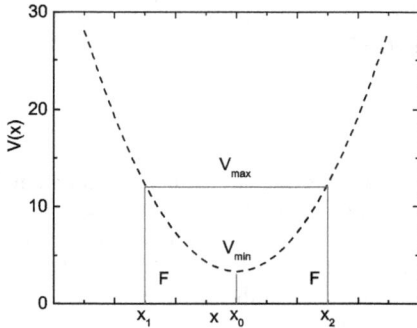

Abb. 8.1. Die Potentialkurve zeigt Bewegungsfreiheit zwischen x_1 bis x_2, da hier $E \geq V$.

- *Endliche Bewegung:* Bewegung, bei der das Teilchen in einem endlichen Raumgebiet bleibt.

- *Unendliche Bewegung:* Das Teilchen kann sich beliebig weit entfernen.

- *Eindimensionale Bewegung:* Das Teilchen kann sich nur entlang einer Koordinate bewegen und besitzt nur einen *Freiheitsgrad* — im Gegensatz zu einem freien Teilchen, das über drei Freiheitsgrade der translatorischen Bewegung verfügt.

https://doi.org/10.1515/9783111238678-008

Bewegung vom Extrempunkt (x_1 oder x_2) nach x_0, wo die potentielle Energie ein Minimum aufweist:

$$F = -\frac{\mathrm{d}V}{\mathrm{d}x} = 0 \qquad (8.2)$$

an dieser Stelle bewegt sich das Teilchen *kräftefrei,* und es liegt ein *stabiles Gleichgewicht* vor. Die kinetische Energie hat dort ein Maximum. Wie ist die Kraft gerichtet?

- F ist positiv zwischen x_1 und x_0: in Richtung abnehmender (stärker negativ werdender) x-Werte nimmt F zu;

- F ist negativ zwischen x_2 und x_0: in Richtung zunehmender x-Werte nimmt F ab.

Je größer die Auslenkung, umso größer die rücktreibende Kraft Richtung Minimum der potentiellen Energie. Das stabile Minimum zeichnet sich dadurch aus, dass keine Kraft am Teilchen angreift.

Im Beispiel der Abb. 8.1 führt das Teilchen eine periodische Bewegung aus, und die Schwingungsdauer ist dabei doppelt so lang wie die Zeit, die es für das Zurücklegen der Zeit zwischen x_1 und x_2 benötigt.

Gewinnt das Teilchen potentielle Energie über V_{max} hinaus, so dass es die Potentialschwelle überschreiten kann, kann die endliche in eine unendliche Bewegung übergehen. Das Teilchen verlässt dann die Potentialmulde. An der Stelle x_3 ist der Gradient der potentiellen Energie ebenfalls Null, so dass an diesem außerordentlichen Punkt Kraft und kinetische Energie verschwinden (Abb. 8.2).

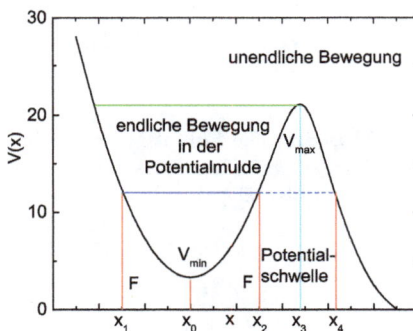

Abb. 8.2. Gewinnt das Teilchen potentielle Energie über V_{max} hinaus, so dass das Teilchen die Potentialschwelle überschreiten kann, kann die endliche in eine unendliche Bewegung übergehen. Ist V_{max} kleiner als die Energieschwelle, wäre die kinetische Energie im Potentialwall negativ, die Geschwindigkeit imaginär.

Jenseits von x_3 wird das Teilchen beschleunigt. Da im Unendlichen die potentielle Energie Null ist, erreicht das Teilchen dort die Geschwindigkeit

$$v_\infty = \lim_{x \to \infty} \sqrt{\frac{2(E - V)}{m}} = \sqrt{\frac{2E}{m}}. \qquad (8.3)$$

Da die Kraft immer in Richtung abnehmender potentieller Energie geht, führt die Annäherung von Teilchen, die sich einander anziehen, zu einer Abnahme der potentiellen Energie, und die Bewegung bleibt immer endlich.

Wir wollen uns in diesem Kapitel überlegen, dass dieses Potential, das wir in den Abbn. 8.1 und 8.2 als Parabelpotential gezeichnet sehen, mit der Bindungsenergie eines Moleküls identifiziert werden kann, und die Auslenkungen der Kugel während einer Schwingung ein sehr gutes Modell für die Amplituden einer molekularen Schwingung darstellen. Als Einteilchen-Modell beschreibt es die einfachste Näherung und entspricht einem Federpendel — bereits beim Federmodell werden ja mindestens zwei Massen von einer Feder zusammengehalten und schwingen gegeneinander.

Für sehr große Entfernungen der Bindungspartner muss die potentielle Energie dagegen verschwinden, und es müssen deutliche Abweichungen vom Parabelpotential auftreten. Daher muss der prinzipielle Verlauf der Abstandsabhängigkeit der potentiellen Energie wie in Abb. 8.3 zu beschreiben sein.

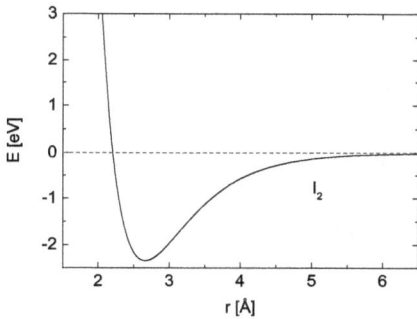

Abb. 8.3. Bei der Molekülbildung wird das Normal der potentiellen Energie im Unendlichen auf Null gesetzt (hier gezeigt am Beispiel des I_2-Moleküls).

8.2 Harmonischer Oszillator

8.2.1 Klassische Annäherung

Die Bewegungsgleichung des harmonischen Oszillators begegnete uns bereits im Abschn. 1.3 in Gl. (1.9) für eine gedämpfte, mit dem Frequenzspektrum $n\omega$ harmonisch angeregte Schwingung mit der Lösung $\psi_n = \psi_0 \sin \omega_n t$. Das Federmodell in Abb. 8.4 illustriert das HOOKEsche Gesetz.

Daraus ergibt sich, dass die Frequenz der Strahlung mit der mechanischen Frequenz der Schwingung übereinstimmt. Die Gesamtenergie des Oszillators ist konstant und setzt sich zu gleichen Teilen aus den zeitlichen Mittelwerten von kinetischer und potentieller Energie zusammen. Wir ermittelten sie mit

$$\overline{E} = \frac{1}{T} \int_{t=-\frac{1}{2}T}^{t=\frac{1}{2}T} E_0^2 \sin^2 \omega t \, dt, \tag{8.4}$$

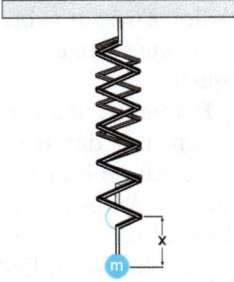

Abb. 8.4. Das Federmodell des eindimensionalen harmonischen Oszillators. Die entspannte Feder (hellgrau) wird aus der Gleichgewichtsposition gedehnt (schwarz) und erzeugt eine Rückstellkraft, die mit der Auslenkung x skaliert.

was mit partieller Integration leicht zu lösen ist und den Wert $^1/_2 E_0$

$$\overline{E} = m_0 \overline{\dot{x}^2} \tag{8.5}$$

aufweist. Aus der MAXWELLschen Theorie lässt sich darüber hinaus auch die Intensität der Strahlung bestimmen [61, 62]. Die Energie des Harmonischen Oszillators kann aber beliebige Werte annehmen. Diese Freiheit wird in der BOHRschen Theorie aufgegeben. Durch die Quantelungsregel

$$\oint p_x \, \mathrm{d}x = n \, 2\pi\hbar \tag{8.6}$$

finden wir etwa aus der HAMILTON-Funktion

$$\left.\begin{aligned}
p_x &= \tfrac{\partial \mathcal{H}}{\partial v} = m_0 \dot{x} \\
p_x \, \mathrm{d}x &= m_0 \dot{x} \tfrac{\mathrm{d}x}{\mathrm{d}t} \, \mathrm{d}t \\
&= m_0 \omega^2 \psi_0^2 \sin^2 \omega t \, \mathrm{d}t.
\end{aligned}\right\} \tag{8.7}$$

Setzt man den letzten Term in die Gl. (8.6) ein und mittelt über eine Periode wie in Gl. (8.4), erhält man mit der PLANCKschen Formel

$$E_n = n\hbar\omega \tag{8.8}$$

eine äquidistante Leiter von Eigenwerten mit den Quantenzahlen $n = 0, 1, 2 \ldots$, was die erste Etappe der Quantenmechanik darstellte. PLANCK bewies für seinen schwarzen Strahler, dass dessen Energieaufnahme und -abgabe mit einer Gesamtheit von harmonischen Oszillatoren beschrieben werden kann, die im thermischen Gleichgewicht unterschiedlich stark angeregt werden. EINSTEIN konnte die funktionale Abhängigkeit der spezifischen Wärme eines Kristalls von der Temperatur mit einem System gekoppelter Oszillatoren beschreiben, die in den drei Raumrichtungen unabhängig voneinander schwingen können. *Die Beiträge der einzelnen Oszillatoren sind unabhängig voneinander und addieren sich zum Gesamteffekt, stellen also eine Reihe dar. Dies würde irgendwann zu einer Divergenz führen. Beide konnten kein Abbruchkriterium für ihre Modelle formulieren, ob und ab wann also die Reihe zu einem Polynom wird.*

8.2.2 Reihenansatz

Die Eigenwerte der Energie ergeben sich nun aus der Lösung der SCHRÖDINGER-Gleichung, in die wir einen Operator der potentiellen Energie einsetzen, die sich aus der Wechselwirkung des Atoms mit seinen Nachbarn zusammensetzt, und die wir bereits für die beiden Grenzen 0 und ∞

$$V(r \to \infty) = 0$$
$$V(r \to 0) \; = \infty$$

kennen. Wegen der Stabilität des Systems existiert ein bestimmter endlicher Abstand $r = a$, bei dem die potentielle Energie negativ ist und einen bestimmten minimalen Wert erreicht. Für kleine Abweichungen um a wird das Potential entwickelt:

$$V(r) = V(a + x) = V(a) + \frac{x^1}{1!} V'(a) + \frac{x^2}{2!} V''(a) + \frac{x^3}{3!} V'''(a) \dots \tag{8.9}$$

was eine implizite Störungsrechnung ist: Der Operator für die potentielle Energie wird additiv in mehrere Summanden zerlegt, wobei der Löwenanteil auf die *harmonische Näherung* mit $V'(a) = 0$ fällt, und $V''(a) > 0$ liefert

$$V(r) = -D + \frac{m_0}{2} \omega_0^2 x^2 \tag{8.10}$$

mit m_0 der Masse des oszillierenden Systems (mathematisches Federpendel). Dabei ist

$$V''(a) = m_0 \omega_0^2 \tag{8.11}$$

der sog. *Elastizitätskoeffizient* und

$$V(a) = -D \tag{8.12}$$

die Dissoziationsenergie. Da man das Potentialminimum frei wählen kann, wird es zweckmäßigerweise auf Null

$$x = 0 \Rightarrow r = a : V(a) = 0$$

gelegt, woraus

$$V(x) = \frac{m_0}{2} \omega_0^2 x^2 = \frac{1}{2} V''(x) x^2 \tag{8.13}$$

folgt: Die (Kreis-)Frequenz der Schwingung hängt folglich in einfacher Weise vom Potential ab, so dass die SCHRÖDINGER-Gleichung für den harmonischen Fall

$$\left(-\frac{\hbar^2}{2m_0} \nabla^2 + \frac{m_0 \omega_0^2 x^2}{2} \right) \psi = E_n \psi_n \tag{8.14}$$

lautet. Substituiert man nun

$$\left.\begin{aligned}
\alpha &= \tfrac{2m_0 E}{\hbar^2} \\
\beta &= \tfrac{m_0 \omega_0}{\hbar} \\
\lambda &= \tfrac{\alpha}{\beta} \\
&= \tfrac{2\,E}{\hbar \omega_0},
\end{aligned}\right\} \tag{8.15}$$

so dass man dimensionslose Veränderliche für den Ort mit

$$\xi = x\sqrt{\beta} = x\sqrt{\frac{m_0 \omega_0}{\hbar}} \Rightarrow \mathrm{d}\xi = \sqrt{\frac{m_0 \omega_0}{\hbar}}\,\mathrm{d}x \tag{8.16}$$

und für den Impuls mit

$$\mathbf{p}_x = \frac{\hbar}{\mathrm{i}}\frac{\partial}{\partial x} \to \mathbf{p}_\xi = \sqrt{\beta}\,\mathbf{p}_\xi = \frac{\sqrt{m_0 \hbar \omega}}{\mathrm{i}}\frac{\partial}{\partial \xi} \tag{8.17}$$

erhält, kann man den HAMILTON-Operator schreiben als

$$\mathbf{H} = \frac{\hbar \omega}{2}\left(\xi^2 - \frac{\partial^2}{\partial \xi^2}\right) \tag{8.18}$$

und die Eigenwert-Gleichung als

$$\psi'' + (\lambda - \xi^2)\psi = 0, \tag{8.19}$$

wobei ξ auf eine Länge $1/\sqrt{\beta}$ bezogen wird und $\psi'' = \frac{\mathrm{d}^2\psi}{\mathrm{d}\xi^2}$.

8.2.2.1 Sommerfeldscher Polynomansatz.

Der hier beschriebene quanten-mechanische Ansatz, den wir ARNOLD SOMMERFELD verdanken, besteht darin, zunächst das Verhalten im Unendlichen zu untersuchen, also dort, wo durch $\xi \to \infty$ in der Gl. (8.19) $\lambda \ll \xi^2$ wird, und wir schreiben das so:

$$\psi_\infty'' - \xi^2 \psi_\infty = 0. \tag{8.20}$$

Eine Funktion, von der wir wissen, dass sie im Unendlichen verschwindet, ist die Exponentialfunktion

$$\psi_\infty = \mathrm{e}^{\zeta \xi^2}, \tag{8.21}$$

deren zweite Ableitung

$$\psi_\infty'' = (4\zeta^2 \xi^2 + 2\zeta)\,\mathrm{e}^{\zeta \xi^2} \approx 4\zeta^2 \xi^2\,\mathrm{e}^{\zeta \xi^2}$$

beträgt, und woraus wir durch Vergleich mit Gl. (8.21) schließen, dass

$$\zeta = \pm\frac{1}{2} \qquad (8.22)$$

mit

$$\psi_\infty = c_1 e^{\frac{1}{2}\xi^2} + c_2 e^{-\frac{1}{2}\xi^2} \qquad (8.23)$$

sein muss. Weiterhin muss der Entwicklungskoeffizient c_1 verschwinden, da die Funktion normierbar sein muss, und bei endlichem c_1 die Wellenfunktion über alle Maßen wachsen würde.

Nachdem wir das asymptotische Verschwinden im Unendlichen beschrieben haben, suchen wir nun die Gesamtlösung mit einem Produktansatz

$$\psi = \psi_\infty u = e^{-\frac{1}{2}\xi^2} u, \qquad (8.24)$$

und leiten das für Gl. (8.19) zweimal ab, woraus sich

$$(e^{-\frac{1}{2}\xi^2} u)'' = e^{-\frac{1}{2}\xi^2} [u'' - 2\xi^2 u' + (\xi^2 - 1) u] \qquad (8.25)$$

ergibt, so dass wir schließlich folgende DGl für u erhalten, die nach HERMITE benannte DGl:

$$u'' - 2\xi u' + (\lambda - 1)u = 0, \qquad (8.26)$$

wobei der ξ^2-Term aus Gl. (8.19) sich gegen den aus Gl. (8.25) aufhebt. Gl. (8.26) ist eine lineare DGl zweiter Ordnung mit nicht-konstanten Koeffizienten, allerdings in der Veränderlichen ξ.

Weil Gl. (8.26) keine singulären Punkte aufweist, kann man ihre Lösung als Polynom

$$u(\xi) = b_0 + b_1\xi + b_2\xi^2 + \ldots = \sum_{i=0} b_i \xi^i, \qquad (8.27)$$

mit ihren Ableitungen

$$u'(\xi) = b_1 + 2 b_2\xi + 3 b_3\xi^2 + \ldots = \sum_{i=1} i\, b_i \xi^{i-1} = \sum_{k=0} (k+1) b_{k+1} \xi^k$$

und

$$u''(\xi) = 2 b_2 + 6 b_3\xi + 12 b_4 \xi^2 + \ldots = \sum_{i=2} i(i-1) b_i \xi^{i-2} = \sum_{k=0} (k+2)(k+1) b_{k+2} \xi^k$$

suchen und das in Gl. (8.26) einsetzen:

$$\sum_{i=0} b_i[i(i-1)\xi^{i-2} - (2i+1 - \lambda)\xi^i] = 0. \qquad (8.28)$$

Klammert man umgekehrt ξ^i aus, wird $i(i-1)$ zu $(k+2)(k+1)$, also

$$\sum_{k=0} \xi^k [(k+2)(k+1) b_{k+2} - (2k+1-\lambda) b_k] = 0. \tag{8.29}$$

Da diese Gleichung für alle Koeffizienten der ξ^k für jede Potenz k und damit für jedes Glied der Reihe gelten muss, erhalten wir eine Rekursionsbeziehung zur Bestimmung der Koeffizienten b_{k+2} aus b_k zu

$$b_{k+2} = b_k \frac{2k+1-\lambda}{(k+2)(k+1)}. \tag{8.30}$$

Wo beginnt die Reihe? Für $k = -1$ erhalten wir $(-1+2)(-1+1) = 0 \Rightarrow b_1 = 0$, für $k = -2$ wird $(-2+2)(-2+1) \Rightarrow b_0 = 0$, so dass b_0 und b_1 frei wählbar sind. Gl. (8.29) ist eine zweigliedrige Rekursionsformel für die Koeffizienten b_k, durch die die Koeffizienten der geraden Potenzen von ξ auf b_0, die der ungeraden auf b_1 zurückgeführt werden können. Da b_0 und b_1 beliebig wählbar sind, kann man einen von ihnen gleich Null setzen.

Hört die Reihe auf und wo? Für große Werte von k, also wenn $k > \frac{\lambda-1}{2}$ wird, ergibt sich nach Gl. (8.30) ein ungefähres Verhältnis

$$\frac{b_{k+2}}{b_k} \approx \begin{cases} \frac{2}{k-1} & \text{für ungerade } k \\ \frac{2}{k} & \text{für gerade } n. \end{cases} \tag{8.31}$$

Damit ist für große k das Koeffizientenverhältnis das gleiche wie bei der Funktion e^{ξ^2}, die in die Reihe

$$\mathrm{e}^{\xi^2} = \sum_{k=0,2,4,\ldots} \frac{1}{\left(\frac{k}{2}\right)!} \xi^k \tag{8.32}$$

zerlegt wurde. Sehen wir uns dazu das k-te Glied

$$b_k = \frac{c}{\left(\frac{k}{2}\right)!} \tag{8.33}$$

an mit $c = \mathrm{const.}$ Das b_{k+2}-te Glied wäre dann

$$b_{k+2} = \frac{c}{\left(\frac{k+2}{2}\right)!} = \frac{c}{\left(\frac{k}{2}+1\right)!},$$

was aber ersichtlich

$$b_{k+2} = \frac{c}{\left(\frac{k}{2}+1\right)\left(\frac{k}{2}\right)!} = \frac{b_k}{\left(\frac{k}{2}+1\right)!} \approx \frac{2}{k} b_k$$

ist, und was, in Gl. (8.27) eingesetzt,

$$u(\xi) \approx c \sum_{k=0}^{\infty} \frac{\xi^k}{\left(\frac{k}{2}\right)!} = c \sum_{l=0}^{\infty} \frac{\xi^{2l}}{(l)!} = c\mathrm{e}^{\xi^2} \tag{8.34}$$

genau die (divergierende) Potenzreihenentwicklung der Exponentialfunktion ergeben würde. Damit würde das Produkt ψ der Gl. (8.24) aus $\psi_\infty = \mathrm{e}^{-\frac{1}{2}\xi^2}$ und $u = \mathrm{e}^{\xi^2}$ mit $\psi = \mathrm{e}^{\frac{1}{2}\xi^2}$ divergieren.

Damit muss also eine mit $b_0 = 0$ oder mit $b_1 = 0$ begonnene Reihe ein Schlussglied $b_k \neq 0$ aufweisen, dem das nächste Glied mit b_{k+2} folgende mit $b_{k+2} = 0$ folgen würde, so dass sich die Reihe $u(\xi)$ auf ein Polynom n-ten Grades reduziert. Die *Abbruchbedingung*

$$\boxed{2k + 1 - \lambda = 0} \qquad (8.35)$$

bestimmt folglich die endliche Zahl von Eigenwerten E_n, die aus normierbaren Eigenfunktionen resultieren, zu

$$E_n = \hbar\omega \left(n + \frac{1}{2} \right). \qquad (8.36)$$

Die Wellenfunktion verschwindet im Unendlichen nur für diese Energieeigenwerte.

Diese Methode wird in der Quantenmechanik sowohl bei der Lösung der Kugelfunktionen (Kap. 10) wie auch des KEPLERschen Problems (Kap. 11) eingesetzt. Die Koeffizienten des Potenzreihenansatzes werden durch eine Abbruchbedingung über eine Rekursionsformel bestimmt.

Wählt man die b_k so, dass b_n, der Koeffizient der höchsten vorkommenden Potenz in ξ, gleich 2^n wird, erhält man die HERMITEschen Polynome.

8.2.2.2 Hermitesche Polynome. Setzt man den Koeffizienten beim Laufindex $k_{\max} = n$ auf

$$b_n = n^2,$$

erhalten wir für die Glieder mit kleineren n

$$\left. \begin{array}{l} b_{n-2} = -2^{n-2} \frac{n(n-1)}{1!}, \\[2mm] b_{n-4} = 2^{n-4} \frac{n(n-1)(n-2)(n-3)}{2!} \end{array} \right\} \qquad (8.37)$$

usw. Das HERMITEsche Polynom ist die Potenzreihe

$$H_n(\xi) = (2\xi)^n - \frac{1}{1!} n(n-1)(2\xi)^{n-2} + \frac{1}{2!} n(n-1)(n-2)(n-3)(2\xi)^{n-4}$$

$$+ \ldots \begin{cases} b_1 \xi^1 & \text{für ungerade } n \\ b_0 & \text{für gerade } n. \end{cases}$$

$$(8.38)$$

Aus Gl. (8.38) ergibt sich für die erste Ableitung

$$\begin{aligned} H'_n(\xi) &= 2n(2\xi)^{n-1} - 2n(n-1)(n-2)(2\xi)^{n-3} + \ldots \\ &= 2n H_{n-1}(\xi) \end{aligned} \qquad (8.39)$$

und für die zweite

$$\begin{aligned} H''_n(\xi) &= 2n\, H'_{n-1}(\xi) \\ &= 2n(2n-2) H_{n-2}(\xi) \\ &= 4n\,(n-1) H_{n-2}(\xi). \end{aligned} \qquad (8.40)$$

Wenn wir das in unsere DGl (8.26) mit $\lambda = 2n + 1$ einsetzen, bekommen wir

$$\left.\begin{array}{l} u'' - 2\xi\, u' + 2n\, u \quad = 0 \\ H_n'' - 2\xi\, H_n' + 2n\, H_n = 0, \end{array}\right\} \tag{8.41}$$

und die H_n gehorchen der Gl. (8.26). Dazu nehmen wir die Bestimmungsglei-chungen (8.39) und (8.40) für die beiden Ableitungen und setzen die in die DGl (8.26) mit $\lambda = 2n + 1$ ein:

$$2n\, 2(n-1)H_{n-2} - 2\xi n\, H_{n-1} + 2n\, H_n = 0 \tag{8.42}$$

oder auch für $n \to n' + 1$:

$$2(n'+1)n'\, H_{n'-1} - 2(n'+1)\xi\, H_{n'} + (n'+1)H_{n'+1} = 0 \tag{8.43}$$

womit wir die rekurrente Beziehung

$$\xi\, H_{n'} = n'\, H_{n'-1} + \frac{1}{2} H_{n'+1} \tag{8.44}$$

zwischen den HERMITEschen Polynomen gefunden haben, die demnach ange-schrieben werden können mit

$$\begin{array}{ll} H_0(\xi) = 1 & H_1(\xi) = 2\xi \\ H_2(\xi) = 4\xi^2 - 2 & H_3(\xi) = 8\xi^3 - 12\xi. \end{array} \tag{8.45}$$

In den Abbn. 8.5 sind die ersten fünf Eigenfunktionen gezeigt. Die Quantenzahl n ist durch die Quantenzahl v substituiert (v für *vibration*), in der die Gilde der IR-Spektroskopiker arbeitet.

8.2.2.3 Formel von Rodrigues. Die HERMITEschen Polynome lassen sich auch geschlossen niederschreiben als

$$H_n(\xi) = (-1)^n\, e^{\xi^2} \frac{d^n e^{-\xi^2}}{d\xi^n}, \tag{8.46}$$

so dass sich die für die Lösung der SCHRÖDINGER-Gleichung erforderlichen Eigenfunktionen zu

$$\psi_n = c_n e^{-\frac{1}{2}\xi^2} H_n(\xi) \tag{8.47}$$

ergeben, wobei die dimensionslose Veränderliche ξ mit der Koordinate x über Gl. (8.16) verknüpft ist, in der x normiert wird durch eine Länge $1/\sqrt{\beta} = \frac{m_0\omega_0}{\hbar}$, und in der wir nun die räumliche Ausdehnung des Oszillators — hier in einer Dimension — erkennen.

Der Normierungsfaktor ist

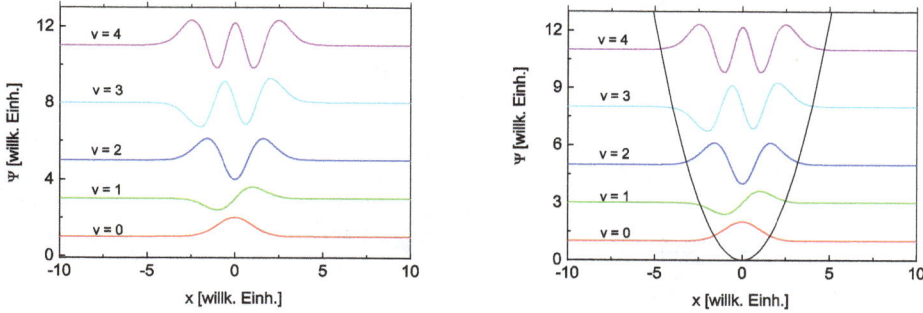

Abb. 8.5. Die ersten fünf Wellenfunktionen. Die Grundschwingung mit der Schwingungsquantenzahl $v = 0$ hat die im System gebundene Nullpunktsenergie (sog. Nullpunktsschwingung). Re. ist dieses System eingelagert in ein Parabelpotential. Die Auslenkungen werden mit steigendem v größer.

$$c_n = \sqrt{\frac{1}{2^n n!}} \sqrt{\frac{\pi \hbar}{m_0 \omega_0}}. \tag{8.48}$$

Die Wellenfunktion für den Grundzustand enthält nach Gln. (8.45) das HERMITEsche Polynom nullter Ordnung, $H_0(\xi) = 1$, und besteht daher nur aus einer GAUSSschen Glockenkurve, von der wir im Abschn. 3.7 gesehen haben, dass sie den kohärenten Zustand minimaler Unschärfe beschreibt.

8.2.3 Wahrscheinlichkeitsdichten

Wie aus Abb. 8.6 hervorgeht, unterscheiden sich die Wahrscheinlichkeitsdichten des quantenmechanischen Oszillators wesentlich von denen des klassischen Oszillators. Diese sind proportional der Zeit, während der sich das schwingende Teilchen in einem gegebenen Punkt aufhält, bzw. umgekehrt proportional seiner Geschwindigkeit und sind somit an den Umkehrpunkten am größten und im Nullpunkt am kleinsten.

Der quantenmechanische Oszillator zeigt aber bei niedrigen Quantenzahlen ein anderes Verhalten. Insbesondere die Nullpunktsschwingung mit $v = 0$ weist sogar bei $x = 0$ ein Maximum auf. Erst bei großen Quantenzahlen bekommen wir die Annäherung an den klassischen Grenzfall (BOHRsches Korrespondenzprinzip).

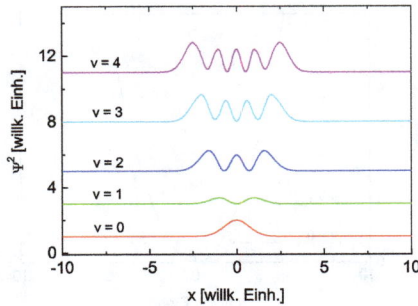

Abb. 8.6. Die Quadrate der ersten fünf Wellenfunktionen, die die Wahrscheinlichkeitsdichte des Systems beschreiben.

8.2.4 Eigenwerte der Energie

Die Energieeigenwerte im parabolischen Potentialtopf ergeben sich dann zu

$$E_n = \left(n + \frac{1}{2}\right)\hbar\omega \tag{8.49}$$

und sind äquidistant (Abb. 8.7).

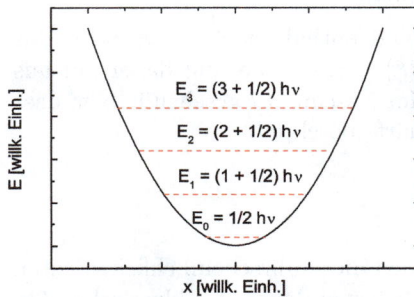

Abb. 8.7. Parabolisches Potential mit äquidistanten Eigenwerten der Energie.

Der minimale Wert für $n = 0$ ist folglich $\frac{1}{2}\hbar\omega$, während der aus der BOHRschen Theorie abgeleitete Wert für $n = 0$ nach Formel (8.8) verschwindet. Dieser endliche Wert steht mit der Unschärferelation in Beziehung und kann dem System nicht entnommen werden.

Um das zu beweisen, gehen wir von der Unschärferelation Gl. (3.119)

$$(\Delta x)^2 (\Delta p)^2 \geq \left(\frac{\hbar}{2}\right)^2 \tag{8.50}$$

aus, von der wir ja wissen, dass sie für einen kohärenten Zustand, der mit einer GAUSSschen Glockenkurve beschrieben werden kann, die mimimale Breite aufweist. Wenn wir in dieser Gleichung die mittleren Schwankungsquadrate durch die quadratischen Mittelwerte ersetzen, also z. B. $\Delta x = \langle x \rangle$, dann ist die mittlere Energie des Harmonischen Oszillators

$$\langle E \rangle = \frac{\langle p^2 \rangle}{2m_0} + \frac{m_0 \omega^2 \langle x^2 \rangle}{2}. \tag{8.51}$$

Mit Gl. (8.50) wird daraus der minimale Wert der Energie

$$E \geq \frac{\hbar^2}{8m_0 \langle x^2 \rangle} + \frac{m_0 \omega^2 \langle x^2 \rangle}{2}, \tag{8.52}$$

ein bemerkenswertes Ergebnis insofern, als E nie Null werden kann. Denn selbst wenn $\langle x^2 \rangle = 0$, verschwindet zwar der zweite Summand, aber der erste wird Unendlich und *vice versa*. Um das Minimum von $E(\langle x^2 \rangle)$ zu bestimmen, differenzieren wir Gl. (8.52) und erhalten

$$\frac{m_0 \omega^2}{2} - \frac{\hbar^2}{8m_0 \langle x^2 \rangle^2} = 0, \tag{8.53}$$

woraus wir

$$\langle x^2 \rangle = \frac{\hbar}{2m_0 \omega} \tag{8.54}$$

erhalten. Setzen wir das in Gl. (8.52) ein, ergibt das

$$E \geq \frac{\hbar \omega}{4} + \frac{\hbar \omega}{4} = \frac{\hbar \omega}{2}, \tag{8.55}$$

also genau den Wert für die Energie der Nullpunktsschwingung.

Und so, wie ein auf den BOHRschen Radius eingesperrtes Elektron mit einem Anstieg der (mittleren) kinetischen Energie um 13,6 eV reagiert, so auch die im Harmonischen Oszillator gebundenen Teilchen mit einer minimalen potentiellen Energie, die sich mit einem Anwachsen der kinetischen Energie auf die Nullpunktsenergie „rächen". Dieser Wert ist übrigens die größte mögliche Schärfe für ein Wellenpaket, der von der GAUSSschen Normalverteilung erreicht wird (s. Abschn. 3.7).

Es sei darauf hingewiesen, dass der parabolische Ansatz für die potentielle Energie eines mathematischen Federpendels sowohl für ein Elektron der Masse m_e wie auch für zweiatomige Moleküle im Parabel-Potential verwendet werden kann. Dann wird m_0 durch die reduzierte Masse $\frac{1}{\mu} = \frac{1}{m_1} + \frac{1}{m_2}$ ersetzt. Daher hat die HERMITEsche DGl mit $m_0 = m_e$ oder $m_0 = \mu$ auch Lösungen, die für diese Probleme genutzt werden können.

8.2.5 Ansatz mit Leiteroperatoren

8.2.5.1 Umformung des Hamilton-Operators. Die hier dargestellte Vorgehensweise und auch die Lösung ist typisch für die Quantenmechanik:

1. Auffinden einer Funktion, die im Unendlichen verschwindet, hier also $e^{-\frac{1}{2}\xi^2}$,

2. Auffinden der Korrektur durch einen Reihenansatz, hier eine Potenzreihe,

3. Auffinden der Eigenwerte durch Reihenabbruch, aus dem die Eigenfunktionen entstehen, die sich als Polynome n-ter Ordnung erweisen, hier sind das die HERMITEschen Polynome.

Ein anderer Ansatz beruht auf der von HEISENBERG begründeten Matrizenmechanik, die wenige Jahre später von DIRAC aufgegriffen wurde und unter der Methode der *Leiteroperatoren* firmiert. Hierbei wird die SCHRÖDINGER-Gleichung nicht gelöst, sondern der HAMILTON-Operator durch lächerlich einfache Algebra raffiniert umgeformt.

Dazu beginnen wir wieder mit unseren dimensionslosen Variablen ξ und p, die wir in den Gln. (8.16/17) definierten, und aus denen wir zwei neue Operatoren bauen, die die beiden Operatoren

$$\left.\begin{array}{rl} \xi & = x\sqrt{\beta} \\ & = x\sqrt{\frac{m_0\omega_0}{\hbar}} \\ \sqrt{\beta}\,\frac{\hbar}{i}\frac{\partial}{\partial x} & = \frac{\sqrt{m_0\hbar\omega}}{i}\frac{\partial}{\partial\xi} \end{array}\right\} \tag{8.56}$$

in Gln. (8.56) als Summe bzw. Differenz enthalten, die Operatoren

$$\left.\begin{array}{l} \mathbf{a}^- = \frac{1}{\sqrt{2}}\left(\xi + \frac{\partial}{\partial\xi}\right) \\ \mathbf{a}^+ = \frac{1}{\sqrt{2}}\left(\xi - \frac{\partial}{\partial\xi}\right). \end{array}\right\} \tag{8.57}$$

Dann ergeben sich umgekehrt für

$$\left.\begin{array}{l} \xi = \sqrt{\frac{1}{2}}\left(\mathbf{a}^- + \mathbf{a}^+\right) \\ \frac{\partial}{\partial\xi} = \sqrt{\frac{1}{2}}\left(\mathbf{a}^- - \mathbf{a}^+\right) \end{array}\right\} \tag{8.58}$$

sowie das Produkt der beiden Operatoren (s. Beisp. 3.5)

$$\mathbf{a}^-\mathbf{a}^+ = \frac{1}{2}\left(\xi - \frac{\partial}{\partial\xi}\right)\left(\xi + \frac{\partial}{\partial\xi}\right) = \frac{1}{2}\left(\xi^2 + \overbrace{\left[\xi, \frac{\partial}{\partial\xi}\right]}^{-1} - \frac{\partial^2}{\partial\xi^2}\right), \tag{8.59}$$

woraus

$$a^- a^+ = \frac{1}{2} \left(\xi^2 - \frac{\partial^2}{\partial \xi^2} - 1 \right) \qquad (8.60)$$

folgt. Umgekehrt ist für

$$a^+ a^- = \frac{1}{2} \left(\xi + \frac{\partial}{\partial \xi} \right) \left(\xi - \frac{\partial}{\partial \xi} \right) = \frac{1}{2} \left(\xi^2 + \overbrace{\left[\frac{\partial}{\partial \xi}, \xi \right]}^{1} - \frac{\partial^2}{\partial \xi^2} \right), \qquad (8.61)$$

woraus

$$a^+ a^- = \frac{1}{2} \left(\xi^2 - \frac{\partial^2}{\partial \xi^2} + 1 \right) \qquad (8.62)$$

resultiert, also für den Kommutator

$$[a^-, a^+] = a^- a^+ - a^+ a^- = -1. \qquad (8.63)$$

Setzt man die Gln. (8.58) in den HAMILTON-Operator (8.18) ein, ergibt sich dann einfach

$$\mathbf{H} = \frac{\hbar\omega}{4} \left(\begin{array}{cccc} -a^{-2} & +a^- a^+ & +a^+ a^- & -a^{+2} \\ +a^{-2} & +a^- a^+ & +a^+ a^- & +a^{+2} \end{array} \right) \qquad (8.64)$$
$$= \frac{\hbar\omega}{4} \left(2\,a^- a^+ + 2\,a^+ a^- \right).$$

Erinnern wir uns an die Definition des Kommutators (Abschn. 3.8), ist das schließlich

$$\mathbf{H} = \frac{\hbar\omega}{4} \left(4\,a^- a^+ - 2\,[a^-, a^+] \right)$$
$$= \hbar\omega \left(a^- a^+ - \tfrac{1}{2}\,[a^-, a^+] \right). \qquad (8.65)$$

Durch Vergleich mit den Gln. (8.60) und (8.62) erhält man außerdem

$$\mathbf{H} = \hbar\omega \left(a^- a^+ + \frac{1}{2} \right) = \hbar\omega \left(a^+ a^- - \frac{1}{2} \right). \qquad (8.66)$$

8.2.5.2 Der Zahloperator N. Der zusammengesetzte Operator $a^+ a^-$ verdient unsere Aufmerksamkeit. Daher definieren wir ihn nun als HERMITEschen Zahloperator

$$\mathbf{N} = a^+ a^- \qquad (8.67)$$

und schauen uns die Produkte von $\mathbf{N}$ mit seinen beiden Konstituenten a^- und a^+ an, indem wir die Kommutatoren zwischen ihnen und $\mathbf{N}$ untersuchen, also

$$\left.\begin{aligned}[\mathbf{N},\mathbf{a}^-] &= [\mathbf{a}^+\mathbf{a}^-,\mathbf{a}^-] = \mathbf{a}^+\overbrace{[\mathbf{a}^-,\mathbf{a}^-]}^{0}+\overbrace{[\mathbf{a}^+,\mathbf{a}^-]}^{-1}\mathbf{a}^- = -\mathbf{a}^-\\[6pt]
[\mathbf{N},\mathbf{a}^+] &= [\mathbf{a}^+\mathbf{a}^-,\mathbf{a}^+] = \mathbf{a}^+\underbrace{[\mathbf{a}^-,\mathbf{a}^-]}_{1}+\underbrace{[\mathbf{a}^+,\mathbf{a}^+]}_{0}\mathbf{a}^- = +\mathbf{a}^+.\end{aligned}\right\} \quad (8.68)$$

Daraus resultiert unsere SCHRÖDINGER-Gleichung mit dem HAMILTON-Operator

$$\mathbf{H} = \hbar\omega\left(\mathbf{N}+\frac{1}{2}\right) \tag{8.69}$$

$$\mathbf{N}\psi_{\mathrm{n}} = \mathbf{N}\,|n\rangle = \lambda_n\,|n\rangle, \tag{8.70}$$

wenn wir in die DIRAC-Notation übergehen und die Eigenwerte mit λ_n bezeichnen. Diese Eigenwerte λ_n sind größer oder mindestens gleich Null, denn es ist

$$\boxed{\langle n|\,\mathbf{N}\,|n\rangle = \langle n|\,\mathbf{a}^+\mathbf{a}^-\,|n\rangle = \lambda_n\,\langle n|\,n\rangle \geq 0.} \tag{8.71}$$

8.2.5.3 Erzeugungs- und Vernichtungsoperatoren. Mit den Gln. (8.68) wird dann für den Kommutator zwischen $\mathbf{N}$ und $\mathbf{a}^+\,|n\rangle$

$$[\mathbf{N},\mathbf{a}^+\,|n\rangle] = \mathbf{N}\mathbf{a}^+\,|n\rangle - \mathbf{a}^+\,|n\rangle\,\mathbf{N},$$

umgestellt

$$\mathbf{N}\mathbf{a}^+\,|n\rangle = (\mathbf{a}^+\mathbf{N}+[\mathbf{N},\mathbf{a}^+])\,|n\rangle = \mathbf{a}^+\lambda_n\,|n\rangle+\mathbf{a}^+\,|n\rangle = (\lambda_n+1)\mathbf{a}^+\,|n\rangle. \tag{8.72}$$

Entsprechend für $\mathbf{a}^-\,|n\rangle$

$$\boxed{[\mathbf{N},\mathbf{a}^-\,|n\rangle] = \mathbf{N}\mathbf{a}^-\,|n\rangle - \mathbf{a}^-\,|n\rangle\,\mathbf{N},} \tag{8.73}$$

woraus

$$\mathbf{N}\mathbf{a}^-\,|n\rangle = (\mathbf{a}^-\mathbf{N}+[\mathbf{N},\mathbf{a}^-])\,|n\rangle = \mathbf{a}^-\lambda_n\,|n\rangle+\mathbf{a}^-\,|n\rangle = (\lambda_n-1)\mathbf{a}^+\,|n\rangle \tag{8.74}$$

folgt. Das bedeutet: Hat der Operator $\mathbf{N}$ einen Eigenzustand $|n\rangle$ mit dem Eigenwert λ_n, dann erhöhen bzw. erniedrigen die Operatoren $\mathbf{a}^+$ oder $\mathbf{a}^-$ den Eigenwert λ_n eines Eigenzustandes $|n\rangle$ um 1, und daher rühren die Bezeichnungen *Aufstiegs- und Abstiegsoperator* sowie *Erzeugungs-* und *Vernichtungsoperator*, kurz auch *Aufsteiger* und *Absteiger*.

Das Spektrum des HAMILTON-Operators ist nach den Gln. (8.66) und (8.69) also gleich dem Spektrum der Erzeugungs- und Vernichtungsoperatoren oder dem des Zahloperators.

8.2.5.4 Eigenfunktionen. Der unterste Zustand ist dann durch fortwährende Anwendung des Vernichtungsoperators nach Gl. (8.71)

$$\begin{aligned} \langle 0|\, \mathbf{a}^- \,|0\rangle &= \langle 0|\, 0 \,|0\rangle \\ &= 0 \,\langle 0|\, 0\rangle \end{aligned} \tag{8.75}$$

erreicht, wenn der Eigenwert des untersten Zustand verschwindet. Und damit haben wir die Möglichkeit gewonnen, die Eigenfunktionen nach Gl. (8.57.1) zu bestimmen:

$$\frac{1}{\sqrt{2}}\left(\xi + \frac{\partial}{\partial \xi}\right)\psi_0 = 0, \tag{8.76}$$

deren einfachste Lösung

$$\psi_0(x) = C_n \mathrm{e}^{-\frac{1}{2}x^2} \tag{8.77}$$

darstellt mit C_n dem Normierungsfaktor $(\pi^{-\frac{1}{4}})$. Mittels Gl. (8.72) lassen sich jetzt die nächsthöheren Eigenfunktionen konstruieren, also

$$\left. \begin{aligned} \psi_1(x) &= \tfrac{1}{\sqrt{1}}\mathbf{a}^+\psi_0 \\ \psi_2(x) &= \tfrac{1}{\sqrt{2}}\mathbf{a}^+\psi_1 \\ \psi_3(x) &= \tfrac{1}{\sqrt{3}}\mathbf{a}^+\psi_2, \end{aligned} \right\} \tag{8.78}$$

wobei sich die Normierung elegant aus der Bedingung $\langle \psi_n | \psi_n \rangle = 1$ entwickeln lässt:

$$\begin{aligned} 1 &= C_n^2 \,\langle \psi_0 |\, \mathbf{N}^n \,|\psi_0\rangle \\ & C_n^2 \,\langle \psi_0 |\, (\mathbf{a}^-1)^n (\mathbf{a}^+)^n \,|\psi_0\rangle \\ & C_n^2 n \,\langle \psi_0 |\, (\mathbf{a}^-1)^{n-1} (\mathbf{a}^+)^{n-1} \,|\psi_0\rangle \\ & C_n^2 n! \,\langle \psi_0 |\, \psi_0\rangle \\ & C_n^2 n!, \end{aligned}$$

woraus

$$C_n = \frac{1}{\sqrt{n!}} \tag{8.79}$$

resultiert. Unsere mit dem Verfahren der Aufstiegs- und Leiteroperatoren gewonnenen Eigenfunktionen lauten folglich

$$\psi_n(x) = \frac{1}{\sqrt{n!}} \left(\mathbf{a}^+\right)^n \psi_0(x), \tag{8.80}$$

und es sind genau die HERMITEschen Polynome, die wir mit dem Polynomansatz SOMMERFELDs erhielten.

8.2.6 Symmetrieverhalten der Eigenfunktionen

Der HAMILTON-Operator lautet in einer Dimension

$$\mathbf{H} = -\frac{\hbar^2}{2m_0} \frac{\mathrm{d}^2}{\mathrm{d}x^2} + \frac{m_0\omega_0^2}{2} x^2 \tag{8.81}$$

und ist dadurch, dass die erste Ableitung fehlt, und der HAMILTON-Operator quadratisch in Impuls und Ort ist, gegenüber einer Ortsumkehr $x \to -x$ invariant (s. a. Abschn. 2.10 und 3.10):

$$\mathbf{H}(x) = \mathbf{H}(-x).$$

Das heißt also für unsere Wellenfunktionen, wenn wir x durch $-x$ substituieren, dass

$$\left. \begin{array}{l} \mathbf{H}(x)\psi(x) \quad = E\psi(x) \\ \mathbf{H}(-x)\psi(-x) = E\psi(-x), \end{array} \right\} \tag{8.82}$$

woraus auch

$$\mathbf{H}(x)\psi(-x) = E\psi(-x)$$

folgt. Wenn aber $\psi(-x)$ eine Eigenfunktion von $\mathbf{H}$ ist, die den gleichen Eigenwert E wie $\psi(x)$ liefert, dann müssen die beiden Eigenfunktionen entweder gleich sein oder dürfen sich nur um eine (multiplikative) Konstante unterscheiden:

$$\psi(x) = \lambda\psi(-x). \tag{8.83}$$

Dies wird in der Quantenmechanik durch den Paritätsoperator $\mathbf{P}$ mit den Eigenwerten ± 1 bewerkstelligt, den wir in den Abschn. 3.10 und 3.12 diskutiert haben. Dieser Operator dreht den Funktionswert beim Spiegeln am Ursprung entweder um oder belässt ihn auf demselben Wert, also

$$\left. \begin{array}{l} \mathbf{P}\psi(x) = \psi(x) \\ \mathbf{P}\psi(x) = -\psi(x): \end{array} \right\} \tag{8.84}$$

Die Eigenfunktionen sind entweder bzgl. der Vertauschung der Raumkoordinaten symmetrisch oder antisymmetrisch — in den beiden bisher betrachteten Fällen des *Elektrons im Kasten* und des *Harmonischen Oszillators* mit steigender Quantenzahl alternierend. Dies ist kein Zufall, sondern eine Folge der Struktur des HAMILTON-Operators.

8.2.7 *E*-Darstellung

Wie wir im Kap. 3 gesehen haben, gibt es verschiedenen Wege der Lösung des Eigenwertproblems. In der *E*-Darstellung wird der Operator **H** eine Diagonalmatrix mit den Elementen

$$H_{mn} = E_n \delta_{mn}, \tag{8.85}$$

also mit Gl. (8.49) für die ersten vier Eigenwerte

$$\mathbf{H} = \hbar \omega_0 \begin{pmatrix} \frac{1}{2} & 0 & 0 & 0 \\ 0 & \frac{3}{2} & 0 & 0 \\ 0 & 0 & \frac{5}{2} & 0 \\ 0 & 0 & 0 & \frac{7}{2} \end{pmatrix}. \tag{8.86}$$

Der Zustand $\psi(x,t)$ selbst ist eine Überlagerung stationärer Zustände, auf einer diskreten Basis etwa nach Gl. (4.18)

$$\psi(x,t) = \sum_n C_n \psi_n(x) e^{-i \frac{E_n t}{\hbar}}, \tag{8.87}$$

wobei das Quadrat der C_n die Wahrscheinlichkeit $P(n)$ angibt, das System im Eigenzustand n mit der Energie E_n aufzufinden:

$$P(n) = |C_n|^2. \tag{8.88}$$

Wie wir im Abschn. 4.7 sahen, hängt diese Wahrscheinlichkeit nicht von der Zeit ab.

8.3 Schwingungsspektren zweiatomiger Moleküle

8.3.1 Näherung des Harmonischen Oszillators

Schwingungsspektren werden in Absorption aufgenommen. Im Detektor wird also bei der Absorptionsfrequenz im nahen Infrarot eine Schwächung des Signals beobachtet. Man spricht von einer Absorptionsbande, die bereits bei geringer Auflösung von Satellitenlinien fast symmetrisch umgeben ist. Wir werden im nächsten Kapitel sehen, dass diese Linien auf quantenhaft angeregte Rotationen zurückzuführen sind. In Lösung oder Suspension führen diese zu einer Verbreiterung des Absorptionssignals (s. Kasten 8.1).

8.1 IR-Spektroskopie. IR-Spektroskopie ist eine wellenlängendispersive Anwendung des BEER-LAMBERTschen Gesetzes. Ein durchstimmbarer monochromatischer oder ein „weißer" Strahl werden durch die Probe geschickt und dessen wellenlängenabhängige Abschwächung untersucht. Muss man bei der ersten Methode einen breitbandigen IR-Strahl durch einen engen Schlitz treten lassen, damit abschwächen und schließlich monochromatisieren, wobei erneut viel Intensität verlorengeht, findet bei der zweiten Methode zunächst eine interferometrische Aufbereitung des IR-Strahls statt, etwa mit einem MICHELSON-Interferometer. Dieses besteht aus einem Strahlteiler, der das Licht in einen Messarm mit beweglichem Spiegel (Messarm) und einen Referenzarm mit feststehendem Spiegel teilt. Nach der Reflexion werden beide Teilstrahlen wieder vereinigt und durch die leere Probenkammer in den Detektor geschickt. Je nach der Intensität der den „weißen" Strahl bildenden Frequenzen und der Länge des Spiegelwegs entsteht dort ein Referenz-Interferogramm $I(t)$, das durch eine FOURIER-Transformation zu einem Spektrum $I(\omega)$ verarbeitet wird. Wird die Kammer mit einer Probe beschickt, die den Strahl wellenlängendispersiv abschwächt, entsteht im Detektor ein verändertes Messinterferogramm und nach erneuter FOURIER-Transformation durch Subtraktion des Spektrum $I(\omega)$ der interessierenden Substanz.

Im ersten Schritt betrachten wir ein einfaches zweiatomiges Molekül, das dem Fall des in Abb. 8.4 betrachteten Oszillators recht nahe kommt. Dazu ist erforderlich, dass sich nur ein Atom bewegt und das andere (fast) in Ruhe sich befindet, dass wir also ein Molekül auswählen, das aus zwei sehr unterschiedlich schweren Atomen besteht, also einen Halogenwasserstoff, etwa HCl mit einem Verhältnis der atomaren Massen von 35:1 oder 37:1, je nach Cl-Isotop. Es wird sich also hauptsächlich das H-Atom gegen das Cl-Atom bewegen. In erster Näherung darf man daher annehmen, dass bei Gültigkeit eines Federmodells Absorptionsfrequenz ω und schwingende Masse m mit der Valenzkraftkonstanten k über das HOOKEsche Gesetz

$$\omega = \sqrt{\frac{k}{m}} \tag{8.89}$$

zusammenhängen. Bei HCl liegt der Bandenschwerpunkt bei einer Frequenz von etwa 93 THz oder 2900 cm^{-1}; die so errechnete Kraftkonstante liegt bei $5 \cdot 10^2$ N/m (Abb. 9.23). Betrachtet man die Absorptionsfrequenzen der Halogenwasserstoffe, ist die Bande im HF deutlich kurzwelliger als in HI; schließlich ist die chemische Bindung im HF deutlich fester als im HI. Das Modell des Harmonischen Oszillators scheint also plausibel zu sein. Man erwartet dann nach Gl. (8.49) und Abb. 8.7 auch, dass die Linien aus dem Grund- und dem ersten angeregten Zustand, also von $v = 0 \to v = 1$ und von $v = 1 \to v = 2$ koinzidieren.

In einer nächsthöheren Näherung wird berücksichtigt, dass beide Massen um den gemeinsamen Schwerpunkt schwingen, der sehr dicht am Cl-Atom liegt. Dazu führt man die effektive Masse

$$\frac{1}{\mu} = \frac{1}{m_H} + \frac{1}{m_{Cl}} \tag{8.90}$$

ein, die erwartungsgemäß dicht bei m_H liegt.

8.3.2 Anharmonischer Oszillator

Würde das Modell des Harmonischen Oszillators die Wirklichkeit richtig beschreiben, dann fiele ein Übergang vom Grundzustand in den ersten angeregten Zustand mit dem Übergang aus dem ersten in den zweiten angeregten Zustand zusammen. Der Übergang von $0 \to 2$ — der erste Oberton — hätte die doppelte Energie von $0 \to 1$ etc. Tatsächlich beobachtet man aber Abweichungen, und zwar sind die Multiplikatoren immer etwas kleiner als ganze Zahlen, m. a. W.: die Zustände rutschen zusammen. Dies ist eine Folge davon, dass in Molekülen die Potentialkurve anharmonisch ist, wie man aus experimentellen Daten sieht, die in Tab. 8.1 für HCl aufgeführt sind. Darin werden die Energie-Eigenwerte in der zweiten Spalte als sog. *Schwingungsterme* geschrieben (in cm^{-1}):[1] $G(v)$ ist die durch den Faktor $2\pi c$ dividierte Frequenz oder durch den Faktor $2\pi hc$ dividierte Energie. $G(0)$ wird auf Null gesetzt. Tatsächlich wissen wir, dass die Nullpunktsschwingung eine von Null verschiedene Energie aufweist, aber es ist ja gerade die vor uns liegende Aufgabe, diesen Wert zu ermitteln. In der zweiten

Tabelle 8.1. Ermittlung von Parametern aus IR-Spektren des HCl. $\overline{\nu_{01}}$ ist die Frequenz des Übergangs aus dem Grund- in den ersten angeregten Zustand, korrigiert um die Anharmonizität.

Übergang	$\overline{\nu}$ $[cm^{-1}]$	$\Delta\overline{\nu}$ $[cm^{-1}]$	$\Delta(\Delta\overline{\nu})$ $[cm^{-1}]$	$n \cdot \overline{\nu_{01}}$ $[cm^{-1}]$
$0 \to 1$	2 885,9	2 885,9		2 886
			103,75	
$0 \to 2$	5 668,05	2 782,15		5 772
			103,22	
$0 \to 3$	8 346,98	2 676,13		8 658
			102,80	
$0 \to 4$	10 923,11	2 473,44		11 544

Spalte findet sich die Folge der experimentell beobachteten Werte, die dritte Spalte ist die erste, die vierte Spalte die zweite Differenzfolge. Aber selbst mit den Zahlen der vierten Kolonne erfüllt die erste Spalte noch nicht das Kriterium einer arithmetischen Folge zweiter Ordnung — dazu müssten die Zahlen der

---

[1] Der Bereich des sichtbaren Spektrums (VIS) umfasst den Bereich von $3,75 \cdot 10^{14} - 7,5 \cdot 10^{14}$ Hz, in Wellenzahlen von $12\,500 - 25\,000$ cm^{-1}. Die beiden Valenzschwingungen des H_2O-Moleküls bei $3\,756$ und $3\,652$ cm^{-1} entsprechen $1,1268$ und $1,0956 \cdot 10^{14}$ Hz.

zweiten Differenzenfolge alle denselben Wert aufweisen. In der fünften Kolonne schließlich sind die Werte aufgeführt, wenn die höheren Übergänge ganzzahlige Vielfache des Übergangs $\overline{\nu_{01}}$ wären.

Wir sehen, dass der Abbruch der Reihenentwicklung in Gl. (8.9) uns zwar einen schönen Ausflug zu den HERMITEschen Polynomen beschert hat, aber offenbar die Wirklichkeit nur annähernd beschreibt. Es ist also erforderlich, mindestens noch das vierte Glied in der Reihenentwicklung des Potentials

$$V(r) = V(a + x) = V(a) + \frac{x^1}{1!}V'(a) + \frac{x^2}{2!}V''(a) + \frac{x^3}{3!}V'''(a)\ldots$$

mitzunehmen, und da die Abweichungen von der Idealität mit zunehmendem v größer werden, ziehen wir vom Energiewert E_n des n-ten Zustandes nach Gl. (8.49) resp. des Schwingungsterms $G(v)$ des v-ten Zustandes einen Wert ab, der die Quantenzahl im Quadrat enthält:

$$\begin{aligned}
G(v) &= \overline{\omega_e}\left(v + \tfrac{1}{2}\right) - \overline{\omega_e x_e}\left(v + \tfrac{1}{2}\right)^2 \\
&= \overline{\omega_e}\left(v + \tfrac{1}{2}\right)\left(1 - \overline{x_e}\left(v + \tfrac{1}{2}\right)\right),
\end{aligned} \tag{8.91}$$

wobei

- $\overline{\omega_e}$ die durch $2\pi c$ dividierte Eigenfrequenz der Nullpunktsschwingung ohne Anharmonizität, also $\overline{\omega_e} = \frac{1}{c}\sqrt{\frac{k_e}{\mu}}$,

- $\overline{x_e} > 0 \wedge \overline{x_e} \ll \overline{\omega_e}$ die *Anharmonizitätskonstante* und

- $\overline{\omega_e x_e}$ das Produkt aus $\overline{\omega_e}$ und $\overline{x_e}$

darstellen.

8.3.2.1 Anharmonizitätskonstante.
Für $x_e = 0$ wären die höheren Übergänge ganzzahlige Vielfache der Grundschwingung, es würde bei einer Änderung von $\Delta v = \pm 1$ nur ein Übergang beobachtet, und die Obertöne wären ganzzahlige Vielfache des ersten Übergangs (s. Abschn. 11.3 zu den Auswahlregeln):

$$\overline{\nu_{vv'}} = \overline{\omega_e} \tag{8.92}$$

Tatsächlich wird aber die Differenz zweier benachbarter Schwingungsterme $G(v)$ und $G(v+1)$ aus Gl. (8.91)

$$\begin{aligned}
\overline{\nu_{v,v+1}} &= G(v+1) - G(v) \\
&= \overline{\omega_e} - \overline{\omega_e x_e}\left(\left(\tfrac{(v+1+\frac{1}{2})}{2}\right)^2 - \left(\tfrac{(v+\frac{1}{2})}{2}\right)^2\right) \\
&= \overline{\omega_e}\left(1 - 2\overline{x_e}(v+1)\right),
\end{aligned} \tag{8.93}$$

deren Differenzen wiederum

$$\Delta(\Delta\overline{\nu}) = -2\overline{\omega_e x_e} \overbrace{\Delta(\Delta v)}^{1}$$
$$= -2\overline{\omega_e x_e} \tag{8.94}$$

betragen. — Wie aus Tab. 8.1 ersichtlich, ist auch diese Differenzenfolge noch nicht mit konstanten Elementen belegt; die Unterschiede sind aber selbst für ein derart polares Molekül wie HCl so gering, dass man bei der Mittelwertbildung nur einen sehr kleinen Fehler mitschleppt.

Nun haben wir das Produkt aus $\overline{\omega_e}$ und $\overline{x_e}$ experimentell bestimmt. Zudem wissen wir aus dem Experiment, wie groß $\overline{\nu_{01}}$ ist. Um den Wert ohne Anharmonizität zu bestimmen, also $\overline{\omega_e}$, müssen wir folglich die Summe aus dem Messwert und $\overline{\omega_e x_e}$ bilden:

$$\overline{\omega_e} = \overline{\nu_{01}} + 2\overline{\omega_e x_e} \tag{8.95}$$

Für HCl beträgt $\overline{\omega_e x_e} = 51{,}60\,\text{cm}^{-1}$, so dass wir für $\overline{\omega_e}$ einen Rechenwert von $2\,988{,}90\,\text{cm}^{-1}$ erhalten. $\overline{\omega_e x_e}$ ist immer klein gegen $\overline{\omega_e}$; deswegen ist ja die harmonische Näherung so gut. Durch Division der beiden Größen ergibt sich dann schließlich die Anharmonizitätskonstante zu

$$\overline{x_e} = \frac{\overline{\omega_e x_e}}{\overline{\omega_e}}. \tag{8.96}$$

Im polaren Molekül HCl beträgt dieser (dimensionslose) Wert $\overline{x_e} = 0{,}01725$.

8.3.2.2 Potentialminimum und Energie der Nullpunktsschwingung.
Die Schwingungsterme $G(0)$ und $G(e)$ haben damit einen Wert von

$$\begin{aligned}
G(0) &= \frac{\overline{\omega_e}}{2} - \tfrac{1}{4}\overline{\omega_e x_e} \\
&= 1\,481{,}6\,\text{cm}^{-1} \\
G(e) &= \frac{\overline{\omega_e}}{2} \\
&= 1\,495{,}5\,\text{cm}^{-1}
\end{aligned} \tag{8.97}$$

über dem Potentialminimum.

8.3.2.3 Dissoziationsenergie.
Um diese Größe zu bestimmen, überlegen wir, dass die Differenz zweier benachbarter Schwingungsterme

$$\overline{\nu_{v,\,v'}} = \overline{\omega_e} - 2\overline{\omega_e x_e}v'$$

für größere v wegen der steigenden Anharmonizität sinkt.[2] So verschwindet schließlich die Differenz der Eigenwerte $v_{\text{Diss}+1}$ und v_{Diss} nach

---

[2]Der Grund hierfür ist in erster Linie die starke Zunahme der Schwingungsamplitude — eben deswegen gilt das Modell des Harmonischen Oszillators nur für kleine Amplituden! Große

$$0 = G(v_{\text{Diss}} + 1) - G(v_{\text{Diss}}), \qquad (8.98)$$

also

$$\overline{\omega_e}\left(v_{\text{Diss}} + \frac{3}{2}\right) - \overline{\omega_e x_e}\left(v_{\text{Diss}} + \frac{3}{2}\right)^2 - \overline{\omega_e}\left(v_{\text{Diss}} + \frac{1}{2}\right) + \overline{\omega_e x_e}\left(v_{\text{Diss}} + \frac{1}{2}\right)^2 = 0.$$

$\overline{x_e}$ wird demnach aus der Abweichung von der Äquidistanz der Schwingungsterme bestimmt, und die Gerade schneidet die v-Achse bei

$$\boxed{\begin{aligned} v_{\text{Diss}} + \tfrac{1}{2} &= \tfrac{1}{2x_e} - \tfrac{1}{2} \\ &= \tfrac{1}{2x_e} - 1. \end{aligned}} \qquad (8.99)$$

Die Energie vom Potentialminimum zur Dissoziationsgrenze ist entsprechend

$$D_e = \overline{\omega_e}\left(v_{\text{Diss}} + \frac{1}{2}\right) - \overline{\omega_e x_e}\left(v_{\text{Diss}} + \frac{1}{2}\right)^2,$$

woraus

$$\boxed{\begin{aligned} D_e &= \overline{\omega_e}\left(\tfrac{1}{4\overline{x_e}} - \overline{x_e}\right) \\ &\approx \overline{\omega_e}\,\tfrac{1}{4\overline{x_e}} \end{aligned}} \qquad (8.100)$$

folgt, so dass wir daraus umgekehrt die Anharmonizitätskonstante zu

$$\boxed{\overline{x_e} = \frac{\overline{\omega_e}}{4D_e}} \qquad (8.101)$$

gewinnen. Die Dissoziationsenergie D_0 ist dieser Betrag, verringert um die Energie der inhärenten Nullpunktsschwingung

$$D_0 = D_e - \frac{1}{2}\left(\overline{\omega_e} - \overline{\omega_e x_e}\right) = \overline{\omega_e}\left(\frac{1}{4x_e} - \frac{x_e}{4} - \frac{1}{2} + \frac{x_e}{4}\right),$$

damit einfacher

$$\boxed{D_0 = \overline{\omega_e}\left(\frac{1}{4x_e} - \frac{1}{2}\right).} \qquad (8.102)$$

Amplituden werden insbesondere bei leichten Atomen beobachtet, prädestiniert also C-H-, N-H-, und O-H-Bindungen, bei denen die Bestimmung der Valenzkraftkonstanten nicht sehr genau ist.

8.3.2.4 Valenzkraftkonstante. Aus der um die Anharmonizität korrigierten Frequenz der Nullpunktsschwingung schließlich gewinnen wir die Valenzkraftkonstante aus der bekannten Beziehung für die Eigenfrequenz, die wir mit der aus dem Übergang $0 \to 1$, also $G(1) - G(0)$, vergleichen:

$$\left.\begin{array}{rl} \overline{\omega} &= \frac{1}{2\pi c}\sqrt{\frac{k}{\mu}} \\ \overline{\omega_e} &= 2\,988{,}90 \ \text{cm}^{-1} \\ k &= 5{,}1574 \cdot 10^2 \ \text{N/m} \\ \overline{\nu_{01}} &= 2\,885{,}90 \ \text{cm}^{-1} \\ k &= 4{,}806 \cdot 10^2 \ \text{N/m} \end{array}\right\} \tag{8.103}$$

Das ist eine Korrektur um 7 %, spektroskopisch eine markante Korrektur des Messwertes.

8.3.2.5 Morsekurve. Damit haben wir

- das Minimum der Potentialkurve oder die Absolutbestimmung der Lage der Nullpunktsschwingung [Gl. (8.97)],

- die Anharmonizität $\overline{x_e}$ [Gl. (8.96)],

- einen um die Anharmonizität korrigierten Übergang (meist $\overline{\nu_{01}}$) [Gl. (8.95)] und

- die Valenzkraftkonstante k [Gl. (8.97)]

bestimmt, und wir haben das ganze Arsenal zur Verfügung, um eine analytische Funktion des Potentials zu beschreiben. Danach sind die Schwingungsterme analytische Lösungen der SCHRÖDINGER-Gleichung für das MORSE-Potential (Abb. 8.8) [63]

$$V(x) = D_e \left(1 - e^{-\alpha x}\right)^2, \alpha = \sqrt{\frac{k}{2D_e}} \tag{8.104}$$

mit k dem Elastizitätskoeffizient oder der Valenzkraftkonstanten und D_e der Dissoziationsenergie aus dem Potentialminimum (für HCl $x = r - r_0$ mit $r_0 = 1.28 \pm 1{,}2 \cdot 10^{-3}$ Å, D_e: 4,32 eV, α: 1,81/Å). α beschreibt die Krümmung der Potentialfunktion.

Erst mit diesem Potential wird verständlich, dass eine starke Anregung eines Moleküls schließlich zu dessen Dissoziation führen *muss*.

8.4 Schwingungsspektren größerer Moleküle

Offenbar ist das Modell eines atomaren (an)harmonischen Oszillators geeignet, um auch feine Details von Spektren zweiatomiger Moleküle zu beschreiben. Die

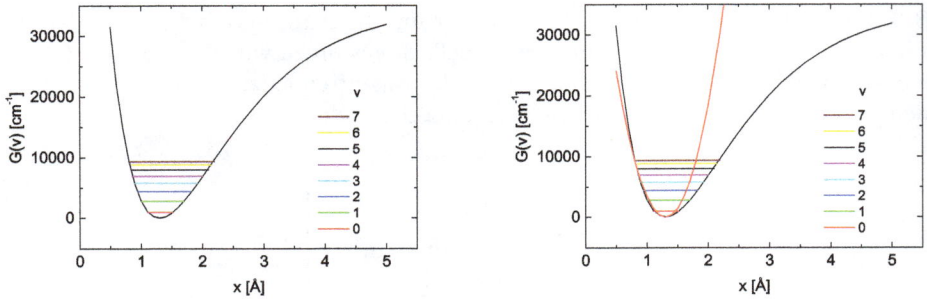

Abb. 8.8. MORSE-Kurve für HCl. Stark asymmetrisches Potential mit beginnender Anharmonizität, die bereits für $v = 2$ gut erkennbar ist, re. mit eingezeichneter harmonischer Näherung.

Analogie zum Federpendel gelingt umso besser, je größer die Unterschiede der beiden Massen sind — deswegen und wegen der hohen Polarität der Bindung ist HCl der Prototyp eines IR-aktiven Moleküls. Ist das nicht mehr der Fall, hilft das *en passant* eingeführte Konzept der reduzierten Masse.

Bei Molekülen mit einer Zahl der Atome größer als zwei sind wir mit der Schwierigkeit konfrontiert, dass die paarweise isolierten Schwingungen miteinander verkoppelt sind und sich dadurch gegenseitig beeinflussen — auch weitab der Resonanzfrequenz.

In Erweiterung des Ansatzes [Gl. (8.9)]

$$V(r) = V(a + x) = V(a) + \frac{x^1}{1!}V'(a) + \frac{x^2}{2!}V''(a) + \frac{x^3}{3!}V'''(a)\dots \qquad (8.105)$$

schreiben wir nun mit $a = 0$

$$V(a + x) = V(0) + \sum_i \left(\frac{\partial V}{\partial x_i}\right)_{x=0} x_i + \frac{1}{2}\sum_i \sum_{j \neq i} \left(\frac{\partial^2 V}{\partial x_i \partial x_j}\right)_{x=0} x_i x_{j \neq i} \dots,$$
$$(8.106)$$

womit diese gegenseitige Beeinflussung erfasst wird. Setzen wir wieder für $V(a)$ Null und beachten, dass die ersten partiellen Ableitungen ja das Energieminimum bedeuten und daher ebenfalls verschwinden, dann ist für kleine Auslenkungen

$$V = \frac{1}{2}\sum_i \sum_{j \neq i} k_{ij} x_i x_j \text{ mit } k_{ij} = \left(\frac{\partial^2 V}{\partial x_i \partial x_j}\right)_{x=0}, \qquad (8.107)$$

wobei k_{ij} als allgemeine (Valenz-)Kraftkonstante bezeichnet wird. Die Summe in Gl. (8.107) geht über alle 3 Freiheitsgrade. Einige Auslenkungen müssen dabei eine verschwindende Kraftkonstante aufweisen. Das gilt für die fünf oder sechs externen Freiheitsgrade der Translation (3) resp. der Rotation (3 für gewinkelte, 2 für lineare Moleküle).

Die erste Aufgabe besteht also darin, im Rahmen des HOOKEschen Gesetzes die Bewegungsgleichung der Atome zu ermitteln, also für das i-te Atom der Masse m_i die Rückstellkraft

$$F_i = -\frac{\partial V}{\partial x_i} = m_i \frac{\partial^2 x}{\partial t^2}, \qquad (8.108)$$

aus der dann für die j Freiheitsgrade des Atoms i die Bewegungsgleichung

$$\sum_j k_{ij} x_j + m_i \ddot{x}_i^2 = 0 \qquad (8.109)$$

resultiert. Für die kinetische Energie der N Massezentren gilt

$$T = \frac{1}{2} \sum_i^{3N} m_i \dot{x}_i^2, \qquad (8.110)$$

so dass die gesamte Energie

$$E = \frac{1}{2} \sum_{i,j}^{3N} k_{ij} x_i x_j + \frac{1}{2} \sum_i^{3N} m_i \dot{x}_i^2 \qquad (8.111)$$

wird. Das Problem ist die Kraftkonstante k_{ij}, also die Kreuzterme der gemischten zweiten Ortsableitungen des Potentials für $j > i + 1$, mit der die einzelnen Oszillatoren $i, i + 1$ miteinander verkoppelt sind.

Ist es möglich, Linearkombinationen der Ortskoordinaten x_i zu finden, so dass die Gesamtenergie in der Form einer Eigenwertgleichung als

$$E = \frac{1}{2} \sum_i m_i \dot{x}_i^2 + \frac{1}{2} \sum_i \lambda_i x_i^2 \qquad (8.112)$$

ausgedrückt werden kann, also ohne Kreuzterme, so dass die nach dem HOOKEschen Gesetz zu beschreibenden Bewegungsgleichungen zweiatomiger Oszillatoren durch ein System von DGln

$$\ddot{x}_i = \sum_i \sum_j A_{ij} x_j \qquad (8.113)$$

zu modellieren wären und damit in ein Eigenwertproblem zu überführen, das mit den Methoden der Linearen Algebra angegangen werden kann?

Dazu drehen wir diese offenkundige Schwierigkeit der Verkopplung in einen Vorteil um.

8.4.1 System mit Zwangsbedingungen und die Lagrange-Funktion

Das Zusammenfügen von zweiatomigen Molekülen zu einer größeren Einheit schränkt deren Bewegungsfreiheit massiv ein. Die beiden ein zweiatomiges Molekül bildenden Atome konnten sich in beliebiger Weise im dreidimensionalen Raum bewegen. Sie hatten je drei Freiheitsgrade der Translation, insgesamt also sechs. Nach der Bildung eines Moleküls durch vereinfacht gesprochen chemische Kräfte sind drei dieser translatorischen Freiheitsgrade in einen der Schwingung und in zwei der Rotation umgewandelt worden.

In mechanischen Systemen der klassischen Physik heißen die diese Einschränkung forcierenden Kräfte Zwangskräfte und die dazu gehörenden Umstände Zwangsbedingungen. Jede Zwangsbedingung schränkt die Zahl der Freiheitsgrade ein.

Ein derartiges System ist das sphärische Pendel, etwa eine an einer starren Stange aufgehängte Kugel. Unter dem Einfluss der Schwerkraft kann sie in allen Raumrichtungen pendeln und beschreibt dabei eine Halbkugel mit dem Radius der Stange. Damit lautet die Zwangsbedingung: der Radius zum Aufhängepunkt ist konstant.

Die Zwangskräfte sind offenbar weder in der Lage, das System zu deformieren noch dessen Bewegungszustand zu verändern. Aus dieser Erkenntnis resultiert das D'ALEMBERTsche Prinzip in der LAGRANGEschen Form

$$\sum_i (m_i \ddot{\boldsymbol{r}}_i - \boldsymbol{F}_i) \cdot \mathrm{d}\boldsymbol{r}_i = 0, \tag{8.114}$$

aus der auch ersichtlich ist, dass die Zwangskräfte in ihrer Summe keine Arbeit leisten.

Mit der Erweiterung der NEWTONschen Mechanik durch LAGRANGE und HAMILTON wird nun auch die Beschreibung ganzer mechanischer Systeme möglich, die aus einer Vielzahl einzelner Elemente bestehen können — also genau der mathematische Handwerkskasten, den wir nun benötigen, um die interne Bewegung einzelner Atome gegeneinander in einem System zu beschreiben, das durch die Zwangskräfte der chemischen Bindung fixiert ist.

Zur Illustration dieses Verfahrens diene der eindimensionale atomare Harmonische Oszillator, dessen Bewegungsgleichung $F = m\ddot{x}$ mit dem HOOKEschen Gesetz bekanntlich mit

$$m\ddot{x} + kx = 0 \tag{8.115}$$

geschrieben wird, wobei die Kraft

$$F = -\frac{\partial V}{\partial x} \tag{8.116}$$

der negative Gradient des Potentials ist. Wir wissen, dass die Gesamtenergie E sich zu gleichen Teilen aus kinetischer und potentieller Energie nach

$$\left. \begin{array}{l} V = \frac{1}{2}kx^2 \\ T = \frac{1}{2}m\dot{x}^2 \end{array} \right\} \tag{8.117}$$

zusammensetzt. Beachtet man, dass

$$\left. \begin{array}{l} \frac{\partial T}{\partial \dot{x}} = m\dot{x} \\ \frac{\partial}{\partial t}\frac{\partial T}{\partial \dot{x}} = m\ddot{x}, \end{array} \right\} \tag{8.118}$$

können wir für Gl. (8.115)

$$\frac{\partial}{\partial t}\frac{\partial T}{\partial \dot{x}} + \frac{\partial V}{\partial x} = 0 \tag{8.119}$$

schreiben resp. mit der Definition der LAGRANGE-Funktion

$$\boxed{\mathscr{L} = T - V} \tag{8.120}$$

$$\underbrace{\frac{\partial}{\partial t}\frac{\partial \mathscr{L}}{\partial \dot{x}}}_{m\ddot{x}} - \underbrace{\frac{\partial \mathscr{L}}{\partial x}}_{-\frac{\partial V}{\partial x}} = 0. \tag{8.121}$$

In dieser Form wird die LAGRANGE-Gleichung EULER-LAGRANGE-Gleichung geheißen. Damit ist für ein Einteilchensystem die Äquivalenz zwischen den beiden Ansätzen gezeigt. Führen wir das nun für ein eindimensionales Zweiteilchen-System aus!

8.4.2 Bewegungsgleichungen für ein Zweiteilchen-System

Die kinetische Energie ist einfach

$$T = \frac{1}{2}m\dot{x}_1^2 + \frac{1}{2}m\dot{x}_2^2, \tag{8.122}$$

und der die potentielle Energie bestimmende Abstand der beiden Teilchen von der Gleichgewichtslage

$$V = \frac{1}{2}k\left(x_2 - x_1\right)^2. \tag{8.123}$$

Für jedes Teilchen mit der Koordinate x_i wird nun die LAGRANGE-Gleichung aufgestellt. Im ersten Schritt behalten wir dabei die x_i.

Beginnen wir mit den separaten Bewegungsgleichungen für jedes Teilchen

$$\left. \begin{array}{l} m_1\ddot{x}_1 - k(x_2 - x_1) = 0 \\ m_2\ddot{x}_2 - k(x_2 - x_1) = 0 \end{array} \right\} \tag{8.124}$$

und versuchen den Standard-Lösungsansatz mit

$$\left.\begin{array}{l} x_i = A_i \cos\left(\omega t + \varphi\right) \\ \ddot{x}_i = -A_i \omega^2 \cos\left(\omega t\right), \end{array}\right\} \tag{8.125}$$

erhalten wir, eingesetzt in Gln. (8.124), das Gleichungssystem

$$\left.\begin{array}{ll} A_1\left(-m_1\omega^2 + k\right) -A_2 k & = 0 \\ -A_1 k \qquad\qquad\quad +A_2\left(-m_2\omega^2 + k\right) = 0, \end{array}\right\} \tag{8.126}$$

dessen Lösungen durch Nullsetzen der Koeffizientendeterminante

$$\left| \begin{array}{cc} -m_1\omega^2 + k & -k \\ -k & -m_2\omega^2 + k \end{array} \right| \tag{8.127}$$

wir zu

$$\left.\begin{array}{l} \omega_1^2 = 0 \\ \omega_2^2 = \frac{k}{\mu} \text{ mit } \mu = \frac{m_1 m_2}{m_1 + m_2} \end{array}\right\} \tag{8.128}$$

mit μ der reduzierten Masse gewinnen.

Wir erhalten zwei Eigenfreqenzen, eine bei $\omega = 0$ und eine, in der die beiden Massen in der Frequenzbedingung aufscheinen.

Einsetzen in die Gln. (8.124) liefert $A_1 = A_2$ und damit für die Auslenkungen $x_1 = x_2$. Beider Atome Bewegungen sind von gleicher Größe und weisen in die gleiche Richtung, womit sich diese Schwingung als eine translatorische Bewegung erweist. Macht man das gleiche mit der zweiten Lösung, findet man

$$\left.\begin{array}{l} \frac{A_1}{A_2} = -\frac{m_2}{m_1} \\ \frac{x_1}{x_2} = -\frac{m_2}{m_1}, \end{array}\right\} \tag{8.129}$$

woraus wir folgende Schlussfolgerungen ziehen:

- Es handelt sich bei dieser Bewegung um eine Schwingung; die beiden Massen bewegen sich achsenymmetrisch um ihren Schwerpunkt.

- Die Auslenkungen sind umgekehrt proportional zur Masse der beiden Teilchen. Sind die Massen gleich, sind die Auslenkungen gleich, aber je schwerer eine Masse ist, umso geringer ist im Massenverhältnis zueinander ihre Auslenkung.

Beispiel 8.1 Im CO-Molekül sind die Auslenkungen der beiden Atome nahezu gleich, die Amplitude des C-Atoms ist um $\frac{16}{12} = \frac{4}{3}$ größer als die des O-Atoms. Dagegen bleibt das Cl-Atom im HCl-Molekül fast in der Gleichgewichtslage, denn die Amplitude des H-Atoms ist $\frac{35}{1}$ mal höher.

Jetzt machen wir den entscheidenden Schritt. Statt den individuellen Koordinaten der beiden Massenpunkte betrachten wir das Geschehen vom Schwerpunkt des Systems aus. Die Verschiebungen x_i werden durch

$$q = x_2 - x_1 \tag{8.130}$$

ersetzt; der Schwerpunkt selbst erhält die Koordinate

$$X = \frac{m_1 x_1 + m_2 x_2}{m_1 + m_2}. \tag{8.131}$$

Für die potentielle Energie schreiben wir nun mit der Gl. (8.130)

$$V = \frac{1}{2} k q^2, \tag{8.132}$$

jedoch müssen wir nun die x_i in der kinetischen Energie durch die neuen Koordinaten q und X ersetzen, wozu wir die Gln. (8.130/131) verwenden und

$$\left. \begin{array}{l} x_1 = X - \frac{m_2}{m_1+m_2} q \\ x_2 = X + \frac{m_1}{m_1+m_2} q \end{array} \right\} \tag{8.133}$$

erhalten, was zu dem Ausdruck

$$T = \frac{1}{2} (m_1 + m_2) \dot{X}^2 + \frac{1}{2} \frac{m_1 m_2}{m_1 + m_2} \dot{q}^2 \tag{8.134}$$

führt. Nun haben wir zwei Möglichkeiten.

Die beiden Summanden der Gln. (8.133) und (8.134), der Rechenvorschrift von LAGRANGE für die Koordinate q unterworfen [Gl. (8.121)], ergeben

$$\mu \ddot{q}^2 + k q = 0, \tag{8.135}$$

mithin die identische Gleichung für ein Teilchen; nur ist m durch μ substituiert worden.

Untersuchen wir dagegen nach LAGRANGE die Koordinate X, erhalten wir

$$(m_1 + m_2) \ddot{X} = 0 \Rightarrow \dot{X} = \text{const}, \tag{8.136}$$

womit eine gleichförmige Bewegung des Schwerpunktes beschrieben wird.

Allgemein heißen diese Koordinaten *verallgemeinerte* oder *generalisierte Koordinaten*. In unserem Fall sind das die *Normalkoordinaten*. Diese sind für jedes System individuell aufzustellen.

Mit der LANGRANGE-Gleichung werden die Bewegungsgleichungen für jede Koordinate ermittelt, ohne sich um die Zwangskräfte kümmern zu müssen, da sie bereits eliminiert wurden. Es kommt zu einer automatischen Entkopplung in die Koordinaten für die Translation und die Schwingung — einer der größten Vorteile dieses Calculus, der bei größeren Systemen signifikant ist. Dazu geht man folgendermaßen vor:

1. Ermitteln der Zwangsbedingungen.

2. Bestimmen der verallgemeinerten Koordinaten q_i, wobei Symmetrien vorteilhaft ausgenutzt werden sollten.

3. Aufstellen der LAGRANGE-Funktion.

4. Differenzieren nach q_i und $\dot{q}_i$.

5. Einsetzen der Ableitungen in die LAGRANGE-Funktion für jede Koordinate, wodurch man die Bewegungsgleichung entlang dieser Koordinate gewinnt.

6. Wiederholen für jede Koordinate.

8.4.3 Normalkoordinaten

Hat man es mit einer Gesamtheit von mehr als zwei Atomen zu tun, entsteht eine mehrdimensionale Struktur, die durch die Zwangsbedingung der chemischen Bindungen in Bindungsabstand und Bindungswinkel genau definiert ist. Daher ist ein Molekül der ideale Anwendungsfall für die Mechanik von LAGRANGE und HAMILTON.

Um die Bedeutung der Normalkoordinate zu erkennen, beginnen wir mit einem Massezentrum, das durch vier rechtwinklig zueinander angeordnete Federn an einem Rahmen befestigt ist, also ein tetravalentes Atom mit vier gleichen Bindungen im zweidimensionalen Raum modelliert. Die Gesamtenergie dieses Systems ist für kleine Auslenkungen mit dem HOOKEschen Gesetz

$$\left. \begin{aligned} T &= \tfrac{1}{2}m\dot{x}^2 + \tfrac{1}{2}m\dot{y}^2 \\ V &= \tfrac{1}{2}kx^2 + \tfrac{1}{2}ky^2. \end{aligned} \right\} \tag{8.137}$$

Bei einer Auslenkung in x-Richtung wirkt die rücktreibende Kraft ausschließlich in x-Richtung; genauso für die y-Komponente (Abbn. 8.9):

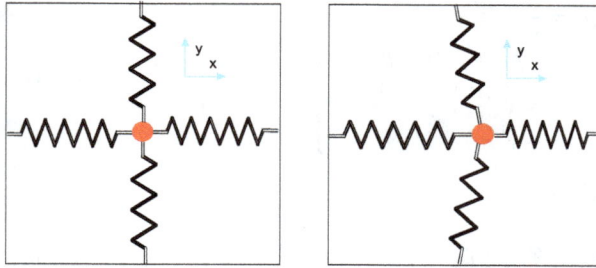

Abb. 8.9. Federmodell des tetravalenten Atoms. Lks: Ruhelage, re.: Auslenkung nur in x-Richtung.

$$\left.\begin{array}{l} F_x = -\left(\frac{\partial V}{\partial x}\right)_y = -k_x x \\ F_y = -\left(\frac{\partial V}{\partial y}\right)_x = -k_y y \end{array}\right\} \tag{8.138}$$

Für die zwei Koordinaten ergibt sich mit der LAGRANGE-Gleichung jeweils

$$\left.\begin{array}{l} m\ddot{x} + k_x x = 0 \\ m\ddot{y} + k_y y = 0 \end{array}\right\} \tag{8.139}$$

mit den Lösungen

$$\left.\begin{array}{ll} x = A_x \sin(\omega_x t + \varphi_x) & \text{mit} \quad \omega_x = \sqrt{\frac{k_x}{m}} \\ y = A_y \sin(\omega_y t + \varphi_y) & \text{mit} \quad \omega_y = \sqrt{\frac{k_y}{m}}. \end{array}\right\} \tag{8.140}$$

Was geschieht bei einer Auslenkung mit gleicher Kraft, die aber nicht parallel zur x- oder y-Richtung gerichtet ist? Dann findet eine Bewegung statt, die gleichzeitig eine x- und eine y-Komponente aufweist, und die Amplitudenkoeffizienten A_i haben simultan endliche Werte.

Wir behalten unser orthogonales xy-System; die Auslenkung geschieht nun aber in den orthogonalen Richtungen x' und y' (Abbn. 8.10). Die rücktreibende

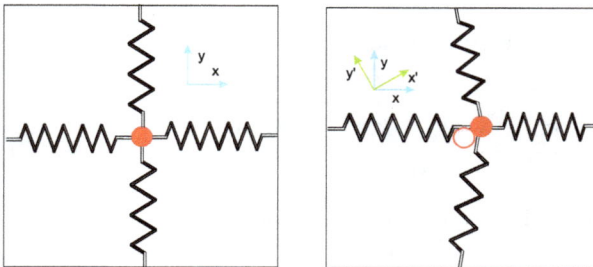

Abb. 8.10. Federmodell des tetravalenten Atoms: Auslenkung in x- und y-Richtung. Lks.: Ruhelage, re.: die Kugel ist aus ihrer Ruhelage (roter Kreis) in den ersten Quadranten ausgelenkt worden.

Kraft erfassen wir einem Kreuzterm und schreiben dafür

$$\left.\begin{aligned}
F_{x'} &= -\left(\frac{\partial V}{\partial x'}\right)_{y'} \\
&= -k'_{x'}x' - k'_{xy}y' \\
F_{y'} &= -\left(\frac{\partial V}{\partial y'}\right)_{x'} \\
&= -k'_{y'}y' - k'_{xy}x'
\end{aligned}\right\}
\tag{8.141}$$

an mit der potentiellen Energie

$$V = \frac{1}{2}k'_x\,(x')^2 + \frac{1}{2}k'_{xy}x'y' + \frac{1}{2}k'_y\,(y')^2\,,
\tag{8.142}$$

während die kinetische Energie mit den beiden orthogonalen Koordinaten x' und y' weiter einfach als

$$T = \frac{1}{2}m\,(\dot{x}')^2 + \frac{1}{2}m\,(\dot{y}')^2
\tag{8.143}$$

zu formulieren ist. Wir wenden den LAGRANGEschen Ansatz auf die beiden Koordinaten an und gewinnen das System der Bewegungsgleichungen

$$\left.\begin{aligned}
m\ddot{x}' - k'_x x' - k'_{xy}y' &= 0 \\
m\ddot{y}' - k'_y y' - k'_{xy}x' &= 0,
\end{aligned}\right\}
\tag{8.144}$$

das offenbar komplexer als das einfache System der Gl. (8.139) ist. Versuchen wir dennoch den einfachen Schwingungsansatz $x' = A'_x \sin(\omega t + \varphi)$ resp. $y' = A'_y \sin(\omega t + \varphi)$, wird daraus das Gleichungssystem

$$\left.\begin{aligned}
m\omega^2 A'_x - k'_x A'_x - k'_{xy}A'_y &= 0 \\
m\omega^2 A'_y - k'_y A'_y - k'_{xy}A'_x &= 0,
\end{aligned}\right\}
\tag{8.145}$$

das Lösungen für die Amplitudenkoeffizienten A_i für $\omega \neq 0$ aufweist, wenn die Bedingung

$$\begin{vmatrix} m\omega^2 - k'_x & -k'_{xy} \\ -k'_{xy} & m\omega^2 - k'_y \end{vmatrix} = 0
\tag{8.146}$$

erfüllt ist, aus deren Auflösung das Frequenzpaar

$$\omega = \sqrt{\frac{(k'_x + k'_y) \pm \sqrt{(k'_x - k'_y)^2 + (2k'_{xy})^2}}{2m}}
\tag{8.147}$$

resultiert, das, eingesetzt in Gl. (8.145), die Amplitudenkoeffizienten A'_x resp. A'_y liefert.

Der Vergleich mit dem Gleichungssystem (8.140) ergibt identische Werte für die Frequenzen und die Amplituden. Offenbar ist in diesem Fall die Bewegung mit zwei orthogonal zueinander stehenden Komponenten am einfachsten zu beschreiben.

Damit haben wir bewiesen, dass ein besonders geeigneter Satz von Koordinaten zu einem einfache(re)n Weg führt, um die Eigenfrequenzen und Amplituden des schwingenden Systems zu ermitteln.

- Den Satz von ausgezeichneten Koordinaten heißt man **Normalkoordinaten** Q_i dieses Systems.

- Eine Bewegung längs dieser Koordinate wird als **Normalschwingung** oder **Schwingungsmode**indexSchwingungsmode bezeichnet, bei der alle Kerne gleiche Frequenz ω_i und Phase φ_i aufweisen, mithin simultan durch ihre Ruhelage treten.

- Sowohl die kinetische wie die potentielle Energie können als Summen von Quadraten dieser Normalkoordinaten Q_i^2 resp. $\dot{Q}_i^2$ geschrieben werden.

- Normalschwingungen und Translationen sowie Rotationen eines Moleküls sind vollständig unabhängig voneinander.

8.4.4 Das lineare Molekül CO_2

Diese Koordinaten-Transformation gelingt nur in wenigen Fällen ohne Rechner. Einer dieser Fälle ist das CO_2, das zur Punktgruppe $D_{\infty h}$ zählt.

- Das dreiatomige Molekül CO_2 hat $3N - 5 = 4$ Freiheitsgrade der Oszillation.

- Wir verwenden das Federmodell zur Beschreibung der Schwingungen in der HOOKEschen Näherung.

- Um das Problem zu vereinfachen, kümmern wir uns nur um die Kern-Kern-Verbindungsachse, betrachten also keine Deformationsschwingung.

- Die Atome und ihre Positionen werden durchnumeriert, wir finden also an der Position x_1 das O-Atom ①, an der Position x_C das C-Atom ② und an der Position x_2 das zweite O-Atom ③. Die beiden O-Atome befinden sich im Gleichgewichtsabstand r_e vom C-Atom (Abb. 8.11).

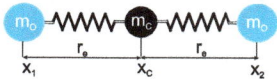

Abb. 8.11. Das Federmodell des CO_2.

Als erstes ersetzen wir die individuellen Ortskoordinaten x_i durch interne Koordinaten. Während der Schwingung weisen die O-Atome eine Amplitude von δr_{ij} auf:

$$\left. \begin{array}{l} \delta r_{12} = (x_C - x_1) - r_e \\ \delta r_{23} = (x_2 - x_C) - r_e \end{array} \right\} \qquad (8.148)$$

Nach dem Prinzip von D'ALEMBERT muss die Summe der auf das Molekül wirkenden Kräfte verschwinden. Also lauten die drei Bewegungsgleichungen

$$\left. \begin{array}{l} m_O \ddot{x}_1 = k(x_C - (x_1 + r_e)) \\ m_C \ddot{x}_C = -k(x_C - (x_1 + r_e)) + k(x_2 - (x_C + r_e)) \\ m_O \ddot{x}_2 = -k(x_2 - (x_C + r_e)) . \end{array} \right\} \qquad (8.149)$$

Substituieren wir

$$\left. \begin{array}{l} y_S = \frac{m_O x_1 + m_C x_C + m_O x_2}{2 m_O + m_C} \\ y_1 = x_C - (x_1 + r_e) \\ y_2 = x_2 - (x_C + r_e), \end{array} \right\} \qquad (8.150)$$

wobei die y die Komponenten des Vektors $\boldsymbol{Y}$ sind, ergeben sich mit der Gleichung von LAGRANGE die veränderten Bewegungsgleichungen zu

$$\left. \begin{array}{l} \ddot{y}_S = 0 \\ \ddot{y}_1 = -\left(\frac{k}{m_O} + \frac{k}{m_C} \right) y_1 + \frac{k}{m_O} y_2 \\ \ddot{y}_2 = \frac{k}{m_O} y_1 - \left(\frac{k}{m_O} + \frac{k}{m_C} \right) y_2 \end{array} \right\} \qquad (8.151)$$

mit k den Valenzkraftkonstanten der C=O-Bindung. Gl. (8.151.1) sagt aus, dass der Schwerpunkt unbeschleunigt ist. Weiterhin sehen wir aus den anderen beiden Gleichungen, dass die Bewegung nicht entkoppelt ist. Dazu bedarf es einer weiteren Koordinatentransformation, in denen die Normalkoordinaten q involviert sind, und in denen die Bewegungsgleichungen jeweils nur eine Veränderliche enthalten.

Das ist eine Ähnlichkeitstransformation, die wir im Abschn. 3.12 kennengelernt haben (Gl. (3.251):

$$\boldsymbol{K'} = \boldsymbol{U}^\dagger \boldsymbol{K} \boldsymbol{U} \qquad (8.152)$$

1. Dabei besteht die Diagonalmatrix $\boldsymbol{K'}$ aus den Eigenwerten λ_i der Matrix $\boldsymbol{K}$,

2. und die $\boldsymbol{U}$ sind orthogonale oder unitäre Matrizen, die aus den nebeneinander geschriebenen Eigenvektoren der Matrix $\boldsymbol{K}$ zu den beiden Eigenwerten bestehen,

so dass als erstes die λ_i zu ermitteln sind. Dazu schreiben wir die beiden relevanten Gleichungen aus dem System (8.151) als Matrizengleichung

$$\ddot{\boldsymbol{Y}} = -\boldsymbol{K} \boldsymbol{Y}, \qquad (8.153)$$

und definieren $k_O = \frac{k}{m_O}$ resp. $k_C = \frac{k}{m_C}$, so dass wir

$$\begin{pmatrix} \ddot{y}_1 \\ \ddot{y}_2 \end{pmatrix} = \begin{pmatrix} -(k_O + k_C) & k_O \\ k_O & -(k_O + k_C) \end{pmatrix} \begin{pmatrix} y_1 \\ y_2 \end{pmatrix} \tag{8.154}$$

gewinnen. Die Eigenwerte dieser Matrix sind die Wurzeln der Säkulargleichung

$$\det (\mathbf{K} - \lambda \mathbf{I}) = 0 \tag{8.155}$$

und betragen $\lambda_1 = k_C$ und $\lambda_2 = k_C + 2k_O$. Wir nehmen die Matrix aus Gl. (8.154) und bestimmen die beiden Eigenvektoren nach

$$\begin{pmatrix} \lambda q_1 \\ \lambda q_2 \end{pmatrix} = \begin{pmatrix} -(k_O + k_C) & k_O \\ k_O & -(k_O + k_C) \end{pmatrix} \begin{pmatrix} q_1 \\ q_2 \end{pmatrix}, \tag{8.156}$$

was in

$$Q_1 = \tfrac{1}{\sqrt{2}} \begin{pmatrix} 1 \\ 1 \end{pmatrix} \quad \text{und} \quad Q_2 = \tfrac{1}{\sqrt{2}} \begin{pmatrix} 1 \\ -1 \end{pmatrix}, \tag{8.157}$$

resultiert. In dieser Gleichung sind die beiden zueinander orthogonalen Spaltenvektoren bereits normiert. Sie bilden die Spaltenelemente der Matrix $\mathbf{U}$ bzw. die Zeilenelemente der Matrix $\mathbf{U}^{-1} = \mathbf{U}^\dagger$

$$\mathbf{U} = \frac{1}{\sqrt{2}} \begin{pmatrix} 1 & 1 \\ 1 & -1 \end{pmatrix}, \tag{8.158}$$

die bei einer orthogonalen Matrix bekanntlich gleich sind. Daraus resultieren die Normalkoordinaten

$$\boldsymbol{Q} = \mathbf{U}\boldsymbol{Y} \tag{8.159}$$

mit den entkoppelten Bewegungsgleichungen

$$-\ddot{\boldsymbol{Q}} = \mathbf{K}'\boldsymbol{Q}. \tag{8.160}$$

Die Aufgabe der Koordinatentransformation ist damit gelöst. In den Koordinaten y finden wir

$$\left. \begin{aligned} q_1 &= \tfrac{1}{\sqrt{2}} (y_1 + y_2) \\ q_2 &= \tfrac{1}{\sqrt{2}} (y_1 - y_2) \end{aligned} \right\} \tag{8.161}$$

und analog in den Koordinaten q

$$\left. \begin{aligned} y_1 &= \tfrac{1}{\sqrt{2}} (q_1 + q_2) \\ y_2 &= \tfrac{1}{\sqrt{2}} (q_1 - q_2). \end{aligned} \right\} \tag{8.162}$$

Die Gl. (8.160) lautet ausführlich

$$\left. \begin{aligned} -\ddot{q}_1 &= \tfrac{k}{m_O} q_1 \\ -\ddot{q}_2 &= \left(\tfrac{k}{m_O} + 2\tfrac{k}{m_C} \right) q_2 \end{aligned} \right\} \tag{8.163}$$

mit den Lösungen

$$\left.\begin{array}{l} q_1 = A_1 \cos(\omega_1 t + \varphi_1) \quad \text{mit} \quad \omega_1 = \sqrt{\frac{k}{m_O}} \\[2mm] q_2 = A_2 \cos(\omega_2 t + \varphi_1) \quad \text{mit} \quad \omega_2 = \sqrt{\frac{k}{m_O} + 2\frac{k}{m_C}}. \end{array}\right\} \tag{8.164}$$

Einsetzen in die Gln. (8.162) liefert für die Ausgangskoordinaten

$$\left.\begin{array}{l} y_1 = \frac{1}{\sqrt{2}} \left(A_1 \cos(\omega_1 t + \varphi_1) + A_2 \cos(\omega_2 t + \varphi_2) \right) \\[2mm] y_2 = \frac{1}{\sqrt{2}} \left(A_1 \cos(\omega_1 t + \varphi_1) - A_2 \cos(\omega_2 t + \varphi_2) \right). \end{array}\right\} \tag{8.165}$$

Das liefert zwei Moden (Abbn. 8.12):

- Ist $A_2 = 0$, wird $y_1 = y_2$, und die beiden O-Atome schwingen gegenphasig, während das C-Atom liegenbleibt. Damit ruht der Schwerpunkt. Das ist die symmetrische Valenzschwingung ν_s.

- Ist $A_1 = 0$, wird $y_1 = -y_2$; die gleichphasige Bewegung der O-Atome wird mit einer gegenphasigen Bewegung des C-Atoms derart beantwortet, dass der Schwerpunkt unverändert liegenbleibt: antisymmetrische Valenzschwingung ν_{as}.

Abb. 8.12. Lks.: Symmetrische, re.: antisymmetrische Valenzschwingung des CO_2. Oben und unten: Extrempositionen der Kerne, in der Mitte Gleichgewichtsposition, deren Positionen durch dünne Striche markiert sind.

Beide sind Normalschwingungen: Alle Atomkerne schwingen mit der gleichen Frequenz und gehen gleichzeitig durch die Gleichgewichtsposition. Die Schwingungen sind voneinander entkoppelt und beeinflussen sich daher nicht.

8.4.5 Das gewinkelte Molekül H_2O und die Gruppentheorie

Dieses Beispiel eines sehr einfach gebauten Moleküls illustriert den hohen Aufwand, der für ein quantitatives Ergebnis erforderlich ist. Dabei haben wir die (doppelt entartete) Deformationsschwingung des CO_2 noch gar nicht betrachtet.

Daher lag es nahe, für qualitative Vergleiche, aber auch für die Vorstellung der Normalschwingungen Modelle heranzuziehen, die auf der Basis gruppentheoretischer Überlegungen beruhen.

Zunächst zur Frage, welche Schwingungsmoden auftreten können. Als Beispiel wählen wir H_2O (Abb. 8.13). Das dreistufige Verfahren haben wir in Abschn. 3.13 studiert:

• Bestimmung der Punktgruppe,

• Aufstellen der dem Problem angepassten reduziblen Darstellung,

• Ausreduzieren mit Hilfe der Gruppentafel.

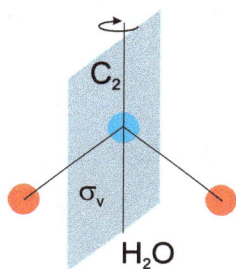

Abb. 8.13. Das Molekül H_2O besitzt eine zweizählige Drehachse, die durch das O-Atom geht und zwei Spiegelebenen. Eine ist eingezeichnet, die zweite ist die senkrecht darauf stehende Molekülebene. Damit gehört das H_2O zur Punktgruppe C_{2v}.

Für die Punktgruppe C_{2v} ergibt sich diese Charaktertafel, in der in der letzten Zeile die reduzible Darstellung des H_2O für das Schwingungsproblem aufscheint — Ergebnis der vier Symmetrieoperationen E, C_2 und der doppelt auftretenden Spiegelebene σ_v auf das Molekül.

C_{2v}	E	C_2	$\sigma_v(xz)$	$\sigma_v'(yz)$	$h = 4$
A_1	1	1	1	1	z
A_2	1	1	-1	-1	R_z
B_1	1	-1	1	-1	x, R_y
B_2	1	-1	-1	1	y, R_x
χ_{red}	9	-1	3	1	

$$(8.166)$$

Daraus ersehen wir in der dritten Kolonne zunächst die Zuordnung der drei translatorischen und drei rotatorischen Freiheitsgrade. Der Rest sind die drei Freiheitsgrade der Schwingung:

$$\chi_{vib} = \underbrace{3A_1 + A_2 + 2B_1 + 3B_2}_{\chi_{tot}} - \underbrace{A_1 + B_1 + B_2}_{\chi_{trans}} - \underbrace{A_2 + B_1 + B_2}_{\chi_{rot}},$$

was den Schluss

$$\chi_{\text{vib}} = 2\,A_1 + B_2$$

ermöglicht.

Hier wollen wir nun der Frage nachgehen, wie diese Moden den Symmetriety-pen gehorchen. Zwei Moden transformieren total-symmetrisch, eine ist bezüglich der zweizähligen Drehachse und einer Spiegelung antisymmetrisch. Dies ist mit der Skizze 8.14 kompatibel.

In der Schwingungsspektroskopie spricht man nicht von Symmetrietypen, sondern von *Schwingungsrassen*.

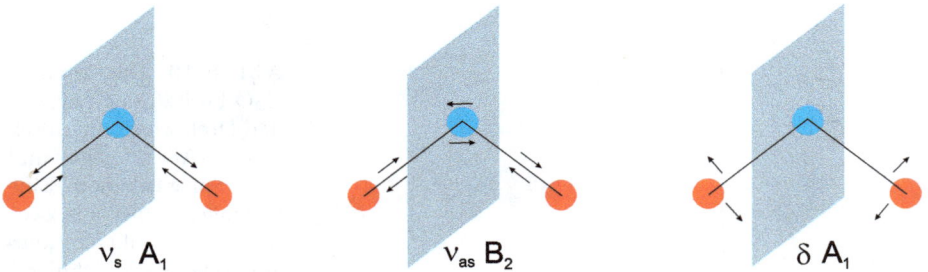

Abb. 8.14. Die nach Ausreduzierung gefundenen drei Schwingungsmoden des H_2O-Moleküls. Lks.: Die symmetrische Valenzschwingung ν_s gehört zur Schwingungs-rasse A_1, genauso wie die Deformationsschwingung δ re. In der Mitte die asymmetrische Valenzschwingung ν_{as}, die mit der Schwingungsrasse B_2 transformiert. Die eingezeich-neten Pfeile geben nur die Richtung in den zwei Halbphasen der Schwingung an; in Wirklichkeit betragen die Änderungen der Bindungslänge und des Bindungswinkels nur wenige Prozent (s. Aufg. 8.8).

8.5 Abschließende Bemerkung

Der Harmonische Oszillator ist neben dem BOHRschen Atommodell und dem Freien Elektronen-Modell der am häufigsten verwendete Fall, um kompliziertere Modelle zu testen, was seine häufige Anwendung erklärt und seinen Beinamen „physikalische Drosophila". Aber nicht nur Modellmoleküle können berechnet werden, sondern auch real existierende. Dabei ist das MORSE-Potential eins der wenigen, einer exakten Rechnung zugänglichen Erweiterungen des Parabelpoten-tials.

Die Präzision, mit der dieses einfache Modell die Schwingungen nicht nur zwei-, sondern auch mehratomiger Moleküle beschreibt, suggeriert eine hohe Wahrscheinlichkeit für die Richtigkeit dieses Ansatzes (*simplex signum veri*). Und dieser Ansatz ist, dass punktförmige Massen, die Atomkerne, durch Federn zusammengehalten werden mit charakteristischen Federkonstanten, die die Stärke der Bindung durch Elektronen simulieren.

Der Zugang zu mehratomigen Molekülen wird durch gruppentheoretische Operationen wesentlich erleichtert und transparenter gemacht. Es erweist sich, dass die Eigenvektoren, die die orthogonale oder unitäre Matrix bilden, direkt aus den Charaktertafeln der Punktgruppen entnommen werden können, so dass auch ohne Algebra eine qualitative Analyse möglich ist.

8.6 Aufgaben und Lösungen

8.6.1 Der Harmonische Oszillator

Aufgabe 8.1 Das Virialtheorem verlangt, dass

$$\langle E_{\text{kin}} \rangle = \frac{1}{2} s \langle V \rangle \quad \text{für} V \propto r^s. \tag{1}$$

Zeigen Sie die Richtigkeit für das H-Atom und den Harmonischen Oszillator!

Lösung. Für das Zentralfeldproblem (H-Atom) gilt $V \propto \frac{1}{r^1}$. s ist also -1, und damit

$$\langle E_{\text{kin}} \rangle = -\frac{1}{2} \langle V \rangle. \tag{2}$$

Beim Harmonischen Oszillator ist $V \propto r^2$, s ist also 2, und damit

$$\langle E_{\text{kin}} \rangle = \frac{1}{2} 2 \langle V \rangle = \langle V \rangle. \tag{3}$$

Aufgabe 8.2 Unter einem Harmonischen Oszillator versteht man ein System, in dem sich ein Teilchen der Masse m unter dem Einfluss des Potentials $V(x) = \frac{k}{2} x^2$ bewegt, so dass es bei Auslenkung um den Betrag x aus der Ruhelage $x = 0$ eine rücktreibende Kraft $F = -kx$ erfährt. Die Eigenfrequenz des Harmonischen Oszillators beträgt $\omega_0 = \sqrt{k/m}$. Der Operator lautet

$$\mathbf{H} = -\frac{\hbar^2}{2m} \frac{\mathrm{d}^2}{\mathrm{d}x^2} + \frac{k}{2} x^2. \tag{1}$$

Zeigen Sie, dass die Funktionen

$$\psi_0 = N_0 e^{-\alpha x^2} \tag{2}$$

und

$$\psi_1 = N_1 \cdot x \cdot e^{-\alpha x^2} \tag{3}$$

mit $\alpha = \frac{1}{2\hbar} \sqrt{m \cdot k}$ Eigenfunktionen des Operators $\mathbf{H}$ sind. Bestimmen Sie außerdem die Energie-Eigenwerte E_0 und E_1.

Lösung. Einsetzen z. B. der Gl. (2) in die Eigenwertgleichung

$$E \, |\psi\rangle = \mathbf{H} \, |\psi\rangle \tag{4}$$

zeigt, dass $\mathbf{H}$ die Funktion mit dem Energieeigenwert E_0 reproduziert; dieser beträgt nach der Substitution durch $\alpha = \frac{1}{2\hbar} \sqrt{m \cdot k}$:

$$E_0 = \frac{\hbar}{2m} \sqrt{mk} + x^2 \left(\frac{k}{2} - \frac{k}{2} \right) ; \tag{5}$$

was mit

$$\omega_0 = \sqrt{\frac{k}{m}} \tag{6}$$

zu

$$E_0 = \frac{\hbar \omega_0}{2} \tag{7}$$

wird. Entsprechend für Gl. (3):

$$E_1 = \frac{3\hbar\omega}{2}. \tag{8}$$

Aufgabe 8.3 Wie hoch ist die mittlere kinetische Energie des Harmonischen Oszillators in seinem Grundzustand? Die Eigenfunktion ist eine Glockenkurve mit $\psi = \frac{1}{N} \psi_0 \exp\left(-\frac{\alpha^2 x^2}{2}\right)$ mit N der Normierungskonstanten $\sqrt{\frac{\alpha}{2} \sqrt{\pi}}$. Stimmt die Abhängigkeit zwischen $\langle V \rangle$ und $\langle T \rangle$, wie sie das Virialtheorem verlangt?

Lösung. Der Mittelwert wird bestimmt aus

$$\langle E_{\text{kin}} \rangle = - \left(\frac{1}{N} \right)^2 \frac{\hbar^2}{2m_e} \int_{-\infty}^{\infty} \psi \frac{d^2}{dx^2} \psi \, dx. \tag{1}$$

Zweimalige Differentiation der Exp-Funktion liefert

$$\alpha^2 \exp\left(-\frac{\alpha^2 x^2}{2} \right) \left(\alpha^2 x^2 - 1 \right). \tag{2}$$

Das Fehlerintegral mit Vorfaktor α^2 liefert $\sqrt{\alpha^2 \pi}$, das andere mit Vorfaktor $\alpha^4 \frac{1}{2}\sqrt{\alpha^2 \pi}$; insgesamt also mit Normierungsfaktoren $\frac{1}{4}\hbar\omega$. Damit beträgt die mittlere kinetische Energie die Hälfte der Nullpunktsenergie. In diesem Fall ist also die mittlere kinetische Energie gleich der mittleren potentiellen Energie. Das Virialtheorem verlangt, dass die kinetische Energie ausgedrückt werden kann nach

$$\langle T \rangle = \frac{1}{2} s \, \langle V \rangle , \tag{3}$$

wenn $V \propto r^s$. Im Wasserstoffatom ist $V \propto \frac{1}{r}$, damit ist $s = -1$ und $\langle T \rangle = -\frac{1}{2} \langle V \rangle$. Im Harmonischen Oszillator ist $V \propto r^2$, $s = 2$, damit wird auch hier das Virialtheorem erfüllt.

Aufgabe 8.4 Beschreiben Sie die Eigenwertgleichung des Harmonischen Oszillators in der Ortsdarstellung. Gehen Sie vom HAMILTON-Operator

$$\mathbf{H} = \frac{1}{2m} \left(\frac{\hbar}{\mathrm{i}} \frac{\partial}{\partial x} \right)^2 + \frac{m\omega^2}{2} \mathbf{x}^2 \tag{1}$$

aus!

Lösung. Die Projektion von

$$\mathbf{H} |\psi\rangle = E |\psi\rangle \tag{2}$$

auf die Eigenvektoren $|x\rangle$ des Ortsoperators $\mathbf{x}$ liefert

$$\langle x| \mathbf{H} |\psi\rangle = \int \mathrm{d}x' \, \langle x| \mathbf{H} |x'\rangle \langle x'| \psi\rangle = E \langle x| \psi\rangle$$
$$= E\psi(x). \tag{3}$$

Das Matrixelement $\langle x| \mathbf{H} |x'\rangle$ lösen wir mit Einsetzen von Gl. (1) nach

$$\langle x| \mathbf{H} |x'\rangle = \left\langle x \left| \frac{1}{2m} \left(\frac{\hbar}{\mathrm{i}} \frac{\partial}{\partial x} \right)^2 + \frac{m\omega^2}{2} \mathbf{x}^2 \right| x' \right\rangle$$
$$= \frac{1}{2m} \left(\left\langle x \left| \left(\frac{\hbar}{\mathrm{i}} \frac{\partial}{\partial x} \right)^2 \right| x' \right\rangle \right) + \frac{m\omega^2}{2} \langle x| \mathbf{x}^2 |x'\rangle, \tag{4}$$

was genau der Angriffspunkt der δ-Funktion

$$\langle x| \mathbf{H} |x'\rangle = \frac{1}{2m} \left(\frac{\hbar}{\mathrm{i}} \frac{\partial}{\partial x} \right)^2 \delta(x - x') + \frac{m\omega^2}{2} \mathbf{x}'^2 \delta(x - x') \tag{5}$$

ist, und, in Gl. (3.2) eingesetzt,

$$\langle x| \mathbf{H} |\psi\rangle = \int \mathrm{d}x' \left(\frac{1}{2m} \left(\frac{\hbar}{\mathrm{i}} \frac{\partial}{\partial x} \right)^2 \delta(x - x') + \frac{m\omega^2}{2} \mathbf{x}'^2 \delta(x - x') \right) \psi(x'), \tag{6}$$

die SCHRÖDINGER-Gleichung des Harmonischen Oszillators, liefert:

$$\left(-\frac{\hbar^2}{2m} \left(\frac{\partial}{\partial x} \right)^2 + \frac{m\omega^2}{2} \mathbf{x}^2 \right) \psi_n = E_n \psi_n. \tag{7}$$

Aufgabe 8.5 Bestimmen Sie den Mittelwert des Abstandes zweier Teilchen im Harmonischen Oszillator für die Fundamentalmode $\psi_1 = \psi_{10} e^{-\frac{z^2}{2}}$!

Lösung.

$$\langle z \rangle = \int_{-\infty}^{\infty} \psi_1^* z \psi_1 \, \mathrm{d}z \tag{1}$$

$$\langle z \rangle = \psi_{10}^2 \int_{-\infty}^{\infty} z e^{-z^2} \, \mathrm{d}z \tag{2}$$

$$\langle z \rangle = -\frac{1}{2} \, e^{-z^2} \Big|_{-\infty}^{\infty} = 0 \tag{3}$$

Der Mittelwert, der für die Glockenkurve auch der wahrscheinlichste Wert ist, ist also $z = 0$, die Ruhelage.

Aufgabe 8.6 Das Morse-Potential zwischen zwei Atomen wird beschrieben mit der Potentialgleichung $V(r) = D_e \left\{ 1 - \exp\left[-\alpha(r - r_e) \right] \right\}^2$ (Abb. 8.13), wobei D_e die Tiefe des Potentialminimums und α die Krümmung der Kurve sind, die die Abweichungen des tatsächlichen Abstandes r vom Abstand r_e im Potentialminimum beschreiben.

- Welche Näherung gilt im Potentialminimum?

- Wie lautet folglich hier die Bewegungsgleichung?

- Wie hoch ist die Eigenfrequenz?

- Zeigen Sie, dass die Funktion die Lage des Minimums korrekt beschreibt!

- Bestimmen Sie aus der 2. Ableitung an der Stelle $r = r_e$ die Größe α!

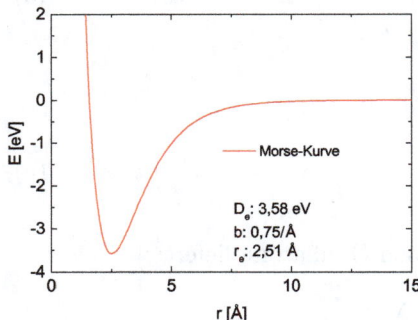

Abb. 8.15. Typische MORSE-Kurve bis zu verschwindendem Potential für große Abstände r.

Lösung. Wir beginnen mit der Gleichung für die Morsekurve

$$V(r) = D_e \{1 - \exp\left[-\alpha(r - r_e)\right]\}^2 \tag{1}$$

und linearisieren den Exp.-Term in Gl. (1):

$$V(r) = D_e \left[1 - 1 + \alpha(r - r_e)\right]^2 \Rightarrow V(r) = D_e \left[\alpha(r - r_e)\right]^2 \tag{2}$$

Als Näherung erhalten wir für kleine Auslenkungen ein Parabelpotential, und die zweimalige Ableitung liefert

$$V''(r) = 2D_e\alpha^2, \tag{3}$$

einen Wert für die Dissoziationsenergie. Die für kleine Auslenkungen geltende harmonische Näherung wird mit der Bewegungsgleichung $m\ddot{x} + kx = 0$ mit der Eigenfrequenz $\omega_0 = \sqrt{k/m}$ gut beschrieben. Aus Gl. (1), ein- und zweimal abgeleitet, erhalten wir

$$V'(r) = D_e\{2a \exp[-\alpha(r - r_e)] - 2\alpha \exp[-2\alpha(r - r_e)]\}, \tag{4}$$

$$V''(r) = D_e\{-2a^2 \exp[-\alpha(r - r_e)] + 4\alpha^2 \exp[-2a(r - r_e)]\}. \tag{5}$$

Für $r = r_e$ ergibt Gl. (5) Null, und für diesen Fall stimmt die exakte Lösung mit der Näherung (3) überein. Die zweite Ableitung an der Stelle $r = r_e$ liefert auch hier

$$\begin{aligned} V''(r) &= D_e \left(-2\alpha^2 + 4\alpha^2\right) \\ &= 2D_e\alpha^2. \end{aligned} \tag{6}$$

Daraus folgt einfach

$$V''(r) = 2\alpha^2 D_e = m_0\omega_0^2 \Rightarrow \alpha = \omega_0 \sqrt{\frac{m_0}{2D_e}}. \tag{7}$$

α skaliert also mit der Wurzel aus der (reduzierten) Masse. Ist das für das Elektron eine Sache für hochpräzise Messungen, bedeutet das doch bei Isotopen einen leicht messbaren Effekt. Den stärksten Einfluss sieht man beim Ersatz von $_1^1H_2$ durch das isotope $_1^2D_2$, für das ja sogar ein eigener Name existiert. So ist die Potentialkurve für D_2 deutlich weicher als für H_2 (s. Abb. 8.14).

8.6.2 Schwingungsspektroskopie

Aufgabe 8.7 Bestimmen Sie für die Valenzkraftkonstante $k = 3{,}29 \cdot 10^2 \, \text{N/m}$ die Frequenz der Nullpunktsschwingung im reinisotopigen Molekül $^{35}Cl_2$!

Lösung. Auslenkung x_i zweier gleich schwerer Massen um einen Schwerpunkt mit der Koordinate r_0, der unveränderlich bleibt:

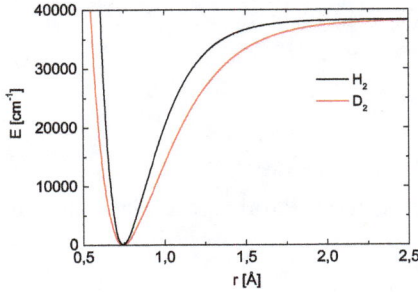

Abb. 8.16. MORSE-Kurven von H_2 und D_2 bis zu verschwindendem Potential für große Abstände r.

$$m_1 x_1 = m_2 x_2, \tag{1}$$

mit

$$r = x_1 + x_2 \tag{2}$$

der Bindungslänge zu diesem Zeitpunkt.

$$\left.\begin{array}{l} x_1 = \frac{m_2}{m_1+m2} r \\ x_2 = \frac{m_1}{m_1+m2} r \end{array}\right\} \tag{3}$$

Da wir von einem Parabelpotential am Boden des Potentialtopfes ausgehen

$$V(r) = \frac{1}{2} k (r - r_0)^2, \tag{4}$$

bekommen wir zwei DGln für die beiden Massen

$$\left.\begin{array}{l} m_1 \ddot{x}_1 = -k(r - r_0) \\ m_2 \ddot{x}_2 = -k(r - r_0). \end{array}\right\} \tag{5}$$

Kreuzweises Einsetzen von (3) in (5) liefert

$$\frac{m_1 m_2}{m_1 + m_2} \ddot{r} = -k(r - r_0), \tag{6}$$

was die Schwingungsgleichung einer Masse μ

$$\mu = \frac{m_1 m_2}{m_1 + m_2} = \frac{m_{35\,Cl}}{2}. \tag{7}$$

ist, die mit der Eigenfrequenz ω_0

$$\omega_0 = \sqrt{\frac{k}{\mu}} \tag{8}$$

schwingt. Mit der Masse des Isotops $m\left(^{35}_{17}Cl\right)$

$$m\left(^{35}_{17}Cl\right) = 34{,}969 \cdot 1841 \cdot 9{,}1 \cdot 10^{-31}\ \text{kg} = 5{,}86 \cdot 10^{-26}\ \text{kg} \tag{9}$$

erhalten wir ein ω_0 von

$$\omega_0 = 7{,}54 \cdot 10^{13}\,\text{Hz}, \tag{10}$$

woraus für den Übergang von $E_0 \rightarrow E_1$ eine Energie von

$$\Delta E = 0{,}049\,\text{eV} \tag{11}$$

resultiert; folglich liegt E_0 damit genau um $k_\text{B}T$ bei Raumtemperatur (RT) über dem Potentialminimum, und etwa jedes sechste Molekül ist im Zustand $|\Psi(1)\rangle$.

Aufgabe 8.8 Bestimmen Sie aus dem ersten Übergang $\overline{\nu_{01}} = 2\,885{,}6\,\text{cm}^{-1}$ die Valenzkraftkonstante k und die Amplitude von ω_1 für HCl in der parabolischen Näherung! Setzen Sie für die reduzierte Masse die Masse des H-Atoms ein.

Lösung. Der Übergang hat eine Energie von $\frac{2\,886}{8\,066} = 0{,}36\,\text{eV}$ oder $5{,}74 \cdot 10^{-20}\,\text{J}$. Aus der Beziehung $\omega_0 = \sqrt{\frac{k}{\mu}}$ mit μ der reduzierten Masse errechnen wir ($\mu = m_\text{H}$) ein k von

$$k = 4{,}81 \cdot 10^2\,\text{N/m}, \tag{1}$$

woraus sich mit $x = r - r_\text{e}$ nach $E = \frac{1}{2}kx^2$ ein Wert von $x = 0{,}154\,\text{Å}$ ergibt. Der Gleichgewichtsabstand r_e beträgt $1{,}28\,\text{Å}$, so dass die Amplitude etwa $12\,\%$ von r_e ausmacht.

Aufgabe 8.9 Das Schema für die Schwingungsniveaus des I_2-Moleküls besteht aus einem System nahezu äquidistanter Niveaus mit einem Abstand von $215\,\text{cm}^{-1}$. Bestimmen Sie das Besetzungsverhältnis zweier benachbarter Energieniveaus!

Lösung. Wir wissen nicht, wie groß E_0 ist, aber die Differenz zwischen zwei Energieniveaus ist uns bekannt. Also ist $E_2 - E_1 = 215\,\text{cm}^{-1}$, und zwischen E_3 und E_2 ist die Differenz ebenfalls $215\,\text{cm}^{-1}$. Die Nullpunktsenergie ist $E_0 = \frac{1}{2}\hbar\omega$, also $215/2\,\text{cm}^{-1}$. Die Umrechnung ergibt

$$E = h \cdot c \cdot \bar{\nu} = 0{,}027\,\text{eV}. \tag{1}$$

$k_\text{B}T$ bei RT ist $0{,}025\,\text{eV}$. Also ist z. B.

$$E_1 = \frac{1}{2}E = 0{,}0135\,\text{eV}. \tag{2}$$

$$E_2 = \frac{3}{2}E = 0{,}0385\,\text{eV}. \tag{3}$$

Egal wie, die Differenz ist immer die gleiche. Also wird das Verhältnis bei RT

$$\frac{N_2}{N_1} = \exp{-\frac{0{,}027}{0{,}025}} = 0{,}35. \tag{4}$$

Aufgabe 8.10 Die Krümmung α der MORSE-Kurve ist gegeben durch

$$\alpha = \omega_0 \sqrt{\frac{\mu}{2D_e}}. \tag{1}$$

Für H_2 betragen D_e 38 310 cm^{-1} und $\overline{\omega_e}$ 4 395 cm^{-1}. Bestimmen Sie daraus α, zeichnen Sie die MORSE-Kurve.

Lösung. α ergibt sich zu 3,593/Å, ist also etwa doppelt so groß wie der Wert für HCl (Abb. 8.15). Damit ist die Kurve des H_2 härter als die des HCl und

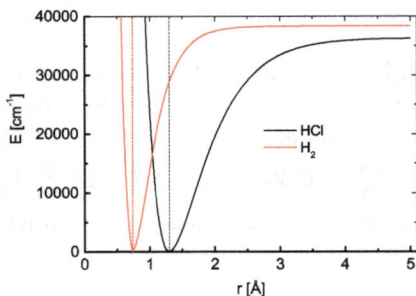

Abb. 8.17. MORSE-Kurven für HCl und H_2 mit eingezeichneten Minima bei 0,74 resp. 1,30 Å. Bei vergleichbarer Dissoziationsenergie ist die Kurve des H_2 stärker gekrümmt.

approximiert folglich die Modellkurve des Parabelpotentials besser.

Aufgabe 8.11 Bereits die Kraftkonstante der Fundamentalschwingung $0 \rightarrow 1$ weicht stark von dem Modellwert aus dem Potentialminimum bei $r = r_e$ ab. Warum? Hier die Daten für HCl.

- $\overline{\nu_{01}} = 2\,885{,}70$ cm^{-1},

- $\overline{\omega_e} = 2\,988{,}9$ cm^{-1},

- $r_e = 1{,}28 \pm 1{,}2 \cdot 10^{-3}$ Å,

- $\overline{\omega_e x_e} = 51{,}60$ cm^{-1}.

Lösung. Da die Anharmonizitätskonstante einen Subtrahenden der harmonischen Näherung darstellt, nimmt die Krümmung [2. Ableitung der $V(r)$-Kurve] mit steigendem v ab. Je stärker die Krümmung, umso stärker die Bindung. Ist die Krümmung schließlich Null, hört das Molekül auf, zu existieren.

Aus der Anharmonizitätskonstanten $\overline{\omega_e x_e}$ und dem fiktiven Wert für $\overline{\omega_e}$ ermitteln wir die absolute Höhe des Niveaus der Nullpunktsschwingung zu

$$\begin{aligned} G(0) &= \frac{\overline{\omega_e}}{2} - \tfrac{1}{4}\overline{\omega_e x_e} \\ &= 1\,481{,}55 \text{ cm}^{-1}. \end{aligned} \tag{1}$$

Ohne Anharmonizität müsste dieses Niveau bei $\frac{1}{2}\overline{\omega_e} = 1\,495{,}45$ cm^{-1} liegen.

Aufgabe 8.12 Das dreiatomige lineare Molekül CO_2 schwinge mit den drei Eigenfrequenzen ω_{01} (ν_{as} bei $2\,349\,\text{cm}^{-1}$), ω_{02} (ν_s bei $1\,388\,\text{cm}^{-1}$, beides Valenzschwingungen), und ω_{03}, der Deformationsschwingung ν_δ bei $667\,\text{cm}^{-1}$ — diese ist zweifach entartet. Bestimmen Sie das Verhältnis der Moden ν_1 und ν_2, und mit einem experimentellen Anpasswert die Valenzkraftkonstanten k_1 und k_2.

Lösung. Wie wählen hier einen direkteren Weg als im Abschn. 8.4, wie er für kleinere Moleküle möglich ist. Dazu ersetzen wir im ausführlichen Fall zunächst die individuellen Ortskoordinaten x_i durch interne Koordinaten. Während der Schwingung weisen die O-Atome eine Amplitude von δr_{ij} auf:

$$\left.\begin{aligned}
\delta r_{12} &= (x_C - x_1) - r_e \\
\delta r_{23} &= (x_2 - x_C) - r_e
\end{aligned}\right\} \tag{1}$$

Damit sind die Energien V und T des CO_2-Moleküls während der Schwingung

$$\left.\begin{aligned}
V &= \tfrac{k}{2}\left(\delta r_{12}^2 + \delta r_{23}^2\right) \\
  &= \tfrac{k}{2}\left((x_C - (x_1 + r_e))^2 + ((x_2 - r_e) - x_C)^2\right) \\
T &= \tfrac{m_O}{2}\dot{x}_1^2 + \tfrac{m_C}{2}\dot{x}_C^2 + \tfrac{m_O}{2}\dot{x}_2^2.
\end{aligned}\right\} \tag{2}$$

Nach dem Prinzip von D'ALEMBERT muss die Summe der auf das Molekül wirkenden Kräfte verschwinden. Also lauten die drei Bewegungsgleichungen

$$\left.\begin{aligned}
m_O\ddot{x}_1 &= -k(x_C - (x_1 + r_e)) \\
m_C\ddot{x}_C &= \;\;\,k(x_C - (x_1 + r_e)) + k(x_2 - (x_C + r_e)) \\
m_O\ddot{x}_2 &= -k(x_2 - (x_C + r_e)) \quad.
\end{aligned}\right\} \tag{3}$$

Substituieren wir

- $y_1 = x_1 + r_e$

- $y_C = x_C$

- $y_2 = x_2 - r_e,$

erhalten wir für die Energien T und V

$$\left.\begin{aligned}
V &= \tfrac{k}{2}\left((y_C - y_1)^2 + (y_2 - y_C)^2\right) \\
T &= \tfrac{m_O}{2}\left(\dot{y}_1^2 + \dot{y}_2^2\right) + \tfrac{m_C}{2}\dot{y}_C^2.
\end{aligned}\right\} \tag{4}$$

Mit der Gleichung von LAGRANGE ergeben sich die veränderten Bewegungsgleichungen zu

$$\left.\begin{aligned}
m_O\ddot{y}_1 &= -k(y_1 - y_C) \\
m_C\ddot{y}_C &= \;\;\,k(y_1 - y_C) + k(y_2 - y_C) \\
m_O\ddot{x}_2 &= -k(y_2 - y_C) \quad.
\end{aligned}\right\} \tag{5}$$

mit k den Valenzkraftkonstanten der C=O-Bindung. Die linken Seiten des Gleichungssystems können mit dem HOOKEschen Gesetz $\ddot{x} = -\frac{k}{m}x$ zu $\omega_0 = \sqrt{\frac{k}{m}}$, also $\ddot{x} = -\omega_0^2\, x$ umgestaltet werden, und wir erhalten die lineare, inhomogene Matrixgleichung

$$\begin{pmatrix} m_O\omega_0^2\, x_1 \\ m_C\omega_0^2\, x_2 \\ m_O\omega_0^2\, x_3 \end{pmatrix} = k \begin{pmatrix} 1 & -1 & 0 \\ -1 & 2 & -1 \\ 0 & -1 & 1 \end{pmatrix} \begin{pmatrix} x_1 \\ x_2 \\ x_3 \end{pmatrix}, \tag{6}$$

die wir durch das in Abschn. 3.11 beschriebene Verfahren mit den $\lambda_i = m_i\omega_{0i}^2$ in die Säkulargleichung

$$\begin{pmatrix} 0 \\ 0 \\ 0 \end{pmatrix} = \begin{pmatrix} k - m_O\omega^2 & -k & 0 \\ -k & 2\,k - m_C\omega^2 & -k \\ 0 & -k & k - m_O\omega^2 \end{pmatrix} \begin{pmatrix} x_1 \\ x_2 \\ x_3 \end{pmatrix} \tag{7}$$

oder

$$(\mathbf{K} - \lambda\mathbf{I})\,\boldsymbol{x} = 0 \tag{8}$$

überführen. Wir lösen die Koeffizientendeterminante

$$\begin{vmatrix} k - m_O\omega^2 & -k & 0 \\ -k & 2\,k - m_c\omega^2 & -k \\ 0 & -k & k - m_O\omega^2 \end{vmatrix}, \tag{9}$$

die für eine nicht-triviale Lösung verschwinden muss und zu den Eigenwerten $\lambda_i = m_i\omega_{0i}^2$

$$\left. \begin{array}{l} \omega_{01}^2 = 0 \\ \omega_{02}^2 = \frac{k}{m_O} \\ \omega_{03}^2 = \frac{k}{m_O}\left(1 + \frac{2m_O}{m_C}\right) \end{array} \right\} \tag{10}$$

führt.

Um die dazugehörigen Eigenvektoren Q_i zu ermitteln, setzen wir in die Säkulargleichung (7) die Eigenwerte ein und gewinnen die drei Elemente

$$Q_1 = \begin{pmatrix} 1 \\ 1 \\ 1 \end{pmatrix}, Q_2 = \begin{pmatrix} 1 \\ 0 \\ -1 \end{pmatrix}, Q_3 = \begin{pmatrix} 1 \\ -\frac{2m_O}{m_C} \\ 1 \end{pmatrix}. \tag{11}$$

- Der Eigenwert $\lambda_1 = 0$ gehört zu einer Translationsbewegung: alle drei Atome — und damit auch der Schwerpunkt des Moleküls — bewegen sich in die gleiche Richtung.

- Dem Eigenwert λ_2 entspricht eine gegenphasige Bewegung der O-Atome mit ruhendem C-Atom; gleichzeitig ruht der Schwerpunkt. Das ist die symmetrische Valenzschwingung ν_s.

- Der Eigenwert λ_3 gehört zur antisymmetrischen Valenzschwingung ν_{as}, bei der der gleichphasigen Bewegung der O-Atome mit einer gegenphasigen Bewegung des C-Atoms derart geantwortet wird, dass der Schwerpunkt unverändert liegenbleibt.

Das Verhältnis aus ω_{03} und ω_{02} liefert uns ein Frequenzverhältnis. Dabei handelt es sich um $\frac{\nu_{as}}{\nu_s}$.

$$\frac{\nu_{as}}{\nu_s} = \sqrt{1 + \frac{2m_O}{m_C}}. \tag{12}$$

Unser rechnerisches Ergebnis ist 1,92, experimentell wird ein Quotient von 1,76 ermittelt. Die Valenzkraftkonstanten ergeben sich mit einem experimentellen Referenzwert und diesem Verhältnis aus der Gleichung $k = m\,\omega_0^2$ zu 14,2 bzw. $16,8 \cdot 10^2$ N/m.

9 Der Drehimpuls

Die Bestimmung der Eigenwerte der Energie eines sich in einem Feld zentraler Kräfte bewegenden Elektrons ist eine zentrale Aufgabe in der Quantenmechanik. Das Potential dieser Kräfte soll also nur vom Abstand, aber nicht von den Winkeln abhängen. Zur Einstimmung beginnen wir mit dem einfach zu lösenden Problem der Kreisbewegung, lösen die Eigenwerte der Energie und führen den Drehimpuls ein. Historisch gesehen, ergab die Lösung dieser Aufgabe *en passant* die Quantentheorie des Rotators, in deren Mittelpunkt der Drehimpulsoperator mit seinen Eigenfunktionen steht, den sog. Kugelfunktionen, die zwar von den Winkeln φ und ϑ, aber nicht von der Form der potentiellen Energie abhängen, so dass diese auf ein beliebiges zentralsymmetrisches Feld bezogen werden können. Die Kugelfunktionen müssen deshalb — wie der Drehmomenterhaltungssatz im Zentralfeld — einen universellen Charakter besitzen und werden deshalb mit einem Minimum eingeführt, um zu vermeiden, dass sie bei der Lösung des Eigenwertproblems „vom Himmel fallen". Daran schließt sich die Formulierung der SCHRÖDINGER-Gleichung in Kugelkoordinaten an und deren Teillösung für die Winkelabhängigkeit.

Breiten Raum nimmt der starre Rotator ein, dessen Drehimpuls wir quantenmechanisch untersuchen. Als Alternative zur Lösung des Eigenwertproblems mit Eigenfunktionen wird der Ansatz mit Leiteroperatoren vorgestellt. Der Rotator bietet — wie der harmonische Oszillator — ein exzellentes Beispiel für die Unschärferelation. Dann steht die Eigenschaft des Drehimpulses als Vektoroperator und seine Messung über das magnetische Moment im Fokus, und in diesem Rahmen erfolgt die erste ausführliche Diskussion des Spins. Als eine weitere wichtige Anwendung werden abschließend die Rotationen zweiatomiger Moleküle behandelt.

9.1 Quantisierung der Rotation

9.1.1 Energieeigenwerte im zweidimensionalen Fall

Zur Beschreibung der Rotation beginnen wir beim einfachsten Fall, der Rotation eines Elektrons in konstantem Abstand vom Zentrum auf einem Kreis, und untersuchen dann die Situation für die Rotation auf einer Kugeloberfläche.

Wir betrachten den HAMILTON-Operator bei konstantem und damit auf Null gesetzten Potential

$$\mathbf{H} = -\frac{\hbar^2}{2m_e}\left(\frac{\partial^2}{\partial x^2} + \frac{\partial^2}{\partial y^2}\right), \tag{9.1}$$

für den der LAPLACE-Operator in Polarkoordinaten mit $x = r\cos\varphi$ und $y = r\sin\varphi$ in zwei Dimensionen

https://doi.org/10.1515/9783111238678-009

$$\Delta = \frac{1}{r}\frac{\partial}{\partial r}\left(r\frac{\partial}{\partial r}\right) + \frac{1}{r^2}\frac{\partial^2}{\partial\varphi^2} \tag{9.2}$$

lautet. Da wir zunächst den Fall des starren Rotators untersuchen wollen, für den $r =$ const, vereinfacht sich Gl. (9.1) durch den Wegfall des ersten Terms des LAPLACE-Operators zu

$$\mathbf{H} = -\frac{\hbar^2}{2m_{\mathrm{e}}\,r^2}\frac{\partial^2}{\partial\varphi^2}, \tag{9.3}$$

und unsere Wellenfunktion Φ hängt nur vom Winkel φ ab, so dass die SCHRÖDINGER-Gleichung mit dem Trägheitsmoment $I = m_{\mathrm{e}}r^2$

$$\frac{\partial^2\Phi(\varphi)}{\partial\varphi^2} + \frac{2I\,E}{\hbar^2}\Phi = 0 \tag{9.4}$$

lautet, die die bekannten Lösungen

$$\Phi = A\mathrm{e}^{\mathrm{i}m\varphi} + B\mathrm{e}^{-\mathrm{i}m\varphi} \text{ mit } m = \sqrt{\frac{2I\,E}{\hbar^2}} \tag{9.5}$$

mit m einer Quantenzahl aufweist, die wir durch die periodische Randbedingung unserer Funktion Φ zu

$$\Phi(\varphi) = \Phi(\varphi + 2\pi)$$

gewinnen:

$$A\mathrm{e}^{\mathrm{i}m\varphi} + B\mathrm{e}^{-\mathrm{i}m\varphi} = A\left(\mathrm{e}^{\mathrm{i}m\varphi}\mathrm{e}^{2\pi\mathrm{i}m}\right) + B\left(\mathrm{e}^{-\mathrm{i}m\varphi}\mathrm{e}^{-2\pi\mathrm{i}m}\right) \tag{9.6}$$

was erfordert, dass m eine ganze Zahl ist, $m \in \mathbb{Z}$, was unsere Eigenwerte nach

$$E_{\mathrm{m}} = \frac{\hbar^2}{2I}m^2 \tag{9.7}$$

ergibt.

9.1.2 Drehimpuls

Aus der Mechanik kennen wir den Drehimpuls als Kreuzprodukt des Orts- und des Impulsvektors

$$\boldsymbol{L} = \boldsymbol{r} \times \boldsymbol{p}, \tag{9.8}$$

mit seinen drei Komponenten L_x, L_y und L_z, was, als 3×3-Determinante mit den Einheitsvektoren in x-, y- und z-Richtung $\boldsymbol{i}$, $\boldsymbol{j}$ und $\boldsymbol{k}$

$$\begin{vmatrix} \boldsymbol{i} & \boldsymbol{j} & \boldsymbol{k} \\ r_x = x & r_y = y & r_z = z \\ p_x & p_y & p_z \end{vmatrix} \tag{9.9}$$

geschrieben, für $\boldsymbol{L}$

$$\begin{aligned}
\boldsymbol{L} = \; & \boldsymbol{i}\,(y\,p_z - z\,p_y) \\
+ \; & \boldsymbol{j}\,(z\,p_x - x\,p_z) \\
+ \; & \boldsymbol{k}\,(x\,p_y - y\,p_x)
\end{aligned} \tag{9.10}$$

ergibt, das, in die Quantenmechanik übertragen,

$$\mathbf{L} = \mathbf{r} \times \mathbf{p} = \frac{\hbar}{i}\,\mathbf{r} \times \nabla \tag{9.11}$$

liefert, also etwa für die y-Komponente

$$\mathbf{L}_y = \frac{\hbar}{i}\left(z\frac{\partial}{\partial x} - x\frac{\partial}{\partial z}\right), \tag{9.12}$$

zyklisch vertauscht $\oplus$, antizyklisch vertauscht $\ominus$. Wenn wir wieder Polarkoordinaten einführen, wird etwa

$$\mathbf{L}_z = \frac{\hbar}{i}\frac{\partial}{\partial \varphi}, \tag{9.13}$$

was die Eigenwertgleichung

$$\mathbf{L}_z = A\mathrm{e}^{im\varphi} = \frac{\hbar}{i}\frac{\partial}{\partial \varphi}\mathrm{e}^{im\varphi} \tag{9.14}$$

ergibt, die von den Werten $m\hbar$ gelöst wird. Je nach Drehrichtung bekommen wir positive oder negative Werte für die Drehimpuls-Eigenwerte (Abb. 9.1).

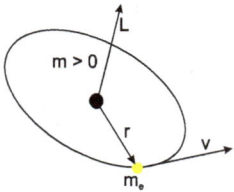

Abb. 9.1. Der Drehimpuls steht senkrecht auf der von $\boldsymbol{v}$ und $\boldsymbol{r}$ gebildeten Ebene. Für eine CCW-Rotation sind die Eigenwerte $m > 0$, für eine CW-Rotation dagegen gilt $m < 0$.

Da die Rotation wegen der Periodizitätsbedingung entweder durch eine Cosinus- oder eine Sinusfunktion beschrieben wird, setzen wir B auf Null und normieren die Funktion nach

$$\begin{aligned}
\int_0^{2\pi} \Phi^*\Phi\,\mathrm{d}\varphi &= |N|^2 \int_0^{2\pi} \mathrm{e}^{-im\varphi}\mathrm{e}^{im\varphi}\,\mathrm{d}\varphi \\
&= 2\pi|N|^2,
\end{aligned} \tag{9.15}$$

was als Normierungsfaktor

$$|N| = \frac{1}{\sqrt{2\pi}} \qquad (9.16)$$

ergibt. Die Kreisfunktionen mit unterschiedlichem m sind zueinander orthogonal, und zu jedem m gehören wegen Gl. (9.14) zwei Funktionen, die evtl. als Linearkombinationen geschrieben werden müssen (s. Aufg. 9.4).

9.1.3 Der dreidimensionale Fall

Nun wenden wir uns dem dreidimensionalen Fall zu (Abb. 9.2). Das Elektron

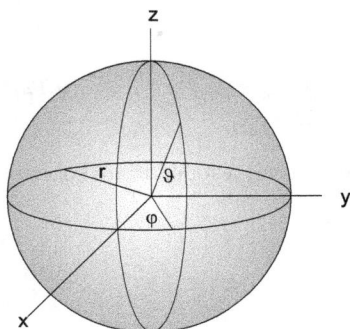

Abb. 9.2. Die zwei Winkel der Kugelkoordinaten sind der azimutale Winkel φ am Äquator und der polare Winkel ϑ zwischen den Polen.

bewege sich auf der Oberfläche einer Kugel. Zu den beiden Polarkoordinaten tritt nun ein zweiter Winkel, der meist als polarer Winkel bezeichnet wird und von 0 bis 180° geht, mit 90° am Pol. Der zweite Kreis ist der azimutale Kreis von 0 bis 360°. Jener Winkel entspricht im Prinzip der geographischen Länge, dieser der geographischen Breite.

Für das Elektron sollen Bewegungen sowohl in azimutaler wie polarer Richtung möglich sein, d. h. es soll sich auf einem quantisierten Breitengrad bewegen und diesen auf einer quantisierten Bahn verlassen und auf eine andere Bahn springen können (Abb. 9.3). Wir erwarten daher, dass die gesuchte Funktion aus Produkten von Kreisfunktionen besteht.

Zur Lösung dieses Problems gibt es verschiedene Wege. Dazu kann man den HAMILTON-Operator auf verschiedene Weisen umformen, wie wir das ja schon für die zweidimensionale Rotation mit $r = \text{const}$ gemacht haben. Die zur Lösung dieses Problems geeigneten Eigenfunktionen sind die Kugelfunktionen, die die in φ and θ separierte SCHRÖDINGER-Gleichung lösen, d. h. man sucht eine Funktion, die das Eigenwertproblem mit dem vorgegebenen Operator löst. Eine andere Methode benutzt algebraische Beziehungen zwischen den Drehimpulsoperatoren, verändert also den Operator und erreicht mit vergleichsweise geringerem Aufwand das Ziel Bestimmung des Eigenwerts. Die Eigenfunktionen bestimmt man danach.

Wir werden zunächst die SCHRÖDINGER-Gleichung lösen. Um den Eindruck zu vermeiden, die Kugelfunktionen fielen vom Himmel, werden wir uns aber

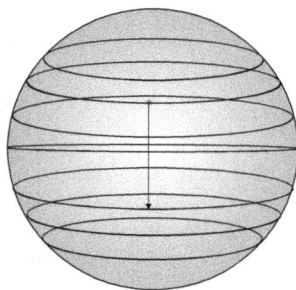

Abb. 9.3. Das Elektron soll seine Bahn auf einem bestimmten quantisierten Breitengrad auf einer bestimmten quantisierten Richtung verlassen.

zunächst mit diesen beschäftigen — ein sehr lohnendes Objekt, treten sie doch vielfach in Erscheinung, etwa bei Strahlungsproblemen beim Übergang Nahzone → Fernzone oder bei vielen Randwertproblemen der Elektrostatik. Hier ist der Aspekt wichtig, dass die Funktionen den winkelabhängigen Anteil der Atombahnfunktionen beschreiben und darüber hinaus auch die Funktionen sind, mit denen die Rotationen von Molekülen erfasst werden.

Die Wichtigkeit wird dadurch unterstrichen, dass dieser Abschnitt innerhalb des Gesamtkapitels über den starren Rotator inkludiert ist und nicht in einen Anhang ausgelagert wird.

9.2 Kugelfunktionen

Eine Bestimmung des Potentials kann durch eine Multipolentwicklung nach cartesischen Koordinaten durchgeführt werden oder durch die sphärische Entwicklung, zu der Kugelfunktionen benötigt werden.

9.2.1 Legendresche Polynome

9.2.1.1 Die erzeugende Funktion. Wir wollen das Potential einer Einheitsladung am Punkte P berechnen, die sich im Abstand 1 vom Ursprung (allgemein: $r_0 = x_0 + y_0 + z_0$) befinden solle (Abb. 9.4). Der Abstand von der Ladung sei r', dann ist mit dem Cosinussatz

$$\Phi = \frac{1}{r'} = \frac{1}{\sqrt{1 + r^2 - 2r\cos\vartheta}} = \frac{1}{\sqrt{1 + r(r - 2x)}}. \tag{9.17}$$

Für kleine r können wir die Wurzel nach r entwickeln und erhalten eine in Potenzen von r ansteigende Reihe, deren Koeffizienten die Glieder der LEGENDREschen Polynome sind:[1]

---

[1]Dabei wird $y = r^2 - 2rx$ gesetzt und die Wurzel nach den binomischen Formeln nach $\frac{1}{\sqrt{1+y}} \approx 1 - \frac{1}{2}y + \frac{1}{2} \cdot \frac{3}{4}y^2 + \frac{1}{2} \cdot \frac{3}{4} \cdot \frac{5}{6}y^3 + \dots$ entwickelt (s. Aufg. 9.1).

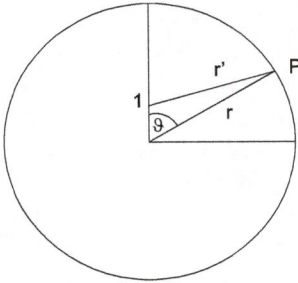

Abb. 9.4. Zur Definition der erzeugenden Funktion: Man geht vom NEWTONschen Potential aus und verschiebt den Nullpunkt, hier nach $(0, 1)$.

$$\frac{1}{\sqrt{1 + r(r - 2x)}} = \sum_{l=0}^{\infty} P_l(x) r^l \qquad (9.18)$$

Das ist die erzeugende Funktion der LEGENDREschen Polynome. Als Randbedingungen fordern wir, dass

- die Normierungsbedingung

$$P_l(1) = 1 \qquad (9.19)$$

- gilt, für das erste Glied

$$P_0(x) = 1, \qquad (9.20)$$

- und dass die Koeffizienten P_l in jeder Näherung endgültig sind. Dazu ist erforderlich, dass die Polynome zueinander orthogonal sind, wie das für die FOURIER-Reihen gezeigt wurde. Damit kann jede Funktion im Intervall $-1 \leq x \leq 1$ nach den LEGENDRE-Polynomen mit

$$f(x) = \sum_{l=0}^{\infty} c_l P_l(x) \qquad (9.21)$$

entwickelt werden (s. Aufg. 9.2).

Wir zeigen das für die ersten Polynome, indem wir für die einzelnen Polynome die Koeffizienten bestimmen, die Integrale sind in den o. a. Grenzen zwischen -1 und $+1$ zu nehmen.

P_0 und P_1.

$$\int_{-1}^{1} P_0 P_1 \, dx = 0 \qquad (9.22)$$

mit den Testfunktionen

$$\left.\begin{array}{l} P_0(x) = 1 \\ P_1(x) = ax + b, \end{array}\right\} \tag{9.23}$$

aus denen das Integral

$$\int_{-1}^{1} (ax + b)\, \mathrm{d}x = \left.\frac{ax^2}{2} + bx\right|_{-1}^{1} = \frac{a}{2}[1 - (-1)] + b = 0 \Rightarrow b = 0 \tag{9.24}$$

folgt. Damit ist

$$\boxed{P_1(1) = 1 \Rightarrow a = 1 \Rightarrow P_1(x) = x.} \tag{9.25}$$

P_0, P_1 und P_2. Wir haben nun drei Bedingungen, also benötigen wir neben Gl. (9.22) noch die beiden Gleichungen

$$\left.\begin{array}{l} \int P_0 P_2\, \mathrm{d}x = 0 \\ \int P_1 P_2\, \mathrm{d}x = 0. \end{array}\right\} \tag{9.26}$$

Unsere Startgleichungen sind

$$P_0 = 1; P_1 = ax + b; P_2 = ax^2 + bx + c \tag{9.27}$$

mit den Integralen

$$\int_{-1}^{1} P_0 P_2\, \mathrm{d}x = \left.\frac{a}{3}x^3 + \frac{b}{2}x^2 + cx\right|_{-1}^{1} = \left(\frac{a}{3} + b + c\right) - \left(-\frac{a}{3} + b - c\right) = 0. \tag{9.28}$$

Daraus folgt

$$\frac{2a}{3} + 2c = 0 \Rightarrow c = -\frac{a}{3}, \tag{9.29}$$

und für das Integral

$$\begin{aligned}
\int_{-1}^{1} P_1 P_2\, \mathrm{d}x &= \left.\frac{a^2}{4}x^4 + \frac{2ab}{3}x^3 + \left(\frac{b^2}{2} + \frac{ca}{2}\right)x^2 + cbx\right|_{-1}^{1} \\
&= \left(\frac{a^2}{4} + \frac{2ab}{3} + \frac{b^2}{2} + \frac{ca}{2} + cb\right) - \left(\frac{a^2}{4} - \frac{2ab}{3} + \frac{b^2}{2} + \frac{ca}{2} - cb\right) \\
&= \frac{4}{3}ab + 2cb.
\end{aligned} \tag{9.30}$$

Setzt man $\frac{4}{3}ab + 2cb$ auf Null, folgt mit $c = -\frac{a}{3}$ schließlich

$$\int_{-1}^{1} P_1 P_2\, \mathrm{d}x = \frac{2}{3}ab - \frac{1}{3}ab = 0 \Rightarrow b = 0, \tag{9.31}$$

womit sich für $P_2(x)$

$$P_2(x) = a\left(x^2 - \frac{1}{3}\right) \tag{9.32}$$

ergibt. Mit der Normierungsbedingung $P_2(1) = 1$ wird

$$P_2(x) = \frac{3}{2}\left(x^2 - \frac{1}{3}\right) = \frac{3}{2}x^2 - \frac{1}{2} = \frac{1}{2}\left(3x^2 - 1\right). \tag{9.33}$$

Da nach Voraussetzung $x = \cos\vartheta$, ist

$$P_2(\cos\vartheta) = \frac{1}{2}\left(3\cos^2\vartheta - 1\right), \tag{9.34}$$

in dem wir den winkelabhängigen Anteil der d_{z^2}-Funktion wiedererkennen. Das Polynom mit der veränderlichen $\cos\vartheta$ als Argument wird *Kugelfunktion* genannt.

Damit haben wir die Koeffizienten der Entwicklung von (9.18) in Potenzen von r ermittelt. Die höheren Glieder lauten:

$$\begin{aligned} P_3(x) &= \tfrac{1}{2}\left(5x^3 - 3x\right) \\ P_4(x) &= \tfrac{1}{8}\left(35x^4 - 30x^2 + 3\right) \end{aligned} \tag{9.35}$$

Die P_{2l} sind gerade, die P_{2l+1} sind ungerade Polynome mit lauter rationalen Koeffizienten (s. Abbn. 9.5) und zeigen damit ebenfalls das alternative Verhalten der Symmetrie, wie wir es von den HERMITEschen Polynomen her kennen.

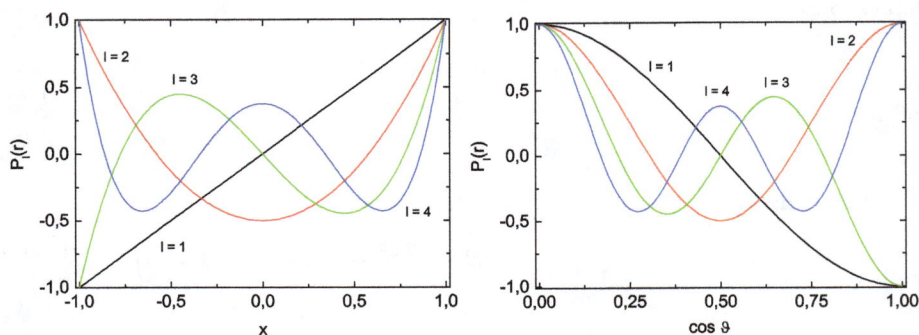

Abb. 9.5. Die ersten LEGENDREschen Polynome gegen x (punktsymmetrisch) und gegen $\cos\vartheta$ (achsensymmetrisch), dann als *Kugelfunktion*.

9.2.1.2 Rekursionsbeziehungen. Die Gleichung (9.18) lautet ausgeschrieben

$$\frac{1}{\sqrt{1+r(r-2x)}} = P_0(x) + P_1(x)r^1 + P_2(x)r^2 + \ldots + P_l(x)r^l + P_{l+1}(x)r^{l+1},$$
(9.36)

aus der durch Differenzierung nach r

$$\frac{x-r}{\sqrt[3]{1+r(r-2x)}} = P_1(x) + 2rP_2(x) + \ldots + lr^{l-1}P_l(x) + (l+1)P_{l+1}(x)r^l$$

oder

$$\frac{x-r}{\sqrt{1+r(r-2x)}} = \big(P_1(x) + 2P_2(x)r^1 + \ldots + lP_l(x)r^{l-1} + (l+1)P_{l+1}(x)r^l\big) \cdot$$
$$\cdot\, (1 + r(r-2x))$$
(9.37)

folgt. Entwickelt man links nach Potenzen von r, ergibt sich unter P_{l-1}, P_l und P_{l+1} die Rekursionsbeziehung

$$(x-r)\big(P_0(x) + P_1(x)r + \ldots + P_l(x)r^l + P_{l+1}(x)r^{l+1}\big) =$$
$$\big(P_1(x) + 2P_2(x)r^1 + \ldots + lP_l(x)r^{l-1} + (l+1)P_{l+1}(x)r^l\big)(1 + r(r-2x)).$$

Sortiert man nach gleichen Potenzen von r, erhält man nach etwas umständlicher Algebra

$$(2l+1)xP_l(x) = lP_{l-1}(x) + (l+1)P_{l+1}(x),$$
(9.38)

und entsprechend bei Differentiation nach x

$$(2l+1)P_l(x) = P'_{l+1}(x) - P'_{l-1}(x).$$
(9.39)

9.2.1.3 Formel von Rodrigues. Die LEGENDREschen Polynome können — wie die HERMITEschen Polynome auch — direkt aus der Formel von RODRIGUES

$$P_l(x) = \frac{1}{2^l l!}\frac{\mathrm{d}^l}{\mathrm{d}x^l}(x^2-1)^l$$
(9.40)

gewonnen werden. Insbesondere folgt hieraus auch für jeden Grad $P_l(1) = 1$ [66].

9.2.2 Zugeordnete Legendresche Kugelfunktionen

Unter Kugelfunktionen des Grades l und der Ordnung m wollen wir die (normierten) LEGENDREschen Polynome verstehen, deren Argument die Cosinusfunktion ist:

$$\Theta_l^m(\cos\vartheta) = C_l^m P_l^m \tag{9.41}$$

mit C_l^m der Normierungskonstanten. Ihre Differentialgleichung ist mit $x = \cos\vartheta$

$$\frac{\mathrm{d}}{\mathrm{d}x}\left((1-x^2)\frac{\mathrm{d}\Theta}{\mathrm{d}x}\right) + \left(l(l+1) - \frac{m^2}{1-x^2}\right)\Theta = 0, \tag{9.42}$$

sie heißt allgemeine LEGENDREsche Differentialgleichung; und ihre Lösungen sind die zugeordneten LEGENDREschen Polynome. Mit $m^2 = 0$ erhält man die LEGENDREsche Differentialgleichung, und es ergeben sich die LEGENDREschen Polynome:

$$\frac{\mathrm{d}}{\mathrm{d}x}\left((1-x^2)\frac{\mathrm{d}\Theta}{\mathrm{d}x}\right) + l(l+1)\Theta = 0 \tag{9.43}$$

9.2.3 Zugeordnete Kugelflächenfunktionen

Unter den zugeordneten Kugelflächenfunktionen oder *spherical harmonics* verstehen wir das Produkt aus einer Kugelfunktion Θ_l^m und einer trigonometrischen Funktion Φ_m (s. Tab. 9.1):

$$Y_l^m = \Theta_l^m(\vartheta)\Phi_m(\varphi) \tag{9.44}$$

Wir sehen in der Tat, dass unsere Vermutung, die Kugelfunktionen müssten ein Produkt aus Kreisfunktionen sein, zutrifft. Oft tritt eine imaginäre Komponente hinzu, was aber lediglich bedeutet, dass wir zwei kongruente Funktionen auf der $\Re$- und der $\Im$-Achse finden. Die Funktion mit $l, m_l = 0$ ist eine Konstante, deren Ableitungen verschwinden. Das bedeutet, dass diese Funktion, bezogen auf die Oberfläche der Kugel, keine zusätzliche Spur zieht.

Für die Funktion Y_1^1 ist ihr Quadrat, die der Wahrscheinlichkeitsdichte proportional ist, in Abb. 9.6 gezeigt. Da das Quadrat der Funktion $\Theta_l^m(\vartheta)$ auch die Form der sog. Orbitale bestimmt, bezeichnet man den Charakter dieser Funktionen auch mit den Buchstaben s für $\Theta_0^0(\vartheta)$, p für $\Theta_1^m(\vartheta)$ und d für $\Theta_2^m(\vartheta)$. Die abgebildete Funktion entspricht also dem p_x-Orbital auf der $\Re$-Achse. Senkrecht dazu, aus der Zeichenebene herausstechend, liegt das p_y-Orbital auf der $\Im$-Achse. Beide drehen sich um die dazu senkrecht stehende z-Achse.

Aus Tab. 9.1 und der Abb. 9.6 folgt, dass im p-Zustand mit $l = 1$ und $m = \pm 1$ die wahrscheinlichste aller möglichen Bahnen des Rotators in der xy-Ebene

Tabelle 9.1. Zugeordnete Kugelflächenfunktionen $Y_l^m(\vartheta\varphi)$ und ihre Wahrscheinlichkeitsdichten.

l	$Y_l^m(\vartheta, \varphi)$	$|Y_l^m|^2$
0	$Y_0^0 = \frac{1}{2\sqrt{\pi}}$	$\frac{1}{4\pi}$
1	$Y_1^0 = \sqrt{\frac{3}{4\pi}}\cos\vartheta$	$\frac{3}{4\pi}\cos^2\vartheta$
1	$Y_1^{\pm1} = \pm\sqrt{\frac{3}{8\pi}}\sin\vartheta\ e^{\pm i\varphi}$	$\frac{3}{8\pi}\sin^2\vartheta$
2	$Y_2^0 = \sqrt{\frac{5}{4\pi}}\left(\frac{3}{2}\cos^2\vartheta - \frac{1}{2}\right)$	$\frac{5}{4\pi}\left(\frac{9}{4}\cos^4\vartheta - \frac{3}{2}\cos^2\vartheta + \frac{1}{4}\right)$
2	$Y_2^{\pm1} = \pm\sqrt{\frac{15}{8\pi}}\sin\vartheta\cos\vartheta\, e^{\pm i\Phi}$	$\frac{15}{8\pi}\sin^2\vartheta\cos^2\vartheta$
2	$Y_2^{\pm2} = \sqrt{\frac{15}{2\pi}}\sin^2\vartheta\, e^{\pm 2i\varphi}$	$\frac{15}{2\pi}\sin^4\vartheta$

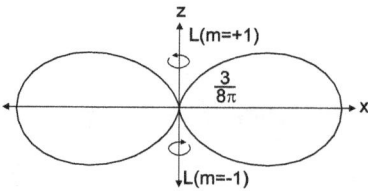

Abb. 9.6. Wahrscheinlichkeitsdichte für die Funktion $Y_1^{\pm1} = \pm\sqrt{\frac{3}{8\pi}}\sin\vartheta\ e^{\pm i\varphi}$.

verläuft, wobei sich die Zustände mit $+1$ und -1 durch die Rotationsrichtung unterscheiden: bei $m = +1$ besitzt der Rotator eine Rotationsrichtung, die als „rechts" oder „clockwise" (CW) bezeichnet wird, und $\boldsymbol{L}$ ist parallel zur z-Achse, bei $m = -1$ ist das Rotationsmoment „links" oder „counterclockwise" (CCW), und $\boldsymbol{L}$ ist antiparallel.

Die weitere Diskussion erfolgt in den Abschn. 10.4/5.

9.3 Hamilton-Funktion und Hamilton-Operator

Vergleichen wir nun die HAMILTON-Funktion $\mathscr{H}$ mit dem HAMILTON-Operator **H**! Bei einer Drehbewegung des Elektrons setzt sich die kinetische Energie additiv zusammen aus den beiden Beiträgen

$$T = \frac{1}{2\,m_e}\left(p_r^2 + \frac{L^2}{r^2}\right) \quad \text{mit} \quad \begin{matrix} p_r = m_e\frac{\partial r}{\partial t} \\ L = m_e r^2\frac{\partial\varphi}{\partial t}, \end{matrix} \tag{9.45}$$

wozu die potentielle Energie eines Elektrons im COULOMBschen Trichterpotential kommt, die über

$$V(r) = -\int_\infty^r \boldsymbol{F}(r)\, \mathrm{d}r,$$

zu bestimmen ist, wobei $V(r)$ im Unendlichen verschwindet, so dass sich

$$V(r) = \int_\infty^r \frac{Z e_0^2}{r^2}\, \mathrm{d}r = -Z\frac{e_0^2}{r}$$

ergibt, und $\mathscr{H}$ ist

$$\mathscr{H} = \frac{1}{2\, m_{\mathrm{e}}}\left(p_r^2 + \frac{L^2}{r^2}\right) - Z\frac{e_0^2}{r}. \tag{9.46}$$

Der HAMILTON-Operator ist die Summe der Operatoren der kinetischen und potentiellen Energie. Für ein radiales Problem müssen die beiden Operatoren auf Kugelkoordinaten umgeschrieben sein, was für den LAPLACE-Operator eine Koordinatentransformation erfordert (Standardverfahren mit der JACOBI-Matrix). In Kugelkoordinaten kann der LAPLACE-Operator geschrieben werden als

$$\Delta = \frac{\partial^2}{\partial r^2} + \frac{2}{r}\frac{\partial}{\partial r} + \frac{1}{r^2}\frac{\partial^2}{\partial\vartheta^2} + \frac{\cot\vartheta}{r^2}\frac{\partial}{\partial\vartheta} + \frac{1}{r^2\sin^2\vartheta}\frac{\partial^2}{\partial^2\varphi}. \tag{9.47}$$

Wir haben damit eine Ortskoordinate mit zwei Winkelangaben. ϑ entspricht astronomisch der *Deklination*, sie wird gerechnet von 0 über 90° (Zenit) bis 180°, φ ist das Pendant zur *Rektaszension*; sie wird gemessen von 0 bis 360° und ist der azimutale Winkel. Die Deklination kann elegant umgeschrieben werden nach

$$\frac{1}{r^2}\frac{\partial^2}{\partial\vartheta^2} + \frac{\cot\vartheta}{r^2}\frac{\partial}{\partial\vartheta} = \frac{1}{r^2\sin\vartheta}\left(\sin\vartheta\frac{\partial^2}{\partial\vartheta^2} + \cos\vartheta\frac{\partial}{\partial\vartheta}\right),$$

woraus weiter

$$\frac{1}{r^2\sin\vartheta}\left(\sin\vartheta\frac{\partial^2}{\partial\vartheta^2} + \cos\vartheta\frac{\partial}{\partial\vartheta}\right) = \frac{1}{r^2\sin\vartheta}\frac{\partial}{\partial\vartheta}\left(\sin\vartheta\frac{\partial}{\partial\vartheta}\right)$$

folgt. Der radiale Anteil ergibt sich zu

$$\frac{\partial^2}{\partial r^2} + \frac{2}{r}\frac{\partial\psi}{\partial r} = \frac{1}{r^2}\left(r^2\frac{\partial^2}{\partial r^2} + 2r\frac{\partial}{\partial r}\right) = \frac{1}{r^2}\frac{\partial}{\partial r}\left(r^2\frac{\partial}{\partial r}\right).$$

Der LAPLACE-Operator lautet daher in Kugelkoordinaten

$$\Delta = \frac{1}{r^2}\frac{\partial}{\partial r}\left(r^2\frac{\partial}{\partial r}\right) + \frac{1}{r^2}\left(\frac{1}{\sin\vartheta}\frac{\partial}{\partial\vartheta}\left(\sin\vartheta\frac{\partial}{\partial\vartheta}\right) + \frac{1}{\sin^2\vartheta}\frac{\partial^2}{\partial\varphi^2}\right). \tag{9.48}$$

Schreibt man in Gl. (9.48) für

$$\frac{1}{r^2}\frac{\partial}{\partial r}\left(r^2\frac{\partial}{\partial r}\right) = \nabla_r^2 \tag{9.49}$$

und für

$$\frac{1}{\sin\vartheta}\frac{\partial}{\partial\vartheta}\left(\sin\vartheta\frac{\partial}{\partial\vartheta}\right) + \frac{1}{\sin^2\vartheta}\frac{\partial^2}{\partial\varphi^2} = \nabla^2_{\vartheta,\varphi}, \tag{9.50}$$

ergibt sich der HAMILTON-Operator zu

$$\mathbf{H} = -\frac{\hbar^2}{2m_e}\left(\nabla^2_r + \frac{1}{r^2}\nabla^2_{\vartheta,\varphi}\right) - V(r). \tag{9.51}$$

Demnach entspricht das Quadrat des Radialimpulses p_r dem Operator $-\hbar^2\nabla^2_r$ und das Quadrat des Drehimpulses L^2 dem Operator $-\hbar^2\nabla^2_{\vartheta,\varphi}$, und seine Eigenfunktionen sind die LEGENDREschen Polynome.

9.4 Separation der Schrödinger-Gleichung

Die SCHRÖDINGER-Gleichung lässt sich mit dem FOURIERschen Produktansatz

$$\psi(r,\vartheta,\varphi) = R(r)\,Y(\vartheta,\varphi) = R(r)\,\Theta(\vartheta)\,\Phi(\varphi) \tag{9.52}$$

in drei voneinander unabhängige DGln aufgliedern, die für sich jeweils nur von einer Variablen abhängen. Dazu setzt man den Produktansatz ein, schreibt für $\frac{2m_0}{\hbar^2}[E - V(r)]$ nun $k(r)^2$ und erhält

$$\left(\nabla^2_r + \frac{1}{r^2}\nabla^2_{\vartheta,\varphi}\right)RY + k(r)^2 RY = 0, \tag{9.53}$$

$$Y\nabla^2_r R + \frac{R}{r^2}\nabla^2_{\vartheta,\varphi}Y + k(r)^2 RY = 0. \tag{9.54}$$

Multipliziert man Gl. (9.54) mit $\frac{r^2}{RY}$, erhält man

$$\frac{r^2\nabla^2_r R}{R} + \frac{1}{Y}\nabla^2_{\vartheta,\varphi}Y + k(r)^2 r^2 = 0$$

oder

$$\frac{r^2 \nabla_r^2 R}{R} + k(r)^2 r^2 = -\frac{1}{Y} \nabla_{\vartheta,\varphi}^2 Y. \tag{9.55}$$

Während die linke Seite nur von r abhängt, gilt dies umgekehrt auf der rechten Seite nur für die Winkel ϑ und φ. Das kann nur dann richtig sein, wenn beide Seite einer Konstanten, der sog. *Separationskonstanten*, gleich sind. Sie wird üblicherweise mit λ bezeichnet, und wir erhalten die zwei Gleichungen

$$\nabla_r^2 R + \left(k^2 - \frac{\lambda^2}{r^2} \right) R = 0; \tag{9.56}$$

$$\nabla_{\vartheta,\varphi}^2 + \lambda Y = 0. \tag{9.57}$$

Gl. (9.57), d. h. der Winkelanteil, ist von der Veränderlichen r unabhängig, damit also insbesondere nicht von der konkreten Form der potentiellen Energie $V(r)$, sondern für alle Zentralkräfte gültig; dem Radialanteil widmen wir uns im Kap. 10. — Mit dem gleichen Verfahren separarieren wir nun auch die Funktionen Θ und Φ: Spalten wir zunächst den LAPLACE-Operator mit

$$\frac{1}{\sin\vartheta} \frac{\partial}{\partial\vartheta} \left(\sin\vartheta \frac{\partial}{\partial\vartheta} \right) + \frac{1}{\sin^2\vartheta} \frac{\partial^2}{\partial\varphi^2} = \nabla_\vartheta^2 + \frac{1}{\sin^2\vartheta} \nabla_\varphi^2 \tag{9.58}$$

auf, ergibt sich weiter

$$\nabla_\vartheta^2 \Theta\Phi + \frac{1}{\sin^2\vartheta} \nabla_\varphi^2 \Theta\Phi + \lambda\,\Theta\Phi = 0; \tag{9.59}$$

und

$$\Phi\nabla_\vartheta^2 \Theta + \frac{\Theta}{\sin^2\vartheta} \nabla_\varphi^2 \Phi + \lambda\,\Theta\Phi = 0, \tag{9.60}$$

was, dividiert durch $\Theta\Phi$,

$$\frac{\sin^2\vartheta}{\Theta} \nabla_\vartheta^2 \Theta + \lambda\,\sin^2\vartheta = -\frac{1}{\Phi} \nabla_\varphi^2 \Phi \tag{9.61}$$

liefert: links der ϑ-abhängige, rechts der φ-abhängige Teil, die, jeder für sich, wieder konstant sind. Hier wird die Separationskonstante gleich m^2 gesetzt:

$$\nabla_\vartheta^2 \Theta + \left(\lambda - \frac{m^2}{\sin^2\vartheta} \right) \Theta = 0, \tag{9.62}$$

$$\nabla_\varphi^2 \Phi + m^2 \Phi = 0. \tag{9.63}$$

Damit haben wir die drei Gleichungen (9.56), (9.62) und (9.63), um die Eigenwerte des Quadrates des Drehimpulsoperators $\mathbf{L}^2$, seiner Komponente $\mathbf{L}_z$ sowie der Gesamtenergie E mitsamt der zugehörigen Eigenfunktionen ψ für ein Zweikörperproblem zu bestimmen. Da die letzte Gleichung nur einen Parameter enthält, beginnt man zweckmäßigerweise mit ihrer Lösung. Nach Ermittlung von m^2 geht man dann an die Gl. (9.62), schließlich an Gl. (9.56). Und auch die Normierung kann separat durchgeführt werden, denn jeder Beitrag muss für sich genommen Eins ergeben:

$$\psi^* \psi \, \mathrm{d}^3 x = \int_0^\infty R^* R \, r^2 \, \mathrm{d}r \int_0^\pi \Theta^* \Theta \, \sin \vartheta \, \mathrm{d}\vartheta \int_0^{2\pi} \Phi^* \Phi \, \mathrm{d}\varphi = 1. \qquad (9.64)$$

9.5 Rektaszension

Die Gleichung (9.63)

$$\frac{\mathrm{d}^2 \Phi(\varphi)}{\mathrm{d}\varphi^2} = \mathrm{i}^2 m^2 \Phi(\varphi)$$

ist die DGl der trigonometrischen Funktionen, die aus der Linearkombination der partikulären Lösungen

$$\Phi(\varphi) = A \mathrm{e}^{\mathrm{i}m\varphi} \qquad (9.65)$$

resultiert. Dieses Integral ergibt sich aus dem allgemeinen Lösungsansatz

$$\frac{\mathrm{d}^2 \Phi}{\mathrm{d}\varphi^2} + m^2 \Phi = 0, \qquad (9.66)$$

also

$$\Phi(\varphi) = \mathrm{e}^{r\varphi} \Rightarrow \Phi'(\varphi) = r \mathrm{e}^{r\varphi} \Rightarrow \Phi''(\varphi) = r^2 \mathrm{e}^{r\varphi}, \qquad (9.67)$$

was in Gl. (9.66) eingesetzt,

$$(r^2 + m^2) \, \mathrm{e}^{r\varphi} = 0 \qquad (9.68)$$

ergibt. Da die Exponentialfunktion nie Null werden kann, bleibt nur der Koeffizient:

$$r^2 = -m^2 = \mathrm{i}^2 m^2 \Rightarrow r = m\mathrm{i} \Rightarrow \Phi_m(\varphi) = A\mathrm{e}^{\mathrm{i}m\varphi}. \qquad (9.69)$$

Physikalisch sinnvoll sind davon nur Lösungen, für die Φ nach einer Rotation des Elektrons um 2π wieder seinen Anfangswert erreicht. Es muss also

$$A\mathrm{e}^{\mathrm{i}m\varphi} = A\mathrm{e}^{\mathrm{i}m(\varphi + 2\pi)} \qquad (9.70)$$

gelten. Diese Bedingung ist aber nur erfüllt, wenn $m \in \mathbb{Z}$, also die Werte $0, \pm 1, \pm 2, \ldots$ besitzt. Sie heißt magnetische Quantenzahl und ist der Eigenwert der Gl. (9.63). Normiert man Gl. (9.70), liefert das

$$\Phi_m(\varphi) = \frac{1}{\sqrt{2\pi}} \, e^{im\varphi}, \tag{9.71}$$

die Eigenwertgleichung der z-Komponente des Drehimpulses, der senkrecht auf der Kreisfläche steht, die durch $\boldsymbol{v}$ und $\boldsymbol{r}$ aufgespannt wird.

9.6 Deklination

Nachdem die erste DGl gelöst ist, kann man an die zweite, nämlich Gl. (9.62), gehen. Die Methode ist wie in Kap. 8 beschrieben. Wir müssen also zunächst eine Funktion auffinden, die im Unendlichen verschwindet, dann mit einer Reihe ansetzen und schließlich die Abbruchbedingung definieren, mit dem wir die Eigenfunktionen definieren, die sich als Polynome n-ter Ordnung erweisen.

Wir merken uns, dass Θ eine Funktion von ϑ ist, und schreiben die Gleichung etwas kürzer

$$\frac{1}{\sin\vartheta} \frac{\mathrm{d}}{\mathrm{d}\vartheta} \left(\sin\vartheta \frac{\mathrm{d}\Theta}{\mathrm{d}\vartheta} \right) - \frac{m^2}{\sin^2\vartheta} \Theta + \lambda\Theta = 0 \tag{9.72}$$

und finden sofort

$$\frac{\mathrm{d}^2\Theta}{\mathrm{d}\vartheta^2} + \cot\vartheta \frac{\mathrm{d}\Theta}{\mathrm{d}\vartheta} - \left(\frac{m^2}{\sin^2\vartheta} - \lambda \right) \Theta = 0. \tag{9.73}$$

Seien $\Theta(x)$ eine Funktion von $x = \cos(\vartheta)$ und Θ' die erste und Θ'' die zweite Ableitung, dann ist im Intervall $-1 \leq x \leq +1$

$$\frac{\mathrm{d}\Theta}{\mathrm{d}\vartheta} = -\sin\vartheta \, \Theta'(\cos\vartheta) = -\sqrt{1-x^2} \, \Theta'(x), \tag{9.74}$$

und

$$\frac{\mathrm{d}^2\Theta}{\mathrm{d}\vartheta^2} = -\cos\vartheta \, \Theta'(\cos\vartheta) + \sin^2 \Theta''(\cos\vartheta) = -x\Theta'(x) + (1-x^2)\,\Theta''(x), \tag{9.75}$$

und aus Gl. (9.73) wird mit $\cot\vartheta = \frac{x}{\sqrt{1-x^2}}$

$$-x\Theta'(x) + (1-x^2)\,\Theta''(x) - \frac{x\sqrt{1-x^2}}{\sqrt{1-x^2}}\,\Theta'(x) - \left(\frac{m^2}{1-x^2} - \lambda \right) \Theta = 0 \tag{9.76}$$

oder

$$(1-x^2)\,\Theta''(x) - 2x\,\Theta'(x) - \left(\frac{m^2}{1-x^2} - \lambda \right) \Theta = 0, \tag{9.77}$$

was man auch elegant als

$$\frac{\mathrm{d}}{\mathrm{d}x}\left((1-x^2)\Theta'(x)\right) - \left(\frac{m^2}{1-x^2} - \lambda\right)\Theta = 0 \tag{9.78}$$

schreiben kann, und in der wir die DGl für die zugeordneten Kugelflächenfunktionen [Gl. (9.44)] für $\lambda = l(l+1)$ wiedererkennen. In der folgenden Herleitung wird diese Identität gezeigt [67, 68].

Diese Gleichung hat nämlich für $x = \pm 1$ Singularitäten, die mit einem Ansatz, der dem SOMMERFELDschen Polynomansatz ähnelt, mit

$$\Theta = (1-x^2)^{\frac{s}{2}} u \tag{9.79}$$

umgangen werden. Die zwei benötigten Ableitungen von Gl. (9.79) sind dann

$$\Theta'(x) = u' \cdot (1-x^2)^{\frac{s}{2}} - xsu(1-x^2)^{\frac{s}{2}-1} \tag{9.80}$$

und

$$\begin{aligned}
\Theta''(x) =\ & u''(1-x^2)^{\frac{s}{2}} - x\,s\,u'(1-x^2)^{\frac{s}{2}-1} \\
& -s\left(x\,u'(1-x^2)^{\frac{s}{2}-1} + u\cdot(1-x^2)^{\frac{s}{2}-1} - 2x^2\,u\left(\tfrac{s}{2}-1\right)(1-x^2)^{\frac{s}{2}-2}\right),
\end{aligned} \tag{9.81}$$

was wir in Gl. (9.78) einsetzen:

$$\begin{aligned}
& 1-x^2\left(u'' - \frac{x\,s\,u'}{1-x^2} - \frac{x\,s\,u'}{1-x^2} - \frac{s\,u}{1-x^2} + \frac{2x^2\,s\,u}{(1-x^2)^2}\left(\tfrac{s}{2}-1\right)\right) \\
& -2x\left(u' - \frac{x\,s\,u}{1-x^2}\right) + \left(\lambda - \frac{m^2}{1-x^2}\right)u = 0.
\end{aligned} \tag{9.82}$$

Das gibt kürzer

$$(1-x^2)u'' - 2x\,s\,u' - s\,u + \frac{2x^2\,s\,u}{1-x^2}\left(\frac{s}{2}-1\right) - 2x\,u' + \frac{2x^2\,s\,u}{1-x^2} + \left(\lambda - \frac{m^2}{1-x^2}\right)u = 0, \tag{9.83}$$

woraus leicht

$$(1-x^2)u'' - 2x\,s\,u' - 2x\,u' - s\,u + \frac{x^2\,s^2\,u}{1-x^2} + \left(\lambda - \frac{m^2}{1-x^2}\right)u = 0 \tag{9.84}$$

und

$$(1-x^2)u'' - 2x(s+1)\,u' + \left(\lambda - s + \frac{x^2\,s^2 - m^2}{1-x^2}\right)u = 0 \tag{9.85}$$

folgen. Bei der Division von $x^2 s^2$ durch $1-x^2$ kommt $-s^2 + \frac{s^2}{1-x^2}$ heraus, so dass aus Gl. (9.85)

$$(1-x^2)u'' - 2x(s+1)\,u' + \left(\lambda - s - s^2 + \frac{s^2 - m^2}{1-x^2}\right)u = 0 \tag{9.86}$$

wird. Die Singularität im letzten Glied eliminieren wir, indem wir

$$s = \pm m \tag{9.87}$$

annehmen. Weil die Grundgleichung (9.72) nur von m^2 abhängt, die Lösungen aber, die diesen beiden Werten von s entsprechen, ein und derselben Gleichung genügen, müssen sie durch eine einfache lineare Beziehung

$$\Theta(m) = A\,\Theta(-m) \tag{9.88}$$

verknüpft sein. Unter Berücksichtigung dieser Relation lösen wir die Gl. (9.76); dabei soll

$$s = m \geq 0 \tag{9.89}$$

sein, und wegen der Beziehung (9.87) erstreckt sich der Bereich automatisch auch auf negative Werte von m. Unter der Bedingung (9.89) nimmt die Gl. (9.86) folgende Form an:

$$(1 - x^2)u'' - 2x(m+1)\,u' + (\lambda - m(m+1))\,u = 0 \tag{9.90}$$

Weil diese Gleichung keine singulären Punkte enthält, können wir u als Potenzreihe

$$\boxed{u = \sum_{k=0} a_k x^k} \tag{9.91}$$

darstellen. Einsetzen in Gl. (9.90) ergibt mit den Ableitungen

$$\left.\begin{aligned}
u' &= \sum_{k=0} a_k \cdot k x^{k-1}\\
u'' &= \sum_{k=0} a_k\, k(k-1)x^{k-2}
\end{aligned}\right\} \tag{9.92}$$

über die vier Zwischenschritte

$$(1 - x^2)\sum_{k=0} k(k-1)a_k\, x^{k-2} - 2x(m+1)\sum_{k=0} a_k k x^{k-1} + (\lambda - m(m+1))\sum_{k=0} a_k\, x^k = 0$$

$$\sum_{k=0} k(k-1)a_k\, x^{k-2} - 2x(m+1)\sum_{k=0} a_k k x^{k-1} \qquad\qquad +$$

$$+ \sum_{k=0} k(k-1)a_k\, x^k + (\lambda - m(m+1))\sum_{k=0} a_k x^k \qquad\qquad = 0$$

$$\sum_{k=0} \big(k(k-1)a_k x^{k-2} - k(k-1)a_k x^k - 2m a_k\, k\, x^k \qquad\qquad -$$

$$-2a_k k x^k + (\lambda - m(m+1))\,a_k x^k\,\big) \qquad\qquad = 0$$

$$\sum_{k=0} k(k-1)a_k x^{k-2} + (\lambda - m(m+1) - k(k-1) - k(2m+2))\,a_k x^k \qquad = 0 \tag{9.93}$$

schließlich

$$\sum_{k=0} k(k-1)a_k x^{k-2} + \left(\lambda - (m+k+1)(m+k)\right) a_k x^k = 0. \qquad (9.94)$$

9.6.1 Rekursionsformeln

Setzen wir die Koeffizienten der gleichen Potenzen von x gleich, erhalten wir die Rekursionsformel

$$(k+2)(k+1)a_{k+2} + \left(\lambda - (m+k+1)(m+k)\right) a_k = 0 \qquad (9.95)$$

zur Bestimmung der Koeffizienten a_k, also

$$(k+2)(k+1)a_{k+2} = -\left(\lambda - (m+k+1)(m+k)\right) a_k, \qquad (9.96)$$

die alle Koeffizienten der Reihe miteinander in Beziehung setzt, deren Summe gleich Null ist. *Da die Koeffizienten a_k nur mit a_{k+2} verknüpft sind, wird die Funktion u entweder gerade bezüglich x sein oder ungerade.*
    Aus den Grenzbedingungen der Wellenfunktion für große k, wo sie verschwinden muss, erhalten wir das Abbruchkriterium der Potenzreihe

$$a_q \neq 0, \text{ aber } a_{q+2} = 0, \qquad (9.97)$$

womit sich — wie beim Harmonischen Oszillator — ein Polynom ergibt, und auf der Grundlage von Gl. (9.96) folgt

$$\lambda = (q+m)(q+m+1), \qquad (9.98)$$

bzw. mit der *Nebenquantenzahl*

$$l = q+m, \qquad (9.99)$$

so dass l — ebenso wie q und m — nur positive ganzzahlige Werte annehmen kann:

$$l = 0, 1, 2, \ldots, \qquad (9.100)$$

Aus Gl. (9.99) ergibt sich weiterhin, dass

$$l \geq m. \qquad (9.101)$$

Schließlich folgt aus den Gln. (9.98) und (9.99) noch die Gleichung für die Eigenwerte der Gl. (9.62):

$$\lambda = l(l+1) \tag{9.102}$$

mit dem niedrigsten Eigenwert $\lambda_1 = 0$, womit wir die Gl. (9.86) in die Form

$$(1 - x^2)u'' - 2x(m+1)u' + (l(l+1) - m(m+1))\, u = 0 \tag{9.103}$$

kleiden können, mit

$$u = a_q x^q + a_{q-2} x^{q-2} + \ldots + \begin{cases} a_0 \\ a_1 x \end{cases}, \tag{9.104}$$

oder auch, da $q = l - m$:

$$u = a_{l-m} x^{l-m} + a_{l-m-2} x^{l-m-2} + \ldots + \begin{cases} a_0 \\ a_1 x. \end{cases} \tag{9.105}$$

Man kann mit einem Trick leicht zeigen, dass diese Gleichung durch

$$u = \frac{\mathrm{d}^{l+m}}{\mathrm{d}x^{l+m}} \left(x^2 - 1 \right)^l \tag{9.106}$$

befriedigt wird (Aufg. 9.1), in der wir die erzeugende Formel [Gl. (9.42)] von RODRIGUES für die LEGENDREschen Polynome erkennen. Die Lösungen der Gl. (9.72), ihre Eigenwerte also, sind damit bestimmt, und für Θ, die nach den Gln. (9.88) und (9.99) von m und l abhängt, folgt

$$\Theta_l^m(x) = C_l^m\, P_l^m(x), \quad x = \cos\vartheta \tag{9.107}$$

mit C_l^m dem Normierungskoeffizienten.

Die Lösung der beiden DGln (9.62) und (9.63) ergibt die trigonometrischen Funktionen $\Phi_m(\varphi)$ mit den Eigenwerten m ($m \in \mathbb{Z}$) und die zugeordneten Kugelflächenfunktionen $Y_l^m(\vartheta, \varphi)$ mit den Eigenwerten $l(l+1)$ ($l \in \mathbb{Z}^+$), die alternierend symmetrisch und antisymmetrisch sind.

Damit können wir mit Gl. (9.51) für die zwei Eigenwertprobleme bzgl. des Quadrates des Gesamt-Drehimpulses und seiner Komponente die beiden Eigenwertgleichungen

$$\begin{aligned} \mathbf{L}^2\, |Y_l^m(\vartheta, \varphi)\rangle &= \hbar^2 l(l+1)\, |Y_l^m(\vartheta, \varphi)\rangle\,, l = 0, 1, 2, \ldots \\ \mathbf{L}_z\, |Y_l^m(\vartheta, \varphi)\rangle &= \hbar m\, |Y_l^m(\vartheta, \varphi)\rangle\,, m = -l, -l+1, \ldots, 0, 1, 2, \ldots, l-1, l \end{aligned}$$

$$\tag{9.108}$$

anschreiben.

9.7 Drehimpuls

9.7.1 Eigenschaften des Drehimpulsoperators

Wir wollen uns nun den Drehimpuls selbst genauer ansehen. Wir hatten zu Beginn im Abschn. 9.1.2 den Übergang der drei Komponenten von L in die drei Komponenten des Drehimpulsoperators betrachtet. Dieser Operator, angewendet auf eine Wahrscheinlichkeitsdichtefunktion, soll eine Observable liefern, das Quadrat eines Drehimpulses oder eine Komponente davon. Dazu ist der Nachweis erforderlich, dass es ein HERMITEscher Operator ist.

Nach dem Beisp. 3.17 ergibt sich die Sequenz

$$
\begin{aligned}
\mathbf{L}_y^\dagger &= (\mathbf{z}\,\mathbf{p}_x)^\dagger - (\mathbf{x}\,\mathbf{p}_z)^\dagger \\
&= \mathbf{p}_x^\dagger \mathbf{z}^\dagger - \mathbf{p}_z^\dagger \mathbf{x}^\dagger \\
&= \mathbf{p}_x\,\mathbf{z} - \mathbf{p}_z\,\mathbf{x} \\
&= \mathbf{z}\,\mathbf{p}_x - \mathbf{x}\,\mathbf{p}_z,
\end{aligned}
\tag{9.109}
$$

also

$$
\boxed{\mathbf{L}_y^\dagger = \mathbf{L}_y;}
\tag{9.110}
$$

er liefert reelle Eigenwerte, und die Vertauschungsrelationen für die Komponenten von L und r folgen daraus zu

$$
\left.
\begin{aligned}
[\mathbf{L}_x,\mathbf{x}] &= [\mathbf{y}\mathbf{p}_z - \mathbf{z}\mathbf{p}_y,\mathbf{x}] & &= 0 \\
[\mathbf{L}_x,\mathbf{y}] &= [\mathbf{y}\mathbf{p}_z - \mathbf{z}\mathbf{p}_y,\mathbf{y}] = -\mathbf{z}[\mathbf{p}_y,\mathbf{y}] &= -\tfrac{\hbar}{\mathrm{i}}\mathbf{z} \\
[\mathbf{L}_x,\mathbf{z}] &= [\mathbf{y}\mathbf{p}_z - \mathbf{z}\mathbf{p}_y,\mathbf{z}] = \mathbf{y}[\mathbf{p}_z,\mathbf{z}] &= \tfrac{\hbar}{\mathrm{i}}\mathbf{y},
\end{aligned}
\right\}
\tag{9.111}
$$

entsprechend für $\mathbf{L}_y$ und $\mathbf{L}_z$. *Untereinander vertauschen die komponentenweisen Operatoren alle nicht:*

$$
\left.
\begin{aligned}
[\mathbf{L}_x,\mathbf{L}_y] &= \mathbf{L}_x\mathbf{L}_y - \mathbf{L}_y\mathbf{L}_x = \mathrm{i}\hbar\mathbf{L}_z \\
[\mathbf{L}_y,\mathbf{L}_x] &= \mathbf{L}_y\mathbf{L}_x - \mathbf{L}_x\mathbf{L}_y = -\mathrm{i}\hbar\mathbf{L}_z \\
[\mathbf{L}_y,\mathbf{L}_z] &= \mathbf{L}_y\mathbf{L}_z - \mathbf{L}_z\mathbf{L}_y = \mathrm{i}\hbar\mathbf{L}_x \\
[\mathbf{L}_z,\mathbf{L}_y] &= \mathbf{L}_z\mathbf{L}_y - \mathbf{L}_y\mathbf{L}_z = -\mathrm{i}\hbar\mathbf{L}_x \\
[\mathbf{L}_z,\mathbf{L}_x] &= \mathbf{L}_z\mathbf{L}_x - \mathbf{L}_x\mathbf{L}_z = \mathrm{i}\hbar\mathbf{L}_y \\
[\mathbf{L}_x,\mathbf{L}_z] &= \mathbf{L}_x\mathbf{L}_z - \mathbf{L}_z\mathbf{L}_x = -\mathrm{i}\hbar\mathbf{L}_y.
\end{aligned}
\right\}
\tag{9.112}
$$

Wir stellen dazu dreierlei fest:

- Auf der linken Seite stehen die Produkte zweier Drehimpulsoperatoren (also L^2); die rechte Seite dagegen ist dimensionsmäßig L^1, und daher muss ein Koeffizient $\hbar$ die beiden Seiten ausgleichen. Da die Operatoren des Drehimpulses hermitescher Natur sind, muss in Gl. (9.112) ein Faktor i dafür sorgen, dass der Kommutator antihermitesch wird.

- Die Gln. (9.112.1/3/5 bzw. 9.112.2/4/6) können als 3×3-Determinante $\mathbf{L} \cdot \mathbf{L}$

$$\mathbf{L} \cdot \mathbf{L} = \begin{vmatrix} 1 & 1 & 1 \\ \mathbf{L}_x & \mathbf{L}_y & \mathbf{L}_z \\ \mathbf{L}_x & \mathbf{L}_y & \mathbf{L}_z \end{vmatrix} = i\hbar\mathbf{L} \tag{9.113}$$

geschrieben werden. Das Kreuzprodukt des zugehörigen Vektors mit sich selbst $\boldsymbol{L} \times \boldsymbol{L}$ mit den üblichen Einheitsvektoren $\boldsymbol{i}$, $\boldsymbol{j}$ und $\boldsymbol{k}$ würde dagegen identisch verschwinden.

$$\boldsymbol{L} \times \boldsymbol{L} = \begin{vmatrix} \boldsymbol{i} & \boldsymbol{j} & \boldsymbol{k} \\ L_x & L_y & L_z \\ L_x & L_y & L_z \end{vmatrix} \equiv 0 \tag{9.114}$$

Diese Überlegung zeigt, dass der quantenmechanische Drehimpuls kein Vektor, sondern ein *Vektoroperator* ist, der der Unschärferelation genügt.

- Die physikalische Aussage der Gl. (9.112) ist: Es können nicht gleichzeitig zwei Komponenten des Drehimpulses scharf gemessen werden — denn dann würde sich die dritte Komponente ebenfalls ergeben. Der Betrag des Drehimpulses wäre die Wurzel aus

$$\mathbf{L}^2 = \mathbf{L}_x^2 + \mathbf{L}_y^2 + \mathbf{L}_z^2, \tag{9.115}$$

da aber die Wurzel aus Operatoren nicht definiert ist, ist auch mathematisch nur das Quadrat des Gesamtdrehimpulses nach Gl. (9.115) von Bedeutung. Die Kommutatoren mit den Einzelkomponenten verschwinden alle drei, d. h. $\mathbf{L}^2$ ist mit jedem der Komponentenoperatoren vertauschbar,

$$[\mathbf{L}^2, \mathbf{L}_x] = [\mathbf{L}^2, \mathbf{L}_y] = [\mathbf{L}^2, \mathbf{L}_z] = 0, \tag{9.116}$$

weil Drehimpulsoperatoren eben Drehungen verursachen und damit die Quadrate von Vektoren, wie das Quadrat des Gesamtdrehimpulses $\mathbf{L}^2$ wie auch das seiner einzelnen Komponenten, z. B. $\mathbf{L}_x^2$ unverändert lassen. Damit verfügen $\mathbf{L}^2$ und die drei Komponenten $\mathbf{L}_x$, $\mathbf{L}_y$ und $\mathbf{L}_z$ über einen identischen Satz von Eigenfunktionen $\left| Y_m^l \right\rangle$:

$$\begin{aligned} \mathbf{L}^2 \left| Y_m^l \right\rangle &= \alpha \left| Y_l^m \right\rangle \\ \mathbf{L}_z \left| Y_m^l \right\rangle &= \beta \left| Y_l^m \right\rangle \end{aligned} \tag{9.117}$$

Es können also der Gesamtdrehimpuls und jeweils eine Komponente desselben gleichzeitig scharf gemessen werden, die meist als z bezeichnet wird.

Wenn der Drehimpulsoperator hermitesch ist, dann existiert ein unitärer Drehoperator

$$\mathbf{R}_z(\varphi) = e^{\frac{i}{\hbar}\varphi L_z} \tag{9.118}$$

mit

$$\varphi = n\Delta, \tag{9.119}$$

wobei Δ ein infinitesimal kleines Winkelelement ist (Abb. 9.7)

$$\left.\begin{array}{rl} s & = r_\perp \Delta \\ r_\perp & = r\sin\vartheta, \end{array}\right\} \tag{9.120}$$

so dass

$$\Delta = \frac{|\Delta|\,|r\sin\vartheta|}{|r|\sin\vartheta} = \frac{|\Delta \times r|}{|r|\sin\vartheta}. \tag{9.121}$$

Nach n Iterationen von $\mathbf{R}_z(\Delta)$ ist nach Gl. (9.119) der Winkel φ überstrichen worden, und wir schreiben das so:[2]

$$\mathbf{R}_z(\varphi) = [\mathbf{R}_z(\Delta)]^n \tag{9.122}$$

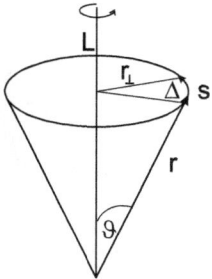

Abb. 9.7. Für infinitesimal kleine Azimutalwinkel Δ ist $s = r_\perp \Delta$, der Abstand von der Drehimpulsachse $r_\perp = r\sin\vartheta$ mit ϑ dem Polarwinkel, und die Bogenlänge des überstrichenen Winkels Δ kann mit dem Kreuzprodukt $\Delta \times r$ identifiziert werden.

Ändert sich der Zustand $|Y_l^m(x)\rangle$ durch eine kleine Variation um einen Winkel Δ in $|Y_l^m(x)'\rangle$, bedeutet das

$$\begin{aligned} |Y_l^m(x)'\rangle &= \mathbf{R}_z(\Delta)\,|Y_l^m(x)\rangle \\ &= e^{\frac{i}{\hbar}\Delta L_z}\,|Y_l^m(x)\rangle. \end{aligned} \tag{9.123}$$

Geht Δ gegen Null, wird $|Y_l^m(x)'\rangle$ wieder zu $|Y_l^m(x)\rangle$ oder $\mathbf{R}(0) = 1$, und für diese kleine Änderung sollte eben $\mathbf{L}_z(\Delta) \propto \Delta$ werden, so dass wir Gl. (9.123) in

$$\mathbf{R}_z(\Delta)\,|Y_l^m(x)\rangle = \left(1 + \frac{i}{\hbar}\mathbf{L}_z\Delta\right)|Y_l^m(x)\rangle \tag{9.124}$$

---

[2]Wir benötigen diese Einschänkung, denn nur dann ist eine zu diesem Winkelelement gehörende Bogenlänge $s = r_\perp\Delta$, d. h. für große n ist das nur noch eine Näherung. $r_\perp = r\sin\vartheta$ ist der Abstand von der Drehimpulsachse.

umschreiben können. Andererseits ist

$$\mathbf{R}_z(\Delta)\,|Y_l^m(x)\rangle = \mathrm{e}^{\mathrm{i}m\,\Delta}\,|Y_l^m(x)\rangle\,, \tag{9.125}$$

entwickelt zu

$$\mathbf{R}_z(\Delta)\,|Y_l^m(x)\rangle \approx (1 + \mathrm{i}m\,\Delta)\,|Y_l^m(x)\rangle\,. \tag{9.126}$$

Durch Vergleich der Gln. (9.124) und (9.126) ergibt sich schließlich in Operator-schreibweise

$$\mathbf{L}_z = m\hbar. \tag{9.127}$$

Der Operator $\mathbf{R} = \frac{\mathbf{L}}{\hbar}$ erzeugt also Rotationen, so wie der Operator $\mathbf{k} = \frac{\mathbf{p}}{\hbar}$ Translationen erzeugt. Da der Raum isotrop ist, ist keine Richtung und kein Winkel ausgezeichnet. Eine infinitesimale Drehung ändert auch den HAMILTON-Operator nicht, und deswegen sind Drehoperator, Drehimpuls-operator und HAMILTON-Operator vertauschbar.

Bemerkenswert ist:

- Das Spektrum des Operators $\mathbf{k}$ ist kontinuierlich, seine Eigenfunktionen sind ebene Wellen und es gibt keine Randbedingungen. Dagegen müssen die Eigenwerte von $\mathbf{L}$ wegen der Randbedingung $\varphi = 2\pi$, also einer voll-ständigen Umdrehung, die wieder zu identischen Eigenwerten führen muss, diskret sein.

- Die z-Achse wird bei Kugelkoordinaten deswegen ausgewählt, weil der polare Winkel zwischen dieser Achse und dem Ortsvektor r gemessen wird, denn bei einer Rotation um die z-Achse ändert sich nur der Winkel des Azimuts. Daher kommen bei den Drehimpulsoperatoren nur die Winkelableitungen vor, und die radiale Ableitung fehlt, weil diese Operatoren eben Drehungen erzeugen, aber keine Änderungen des Abstands von der Drehachse.

9.7.2 Der Drehimpuls und die Unschärferelation

Das Quadrat des Gesamtdrehimpulses weist nach der Gl. (9.108) einen Wert von

$$L_{\max}^2 = \hbar^2 l(l+1) = \hbar^2 l^2 + \hbar^2 l \tag{9.128}$$

auf, was mit dem sich aus Rotationsspektren ergebenden Gesamtdrehimpuls von $L = \hbar\sqrt{l(l+1)}$ übereinstimmt und größer ist als der von der BOHRschen Theorie vorausgesagte Drehimpuls von $n^2\hbar^2$. *Dieser zusätzliche Beitrag hängt mit der Nichtkommutierbarkeit der Operatoren untereinander zusammen.*

Wenn $L_z = L_{\max} = \hbar l$ ist, nehmen die Projektionen von L_x und L_y nicht den Wert Null an, sondern einen minimalen Wert

$$L^2 = L^2_{z,\,\max} + (\Delta L_x)^2_{\min} + (\Delta L_y)^2_{\min}, \tag{9.129}$$

die aus der Unbestimmtheitsrelation bestimmt werden können, denn wenn immer zwei Operatoren nicht kommutieren, gehorchen sie der Unschärferelation

$$(\Delta L_x)^2_{\min}\cdot(\Delta L_y)^2_{\min} = \frac{1}{4}\,|\mathbf{L}_x\mathbf{L}_y - \mathbf{L}_y\mathbf{L}_x|^2 = \left(\frac{1}{2}\right)^2 \hbar^2 L^2_{z,\max} = \frac{1}{4}(\hbar^2 l)^2. \tag{9.130}$$

Da x- und y-Achse ununterscheidbar sind, ist folglich

$$(\Delta L_x)^2_{\min} = (\Delta L_y)^2_{\min} = \frac{1}{2}\hbar^2 l, \tag{9.131}$$

also gerade der von der Gl. (9.129) geforderte Betrag, so dass $L^2 = \hbar^2 l(l+1) = \hbar^2 l^2 + \hbar^2 l$ wird.

L kann nie aus nur einer Komponente (hier also L_z) bestehen, oder *L* kann nie parallel zu einer seiner Komponenten sein.

Dies geht aus Abb. 9.8 für $l = 2$ (und $m = -2,\, -1, 0,\, +1,\, +2$) hervor.

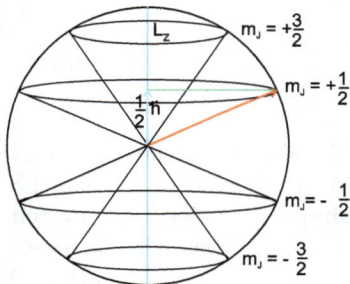

Abb. 9.8. Räumliche Darstellung des Drehimpulses. Der Gesamtdrehimpuls und sein Betrag in z-Richtung sind exakt bestimmbar. Hier ist $l = 2$, also $|\mathbf{L}| = \sqrt{6}\hbar$, wofür fünf Werte für m_l möglich sind. Für $m = 0$ wird die Komponente L_z zu Null gemessen, und L steht senkrecht zur z-Richtung irgendwo in der xy-Ebene.

9.8   Eigenwertproblem mit Leiteroperatoren

Wie wir zu Beginn des Abschn. 8.2.5 gesehen haben, kann man das Eigenwertproblem des Harmonischen Oszillators auch sehr elegant mit Leiteroperatoren
angehen. Analog zu dieser Methode definieren wir nun die Verschiebungsoperatoren

$$\left.\begin{array}{l} \mathbf{L}^+ = \mathbf{L}_x + \mathrm{i}\mathbf{L}_y \\ \mathbf{L}^- = \mathbf{L}_x - \mathrm{i}\mathbf{L}_y = (\mathbf{L}^+)^\dagger \end{array}\right\} \qquad (9.132)$$

für Auf- und Abstieg mit den inversen Beziehungen

$$\left.\begin{array}{l} \mathbf{L}_x = \frac{\mathbf{L}^+ + \mathbf{L}^-}{2} \\ \mathbf{L}_y = \frac{\mathbf{L}^+ - \mathbf{L}^-}{2\mathrm{i}}. \end{array}\right\} \qquad (9.133)$$

Mit den Gln. (9.112/113) finden wir, dass $\mathbf{L}^+$ und $\mathbf{L}^-$ nicht kommutieren:[3]

$$\left.\begin{array}{ll} \mathbf{L}^+\mathbf{L}^- & = \mathbf{L}_x^2 + \mathbf{L}_y^2 - \mathrm{i}[\mathbf{L}_x, \mathbf{L}_y] = \mathbf{L}^2 - \mathbf{L}_z^2 + \hbar\mathbf{L}_z \\ \mathbf{L}^-\mathbf{L}^+ & = \mathbf{L}_x^2 + \mathbf{L}_y^2 + \mathrm{i}[\mathbf{L}_x, \mathbf{L}_y] = \mathbf{L}^2 - \mathbf{L}_z^2 - \hbar\mathbf{L}_z \\ [\mathbf{L}^+, \mathbf{L}^-] & \qquad\qquad = 2\hbar\mathbf{L}_z \end{array}\right\} \qquad (9.134)$$

und daraus mit Gl. (9.112) zwischen $\mathbf{L}^+/\mathbf{L}^-$ und z. B. $\mathbf{L}_y$

$$\left.\begin{array}{l} [\mathbf{L}_y, \mathbf{L}^+] = +\hbar\mathbf{L}^+ \\ [\mathbf{L}_y, \mathbf{L}^-] = -\hbar\mathbf{L}^- \end{array}\right\} \qquad (9.135)$$

(zyklisch für die beiden anderen Koordinaten) sehen wir eine zu den Leiteroperatoren analoge Operation. Wenn nach Gl. (9.116) $\mathbf{L}^2$ mit jeder der Komponenten
der beiden Verschiebungsoperatoren kommutiert, dann kommutiert er auch mit
der Summe der beiden nach

$$[\mathbf{L}^2, \mathbf{L}^\pm] = 0, \qquad (9.136)$$

und das bedeutet, dass $\mathbf{L}^2$ und $\mathbf{L}_z$ beide einen gemeinsamen Satz von Eigenzuständen befriedigen derart, dass

$$\left.\begin{array}{l} \mathbf{L}^2\,|l, m\rangle = \lambda\hbar^2\,|l, m\rangle \\ \mathbf{L}_z\,|l, m\rangle = m\hbar\,|l, m\rangle \end{array}\right. \qquad (9.137)$$

mit l, m ihren Quantenzahlen. Die Eigenwerte von $\mathbf{L}_z$ sind Vielfache von $\hbar$ und
reell, weil $\mathbf{L}_z$ ein HERMITEscher Operator ist, und die Eigenzustände von $\mathbf{L}^2$
sind die Kugelfunktionen $\Theta_l^m(x)$ für den Bahndrehimpuls mit den Eigenwerten
$\lambda = l(l+1)\hbar^2$ und Eigenvektoren für den Spin (s. Kap. 12), was wir mit dieser
Methode eben anders beweisen wollen. Vektoriell sehen wir, dass nach Gl. (9.115)

---

[3]Man beachte den Unterschied zu dem Kommutator des Analogons $[\mathbf{a}^-, \mathbf{a}^+] = -1$ beim
Harmonischen Oszillator [Gl. (8.63)].

die Eigenwerte von $\mathbf{L}^2$ nicht negativ sein können. Wir bestimmen die Größe des Erwartungswerts von $\mathbf{L}^2$ im Verhältnis zu seinen drei Komponenten nun nach dem Standardverfahren zu

$$
\begin{aligned}
\langle l, m| \, \mathbf{L}^2 \, |l, m \rangle &= \lambda \hbar^2 \\
&= \langle l, m| \, \mathbf{L}_x^2 \, |l, m \rangle + \langle l, m| \, \mathbf{L}_y^2 \, |l, m \rangle + \langle l, m| \, \mathbf{L}_z^2 \, |l, m \rangle \\
&\geq (m\hbar)^2,
\end{aligned}
\tag{9.138}
$$

weil die Erwartungswerte auch der beiden Komponenten in x- und y-Richtung größer oder mindestens gleich Null sind. Also genügen die Eigenwerte von $\mathbf{L}^2$ und $\mathbf{L}_z$ der Bedingung

$$
\lambda \hbar^2 \geq (m\hbar)^2 \Rightarrow \lambda \geq 0.
\tag{9.139}
$$

Bei Anwendung des Aufstiegsoperators $\mathbf{L}^+$ auf Gl. (9.137.2) erhalten wir mit Gl. (9.135.1)

$$
\begin{aligned}
\mathbf{L}_z(\mathbf{L}^+ \, |l, m \rangle) &= \mathbf{L}^+ \mathbf{L}_z \, |l, m \rangle + \hbar \mathbf{L}_z \, |l, m \rangle \\
&= \hbar(m + 1) \mathbf{L}^+ \, |l, m \rangle.
\end{aligned}
\tag{9.140}
$$

Da $|l, m \rangle$ bei Einwirkung von $\mathbf{L}^+$ weder ein Eigenzustand von $\mathbf{L}_x$ noch von $\mathbf{L}_y$ ist, entsteht ein neuer Eigenzustand $\mathbf{L}^+ \, |l, m \rangle$ mit dem neuen Eigenwert $C^+(l, m)$

$$
\mathbf{L}^+ \, |l, m \rangle = C^+(l, m) \, |l, m + 1 \rangle,
\tag{9.141}
$$

dessen Schrittweite $\Delta m = +1$ ist, entsprechend mit dem Abstiegsoperator $\mathbf{L}^-$

$$
\mathbf{L}^- \, |l, m \rangle = C^-(l, m) \, |l, m - 1 \rangle.
\tag{9.142}
$$

Da $\mathbf{L}^2$ mit allen drei Operatoren $\mathbf{L}_i$ vertauschbar ist, gilt andererseits aber wegen Gl. (9.136) für beide Verschiebungsoperatoren zunächst

$$
\left.
\begin{aligned}
\mathbf{L}^2(\mathbf{L}^+ \, |l, m \rangle) &= \mathbf{L}^+(\mathbf{L}^2 \, |l, m \rangle) \\
&= \lambda \hbar^2 (\mathbf{L}^+ \, |l, m \rangle) \\
\mathbf{L}^2(\mathbf{L}^- \, |l, m \rangle) &= \mathbf{L}^-(\mathbf{L}^2 \, |l, m \rangle) \\
&= \lambda \hbar^2 (\mathbf{L}^- \, |l, m \rangle):
\end{aligned}
\right\}
\tag{9.143}
$$

die Verschiebungsoperatoren lassen die Eigenwerte λ des Operators $\mathbf{L}^2$ unverändert (Abb. 9.9)! Weil aber wegen Gl. (9.136) die beiden Operatoren $\mathbf{L}^2$ und $\mathbf{L}^\pm$ miteinander vertauschbar sind, bedeutet das, dass neben $|l, m \rangle$ auch $\mathbf{L}^\pm \, |l, m \rangle$ Eigenzustände von $\mathbf{L}^2$ sind.

Wegen der Ungleichung (9.139) muss $(m\hbar)^2$ einen oberen Grenzwert haben, nämlich $\lambda \hbar^2 = (\hbar m_{max})^2$ mit m_{max}, so dass $\mathbf{L}^+ \, |l, m_{max} \rangle = 0$ werden muss, denn eine erneute Anwendung des Aufstiegsoperators würde den Erwartungswert von $\mathbf{L}_z^2$ über den Erwartungswert λ des Operators $\mathbf{L}^2$ wachsen lassen. Hier also muss die Bedingung

$$
\mathbf{L}^- \mathbf{L}^+ \, |l, m_{max} \rangle = 0
\tag{9.144}
$$

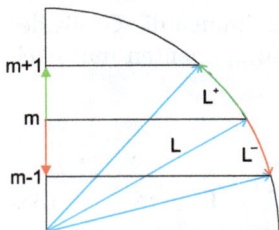

Abb. 9.9. Die beiden zueinander hermiteschen Verschiebungsoperatoren $\mathbf{L}^+$ und $\mathbf{L}^-$ ändern nur den Wert einer Komponente des Drehimpulses L_z, ohne den Betrag des Gesamtdrehimpulses L zu beeinflussen.

erfüllt werden, was wir mit Gl. (9.134.2) schreiben als

$$\left.\begin{array}{rl} (\mathbf{L}^2 - \mathbf{L}_z^2 - \hbar \mathbf{L}_z)\,|l, m_{\max}\rangle & = 0 \\ (\lambda\hbar^2 - (\hbar m_{\max})^2 - \hbar m_{\max})\,|l, m_{\max}\rangle & = 0, \end{array}\right\} \tag{9.145}$$

woraus für λ

$$\lambda\hbar^2 = \hbar^2 m_{\max}(m_{\max} + 1) \tag{9.146}$$

resultiert. Da λ nach der Ungleichung (9.139) mindestens Null ist, sehen wir, dass

$$\lambda = l(l+1) \tag{9.147}$$

mit $l = m_{\max}$ beträgt, also der mit der Theorie der Kugelfunktionen erhaltenen Wert [Gl. (9.102)]. Um von Null zum Maximalwert zu kommen, sind demnach l Iterationen erforderlich, die insgesamt $l+1$ äquidistante Eigenwerte von 0 bis l erzeugen.

Nach unten ist der Anschlag $m_{\min}\hbar$ gegeben durch $\mathbf{L}^-\,|l, m_{\min}\rangle = 0$, denn eine erneute Anwendung des Abstiegsoperators würde den Erwartungswert von $\mathbf{L}_z^2$ unter den Erwartungswert $\lambda\hbar^2$ fallen lassen. Hier muss die Bedingung $\mathbf{L}^+\mathbf{L}^-\,|l, m_{\min}\rangle = 0$ erfüllt werden, was wir mit Gl. (9.134.1) schreiben als

$$\left.\begin{array}{rl} (\mathbf{L}^2 - \mathbf{L}_z^2 + \hbar \mathbf{L}_z)\,|l, m_{\min}\rangle & = 0 \\ (\lambda - (\hbar m_{\min})^2 - \hbar m_{\min})\,|l, m_{\min}\rangle & = 0, \end{array}\right\} \tag{9.148}$$

damit also zunächst

$$\lambda\hbar^2 = \hbar^2\,m_{\min}(m_{\min} - 1), \tag{9.149}$$

und da $\lambda = l(l+1)$ nur für positive Zahlen definiert ist, ist die Lösung der quadratischen Gleichung

$$l(l+1) = m_{\min}(m_{\min} - 1) \tag{9.150}$$

$m_{\min} = -l$, so dass das Spektrum der m-Werte von $-l$ bis $+l$ mit $\Delta m = \pm 1$ reicht, die eine äquidistante Leiter von Eigenwerten erzeugt. Mit der Null sind das demnach $2l + 1$ Werte. Da l mindestens Null ist, ist das eine positive Zahl. l kann also entweder

- ganzzahlig: $l = 0, 1, 2, \ldots$ oder

- halbzahlig sein: $l = \frac{1}{2}, \frac{3}{2}, \ldots$

Wir finden ganzzahlige Werte für den Bahndrehimpuls oder zum Spin bei Bosonen, etwa bei Photonen oder gg-Kernen, z. B. He, C, oder O, und halbzahlige Werte nur beim Spin der Fermionen. Die Normierungsfaktoren $C(l, m)$ sind wegen der Bedingung $\lambda = l(l + 1)$ quadratische Polynome in l und m.

9.8.1 Normierung der Funktionen

Nach Gl. (9.141) wird durch Anwendung des Aufstiegs-Operators m auf $m + 1$

$$\mathbf{L}^+ \,|l, m\rangle = C^+ \,|l, m + 1\rangle$$

erhöht. Diese C-Werte sind die Amplitudenkoeffizienten, die mit der Eigenwertgleichung nach Gl. (3.91) normiert werden, so dass das Skalarprodukt der Zielfunktion $|\psi\rangle$ Eins ergibt. Dies geschieht unter Beachtung der Tatsache, dass $(\mathbf{L}^+)^\dagger = \mathbf{L}^-$ ist [s. Gl. (9.132.2)] und unter Verwendung der Gln. (9.112.1) und (9.134.2)

$$
\begin{aligned}
\|\psi\|^2 &= \langle\psi|\,\psi\rangle \\
&= \langle \mathbf{L}^+ l, m|\,\mathbf{L}^+ l, m\rangle \\
&= \langle l, m|\mathbf{L}^-\mathbf{L}^+|l, m\rangle \\
&= \hbar^2(l(l + 1) - m(m + 1)),
\end{aligned}
\tag{9.151}
$$

so dass der Amplitudenkoeffizient für den Wert $m + 1$

$$C^+(l, m + 1) = \hbar\sqrt{(l(l + 1) - m(m + 1)} \tag{9.152}$$

beträgt und für den Wert $m - 1$

$$C^-(l, m - 1) = \hbar\sqrt{(l(l + 1) - m(m - 1)}. \tag{9.153}$$

En passant werden die beiden verschwindenden Endwerte für $m_{\max} = +l$ und $m_{\min} = -l$ reproduziert.[4]

9.8.2 Resümee

Der HERMITEsche Drehimpulsoperator $\mathbf{L}$ besitzt im dreidimensionalen Raum die drei Komponenten $\mathbf{L}_x$, $\mathbf{L}_y$ und $\mathbf{L}_z$, die untereinander durch die zyklische Vertauschungsrelation $[\mathbf{L}_x, \mathbf{L}_y] = i\hbar\mathbf{L}_z$ verbunden sind, und aus denen man Auf- und Absteigeoperatoren komponieren kann, etwa $\mathbf{L}^\pm = \mathbf{L}_x \pm i\mathbf{L}_y$. Die zugehörigen Eigenfunktionen besitzen die Quantenzahlen l und m und lassen sich als $|l, m\rangle$ schreiben. Dann ist die

---

[4]Die Bestimmung dieser Koeffizienten wird uns im Kapitel über magnetische Eigenschaften erneut beschäftigen (II, Kap. 6).

- Eigenwertgleichung für $\mathbf{L}^2$

$$\mathbf{L}^2 \, |l, m\rangle = \hbar^2 l(l+1) \, |l, m\rangle \qquad (9.154)$$

l heißt Nebenquantenzahl und ist ganzzahlig für den Bahndrehimpuls, halbzahlig für den Elektronen- und Nukleonenspin, dort wird sie mit s bezeichnet. Die Eigenwerte sind Quadrate des gesamten Drehimpulses und wichtig für die Bestimmung von Orbitalenergien sowie die Anzahl der Eigenwerte des Operators $\mathbf{L}_z$. Außerdem bestimmt sie die Energie des starren Rotators, wie wir bei der anschließenden Diskussion der Rotationsspektren sehen werden (Abschn. 9.11/12).

- Die Eigenwertgleichung für $\mathbf{L}_z$

$$\mathbf{L}_z \, |l, m\rangle = \hbar m \, |l, m\rangle \qquad (9.155)$$

liefert tatsächlich beobachtbare Resultate des Drehimpulses in einer ausgezeichneten Richtung, die durch Magnet- oder elektrisches Feld gegeben ist; daher heißt m magnetische Quantenzahl. Es gibt $2l + 1$ Werte, die von $-l$ bis $+l$ incl. der Null laufen. Sie erzeugen nach Gl. (9.155) eine Leiter mit äquidistanten Stufen.

- Mittels der Verschiebungsoperatoren $\mathbf{L}^\pm$ kann man die Eigenzustände der magnetischen Quantenzahl über

$$\mathbf{L}^\pm = \hbar C \, |l, m \pm 1\rangle \qquad (9.156)$$

bestimmen.

9.9 Der Spin

9.9.1 Stern-Gerlach-Versuch und die Schlussfolgerungen

Nach den Gln. (9.100) und (9.102) ist der kleinste Eigenwert des Drehimpulses Null, was der BOHRschen Theorie widerspricht, die dem Drehimpuls auf der ersten Bahn dagegen einen Wert von $1 \cdot \hbar$ zuordnet, was aber nicht kompatibel mit den spektroskopischen Untersuchungen war (STERN-GERLACH-Versuch) [27] (Abschn. 2.11). Die in unmittelbarer Folge dieses Experiments vorgelegten Erklärungsversuche von PAULI und GOUDSMIT ließen aber keinen Zweifel daran, dass der bald so genannte Spin alle Charakteristika eines Drehimpulses aufwiese. Für einen s-Zustand konnte man wegen des fehlenden Bahndrehimpulses seine Eigenschaften sogar störungsfrei studieren. Und die bis dahin definierten drei Quantenzahlen schienen durch die Dreidimensionalität des Ortsraums schlüssig vorgegeben zu sein. Dies gelingt mit dem Spin als zweitem Drehimpuls nun nicht mehr. Aber die Analogie der Bewegung der Planeten um die Sonne, die sich ja auch im dreidimensionalen Raum bewegen und einen doppelten Drehimpuls durch Eigenrotation und Sonnenrevolution aufweisen, weist uns dennoch den Weg, mit diesem Ansatz in die Analyse einzusteigen.

Die im Abschn. 9.4 durchgeführte Aufspaltung der dreidimensionalen SCHRÖDINGER-Gleichung mittels des FOURIERschen Verfahrens erweist sich auch als zielführender Ansatz, um den Bahndrehimpuls und den als dem Elektron inhärenten Spin zu behandeln. Die Gesamtwellenfunktion $\psi(r, \vartheta, \varphi, s)$ wird demnach in ein Produkt aus Orts- und Spinwellenfunktion

$$\psi(r, \vartheta, \varphi, s) = R_n(r) Y_l^{m_l}(\vartheta) \Phi_{m_l}(\varphi) \cdot \chi(s) \qquad (9.157)$$

aufgespalten, weil der Spin-Operator für die Spinfunktion $\chi(s)$ die Bahnwellenfunktion $R(r)\, Y(\vartheta)\, \Phi(\varphi)$ nicht oder nur in zweiter Ordnung beeinflusst und *vice versa*. Daher ist die alternative Wellenfunktion für den jeweiligen Operator eine Konstante, und deswegen behandeln wir die radiale Abhängigkeit der Bahnfunktion abgekoppelt im nächsten Kapitel. Hier beschäftigen wir uns mit den beiden Drehimpulsoperatoren $\mathbf{L}$ und $\mathbf{S}$, die als sich gegenseitig nicht beeinflussende Operatoren miteinander vertauschen,

$$[\mathbf{L}, \mathbf{S}] = 0, \qquad (9.158)$$

so dass wir erstens auf den bisherigen Ergebnissen aufbauen und uns zweitens einen Raum verschaffen können, in dem die experimentellen Ergebnisse widerspruchsfrei lösbar sind. Weil der Spin eine Eigenschaft ist, die aus der relativistischen Quantenmechanik folgt und ein direktes Ergebnis der DIRAC-Gleichung ist, die hier nicht behandelt wird, wählen wir den heuristischen Zugang. Da der Spin alle Charakteristika des Bahndrehimpulses zeigt, ist es nur konsequent, den in diesem Kapitel entwickelten Formelapparat weiter zu benutzen.

9.9.2 Pauli-Matrizen

Der Spin ist definiert durch die zwei Quantenzahlen s und m_s. s beträgt $^1/_2$ für die „elementaren" Elementarteilchen Elektron, Proton und Neutron, aber auch für Quarks, so dass es nur die beiden Eigenzustände

$$\left. \begin{array}{ll} \chi_+ = |s, m_s\rangle = \left| \frac{1}{2}, +\frac{1}{2} \right\rangle \\ \chi_- \qquad\quad = \left| \frac{1}{2}, -\frac{1}{2} \right\rangle \end{array} \right\} \qquad (9.159)$$

gibt.[5] Der erste Zustand ist symmetrischer, der zweite dagegen antisymmetrischer Natur. Für die Matrixalgebra schreiben wir die beiden Eigenzustände als Spaltenvektoren

$$\left. \begin{array}{ll} \alpha = \begin{pmatrix} 1 \\ 0 \end{pmatrix} & \|\alpha\| = \|\beta\| = 1 \\[2mm] \beta = \begin{pmatrix} 0 \\ 1 \end{pmatrix} & \alpha \cdot \beta \;\;= 0, \end{array} \right\} \qquad (9.160)$$

---

[5]Bei Kernen findet man sowohl halbzahlige wie ganzzahlige Werte von s.

so dass die Norm der beiden Spins 1 ist und ihr Skalarprodukt verschwindet, definieren einen Auf- und Absteigeoperator über

$$\left.\begin{array}{l} \sigma^+ = \begin{pmatrix} 0 & 2 \\ 0 & 0 \end{pmatrix} \\[2mm] \sigma^- = \begin{pmatrix} 0 & 0 \\ 2 & 0 \end{pmatrix}, \end{array}\right\} \tag{9.161}$$

aus denen wir die beiden Operatoren σ_x und σ_y in Matrizenform

$$\sigma_x = \frac{1}{2}\left(\sigma^+ + \sigma^-\right) = \begin{pmatrix} 0 & 1 \\ 1 & 0 \end{pmatrix} \quad \text{und} \quad \sigma_y = \frac{1}{2i}\left(\sigma^+ - \sigma^-\right) = \begin{pmatrix} 0 & -i \\ i & 0 \end{pmatrix} \tag{9.162}$$

gewinnen, zu denen sich der dritte Operator

$$\sigma_z = \begin{pmatrix} 1 & 0 \\ 0 & -1 \end{pmatrix} \tag{9.163}$$

gesellt, die drei PAULI-Matrizen, deren Quadrate jeweils die Einheitsmatrix

$$\sigma_x^2 = \sigma_y^2 = \sigma_z^2 = \begin{pmatrix} 1 & 0 \\ 0 & 1 \end{pmatrix} \tag{9.164}$$

ergeben, und aus denen die drei zyklischen Kommutatoren

$$\left.\begin{array}{l} [\sigma_x, \sigma_y] = 2i\sigma_z \\ [\sigma_y, \sigma_z] = 2i\sigma_x \\ [\sigma_z, \sigma_x] = 2i\sigma_y \end{array}\right\} \tag{9.165}$$

entstehen. Die drei Spin-Operatoren unterscheiden sich von den PAULI-Matrizen durch den Vorfaktor $\frac{\hbar}{2}$, also

$$\left.\begin{array}{l} \mathbf{S}_x = \frac{\hbar}{2}\sigma_x = \frac{\hbar}{2}\begin{pmatrix} 0 & 1 \\ 1 & 0 \end{pmatrix} \\[2mm] \mathbf{S}_y = \frac{\hbar}{2}\sigma_y = \frac{\hbar}{2}\begin{pmatrix} 0 & -i \\ i & 0 \end{pmatrix} \\[2mm] \mathbf{S}_z = \frac{\hbar}{2}\sigma_z = \frac{\hbar}{2}\begin{pmatrix} 1 & 0 \\ 0 & -1 \end{pmatrix}, \end{array}\right\} \tag{9.166}$$

ebenso wie die beiden Leiteroperatoren zu $\sigma^\pm$ stehen:

$$\left.\begin{array}{l} \mathbf{S}^+ = \hbar\begin{pmatrix} 0 & 1 \\ 0 & 0 \end{pmatrix} \\[2mm] \mathbf{S}^- = \hbar\begin{pmatrix} 0 & 0 \\ 1 & 0 \end{pmatrix}, \end{array}\right\} \tag{9.167}$$

so dass die Kommutatoren der Spin-Operatoren zyklisch

$$\begin{aligned}[\mathbf{S}_x, \mathbf{S}_y] &= \left(\tfrac{\hbar}{2}\right)^2 [\boldsymbol{\sigma}_x, \boldsymbol{\sigma}_y] \\ &= \left(\tfrac{\hbar}{2}\right)^2 2i\boldsymbol{\sigma}_z \\ &= i\hbar \mathbf{S}_z \end{aligned} \tag{9.168}$$

werden. Dagegen vertauscht jede Komponente mit dem Quadrat von $\mathbf{S}^2$ — wie beim Quadrat des Bahndrehimpulses und den drei Komponenten von $\mathbf{L}$ [s. Gln. (9.116)]:

$$\boxed{[\mathbf{S}^2, \mathbf{S}_x] = [\mathbf{S}^2, \mathbf{S}_y] = [\mathbf{S}^2, \mathbf{S}_z] = 0.} \tag{9.169}$$

Und wie in den Gln. (9.137) und (9.147) finden wir für die gemeinsamen Eigenzustände von $\mathbf{S}^2$ und $\mathbf{S}_z$ (Abb. 9.10)

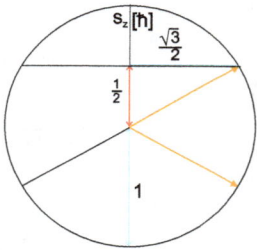

Abb. 9.10. Die Eigenwerte von $\sqrt{\mathbf{S}^2} = \sqrt{\frac{s(s+1)^2}{4}}\,\hbar$ und von $\mathbf{S}_z = m_s\hbar$ für $s = \tfrac{1}{2}$.

$$\begin{aligned} \mathbf{S}^2 |s, m_s\rangle &= s(s+1)\hbar^2 |s, m_s\rangle \\ \mathbf{S}_z |s, m_s\rangle &= m_s\hbar |s, m_s\rangle. \end{aligned} \tag{9.170}$$

Nun bauen wir die Beziehungen zwischen den beiden orthogonalen Basisvektoren auf zum einen mit den Verschiebungsoperatoren

$$\left. \begin{aligned} \mathbf{S}^+\alpha = 0 \quad & \mathbf{S}^+\beta = \hbar\alpha \\ \mathbf{S}^-\alpha = \hbar\beta \quad & \mathbf{S}^-\beta = 0, \end{aligned} \right\} \tag{9.171}$$

woraus wir ersehen, dass der Normierungsfaktor für Auf- und Abstieg beidesmal

$$C^\pm = \hbar \tag{9.172}$$

ist; in Matrixschreibweise für Gl. (9.171.1)

$$\hbar \begin{pmatrix} 0 & 1 \\ 0 & 0 \end{pmatrix} \begin{pmatrix} 1 \\ 0 \end{pmatrix} = \begin{pmatrix} 0 \\ 0 \end{pmatrix}, \quad \hbar \begin{pmatrix} 0 & 1 \\ 0 & 0 \end{pmatrix} \begin{pmatrix} 0 \\ 1 \end{pmatrix} = \hbar \begin{pmatrix} 1 \\ 0 \end{pmatrix}; \tag{9.173}$$

und zum anderen mit den Spin-Operatoren, z. B.

$$\left.\begin{array}{ll} \mathbf{S}_z\alpha = \frac{\hbar}{2}\alpha & \mathbf{S}_z\beta = -\frac{\hbar}{2}\beta \\ \mathbf{S}^2\alpha = \frac{3}{4}\hbar^2\alpha & \mathbf{S}^2\beta = \frac{3}{4}\hbar^2\beta, \end{array}\right\} \tag{9.174}$$

in Matrixschreibweise für Gl. (9.174.1)

$$\frac{\hbar}{2}\begin{pmatrix} 1 & 0 \\ 0 & -1 \end{pmatrix}\begin{pmatrix} 1 \\ 0 \end{pmatrix} = \frac{\hbar}{2}\begin{pmatrix} 1 \\ 0 \end{pmatrix}, \quad \frac{\hbar}{2}\begin{pmatrix} 1 & 0 \\ 0 & -1 \end{pmatrix}\begin{pmatrix} 0 \\ 1 \end{pmatrix} = -\frac{\hbar}{2}\begin{pmatrix} 0 \\ 1 \end{pmatrix}. \tag{9.175}$$

Aus Gl. (9.171) sehen wir, dass die meisten Matrixelemente der Leiteroperatoren verschwinden. Von Null verschiedenen Elemente sind

$$\langle\alpha|\mathbf{S}^+|\beta\rangle = \langle\beta|\mathbf{S}^-|\alpha\rangle = \hbar. \tag{9.176}$$

Für die in den Gln. (9.159) definierten Zustände finden sich weiterhin verschiedene Schreibweisen. Hier sind einige zusammengestellt:

$$\begin{aligned} |\tfrac{1}{2}, +\tfrac{1}{2}\rangle &= |+\tfrac{1}{2}\rangle = \alpha = |+\rangle = |\uparrow\rangle = \begin{pmatrix} 1 \\ 0 \end{pmatrix} \\ |\tfrac{1}{2}, -\tfrac{1}{2}\rangle &= |-\tfrac{1}{2}\rangle = \beta = |-\rangle = |\downarrow\rangle = \begin{pmatrix} 0 \\ 1 \end{pmatrix}. \end{aligned} \tag{9.177}$$

9.10 Kombination von Drehimpulsen und das Vektormodell

9.10.1 Gesamtdrehimpuls

Nun kombinieren wir zwei Bahndrehimpulse zum Gesamtdrehimpuls. Vektoriell sieht das so aus:

$$\boldsymbol{L} = \boldsymbol{L}_1 + \boldsymbol{L}_2. \tag{9.178}$$

Da diese Gleichung allgemein für alle Arten quantisierter Drehimpulse gelten soll, also auch für ein Elektron, das einen Gesamtdrehimpuls trägt, der aus Bahndrehimpuls und Spin zusammengesetzt ist, wobei dann $\boldsymbol{L}_2$ der Spin ist, also $\boldsymbol{S}$, benutzen wir den Buchstaben J für den Gesamtdrehimpuls und schreiben

$$\boldsymbol{J} = \boldsymbol{L} + \boldsymbol{S}, \tag{9.179}$$

wobei das jeweils im fortfolgenden Text spezifiziert wird, wenn es erforderlich ist. Dies legt den Ansatz nahe, dies auch für die Operatoren zu versuchen. Drehimpulsoperatoren bezeichnet man allgemein mit $\mathbf{J}$, ihre Quantenzahlen für Einteilchensysteme mit j, für Mehrteilchensysteme mit J, so dass

$$\begin{aligned} \mathbf{J} &= \mathbf{J}_1 + \mathbf{J}_2 \\ &= \mathbf{L} + \mathbf{S}, \end{aligned} \tag{9.180}$$

und das zugehörige Modell heißt *Vektormodell*. Die Operatoren sollen sich gegenseitig nicht beeinflussen, worunter wir verstehen wollen, dass im Falle von

- Gl. (9.178) der Operator $\mathbf{J}_1 = \mathbf{L}_1$ nur auf die Ortswellenfunktion $\psi_{n_1 l_1 m_{l_1}}(r, \vartheta, \varphi)$ und der Operator $\mathbf{J}_2 = \mathbf{L}_2$ nur auf die Ortswellenfunktion $\psi_{n_2 l_2 m_{l_2}}(r, \vartheta, \varphi)$ wirken, und im Falle von

- Gl. (9.179) der Operator $\mathbf{J}_1 = \mathbf{L}$ nur auf die Ortswellenfunktion $\psi_{n l m_l}(r, \vartheta, \varphi)$ und der Operator $\mathbf{J}_2 = \mathbf{S}$ nur auf die Spinfunktion χ_{m_s} wirken,

so dass die Operatoren, aber damit auch ihre Quadrate, miteinander nach

$$[\mathbf{J}_1, \mathbf{J}_2] = [\mathbf{L}_i, \mathbf{S}_j] = 0 \tag{9.181}$$

vertauschen. Damit ist unsere Vorgehensweise mit dem Produktansatz von FOU-RIER gerechtfertigt. Diese Separation bedeutet aber auch, dass wir uns in Räumen mit hohen Dimensionen bewegen, deren Höhe nach

$$\dim J = \dim J_1 \cdot \dim J_2$$

bestimmt wird, im ersten Fall ist $\dim J = 9$, im zweiten Fall $\dim J = 6$. Kümmern wir uns um zwei Spins, ist der Raum vierdimensional, und die gegenseitige Nichtbeeinflussung der Operatoren bedeutet, dass sie auf unterschiedliche Räume wirken.[6]

Nun gibt es zwei Möglichkeiten, die wir als *gekoppelt* oder *ungekoppelt* bezeichnen. Entweder sind die beiden Drehimpulse genau bestimmt und sie präzedieren um die z-Achse, so dass wir ihre Komponente in z-Richtung kennen, jedoch ist ihre relative Orientierung unbestimmt, so dass der Gesamtdrehimpuls nur mit einer Schwankungsbreite bestimmbar ist — das ist der ungekoppelte Fall —, oder der Gesamtdrehimpuls mitsamt seiner Projektion auf die z-Achse ist fix, dafür weisen die beiden zueinander zu kombinierenden Drehimpulse, die nun um $\mathbf{J}$ präzedieren, eine Schwankungsbreite auf.

Dass diese Fragestellung — im Gegensatz zu den Vektoren $\boldsymbol{L}_1$ und $\boldsymbol{L}_2$ — für die Operatoren $\mathbf{J}_1$ und $\mathbf{J}_2$ überhaupt entsteht und nicht leicht zu beantworten ist, liegt am Operator für den quadrierten Drehimpuls $\mathbf{J}^2$.

Gleich, wie die Erklärung lautet: In beiden Fällen ist die Observable ein magnetisches Moment, das aus einer Wechselwirkung mit einem statischen Magnetfeld resultiert und über eine einfache Beziehung mit dem auf die z-Achse projizierten Gesamtdrehimpuls assoziiert ist.

---

[6]Mathematisch wird das mit Tensoren beschrieben. Die hier verwendete Nomenklatur etwa des Zustandes $|\, j_1, m_{j_1}; j_2, m_{j_2}\,\rangle$ müsste korrekter als $|\, j_1, m_{j_1}; j_2, m_{j_2}\,\rangle \equiv |\, j_1, m_{j_1}\,\rangle \otimes |j_2, m_{j_2}\,\rangle$ geschrieben werden und heißt zwar Tensorprodukt, wird aber in eine Summe aus Paarbildungen aufgelöst.

9.10.1.1 Ungekoppelte Variante. In der ungekoppelten Variante $|j_1, m_{j_1}; j_2, m_{j_2}\rangle$ bleiben die beiden Operatoren separiert, und es gilt

$$\left. \begin{aligned} \mathbf{J}_1^2 |j_1, m_{j_1}\rangle &= j_1(j_j + 1)\hbar^2 |j_1, m_{j_1}\rangle \\ \mathbf{J}_{1z} |j_1, m_{j_1}\rangle &= m_{j_1}\hbar |j_1, m_{j_1}\rangle \\ \mathbf{J}_2^2 |j_2, m_{j_2}\rangle &= j_2(j_2 + 1)\hbar^2 |j_2, m_{j_2}\rangle \\ \mathbf{J}_{2z} |j_2, m_{j_2}\rangle &= m_{j_2}\hbar |j_2, m_{j_2}\rangle; \end{aligned} \right\} \tag{9.182}$$

sowohl $\mathbf{J}_1^2$ wie $\mathbf{J}_2^2$ vertauschen nur mit jeweils einer Komponente nach

$$\left. \begin{aligned} [\mathbf{J}_1^2, \mathbf{J}_{x_1}] &= [\mathbf{J}_1^2, \mathbf{J}_{y_1}] = [\mathbf{J}_1^2, \mathbf{J}_{z_1}] = 0 \\ [\mathbf{J}_2^2, \mathbf{J}_{x_2}] &= [\mathbf{J}_2^2, \mathbf{J}_{y_2}] = [\mathbf{J}_2^2, \mathbf{J}_{z_2}] = 0. \end{aligned} \right\} \tag{9.183}$$

Das bedeutet, dass die Operatoren $\mathbf{J}_1^2$, $\mathbf{J}_{z_1}$, $\mathbf{J}_2^2$ und $\mathbf{J}_{z_2}$ miteinander vertauschen und die Zustände $|j_1, m_{j_1}; j_2, m_{j_2}\rangle$ erzeugen.

Die Summanden sind spezifiziert, aber nicht der Gesamt-Drehimpuls und sein Operator $\mathbf{J}^2$, so dass wir keinerlei Aussagen über die Orientierung der beiden Summanden treffen können (Abb. 9.11). Im ungekoppelten Fall hat das System

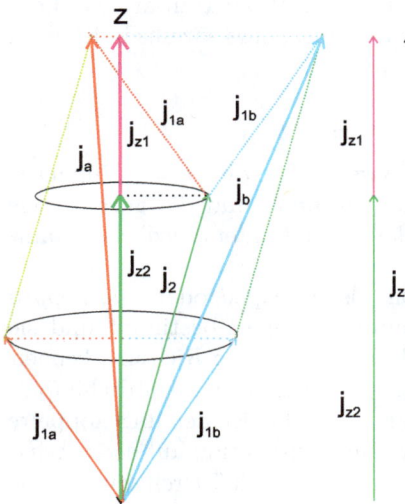

Abb. 9.11. Ungekoppelter Fall: Der Vektor $\boldsymbol{j}_2$ (grün) koppelt entweder mit dem Vektor $\boldsymbol{j}_{1a}$ (rot) oder mit dem Vektor $\boldsymbol{j}_{1b}$ (blau), die beide den gleichen Betrag, aber eine unterschiedliche Phase aufweisen. Das führt zu den möglichen Zielvektoren $\boldsymbol{j}_a$ bzw. $\boldsymbol{j}_b$ mit unterschiedlicher Richtung. Dafür sind die Einzelkomponenten klar bekannt, und da sie um die z-Achse präzedieren, insbesondere deren Komponenten j_z. Daher ist j_z einfach die Summe der bekannten j_{z_1} und j_{z_2}.

die Basis $\{|j_1, m_{j_1}; j_2, m_{j_2}\rangle\}$, und man sagt, dass die j, m_j „gute" Quantenzahlen bleiben, mit denen es also weiterhin gelingt, das System approximativ zu beschreiben.

Es gelten

$$\begin{aligned} j_z &= j_{z_1} + j_{z_2} \\ m_j &= m_{j_1} + m_{j_2}. \end{aligned} \tag{9.184}$$

9.10.1.2 Gekoppelte Variante. Mit der Kopplung ist gemeint, dass zwar die Beträge von $\boldsymbol{L}_1$ und $\boldsymbol{L}_2$ erhalten bleiben, wir aber zunächst neuen Gesamtdrehimpulsoperator definieren, der ein Spektrum von Zuständen erzeugt mit den Quantenzahlen

$$M_J = -J, \, -(J+1), \, \ldots, J-1, J. \tag{9.185}$$

Es werden Großbuchstaben für Quantenensembles (mindestens zwei Teilchen) verwendet, und die Zustände sind

$$\left.\begin{array}{l} \mathbf{J}^2\left|J, M_J\right\rangle = \hbar^2 J(J_1+1)\left|J, M_J\right\rangle \\ \mathbf{J}_z\left|J, M_J\right\rangle = \hbar M_J. \end{array}\right\} \tag{9.186}$$

Der Operator $\mathbf{J}$ weist die drei zyklischen Kommutatoren

$$
\begin{aligned}
[\mathbf{J}_x, \mathbf{J}_y] &= [\mathbf{J}_{x_1} + \mathbf{J}_{x_2}, \mathbf{J}_{y_1} + \mathbf{J}_{y_2}] \\
&= \underbrace{[\mathbf{J}_{x_1}, \mathbf{J}_{y_1}]}_{i\hbar \mathbf{J}_{z_1}} + \underbrace{[\mathbf{J}_{x_1}, \mathbf{J}_{y_2}]}_{0} + \underbrace{[\mathbf{J}_{y_1}, \mathbf{J}_{x_2}]}_{0} + \underbrace{[\mathbf{J}_{x_2}, \mathbf{J}_{y_2}]}_{i\hbar \mathbf{J}_{z_2}} \\
&= i\hbar \left(\mathbf{J}_{z_1} + \mathbf{J}_{z_2}\right) \\
&= i\hbar \mathbf{J}_z
\end{aligned}
\tag{9.187}
$$

auf, entsprechend für $[\mathbf{J}_y, \mathbf{J}_z]$ und $[\mathbf{J}_z, \mathbf{J}_x]$. Damit ist gezeigt, dass zum einen $\mathbf{J} = \mathbf{J}_1 + \mathbf{J}_2$ ein Drehimpulsoperator ist, und es einen Satz von gemeinsamen Eigenzuständen zwischen $\mathbf{J}^2$ und $\mathbf{J}_z$

$$\left.\begin{array}{l} \mathbf{J}^2\left|J, M_J\right\rangle = J(J+1)\hbar^2\left|J, M_J\right\rangle \\ \mathbf{J}_z\left|J, M_J\right\rangle = M_J\hbar\left|J, M_J\right\rangle \end{array}\right\} \tag{9.188}$$

gibt, zum anderen, dass es nicht möglich ist, m_{j_1} und m_{j_2} aufzuschlüsseln, wenn wir M_J kennen. Da $\mathbf{J}_1^2$ mit seinen Komponenten und $\mathbf{J}_2^2$ ebenfalls mit seinen Komponenten vertauscht, und weil das Quadrat des Summendrehimpulsoperators $\mathbf{J}^2$ in Termen dieser Komponenten geschrieben werden kann, müssen diese drei Operatoren ebenfalls vertauschen:

$$[\mathbf{J}^2, \mathbf{J}_1^2] = [\mathbf{J}^2, \mathbf{J}_2^2] = 0 \tag{9.189}$$

Also können die Eigenwerte dieser drei Operatoren gleichzeitig ermittelt werden. Und da $\mathbf{J}^2$ und $\mathbf{J}_z$ ebenfalls kommutieren, bedeutet das darüber hinaus, dass die Operatoren $\mathbf{J}^2$, $\mathbf{J}_1^2$, $\mathbf{J}_2^2$ und $\mathbf{J}_z$ miteinander vertauschen, aber eben nicht mit den individuellen Operatoren $\mathbf{J}_{z_1}$ und $\mathbf{J}_{z_2}$. Zwar sind die Summanden unspezifiziert, aber dafür ist nun der Summenvektor definiert.

Damit können M, J, j_1 und j_2 gleichzeitig und scharf bestimmt werden, jedoch nicht zusammen mit m_{j_1} und m_{j_2}.

Die beschriebene Aufspaltung der beiden Teiloperatoren auf ihre jeweiligen Funktionen sieht dann so aus:

$$
\begin{aligned}
\mathbf{J}_z\left|J, M_J\right\rangle &= \mathbf{J}_{1_z}\left|J, M_J\right\rangle + \mathbf{J}_{2_z}\left|J, M_J\right\rangle \\
&= M_J\hbar\left|J, M_J\right\rangle
\end{aligned}
\tag{9.190}
$$

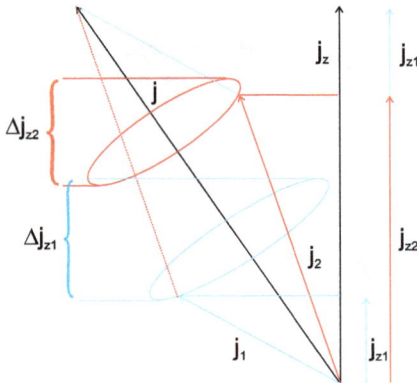

Abb. 9.12. Gekoppelter Fall: Der Vektor $\boldsymbol{j}_1$ (blau) koppelt mit dem Vektor $\boldsymbol{j}_2$ (rot) bei jeweils einer bestimmten Phase. Beide präzedieren um die Achse des Summenvektors. Die Summe der beiden Projektionen auf die z-Achse bildet j_z mit einem konstanten Betrag, wie auch immer die beiden Mischungskoeffizienten sein mögen, die unterschiedlich breite Fenster Δj_{z_1} oder Δj_{z_2} zulassen. Daher ist die Projektion des Summenvektors dieselbe wie im ungekoppelten Fall.

Aus dem Vergleich mit dem ungekoppelten Modell wissen wir [Gl. (9.184)], dass die auf die z-Achse projizierten Werte des Gesamtdrehimpulses und seiner Quantenzahlen sich durch

$$
\begin{aligned}
j_z &= j_{z_1} + j_{z_2} \\
m_j &= m_{j_1} + m_{j_2} \\
J_z &= J_{z_1} + J_{z_2}
\end{aligned}
\tag{9.191}
$$

beschreiben lassen: Die Gesamtkomponente des Drehimpulses entlang der z-Achse ist die Summe der Komponenten der beitragenden Drehimpulse. Damit ist aber keineswegs festgelegt, wie groß die Linearkoeffizienten sind, mit denen $\mathbf{J}_1$ und $\mathbf{J}_2$ zum Gesamtdrehimpuls beitragen, oder wie groß die Anteile von m_{j_1} und m_{j_2} an der Quantenzahl M_J für den Gesamtdrehimpuls sind (Abb. 9.12).

Dieses System hat nun die Basis $\{\,|J, M_J; j_1, j_2\rangle\,\}$, und auch J und M sind „gute" Quantenzahlen, mit denen es ebenfalls gelingt, das System approximativ zu erfassen.

Beide Darstellungen müssen die Wirklichkeit gleich gut beschreiben. So erhält man auch in beiden Systemen den gleichen Betrag für die Observable, die z-Komponente J_z. Aber schon bei der Zahl der Zustände gibt es Diskrepanzen.

Dazu zählen wir einfach die Anzahl der möglichen Zustände im ungekoppelten Fall ab. Für $\mathbf{J}_1$ gibt es $2m_{j_1} + 1$ und für $\mathbf{J}_2$ entsprechend $2m_{j_2} + 1$ mögliche Zustände, und da die beiden Zustände voneinander unabhängig bleiben, sind das zusammen $(2m_{j_1} + 1)(2m_{j_2} + 1)$ verschiedene Zustände. Im verkoppelten Zustand muss diese Zahl erhalten bleiben. Bleibt sie das? Dazu untersuchen wir den Fall eines Elektrons.

9.10.2 Der Fall eines Elektrons

Dieser Fall ist deswegen besonders instruktiv, als die das Elektron beschreibende Wellenfunktion näherungsweise als Produkt aus den beiden Wellenfunktion für den Bahndrehimpuls und den Spin $\psi_{n_1 l_1 m_{l_1}}(r, \vartheta, \varphi)$ resp. χ_{m_s} angeschrieben werden kann.

Identifizieren wir nach Gl. (9.180.2) für ein Elektron $\mathbf{J}_1$ mit $\mathbf{L}$ und $\mathbf{J}_2$ mit dem Spin $\mathbf{S}$, dann ist unter Beachtung der Tatsache, dass im Summenoperator $\mathbf{J} = \mathbf{L} + \mathbf{S}$ $\mathbf{L}$ nur auf $\psi(r, \vartheta, \varphi)$ und $\mathbf{S}$ nur auf χ wirken,

$$\begin{aligned} \mathbf{J}_z \,|\, J, M_J \rangle &= |\, s, m_s \rangle \, \mathbf{J}_z \,|\, l, m_l \rangle + |\, l, m_l \rangle \, \mathbf{S}_z \,|\, s, m_s \rangle \\ &= m_l \hbar \,|\, l, m_l \rangle + m_s \hbar \,|\, s, m_s \rangle \\ &= (m_l + m_s) \hbar \,|\, J, M_J \rangle \\ &= M_J \hbar \,|\, J, M_J \rangle \end{aligned} \qquad (9.192)$$

Aus dieser Gleichung ist ersichtlich, dass

$$\boxed{M_J = m_l + m_s} \qquad (9.193)$$

ist. Insbesondere kann M_J nicht größer als die Summe der m_i sein. Die Werte, die wegen $m_s = \pm\frac{1}{2}$ auch halbzahlig sein können, überstreichen einen Bereich von $m_{\max} = l + \frac{1}{2}$ bis $m_{\min} = -l - \frac{1}{2}$. Jedoch müssen noch die Linearkoeffizienten bestimmt werden, mit denen $\mathbf{L}$ und $\mathbf{s}$ zum Gesamtdrehimpuls beitragen, oder wie groß die Anteile von m_l und m_s an der Quantenzahl M_J für den Gesamtdrehimpuls sind.

Beispiel 9.1 Die beiden J-Zustände für einen s-Zustand mit $l = 0$ sind

$$|\, J, M_J \rangle = \left|\tfrac{1}{2}, +\tfrac{1}{2}\right\rangle, \left|\tfrac{1}{2}, -\tfrac{1}{2}\right\rangle.$$

Die vier J-Zustände für einen p-Zustand mit $l = 1$ sind

$$|\, J, M_J \rangle = \left|\tfrac{3}{2}, +\tfrac{3}{2}\right\rangle, \left|\tfrac{3}{2}, +\tfrac{1}{2}\right\rangle, \left|\tfrac{3}{2}, -\tfrac{1}{2}\right\rangle, \left|\tfrac{3}{2}, -\tfrac{3}{2}\right\rangle.$$

Bei einem s-Zustand spaltet der Spinvektor χ den Bahnvektor $Y_{m_l}^l \, \Phi(m_l)$ also schön symmetrisch auf. Bei einem p-Zustand aber kann der Zustand mit $J = +\frac{1}{2}$ erreicht werden dadurch, dass von $l = 1$ $s = \frac{1}{2}$ abgezogen wird, oder dass, von $l = 0$ kommend, $^1/_2$ dazugezählt werden — Gleiches für die negative Seite. Insgesamt muss es sechs Zustände geben, also müssen die inneren beiden Zustände doppelt besetzt sein. Da wir aber zwei zu addierende Vektoren haben, haben wir zwei Möglichkeiten, uns den Zielvektor zu veranschaulichen, was wir aus den Abbn. 9.11/12 ersehen haben: Entweder wir schauen auf den Betrag des Zielvektors, und dann ist uns die Kopplung der beiden Vektoren unbekannt, oder wir koppeln die beiden Vektoren miteinander und schauen uns das Ergebnis in

einer bestimmten Richtung an, z. B. die Projektion der beiden Vektoren in der
z-Richtung.

Dieser Unterschied führt bei der anfangs adressierten Frage nach der Zahl
der Zielzustände zu einer eklatanten Verschiedenheit. Wir wissen, dass die Multiplizität oder Entartung der Zustände mit einer bestimmten Quantenzahl n
gegeben ist durch $2n + 1$. Im Falle des p-Elektrons ist das $j_1 = l = 1$, $j_2 = s = \frac{1}{2}$.
Das macht im ungekoppelten Fall

$$
\begin{aligned}
g_1 &= (2l + 1) \cdot (2s + 1) \\
&= 2l + 2s + 1 + 4ls \\
&= 2 + 1 + 1 + 2 \\
&= 6,
\end{aligned}
\tag{9.194}
$$

wobei die kommutierenden Operatoren $\mathbf{L}^2$, $\mathbf{L}_z$, $\mathbf{S}^2$ und $\mathbf{S}_z$ sind, und wir den
Zustand als $|l, m_l; s, m_s\rangle$ bezeichnen. Im gekoppelten Fall erhalten wir aber nur

$$
\begin{aligned}
g_2 &= 2j + 1 \\
&= 2l + 2s + 1 \\
&= 2 + 1 + 1 \\
&= 4
\end{aligned}
\tag{9.195}
$$

mit den kommutierenden Operatoren $\mathbf{J}^2, \mathbf{J}_1^2, \mathbf{J}_2^2$ und $\mathbf{J}_z$, und ausgerechnet der
Summand, der die beiden Quantenzahlen l und s als Faktoren enthält, ist verlo-
rengegangen.

9.10.2.1 Clebsch-Gordan-Koeffizienten. Der Zustand $|J, M_J; J_1, J_2\rangle$ ent-
steht aus $|l, m_l; s, m_s\rangle$. Beide Zustände beschreiben das gleiche System. Wie ist
es möglich, aus dem ungekoppelten Zustand mit der Bedingung (9.191) den
gekoppelten Zustand zu komponieren? Die Aufgabe lautet also

$$
|J, M_J; j_1, j_2\rangle = \sum_{l, s} C(m_l, m_s) \, |l, m_l; s, m_s\rangle \, ,
\tag{9.196}
$$

eine *unitäre Basistransformation*, die wir mit der Bildung des Skalarprodukts

$$
\langle l, m_l; s, m_s | J, M_J; j_1, j_2\rangle = \sum_{l, s} C(m_l, m_s) \, \langle l, m_l; s, m_s | l, m_l; s, m_s\rangle
\tag{9.197}
$$

angehen und damit die C_{ij} als Mischungskoeffizienten betrachten, die die Ähnlichkeit der Ausgangs- und Endzustände beschreiben.

Dabei mischen die beiden Operatoren auf dem Weg von $j = -\frac{3}{2}$ bis $j = +\frac{3}{2}$
mit den sog. *Vektorkopplungskoeffizienten* oder CLEBSCH-GORDAN-Koeffizienten,
die in Tabellenwerken zusammengestellt sind [69, 70], es sind auch die Begriffe
WIGNER-Koeffizienten oder 3j-Symbole in Gebrauch. In Tab. 9.2 finden wir die
Werte für $l = 1$ und $s = \frac{1}{2}$, also für ein p-Elektron.

Tabelle 9.2. CLEBSCH-GORDAN-Koeffizienten für $l = 1$ und $s = \frac{1}{2}$.

$l = 1, s = \frac{1}{2}$		$\lvert j, m_j \rangle$					
m_l	m_s	$\lvert \frac{3}{2}, -\frac{3}{2} \rangle$	$\lvert \frac{3}{2}, -\frac{1}{2} \rangle$	$\lvert \frac{1}{2}, -\frac{1}{2} \rangle$	$\lvert \frac{1}{2}, +\frac{1}{2} \rangle$	$\lvert \frac{3}{2}, +\frac{1}{2} \rangle$	$\lvert \frac{3}{2}, +\frac{3}{2} \rangle$
-1	$-\frac{1}{2}$	1					
-1	$\frac{1}{2}$		$\sqrt{\frac{1}{3}}$	$-\sqrt{\frac{2}{3}}$			
0	$-\frac{1}{2}$		$\sqrt{\frac{2}{3}}$	$\sqrt{\frac{1}{3}}$			
0	$\frac{1}{2}$				$-\sqrt{\frac{1}{3}}$	$\sqrt{\frac{2}{3}}$	
1	$-\frac{1}{2}$				$\sqrt{\frac{2}{3}}$	$\sqrt{\frac{1}{3}}$	
1	$\frac{1}{2}$						1

Beispiel 9.2 Zur Bestimmung der insgesamt sechs p-Zustände mit $l = 1$ beginnen wir mit dem untersten Zustand mit $m_l = -1$, von dem wir den Spinwert $1/2$ abziehen. Dieser Zustand ist mit den Gln. (9.46/9.157) und Tab. 9.1

$$Y^1_{-1} \chi_- = \lvert \tfrac{3}{2}, -\tfrac{3}{2} \rangle$$
$$= \lvert 1, -1 \rangle \cdot \lvert \tfrac{1}{2}, -\tfrac{1}{2} \rangle$$

eindeutig. Dagegen ist der gekoppelte Zustand $\lvert \frac{3}{2}, -\frac{1}{2} \rangle$ eine Linearkombination der beiden ungekoppelten Zustände $\lvert 1, 0 \rangle \cdot \lvert \frac{1}{2}, -\frac{1}{2} \rangle$ und $\lvert 1, -1 \rangle \cdot \lvert \frac{1}{2}, +\frac{1}{2} \rangle$ mit den beiden aus Tab. 9.2 abzulesenden Koeffizienten $\sqrt{\frac{2}{3}}$ und $\sqrt{\frac{1}{3}}$, folgt also

$$\lvert \tfrac{3}{2}, -\tfrac{1}{2} \rangle = \sqrt{\tfrac{2}{3}} \lvert 1, 0 \rangle \cdot \lvert \tfrac{1}{2}, -\tfrac{1}{2} \rangle + \sqrt{\tfrac{1}{3}} \lvert 1, -1 \rangle \cdot \lvert \tfrac{1}{2}, +\tfrac{1}{2} \rangle$$

Alle sechs Zustände sind normiert und zueinander orthogonal.

9.10.3 Der Fall von zwei Elektronen

Nun betrachten wir den einfachsten Fall zweier s-Elektronen. Hier müssen wir uns nur im den Spin kümmern, da der Bahndrehimpuls im s-Zustand Null beträgt. Zunächst die ungekoppelte Situation. Wir haben mit der Nomenklatur der Gl. (9.177) die vier Zustände

$$\begin{aligned}
|s_1, m_{s1};\, s_2, m_{s2}\rangle &= |m_{s1};\, m_{s2}\rangle \\
&= |\alpha_1;\, \alpha_2\rangle \\
&= |\alpha_1;\, \beta_2\rangle \\
&= |\beta_1;\, \alpha_2\rangle \\
&= |\beta_1;\, \beta_2\rangle,
\end{aligned} \qquad (9.198)$$

die wir in den Abbn. 9.13 als stilisierte koaxiale Kegel darstellen. Ungekoppelt bedeutet wieder: weder die Phase der individuellen Spinmomente ist korreliert, noch ist, daraus folgend, der Gesamtdrehimpuls bestimmt. Um daraus den

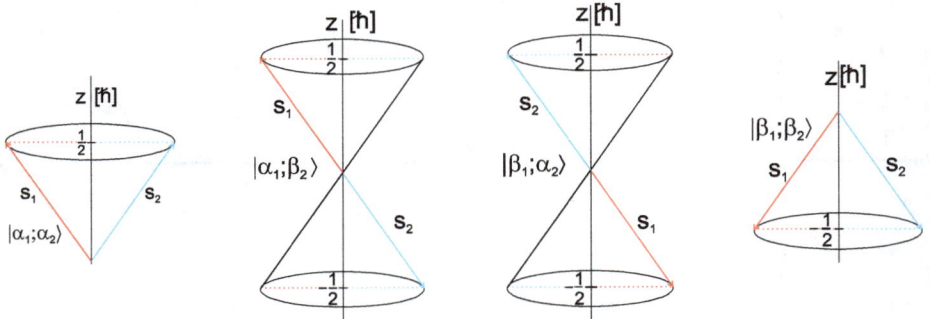

Abb. 9.13. Ungekoppelter Fall der zwei Spins eines s-Zustands mit Bahndrehimpuls Null: Es sind vier unterschiedliche Zustände möglich, wobei die beiden Zustände $|\alpha_1;\, \beta_2\rangle$ und $|\beta_1;\, \alpha_2\rangle$ wegen der Ununterscheidbarkeit der Elektronen zusammenfallen.

gekoppelten Fall zu konstruieren, setzen wir wie im Falle des p-Elektrons mit der modifizierten Gl. (9.180.1)

$$\mathbf{J} = \mathbf{S}_1 + \mathbf{S}_2, \qquad (9.199)$$

an, der aus dem Zustand

$$\chi = \chi_1 \cdot \chi_2 \qquad (9.200)$$

resultiert. Und wie im eben besprochenen Fall wirkt der Operator $\mathbf{S}_1$ nur auf χ_1 und der Operator $\mathbf{S}_2$ nur auf χ_2, was auch wieder dazu führt, dass die $\mathbf{S}_z$-Komponente additiv ist, so dass

$$\boxed{M_s = m_{s1} + m_{s2}} \qquad (9.201)$$

wird — wobei wir aber wiederum die Mischungsanteile der beiden Summanden bestimmen müssen. Dann sind die aus der Gl. (9.198) und den Abbn. 9.14 resultierenden Gesamtwerte von M_s $-1, 0$ und $+1$, und die Funktionen des gekoppelten Zustands Linearkombinationen der Zustände (9.198) mit den CLEBSCH-GORDAN-Koeffizienten aus Tab. 9.3, für die Werte $s_1 = \frac{1}{2}$ und $s_2 = \frac{1}{2}$. Wir erhalten

Tabelle 9.3. CLEBSCH-GORDAN-Koeffizienten für $s_1 = \frac{1}{2}$ und $s_2 = \frac{1}{2}$.

$s_1 = \frac{1}{2}, s_2 = \frac{1}{2}$		$\lvert j, m_j \rangle$			
m_{s1}	m_{s2}	$\lvert 1, -1 \rangle$	$\lvert 0,0 \rangle$	$\lvert 1,0 \rangle$	$\lvert 1, +1 \rangle$
$-\frac{1}{2}$	$-\frac{1}{2}$	1			
$-\frac{1}{2}$	$+\frac{1}{2}$		$-\sqrt{\frac{1}{2}}$	$+\sqrt{\frac{1}{2}}$	
$+\frac{1}{2}$	$-\frac{1}{2}$		$\sqrt{\frac{1}{2}}$	$\sqrt{\frac{1}{2}}$	
$+\frac{1}{2}$	$+\frac{1}{2}$				1

die Linearkombinationen durch sukzessive Anwendung des Aufsteigers $\mathbf{S}^+$ auf den untersten Zustand $\lvert 1, -1 \rangle$ bzw. des Absteigers $\mathbf{S}^-$ auf den obersten Zustand $\lvert 1, +1 \rangle$ (s. Aufg. 9.9). Es gibt demnach drei Triplettzustände mit $M_s = 1$ und einen Singulettzustand mit $M_s = 0$ (Abbn. 9.14). Interessant sind natürlich die beiden mittleren orthonormierten Zustände $\lvert 1,0 \rangle$ und $\lvert 0,0 \rangle$, in unserer vereinfachten Nomenklatur

$$\left. \begin{aligned} \lvert 1,0 \rangle &= \sqrt{\tfrac{1}{2}}\,(\alpha_1 \beta_2) + \sqrt{\tfrac{1}{2}}\,(\beta_1 \alpha_2) \\ \lvert 0,0 \rangle &= \sqrt{\tfrac{1}{2}}\,(\alpha_1 \beta_2) - \sqrt{\tfrac{1}{2}}\,(\beta_1 \alpha_2), \end{aligned} \right\} \tag{9.202}$$

die sich um ein $\oplus$ oder $\ominus$ unterscheiden, den Unterschied zwischen konstruktiver und destruktiver Interferenz. Aus den Abbn. 9.14 ist ersichtlich, dass

- die drei Vektoren eine Ebene aufspannen, in der die Diagonale (der Summenvektor) die Länge $\sqrt{S(S+1)} = \sqrt{1 \cdot 2} = \sqrt{2}$ beträgt, und die beiden s-Vektoren entsprechend die Längen $\sqrt{\frac{1}{2} \cdot \frac{3}{2}} = \sqrt{\frac{3}{4}}$ aufweisen, und dass

- die beiden s-Vektoren keineswegs parallel zueinander sind. Der jeweilige Winkel zur z-Achse beträgt vielmehr $\arccos \sqrt{\frac{2}{3}}$, also $35\,°$, der Winkel α der beiden Vektoren $\mathbf{s}_1$ und $\mathbf{s}_2$ zueinander also $70{,}53\,°$ (s. Aufg. 9.11 und Abbn. 9.14).

Alle vier Zustände sind zueinander orthogonal.

9.10.4 Zusammenfassung

Wir beschreiben den Drehimpuls eines elektronischen Systems mit dem Vektormodell. Alle Kombinationen zwischen Bahndrehimpuls und Spin für ein oder zwei Elektronen können mit den beiden Varianten ungekoppelt und gekoppelt erfasst werden. Entweder sind die beiden Drehimpulse genau bestimmt, und da die beiden Momente um die z-Achse präzedieren, kennen wir auch ihre Komponente

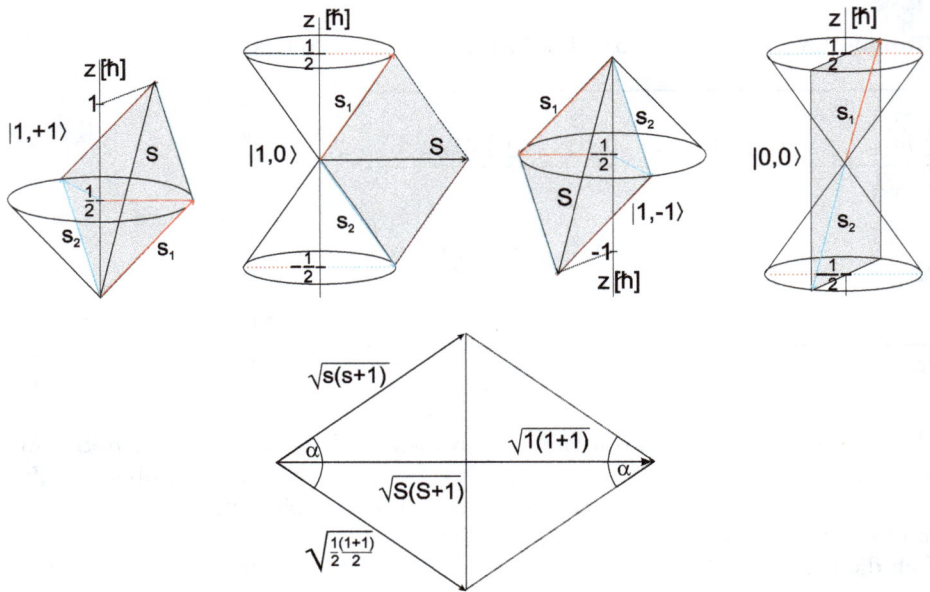

Abb. 9.14. Gekoppelter Fall der zwei Spins eines s-Zustands mit Bahndrehimpuls Null: Es sind vier unterschiedliche Zustände möglich: die linken drei Zustände bilden das Triplett mit Gesamtspin 1, der rechte Zustand ist das Singulett. In allen Fällen sind die Spins zwar derart miteinander verkoppelt, dass die drei Vektoren s_1, s_2 und S komplanar sind, aber die absolute Richtung im Ortsraum ist vollständig unbestimmt. Unten der aus den drei Vektoren gebildete Rhombus für das Triplett.

in z-Richtung, aber ihre relative Orientierung ist unbestimmt, so dass der Gesamtdrehimpuls $\mathbf{J}$ und das Quadrat $\mathbf{J}^2$ nur mit einer Schwankungsbreite bestimmbar ist — das ist der ungekoppelte Fall —, oder der Gesamtdrehimpuls mitsamt seiner Projektion auf die z-Achse ist fix, da aber die beiden Teilmomente um die Achse von $\mathbf{J}$ präzedieren, weisen nun die beiden zueinander zu kombinierenden Drehimpulse eine Schwankungsbreite auf.

In jenem Fall sind die beiden Summanden $\mathbf{J}_1^2$ und $\mathbf{J}_2^2$ jeder für sich scharf messbar, und in der Basis der Eigenvektoren $|j_1, m_{j_1}\rangle$ und $|j_2, m_{j_2}\rangle$ sind beide diagonalisierbar.

Koppeln diese beiden Drehimpulse zu einem Gesamtdrehimpuls $\mathbf{J}$ resp. $\mathbf{J}^2$, sind diese beiden Summanden allerdings keine Eigenvektoren von $\mathbf{J}$. Quantenmechanisch bedeutet das, dass er in dieser Basis nicht diagonalisierbar ist.

Dies gelingt jedoch mit der unitären Basistransformation in die Eigenbasis $|J, M_J; j_1, j_2\rangle$. Die bei dieser Operation entstehenden Skalarprodukte sind die CLEBSCH-GORDAN-Koeffizienten.

Mit diesem Modell sind auch mehr als zwei Momente kombinierbar, indem der Summenvektor als ein Summand erfasst und zum dritten Moment dazugeschlagen wird usf.

9.11 Die Sommerfeldsche Feinstrukturkonstante

9.11.1 Spin-Bahn-Kopplung

Wir wollen uns nun mit einigen Auswirkungen des magnetischen Feldes beschäftigen, den internen und externen Feldern.

Zunächst das innere Magnetfeld im Wasserstoffatom. Wenn wir das Planetenmodell (Kern = Sonne im Zentrum, Elektron = Planet auf der Bahn) umkehren und im Ruhesystems des Elektrons den Kern kreisen lassen (Abbn. 9.15), dann erzeugt dieser nach BIOT-SAVART ein Magnetfeld am Punkt des Elektrons, das wiederum mit seinem magnetischen Moment in Wechselwirkung tritt.

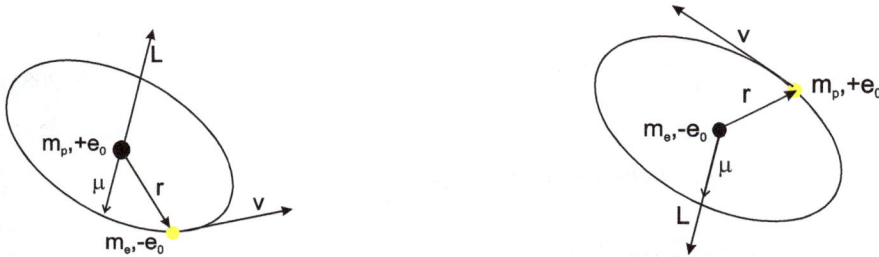

Abb. 9.15. Das Wasserstoffatom in der normalen und alternativen Perspektive. Lks.: Der schwere Kern wird vom leichten Elektron umkreist, re.: im Ruhesystem des Elektrons umkreist der schwere Kern das Elektron.

Im Ruhesystem des Elektrons gibt es bei einem Zentralfeld $\boldsymbol{E} = -\nabla\Phi = -\frac{Ze_0}{4\pi\varepsilon_0}\frac{\boldsymbol{r}}{r^3}$ das Magnetfeld

$$\begin{aligned} \boldsymbol{B} &= -\frac{\boldsymbol{v}\times\boldsymbol{E}}{c^2} \\ &= \frac{Ze_0}{4\pi\varepsilon_0 r^3 c^2}\boldsymbol{v}\times\boldsymbol{r}, \end{aligned} \tag{9.203}$$

das mit dem magnetischen Moment des Spins $\boldsymbol{\mu}_s = \frac{g_s\mu_B}{\hbar}\boldsymbol{S}$ und unter Beachtung der Gleichung für den Drehimpuls des Elektrons $\boldsymbol{L}_e = m_e\boldsymbol{v}\times\boldsymbol{r}$ in die Wechselwirkung

$$\begin{aligned} \Delta E_{\mathrm{SL}} &= \boldsymbol{\mu}_s\cdot\boldsymbol{B} \\ &= \frac{g_s\mu_B}{\hbar m_e c^2}\frac{1}{r}\frac{Ze_0}{4\pi\varepsilon_0 r^2}\boldsymbol{S}\cdot\boldsymbol{L} \end{aligned} \tag{9.204}$$

tritt. Diese Beziehung ist korrekt bis auf einen Faktor $^1/_2$, den sog. THOMAS-Faktor. THOMAS machte als erster darauf aufmerksam, dass das Ruhesystems des Elektrons gerade wegen seines Spins sich eben nicht in Ruhe befindet, sondern rotiert [71]. Das muss bei der LORENTZ-Rücktransformation in das Ruhesystem des Kerns beachtet werden, so dass wir mit $g_s = 2$ und $\mu_{\mathrm{B}} = \frac{e_0 \hbar}{2m_e}$ das numerische Resultat

$$\Delta E_{\mathrm{SL}} = \frac{Ze_0^2}{8\pi\varepsilon_0 m_e^2 c^2 r^3} \boldsymbol{S} \cdot \boldsymbol{L} \tag{9.205}$$

erhalten, oder besser strukturiert

$$\Delta E_{\mathrm{SL}} = \frac{e_0}{2m_e^2 c^2} \frac{1}{r} \frac{\mathrm{d}\Phi}{\mathrm{d}r} \boldsymbol{S} \cdot \boldsymbol{L} \tag{9.206}$$

erhalten. Als Operatorgleichung schreiben wir

$$\begin{aligned} \Delta \mathbf{H}_{\mathrm{SL}} &= \frac{e_0}{2m_e^2 c^2} \frac{1}{r} \frac{\mathrm{d}}{\mathrm{d}r} \frac{Ze_0}{r} \mathbf{S} \cdot \mathbf{L} \\ &= \frac{Ze_0^2}{8\pi\varepsilon_0 m_e^2 c^2} \frac{1}{r^3} \mathbf{S} \cdot \mathbf{L}, \end{aligned} \tag{9.207}$$

und finden für die Korrektur der ungestörten Eigenwerte

$$\Delta E_{\mathrm{SL}} = \frac{Ze_0^2}{8\pi\varepsilon_0 m_e^2 c^2} \frac{1}{r^3} \langle \mathbf{S} \cdot \mathbf{L} \rangle = \lambda_{\mathrm{SL}} \langle \mathbf{S} \cdot \mathbf{L} \rangle \tag{9.208}$$

mit λ_{SL} der sog. *Spin-Bahn-Kopplungskonstanten*.

9.11.2 Feinstruktur des Wasserstoffs

Um nun die korrigierten Eigenwerte zu bestimmen, haben wir zwei Aufgaben in Gl. (9.207.2) zu lösen. Als erstes muss das Integral

$$\int_0^\infty R_{nl}^*(r) \frac{1}{r^3} R_{nl} \, 4\pi r^2 \, \mathrm{d}r = \left\langle n, l \left| \frac{1}{r^3} \right| n, l \right\rangle \tag{9.209}$$

mit der Radialfunktion (9.52) gelöst werden, die wir durch die Zerlegung des HAMILTON-Operators abseparriert haben und deren DGl und ihre allgemeine Lösung im nächsten Kapitel untersuchen werden. Die Rechenvorschrift entnehmen wir dem BRONSTEIN mit dreimaliger Rekursion und erhalten [72]

$$\left\langle n, l \left| \frac{1}{r^3} \right| n, l \right\rangle = \left(\frac{1}{a_0} \right)^3 \frac{1}{n^3 l \left(l + \frac{1}{2} \right) (l+1)}, \tag{9.210}$$

wobei der Faktor $\frac{1}{a_0^3}$ mit den Konstanten aus Gl. (9.208) zu $\alpha^2 E_1$ wird mit α der Feinstrukturkonstanten und E_1 dem Eigenwert des LYMAN-Zustandes $|100\rangle$, so dass $E_n = n^2 E_1$, und wir für die Spin-Bahn-Kopplungskonstante

$$\lambda_{\mathrm{SL}} = -E_n \frac{(Z=1)^2 \alpha^2}{nl \left(1 + \frac{1}{2} \right) (l+1)} \tag{9.211}$$

erhalten. Dann müssen die Eigenwerte des Produkts $\mathbf{S} \cdot \mathbf{L}$ bestimmt werden. Quadrieren wir zunächst Gl. (9.180.2)

$$\mathbf{J} = \mathbf{L} + \mathbf{S}$$

und isolieren $\mathbf{S} \cdot \mathbf{L}$ zu

$$\mathbf{S} \cdot \mathbf{L} = \frac{1}{2} \left(\mathbf{J}^2 - \mathbf{L}^2 - \mathbf{S}^2 \right). \tag{9.212}$$

Das bedeutet, dass die Eigenfunktionen mit der Basis $|n, j, l, m, s\rangle$ zum Gesamtdrehimpuls $\mathbf{J} = \mathbf{L} + \mathbf{S}$ auch Eigenfunktionen von $\mathbf{S} \cdot \mathbf{L}$ sind, und die Eigenwert-Gleichung lautet

$$\mathbf{S} \cdot \mathbf{L} \left| n, l \pm 1, j_z, l, \frac{1}{2} \right\rangle = \frac{\hbar^2}{2} \left[j(j+1) - l(l+1) - s(s+1) \right] \left| n, l \pm 1, j_z, l, \frac{1}{2} \right\rangle. \tag{9.213}$$

Beispiel 9.3 Für ein s-Elektron mit $l = 0$ ist ΔE_{SL} Null, da die die große Klammer in Gl. (9.213) verschwindet, für ein p-Elektron mit $l = 1$ dagegen wird

- $j = 1 - \frac{1}{2} = \frac{1}{2} : [j(j+1) - l(l+1) - s(s+1)] = -(l+1) = -2,$
- $j = 1 + \frac{1}{2} = \frac{3}{2} : [j(j+1) - l(l+1) - s(s+1)] = +l = +1:$

es kommt also zu einer asymmetrischen Aufspaltung, und zwar ist die Absenkung für p-Zustände doppelt so groß wie deren Anhebung; für d-Zustände entsprechend $-60\,\%$ und $+40\,\%$ (Abb. 9.16). Da der $2p_{3/2}$-Term nach $2j + 1$ vierfach, der $2p_{1/2}$-Term aber nur doppelt entartet ist, bleibt der Linienschwerpunkt unverschoben liegen (Schwerpunktsatz).

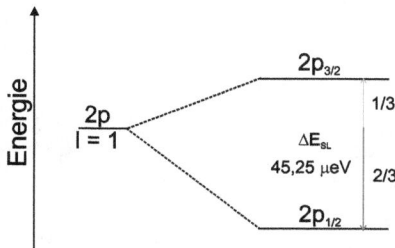

Abb. 9.16. Aufspaltung des $2p$-Niveaus durch Spin-Bahn-Kopplung. Die Aufspaltung ist asymmetrisch. Der $2p_{3/2}$-Term ist vierfach, der $2p_{1/2}$-Term ist doppelt entartet, womit der Schwerpunktsatz erfüllt wird.

Nun können wir mit $E_n = \frac{Z^2}{n^2} E_1$ [Gl. (2.73), $E_1 = 13,6$ eV] ganz einfach die Korrektur schreiben als

$$\Delta E_{\text{SL}}\left(l+\tfrac{1}{2}\right) = \frac{\lambda_{\text{SL}}}{2}l$$
$$= E_n \frac{Z^2\alpha^2}{2n\left(l+\tfrac{1}{2}\right)(l+1)}$$
$$= \frac{Z^4\alpha^2}{2n^3\left(l+\tfrac{1}{2}\right)(l+1)}E_1 \tag{9.214}$$

$$\Delta E_{\text{SL}}\left(l-\tfrac{1}{2}\right) = -\frac{\lambda_{\text{SL}}}{2}(l+1)$$
$$= -E_n \frac{Z^2\alpha^2}{2nl\left(l+\tfrac{1}{2}\right)}$$
$$= -\frac{Z^4\alpha^2}{2n^3l\left(l+\tfrac{1}{2}\right)}E_1. \tag{9.215}$$

- Die durch die Spin-Bahn-Wechselwirkung verursachte Zwillingsbildung der Spektrallinien ist um den Faktor α^2, größenordnungsmäßig also um einen Faktor 10^{-5}, kleiner als die Bindungsenergien, liegt also im Sub-meV-Bereich. Sie wird mit steigendem n und l kleiner und wächst quadratisch mit der Ordnungszahl. **Die Spin-Bahn-Kopplung ist folglich für schwere Atome von größerer Bedeutung als für leichte und mittelschwere Atome.** Setzt man den BOHRschen Radius a_0 und $n = 1$ an, erhält man nach Aufg. 2.35 eine Flussdichte von 13,2 T. Bei der BALMER-Serie mit Zielbahn $n = 2$ beträgt der Wert aber nur noch 0,2 T.

- Durch die Spin-Bahn-Kopplung wird die Drehimpulsentartung der SCHRÖDINGER-Gleichung für ein Einelektronensystem aufgehoben (s. Abschn. 12.4).

- Ein Übergang verlangt ein $\Delta l = \pm 1$, also für die H_α-Linie von $3\,^2\text{P}_{3/2} \rightarrow 2\,^2\text{S}_{1/2}$ oder $3\,^2\text{S}_{1/2} \rightarrow 2\,^2\text{P}_{1/2}$.

Experimentell findet man für die Aufspaltung des 2p-Zustandes in die beiden Terme $2\,^2\text{P}_{1/2}$ und $2\,^2\text{P}_{3/2}$ einen Wert von 45,25 μeV. Mit steigender Hauptquantenzahl nimmt die Aufspaltung ab. Z. B. ist der energetische Abstand der beiden Terme $3\,^2\text{P}_{1/2}$ und $3\,^2\text{P}_{3/2}$ nur mehr 13,39 μeV.

Wie wir an Aufg. 2.35 und den Überlegungen in diesem Abschnitt gesehen haben, sind die inneratomaren Magnetfelder von erheblicher Größenordnung. Und dennoch führen sie nur zu einer spektralen Aufspaltung, die in den meisten Spektrometern unsichtbar bleibt. Um in Konkurrenz zu diesen Magnetfeldern treten zu können, benötigt man folglich Flussdichten in der Gegend von mindestens einigen T. Aber dann wird dieser Effekt dominant.

9.12 Äußeres Magnetfeld

9.12.1 Zeeman-Effekt

Wirke nun ein äußeres Magnetfeld $\boldsymbol{B}_z$ auf das System, werden dessen magnetisches Moment und der Drehimpuls gestört, und es antwortet mit der in Abschn. 2.10 erstmals diskutierten Präzession, da der Drehimpuls sich nie parallel zum Feld stellen kann (Abbn. 9.17).

Nun setzen sich Drehimpuls und magnetisches Moment aber aus zwei Teilen zusammen. Die beiden durch den Bahndrehimpuls und durch den Spin erzeugten magnetischen Momente sind völlig unabhängig voneinander, und so können wir zwar für das Gesamtmoment mit der Gl. (9.180.2) $\boldsymbol{J} = \boldsymbol{L} + \boldsymbol{S}$ die Gleichung

$$\boldsymbol{\mu} = \gamma_j \boldsymbol{J}, \tag{9.216}$$

mit γ dem gyromagnetischen Verhältnis aus Gl. (2.108) aufstellen, aber der einfache Ersatz durch

$$\boldsymbol{\mu} = \gamma_{ms} \left(\boldsymbol{L} + \boldsymbol{S} \right) \tag{9.217}$$

scheitert daran, dass das magnetische Moment des Spins sich als genau doppelt so groß wie dasjenige des Bahndrehimpulses erweist. Das wird mit den beiden LANDÉ-Faktoren g_l und g_s dann so beschrieben

$$\begin{aligned} \boldsymbol{\mu} &= \boldsymbol{\mu}_{\text{Bahn}} + \boldsymbol{\mu}_{\text{Spin}} \\ &= \tfrac{\mu_{\text{B}}}{\hbar} \left(g_l \boldsymbol{L} + g_s \boldsymbol{S} \right) \end{aligned} \tag{9.218}$$

mit $g_l = 1$ und $g_s = 2$. Da der LANDÉ-Faktor des Spins ziemlich genau 2 beträgt, kompensiert er damit nahezu perfekt die Halbzahligkeit des Spindrehimpulses, so dass in erster Näherung Bahn und Spin die gleiche Energieaufspaltung erzeugen. Tatsächlich ist die Abhängigkeit des LANDÉ-Faktors von l bedeutend.

Während für beide Summanden gilt, dass Drehimpuls und magnetisches Moment über das gyromagnetische Verhältnis antiparallel zueinander stehen, gilt dies also nicht für den Summenvektor $\boldsymbol{J}$ und sein zugehöriges magnetisches Moment $\boldsymbol{\mu}$ (Abb. 9.17.2). Damit skaliert das gesamte magnetische Moment nicht mit dem Gesamtdrehimpuls $\boldsymbol{J}$; und das wiederum reagiert mit einer Präzessionsbewegung auf das externe magnetische Feld, was wir mit dem LANDÉ-Faktor g_j

$$\gamma_j = \frac{\mu_{\text{B}}}{\hbar} g_j \tag{9.219}$$

beschreiben, wozu die Frage nach dem g_j gelöst werden muss, also wiederum die Verkoppelung bzgl. der Vektoren $\boldsymbol{L}$, $\boldsymbol{S}$ und $\boldsymbol{J}$. Da es sich bei diesen Fragestellungen quantenmechanisch um Vektoroperatoren handelt, werden wir die Lösung im Vektormodell suchen.[7]

---

[7]Der dazu entsprechende quantenmechanische Ansatz ist das WIGNER-ECKART-Theorem; s. dazu [73].

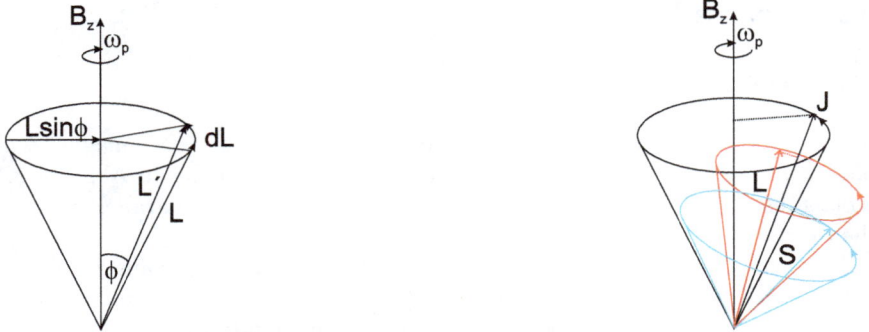

Abb. 9.17. Lks.: Im Magnetfeld weichen Drehimpuls und magnetisches Moment des Elektrons senkrecht zur Feldachse B_z mit einer Präzessionsbewegung aus. Re.: Für ein Elektron mit Bahndrehimpuls L_z von mindestens $1\hbar$ (kein s-Elektron) und nicht abgesättigtem Spin ($S_z = \frac{1}{2}\hbar$) kommt es zu einer Überlagerung der beiden Prżessionsbewegungen.

Wir haben dazu die Projektionen der Vektoren $\boldsymbol{L}$ und $\boldsymbol{S}$ auf die Achse des gemeinsamen Drehimpulsvektors $\boldsymbol{J}$ zu bestimmen, und dann dessen Projektion auf die Achse des einkomponentigen Magnetfeldes. Dazu erinnern wir uns an die Projektion eines Vektors. Danach ist für $\boldsymbol{L}$

$$\boldsymbol{L}_J = \frac{\boldsymbol{L} \cdot \boldsymbol{J}}{|\boldsymbol{J}|^2} \boldsymbol{J} = \alpha \boldsymbol{J} \tag{9.220}$$

und entsprechend für $\boldsymbol{S}$

$$\boldsymbol{S}_J = \frac{\boldsymbol{S} \cdot \boldsymbol{J}}{|\boldsymbol{J}|^2} \boldsymbol{J} = \beta \boldsymbol{J}. \tag{9.221}$$

Da nach Gl. (9.180.2) $\boldsymbol{J} = \boldsymbol{L} + \boldsymbol{S}$, können wir für das Quadrat

$$\begin{aligned} \boldsymbol{J}^2 &= \boldsymbol{L}^2 + \boldsymbol{S}^2 + 2\boldsymbol{S} \cdot \boldsymbol{L} \\ &= \boldsymbol{J}\,(\boldsymbol{S} + \boldsymbol{L}) \\ &= \boldsymbol{J} \cdot \boldsymbol{S} + \boldsymbol{J} \cdot \boldsymbol{L} \end{aligned} \tag{9.222}$$

schreiben. Die letzten beiden Skalarprodukte $\boldsymbol{J} \cdot \boldsymbol{S}$ und $\boldsymbol{J} \cdot \boldsymbol{L}$ gewinnen wir aus der Quadrierung von $\boldsymbol{L}$ und $\boldsymbol{S}$ zu

$$\left. \begin{aligned} \boldsymbol{S} \cdot \boldsymbol{J} &= \tfrac{1}{2}\left(\boldsymbol{J}^2 + \boldsymbol{S}^2 - \boldsymbol{L}^2\right) \\ \boldsymbol{L} \cdot \boldsymbol{J} &= \tfrac{1}{2}\left(\boldsymbol{J}^2 + \boldsymbol{L}^2 - \boldsymbol{S}^2\right) \end{aligned} \right\} \tag{9.223}$$

Damit wird schließlich (Aufg. 9.19)

$$g_j = \alpha + 2\beta$$
$$= \frac{3J^2 + S^2 - L^2}{|J^2|}. \tag{9.224}$$

Quantenmechanisch ersetzen wir als erstes die Quadrate der Vektoroperatoren durch die Eigenwerte, also j^2 durch $j(j+1)$ etc. zu

$$g_j = \frac{3j(j+1) + s(s+1) - l(l+1)}{2j(j+1)}$$
$$= 1 + \frac{j(j+1) + s(s+1) - l(l+1)}{2j(j+1)} \tag{9.225}$$

und sehen uns die Grenzfälle an. Für einen s-Zustand wird $l = 0$, und es folgt $g_s = 2$, für einen Zustand mit abgeschlossener Elektronenschale verschwindet s, und wir erhalten richtig $g_l = 1$. g_j wird also zusätzlich abhängig von l!

Damit schreiben wir den Störoperator in der $|l, s\rangle$-Basis mit

$$\mathbf{H}_1 = -(\boldsymbol{\mu}_l + \boldsymbol{\mu}_s) \cdot \boldsymbol{B}_z = -\frac{\mu_B}{\hbar} B_z (g_l \mathbf{L} + g_s \mathbf{S}) \tag{9.226}$$

und in der $|j, l, s\rangle$-Basis mit

$$\mathbf{H}_2 = -\boldsymbol{\mu}_j \cdot \boldsymbol{B}_z = -\frac{\mu_B}{\hbar} B_z g_j \mathbf{J}, \tag{9.227}$$

dessen Hauptdiagonalelemente in der Störungsrechnung 1. Ordnung gleich seinen Eigenwerten sind [s. Gl. (5.35)].

9.12.1.1 Nur Bahnmoment. In Gl. (9.226) fällt der Term $\boldsymbol{\mu}_s \cdot \boldsymbol{B}_z$ weg, und der Störoperator heißt vereinfacht

$$\mathbf{H}_1 = -\boldsymbol{\mu}_l \cdot \boldsymbol{B}_z = -\frac{\mu_B}{\hbar} B_z g_l \mathbf{L}_z \tag{9.228}$$

und erzeugt die Eigenwerte des Drehimpulses

$$\langle l, m_l | \mathbf{L}_z | l, m_l \rangle = m_l \hbar, \tag{9.229}$$

die zu den Eigenwerten der Energie

$$\Delta E_1 = \langle l, m_l | \mathbf{H}_1 | l, m_l \rangle = \mu_B g_l B_z m_l, \tag{9.230}$$

korrespondieren (Abbn. 9.18). Wir halten fest:

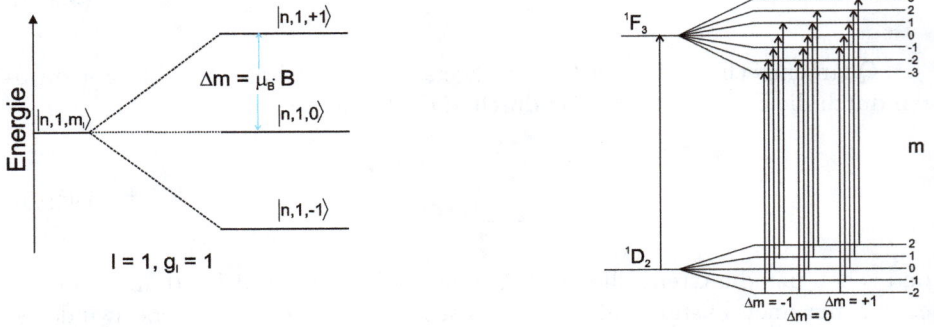

Abb. 9.18. Lks.: Bei Anlegen eines Magnetfeldes wird die Entartung der l-Zustände für $l \geq 1$ aufgehoben. Ein $2p$-Zustand spaltet in die drei Zustände mit $m = -1, 0$ und $m = +1$ auf. Die Aufspaltung ist proportional zur unaxialen Flussdichte B_z. Übergänge finden mit $\Delta m = \pm 1$ statt: normaler ZEEMAN-Effekt. Re.: Termschema für ZEEMAN-Übergänge in Absorption von einem ^{1}D- in einen ^{1}F-Zustand. Da die Zustände im gleichen Verhältnis aufspalten, beobachtet man nur drei Linien mit $\Delta m = -1, \pm 0, +1$; die äußeren Linien sind die σ-Linien, die innere Linie mit $\Delta m = 0$ ist die π-Linie.

- Die $(2l+1)$-fache Entartung des Drehimpulses wird durch ein externes Magnetfeld aufgehoben — wobei bei einem unaxialen Magnetfeld in z-Richtung j_z sensitiv ist,

- im Falle $l = 0$ für s-Elektronen fällt der Beitrag von m_l aus,

- im Falle $s = 0$ (abgesättigter Spin) fällt der Beitrag von s aus.

Übergänge sind danach nur zwischen den einzelnen Zuständen möglich. Ohne Spin finden wir also ein Energieleiter mit äquidistanten Stufen — so wie im Falle der Rotations- oder Schwingungsniveaus, die wir in den beiden letzten Kapiteln betrachteten mit Energiedifferenzen $\Delta E = \mu_B B_z g_l m_l$, zwischen denen Übergänge erlaubt sind. Quantenmechanisch findet man wie bei den Rotationsspektren die Auswahlregeln zu (Abschn. 11.2)

$$\Delta m_l = -1, 0, +1: \tag{9.231}$$

es sind also wiederum nur $2m_l + 1$ Einstellungen möglich (LEGENDREsche Polynome). Dieser Effekt heißt normaler ZEEMAN-Effekt.

Diese Energiedifferenz entspricht einer Differenz des Drehimpulses von $\pm 1 \cdot \hbar$ für ein rechtsdrehendes (CW, σ^+) oder linksdrehendes (CCW, σ^-) Photon. In jenem Fall finden Übergänge mit $\Delta m_l = +1$, in diesem Fall mit $\Delta m_l = -1$ statt. Da die Energiedifferenzen mit $\Delta E = \mu_B \cdot g_l \cdot B_z$ konstant sind, beobachtet man für jeden Übergang nur eine Linie.

9.12.1.2 Bahn- und Spinmoment. Es gibt zwar Zustände ohne Bahnmoment, nämlich die s-Zustände. Allerdings verlangen die Auswahlregeln für einen Übergang ein Δl von $+1$, so dass p-Zustände immer mit involviert sind (Abschn. 11.2).

Die Eigenwertgleichung heißt

$$\mathbf{H}_2^{-} |j, l, m_j\rangle = -\gamma B_z \mathbf{L}_z |j, l, m_j\rangle$$
$$= -\gamma B_z \hbar m_j |j, l, m_j\rangle, \qquad (9.232)$$

und die Eigenwerte der Störung in 1. Ordnung sind

$$\boxed{\Delta E_2 = \langle j, l, m_j| \mathbf{H}_2 |j, l, m_j\rangle = -\mu_B B_z g_j m_j, \qquad -j \le m_j \le +j.} \qquad (9.233)$$

Die Größe des Störoperators $\mathbf{H}_2$ wird von g_j bestimmt, zu dessen Bestimmung wir Gl. (9.225) verwenden. Da g_j zusätzlich von l abhängt, bedeutet das Werte für einen s-Zustand von 2, für einen p-Zustand entweder $g_{jl} = \frac{2}{3}$ für $j = \frac{1}{2}$ oder $g_{jl} = \frac{4}{3}l$ für $j = \frac{3}{2}$ (Abbn. 9.19).

Abb. 9.19. Wirken Bahn- und Spinmoment zusammen, kommt es zu einer l-Abhängigkeit des LANDÉ-Faktors, hier gezeigt für $l = 1$ und $j = \frac{1}{2}$ oder $j = \frac{3}{2}$.

Im Beispiel der Abb. 9.20 wird ein Übergang von $^2P_{1/2} \to {}^2S_{1/2}$ untersucht, etwa die Na D_1-Linie. Für den Grundzustand ergibt sich ein g_j-Wert von 2, für den Zielzustand ein solcher von $2/3$. In dieser Abbildung wird auch das Verhältnis der

Energien zwischen Aufspaltung und optischem Übergang zwischen den Termen überhöht dargestellt. Bei Na beträgt das Verhältnis der natürlichen Aufspaltung $(17\,\mathrm{cm}^{-1})$ zur Termdifferenz $(16\,939\,\mathrm{cm}^{-1})$ gerade 0,1 %.

Dies ist der anomale ZEEMAN-Effekt.

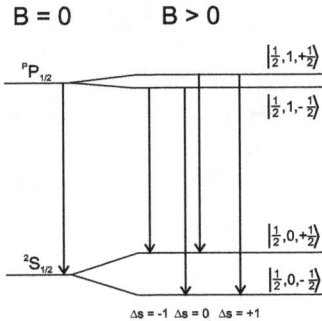

Abb. 9.20. Übergänge finden mit $\Delta m_j = -1, 0, +1, (\sigma^-, \pi, \sigma^+)$ statt: anomaler ZEEMAN-Effekt. Da die Stärke der Aufspaltung zusätzlich von g_{jl} abhängt, kommt es bereits in diesem einfachen Fall zu vier Linien.

9.12.2 Paschen-Back-Effekt

Wir haben den ZEEMAN-Effekt als Störung in 1. Ordnung durch das äußere Magnetfeld beschreiben können, weil die mit der Bahnbewegung des Elektrons assoziierten Magnetfelder bedeutend größer sind als die externen Magnetfelder. So beträgt im typischen Fall der D-Linien des Na die Aufspaltung in einen Zwilling 2,1 meV oder $17\,\mathrm{cm}^{-1}$, was Flussdichten des externen Magnetfelds von mehr als 50 T erfordern würde. Da die Kopplungskonstante nach den Gln. (9.214/215) mit Z^4 empfindlich von der Ordnungszahl abhängt, ist erneut Wasserstoff der erste Kandidat gewesen, um mit starken externen Magnetfeldern die LS-Kopplung der Elektronen aufzubrechen. Im Rahmen seiner lebenslang andauernden Plasmaforschung entdeckten PASCHEN und sein Mitarbeiter BACK 1912 den nach ihnen benannten Effekt.

Im Gegensatz zu den linienreichen Spektren des anomalen ZEEMAN-Effekts werden bei Anwendung eines sehr starken Magnetfelds die Spektren wieder bedeutend übersichtlicher. Dies liegt daran, dass die Bahndrehimpuls und Spin nicht mehr gekoppelt sind, sondern tatsächlich in verschiedenen Räumen agieren. Die Quantenzahl j ist nun keine „gute" Quantenzahl mehr; und daher verwenden wir wieder die Basis $\{\,|l, s, m_l, m_s\rangle\,\}$. Für das magnetische Moment können wir daher unmittelbar mit Gl. (9.218)

$$\boldsymbol{\mu} = \boldsymbol{\mu}_{\mathrm{Bahn}} + \boldsymbol{\mu}_{\mathrm{Spin}}$$
$$= \tfrac{\mu_{\mathrm{B}}}{\hbar}\left(g_l \boldsymbol{L} + g_s \boldsymbol{S}\right)$$

beginnen, womit der Störoperator, wieder mit dem Magnetfeld $\boldsymbol{B} \parallel \boldsymbol{z} = \mathrm{B}_z$,

$$\mathbf{H}_z = \frac{\mu_B}{\hbar}\,(g_l \mathbf{L} + g_s \mathbf{S}) \cdot \mathbf{B}_z \tag{9.234}$$

wird mit den Eigenwerten

$$\begin{aligned}\Delta E_z &= \langle n, l, s, m_l, m_s \,|\mathbf{H}_z|\, n, l, s, m_l, m_s \rangle \\ &= \mu_B B_z \hbar (g_l m_l + g_s m_s).\end{aligned} \tag{9.235}$$

Da g_s genau doppelt so groß wie g_l ist, wird die nur halb so starke Aufspaltung wegen des halbzahligen magnetischen Spinmoments zum magnetischen Bahnmoment exakt kompensiert, und es resultiert eine Verdoppelung der Niveaus (hier ist das mittlere Niveau doppelt entartet), so dass aus einem p-Zustand mit $l = 1$ kein Sextett, sondern ein Quintett entsteht (Abb. 9.21). Ist der Ausgangszustand ein s-Zustand (doppelt aufgespalten), resultiert mit $\Delta m_l = 0, \pm 1$ und der alles dominierenden Auswahlregel $\Delta m_s = 0$ ein Sextett. Da aber jeweils zwei Übergänge energetisch gleich sind, wird ein Triplett beobachtet.

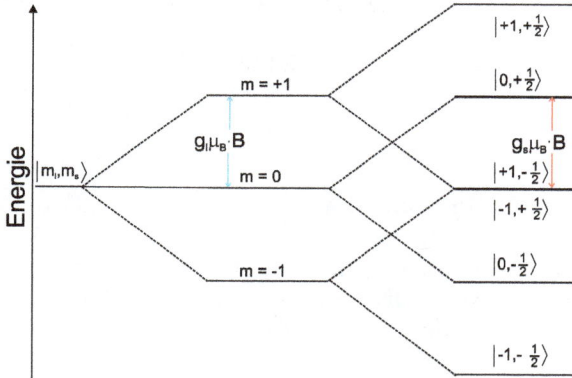

Abb. 9.21. PASCHEN-BACK-Effekt: im starken Magnetfeld werden Bahn- und Spinmoment entkoppelt. Wegen $g_s = 2g_l$ wird das halbzahlige magnetische Spinmoment dem magnetischen Bahnmoment äquivalent, und es wird ein Triplett beobachtet.

9.13 Hundsche Regeln und Termbezeichnungen

Die eben durchgeführte hochauflösende Analyse des Wasserstoffatoms und die der nach dem Wasserstoffatom einfachsten Alkalimetallspektren legt also die Annahme nahe, dass die Termschemata mit ihrer Feinaufspaltung und ihren Multiplizitäten am einfachsten damit zu interpretieren wären, dass der Gesamtdrehimpuls $\boldsymbol{J}$ durch Addition der vorher separat vektoriell aufaddierten Werte von Bahndrehimpuls $\boldsymbol{L}$ und Spin $\boldsymbol{S}$ entsteht, also $\boldsymbol{J} = \boldsymbol{L} + \boldsymbol{S}$ in Gl. (9.179), was wir ja auch auf die Operatoren in Gl. (9.180.2) mit

$$\mathbf{J} = \mathbf{L} + \mathbf{S}$$

übertrugen. Das bedeutet, dass in der sog. RUSSELL-SAUNDERS-Kopplung zunächst die Bahndrehimpulse und Spins separat addiert und dann zusammengezählt werden, wobei abgeschlossene Schalen wegen der Ausgewogenheit von positivem und negativem Drehimpuls unter dem Strich nichts beitragen — eine Näherung, die für leichte und mittelschwere Atome bis incl. der zweiten Übergangsmetallreihe mit Mo und Ag gilt, und die deswegen auch *LS*-Kopplung heißt:

$$\mathbf{L} = \sum_{-(n+1)}^{n-1} \mathbf{m}_l$$
$$\mathbf{S} = \sum_{-(2l+1)}^{2l+1} \mathbf{s}_i \tag{9.236}$$
$$\mathbf{J} = \mathbf{L} + \mathbf{S}.$$

Für die schweren Atome ab der 3. Übergangsmetallreihe (ab Hafnium) dominiert dagegen nach Gl. (9.215.3) die Spin-Bahn-Kopplung derart, dass die *LS*-Kopplung falsch wird. Man muss die individuellen Momente l_i und s_i zusammenrechnen und vektoriell zusammenzählen: *jj*-Kopplung.

9.13.1 Hundsche Regeln

Die HUNDschen Regeln betreffen die Priorität des Einbaus in Zustände mit gleicher Hauptquantenzahl n. Wegen des Energieprinzips werden die Elektronen in Zustände mit wachsendem n eingebaut. In jede „Schale" passen $Z = 2n^2$ Elektronen, darunter diskriminiert die Nebenquantenzahl l mit $2l + 1$ Zuständen (Unterschalen). Jeder dieser Zustände kann mit zwei Elektronen alternativen Spins belegt werden.

Nach FRIEDRICH HUND werden die Elektronen in die Atome nun in dieser Hierarchie eingefüllt:

1. Stehen in der Unterschale mehrere entartete Zustände zur Auswahl, hat die Konfiguration mit der größten Multiplizität die niedrigste Energie. Die Vorgehensweise ist also derart, dass die Zustände zunächst mit je einem Elektron gefüllt werden, so dass der Gesamtspin $\mathbf{S}$ eben maximal wird. Dann wird die gleiche Anzahl von Elektronen hineingeben. Ist die Subschale gefüllt, ist $\mathbf{S}$ wieder Null.

2. Der Zustand mit dem größten Gesamt-Bahndrehimpuls hat die niedrigste Energie.

3. Der Gesamtdrehimpuls $\mathbf{J}$ errechnet sich nach

   - Für die Besetzung von 1 bis 1 unter halbvoll ($Z < 2l+1$), ist $\mathbf{J} = \mathbf{L} - \mathbf{S}$.
   - Ist $Z > 2l + 1$, gilt $\mathbf{J} = \mathbf{L} + \mathbf{S}$.

- Ist $Z = 2l + 1$, ist $\mathbf{L} = 0$, $\mathbf{J} = \mathbf{S}$.

Die ersten beiden Regeln sind rein elektrostatischer Natur, nur die dritte beruht auf *Spin-Bahn-Kopplung* und ist damit ein relativistischer Effekt. So ist die repulsive elektrostatische Wechselwirkung der Elektronen untereinander geringer, wenn sie sich in zueinander orthogonalen Bahnfunktionen befinden als in derselben, so dass umgekehrt diese Wechselwirkung eine parallele Ausrichtung zur Folge hat. Wenn die Elektronen sich im Uhrzeigersinn (CW) bewegen, so sind sie weiter voneinander entfernt, als wenn sie sich sowohl im wie gegen den Uhrzeigersinn (CW) + (CCW) gegeneinander bewegen. Also wird bis zur Halbfüllung entweder von $\ominus$ hoch- oder von $\oplus$ heruntergezählt. Bei den d-Zuständen bedeutet das also diese Richtung $-2, -1, 0, +1, +2$ oder umgekehrt. Wie wir im Abschn. 2.2 gesehen haben, spürt ein sich mit der Geschwindigkeit $\boldsymbol{v}$ in einem $\boldsymbol{E}$-Feld bewegendes Elektron in der Ordnung $\frac{v}{c}$ eine LORENTZ-Kraft $e_0 \boldsymbol{v} \times \boldsymbol{B} = \frac{e_0}{c} \boldsymbol{v} \times \boldsymbol{E}$. Da die Geschwindigkeit des Elektrons im Atom etwa 1 % der Lichtgeschwindigkeit beträgt, liegt die Spin-Bahn-Kopplung in diesem Bereich.

9.13.2 Spektroskopische Regeln

- Eine volle Schale liefert spektroskopisch ein Singulett, da nur ein Übergang aus diesem Zustand möglich ist. Dafür ist es egal, ob der Spin $\uparrow$ oder $\downarrow$ ist.

- Jede nicht volle Schale liefert wegen der Spin-Bahn-Kopplung ein Multiplett, da die Energie des Übergangs geringfügig von der Nachbaralternative differiert.

- Der Name dieses Multipletts wird durch die Zahl der energetisch dicht benachbarten Spektrallinien bezeichnet. Zwei gleiche Elektronen parallelen Spins liefern ein Triplett, fünf gleiche (halbbesetzte d-Schale) ein Sextett, allgemein $g = 2S + 1$.

- Die Notation für das Termsymbol folgt derjenigen der Bezeichnung der Hauptschalen in aufrechten Großbuchstaben, also statt $0, 1, 2, 3, 4$ schreiben wir S, P, D, F, und die Gesamtanordnung ist

$$n\ ^{2S+1}\mathrm{L}_J \tag{9.237}$$

mit n der Hauptquantenzahl, die oft weggelassen wird. Drehimpuls und Spin selbst errechnen sich natürlich durch Multiplikation mit $\hbar$ bzw. $\frac{1}{2}\hbar$.

Beispiel 9.4 Diese Beispiele gelten für das Element, ermittelt im Funken- oder Bogenspektrum. Für Ionen gelten im Prinzip andere Elektronenkonfigurationen, im Prinzip deswegen, weil etwa die Na-D-Linie (Dublett!) nur im dampfförmigen Natrium beobachtbar sein sollte (Natriumdampfflampe). Tatsächlich wird sie aber bereits beim Hineingeben von NaCl in eine Kerzenflamme angeregt, was beweist, dass die Bindung im ja oft als Prototyp der ionischen Bindung verwendeten Steinsalz keinesfalls eine Ionizität von 100 % aufweist.

- Für Li mit drei Elektronen wird erst die $1s$-Schale mit zwei Elektronen befüllt, bevor das dritte in die $2s$-Schale eingesetzt wird, der s-Zustand hat ein l von 0, also $\mathbf{L} = 0$, das Elektron hat ein $\mathbf{S}$ von $\frac{1}{2}$, also Termsymbol $^2S_{1/2}$.

- Für N mit einer Elektronenkonfiguration von [He] $2s^2\,2p^3$ bedeutet das ein $\mathbf{L}$ von 0 $(-1 + 0 + 1 = 0)$ und ein $\mathbf{S}$ von $\frac{3}{2}$ $(\frac{1}{2} + \frac{1}{2} + \frac{1}{2}$ also Quartett), was ein Termsymbol von $^4S_{3/2}$ ergibt, da $J = 0 + S$.

- Für den benachbarten O mit einer Elektronenkonfiguration von [He] $2s^2\,2p^4$ bedeutet das ein $\mathbf{L}$ von 1 $(0 + 1 = 1)$ und ein $\mathbf{S}$ von $\frac{2}{2}$ $(-\frac{1}{2} + \frac{1}{2} + \frac{1}{2} + \frac{1}{2}$, also Triplett), was ein Termsymbol von $^3P_2$ ergibt, da $J = 1 + 1$.

- Für Na mit einer Elektronenkonfiguration von [Ne] $3s^1$ ist $\mathbf{L}$ gleich 0, das einsame Elektron liefert ein Dublett mit $2S + 1$, Termsymbol $^2S_{1/2}$.

- Cr mit der Elektronenkonfiguration von [Ar] $4s^2\,3d^4$ hat ein $\mathbf{L}$ von 2 $(2 + 1 + 0 - 1 = 2)$, ein $\mathbf{S}$ von 2 $(\frac{1}{2} + \frac{1}{2} + \frac{1}{2} + \frac{1}{2} = 2$, also Quintett) und ein $\mathbf{J}$ von 0, da $J = 2 - 2$ wegen Unterhalbbesetzung der d-Schale, damit ein Termsymbol von $^5D_0$.

- Mn mit der Elektronenkonfiguration von [Ar] $4s^2\,3d^5$ hat ein $\mathbf{L}$ von 0 $(2 + 1 + 0 - 1 - 2 = 0)$, ein $\mathbf{S}$ von $\frac{5}{2}$ $(\frac{1}{2} + \frac{1}{2} + \frac{1}{2} + \frac{1}{2} + \frac{1}{2} = 2\frac{1}{2}$, also ein Sextett) und ein $\mathbf{J}$ von 0, da $J = 2 - 2$ wegen Unterhalbbesetzung der d-Schale, Termsymbol: $^6S_{5/2}$.

- Fe mit der Elektronenkonfiguration von [Ar] $4s^2\,3d^6$ hat ein $\mathbf{L}$ von 2 $(1 + 0 - 1 - 2 = -2)$, ein $\mathbf{S}$ von 2 $(\frac{1}{2} + \frac{1}{2} + \frac{1}{2} + \frac{1}{2} = 2$, also Quintett) und ein $\mathbf{J}$ von 4, da $J = 2 + 2$ wegen Überhalbbesetzung der d-Schale, Termsymbol $^5D_4$.

9.14 Rotationen zweiatomiger Moleküle

Im Gegensatz zu Atomen besitzen Moleküle zusätzlich Freiheitsgrade der Rotation. Zur Betrachtung derartiger Rotationsbewegungen gehen wir ganz allgemein davon aus, dass ein dreidimensionaler Körper drei Hauptträgheitsachsen aufweist. Besitzt das Molekül eine Symmetrieachse beliebiger Ordnung, liegt der Schwerpunkt auf dieser Achse, mit der auch eine der Hauptträgheitsachsen zusammenfällt — die beiden anderen stehen senkrecht auf dieser. Bei einem zweiatomigen Molekül liegen die Atome natürlich auf einer Geraden, die als eine Trägheitsachse x_3 ausgezeichnet wird, und die beiden anderen Hauptträgheitsmomente fallen zusammen:

$$I_1 = I_2 = \sum_i m x_3^2; I_3 = 0 \qquad (9.238)$$

Dieses Molekül hat nur zwei Freiheitsgrade der Rotation, die Drehungen um die x_1- und x_2-Achse entsprechen, denn eine Rotation einer Geraden um sich selbst ist sinnlos.

Der Drehimpuls eines derartigen Systems ist dann

$$L = I\omega = \sum_i m_i a_i^2 \left(\frac{v_i}{a_i} \right) \qquad (9.239)$$

mit a_i den Abständen der Kerne von der jeweiligen Drehachse, und seine kinetische Energie gleich der Gesamtenergie (wegen der freien Wählbarkeit der potentiellen Energie wird diese auf Null gesetzt):

$$E = T = \frac{1}{2} m_0 a^2 \dot{\varphi}^2 \Rightarrow p_\varphi = \frac{\partial T}{\partial \dot{\varphi}} = m_0 a^2 \dot{\varphi} = I\dot{\varphi} \qquad (9.240)$$

Die Eigenwerte ergeben sich zu

$$E_l = \underbrace{\frac{\hbar^2}{2m_0 a^2}}_{B} l(l+1), \qquad (9.241)$$

wobei B die Rotationskonstante bezeichnet und die Eigenfunktionen zugeordnete Kugelfunktionen sind (LEGENDRE-Polynome). Die Energie des Rotators hängt von der Nebenquantenzahl l ab. Die Magnetquantenzahl m, die die Projektion des Drehimpulses L auf die z-Achse charakterisiert (Abb. 9.22), geht in den Ausdruck für E_l nicht ein. Jedoch hängen die den Eigenwerten E_l entsprechenden Eigenfunktionen

$$Y_l^m(\vartheta, \varphi) = \Theta_l^m \Phi_m = C_l^m P_l^m(\cos\vartheta) e^{im\varphi} \qquad (9.242)$$

von m ab. Weil m von $-l$ bis $+l$ incl. Null läuft, entsprechen jedem Eigenwert von l $2l + 1$ orthogonale Eigenfunktionen.

9.15 Rotationsspektroskopie

Das Rotationsspektrum ist wie das Schwingungsspektrum ein Bandenspektrum, das aus einer Vielzahl dicht nebeneinander liegender Linien besteht. Allerdings liegt sein Beobachtungsbereich im fernen IR mit Wellenlängen zwischen 100 und 300 μm, dem sog. Ultrarot. Aus dem Abstand der Linien kann man das Trägheitsmoment des Moleküls bestimmen.

Wird ein reines Rotationsspektrum aufgenommen, dann sind auch hier — wie bei den Schwingungsspektren — nur Übergänge zwischen benachbarten

Energieniveaus „erlaubt". Die Auswahlregeln ergeben sich zu $\Delta l = \pm 1$ und (Abschn. 11.2.4)

- $\Delta m = 0$;

- $\Delta m = -1$ [rechte (CW) Rotation];

- $\Delta m = 1$ [linke (CCW) Rotation].

Mit den Auswahlregeln lassen sich alle möglichen Emissions- oder Absorptionsfrequenzen des Rotators mit

$$\left. \begin{array}{l} \omega_{ll'} = \frac{\hbar}{2I}\left((l+1)(l+2) - l(l+1)\right) = \frac{\hbar^2}{2I}\left(2(l+1)\right), \\[2mm] \omega_{ll'} = \frac{\hbar}{2I}\left(l(l+1) - (l+1)(l+2)\right) = -\frac{\hbar^2}{2I}\left(2(l+1)\right) \end{array} \right\} \tag{9.243}$$

ermitteln. Obwohl die Energieabstände mit größerem J größer werden, gilt für die Energie zwischen zwei Zuständen

$$\begin{array}{ll} \Delta E = 2\hbar B(J+1) & \text{(Absorption)} \\ \Delta E = 2\hbar B J & \text{(Emission)}. \end{array} \tag{9.244}$$

Die Energiedifferenzen wachsen linear an, und man erhält ein äquidistantes Linienspektrum. Da $B \propto 1/I$ ist, wird der Linienabstand umso größer, je kleiner I ist (Abb. 9.22).

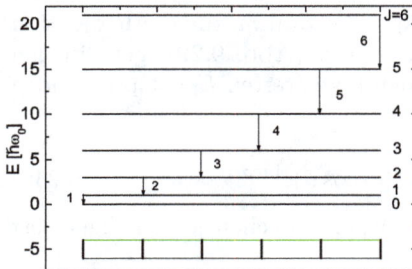

Abb. 9.22. Das Emissionsspektrum eines zweiatomigen Moleküls, idealisiert als „starrer" Rotator. Oben die Übergänge zwischen den linear zunehmenden Termen, unten das Spektrum mit äquidistanten Linien.

9.16 Oszillierender Rotator

Schwingungen werden im nahen IR angeregt, das sehr viel günstiger liegt als das ferne Ultrarot reiner Rotationsspektren. Da die energetischen Distanzen hier um etwa drei Größenordnungen größer sind, werden Rotationen meist mit angeregt (Abb. 9.23, Tab. 9.4).

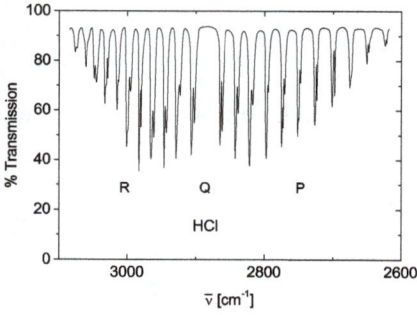

Abb. 9.23. Das Absorptionsspektrum von HCl im nahen IR-Bereich. Man erkennt einen hochfrequenten Flügel mit engen Distanzen zwischen den Rotationsbanden (R-Zweig) und einen tieffrequenten mit weiten Distanzen (P-Zweig). Der Q-Zweig ist nicht existent.

Tabelle 9.4. Energiebereiche und Besetzungszahlverhältnisse für verschiedene Spektroskopiemethoden.

Spektroskopie-methode	ΔE	$\Delta E / k_\mathrm{B} T$	Spektral-bereich	N_1 / N_0
Elektronen-anregung	$10^{-19} -$ 10^{-18} J $1 - 10$ eV	10^3	UV/VIS $100 - 1\,000$ THz $200 - 800$ nm	10^{-400}
Schwingung	$10^{-20} -$ 10^{-22} J $4\,000 -$ 100 cm^{-1}	$0{,}1 - 10$	IR $2 - 40$ μm	$10^{-5} -$ 10^{-3}
Rotation	$10^{-24} -$ 10^{-23} J	10^{-2}	$1 - 10$ GHz	$0{,}99$

Das bedeutet, dass in der harmonischen Näherung die Schwingungsterme modifiziert werden durch Addition oder Subtraktion der Rotationsterme, und man erhält für Addition den *R*-Zweig und für Subtraktion den *P*-Zweig:

$$
\begin{aligned}
\text{R-Zweig: } \overline{\varepsilon_{v,\,J}} &= \overline{\omega_\mathrm{e}}\left(v + \tfrac{1}{2}\right) + \overline{B} J(J+1) \\
\text{P-Zweig: } \overline{\varepsilon_{v,\,J}} &= \overline{\omega_\mathrm{e}}\left(v + \tfrac{1}{2}\right) - \overline{B} J(J+1)
\end{aligned}
\tag{9.245}
$$

und da sich bei Kopplung der beiden Spektroskopiemethoden m ändern muss, fällt der direkte Übergang, als *Q*-Zweig bezeichnet, meist aus!

Die Intensitäten der Banden hängen wesentlich von den Besetzungszahlen der Rotationsniveaus ab, die sich im thermischen Gleichgewicht für ein Zweiniveau-System nach

$$\frac{N_J}{N_0} = (2J+1)e^{-\frac{BJ(J+1)}{k_B T}} \tag{9.246}$$

bestimmt. Hat man mehrere Zustände, die angeregt sind, dann muss der Nenner durch die Zustandssumme nach

$$f_J = \frac{(2J+1)e^{-\frac{BJ(J+1)}{k_B T}}}{\sum_J (2J+1)e^{-\frac{BJ(J+1)}{k_B T}}} \tag{9.247}$$

ersetzt werden. Für die beiden Gase H_2 und O_2 ist dies in der Abb. 9.24 dargestellt. Aufgetragen sind die Besetzungsverhältnisse der ersten fünf Rotationsniveaus mit der Multiplizität $2J+1$. Wegen der um einen Faktor 16 kleineren Masse des H_2-Moleküls und der deutlich geringeren Bindungslänge ist der Wert der Rotationskonstanten $B(H_2)$ um einen Faktor 33,5 gegenüber dem Wert von $B(O_2)$ erhöht, was zu einer wesentlich früheren Sättigung auch höherer Niveaus in O_2 Anlass gibt. Man sieht sehr schön am Diagramm des O_2-Moleküls, dass

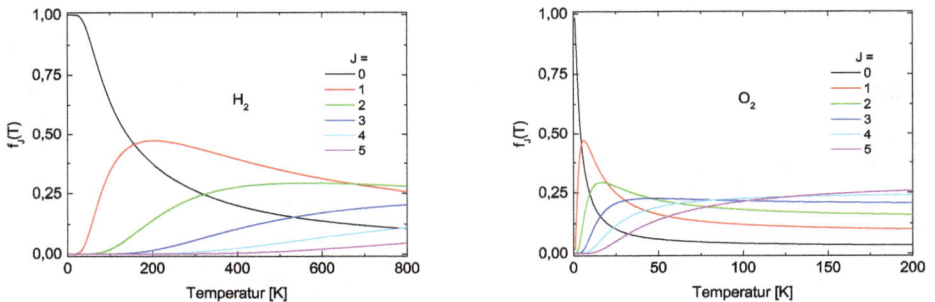

Abb. 9.24. Besetzungsverhältnis der ersten fünf Rotationsniveaus für H_2 und O_2 nach Gl. (9.247). Die Multiplizität der Zustände wird mit $2J+1$ berücksichtigt.

bereits bei 200 K sich die Besetzungsverhältnisse der ersten Niveaus auf einen Endwert eingependelt haben. Daher kann man für die schwereren Moleküle die Exponentialfunktion linearisieren. Für kleine J ist $BJ(J+1) \ll k_B T \Rightarrow N_J \approx (2J+1)N_0$, also eine Gerade mit der Steigung $2N_0$, für große J ergibt sich dagegen ein exponentieller Abfall.

Wegen des Ausfalls des sog. 0-0-Übergangs zeigen Rotations-Schwingungs-Spektren eine ausgesprochene Busenkurve, die sog. BJERRUMsche Doppelbande — in Abb. 9.23 bereits erkennbar, in Abb. 9.25 überhöht dargestellt.

Bei größeren J werden zwei entgegengesetzt gerichtete Kräfte bedeutsam:

- Zentrifugalkraft $F = m\omega^2 r$;
- Rückstellkraft $F = k(r - r_0)$.

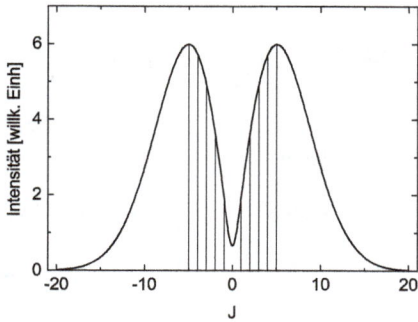

Abb. 9.25. BJERRUMsche Doppel-bande. Eingetragen sind die er-sten Rotationslinien des P- und des R-Zweiges. Der Q-Zweig mit $\Delta J = 0$ fehlt.

Dadurch werden die Energie-Eigenwerte modifiziert:[8]

$$E_J = BJ(J+1) - DJ^2(J+1)^2 \qquad (9.248)$$

Die Trägheitskräfte bei hohen J bringen fast keine Veränderung von B. Es ändert sich aber das Trägheitsmoment ganz entscheidend, wenn der Abstand r durch eine Schwingung vergrößert wird, und wir schreiben das

$$\overline{B} \to \overline{B_v} = \overline{B_e} - \alpha_e \left(v + \frac{1}{2}\right), \qquad (9.249)$$

mit $\overline{B_e}$ als $\overline{B}$ im Potentialminimum. Da α meist positiv ist, wird $\overline{B}$ im angeregten Zustand deutlich kleiner als im Grundzustand. Das bedeutet für die beiden Zweige

$$
\begin{aligned}
\overline{\omega_R} &= \overline{\omega_e} + \overline{B'}[(J+1)(J+2)] - \overline{B''}[J(J+1)], \\
&= \overline{\omega_e} + (\overline{B'} - \overline{B''})J^2 + (3\,\overline{B'} - \overline{B''})J + 2\,\overline{B'}, \\
\overline{\omega_P} &= \overline{\omega_e} + \overline{B'}[(J-1)J)] - \overline{B''}[J(J+1)], \\
&= \overline{\omega_e} - (\overline{B'} + \overline{B''})J^2 + (\overline{B'} - \overline{B''})J.
\end{aligned}
\qquad (9.250)
$$

Der R-Zweig wird gestaucht, der P-Zweig wird gedehnt, und es kann vorkommen, dass der P-Zweig den R-Zweig überholt, was zu einem sog. *Bandenkopf* bei Elektronenanregungsspektren führt.

---

[8] Dieser Effekt spielt nur bei hohen J eine Rolle.

9.17 Antisymmetrieprinzip I

Die Rotations-Eigenfunktionen wechseln ihren Symmetrietyp gemäß der Zuordnung von Θ_l^m alternativ beim Hochzählen:

- J oder $l = 0$: s-Zustand: gerades J, l: symmetrische Eigenfunktion,

- J oder $l = 1$: p-Zustand: ungerades J, l: antisymmetrische Eigenfunktion,

- J oder $l = 2$: d-Zustand: gerades J, l: symmetrische Eigenfunktion.

Für homonukleare Moleküle wie O_2 oder H_2, die elektronisch angeregt werden, ergibt sich daraus eine überraschende Konsequenz. In Hochauflösung wird eine sog. *Hyperfeinstruktur* der Elektronenbanden beobachtet, die Wellenfunktion der Elektronen koppelt mit der der Kerne.

Für Fermionen muss die Gesamtwellenfunktion antisymmetrisch sein, für Bosonen symmetrisch [s. Gl. (9.159), Abschn. 12.1/2]. Z. B. ist das O_2-Molekül ein Boson, wenn es aus den beiden Isotopen $^{16}_{8}O$ besteht, das H_2-Molekül besteht aus zwei Fermionen. Dieser Zusammenhang zwischen Spin $1/2$ oder Spin 1 und der Symmetrie der Wellenfunktion wurde in zwei bahnbrechenden Arbeiten von FIERZ und PAULI in den Jahren 1939 und 1940 mit der relativistischen Quantenmechanik bewiesen und ist als *Spin-Statistik-Theorem* bekannt — nachdem die Existenz des Spins und dessen Dominanz für die Elektroneneigenschaften seit 1926 feststand [74, 75].

Die Spins der beiden Wasserstoffatome können jetzt parallel oder antiparallel sein; damit ist die Kern-Funktion entweder symmetrisch oder antisymmetrisch. Sind die Spins parallel, spricht man von *ortho*-Wasserstoff (Triplett), in diesem Fall vom *para*-Wasserstoff (Singulett), im folgenden in der Formel als Präfix o- resp. p-H_2 bezeichnet. Weil das Wasserstoffmolekül aber aus Kernen besteht, nämlich einfachen Protonen, die zur Klasse der Fermionen gehören, muss die Gesamtwellenfunktion

$$\psi_{\text{rot}} = \psi_{\text{Kerne}} \cdot \Theta_l^m \Phi_m \qquad (9.251)$$

antisymmetrisch sein. Da die Rotationsfunktionen Kugelfunktionen sind, die in der Hierarchie von unten mit $l = 0$ mit einer geraden Funktion beginnen, kann also der *ortho*-Wasserstoff nicht in den Grundzustand mit $J = 0$ gehen, sondern nur der *para*-Wasserstoff, der also die energieärmere Modifikation darstellt. Dies ist modellhaft in Abb. 9.26 dargestellt.

Der nächste besetzbare Zustand ist von diesem aber um $\Delta J = 2$ verschieden, entsprechend beim *ortho*-Wasserstoff von $J = 1 \rightarrow J = 3$. Und Übergänge sind entsprechend der Auswahlregel $\Delta l = \pm 1$ nicht mit dieser Auswahlregel vereinbar. Daher sind in homonuklearen Molekülen und Molekülen mit Inversionszentrum, d. h. fehlendem Dipolmoment, weder permanent noch induziert, reine Rotationsspektren eigentlich unmöglich. Aber gerade durch die Kopplung von Elektronen-

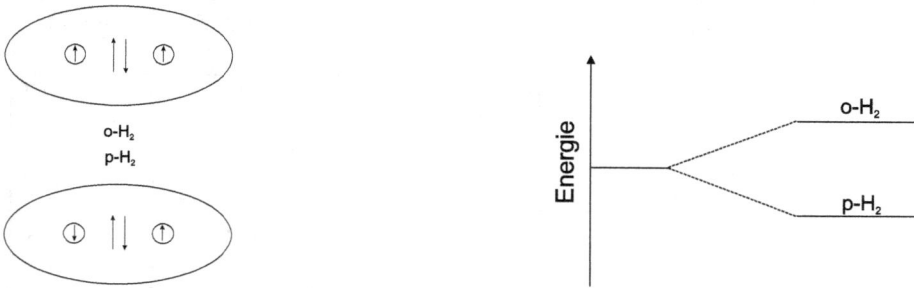

Abb. 9.26. U.lks.: Zwischen Elektron ① und Kern ① finde eine Hyperfein-Wechselwirkung statt, die zu antiparallelen Spins führt. Die die Bindung im H_2-Molekül vermittelnden Elektronen müssen nach dem PAULI-Prinzip einen antiparallelen Spin aufweisen. Also weist das andere Elektron alternativen Spin auf und befindet sich wegen der COULOMB-Abstoßung zum Elektron ① vorzugsweise am Kern ②, der seinerseits eine zu diesem Elektron alternative Spinorientierung aufweisen wird: p-H_2. O.lks.: o-H_2 weist parallele Kernspins auf. Re.: Dies ist im einfachsten Energieschema dargestellt. Die gerade Kernkonfiguration gehört zum energiereicheren, die ungerade Kernkonfiguration dagegen zum energieärmeren Zustand. *Die Kernspins sind über die Elektronenspins verkoppelt.*

und Kernspins kann dennoch eine Anregung stattfinden; auch Elektronenspektren weisen eine Feinstruktur auf. Da bei RT das Verhältnis der beiden Typen entsprechend der Multiplizität der Kernspins Triplett zu Singulett eben 3 : 1 für den *ortho*-Wasserstoff beträgt, resultiert für das Mengenverhältnis der beiden Spezies nach der erweiterten Gl. (9.246)

$$\frac{N_{ortho}}{N_{para}} = \left(\frac{3}{1}\right) \frac{\sum\limits_{J=1,\,3,\,...} (2J+1)e^{-\frac{BJ(J+1)}{k_\mathrm{B}T}}}{\sum\limits_{J=0,\,2,\,...} (2J+1)e^{-\frac{BJ(J+1)}{k_\mathrm{B}T}}}. \tag{9.252}$$

Berücksichtigt man in den beiden Summen die jeweils ersten beiden Zustände

$$\frac{N_{ortho}}{N_{para}} \approx \left(\frac{3}{1}\right) \frac{3\,e^{-\frac{2B}{k_\mathrm{B}T}} + 7\,e^{-\frac{12B}{k_\mathrm{B}T}}}{1e^{-0} + 5\,e^{-\frac{6B}{k_\mathrm{B}T}}} \tag{9.253}$$

mit der Rotationskonstante B für H_2 60,85 cm^{-1} oder 7,5 meV, sieht man in der Abb. 9.27.1, dass der Grundzustand mit $J = 0$ ausschließlich aus *para*-Wasserstoff besteht.[9] Spektroskopisch findet man daher neben der Anomalie der Energien auch eine alternative Stärke der Rotationslinien (in Abb. 9.27.2 angedeutet).

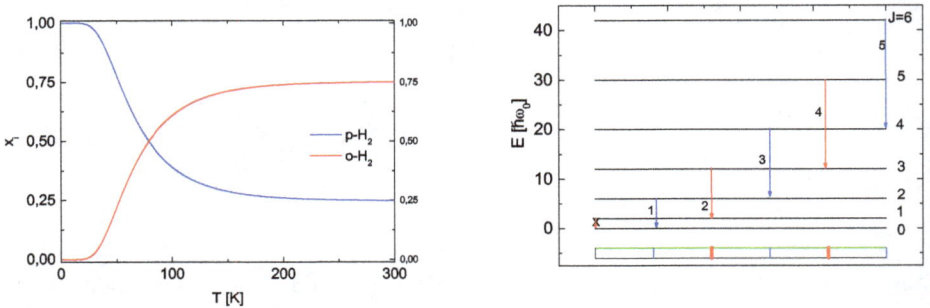

Abb. 9.27. Lks.: Das Gleichgewicht der beiden allotropen Spezies o-H_2/p-H_2. Molenbruch $x_i = \frac{n_i}{n_1+n_2}$ aufgetragen gegen die absolute Temperatur. o-H_2 hat einen geringfügig höheren Energieinhalt als p-H_2. Re.: In Emissionsspektren zweiatomiger homonuklearer Moleküle, deren Kerne Fermionen sind (z. B. H_2), fallen die möglichen Linien alternativ aus. rot ist ortho-Wasserstoff, blau ist para-Wasserstoff; angedeutet ist das unterschiedliche Intensitätsverhältnis.

9.18 Abschließende Bemerkung

Mit der Aufstellung der SCHRÖDINGER-Gleichung in Kugelkoordinaten und Abseparation in drei unabhängige DGln haben wir einen wesentlichen Schritt in Richtung Eigenwertproblem des Wasserstoffatoms getan. Als Lösungen des winkelabhängigen Anteils erweisen sich die Kugelfunktionen, die eine überragende Rolle in der Elektrodynamik und der Quantenmechanik spielen, und die die Eigenfunktionen des starren Rotators sind. Ein alternativer Ansatz mit Verschiebungsoperatoren liefert einen eleganten Zugang zu den Eigenwerten des Rotators. Mit dem Vektormodell sind wir in der Lage, mit den Drehimpulsoperatoren umzugehen und das auch auf den Spin auszudehnen. Die Observable des Drehimpulses ist einerseits das magnetische Moment, dessen Wechselwirkung mit einem Magnetfeld untersucht wird, zum anderen der spektroskopische Nachweis durch Aufspaltung von Linien im UV/VIS-Bereich oder bei reinen Rotationsspektren. Sie spielen wegen ihres ungünstigen Energiefensters im fernen Ultrarot zwar

---

[9] o-H_2 ist energiereicher als p-H_2, und diese Energie wird bei der Umwandlung freigesetzt und erschwert die Umwandlung von o-H_2 in p-H_2, da eine im Kryostaten stattfindende endotherme Reaktion (die Verdampfungswärme des H_2 beträgt 0,9 kJ/Mol) durch die Freisetzung der Umwandlungswärme von $-1{,}46$ kJ/Mol erschwert wird, was bereits BONHOEFFER und EUCKEN feststellten, denen als ersten die quantitative Umwandlung bei sehr tiefen Temperaturen mit Hilfe des Katalysators Aktivkohle gelang [76].

keine große Rolle, aber sie sind für die Feinstruktur der Schwingungsspektren verantwortlich. Als wichtiges Handwerkszeug erhalten wir damit die Termsymbole der optischen Atom-Spektroskopie. In den Rotationsspektren homonuklearer Moleküle manifestiert sich ein Zusammenhang zwischen der Symmetrie der Eigenfunktionen und dem Typ der Elementarteilchen: Fermionen mit halbzahligem Spin werden mit antisymmetrischen oder ungeraden, Bosonen mit ganzzahligem Spin dagegen mit symmetrischen oder geraden Eigenfunktionen beschrieben.

9.19 Aufgaben und Lösungen

9.19.1 Kugelfunktionen

Aufgabe 9.1 Zeigen Sie, dass

$$u = \frac{d^{l+m}}{dx^{l+m}} \left(x^2 - 1 \right)^l \tag{1}$$

die Gleichung

$$(1 - x^2)u'' - 2x(m+1)u' + (l(l+1) - m(m+1))\,u = 0 \tag{2}$$

löst!

Lösung. Die Funktion

$$v = (x^2 - 1)^l \tag{3}$$

gehorcht der Gleichung

$$(1 - x^2)\frac{dv}{dx} + 2xlv = 0 \tag{4}$$

oder

$$(x^2 - 1)\frac{dv}{dx} = 2xlv, \tag{5}$$

nach Variablentrennung

$$\frac{x^2 - 1}{2x\,dx} = \frac{lv}{dv} \tag{6}$$

und Integration

$$\int \frac{2xl\,dx}{x^2 - 1} = \int \frac{dv}{v} \tag{7}$$

bzw.

$$l \ln |x^2 - 1| = \ln |v| \Rightarrow x^2 - 1 = v. \tag{8}$$

Differenziert man Gl. (2) $(l + m + 1)$-mal und setzt

$$v^{(l+m)} = \frac{\mathrm{d}^{l+m}}{\mathrm{d}x^{l+m}}(x^2-1)^l = u_1, \tag{9}$$

so erhält man die Urfunktion

$$(-1)(x^2-1)\frac{\mathrm{d}y}{\mathrm{d}x} + 2xlv = 0, \tag{10}$$

aus der die Ableitungen folgen.

- 1. Ableitung: $l, m = 0$

$$(1-x^2)\frac{\mathrm{d}^2v}{\mathrm{d}x^2} - 2x\frac{\mathrm{d}v}{\mathrm{d}x} + 2l\left(v + x\frac{\mathrm{d}v}{\mathrm{d}x}\right) = 0 \tag{11}$$

$$(1-x^2)\frac{\mathrm{d}^2v}{\mathrm{d}x^2} - 2x\frac{\mathrm{d}v}{\mathrm{d}x} = 0 \tag{12}$$

- 2. Ableitung: $l = 1, m = 0$

$$(1-x^2)\frac{\mathrm{d}^3v}{\mathrm{d}x^3} - 4x\frac{\mathrm{d}^2v}{\mathrm{d}x^2} - 2\frac{\mathrm{d}v}{\mathrm{d}x} + 2l\left(2\frac{\mathrm{d}v}{\mathrm{d}x} + x\frac{\mathrm{d}^2v}{\mathrm{d}x^2}\right) = 0 \tag{13}$$

$$(1-x^2)\frac{\mathrm{d}^3v}{\mathrm{d}x^3} - 2x\frac{\mathrm{d}^2v}{\mathrm{d}x^2} + 2\frac{\mathrm{d}v}{\mathrm{d}x} = 0 \tag{14}$$

- 3. Ableitung: $l = 2, m = 0$

$$(1-x^2)\frac{\mathrm{d}^4v}{\mathrm{d}x^4} - 2x\frac{\mathrm{d}^3v}{\mathrm{d}x^3} - 4\frac{\mathrm{d}^2v}{\mathrm{d}x^2} - 4x\frac{\mathrm{d}^3v}{\mathrm{d}x^3} - 2\frac{\mathrm{d}^2v}{\mathrm{d}x^2} + 2l\left(2\frac{\mathrm{d}^2v}{\mathrm{d}x^2} + x\frac{\mathrm{d}^3v}{\mathrm{d}x^3} + \frac{\mathrm{d}^2v}{\mathrm{d}x^2}\right) = 0 \tag{15}$$

$$(1-x^2)\frac{\mathrm{d}^4v}{\mathrm{d}x^4} - 2x\frac{\mathrm{d}^3v}{\mathrm{d}x^3} + 6\frac{\mathrm{d}^2v}{\mathrm{d}x^2} = 0 \tag{16}$$

- l. Ableitung: $l = l, m = 0$

$$(1-x^2)\frac{\mathrm{d}^{l+2}v}{\mathrm{d}x^{l+2}} - 2x\frac{\mathrm{d}^{l+1}v}{\mathrm{d}x^{l+1}} + l(l+1)\frac{\mathrm{d}^lv}{\mathrm{d}x^l} = 0 \tag{17}$$

- l+1. Ableitung: $l = l, m = 1$

$$(1-x^2)\frac{\mathrm{d}^{l+3}v}{\mathrm{d}x^{l+3}} - 4x\frac{\mathrm{d}^{l+2}v}{\mathrm{d}x^{l+2}} + (-2 + l(l+1))\frac{\mathrm{d}^{l+1}v}{\mathrm{d}x^{l+1}} = 0 \tag{18}$$

- $l + 2$. Ableitung: $l = l, m = 2$

$$(1-x^2)\frac{\mathrm{d}^{l+4}v}{\mathrm{d}x^{l+4}} - 6x\frac{\mathrm{d}^{l+3}v}{\mathrm{d}x^{l+3}} + (-6 + l(l+1))\frac{\mathrm{d}^{l+2}v}{\mathrm{d}x^{l+2}} = 0 \tag{19}$$

- $l + 3$. Ableitung: $l = l, m = 3$

$$(1 - x^2)\frac{\mathrm{d}^{l+5}v}{\mathrm{d}x^{l+5}} - 8x\frac{\mathrm{d}^{l+4}v}{\mathrm{d}x^{l+4}} + (-12 + l(l+1))\frac{\mathrm{d}^{l+3}v}{\mathrm{d}x^{l+3}} = 0 \qquad (20)$$

- $l + 4$. Ableitung: $l = l, m = 4$

$$(1 - x^2)\frac{\mathrm{d}^{l+6}v}{\mathrm{d}x^{l+6}} - 10x\frac{\mathrm{d}^{l+5}v}{\mathrm{d}x^{l+5}} + (-20 + l(l+1))\frac{\mathrm{d}^{l+4}v}{\mathrm{d}x^{l+4}} = 0 \qquad (21)$$

Daraus ergeben sich

$$\left.\begin{array}{l} -4x \ = -2x(1+1) \Leftrightarrow -2x(m+1), m = 1 \\ -6x \ = -2x(2+1) \leftrightarrow -2x(m+1), m = 2 \\ -10x = -2x(4+1) \leftrightarrow -2x(m+1), m = 4, \end{array}\right\} \qquad (22)$$

außerdem

$$\left.\begin{array}{l} m = 1: \ -2 + l(l+1) \\ m = 2: \ -6 + l(l+1) \\ m = 3: \ -12 + l(l+1) \\ m = 4: \ -20 + l(l+1), \end{array}\right\} \qquad (23)$$

allgemeiner: $-2, -6, -12, -20$ sind Glieder der Folge $\langle -m^2 - m \rangle = \langle -m(m+1) \rangle$, was man mit $l(l+1)$ als binomische Formel

$$-m(m+1) + l(l+1) = (l + m + 1)(l - m) \qquad (24)$$

schreiben kann, und mit Gl. (9) können wir Gl. (10) in die Form

$$(1 - x^2)u_1'' - 2x(m+1)u_1' + (l(l+1) - m(m+1))\, u_1 = 0 \qquad (25)$$

kleiden. Daher müssen die Funktionen u der Gl. (1) und u_1 der Gl. (9) einander proportional sein:

$$u = \mathrm{const} \cdot u_1. \qquad (26)$$

Aufgabe 9.2 Entwickeln Sie die Funktion $x \to |x|$ in Kugelfunktionen!

Lösung. Wir beginnen mit Gl. (9.21)

$$f(x) = \sum_{l=0}^{\infty} c_l P_l(x). \qquad (1)$$

Da die Koeffizienten der $P_l(x)$ sich aus der Orthonormierungsbedingung

$$\int_{-1}^{+1} P_l(x)P_m(x) = \frac{2}{2l+1}\delta_{mn} \qquad (2)$$

ergeben, folgt umgekehrt für die c_l der Gl. (1)

$$c_l = \frac{2l+1}{2} \int_{-1}^{1} f(x) P_l(x) \, dx. \tag{3}$$

Wir teilen die ungerade Signum-Funktion im Ursprung auf in

$$f(x) = \begin{cases} -1 & \text{für } x < 0 \\ 1 & \text{für } x > 0 \end{cases} \tag{4}$$

Dann ist

$$c_l = \frac{2l+1}{2} \left(\int_{0}^{1} x \, P_l(x) \, dx - \int_{-1}^{0} x P_l(x) \, dx \right) \tag{5}$$

Da die $P_l(x)$ alternativ achsen- resp. punktsymmetrisch sind, verschwinden die achsensymmetischen Anteil, also die geraden $P_l(x)$, und die ungeraden ergeben sich aus

$$c_l = (2l+1) \int_{0}^{1} P_l(x) \, dx, \tag{6}$$

also etwa für $c_{l=1}$

$$c_1 = (2l+1) \int_{0}^{1} P_1(x) \, dx = \frac{3}{2}. $$

In Abb. 9.28 ist die Reihe

$$\begin{aligned} f(x) &= c_1 P_1(x) - c_3 P_3(x) + c_5 P_5(x) - c_7 P_7(x) + c_9 P_9(x) \\ &= \tfrac{3}{2} P_1(x) - \tfrac{7}{8} P_3(x) + \tfrac{11}{16} P_5(x) - \tfrac{75}{128} P_7(x) + \tfrac{133}{256} P_9(x) \end{aligned} \tag{7}$$

mit

$$\left. \begin{aligned} P_1(x) &= x \\ P_3(x) &= \tfrac{1}{2} \left(5x^3 - 3 \right) \\ P_5(x) &= \tfrac{1}{8} \left(63x^5 - 70x^3 + 15x \right) \\ P_7(x) &= \tfrac{1}{16} \left(429x^7 - 693x^5 + 316x^3 - 35x \right) \\ P_9(x) &= \tfrac{1}{128} \left(12\,155x^9 - 25\,740x^7 + 18\,018x^5 - 4\,620x^3 + 315x \right) \end{aligned} \right\} \tag{8}$$

dargestellt. Man sieht, dass selbst mit fünf Gliedern die Reihe keineswegs die Signum-Funktion nachzeichnet, und darüber hinaus gibt es durch die Unstetigkeitsstelle bei $x = 0$ ein GIBBSsches Phänomen, also Überschreitungen des Unstetigkeitsbereichs von ± 1. Es tritt immer dann auf, wenn eine Unstetigkeitsstelle approximiert wird [40].

Der zunehmende Grad der Perfektion wird durch die Summen

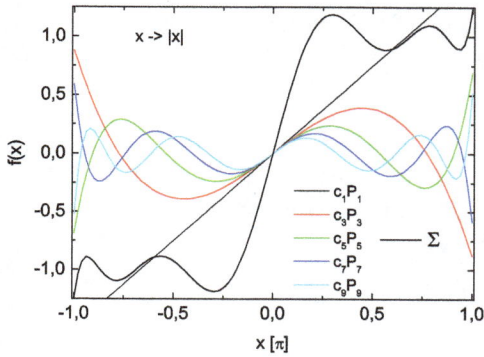

Abb. 9.28. Approximation der Signum-Funktion mit den LEGEND-REschen Polynomen. Dargestellt sind die einzelnen Reihenglieder der Gln. (8) sowie die Gesamtreihe ($\sum$) nach Gl. (7). Gezeigt ist der gesamte Definitionsbereich von $-1 \leq x \leq 1$.

$$\left.\begin{aligned}
S_1 &= P_1 \\
S_2 &= P_1 + P_3 \\
S_3 &= P_1 + P_3 + P_5 \\
S_4 &= P_1 + P_3 + P_5 + P_7 \\
S_5 &= P_1 + P_3 + P_5 + P_7 + P_9
\end{aligned}\right\} \tag{9}$$

algebraisch und in Abb. 9.29 graphisch dargestellt.

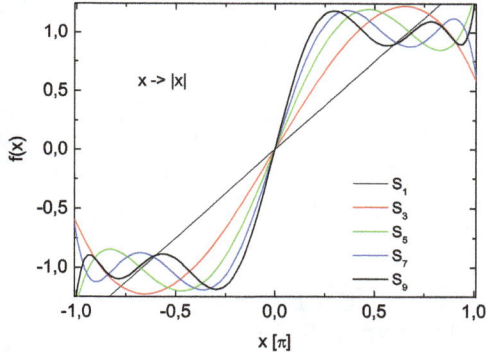

Abb. 9.29. Approximation der Signum-Funktion mit den LEGEND-REschen Polynomen. Die Näherung steigt mit zunehmender Zahl der Reihenglieder nach Gln. (9). Gezeigt ist der gesamte Definitionsbereich von $-1 \leq x \leq 1$.

Vergleichen wir dieses Resultat mit dem einer anderen orthogonalen Reihe, nämlich der FOURIERschen Reihe

$$f(x) = \frac{4}{\pi} \left(\underbrace{\frac{1}{1} \sin x}_{①} + \underbrace{\frac{1}{3} \sin 3x}_{②} + \underbrace{\frac{1}{5} \sin 5x}_{③} + \underbrace{\frac{1}{7} \sin 7x}_{④} + \underbrace{\frac{1}{9} \sin 9x}_{⑤} \right), \tag{10}$$

ebenfalls bis zum fünften Glied (s. a. Beisp. 3.2). Auch diese verfügt eben wegen dieser Eigenschaft ebenfalls über die *Endgültigkeit*: Einmal bestimmte Koeffizienten ändern sich nicht (mehr), auch wenn höhere Ordnungen zur Verbesserung der Genauigkeit ermittelt werden (Abb. 9.30).

Bei der Approximation der Signum-Funktion mit der FOURIERschen Reihe wird die Unstetigkeitsstelle bei $x = 0$ im Vergleich zu den LEGENDREschen Polynomen steiler nachgezogen, dafür ist an den Grenzen bei $-\pi$ und π der Fehler des Anpassungswertes sehr groß.

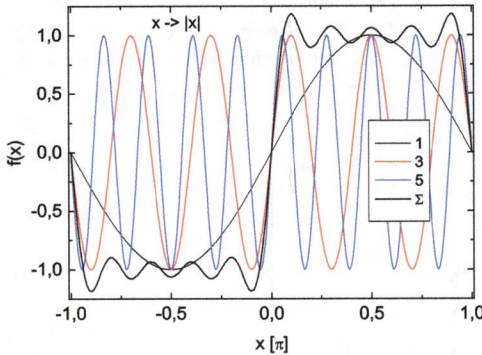

Abb. 9.30. Approximation der Signum-Funktion mit der FOURIERschen Reihe. Gezeigt sind drei Reihenglieder und die Summe ($\sum$) der Gl. (10) über den gesamten Definitionsbereich von $-\pi \le x \le \pi$.

Der zunehmende Grad der Perfektion wird auch hier durch die Summen

$$\left.\begin{aligned}
S_1 &= \tfrac{4}{\pi}\sin x \\
S_2 &= \tfrac{4}{\pi}\left(\sin x + \tfrac{1}{3}\sin 3x\right) \\
S_3 &= \tfrac{4}{\pi}\left(\sin x + \tfrac{1}{3}\sin 3x + \tfrac{1}{5}\sin 5x\right) \\
S_4 &= \tfrac{4}{\pi}\left(\sin x + \tfrac{1}{3}\sin 3x + \tfrac{1}{5}\sin 5x + \tfrac{1}{7}\sin 7x\right) \\
S_5 &= \tfrac{4}{\pi}\left(\sin x + \tfrac{1}{3}\sin 3x + \tfrac{1}{5}\sin 3x + \tfrac{1}{7}\sin 7x + \tfrac{1}{9}\sin 9x\right)
\end{aligned}\right\} \tag{11}$$

algerbarisch und in Abb. 9.31 graphisch erfasst. Der maximale Überschwinger beträgt hier $\tfrac{4}{\pi}$, also etwa 27 %. Bei der LEGENDRE-Reihe ist er innerhalb der Grenzen etwas kleiner.

9.19.2 Der starre Rotator

Aufgabe 9.3 Normieren Sie die Gl. (9.65)

$$\Phi = A e^{im\varphi}! \tag{1}$$

Lösung. Das Verfahren scheint „straightforward" zu sein mit

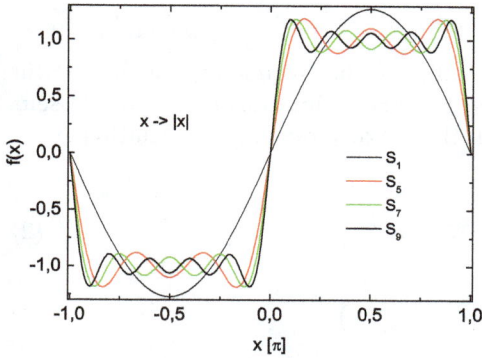

Abb. 9.31. Bei der Approximation der Signum-Funktion mit der FOURIERschen Reihe steigt die Qualität der Näherung mit zunehmender Zahl der (unverändert bleibenden) Reihenglieder nach den Gln. (11). Gezeigt ist der gesamte Definitionsbereich von $-\pi \leq x \leq \pi$.

$$\int_0^{2\pi} \Phi^* \Phi \, \mathrm{d}\varphi = \langle \Phi | \Phi \rangle = 1, \tag{2}$$

$$\Phi = A\mathrm{e}^{\mathrm{i}m\varphi} = A(\mathrm{e}\sin m\varphi + \cos m\varphi) \tag{3}$$

$$\Phi^* = A\mathrm{e}^{-\mathrm{i}m\varphi} = A(-\mathrm{i}\sin m\varphi + \cos m\varphi) \tag{4}$$

$$A^2 \int_0^{2\pi} (\mathrm{e}\sin m\varphi + \cos m\varphi)(-\mathrm{i}\sin m\varphi + \cos m\varphi)\mathrm{d}\varphi = 1 \tag{5}$$

$$A^2 \int_0^{2\pi} (-\mathrm{i}^2 \sin^2 m\varphi + \cos^2 m\varphi)\mathrm{d}\varphi = 1 \tag{6}$$

$$A^2 \int_0^{2\pi} \mathrm{d}\varphi = 1 \tag{7}$$

$$A = \frac{1}{\sqrt{2\pi}} \tag{8}$$

und führt zur Lösung

$$\Phi(\varphi) = \frac{1}{\sqrt{2\pi}} \, \mathrm{e}^{\mathrm{i}m\varphi}, \tag{9}$$

wir werden aber in der nächsten Aufgabe auf die Doppeldeutigkeit gestoßen.

Aufgabe 9.4 Regen Sie mit Mikrowellen Rotationen im HCl-Molekül an! Die ersten Funktionen lauten

$$\psi_1 = \psi_0 \mathrm{e}^{\pm \mathrm{i}m\varphi}. \tag{1}$$

Wie sehen die Funktionen für $m = -1$ und $m = +1$ aus?

Lösung. Ersichtlich kollidieren Orthogonalitäts- und Normierungsbedingung für $m = \pm 1$. Daher müssen die Funktionen Linearkombinationen der Gl. (1) sein, und die einzige Möglichkeit ist, ohne den Betrag zu verändern, die Multiplikation mit i:

$$\psi_1 = \psi_0 \left(\mathrm{e}^{+\mathrm{e}\,\varphi} + \mathrm{e}^{-\mathrm{e}\,\varphi} \right) \tag{2}$$

$$\psi_2 = \psi_0 \left(\mathrm{e}^{+\mathrm{e}\,\varphi} - \mathrm{e}^{-\mathrm{e}\,\varphi} \right) \tag{3}$$

Dies liefert in jenem Falle die symmetrische Lösung (Cosinusfunktion), in diesem Falle die antisymmetrische Lösung (Sinusfunktion). Auf der Orthogonalität zwischen $\cos x$ und $\sin x$ basiert die FOURIERsche Theorie (s. Abb. 9.32):

$$\int_0^{2\pi} (\sin\varphi\,\cos\varphi)\,\mathrm{d}\varphi = \int_0^{2\pi} \sin\varphi\,\mathrm{d}\sin\varphi = \frac{1}{2}\,\sin^2\varphi\Big|_0^{2\pi} = 0. \tag{4}$$

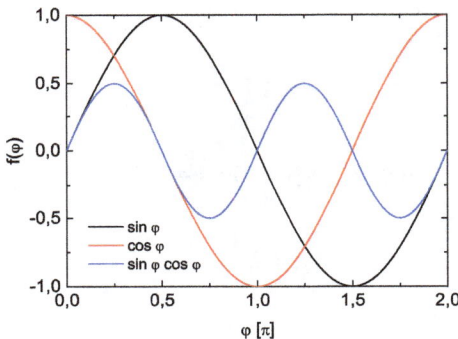

Abb. 9.32. Die p_x- und die p_y-Funktion stehen orthogonal zueinander. Nach den Additionstheoremen ist $\sin x \cos x = \frac{1}{2}\sin 2x$, woran man das am einfachsten sieht.

Aufgabe 9.5 Zeigen Sie mit dem üblichen quantenmechanischen Verfahren zur Bestimmung der Eigenwerte der Energie, dass die Funktionen

$$\left.\begin{aligned} \psi_n &= \tfrac{1}{\sqrt{\pi}}\sin n\vartheta \\ \varphi_n &= \tfrac{1}{\sqrt{\pi}}\cos n\vartheta \end{aligned}\right\} \tag{1}$$

die Eigenfunktionen des HAMILTON-Operators für die Bahnbewegung eines Elektrons sind, das sich auf einem Kreis mit Radius a in einem konstanten Potential bewegt (Modell des starren Rotators).

- Wie ist die Abhängigkeit der Eigenwerte von der Quantenzahl n?

- Wie sehen die Eigenwerte für $n = 0$ aus? Vergleichen Sie mit dem „Elektron im Kasten"! Was bedeutet das für die kinetische Energie, den Impuls, den Ort?

- Wie ist die Periodizität der Eigenfunktionen?

- Sind die beiden Funktionen gleich viel „wert"?

- Wie bezeichnet man die Eigenschaft, dass zu einem Eigenwert mehrere Eigenfunktionen gehören?

Lösung. Einsetzen der Eigenfunktionen in die SCHRÖDINGER-Gl. führt zu

$$E_n \psi_n = \mathbf{H} \psi_n \Rightarrow E \frac{1}{\sqrt{\pi}} \sin n\vartheta - \frac{\hbar^2}{2m_e} \left(\frac{n^2}{\sqrt{\pi}} \sin n\vartheta \right) = 0, \tag{2}$$

$$\frac{1}{\sqrt{\pi}} \sin n\vartheta \left(E - \frac{\hbar^2}{2m_e} n^2 \right) = 0. \tag{3}$$

Eine andere Lösung ergibt sich mit der Cosinusfunktion. Beide führen zum selben Eigenwert der Energie mit der Abhängigkeit $E_n \propto n^2$. Der ist also zweifach entartet.

Aus Gl.(3) geht hervor, dass die Periodizität von ψ 2π ist, also

$$\vartheta = \vartheta + 2\pi, \tag{4}$$

$$\psi = \psi_0 \sin(\vartheta + 2\pi) = \psi_0 \sin \vartheta, \tag{5}$$

denn die Sinusfunktion verschwindet alle 2π. Dies ist also nur dann der Fall, wenn n eine ganze Zahl ist.

Die Lösung von (3) ist aber auch für $n = 0$ definiert, im Gegensatz zum „Elektron im Kasten". Da $E_{\text{pot}} = $ const und damit auf Null gesetzt werden kann, ist auch $E_{\text{kin}} = 0 \rightarrow p = 0$. Wenn $p = 0$, ist der Ort

$$\Delta p \Delta x \geq \hbar \Rightarrow \Delta x = \frac{\Delta p}{\hbar} = \infty. \tag{6}$$

In unserem Fall bedeutet das, dass $\Delta \vartheta = \frac{\Delta x}{a} \rightarrow \infty$. Egal, wie klein oder groß das Argument ist, der Sinus schwankt nur zwischen -1 und $+1$. Wir können also nicht sagen, in welchem Winkelsegment sich das Elektron gerade aufhält.

Aufgabe 9.6 Ermitteln Sie umgekehrt die Eigenwerte des starren Rotators, wenn der LAPLACE-Operator in Polarkoordinaten gegeben ist durch

$$\Delta \psi = \frac{1}{r} \frac{\partial}{\partial r} \left(r \frac{\partial \psi}{\partial r} \right) + \frac{1}{r^2} \frac{\partial^2 \psi}{\partial \varphi^2}! \tag{1}$$

Lösung. Für den starren Rotator betrachten wir die Bewegung eines Massenpunktes auf einer Kreisbahn ($r = $ const), was die Gl. (1) wesentlich vereinfacht. Unsere Eigenwert-Gl.

$$-\frac{\hbar^2}{2m_0}\Delta\psi_n = E_n\psi_n \tag{2}$$

vereinfacht sich so zu

$$-\frac{\hbar^2}{2m_0\,r^2}\frac{\partial^2\psi_n}{\partial\varphi^2} = E_n\psi_n, \tag{3}$$

wobei wir mr^2 als Trägheitsmoment I identifizieren. Auflösung nach $\frac{\partial^2\psi_n}{\partial\varphi^2}$ liefert die DGl

$$\frac{\partial^2\psi_n}{\partial\varphi^2} = -\frac{2I\,E_n}{\hbar^2}\psi_n = -k_n^2\psi_n, \tag{4}$$

die wir aus der Theorie der Schwingungen her kennen (Kreisfunktion oder Exponentialfunktion mit imaginärem Argument). Sie hat die Lösung

$$\psi = A\cdot\sin k\varphi + B\cdot\cos k\varphi. \tag{5}$$

Aus der Randbedingung $\psi(0) = 0$ folgt $B = 0$ und aus der Periodizitätsbedingung $\psi(\varphi + 2\pi) = \psi(\varphi)$

$$A\sin k\varphi = A\sin(k\varphi + 2\pi) = A[\sin k\varphi\,\cos 2\pi k + \cos k\varphi\,\sin 2\pi k]. \tag{6}$$

Diese Gleichung muss für alle φ gelten. Wir testen das an den ausgezeichneten Werten für die Argumente $k\varphi = 0, \frac{1}{4}\pi$ und $\frac{1}{2}\pi$:

1. $k\varphi = 0$:
$$[\sin k\varphi\,\cos 2\pi k + \cos k\varphi\,\sin 2\pi k] = 0 \tag{7}$$

   Die beiden Sinus-Terme sind Null.

2. $k\varphi = \frac{1}{4}\pi$:
$$\sin\frac{\pi}{4} = \cos\frac{\pi}{4} = \frac{1}{\sqrt{2}} \tag{8}$$

$$\sin\frac{\pi}{4} = \frac{1}{\sqrt{2}} = \frac{1}{\sqrt{2}}(\cos 2\pi k + \sin 2\pi k) \Rightarrow \tag{9}$$

$$1 = \cos 2\pi k + \sin 2\pi k \tag{10}$$

$\sin 2\pi k$ ist für alle ganzzahlige k Null, und $\cos 2\pi k$ ist für alle ganzzahligen k Eins, also

$$k = 0, 1, 2, \ldots \tag{11}$$

3. $k\varphi = \frac{1}{2}\pi$:

$$\left. \begin{array}{l} \sin\frac{\pi}{2} = 1 \\ \cos\frac{\pi}{2} = 0 \end{array} \right\} \tag{12}$$

$$\sin\frac{\pi}{2} = 1 = 1 \cdot \cos 2\pi k + 0 \cdot \sin 2\pi k) \Rightarrow \tag{13}$$

$$1 = \cos 2\pi k. \tag{14}$$

$\cos 2\pi k$ ist für alle ganzzahligen k Eins, also

$$k = 0, 1, 2, \ldots \tag{15}$$

Damit ist

$$\left. \begin{array}{l} k_n^2 = \frac{\Theta E_n}{\hbar^2} \\ E_n = \frac{\hbar^2}{2I} k_n^2. \end{array} \right\} \tag{16}$$

Quantenmechanisch ergeben sich die Eigenwerte der Energie im $\frac{1}{r}$-Potential zu

$$E_n = \frac{\hbar^2}{2I} k_n(k_n + 1), \tag{17}$$

und man schreibt statt k_n J.

Aufgabe 9.7 Ermitteln Sie mit der Methode der Leiteroperatoren für die Eigenfunktionen des Drehimpulses die Normierungskonstanten C für den Aufstieg $m \to m + 1$ in x-Richtung!

Lösung. Wir wissen mit Gl. (9.141), dass

$$\mathbf{L}^+ |l, m\rangle = C^+(l, m) |l, m + 1\rangle, \tag{1}$$

und dass alle Funktionen normiert sind durch

$$\langle \psi | \psi \rangle = |C(l, m)|^2 \langle l, m | l, m \rangle. \tag{2}$$

Also ist mit Gl. (1) auch für die Funktion $|l, m + 1\rangle$ und unter Berücksichtigung der Tatsache, dass $(\mathbf{L}^+)^\dagger = \mathbf{L}^-$ ist sowie mit Gl. (9.134.2)

$$\begin{aligned} \| \mathbf{L}^+ |l, m\rangle \| &= \langle l, m | \mathbf{L}^- \mathbf{L}^+ |l, m\rangle \\ &= [l(l + 1) - m(m + 1)]\hbar^2. \end{aligned} \tag{3}$$

Durch Vergleich der Gln. (2) und (3) folgt unmittelbar

$$C^+(l, m + 1) = \hbar\sqrt{l(l + 1) - m(m + 1)} \tag{4}$$

9.19.3 Bahndrehimpuls und Spin

Aufgabe 9.8 Warum hat das Elektron im s-Zustand keinen Bahndrehimpuls?

Lösung. Der Drehimpuls ist klassisch

$$L^2 = L_x^2 + L_y^2 + L_z^2, \tag{1}$$

und nach der BOHRschen Theorie ist

$$L = n\hbar, n = 1, 2, \ldots \tag{2}$$

Damit hätte ein s-Elektron einen Bahndrehimpuls. Die Quantentheorie sagt: Der Gesamtdrehimpuls ist

$$L = \sqrt{l(l+1)}\hbar, \tag{3}$$

für $l = 0$ (s-Elektron) also Null. Angenommen, BOHR hätte recht, dann wäre nach Gl. (2)

$$L^2 = \hbar^2 \Rightarrow L = \hbar, \tag{4}$$

aber gleichzeitig nach Gl. (1) auch gleich der z-Komponente, da die beiden anderen Null sein müssten, weil die Wurzel aus Eins wieder Eins ist, denn die einzige Lösung ist

$$L = \hbar\sqrt{L_x^2 + L_y^2 + L_z^2}$$
$$= \hbar\sqrt{0+0+1} : \tag{5}$$

das Betragsquadrat des gesamten Drehimpulses und alle seine Komponenten wären mit

$$L = \hbar, L_x = 0, L_y = 0, L_z = \hbar \tag{6}$$

scharf, was im Gegensatz zur Unschärferelation steht. Dieses Dilemma kann man nur vermeiden, wenn der Gesamtdrehimpuls für die s-Bahn verschwindet, denn nur dann ist er weder scharf noch unscharf. Etwas, was nicht existiert, kann man keinen Wert zuordnen.

Ein s-Zustand hat kein klassisches Analogon, und es gibt keine ihm entsprechenden BOHRschen Bahnen! Insbesondere war die BOHRsche Theorie gezwungen, dem optischen s-Term Zustände mit $l = 1$ zuzuordnen, obwohl die Versuche eindeutig bewiesen, dass ein Elektron im s-Zustand kein mechanisches (und magnetisches) Bahnmoment besitzt (s. z. B. STERN-GERLACH-Versuch).

Für $l = 1$ gilt z. B.

$$\sqrt{1(1+1)} = \sqrt{2} = \sqrt{L_x^2 + L_y^2 + L_z^2} = 1{,}414. \tag{7}$$

Die Projektion in z-Richtung ist $m\hbar = \hbar$, die in x- oder y-Richtung teilen sich den Rest. Wir wissen zudem die Aufteilung nicht (Abb. 9.33)!

Für alle anderen l, $l = 3, 2, 1$ sind $7, 5, 3$, allgemein $2l + 1$ Zustände möglich.

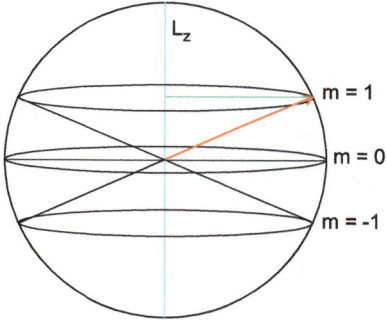

Abb. 9.33. Räumliche Darstellung des Drehimpulses. Der Gesamtdrehimpuls (roter Pfeil für $m = 1$, $|\boldsymbol{L}| = \sqrt{2}\hbar$) und sein Betrag in z-Richtung (Abtrag in grün, $L_z = 1 \cdot \hbar$) sind exakt bestimmbar, dagegen können die Werte für die x- und die y-Komponente gleichzeitig nur als Mittelwert angegeben werden.

Aufgabe 9.9 Zeigen Sie für ein p-Elektron mit $l = 1$ die Übereinstimmung des Zustandes

$$\left|\tfrac{3}{2}, -\tfrac{1}{2}\right\rangle = \sqrt{\tfrac{2}{3}}\left|1,0\right\rangle \cdot \left|\tfrac{1}{2}, -\tfrac{1}{2}\right\rangle + \sqrt{\tfrac{1}{3}}\left|1,-1\right\rangle \cdot \left|\tfrac{1}{2}, +\tfrac{1}{2}\right\rangle \qquad (1)$$

durch Anwendung des Aufsteige-Operators auf den untersten Zustand mit $m_l = -1$, von dem wir den Spinwert $1/2$ abziehen, so dass mit Gl. (9.157) $\psi(\vartheta, \varphi, s) = Y_l^{m_1}(\vartheta)\Phi_{m_1}(\varphi)\chi(s)$ der Ausgangszustand

$$\begin{aligned} Y_{-1}^1 \chi_- &= \left|\tfrac{3}{2}, -\tfrac{3}{2}\right\rangle \\ &= \left|1,-1\right\rangle \cdot \left|\tfrac{1}{2}, -\tfrac{1}{2}\right\rangle \end{aligned} \qquad (2)$$

entsteht!

Lösung. Wir wenden den Aufsteiger $\boldsymbol{J}^+$ an, wobei die Kopplungsfaktoren C alle in Einheiten von $\hbar$ sind. Der Operator $\boldsymbol{L}^+$ wirkt nur auf den Bahnanteil, der Operator $\boldsymbol{S}^+$ nur auf den Spinanteil. Der Ausgangszustand hat die Quantenzahlen $m_l = -1, s = -\tfrac{1}{2}$, der Zielzustand die Quantenzahlen $m_l = 0, s = +\tfrac{1}{2}$:

$$\left.\begin{aligned} \boldsymbol{J}^+\left|\tfrac{3}{2}, -\tfrac{3}{2}\right\rangle &= \boldsymbol{L}^+\left|1,-1\right\rangle \cdot \left|\tfrac{1}{2}, -\tfrac{1}{2}\right\rangle + \left|1,-1\right\rangle \boldsymbol{S}^+ \cdot \left|\tfrac{1}{2}, -\tfrac{1}{2}\right\rangle \\ \left|\tfrac{3}{2}, -\tfrac{1}{2}\right\rangle &= \sqrt{\tfrac{2}{3}}\left|1,0\right\rangle \cdot \left|\tfrac{1}{2}, -\tfrac{1}{2}\right\rangle + \sqrt{\tfrac{1}{3}}\left|1,-1\right\rangle \cdot \left|\tfrac{1}{2}, +\tfrac{1}{2}\right\rangle \end{aligned}\right\} \qquad (3)$$

Aufgabe 9.10 Zeigen Sie, dass die beiden Zustände für ein p-Elektron

$$\left|\tfrac{1}{2}, +\tfrac{1}{2}\right\rangle = \sqrt{\tfrac{2}{3}}\left|1,1\right\rangle \cdot \left|\tfrac{1}{2}, -\tfrac{1}{2}\right\rangle - \sqrt{\tfrac{1}{3}}\left|1,-0\right\rangle \cdot \left|\tfrac{1}{2}, +\tfrac{1}{2}\right\rangle \qquad (1)$$

und

$$\left|\tfrac{1}{2}, -\tfrac{1}{2}\right\rangle = \sqrt{\tfrac{1}{3}}\left|1,0\right\rangle \cdot \left|\tfrac{1}{2}, -\tfrac{1}{2}\right\rangle - \sqrt{\tfrac{2}{3}}\left|1,-1\right\rangle \cdot \left|\tfrac{1}{2}, +\tfrac{1}{2}\right\rangle \qquad (2)$$

orthonormiert sind!

Lösung. Die Bahnfunktionen lauten nach Tab. 9.2 für $l = 1$

$$\left.\begin{array}{ll} |1,0\rangle & Y_1^0 = \sqrt{\frac{3}{4\pi}} \cos\vartheta \\[2mm] |1,\pm1\rangle & Y_1^{\pm1} = \pm\sqrt{\frac{3}{8\pi}} \sin\vartheta\, e^{\pm i\varphi}, \end{array}\right\} \tag{3}$$

wobei $e^{+e\varphi} = \frac{1}{2}\cos\varphi$ und $e^{-e\varphi} = \frac{1}{2}\sin\varphi$ und die Spinfunktionen

$$\left.\begin{array}{l} |\frac{1}{2}, +\frac{1}{2}\rangle = \alpha = \begin{pmatrix} 1 \\ 0 \end{pmatrix} \\[3mm] |\frac{1}{2}, -\frac{1}{2}\rangle = \beta = \begin{pmatrix} 0 \\ 1 \end{pmatrix} \end{array}\right\} \tag{4}$$

sind. Der Integrand besteht also aus den zwei Faktoren

$$\left|\frac{1}{2}, +\frac{1}{2}\right\rangle = \sqrt{\frac{2}{3}}\sqrt{\frac{3}{4\pi}}\sin\vartheta\cos\varphi \begin{pmatrix} 0 \\ 1 \end{pmatrix} - \sqrt{\frac{1}{3}}\sqrt{\frac{3}{4\pi}}\cos\vartheta \begin{pmatrix} 1 \\ 0 \end{pmatrix} \tag{5}$$

und

$$\left|\frac{1}{2}, -\frac{1}{2}\right\rangle = \sqrt{\frac{1}{3}}\sqrt{\frac{3}{4\pi}}\cos\vartheta \begin{pmatrix} 0 \\ 1 \end{pmatrix} - \sqrt{\frac{2}{3}}\sqrt{\frac{3}{4\pi}}\sin\vartheta\sin\varphi \begin{pmatrix} 1 \\ 0 \end{pmatrix}. \tag{6}$$

Nach der Auflösung der binomischen Formel fallen nach Skalarproduktbildung die beiden Kreuzterme mit $\alpha\beta$ und $\beta\alpha$ wegen Orthogonalität weg, und es bleibt das Doppelintegral

$$\frac{1}{4\pi} \int_{\vartheta=0}^{\pi} \sin\vartheta\,\cos\vartheta\,\sin\vartheta\,d\vartheta \int_{\varphi=0}^{2\pi} (\sin\varphi + \cos\varphi)\,d\varphi, \tag{7}$$

das für beide Integrale Null ergibt.[10] Da die beiden Summanden der Gln. (1/2) aus jeweils normalisierten Funktionen bestehen, ist in beiden Fällen $\frac{1}{3} + \frac{2}{3} = 1$.

Aufgabe 9.11 Zeigen Sie mit der Abb. 9.14 und einer eigenen Skizze, dass die verkoppelten Vektoren s_1, s_2 und S komplanar sind, und die beiden s-Vektoren einen Winkel von 70,53 ° zueinander bilden!

Lösung. Die beiden Vektoren s_1 und s_2 weisen beide einen Betrag von $|s|$ von $\sqrt{\frac{1}{2}\frac{3}{2}}$ auf. Sie erzeugen zwei gleichgroße Dreiecke mit dem halben Summenvektor als einer Katheten (Abb. 9.34). Der Betrag des ganzen Summenvektors ist $\sqrt{1 \cdot 2}$. Danach ist die dritte Seite des Dreiecks nach PYTHAGORAS $\frac{1}{2}$, so dass sich für den halben Winkel $\frac{\alpha}{2}$

---

[10]Das Oberflächenelement ist $dA = \sin\vartheta\,d\vartheta d\varphi$.

$$\left.\begin{aligned}
\cos\tfrac{\alpha}{2} &= \frac{\frac{S}{2}}{s_2}\\[4pt]
&= \sqrt{2}\sqrt{\tfrac{3}{4}}\\[4pt]
&= \sqrt{\tfrac{2}{3}}\\[4pt]
\arccos\tfrac{\alpha}{2} &= 35{,}26\,^\circ
\end{aligned}\right\} \tag{1}$$

ergibt, für den gesamten Winkel α also $70{,}53\,^\circ$.

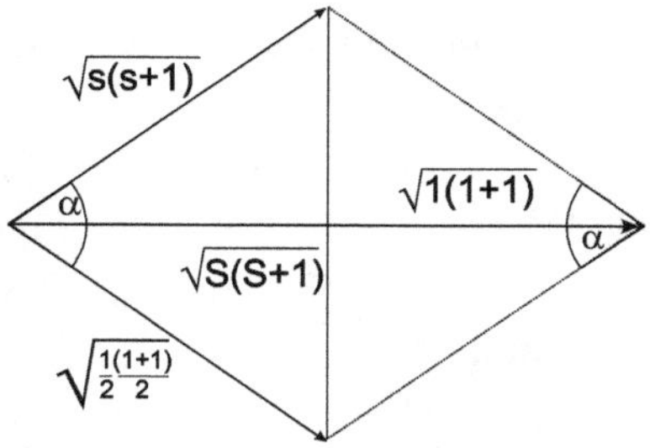

Abb. 9.34. Die beiden Summandenvektoren s_1 und s_2 präzedieren gekoppelt mit einem festen Winkel von $\alpha = 70{,}53\,^\circ$ zueinander. Der Neigungswinkel zur z-Achse beträgt $35{,}26\,^\circ$. Der Summenvektor S weist eine Länge von $\sqrt{2}$ auf und liegt auf der Winkelhalbierenden zwischen den beiden Summanden s_1 und s_2.

Aufgabe 9.12 Zeigen Sie, dass gleichmäßig verteilte Quantenzustände des Drehimpulses L der Anzahl $Z = 2l + 1$ einen Erwartungswert von $\sqrt{l(l+1)}\hbar$ aufweisen.

Lösung. Der Betrag des Drehimpulses ist

$$\sqrt{\boldsymbol{L}\cdot\boldsymbol{L}} = \sqrt{l_x^2 + l_y^2 + l_z^2}\,\hbar, \tag{1}$$

und ist damit

1. richtungsunabhängig, und damit

2. für alle drei Richtungen gleich, wenn die Entartung nicht durch ein externes $\boldsymbol{B}$-Feld aufgehoben wird.

Damit ist

$$\boldsymbol{L}\cdot\boldsymbol{L} = 3\,l_z^2\hbar^2. \tag{2}$$

Wir bemerken:

- Vor Einschalten des Magnetfeldes ist die Besetzung eines jeden virtuellen Zustandes gleich, und keiner ist vor einem anderen ausgezeichnet.

- Auch dann können von einem System zugleich nicht alle Zustände, sondern nur ein einziger eingenommen werden.

- Die Wahrscheinlichkeit, dass irgendein Zustand besetzt ist, ist gleich dem arithmetischen Mittelwert, also die Summe der einzelnen Drehimpulse durch die Gesamtzahl der Zustände.

$$\langle L_z^2 \rangle = \frac{l^2 + (l-1)^2 + \ldots + (-l+1)^2 + (-l)^2}{2l+1} \hbar^2 \tag{3}$$

wobei der Zähler eine Reihe darstellt, deren Wert

$$\sum_{i=1}^{i=l} i^2 = \frac{1}{6} l(l+1)(2l+1) \tag{4}$$

ist, so dass die rechte Seite von Gl. (3) natürlich den doppelten Wert der Gl. (4) darstellt:

$$\sum_{i=-l}^{i=l} i^2 = \frac{1}{3} l(l+1)(2l+1). \tag{5}$$

Da zusätzlich alle drei Raumrichtungen äquivalent sind, ist

$$\langle L_z^2 \rangle = \frac{1}{3} \frac{l(l+1)(2l+1)}{2l+1} \hbar^2 = \frac{1}{3} l(l+1)\hbar^2, \tag{6}$$

womit für den Mittelwert des Quadrats des Drehimpulses selbst der dreifache Wert von L_z und für dessen Wurzel

$$\langle \boldsymbol{L} \rangle = \sqrt{l(l+1)}\, \hbar \tag{7}$$

übrigbleibt.

9.19.4 Magnetische Effekte

Aufgabe 9.13 STERN-GERLACH-Versuch I: Bei einem Versuch mit den Abmessungen (Abb. 9.35)

- B: 2 T,

- Schneidenradius R: 1 mm,

- T(Atomofen): 1 000 °C,

- Länge des Magneten l_1: 5 cm,

- Abstand der Glasplatte l_2: 7,5 cm

ist ein maximaler Abstand der beiden Mund-Linien von 4 mm gemessen worden. Wie groß ist die μ_z?

Lösung.

1. Das inhomogene B-Feld erzeugt eine Kraft von $F_z = \mu_z \frac{\mathrm{d}B}{\mathrm{d}R} \approx \mu_z \frac{B}{R}$ auf ein Ag-Atom, das eine

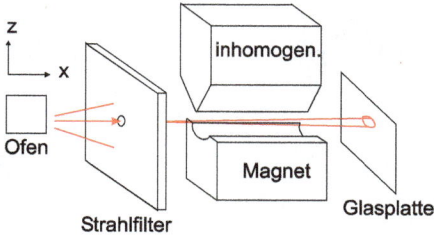

Abb. 9.35. Der experimentelle Aufbau des Versuchs von STERN und GERLACH. Die Bewegungsrichtung der Atome ist senkrecht zum Magnetfeld und dessen Gradienten.

2. thermische Geschwindigkeit v_x von 500 m/s nach Verlassen des Atomofens hat.

3. Die Kraft beschleunigt das Ag-Atom in z-Richtung auf $a_z = \frac{F}{m_{Ag}}$ mit $m_{Ag} = 1{,}8 \cdot 10^{-22}$ g.

4. Die Länge l_1 wird in der Zeit $t_{l_1} = \frac{l_1}{v_x}$ zurückgelegt, wobei

5. die Geschwindigkeit in z-Richtung um $v_z = a t_{l_1}$ zunimmt und die

6. z-Ablenkung um $z_1 = \frac{1}{2} a_z t_{l_1}^2$ beträgt.

7. Es tritt unter dem (kleinen) Winkel ϑ mit $\tan \vartheta = \frac{v_z}{v_x}$ aus, und die Distanz der beiden Strahlen erhöht sich um weitere $z_2 = l_2 \tan \vartheta$.

8. Die Distanz der beiden Mund-Linien ΔZ ist dann $2(z_1 + z_2)$ nach oben und unten vom Mittelwert Null.

Das ergibt in einzelnen Formeln

$$a_z = \frac{1}{2} \frac{\mu_z}{m_{Ag}} \frac{B}{R} \tag{1}$$

$$t_{l_1} = \frac{l_1}{v_x} \tag{2}$$

$$v_z = a_z t_{l_1} = a_z \frac{l_1}{v_x} \tag{3}$$

$$z_1 = \frac{1}{2} a_z \left(\frac{l_1}{v_x} \right)^2 \tag{4}$$

$$\tan \vartheta = \frac{v_z}{v_x} \tag{5}$$

$$z_2 = l_2 \cdot \tan \vartheta \tag{6}$$

$$z_2 = l_1 l_2 \frac{a_z}{v_x^2} \tag{7}$$

$$\Delta z = 2(z_1 + z_2) \tag{8}$$

Zusammenfassung:

$$\Delta z = \frac{a}{v_x^2} l_1(l_1 + 2l_2), \tag{9}$$

woraus mit Gl. (1) für μ_z

$$\mu_z = \frac{\Delta z \cdot m_{\text{Ag}} \cdot v_x^2}{\frac{B}{R} \cdot l_1(l_1 + 2l_2)} \tag{10}$$

wird. Mit dem Messwert von 4 mm bekommen wir einen Wert für

$$\mu_z = 9 \cdot 10^{-24} \, \frac{\text{J}}{\text{T}} \approx \mu_{\text{B}}. \tag{11}$$

Da $\mu_z \propto \Delta z$, bestimmt die Messungenauigkeit bei der Abstandsmessung der beiden Mund-Linien das Resultat.

Aufgabe 9.14 STERN-GERLACH-Versuch II:

- Wie sieht das Profil des Ag-Niederschlags in Richtung der Achse der Magneten aus (Energieverteilung des Strahls!)?

- Was ist der Grund für die Scharfkantigkeit der Magneten? Was geschieht in einem homogenen Magnetfeld?

- Wie stark muss das Magnetfeld und wie groß seine Inhomogenität sein, damit die beiden Substrahlen getrennt werden können?

- Kommen nur Atome vor, sondern auch Ionen? Warum?

Lösung. Mit einem Magnetfeld treten die im Atom vorhandenen magnetischen Momente in Wechselwirkung. Im homogenen Feld mit $\nabla B = 0$ ist die Ablenkung Null, da die sich an den eng benachbarten atomaren magnetischen Dipolen auftretenden Kräfte ausgleichen. Es gelingt nur in einem sehr starken inhomogenen Magnetfeld. Aber auch dort ähnelt das Bild einem geöffneten Mund, weil die Inhomogenität des Magnetfeldes nur an der Schneide selbst genügend groß ist, um an den Polen unegale Kräfte entstehen zu lassen.

Das magnetische Moment μ des Elektrons ist Elektronenstrom · Fläche, also $\frac{1}{2}\mu_0 \, e_0 v_e r_e$, auf das das inhomogene Magnetfeld $\nabla B \approx B/R$ mit R dem Krümmungsradius wirkt:

$$F_{\text{magn}} = \mu \nabla B = \mu \frac{B}{R} = e_0 v_e r_e \frac{\mu_0 H}{R}. \tag{1}$$

Die LORENTZ-Kraft auf ein Ion ist dagegen

$$F_{\mathrm{L}} = e_0 v B = e_0 v \mu_0 H, \tag{2}$$

das Verhältnis der beiden Kräfte damit

$$\frac{F_{\mathrm{L}}}{F_{\mathrm{magn}}} = \frac{v R}{v_e r_e} : \tag{3}$$

es kommt entscheidend auf den Krümmungsradius R und die thermische Geschwindigkeit v des Atomstrahls an. Aber selbst bei einer Spitzenverrundung mit einem Radius von $10\,\mu\mathrm{m}$ und einem $1\,000\,°\mathrm{C}$ heißen Strahl ist das Verhältnis (thermische Geschwindigkeit = Ofentemperatur, also $\frac{1}{2}mv^2 = k_{\mathrm{B}}T, v = 2{,}6 \cdot 10^4\,\mathrm{cm/s}$ für Ag) 26, damit unmessbar.

Damit ergibt sich der Ablenkwinkel der Atome als Verhältnis von $\int F_{\mathrm{magn}}\mathrm{d}l \approx F_{\mathrm{magn}}l$ mit l der Länge des Magnetfeldes zur kinetischen Energie (Abb. 9.36):

$$\cos \vartheta = \frac{F_{\mathrm{magn}}l}{k_{\mathrm{B}}T}. \tag{4}$$

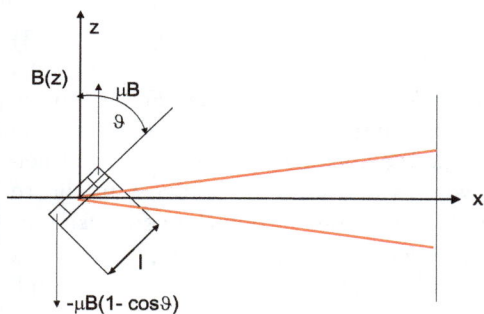

Abb. 9.36. Der magnetische Dipol im inhomogenen Magnetfeld.

Also können die Atome getrennt werden, wenn

$$F_{\mathrm{magn}} = \mu_0 \frac{H}{R} > \frac{k_{\mathrm{B}}T}{l}. \tag{5}$$

Da das $5s$-Elektron des Silbers gerade $1\,\mu_{\mathrm{B}}$ hat, folgt für eine sehr lange und scharfe Schneide des Polschuhs ($l \approx 500\,R$) für H:

$$H > \frac{k_{\mathrm{B}}TR}{\mu l} \approx 7 \cdot 10^5\,\mathrm{A/m} \tag{6}$$

und für B

$$B \approx 1\,\mathrm{T}. \tag{7}$$

Aufgabe 9.15 ZEEMAN-Effekt I:

- Die Verbreiterung von Spektrallinien hat mindestens drei Gründe: thermische (DOPPLER), druckbedingte, Lebensdauer. Wie stark muss das Magnetfeld sein, damit der Effekt aus dem Rauschen herauswächst?

- Wenn die Sonnenflecken durch magnetische Kräfte entstehen, wie stark ist das Magnetfeld an der Oberfläche ($T = 6\,000$ K)?

Lösung. Beim ZEEMAN-Effekt werden die Spektrallinien durch ein starkes Magnetfeld aufgespalten:

$$\Delta U_Z = \mu \cdot B \Rightarrow \Delta \nu_Z = \frac{\mu \cdot B}{h}, \tag{1}$$

und die DOPPLER-Verbreiterung ist

$$\Delta \nu_d = \nu \frac{v}{c}. \tag{2}$$

Also muss gelten:

$$B > \frac{h\nu}{\mu} \frac{v}{c}. \tag{3}$$

Die Sonnenflecken werden als Durchstoßpunkte der magnetischen Feldlinien angesehen. Jeweils ein Paar bildet einen Nord- und einen Südpol, auf der Sonne allerdings in W-O-Richtung. Wir nehmen die H_β-Linie bei $4\,344$ Å, also eine Energie von 3 eV, das magnetische Moment von μ_B und bekommen eine Flussdichte von 1,03 T. Dies ist also die Stärke des Magnetfeldes in den Sonnenflecken an der Photosphäre! Die allgemeine Stärke in ungestörten Gebieten beträgt B etwa 1 mT [77]. Unser Erdfeld ist an den Polen etwa 60 µT, am Äquator ca. 30 µT groß (oder besser klein).

Aufgabe 9.16 ZEEMAN-Effekt II: Zeigen Sie mit Formeln aus der Vorlesung, dass die LARMOR-Frequenz, mit der die Elektronen um die Achse eines Magnetfeldes kreiseln, durch den FARADAYschen Induktionseffekt zu erklären ist!

Lösung. Die vom kreisenden Elektron eingenommene Fläche ist

$$A = \pi r_e^2, \tag{1}$$

in der die Induktionsspannung

$$U_{ind} = -\frac{d\Phi}{dt} = -A \frac{dB}{dt} \tag{2}$$

entsteht, die — je nach Umlaufrichtung — das Elektron bremst oder beschleunigt, und zwar mit der Kraft

$$F = e_0 E = e_0 \frac{U}{2\pi r} = \frac{e_0 r}{2} \frac{dB}{dt}. \tag{3}$$

Wenn die Flussdichte B erreicht worden ist, ist der Impuls um

$$\Delta p = \int F \, dt = \frac{1}{2} e_0 \, r B \tag{4}$$

geändert worden. Da wir davon ausgegangen sind, dass sich der Radius des kreiselnden Elektrons nicht geändert hat, hat sich die Frequenz geändert, und zwar um

$$\Delta\omega = \Delta \frac{v}{r} = \frac{\Delta p}{m_e r} = \frac{1}{2} \frac{e_0 B}{m_e}. \tag{5}$$

Aufgabe 9.17 ZEEMAN-Effekt III: Die Energie eines magnetischen Dipols in einem Magnetfeld der Flussdichte B_z (konstant und nur eine Komponente) ist gegeben durch $\mu \cdot B_z$. Wie groß sind die Eigenzustände der Energie des Dipols in der Näherung des starren Rotators?

Lösung. Der HAMILTON-Operator des starren Rotators setzt sich additiv aus zwei Beträgen zusammen. Mit $\mu = \gamma L$ ergibt sich

$$\mathbf{H} = \frac{\mathbf{L}^2}{2I} + \gamma \mathbf{L}_z B, \tag{1}$$

deren gemeinsame Eigenfunktionen nach den Gln. (9.46) und (9.108) die zugeordneten Kugelflächenfunktionen Y_l^m

$$\mathbf{L}^2 Y_l^m(\vartheta, \varphi) = \hbar^2 l(l+1) Y_l^m(\vartheta, \varphi), \quad l = 0, 1, 2, \dots$$
$$\mathbf{L}_z Y_l^m(\vartheta, \varphi) = \hbar m Y_l^m(\vartheta, \varphi), \qquad m = -l, -l+1, \dots, 0, 1, 2, \dots, l-1, l \tag{2}$$

sind, und seine Eigenwerte sind

$$E_{lm} = \frac{\hbar^2}{2I} l(l+1) + \gamma m \hbar B. \tag{3}$$

Aufgabe 9.18 ZEEMAN-Effekt IV: Bestimmen Sie das magnetische Moment des Mn in Einheiten von μ_B!

Das Mn ist ein d^5-System (Elektronenkonfiguration $[\text{Ar}]4s^2 \, 3d^5$) mit 5 parallelen d-Spins. Also betragen die Quantenzahlen

1. $S = 2\frac{1}{2}$,

2. $L = 0 : \sum_{i=1}^{5} m_i = 0$,

3. $J = 2\frac{1}{2}$.

Nach den Formeln zur Bestimmung des Landé-Faktors

$$g = 1 + \frac{J(J+1) + S(S+1) - L(L+1)}{2J(J+1)} \tag{1}$$

und

$$\mu = g\mu_B \sqrt{J(J+1)} \tag{2}$$

ergibt sich ein Wert von 5,9 μ_B.[11]

Aufgabe 9.19 Ein H-Atom befinde sich im Einflussbereich eines schwachen Magnetfeldes der Flussdichte B_z. Sei der Störoperator gegeben durch

$$\mathbf{H}_z = -\boldsymbol{\mu} \cdot \mathbf{B}_z, \tag{1}$$

mit dem Operator des magnetischen Momentes

$$\boldsymbol{\mu} = -\frac{\mu_B}{\hbar} (g_l \mathbf{L} + g_s \mathbf{S}) \tag{2}$$

mit μ_B dem BOHRschen Magneton. Wenn der Gesamtdrehimpuls nach RUSSELL-SAUNDERS

$$\mathbf{J} = \mathbf{L} + \mathbf{S} \tag{3}$$

beträgt, bestimmen Sie in der Gleichung

$$\boldsymbol{\mu} = -\frac{\mu_B}{\hbar} g_j \mathbf{J} \tag{4}$$

g_j zu

$$g_j = 1 + \frac{j(j+1) + s(s+1) - l(l+1)}{2j(j+1)}! \tag{5}$$

Lösung. Ein schwaches Magnetfeld hebt Entartungen auf und erzeugt äquidistante Energieniveaus, deren energetische Distanz proportional dem Betrag von B_z und dem LANDÉ-Faktor g_j ist. Der Störoperator ist mit den Gln. (1) + (2)

$$\mathbf{H}_z = \frac{\mu_B}{\hbar} (g_l \mathbf{L}_z + g_s \mathbf{S}_z) \cdot \mathbf{B}_z. \tag{6}$$

g_l für einen p-Zustand ist z. B. 1, g_s ist 2. Wir bestimmen die Projektionen der beiden Vektoroperatoren nach den Gln. (9.220/221) zu

$$\mathbf{L}_J = \frac{\langle \mathbf{L} \cdot \mathbf{J} \rangle}{|\mathbf{J}|^2} \mathbf{J} = \alpha \mathbf{J} \tag{7}$$

---

[11]Dieser Wert ist nur richtig, weil $L = 0$ ist. Für die erste Übergangsmetallreihe ist L durchgängig Null (Auslöschung des Drehimpulses durch kristalline elektrische Felder in kubischer Umgebung: Kap. II, 6).

und entsprechend für S

$$S_J = \frac{\langle S \cdot J \rangle}{|J|^2} J = \beta J. \tag{8}$$

Da nach Gl. (3) $J = L + S$, können wir für das Quadrat

$$\begin{aligned} J^2 &= L^2 + S^2 + 2S \cdot L \\ &= J(S + L) \\ &= J \cdot S + J \cdot L \end{aligned} \tag{9}$$

schreiben. Die letzten beiden Skalarprodukte $J \cdot S$ und $J \cdot L$ gewinnen wir aus der Quadrierung von L und S zu

$$\left. \begin{aligned} S \cdot J &= \tfrac{1}{2}\left(J^2 + S^2 - L^2\right) \\ L \cdot J &= \tfrac{1}{2}\left(J^2 + L^2 - S^2\right). \end{aligned} \right\} \tag{10}$$

$$\begin{aligned} S \cdot J &= J^2 - J \cdot L \\ &= L^2 + S^2 + 2S \cdot L - J \cdot L \\ &= L^2 + S^2 + 2S \cdot L - (L + S) \cdot L \\ &= S^2 + S \cdot L \\ &= S^2 + \tfrac{1}{2}\left(J^2 - L^2 - S^2\right) \end{aligned} \tag{11}$$

$$\begin{aligned} L \cdot J &= J^2 - J \cdot S \\ &= L^2 + S^2 + 2S \cdot L - J \cdot S \\ &= L^2 + S^2 + 2S \cdot L - (L + S) \cdot S \\ &= L^2 + S \cdot L \\ &= L^2 + \tfrac{1}{2}\left(J^2 - L^2 - S^2\right) \end{aligned} \tag{12}$$

Damit gehen wir in die Gln. (7) und (8) und erhalten die beiden Matrixelemente

$$\alpha = L_J = \frac{l(l+1) + \tfrac{1}{2}\left(j(j+1) - l(l+1) - s(s+1)\right)}{j(j+1)} \tag{13}$$

$$\beta = S_J = \frac{s(s+1) + \tfrac{1}{2}\left(j(j+1) - l(l+1) - s(s+1)\right)}{j(j+1)}. \tag{14}$$

Wir gehen in die Gln. (2) und (4) zurück und substituieren mit den Gln. (13/14) zu

$$\begin{aligned} \boldsymbol{\mu} &= -\tfrac{\mu_{\mathrm{B}}}{\hbar}\left(\mathbf{L} + 2\mathbf{S}\right) \\ &= -\tfrac{\mu_{\mathrm{B}}}{\hbar}\left(\mathbf{L}_J + 2\mathbf{S}_J\right) \\ &= -\tfrac{\mu_{\mathrm{B}}}{\hbar}\frac{3j(j+1) - l(l+1) + s(s+1)}{2j(j+1)} J \\ &= -\tfrac{\mu_{\mathrm{B}}}{\hbar}\left(1 + \frac{j(j+1) - l(l+1) + s(s+1)}{2j(j+1)}\right) J; \end{aligned} \tag{15}$$

das ist der LANDÉ-Faktor der Gl. (5). Der Störoperator

$$\mathbf{H}_z = -\frac{\mu_\mathrm{B}}{\hbar} g_j \mathbf{J}_z B_z \qquad (16)$$

weist $2(m_j + 1)$ äquidistante Eigenwerte

$$E_{m_j} = \frac{\mu_\mathrm{B}}{\hbar} g_j m_j B_z \qquad (17)$$

auf, die von $-m_j$ bis $+m_j$ laufen.

9.19.5 Rotationsspektroskopie

Aufgabe 9.20 Bestimmen Sie mit der Eigenwertgleichung aus Aufg. 9.6 die Energieeigenwerte der Rotation für das O_2-Molekül um eine Achse senkrecht und parallel zur Bindung bei RT (Bindungslänge ist 2,6 Å)! Für die Kerndichte verwenden Sie den Wert, den Sie aus Gl. (8) der Aufg. 2.37 für den klassischen Elektronenradius errechnen!

Lösung. Die Masse eines Sauerstoffmoleküls ist

$$m_{O_2} = \frac{32\,\mathrm{g}}{0,6 \cdot 10^{24}} = 5,4 \cdot 10^{-26}\,\mathrm{kg}. \qquad (1)$$

Einsetzen von $r = 1,3$ Å in die Gl. (17) ergibt ein I von $8,96 \cdot 10^{-46}$ kg m^2 und damit

$$E_J = J(J+1)\frac{\hbar^2}{2I} = J(J+1) \cdot 3,6 \cdot 10^{-23}\,\mathrm{J}. \qquad (2)$$

Da die thermische Energie bei RT etwa $4,14 \cdot 10^{-21}$ J beträgt, wird für $J(J+1) \approx$ 115 oder $J \approx 11$: bei RT ist diese Rotation voll angeregt.

Im zweiten Fall ist der Radius nicht mehr der halbe Bindungsabstand, sondern nur noch der Kerndurchmesser. Ein Sauerstoffatom wiegt $2,7 \cdot 10^{-26}$ kg, und aus Gl. (8) der Aufgabe 2.37 ermitteln wir einen Wert für das Volumen eines Elektrons von $91,95 \cdot 10^{-45}$ m^3. Damit ergibt sich eine Dichte von $1 \cdot 10^{13}$ kg/m^3. Die Masse des Sauerstoffatoms ist $16 \cdot 1\,836 = 29\,216$ mal größer als die des Elektrons, also ist sein Volumen $6,41 \cdot 10^{-40}$ m^3 und damit der Radius der Kernkugel $86,24 \cdot 10^{-15}$ m (man kann auch einfacher das Massenverhältnis nehmen und die dritte Wurzel ziehen). Also ist in diesem Falle I

$$I = 2 \cdot 2,7 \cdot 10^{-26} \cdot 7\,437 \cdot 10^{-30}\,\mathrm{kg\,m}^2 = 4,02 \cdot 10^{-52}\,\mathrm{kg\,m}^2, \qquad (3)$$

und damit findet man den ersten Energieeigenwert zu

$$E(J=1) = 1 \cdot 2 \cdot \frac{43,9 \cdot 10^{-68}}{8\pi^2 \cdot 4 \cdot 10^{-52}} = 0,28 \cdot 10^{-16}\,\mathrm{J}. \qquad (4)$$

Da die thermische Energie bei RT etwa $4{,}14 \cdot 10^{-21}$ J beträgt, ist das ein Verhältnis von 6 700. Die Temperatur müsste also $6\,700 \cdot 300 = 2{,}01 \cdot 10^6$ K betragen, um diese Rotation anzuregen.

Aufgabe 9.21 Bestimmen Sie über die Zustandssumme die charakteristische Temperatur des Wasserstoffs, bei der die Rotation „eingefroren" wird! Dazu nehmen Sie an, dass in der Entwicklung der Exponentialfunktion das zweite Glied auf 0,1 abgefallen ist. Das Trägheitsmoment I beträgt $0{,}46 \cdot 10^{-40}$ g cm^2.

Lösung. Die Zustandssumme der Rotation beträgt

$$Q = \sum_{J=0}^{\infty} (2J+1) \exp\left(-\frac{\varepsilon_J}{k_B T}\right) = 1 + 3 \exp\left(-\frac{\varepsilon_1}{k_B T}\right) + 5 \exp\left(-\frac{\varepsilon_2}{k_B T}\right) + \dots \quad (1)$$

mit

$$\varepsilon_J = J(J+1)\frac{\hbar^2}{2I} \quad (2)$$

mit J der Rotationsquantenzahl und I dem Trägheitsmoment, das sich aus dem Rotationsspektrum zu dem o. e. Wert ergibt. Abfall auf $^1/_{10}$ bedeutet, dass der zweite Summand einen Exponenten von -2 aufweist, wozu

$$\frac{\hbar^2}{2I k_B T} = 1 \quad (3)$$

werden muss, was eine Temperatur T von 82 K ergibt. Damit wird der Beitrag der Rotation zur Zustandssumme Eins, und für die Innere Energie U ist die Ableitung der Zustandssumme nach der Temperatur erforderlich [s. Gl. (1.31)], bei einer Konstanten also Null: die Rotation leistet keinen Beitrag mehr zu U; der Wasserstoff ist einatomig geworden!

Aufgabe 9.22 Berechnen Sie die ersten fünf Rotationsniveaus des H$_2$-Moleküls mit einem Trägheitsmoment $I = 4{,}6 \cdot 10^{-41}$ g cm^2, die dazugehörigen Werte des Drehimpulses und die Zahl der möglichen Orientierungen im Magnetfeld!

Lösung. Als erstes benötigen wir die Energien

$$E_l = l(l+1)\frac{\hbar^2}{2I} \text{ mit } l = 0,1,2,3,4 \quad (1)$$

und die (gesamten) Drehimpulse

$$L = \sqrt{l(l+1)}\,\hbar, \quad (2)$$

wobei der Betrag in z-Richtung gegeben ist durch

Tabelle 9.5. Zusammenhang zwischen der Quantenzahl $J = l(l+1)$ des Drehimpulses L und verschiedenen Größen.

Größe	0	1	l 2	3	4
$l(l+1)$	0	2	6	12	20
J	0	2	6	12	20
$E_l[\hbar^2/2I]$	0	2	6	12	20
$|L|[\hbar]$	0	1,41	2,45	3,46	4,47
Multiplizität	1	3	5	7	9

$$L_z = m_l \hbar. \tag{3}$$

Der Betrag von $\hbar^2/2I$ ist $1{,}19 \cdot 10^{-21}$ J. Mit diesem Wert sind die Beträge in der Tab. 9.5 zu multiplizieren. Wegen des kleinen Trägheitsmoments sind diese Werte etwas kleiner als die für Benzol.

Aufgabe 9.23 Bestimmen Sie die minimale Rotationsenergie und den minimalen Drehimpuls des Benzolmoleküls ($I = 2{,}93 \cdot 10^{36}$ g cm^2) bei einer Rotation um eine Achse senkrecht zur Molekülebene!

Lösung.

$$E = \frac{(m^2 = 1^2)\hbar^2}{2I} = 1{,}9 \cdot 10^{26} \text{ J} = 1{,}19 \cdot 10^{-7} \text{ eV}. \tag{1}$$

$$L = (m = 1)\hbar = 1{,}06 \cdot 10^{-34} \text{ J s} \tag{2}$$

10 Das Zentralfeldproblem

Wenn die Bahnkurve des im Wasserstoffatom gebundenen Elektrons nicht durch das BOHRsche Modell beschrieben werden kann, geht das mit dem quantenmechanischen Ansatz? Die Antwort auf das sog. KEPLERsche Problem, die Bewegung eines Planeten um die Sonne zu beschreiben, also die Bewegung im Feld zentraler Kräfte, wird hier abschließend mit der Lösung des Radialanteils $R(r)$ der Wellenfunktion ψ, gegeben, deren Winkelabhängigkeit wir im Kap. 9 untersuchten. Mit der erfolgreichen Bearbeitung dieser Fragestellung, die mit großer Genauigkeit durch spektroskopische Methoden überprüft werden kann, gelang ein entscheidender Fortschritt der Quantentheorie. Daher folgen abschließend einige Betrachtungen zum wellenmechanischen und zum BOHRschen Modell. In diesem Kapitel verwenden wir das *cgs*-System. Zur Umrechnung in SI-Einheiten $\frac{1}{4\pi} = \varepsilon_0$.

10.1 Die radiale Teilgleichung

10.1.1 Erweiterung der potentiellen Energie um den Zentrifugalterm

Im Abschn. 9.4 haben wir uns bereits mit der Aufspaltung der SCHRÖDINGER-Gleichung im radialen Potential beschäftigt. Als Lösungen des winkelabhängigen Anteils erhielten wir die zugeordneten Kugelflächenfunktionen Y_l^m (9.46), die das Produkt einer Kugelfunktion $\Theta_l^m(\theta)$ (9.43) mit einer trigonometrischen Funktion $\Phi_l^m(\varphi)$ (9.71) darstellen. Die dritte Teilgleichung (9.55)

$$\nabla_r^2 R + \left(k^2 - \frac{\lambda}{r^2} \right) R = 0 \qquad (10.1)$$

lautet mit der nun bekannten Separationskonstanten $\lambda = l(l+1)$ und $k(r)^2 = \frac{2m_e}{\hbar^2}[E - V(r)]$ mit $V(r) = -Ze_0^2/r$

$$-\frac{\hbar^2}{2m_e} \nabla_r^2 R + \left(-\frac{Ze_0}{r} + \frac{\hbar^2 l(l+1)}{2m_e r^2} - E \right) R = 0, \qquad (10.2)$$

woraus wir ersehen, dass sich die potentielle Energie des Elektrons um einen Betrag

$$\frac{\hbar^2}{2m_e} \frac{l(l+1)}{r^2} \qquad (10.3)$$

geändert hat. Dessen Entstehung hat folgende Bewandtnis: Ein klassisches, um ein Zentrum bewegtes, Teilchen hat eine Bewegungsenergie von

https://doi.org/10.1515/9783111238678-010

$$E = V(r) \ + \tfrac{1}{2}m_e v^2$$
$$= V(r) \ + \tfrac{m_e}{2}\left(\left(\tfrac{\mathrm{d}x}{\mathrm{d}t}\right)^2 + \left(\tfrac{\mathrm{d}y}{\mathrm{d}t}\right)^2\right) \qquad (10.4)$$
$$= \text{const.}$$

Dabei können wir die Geschwindigkeit in eine radiale und eine angulare Komponente zerlegen, was man sich am einfachsten in Polarkoordinaten klarmacht:

$$\left.\begin{array}{rl} x & = r\cos\phi \\ y & = r\sin\phi \\ \tfrac{\mathrm{d}x}{\mathrm{d}t} & = \tfrac{\mathrm{d}r}{\mathrm{d}t}\cos\phi - r\sin\phi\tfrac{\mathrm{d}\phi}{\mathrm{d}t} \\ \tfrac{\mathrm{d}y}{\mathrm{d}t} & = \tfrac{\mathrm{d}r}{\mathrm{d}t}\sin\phi + r\cos\phi\tfrac{\mathrm{d}\phi}{\mathrm{d}t} \end{array}\right\} \qquad (10.5)$$

Daraus folgt für die Quadrate

$$\left.\begin{array}{rl} \left(\tfrac{\mathrm{d}x}{\mathrm{d}t}\right)^2 & = \left(\tfrac{\mathrm{d}r}{\mathrm{d}t}\right)^2\cos^2\phi - 2r\sin\phi\cos\phi\tfrac{\mathrm{d}\phi}{\mathrm{d}t} + r^2\sin^2\phi\left(\tfrac{\mathrm{d}\phi}{\mathrm{d}t}\right)^2 \\ \left(\tfrac{\mathrm{d}y}{\mathrm{d}t}\right)^2 & = \left(\tfrac{\mathrm{d}r}{\mathrm{d}t}\right)^2\sin^2\phi + 2r\sin\phi\cos\phi\tfrac{\mathrm{d}\phi}{\mathrm{d}t} + r^2\cos^2\phi\left(\tfrac{\mathrm{d}\phi}{\mathrm{d}t}\right)^2, \end{array}\right\} \qquad (10.6)$$

insgesamt also

$$\begin{aligned} v^2 & = \left(\tfrac{\mathrm{d}r}{\mathrm{d}t}\right)^2 + r^2\left(\tfrac{\mathrm{d}\phi}{\mathrm{d}t}\right)^2 \\ & = v_r^2 + (r\dot\phi)^2 \\ & = v_r^2 + r^2\omega^2 \end{aligned} \qquad (10.7)$$

mit $\omega = \dot\phi$ der Winkelgeschwindigkeit. Da der Drehimpuls $L = m_e r^2\dot\phi^2 = m_e r^2\omega^2$ bei einer Drehbewegung ebenfalls erhalten bleibt, können wir für die Energie nun auch

$$E = \frac{1}{2}m_e v_r^2 + V(r) + \frac{L^2}{2m_e r^2} \qquad (10.8)$$

mit $V(r)$ dem COULOMB-Term schreiben. Ohne Drehimpuls hätten wir nur die ersten beiden Terme. Das Hinzufügen des Drehimpulses zur (potentiellen Energie) macht also den Term $L^2/2m_e r^2$ aus, genau den Zusatzterm in Gl. (10.2), denn wir wissen, dass der Drehimpuls quantenmechanisch von

$$l\hbar \to \sqrt{l(l+1)}\hbar$$

übergeht (Abb. 10.1) [78] − [80]. Dieser Zentrifugalterm ist also repulsiv, wächst quadratisch mit sinkendem Abstand und nimmt mit steigendem Drehimpuls zu. Er übertrifft in der Steigung den COULOMB-Term und sorgt so für ein steiles Ansteigen der potentiellen Energie für $r \to 0$.

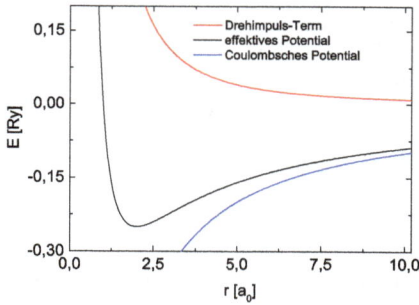

Abb. 10.1. Effektives Potential mit Gl. (10.2) und (10.3) für $l = 1$.

Ausgehend vom Potentialverlauf diskutieren wir zunächst den allgemeinen Charakter der Lösung. Als erstes folgt, dass die Bewegung des Elektrons in einem Intervall zwischen zwei Energiebergen verläuft, wobei seine Gesamtenergie E negativ sein muss. Klassisch würde man dort elliptische Bahnen erwarten (Planetenbewegung, dann die erweiterte Quantenbedingung von SOMMERFELD), positive Werte für E führen dagegen zu hyperbolischen Bahnen (wie bei einem Kometen). Innerhalb des Topfes, der durch die beiden Energieberge mit den Abszissenwerten r_{min} und r_{max} begrenzt wird, wird die quantenmechanische Lösung aber den Charakter einer Schwingung tragen; außerhalb müssen durch die Wahl der Randbedingungen divergierende Lösungen ausgeschlossen werden, die dann zur Bestimmung diskreter Energieniveaus des Elektrons führen.

10.1.2 Asymptotische Lösungen für $\varrho \to 0$ und $\varrho \to \infty$

Mit den Abkürzungen

$$\left.\begin{array}{l} \frac{m_e Z e_0^2}{\hbar^2} = B > 0 \\[2mm] -\frac{2m_e E}{\hbar^2} = A > 0 \end{array}\right\} \qquad (10.9)$$

schreiben wir mit

$$\begin{aligned} \varrho &= 2\sqrt{A}\, r \\ u &= \frac{rR}{2\sqrt{A}} \\ R' &= \frac{\mathrm{d}R}{\mathrm{d}r} \end{aligned} \qquad (10.10)$$

$$R'' + \frac{2}{\varrho} R' + \left(-\frac{1}{4} + \frac{B}{\varrho\sqrt{A}} - \frac{l(l+1)}{\varrho^2} \right) R = 0. \qquad (10.11)$$

Wie in beiden vorhergehenden Fällen des Harmonischen Oszillators und des starren Rotators kümmern wir uns als erstes um die Grenzfälle $\varrho \to 0$ und $\varrho \to \infty$, die einzeln gesucht werden müssen, da der Potentialtopf nicht symmetrisch ist.

- $\varrho \to 0$ und $R \to R_0$: Aus Gl. (10.11) folgt

$$R_0'' + \frac{2}{\varrho}R_0' + \left(\frac{B}{\varrho\sqrt{A}} - \frac{l(l+1)}{\varrho^2} \right) R_0 = 0, \tag{10.12}$$

in der der Minuend in der Klammer dominiert (l ist eine nicht negative ganze Zahl!), so dass

$$R_0'' \approx \frac{l(l+1)}{\varrho^2} R_0. \tag{10.13}$$

Mit dem üblichen Ansatz $R_0 = \varrho^q$ erhalten wir die quadratische Gleichung

$$q(q+1) = l(l+1) \tag{10.14}$$

mit den Lösungen

$$\left. \begin{array}{l} q_1 = l \\ q_2 = -(l+1), \end{array} \right\} \tag{10.15}$$

woraus

$$R_0 = C_1 q^l + C_2 q^{-l-1} \tag{10.16}$$

folgt. Damit wir für $\varrho \to 0$ die Divergenz umgehen, setzen wir $C_2 = 0$ und folglich C_1 auf Eins, so dass wir schließlich

$$R_0 = \varrho^l \tag{10.17}$$

erhalten.

- $\varrho \to \infty$: In Gl. (10.11) dominiert dann der erste Summand in der Klammer,

$$R_\infty'' = \frac{1}{4} R_\infty, \tag{10.18}$$

d. h. mit dem Ansatz $R/\varrho = e^{b\varrho}$ ergibt sich

$$b = \pm\frac{1}{2}, \tag{10.19}$$

wobei der Koeffizient C_1 aus dem Ansatz

$$R_\infty = C_1\, e^{\frac{1}{2}\varrho} + C_1\, e^{-\frac{1}{2}\varrho} \tag{10.20}$$

zur Vermeidung der Singularität verschwinden muss.

10.1.3 Konfluente hypergeometrische Funktion

Die beiden Ableitungsterme in Gl. (10.11) ersetzen wir über das Produkt aus ϱ und R

$$R'' + \frac{2}{\varrho} R' = \frac{1}{\varrho} \frac{\mathrm{d}^2 \varrho R}{\mathrm{d}\varrho^2} = \frac{1}{\varrho}(\varrho R'' + 2R') \tag{10.21}$$

und suchen die allgemeine Lösung der DGl (10.11) mit dem Ansatz

$$R = R_0 \, R_\infty \, u, \tag{10.22}$$

so dass

$$\varrho R = \underbrace{\varrho^{l+1} \, \mathrm{e}^{\frac{1}{2}\varrho}}_{v(\varrho)} \, u = v(\varrho) \, u, \tag{10.23}$$

wobei $v(\varrho)$ für $\varrho \to 0$ von Null verschieden bleiben muss und für $\varrho \to \infty$ nicht zu stark anwachsen darf, so dass sich

$$\frac{1}{v} \frac{\mathrm{d}^2 \varrho R}{\mathrm{d}\varrho} + \left(-\frac{1}{4} + \frac{B}{\varrho\sqrt{A}} - \frac{l(l+1)}{\varrho^2} \right) = 0 \tag{10.24}$$

ergibt. Bezeichnen wir die Ableitungen nach ϱ mit Strichen, bekommen wir

$$\frac{1}{v}(v\,u'' + 2\,u'\,v' + u\,v'') + \left(\frac{1}{4} + \frac{B}{\varrho\sqrt{A}} - \frac{l(l+1)}{\varrho^2} \right) u = 0 \tag{10.25}$$

oder

$$u'' + 2u'\frac{v'}{v} + \left(\frac{v''}{v} - \frac{1}{4} + \frac{B}{\varrho\sqrt{A}} - \frac{l(l+1)}{\varrho^2} \right) u = 0. \tag{10.26}$$

Für die Ableitungen von v nach ϱ finden wir aus Gl. (10.23) für die erste Ableitung v':

$$\ln v = (l+1) \ln \varrho - \frac{1}{2}\varrho \tag{10.27}$$

bzw.

$$\frac{v'}{v} = (\ln v)' = -\frac{1}{2} + \frac{l+1}{\varrho} \Rightarrow v' = \left(-\frac{1}{2} + \frac{l+1}{\varrho} \right) v, \tag{10.28}$$

und für die zweite

$$\left. \begin{array}{l} v'' = v'\left(-\frac{1}{2} + \frac{l+1}{\varrho} \right) - v\frac{l+1}{\varrho^2} \\[2mm] \frac{v''}{v} = \frac{1}{4} - \frac{l+1}{\varrho} + \frac{l(l+1)}{\varrho^2}, \end{array} \right\} \tag{10.29}$$

womit wir für die DGl (10.26)

$$\varrho\,u'' + u'\,(2(l+1) - \varrho) + \left(\frac{B}{\sqrt{A}} - (l+1) \right) u = 0 \tag{10.30}$$

erhalten, die KUMMERsche DGl für die konfluente hypergeometrische Funktion [81].

10.1.4 Abbruchbedingung und Laguerresches Polynom

Nun suchen wir die Lösung der DGl (10.22) als Produkt der Lösungen für die beiden Grenzfälle $\varrho \to 0 : R_0$ und $\varrho \to \infty : R_\infty$, wiederum SOMMERFELD folgend, mit einem Potenzreihenansatz für u

$$u = \sum_{\nu=0}^{k} a_\nu \varrho^\nu \qquad (10.31)$$

und erhalten mit dessen Ableitungen

$$\left. \begin{array}{l} u' = \displaystyle\sum_{\nu=0}^{k} \nu a_\nu \varrho^{\nu-1} \\[3mm] u'' = \displaystyle\sum_{\nu=0}^{k} \nu(\nu-1) a_\nu \varrho^{\nu-2} \end{array} \right\} \qquad (10.32)$$

$$\sum_{\nu=0}^{k} \nu(\nu-1) a_\nu \varrho^{\nu-1} + 2(l+1) \sum_{\nu=0}^{k} \nu a_\nu \varrho^{\nu-1} \quad - $$
$$- \sum_{\nu=0}^{k} \nu a_\nu \varrho^\nu \qquad\quad + \left(\frac{B}{\sqrt{A}} - l - 1 \right) \sum_{\nu=0}^{k} a_\nu \varrho^\nu = 0. \qquad (10.33)$$

Sortieren der Glieder gleicher Ordnung in ϱ liefert

$$\sum_{\nu=0}^{k} \nu(\nu+1) a_{\nu+1} \varrho^\nu + 2(l+1) \sum_{\nu=0}^{k}(\nu+1) a_{\nu+1} \varrho^\nu \,- $$
$$- \sum_{\nu=0}^{k} \nu a_\nu \varrho^\nu \qquad\quad + \left(\frac{B}{\sqrt{A}} - l - 1 \right) \sum_{\nu=0}^{k} a_\nu \varrho^\nu \quad = 0 \qquad (10.34)$$

oder

$$\sum_{\nu=0}^{k} \varrho^\nu \left(a_{\nu+1} \left((\nu+1)(\nu+2(l+1)) \right) + a_\nu \left(\frac{B}{\sqrt{A}} - l - 1 - \nu \right) \right) = 0. \qquad (10.35)$$

Zur Sicherstellung der Quadratintegrabilität muss die Reihe bei $\nu = k$ abbrechen, da sonst die anwachsende Reihe den bereits abgespaltenen Wert für R_∞ überkompensieren würde, dafür müssen $a_k \neq 0$ und $a_{k+1} = 0$ sein, woraus aus dem letzten Summanden

$$\frac{B}{\sqrt{A}} - l - 1 = k \qquad (10.36)$$

eine ganze, nicht-negative Zahl resultiert, die den Namen *radiale Quantenzahl* k erhielt und die Zahl der Kugelknotenflächen der Eigenfunktionen angibt. Damit ergibt sich aus

$$\frac{B}{\sqrt{A}} = l + 1 + k = n \tag{10.37}$$

die Bestimmungsgleichung für die *Hauptquantenzahl* n, und aus Gl. (10.34) folgt durch Indextransformation die Rekursionsbeziehung

$$\frac{a_{\nu+1}}{a_\nu} = \frac{\frac{B}{\sqrt{A}} - l - 1 - \nu}{(\nu+1)(\nu + 2(l+1))}. \tag{10.38}$$

Setzt man in der Gl. (10.33) das Glied höchster Ordnung $a_k = (-1)^k$ und errechnet mittels der Rekursionsbeziehung die restlichen Koeffizienten, findet man mit $s = 2l + 1$ für u

$$u = \sum_{j=0}^{k} (-1)^{k+j} \varrho^{k-j} \frac{k!(k+s)!}{j!(k-j)!(k+s-j)!}. \tag{10.39}$$

Diese Reihe heißt verallgemeinertes LAGUERREsche Polynom $Q_k^s(\varrho)$ k-ten Grades, das durch die Formel

$$Q_k^s(\varrho) = e^\varrho \, \varrho^{-s} \frac{d^k}{d\varrho^k} \left(e^{-\varrho} \varrho^{k+s} \right) \tag{10.40}$$

in geschlossener Form dargestellt werden kann [82]. Die Radialfunktion $R_{nl}(\varrho)$ ergibt sich aus den Gl. (10.22) + (10.39) zu

$$R_{nl}(\varrho) = C_{nl} \, e^{-\frac{1}{2}\varrho} \varrho^l \, Q_k^s(\varrho), \tag{10.41}$$

oder, wenn man für $s = 2l + 1$ und für $k = n - l - 1$ einsetzt:

$$R_{nl}(\varrho) = C_{nl} \, e^{-\frac{1}{2}\varrho} \varrho^l \, Q_{n-l-1}^{2l+1}(\varrho). \tag{10.42}$$

Da nach Gl. (10.9.1) $\frac{m_e Z e_0^2}{\hbar^2} = B$, nach Gl. (10.10) $\varrho = 2\sqrt{A}$ und nach Gl. (10.37) $\frac{B}{\sqrt{A}} = n$ sind, finden wir für ϱ

$$\varrho = \frac{2Z}{n \, a_0} r \tag{10.43}$$

mit $a_0 = \frac{\hbar^2}{m_e e_0^2}$, dem Radius der ersten BOHRschen Bahn.

Die Zahl der Zustände ist insgesamt

$$\sum_{l=0}^{n-1} \sum_{m=-l}^{m=+l} m_l = \sum_{l=0}^{n-1} (2l+1) = n^2, \tag{10.44}$$

also für $n = 1$ 1 (1 s-Zustand), für $n = 2$ 4 (1 s-Zustand, 3 p-Zustände), für $n = 3$ 9 (1 s-Zustand, 3 p-Zustände, 5 d-Zustände).

Damit erhalten wir die vollständige Wellengleichung

$$\psi_{nlm} = R_{nl}(\varrho)Y_l^m(\vartheta,\varphi)\,. \tag{10.45}$$

In den Abb. 10.2 sind die niedrigsten Radialfunktionen gezeigt. Wir stellen fest, dass

- mit steigender Hauptquantenzahl n die Funktionen weiter ausladen,
- die Zahl der Wurzeln ebenfalls mit n zunimmt, und dass
- die s-Funktionen alle drei ein Maximum bei $\varrho = 0$ aufweisen.

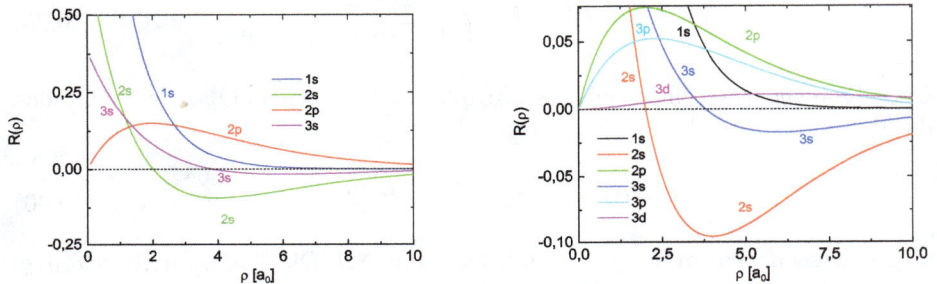

Abb. 10.2. Der Radialanteil einiger Wellenfunktionen für die ersten drei Quantenzahlen in zwei verschiedenen vertikalen Maßstäben. Mit der Zahl der Wurzeln von $n-1$ beträgt auch die Zahl der Knotenflächen immer $n-1$.

10.1.5 Eigenwerte der radialen DGl

Das Energiespektrum eines wasserstoffähnlichen Atoms ermitteln wir aus den Gl. (10.9) und (10.37) zu

$$E_n = -\frac{m_e Z^2 e_0^4}{2\hbar^2}\left(\frac{1}{n^2}\right) \tag{10.46}$$

oder

$$E_n = -R\frac{Z^2}{n^2}, \tag{10.47}$$

die wir von der BOHRschen Lösung her kennen [Gl. (2.72)].

10.2 Gesamtenergie und Drehimpuls

Die kinetische Energie ist also

$$T = \frac{1}{2m_e}\left(\dot{r}^2 + r^2\dot{\varphi}^2\right) = \frac{1}{2m_e}\left(\dot{r}^2 + r^2\omega^2\right). \tag{10.48}$$

Beachten wir, dass $L = m_e r^2\omega$, also $\omega = \frac{L}{m_0 r^2}$, und

$$\frac{dr}{dt} = \frac{dr}{d\varphi}\frac{d\varphi}{dt} = r'\dot{\varphi} = r'\frac{L}{m_0 r^2}, \tag{10.49}$$

wird für die kinetische Energie

$$T = \frac{L^2}{2m_e}\left(\frac{r'^2}{4} + \frac{1}{r^2}\right), \tag{10.50}$$

bzw. für die Summe von potentieller und kinetischer Energie

$$E = T + V = \frac{L^2}{2m_e}\left(\frac{r'^2}{4} + \frac{1}{r^2}\right) + V. \tag{10.51}$$

Wie uns NEWTON gelehrt hat, sind die Trajektorien gebundener Partikeln, die sich um eine Zentralkraft bewegen, Ellipsen (s. Abb. 10.3) mit der Polargleichung mit $\varepsilon > 1$

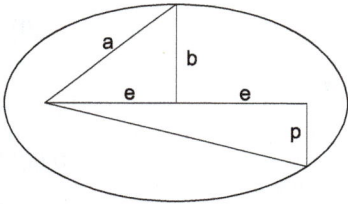

Abb. 10.3. Darstellung einer Ellipse und ihrer wesentlichen Parameter: b: kurze Halbachse, a: große Halbachse, e: lineare Exzentrizität, $\varepsilon = e/a$: numerische Exzentrizität, p: Parameter.

$$r = \frac{p}{1 - \varepsilon\cos\varphi}, \tag{10.52}$$

woraus

$$r' = -r^2\varepsilon\frac{\sin\varphi}{p} \tag{10.53}$$

folgt. Nach Gl. (10.51) benötigen wir das Verhältnis r'^2/r^4

$$\frac{r'^2}{r^4} = \frac{\varepsilon^2(1 - \cos^2\varphi)}{p^2}, \tag{10.54}$$

aus dem wir φ mit der Ellipsengleichung (10.52) eliminieren:

$$\frac{r'^2}{r^4} = \frac{\varepsilon^2 - 1}{p^2} + \frac{2}{pr} - \frac{1}{r^2}, \tag{10.55}$$

was, in Gl. (10.51) eingesetzt,

$$E = \frac{L^2}{m_e}\left(\frac{\varepsilon^2 - 1}{2p^2} + \frac{1}{pr}\right) + V = \text{const} \tag{10.56}$$

ergibt. Das ist nur dann eine Konstante, wenn V nach Voraussetzung ebenfalls eine $1/r$-Abhängigkeit aufweist, nämlich $V = -Ze_0^2/r$ mit Z der Kernladung:

$$V = \int_0^\infty F \cdot dr = \frac{L^2}{m_e p}\int_0^\infty \frac{dr}{r^2} = -\frac{L^2}{m_e p r}, \tag{10.57}$$

wenn wir $V(r = \infty)$ auf Null setzen. Folglich bekommen wir für den Drehimpuls

$$L = e_0\sqrt{Z m_e p}. \tag{10.58}$$

Wir erhalten damit als erstes das bemerkenswerte Resultat, dass der *Drehimpuls nur vom Parameter p abhängt*. Da $p = b^2/a$, ist weiterhin

$$L = e_0 b\sqrt{\frac{Z m_e}{a}}, \tag{10.59}$$

und die Gesamtenergie des Systems ergibt sich mit Gl. (10.56) zu

$$E = \frac{(e_0 b)^2 Z m_e}{m_e a}\frac{\varepsilon^2 - 1}{p^2} = \frac{Z e_0^2}{2}\frac{\varepsilon^2 - 1}{p}, \tag{10.60}$$

was mit den Definitionen der Ellipse nach einfacher Algebra schließlich auf

$$E = \frac{Z e_0^2}{2}\frac{1}{a} \tag{10.61}$$

führt: *Die Gesamtenergie hängt zweitens nur von der großen Halbachse ab*, und zwar ist sie nach dem Virialsatz genau halb so groß wie die potentielle Energie V.

10.3 Das Bohrsche und das quantenmechanische Ergebnis

Bevor wir uns der Untersuchung der Radial- und Winkelfunktion zuwenden, kehren wir zur Gl. (10.8) zurück und schreiben sie zu

$$\frac{1}{2}m_e v_r^2 = E - \left(V(r) + \frac{L^2}{2m_e r^2} \right) \tag{10.62}$$

um, was mit den Formeln für den translatorischen Impuls und die potentielle Energie

$$\frac{p_r^2}{2m_e} = E - \left(-\frac{Ze_0^2}{r} + \frac{L^2}{2m_e r^2} \right) \tag{10.63}$$

ergibt. Für ein gebundenes Elektron muss die Gesamtenergie negativ sein: $E < 0$, und dafür muss die kinetische Energie, die linke Seite der Gl. (10.62), mindestens Null sein. Wir ermitteln das Intervall der dazu erforderlichen Radien zwischen r_{min} und r_{max} aus dieser Gleichung unter Berücksichtigung von

$$a_0 = \frac{\hbar^2}{m_e e_0^2} \tag{10.64}$$

und erhalten

$$r_{min,\,max} = \frac{n^2 a_0}{Z} \left(1 \pm \sqrt{1 - \left(\frac{L}{n\hbar}\right)^2} \right). \tag{10.65}$$

Aus der Gl. (10.54) andererseits erhalten wir durch Suchen des Extremums für r

$$r'^2 = 0 = \frac{\varepsilon^2 - 1}{p^2} + \frac{2}{pr} - \frac{1}{r^2}, \tag{10.66}$$

woraus für die Extremwerte von r

$$r_{min,\,max} = \frac{p}{1 - \varepsilon^2}(1 \pm \varepsilon) \tag{10.67}$$

folgt. Der Bruch ist aber gerade die große Halbachse, also wird schließlich

$$r_{min,\,max} = a(1 \pm \varepsilon). \tag{10.68}$$

Der Vergleich mit Gl. (10.67) ergibt, dass das klassische Analogon der großen Halbachse a der Ellipse gegeben wird durch

$$a = \frac{n^2 a_0}{Z}, \tag{10.69}$$

deren Exzentrizität ε durch

$$\varepsilon = \sqrt{1 - \left(\frac{L}{n\hbar}\right)^2} \tag{10.70}$$

bestimmt wird. Setzt man in diese Gleichung die Werte für den Drehimpuls ein, also

$$L^2 = n^2\hbar^2 = (l+1)^2\hbar^2 \qquad (10.71)$$

mit dem BOHRschen Ansatz und

$$L^2 = l(l+1)\hbar^2 \qquad (10.72)$$

für den quantenmechanischen Ansatz

$$\varepsilon = \sqrt{1 - \left(\tfrac{l+1}{n}\right)^2}$$
$$\varepsilon = \sqrt{1 - \left(\tfrac{l(l+1)}{n}\right)^2}, \qquad (10.73)$$

sieht man, dass die Exzentrizität nur in der BOHRschen Theorie für $l = n-1$ Null werden kann. In der Quantenmechanik bleibt sie auch für $l = n-1$ stets endlich:

$$\varepsilon_{\min} = \sqrt{\frac{1}{n}} \qquad (10.74)$$

Für $l = 0$, also für s-Zustände, ergibt sich ein $\varepsilon_{\max}$ von Eins, was im klassischen Fall parabolischen Bahnen, also ungebundenen Zuständen mit einer Gesamtenergie von Null, entspricht. *Folglich existiert bei $l = 0$ kein klassisches Analogon.*

BOHR lässt nur Kreisbahnen mit der Exzentrizität Null zu.

10.4 Atombahnfunktion und Orbital

10.4.1 Die atomare Energieeinheit

Mit den in Tab. 2.2 definierten atomaren Größen wird die SCHRÖDINGER-Gleichung zu

$$\left(-\frac{1}{2}\nabla^2 + V\right)\psi = E\psi. \qquad (10.75)$$

Für Einelektronen-Atome ist dabei die potentielle Energie $V = -Z/r$, und die Orbitalenergien sind

$$E_n = -\frac{Z^2}{n^2}. \qquad (10.76)$$

10.4.2 Definition des Orbitals

Da sich das Absolutquadrat der Atombahnfunktion als proportional zur Elektronendichte erwiesen hat, und diese maßgeblich die Größe der potentiellen Energie im Zentralfeld eines positiven Kerns bestimmt, wenden wir uns nun ihrer *Beschreibung* zu. Wir werden den Begriff *Orbital* in diesem Sinne als Volumenintegral des Quadrats der Atombahnfunktion verwenden. Oft versteht man darunter aber die Atom- oder Molekülbahnfunktion in der Ein-Elektronen-Näherung (Vernachlässigung der Elektronen-Elektronen-Wechselwirkung).

Axiom 7 Unter einem Orbital (atomar oder molekular) wollen wir eine Einelektronen-Bahnfunktion verstehen, die mit ihrem konjugiert-komplexen Pendant multipliziert und über den Raum integriert wird. Wir verwenden dazu Eigenfunktionen mit einem Ein-Elektronen-Operator, der explizit definiert ist in den Koordinaten der Elektronen (r) und der Kerne (R). So wird etwa der HAMILTON-Operator für das H_2^+ in atomaren Einheiten

$$\mathbf{H} = -\frac{1}{2}\nabla^2 - \frac{1}{r_A} + \frac{1}{R}. \tag{10.77}$$

Die Elektron-Elektron-Wechselwirkung wird dabei nur mittelnd einbezogen. Umgekehrt ist die Energie eines molekularen Orbitals ein Eigenwert eines Ein-Elektronen-Operators.

10.4.3 Energieskala der Orbitale

Im Modell des *Elektrons im Kasten* weisen die Eigenfunktionen ψ_n $n-1$ Knoten auf: Das sind Stellen, an denen die Wellenfunktion den Wert Null annimmt. Im Zweidimensionalen sind das Linien (auch gekrümmt), im Dreidimensionalen sind dies Flächen (Abb. 10.4). Diese *Knotigkeit*, d. h. die Anzahl der Knoten, ist offenbar ein Maß für die Energie, also den Eigenwert der Eigenfunktion, genauso wie mit steigendem n auch die räumliche Ausladung der Atomorbitale (AOs) zunimmt.[1]

Zur weiteren Betrachtung ist es daher hilfreich, die Skala der AOs in Abhängigkeit von der Hauptquantenzahl n und der Nebenquantenzahl l nicht nur qualitativ zu kennen.

10.4.4 Quantenzahlen und Atombahnfunktionen

Die Lösungen des KEPLERschen Problems ergaben sich im Dreidimensionalen als die Eigenwerte von drei Funktionen, die in dieser Reihenfolge gelöst werden:

---

[1] Dies ist eine Manifestation des LIOUVILLEschen Satzes.

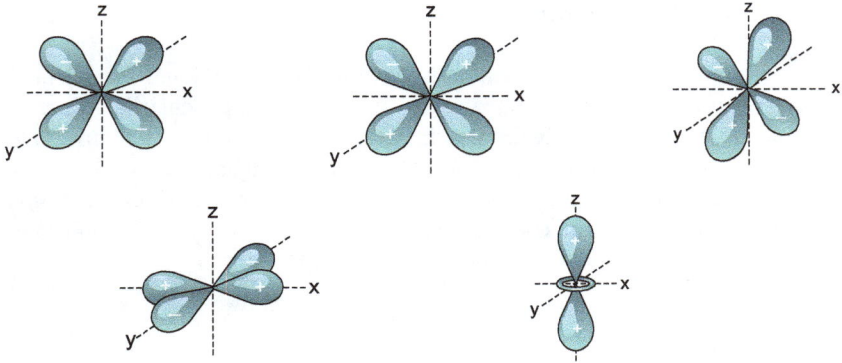

Abb. 10.4. Die Zahl der Knotenebenen ist $n-1$, hier gezeigt für die 3d-Orbitale mit zwei Knotenebenen. Von links: d_{xz}, d_{xy}, d_{yz}, $d_{x^2-y^2}$, d_{z^2}. Je höher die *Knotigkeit*, umso höher die Energie der Atombahnfunktion bei gleicher Hauptquantenzahl n. d-Bahnfunktionen sind achsensymmetrisch.

- der trigonometrischen Funktionen Φ_m (Quantenzahl m),

- der zugeordneten Kugelfunktionen Θ_l^m, die bis auf einen Normierungsfaktor C_l^m identisch mit den LEGENDREschen Polynomen sind, für l, womit der winkelabhängige Anteil $Y_l^m(\theta,\varphi)$ bestimmt wird (s. Tab. 10.2), und

- der zugeordneten LAGUERREschen Polynome R_{nl} für den Radialanteil (s. Tab. 10.1 u. Abb. 10.2) die Eigenwerte der Energie (Quantenzahl n).

Die Hierarchie ist jedoch entgegengesetzt: n bestimmt den maximalen Wert von l $(0-n-1)$, l den Wert von m $(-l \leq m \leq +l)$.

10.4.4.1 Radialanteil. In den Abb. 10.2 wurden die ersten Radialfunktionen vorgestellt. Die Absolutquadrate dieser Funktionen sind ein Faktor für die Wahrscheinlichkeitsdichte, und sie sind Eigenfunktionen des HAMILTON-Operators für wasserstoffähnliche Atome. In den Abb. 10.5 sind nun die zugehörigen Wahrscheinlichkeitsdichten, also die Produkte der Absolutquadrate der Radialfunktionen mit dem Volumenelement $4\pi r^2$, für die ersten drei Hauptquantenzahlen n und die ersten sechs Bahnfunktionen gezeigt. So weist etwa die 2s-Funktion nach Tab. 10.1 einen von der 2p-Funktion unterschiedlichen Radialanteil auf, was für alle höheren Werte von n ebenfalls gilt. Eingetragen in dieses Bild der Radialfunktionen für wasserstoffähnliche Atome sind bei $n = 1,2$ und 3 auch die BOHRschen Kreisbahnradien bei $n^2 a_0$ als δ-Funktionen.

Aus der Theorie der LAGUERRE-Polynome ergeben sich die Erwartungswerte von r^{-1} und r zu [83]

Tabelle 10.1. Radialabhängiger Anteil $R_{nl}(\rho)$ wasserstoffähnlicher Atome mit Z: Kernladungszahl, $\rho = \frac{2Zr}{n\,a_0}$, $N = \left(\frac{Z}{a_0}\right)^{\frac{3}{2}}$.

ψ_{nl}	$R_{nl}(\rho)$
$1s$	$2Ne^{-\rho/2}$
$2s$	$\frac{1}{2\sqrt{2}}N(2-\rho)e^{-\rho/2}$
$2p$	$\frac{1}{2\sqrt{6}}N\rho e^{-\rho/2}$
$3s$	$\frac{1}{9\sqrt{3}}N(6-6\rho+\rho^2)e^{-\rho/2}$
$3p$	$\frac{1}{9\sqrt{6}}N\rho(4-\rho)e^{-\rho/2}$
$3d$	$\frac{1}{9\sqrt{30}}N\rho^2 e^{-\rho/2}$

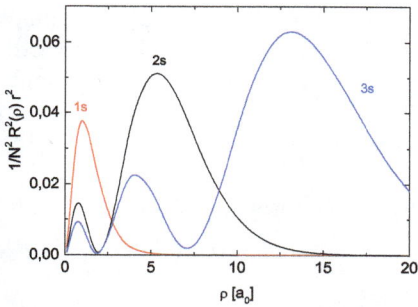

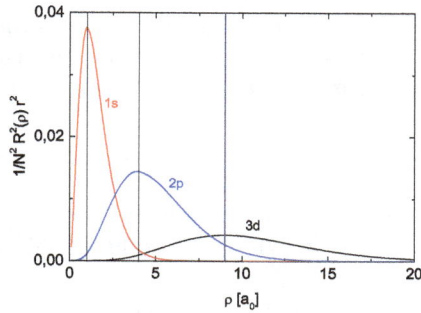

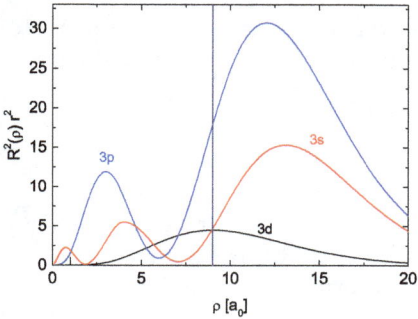

Abb. 10.5. Radiale Aufenthaltswahrscheinlichkeiten $\frac{1}{N^2}\int R^2\rho^2\,d\rho$ für verschiedene Orbitale. Lks. o.: Die Lage der Maxima verschiebt sich mit steigendem n zu größeren ρ-Werten, hier gezeigt für die s-Orbitale. Re. o.: Bei den $1s$-, $2p$-, und $3d$-Bahnen liegen die Maxima bei $r = n^2\,a_0$. Lks. u.: Je höher l, umso dichter das Maximum am Kern. Die Maxima der s-Bahnen mit $l = 0$ liegen dem Kern am entferntesten.

$$\left.\begin{aligned}\langle r^{-1}\rangle &= \frac{1}{n^2}\\ \langle r\rangle &= \frac{1}{2}\left(3n^2 - l(l+1)\right).\end{aligned}\right\} \qquad (10.78)$$

Gl. (10.78.1) sagt aus, dass die Eigenwerte der Energie für wasserstoffähnliche Atome nur von der Hauptquantenzahl abhängen. Aus Gl. (10.78.2) ersehen wir, dass die mittleren Radien der Bahnfunktionen mit steigender Hauptquantenzahl steigen, am beeindruckendsten für $l = 0$ (s-Zustände) von $1s$ über $2s$ nach $3s$ von $\frac{3}{2}a_0$ über $6a_0$ zu $\frac{27}{2}a_0$. Der Grad der Expansion verringert sich mit steigender Nebenquantenzahl. Da aber l maximal $n-1$ werden kann, ist dies auch für das höchste mögliche l gesichert. Jedoch schrumpfen innerhalb einer Hauptquantenzahl die mittleren Radien, so etwa in der dritten Periode von $\frac{27}{2}a_0$ für den $3s$-Zustand über $\frac{25}{2}a_0$ nach $\frac{21}{2}a_0$ für den $3d$-Zustand. Die Darstellung dieser Größe ist in den Abb. 10.5 gezeigt. Diese den Erwartungen widersprechende Beobachtung wird auf die Entstehung zusätzlicher radialer Kugelknotenflächen für $n > 1$ zurückgeführt.

10.4.4.2 Winkelanteil. Der winkelabhängige Anteil wird durch die Kugelfunktionen Θ_l^m bestimmt, auf den der trigonometrische Anteil Φ_m moduliert wird. Beispielsweise läuft für den p-Zustand mit $l = 1$ m von -1 bis $+1$, damit nimmt

$$\Phi(\varphi) = \frac{1}{\sqrt{2\pi}} e^{im\varphi} \qquad (10.79)$$

drei Werte an, und zwar die zwei symmetrischen bzw. antisymmetrischen Linearkombinationen, wodurch die Funktionen

$$\Phi(\varphi) = \frac{1}{\sqrt{2\pi}} \left[p_{+1} + p_{-1} \right] \propto \left[e^{i\varphi} + e^{-i\varphi} \right] \propto \cos\varphi \propto \frac{x}{r} \qquad (10.80)$$

$$\Phi(\varphi) = \frac{1}{\sqrt{2\pi}} \left[p_{+1} - p_{-1} \right] \propto \left[e^{i\varphi} - e^{-i\varphi} \right] \propto \sin\varphi \propto \frac{y}{r} \qquad (10.81)$$

reell werden; außerdem die für $m = 0$, sie ist von vornherein reell. Diese Werte müssen jetzt noch mit der Kugelfunktion Θ_l^m für $l = 1$ multipliziert werden. Sie lautet

$$\Theta_1^0 = \sqrt{\frac{3}{2}} \cos\vartheta, \qquad (10.82)$$

und damit zeigt die Funktion mit $m = 0$ in die z-Richtung. Wir sagen also, dass die symmetrische Linearkombination mit $m = \pm 1$ in x-Richtung, die antisymmetrische mit $m = \pm 1$ in y-Richtung, und die von vornherein reelle in z-Richtung zeigen.

Wie erhält man aus Tab. 10.2[2] ein Bild etwa des winkelabhängigen Anteils einer Atombahnfunktion?

---

[2]Man beachte die Additionstheoreme für d_{xy} und $d_{x^2-y^2}$.

Tabelle 10.2. Winkelabhängiger Anteil $Y_l^m(\vartheta, \varphi)$ wasserstoffähnlicher Atome.

l	m	ψ_l	$Y_l^m(\vartheta, \varphi)$
0	0	s	$\frac{1}{2\sqrt{\pi}}$
1	−1	p_x	$\sqrt{\frac{3}{4\pi}} \sin\varphi \sin\vartheta$
1	+1	p_y	$\sqrt{\frac{3}{4\pi}} \cos\varphi \sin\vartheta$
1	0	p_z	$\sqrt{\frac{3}{4\pi}} \cos\vartheta$
2	−1	d_{xz}	$\sqrt{\frac{15}{4\pi}} \sin\varphi \sin\vartheta \cos\vartheta$
2	+1	d_{yz}	$\sqrt{\frac{15}{4\pi}} \cos\varphi \sin\vartheta \cos\vartheta$
2	−2	d_{xy}	$\sqrt{\frac{15}{16\pi}} \sin^2\vartheta \sin 2\varphi$
2	+2	$d_{x^2-y^2}$	$\sqrt{\frac{15}{16\pi}} \sin^2\vartheta \cos 2\varphi$
2	0	d_{z^2}	$\sqrt{\frac{5}{16\pi}}(3\cos^2\vartheta - 1)$

- Aufsuchen des winkelabhängigen Anteils, z. B. für $n = 3$ und $l = 2$ das d_{z^2}-Orbital:
  $\sqrt{5/(16 \cdot \pi)}(\cos^2\theta - 1)$.

- Bilden des Quadrates und Eintragen in ein Polarkoordinatensystem (Abb. 10.6 + 10.7).[3]

Da s-Orbitale mit $l = 0$ keine Knotigkeit im (nicht vorhandenen) winkelabhängigen Anteil aufweisen, haben sie eine im radialen Anteil, sog. *Kugelknotenflächen*, deren Zahl nach Gl. (10.36) zu $n - l - 1$ bestimmt wird. In Summe kommen auch die s-Bahnfunktionen dann auf die gleiche Anzahl der Knotenflächen. Die $3p$-Bahnfunktion besteht so aus einer Vierfach-Hantel desselben Symmetrie-Typs wie die $2p$-Bahnfunktion (Tab. 10.2).

10.4.5 Was unterscheidet s- von p- und d-Elektronen?

10.4.5.1 s-Elektronen. Die exponentielle Abhängigkeit der Atombahnfunktion suggeriert, dass der wahrscheinlichste Ort, das Elektron aufzufinden, der Atomkern sein muss, wie man es ja auch erwarten sollte, da dort seine potentielle Energie am niedrigsten wäre. Dass das Elektron vom Kern nicht eingefangen werden kann, ist durch seine stark zunehmende Bewegungsenergie bedingt, die

---

[3]Der Wert von $3\cos^2\vartheta - 1$ kommt wie folgt zustande: Es sind insgesamt zwei zur $d_{x^2-y^2}$-Bahnfunktion analoge Funktionen zu vergeben: $d_{z^2-y^2}$ und $d_{z^2-x^2}$. Zählt man die normiert zusammen: $z^2 - x^2 + z^2 - y^2 = z^2 + z^2 - (x^2 + y^2)$, was aber dasselbe ist wie $z^2 + z^2 + z^2 - (x^2 + y^2 + z^2)$, also $3z^2 - r^2$, dividiert durch r^2 ergibt die Bezeichnung.

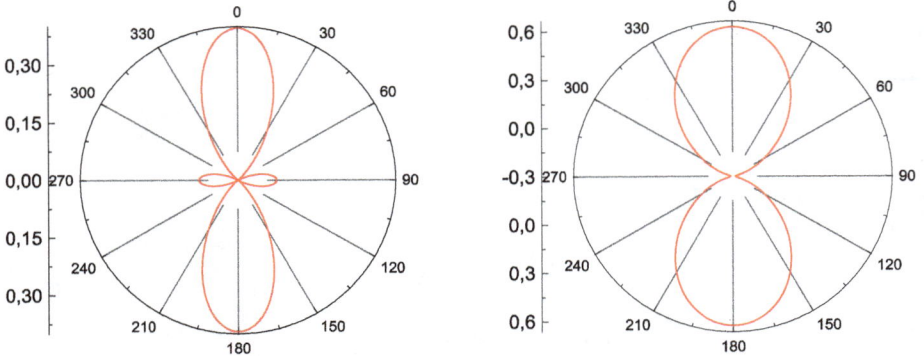

Abb. 10.6. Darstellung des Quadrates des winkelabhängigen Anteils des Quadrates der Wellenfunktion für d_{z^2} (lks.) und der Wellenfunktion selbst (re.). Nur in der Wertetabelle sieht man die negativen Werte für den Kranz.

mit der Unschärferelation beschrieben wird. Ein s-Elektron hat die Nebenquantenzahl $l = 0$; und das bedeutet das Fehlen eines Drehimpulses. Die s-Elektronen bewegen sich daher nicht-klassisch. Im Englischen heißt Drehimpuls *angular momentum*, und tatsächlich verschwindet wegen der fehlenden Winkelabhängigkeit der Krümmung der Wellenfunktion dieser Anteil des Drehimpulses (Tab. 10.3).

10.4.5.2 p- und d-Elektronen. Wenn die Wellenfunktionen eine Nebenquantenzahl $l \geq 1$ aufweisen, bedeutet das notwendig einen Knoten im Ursprung, der umgekehrt die winkelabhängige Krümmung der Atombahnfunktion erzwingt, und diese Krümmung erhöht gemäß der SCHRÖDINGER-Gleichung die kinetische Energie der Elektronenwelle. Diese Knoten erzeugen den zusätzlichen Drehimpuls (Tab. 10.3). Zwar ist die COULOMB-Kraft $F = e_0^2/r^2$, aber die Zentrifugalkraft $F = mv^2/r = L^2/mr^3$, so dass für genügend kleine Abstände vom Kern diese immer jene Kraft übersteigt (Abb. 10.1).

Die s-Bahnfunktionen haben ihr Maximum im Ursprung, alle anderen Bahnfunktionen verschwinden hier. Von Bedeutung ist dies in der NMR-Spektroskopie, wo es zu einer Kopplung zwischen den Spins von Elektron und Kern kommen kann. Besonders stark ist daher dieser Effekt in der ^{1}H-NMR-Spektroskopie ausgeprägt (s. Abschn. II, 6.14).

10.5 Radial- und winkelabhängiger Anteil der Wellenfunktion

Die Energie eines Elektrons in einem Mehrelektronenatom hängt nicht nur von der Quantenzahl n, sondern auch von l ab; die gesamte Wellenfunktion besteht aus dem Produkt des radial- und des winkelabhängigen Anteils

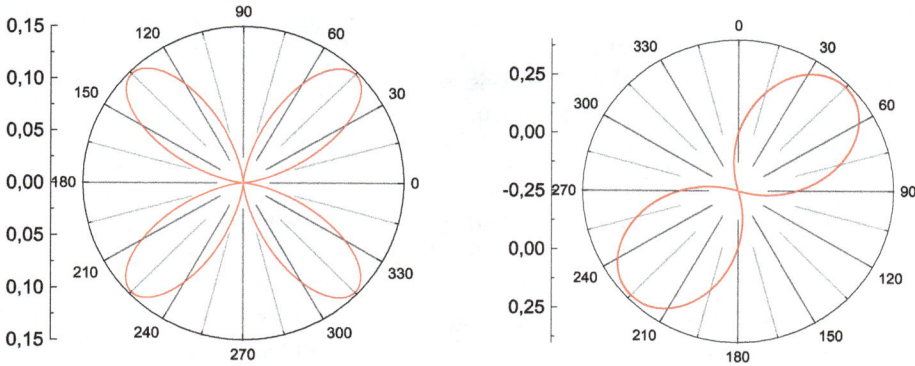

Abb. 10.7. Darstellung des winkelabhängigen Anteils der Wellenfunktion (lks.) und ihres Quadrates für d_{xz} (re.).

Tabelle 10.3. Knotigkeit (= Anzahl der Knotenflächen) der Atom-Eigenfunktionen ψ_{nlm}.

ψ_{nlm}	Knotenkugeln	Knotenflächen	$\sum$
$1s$	0	0	0
$2s$	1	0	1
$2p$	0	1	1
$3s$	2	0	2
$3p$	1	1	2
$3d$	0	2	2

$$\psi_{nlm}(r,\vartheta,\varphi) = R_{nl}(r)Y_l^m, \tag{10.83}$$

mit $n = 1, 2, 3, \ldots$, $l \leq n-1$ und $m = 0, \pm l$, so dass

$$E = E_{nl}. \tag{10.84}$$

Nur im einfachen COULOMB-Feld ist die Energie ausschließlich von n abhängig, und zwar mit n^{-2}. Zu Systemen, die ein Elektron besitzen, das sich in einem Zentralfeld bewegt, gehört nicht nur das Wasserstoffatom, sondern dazu zählen auch alle anderen Ionen, die nur mehr ein einziges Elektron aufweisen, wie etwa Li^{2+}. Angenähert gehören auch die Alkalimetallatome und deren sog. *Leuchtelektron* dazu, deren Kernladung sehr gut durch die abgeschlossene Edelgasschale kompensiert wird, und in diesem Fall tritt die sog. „l"-Entartung ein, die darin besteht, dass die Energie bei vorgegebener

Hauptquantenzahl n nicht von der Größe des Drehimpulses l abhängt (s. *Abschirmung* im Kap. 12). Der Beweis ist allerdings nur innerhalb der relativistischen Quantenmechanik möglich.

Nach der Gl. (10.45) ist die Wellenfunktion durch Produktbildung des radialabhängigen R_{nl} und des winkelabhängigen Anteils Y_l^m zu bestimmen, in dem der dritte Anteil Φ_m versteckt ist. Daher kann der Wert selbst positiv oder negativ sein, wie auch die Amplitude einer klassischen Welle positives oder negatives Vorzeichen aufweisen kann. Dies wird besonders dann wichtig, wenn die Wellen interferieren, denn dann hängt es vom Vorzeichen der Amplitude ab, ob die Interferenz konstruktiv oder destruktiv ist. Genau das wird uns später bei der chemischen Bindung begegnen.

Außerdem ist die Eigenwertgleichung für ein Quantenteilchen ermittelt worden, das sich Elektron nennt, und das eine punktförmige Ausdehnung hat (s. Übungsaufgaben zum Kap. 10). *Das Elektron ist keine diffuse Elektronenwolke* — auch wenn man es im Laborslang mal so sagt. $\psi^2 \, \mathrm{d}^3x$ ist die Wahrscheinlichkeit, ein Elektron in diesem Volumenelement als Punktladung und Punktmasse zu finden. Im Moment der Messung kollabiert die Wahrscheinlichkeitsfunktion, und man findet ein reales Ergebnis: ja oder nein mit einer gewissen Wahrscheinlichkeit (s. Kap. 3).

10.6 Abschließende Bemerkung

Mit der PLANCKschen Formel und der BOHRschen Theorie haben wir ein Selektionskriterium für „erlaubte" Bahnen für das den Kern umkreisende Elektron gewonnen. SOMMERFELD gelang es, mit der Erweiterung auf elliptische Bahnen auch die Spektren der komplizierteren Alkalimetalle zu erklären. Aber es blieb die Frage nach der Ursache. Mit dem mehrfach angewandten Abbruchkriterium für eine unendliche Reihe in ein Polynom gelang dann der entscheidende Schritt, und es konnte mit der quantenmechanischen Methode das wichtigste Eigenwertproblem für die Energie eines Mikro-Planetensystems (Sonne - Planet als Zweikörperproblem) gelöst werden. Das BOHRsche Modell erweist sich auch hier wieder als *experimentum crucis* zum Test dieser umfassenden Theorie.

10.7 Aufgaben und Lösungen

Aufgabe 10.1 In Kugelkoordinaten unter Vernachlässigung der winkelabhängigen Anteile lautet die SCHRÖDINGER-Gleichung für das KEPLER-Problem

$$-\frac{\hbar^2}{2m}\frac{1}{r^2}\frac{\mathrm{d}}{\mathrm{d}r}\left(r^2\frac{\mathrm{d}\psi(r)}{\mathrm{d}r}\right) - \frac{Ze_0^2}{4\pi\varepsilon_0 r}\psi(r) = E\psi(r). \tag{1}$$

Verifizieren Sie die Richtigkeit der 1s-Bahnfunktion mit

$$\psi_{100} = 2\frac{1}{\sqrt{4\pi}}e^{-\frac{r}{na_0}}. \tag{2}$$

Lösung. Setzt man die Probefunktion ein, erhält man das Ergebnis aus Gl. (1) zu $-13{,}6\,\mathrm{eV}$ für $n = 1$. Die Funktion ψ_{100} ist hier als Produkt des Radial- und Winkelterms geschrieben. Ausmultiplizieren ergibt die oft angeschriebene Formel

$$\psi_{100} = \frac{1}{\sqrt{\pi}}e^{-\frac{r}{a_0}}. \tag{4}$$

Aufgabe 10.2 Zeigen Sie, dass der wahrscheinlichste Radius des 1s-Elektrons im Wasserstoffatom der BOHRsche Radius ist! Verwenden Sie dabei die Funktion

$$\psi = \sqrt{\frac{1}{\pi a_0^3}}\,e^{-r/a_0}. \tag{1}$$

Lösung. Die (radiale) Wahrscheinlichkeitsdichte $D(r)$ wird durch den Ausdruck

$$D(r) = R_{nl}^2 4\pi r^2 \tag{1}$$

mit

$$\psi_{100} = R_{100} = \sqrt{\frac{1}{\pi a_0^3}}\,e^{-r/a_0} \tag{2}$$

bestimmt. Damit wird die Funktion, deren Maximum gesucht wird,

$$4\pi r^2 \frac{1}{\pi a_0^3}\exp\left(\frac{-2r}{a_0}\right), \tag{3}$$

und abgeleitet

$$2r\cdot\left(\exp\frac{-2r}{a_0}\right) - r^2\cdot\frac{2}{a_0}\exp\left(\frac{-2r}{a_0}\right) = 0, \tag{4}$$

was auf

$$r = a_0 \tag{5}$$

führt. Die entsprechenden Werte für ψ_{200} und ψ_{300} sind übrigens 5,24 a_0 und 13,07 a_0.

Aufgabe 10.3 Der wahrscheinlichste Radius des $1s$-Elektrons im Wasserstoffatom ist der BOHRsche Radius. Was aber ist der Mittelwert? Die Wellenfunktion lautet

$$\psi_{100} = \sqrt{\frac{1}{\pi a_0^3}}\, \mathrm{e}^{-r/a_0}. \tag{1}$$

Lösung. Es handelt sich um eine asymmetrische Funktion (ähnlich wie die MB-Verteilung, für die der Mittelwert rechts vom Maximum, der häufigsten Geschwindigkeit, liegt):

$$\psi = \sqrt{\frac{1}{\pi a_0^3}}\, \mathrm{e}^{-r/a_0} \tag{1}$$

$$\langle x \rangle = \int \psi^* x \psi \, \mathrm{d}^3 x \tag{2}$$

$$\langle r \rangle = \int_0^{2\pi} \mathrm{d}\phi \int_0^{\pi} \sin\Theta \, \mathrm{d}\Theta \int_0^{\infty} r^2 r \frac{1}{\pi a_0^3} \exp\left(\frac{-2r}{a_0}\right) \mathrm{d}r \tag{3}$$

$$\langle r \rangle = 2 \cdot 2\pi \cdot \frac{1}{\pi a_0^3} \int_0^{\infty} r^3 \exp\left(\frac{-2r}{a_0}\right) \mathrm{d}r \tag{4}$$

Dreifache Rekursion liefert einen Wert für das Integral von $\frac{3}{8} a_0^4$, was mit dem Quadrat der Normierungskonstanten von (1)

$$\langle r \rangle = \frac{3}{2} a_0 = 0{,}79 \,\text{Å} \tag{5}$$

ergibt. Bei einer großen Zahl von Messungen wird der Erwartungswert gleich dem Mittelwert der Messungen sein und $0{,}79 \,\text{Å}$ betragen. Das ist der $1\,^1/_2$-fache Wert von a_0. Dieser Wert ist der Beginn einer Folge von Werten, die nach LANDAU/LIFSCHITZ gegeben ist durch [83]

$$\langle r_{n,l} \rangle = \frac{1}{2}\left(3n^2 - l(l+1)\right). \tag{6}$$

Aufgabe 10.4 Bestimmen Sie den Mittelwert für $\frac{1}{r}$ für das Wasserstoffatom. Bestimmen Sie damit die mittlere potentielle Energie. Die Wellenfunktion lautet

$$\psi_{100} = \sqrt{\frac{1}{\pi a_0^3}}\, \mathrm{e}^{-r/a_0}. \tag{1}$$

Lösung. Der Mittelwert ergibt sich allgemein nach

$$\left\langle \frac{1}{x} \right\rangle = \int \psi^* \frac{1}{x} \psi \, d^3x, \tag{2}$$

in Kugelkoordinaten für r

$$\left\langle \frac{1}{r} \right\rangle = \int_0^{2\pi} d\phi \int_0^{\pi} \sin\Theta \, d\Theta \int_0^{\infty} r^2 \frac{1}{r} \frac{1}{\pi a_0^3} \exp\left(\frac{-2r}{a_0}\right) dr, \tag{3}$$

mit den beiden gelösten winkelabhängigen Integralen

$$\left\langle \frac{1}{r} \right\rangle = 2 \cdot 2\pi \cdot \frac{1}{\pi a_0^3} \int_0^{\infty} r \exp\left(\frac{-2r}{a_0}\right) dr. \tag{4}$$

Einfache Rekursion liefert einen Wert von 1, und damit für

$$\left\langle \frac{1}{r} \right\rangle = \frac{1}{a_0}. \tag{5}$$

Damit ergibt sich für die mittlere potentielle Energie ein Wert von

$$\langle V \rangle = -\frac{e_0^2}{a_0} = -27{,}2 \, \text{eV}. \tag{6}$$

Allgemein gilt für den Mittelwert von $\frac{1}{r}$ für die Kernladungszahl Z

$$\left\langle \frac{1}{r} \right\rangle = \frac{Z}{a_0}, \tag{7}$$

was mit der Bestimmungsgleichung für die potentielle Energie $V = -\frac{Ze_0^2}{r}$ einen Wert für den Mittelwert von $-\frac{(Ze_0)^2}{r}$ ergibt. Da die Gesamtenergie ja durch $E = -\frac{(Ze_0)^2}{2r}$ gegeben ist, bedeutet das, dass die mittlere kinetische Energie durch $\langle T \rangle = \frac{(Ze_0)^2}{2r}$ gegeben ist, womit das Virialtheorem bestätigt wird.

Aufgabe 10.5 Bestimmen Sie den Radius der $1s$-Bahn im Uran-Atom!

Lösung. Die Bestimmungsgleichung, deren Maximum ermittelt werden soll, ist

$$\psi_{100}^2 \, 4\pi r^2, \tag{1}$$

wobei

$$\psi_{100} = \left(\frac{Z^3}{\pi a_0{}^3}\right)^{1/2} \exp\left(-\frac{Zr}{a_0}\right). \tag{2}$$

Man findet das Extremum bei

$$r = \frac{a_0}{Z}, \tag{3}$$

also bei 0,00575 Å. Löst man nach BOHR zur Umlaufgeschwindigkeit auf, ergibt sich

$$v = 2{,}1 \cdot 10^8 \text{ m/s}, \tag{4}$$

es ist also offensichtlich, dass hier eine relativistische Korrektur angebracht werden muss. Alternativ kann man auch direkt die Bestimmungsgleichung für v_n verwenden:

$$v_n = \frac{Ze_0^2}{4\pi\varepsilon_0\hbar}\frac{1}{n}, \tag{5}$$

die natürlich das gleiche Resultat liefert.

Aufgabe 10.6 Konstruieren Sie den Schnitt der yz-Ebene durch die Äquipotentialfläche von $\psi(2p_z) = $ const. Dazu ist in Richtung ϑ der Abstand ρ so zu wählen, dass $\rho \cdot \mathrm{e}^{-1/2\rho} = K/\cos\vartheta$; $K = 0{,}1$. Die ρ-Werte sind durch graphische Darstellung der Funktion $\rho \cdot \mathrm{e}^{-1/2\rho}$ zu ermitteln, der Radialanteil R_{21} ist

$$R_{21}(\rho) = \sqrt[3]{\frac{Z}{a_0}}\frac{\rho}{2\sqrt{6}}\,\mathrm{e}^{-1/2\rho}, \tag{1}$$

wobei $\rho = Z\frac{r}{a_0}$ mit Z der Kernladungszahl, r dem Abstand zum Kern in Å und a_0 der BOHRsche Radius, und der Winkelanteil Θ_{1z} ist

$$\Theta_{1z}(\vartheta,\varphi) = \sqrt{\frac{3}{4\pi}}\cos\vartheta : \tag{2}$$

die p_z-Funktion weist keine φ-Abhängigkeit auf.

Lösung. Die $2p_z$-Atombahnfunktion lautet

$$\psi(2p_z) = R_{21} \cdot \Theta_{1z} = \sqrt[3]{\frac{Z}{a_0}}\frac{r}{2\sqrt{6}}\,\mathrm{e}^{-1/2r} \cdot \sqrt{\frac{3}{4\pi}}\cos\vartheta = \frac{1}{K} \cdot \rho\,\mathrm{e}^{-1/2\rho} \cdot \cos\vartheta. \tag{3}$$

Zunächst werden die ρ-Werte ermittelt, die in Polarkoordinaten gegen ϑ aufzutragen sind; sie werden mit $K = 0{,}1$ aus der Beziehung

$$\frac{0{,}1}{\cos\vartheta} = \rho \cdot \mathrm{e}^{1/2\rho} \tag{4}$$

gewonnen (s. Abb. 10.8). Im Polardiagramm erhält man dann die Abb. 10.9, in der die Werte der Atombahnfunktion $2p_z$ in der yz-Ebene als Funktion von ϑ dargestellt sind.

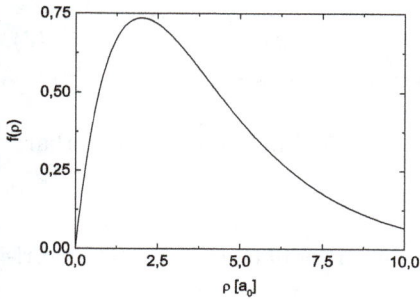

Abb. 10.8. Darstellung des Radialanteils der Wellenfunktion $2p_z$.

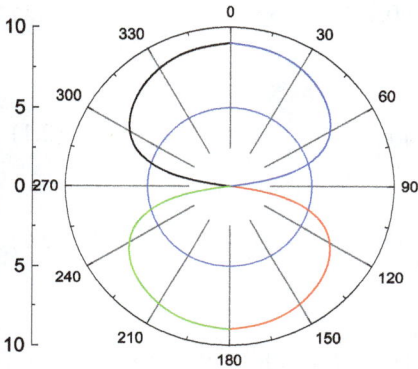

Abb. 10.9. Schnitt durch die yz-Ebene der Funktion $\psi(2p_z) =$ const, die vier Quadranten in vier verschiedenen Farben. Besonders auffällig ist die bauchige Form, die in krassem Gegensatz zu Abbildungen von p-Orbitalen in vielen Lehrbüchern steht.

Aufgabe 10.7 Zeigen Sie, dass die winkelabhängigen Anteile der p_x-, p_y- und p_z-Atomeigenfunktionen einen orthonormierten Satz von Funktionen bilden. Dabei sind

$$
\left.
\begin{aligned}
p_x &: \Theta_{2x} = \tfrac{\sqrt{3}}{2\sqrt{\pi}} \cos\varphi \sin\Theta \\
p_y &: \Theta_{2x} = \tfrac{\sqrt{3}}{2\sqrt{\pi}} \sin\varphi \sin\Theta \\
p_z &: \Theta_{2x} = \tfrac{\sqrt{3}}{2\sqrt{\pi}} \cos\Theta.
\end{aligned}
\right\}
\tag{1}
$$

Lösung. Z. B. p_x und p_y

$$
\int p_x\, p_y \,\mathrm{d}\Theta\, \mathrm{d}\varphi = \underbrace{\int_0^\pi \sin^2\Theta \mathrm{d}\Theta}_{\frac{\pi}{2}} \underbrace{\int_0^{2\pi} \cos\varphi\,\sin\varphi\,\mathrm{d}\varphi}_{0}.
\tag{2}
$$

Ein Faktor ist Null, also sind die Funktionen orthogonal zueinander. Z. B. p_x:

$$\int p_x^2 \, \mathrm{d}\Theta \, \mathrm{d}\varphi = \underbrace{\int_0^\pi \sin^2 \Theta \mathrm{d}\Theta}_{\frac{\pi}{2}} \underbrace{\int_0^{2\pi} \cos^2 \varphi \, \mathrm{d}\varphi}_{\pi} : \tag{3}$$

Beide Faktoren sind verschieden von Null, also ist die Funktion p_x normierbar.

Aufgabe 10.8 Zeigen Sie, dass das Integral eines Produkts aus einer symmetrischen und einer antisymmetrischen Eigenfunktion stets Null ergibt!

Lösung. Es soll gezeigt werden, dass

$$\int \psi_s \phi_a \mathrm{d}^3 x = 0. \tag{1}$$

Dazu verwenden wir

$$\psi(x) = \psi(-x) \tag{2.1}$$

und

$$\phi(x) = -\phi(-x). \tag{2.2}$$

Beweis (in einer Raumrichtung):

$$
\begin{aligned}
\int_{-a}^{+a} \psi(x)\phi(x)\mathrm{d}x &= \int_{-a}^{0} \psi(x)\phi(x)\mathrm{d}x + \int_{0}^{+a} \psi(x)\phi(x)\mathrm{d}x \\
&= \int_{0}^{+a} \psi(-x)\phi(-x)\mathrm{d}x + \int_{0}^{+a} \psi(x)\phi(x)\mathrm{d}x \\
&= -\int_{0}^{+a} \psi(x)\phi(x)\mathrm{d}x + \int_{0}^{+a} \psi(x)\phi(x)\mathrm{d}x = 0
\end{aligned}
\tag{3}
$$

11 Wechselwirkung mit Dipolstrahlung

Mittels der Störungsrechnung 1. Ordnung und der zeitabhängigen SCHRÖDINGER-Gleichung werden die Intensitäten von Spektrallinien in Emission und die von Banden in Absorption bestimmt und die EINSTEINschen Koeffizienten quantenmechanisch abgeleitet; dabei fällt FERMIs *Goldene Regel* an. Es folgt die quantenmechanische Ableitung der Auswahlregeln für die Spektroskopie für das *Elektron im Kasten* und den *Harmonischen Oszillator*, für den *starren Rotator* und *wasserstoffähnliche Systeme* werden die Auswahlregeln mitgeteilt und die Konsequenzen diskutiert.

In diesem Kapitel verwenden wir das Symbol ε für die Energie und das Symbol E für die elektrische Feldstärke.

11.1 Einleitung

Nachdem BOHR seine Theorie des Wasserstoff-Atoms aufgestellt hatte, mischten sich in den Beifall gleich kritische Stimmen. Zwar konnte er die Wellenlänge oder Frequenz der Linien sehr genau berechnen, nicht aber deren Intensitäten. Das aber war für einen (modellhaften) atomaren Oszillator bereits gelungen. Die Frage war nun, ob die neu vorgestellte Theorie hier einen Fortschritt leisten könnte.

Nach der MAXWELLschen Theorie ist eine sich beschleunigt bewegte Ladung eine Quelle für elektromagnetische Strahlung. Dabei stimmt die von einem Harmonischen Oszillator emittierte Strahlung in der Frequenz mit der mechanischen Frequenz seiner Schwingung überein, während die Intensität der Strahlung dem Quadrat der Amplitude ψ_0 proportional ist:

$$\psi = \psi_0 \cos \omega t; \ I \propto \psi_0^2. \tag{11.1}$$

Bewegt sich die Ladung in einem komplizierten periodischen Modus, kann dieser mit einer FOURIER-Reihe

$$\psi = \sum_i c_{i0} \cos \omega_i t; \ i \in \mathbb{N}$$

beschrieben werden; damit werden also die Grundfrequenz mit $i = 1$ und die höheren Harmonischen mit $i > 1$ erfasst, und ihr Anteil am Gesamtspektrum ist dem Quadrat des Entwicklungskoeffizienten c_{i0}^2 proportional.

Die wesentlichen Größen der Strahlung werden also durch die mechanischen Eigenschaften bestimmt.

Quantenmechanisch ist es so, dass Energie nur abgestrahlt wird, wenn ein Quantenteilchen, in unserem Fall meist ein Elektron, oder ein System, etwa ein Molekül, von einem energetisch höher liegenden in einen tiefer liegenden Zustand übergeht. Für das einfachste System mit nur zwei stationären Zuständen sind dies Lösungen der zeitunabhängigen SCHRÖDINGER-Gleichung $\mathbf{H}\,|\psi\rangle = \varepsilon\,|\psi\rangle$,

https://doi.org/10.1515/9783111238678-011

die für ein Zweiteilchenproblem geschlossen lösbar ist. Die Wellenfunktion nimmt
dabei die Form

$$\psi = \sum_1^2 c_{i0} \cos \omega_i t \qquad (11.2)$$

an. Ist das System im Zustand ①, ist $c_{10} = 1$ und $c_{20} = 0$, und das Absolutquadrat
$|c_{10}|^2$ beschreibt die Wahrscheinlichkeit, das Elektron im Zustand ① anzutreffen.

Der Fall nichtstationärer Probleme wird mit der zeitabhängigen SCHRÖDIN-
GER-Gleichung $\mathbf{H}\,|\Psi\rangle = -\frac{\hbar}{\mathrm{i}}\frac{\partial}{\partial t}\,|\Psi\rangle$ angegangen. Die Wellenfunktion sieht nun so
aus:

$$\begin{aligned} \Psi(t) &= \sum_i c_i \psi_i \mathrm{e}^{-\mathrm{i}\frac{\varepsilon_i}{\hbar}t} \\ &= \sum_i c_i(t)\psi_i \end{aligned} \qquad (11.3)$$

Dabei enthalten die Entwicklungskoeffizienten $c_i(t)$, deren Absolutquadrate die
Aufenthaltswahrscheinlichkeit des Elektrons im Zustand $|i\rangle$ beschreiben, den
zeitlichen Anteil der Wellenfunktion.

Den ersten vorquantenmechanischen Ansatz zur Lösung dieses Problems, der
von ALBERT EINSTEIN im Jahre 1917 entwickelt wurde, lernten wir im Kap. 1
mit den EINSTEINschen Koeffizienten A und B kennen. Der Koeffizient B erfasst
die Wechselwirkung mit einem Strahlungsfeld bei Anregung aus einem niedriger
gelegenen Zustand in einer höher gelegenen und dessen Zerfall. Wir hatten gesehen,
dass die absolute Größe dieses Koeffizienten nicht von der Richtung ↑ oder ↓
abhängt. A beschreibt den spontanen Zerfall eines Zustandes ohne äußeren Anlass.
*Während der erste Prozess mit der zeitabhängigen SCHRÖDINGER-Gleichung
angegangen werden kann, ist dies für den spontanen Zerfall unmöglich.*

Prinzipiell beschreibt die Quantenmechanik nur stationäre Prozesse. Deshalb
weiß sie auf die Fragestellung nach dem Betragsquadrat $|c_i^2|$ als Wahrscheinlich-
keitsdichte eine klare, quantitative Antwort.

Hier aber stellt sich die Frage, was in einem System geschieht, in dem sich
die Koeffizienten c_i sprunghaft oder allmählich verändern, insbesondere, was den
Zerfall eines angeregten Zustandes auslöst, der ja nach der hier vorgestellten
Theorie ebenfalls über eine beliebig lange Lebensdauer verfügen sollte.

Darauf weiß die Quantenmechanik keine Antwort, und deswegen bedient
sich diese „Herleitung" des Korrespondenzprinzips.

Dazu wollen wir im Folgenden die Anregung in optische Niveaus von Elektronen in Atomen untersuchen. Dabei soll die Anregung durch elektromagnetische
Wellen erfolgen. Der Zerfall des angeregten Zustandes über die Wechselwirkung
mit einem elektromagnetischen Feld erfolgt spiegelverkehrt zur Anregung, und die
EINSTEINschen Koeffizienten B_{12} und B_{21} sind bis auf die Entartungskoeffizienten
g_i gleich. In der ganz überwiegenden Zahl der Fälle relaxiert der angeregte Zustand spontan, dessen Koeffizienten A wir dann über den listigen Weg EINSTEINS
ermitteln. Diese Übergänge erfordern Strahlung oder setzen Strahlung frei. Sie
sind aber nicht die einzige Möglichkeit für das System, die überschüssige Energie

zu dissipieren.[1] Diese Wechselwirkung mit Strahlung kann, je nach Trägheit des zu beschleunigenden Systems und Energie der elektromagnetischen Welle, das ganze Molekül zu Rotationen, Molekülteile zu Oszillationen, schließlich Elektronen allein in angeregte Zustände versetzen. Zum Angriff des elektrischen Feldes muss entweder bereits ein elektrisches Dipolmoment vorhanden sein oder induziert werden können, so dass das System Energie aufnehmen und vom Grundzustand in einen angeregten Zustand übergehen kann. Beim Zerfall des angeregten Zustandes muss der spiegelbildliche Vorgang ablaufen. Während dieser Prozesse befindet sich das System in einem Zwischenzustand, und da sich das Potential ändert, kann nicht mit der zeitunabhängigen SCHRÖDINGER-Gleichung gearbeitet werden, sondern es muss die zeitabhängige Variante verwendet werden. Die Wellenfunktion des Systems ist also eine Mischung aus den Eigenfunktionen des Grundzustandes und des angeregten Zustandes, die mit zeitabhängigen Gewichtskoeffizienten beschrieben werden.

11.2 Störungsrechnung mit der zeitabhängigen Schrödinger-Gleichung

11.2.1 Bohrsche Frequenzbedingung

Die hauptsächlich von LORENTZ weiterentwickelte Theorie der Wechselwirkung eines Elektrons mit dem Strahlungsfeld kennt keinen Einfluss der Umgebung auf das Elektron, das sich beschleunigt in einem Kernfeld bewegt. Danach sollten die Intensitäten verschiedener Spektrallinien, die beim Übergang zwischen zwei Eigenzuständen entstehen, in derselben Kernumgebung gleich sein, was offensichtlich nicht der Fall ist. Diese Fragestellung ist ein *experimentum crucis* der Quantenmechanik.

Schreiben wir die vollständige SCHRÖDINGER-Gleichung

$$-\frac{\hbar}{i}\frac{\partial \Psi(t)}{\partial t} = \left(V(x)\psi(t) - \frac{\hbar^2}{2m_0}\nabla^2\Psi(t) \right) \tag{11.4}$$

an, was unter Benutzung des HAMILTON-Operators gleich

$$\mathbf{H}\Psi(t) = -\frac{\hbar}{i}\frac{\partial \Psi(t)}{\partial t} \tag{11.5}$$

ist. Existieren zwei Zustände, z. B. ein Grundzustand mit der Eigenfunktion Ψ_l und der Energie ε_l und ein angeregter mit der Eigenfunktion Ψ_m und der Energie ε_m, wobei

---

[1]Stoßprozesse spielen eine ganz entscheidende Rolle, um höhere Zustände zu „entvölkern". Dabei darf nicht vergessen werden, dass auch Translationszustände prinzipiell gerastert sind. Nur die Anregung dieser Zustände erhöht die kinetische Energie der Molekeln. Ganz besonders interessant sind sog. *Stöße zweiter Art* in Gasentladungen von Edelgasen, bei denen die Anregungsenergie beim Stoß an ein anderes Atom übertragen und dieses dabei auf hohe Geschwindigkeiten beschleunigt wird.

$$\left.\begin{array}{l} \Psi_l = \psi_l \mathrm{e}^{-\mathrm{i}\varepsilon_l t/\hbar} \\ \Psi_m = \psi_m \mathrm{e}^{-\mathrm{i}\varepsilon_m t/\hbar} \end{array}\right\} \qquad (11.6)$$

mit ψ_i den ortsabhängigen Anteilen der GesamtwellenfunktionΨ

$$\Psi = a_l \Psi_l + a_m \Psi_m. \qquad (11.7)$$

Da die beiden Eigenfunktionen orthogonal und normiert (= orthonormiert) sind, sind für die beiden stationären Zustände die Mischungskoeffizienten a_i entweder Null oder Eins, und der stabile Ausgangszustand zur Zeit $t = 0$ wird durch $a_l = 1, a_m = 0$

$$\mathbf{H}^0 \left(a_l \Psi_l(t) + a_m \Psi_m(t)\right) = -\frac{\hbar}{\mathrm{i}} \left(a_l \frac{\partial \Psi_l(t)}{\partial t} + a_m \frac{\partial \Psi_m(t)}{\partial t} \right), \qquad (11.8)$$

der angeregte Zustand zur Zeit $t = t$ durch $a_l = 0, a_m = 1$

$$\mathbf{H}^0 \left(a_l \Psi_l(t) + a_m \Psi_m(t)\right) = -\frac{\hbar}{\mathrm{i}} \left(a_l \frac{\partial \Psi_l(t)}{\partial t} + a_m = 1 \frac{\partial \Psi_m(t)}{\partial t} \right) \qquad (11.9)$$

beschrieben. Für dipolare Strahlungsübergänge allerdings sind diese Koeffizienten Zeitfunktionen. Die Eigenwerte werden mit dem Ansatz (11.8/9) einer Linearkombination der beiden (ungestörten) Eigenfunktionen mit zeitabhängigen Koeffizienten berechnet:

$$(\mathbf{H}^0 + \mathbf{H}')(a_l \Psi_l + a_m \Psi_m) = -\frac{\hbar}{\mathrm{i}} \frac{\partial}{\partial t}(a_l \Psi_l + a_m \Psi_m) \qquad \Rightarrow$$

$$\underbrace{a_l \mathbf{H}^0 \Psi_l}_{①} + \underbrace{a_m \mathbf{H}^0 \Psi_m}_{②} + \underbrace{a_l \mathbf{H}' \Psi_l}_{③} + \underbrace{a_m \mathbf{H}' \Psi_m}_{④} = -\frac{\hbar}{\mathrm{i}} \left(\underbrace{\Psi_l \frac{\partial a_l}{\partial t}}_{⑤} + \underbrace{\Psi_m \frac{\partial a_m}{\partial t}}_{⑥} \right) -$$

$$-\frac{\hbar}{\mathrm{i}} \left(\underbrace{a_l \frac{\partial \Psi_l}{\partial t}}_{⑦} + \underbrace{a_m \frac{\partial \Psi_m}{\partial t}}_{⑧} \right)$$

Die Terme ① und ⑦ resp. ② und ⑧ verschwinden, da sie die Eigenwertgleichungen mit den ungestörten Eigenfunktionen darstellen, so dass

$$a_l \mathbf{H}' \Psi_l + a_m \mathbf{H}' \Psi_m = -\frac{\hbar}{\mathrm{i}} \left(\Psi_l \frac{\partial a_l}{\partial t} + \Psi_m \frac{\partial a_m}{\partial t} \right) \qquad (11.10)$$

verbleibt. Wir interessieren uns im folgenden für den Gewichtskoeffizienten a_m. Nach dem zeitabhängigen Koeffizienten a_m kann durch Multiplikation mit der konjugiert-komplexen Eigenfunktion $\Psi_m^*(t)$ und anschließende Integration aufgelöst werden,[2] so dass

---

[2]Die Integrale auf der rechten Seite sind entweder 0 oder 1:

$$\frac{-\hbar}{\mathrm{i}}\frac{\partial a_m}{\partial t} = a_l \left\langle \Psi_m \left| \mathbf{H}' \right| \Psi_l \right\rangle + a_m \left\langle \Psi_m \left| \mathbf{H}' \right| \Psi_m \right\rangle \qquad (11.11)$$

resultiert. Mit den Anfangsbedingungen $a_l = 1$ und $a_m = 0$ bleibt bei Einsetzen der Gl. (11.6), also Separation in den zeit- und ortsabhängigen Anteil, der erste Summand der rechten Seite von Gl. (11.11) übrig, während der zweite verschwindet:

$$\frac{\partial a_m}{\partial t} = -\frac{\mathrm{i}}{\hbar}\mathrm{e}^{-\mathrm{i}/\hbar(\varepsilon_m - \varepsilon_l)t}\left\langle \psi_m \left| \mathbf{H}' \right| \psi_l \right\rangle. \qquad (11.12)$$

Das Integral $\left\langle \psi_m \left| \mathbf{H}' \right| \psi_l \right\rangle$ verbindet über den Störoperator die beiden Zustände und trägt die Bezeichnung *Übergangsmoment*. Mit dieser Gleichung können wir die Gewichtskoeffizienten bestimmen, mit denen das System von einem stabilen Zustand $|l\rangle$ in den anderen stabilen Zustand $\langle m|$ unter dem Einfluss eines Störfeldes übergeht. Dazu dient ein elektromagnetisches Wechselfeld

$$E(t) = 2\,E_0 \cos\omega t = E_0 \left(\mathrm{e}^{\mathrm{i}\omega t} + \mathrm{e}^{-\mathrm{i}\omega t}\right). \qquad (11.13)$$

11.2.2 Störung durch ein periodisches Feld

Dieses Wechselfeld kann nun z. B. mit dem Dipolmoment des Moleküls in Wechselwirkung treten, d. h. unser Störoperator ist

$$\mathbf{H}' = E\mu_x = E_0 \left(\mathrm{e}^{\mathrm{i}\omega t} + \mathrm{e}^{-\mathrm{i}\omega t}\right)\mu_x, \qquad (11.14)$$

was, in Gl. (11.12) eingesetzt,

$$\frac{\partial a_m}{\partial t} = -\frac{\mathrm{i}}{\hbar}E_0 \int_{-\infty}^{\infty}\psi_m^*\mu_x\psi_l \left(\mathrm{e}^{-\mathrm{i}/\hbar(\varepsilon_m - \varepsilon_l + \hbar\omega)t} + \mathrm{e}^{-\mathrm{i}/\hbar(\varepsilon_m - \varepsilon_l - \hbar\omega)t}\right)\mathrm{d}x \quad (11.15)$$

ergibt, wobei das Integral über die Ortskoordinate (bzw. das dreidimensionale Volumenelement $\mathrm{d}^3 x$) unser *Matrixelement*

$$\langle m \left| \mu_x \right| l \rangle = \int_{-\infty}^{\infty}\psi_m^*\mu_x\psi_l\,\mathrm{d}x \qquad (11.16)$$

ist. So erhalten wir schließlich für die Gewichtskoeffizienten selbst nach der Integration über die Zeit[3]

$$\langle \Psi_m \left| \Psi_l \right\rangle = \delta_{lm}.$$

[3]
$$-\int_0^t \mathrm{e}^{\mathrm{i}at}\,\mathrm{d}t = -\left.\frac{1}{\mathrm{i}a}\mathrm{e}^{\mathrm{i}at}\right|_0^t = \frac{1}{\mathrm{i}a}\left(1 - \mathrm{e}^{\mathrm{i}at}\right).$$

$$a_m(t) = \langle m \,|\mu_x|\, l \rangle \, E_0 \left(\frac{1 - e^{-i/\hbar(\varepsilon_m - \varepsilon_l + \hbar\omega)t}}{\varepsilon_m - \varepsilon_l + \hbar\omega} + \frac{1 - e^{-i/\hbar(\varepsilon_m - \varepsilon_l - \hbar\omega)t}}{\varepsilon_m - \varepsilon_l - \hbar\omega} \right). \quad (11.17)$$

In beiden Fällen finden Übergänge von $|l\rangle$ nach $\langle m|$ statt. Wenn $\varepsilon_m < \varepsilon_l$, dann wird der Nenner Null für $\varepsilon_l = \varepsilon_m + \hbar\omega$ (erster Term), und es findet eine Emission statt. Wenn dagegen $\varepsilon_m > \varepsilon_l$, wird $\varepsilon_l = \varepsilon_m - \hbar\omega$, und wir können den zweiten Term mit einer Absorption identifizieren, für die der Nenner bei $\varepsilon_m = \varepsilon_l + \hbar\omega$ verschwindet. Folglich wird der erste Term groß für Emission, der zweite für Absorption. Damit ergibt sich für die Summe der beiden Wahrscheinlichkeiten

$$\begin{aligned} 1 &= P_l + P_m \\ &= a_l^* a_l + a_m^* a_m, \end{aligned} \quad (11.18)$$

was ausgeführt

$$a_m^* a_m = \langle m \,|\mu_x|\, l \rangle^2 \, (E_0)^2 \left(\frac{2 - e^{i/\hbar(\varepsilon_m - \varepsilon_l - \hbar\omega)t} - e^{-i/\hbar(\varepsilon_m - \varepsilon_l - \hbar\omega)t}}{(\varepsilon_m - \varepsilon_l - \hbar\omega)^2} \right)$$

$$(11.19)$$

ergibt (hier gezeigt für die Absorption). Substituieren wir

$$z = \frac{1}{2} \frac{\varepsilon_{ml} - \hbar\omega}{\hbar} \text{ mit } \varepsilon_{ml} = \varepsilon_m - \varepsilon_l, \quad (11.20)$$

so dass der Bruch einfacher

$$\frac{Z}{N} = \frac{2 - e^{2izt} - e^{-2izt}}{(2\hbar \cdot z)^2} \quad (11.21)$$

wird, und erweitern mit $(2i)^2$:

$$\frac{2 - e^{2izt} - e^{-2izt}}{(2i)^2} \cdot \frac{(2i)^2}{(2\hbar)^2 \cdot z^2} = - \underbrace{\frac{e^{2izt} + e^{-2izt} - 2}{(2i)^2}}_{①} \cdot \underbrace{\frac{(2i)^2}{(2\hbar)^2 \cdot z^2}}_{②},$$

erkennen wir im Faktor ① auf der rechten Seite das Quadrat der sin-Funktion

$$\left. \begin{aligned} \sin^2(zt) &= \left(\frac{e^{izt} - e^{-izt}}{2i} \right)^2 \\ &= \frac{e^{2izt} + e^{-2izt} - 2}{(2i)^2} \\ 4\sin^2(zt) &= 2 - e^{2izt} - e^{-2izt}. \end{aligned} \right\} \quad (11.22)$$

Einsetzen von Gl. (11.22) in Gl. (11.21) liefert

$$\frac{Z}{N} = \left(\frac{1}{\hbar}\right)^2 \frac{\sin^2 zt}{z^2} \tag{11.23}$$

und damit für die Wahrscheinlichkeit $P = |a_m^* a_m|$ der Besetzung des angeregten Zustandes

$$|a_m^* a_m| = \langle m\,|\mu_x|\,l\rangle^2 \left(\frac{E_0}{\hbar}\right)^2 \left(\frac{\sin zt}{z}\right)^2, \tag{11.24}$$

womit wir den Gewichtskoeffizienten für eine Frequenz bestimmt haben. Die Extrema liegen bei $zt = \left(n + \frac{1}{2}\right)\pi - \frac{1}{(n+\frac{1}{2})\pi}$, sind also nicht äquidistant[4], und verbreitern sich mit $\frac{2\hbar}{t}$ entsprechend der 4. Unschärferelation; die Nullstellen des Bruches liegen bei $zt = n\pi$ (s. dazu Abschn. 11.5).

Die Abhängigkeit der Funktion $(\sin zt/z)^2$ von den beiden Größen z und t erfordert nun unsere Aufmerksamkeit. Dazu betrachten wir die Grenzfälle einer sehr kurzen $(t \to 0)$ und einer sehr langen Einwirkungszeit $(t \to \infty)$.

11.2.2.1 $t \to 0$. Für kleine t, also $zt \to 0$, wird $\sin zt \approx zt$, und der Quotient verhält sich wie

$$\lim_{zt \to 0} \frac{\sin^2 zt}{z^2} \approx \frac{(zt)^2}{z^2} = t^2 : \tag{11.25}$$

die Wahrscheinlichkeit für einen Übergang vom Zustand l in den Zustand m wächst für kurze Zeiten quadratisch in t an. z definiert nach Gl. (11.20) die Verstimmung von der Resonanz, die bei $z = 0$ minim geworden ist. Wie wir der Abb. 11.1 ersehen, ist die Wahrscheinlichkeit P, dass dieser Übergang gelingt, umso unwahrscheinlicher, je kürzer die zeitliche Einwirkung auf das System mit der Energiedifferenz ε_{lm} ist. Umgekehrt können auch benachbarte Zustände, so vorhanden, erreicht werden.

- Wirkt auf ein System mit zwei Zuständen eine sehr kurze periodische Störung (kurze Einwirkungszeit: $t \ll \frac{1}{\omega_m - \omega_l}$), dann sind neben der resonanten Anregung auch andere Übergänge möglich, wenn auch mit geringerer Wahrscheinlichkeit.

- Je geringer die Abweichung z der Störungsenergie $\hbar\omega$ von der Energiedifferenz $\Delta\varepsilon = \varepsilon_{ml}$ sind, umso größer die Wahrscheinlichkeit des Übergangs; sie geht mit $1/z^2$.

---

[4]Hinter der Spaltfunktion verbirgt sich ja auch die sphärische BESSELsche Funktion erster Art $J_0(x)$, die in der SCHRÖDINGER-Gleichung bei verschwindender potentieller Energie die Eigenfunktion darstellt.

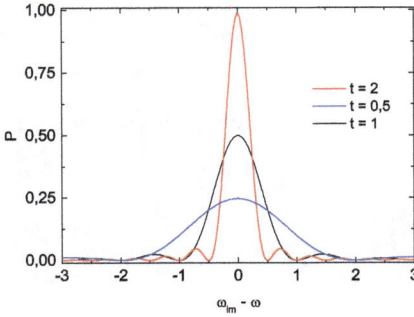

Abb. 11.1. Für kurze Zeiten t ($t \ll \frac{1}{\omega_m - \omega_l}$) zeigt sich eine parabolische Abhängigkeit der Wahrscheinlichkeit P für einen Übergang von $|l\rangle \to |m\rangle$. Aber auch andere Übergänge sind möglich. P wird mit steigendem t schärfer.

11.2.2.2 $t \to \infty$. Für größere Zeiten verringert sich die Wahrscheinlichkeit eines Übergangs, der nicht gleich dem des Hauptmaximums ist, drastisch. Dazu betrachten wir zunächst das Verhalten der Funktion

$$f(x) = \frac{\sin^2 xt}{tx^2} \tag{11.26}$$

für $x \to 0$, also

$$\lim_{t \to \infty} t \frac{\sin^2 xt}{(xt)^2}. \tag{11.27}$$

Wir hatten die Spaltfunktion $\frac{\sin \alpha x}{x}$ im Abschn. 3.8 untersucht und erkannt, dass sie für große Faktoren α im Argument der Sinusfunktion eine mögliche Darstellung der δ-Funktion ist. Für $x \to 0$ wird der Quotient unbestimmt, und nach L'HOSPITAL gewinnen wir aus Gl. (11.27)

$$\begin{aligned}
\lim_{x \to 0} \frac{t \sin^2 xt}{(xt)^2} &= \lim_{x \to 0} \left(\frac{\sin xt}{\sqrt{t} x} \right)^2 \\
&= \lim_{x \to 0} \frac{t \cos xt}{\sqrt{t}} \\
&= t:
\end{aligned} \tag{11.28}$$

Dieses Verhalten ist in den Abb. 11.2 und 11.3 gezeigt. Der undulatorische Term, der für kleine Werte von t den normalen Verlauf einer Spaltfunktion aufweist, führt nun wilde Oszillationen um Null herum aus (in den Abb. 11.3 ist das für $t = 10$ gezeigt). In Gl. (11.28) werden für

- $x \to 0$: $f(x) \to t$,
- $x \neq 0$: $f(x)$ immer Null.

Das Integral von $\frac{\sin^2 xt}{tx^2}$ gibt mit der Substitution $z = xt$ den Wert π (DIRICHLET-Integral):

$$\int_{-\infty}^{\infty} \frac{\sin^2 xt}{tx^2}\, \mathrm{d}x = \int_{-\infty}^{\infty} \frac{\sin^2 z}{z^2}\, \mathrm{d}z = \pi, \tag{11.29}$$

ein bemerkenswertes Integral, ist das Argument doch das Quadrat der Spaltfunktion $\frac{\sin z}{z}$, und dieses Integral, der Integralsinus Si, also $Si(z) = \int_{-\infty}^{\infty} \frac{\sin z}{z}\, \mathrm{d}z$, hat den Wert π, d. h. die Integrale der Argumente $\frac{\sin z}{z}$ und $\left(\frac{\sin z}{z} \right)^2$ haben denselben Wert!

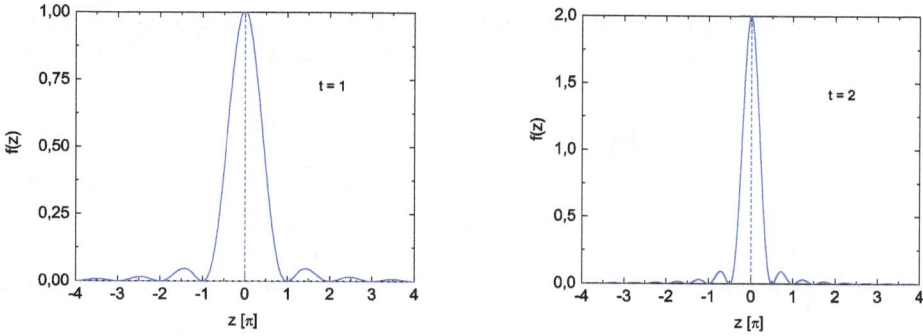

Abb. 11.2. Kurvenverlauf von $z \to \frac{\sin^2 zt}{tz^2}$ für zwei verschiedenen Zeiten t. Die Höhe skaliert mit t, die Breite dagegen mit $\frac{1}{t}$; bei $z = 0$ geht der Quotient gegen t.

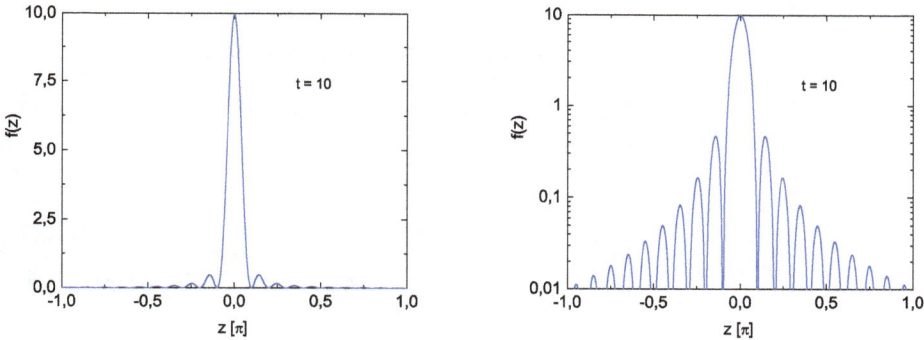

Abb. 11.3. Kurvenverlauf von $x \to \frac{\sin^2 zt}{tz^2}$ für $t = 10$. Bei $z = 0$ geht der Quotient gegen $10t$, und die Nebenminima sind in der linearen Darstellung bereits so gut wie verschwunden.

Lassen wir also t gegen Unendlich gehen, so bekommen wir bei der Resonanz bei Null einen Wert, der gegen Unendlich strebt, während die Funktion für alle anderen Werte sehr klein ist oder gar Null ist — das ist aber die Forderung an eine δ-Funktion [84] − [86].

Wir können also deswegen in Gl. (11.24) für große t den Quotienten durch eine δ-Funktion substituieren und erhalten unter Beachtung der Kettenregel $\delta(ax) = \frac{1}{|a|}\delta(x)$

$$\lim_{t\to\infty} \frac{\sin^2 zt}{z^2} = t\pi\delta(z)$$
$$= t\pi\delta\left(\frac{1}{2}\frac{(\varepsilon_{lm}-\hbar\omega)}{\hbar}\right) \tag{11.30}$$
$$= 2\hbar t\pi\delta\left(\varepsilon_{lm}-\varepsilon\right)$$

für die Wahrscheinlichkeit des Übergangs $P = |a_m^* a_m|$ und damit für die Besetzung des Zustands $\langle m|$

$$P = \frac{2\pi}{\hbar}\langle m\,|\mu_x|\,l\rangle^2 \left(E_0\right)^2 \delta\left(\varepsilon_m - \varepsilon_l - \hbar\omega\right) \cdot t: \tag{11.31}$$

Die Wahrscheinlichkeit für die Besetzung des angeregten Zustandes ist proportional t.

Berücksichtigen wir noch den Sachverhalt, dass bei isotroper Einstrahlung die drei Komponenten der Strahlungs-Dipol-Wechselwirkung gleich sein müssen, also

$$\langle m\,|\mu_x|\,l\rangle^2 = \langle m\,|\mu_y|\,l\rangle^2 = \langle m\,|\mu_z|\,l\rangle^2,$$

und $\mu = e_0 r$ mit r dem Abstand zwischen den (Partial)-Ladungen, schreiben wir

$$e_0^2 \langle m\,|r|\,l\rangle^2 = e_0^2 \left(\langle m\,|x|\,l\rangle^2 + \langle m\,|y|\,l\rangle^2 + \langle m\,|z|\,l\rangle^2\right), \tag{11.32}$$

also

$$e_0^2 \langle m\,|r|\,l\rangle^2 = 3e_0^2 \langle m\,|x|\,l\rangle^2, \tag{11.33}$$

gewinnen wir aus Gl. (11.31) durch Differenzieren nach der Zeit die Übergangsrate Γ

$$\Gamma = \frac{2\pi}{3\hbar}e_0^2 \langle m\,|r|\,l\rangle^2 \left(E_0\right)^2 \delta\left(\varepsilon_m - \varepsilon_l - \hbar\omega\right). \tag{11.34}$$

Das Übergangsmoment $\langle m\,|r|\,l\rangle$ schreibt man meist kürzer als $|r_{ml}|$ und entsprechend dessen Absolutquadrat $|r_{ml}|^2$.

- Der Übergang kann nur dann auftreten, wenn die Zustände $|l\rangle$ und $\langle m|$ durch einen Störoperator „gemischt" werden, so dass das in Frage stehende Matrixelement $\langle m\,|\mu_x|\,l\rangle \neq 0$ wird.

- Die Wahrscheinlichkeit des Übergangs nimmt wegen der (zeitlich konstanten) Übergangsrate Γ_{ml} linear mit t zu.

- Die Stärke der Störung hängt von der Intensität des Störfeldes ab ($\propto E^2$).

- Die Erhaltung der Energie manifestiert sich mathematisch in der DI-
  RACschen δ-Funktion, wodurch Übergänge zwischen den Zuständen $|l\rangle$
  und $\langle m|$ nur dann möglich sind, wenn das System aus dem Strahlungsfeld
  genau die Differenzenergie $\hbar\omega_{ml}$ absorbiert.

11.3 Fermis Goldene Regel

In einem Zwei-Niveau-System ist also die inverse Übergangsrate gleich der mittleren Lebensdauer des Ausgangszustandes. Dieses Ergebnis, hier abgeleitet für
die Überlagerung zweier stationärer Zustände mittels eines elektromagnetischen
periodischen Feldes, hat sich als universell einsetzbar gezeigt, wenn ein Zustand
$|l\rangle$ durch eine Störung in den Zustand $\langle m|$ überführt wird. Dies liegt daran, dass
die Wahrscheinlichkeit dieses Übergangs bei Anwendung der Störungstheorie in
1. Ordnung während des Zeitraums, in dem die Störung einwirkt, mit der Zeit
anwächst [Gl. (11.28)]; dabei bleibt die Übergangsrate Γ konstant [Gl. (11.31/34)].

- Die Breite der Energieunschärfe nimmt mit wachsender Zeit ab.

- Für den Fall der Resonanz $\omega = \omega_{ml}$ wächst die Wahrscheinlichkeit des
  Übergangs in den Zustand $\langle m|$ zunächst mit t^2. Dass diese Abhängigkeit
  bald falsch wird, erhellt bereits aus der Überlegung, dass wir bei langandau-
  erndem quadratischen Wachstum der Übergangsrate Wahrscheinlichkeiten
  der Besetzung des angeregten Zustandes von über Eins erhielten, also eine
  Besetzungsinversion wie beim Laser mit nur zwei Zuständen! Für große
  Zeiten nimmt erstens die Breite des Hauptmaximums mit $\frac{1}{t}$ ab, einfach
  über die 4. Unschärferelation $\Delta(\varepsilon_{ml} - \hbar\omega)\Delta t \geq \hbar$, und die Besetzungswahrscheinlichkeit skaliert nun mit $\frac{t^2}{t} = t$ [Abbn. 11.1 − 11.3 und Gl.
  (11.31)].

Ein anderes herausragendes Beispiel ist die Streuung an irgendwelchen
Zentren. Wir haben hier die RUTHERFORD-Streuung erwähnt und die COMPTON-
Streuung genauer untersucht. Die Anwendbarkeit dieses Verfahrens ist auch
keineswegs auf diskrete Zustände beschränkt. Wenn der obere Zustand nur
ein Mitglied eines diskreten, aber auch kontinuierlichen, Kontinuums ist, sind
zahlreiche, im zweiten Fall auch zahllose Übergänge möglich.

Als erster erkannte DIRAC, dass die mit einer einfachen Störungsrechnung
in 1. Ordnung erhaltene Gleichung für verschiedene Problemstellungen sehr gute
Ergebnisse liefert. Der Grund ist die schnelle Aufsteilung der undulatorischen
Vorgänge zu einer δ-Funktion, die eben unempfindlich gegenüber der Art ist, mit
der das System aus dem Gleichgewicht gebracht wird. Bei den Streuprozessen
haben wir die Dichte einer Punktladung Q als δ-Funktion: $\rho(x) = \sum_i Q_i\delta(x - x_i)$.

FERMI prägte dann auch ihren klangvollen Namen [87].

Beide die Übergangsrate Γ und damit die Intensität einer Spektrallinie
bestimmenden Größen, das Übergangsmoment $|\mu_{ml}|$ und das Strahlungsfeld
S, müssen daher näher untersucht werden. Während in der hier besprochenen

Näherung das Übergangsmoment $|\mu_{ml}|$ über die Auswahlregeln bestimmt, ob ein Übergang quantenmechanisch „erlaubt" ist oder nicht, bestimmt die zweite Stellschraube die Intensität. Zwar ist dies eine grobe Vereinfachung, sie erlaubt aber dennoch tiefe Einblicke in das Geschehen.

Wir untersuchen zunächst $|\mu_{ml}|$, dann das Strahlungsfeld.

11.4 Auswahlregeln

11.4.1 Eigenfunktionen

Das Matrixelement $|\mu_{ml}|^2$ wird über die Gl. (11.8/11.9) sowie (11.13) definiert. Da alle Eigenfunktionen orthonormiert sind, ist das Volumenintegral über zwei Wellenfunktionen entweder Eins oder Null:

$$\langle \psi_m \,|\, \psi_l \rangle = \delta_{ml}.$$

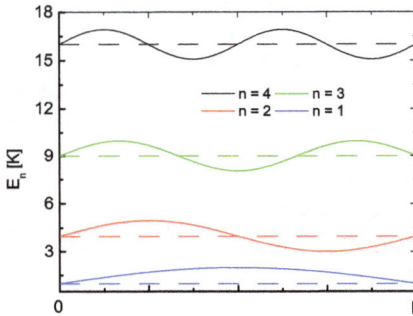

Abb. 11.4. Für das „Elektron im Kasten" (Kastenbreite: L) nimmt die Energie der Zustände quadratisch mit der Quantenzahl n in Einheiten der Kastenkonstante K zu. Die Symmetrie der Zustände wechselt mit steigendem n alternativ zwischen gerade und ungerade.

mit δ_{ml} dem KRONECKER-Delta. Für Kreisfunktionen, also Lösungen des Eigenwert-Problems „Elektron im Kasten", bedeutet das nach Abb. 11.4, dass mit steigender Quantenzahl n gerade (achsensymmetrische) und ungerade (punktsymmetrische) Funktionen in der Hierarchie abwechseln. **Es gibt keinen Zustand, der eine gemischte Symmetrie aufweisen würde.** Gleiches gilt für die HERMITEschen und LEGENDREschen Polynome (s. Kap. 8 + 9). Das Integral einer punktsymmetrischen Funktion ist jedoch immer Null, und daher ist das Matrixelement zweier benachbarter Funktionen immer Null. Es ist nur dann endlich, wenn wir das Volumen- oder im Eindimensionalen das Linienintegral über ein Produkt zweier gerader Funktionen bilden.

Ein Übergang ist also nur dann möglich („erlaubt"), wenn wir einen zusätzlichen Operator haben, der aus einer ungeraden eine gerade Funktion macht. Dies ist genau unser Operator des Dipolmoments.

11.4.2 Dipolmoment

Ein Dipolmoment liegt dann vor, wenn Massenschwerpunkt und Ladungssschwer-
punkt eines Moleküls nicht zusammenfallen.

Beispiel 11.1 Die Bindung im H-Cl ist stark polar, aber obgleich der Ladungsschwerpunkt der Einfachbindung auf der Seite des Cl-Atoms liegt, ist der Massenschwerpunkt noch sehr viel ungleicher auf Seiten des Cl-Atoms. HCl weist also
ein Dipolmoment auf. Obwohl die Bindung zwischen C und O im CO_2 durchaus
polaren Charakter hat, ist CO_2 dennoch ohne Dipolmoment, weil obige Bedingung
nicht erfüllt ist. Im Gegenteil fallen Massenschwerpunkt und Ladungsschwerpunkt
zusammen.

Nähmen wir für HCl eine vollständige Ladungsseparation an (Elektron ist
vollständig am Cl-Atom lokalisiert), dann berechnete sich das Dipolmoment mit
der Formel

$$\mu = e_0 r \tag{11.35}$$

und dem Abstand von 1,28 Å zu 6,14 D.[5] Tatsächlich misst man aber nur 1,08 D,[6]
und aus dem Verhältnis schließt man auf eine Ionizität von 17,6 %.

Wie sieht die prinzipielle Abhängigkeit des Dipolmoments vom Abstand aus?
Für den Abstand 0 (united atom) und den Abstand ∞ (Moleküle sind in ihre
kleinsten Fragmente, die Atome, dissoziiert, die kein Dipolmoment aufweisen)
muss μ verschwinden. Also erwarten wir einen Verlauf wie in Abb. 11.5 gezeichnet.

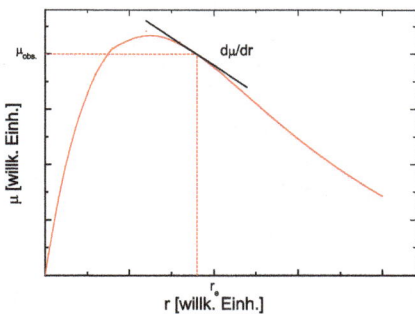

Abb. 11.5. Die Steigung der Kurve
Dipolmoment gegen Abstand beim
Gleichgewichtsabstand r_e bestimmt
die Stärke des Übergangs entscheidend mit.

---

[5] $1\,D = 3,336 \cdot 10^{-30}$ C m
[6] Messungen des Brechungsindex oder der Dielektrizitätskonstanten

11.4.3 Das Übergangsmoment

Entwickeln wir das Dipolmoment um den Gleichgewichtsabstand r_e in eine TAYLOR-Reihe,

$$\mu(r) = \mu_{r=r_e} + \left(\frac{d\mu}{dr}\right)_{r=r_e} (r - r_e) + \frac{1}{2}\left(\frac{d^2\mu}{dr^2}\right)_{r=r_e} (r - r_e)^2 + \ldots, \quad (11.36)$$

sehen wir, dass das konstante Dipolmoment nichts zum Matrixelement (11.16) beiträgt, da die beteiligten Wellenfunktionen orthonormiert sind. Ein von Null verschiedenes Matrixelement kann aber bereits bei Berücksichtigung des zweiten Terms in Gl. (11.36) entstehen, da die Funktion $x = r - r_e$ die Gleichung einer Geraden, einer ungeraden Funktion, mit der Steigung e_0 ist. Damit wird das Produkt zweier benachbarter Eigenfunktionen, zusammen mit der Funktion der Verschiebung x, immer eine gerade Funktion werden, so dass das Integral endlich wird. Der quadratische Term in Gl. (11.36) ist für die Bildung eines endlichen Matrixelements ebenfalls wirkungslos. Die Bedingung für einen Übergang ist also zunächst

$$\Delta n = \pm 1, \, \pm 3, \, \ldots \quad (11.37)$$

$\Delta n = 0$ geht nicht, da wir aus einer geraden (ungeraden) Funktion dann etwas Ungerades machen, $\Delta n = 2$ geht deswegen auch nicht.

Um das aber quantitativ zu machen, müssen wir das Übergangsmoment [in einer Dimension $r \to x$, nur Berücksichtigung des linearen Terms in Gl. (11.36)]

$$|\mu_{ml}| = \langle m\,|\mu|\,l\rangle = e_0\,\langle m\,|x|\,l\rangle = e_0 \int_{-\infty}^{\infty} \psi_m^* x \psi_l \, dx \quad (11.38)$$

für jedes System mit den dazu passenden Funktionen ausrechnen. Dieses Integral enthält im Falle der Dipolstrahlung die beiden Zustände, zwischen denen der Übergang stattfindet, multipliziert mit einem Ortsvektor. Diese Funktionen müssen alternative Symmetrie aufweisen.

Wir werden uns am Ende dieses Kapitels nochmals unter gruppentheoretischen Aspekten mit dieser Frage beschäftigen.

11.4.4 Quantitative Bestimmung

11.4.4.1 Elektron im Kasten. Die Eigenfunktionen des „Elektrons im Kasten" sind harmonische, orthonormierte Funktionen (Abb. 11.4)

$$\psi_n = \sqrt{\frac{2}{L}} \sin \frac{n\pi x}{L},$$

die mit ebenen Wellen des Typs

$$\sin\varphi = e^{i(kx-\omega t)}$$

wechselwirken, so dass der Dipol μ erzwungene Schwingungen mit der funktionalen Abhängigkeit $\sin\varphi$ erfährt. Der Dipol kann permanent sein oder induziert, entscheidend ist nach Gl. (11.36), dass das Dipolmoment sich während der Oszillation ändert — hier eben im Takte der anregenden Welle![7] Im Kasten der Länge L entsteht das Dipolmoment

$$\mu = e_0\left(\frac{L}{2}+x\right) \tag{11.39}$$

durch eine Verschiebung x aus der Ruhelage bei $\frac{L}{2}$. Das Matrixelement $\mu_{ml} = e_0\langle m|x|l\rangle$ der Gl. (11.38) (l: Startbahn, m: Zielbahn) heißt ausgeschrieben

$$x_{ml} = \frac{2}{L}\int_0^L \sin\frac{m\pi x}{L}\left(x+\frac{L}{2}\right)\sin\frac{l\pi x}{L}\,\mathrm{d}x. \tag{11.40}$$

Wegen der Orthogonalität der beiden Funktionen bleibt vom Dipolmoment μ nur x übrig, da $\frac{L}{2}$ vor das Integral gezogen werden kann. Mit dem Additionstheorem $2\sin mx\sin lx = \cos(m-l)x - \cos(m+l)x$ und der partiellen Integration $\int_0^L x\cos\alpha x = \left(\frac{1}{\alpha^2}\cos\alpha x + \frac{x}{\alpha}\sin\alpha x\right)\big|_0^L$ erhalten wir die vier Terme

$$\begin{aligned}x_{ml} = &\frac{L}{\pi^2}\left(\frac{\cos(m-l)\pi-1}{(m-l)^2} - \frac{\cos(l+m)\pi-1}{(l+m)^2}\right) + \\ &+ \frac{L}{\pi^2}\left(\frac{\sin(m-l)\pi-0}{m-l} - \frac{\sin(m-l)\pi-0)}{m-l}\right).\end{aligned} \tag{11.41}$$

Wir haben folgende Fallunterscheidungen zu treffen:

1. Sind m und n beide gerade oder ungerade, sind Summe und Differenz gerade. Der Cosinus von $2n\pi$ ist immer 1. Also sind die beiden Cosinus-Terme 0. Der Sinus von $n\pi$ ist immer 0. Also ist die Summe 0.

2. Ist m gerade und n ungerade, sind Summe und Differenz ungerade, umgekehrt natürlich genauso. Der Cosinus von $(2n-1)\pi$ ist immer -1, also sind die beiden Cosinus-Terme -2; der Sinus ist immer 0.

Aus dieser Fallunterscheidung ist ersichtlich, dass für alle möglichen Übergänge das Matrixelement für die Fälle $g\to u$ oder $u\to g$ endlich ist und den Wert

$$x_{ml} = \frac{2L}{\pi^2}\left(\frac{1}{(m-l)^2} - \frac{1}{(m+l)^2}\right) \tag{11.42}$$

aufweist, für die Fälle $u\to u$ oder $g\to g$ dagegen verschwindet (s. Aufg. 11.2). Während die Differenz für Übergänge zwischen benachbarten Zuständen einen

---

[7]Das ist nicht ganz korrekt; in Wirklichkeit hinkt das Elektron (und noch mehr die Kerne bei einer Schwingungsanregung) wegen seiner Trägheit der Lichtwelle hinterher.

rationalen Bruch ergibt, der sehr dicht bei Eins liegt (Tab. 11.1), sind die Koeffizienten weiter entfernt liegender Zustände kleiner. Z. B. ist der Faktor für den Übergang $1 \to 4$ nur noch $\frac{16}{225}$ groß, aber er verschwindet nicht. Außerdem hängt x_{ml} linear von der Kastenlänge L ab.

Zum Testen werden gerne die mehrfach ungesättigten linearen Olefine mit konjugierten Doppelbindungen herangezogen, also Ethylen (2 π-Elektronen), Butadien (4 π-Elektronen), Hexatrien (6 π-Elektronen) usw. Betrachtet man im HMO-Modell die Übergänge zwischen dem höchsten besetzten und dem untersten unbesetzten Zustand unter der Prämisse, dass jeder Zustand mit zwei π-Elektronen besetzt ist.

Tabelle 11.1. Elektron im Kasten: Koeffizienten für die ersten vier Übergänge $\pi \to \pi^*$ der konjugierten Systeme Ethylen ($l = 1$) bis Octatetraen ($l = 4$).

System	Übergang $l \to m$	x_{ml}
Ethlyen	$1 \to 2$	$\frac{8}{9}$
Butadien	$2 \to 3$	$\frac{24}{25}$
Hexatrien	$3 \to 4$	$\frac{48}{49}$
Octatetraen	$4 \to 5$	$\frac{80}{81}$

11.4.4.2 Harmonischer Oszillator. Für den Harmonischen Oszillator sind in das Matrixelement (11.38) als Eigenfunktionen die HERMITEschen Polynome einzusetzen, also

$$\langle m \, |x| \, l \rangle = \int_{-\infty}^{\infty} e^{-\xi^2} H_m(\xi) \, \xi \, H_l(\xi) \, d\xi \qquad (11.43)$$

mit den in den Gln. (8.15/16) definierten Größen für $\alpha = \frac{2m_0 E}{\hbar^2}, \beta = \frac{m_0\omega_0}{\hbar}$ und $\xi = \frac{x}{x_0}$ mit $x_0 = \frac{1}{\sqrt{\beta}} = \sqrt{\frac{\hbar}{m_0\omega_0}}$. Mit der rekurrenten Beziehung (8.44) zwischen den HERMITEschen Polynomen

$$\xi H_{n'} = n' H_{n'-1} + \frac{1}{2} H_{n'+1}$$

lässt sich das Matrixelement aus Gl. (11.43) überführen in

$$x_{ml} = x_0^2 \, C_m \, C_l \left(\frac{1}{2} \int_{-\infty}^{\infty} e^{-\xi^2} H_{m+1}\xi H_l \, d\xi + m \int_{-\infty}^{\infty} e^{-\xi^2} H_{m-1}\xi H_l \xi \, d\xi \right).$$

Das Ergebnis der Integration ist

$$\int_{-\infty}^{\infty} e^{-\xi^2} H_m(\xi)\, \xi\, H_l(\xi)\, \mathrm{d}\xi = \begin{cases} \sqrt{\frac{l}{2}} & \text{für } m = l-1 \\ \sqrt{\frac{l+1}{2}} & \text{für } m = l+1 \\ 0 & \text{sonst,} \end{cases} \tag{11.44}$$

womit wir für das Matrixelement

$$x_{ml} = x_0 \left(\sqrt{\frac{l}{2}}\, \delta_{m,l-1} + \sqrt{\frac{l+1}{2}}\, \delta_{m,l+1} \right) \tag{11.45}$$

schreiben können. Im Gegensatz zur Diagonalmatrix für die Eigenwerte der Energie werden die zur Hauptdiagonalen benachbarten Felder besetzt, hier gezeigt für eine 3×4-Matrix:

$$\mathbf{x} = \sqrt{\frac{\hbar}{m\omega_0}} \begin{pmatrix} 0 & \sqrt{\frac{1}{2}} & 0 & 0 \\ \sqrt{\frac{1}{2}} & 0 & \sqrt{\frac{2}{2}} & 0 \\ 0 & \sqrt{\frac{2}{2}} & 0 & \sqrt{\frac{3}{2}} \end{pmatrix} \tag{11.46}$$

x_{ml} ist nur für $m = l \pm 1$ verschieden von Null. Folglich sind nur Übergänge zwischen benachbarten Zuständen erlaubt. Unter Symmetrieaspekten wäre etwa der Übergang $1 \to 4$ möglich.

Rechnen wir die Intensität eines typischen Übergangs aus dem Grundzustand ($v = 0$) in den ersten angeregten Zustand ($v = 1$) aus! Mit $H_0(\xi) = 1$ und $H_1(\xi) = 2\xi$ [Gln. (8.45)] werden die Eigenfunktionen [Gl. (8.47)]

$$\psi_n = c_n e^{-\frac{1}{2}\xi^2} H_n(\xi). \tag{11.47}$$

Mit dem Reihenansatz für das Dipolmoment (11.36) und dem Wert für β [Gl. (8.15)] bekommen wir für diesen Übergang

$$|x_{10}| = \int_{-\infty}^{\infty} \psi_0 \left(\mu_{\xi=\xi_e} + \left(\frac{\mathrm{d}\mu}{\mathrm{d}\xi}\right)_{\xi=\xi_e} (\xi - \xi_e) \right) \psi_1\, \mathrm{d}\xi. \tag{11.48}$$

Der erste Summand der Entwicklung kann als Konstante vor das Integral gezogen werden, und wegen der Orthogonalität der Funktionen verschwindet der Beitrag des permanenten Dipolmomentes. Mit den Normierungskoeffizienten der Gl. (8.48) bleibt dann

$$x_{10} = \left(\frac{\mathrm{d}\mu}{\mathrm{d}\xi}\right)_{\xi=\xi_e} \sqrt{\frac{2}{\pi}}\, \beta \int_{-\infty}^{\infty} \xi^2 e^{-\beta\xi^2}\, \mathrm{d}\xi, \tag{11.49}$$

und das Integral über die Glockenkurve ist

$$\int_{-\infty}^{\infty} \xi^2 e^{-\beta\xi^2}\, \mathrm{d}\xi = \frac{1}{4\beta} \sqrt{\frac{\pi}{\beta}}, \tag{11.50}$$

so dass wir das bemerkenswerte Resultat

$$x_{10} = \frac{1}{\sqrt{2\beta}} \left(\frac{\mathrm{d}\mu}{\mathrm{d}\xi} \right)_{\xi=\xi_e} \tag{11.51}$$

erhalten.

- Ein permanentes Dipolmoment ist zur Anregung eines Schwingungsspektrums nicht erforderlich.

- Während des Übergangs muss ein temporäres Dipolmoment entstehen.

- Das die Intensität bestimmende Matrixelement μ ist über β zwar von der Stärke der Bindung, aber nicht von der Größe des Quantentopfes abhängig.

Beispiel 11.2 CO_2 weist die drei Eigenmoden ν_s, ν_{as} und δ auf. Bei der symmetrischen Valenzschwingung ν_s verändert sich die Bindungslänge der beiden C=O-Bindungen im Takt oder achsensymmetrisch, so dass das Dipolmoment während der gesamten Schwingung bei Null bleibt. Daher kann ν_s durch IR-Licht nicht angeregt werden. Bei den beiden anderen Moden dagegen, der asymmetrischen Valenzschwingung ν_{as}, bei der die beiden Bindungen alternativ gedehnt und gestaucht werden („punktsymmetisches" Verhalten), und der Deformationsschwingung δ, bei der sich die Bindungswinkel verändern, variiert dagegen auch das Dipolmoment. Sie sind daher IR-aktiv. Nur diese beiden können also Wärmestrahlung absorbieren.

11.4.4.3 Der starre Rotator. Die Auswahlregeln für den starren Rotator ergeben sich durch Berechnung des Matrixelements

$$\langle l'm' \, |\mathbf{r}| \, lm \rangle = \oint (Y_{l'}^{m'})^* \mathbf{r}(Y_l^m) \, \mathrm{d}\omega. \tag{11.52}$$

Die erste Überlegung gilt der Substitution von $\mathbf{r}$ durch Zerlegung der Bewegung des Rotators in eine Schwingung entlang der z-Achse sowie zwei Rotationen in einer dazu senkrechten Ebene, und zwar links oder rechts herum (CCW oder CW), womit die Bewegung eines Punktes auf einer Kugel vollständig beschrieben sind, also

$$\begin{aligned}
z &= & r\cos\vartheta \\
\alpha &= x + \mathrm{i}y = & r\sin\vartheta \mathrm{e}^{\mathrm{i}\varphi} \\
\beta &= x - \mathrm{i}y = & r\sin\vartheta \mathrm{e}^{-\mathrm{i}\varphi}.
\end{aligned}$$

Das Dipolmoment $\mu_0 = e_0 \mathbf{r}$ besitzt also Komponenten in allen drei cartesischen Raumrichtungen. Damit zerfällt Gl. (11.52) in die drei Bestimmungsgleichungen ($|r| = 1$)

$$z_{lm}^{l'm'} = \mu_0 \oint (Y_l^m)^* \cos\vartheta\, Y_{l'}^{m'}\, d\omega$$

$$\alpha_{lm}^{l'm'} = \mu_0 \oint (Y_l^m)^* \sin\vartheta e^{i\varphi}\, Y_{l'}^{m'}\, d\omega$$

$$\beta_{lm}^{l'm'} = \mu_0 \oint (Y_l^m)^* \sin\vartheta e^{-i\varphi}\, Y_{l'}^{m'}\, d\omega.$$

Wir stellen zunächst fest, dass in jeder der drei Bestimmungsgleichungen das permanente Dipolmoment als konstanter Faktor auftaucht. D. h. ein permanentes Dipolmoment ist zwingende Voraussetzung für das Auftreten von Übergängen. Analog zum Vorgehen für den harmonischen Oszillator sucht man auch hier mit der Rekursionsbeziehung und der Orthonormierungsbedingung die nicht verschwindenden Integrale auf und findet sie zu [88]

$$
\begin{aligned}
&\Delta m = 0 \quad \Delta l = \pm 1 \\
&\Delta m = -1 \quad \Delta l = \pm 1 \text{ rechte (CW) Rotation} \\
&\Delta m = 1 \quad \Delta l = \pm 1 \text{ linke (CCW) Rotation.}
\end{aligned}
\tag{11.53}
$$

Diese Auswahlregeln gelten auch für die Emissionsspektren von Ionen mit nur noch einem Elektron (z. B. He$^+$ oder Li^{2+}), bei denen die l-Entartung aufgehoben ist.

Auch für die Rotationsspektren gelten die Auswahlregeln $\Delta l = \pm 1$, hier $\Delta J = \pm 1$. Ein permantes Dipolmoment ist Voraussetzung für das Auftreten von Rotationsübergängen.

11.4.4.4 Elektronenspektren. Zur Bestimmung dieser Auswahlregeln nehmen wir den radialen Anteil der Wellenfunktion mit allen Quantenzahlen incl. der Hauptquantenzahl n für das Matrixelement

$$\langle n'l'm' | \mathbf{r} | nlm \rangle = \int_0^\infty R_{n'l'} R_{nl} r^2\, dr \tag{11.54}$$

her. Es stellt sich heraus, dass das Matrixelement bei keinem Wert $n \neq n'$ verschwindet, d. h. alle Übergänge sind erlaubt, so dass einzelne Serien für die Zielquantenzahl n' entstehen (Atomspektren sind meist Emissionsspektren). Dabei muss zusätzlich die Auswahlregel für die Änderung der Nebenquantenzahl um $\Delta l = \pm 1$ beachtet werden. So entsteht die Na-D-Linie durch Anregung des $3s$-Leuchtelektrons ($l = 0$) in den nächsthöheren $3p$-Zustand ($l = 1$), der dann wieder in den Grundzustand zerfällt. Im angeregten Zustand kann der Spin ($s = \frac{1}{2}$) aber unterschiedlich mit l zu $j = \frac{1}{2}$ oder $j = \frac{3}{2}$ mischen, so dass zwei angeregte, energetisch dicht beieinanderliegende, Zustände entstehen, die aber in Spektrometern mit niedriger Auflösung nicht aufgelöst werden. Die unterschiedlichen l führen bei wasserstoffähnlichen Systemen, etwa He$^+$ oder Li^{2+}, nicht zu einer Aufspaltung der Energieniveaus, da eine Entartung der Nebenquantenzahl vorliegt (sog. l-Entartung, s. Abschn. 12.4).

11.4.4.5 Konstanz der Spinmultiplizität. Mit Gl. (11.1) haben wir zwar mit der zeitabhängigen SCHRÖDINGER-Gleichung angesetzt, haben jedoch den nach Gl. (9.157)

$$\psi(r, \vartheta, \varphi, s) = R_n(r) Y_l^{m_l}(\vartheta) \Phi_{m_l}(\varphi) \cdot \chi(s)$$

erforderlichen Spinanteil unterdrückt, der aber zur vollständigen Beschreibung des Matrixelements erforderlich ist. Der Dipolmomentoperator wirkt jedoch nicht auf den Spin; daher ist es lediglich erforderlich, das direkte Produkt der Spinfunktionen und ihr Integral, das sog. *Überlappungsintegral S*, zu untersuchen. Im Abschn. 9.9 haben wir für den Fall von *s*-Elektronen und die vier möglichen Konfigurationen Singulett und Triplett die Orthogonalität dieser Zustände festgestellt. Ihr Skalarprodukt $\langle \chi_1 | \chi_2 \rangle$ verschwindet also (Aufg. 11.4). Damit erweist sich die Regel

$$\Delta S = 0 \qquad\qquad (11.55)$$

als härteste Auswahlregel, der alle anderen unterlegen sind.

11.5 Das Strahlungsfeld

Es sind zweierlei Prozesse möglich, in Absorption oder in Emission. Emissionsspektren werden meist durch Stoßanregung im Plasma erzeugt, früher auch im Lichtbogen oder durch Funkenanregung: Linienspektren für Atome, Bandenspektren für Moleküle. Das älteste Beispiel für Absorptionsspektroskopie sind die FRAUNHOFERschen Linien im Sonnenspektrum. Schwingungs- und Rotationsspektren sind Absorptionsspektren von Molekülen im Infrarot (Schwingung) oder Ultrarot (Rotation), die wir für einfachste Moleküle in Kap. 8 + 9 besprochen haben, sie sind immer Bandenspektren endlicher Breite.

Diese Spektroskopien zeichnen sich u. a. dadurch aus, dass sie Übergänge von real existierenden Zuständen sichtbar machen, im Gegensatz zu ESR- und NMR-Spektren, bei denen die Zustände erst durch ein (statisches) Magnetfeld kreiert und dann durch Einstrahlen eines Wechselfeldes angeregt werden.

Die hauptsächlich von LORENTZ weiterentwickelte Theorie der Wechselwirkung eines Elektrons mit dem Strahlungsfeld kennt keinen Einfluss der Umgebung auf das Elektron, das sich beschleunigt in einem Kernfeld bewegt. Danach sollten die Intensitäten verschiedener Linien in der derselben Kernumgebung gleich sein. Zwar ist dies offensichtlich nicht der Fall. Dennoch spielt die so bestimmte Intensität die Rolle des Goldstandards beim Vergleich der mit dem quantentheoretischen Approach erzielten Resultate. Dabei sind beide EINSTEINschen Koeffizienten A und B für den spontanen Zerfall eines angeregten Zustandes resp. die induzierte Absorption aus dem Grundzustand von überragender Bedeutung.

11.5.1 Emission und Einstein-Koeffizient A

Der spontane Zerfall eines angeregten Zustandes erfolgt offensichtlich ohne Einwirkung und entzieht sich deswegen einer quantenmechanischen Herleitung. Daher argumentieren wir mit der klassischen Theorie LARMORs und der im Kap. 1 beschriebenen Herleitung EINSTEINs für den einfachsten Fall eines Zweiniveau-Systems, wobei wir das Korrespondenzprinzip verwenden. Dieses besagt ja, dass ein System bei hohen Quantenzahlen mit der klassischen Theorie beschrieben werden kann, da hier durch das Zusammenrutschen der Energieabstände die Differenzen zwischen den Zuständen immer geringer, euphemistisch gesprochen: kontinuierlich werden. Für derartige Probleme kann dann aber auch der quantenmechanische Ansatz verfolgt werden. Das bedeutet, dass wir den klassischen Radiusvektor r durch den entsprechenden Erwartungswert substituieren können, und wir schreiben dies

$$\overline{r} = \langle \Psi \left| \mathbf{r} \right| \Psi \rangle . \tag{11.56}$$

Nach dem EINSTEINschen Ansatz ist die pro Zeiteinheit abgestrahlte Leistung gegeben durch

$$P = -g_1 g_2 \hbar \omega_{21} A_{12}, \tag{11.57}$$

wobei die g_i die Besetzungszahlen der Elektronen in den Zuständen ① und ② charakterisieren. Diese Zahl ist durch das PAULI-Prinzip auf maximal 2 limitiert (s. Abschn. 9.17).

Dies vergleichen wir nun mit dem aus der klassischen Theorie entstehenden Wert.

Im mechanischen Fall beschreiben wir eine gedämpfte Schwingung mit der DGl $m\ddot{x} + k\dot{x} + Dx = 0$ mit der Dämpfungskonstanten $\gamma = \frac{k}{2m_e}$, die mit der ersten Zeitableitung eine dissipative Charakteristik erzeugt. Der Leistungsverlust skaliert mit dem Produkt aus Geschwindigkeit v und Kraft F, also der spezifischen Beschleunigung. Im Fall einer bewegten Ladung ist die abgestrahlte Leistung ebenfalls mit der zweiten Zeitableitung korreliert, und die klassische Formel von LARMOR für die Wechselwirkung eines Elektrons mit einem Strahlungsfeld lautet in cgs-Einheiten, wobei $\mu = e_0 r$ das Dipolmoment darstellt,

$$\begin{aligned} P &= -\tfrac{2}{3c^3} \overline{\tfrac{\mathrm{d}^2 \mu(t)}{\mathrm{d}t^2}}^2 \\ &= -\tfrac{2}{3c^3} e_0^2 \overline{\tfrac{\mathrm{d}^2 r(t)}{\mathrm{d}t^2}}^2 . \end{aligned} \tag{11.58}$$

Ist der Dipol ein BOHRsches H-Atom, dann umkreist das Elektron ein Proton im Abstand r, und die Zentripetalbeschleunigung beträgt $a = \frac{v^2}{\overline{r}} \frac{r}{r} = \omega^2 \overline{r}$, so dass aus Gl. (11.58)

$$P = -\frac{2}{3c^3} \omega_0^4 e_0^2 \, \overline{r}^2 \tag{11.59}$$

wird (ω^4-Gesetz von RAYLEIGH) [89].

Sei unser System durch die zwei Zustände $|1\rangle$ mit der Energie ε_1 und $|2\rangle$ mit der Energie ε_2 charakterisiert, dann gibt es eine den Gesamtzustand des Systems beschreibende Wellenfunktion

$$\Psi(t) = c_1\psi_1 e^{-\frac{i}{\hbar}\varepsilon_1 t} + c_2\psi_2 e^{-\frac{i}{\hbar}\varepsilon_2 t}, \tag{11.60}$$

und der Mittelwert des Radiusvektors ist

$$\overline{\boldsymbol{r}} = \underbrace{|c_1|^2 r_{11}}_{①} + \underbrace{|c_2|^2 r_{22}}_{②} + \underbrace{|c_1^* c_2| r_{12} e^{-\frac{i}{\hbar}(\varepsilon_1-\varepsilon_2)t}}_{③} + \underbrace{|c_2^* c_1| r_{21} e^{-\frac{i}{\hbar}(\varepsilon_2-\varepsilon_1)t}}_{④} \tag{11.61}$$

mit den hermiteschen, zeitunabhängigen Matrixelementen

$$\begin{aligned} r_{ij} &= \langle i\,|\mathbf{r}|\,j\rangle \\ &= \langle j\,|\mathbf{r}|\,i\rangle \\ &= r_{ji}^*. \end{aligned} \tag{11.62}$$

Da die Funktionen ψ_1 und ψ_2 orthonormiert sind und alternativen Symmetriety- pen angehören, verschwinden die Integrale ① und ②, und die Integrale ③ und ④ sind gleich, da wegen der Hermitizität $r_{12}^* = r_{21}$. Beachtet man noch, dass die zeitlichen Mittelwerte der periodischen Funktionen wegen

$$\begin{aligned} \overline{e^{\pm i(2\omega t)}} &= \int_0^\tau e^{\pm(2i\omega t)}\,\mathrm{d}t \\ &= \frac{1}{\pm 2i\omega} \left. e^{\pm 2i\omega t}\right|_0^\tau \\ &= \frac{1}{\pm 2i\omega} \left((e^{\pm i2\pi})^{\nu\tau} - e^0 \right) \end{aligned}$$

über eine Periode τ identisch verschwinden, dann wird für das Betragsquadrat

$$\begin{aligned} |\overline{\boldsymbol{r}}|^2 &= (\langle\Psi\,|\mathbf{r}|\,\Psi\rangle)^2 \\ &= 2|c_1|^2|c_2|^2|r_{12}|^2 \end{aligned} \tag{11.63}$$

und damit für Gl. (11.59)

$$P = -\frac{4}{3c^3}\omega_0^4\, e_0^2\, |r_{12}|^2. \tag{11.64}$$

Abschließend wenden wir uns den Entwicklungskoeffizienten c_i zu. Wir wissen nicht, wie sie sich während des Prozesses ändern, wir wissen jedoch die Werte für den Anfangs- und Endzustand (s. Abschn. 11.2). Nach dem PAULI-Prinzip kann der angeregte Zustand nur dann zerfallen, wenn zu Beginn $c_2^0 = 1$ und $c_1^0 = 0$ sind.

Gleichsetzen der Gln. (11.57) und (11.64)

$$-g_1 g_2 \hbar\omega_{21} A_{12} = -\frac{4}{3c^3}\omega_0^4 e_0^2 |\overline{\boldsymbol{r}}|^2 \tag{11.65}$$

erfordert für alle ω, r, dass

$$g_1 g_2 = |c_1|^2|c_2|^2 = |c_2^0|^2(1 - |c_1^0|)^2 \tag{11.66}$$

oder

$$g_1 g_2 = 1 \text{ für } c_2^0 = 1 \text{ und } c_1^0 = 0, \tag{11.67}$$

unsere Prämisse im Abschn. 11.2.

Damit finden wir für den EINSTEIN-Koeffizienten A

$$
\begin{array}{c|c}
\text{cgs} & \text{S.I.} \\
\hline
A_{lm} = \frac{4}{3} \frac{e_0^2 \omega^3}{\hbar c^3} |r_{lm}|^2 & A_{lm} = \frac{1}{3\pi\varepsilon_0} \frac{e_0^2 \omega^3}{\hbar c^3} |r_{lm}|^2
\end{array}
\tag{11.68}
$$

Mit A_{lm} wird die Stärke des Zerfalls des Zustands $|m\rangle$ in den energetisch niedrigeren Zustand $\langle l|$ erfasst. Dieser Koeffizient hat die Dimension s^{-1}.

11.5.1.1 Einstein-Koeffizient A und die Oszillatorenstärke.

Wir gehen zurück zu den Gl. (11.58/59). Aus ihnen ersehen wir, wie groß der Energieverlust eines oszillierenden Dipols pro Zeiteinheit ist. Diese Zeiteinheit ist für das Modell des BOHRschen Atoms, bei dem die Umlaufbahn des Elektrons einen Kreis darstellt, die Zeit für einen Umlauf, für den das Elektron die Zeit von $\tau = \frac{2\pi r}{v}$ benötigt. Damit wird der Energieverlust

$$
\begin{aligned}
\Delta\varepsilon &= P\tau \\
&= \frac{2}{3} \frac{e_0^2}{c^3} \left(\frac{v^2}{r}\right)^2 \frac{2\pi r}{v} \\
&= \frac{4\pi}{3} \frac{e_0^2}{c^3} \frac{v^3}{r}.
\end{aligned}
\tag{11.69}
$$

Diesen Verlust durch Abstrahlung verbinden wir nun wie im mechanischen Fall mit dem Q-Faktor. Die Gesamtenergie des Systems Kern-rotierendes Elektron beträgt nach dem Virialsatz $\varepsilon = -\frac{1}{2}m_e v^2$. Aus dem Q-Faktor

$$
\begin{aligned}
Q &= \frac{2\pi\varepsilon}{\Delta\varepsilon} \\
&= -\frac{2\pi \frac{1}{2} m_e r^2 \omega^2}{\frac{4\pi}{3} \frac{e_0^2}{c^3} \frac{v^3}{r}} \\
&= -\frac{3 m_e c^3}{4\omega e_0^2}
\end{aligned}
$$

bestimmen wir mit $Q = \frac{\omega}{2\gamma}$ die Dämpfungskonstante γ zu

$$
\begin{aligned}
\gamma &= \frac{2}{3} \frac{e_0^2 \omega^2}{m_e c^3} \quad \text{in cgs resp.} \\
&= \frac{1}{4\pi\varepsilon_0} \frac{2}{3} \frac{e_0^2 \omega^2}{m_e c^3} \quad \text{in S.I.}
\end{aligned}
\tag{11.70}
$$

Da die Dämpfung nur an der Resonanzstelle auftritt, schreibt man meist

$$\gamma = \frac{1}{4\pi\varepsilon_0} \frac{2}{3} \frac{e_0^2 \omega_0^2}{m_e c^3}. \tag{11.71}$$

γ hat, wie A auch, die Dimension s^{-1}, ein Sachverhalt, den wir am Ende dieses Abschnitts untersuchen. — Es liegt nun nahe, die beiden Größen ins Verhältnis zu setzen, und wir konstatieren:

Ein perfekt strahlender Zustand $|m\rangle$ kann beim Zerfall in den Zustand $\langle l|$ maximal die Leistung nach den Gln. (11.59/69) abgeben, und daher kann das Verhältnis der beiden Größen A_{lm} und γ, die Oszillatorenstärke f_{lm}

$$ f_{lm} = \frac{2m_e\omega_{lm}}{\hbar}|r_{lm}|^2, \tag{11.72} $$

maximal Eins werden (in einer Dimension $^1\!/_3$).

Für elektronische Übergänge muss aber wegen der Auswahlregel $\Delta l = \pm 1$ bedacht werden, dass Grund- und Anregungszustände immer unterschiedliche Multiplizität g haben.[8] Der angeregte Zustand zerfällt also über mehrere Pfade. Daher muss der Wert für die Oszillatorenstärke durch die Multiplizität dividiert werden, und wir schreiben das so:

$$ gf = g_1 f_{12} = -g_2 f_{21}. \tag{11.73} $$

Beispiel 11.3 Das Leuchtelektron des Magnesiums wird in den nächsthöheren Zustand promoviert. Der Grundzustand ist ein ^1S_J-Zustand (Elektronenkonfiguration [Ne] $3s^2$, $J = 0$), der in einen ^3P_J-Zustand mit [Ne] $3s^1 3p^1$ mit $J = {}^1\!/_2, 1, {}^3\!/_2$ übergeht. Also ist $g_1 = 1$ und $g_2 = 3$, $f_{12} = 1$ und $f_{21} = -\frac{1}{3}$.

Nach der Regel von Thomas, Reiche und Kuhn ist die Summe der f_n 1:

$$ \sum_n f_n = 1. \tag{11.74} $$

11.5.2 Einstein-Koeffizient B

Mit dem von Einstein hergeleiteten Zusammenhang zwischen den Koeffizienten A und B

$$ B_{ml} = \frac{\hbar\omega^3}{\pi^2 c^3} A_{ml} $$

finden wir damit aus den Gln. (1.54) und (11.68)

---

[8] Die oft zu findende Aussage, die Oszillatorenstärke f_{lm} der Na-D-Linie habe einen Wert von 0,98 und erreiche damit fast den Zielwert, stimmt nur bedingt, da der Übergang $3^2P_{1/2,3/2} \to 3^2S_{1/2}$ ja in Wirklichkeit ein Dublett ist. Dabei ist der Übergang $3^2P_{3/2} \to 3^2S_{1/2}$ doppelt so stark wie der Übergang $3^2P_{1/2} \to 3^2S_{1/2}$.

$$A_{lm} = \frac{4}{3}\frac{e_0^2\omega^3}{\hbar c^3}\,|r_{lm}|^2 \quad\bigg|\quad A_{lm} = \frac{1}{3\pi\varepsilon_0}\frac{e_0^2\omega^3}{\hbar c^3}\,|r_{lm}|^2 \tag{11.75}$$

$$B_{ml} = \frac{4}{3}\frac{\pi^2 e_0^2}{\hbar^2}\,|r_{ml}|^2 \quad\bigg|\quad B_{ml} = \frac{\pi}{3\varepsilon_0}\frac{e_0^2}{\hbar^2}\,|r_{ml}|^2,$$

(cgs zur linken, S.I. zur rechten Seite)

dabei ist bei gleicher Entartung des Ausgangs- und Zielzustandes $B_{ml} = B_{lm}$.

Damit haben wir den EINSTEIN-Koeffizienten B zwischen zwei Zuständen für den Fall der Absorption quantenmechanisch bestimmt. B_{ml} schlägt die Brücke zum Experiment, da es als abgeleitete Größe experimentell über die Messung des vollständigen Streuquerschnitts zugänglich ist.

11.1 Die Koeffizienten A und B. Geht man die Literatur zur Wechselwirkung von Strahlung mit atomaren und molekularen Systemen durch, findet man eine erstaunliche Breite für den Zusammenhang der EINSTEIN-Koeffizienten und damit auch für den Vorfaktor des Übergangsmoments $\langle m\,|\mu|\,l\rangle$.
Die hier verwendete Ableitung EINSTEINs liefert

$$\frac{A_{ml}}{B_{ml}^{\omega}} = \frac{\hbar\omega^3}{\pi^2 c^3}.$$

Er verwendete die spektrale Strahlungsdichte

$$\rho_\omega = \frac{du}{d\omega},$$

bezogen auf die Kreisfrequenz $\omega = 2\pi\nu$. Benutzt man die Energiedichte pro Frequenzintervall

$$\rho_\nu = \frac{du}{d\nu},$$

findet man

$$B_{ml}^\nu = \frac{1}{2\pi}B_{ml}^\omega.$$

HERZBERG arbeitete mit Wellenzahlen $\bar{\nu}$, die über

$$\bar{\nu} = hc\frac{1}{\lambda}$$

definiert sind und eine spektrale Dichte

$$\rho_{\bar{\nu}} = \frac{du}{d\bar{\nu}}$$

zur Folge haben [90]. Dann ergibt sich

$$\frac{A_{ml}}{B_{ml}^{\bar{\nu}}} = \frac{2\hbar\omega^3}{\pi c^2}.$$

11.5.3 Absorption und Einstein-Koeffizient B

Dazu müssen wir unterscheiden zwischen linienhafter und bandenhafter Absorpti-on.[9] Eine Absorptionslinie weist ein atomarer Absorber (Atom oder Ion) auf — in erster Näherung also eine δ-Funktion, in zweiter Näherung eine Glockenkurve vom LORENTZ-Typ bei der Resonanzfrequenz —, und wir sehen im kontinuierlichen Spektrum die FRAUNHOFERschen Linien.

Wie bei der spontanen Emission vergleichen wir die Absorption eines quan-tenmechanischen Absorbers mit der eines Oszillators, den wir mit der klassischen Elektrodynamik in der Dipolnäherung errechnen. Wir verstehen darunter die Energie, bezogen auf die Einheitsfläche und die Einheitsfrequenz, die der Oszillator dem Strahlungsfeld entnimmt. Dieses Verhältnis wird vollständiger Streuquer-schnitt der Absorption genannt und enthält prinzipiell auch die Verluste durch Streuung und Reflexion weit weg von der Resonanzfrequenz [91], die aber na-türlich unter der Voraussetzung monochromatischer Absorption vernachlässigt werden. In zweiter Näherung erweist sich, dass die Strahlungsdämpfung zu einer gewissen Verbreiterung der Spektrallinie Anlass gibt (s. Aufg. 3.8).

Untersuchen wir die Anregung eines nach einem harmonischen Gesetz an eine Zentralkraft gebundenen Elektrons mit der einfachen DGl $m_e\ddot{x} + k\dot{x} + m_e\omega_0^2 = e_0 E(t)$ mit der Dämpfungskonstanten $\gamma = \frac{k}{2m_e}$, die mit der ersten Zeitableitung eine dissipative Charakteristik erzeugt. Bei einer LORENTZ-Charakteristik der Spektrallinie findet sich für den Streuquerschnitt [92]

$$\sigma = \frac{\pi e_0^2}{2\varepsilon_0 m_e c}. \tag{11.76}$$

Von der Seite der Quantenmechanik her kommend, monochromatisieren wir den breitbandigen Strahl bei der Absorptionsfrequenz ω_{ml} und erhalten die spektrale Intensität $I_0 = c\rho_\omega$. Auch hier gibt das Verhältnis der bei der Frequenz ω_{lm} mit dem Ratenkoeffizienten Γ absorbierten Intensität zur Gesamtintensität I_0 den Streuquerschnitt σ an:[10] Mit der Gl. (1.44) wird für die Absorption durch ein Elektron

$$\sigma = \frac{I_\omega}{I_0}$$
$$= \frac{I_\omega}{c\rho_\omega} \tag{11.77}$$
$$= \frac{B_{lm}\rho_\omega \hbar\omega_{ml}}{c\rho_\omega}.$$

Beachten wir noch die Strahlcharakteristik, so dass wir in B für das Matrix-element nur die x-Komponente betrachten, erhalten wir durch Verhältnisbildung dieser beiden Gleichungen die Oszillatorenstärke

$$f = \frac{B_{ml}\hbar\omega}{c} \cdot \frac{2\varepsilon_0 \, m_e c}{\pi e_0^2}, \tag{11.78}$$

---

[9]In den Abschn. 11.5.3/4 bezeichnet ε den Extinktionskoeffizienten.

[10]Im Detektor werden *counts per second* (cps) gemessen, die Intensität des Strahls wird aber in J/m^{2}s angegeben.

was wiederum zur (eindimensionalen) Gl. (11.72)

$$f_{ml} = \frac{2m_e\,\omega_{ml}}{\hbar}|x_{ml}|^2, \tag{11.79}$$

führt, wobei $|r_{ml}|^2 = |x_{ml}|^2 + |y_{ml}|^2 + |z_{ml}|^2$.

Nun betrachten wir das Experiment für breitbandige Absorption. Das Spektrum besteht aus dem funktionalen Zusammenhang zwischen Energie und Intensität(sabschwächung), wobei die Energie typisch als Frequenz ν oder Wellenzahl $\bar\nu$ [11] aufgetragen wird, selten als Wellenlänge λ. Es entsteht in einem Spektrometer, in dem die Intensitätsabschwächung dI des (meist weißen) Lichtstrahls beim Durchgang durch eine Probe des Querschnitts Q und der Dicke d in Abhängigkeit von λ gemessen wird — in Wirklichkeit natürlich von der Energie (Abb. 11.6).

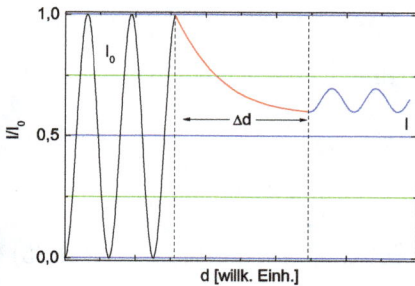

Abb. 11.6. Abschwächung der Intensität I_0 der Strahlung beim Durchgang durch eine Probe der Dicke Δd auf die Intensität I bei ω_{ml}.

Der phänomenologische quantitative Zusammenhang wird durch das BEER-LAMBERTsche Gesetz

$$dI = -\varepsilon C\,I\,dl \tag{11.80}$$

beschrieben, mit dem molaren Extinktionskoeffizienten ε und C der molaren Konzentration (c ist nach wie vor für die Lichtgeschwindigkeit reserviert, $[\varepsilon]$ cm^2/Mol).[12] Multiplikation mit der Teilchenzahldichte liefert den Extinktionskoeffizienten ε, der dem Streuquerschnitt σ und der Teilchenzahldichte n proportional ist, deren Produkt die (übliche) Dimension des Extinktionskoeffizienten [cm^{-1}] liefert (l Dicke, Q Querschnitt der Messzelle oder Küvette):

$$\varepsilon = n\sigma = \frac{N}{lQ}\sigma \tag{11.81}$$

---

[11]$\bar\nu = \frac{h}{c}\frac{1}{\lambda}$, $[\bar\nu]$ cm^{-1}, gesprochen: Wellenzahlen oder engl. „wavenumbers", $1\,\mathrm{eV} = 8\,066\,\mathrm{cm}^{-1}$.

[12]Der Zusammenhang mit dem in der physikalischen Literatur üblichen, von der Frequenz abhängigen, Absorptionskoeffizienten α ist einfach $\alpha = \varepsilon C$ ($[\alpha] = \mathrm{cm}^{-1}$), integriert

$$\alpha(\nu) = \frac{1}{d}\ln\frac{I_0}{I}$$

mit I_0 der Gesamtintensität des Strahls [$I = cu$, skalare Version des POYNTING-Vektors].

Rechnet man das auf chemische Einheiten um, also die Teilchenzahldichte n (typisch $10^{22}/\mathrm{cm}^3$) auf die molare Konzentration C (Mol/l) mit der AVOGADRO-Konstanten N_A,

$$n = N_\mathrm{A} \frac{C}{1000},$$ (11.82)

bekommen wir durch Vergleich der Gln. (11.76) und (11.81/82)

$$\varepsilon = N_\mathrm{A} \frac{1}{1000} \frac{B_{lm} h \nu_{lm}}{c}$$
$$= N_\mathrm{A} \frac{1}{1000} \frac{\pi \hbar \omega}{3\varepsilon_0 \, c\hbar^2} |\mu_{lm}|^2$$ (11.83)

mit ν_{lm}, dem Schwerpunkt der Bande. Eine vollständige Absorption $\mathcal{A}$ über eine Bande ist dann

$$\mathcal{A} = \int_\text{Bande} \varepsilon(\nu) \, \mathrm{d}\nu,$$ (11.84)

oder in der spektroskopischen Einheit $\overline{\nu}$

$$\overline{\mathcal{A}} = \frac{\mathcal{A}}{c} = \int_\text{Bande} \varepsilon(\overline{\nu}) \, \mathrm{d}\overline{\nu},$$ (11.85)

Die Intensität einer Bande kann also „from first principles" berechnet werden, wenn das Matrixelement des Übergangs bestimmbar ist. Umgekehrt bietet der spektroskopische Zugang einen exzellenten Weg zur Überprüfung von Wellenfunktionen.

Die nullte Näherung ist eine δ-Funktion beim Bandenschwerpunkt von $\mathcal{A}$. In der ersten Näherung wird die Bande als Rechteck angenähert, woraus man dann leicht ε als Quotienten von $\mathcal{A}$ und der Bandenbreite gewinnt.

11.5.4 Oszillatorenstärke in einer Bande

Sehen wir uns Gl. (11.83) an, enthält sie außer dem Matrixelement nur Konstanten. Und die beiden Gleichungen (11.34) für die Rate und (11.36) für die Dipolmoment-Entwicklung suggerieren, dass B_{ml} für alle Dipolübergänge gleich oder zumindest ähnlich groß sein sollte, wenn man sich auf die lineare Näherung

$$\left(\frac{\mathrm{d}\mu}{\mathrm{d}r}\right)_{r=r_e} = e_0 = \text{const}$$ (11.86)

beschränkt. Verwenden wir das Parabelpotential für Oszillation auch für elektronische Übergänge, in denen wir die aus dem Parabelpotential abgeleiteten Gleichungen für den harmonischen Oszillator benutzen [Gl. (8.15) für ξ und β) und in Gl. (11.51) die Elektronenmasse m_e für μ]

$$x_{10} = \frac{1}{\sqrt{2\beta}} \left(\frac{d\mu}{d\xi} \right)_{\xi=\xi_e},$$

bekommen wir

$$|\mu_{01x}| = |\mu_{01y}| = |\mu_{01z}| = e_0 \sqrt{\frac{\hbar}{4\pi^2 m_e c \bar{\nu}}} \tag{11.87}$$

bzw. für die Summe der drei Quadrate

$$|\mu_{01}|^2 = \frac{3e_0^2 \hbar}{4\pi^2 m_e c \bar{\nu}}. \tag{11.88}$$

Einsetzen in Gl. (11.83) ergibt schlussendlich

$$\mathcal{A} = \int_{\text{Bande}} \varepsilon(\nu)\, d\nu = \frac{N_A e_0^2}{1\,000\, c m_e}\, 1\, s^{-1}\, cm^{-1}\, Mol^{-1} \tag{11.89}$$

oder in Wellenzahlen

$$\overline{\mathcal{A}} = \frac{N_A e_0^2}{1\,000\, c^2 m_e}\, 1\, cm^{-2}\, Mol^{-1}. \tag{11.90}$$

Einsetzen der Zahlen liefert einen konstanten Wert für das Integral über eine Bande, und in chemischen Einheiten, die wir mit Gl. (11.82) eingeführt hatten, wird dieser mit Gl. (11.90) festgelegte Normwert zu

$$\overline{\mathcal{A}}_0 = 2{,}31 \cdot 10^8\, 1\, cm^{-2}\, Mol^{-1}. \tag{11.91}$$

Auf diesen Normwert werden die Absorptionswerte $\overline{\mathcal{A}}_{\text{obs}}$ referenziert, also durch ihn geteilt, so dass das Ergebnis dann meist nahe bei Eins liegt; „verbotene" Übergänge liegen dagegen bei Null. Das dadurch entstehende Verhältnis ist die *Oszillatorenstärke*

$$f = \frac{\overline{\mathcal{A}}_{\text{obs}}}{\overline{\mathcal{A}}_0}. \tag{11.92}$$

Durchschnittliche Halbwertsbreiten von Elektronenbanden liegen größenordnungsmäßig bei $1\,000\, cm^{-1}$, so dass $\varepsilon(\nu)$ in der Größenordnung von $10^4\, 1\, cm^{-2}\, Mol^{-1}$ ist.

Natürlich ist die Näherung eine grobe Vereinfachung, denn die Intensitäten der Dipolübergänge sind ja durchaus nicht gleich, woraus ersichtlich ist, dass hierfür die Entwicklung weiter als bis nur zum ersten Glied getrieben werden muss. Aber die in Gl. (11.86) angewendete 1. Näherung ist eben der Hauptbeitrag!

11.5.5 Lebensdauer und Einsteinkoeffizienten

Mit dem reziproken EINSTEIN-Koeffizienten A_{lm}, der dem Dämpfungskoeffizi-
enten γ der klassischen Elektrodynamik gleichzusetzen ist, können wir nun die
Lebensdauer τ $(= 1/A_{lm})$ des angeregten Zustandes bestimmen:

$$\tau = \frac{3}{4}\frac{\pi^2\varepsilon_0\hbar c^3}{\omega^3}\frac{1}{|\mu_{lm}|^2}.$$

(11.93)

Beispiel 11.4 Schätzt man also die Zahl der Schwingungsvorgänge des angereg-
ten Dipols für sichtbares Licht ab mit $\omega \bigcirc 4\cdot 10^{15}\,\mathrm{s}^{-1}$ mit $\mu \bigcirc e_0 a$ mit a dem
Atomradius, so dass $\mu_{lm} \approx 2\cdot 10^{-29}\,\mathrm{C\,m}$, findet man τ zu etwa 10 ns, d. h. aber
mit der Schwingungsperiode des Übergangs $T_{lm} = \frac{2\pi}{\omega_{lm}}$ mit $\omega_{lm} = \omega_m - \omega_l$, also
$\tau_{lm} \gg T_{lm} \approx 10^{-15}$ s: Es finden also beim Strahlungsübergang zwischen $10^5 - 10^6$
Schwingungen statt, und die angeregten Atomzustände dürfen als stationär betrach-
tet werden. — Um vom Intensitätsverlust (Intensität = Bestrahlungsstärke) zum
Leistungsverlust zu kommen, muss mit dem Flächenelement $\Delta = \Delta\omega$ multipliziert
werden.

Diese Abschätzung geht auf W. PAULI zurück.

    Es sei nochmals darauf hingewiesen, dass die Ursache des spontanen Zerfalls
eines angeregten Zustandes im Rahmen der Quantenmechanik nicht erklärt
werden kann.

11.6 Die 4. Unschärferelation

Kehren wir zu Abschluss dieser Betrachtungen nochmals zur Gl. (11.24) und den
Überlegungen für $t \to 0$ und $t \to \infty$ zurück. Danach ist die Übergangswahrschein-
lichkeit für ein System, aus dem Zustand $|l\rangle$ in den Zustand $\langle m|$ überzugehen
und umgekehrt, proportional

$$|a_m^* a_m| \propto \left(\frac{\sin\left(\frac{(\varepsilon_{lm}-\hbar\omega)t}{2\hbar}\right)}{\frac{\varepsilon_{lm}-\hbar}{2\hbar}}\right)^2.$$

(11.94)

Dieser Quotient ist noch keine δ-Funktion, sondern geht erst bei $t \to \infty$ in eine
δ-Funktion über. Und es ist offensichtlich, dass die Funktion $\delta\left((\varepsilon_{ml}-\hbar\omega)t\right)$, die
die Differenz zwischen den Energien des Systems im End- und Ausgangszustand
beschreibt, nur in dem Bereich signifikant von Null verschieden sein kann, in dem

$$\Delta(\varepsilon_{ml} - \hbar\omega)t \approx \hbar \Rightarrow$$
$$\Delta(\varepsilon_{ml} - \hbar\omega) \approx \frac{\hbar}{t}$$

(11.95)

ist.

Das bedeutet aber, dass das System beim Übergang vom einen in den anderen Zustand sich in einem Zustand der Unbestimmtheit befindet, der von der Dauer der Einwirkung der Störung durch das elektromagnetische Feld abhängt: Je kürzer der Zeitraum der Messung, umso größer ist die Unbestimmtheit zwischen der Energie des Ausgangs- und der des Endzustandes, und wir schreiben das

$$\Delta\varepsilon\Delta t \approx \hbar.$$

(11.96)

Diese Unschärferelation führten wir phänomenologisch in Gl. (2.51) ein und haben mit ihr verschiedentlich gearbeitet. Nun wollen wir sie uns unter einem anderen Aspekt betrachten. Wie wir im Kap. 3 sahen, gehorchen zwei Operatoren der Unschärferelation immer dann, wenn sie nicht miteinander vertauschen. Beispielhaft zeigte HEISENBERG das an den beiden Operatoren $\mathbf{p}_x$ und $\mathbf{x}$, die nicht vertauschen, und an den verwandten Operatoren $\mathbf{p}_y$ und $\mathbf{x}$, die sehr wohl miteinander kommutieren. Die Aussage ist, dass zu ein und demselben Zeitpunkt die beiden Größen nicht gleichzeitig scharf bestimmt werden können. Die Energien ε_l, ε_m und $\hbar\omega_{lm}$ können dagegen zu jedem Zeitpunkt scharf gemessen werden.

Eine wirkliche Analogie würde bedingen, dass es für die Energie ε einen Operator $\frac{\hbar}{i}\frac{\partial}{\partial t}$ geben würde, der wie der Operator $\frac{\hbar}{i}\frac{\partial}{\partial x}$ der Größe p_x zugeordnet ist. Tatsächlich aber ist der Energieoperator $\mathbf{H}$ von den Impuls- und Ortsoperatoren $\mathbf{p}_i$ und $\mathbf{x}_i$ abhängig. Daher ist die Energie eine Größe, deren Wert zu einem bestimmten Zeitpunkt einen bestimmten Wert aufweisen kann, während die Zeit t im Unterschied zu den Koordinaten x, y und z keinen Operator darstellt.

Die Beziehung (11.96) gewinnt aber die bereits mehrfach ausgenutzte Bedeutung, wenn man die Größen $\Delta\varepsilon$ und Δt angemessen einsetzt.

So haben wir gesehen, dass die Energie eines Eigenzustandes mit einer unendlich langen Lebensdauer einen Eigenwert aufweist. Im Abschn. 4.3 schrieben wir für die zeitabhängige Wellenfunktion eines Eigenzustandes mit einer unendlich langen Lebensdauer

$$\Psi = \frac{\psi}{\sqrt{2\pi}} e^{-i\frac{\varepsilon}{\hbar}t},$$

und die Wahrscheinlichkeitsdichte ist zeitunabhängig:

$$|\Psi|^2 = \frac{1}{2\pi}|\psi|^2$$

Dieser Zustand $|m\rangle$ habe nun eine bestimmte Lebensdauer τ, und die Wahrscheinlichkeit, das System in diesem Zustand anzutreffen, ist dann kleiner, und zwar um

$$|\Psi|^2 = \frac{1}{2\pi}|\psi|^2\, e^{-\frac{t}{\tau}}, \tag{11.97}$$

womit die Amplitude

$$\Psi = \frac{1}{\sqrt{2\pi}}\psi e^{-i\left(\frac{\varepsilon_m}{\hbar}+\frac{1}{2\tau}\right)t} \tag{11.98}$$

zu schreiben ist, und wir finden für ihre FOURIER-Transformierte in der Frequenz-domäne mit $\frac{1}{\tau} = \delta$ der Halbwertsbreite (s. Aufg. 3.8)

$$\Phi(\omega) = \frac{\psi}{\sqrt{2\pi}}\frac{\delta}{2}\frac{1}{\left(\frac{\delta}{2}\right)^2 + (\omega - \omega_m)^2}.$$

Da wir wissen, dass $\delta = 2(\omega - \omega_m)$ ist, folgt

$$\begin{aligned}
\frac{\delta}{2} &= \omega - \omega_m \\
\hbar\frac{\delta}{2} &= \varepsilon - \varepsilon_m \\
\frac{1}{2}\frac{\hbar}{\tau} &= \Delta\varepsilon.
\end{aligned} \tag{11.99}$$

Je kürzer also die Lebenzeit τ des angeregten Zustands, umso unpräziser wird die Messung seiner Energie. Ist die Lebensdauer Unendlich, kann die Messung ein scharfes Resultat liefern. Ist die Lebensdauer Null, können wir keine Aussage treffen.

Dieser Sachverhalt ist in Abb. 11.7 für zwei verschiedene Zerfallszeiten $\frac{1}{\tau} = \delta$ gezeigt. Das erinnert stark an die Abb. 11.1 mit der quadrierten Spaltfunktion.

Ersetzt man in Gl. (11.99.3) τ durch Δt, gelangt man wiederum zu einer der Gl. (11.96) ähnlichen Fassung:

$$\Delta\varepsilon\Delta t \approx \frac{\hbar}{2}. \tag{11.100}$$

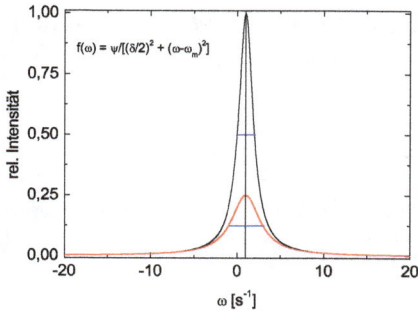

Abb. 11.7. Eine Verkürzung der Zerfallszeit geht bei gleichlanger Beobachtungsdauer einher mit einer Verbreiterung (= Unschärfe) der Frequenz bzw. der Energie der beobachteten Spektrallinie. In blau eingetragen sind die beiden Halbwertsbreiten.

11.7 Auswahlregeln unter gruppentheoretischen Aspekten

In Gl. (11.38) hatten wir gefunden, dass das Matrixelement des inkriminierten Übergangs

$$|\mu_{ml}| = \langle m \,|\mu|\, l \rangle = e_0 \, \langle m \,|x|\, l \rangle = e_0 \int_{-\infty}^{\infty} \psi_m^* x \psi_l \, \mathrm{d}x$$

einen Integranden aufweist, der die beiden Zustände enthält, zwischen denen im Fall der hier untersuchten Dipolstrahlung ein Ortsvektor multiplikativ vermittelt. Zur Bestimmung der Intensität der Strahlung hatten wir uns mit den diese Zustände beschreibenden Funktionen und dem Strahlungsfeld beschäftigt. Als erstes ist aber die Frage zu beantworten: ist der Übergang „erlaubt" oder ist er „verboten"?

Zur Beantwortung dieser Frage betrachten wir Gl. (11.38) unter gruppentheoretischen Aspekten und führen die in Kap. 8 geführte Untersuchung des Schwingungsspektrums von H_2O zu Ende. Eine Betrachtung des Elektronenanregungs-Spektrums von Benzol folgt im Abschn. 13.5.

Wir hatten gefunden, dass die Ausreduktion der reduziblen Darstellung eine Aussage über den Symmetrietyp (Schwingungsrasse) der drei Schwingungsmoden erlaubt, und zwar erhalten wir die Darstellung

$$\chi_{\text{vib}} = 2 \, A_1 + B_2,$$

wobei die symmetrische Valenzschwingung ν_s und die Deformationsschwingung ν_{delta} der Schwingungsrasse A_1, die asymmetrische Valenzschwingung ν_{as} dagegen der Schwingungsrasse B_2 angehörden. Wir gehen in die Charaktertafel der Punktgruppe C_{2v}

C_{2v}	E	C_2	$\sigma_v(xz)$	$\sigma_v'(yz)$	$h = 4$
A_1	1	1	1	1	z
A_2	1	1	-1	-1	R_z
B_1	1	-1	1	-1	x, R_y
B_2	1	-1	-1	1	y, R_x

und bilden die direkten Produkte, wobei der Dipolmomentvektor aus den drei cartesischen Komponenten x, y und z besteht, die nach B_1, B_2 und A_1 transformieren.

Dabei beachten wir, dass der Grundzustand nach den Gln. (8.45) und (8.47) den Symmetrietyp A_1 hat. Damit das Integral endlich wird, muss der angeregte Zustand einen der Symmetrietypen des Dipolmomentvektors aufweisen, denn die direkten Produkte eines Symmetrietyps mit sich selbst ergeben immer den Symmetrietyp A_1.

Für die A_1-Typen resultiert

$$\langle 2\,|\mu|\,1\rangle \propto A_1 \begin{pmatrix} B_1 \\ B_2 \\ A_1 \end{pmatrix} A_1 = \begin{pmatrix} B_1 \\ B_2 \\ A_1 \end{pmatrix},$$

für den B_2-Typ dagegen

$$\langle 2\,|\mu|\,1\rangle \propto B_2 \begin{pmatrix} B_1 \\ B_2 \\ A_1 \end{pmatrix} A_1 = \begin{pmatrix} A_2 \\ A_1 \\ B_2 \end{pmatrix}.$$

Beide Schwingungsrassen sind IR-aktiv, da die Direktprodukte in einer Komponente die total-symmetrische Darstellung A_1 ergeben; damit wird das Integral endlich. Die A_1-Typen sind in z-Richtung, der B_2-Typ dagegen in y-Richtung polarisiert.

Betrachtet man die Fragestellung eines erlaubten oder verbotenen Übergangs unter gruppentheoretischen Aspekten, stellt man fest, dass der Integrand $\psi_m^* x \psi_l$ das direkte Produkt zwischen den betroffenen Funktionen und (mindestens) einer der drei Ortskoordinaten ist. Damit der Integrand ein endliches Integral liefert, muss der Integrand mindestens eine total-symmetrische Komponente aufweisen. Weil die Ausgangsfunktion der Schwingungszustände, von Singulett-Elektronenzuständen und auch den meisten Rotationszuständen immer total-symmetrisch ist (Symmetrietyp A_1), muss daher die Zielfunktion im gleichen Symmetrietyp transformieren wie mindestens einer der drei cartesischen Basisvektoren, denn das Quadrat eines jeden Symmetrietyps liefert eine total-symmetrische Darstellung A_1. Ist dies der Fall, ist dieser Übergang erlaubt und in dieser Richtung polarisiert. Ist das nicht der Fall, ist der Übergang quantenmechanisch verboten.

11.8 Abschließende Bemerkung

Mit der klaren Aussage auf die Fragestellung, ob ein potentieller Übergang zwischen zwei Zuständen mittels eines Strahlungsfeldes „erlaubt" ist oder nicht, was mit einfachen Methoden der Gruppentheorie entschieden werden kann, und der zusätzlichen Möglichkeit, die Intensität dieses Übergangs *from first principles* bestimmen zu können, war HEISENBERG und SCHRÖDINGER ein wesentlicher Fortschritt gegenüber der BOHRschen Theorie gelungen. Die Frage aber, *warum* die Mikroteilchen (Elektronen oder auch Molekeln) vom angeregten spontan in einen niederen wechseln, blieb dagegen offen und wird auch im Rahmen dieser Abhandlung nicht adressiert.

Die bei diesem Diskurs angewendete zeitabhängige Störungsrechnung 1. Ordnung führt zu einer anderen Einbindung der EINSTEINschen Koeffizienten in die Quantenmechanik, mit denen es EINSTEIN ja 1917 gelang, die von PLANCK als „glücklich erraten" bezeichnete Formel zu begründen.

Als übergeordnetes Ergebnis erhalten wir FERMIs Goldene Regel, die Bedeutung weit über die Störung von Quantensystemen nicht nur durch periodische Vorgänge erlangt hat.

Mit der Oszillatorenstärke vergleichen wir die Intensität der Emissionslinie mit dem aus der klassischen Elektrodynamik zu erwartenden Wert. Bei einer Bande (in Emission oder Absorption) vergleichen wir mit dem Integral, das wir bei Annahme von FERMIs *Goldener Regel* (Störung in 1. Ordnung) errechnen. Bei einfachen Systemen sehen wir, dass wir damit erstaunlich gute Übereinstimmung mit dem Experiment erzielen (s. Übungsaufgaben).

Physiker rechnen meist mit dem Absorptionskoeffizienten in der Einheit cm^{-1}, Chemiker mit dem molaren Extinktionskoeffizienten mit der Einheit cm^2/Mol. Beim Vergleich von Literaturwerten muss das beachtet werden. Gerne werden ρ_ν und ρ_ω sowie ν und ω durcheinandergebracht — immerhin eine halbe Größenordnung. Ähnliches gilt für die Energieeinheiten. Jede Spektroskopikergilde hat da ihre eigene Währung. Will man zu ihr gehören, nutzt es nichts, auf SI-Einheiten zu verweisen und festzustellen, dass die verwendeten Einheiten eigentlich „verboten" seien. Mit derartigen anfängerhaften Feststellungen erntet man nur homerisches Gelächter.

11.9 Aufgaben und Lösungen

Aufgabe 11.1 Warum spielt bei einem oszillatorischen Übergang das permanente Dipolmoment keine Rolle?

Lösung. Ein Wechselfeld kann über das E-Feld an (Partial-)Ladungen, über das H-Feld auch an bewegten Ladungen angreifen. Ein elektrischer Dipol besteht aus zwei (Partial-)Ladungen, die um einen bestimmten Abstand voneinander getrennt sind. Im zweiten Fall ist die Energie des Dipols $\varepsilon = -\mu \cdot E$, und in einem inhomogenen Feld wirkt die Kraft $F = \nabla(\mu \cdot E)$. Zeigt ein Dipol nicht in die Richtung des äußeren Feldes, wirkt auf ihn ein Drehmoment $M = \mu \times E$.

Das Matrixelement verbindet die beiden in Frage stehen Eigenfunktionen, der Stör-Operator ist das Produkt aus Dipolmoment und elektrischem Feldvektor. Es geht quadratisch ein. Dazu benötigen wir die Gl. (11.12), nach der

- die Änderung der zeitlich abhängigen Gewichtskoeffizienten $a_{1,m}$ linear von diesem Übergangsmoment abhängt:

$$\frac{\partial a_{\mathrm{m}}}{\partial t} = -\frac{\mathrm{i}}{\hbar}\mathrm{e}^{-\mathrm{i}/\hbar(\varepsilon_{\mathrm{m}}-\varepsilon_{\mathrm{l}})t}\int_{-\infty}^{\infty}\psi_{\mathrm{m}}^{*}\mathbf{H}'\psi_{\mathrm{l}}\mathrm{d}x, \tag{1}$$

• die Gl. (11.14) mit dem Störperator

$$\mathbf{H}' = E_{\mathrm{x}}\mu_{\mathrm{x}} = E_{\mathrm{x}}^{0}\left(\mathrm{e}^{\mathrm{i}\omega t}+\mathrm{e}^{-\mathrm{i}\omega t}\right)\mu_{\mathrm{x}}, \tag{2}$$

• und die Gl. (11.17), in der der Zusammenhang zwischen Gewichtskoeffizient und dem Störoperator beschrieben wird:

$$a_{\mathrm{m}}(t) = \langle m|\mu_{\mathrm{x}}|l\rangle E_{\mathrm{x}}^{0}\left(\frac{1-\mathrm{e}^{-\mathrm{i}/\hbar(\varepsilon_{\mathrm{m}}-\varepsilon_{\mathrm{l}}+\hbar\omega)t}}{\varepsilon_{\mathrm{m}}-\varepsilon_{\mathrm{l}}+\hbar\omega}+\frac{1-\mathrm{e}^{-\mathrm{i}/\hbar(\varepsilon_{\mathrm{m}}-\varepsilon_{\mathrm{l}}-\hbar\omega)t}}{\varepsilon_{\mathrm{m}}-\varepsilon_{\mathrm{l}}-\hbar\omega}\right) \tag{3}$$

• Die Wahrscheinlichkeit selbst ist dem Absolutquadrat des Gewichtskoeffizienten

$$P = a_{\mathrm{l}}^{*}a_{\mathrm{l}} + a_{\mathrm{m}}^{*}a_{\mathrm{m}} \tag{4}$$

proportional.

Da das Dipolmoment eine ungerade Funktion ist, ist nur ein Übergang gerade → ungerade und umgekehrt möglich. Der prinzipielle Verlauf des Dipolmoments in Abb. 11.8 legt nahe, das Diplomoment um $\mu(r_{\mathrm{e}})$ in eine TAYLOR-Reihe

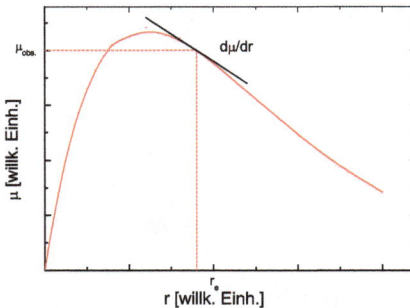

Abb. 11.8. Die Steigung der Kurve Dipolmoment gegen Abstand beim Gleichgewichtsabstand r_{e} bestimmt die Stärke des Übergangs entscheidend mit. In einer TAYLOR-Reihen-Entwicklung erster Ordnung ist das Dipolmoment um $\mu(r_{\mathrm{e}})$ eine lineare Funktion.

$$\mu = \mu(r) + \left(\frac{\mathrm{d}\mu}{\mathrm{d}r}\right)_{r=r_{\mathrm{e}}}(r-r_{\mathrm{e}}) + \frac{1}{2}\left(\frac{\mathrm{d}^{2}\mu}{\mathrm{d}r^{2}}\right)_{r=r_{\mathrm{e}}}(r-r_{\mathrm{e}})^{2} + \dots, \tag{5}$$

zu entwickeln. Damit sehen wir, dass das konstante Dipolmoment nichts zum Matrixelement in Gl. (2) beiträgt, da die Konstante vor das aus Gl. (1) entstehende Überlappungsintegral gezogen werden kann. Da die beteiligten Wellenfunktionen orthonormiert sind, verschwindet das. Ein von Null verschiedenes Matrixelement kann aber bereits bei Berücksichtigung des zweiten Terms in Gl. (5) entstehen, da die Funktion $x = r - r_e$ die Gleichung einer Geraden, mithin einer ungeraden Funktion, mit der Steigung e_0 ist. Damit wird das Produkt zweier benachbarter Eigenfunktionen, zusammen mit der Funktion der Verschiebung x, immer eine gerade Funktion werden, so dass das Integral endlich wird. In der linearen Näherung ist das Matrixelement folglich konstant und für alle elektronischen Übergänge gleich groß.

Aufgabe 11.2 Bestimmen Sie für einen Quantentopf mit unendlich hohen Wänden die Energien der ersten zwei Zustände für eine Kastenlänge von 1 nm. Bestimmen Sie dann das Matrixelement $|x_{12}|^2$ für diesen Übergang und schließlich die Oszillatorenstärke dieses Übergangs für die Emission!

Lösung. Wir berechnen die Eigenwerte der Energie nach

$$\varepsilon_n = \frac{\hbar^2}{2m_e} \left(\frac{\pi}{a}\right)^2 n^2 \tag{1}$$

mit der Kastenkonstanten

$$K = \frac{h^2}{8\,m_e\,a^2} = 6{,}03 \cdot 10^{-20}\ \text{J}, \tag{2}$$

was die beiden Energien $\varepsilon_1 = 0{,}38\,\text{eV}$ und $\varepsilon_2 = 1{,}51\,\text{eV}$ liefert.

Das Matrixelement $|x_{12}|$ berechnet sich mit den Eigenfunktionen

$$\psi = \sqrt{\frac{2}{a}} \sin \frac{n\pi x}{a} \tag{3}$$

und den beiden Formeln

$$\sin ax \sin bx = \frac{1}{2} \left\{\cos[(a-b)x] - \cos[(a+b)x]\right\} \tag{4}$$

sowie

$$\int x \cos ax = \frac{1}{a^2} \cos ax + \frac{x}{a} \sin ax \tag{5}$$

zu

$$\langle 2\,|x|\,1\rangle = \frac{2}{a} \int_0^a \sin \frac{2\pi x}{a}\, \sin \frac{\pi x}{a}\, x\, \mathrm{d}x, \tag{6}$$

also

$$\frac{1}{\pi^2 a}\left(-2a^2 + 2\left(\frac{a}{3}\right)^2\right) = -\left(\frac{4}{3\pi}\right)^2 a = |-0{,}18\,\text{nm}| = |-1{,}8\,\text{Å}|. \tag{7}$$

Aus den Gleichungen für die Energie (1) und $|x_{12}|^2$ (7) ergibt sich für f_{21} mit $\varepsilon_{21} = \varepsilon_2 - \varepsilon_1 = 3\,\varepsilon_1$

$$f_{21} = \frac{2m_e E_{21}}{\hbar^2} <2|x|1>^2$$

$$= \frac{2m_e}{\hbar^2} \frac{3\hbar^2 \pi^2}{2m_e a^2} \cdot \left(-\frac{16a}{9\pi^2}\right)^2 \tag{8}$$

$$= \frac{256}{27\,\pi^2} \approx 0,96$$

eine Oszillatorenstärke, die dicht bei Eins liegt, aber etwas kleiner ist. Da die Energie umgekehrt proportional zu a^2, $|x_{lm}|^2$ aber proportional zu a^2 ist, ist die Oszillatorenstärke von der Kastenlänge unabhängig. Dieses Ergebnis wird für Emission erhalten und für ein Linienspektrum. Tatsächlich aber ist gerade das Modell des *Elektrons im Kasten* prädestiniert, Übergänge in konjugierten Olefinen mit breiten Bandenspektren zu modellieren. Mit UV-Spektren dieser Moleküle parametrisierte HÜCKEL sein nach ihm benanntes **M**olekül **O**rbital-Modell, als Akronym HMO-Modell. Dazu Aufg. 11.3.

Aufgabe 11.3 Berechnen Sie die Oszillatorenstärke in Absorption für Hexatrien, auf das Sie das Modell des *Elektrons im Kasten* anwenden (Hexatrien hat insgesamt 6 π-Elektronen)! Die „Kastenlänge" ist $L = 7,3$ Å.

Lösung. Das Hexatrien hat 6 π-Elektronen, die in den untersten drei MOs eingebaut werden, jeweils mit der Besetzungszahl $b = 2$ (Abb. 11.9). Folglich ist

Abb. 11.9. Die konjugierten Olefine (hier Hexatrien) können in der einfachen HMO-Theorie als eindimensionaler Kasten modelliert werden.

der niedrigste $\pi \rightarrow \pi^*$-Übergang zwischen den Zuständen $l = 3$ und $m = 4 = l+1$ zu erwarten, und mit der Gl. (4.38) errechnet sich ein

$$\Delta\varepsilon_{43} = \frac{h^2}{8m_e L^2}\left[(l+1)^2 - l^2\right] = \frac{h^2}{8m_e L^2} \cdot 7. \tag{1}$$

Zur Berechnung in eV benötigen wir wiederum die *Kastenkonstante* K:

$$K = \frac{h^2}{8m_e L^2} = \frac{(6,63 \cdot 10^{-34})^2}{8 \cdot 9,1 \cdot 10^{-31} \cdot (7,3 \cdot 10^{-10})^2} \Rightarrow = 1,13 \cdot 10^{-19} \text{ J} = 0,71 \text{ eV} \tag{2}$$

Es ergibt sich ein $\Delta\varepsilon_{43}$ von

$$\Delta E_{43} = 4,91 \text{ eV}, \tag{3}$$

also Absorption im nahen UV bei 253 nm (langwelligste Bande tatsächlich bei 4,83 eV oder 258 nm).

Mit Gl. (11.42) haben wir

$$x_{lm} = \frac{2L}{\pi^2} \left(\frac{1}{(l-m)^2} - \frac{1}{(l+m)^2} \right) \Rightarrow x_{lm} = \frac{2L}{\pi^2} \frac{48}{49} \approx \frac{2L}{\pi^2}. \tag{4}$$

Damit bestimmt sich der durch numerische Integration erhaltene Absorptionskoeffizient mit den Gln. (11.83/84) zu

$$\mathcal{A} = N_A \frac{1}{1000} \frac{\pi \hbar \omega}{3\varepsilon_0 \, c\hbar^2} |\mu_{lm}|^2 \tag{5}$$

oder

$$\mathcal{A} = N_A \frac{1}{1000} \frac{\pi \hbar \omega_{lm}}{3\varepsilon_0 \, c\hbar^2} \frac{4e_0^2 L^2}{\pi^4}, \tag{6}$$

in Zahlenwerten

$$\mathcal{A} = 1{,}4 \cdot 10^{19} \, \mathrm{l \, s^{-1} \, cm^{-1} \, Mol^{-1}} \tag{7}$$

und für $\overline{\mathcal{A}}$

$$\overline{\mathcal{A}} = 4{,}7 \cdot 10^8 \, \mathrm{l \, cm^{-2} \, Mol^{-1}}. \tag{8}$$

Der experimentelle Wert beträgt $1{,}4 \cdot 10^8 \, \mathrm{l \, cm^{-2} \, Mol^{-1}}$; der berechnete ist also etwa um einen Faktor 4 größer ($\varepsilon = 4{,}93$, der von Butadien $\varepsilon = 4{,}32$; der Schwerpunkt der Bande liegt bei $\lambda = 217$ nm). Also ist die Oszillatorenstärke des Übergangs $3 \rightarrow 4$

$$f_{34} = 0{,}33. \tag{9}$$

Eine vergleichbare Rechnung für das nächsthöhere konjugierte Olefin, nämlich Octatetraen, ergibt bei einem $\pi \rightarrow \pi^*$-Übergang von $n = 4$ nach $n = 5$ bei einer Länge des Potentialtopfes von $L = 9{,}5$ Å einen Wert von $3{,}34$ eV ($= 27\,000 \, \mathrm{cm^{-1}}$), was, verglichen mit dem experimentellen Maximum von $33\,100 \, \mathrm{cm^{-1}}$, erstaunlich gut ist (die Elektronenbanden sind sehr breit!).

Der integrierte Absorptionskoeffizient ergibt sich mit den Gl. (11.83/84) und dem Wert $x_{45} = \frac{80}{81}$ aus Tab. 11.1 zu

$$\overline{\mathcal{A}} = 6{,}3 \cdot 10^8 \, \mathrm{l \, cm^{-2} \, Mol^{-1}}, \tag{9}$$

er ist also um $^1/_3$ größer als der des Hexatriens. Der experimentelle Wert liegt bei $3{,}7 \cdot 10^8 \, \mathrm{l \, cm^{-2} \, Mol^{-1}}$; der berechnete Wert ist also nur noch um einen Faktor $1{,}7$ zu groß, und die Oszillatorenstärke kann zu

$$f_{45} = 0{,}58 \tag{10}$$

bestimmt werden.

Aufgabe 11.4 In der Schwingungsspektroskopie ist das Matrixelement für einen tatsächlichen Übergang von $v = 0$ nach $v = 1$ nach den Gln. (11.36) und (11.45) gegeben durch

$$x_{01} = x_0 \sqrt{\frac{1}{2}} \left(\frac{\mathrm{d}\mu}{\mathrm{d}r} \right)_{r=r_e} \tag{1}$$

mit $x_0 = \sqrt{\frac{\hbar}{m_0 \omega_0}}$ und $r - r_e$ der Auslenkung aus der Gleichgewichtslage. Bestimmen Sie mit dem Ausdruck für den integrierten Absorptionskoeffizienten $\frac{\mathrm{d}\mu}{\mathrm{d}r}$ und diskutieren Sie das Ergebnis.

Lösung. Wir setzen mit Gl. (11.83) an und erhalten in der linearen Näherung mit der Konstanten $a = \frac{N_A \pi \varepsilon_{lm}}{3 \cdot 1000 \, c \varepsilon_0 \hbar^2}$ für $\mathcal{A}$:

$$\mathcal{A} = a \left(\frac{\mathrm{d}\mu}{\mathrm{d}r} \right)_{r=r_e}^2 \tag{2}$$

oder umgekehrt

$$\left(\frac{\mathrm{d}\mu}{\mathrm{d}r} \right)_{r=r_e}^2 = \frac{1}{a} \cdot \mathcal{A} : \tag{3}$$

Die Absorption über eine Bande ist mit der Änderung des Dipolmomentes in einem Molekül verbunden. Beide sind direkt proportional zueinander. Das bedeutet, dass eine starke Änderung des Dipolmomentes mit einer tiefen Absorptionsbande korreliert ist. Z. B. ist die prominente Absorptionsbande um $1\,600\,\mathrm{cm}^{-1}$ für die Valenzschwingung der C=O-Gruppe charakteristisch. Demgegenüber sind C-H-Bindungen eher schwach (unter bzw. über $3\,000\,\mathrm{cm}^{-1}$).

Aufgabe 11.5 Wie hart ist die Auswahlregel für die Konstanz der Spinmultiplizität bei einem dipolaren Strahlungsübergang? Schätzen Sie das größenordnungsmäßig ab und beachten Sie, dass in einer elektromagnetischen Welle $|E| = |H|$ gilt!

Lösung. Sei der Durchmesser des Atoms a, und E das elektrische Feld der Lichtwelle, dann ist die elektrische Arbeit am Atom

$$W_{\mathrm{elek}} = e_0 a E, \tag{1}$$

während die magnetische Wechselwirkung

$$W_{\mathrm{magn}} = \mu B \tag{2}$$

ist. Setzen wir für das magnetische Moment eines s-Elektrons mit $g_s = 2$

$$\mu = \frac{e_0 \hbar}{m_e}, \tag{3}$$

dann ist mit Gl. (2)

$$W_{\text{magn}} = \frac{e_0 \hbar}{m_e} B. \tag{4}$$

B ist in allen Systemen $\frac{E}{c}$, so dass wir

$$\frac{W_{\text{magn}}}{W_{\text{elek}}} = \frac{\hbar}{m_e a} \tag{5}$$

erhalten. $\frac{\hbar}{a}$ ist der Impuls des Elektrons, der wiederum, dividiert durch m_e seine Geschwindigkeit im Atom ist. Das Verhältnis der beiden Arbeiten ist folglich

$$\frac{W_{\text{magn}}}{W_{\text{elek}}} = \frac{v_e}{c}, \tag{6}$$

eine Zahl, von der wir wissen, dass sie kleiner als 1% ist. Daher ist es sehr unwahrscheinlich, dass Licht eine Spinumkehr verursachen wird. Nach FERMIS Goldener Regel skaliert zudem die Wahrscheinlichkeit für eine Anregung mit dem Quadrat der Feldstärke [Gl. (11.34)], so dass auch von dieser Seite ein Faktor 10^{-2} einen Übergang quantitativ erschwert.

12 Mehrelektronenatome

In den zwei abschließenden Kapiteln untersuchen wir das Aufbauprinzip der Atome und der Moleküle. Begonnen wird mit dem Austausch- und Antisymmetrieprinzip bzw. des PAULI-Prinzips. Danach folgt eine ausführliche Betrachtung des Heliums, an dem diese Prinzipien exemplifiziert werden, erneut mit einer Störungsrechnung 1. Ordnung, um die elektrostatische Wechselwirkung der beiden Elektronen im Heliumatom zu erfassen und für höhere Atome zu parametrisieren. Von überragender Bedeutung ist das PAULI-Prinzip, das hier über das PAULI-Verbot hinausgehend diskutiert wird.

In diesem Kapitel verwenden wir das *cgs*-System. Zur Umrechnung in SI-Einheiten $\frac{1}{4\pi} = \varepsilon_0$.

12.1 Einleitung

Die bisher besprochenen Zustände waren Einelektronenzustände, ihre Bahnkurven je nach Avanciertheit des Modells Kreisbahnen, Ellipsen oder Kugelfunktionen (Abb. 12.1). Nun wollen wir uns um Zustände kümmern, die mehr als ein Elektron beschreiben, also zunächst zwei Elektronen, wie sie im He-Atom beobachtet werden, und die die kleinste Einheit einer Gesamtheit bilden.

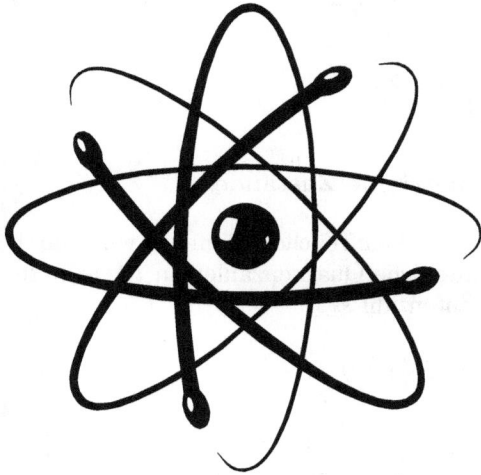

Abb. 12.1. Ein Mehrelektronenatom in einer mehr künstlerischen Darstellung. Die Elektronen bewegen sich auf elliptischen Planetenbahnen um den Kern.

   In der klassischen Theorie lassen sich die beiden Elektronen zuordnen, was bedeutet, dass man die Orts- und Impulskoordinaten der zwei Elektronen unterscheiden und dem einen Elektron den Index ① und dem anderen Elektron den

https://doi.org/10.1515/9783111238678-012

Index ② zuordnen und die beiden Trajektorien separat von Anfang bis zum Ende des Beobachtungszeitraumes verfolgen kann.

In der Quantentheorie ist diese Beschreibung nur bei großen Distanzen möglich. Die Grenze wird durch die Unschärferelation gezogen. Sind die Wellenfunktionen der beiden Elektronen nämlich verschieden von Null, können wir diese Zuordnung nicht mehr treffen, also sagen, dass Elektron ① die Raumkoordinaten x_1, y_1, z_1 habe und Elektron ② die x_2, y_2, z_2, m. a. W.: *die Elektronen sind ununterscheidbar* geworden.

Diese Ununterscheidbarkeit der Elektronen ist eine charakteristische Eigenschaft der Mikrowelt und besagt, dass der Zustand eines Systems unverändert bleibt, wenn die Teilchen ihren Platz vertauschen und heißt *Identitätsprinzip*. Um diese Wechselwirkung zu beobachten, muss das System also aus mindestens zwei Teilchen bestehen. Sie manifestiert sich in spezifischen *Austauschkräften*, die in der klassischen Theorie auf Grund des nicht nachweisbaren Wellencharakters der Teilchen nicht auftreten können.

Zum anderen sind in Mehrelektronenatomen die Spineigenschaften von überragender Bedeutung. Diese treten weder in der klassischen Theorie noch in der Theorie von BOHR und SOMMERFELD auf. Die beiden hatten das Glück des Tüchtigen auf ihrer Seite, denn bei nur einem Elektron sind die Spineffekte vernachlässigbar — das trifft ja auch weitgehend für die Spektren der Alkalimetalle zu. Deswegen gelangen ihnen auch mit einer Theorie, die nur geringfügig vereinfacht den Eingang in die Schulbücher gefunden hat, diese erstaunlich präzisen Aussagen.

Bevor wir uns dem He-Atom zuwenden, wollen wir uns daher zunächst mit den Folgerungen aus dem Identitätsprinzip, der Austauschwechselwirkung und den Spineffekten widmen.

12.2 Antisymmetrieprinzip II

12.2.1 Symmetrische und antisymmetrische Zustände

Den Zustand eines Systems aus zwei identischen Teilchen ① und ② wird durch deren Radiusvektor $r_{1,2}$, jeweils drei räumliche Quantenzahlen (n, l_m, m_s), zusammengefasst zu $n_{1,2}$, und die Spinquantenzahl $s_{1,2}$

$$|\Psi(n_1, s_1, r_1; n_2, s_2, r_2)\rangle \qquad (12.1)$$

beschrieben.

Im Abschn. 3.9 hatten wir den Paritätsoperator $\mathbf{P}$ eingeführt, der mit dem HAMILTON-Operator $\mathbf{H}$ vertauscht und deswegen denselben Satz von Eigenfunktionen aufweist.[1] $\mathbf{P}$ wirkt auf die Eigenzustand Ψ nach

$$\mathbf{P}\,|\Psi(n_1, s_1, r_1; n_2, s_2, r_2)\rangle = |\Psi(n_2, s_2, r_2; n_1, s_1, r_1)\rangle, \qquad (12.2)$$

---

[1]In der chemischen Literatur ist dafür eher den Begriff Vertauschungsoperator gebräuchlich.

woraus sich die Eigenwerte des Paritätsoperators aus der Eigenwertgleichung zu

$$\mathbf{P}\,|\Psi(n_1, s_1, \boldsymbol{r}_1;\, n_2, s_2, \boldsymbol{r}_2)\rangle = \lambda\,|\Psi(n_1, s_1, \boldsymbol{r}_1;\, n_2, s_2, \boldsymbol{r}_2)\rangle \qquad (12.3)$$

ergeben. Eine erneute Anwendung führt auf den Ausgangszustand zurück, so dass wir für die Eigenwerte des zu $\mathbf{H}$ kommutierenden Paritätsoperators

$$\lambda = \pm 1 \qquad (12.4)$$

erhalten. Dieses fundamentale Resultat sagt uns: Entweder bleibt bei der Vertauschung der Teilchen die Wellenfunktion unverändert, dann ist $\lambda = 1$, und wir bezeichnen die Funktion als *symmetrisch*

$$|\Psi(n_1, s_1, \boldsymbol{r}_1;\, n_2, s_2, \boldsymbol{r}_2)\rangle = |\Psi(n_2, s_2, \boldsymbol{r}_2;\, n_1, s_1, \boldsymbol{r}_1)\rangle, \qquad (12.5)$$

oder sie ändert ihr Vorzeichen,

$$|\Psi(n_1, s_1, \boldsymbol{r}_1;\, n_2, s_2, \boldsymbol{r}_2)\rangle = -\,|\Psi(n_2, s_2, \boldsymbol{r}_2;\, n_1, s_1, \boldsymbol{r}_1)\rangle, \qquad (12.6)$$

und wir bezeichnen die Funktion als *antisymmetrisch*.

Der unitäre Operator $\mathbf{P}$ diskriminiert die Eigenfunktionen in die Typen symmetrisch und antisymmetrisch, und die Quantenmechanik behauptet: Entweder sind die Eigenfunktionen symmetrisch oder antisymmetrisch in bezug auf die Vertauschung der Teilchen ① und ②. Daraus folgt, dass es keine Funktion geben kann, die gegenüber einem Teil der Gesamtheit identischer Teilchen symmetrisch, gegenüber einem anderen Teil aber antisymmetrisch ist.

Offenbar ist diese fundamentale Schlussfolgerung im Wesen der Elementarteilchen begründet.

In der Natur werden beide Sorten von Teilchen beobachtet. Symmetrische Teilchen besitzen einen ganzzahligen Spin, der in Einheiten von $\hbar$ gequantelt ist; sie werden durch symmetrische Funktionen beschrieben, das sind die sog. *Bosonen*. Dazu gehören etwa Photonen und π-Mesonen. Nahezu alle anderen Elementarteilchen, insbesondere Elektron, Neutron und Proton, weisen einen halbzahligen Spin auf und werden mit antisymmetrischen Funktionen beschrieben. Sie heißen Fermionen, und für sie sagt man auch oft, dass sie dem Antisymmetrieprinzip unterliegen.

Die beiden Arten von Teilchen unterscheiden sich nicht nur in der Ganz- oder Halbzahligkeit des Spins, sondern auch in einer wesentlichen statistischen Eigenschaft einer Gesamtheit von identitären Teilchen. Während Bosonen mit der Statistik nach BOSE und EINSTEIN beschrieben werden, nach der jeder Zustand mit einer unlimitierten Anzahl von Teilchen besetzt sein kann, billigt die für Fermionen geltende Statistik von FERMI und DIRAC jedem Zustand maximal ein Teilchen zu.

Diese Eigenschaft stellte PAULI bereits 1923 mit seinem Ausschließungsprinzip noch vor der Begründung der Quantenmechanik und der Entdeckung der Quantenstatistik fest — entsprechend stolz war er auf diesen großartigen Artikel, an dem auch nach der Geburt der Quantenmechanik kein Wort geändert werden musste [30].

Für die bisher betrachteten Einelektronensysteme ist das irrelevant. Nun aber wird diese Qualität bedeutend. FEYNMAN weist darauf hin, dass unsere Welt durch diese Eigenschaft dominiert wird [93].

Zwar kann man das Antisymmetrieprinzip nach dem von PAULI im Jahre 1940 abgeleiteten Spin-Statistik-Theorem nur aus der relativistischen Quantenmechanik her verstehen [75], aber wir können operationale Handlungsanweisungen zum Umgang mit ihm formulieren.

12.3 Die Austauschwechselwirkung

Sei eine Funktion $\Psi(r_1, r_2)$ als Produkt der beiden Einelektronenfunktionen $\psi_m(r_1)$ und $\psi_n(r_2)$[2]

$$\Psi(r_1, r_2) = \psi_m(r_1)\psi_n(r_2) \tag{12.7}$$

definiert, wobei die m und n zwei unterschiedliche Zustände der Energie E_m und E_n und die r_1 und r_2 die Koordinaten der beiden Teilchen beschreiben. Dann ist in nullter Näherung, d. h. ohne jedwede Wechselwirkung zwischen den beiden Elektronen,

$$\begin{aligned}
\mathbf{H}^0(r_1, r_2)\Psi_1(r_1, r_2) &= \mathbf{H}^0(r_1)\psi_m(r_1)\psi_n(r_2) + \mathbf{H}^0(r_2)\psi_m(r_1)\psi_n(r_2) \\
&= E_m\psi_m(r_1)\psi_n(r_2) + E_n\psi_m(r_1)\psi_n(r_2) \\
&= (E_m + E_n)\psi_m(r_1)\psi_n(r_2).
\end{aligned} \tag{12.8}$$

Zu dieser Gesamtenergie gehört offenbar ein zweiter Zustand, der durch Vertauschung der Plätze oder der Koordinaten der beiden Elektronen entsteht, so dass das erste Elektron nun die Energie E_n und das zweite die Energie E_m

$$\begin{aligned}
\mathbf{H}^0(r_1, r_2)\Psi_2(r_1, r_2) &= (E_m + E_n)\psi_n(r_1)\psi_m(r_2) \\
&= E^0\psi_n(r_1)\psi_m(r_2)
\end{aligned} \tag{12.9}$$

aufweist. Da beide Zweielektronenzustände aber denselben Eigenwert $E_m + E_n = E^0$ haben, ist dieser zweifach entartet. Wegen der Ununterscheidbarkeit der Elektronen heißt diese Entartung *Austauschentartung*.

Die das Gesamtsystem beschreibende Wellenfunktion ist die Überlagerung der entarteten Zustände

$$\begin{aligned}
\Phi(r_1, r_2) &= C_1\Psi_1(r_1, r_2) + C_2\Psi_2(r_1, r_2) \\
&= C_1\psi_n(r_1)\psi_m(r_2) + C_2\psi_m(r_1)\psi_n(r_2)
\end{aligned} \tag{12.10}$$

mit den beiden Amplitudenkoeffizienten C_1 und C_2.

---

[2]Hier reicht die einfache SCHRÖDINGERsche Notation.

12.3.1 Koeffizientenbestimmung.

Wie groß sind die beiden Koeffizienten? Da die Elektronen ununterscheidbar sind, ist die Wahrscheinlichkeit, dass Elektron ① im Volumenelement d^3x_1 und das Elektron ② im Volumenelement d^3x_2 ist, gleich der Wahrscheinlichkeit, dass das Elektron ② im Volumenelement d^3x_1 und das Elektron ① im Volumenelement d^3x_2 sich aufhalten, also

$$C_1^2 \Psi_1^2(r_1, r_2)\, d^3x_1\, d^3x_2 = C_2^2 \Psi_2^2(r_1, r_2)\, d^3x_1\, d^3x_2, \qquad (12.11)$$

woraus sofort $C_1 = \pm C_2$ folgt. Unter Beachtung der Eigenschaft der Normiertheit verringert sich der mögliche Satz der Linearkombinationen auf

$$C_1 = \pm C_2 = \pm\frac{1}{\sqrt{2}}, \qquad (12.12)$$

und wir finden zwei Lösungen. Bei der Addition ist der Gesamtzustand symmetrisch, achsensymmetrisch oder gerade, was mit den Indizes s oder g bezeichnet wird, bei der Subtraktion dagegen antisymmetrisch, punktsymmetrisch oder ungerade mit den Indizes a oder u:

$$\begin{aligned}
\Phi_{\mathrm{s}} &= \tfrac{1}{\sqrt{2}}\left[\Psi_1(r_1, r_2) + \Psi_2(r_1, r_2)\right] \\
\Phi_{\mathrm{a}} &= \tfrac{1}{\sqrt{2}}\left[\Psi_1(r_1, r_2) - \Psi_2(r_1, r_2)\right],
\end{aligned} \qquad (12.13)$$

oder ausführlicher

$$\begin{aligned}
\Phi_{\mathrm{s}} &= \tfrac{1}{\sqrt{2}}\left[\psi_m(r_1)\psi_n(r_2) + \psi_m(r_2)\psi_n(r_1)\right] \\
\Phi_{\mathrm{a}} &= \tfrac{1}{\sqrt{2}}\left[\psi_m(r_1)\psi_n(r_2) - \psi_m(r_2)\psi_n(r_1)\right].
\end{aligned} \qquad (12.14)$$

Die so gebildete Wellenfunktion wird zur Bestimmung der Elektronendichte quadriert bzw. das Betragsquadrat gebildet. Wären die Eigenzustände $\Psi_1(r_1, r_2)$ und $\Psi_2(r_1, r_2)$ voneinander unabhängig, dann wäre bei Gleichwahrscheinlichkeit der Besetzung der beiden Eigenzustände die Wahrscheinlichkeit, dass sich das Elektron ① im Volumenelement d^3x_1 und das Elektron ② im Volumenelement d^3x_2 befinden, einfach

$$dW_{12} = \frac{1}{2}\left[|\Psi_1(r_1, r_2)|^2 + |\Psi_2(r_1, r_2)|^2\right] d^3x_1 d^3x_2. \qquad (12.15)$$

In Wirklichkeit sind die beiden Eigenzustände aber nicht voneinander unabhängig, wir erhalten deshalb die Eigenfunktionen der Gln. (12.13/12.14), und die modifizierte Wahrscheinlichkeit ist

$$\mathrm{d}W'_{12} = |\Psi|^2\, \mathrm{d}^3 x_1\, \mathrm{d}^3 x_2 = \mathrm{d}W_{12} \pm 2\left[\Psi_1(r_1,r_2)\Psi_2(r_1,r_2)\right]\mathrm{d}^3 x_1 \mathrm{d}^3 x_2.$$

$$(12.16)$$

Speziell bedeutet das für die Wahrscheinlichkeitsdichte zweier Elektronen, die am selben Ort sein sollen ($r_1 = r_2 = r$), dass durch die Austauschwechselwirkung im symmetrischen Fall sich eine Erhöhung ergibt, während im antisymmetrischen Fall die Dichte verschwindet (Abb. 12.2):

$$\left.\begin{aligned}
\Phi_s &= \tfrac{1}{\sqrt{2}}\left[\psi_m(r)\psi_n(r) + \psi_m(r)\psi_n(r)\right]\\
|\Phi_s|^2 &= 2\,\psi_m(r)\psi_n(r)^2\\
\Phi_a &= \tfrac{1}{\sqrt{2}}\left[\psi_m(r)\psi_n(r) - \psi_m(r)\psi_n(r)\right]\\
|\Phi_a|^2 &\equiv 0
\end{aligned}\right\}$$

$$(12.17)$$

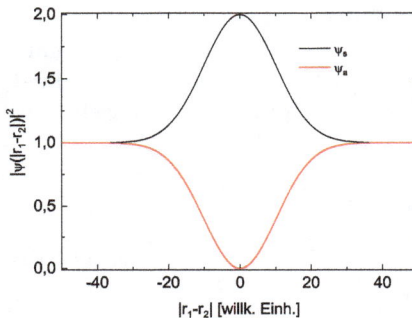

Abb. 12.2. Der Austausch führt bei symmetrischen Funktionen zu einer Erhöhung der Wahrscheinlichkeit, beide Elektronen an einem Ort zu treffen. Bei einer antisymmetrischen Funktion ist diese Wahrscheinlichkeit Null.

Ist die Ortswellenfunktion symmetrisch, ist durch die Austauschwechselwirkung die Wahrscheinlichkeit erhöht, beide Elektronen am gleichen Ort zu treffen, ist die Ortsfunktion antisymmetrisch, ist die Wahrscheinlichkeit, beide Elektronen am gleichen Ort zu treffen, Null.

Verwendet man diese Funktionen zur Bestimmung der Eigenwerte der Energie nach

$$\left\langle \Psi_1 + \Psi_2 \left| \mathbf{H}^0 \right| \Psi_1 + \Psi_2 \right\rangle = \left\langle \Psi_1 \left| \mathbf{H}^0 \right| \Psi_1 \right\rangle + \left\langle \Psi_1 \left| \mathbf{H}^0 \right| \Psi_2 \right\rangle + \\ + \left\langle \Psi_2 \left| \mathbf{H}^0 \right| \Psi_1 \right\rangle + \left\langle \Psi_2 \left| \mathbf{H}^0 \right| \Psi_2 \right\rangle,$$

$$(12.18)$$

so ergibt sich wegen der Orthogonalität von ψ_m und ψ_n

$$\left\langle \psi_m \left| \mathbf{H}^0 \right| \psi_n \right\rangle = E_{mn}\delta_{mn}$$

$$(12.19)$$

das unveränderte Resultat (12.8/9), weil jede Linearkombination der Lösungen von DGln ebenfalls eine Lösung der DGl ist.

- $|\Psi_1(r_1, r_2)|^2$ ist die Wahrscheinlichkeit dafür, dass sich das erste Elektron im Bereich d^3x_1 im Zustand m und das zweite Elektron im Bereich d^3x_2 im Zustand n befinden.

- Entsprechend ist $|\Psi_2(r_1, r_2)|^2$ die Wahrscheinlichkeit dafür, dass sich das erste Elektron im Bereich d^3x_1 im Zustand n und das zweite Elektron im Bereich d^3x_2 im Zustand m befinden.

- Das durch den Austausch der ununterscheidbaren Elektronen entstehende Paar von Wellenfunktionen, bestehend aus einer symmetrischen und einer antisymmetrischen Funktion, ergibt in nullter Näherung dieselben Eigenwerte der Energie.

- Für den Fall $n = m$, also $\psi_m(r_1) = \psi_m(r_2)$, wird die Lösung Φ_a Null, die antisymmetrischer Natur ist. Das bedeutet auch, dass $|\Phi_a|^2$ verschwindet.

- Die symmetrische Lösung dagegen bleibt endlich. Zwar wirkt die COULOMBsche Abstoßung, aber es gibt keine absolute Restriktion, die ein Aufeinandertreffen ausschlösse.

Der Zusatzterm ist verursacht durch den undulatorischen Charakter der gebundenen Elektronen, mit dem der Austausch der Koordinaten des Elektrons ① auf die des Elektrons ② verbunden ist und umgekehrt. Diesen *Austauschterm* haben wir erstmals beim YOUNGschen Doppelspaltversuch als Interferenzterm kennengelernt und quantitativ als Matrixelement bei der Anregung durch Dipolstrahlung im letzten Kapitel studiert, nämlich beim Übergang eines Elektrons aus dem Zustand $|m\rangle$ in den Zustand $\langle n|$. Die Gesamtwellenfunktion hatten wir dort beschrieben als Summe aus dem Anfangs- und Endzustand, d. h. für diesen Fall des Zweielektronenzustandes

$$\begin{aligned}
\Phi(r_1, r_2) &= \Psi(r_1, r_2) \pm \Psi(r_2, r_1) \\
&= \psi_m(r_1)\psi_n(r_2) \pm \psi_n(r_1)\psi_m(r_2), \\
\text{normiert} &= \tfrac{1}{\sqrt{2}}\left[\psi_m(r_1)\psi_n(r_2) \pm \psi_n(r_1)\psi_m(r_2)\right]
\end{aligned} \tag{12.20}$$

mit zeitabhängigen Amplitudenkoeffizienten.

Vom wellentheoretischen Standpunkt betrachtet, stehen die Wellenfunktionen $\Psi_1(r_1, r_2)$ und $\Psi_2(r_1, r_2)$ in bestimmten Phasenbeziehungen zueinander, und daher findet man neben dem Begriff *Austauschterm* auch den Begriff *Interferenzterm*. Eingeführt wurde der Begriff von HEISENBERG, der im Rahmen seiner Matrizenmechanik erstmals das Phänomen des Ferromagnetismus erklären konnte, wofür er auch seinen Nobelpreis erhielt (s. Kap. II, 6). Sein anschauliches Beispiel des *Austauschs* waren gekoppelte Pendel, die bei starker Kopplung gegenseitig ihre Energie so weit übertragen, also austauschen, können, dass jeweils eines zeitweise sich in Ruhe befindet. Und wie beim Pendelversuch dieser Effekt maximal ist, wenn die Eigenfrequenzen der beiden Pendel übereinstimmen, ist es auch hier. *Diese Analogie gilt nur deswegen, weil die Elektronen die Eigenschaft einer Welle besitzen* (Abb. 12.3).

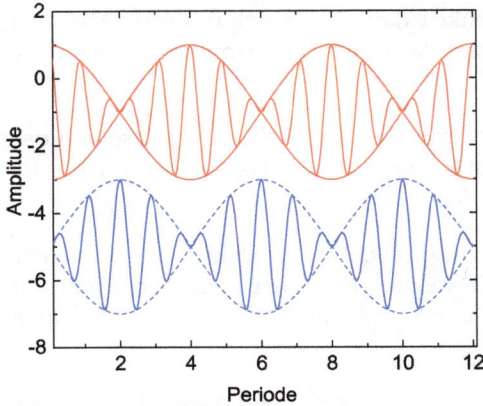

Abb. 12.3. Schwebung gekoppelter Pendel mit Phasensprung beim Nulldurchgang derselben.

12.4 Pauli-Prinzip

Im Abschn. 2.11 erwähnten wir im historischen Kontext erstmals den Elektronenspin als vierte Quantenzahl, der zusammen mit dem von PAULI formulierten Antisymmetrieprinzip beim Einbau von Elektronen in Atome eine überragende Bedeutung zukommt (*Spin-Statistik-Theorem*). Wie wir im Abschn. 9.9 sahen, besitzen die Elektronen die inhärente Eigenschaft des Spins, der in zwei Zuständen mit den Eigenwerten $\pm \frac{\hbar}{2}$ vorkommt, die sich also antisymmetrisch zueinander verhalten. Physikalisch am besten lässt sich diese Eigenschaft als Eigendrehimpuls beschreiben. Dieser kann mit dem Bahndrehimpuls koppeln oder auch nicht. Den zweiten Fall (*LS*-Kopplung nach RUSSELL-SAUNDERS) haben wir für ein p-Elektron mit Bahndrehimpuls $L_z = 1 \cdot \hbar$ modelliert. Ist der Bahndrehimpuls Null, beobachtet man den reinen Spin. Dies ist bei s-Zuständen der Fall. Weil bei der Kopplung nach RUSSELL-SAUNDERS die Bahn- und Spinmomente voneinander unabhängig addiert werden, kann die Wellenfunktion als Produkt zweier Teile angeschrieben werden, wobei der eine Teil vom Spin, der andere Teil von den Koordinaten abhängt. Im Abschn. 12.3 untersuchten wir den Bahnanteil, nun kümmern wir uns um den Spin. Damit ist die Frage verbunden, welcher Natur die Beziehung zwischen der Symmetrie eines Zustandes und der Form der Statistik sei. Dazu versuchen wir, Elektronen in Orbitale einzufüllen. Wir werden sehen, dass das PAULI-Verbot notwendig aus dem Antisymmetrieprinzip als eine den Elektronen inhärente Eigenschaft folgt.

Das PAULI-Verbot sagt ja aus, dass sich die einzufüllenden Elektronen in mindestens einer Quantenzahl unterscheiden müssen. Der quantenmechanische Zustand eines Elektrons ist gegeben durch die drei Bahnquantenzahlen n, l, m, mit denen seine Energie (n), sein Bahnmoment (l) und eine Projektion in irgendeine Richtung (m) bestimmt werden sowie durch die Spinquantenzahl, die die Projektion des Spins in derselben Richtung bestimmt, und die die Besetzung der *Spinorbitale* χ oder Spinzustände regelt.

Mit der Nomenklatur des Abschn. 9.9 für α oder β ist der Spinzustand $s = +\frac{1}{2}$ resp. $s = -\frac{1}{2}$ (in Einheiten von $\hbar$). Im Gegensatz zum Bahnanteil, der symmetrisch (s, d) oder antisymmetrisch (p, f) sein kann, ist der Spinanteil also stets antisymmetrisch! Das PAULI-Prinzip behauptet, dass in einem derartigen Zustand entweder kein oder ein Elektron sich befinden können, aber nie mehr als eins. So gibt es zwei Spinorbitale für die 1s-Funktion, die das Produkt der Ortswellenfunktion und der Spinwellenfunktion sind: $1s\alpha$ und $1s\beta$ (α für Spin up, β für Spin down). Wenn wir für einen Gesamtzustand, der sich aus n Einzelzuständen zusammensetzt,

$$\Psi = \psi_a(1)\psi_b(2)\ldots\psi_k(n) \qquad (12.21)$$

schreiben, wobei die Zuordnung des Elektrons ① zum Spinorbital ψ_a getroffen wird, die des Elektrons ② zum Spinorbital ψ_b, ..., dann können wir wegen der Ununterscheidbarkeit der Elektronen auch fordern, dass

$$\Psi = \psi_a(2)\psi_b(1)\ldots\psi_k(n) \qquad (12.22)$$

oder irgendeine andere um $n!$ permutierte Funktion. Entscheidend für diese Betrachtung ist, dass eine Vertauschung identischer Teilchen am Zustand des Gesamtsystems nichts Messbares ändern darf; dies gilt insbesondere für die Energie. Natürlich besteht die allgemeinste Funktion in einer gleichgewichteten Linearkombination aller $n!$ Funktionen. Da experimentell jedoch gefunden wird, dass nur derartige Linearkombinationen beobachtet werden, die ihr Vorzeichen beim Austausch irgendwelcher zwei Elektronen wechseln, reicht es ohne Beschränkung der Allgemeinheit aus, dies an zwei Elektronen zu zeigen, also am He-Atom.[3]

12.4.1 Eigenfunktionen des He-Atoms

Weil das selektive Kriterium dasjenige des Spins ist, wählen wir zwei Spinfunktionen aus, von denen wir wissen, dass der Eigenwert $\pm^1/_2\hbar$ beträgt. Die Gesamtwellenfunktion eines einzelnen Elektrons ist das Produkt aus Bahnfunktion ψ_{nlm} und Spinfunktion χ mit α oder β, hier ist $\psi_{nlm} = \psi_{100} = \psi$, und vertauschen die Koordinaten des Elektrons ① $\rightarrow$ ② und des Elektrons ② $\rightarrow$ ① (Tab. 12.1), also $\psi(1)\chi(1) \leftrightarrow \psi(2)\chi(2)$ und setzen die beiden Werte für χ gleich ein.

Die Funktionen 1 und 2 bilden sich auf sich selbst ab, die beiden folgenden gegeneinander. Die sind also interessant. Daher bilden wir die beiden möglichen Linearkombinationen

$$\left.\begin{array}{l} \Psi_s = \frac{1}{\sqrt{2}}\left[\psi(1)\alpha(1)\,\psi(2)\beta(2) + \psi(1)\beta(1)\,\psi(2)\alpha(2)\right] \\[2mm] \Psi_a = \frac{1}{\sqrt{2}}\left[\psi(1)\alpha(1)\,\psi(2)\beta(2) - \psi(1)\beta(1)\,\psi(2)\alpha(2)\right], \end{array}\right\} \qquad (12.23)$$

---

[3]Das beeindruckendste Beispiel ist hier ortho-/para-Wasserstoff, dessen Gesamtwellenfunktion $[\psi = \psi_{\mathrm{rot}} \cdot \psi_{\mathrm{Kerne}}]$ antisymmetrisch ist $[J = 0$ (antiparalleler Spin): para, $J = 1$ (paralleler Spin): ortho], s. Abschn. 9.17.

Tabelle 12.1. Darstellung der möglichen Wellenfunktionen für das Heliumatom.

Atom ①	Atom ②	Gesamtwellenfunktion unvertauscht	Gesamtwellenfunktion vertauscht
$\psi(1)\alpha(1)$	$\psi(2)\alpha(2)$	$\psi(1)\alpha(1)\,\psi(2)\alpha(2)$	$\psi(2)\alpha(2)\,\psi(1)\alpha(1)$
$\psi(1)\beta(1)$	$\psi(2)\beta(2)$	$\psi(1)\beta(1)\,\psi(2)\beta(2)$	$\psi(2)\beta(2)\,\psi(1)\beta(1)$
$\psi(1)\alpha(1)$	$\psi(2)\beta(2)$	$\psi(1)\alpha(1)\,\psi(2)\beta(2)$	$\psi(2)\beta(2)\,\psi(1)\alpha(1)$
$\psi(1)\beta(1)$	$\psi(2)\alpha(2)$	$\psi(1)\beta(1)\,\psi(2)\alpha(2)$	$\psi(2)\alpha(2)\,\psi(1)\beta(1)$

wobei das Betragsquadrat die Wahrscheinlichkeit angibt, ein Elektron im Zustand ①, das andere im Zustand ② zu finden, und man die Elektronen nicht unterscheiden kann. Von diesen beiden ist Gl. (12.23.2) antisymmetrisch. Man kann Gl. (12.23.2) auch schreiben als[4]

$$\Psi_{\mathrm{a}} = \frac{1}{\sqrt{2}} \begin{vmatrix} \psi(1)\alpha(1) & \psi(2)\alpha(2) \\ \psi(1)\beta(1) & \psi(2)\beta(2) \end{vmatrix} \begin{array}{l} \rightarrow \text{dieselben Quantenzahlen,} \\ \rightarrow \text{aber verschiedene Elektronen} \end{array}$$

$$\uparrow \qquad\qquad \uparrow$$

das gleiche Elektron,
aber verschiedene Quantenzahlen.

(12.24)

Eine Determinante ändert bei Vertauschen der Spalten ihr Vorzeichen, und sie ist Null, wenn zwei Zeilen (Spalten) gleich sind, wenn also alle Quantenzahlen gleich sind. Diese Bedingung des FERMI-Lochs gilt also über einen breiten Bereich von r. Wenn sie sich aber im Vorzeichen unterscheiden, können sie dennoch den gleichen Betrag haben. *Folglich müssen die Funktionen antisymmetrisch sein:* $\alpha(1) = -\alpha(2)$ und $\beta(1) = -\beta(2)$ oder

$$\begin{vmatrix} -\alpha(2) & \alpha(2) \\ -\beta(2) & \beta(2) \end{vmatrix} = -\alpha_2\beta_2 + \alpha_2\beta_2 = 0. \tag{12.25}$$

Die obersten beiden Ansätze in Tab. 12.1 bilden zusammen mit symmetrischen Linearkombination (12.23.1) insgesamt drei Spinfunktionen, die dann ein Triplett für den Zustand paralleler Spins darstellen und dann realisiert werden können, wenn die beiden Bahnfunktionen sich in mindestens einer Quantenzahl unterscheiden und eine antisymmetrische Linearkombination bilden. Der stabile Grundzustand, den ein He-Atom unter Spinpaarung einnimmt, hat eine symmetrische Bahnfunktion, und damit die Gesamtfunktion antisymmetrisch wird, muss die Spinfunktion antisymmetrisch sein.

---

[4]Dies ist die einfachste Form der sog. SLATER-Determinante.

12.4.2 Elektronendichte im He-Atom

Jetzt gehen wir mit der antisymmetrischen, nun aber ortsabhängigen Linearkombination

$$|\Psi_{x,s}(1,2)| = \frac{1}{\sqrt{2}} \left(\; |\psi_1(1) \cdot \chi_1(1)| \cdot |\psi_2(2) \cdot \chi_2(2)| \right. - $$
$$\left. - |\psi_2(1) \cdot \chi_2(1)| \cdot |\psi_1(2) \cdot \chi_1(2)| \; \right) \qquad (12.26)$$

in die Untersuchung der Elektronendichte, wobei die χ erst später spezifiziert werden, und der Index an den Symbolen auf die jeweiligen Orte x_1 oder x_2 verweist.

Die Wahrscheinlichkeitsdichte, das Elektron ① am Ort x_1 mit Spinzustand $\chi(1)$ und das Elektron ② gleichzeitig am Ort x_2 mit Spinzustand $\chi(2)$ vorzufinden, ist

$$dP = |\Psi_{x,s}(1,2)|^2 \; d^3x_1 \, d^3x_2 \, ds_1 \, ds_2. \qquad (12.27)$$

Gl. (12.26) schreiben wir als SLATER-Determinante

$$|\Psi_{x,s}(1,2)| = \frac{1}{\sqrt{2}} \begin{vmatrix} |\psi_1(1) \cdot \chi_1(1)| & |\psi_1(2) \cdot \chi_1(2)| \\ |\psi_2(1) \cdot \chi_2(1)| & |\psi_2(2) \cdot \chi_2(2)| \end{vmatrix} \qquad (12.28)$$

und multiplizieren sie mit dem Konjugiert-Komplexen

$$|\Psi_{x,s}(1,2)|^2 = \frac{1}{2} \begin{vmatrix} |\psi_1^*(1) \cdot \chi_1^*(1)| & |\psi_1^*(2) \cdot \chi_1^*(2)| \\ |\psi_2^*(1) \cdot \chi_2^*(1)| & |\psi_2^*(2) \cdot \chi_2^*(2)| \end{vmatrix} \cdot \begin{vmatrix} |\psi_1(1) \cdot \chi_1(1)| & |\psi_1(2) \cdot \chi_1(2)| \\ |\psi_2(1) \cdot \chi_2(1)| & |\psi_2(2) \cdot \chi_2(2)| \end{vmatrix}$$
$$(12.29)$$

aus, was zu der Differenz

$$2 \, |\Psi_{x,s}(1,2)|^2 = Diagonalterm - Kreuzterm \qquad (12.30)$$

führt mit dem

$$Diagonalterm = \left|\psi_1^2(1) \cdot \chi_1^2(1)\right| \cdot \left|\psi_2^2(2) \cdot \chi_2^2(2)\right| + \left|\psi_2^2(1) \cdot \chi_2^2(1)\right| \cdot \left|\psi_1^2(2) \cdot \chi_1^2(2)\right| \qquad (12.31)$$

und dem

$$Kreuzterm = |\psi_1(1) \cdot \chi_1(1)| \cdot |\psi_2^*(1) \cdot \chi_2^*(1)| \cdot |\psi_2^*(1) \cdot \chi_2^*(1)| \cdot |\psi_2(2) \cdot \chi_2(2)|$$
$$+ |\psi_1^*(1) \cdot \chi_1^*(1)| \cdot |\psi_2(1) \cdot \chi_2(1)| \cdot |\psi_2^*(2) \cdot \chi_2^*(2)| \cdot |\psi_1(2) \cdot \chi_1(2)|. \qquad (12.32)$$

Wir unterscheiden nun die beiden Fälle Singulett [$\chi_1(1) = \alpha$ und $\chi_2(2) = \beta$ oder umgekehrt] und Triplett [$\chi_1(1) = \alpha$ und $\chi_2(2) = \alpha$ oder umgekehrt].

12.4.2.1 Diagonalterm.
Der Diagonalterm wird über den Spin integriert und liefert für beide Summanden

$$\langle \alpha(1) | \alpha(1) \rangle = 1. \qquad (12.33)$$

Damit spielt der Spin im

$$Diagonalterm = \left|\psi_1^2(1)\right| \cdot \left|\psi_2^2(2)\right| + \left|\psi_2^2(1)\right| \cdot \left|\psi_1^2(2)\right| \qquad (12.34)$$

keine Rolle.

12.4.2.2 Kreuzterm. In den beiden Summanden des Kreuzterms sieht es dagegen anders aus. Dazu sortieren wir die Summanden nach

$$
\begin{aligned}
Kreuzterm = {}& (\psi_2^*(1)\psi_1(1)\psi_1^*(2)\psi_2(2)) \cdot (\chi_2^*(1)\chi_1(1)\chi_1^*(2)\chi_2(2)) \\
\pm {}& (\psi_1^*(1)\psi_2(1)\psi_2^*(2)\psi_1(2)) \cdot (\chi_1^*(1)\chi_2(1)\chi_2^*(2)\chi_1(2))
\end{aligned}
\tag{12.35}
$$

und integrieren wieder über s_1 und s_2:

$$
\begin{aligned}
Kreuzterm = {}& (\psi_2^*(1)\psi_1(1)\psi_1^*(2)\psi_2(2)) \cdot (\langle\chi_2(1)|\chi_1(1)\rangle \cdot \langle\chi_1(2)|\chi_2(2)\rangle) \\
\pm {}& (\psi_1^*(1)\psi_2(1)\psi_2^*(2)\psi_1(2)) \cdot (\langle\chi_1(1)|\chi_2(1)\rangle \cdot \langle\chi_2(2)|\chi_1(2)\rangle) .
\end{aligned}
\tag{12.36}
$$

12.4.2.3 Singulett. Im Falle gegensinniger Spins, also $\chi_1^*(1) \neq \chi_2(1)$, etwa $\alpha(1) \neq \beta(2)$, ist das Integral 0, und die Elektronendichte wird nur vom Diagonalterm bestimmt:

$$
dP(x_1, x_2) = \frac{1}{2} \left(|\psi_1^2(1)| \, |\psi_2^2(2)| + |\psi_2^2(1)| \, |\psi_1^2(2)| \right) d^3 x_1 \, d^3 x_2
\tag{12.37}
$$

und die Bewegung der beiden Elektronen ist unabhängig voneinander. Für den Fall $x_1 = x_2 = x$ werden die beiden Summanden gleich, und daraus folgt unmittelbar, dass die Wahrscheinlichkeitsdichte, die Elektronen ① und ② an diesem Ort anzutreffen, mit

$$
dP(x) = |\psi^2(1)| \, |\psi^2(2)| \, d^3 x
\tag{12.38}
$$

auf Grund der Coulomb-Abstoßung niedrig, aber endlich ist: Coulomb-Loch.

12.4.2.4 Triplett. Im Falle gleichsinniger Spins, also $\chi_1^*(1) = \chi_2(1)$, etwa $\alpha(1) = \alpha(2)$, ist das Spin-Integral Eins, und die Elektronendichte wird von beiden Termen bestimmt:

$$
\begin{aligned}
dP(x_1, x_2) = {}& \tfrac{1}{2} \left(|\psi_1^2(1)| \, |\psi_2^2(2)| + |\psi_2^2(1)| \, |\psi_1^2(2)| \right) \\
- {}& \tfrac{1}{2} \left(\psi_2^*(1)\psi_1(1)\psi_1^*(2)\psi_2(2) + \psi_1^*(1)\psi_2(1)\psi_2^*(2)\psi_1(2) \right)
\end{aligned}
\tag{12.39}
$$

Im Gegensatz zur Singulett-Lösung ist die Bewegung zweier Elektronen gleichen Spins nicht unabhängig voneinander, da der abzuziehende Kreuzterm den Wert für die Wahrscheinlichkeitsdichte reduziert. Im Falle $x_1 = x_2 = x$ werden die beiden Terme sogar gleich, so dass die Differenz exakt verschwindet: Zwei Elektronen mit gleichen Quantenzahlen können nicht gleichzeitig am gleichen Ort sein: Fermi-Loch. Die Wahrscheinlichkeit, die beiden Elektronen zur selben Zeit am selben Ort zu treffen, wäre auch Null, wenn sie ungeladen wären.

Umgekehrt gilt:

Elektronen gleichen Spins können nicht im durch n, l, m_l definierten gleichen Zustand sein. Dieser Effekt heißt *Spinkorrelation*. Ihr waren wir zum ersten Mal beim Aufstellen der HUNDschen Regeln des maximalen Spins begegnet (Abschn. 9.13). Diese Regeln folgen aus dem PAULI-Prinzip, das für parallele Spins das FERMI-Loch als absolute Negation für das simultane Antreffen zweier Elektronen nach sich zieht.

Dies ist die strenge Formulierung des PAULI-Verbots, das allgemein für Fermionen gilt, also auch für Kerne und Moleküle. Für die aus Bahn- und Spinanteil komponierte Gesamtwellenfunktion bedeutet das, dass

1. die Gesamtwellenfunktion für Elektronen, gleich, ob als Einelektronen- oder Mehrelektronenfunktion, immer antisymmetrisch sein muss, und

2. die Gesamtwellenfunktion bei schwacher LS-Kopplung in einen Spin- und einen Bahnanteil faktorisiert werden kann nach

$$\Psi(r, s) = R_{nl}(\rho)\, Y_l^m(\vartheta, \varphi)\, \chi(m_s). \qquad (12.40)$$

Es ist die Gesamtwellenfunktion, die antisymmetrisch sein muss. Ist also der Bahnanteil gerade, dann muss der Spinanteil ungerade sein. Ist dagegen der Bahnanteil ungerade, dann muss der Spinanteil gerade sein, so dass wir im Falle des He (Winkelanteil $Y_l^m(\vartheta, \varphi)$ ist isotrop) die Antisymmetrie der Gesamtwellenfunktion durch

$$\begin{aligned} \Psi_a &= R_s \chi_a \\ &= R_a \chi_s \end{aligned} \qquad (12.41)$$

sicherstellen können. Für den Fall des Grundzustands des He bedeutet das, dass beide Elektronen im gleichen $1s$-Zustand sind, so dass $R(r_1) = R(r_2)$ ist, und die Wellenfunktion Ψ kann nur antisymmetrisch sein, wenn $\chi(m_s)$ antisymmetrisch ist, so dass χ bei Spiegelung am Ursprung das Vorzeichen wechselt.

Bei einer symmetrischen Spinfunktion muss die Bahnfunktion antisymmetrisch werden. Das kann von zwei p-Funktionen geleistet werden, die je einfach besetzt sind, oder von zwei s-Funktionen, deren Differenz gebildet wird (Abb. 12.4). Dieses Verfahren der Symmetrisierung bzw. Antisymmetrisierung erinnert an die „Hermitisierung" von Operatoren im Abschn. 3.10.3.

Während die durch die Austauschwechselwirkung bewirkte Aufspaltung von Elektronenzuständen in ein symmetrisch/antisymmetrisches Paar bereits von der nicht-relativistischen Quantenmechanik gefordert wird, ist die Zuordnung der Antisymmetrie für Zustände, bei denen Elektronen involviert sind, nur aus der relativistischen Quantenmechanik verständlich und lösbar (Spin-Statistik-Theorem).

Abb. 12.4. Wasserstoff weist ein Elektron auf, Helium zwei. Der Spin des Elektrons im Wasserstoff kann sich in zwei Richtungen einstellen: Dublett (Entartung wird im elektrischen oder magnetischen Feld aufgehoben: STARK- bzw. ZEEMAN-Effekt). Im Grundzustand des Heliums dagegen ist es wegen der Ununterscheidbarkeit der Elektronen gleich: Singulett.

12.5 Helium

Helium wurde spektroskopisch 1868 im Spektrum der Sonne nachgewiesen, wonach es auch genannt wurde. Jahrzehnte später wurde es als Spurengas in texanischen Erdgasquellen nachgewiesen. Bereits bei den ersten Untersuchungen fiel auf, dass es zwei spektroskopische Leitern gab, entweder Singuletts oder Tripletts. Nach den im Abschn. 11.2 vorgestellten Auswahlregeln für Elektronenspektren ist die härteste Regel die der Erhaltung der Spinmultiplizität. Damit konnte man mit den MENDELEJEWschen Regeln des Periodensystems die einstufige Leiter verstehen: die Elektronen werden aus einer abgeschlossenen Elektronenschale heraus angeregt, und das bedeutet Singulett-Übergänge. Eine parallele, weitgehend dreifach entartete Leiter, dazu noch gleicher Intensität, war aber rätselhaft. Daher taufte man die zwei Sorten Helium auf die unterschiedlichen Namen Parahelium (Singuletts) und Orthohelium (Tripletts).

Nach dem BOHR-SOMMERFELDschen Modell entstehen die energieärmsten Linien im Parahelium durch die Übergänge von $2^1P_1 \rightarrow 2^1S_0$ (20 582 Å) bzw. $2^1P_1 \rightarrow 1^2S_0$ (584,4 Å) — die Auswahlregel ist ja $\Delta l = \pm 1$, dagegen gibt es für Δn keine Auswahlregel. Der Grundzustand der Paraheliums ist in der Elektronenbesetzung charakterisiert durch $1s^2$, als spektroskopischer Term durch 1^2S_0.[5] Im Orthohelium ist der Grundzustand dagegen das Triplett 2^3S_1, in der Nomenklatur der Elektronenbesetzung $1s^1\,2s^1$, der aus dem Zustand 2^3P oder $1s^1\,2p^1$ erreicht werden kann, dabei liegen die drei Linien des Tripletts nur um 1 Å auseinander (langwelligste 10 830 Å, kurzwelligste 10 829 Å). Dieser Zustand wiederum entsteht durch den Zerfall des 3^3S_1-Zustandes ($3s^1\,1s^1$, Abb. 12.5).

---

[5] Eine ebenfalls übliche Schreibweise besteht in der Elektronenkonfiguration; so ist $2^1P_1 \rightarrow 2^2S_0$ der Übergang $1s^1\,2p^1 \rightarrow 2s^1\,1s^1$, und $2^1P_1 \rightarrow 1^2S_0$ der Übergang $1s^1\,2p^1 \rightarrow 1s^2$.

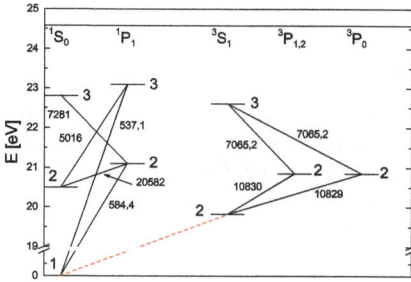

Abb. 12.5. GROTRIAN-Diagramm einiger optischer Übergänge im para- und ortho-Helium. Eingezeichnet die Ionisationsenergie (24,58 eV). Rot strichliert die nach den Auswahlregeln verbotene Verbindung des Grundzustands (Singulett) zum metastabilen untersten Triplett-Zustand des Orthoheliums. Hauptquantenzahl am Niveau, an den Linien die Wellenlänge in Å. Die Auswahlregel

ist $\Delta l = \pm 1$. Im Orthohelium sind die S-Zustände nur Singuletts.

12.5.1 Nullte Näherung

12.5.1.1 Bestimmung der Eigenfunktion.
Wir betrachten nun den Fall eines He-Atoms quantitativ, wobei die Elektronen sich in der nullten Näherung gegenseitig weder quantenmechanisch noch elektrostatisch beeinflussen sollen, was wir mit zwei unterschiedlichen Quantenzahlen m und n erreichen und damit einen wichtigen Blick auf die Austauschwechselwirkung erhalten. Mit der so gewonnenen Eigenfunktion wird die gegenseitige elektrostatische Störung der beiden Elektronen im zweiten Schritt als Störung 1. Ordnung betrachtet. Schließlich nehmen wir die Austauschwechselwirkung dazu. Dabei werden Spin und PAULI-Prinzip berücksichtigt.

Die Koordinaten des Elektrons ① tragen die Indizes „1", die des Elektrons ② die Indizes „2". Der HAMILTON-Operator des Systems ist mit $r = \sqrt{x^2 + y^2 + z^2}$ und $Z = 2$ für He

$$
\begin{aligned}
\mathbf{H} &= \mathbf{H}^0(r_1, r_2) + \mathbf{H}'(r_1, r_2) \\
&= \mathbf{H}^0(r_1) + \mathbf{H}^0(r_2) + \mathbf{H}'(r_1, r_2) \\
&= -\frac{\hbar^2}{2m}\left(\nabla_1^2 + \nabla_2^2\right) + V_1 + V_2 + V_{12} \\
&= -\frac{\hbar^2}{2m}\left(\nabla_1^2 + \nabla_2^2\right) + \frac{Ze_0^2}{r_1} + \frac{Ze_0^2}{r_2} + \frac{e_0^2}{r_{12}};
\end{aligned}
\tag{12.42}
$$

weiterhin sind V_1, V_2 die potentiellen Energien der Elektrons ① bzw. ② im Kernfeld, beides also anziehende Kräfte mit negativem Vorzeichen, und der Störoperator $\mathbf{H}'$ ist die gegenseitige Wechselwirkung der beiden Elektronen, also die potentielle Energie V_{12}, eine abstoßende Kraft mit positivem Vorzeichen; V_{12} wird oft auch als *Störglied* bezeichnet (Abb. 12.6). Dieser Term führt zum Verlust der Kugelsymmetrie des Potentials. Daher kann man die Eigenwertgleichung nicht mehr mittels des FOURIERschen Produktansatzes in einen Radial- und Winkelanteil separieren und exakt lösen.

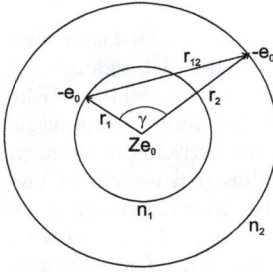

Abb. 12.6. Zur Geometrie des Heliumatoms. Die Länge r_{12} ist die Differenz der Ortsvektoren r_1 und r_2 und ist nach dem Cosinussatz $\sqrt{r_1^2 + r_2^2 - 2r_1 r_2 \cos\gamma}$.

12.5.1.2 Austauschentartung. Bei Vernachlässigung des Störglieds erhalten wir

$$\left[-\frac{\hbar^2}{2m}(\nabla_1^2 + \nabla_2^2) + V_1 + V_2 \right] \Psi = E\Psi(r_1, r_2). \qquad (12.43)$$

Die Funktion Ψ ist bei fehlender Wechselwirkung das Produkt der Einelektronenfunktionen mit dem FOURIERschen Produktansatz

$$\Psi_1(r_1, r_2) = \psi_m(r_1)\psi_n(r_2), \qquad (12.44)$$

zu der sich durch Spiegelung im Ursprung die Zwillingsgleichung

$$\Psi_2(r_1, r_2) = \psi_m(r_2)\psi_n(r_1), \qquad (12.45)$$

gesellt. In beiden Fällen werden diese Zweielektronen-Gleichungen als Eigenwerte die Summe der beiden Eigenwerte der Energie ihrer Einelektronen-Gleichungen

$$\left. \begin{array}{l} \mathbf{H}^0(r_1, r_2)\Psi_1(r_1, r_2) = (E_m + E_n)\Psi_1(r_1, r_2) \\ \mathbf{H}^0(r_1, r_2)\Psi_2(r_1, r_2) = (E_n + E_m)\Psi_2(r_1, r_2) \end{array} \right\} \qquad (12.46)$$

aufweisen. Zu dem Zustand mit der Energie $E^0 = E_m + E_n$ gehören also die beiden Zustände Ψ_1 und Ψ_2, die durch Linearkombination die Gleichungen

$$\begin{aligned} \Phi^0(r_1, r_2) &= \tfrac{1}{\sqrt{2}}\left(\Psi(r_1, r_2) \pm \Psi(r_2, r_1) \right) \\ &= \tfrac{1}{\sqrt{2}}\left[\psi_m(r_1)\psi_n(r_2) \pm \psi_n(r_1)\psi_m(r_2) \right] \end{aligned} \qquad (12.47)$$

ergeben.

Unter der Voraussetzung der fehlenden Wechselwirkung ist nach dem Energieprinzip $n = m$ und $\Psi_1(r_1, r_2) = \Psi_2(r_1, r_2)$, und die Gesamtenergie des Grundzustandes ist

$$\begin{aligned} E_{mn}^0 &= E_m + E_n \\ &= Z^2 \tfrac{e_0^2}{a_0} \\ &= 4\,\mathrm{E_h} \\ &= -108{,}8\ \mathrm{eV}. \end{aligned} \qquad (12.48)$$

12.5.2 Erste Näherung: Coulomb- und Austauschintegral

Wir betrachten nun die Einführung des zweiten Elektrons als Störung 1. Ordnung. Die gestörten Energieeigenwerte ergeben sich in dieser Nomenklatur zu

$$E_k' = \langle k \,|\mathbf{H}'|\, k \rangle. \tag{12.49}$$

Wir setzen nach den Regeln der Störungsrechnung 1. Ordnung an mit der ungestörten Elektronenbahnfunktion, die wir in der Gl. (12.47) bestimmt haben,

$$|\Phi^0\rangle = \left| \frac{1}{\sqrt{2}} \left[\Psi_1(r_1, r_2) \pm \Psi_2(r_1, r_2) \right] \right\rangle, \tag{12.50}$$

und nehmen den Störoperator aus den Gl. (12.42)

$$\mathbf{H}'(r_1, r_2) = \frac{e_0^2}{r_{12}} \tag{12.51}$$

mit r_{12} aus Abb. 12.6, so dass der gesamte HAMILTON-Operator

$$\mathbf{H} = \mathbf{H}^0 + \mathbf{H}' \tag{12.52}$$

ist. Nun wird die Funktion (12.50) mit neuen zu bestimmenden Koeffizienten

$$|\Phi\rangle = c_1 |\Psi_1\rangle + c_2 |\Psi_2\rangle \tag{12.53}$$

in die Eigenwertgleichung für das gestörte System

$$\left(\mathbf{H}^0 + \mathbf{H}' - E \right) \left(c_1 |\Psi_1\rangle + c_2 |\Psi_2\rangle \right) = 0 \tag{12.54}$$

eingesetzt, aufgelöst

$$c_1 \left(\mathbf{H}^0 + \mathbf{H}' - E \right) |\Psi_1\rangle + c_2 \left(\mathbf{H}^0 + \mathbf{H}' - E \right) |\Psi_2\rangle = 0. \tag{12.55}$$

Mit

$$\left. \begin{array}{l} \mathbf{H}^0 |\Psi_1\rangle = E_{mn}^0 |\Psi_1\rangle \\ \mathbf{H}^0 |\Psi_2\rangle = E_{mn}^0 |\Psi_2\rangle \end{array} \right\} \tag{12.56}$$

wird auch

$$c_1 \left(E_{mn}^0 - E + \mathbf{H}' \right) |\Psi_1\rangle + c_2 \left(E_{mn}^0 - E + \mathbf{H}' \right) |\Psi_2\rangle = 0. \tag{12.57}$$

Wir lösen die Gleichung nach dem im Kap. 4 eingeführten Verfahren durch Multiplikation mit der konjugiert-komplexen Eigenfunktion $\langle k|$ und anschließender Integration für $|\Psi_1\rangle$ und $|\Psi_1\rangle$ (Abschn. 5.2):

$$\begin{aligned} &c_1 \left((E_{mn}^0 - E) \langle \Psi_1 | \Psi_1 \rangle + \langle \Psi_1 | \mathbf{H}' | \Psi_1 \rangle \right) \\ &+ c_2 \left((E_{mn}^0 - E) \langle \Psi_1 | \Psi_2 \rangle + \langle \Psi_1 | \mathbf{H}' | \Psi_2 \rangle \right) \end{aligned} = 0, \tag{12.58}$$

wobei wegen der Orthonormalität der $|k\rangle$ sich das zu

$$c_1\left((E^0_{mn} - E) + \langle\Psi_1|\,\mathbf{H}'\,|\Psi_1\rangle\right) + c_2\,\langle\Psi_1|\,\mathbf{H}'\,|\Psi_2\rangle = 0 \qquad (12.59)$$

verkürzt. Entsprechend mit $|\Psi_2\rangle$

$$c_2\left((E^0_{mn} - E) + \langle\Psi_2|\,\mathbf{H}'\,|\Psi_2\rangle\right) + c_1\,\langle\Psi_2|\,\mathbf{H}'\,|\Psi_1\rangle = 0. \qquad (12.60)$$

Dieses System der Säkulargleichungen hat eine nicht-triviale Lösung für den Fall, dass die Säkulardeterminante der Koeffizienten c_1, c_2

$$\begin{vmatrix} E^0_{mn} + \langle\Psi_1|\,\mathbf{H}'\,|\Psi_1\rangle - E & \langle\Psi_1|\,\mathbf{H}'\,|\Psi_2\rangle \\ \langle\Psi_2|\,\mathbf{H}'\,|\Psi_1\rangle & E^0_{mn} + \langle\Psi_2|\,\mathbf{H}'\,|\Psi_2\rangle - E \end{vmatrix} = 0 \qquad (12.61)$$

verschwindet.

Setzen wir zur Bestimmung der vier Matrixelemente zunächst die Bestimmungsgleichungen (12.44) und (12.45) für Ψ_1 resp. Ψ_2 an und beachten die Gl. (12.51) für den Störoperator, erhalten wir

$$\left. \begin{aligned} \langle\Psi_1|\,\mathbf{H}'\,|\Psi_1\rangle &= e_0^2\left\langle\psi_m(r_1)\psi_n(r_2)\left|\frac{1}{r_{12}}\right|\psi_m(r_1)\psi_n(r_2)\right\rangle \\ &= H_{11} \\ \langle\Psi_1|\,\mathbf{H}'\,|\Psi_2\rangle &= e_0^2\left\langle\psi_m(r_1)\psi_n(r_2)\left|\frac{1}{r_{12}}\right|\psi_m(r_2)\psi_n(r_1)\right\rangle \\ &= H_{12} \\ \langle\Psi_2|\,\mathbf{H}'\,|\Psi_1\rangle &= e_0^2\left\langle\psi_m(r_2)\psi_n(r_1)\left|\frac{1}{r_{12}}\right|\psi_m(r_1)\psi_n(r_2)\right\rangle \\ &= H_{21} \\ \langle\Psi_2|\,\mathbf{H}'\,|\Psi_2\rangle &= e_0^2\left\langle\psi_m(r_2)\psi_n(r_1)\left|\frac{1}{r_{12}}\right|\psi_m(r_2)\psi_n(r_1)\right\rangle \\ &= H_{22}. \end{aligned} \right\} \qquad (12.62)$$

Vor der Lösung der Determinante sehen wir uns die vier Matrixelemente genauer an. Die beiden äußeren und die beiden inneren sind bei Vertauschung von r_1 durch r_2 gleich; so hatten wir ja ψ_m und ψ_n definiert. Also ist auch $r_{12} = r_{21}$, so dass

$$\left. \begin{aligned} H_{11} &= H_{22} \\ H_{12} &= H_{21}, \end{aligned} \right\} \qquad (12.63)$$

und damit sind die vier Matrixelemente auch reell, also $H_{12} = H_{12}^*$. Setzen wir jetzt noch

$$\begin{aligned} \varepsilon \quad &= E - E^0_{mn} = E - (E_m + E_n) \\ H_{11} &= H_{22} \quad\quad = K \\ H_{12} &= H_{21} \quad\quad = A, \end{aligned} \qquad (12.64)$$

wobei K das COULOMB-Integral und A das Austauschintegral bezeichnen,[6] dann können wir die Säkulardeterminante in die Form

$$\begin{vmatrix} K - \varepsilon & A \\ A & K - \varepsilon \end{vmatrix} = 0 \qquad (12.65)$$

kleiden, deren Lösungen

$$(K - \varepsilon)^2 = A^2, \varepsilon = K \pm A \qquad (12.66)$$

wir in die Gln. (12.59/12.60) einsetzen und

$$\left. \begin{array}{l} (K - \varepsilon)c_1 + Ac_2 = 0 \\ (K - \varepsilon)c_2 + Ac_1 = 0 \end{array} \right\} \qquad (12.67)$$

erhalten. Mit der ersten Wurzel aus Gl. (12.66) ist $c_1 = c_2$, mit der zweiten $c_1 = -c_2$, und damit lauten die beiden Lösungen von Gl. (12.53)

$$\left. \begin{array}{ll} \Phi_{\mathrm{s}} = \frac{1}{\sqrt{2}} \left(\Psi_1 + \Psi_2\right), & E_{\mathrm{s}} = E_{mn}^0 + K + A \\ \Phi_{\mathrm{a}} = \frac{1}{\sqrt{2}} \left(\Psi_1 - \Psi_2\right), & E_{\mathrm{a}} = E_{mn}^0 + K - A, \end{array} \right\} \qquad (12.68)$$

ausführlich

$$\begin{array}{l} \Psi_{\mathrm{s}} = \frac{1}{\sqrt{2}} \left[\psi_m(r_1)\psi_n(r_2) + \psi_m(r_2)\psi_n(r_1)\right] \\[2mm] \Psi_{\mathrm{a}} = \frac{1}{\sqrt{2}} \left[\psi_m(r_1)\psi_n(r_2) - \psi_m(r_2)\psi_n(r_1)\right] \end{array} \qquad (12.69)$$

geschrieben, und wir finden als Lösung der Gl. (12.49) einen durch den COULOMB-Term K angehobenen Wert, der durch die Austauschwechselwirkung zusätzlich symmetrisch aufgespalten ist:

$$E_k' = K \pm A \qquad (12.70)$$

Es kommt also neben der rein COULOMBschen Wechselwirkung, die wir mit K erfassen, noch ein Term dazu, den wir als Austauschterm oder -integral bezeichnen. Gleich, ob mit $\oplus$- oder $\ominus$-Zeichen in der Gl. (12.70): Damit die Austauschintegrale verschieden sind von Null, müssen die Wahrscheinlichkeiten für die beiden Übergänge ① → ② und ② → ① gleichzeitig verschieden von Null sein. Dazu muss in den Gln. (12.69) $m \neq n$ sein, für den Fall $m = n$ ist $A \equiv 0$ (s. Abschn. 12.3).

---

[6]Es sind auch die direkt aus der englischsprachigen Literatur entnommenen Begriffe direkter Term bzw. Austauschterm gebräuchlich.

Ohne die COULOMB-Wechselwirkung hätten die symmetrische und die antisymmetrische Wellenfunktionen die gleiche Energie. Die Entartung der beiden Zustände wird jedoch durch die COULOMB-Wechselwirkung beider Elektronen, also die Berücksichtigung der potentiellen Energie der Ladungswolke des ersten Elektrons im Feld der zweiten, zerstört. Zum anderen wechseln die beiden Elektronen zwischen diesen Zuständen hin und her. Die erste Wechselwirkung liefert das COULOMB-Integral, der Übergang das Austauschintegral, das anschaulich die Wechselwirkung bei der Überlagerung der beiden Elektronenwellen beschreibt.

Der Austauschterm ist ein Phänomen bereits der nicht-relativistischen Quantenmechanik und tritt deswegen auf, weil die ununterscheidbaren Teilchen auf Grund ihres Wellencharakters gleichzeitig auch in gemischten Zuständen sein können und sind.

12.5.2.1 Coulomb-Wechselwirkung der Elektronen. Für den Grundzustand des Heliums ist $\psi_n = \psi_m$ mit den Quantenzahlen $nlm = 100$, und weil damit die antisymmetrische Funktion verschwindet, verbleibt als einzige den tiefsten Zustand des He-Atoms beschreibende Wellenfunktion die mit $1s$ symmetrische Funktion [s. Gln. (12.69)], und die Störenergie, das COULOMB-Integral, beträgt

$$E'_k = e_0^2 \left\langle \psi_m(r_1)\psi_m(r_1) \left| \frac{1}{r_{12}} \right| \psi_m(r_2)\psi_m(r_2) \right\rangle. \qquad (12.71)$$

Für die Lösung gibt es mehrere interessante Alternativen, von denen zwei in Aufg. 12.1 untersucht werden, und das Ergebnis ist

$$K = \frac{5}{8}\frac{Z e_0^2}{a_0} = 34{,}0\,\text{eV}. \qquad (12.72)$$

Für die Gesamtenergie ergibt sich unter Berücksichtigung von Gl. (12.48), oft als *Nullpunktsenergie* bezeichnet,

$$E = E^0 + K = -\frac{Z^2 e_0^2}{a_0} + \frac{5}{8}\frac{Z e_0^2}{a_0} = -74{,}8\,\text{eV}. \qquad (12.73)$$

Der experimentell bestimmte Wert liegt bei $-78{,}88$ eV (24,48 eV + 54,4 eV). Diese schlechte Übereinstimmung ist wesentlich durch die Größe der Störung im Verhältnis zur Nullpunktsenergie gegeben (das Verhältnis $\frac{K}{E^0}$ ist etwa $^1/_3$), im Gegensatz zur eingangs gestellten Forderung.

12.5.2.2 Austauschwechselwirkung. Da die beiden Elektronen im Grundzustand sich die ψ_{100}-Bahnfunktion teilen und durch die Spins α oder β unterscheidbar sind, gibt es im Grundzustand des He-Atoms keine Austauschwechselwirkung.

Regen wir das He-Atom aber an — besonders geeignet sind Stöße durch Elektronen im Niederdruckplasma —, sind vor der Ionisation viele optische Übergänge möglich, davon sind die ersten beiden die Promotion eines Elektrons in den Zustand mit der Eigenfunktion ψ_{200} (2s-Bahnfunktion) oder der Eigenfunktion $\psi_{21(-1,0,+1)}$ (2p-Bahnfunktion), die dreifach entartet ist. Die beiden Zielfunktionen liefern nur im Einelektronen-Atom die gleiche Orbitalenergie; hier hat die Kombination 1s2p die etwas höhere Energie, weil das 2s-Orbital dichter am Kern ist. Der geringeren Kombinationen halber spielen wir das für den ersten Fall durch.

Wenn sich die Elektronen in verschiedenen Orbitalen befinden, dann können die Spins parallel (symmetrisch, s) oder antiparallel (antisymmetrisch, a) zueinander stehen. Es muss aber die Gesamtfunktion antisymmetrisch sein. Bei Vernachlässigung der Spin-Bahnkopplung kann man die Gesamtwellenfunktion für zwei Elektronen faktorisieren in einen Bahn- und einen Spinanteil. Mit der Nomenklatur des Abschn. 9.9 bezeichnen wir die Einelektron-Spinfunktionen mit α für ↑ und mit β für ↓, die Eigenwerte sind $\pm\frac{\hbar}{2}$, die Zweielektronen-Spinfunktion mit χ_i mit dem Index für den resultierenden Spin.

Es gibt eine antisymmetrische Kombination

$$\chi_{a,0}(1,2) = \frac{1}{\sqrt{2}}\left[\alpha(1)\beta(2) - \beta(1)\alpha(2)\right] \tag{12.74}$$

und drei symmetrische Kombinationen:

$$\left.\begin{array}{l}\chi_{s,-1}(1,2) = \beta(1)\beta(2) \\ \chi_{s,0}(1,2) \;\; = \frac{1}{\sqrt{2}}\left[\alpha(1)\beta(2) + \beta(1)\alpha(2)\right] \\ \chi_{s,+1}(1,2) = \alpha(1)\alpha(2).\end{array}\right\} \tag{12.75}$$

Damit gibt es vier Möglichkeiten, eine für das Singulett mit einer symmetrischen Bahn- und antisymmetrischen Spinfunktion

$$\Psi_s(1,2) = \frac{1}{\sqrt{2}}\left[\psi_{100}(1)\psi_{200}(2) + \psi_{200}(1)\psi_{100}(2)\right]\chi_{a,0}, \tag{12.76}$$

und drei für das Triplett mit einer antisymmetrischen Bahn- und einer symmetrischen Spinfunktion

$$\Psi_a(1,2) = \frac{1}{\sqrt{2}}\left[\psi_{100}(1)\psi_{200}(2) - \psi_{200}(1)\psi_{100}(2)\right]\left\{\begin{array}{l}\chi_{s,-1} \\ \chi_{s,0} \\ \chi_{s,+1}.\end{array}\right. \tag{12.77}$$

Löst man damit die SCHRÖDINGER-Gleichung, wobei für die Funktionen mit Z der Kernladungszahl, für He also $Z = 2$

$$\begin{array}{l}\psi_{100} = \frac{1}{\sqrt{\pi}}\left(\frac{Z}{a_0}\right)^{\frac{3}{2}}\mathrm{e}^{-\frac{Zr}{a_0}} \\[2mm] \psi_{200} = \frac{1}{2\sqrt{2\pi}}\left(\frac{Z}{a_0}\right)^{\frac{3}{2}}\left(2 - \frac{Zr}{a_0}\right)\mathrm{e}^{-\frac{Zr}{2a_0}}\end{array} \tag{12.78}$$

aus Tab. 10.1 gesetzt wird, dann wird mit dem gleichen Verfahren wie für das COULOMB-Integral [Gl. (12.71) + Aufg. 12.1]

$$A = \frac{2^4\, Z\, e_0^2}{3^6 a_0}, \qquad\qquad (12.79)$$

beträgt also für He 1,19 eV. Dieser Zusatzterm für die COULOMBsche Wechselwirkung beschreibt die Tatsache, dass die beiden Elektronen nicht voneinander unabhängig sind, sondern über einen Interferenzterm zusammenhängen. K und A sind beide positiv, erniedrigen also die Stabilität des Gesamtsystems. Wegen der Vernachlässigung der Wechselwirkung von Spin- und Bahndrehimpuls sind die Eigenwerte für das Triplett entartet.

Je nachdem, ob A addiert oder subtrahiert wird, bekommt man eine Anhebung oder Absenkung der durch das COULOMB-Integral angehobenen Energien (Abb. 12.7). Die experimentellen Werte liegen für das erste System bei

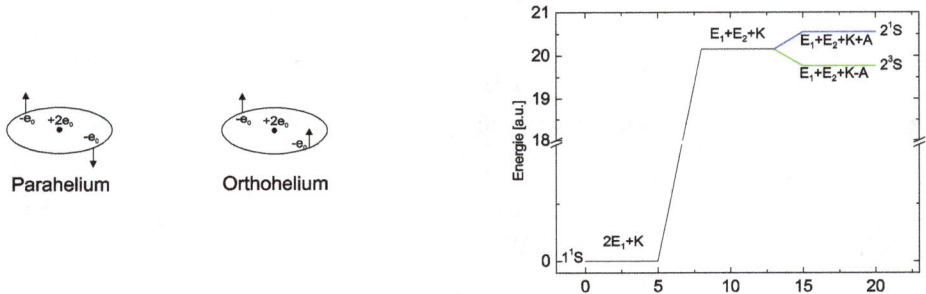

Abb. 12.7. Lks.: Orientierung der Elektronenspins in para- und ortho-Helium. Re.: Die Berücksichtigung des COULOMB-Integrals führt zu einer starken Anhebung der Energie aller Zustände, das Austauschintegral zu einer zusätzlichen Aufspaltung des angeregten Energieniveaus. Der energieärmere Zustand ist ein Triplett: Die Elektronen in ψ_{100} und ψ_{200} haben gleichgerichteten Spin und stellt den Grundzustand des Orthoheliums mit $2\,^3S_0$ dar, der energiereichere Zustand mit einem Singulett ist der erste angeregte Zustand des Paraheliums, dessen Grundzustand $1\,^1S_0$ das „normale" Helium darstellt. E_1 und E_2 bezeichnen die Energieniveaus in nullter Näherung ohne jede Wechselwirkung, $E_1 : -54,4$ eV, $E_2 : -13,6$ eV. Zwischen den beiden Grundzuständen mit $1\,^1S_0$ und $2\,^3S_0$ sind Strahlungsübergänge quantenmechanisch verboten (s. a. Aufg. 11.4).

19,77 ± 0,40 eV und für das zweite System bei 20,55 ± 0,12 eV, jeweils gerechnet zum experimentellen Basiswert von −78,88 eV, der auf Null gesetzt wird. Die mit der Störungsrechnung 1. Ordnung errechneten Werte sind tendenziell zu niedrig (sind also absolut nicht negativ genug), ganz besonders für den Grundzustand 1^1S_0 (statt $-78{,}88\,\mathrm{eV}$ nur $-74{,}8\,\mathrm{eV}$). Die Aufspaltung in den $^3S_1$- und den $^1S_0$-Term erweist sich experimentell zu $0{,}78\,\mathrm{eV}$ (Abb. 12.7).

Aber welcher Wert gehört nun zu welcher Multiplizität? Schaut man sich die Linearkombination der Bahnfunktionen an, ist klar, dass die antisymmetrische Kombination im Ursprung verschwindet. Die Aufenthaltswahrscheinlichkeit ist aber proportional $|\Psi^2|$, und damit wird sofort verständlich, dass der mittlere Abstand zweier Elektronen in der antisymmetrischen Linearkombination größer ist als in der symmetrischen Variante. Sind die Elektronen aber im Mittel weiter voneinander entfernt, ist der Einfluss des Kerns auf das angeregte Elektron größer als im symmetrischen Fall; es ist also stärker gebunden, und der Wert ist stärker negativ. Folglich gehört der energieärmere Zustand dem Triplett, und der energiereichere dem Singulett, und wir beschreiben das Energieschema des Heliums in Abb. 12.7.

Eine andere Argumentationskette nutzt das FERMI-Loch, das bei parallelen Spins entsteht, wodurch der mittlere Abstand der beiden Elektronen in der Triplett-Konstellation größer ist als in der Singulett-Variante. Zur Spinfunktion Triplett gehört aber die antisymmetrische Bahnkomponente und umgekehrt.

Beispiel 12.1 Der erste energiereichere Zustand mit einem Singulett (Gesamtspin gleich Null) gehört zum para-Helium, und sein Termsymbol ist 2^1S_0. Der unterste Triplettzustand der ortho-Heliums ist energieärmer und hat das Termsymbol 2^3S_1. Der Übergang in den Grundzustand ist unter der härtesten Auswahlregel, dem Erhalt der Spinmultiplizität, nur aus dem Zustand 2^1S_1 des para-Heliums möglich. Aus dem 2^3S_1-Zustand (und dem nächsthöheren 2^3P_1-Zustand) ist ein Zerfall in den Grundzustand 1^1S_0 mit einer Spinumkehr verbunden und daher wenig wahrscheinlich. Obwohl dieses angeregte Heliumatom einen erheblichen Energieinhalt über dem Grundzustand aufweist ($19{,}82\,\mathrm{eV}$), wird es sich sehr lange ($\tau \approx 2\,\mathrm{h}$) in diesem Zustand aufhalten, der als *metastabil* bezeichnet wird [64]. Wegen des Spinmomentes tritt auch eine anomale ZEEMAN-Aufspaltung im Magnetfeld ein.

Die Berücksichtigung der COULOMBschen Wechselwirkung zwischen den Elektronen führt zu einer starken Anhebung aller Energieniveaus im Helium. Die Austauschwechselwirkung spaltet die angeregten Zustände einfach auf. Der energieärmere, untere Zustand ist das Triplett, in dem beide Spins parallel stehen, während der energiereichere Zustand ein Elektron enthält, dessen Spin antiparallel zu dem des Grundzustandes steht.

Beispiel 12.2 Im Zustand 2^3S_1 des He ist die Hauptquantenzahl um Eins erhöht bei gleichzeitiger Spinumkehr, was eine unmittelbare Folge des PAULI-Verbots ist: Bei gleichem Spin müssen sich die Elektronen in einer Quantenzahl (hier n) unterscheiden — da es zwei s-Zustände sind, ist $l = m = 0$. Umgekehrt kann man sagen, dass es genau dieser Energiebetrag ist, der von diesem Prinzip verursacht wird. Deswegen wird dieser gesamte Energiebetrag oft als Austauschenergie bezeichnet [94]. Dieser Energiebetrag beträgt für He 19,6 eV und ist anders definiert und bedeutend größer als hier beschrieben.

12.5.2.3 Austauschzeit.

Nehmen wir nun an, dass zwischen den beiden Zuständen mit symmetrischer (n) und antisymmetrischer (m) Natur, zu denen die Energien $E_s = E° + K + A$ resp. $E_a = E° + K - A$ gehören, die einfachste Zeitabhängigkeit

$$\left.\begin{array}{l} \Psi_s(t) = \psi_s(t)\,\mathrm{e}^{-\frac{\mathrm{i}}{\hbar}E_s t} \\[2mm] \Psi_a(t) = \psi_a(t)\,\mathrm{e}^{-\frac{\mathrm{i}}{\hbar}E_a t} \end{array}\right\} \tag{12.80}$$

bestehe, dann können wir das im Kap. 11 beschriebene Verfahren einsetzen. Mit den zwei Substitutionen

$$\left.\begin{array}{l} \frac{E°+K}{\hbar} = \omega \\[2mm] \frac{A}{\hbar} = \delta \end{array}\right\} \tag{12.81}$$

schreiben wir für die Gln. (12.80) mit der Definition von Ψ_s und Ψ_a in den Gln. (12.14)

$$\left.\begin{array}{l} \Psi_s(t) = \frac{1}{\sqrt{2}}\left[\Psi_1 + \Psi_2\right]\mathrm{e}^{-\mathrm{i}(\omega t+\delta t)} \\[2mm] \Psi_a(t) = \frac{1}{\sqrt{2}}\left[\Psi_1 - \Psi_2\right]\mathrm{e}^{-\mathrm{i}(\omega t-\delta t)}. \end{array}\right\} \tag{12.82}$$

Wird der Zustand des Systems durch die Superposition der beiden Lösungen (12.82) mit den zeitabhängigen Gewichtskoeffizienten $C_s(t)$ und $C_a(t)$ beschrieben, also

$$\Psi(r_1, r_2, t) = \Psi(t) = C_s\Psi_s(t) + C_a\Psi_a(t), \tag{12.83}$$

oder ausgeschrieben

$$\Psi(t) = C_s\frac{1}{\sqrt{2}}\left[\Psi_1 + \Psi_2\right]\mathrm{e}^{-\mathrm{i}(\omega t+\delta t)} + C_a\frac{1}{\sqrt{2}}\left[\Psi_1 - \Psi_2\right]\mathrm{e}^{-\mathrm{i}(\omega t-\delta t)}, \tag{12.84}$$

wobei die beiden Gewichtskoeffizienten den Zustand beschreiben, dass zur Zeit $t = 0$ sich das Elektron ① im Zustand m, Elektron ② jedoch im Zustand n, zur Zeit $t = \tau$ sich das Elektron ① im Zustand n, das Elektron ② aber im Zustand m befinden sollen, dann muss $\Psi(t)$ zur Zeit $t = 0$

$$\Psi(r_1, r_2, 0) = \Psi(0) = \frac{1}{\sqrt{2}} \left[(C_s + C_a)\Psi_1 + (C_s - C_a)\Psi_2 \right] \tag{12.85}$$

einfach gleich Ψ_1 sein, woraus sich für die Koeffizienten von Ψ_1 und Ψ_2 aus der Bedingung

$$\frac{1}{\sqrt{2}}(C_s + C_a) = 1 \tag{12.86}$$

ergibt, dass zur Zeit $t = 0$

$$C_s = C_a = \frac{1}{\sqrt{2}} \tag{12.87}$$

ist. Da die Koeffizienten aber nach den Gln. (12.83/12.84) zeitabhängig sind, muss danach weiterhin

$$\left. \begin{array}{l} C_n = \cos \delta t \\ C_m = -i \sin \delta t \end{array} \right\} \tag{12.88}$$

gelten, womit die Normierungsbedingung

$$|C_n^2| + |C_m^2| = 1 \tag{12.89}$$

die jeweiligen Wahrscheinlichkeiten beschreibt, ob das System im Zustand n oder Zustand m sich befindet. Zur Zeit $t = \tau$ ist das System im Zustand m; damit ergibt sich aus der Normierungsbedingung (12.89), dass $C_m = \pm 1$ ist. Aus den Gln. (12.88) ergeben sich daraus die Bedingungen $(2k + 1)\frac{\pi}{2}$ mit $k \in \mathbb{Z}$, im einfachsten Fall also

$$\frac{\pi}{2} = \delta t \Rightarrow \tau = \frac{\pi}{2\delta}, \tag{12.90}$$

wobei die Zeit τ Austauschzeit genannt wird. Aus der Gl. (12.81.2) folgt dann

$$\tau = \frac{\pi \hbar}{2A}, \tag{12.91}$$

woraus ersichtlich wird, dass bei Fehlen des Austauschs τ gegen Unendlich geht.

Beispiel 12.3 Mit der Gl. (12.79) für A erhält man für die Zustände mit den Hauptquantenzahlen $m = 1$ und $n = 2$ einen Wert von 0,8 fs, für die Zustände mit den Hauptquantenzahlen $m = 1$ und $n = 10$ dagegen mehrere Jahre, d. h. es wird kein Austausch beobachtet. Der Grund für dieses unterschiedliche Verhalten liegt in den Wahrscheinlichkeitsdichten $|\psi_{mn}^2|$. Nur, wenn sie sich hinreichend überdecken, folgt ein endlicher Wert für A.

12.6 Mehrelektronenatome

Das PAULI-Prinzip erlaubt nun in Verbindung mit den im Abschn. 9.12 besprochenen HUNDschen Regeln einen baukastenmäßigen Aufbau des Periodensystems. Danach werden Zustände, deren Eigenwerte entartet sind, zunächst mit je einem Elektron gleichen Spins besetzt, die drei p-Zustände also mit drei gleichgerichteten, die fünf d-Zustände mit fünf, so dass die Spinsumme maximal wird. Sind alle entarteten (energetisch gleichen) Zustände einfach besetzt, wird durch Elektronen mit entgegengesetztem Spin weiter aufgefüllt, wobei die Spinsumme schließlich auf Null fällt (Abb. 12.4). Dabei sind zahlreiche Besonderheiten erwähnenswert. Eine der bemerkenswertesten sind die im Kap. 10 beobachteten mittleren Radien der Radialfunktionen, die zwar mit n zunehmen, aber bei konstantem n innerhalb einer Periode mit steigendem l sogar schrumpfen. Vom phänomenologischen Standpunkt des Periodensystems hätte man erwartet, dass der Einbau der Elektronen mit $s \to p \to d \to f$ vonstatten geht. Offenbar sind die Einelektronenfunktionen kaum geeignet, für höhere Atome zur quantitativen Berechnung verwendet werden zu können.

12.6.1 Effektive Kernladungszahl

Wir sehen bei der Diskussion des He-Atoms: Das Hauptproblem bei der Bestimmung der Gesamtenergie ist die Wechselwirkung der Elektronen untereinander, die sog. *Elektronenkorrelation*. Der Weg, mit den Bahnfunktionen des Einelektronenatoms die Gesamtenergie zu bestimmen, muss folglich verlassen werden. Dazu ist von SLATER ein interessanter Aspekt zur weiteren Quantifizierung der Ionisationspotentiale verwendet worden. Er besetzte die A(tomic) O(rbital)s (**AO**) wasserstoffähnlicher Atome zunächst unter Beachtung von PAULI-Verbot und HUNDscher Regeln. Bei Vernachlässigung der Wechselwirkung würde für die Gesamtenergie

$$E_{\mathrm{G}} = \sum_n b_n E_n(Z) \tag{12.92}$$

mit b_n der Besetzungszahl des n-ten Zustands gelten, und die Verteilung der Elektronendichte würde mit

$$d\rho = e_0 \left[\sum_n b_n \psi_n^2(x, y, z) \right] dV \tag{12.93}$$

beschrieben werden, wobei

$$E_n(Z) = -13{,}60 \frac{Z^2}{n^2} \text{ [eV]}. \tag{12.94}$$

Beispiel 12.4 He-Atom: Zwei Elektronen besetzen das $1s$-Niveau. Ein Elektron hat die Energie $-54{,}4\,\text{eV}$, zwei also $-108{,}8\,\text{eV}$. Tatsächlich ist das Ionisationspotential für die zweite Ionisation $+54{,}4\,\text{eV}$, für die erste dagegen nur $+24{,}6\,\text{eV}$! Die Differenz von $29{,}8\,\text{eV}$ ist in der fehlenden Wechselwirkung zwischen den beiden Elektronen zu suchen. Näherung: die mittlere Energie pro Elektron ist das arithmetische Mittel der Ionisationspotentiale:

$$\langle E_{\text{eff}, 1s} \rangle = -\frac{E_{\text{ion}, 1} + E_{\text{ion}, 2}}{2} = -39{,}5\,\text{eV}.$$

SLATERS Idee war nun: Die Elektronen befinden sich in einem fiktiven Kernfeld, das durch die effektive Kernladungszahl Z_{eff} charakterisiert wird, und treten dafür nicht in Wechselwirkung!

Mit der adaptierten Gl. (12.94) errechnen wir für Z_{eff}

$$Z_{\text{eff}} = \sqrt{\frac{n^2 \cdot \langle E_{\text{eff}, n} \rangle}{-13{,}6}} = \sqrt{\frac{-39{,}5}{-13{,}6}} = 1{,}7; \tag{12.95}$$

und wir bezeichnen die Differenz zwischen der wirklichen und der effektiven Kernladung als *Abschirmung A*:

$$A = Z - Z_{\text{eff}}; Z_{\text{eff}} = Z - A. \tag{12.96}$$

Beispiel 12.5 Die Wechselwirkungsenergie von $29{,}8\,\text{eV}$ entspricht also einer elektrostatischen Wechselwirkung (oder einem mittleren Abstand der beiden Elektronen) von

$$-29{,}8\,\text{eV} = \frac{Q_1 Q_2}{4\pi\varepsilon_0 r} \Rightarrow r = 0{,}5\,\text{Å}.$$

Zur Abschirmung A eines Elektrons der Hauptquantenzahl n und der Nebenquantenzahl l tragen sowohl die Elektronen der tiefer liegenden als auch der gleichen Schale bei. Diese Beitrage A_i sind von der Kernladung weitgehend unabhängig und sind vor langen Jahren von SLATER bestimmt worden (Tab. 12.2).

Tabelle 12.2. Abschirmungsbeitrag A_i durch ein Elektron im AO $n_k l_l$ nach SLATER.

	$1s$	$2s, 2p$	$3s, 3p$	$3d$	$4s, 4p$
$1s$	0,30	0	0	0	0
$2s, 2p$	0,85	0,35	0	0	0
$3s, 3p$	1,00	0,85	0,35	0	0
$3d$	1,00	1,00	1,00	0,35	0
$4s, 4p$	1,00	1,00	1,00	0,85	0,35

Mit diesem semiempirischen Ansatz, der als Parameter das Ionisationspotential verwendet, konnte SLATER verschiedene Anomalien im Periodensystem quantitativer beschreiben. So werden etwa in der vierten Periode auf die Elektronenkonfiguration des Ar mit der Besetzung $[\text{Ar}] = 1s^2\,2s^2\,2p^6\,3s^2\,3p^6$ zunächst die beiden $4s$-Zustände für K und Ca besetzt, und wir schreiben das abkürzend $[\text{Ca}] = [\text{Ar}]\,4s^2$. Dann erst kommen die $3d$-Funktionen von Sc bis Zn, was bedeutet, dass durch die Abschirmung der inneren Elektronen die $3d$-Zustände energetisch höher liegen als die $4s$-Zustände. Bei der Ionisation aber werden zunächst die beiden $4s$-Elektronen entfernt.

Eine Edelgaskonfiguration weist jedoch eine exakt kugelsymmetrische Ladungsverteilung auf, obwohl die einzelnen Keulen der Bahnfunktionen ja eine Winkelabhängigkeit zeigen (s. Aufg. 12.10). Was also ist die Ursache für die Bevorzugung von $4s$ gegenüber $3d$? Den Grund für diese Anomalie sah er in der unterschiedlichen räumlichen Ausladung der Bahnfunktionen gleicher Hauptquantenzahl, wodurch das Potential eines $2p$-Elektrons eben höher liegt als das eines $2s$-Elektrons.

Elektronen gleicher Hauptquantenzahl n, aber verschiedener Nebenquantenzahl l wird die gleiche effektive Kernladungszahl Z_{eff} zugeordnet. *Die p-Elektronen sind im Durchschnitt vom Kern weiter entfernt als die s-Elektronen. Folglich wirkt auf sie eine kleinere Kernladung. Die Folge ist, dass die für Einelektronenatome entarteten Energieeigenwerte gleicher Hauptquantenzahl n infolge der Elektronenwechselwirkung aufgespaltet und mit zunehmender Nebenquantenzahl l nach höheren Energien verschoben werden.* Der Zustand $2s$ liegt energetisch tiefer als der $2p$-Zustand, und der $4s$-Zustand liegt sogar unter dem $3d$-Zustand (Abb. 12.8, Aufhebung der l-Entartung).

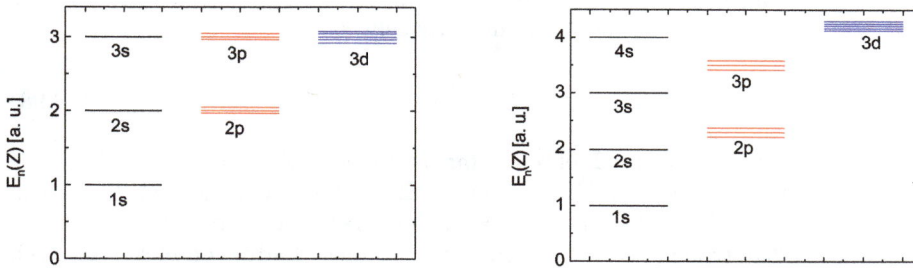

Abb. 12.8. Die für Einelektronenatome entarteten Energieeigenwerte gleicher Hauptquantenzahl n spalten infolge der Elektronenwechselwirkung auf und werden mit zunehmender Bahnquantenzahl l zu höheren Energien verschoben (qualitative Darstellung unter Nichtbeachtung der Höhe der Energieeigenwerte).

Diese Abschirmung, die also ein Effekt der Nebenquantenzahl l ist, zieht sich mehr oder weniger ausgeprägt durch das ganze Periodensystem. Bei den Seltenen Erden sind diese Effekte besonders stark, bei denen die $4f$-Schale aufgefüllt wird. Die gegen die Hierarchie aufgefüllten Elektronen der Schalen $5s, 5p, 5d$ und $6s$ schirmen die $4f$-Schale derart gut ab, dass im Kristall gezielt $4f$-Übergänge angeregt werden, deren angeregte Zustände metastabil sind und daher eine lange Lebensdauer aufweisen. Das wird im Nd:YAG-Laser genutzt.[7]

12.6.2 Slater-Type Orbitals

Das zu erkennen, konnte aber nicht SLATERs Ziel sein. Vielmehr war die Abschirmung genau der Parameter, mit dem er die Einelektronen-Bahnfunktionen veränderte.

Er begann mit einer Wellenfunktion und fehlender Wechselwirkung zwischen den einzelnen Elektronen, so dass wir die Wellenfunktion als Produkt von linear unabhängigen Einelektronen-Bahnfunktionen

$$\Psi = \psi_a(1)\psi_b(2)\dots\psi_k(n) \tag{12.97}$$

anschreiben könnten, wobei jede Wellenfunktion ψ die Koordinaten eines Elektrons i enthielte. Das effektive Potential Φ_i^{eff} ist zusammengesetzt aus einem Kernpotential und der Summe aus den abstoßenden, paarweise betrachteten

---

[7]Neodym in Yttrium-Aluminium-Granat, einem dotierten Aluminiumoxid. Al_2O_3 kristallisiert zwar als Korund hexagonal; der Granat, mineralogisch ein Silikat, bei dem das nominell vierfach positive Si^{4+} tetraedrisch von O^{2-}-Ionen umgeben ist, aber ist kubisch. In Wirklichkeit ist das Oxid nicht zu 100 % ionisch, und die Ladungen sind sehr viel niedriger.

Wechselwirkungen der einzelnen Elektronen untereinander. Zwischen Elektron ①
und Elektron ② wäre also die statische Wechselwirkung

$$E = \frac{e_0^2}{r_{12}}. \tag{12.98}$$

Tatsächlich müssen aber für Mehrelektronensysteme Elektronenabstoßungsterme
e_0^2/r_{ij} als Teil der potentiellen Energie in die Eigenwertgleichungen eingesetzt werden. Ein Elektron i, das sich in einem Feld eines Kerns, aber mehrerer, in diesem
Falle von j, Elektronen, bewege, wird durch all diese Ladungen elektrostatisch
beeinflusst:

$$\begin{aligned} E &= e_0 \int_0^\infty \frac{\rho_2(r_j)}{r_{ij}} \, dr_j \\ \text{für } j = 2: \quad &= e_0 \int_0^\infty \frac{\rho_2(r_2)}{r_{12}} \, dr_2. \end{aligned} \tag{12.99}$$

Ersetzen wir nach BORN $\rho_2(r)$ durch $e_0|\psi_2(r_2)|^2$, wird daraus

$$E = e_0^2 \int_0^\infty \frac{|\psi_2(r_2)|^2}{r_{12}} \, dr_2 \tag{12.100}$$

und das Potential des Elektrons ① in der Gesamtheit der Wechselwirkung zwischen
den Elektronen von $j = 2$ bis $j = n$

$$\Phi_1^{\text{eff}} = -\frac{Ze_0}{r_1} + e_0 \sum_{j=2}^{n} \int \frac{|\psi_j(r_j)|^2}{r_{1j}} \, dr_j, \tag{12.101}$$

was im Falle des Heliums ($j = 2$) einen einzigen Summanden ausmacht. Dabei wird
das Elektron ① als ruhend betrachtet, die Elektronen j dagegen als Ladungswolke
verschmiert, die als Integrale über die Ortskoordinate r_{1j} bezeichnet werden (*mean
field approximation*). Durch die Integration über die Koordinate j wird diese
eliminiert, und der HAMILTON-Operator wird wieder ein *Einteilchen-Operator*,
der nur noch von r_1 abhängt, also für Helium

$$\mathbf{H}_1 = -\frac{\hbar^2}{2m_e} \nabla_1^2 - \frac{Ze_0^2}{r_1} + e_0^2 \int \frac{|\psi_2(r_2)|^2}{r_{12}} \, dr_2. \tag{12.102}$$

Mit diesem Operator wird der Eigenwert der Energie des Elektrons ① mit
der Einelektronen-SCHRÖDINGER-Gleichung

$$E_1\psi_1 = \mathbf{H}_1\psi_1 \tag{12.103}$$

berechnet.

Für mehr als zwei Elektronen wird diese paarweise Aufspaltung für alle
Elektronen wiederholt, wobei der dritte Summand die Summe der paarweisen
$\frac{1}{2}n(n-1)$ Wechselwirkungen $j \neq i$ ist und auf die jeweils $j$te Eigenfunktion

wirkt — *es ist eben ein Unterschied, ob man auf ein kernnahes 1s- oder ein weiterentferntes 3d-Elektron fokussiert:*

$$\mathbf{H}_i = -\frac{\hbar^2}{2m_e}\nabla_i^2 - \sum_i^n \frac{Ze_0^2}{r_i} + e_0^2 \sum_{\substack{j \neq i}}^n \int \frac{|\psi_j(r_j)|^2}{r_{ij}}\, dr_j. \tag{12.104}$$

Der erhaltene Eigenwert wird nach dem Kap. 5 vorgestellten Verfahren einer Störungsrechnung unterworfen, bei der auch die Koeffizienten c_j der ψ_j verändert werden, und so lange wiederholt, bis die einzelnen Funktionen

$$\psi_i = \sum_j c_{ij}\psi_j \tag{12.105}$$

sich nicht mehr ändern bzw. das Ergebnis für den Eigenwert konvergiert.

Da die Bahnfunktionen meist nicht-radiale Symmetrie aufweisen, erweist es sich als notwendig, die Annahme zu treffen, dass $\Phi_i(\boldsymbol{r}_i)$ über alle Raumrichtungen gemittelt werden kann, um ein Zentralpotential $\Phi(r_1)$ zu erhalten. *Die AOs sind Einelektronen-Bahnfunktionen, die Lösungen der* SCHRÖDINGER-*Gleichung sind mit einem gemittelten Potential anstelle von* $\frac{e_0^2}{r}$.

Dieser Ansatz, die Vielelektron-SCHRÖDINGER-Gleichung mit einem gemittelten Potential auf die Einelektronenfunktion zurückzuführen, wurde als erstes von HARTREE [Gl. (12.104)] und FOCK (um einen Austauschterm erweitert) propagiert und ist als Methode des **S**elf **C**onsistent **F**ield bekannt (SCF). In den nach ihnen benannten HARTREE-FOCK-Gleichungen verwendeten sie verschiedene Funktionen als AOs, u. a. welche, bei denen n nur über $n - l - 1$ die Zahl der Kugelknotenflächen ausweist [das ist die sog. radiale Quantenzahl k, Gl. (10.36)]; allerdings sahen die Funktion den Einelektronenfunktionen sehr ähnlich und wurden auch so benannt.

SLATER aber schlug nun Wellenfunktionen vor, die nach ihm benannten SLATER-Type Orbitals (STOs), die lange Jahre im Einsatz waren. Ihre prinzipielle Form ist

$$\psi_{nlm} = \left(\frac{(2\zeta)^{2n+1}}{2n!}\right)^{1/2} r^{n-1}\, e^{-\zeta r}\, Y_l^m(\vartheta,\varphi), \tag{12.106}$$

wobei n die Hauptquantenzahl ist. Es sind gedämpfte Kugelfunktionen mit ζ dem Orbitalkoeffizienten, der definiert ist

$$\zeta = \frac{Z - A}{n}, \tag{12.107}$$

wobei A sein Abschirmparameter ist. Ist die Abschirmung klein, ist der Orbital-koeffizient das Verhältnis von Ordnungszahl und Hauptquantenzahl. Die STOs unterscheiden sich von den Einelektronen-Bahnfunktionen wesentlich dadurch, dass sie

- keine Kugelknotenflächen aufweisen,

- zueinander nicht orthogonal sind,

und es damit keinen einfachen algebraischen Zusammenhang zwischen n und E gibt.

Wegen der exponentiellen Abhängigkeit von r sind die STOs den analytischen wasserstoffähnlichen Funktionen sehr nahe, und die Ergebnisse konvergieren schnell mit steigender Zahl der verwendeten Funktionen. Jedoch können Integrale mit mehr als zwei Zentren analytisch nicht berechnet werden. Zwar gibt es keine radialen Knoten, aber die können durch Linearkombination von STOs erzeugt werden.

Auch mit ihnen wurden in einer sog. SCF-Schleife die Eigenwerte der Energie bis zur Konstanz iterativ den gemessenen Werten approximiert.[8] Dies gelingt in erster Linie durch Variation von ζ. Insbesondere erweist sich, dass AOs gleicher Hauptquantenzahl n, aber unterschiedlicher Nebenquantenzahl l nicht entartet sind (s. Abb. 12.8).

STOs haben heute immer noch eine hohe Bedeutung als Eichstandard für die später verwendeten GTOs, das für **G**aussian **T**ype **O**rbitals steht (s. a. Kap. II, 6); außerdem werden sie für SCF-Rechnungen von Atomen und zweiatomigen Molekülen verwendet, wo sie aber hohe Genauigkeiten liefern. Wo Drei- oder Vierzentren-Integrale erforderlich sind, müssen semiempirische Methoden Anwendung finden.

12.7 Abschließende Bemerkung

Helium mit seinen zwei Elektronen ist als Dreikörperproblem mit der NEW-TONschen Mechanik nicht exakt lösbar. Mit der in Kap. 5 eingeführten Störungs-rechnung aber gelingt eine numerische Bestimmung des Eigenwertes der Energie, die auch für Vielelektronensysteme zum Ziel führt. Erstmals tritt der Begriff der Austauschwechselwirkung auf, der wegen der Ununterscheidbarkeit der Elektro-nen zu einem additiven Zusatzterm bei der Bestimmung der COULOMBschen Wechselwirkung der Elektronen Anlass gibt. Dieser führt zu einer energetischen Aufspaltung und damit bei entsprechender Elektronenkonfiguration zu einem zusätzlichen Energiegewinn.

Mit dem aus dem PAULI-Prinzip folgenden Antisymmetriegesetz, dem die Elektronen als Fermionen gehorchen müssen, ergibt sich als Folgerung großer Tragweite, dass die Gesamtwellenfunktion eines jeden Elektrons antisymmetrisch

---

[8]Wir werden im Kap. 13 sehen, dass der gemessene Wert durch Verwendung mangelhafter Eigenfunktionen nie erreicht werden kann (Variationsprinzip).

sein muss. Da sich diese aus Bahn- und Spinanteil zusammensetzt, erfordert das Antisymmetrieprinzip eine Festlegung der beiden Anteile, die immer alternativ zusammengesetzt sein müssen. Die Dominanz des FERMI-Lochs über das COULOMB-Loch ist eine gute phänomenologische Beschreibung. Aber so, wie das Brechungsgesetz von SNELLIUS in der Optik zwar das Phänomen beschreibt, aber nicht die Ursache — das gelang erst FERMAT mit seinem Prinzip der kürzesten Zeit —, so wissen wir heute um das Antisymmetrieprinzip für Fermionen, das von PAULI aus der relativistischen Quantenmechanik hergeleitet wurde, aus der ja mit der DIRAC-Gleichung der Spin erklärt werden kann. FEYNMAN schreibt in seinen Vorlesungen, dass es für dieses einfach auszudrückende grundlegende Prinzip wohl keine einfache Erklärung gibt [93]. Ähnlich äußert sich SCHMÜSER in seinen Büchern über Quantenmechanik und einem sehr lesenswerten Aufsatz [95].

12.8 Aufgaben und Lösungen

12.8.1 Quantitative Theorie

Aufgabe 12.1 Das COULOMB-Integral für He ist das Integral

$$\iint 1s(1)1s(2)\frac{1}{r_{12}}1s(1)1s(2)\,\mathrm{d}^3x_1\,\mathrm{d}^3x_2 \tag{1}$$

mit

$$r_{12} = \sqrt{r_2 + r_2^2 - 2r_1r_2\cos\gamma}, \tag{2}$$

$$1s = R_{10}Y_0^0 = 2\sqrt{\frac{Z^3}{a_0^3}}\frac{1}{\sqrt{4\pi}}\mathrm{e}^{-Z\frac{r}{a_0}}, \tag{3}$$

und

$$\left.\begin{array}{l}\mathrm{d}^3x_1 = 4\pi r_1^2\mathrm{d}r_1 \\ \mathrm{d}^3x_2 = 4\pi r_2^2\mathrm{d}r_2.\end{array}\right\} \tag{4}$$

Zeigen Sie, dass

$$K = \frac{5}{8}\frac{Ze_0^2}{na_0} \tag{5}$$

beträgt!

Lösung. Für die Lösung der Gl. (1) muss zunächst der Operator $\frac{1}{r_{12}}$ analysiert werden. Dafür arbeitet man mit dem Cosinussatz

$$r_{12}^2 = r_1^2 + r_2^2 - 2r_1r_2\cos\gamma \tag{6}$$

und legt die z-Achse parallel zu $\boldsymbol{r}_1$ (Abb. 12.9).

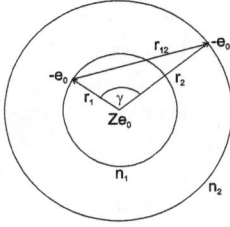

Abb. 12.9. Zur Geometrie des Heliumatoms. Die Länge r_{12} ist die Differenz der Ortsvektoren r_1 und r_2 und ist nach dem Cosinussatz $\sqrt{r_1^2 + r_2^2 - 2r_1 r_2 \cos\gamma}$.

Bei der Integration über den Winkel γ substituieren wir $\cos\gamma$ durch x

$$I = \int_{-1}^{1} \frac{\mathrm{d}x}{\sqrt{r_1^2 + r_2^2 - 2r_1 r_2 x}}, \tag{7}$$

in dem wir den Wurzelterm durch t ersetzen, so dass

$$
\begin{aligned}
I &= \int_{-1}^{1} \frac{\mathrm{d}x}{\sqrt{r_1^2+r_2^2-2r_1r_2x}} \\
&= \int_{-1}^{1} \frac{\mathrm{d}x}{\sqrt{t}} \frac{\mathrm{d}t}{\mathrm{d}x} \\
&= -\frac{1}{2\,r_1 r_2} \left. \sqrt{r_1^2 + r_2^2 - 2r_1 r_2 x} \right|_{-1}^{+1} \\
&= \frac{1}{2\,r_1 r_2} \left((r_1 + r_2) - (r_1 - r_2) \right)
\end{aligned} \tag{8}
$$

wird und wir folgende Fallunterscheidung

$$I = \begin{cases} \frac{1}{r_2}, & \text{wenn } r_1 < r_2 \\[2mm] \frac{1}{r_1}, & \text{wenn } r_1 > r_2 \end{cases} \tag{9}$$

zu treffen haben.

Ein anderer Zugang besteht über die Kugelfunktionen [96]. Den Grenzwert von $\frac{1}{r_{12}}$ für verschwindenden Divisor

$$\lim_{r_{12} \to 0} \frac{1}{r_{12}}$$

zu berechnen, ist ein Standardproblem bei Randwertaufgaben mit dem Cou-LOMBschen Gesetz. Dazu verwenden wir

$$
\left.
\begin{aligned}
\frac{1}{r_{12}} &= \frac{1}{r_1} \sum_{l=0}^{\infty} \left(\frac{r_2}{r_1} \right)^l P_l(\cos\theta), r_1 > r_2 \\
\frac{1}{r_{12}} &= \frac{1}{r_2} \sum_{l=0}^{\infty} \left(\frac{r_1}{r_2} \right)^l P_l(\cos\theta), r_2 > r_1
\end{aligned}
\right\} \tag{10}
$$

mit

$$P_l(\cos\theta) = \frac{4\pi}{2l+1} \sum_{m=-1}^{\infty} Y_{l,m}^*(\vartheta, \varphi)\, Y_{l,m}(\vartheta, \varphi) \tag{11}$$

Obwohl die Summe bis Unendlich geht, ist es nur notwendig, die Funktionen zu betrachten, die für die Bestimmung der Elektronendichte in Frage kommen, weil die Kugelfunktionen so, wie die Kreisfunktionen auch, einen orthogonalen Satz bilden. Für die $1s$-Funktion ist das aber lediglich die allererste Funktion $Y_l^m = Y_0^0 = \frac{1}{\sqrt{4\pi}}$, so dass die beiden Summanden

$$\left.\begin{array}{ll}\frac{1}{r_{12}} = \frac{4\pi}{1}\frac{1}{r_1}\left(\frac{1}{\sqrt{4\pi}}\right)^2 = \frac{1}{r_1} & \text{wenn } r_1 > r_2 \\[2mm] = \frac{4\pi}{1}\frac{1}{r_2}\left(\frac{1}{\sqrt{4\pi}}\right)^2 = \frac{1}{r_2} & \text{wenn } r_1 < r_2\end{array}\right\} \tag{12}$$

übrig bleiben, also das gleiche Ergebnis wie mit dem ersten Ansatz [Gl. (9)].

Das COULOMB-Integral ist die Energie der Ladungsverteilung des Elektrons ② $\rho_2 = |1s(2)|^2$ im Feld der Ladungsverteilung ① $\rho_1 = |1s(1)|^2$. Zunächst also das Feld der Kugel ①, wobei dessen Ladungsverteilung gelöst wird von 0 bis zu der Grenzen $r = r_2$, und dann von r_2 bis ∞; das die Ladungsverteilung des Elektrons ② von 0 bis ∞ beeinflusst. Das bedeutet für das COULOMB-Integral, dass wir die Vorschrift

$$K = e_0^2 \left(\frac{Z^3}{a_0^3}\right)^2 \left(\frac{1}{\sqrt{4\pi}}\right)^4 \int_0^\infty dr_2\, 4\pi r_2^2 e^{-\frac{2Zr_2}{a_0}} \quad \cdot$$
$$\cdot \left(\int_0^{r_2} dr_1 \frac{4\pi r_1^2 e^{-\frac{2Zr_1}{a_0}}}{r_2} + \int_{r_2}^\infty dr_1 \frac{4\pi r_1^2 e^{-\frac{2Zr_1}{a_0}}}{r_1}\right) \tag{13}$$

oder kürzer

$$K = 2^4 e_0^2 \left(\frac{Z^3}{a_0^3}\right)^2 \int_0^\infty dr_2\, r_2^2 e^{-\frac{2Zr_2}{a_0}} \left(\frac{1}{r_2}\int_0^{r_2} dr_1 r_1^2 e^{-\frac{2Zr_1}{a_0}} + \int_{r_2}^\infty dr_1 r_1 e^{-\frac{2Zr_1}{a_0}}\right) \tag{14}$$

zu lösen haben. Wir substituieren $x = \frac{2Z}{a_0}r_1$ und $y = \frac{2Z}{a_0}r_2$, was zunächst

$$K = \frac{Z}{2a_0} e_0^2 \int_0^\infty dy\, e^{-y} y^2 \left(\frac{1}{y}\int_0^y e^{-x} x^2\, dx + \int_y^\infty e^{-x} x\, dx\right) \tag{15}$$

ergibt. Weiter mit partieller Integration zu

$$\int_0^y e^{-x} x^2\, dx = \left. -e^{-x}(x^2 + 2x + 2)\right|_0^y$$
$$= 2 - e^{-y}\left(y^2 + 2y + 2\right) \tag{16}$$

$$\int_y^\infty e^{-x} x\, dx = \left. -e^{-x}(1 + x)\right|_y^\infty$$
$$= e^{-y}(1 + y). \tag{17}$$

Die letzte (partielle) Integration über y ergibt schließlich

$$K = \frac{Z e_0^2}{2a_0}\frac{5}{4}$$
$$= \frac{5}{8}\frac{Z e_0^2}{a_0}. \tag{18}$$

Für He mit $Z = 2$ bedeutet das

$$K = \frac{5}{4}\frac{e_0^2}{a_0} = 34 \text{ eV}, \tag{19}$$

was eine Gesamtenergie von

$$E = -Z^2\frac{e_0^2}{a_0} + K = -74,8 \text{ eV} \tag{20}$$

bedeutet; verglichen mit dem experimentellen Wert von $-78,9$ eV eine relativ schlechte Übereinstimmung. Mit dem Variationsprinzip ist mit nahezu gleichem Aufwand eine erheblich genauere Approximation möglich (s. Aufg. 13.1).

Eine weitere Möglichkeit besteht in einer FOURIER-Transformation. Die Formel

$$\frac{\text{e}^{-\frac{2Zr}{a_0}}}{r} \tag{21}$$

ist nämlich ein YUKAWA-Potential, dessen FOURIER-Transformierte in der nächsten Aufgabe untersucht wird.

Aufgabe 12.2 Zeigen Sie durch Transformation in Kugelkoordinaten und anschließende Ausintegration, dass die FOURIER-Transformierte des YUKAWA-Potentials

$$\Phi(r) = \Phi_0\frac{\text{e}^{-\mu r}}{r} \tag{1}$$

gegeben ist durch

$$\Phi(k) = \Phi_0\frac{4\pi}{\mu^2 + k^2} \tag{2}.$$

Lösung. Es geht um das Integral

$$Y = \int_{-\infty}^{+\infty}\frac{\text{e}^{-\mu r}}{r}\text{e}^{i\boldsymbol{k}\cdot\boldsymbol{r}}\,\text{d}^3r. \tag{3}$$

Das Volumenelement d^3x ist in Kugelkoordinaten $r^2\sin\vartheta\text{d}r\,\text{d}\vartheta\,\text{d}\varphi$, das Skalarprodukt $\boldsymbol{k}\cdot\boldsymbol{r} = kr\cos\vartheta$, also

$$Y = \int_0^\infty\frac{\text{e}^{-\mu r}}{r}r^2\,\text{d}r\int_0^{2\pi}\text{d}\varphi\int_0^\pi\text{e}^{ikr\cos\vartheta}\sin\vartheta\text{d}\vartheta. \tag{4}$$

Das zweite Integral ist 2π, wir substituieren $\cos\vartheta \to \alpha$, so dass $\text{d}\alpha = -\sin\vartheta\text{d}\vartheta$, und wir lösen erstmal das dritte Integral zu

$$\int_0^\pi\text{e}^{ikr\cos\vartheta}\sin\vartheta\text{d}\vartheta = -\int_1^{-1}\text{e}^{ikr\alpha}\text{d}\alpha = \int_{-1}^1\text{e}^{ikr\alpha}\text{d}\alpha, \tag{5}$$

$$\int_{-1}^{1} e^{ikr\alpha} d\alpha = \frac{e^{ikr} - e^{-ikr}}{ikr} = 2\frac{\sin kr}{kr}. \tag{6}$$

Um das letzte Integral

$$Y = 2 \cdot 2\pi \int_{0}^{\infty} \frac{e^{-\mu r}}{r} r^2 \frac{\sin kr}{kr} dr = \frac{4\pi}{k} \int_{0}^{\infty} e^{-\mu r} \sin kr \, dr \tag{7}$$

zu lösen, benutzen wir wiederum die EULER-Formel und integrieren gliedweise:

$$
\begin{aligned}
Y &= \frac{4\pi}{k} \frac{1}{2i} \left[\int_{0}^{\infty} e^{-r(\mu-ik)} \, dr - \int_{0}^{\infty} e^{-r(\mu+ik)} \, dr \right] \\
&= \frac{4\pi}{k} \frac{1}{2i} \left[\frac{1}{-(\mu-ik)} e^{-r(\mu-ik)} \Big|_{0}^{\infty} - \frac{1}{-(\mu+ik)} e^{-r(\mu+ik)} \Big|_{0}^{\infty} \right] \\
&= \frac{4\pi}{k} \frac{1}{2i} \left[\frac{1}{-(\mu-ik)} (0-1) - \frac{1}{-(\mu+ik)} (0-1) \right] \\
&= \frac{4\pi}{k} \frac{1}{2i} \left[\frac{1}{(\mu-ik)} - \frac{1}{(\mu+ik)} \right] \\
&= \frac{4\pi}{k} \frac{1}{2i} \frac{(\mu+ik)-(\mu-ik)}{(\mu+ik)(\mu-ik)}, \\
&= \frac{4\pi}{k} \frac{1}{2i} \frac{2ik}{\mu^2+k^2} \\
&= \frac{4\pi}{\mu^2+k^2}.
\end{aligned} \tag{8}
$$

Der langreichweitige Anteil des COULOMB-Potentials wird beseitigt. Für verschwindende Abschwächung ($\mu \to 0$) ergibt sich die FOURIER-Transformierte des COULOMB-Potentials zu

$$\lim_{\mu \to 0} \Phi(k) = \Phi_0 \frac{4\pi}{k^2} : \tag{9}$$

Bei $q = 0$ ist entsprechend der unendlich großen Reichweite des COULOMB-Potentials die FOURIER-Transformierte singulär.[9]

Diese Abhängigkeit der FOURIER-Komponenten von $1/k^2$ wird sehr wichtig werden bei der Bestimmung des Bandgaps.

Aufgabe 12.3 Warum gilt für das He-Atom die RUSSELL-SAUNDERS-Kopplung? Argumentieren Sie über das COULOMB-Integral!

Lösung. Das in der Gl. (12.71) definierte COULOMB-Integral liegt in der Gegend zwischen $0{,}1 - 1\,Z$ Ry, für He nach Gl. (12.72) bei $34{,}0$ eV $= 2{,}5$ Ry. Nach den Gln. (9.214/9.215) und mit $E_n = \frac{Z^2}{n^2} E_1$ mit $E_1 = 13{,}6$ eV skaliert die Spin-Bahn-Kopplung mit

---

[9]Dieser Umweg über ein abgeschirmtes COULOMB-Potential ist notwendig, um das Ergebnis für das nackte $\frac{1}{r}$-Potential zu erhalten, weil die FOURIER-Transformierte des bei $r = 0$ singulären Potentials nicht gebildet werden kann und daher nicht existiert.

$$\Delta E_{\mathrm{SL}}\left(l+\tfrac{1}{2}\right) = \tfrac{\lambda_{\mathrm{SL}}}{2}l$$

$$= E_n \frac{Z^2\alpha^2}{2n\left(l+\frac{1}{2}\right)(l+1)} \tag{1}$$

$$= \frac{Z^4\alpha^2}{2n^3\left(l+\frac{1}{2}\right)(l+1)}E_1$$

$$\Delta E_{\mathrm{SL}}\left(l-\tfrac{1}{2}\right) = -\tfrac{\lambda_{\mathrm{SL}}}{2}(l+1)$$

$$= -E_n \frac{Z^2\alpha^2}{2nl\left(l+\frac{1}{2}\right)} \tag{2}$$

$$= -\frac{Z^4\alpha^2}{2n^3 l\left(l+\frac{1}{2}\right)}E_1.$$

Die Spin-Bahn-Wechselwirkung ist mit dem Faktor $Z^2\alpha^2 \bigcirc 10^{-4}$ kleiner als der COULOMB-Term, liegt also im Sub-meV-Bereich. Folglich gilt im He-Atom die RUSSELL-SAUNDERS-Kopplung. Sie wird mit steigendem n und l kleiner und wächst quadratisch mit der Ordnungszahl. Die Spin-Bahn-Kopplung ist daher für schwere Atome von größerer Bedeutung als für leichte und mittelschwere Atome.

12.8.2 Pauli-Prinzip

Aufgabe 12.4 Das He-Atom besitzt zwei Elektronen und kann in erster Näherung mit der Wellenfunktion Ψ beschrieben werden mit den Elektronen ① und ②, die nicht miteinander wechselwirken, so dass Ψ als Produkt der beiden Einelektronen-Bahnfunktionen ψ und ϕ ausgedrückt wird. Um die Gesamtwellenfunktion antisymmetrisch zu machen, wird eine LCAO durchgeführt mit Bahnfunktionen und Spinfunktionen. Welche der Gesamtwellenfunktionen sind möglich, welche nicht? Verwenden Sie die Nomenklatur des Kap. 9 (ϕ und ψ stellen natürlich zwei unterschiedliche Bahnfunktionen, α und β zwei Spinfunktionen dar)!

$$\Psi = \frac{1}{\sqrt{2}}\left[\psi(1)\,\phi(2) - \phi(1)\psi(2)\right]\alpha(1)\,\beta(2), \tag{1}$$

$$\Psi = \frac{1}{\sqrt{2}}\left[\psi(1)\,\phi(2)\alpha(1)\,\beta(2) - \phi(1)\,\psi(2)\beta(1)\,\alpha(2)\right], \tag{2}$$

$$\Psi = \frac{1}{\sqrt{2}}\left[\psi(1)\,\phi(2) - \phi(1)\,\psi(2)\right]\alpha(1)\,\alpha(2)? \tag{3}$$

Lösung.

1. Da die Spinfunktionen α und β nach Voraussetzung antisymmetrisch sind, ist das ein möglicher Zustand.

2. Hier sind die antisymmetrischen Spinfunktionen gekoppelt an die Ortsfunktionen ϕ und ψ, so dass sie sich um mehr als die Phase unterscheiden. Daher kann man die beiden Konfigurationen durch eine Messung unterscheiden.

3. Die Gesamtwellenfunktion ist antisymmetrisch: Die Ortswellenfunktion ist antisymmetrisch, die Spinfunktion symmetrisch.

Aufgabe 12.5 Verschiedene Symmetrieoperationen sind identisch. Z. B. ist die Inversion in der xy-Ebene einer Rotation um π gleich.

Zeigen Sie, dass eine Rotation um π bei Elektronen mit halbzahligem Spin zu einer Vorzeichenumkehr der Wellenfunktion führen muss! Wie muss sich die Wellenfunktion für ein Bosonenpaar ändern, z. B. für ein rotierendes O_2-Molekül, das aus doppelt geraden Kernen $^{16}_{8}O$ (= Boson) besteht (nicht-wechselwirkende Elektronen)?

Lösung. Der Gesamtdrehimpuls ist $j = l + s \Rightarrow \sum_i j = \sum_i l + \sum_i s \Rightarrow J = L + S$, für eine Rotation ist also

$$e^{-i\pi J_z} = e^{-i\pi L_z} e^{-i\pi S_z}, \tag{1}$$

$$e^{-i\pi J_z} = e^{-i\pi L_z} e^{-i\pi s_{1,z}} e^{-i\pi s_{2,z}}. \tag{2}$$

Die Rotationsfunktionen sind Kugelfunktionen, und der Drehoperator führt natürlich zu einer Vertauschung der Koordinaten bei einem Stopp bei π:

$$\psi'_{\text{nach}}(1,2) = \psi(2,1) = \mathbf{L}_z \psi(1,2) \tag{2}$$

Wir trennen j auf und schreiben für die Inversion

$$\psi(2,1) = \mathbf{L}_z \psi(1,2), \tag{3}$$

gleich für Bosonen und Fermionen. S_z ist die Summe der Spinquantenzahlen, für Fermionen 1 (ungerade), für Bosonen mindestens 2 (gerade):

$$e^{-i\pi S_z} = e^{-i\pi(s_{1,z} + s_{2,z})} \tag{4}$$

- Die Spins seien gleichgerichtet: Dann ist $S_z = 1$, also ungerade. Bei $(2n-1)\cdot\pi$ ist der Funktionswert -1, d. h. es folgt eine Antisymmetrie. Damit führt diese Lösung auf einen Widerspruch.

- Seien die Spins gegengerichtet, ist $S_z = 0$. Bei $2n \cdot \pi$ ist aber die Exponentialfunktion $+1$.

- Egal wie, mit halbzahligem Spin muss die resultierende Funktion antisymmetrisch sein.

- Für den Fall ganzzahliger Spins (wie eben den Sauerstoffkern) ist immer $2n \cdot \pi = 1$.

12.8.3 Qualitative Theorie

Aufgabe 12.6 Die einfachste Berechnung der effektiven Kernladungszahl Z_{eff} setzt das Ionisationspotential zu ihr in Beziehung nach den Gl. (12.94/95):

$$E_n(Z) = -\frac{13{,}6 \cdot Z_{\text{eff}}^2}{n^2} \tag{1}$$

Vergleichen Sie diesen Wert für Na aus dem Wert des 1. Ionisationspotentials (5,14 eV) mit dem aus der Tab. 12.3 ermittelten! Machen Sie dasselbe für die einzelnen Elektronen im Silicium!

Lösung. Aus Gl. (1) ermitteln wir einen Wert für Z_{eff} von 1,84; aus Tab. 12.3 ergibt sich dagegen ein Wert von 2,2.

Tabelle 12.3. Abschirmungsbeitrag A_i durch ein Elektron im AO $n_k l_l$ nach SLATER.

	$1s$	$2s, 2p$	$3s, 3p$	$3d$	$4s, 4p$
$1s$	0,30	0	0	0	0
$2s, 2p$	0,85	0,35	0	0	0
$3s, 3p$	1,00	0,85	0,35	0	0
$3d$	1,00	1,00	1,00	0,35	0
$4s, 4p$	1,00	1,00	1,00	0,85	0,35

$$A = 2 \cdot 1{,}0 + 8 \cdot 0{,}85 = 8{,}8 \Rightarrow Z_{\text{eff}} = Z - A = 2{,}2. \tag{2}$$

D. h. die Kernladung ($Z = 11$) wird durch die zehn Rumpfelektronen nicht auf eine, sondern nur auf 2,2 Restladungen abgeschirmt; es bleibt also eine Überschussladung von lediglich 1,2 übrig: die Abschätzung nach SLATER kompensiert also über. Ohne diese Ladung betrüge das Ionisationspotential

$$E_{\text{Ion}} = \frac{13{,}6}{n^2 = 9} = 1{,}51 \text{ eV.} \tag{3}$$

Für Silicium mit der Konfiguration $1s^2\, 2s^2\, 2p6\, 3s^2\, 3p^2$ ergeben sich die effektiven Kernladungszahlen für

- das $1s$-Elektron: $1 \cdot 0{,}30 \Rightarrow 14 - 0{,}3 = 13{,}70$;

- die $2s$,$2p$-Elektronen: $2 \cdot 0{,}85 + 7 \cdot 0{,}35 \Rightarrow 14 - 4{,}15 = 9{,}85$;

- die $3s$,$3p$-Elektronen: $2 \cdot 1{,}00 + 8 \cdot 0{,}85 + 3 \cdot 0{,}35 \Rightarrow 14 - 6{,}8 - 1{,}05 = 14 - 9{,}85 = 4{,}15$.

Auch hier finden wir wieder eine mangelhafte Abschirmung der Valenzelektronen durch die Elektronen in den inneren Schalen (hier für $n = 2$). Nur dadurch kommt für die Valenzelektronen ein Wert heraus, der größer als 4 ist. Bei perfekter Abschirmung durch die Elektronen in den inneren Schalen würden wir eine effektive Kernladungszahl von nur 2,95 beobachten.

Aufgabe 12.7 In der Thermodynamik wird die spezifische Wärme c_p oder c_V mit erstaunlicher Genauigkeit aus Inkrementen einzelner Molekülfragmente zusammengesetzt. Zeigen Sie mit den Werten aus Tab. 12.4, dass mit dieser Methode auch in der Atomphysik erfolgreich gearbeitet werden kann. Dazu testen Sie, ob für die Zweielektronensysteme He, Li^+, Be^{2+}, B^{3+}, C^{4+}, N^{5+} und O^{6+} die Differenz zwischen 1. und 2. Ionisationsenergie eine einfache Funktion der Kernladungszahl Z ist? Bestimmen Sie mittels graphischer Auftragung die Elektronenaffinität des Wasserstoffatoms.

Tabelle 12.4. Differenzen zwischen dem 1. und 2. s-Elektronen-Ionisationspotential für He und die Elemente der 1. Periode.

Energie [eV]	He	Li^+	Be^{2+}	B^{3+}	C^{4+}	N^{5+}	O^{6+}
$E_{\text{Ion},1}$	24,58	75,6	153,9	259,7	392,0	551,9	739,1
$E_{\text{Ion},2}$	54,40	122,4	217,7	340,7	489,8	666,8	871,1
Δ	29,82	46,8	63,8	81,0	97,8	114,9	132,0
Inkrement		17,0	17,0	17,2	16,8	17,1	17,1

Lösung. Dazu ist zunächst die Kenntnis der Ionisationspotentiale erforderlich, die in Tab. 12.4 zusammengestellt sind. Die Extrapolation ergibt dann für Wasserstoff $\Delta = 29{,}8 - 17{,}0 = 12{,}8$ eV; damit ergibt sich die Ionisationsenergie des Wasserstoffanions (Hydridions) zu (Abb. 12.10)

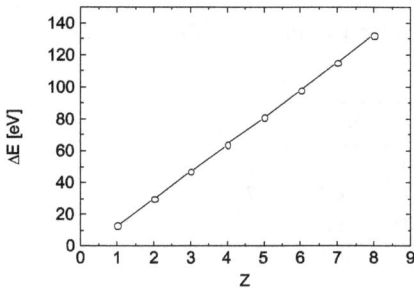

Abb. 12.10. Differenzen zwischen dem 1. und 2. Ionisationspotential als Funktion der Kernladungszahl Z.

$$E_{\text{Ion}}(H^-) = E_{\text{Ion}}(H) - \Delta = 13{,}6 - 12{,}8 = +0{,}8 \text{ eV}. \qquad (1)$$

Zur Entfernung des Elektrons aus dem Hydridion muss also Energie aufgewendet werden, umgekehrt wird Energie bei der Bildung von H^- frei! Diese Energie ist allerdings nur ein Teil bei der Bestimmung der Gesamtenergie einer Reaktion. Da ja auch die Dissoziationsenergie des molekularen Wasserstoffs mit eingeht, ist die Hydridbildung aus dem Element insgesamt eine endotherme Reaktion [97]. Verglichen mit dem Literaturwert der Elektronenaffinität ($E_{EA}(H = -0{,}754\,\text{eV})$ ist das eine sehr gute Näherung.

Aufgabe 12.8 Berechnen Sie für diese Zweielektronensysteme die Wechselwirkung der beiden Elektronen in der K-Schale. Wie groß sind die effektiven Kernladungszahlen und die Abschirmungen? Verwenden Sie dazu die Gln. (1) − (3) für die Ionisationsenergie wasserstoffähnlicher Atome, die effektive Kernladungszahl Z_{eff} und die Abschirmung A ($\propto Z^2$, Abschirmung A):

$$\langle E_{\text{Ion}}\rangle = -\frac{I_1 + I_2}{2} \tag{1}$$

$$Z_{eff} = \sqrt{\frac{\langle E_{\text{Ion}}\rangle\, n^2}{13{,}6}} \tag{2}$$

$$A = Z - Z_{eff}! \tag{3}$$

Lösung. Bei Vernachlässigung jeglicher Wechselwirkung zwischen den Elektronen müsste zur Ionisation jedes der beiden $2s$-Elektronen das 2. Ionisationspotential I_2 aufgebracht werden. Der geringere Energieaufwand zur Ionisation des ersten $2s$-Elektrons ist auf die Wechselwirkung zurückzuführen und entspricht den Werten in Tab. 12.5. Die Ionisationsenergien wasserstoffähnlicher Atome, effektive Kernladungszahl Z_{eff} und Abschirmung A berechnen sich nach Gln. (1) − (3) ($\propto Z^2$, Abschirmung A) zu den Werten in Tab. 12.5.

Tabelle 12.5. Mittlere Ionisationspotentiale, effektive Kernladungszahlen und Abschirmung für die Elemente der 1. Periode.

	He	Li$^+$	Be^{2+}	B^{3+}	C^{4+}	N^{5+}	O^{6+}
$\langle E_{\text{Ion}}\rangle$ [eV]	39,5	99,0	185,8	299,7	440,9	609,3	805,1
Z_{eff}	1,7	2,7	3,7	4,7	5,7	6,7	7,7
A	0,3	0,3	0,3	0,3	0,3	0,3	0,3

Die Abschirmung der beiden übriggebliebenen $1s$-Elektronen ist in dieser Näherung folglich von der jeweiligen Kernladung unabhängig!

Aufgabe 12.9 Was versteht man unter der Aufhebung der l-Entartung bei Mehrelektronenatomen?

Lösung. Im H-Atom (oder einem anderen Einelektronensystem) sind alle Elektronen einer Schale energetisch entartet. Damit ist die Elektronenenergie allein eine Funktion der Hauptquantenzahl n. In Mehrelektronensystemen aber hängt die Orbitalenergie auch von l ab. Elektronen mit kleinem l werden vom Kern stärker angezogen als Elektronen mit größerem l. s-Elektronen werden daher in einem Zustand zu finden sein, der stärker negativ ist als der von p-Elektronen usw.

Aufgabe 12.10 Zeigen Sie, dass der tetravalente Zustand des C, der durch eine Hybridisierung des $2s$- mit den drei $2p$-Zuständen entsteht, eine exakt kugelsymmetrische Ladungsverteilung aufweist!

Lösung. Das Methan-Molekül weist exakte T_d-Symmetrie auf, d. h. vier exakt gleiche Bindungen mit einem Bindungswinkel von 108° 28′ (Abb. 12.11). Wie kommt man von einem kugelsymmetrischen s- und 3 hantelförmigen p-Orbitalen, die in die drei Richtungen des cartesischen Koordinatensystems zeigen, zu Tetraeder-Orbitalen?

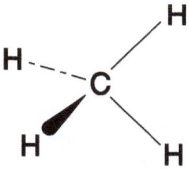

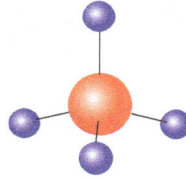

Abb. 12.11. Methan in zwei symbolischen Darstellungen: Keilformel und Kalottenmodell.

Der Grundzustand des C-Atoms ist ^3P: $(1s)^2(2s)^2(2p)^2$. Anregung führt zum tetravalenten ^5S-Zustand $(1s)^2(2s)^1(2p)^3$, also zu jeweils einfach besetzten $2s$- und den drei $2p$-Orbitalen. Die Ladungsverteilung sieht dann folgendermaßen aus:

$$\mathrm{d}\rho = e_0 \left(\Phi_{2s}^2 + \Phi_{2p_x}^2 + \Phi_{2p_y}^2 + \Phi_{2p_z}^2 \right) \mathrm{d}V. \tag{1}$$

Mit der Nomenklatur der Kap. 9 + 10 [Gln. (9.46) für die zugeordneten Kugelfunktionen und (10.45) für die gesamte Wellenfunktion, Tab. 10.1/10.2] wird dann

$$
\begin{aligned}
\mathrm{d}\rho &= e_0 \left(R_{2s}^2 + R_{2p}^2 \left(Y_1^{-1} + Y_1^0 + Y_1^{+1} \right) \right) \mathrm{d}V \\
&= e_0 \left[R_{2s}^2 \left(\tfrac{1}{2\sqrt{\pi}} \right)^2 + R_{2p}^2 \left(\tfrac{\sqrt{3}}{2\sqrt{\pi}} \right)^2 \cdot \left(\cos^2\phi \sin^2\vartheta + \sin^2\phi \sin^2\vartheta + \cos^2\vartheta \right) \right] \mathrm{d}V \\
&= e_0 \left[\tfrac{1}{4\pi} R_{2s}^2 + \tfrac{3}{4\pi} R_{2p}^2 \left(\sin^2\vartheta(\cos^2\phi + \sin^2\phi) + \cos^2\vartheta \right) \right] \mathrm{d}V:
\end{aligned}
$$

$$\tag{2}$$

die Ladungsverteilung ist also winkelunabhängig, mithin radialsymmetrisch, die Ladung ($1\,e_0$) ist einfach geviertelt; danach befindet sich bei vier wechselwirkungsfreien Elektronen in jedem Orbital genau eine eine ganze Elementarladung. *Die Kugelsymmetrie der Ladungsverteilung wird durch die Vorzugsrichtungen der Orbitale in keiner Weise beeinflusst!*

Dieses Ergebnis ist in Wirklichkeit eine Manifestation der Isotropie der Kugelfunktionen, wenn ihre Betragsquadrate über alle m (in diesem Falle $-1, 0, +1$ für $l = 1$) aufsummiert werden.

Es sind aber alle möglichen orthonormierten Bahnfunktionen möglich und zugelassen, um diese Ladungsverteilung zu beschreiben, etwa auch Hybridfunktionen, die im Falle einer sog. sp^3-Hybridisierung zu einem Viertel s-Charakter und zu drei Vierteln p-Charakter aufweisen:

$$\left.\begin{array}{l} h_1 = a_{11}\Phi_{2s} + a_{12}\Phi_{2_x} + a_{13}\Phi_{2_y} + a_{14}\Phi_{2_z} \\ h_2 = a_{21}\Phi_{2s} + a_{22}\Phi_{2_x} + a_{23}\Phi_{2_y} + a_{24}\Phi_{2_z} \\ h_3 = a_{31}\Phi_{2s} + a_{32}\Phi_{2_x} + a_{33}\Phi_{2_y} + a_{34}\Phi_{2_z} \\ h_4 = a_{41}\Phi_{2s} + a_{42}\Phi_{2_x} + a_{43}\Phi_{2_y} + a_{44}\Phi_{2_z}. \end{array}\right\} \quad (5)$$

In die Ecken eines Tetraeders zeigen die **Hybridorbitale** (Abb. 12.12)

$$\left.\begin{array}{l} h_1 = t_1 = \frac{1}{\sqrt{4}}\left(2s + 2p_x + 2p_y + 2p_z\right) \\ h_2 = t_2 = \frac{1}{\sqrt{4}}\left(2s + 2p_x - 2p_y - 2p_z\right) \\ h_3 = t_3 = \frac{1}{\sqrt{4}}\left(2s - 2p_x - 2p_y + 2p_z\right) \\ h_4 = t_4 = \frac{1}{\sqrt{4}}\left(2s - 2p_x + 2p_y - 2p_z\right). \end{array}\right\} \quad (6)$$

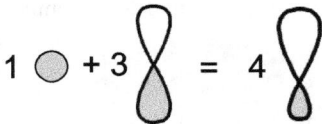

Abb. 12.12. Ein $2s$-Orbital und drei $2p$-Orbitale erzeugen vier σ-Bindungen, die in die Ecken eines Tetraeders zeigen.

In der Abb. 12.13 sind die drei möglichen Hybridfunktionen und ihre Quadrate nebeneinandergestellt. Man beachte bei den Atombahnfunktionen den kleinen negativen Lappen.

Damit ist gezeigt, dass *die Hybridisierung lediglich ein Modell ist, das gewisse Bindungsrichtungen und Molekülsymmetrien erklären kann.* Dadurch wird sie aber genausowenig zur Realität wie die Bahnen des BOHRschen Atommodells.

Das größte Manko bei dieser Betrachtung ist die vollständige Vernachlässigung der Wechselwirkung der Elektronen untereinander, elektrostatisch sehr gut sichtbar an der Abweichung des ersten Ionisationspotentials des Heliums, verglichen mit dem Wert der nullten Ordnung. Wie bedeutsam aber der Quantencharakter ist, sahen wir bei der Entstehung des FERMI-Lochs.

Die Realität muss demnach irgendwo zwischen diesen Modellen liegen. Dazu ist zunächst die Kenntnis der Orbitalenergien erforderlich. Als Sonde zu deren

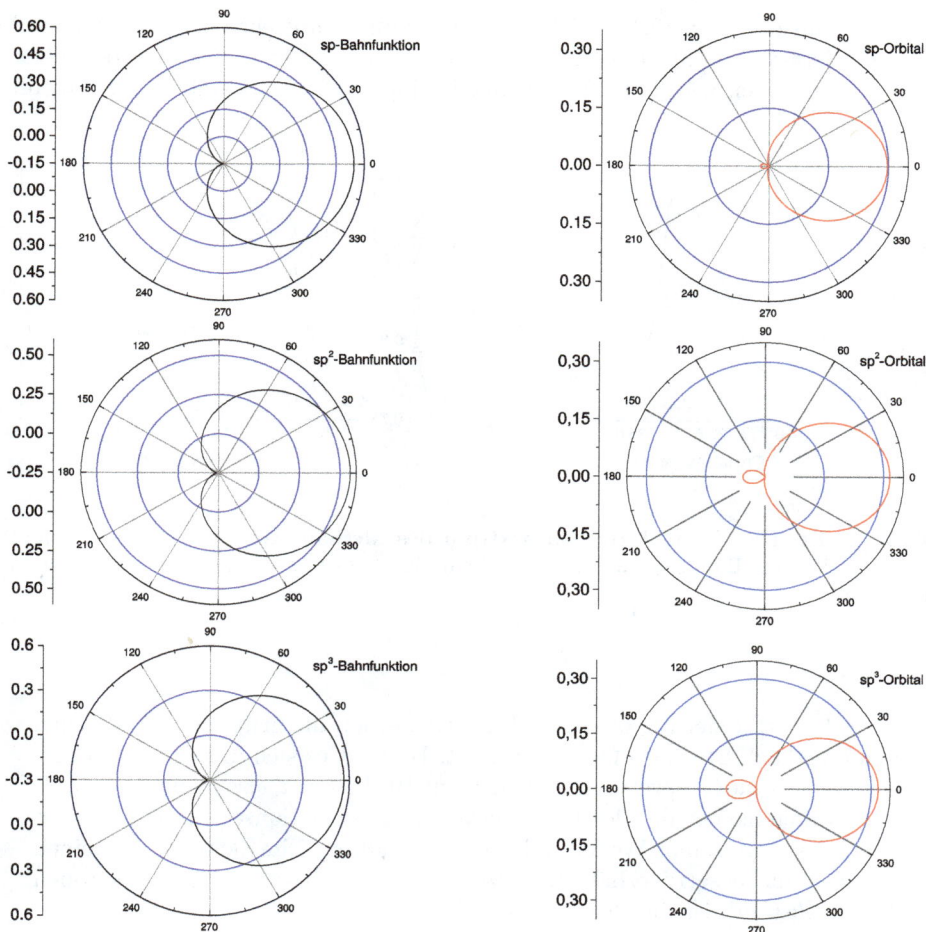

Abb. 12.13. Die Hybridfunktionen sp, sp^2 und sp^3 und ihre Quadrate, die Hybridorbitale, im Polardiagramm.

Ermittlung dient die Photoelektronenspektroskopie (PE-Spektroskopie), bei der kurzwellige UV-Strahlung des He auf gasförmige Moleküle gerichtet wird, was zu einer Ionisation des Moleküls führt. Löst man das Signal des Photostroms energiedispersiv auf, findet man Banden, die durch das Herausschlagen der Elektronen aus den einzelnen Orbitalen entstehen. Unter der Prämisse, dass die Molekülkonfiguration des ionisierten Zustandes mit der des Ausgangszustandes übereinstimmt — nur dieser ist für den Quantenchemiker interessant —, ist eine Korrelation zu den Zuständen des Grundzustandes erlaubt (Theorem von KOOPMANS).

Wie aus der Abb. 12.14 ersichtlich, gibt es im Photoelektronenspektrum zwei Banden (statt einer aus einem vierfach entarteten sp^3-Orbital), die aber nicht, wie man erwarten würde, im Verhältnis der Intensitäten 3:1 stehen, sondern im Verhältnis 7:1.

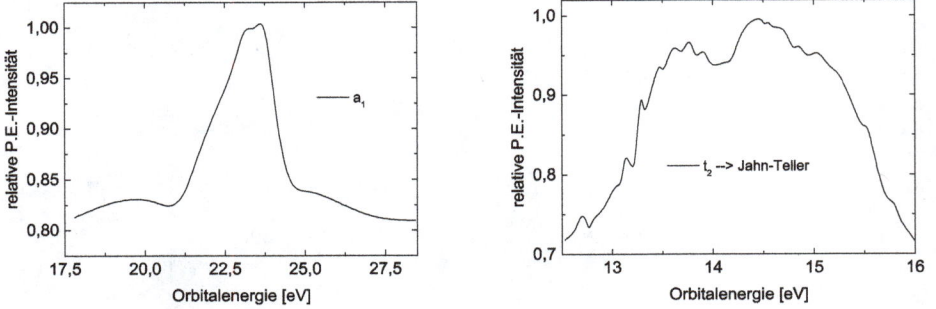

Abb. 12.14. Das Photoelektronenspektrum des Methans zeigt zwei Banden: dem a_1-Orbital ist die Bande bei 23 eV zuzuordnen, den t_2-Orbitalen die Bande zwischen 13 und 16 eV.

Zur Charakterisierung dieser Elektronen werden die gruppentheoretischen Symbole nach SCHOENFLIES verwendet. Handelt es sich um Einelektronen-Orbitale, so wie hier, verwendet man kleine Buchstaben, also a_1 und t_2. Große Buchstaben bleiben der Beschreibung von Transformationseigenschaften eines Zustands resp. seiner Wellenfunktion vorbehalten. Ein Elektron, das einen B_{1g}-Zustand besetzt, erhält die Bezeichnung b_{1g}, besetzen zwei Elektronen diesen Zustand, ist die Bezeichnung b_{1g}^2.

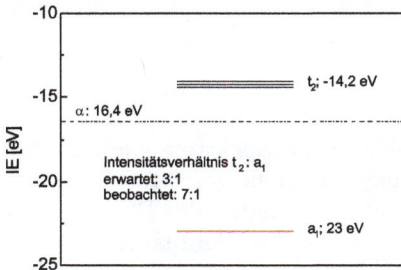

Abb. 12.15. MO-Diagramm des Methans, ermittelt aus dem PE–Spektrum des Methans nach [98].

Die energetische Aufspaltung passt aber wieder ($\alpha : -16{,}4$ eV, Abb. 12.15).

Die t_2-Orbitale bestehen aus den $1s$-Bahnfunktionen des Wasserstoffs und den $2p$-Bahnfunktionen des Kohlenstoffs und bilden natürlich einen dreifach entarteten Satz von MOs mit insgesamt sechs Elektronen. Nach der Anregung (Ionisation) ist eine offene Schale entstanden, was Anlass zu einem JAHN-TELLER-Effekt gibt, der sich zunächst in einer sehr breiten Bande über 3 eV mit einem Doppelmaximum manifestiert. Wie die Reduktion der Symmetrie über $T_d \rightarrow C_{3v} \rightarrow C_{2v}$ verläuft: darüber gibt es nur Vermutungen.

13 Molekülorbitale (MOs)

Wir untersuchen die Molekülbildung an Hand des H_2^+-Ions, und zwar in zwei Etappen: Zunächst konstruieren wir mit den bekannten Eigenfunktionen des Wasserstoffatoms ein System von linear kombinierten Atomorbitalen, die als Molekülorbitale bezeichnet werden (LCAO-MOs) und ermitteln mit diesen in einer Störungsrechnung eine Korrektur in 1. Ordnung, dann führen wir mit dem Variationstheorem für den Fall unbekannter AOs ein zweites Näherungsverfahren ein und überlegen uns semiquantitativ, wie die allgemeine Lösung der LCAO-MOs aussehen muss, und wie das spezielle Ergebnis für das H_2^+-Ion ist. Dazu lernen wir den quantenchemischen Formalismus kennen, in dem die in der HÜCKEL-Näherung übliche Nomenklatur mitgeteilt wird. Die Eleganz des HÜCKELschen Ansatzes blendet allerdings die Elektron-Elektron-Wechselwirkung aus. Zum Ende des Kapitels betrachten wir dann etwas quantitativer die Näherung von BORN und OPPENHEIMER und das daraus resultierende FRANCK-CONDON-Prinzip.
In diesem Kapitel verwenden wir weitgehend atomare Einheiten.

13.1 Motivation der Methode

Im Kap. 8 untersuchten wir den Harmonischen Oszillator, der ein ausgezeichnetes Modell ist, um Molekülschwingungen zu beschreiben. In diesem Modell werden die Atomkerne als gegeneinander schwingende Punktmassen betrachtet, die durch Federn zusammengehalten werden, die im einfachsten Fall als masselos betrachtet werden. Die Berücksichtigung der Masse der Feder führt im Falle des sog. Physikalischen Pendels lediglich zu einer leichten Korrektur der Eigenresonanz von

$$\omega_0 = \sqrt{\frac{k}{m}} \rightarrow \omega_0 = \sqrt{\frac{k}{m + \frac{m_F}{3}}}$$

mit m der Masse der durch die Feder der Masse m_F zusammengehaltenen Kugeln und k der Federkonstanten oder dem Elastizitätskoeffizienten.

Im molekularen Fall wird die Stärke der durch Elektronen vermittelten Bindung zwischen den Kernen durch die Größe der Federkonstanten gemessen, die hier Valenzkraftkonstante genannt wird. Bei einer Schwingung sind also Kerne und Elektronen mit sich gegenseitig beeinflussenden Bewegungsgleichungen involviert. Kerne und Elektronen unterscheiden sich neben der unterschiedlichen Polarität der Ladungen durch ihre um Größenordnungen verschiedenen Massen.

BORN und OPPENHEIMER folgerten daraus, dass Elektronen sehr viel schneller auf Einwirkungen von außen reagieren als Kerne. So beträgt die Umlaufzeit eines Elektrons auf einer BOHRschen Bahn etwa 1 fs, während eine typische

https://doi.org/10.1515/9783111238678-013

Molekülschwingung etwa 10 ps dauert. Ein elektronischer Übergang benötigt nur Attosekunden und ist daher etwa fünf bis sechs Größenordnungen kürzer [49].

Während dieser Schwingung gibt die periodische Veränderung des Abstandes der Kerne zu einer permanenten Umorientierung der Elektronen Anlass, die aber eben wegen der kurzen Reaktionszeit instantan erfolgt. Damit lassen sich diese Bewegungen unter Berücksichtigung der stark unterschiedlichen Massen separieren (BORN-OPPENHEIMER-Näherung). Da diese Näherung die wesentliche Prämisse ist, um Elektronenspektren analysieren zu können, wird sie unmittelbar vor deren Beprechung im Abschn. 13.6 vorgestellt.

Im Grundzustand, von der Nullpunktsschwingung abstrahierend, wird der Abstand zwischen den Kerne als fix betrachtet, der bei zwei Kernen aus nur einer Bindung besteht und in jedem anderen Fall aus einem durch viele Elektronen zusammengehaltenen starren Kerngerüst. Damit wird im einfachsten Molekül, dem H_2^+-Ion, das prinzipiell unlösbare Dreikörperproblem auf ein Zweikörperproblem reduziert und wieder exakt mit dem vorgestellten Calculus lösbar. Denn in diesem Molekül wird die Schwierigkeit der Elektronenwechselwirkung vermieden, und man kann mit AOs beginnen.

AOs Φ sind *per definitionem* Einelektron-Eigenfunktionen. Diese AOs Φ können als (eine mögliche) Basis verwendet werden, um Mehrelektronen-Atome mittels des Aufbauprinzips zu beschreiben, wobei die Elektronenwechselwirkung in grober Näherung nur durch die effektive Kernladungszahl berücksichtigt wird. In einer chemischen Bindung bewegen sich die Elektronen unter dem Einfluss von mindestens zwei Atomrümpfen. In der Nähe eines Kerns wird das Molekülorbital (MO) dem AO dieses Kerns ähneln und *vice versa*. Mit AOs unter Verwendung des Aufbauprinzips kann man daher zu einem einfachen Modell der chemische Bindung gelangen, und die so entstehenden MOs bestehen aus Linearkombinationen von AOs gleichen Symmetrietyps: **LCAO-MO**.

13.2 Das H_2^+-Ion

Wir wollen nun die Molekülbildung an Hand des einfachsten Moleküls, des H_2^+-Ions, studieren, das man unter der Prämisse der BORN-OPPENHEIMER-Näherung nahezu exakt berechnen kann. Vorteilhaft ist, dass wir nicht nur die Eigenfunktionen kennen, sondern auch davon überzeugt sind, mit ihnen ein gutes Resultat zu erzielen, da keine Elektron-Elektron-Wechselwirkung zu einer Verzerrung der Funktionen Anlass geben kann. Wir beginnen daher mit der Betrachtung zweier ungestörter Eigenfunktionen. Wir erwarten, dass sich durch die Polarisierung des nackten Protons die zunächst kugelsymmetrische Ladungswolke verzerrt.

13.2.1 LCAO-MO und das Überlappungsintegral

In der nullten Näherung befindet sich das Elektron entweder im Einflussbereich des Kerns ① oder des Kerns ② (Abb. 13.1).[1]

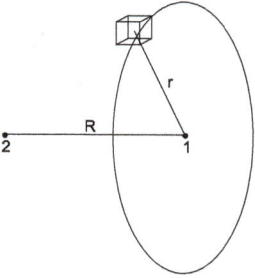

Abb. 13.1. Das Elektron befindet sich entweder nur im Einflussbereich des Kerns ① oder des Kerns ② und stellt ein ungestörtes H-Atom dar (nullte Näherung). Der Abstand zwischen Kern und Elektron wird mit r bezeichnet. Der zweite Kern im Abstand R übt keinerlei Wechselwirkung aus (nach HEILBRONNER/BOCK) [99].

Der zweite Kern ② im Abstand R übt zwar keinerlei Wechselwirkung aus, dennoch wird das Elektron die Hälfte seiner Zeit um das Zentrum ① und die andere Hälfte um das Zentrum ② kreisen, und wir schreiben das

$$\left|\Psi^0\right\rangle = c_1 \left|\Phi_{1s,1}\right\rangle + c_2 \left|\Phi_{1s,2}\right\rangle, \qquad (13.1)$$

mit

$$\left|\Phi_{1s,i}\right\rangle = \frac{1}{\sqrt{\pi a_0^3}} e^{-r_i/a_0}$$
$$= \frac{1}{\sqrt{\pi}} e^{-r_i} \quad \text{in a.u.,}$$

der originalen Einelektronen-1s-Funktion ψ_{100}, womit die Wahrscheinlichkeitsdichte sich berechnet zu

$$\left\langle\Psi^0\middle|\Psi^0\right\rangle = \left(c_1 \left|\Phi_{1s,1}\right\rangle + c_2 \left|\Phi_{1s,2}\right\rangle\right)^2,$$

ausmultipliziert

$$\left\langle\Psi^0\middle|\Psi^0\right\rangle = c_1^2 \left\langle\Phi_{1s,1}\middle|\Phi_{1s,1}\right\rangle + 2c_1 c_2 \left\langle\Phi_{1s,1}\middle|\Phi_{1s,2}\right\rangle + c_2^2 \left\langle\Phi_{1s,2}\middle|\Phi_{1s,2}\right\rangle,$$

$$(13.2)$$

wobei der mittlere Term uns schon seit dem Kap. 2 als *Interferenzterm* bekannt ist. Ihn nennen wir nun Überlappungsintegral S. Da die beiden Atome ununterscheidbar sind, muss zunächst

$$c_1^2 = c_2^2 \quad \Rightarrow$$
$$c_1 = \pm c_2$$

---

[1]Wir verwenden die allgemein übliche Nomenklatur für die Bezeichnung der Kerne.

gelten. Das Analogon zu konstruktiver und destruktiver Interferenz ist die Erhöhung oder Erniedrigung der lokalen Wahrscheinlichkeits- resp. Elektronendichte, womit für Gl. (13.2) mit den Normalisierungskonstanten N_g für die zu einem Inversionszentrum symmetrische (gerade) und N_u für die antisymmetrische (ungerade) Wellenfunktion die zwei Lösungen[2]

$$\left.\begin{array}{l} |\Psi_g\rangle = N_g(|\Phi_{1s,1}\rangle + |\Phi_{1s,2}\rangle) \\ |\Psi_u\rangle = N_u(|\Phi_{1s,1}\rangle - |\Phi_{1s,2}\rangle) \end{array}\right\} \tag{13.3}$$

resultieren (Abb. 13.2).

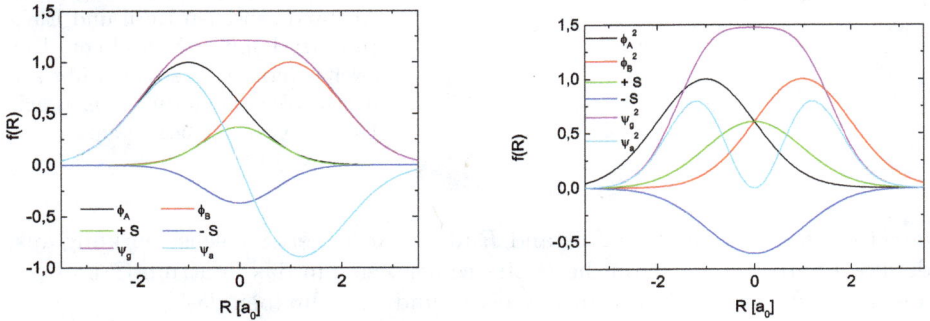

Abb. 13.2. Die Wechselwirkung der beiden Wasserstoffatome wird durch das Überlappungsintegral $S = \langle \psi_{1s,1} | \psi_{1s,2} \rangle$ verstärkt. Lks.: Die Bahnfunktionen Φ als $\sqrt{\text{GTO}}$, S und die Summe bzw. die Differenz der $|\Phi\rangle$, re. deren Quadrate.

Die Normierung der Gl. (13.3)

$$\left.\begin{array}{l} \langle \Psi_g | \Psi_g \rangle = 1 \\ \langle \Psi_u | \Psi_u \rangle = 1 \end{array}\right\} \tag{13.4}$$

führt zu

$$\left.\begin{array}{l} \langle \Psi_g | \Psi_g \rangle = N_g^2 \left(\langle \Phi_{1s,1} | \Phi_{1s,1} \rangle + 2 \langle \Phi_{1s,1} | \Phi_{1s,2} \rangle + \langle \Phi_{1s,2} | \Phi_{1s,2} \rangle \right) \\ \langle \Psi_u | \Psi_u \rangle = N_u^2 \left(\langle \Phi_{1s,1} | \Phi_{1s,1} \rangle - 2 \langle \Phi_{1s,1} | \Phi_{1s,2} \rangle + \langle \Phi_{1s,2} | \Phi_{1s,2} \rangle \right). \end{array}\right\} \tag{13.5}$$

Φ_1 und Φ_2 sind bereits normiert, der Mischterm ist das *Überlappungsintegral* **S**

$$S = \langle \Phi_{1s,1} | \Phi_{1s,2} \rangle, \tag{13.6}$$

das der (relativen) Wahrscheinlichkeit proportional ist, das Elektron in der zusätzlichen Ladungswolke zwischen den Kernen anzutreffen. Mit den Gln. (13.4/5) gewinnen wir die Normierungskonstante

---

[2]Wegen der zahlreichen Indizes $1s$ schreiben wir diesmal g und u statt s und as.

$$1 = N^2(1 + 1 \pm 2S) \rightarrow N = \frac{1}{\sqrt{2 \pm 2S}}$$

und daraus

$$\left|\Psi^0\right\rangle = \frac{1}{\sqrt{2 \pm 2S}}\left(\left|\Phi_{1s,1}\right\rangle \pm \left|\Phi_{1s,2}\right\rangle\right), \qquad (13.7)$$

eine normierte Einelektronen-Modell-Eigenfunktion $\left|\Psi^0\right\rangle$ für *bindende* (+) *und antibindende* (−) *Wechselwirkung* — damit ist sichergestellt, dass die Wahrscheinlichkeits- oder Elektronendichte sich zwar verändern kann, aber immer gleich bleibt.

Im Rahmen dieser Ableitung haben wir aus zwei unveränderten Atombahnfunktionen ein Molekülorbital mit Entwicklungs- oder Amplitudenkoeffizienten linear kombiniert, also eine **L**inear **C**ombination of **A**tomic **O**rbitals durchgeführt und ein **M**olecular **O**rbital gebildet, ein LCAO-MO.

Bei der Überlagerung der beiden Funktionen entsteht das Überlappungsintegral, ein Volumenintegral über die beiden untersuchten Funktionen. Für $R = 0$, also exakte Kongruenz der beiden Funktionen, ist der Wert entweder

- 1, wenn Orbitallappen gleicher Vorzeichen übereinanderliegen,

- 0, wenn Orbitale symmetrischen und antisymmetrischen Typs übereianderliegen, oder

- −1, wenn Orbitallappen gleichen Typs, aber unterschiedlichen Vorzeichens übereinanderliegen.

Für $R \rightarrow \infty$ geht S immer gegen Null (Aufg. 13.1/2).

Mit dem LCAO-MO lassen sich die Anteile der potentiellen Energie genauer diskutieren. Für die weitere Betrachtung schreiben wir kürzer $\left|\Phi_{1,2}\right\rangle$ statt $\left|\Phi_{1s,1,2}\right\rangle$

Damit lauten die Eigenwertgleichungen des Gesamtsystems mit $\mathbf{H}_i = \mathbf{T}_i + \mathbf{V}_i$

$$\left.\begin{array}{ll}(E_1 - \mathbf{H}_1)\left|\Phi_1\right\rangle & = 0 \\ (E_1 - (\mathbf{T}_1 + \mathbf{V}_1))\left|\Phi_1\right\rangle & = 0 \\ \left(E_1 - \mathbf{T}_1 + \frac{e_0^2}{r_1}\right)\left|\Phi_1\right\rangle & = 0 \\ (E_2 - \mathbf{H}_2)\left|\Phi_2\right\rangle & = 0 \\ \left(E_2 - \mathbf{T}_2 + \frac{e_0^2}{r_2}\right)\left|\Phi_2\right\rangle & = 0, \end{array}\right\} \qquad (13.8)$$

wobei beide Werte und beide Eigenfunktionen identisch, die Beträge $E_1 = E_2 = -1$ Ry mit 1 Ry $= -13{,}6$ eV groß und die 1s-Funktionen $\left|\Phi_1\right\rangle = \psi_{100}(r_1)$ resp. $\left|\Phi_2\right\rangle = \psi_{100}(r_2)$ mit R dem Kernabstand sind.

Die beiden Funktionen unterscheiden sich in ihrem Exponentialterm, z. B.

$$\left|\Phi_2\right\rangle = \frac{1}{\sqrt{\pi a_0^3}}\exp\left(-\frac{r_2}{a_0}\right).$$

Der Grundzustand des H_2^+-Molekülions wird mit dem Eigenwert E^0 und der Wellenfunktion $|\Psi^0\rangle$ beschrieben, die aus den Kernen ① und ② mit den Bahnfunktionen $|\Phi\rangle$ bestehe

$$\begin{aligned} E^0 &= -1\,\mathrm{Ry} \\ |\Psi^0\rangle &= c_1\,|\Phi_1\rangle + c_2\,|\Phi_2\rangle. \end{aligned} \tag{13.9}$$

13.2.2 Störungsrechnung 1. Ordnung

Nun soll der zweite Kern das H-Atom stören dadurch, dass der Abstand R zwischen den Kernen verkürzt wird, so dass wir die Beziehung

$$r_2 = r_1 - R \tag{13.10}$$

aufstellen können, wobei R sich so langsam ändert, dass es bei der Lösung der Eigenwertgleichung als konstant betrachtet werden kann. Dies ist in Abb. 13.3 dargestellt. Der HAMILTON-Operator lautet für diesen Fall

$$\mathbf{H} = -\frac{\hbar^2}{2m_e}\nabla_1^2 - \frac{e_0^2}{r_1} - \frac{\hbar^2}{2m_e}\nabla_2^2 - \frac{e_0^2}{r_2} + \frac{e_0^2}{R}, \tag{13.11}$$

wobei die

$$\nabla_i = \frac{\partial}{\partial x_i} + \frac{\partial}{\partial y_i} + \frac{\partial}{\partial z_i}$$

wegen Gl. (13.10) gleich sind. Wir sehen unmittelbar die große Schwierigkeit dieser Aufgabe, weil wir die potentielle Energie des Elektrons im superponierten Kernfeld bestimmen müssen. Da wir erwarten, dass sich $\mathbf{H}$ vereinfacht, wenn das

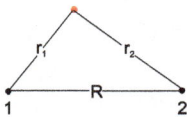

Abb. 13.3. Das Elektron im Feld zweier Kerne.

Elektron sich nahe bei einem Kern aufhält, so dass wir in diesem Fall nur mit einem geringen Einfluss des anderen Kerns zu rechnen haben, wie das in Abb. 13.4 dargestellt ist, versuchen wir einen Ansatz mit einer Störungsrechnung, und wir schreiben für den HAMILTON-Operator und die Energie des Gesamtsystems

$$\left.\begin{aligned} \mathbf{H} &= \mathbf{H}^0 + \mathbf{H}' \\ E &= E^0 + E', \end{aligned}\right\} \tag{13.12}$$

wobei der neue Operator sich aus der Summe der Operatoren des ungestörten Systems und der Störung (ausgelöst durch den zweiten Kern) zusammensetzt, der zu einer attraktiven Wechselwirkung zwischen Kern und Elektronenwolke sowie einer repulsiven Wechselwirkung der beiden Kerne Anlass gibt, wodurch die Energie einen neuen Wert E annimmt. Ausgeschrieben lautet Gl. (13.12.1)

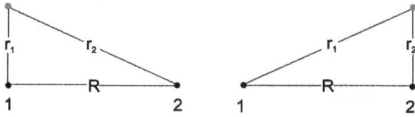

Abb. 13.4. Das Elektron soll sich entweder so dicht beim Kern ① aufhalten, dass die Wechselwirkung zum Kern ② vernachlässigbar ist, also $r_1 \ll r_2$ (lks.), oder umgekehrt: $r_2 \ll r_1$ (re.). R ist der Kernabstand.

$$\mathbf{H} = \underbrace{-\frac{\hbar^2}{2m_e}\nabla^2 - \frac{e_0^2}{r_1}}_{\mathbf{H}^0} \underbrace{- \frac{e_0^2}{r_2} + \frac{e_0^2}{R}}_{\mathbf{H'}}, \tag{13.13}$$

wenn das Elektron nahe bei Kern ① sein soll, so dass wir die beiden Alternativen

nahe bei Kern 1: $\mathbf{H}^0 = -\frac{\hbar^2}{2m_e}\nabla^2 - \frac{e_0^2}{r_1}$

$\quad\quad\quad\quad\quad \mathbf{H'} = -\frac{e_0^2}{r_2} + \frac{e_0^2}{R}$

oder

nahe bei Kern 2: $\mathbf{H}^0 = -\frac{\hbar^2}{2m_e}\nabla^2 - \frac{e_0^2}{r_2}$

$\quad\quad\quad\quad\quad \mathbf{H'} = -\frac{e_0^2}{r_1} + \frac{e_0^2}{R}$

formulieren können (Abb. 13.4).

Wir setzen nun mit dem Gesamtoperator in atomaren Einheiten:

- V in atomaren Energieeinheiten ($e_0^2/a_0 = 27{,}2$ eV $= 2$ Ry $= 1$ $\mathrm{E_h}$);

- e_0 in atomaren Ladungseinheiten ($1\,e_0 = 1{,}6 \cdot 10^{-19}$ C);

- R in atomaren Längeneinheiten [$1\,a_0 = 0{,}529$ Å (BOHRscher Radius)]

$$\mathbf{H} = -\frac{1}{2}\nabla^2 - \frac{1}{r_1} - \frac{1}{r_2} + \frac{1}{R}$$

und der ungestörten Gesamtfunktion $\left|\Psi^0\right\rangle$ in der Eigenwertgleichung

$$\left.\begin{array}{r} \mathbf{H}\left|\Psi^0\right\rangle = E\left|\Psi^0\right\rangle \\ \left\langle\Phi_i\left|\mathbf{H}\right|\Psi^0\right\rangle = E\left\langle\Phi_i\middle|\Psi^0\right\rangle \end{array}\right\} \tag{13.14}$$

an. Ausführlich mit Gl. (13.9) geschrieben resultiert das lineare Gleichungssystem

$$c_1 \langle \Phi_1 \,|\mathbf{H}|\, \Phi_1 \rangle + c_2 \langle \Phi_1 \,|\mathbf{H}|\, \Phi_2 \rangle = E\,c_1 \langle \Phi_1 |\, \Phi_1 \rangle + E\,c_2 \langle \Phi_1 |\, \Phi_2 \rangle$$
$$c_1 \langle \Phi_2 \,|\mathbf{H}|\, \Phi_1 \rangle + c_2 \langle \Phi_2 \,|\mathbf{H}|\, \Phi_2 \rangle = E\,c_1 \langle \Phi_2 |\, \Phi_1 \rangle + E\,c_2 \langle \Phi_2 |\, \Phi_2 \rangle . \qquad (13.15)$$

Verwenden wir die Abkürzungen

$$S_{mn} = \langle \Phi_n |\, \Phi_m \rangle$$
$$H_{mn} = \langle \Phi_n \,|\mathbf{H}|\, \Phi_m \rangle , \qquad (13.16)$$

können wir die Gl. (13.15) einfacher als

$$(H_{11} - E\,S_{11})c_1 + (H_{12} - E\,S_{12})c_2 = 0$$
$$(H_{21} - E\,S_{21})c_1 + (H_{22} - E\,S_{22})c_2 = 0 \qquad (13.17)$$

oder als Matrix

$$\begin{pmatrix} H_{11} - E\,S_{11} & H_{12} - E\,S_{12} \\ H_{21} - E\,S_{21} & H_{22} - E\,S_{22} \end{pmatrix} \begin{pmatrix} c_1 \\ c_2 \end{pmatrix} = 0 \qquad (13.18)$$

anschreiben. Da die Bahnfunktion ψ_{100} orthonormiert ist, folgt $S_{11} = S_{22} = 1$. Außerdem muss aus Symmetriegründen $H_{11} = H_{22}$ sein.

13.2.2.1 Coulomb- und Austauschintegral.

Da der HAMILTON-Operator in Gl. (13.13) aus vier Summanden besteht, schreiben wir für das Hauptdiagonal-element H_{11}

$$H_{11} = \underbrace{\left\langle \Phi_1 \,\left|\, -\frac{1}{2}\nabla^2 - \frac{1}{r_1} \,\right|\, \Phi_1 \right\rangle}_{①} - \underbrace{\left\langle \Phi_1 \,\left|\, \frac{1}{r_2} \,\right|\, \Phi_1 \right\rangle}_{②} + \underbrace{\left\langle \Phi_1 \,\left|\, \frac{1}{R} \,\right|\, \Phi_1 \right\rangle}_{③} . \qquad (13.19)$$

Summand ① ist die Eigenwertgleichung $\langle \Phi_1 \,|\mathbf{H}^0|\, \Phi_1 \rangle = E^0 \,|\Phi_1 \rangle$ mit dem Eigen-wert $E^0 = -1\,\mathrm{Ry} = -\frac{1}{2}\,\mathrm{E_h}$, Term ② beschreibt die Wechselwirkung des nackten Protons auf die Elektronenhülle des ungestörten H-Atoms; Summand ③, die Abstoßung der beiden Kerne, ist im Rahmen der BORN-OPPENHEIMER-Näherung unabhängig von der Bewegung der Elektronen; wir bezeichnen ihn mit V (Abb. 13.5). Die Summe der beiden Terme ② und ③ schreiben wir in Integralform, diese wird als COULOMB-Integral K

$$K = -\left\langle \Phi_1 \,\left|\, \frac{1}{r_2} \,\right|\, \Phi_1 \right\rangle + \left\langle \Phi_1 \,\left|\, \frac{1}{R} \,\right|\, \Phi_1 \right\rangle$$
$$= -\int_{-\infty}^{\infty} \frac{\Phi_1^* \Phi_1}{r_2}\,\mathrm{d}^3x + \int_{-\infty}^{\infty} \frac{\Phi_1^* \Phi_1}{R}\,\mathrm{d}^3x . \qquad (13.20)$$

bezeichnet. Der zweite Summand hat ein negatives Vorzeichen, schwächt also die Abstoßung der beiden Kerne und stabilisiert das System. Damit das H_2^+ stabil wäre, müsste K negativ sein, sonst zerfiele das Aggregat in ein H-Atom und ein Proton p^+, und die Matrixelemente auf der Hauptdiagonalen

$$H_{ii} = \underbrace{\frac{1}{2}}_{E^0} + K \quad [\mathrm{E_h}] \qquad (13.21)$$

hätten damit einen Wert, der kleiner als $E^0 = -1\,\mathrm{Ry} = -\frac{1}{2}\,\mathrm{E_h}$ wäre. Da dies nicht der Fall ist, muss die Ursache für die Stabilität des H$_2^+$ im Plasma in den beiden Nichtdiagonalelementen H_{12} und H_{21} zu suchen sein, die aus Symmetriegründen ebenfalls gleich sind.

Abb. 13.5. Betrachtung zum COULOMB-Integral nach HEILBRONNER/BOCK. Die Energie eines H-Atoms unter dem störenden Einfluss eines zweiten Protons. Es ist $\boldsymbol{R} = \boldsymbol{r_1} - \boldsymbol{r_2}$ [99].

Genauso wie beim COULOMB-Integral zerlegen wir H_{12} in

$$H_{12} = \underbrace{\left\langle \Phi_1 \left| -\frac{1}{2}\nabla^2 - \frac{1}{r_2} \right| \Phi_2 \right\rangle}_{①} - \underbrace{\left\langle \Phi_1 \left| \frac{1}{r_1} \right| \Phi_2 \right\rangle}_{②} + \underbrace{\left\langle \Phi_1 \left| \frac{1}{R} \right| \Phi_2 \right\rangle}_{③}. \qquad (13.22)$$

Im Operator des Summanden ① erkennen wir den HAMILTON-Operator des ungestörten zweiten H-Atoms, allerdings mit einem Integral über beide Funktionen. Ohne Operator hatten wir dieses Integral in Gl. (13.2) definiert und als Überlappungsintegral S bezeichnet. Es findet sich in den beiden folgenden Summanden ② und ③ wieder. Das Überlappungsintegral in ② wird durch einen der beiden Radiusvektoren dividiert; für H_{12} ist das r_1, also ist kürzer

$$\left\langle \Phi_1 \left| -\frac{1}{2}\nabla^2 - \frac{1}{r_2} \right| \Phi_2 \right\rangle = \frac{1}{2}\left\langle \Phi_1 | \Phi_2 \right\rangle = \frac{S}{2}.$$

Die Summe aus ② und ③ ist das Austauschintegral A, in der chemischen Literatur oft Resonanzintegral genannt; in Integralform schreiben wir ausführlich für A (Abb. 13.6)

$$A = -\left\langle \Phi_1 \left| \frac{1}{r_1} \right| \Phi_2 \right\rangle + \left\langle \Phi_1 \left| \frac{1}{R} \right| \Phi_2 \right\rangle = -\int_{-\infty}^{\infty} \frac{\Phi_1 \Phi_2\, \mathrm{d}^3 x}{r} + \int_{-\infty}^{\infty} \frac{\Phi_1 \Phi_2\, \mathrm{d}^3 x}{R}.$$
$$(13.23)$$

Damit wird für diese beiden Matrixelemente

$$H_{ij} = \frac{S}{2} + A \quad [E_h]. \tag{13.24}$$

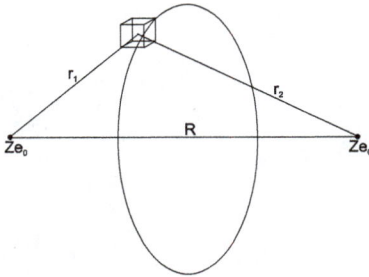

Abb. 13.6. Betrachtung zum Aus-
tausch- oder Resonanzintegral A
[99]: Die Energie der überlappen-
den Elektronenwolke im attraktiven Feld abwechselnd beider Kerne.

Wie aus Abb. 13.6 hervorgeht, die eine Momentaufnahme der Bewegung des
Elektrons darstellt, befindet sich dieses *gleichzeitig* im Zustand $|\Phi_1\rangle$ und $|\Phi_2\rangle$.
Nur dann ist $A \neq 0$! Es ist dies der Fall, den wir zum ersten Mal beim Dop-
pelspaltexperiment beobachteten (Abschn. 2.4): Das als Teilchen betrachtete
Elektron scheint gleichzeitig beide Schlitze passiert zu haben. Wie wir sahen, ist
dieser Sachverhalt nur als Interferenz, also als Wellenphänomen, verständlich.

Damit wird die Säkulardeterminante der Gl. (13.18)

$$\begin{vmatrix} H_{11} - E\,S_{11} & H_{12} - E\,S_{12} \\ H_{21} - E\,S_{21} & H_{22} - E\,S_{22} \end{vmatrix} = 0, \tag{13.25}$$

und mit den Gl. (13.21 + 13.24) sowie den Werten für das Überlappungsintegral
$S_{11} = S_{22} = 1$ und $S_{12} = S_{21} = S$ resultiert

$$\begin{vmatrix} \frac{1}{2} + K - E & \frac{S}{2} + A - SE \\ \frac{S}{2} + A - SE & \frac{1}{2} + K - E \end{vmatrix} = 0. \tag{13.26}$$

13.2.2.2 Energiebetrachtung. Die Auflösung der Säkulardeterminanten führt
zu der Gleichung

$$\left(\frac{1}{2} + K - E\right)^2 = \left(\frac{S}{2} + A - SE\right)^2.$$

Die modifizierte Energie $E = E^0 + E'$ hat also die zwei Lösungen

$$\begin{aligned} E_s &= E^0 + \frac{K+A}{1+S} \\ E_{as} &= E^0 + \frac{K-A}{1-S}, \end{aligned} \tag{13.27}$$

die einer *bindenden* ① und einer *antibindenden Lösung* ② entsprechen. Der Quotient muss für die bindende Lösung größer Null werden. Aus dieser Gleichung ersehen wir, dass **bei endlichem S die antibindende Lösung stärker angehoben als die bindende abgesenkt wird.** Der Grund ist in erster Linie auf die Abstoßung der Kerne zurückzuführen, die beide Zustände energetisch anhebt.

Um die Wechselwirkung quantitativ als Funktion von R zu bestimmen, sind die Integrale S, K und A für auszurechnen, was für die $1s$-Funktionen des H_2^+ in geschlossener Form möglich ist. Diese weisen die Form

$$\psi_{100} = \frac{1}{\sqrt{\pi a_0^3}} e^{-\rho}$$

auf (mit ρ in atomaren Einheiten, also r/a_0).

Die Integration erfordert entweder elliptische Koordinaten [100] oder die Zerlegung der Funktion $\frac{e^{-\mu r}}{r}$, des YUKAWA-Potentials, in ein dreifaches FOURIER-Integral) [101] (Abb. 13.7, in atomaren Einheiten, $a_0 = 1$ und $E_h = 2$ Ry).

13.1 Yukawa-Potential. Die FOURIER-Transformierte des YUKAWA-Potentials

$$\Phi(r) = \Phi_0 \frac{e^{-\mu r}}{r}$$

ist gegeben ist durch

$$\Phi(k) = \Phi_0 \frac{4\pi}{\mu^2 + k^2},$$

die des nicht abgeschirmten COULOMB-Potentials durch

$$\Phi(k) = \Phi_0 \frac{4\pi}{k^2}$$

[102] (s. Aufgabe 12.2); bei $k = 0$ weist dieses eine Singularität auf, genauso wie das ungedämpfte COULOMB-Potential bei $r = 0$.

Die Gleichungen lauten

$$
\begin{aligned}
S &= \langle \Phi_1 | \Phi_2 \rangle &&= e^{-R}\left(1 + R + \tfrac{1}{3}R^2\right) \\
K &= \left\langle \Phi_1 \left| \tfrac{1}{r_2} \right| \Phi_1 \right\rangle &&= \tfrac{1}{R}\left(1 + e^{-2R}(1 + R)\right) \\
A &= \left\langle \Phi_1 \left| \tfrac{1}{r_2} \right| \Phi_2 \right\rangle &&= \left(1 - \tfrac{2}{3}R^2\right)\frac{e^{-R}}{R}
\end{aligned}
\tag{13.28}
$$

- *Überlappungsintegral S:* Es ist wesentlich proportional e^{-R} (Abb. 13.7.1).

- COULOMB-Integral K: für große R variiert K mit $1/R \cdot \left(1 - e^{-2R}(R+1)\right)$, nimmt also geringfügig weniger ab als V mit $1/R$. Damit schwächt K die Kernabstoßung, kann sie jedoch über den gesamten Bereich nie vollständig kompensieren (Abb. 13.7.2). Bei sehr kleinen Abständen R, die für die Bindungsbildung allerdings irrelevant sind, wird die Singularität von V aufgehoben und stark abgemildert.

- *Austauschintegral A:* Es hängt wie S proportional von e^{-R} ab. Bedeutsam ist das Auftreten eines Minimums bei $R = 2{,}07\,a_0$. Die Stabilisierung des Systems ist wesentlich durch das Potential A bedingt, so dass in dieser ersten Näherung die chemische Bindung mit der zwischen den Atomen lokalisierten Ladungswolke $\langle \Phi_1 | \Phi_2 \rangle$, dem Überlappungsintegral S, identifiziert werden kann (Abb. 13.8).

- Alle drei Größen fallen steiler als das abstoßende COULOMB-Potential der beiden Kerne ab, womit bereits bei mittleren Entfernungen die überschießende Ladung das Potential bestimmt.

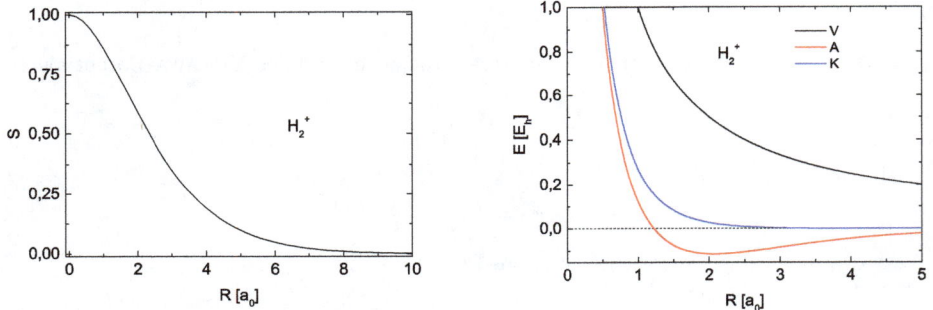

Abb. 13.7. H_2^+: Überlappungsintegral S (lks.) und COULOMB- und Austauschintegrale (re.). Für s-Zustände ist $S = 1$ bei $R = 0$ (negative Werte von R sind nicht definiert). Das COULOMB-Integral ist betragsmäßig immer etwas kleiner als die Abstoßung der beiden Protonen und verschwindet bereits bei etwa $2^1/_2$ a_0, kann diese also nicht kompensieren. Bemerkenswert ist jedoch die Aufhebung der Singularität von V für $R \to 0$. A weist ein Minimum auf.

Einsetzen in Gl. (13.27) resultiert in den zwei Gleichungen

$$\left. \begin{aligned} E_s' &= \frac{1}{R} \frac{(1+R)e^{-2R} + \left(1 - \frac{2}{3}R^2\right)e^{-R}}{1 + \left(1 + R + \frac{1}{3}R^2\right)e^{-R}} \\ E_{as}' &= \frac{1}{R} \frac{(1+R)e^{-2R} - \left(1 - \frac{2}{3}R^2\right)e^{-R}}{1 - \left(1 + R + \frac{1}{3}R^2\right)e^{-R}}, \end{aligned} \right\} \tag{13.29}$$

die in den Abb. 13.8 in zwei verschiedenen Maßstäben gezeigt und mit experimentellen Daten verglichen sind. Von den beiden Zuständen ist nur der Grundzustand

mit der Energie E_s' stabil. Der Gleichgewichtsabstand liegt bei 2,49 a$_0$, und die
Energie ist gegenüber dem H-Atom mit $-R$ um 1,763 eV stabilisiert. Die atomaren Einheiten ermöglichen es, das Überlappungsintegral S in dieses Diagramm
mit einzuzeichnen.

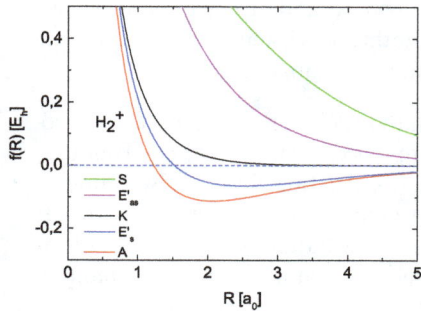

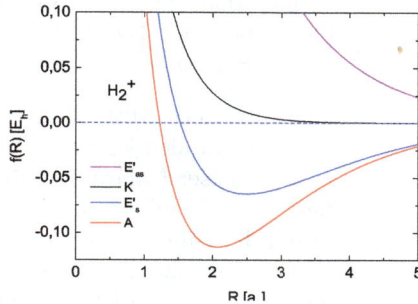

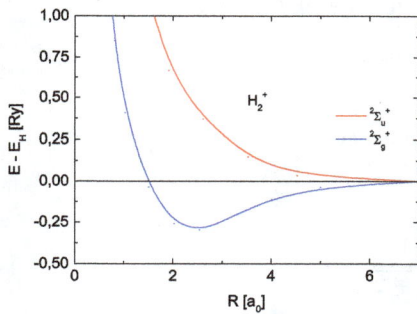

Abb. 13.8. H$_2^+$: O.lks.: Die vier
verschiedenen abstandsabhängigen
Beiträge bestimmen die Existenz
des Molekülions. Von den beiden
Zuständen ist nur der Grundzustand mit der Energie E_s' stabil.
O.re.: Eine gestreckte Darstellung
für kleine Energien. U.lks.: Experimentelle Potentialkurve des H$_2^+$
[103, 104].

13.2.2.3 Theorie und Experiment. Aus der Abb. 13.8.2 lesen wir ein Minimum der Potentialkurve bei $R_0 = 2,49\,a_0$, also 1,32 Å oder 132 pm, ab. Die
Dissoziationsenergie E_{Diss} liegt bei +0,0646 E$_h$ oder 1,76 eV. Tatsächlich werden
die Werte $R_{\text{exp}} = 1,06$ Å und $E_{\text{Diss}} = 2,79$ eV beobachtet. Ein derartig markanter
Unterschied, wie wir ihn ja auch schon bei der mittels eine Störungsrechnung 1.
Ordnung ermittelten Energie des He-Atoms beobachten mussten, bedeutet, dass
die Störungsenergie mit der Energie der nullten Näherung vergleichbar ist. Um
die Störungsrechnung mit Erfolg anwenden zu können, darf die Störung aber nur
klein sein. Von daher ist das Ergebnis erwartbar gewesen. Der gelungenste Ansatz
zur Verbesserung besteht in der in Abschn. 12.6 beschriebenen Optimierung der
Bahnfunktionen, etwa mit der effektiven Kernladung oder einem Orbitalkoeffizienten. Diese werden als Probefunktionen in der Variationsrechnung eingesetzt
(Abschn. 13.4/5), mit der ebenfalls ein iterativer Prozess begonnen werden kann,
der aber schneller zum Ziel führt als Störungsrechnungen höherer Ordnung.

- Die drei Größen S, K und A sind Integrale von Wellenfunktionen über den Raum, der auf eine Dimension (z. B. r) reduziert sein kann. Im Falle des Überlappungsintegrals S wird das Produkt von zwei Wellenfunktionen integriert, im Falle von K und A wird zunächst ein Operator (hier: $1/r$) auf eine Wellenfunktion wirken gelassen und mit dessen Ergebnis die zweite Wellenfunktion multipliziert.

- Die Kern-Kern-Abstoßung wird durch die Elektronenwolke erst bei größeren Abständen jenseits von $4\,a_0$ kompensiert. Die chemische Bindung wird in dieser Näherung daher durch die Austauschwechselwirkung A bestritten. Wie aus der Formel für A ersichtlich, entsteht algebraisch durch die Differenz ein Minimum bei Abständen etwa des doppelten Bohrschen Radius. Die Austauschwechselwirkung ist ein rein quantenmechanisches Phänomen. Daher ist die chemische Bindung bereits des einfachsten Moleküls klassisch nicht zu verstehen.

- Der elektronische Grundzustand ist *bindend und symmetrisch*, und seine Eigenfunktion lautet

$$|\psi\rangle = N(|\Phi_1\rangle + |\Phi_2\rangle)$$

mit dem Normierungsfaktor

$$N^* = \frac{1}{\sqrt{2+2S}}.$$

- Der elektronisch angeregte Zustand $\left(H_2^+\right)^*$ ist *antibindend und antisymmetrisch*, und seine Eigenfunktion lautet

$$|\psi^*\rangle = N^*|\Phi_1\rangle - |\Phi_1\rangle)$$

mit dem Normierungsfaktor

$$N^* = \frac{1}{\sqrt{2-2S}}.$$

Dieser Zustand ist thermodynamisch instabil. **Da die Gesamtfunktion stetig und antisymmetrisch sein muss, muss der Wert im Ursprung verschwinden: $\psi^*(0) = 0$.**

- Die Eigenfunktionen dieser beiden Zustände sehen wir in Abb. 13.9, und zwar die Superpositionen der ungestörten Atombahnfunktionen ψ_{100} im Abstand $R = 2{,}50\,a_0$, lks. die auf den Peak $= 1$ normierten Funktionen, deren Summe und Differenz, re. deren Quadrate.

- Für kleine R ($R \ll a_0$) streben E_s und E_{as} gegen $1/R$ oder ∞.

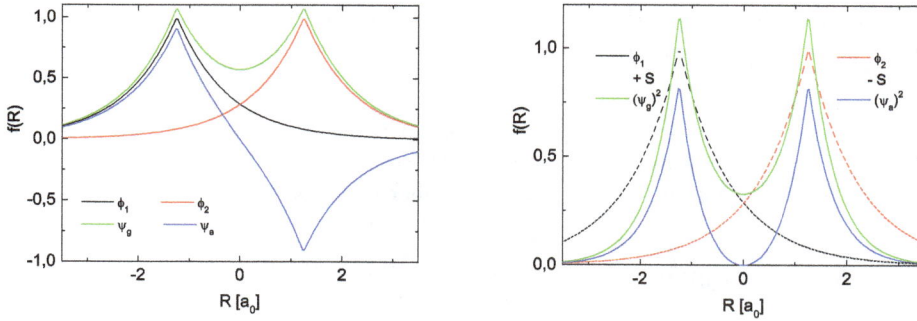

Abb. 13.9. H$_2^+$: Die ungestörten Atombahnfunktionen ψ_{100} im Abstand $R = 2,50\, a_0$, lks. die auf den Peak $= 1$ normierten Funktionen, deren Summe und Differenz, re. deren Quadrate, strichliert die auf Peak $= 1$ normierten Funktionen ψ_{100}. Die antisymmetrische Funktion verschwindet aus zwei Gründen im Ursprung: Die Funktion muss erstens stetig und zweitens antisymmetrisch sein. Das ist der Grund für das FERMI-Loch.

13.2.3 Die chemische Bindung — ein antinomisches Problem?

Wir erkennen damit mehrere Gründe für die Ausbildung einer chemischen Bindung, hier: einer Einelektronen-Zweizentren-Bindung.

- Zunächst wird die potentielle Energie erniedrigt, d. h. negativer gemacht, da Elektronendichte in die Bindungsregion abgezogen wird.

- Weiterhin vergrößert sich der Raum, der vom Elektron, allgemeiner natürlich: den Elektronen, eingenommen werden kann. Das bedeutet nach der Unschärferelation, dass die Impulsunschärfe kleiner wird, also niedrigere Impulse wahrscheinlicher werden. Damit sinkt auch die kinetische Energie.

Da es sich um ein stabiles System handelt, muss der Virialsatz gelten, und da scheint es eine Antinomie zu geben. Eine betragsmäßig erhöhte potentielle Energie müsste danach eine Vergrößerung der kinetischen Energie nach $|V| = 2T$ und $E = T + V$ nach sich ziehen. Daher ist die Argumentationskette genau umgekehrt:

1. Wegen der größeren Verfügbarkeit an Raum nimmt die kinetische Energie der Elektronen ab. Dadurch sinkt die Gesamtenergie.

2. Um den Virialsatz erfüllen zu können, muss die potentielle Energie abnehmen, d. h. stärker negativ werden. Das wird durch die *Deformation der Orbitale* erreicht, in dem mehr Elektronendichte in die Verbindungsachse zwischen den Kernen gepumpt wird. Hieraus wird die überragende

Bedeutung des Überlappungsintegrals und der daraus folgenden Austauschenergie — der Energie des Elektrons im Einflussbereich beider Kerne —
offensichtlich.[3]

3. Damit aber erhöht sich wiederum die kinetische Energie der Elektronen, so,
wie im Wasserstoffatom die kinetische Energie auf einer Bahn mit kleinem
n höher ist als auf einer Bahn mit großem n ($v \propto \frac{1}{n}$).

13.3 Variationstheorem

Im Falle des H_2^+-Ions sind die Atombahnfunktionen genau bekannt und analytisch
darstellbar. Man nehme die Eigenfunktion ψ_{100}, lasse auf diese den HAMILTON-
Operator

$$\mathbf{H} \,|\psi_{100}\rangle = E \,|\psi_{100}\rangle \tag{13.30}$$

wirken und erhalte so die Werte für die entsprechenden Energieeigenwerte, und
das Ergebnis von Gl. (13.30) wird mit der Störungsrechnung verfeinert. Was
aber ist, wenn man die Atombahnfunktionen gar nicht kennt? Oder wenn die
Störung eben nicht klein ist, verglichen mit der Energie E^0 des ungestörten
Systems, von dem man den exakten Wert kennt? Oder wenn die Störung aus
vielen Einflussgrößen besteht, nicht nur aus der Wechselwirkung der Elektronen
untereinander, sondern auch die zwischen den Nachbarkernen untereinander (Zahl
und Bindungswinkel)?

Für diese Fälle entwickelten RITZ, HYLLERAAS *et al.* die Variationsmethode, bei der am Beginn ebenfalls die SCHRÖDINGER-Gleichung steht. Man
nimmt dann *Näherungsfunktionen* $\Gamma_n(x, y, z)$, die die wesentlichen Kriterien für
Eigenfunktionen erfüllen müssen:

1. $\Gamma(x, y, z)$ und ihre Ableitungen $\frac{\partial \Gamma}{\partial(x, y, z)}$ müssen stetig sein,

2. und das Integral

$$\int_V \Gamma^2(x, y, z)\mathrm{d}^3x = \langle \Gamma \,|\Gamma\rangle \tag{13.31}$$

muss einen endlichen Wert aufweisen: $\Gamma(x, y, z)$ muss normierbar sein. Ist
der Wert Eins, kann dieses Integral die Aufenthaltswahrscheinlichkeit eines
Elektrons repräsentieren.

3. Wir erhalten einen Näherungswert für E_n beim Einsatz in die SCHRÖDINGER-
Gleichung mit dem exakten Operator:

$$\varepsilon_n = \frac{\langle \Gamma \,|\mathbf{H}| \,\Gamma\rangle}{\langle \Gamma \,|\Gamma\rangle} \approx E_n. \tag{13.32}$$

---

[3]Eine exakte Lösung dieses Problems ist etwa mit der Niederlegung der DGln in elliptischen
Koordinaten möglich [105].

Bei Berechnung von Energieeigenwerten stellt man fest, dass *die mit Nä-herungsfunktionen* Γ_n *errechneten Eigenwerte* ε_n *absolut stets kleiner als die Messwerte und die mit den exakten Eigenfunktionen* Ψ_n *berechneten Werte sind;* sie sind also als gebundene Zustände weniger negativ. Das ist die Aussage des *Variationstheorems*, woraus das Rezept zur Ermittlung der „besten" Näherungs-funktion Γ_n folgt: Polynom mit Entwicklungskoeffizienten c_i, deren Wahl den Abstand $E_n - \varepsilon_n$ zu einem Minimum werden lässt:

$$\varepsilon_n(c_1, c_2, \ldots, c_i) = \frac{\langle \Gamma_n(c_1, c_2, \ldots, c_i) \, |\mathbf{H}| \, \Gamma_n(c_1, c_2, \ldots, c_i) \rangle}{\langle \Gamma_n(c_1, c_2, \ldots, c_i) \, | \Gamma_n(c_1, c_2, \ldots, c_i) \rangle} \qquad (13.33)$$

Wir suchen also das Minimum von ε_n als Funktion der Koeffizienten c_i (Abb. 13.10). Damit findet man eine *obere Schranke* für den Eigenwert der Energie. In

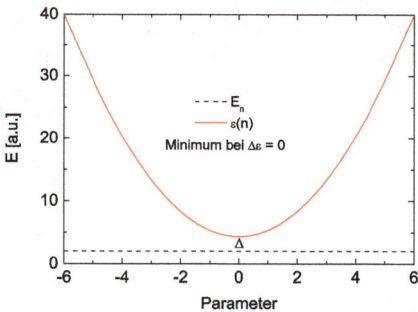

Abb. 13.10. Die Aufgabe der *Variationsrechnung* besteht darin, optimale Parameter c_i für die Näherungsfunktion Γ zu finden, die den Abstand Δ zwischen Messwert und Eigenwert von $\varepsilon(\Gamma)$ zum Minimum werden lässt. Der Messwert wird von dem mit Näherungsfunktionen berechneten Eigenwert nie erreicht.

Aufg. 13.6 wird das am einfachsten Fall, dem *Elektron im Kasten*, gezeigt, bei dem $V = 0$ ist, also nur die kinetische Energie (positiv) berücksichtigt wird.

Eine sehr effektive und deswegen vielfach eingesetzte Methode ist das Verfahren von RITZ und RAYLEIGH, das deswegen hier beschrieben sei.

13.4 LCAO-MOs

13.4.1 Variationsmethode von Ritz und Rayleigh

Um dieses Verfahren mit der Störungsrechnung 1. Ordnung gut vergleichen zu können, beginnen wir mit Einelektronen-AOs Φ an den zwei Zentren ① und ②, die ein Test-MO Γ

$$|\Gamma\rangle = c_1 \, |\Phi_1\rangle + c_2 \, |\Phi_2\rangle \qquad (13.34)$$

bilden, dessen Entwicklungskoeffizienten c_i optimiert werden müssen. Dabei sind die Einelektronen-AOs Φ_1 und Φ_2 mit den Energieeigenwerten E_1 und E_2 (u. U. approximative) Lösungen der SCHRÖDINGER-Gleichungen

$$\mathbf{H}_1 \left| \Phi_1 \right\rangle = E_1 \left| \Phi_1 \right\rangle,$$

$$\mathbf{H}_2 \left| \Phi_2 \right\rangle = E_2 \left| \Phi_2 \right\rangle$$

mit den HAMILTON-Operatoren

$$\mathbf{H}_{1,2} = -\frac{\hbar^2}{2m_e}\nabla^2 + V_{1,2}.$$

Die beiden Operatoren $\mathbf{H}_1$ und $\mathbf{H}_2$ unterscheiden sich in den Potentialen V_1 und V_2 der beiden Rümpfe ① und ②. Unter einem Atomrumpf versteht man die unterhalb der Valenzschale liegende abgeschlossene Edelgaskonfiguration. Beispielsweise weist das zweite Alkalimetall Natrium einen Ne-Rumpf auf: $1s^2\,2s^2\,2p^6$ =[Ne], auf den das $3s$-Elektron gepackt wird.

In einer Zweizentrenbindung mit dem Abstand R zwischen den Atomzentren ① und ② bewegt sich das Elektron im Wirkungsfeld beider Rümpfe (in diesem Falle bestehen diese nur aus zwei Protonen), so dass wir den HAMILTON-Operator als

$$\begin{aligned}\mathbf{H} &= -\frac{\hbar^2}{2m_e}\Delta + V_1 + V_2 \\ &= \mathbf{H}_1 + V_2 \\ &= \mathbf{H}_2 + V_1 \end{aligned} \tag{13.35}$$

und die Eigenwertgleichung als

$$\varepsilon(c_1, c_2) = \frac{\left\langle \Gamma \left| \mathbf{H} \right| \Gamma \right\rangle}{\left\langle \Gamma \left| \Gamma \right. \right\rangle} = \frac{\left\langle c_1\Phi_1 + c_2\Phi_2 \left| \mathbf{H} \right| c_1\Phi_1 + c_2\Phi_2 \right\rangle}{\left\langle c_1\Phi_1 + c_2\Phi_2 \left| c_1\Phi_1 + c_2\Phi_2 \right. \right\rangle} \tag{13.36}$$

anschreiben können. Mit folgenden Definitionen der Matrixelemente H_{ij}

$$\begin{aligned}\left\langle \Phi_1 \left| \mathbf{H} \right| \Phi_1 \right\rangle &= H_{11} \\ \left\langle \Phi_2 \left| \mathbf{H} \right| \Phi_2 \right\rangle &= H_{22} \\ \left\langle \Phi_1 \left| \mathbf{H} \right| \Phi_2 \right\rangle &= H_{12} \\ \left\langle \Phi_2 \left| \mathbf{H} \right| \Phi_1 \right\rangle &= H_{21}, \end{aligned}$$

der Normierung

$$\left\langle \Phi_1 \left| \Phi_1 \right. \right\rangle = \left\langle \Phi_2 \left| \Phi_2 \right. \right\rangle = 1$$

sowie dem Überlappungsintegral S

$$\left\langle \Phi_1 \left| \Phi_2 \right. \right\rangle = S_{12}$$

wird aus Gl. (13.36)

$$\varepsilon(c_1, c_2) = \frac{c_1^2 H_{11} + c_2^2 H_{22} + 2c_1 c_2 H_{12}}{c_1^2 + c_2^2 + 2c_1 c_2 S} = \frac{Z}{N}. \tag{13.37}$$

Die Matrixelemente können im Prinzip durch numerische Integration bestimmt werden. Die Aufgabe nach dem Variationstheorem besteht nun darin, diejenigen Parameter c_i zu suchen, welche den besten Näherungswert für $\varepsilon(c_1, c_2)$ liefern, d. h. zu einem Minimum werden lassen:

$$d\varepsilon = \frac{\partial \varepsilon}{\partial c_1} dc_1 + \frac{\partial \varepsilon}{\partial c_2} dc_2 = 0. \tag{13.38}$$

Da die Parameter c_1 und c_2 voneinander unabhängig sind, müssen die partiellen Ableitungen unabhängig voneinander verschwinden

$$\frac{\partial \varepsilon}{\partial c_1} = \frac{\partial \varepsilon}{\partial c_2} = 0. \tag{13.39}$$

Differenzieren der Gl. (13.37) resultiert in[4]

$$\frac{\partial Z}{\partial c_1} - \varepsilon \frac{\partial N}{\partial c_1} = 2c_1 H_{11} + 2c_2 H_{12} - \varepsilon(2c_1 + 2c_2 S)$$

$$\frac{\partial Z}{\partial c_2} - \varepsilon \frac{\partial N}{\partial c_2} = 2c_2 H_{22} + 2c_1 H_{21} - \varepsilon(2c_2 + 2c_1 S),$$

und Nullsetzen ergibt die *Säkulargleichungen*

$$c_1(H_{11} - \varepsilon) + c_2(H_{12} - S\varepsilon) = 0$$
$$c_1(H_{21} - S\varepsilon) + c_2(H_{22} - \varepsilon) = 0. \tag{13.40}$$

Diese besitzen nichttriviale Lösungen nur, wenn die *Säkulardeterminante* der Koeffizienten verschwindet:

$$\begin{vmatrix} H_{11} - \varepsilon & H_{12} - S\varepsilon \\ H_{21} - S\varepsilon & H_{22} - \varepsilon \end{vmatrix} = 0. \tag{13.41}$$

Für diesen einfachen Fall ist $H_{12} = H_{21}$, und die Auflösung liefert eine Gleichung zweiten Grades in ε:

$$(H_{11} - \varepsilon)(H_{22} - \varepsilon) - (H_{12} - S\varepsilon)^2 = 0. \tag{13.42}$$

Die Gln. (13.40/13.41) besitzen exakt dieselbe Form wie die Gln. (13.17/13.25). Durch die Verwendung des Variationsprinzips ist man aber sicher, die beste Linearkombination des linearen Gleichungssystems gefunden zu haben.

---

[4]

$$\frac{NZ' - ZN'}{N^2} = \frac{Z' - \frac{Z}{N}N'}{N} = \frac{Z' - \varepsilon N'}{N}$$

Beispiel 13.1 So ist die Wahl der Basis eine wichtige Größe, um die Genauigkeit der Rechnung zu erhöhen. Geht man etwa naiv an die Konstruktion des oktaedrischen SF_6-Moleküls heran, würde man die Zustände der Valenzschale — hier also die $3s$-, $3p$- und $3d$-Zustände — als Basis verwenden. Es zeigte sich nun bereits in den 1970er Jahren, dass die Inklusion selbst des $1s$-Zustandes zur Berechnung der Bindungsenergie dieses Moleküls das Ergebnis nochmals um mehr als 1 % verbessert [106]!

13.4.1.1 Einfachster homonuklearer Fall: das H_2^+-Ion.

Für den homonuklearen Fall ($E_1 = E_2 = E^0, H_{11} = H_{22},\ H_{12} = H_{21}$) ergibt sich

$$(H_{11} - \varepsilon_{1,2}) = \pm(H_{12} - S\varepsilon_{1,2}),\qquad (13.43)$$

und damit für die Eigenwerte

$$\left.\begin{array}{l} \varepsilon_1 = \frac{H_{11}+H_{12}}{1+S} \\[1mm] \varepsilon_2 = \frac{H_{11}-H_{12}}{1-S}. \end{array}\right\} \qquad (13.44)$$

Das Pluszeichen beschreibt die bindende, das Minuszeichen die antibindende Wechselwirkung.

Dies sieht man besonders schön, wenn man den HAMILTON-Operator

$$\begin{aligned} H_{11} &= \langle \Phi_1 \,|\mathbf{H}|\, \Phi_1 \rangle \\ &= \langle \Phi_1 \,|\mathbf{H}_1 + \mathbf{V}_2|\, \Phi_1 \rangle \\ &= \langle \Phi_1 \,|\mathbf{H}_1|\, \Phi_1 \rangle + \langle \Phi_1 \,|\mathbf{V}_2|\, \Phi_1 \rangle \\ &= E_1 \langle \Phi_1 \,|\Phi_1 \rangle + \langle \Phi_1 \,|\mathbf{V}_2|\, \Phi_1 \rangle \\ &= E_1 + K, \end{aligned} \qquad (13.45)$$

explizit anschreibt, wobei $\langle \Phi_1 \,|\mathbf{V}_2|\, \Phi_1 \rangle$ identisch mit dem COULOMB-Integral K ist und

$$\begin{aligned} H_{12} &= \langle \Phi_1 \,|\mathbf{H}|\, \Phi_2 \rangle \\ &= \langle \Phi_1 \,|\mathbf{H}_2 + \mathbf{V}_1|\, \Phi_2 \rangle \\ &= \langle \Phi_1 \,|\mathbf{H}_2|\, \Phi_2 \rangle + \langle \Phi_1 \,|\mathbf{V}_1|\, \Phi_2 \rangle \\ &= E_2 \langle \Phi_1 \,|\Phi_2 \rangle + \langle \Phi_1 \,|\mathbf{V}_1|\, \Phi_2 \rangle \\ &= E_2 S + A, \end{aligned} \qquad (13.46)$$

mit $\langle \Phi_1 \,|\mathbf{V}_1|\, \Phi_2 \rangle$ dem Resonanzintegral A.[5]

Die Gesamtenergie E_G für die Einelektronen-Bindung besteht also aus dem Betrag der Energie E^0, dem Eigenwert der Energie des Wasserstoffatoms ①, der mit ② um die elektronische Wechselwirkung und die Kern-Kern-Wechselwirkung erweitert wird. Mit den nach den Gl. (13.28) bestimmten Werten für die Integrale

---

[5]Diese Gleichungen enthalten die attraktive Wechselwirkung des Elektrons mit den positiv geladenen Atomrümpfen und die Abstoßung der Kerne, wenn die Ableitung von S, K und A über die FOURIER-Transformierte des YUKAWA-Potentials durchgeführt wird. Führt man die Integration in elliptischen Koordinaten aus, ergeben sich andere Integrationsgrenzen bei K und A, und die Kern-Kern-Wechselwirkung muss explizit subtrahiert werden [107].

A, K und S können die Energien von H_2^+ ohne Elektron-Elektron-Wechselwirkung bestimmt werden, die in den Abb. 13.11 dargestellt sind. Wir finden wieder eine symmetrische und eine antisymmetrische Lösung

$$
E_s = E^0 + \varepsilon_1 = \underbrace{E^0}_{①} + \underbrace{\frac{K+A}{1+S}}_{②},
$$

$$
E_{as} = E^0 + \varepsilon_2 = \overbrace{E^0}^{①} + \overbrace{\frac{K-A}{1-S}}^{}.
$$

(13.47)

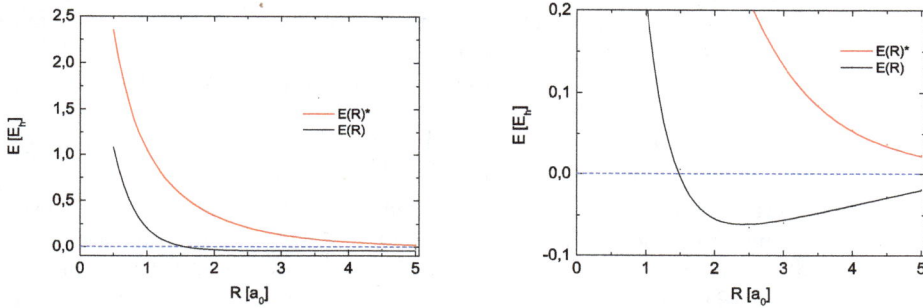

Abb. 13.11. Die nach Gl. (13.47) berechneten abstandsabhängigen Energien im H_2^+-Molekülion. Man sieht in der Feindarstellung die bindende Wechselwirkung. Frappierend ist die *Kleinheit der bindenden Wechselwirkung*, insbesondere gemessen am Beitrag für $1/R$, der COULOMBschen Wechselwirkung der Kerne.

Man sieht daran, dass die Energie des H_2^+ im Grundzustand negativ ist, das H_2^+ ist also in dieser Näherung ein stabiles Molekülion, während das angeregte H_2^+-Ion bei keinem Kernabstand eine stabile Verbindung ist.

13.2 Myonenmolekül. Auf der Suche nach dem von YUKAWA vorhergesagten Meson konnte L. ALVAREZ im Rahmen seiner Experimente in der H_2-Blasenkammer das Myonenmolekül $(HD)^+$ nachweisen, bei dem die Bindung zwischen einem Proton und einem Deuteron durch ein negatives Myon vermittelt wird. Dieses Molekülion weist einen um einen Faktor 200 kleineren Radius auf, verwendet man die Formel für den BOHRschen Radius von $a_0 = \hbar^2/m_e e_0^2$ und ersetzt m_e durch m_μ. Gleichzeitig liegt das Minimum der Potentialkurve bei einem etwa 200-fach niedrigeren Wert, während der Betrag der Dissoziationsenergie um etwa einen

Faktor 200 höher liegen muss [108, 109]. Bei diesem geringen Abstand können die beiden Kerne zum He-Kern $^3_2$He nach

$$^1_1H + ^2_1D \rightarrow ^3_2He$$

verschmelzen. Die dabei freiwerdende Energie von 5,4 MeV muss vom Myon fortgetragen werden. Da es unverändert bleibt, spielt es die Rolle eines Katalysators für diese Kernreaktion.

13.4.1.2 H_2 ohne Elektron-Elektron-Wechselwirkung. Wir beschreiben eine Einelektronen-Zweizentren-Bindung mit den Gln. (13.47.1) für die bindende Wechselwirkung und (13.47.2) für die antibindende Wechselwirkung. Extrapolieren wir das auf eine Zweielektronen-Zweizentren-Bindung, würden wir für den doppelt besetzten Grundzustand mit E_s und den ersten angeregten Zustand E_{as} (Grundzustand und angeregter Zustand je einfach besetzt) des Modellsystems H_2

$$\left.\begin{array}{l} E_s \ = 2E^0 + 2\varepsilon_1 + V(R) \\ E_{as} = 2E^0 + \varepsilon_1 + \varepsilon_2 + V(R) \end{array}\right\} \tag{13.48}$$

erwarten. Wir müssen bei unserem inkrementalen Verfahren dabei einmal die Kern-Kern-Abstoßung subtrahieren, da sie in jedem Quotienten enthalten ist. Bei zwei εs darf sie aber nur einmal berücksichtigt werden. Nach Gl. (13.19) ist in diesem einfachen Fall $V(R) = \frac{1}{R}$.[6] Mit den nach den Gl. (13.28) bestimmten Werten für die Integrale A, K und S können wir auch für H_2 ohne Elektronenwechselwirkung die Energien des Grund- und des ersten angeregten Zustandes bestimmen, die in der Abb. 13.12 dargestellt sind.

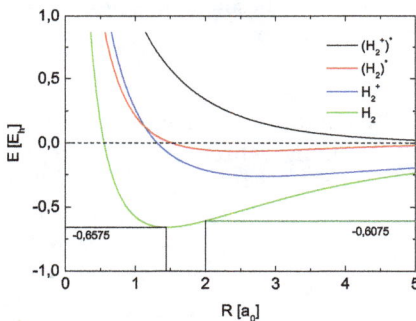

Abb. 13.12. Die berechneten Energiekurven des H_2^+-Molekülions (schwarz und blau) sowie zusätzlich des Grund- (grün) und angeregten Zustandes des H_2-Moleküls (rot) als Funktion des Atomabstands ohne Elektron-Elektron-Wechselwirkung.

Sowohl das H_2-Molekül im Grundzustand wie im angeregten Zustand H_2^* erweisen sich in dieser Näherung bei vollständiger Vernachlässigung der Elektron-Elektron-Wechselwirkung als stabil. Die blaue Kurve des $(H_2^+)^*$ weist bei etwa

---

[6]Für höhere Elemente jenseits von $Z = 2$ gilt dies nicht, da die Ladungen der Kerne $+Ze_0$ durch die Rumpfladung, die bis zur letzten abgeschlossenen Edelgasschale gezählt wird, nur unvollständig abgeschirmt wird.

$R = 2.8\,a_0$ ein schwaches Minimum auf $(-0.261\,\mathrm{E_h})$, das einer Bindungsenergie von 7,1 eV entsprechen würde — ein phantastischer Wert!

Damit haben wir uns ein Verfahren erschlossen, bei dem die Zahl der zu berücksichtigenden Wechselwirkungen nach oben unbegrenzt ist, sowohl in der Zahl wie in der Vielfalt. Am $\mathrm{H_2^+}$ haben wir gesehen, dass das Variationsverfahren immer mindestens so gut wie die Störungsrechnung in 1. Ordnung ist. Viele Phänomene können qualitativ oder mit minimalem Rechenaufwand beschrieben und erklärt werden, aber auch komplexe quantenchemische Sachverhalte können sehr befriedigend quantitativ angegangen und gelöst werden — bis hin zur Dynamik realer Moleküle im Reaktionsprozess, also atomaren Umlagerungen mit Bindungsbruch und Bindungsbildung.

Beispiel 13.2 Wie groß ist die Elektronenwechselwirkung? Die Bindungsenergie des $\mathrm{H_2}$-Moleküls ist $-432\,\mathrm{kJ/Mol} = -4.5\,\mathrm{eV}$, der Gleichgewichtsabstand beträgt etwa $2\,a_0 = 1.06\,\text{Å}$. Bei diesem Abstand, der nicht das Minimum der berechneten Kurve ist, zeigt die grüne Kurve in Abb. 13.10 einen Wert von $-0.6075\,\mathrm{E_h} = -16.5\,\mathrm{eV}$. Die Differenz, also die Elektronenwechselwirkung, beträgt somit mindestens 12 eV, also etwa $\frac{1}{2}\,\mathrm{E_h} \approx 1\,\mathrm{Ry}$! Den Wert für $R = 0$ kennen wir übrigens genau: Bei diesem *united atom*-Wert haben wir einen He-Kern vorliegen, bei dem die Elektronenabstoßung auf 29,5 eV kommt!

Mit der Anfangsbedingung einer Probefunktion Γ ist zudem das Tor zu der von HARTREE und FOCK begründeten SCF-Methode geöffnet, die wir in Abschn. 12.6 bei der Behandlung von Mehrelektronenatomen erwähnten. Das Rezept für Mehrelektronenmoleküle ist also:

- Nullte Näherung: Vernachlässigung des Wechselwirkungspotentials zwischen den Elektronen mit Probefunktionen. Der HAMILTON-Operator besteht aus dem Hauptteil des ungestörten Zustandes. Ergebnis: Der berechnete Eigenwert ist zwar kleiner als der Messwert, aber die beste Probefunktion ist die, bei der die energetische Distanz zum Messwert am geringsten ist.

- Erste Näherung: Berücksichtigung der Wechselwirkung. Der HAMILTON-Operator besteht nun aus dem Hauptteil des ungestörten Zustandes und der zusätzlichen Wechselwirkungsenergie. Es wird die beste Probefunktion verwendet.

- Höhere Ordnungen: Die Lösungen der ersten Näherung werden in die HARTREE-FOCK-Gleichung eingesetzt, und eine weitere Näherung wird ermittelt, bis die gewünschte Genauigkeit erreicht ist. Leider konvergiert die Methode aber nicht immer.

13.4.2 Einfaches MO-Schema für zweiatomige Moleküle

In der zweiten Periode kommen zu den beiden $2s$-Elektronen in den Metallen Lithium und Beryllium die maximal sechs p-Elektronen bis zum Edelgas Neon hinzu. Die abgeschlossene Schale des Neons ist die erste Manifestation der *Oktett-regel*, die die Edelgase als besonders reaktionsträge Atome auszeichnet. Die drei p-Bahnfunktionen sind punktsymmetrisch und in die drei Raumachsen orientiert. Bei einer Bildung einer chemischen Bindung aus mindestens zwei kugelsymmetri-schen Atomen entsteht eine intrinsische Achse, die zwischen p-Funktionen vermit-telt wird. Diese Zweizentren-Zweielektronen-Bindung wird σ-Bindung genannt und gehört zu einem Energieeigenwert. Senkrecht dazu stehen die beiden anderen p-Funktionen, die in der Näherung einer Zweielektronen-Zweizentrenbindung die entarteten Eigenfunktionen einer π-Bindung darstellen. Deren COULOMB-Integral ist schwächer, so dass die Störung zu einer geringeren Aufspaltung in die beiden Störniveaus führt als bei der σ-Bindung.

Ein einfaches Konstruktionsschema gruppiert nun die vorhandenen Elektro-nen der beiden Atome energetisch vertikal links und rechts vom zu bildenden Molekül an und erzeugt aus den AOs gleich viele MOs. Dabei gelten folgende Regeln:

- Es können nur Elektronen wechselwirken, die in Bahnfunktionen gleichen Symmetrietyps sitzen;

- die Wechselwirkung der Zustände ist umso stärker, je ähnlicher ihre Energie ist (s. Gleichungen für die Störung 2. Ordnung im Kap. 5).

- In genaueren MO-Schemata muss die Asymmetrie der Aufspaltung nach Gl. (13.27) Beachtung finden.

Messen lassen muss sich dieses Modell an den in Tab. 13.1 zusammenge-stellten molekularen Daten. Sauerstoff ist im Grundzustand ein Triplett mit zwei parallelen Spins und einer Doppelbindung. Die Anregung kann zu einem Triplett- oder Singulett-Zustand führen. Dieser hat eine noch höhere Energie als das angeregte Triplett-System. Diese Erklärung war ein Triumph der MO-Theorie, die dadurch eine enorme Akzeptanz erhielt. In der Valenzstrichschreibweise

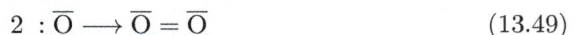

$$2 : \overline{\text{O}} \longrightarrow \overline{\text{O}} = \overline{\text{O}} \tag{13.49}$$

Tabelle 13.1. Eigenschaften von Edelgasen und zweiatomigen Molekülen.

Gas	Diss.-energie [eV]	Metastabiler Zustand [eV]	Ion.-energie [eV]
He		19,8	24,58
Ne		16,6	21,56
Ar		11,5	15,76
Kr		9,9	14,0
Xe		8,32	12,13
H_2	4,5		15,6
H		10,1	13,6
N_2	9,8		15,5
N		2,38	14,5
O_2	5,1		12,5
O		1,97	13,6

ist das unmöglich zu erklären (Abbn. 13.13/13.14 für N-O-Verbindungen).

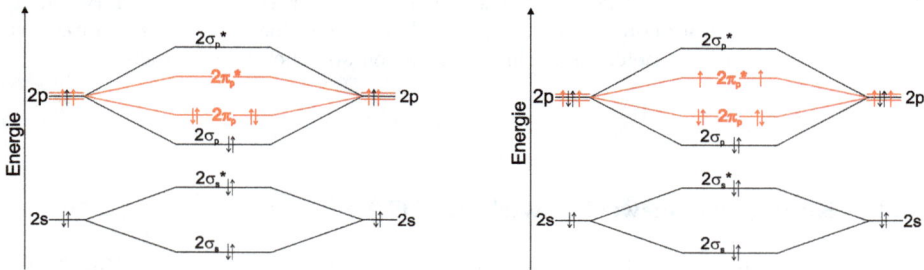

Abb. 13.13. Lks.: Der Grundzustand des Stickstoffmoleküls ist ein Singulett-Zustand. Anregung führt zu einem Triplett- oder einem weiteren Singulett-Zustand. Ionisation zu N_2^+ führt gemäß dieses Schemas zu einer Schwächung der Bindung, außerdem ist die Ionisationsenergie höher als die des N-Atoms.

Re.: Der Grundzustand des Sauerstoffmoleküls ist dagegen ein Triplett-Zustand. Anregung führt zu einem Singulett- oder einem weiteren Triplett-Zustand. Ionisation zu O_2^+ führt gemäß dieses Schemas nicht zu einer Schwächung der Bindung, sondern zu einer Verstärkung. In der Tat steigt die Bindungsenergie um 1,4 eV an ($O_2 \rightarrow O_2^+ + e_0^-$). Die Ionisationsenergie ist geringer als die der O-Atoms.

Aus der Besetzung der antibindenden MOs im Sauerstoffmolekül ist darüber hinaus ersichtlich, dass die Ionisationsenergie des Sauerstoffmoleküls niedriger ist als die des Sauerstoffatoms.

> Bei Heteromolekülen ist zu beachten, dass die COULOMB-Integrale, die ja die Basis bilden, von denen aus die Austauschintegrale gezeichnet werden, umso tiefer liegen (energetisch stabiler), je höher die Kernladungszahl ist (Abb. 13.14). Das tiefer liegende AO trägt mehr zum bindenden, das höher liegende AO mehr zum antibindenden MO bei.

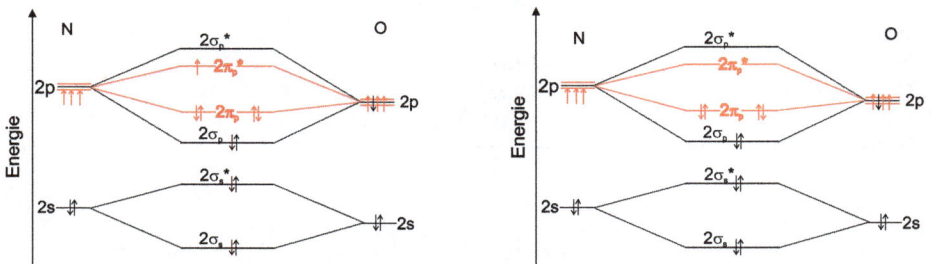

Abb. 13.14. Lks.: Der Grundzustand des Stickoxidmoleküls (NO) ist ein Dublettzustand. Re.: Ionisation zu NO^+ führt gemäß dieses Schemas zu einer Verstärkung der Bindung, außerdem ist dieses Ion diamagnetisch. Entsprechend des größeren COULOMB-Integrals des Sauerstoffs ist dieses tiefer zu zeichnen als das entsprechende des Stickstoffs.

13.4.3 Konfigurationswechselwirkung (*CI*)

Die in den Abbn. 13.13/13.14 suggerierte Aufspaltung in σ- und π-Zustände, wobei der σ-Zustand energieärmer ist als der π-Zustand, vernachlässigt sowohl die Wechselwirkung zwischen den σ_{2s}- und den die σ-Bindung bildenden p-Elektronen als auch die zwischen den σ_{2s}^*-Elektronen mit den die σ-Antibindung bildenden p-Elektronen (sog. Konfigurationswechselwirkung, *CI*). *Diese Wechselwirkung ist deswegen nicht vernachlässigbar, weil beide das gleiche Symmetrieverhalten in der Punktgruppe* $D_{\infty h}$ *zeigen* (Abb. 13.15). Als Folge davon werden der σ_{2s}- und der σ_{2s}^*-Zustand abgesenkt und der $2\sigma_p$- sowie der σ_p^*-Zustand angehoben. Die beiden π-Zustände haben anderes Symmetrieverhalten und bleiben daher unbeeinflusst. Im Falle des N_2-Moleküls führt das sogar zu einer Inversion der bindenden Zustände: die π_{2p}-bindenden Zustände liegen energetisch tiefer als der σ_{2p}-Zustand (Tab. 13.2, Abb. 13.16). Im O_2-Molekül wird dagegen die unveränderte Anordnung beobachtet.

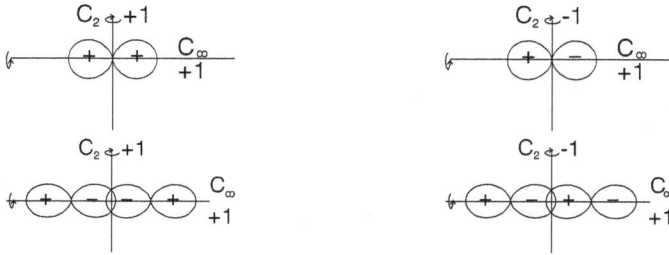

Abb. 13.15. In der Punktgruppe $D_{\infty h}$ transformieren das bindende σ_s-MO und das bindende σ_p-MO gleich (lks.), genauso wie das antibindende σ_s^*-MO und das antibindende σ_p^*-MO, zwischen denen folglich eine messbare Wechselwirkung auftreten kann (re.). Als deren Folge werden die beiden σ_s-Zustände energetisch abgesenkt, die beiden σ_p-Zustände dagegen angehoben, z. B. im N_2-Molekül.

Tabelle 13.2. Orbitalenergien von $2s$ und $2p$.

Atom	$2s$ [eV]	$2p$ [eV]
B	12,9	8,3
C	16,6	11,3
N	20,3	14,5
O	28,5	13,6
F	37,9	17,4
Ne	48,5	21,5

13.4.4 Virialsatz bei mehrkernigen Systemen

Die einfachste LCAO-MO-Funktion für das H_2^+-Ion ergibt eine Dissoziationsenergie von 1,77 eV und einen Gleichgewichtsabstand von 1,32 Å; eine der besten Rechnungen liefert eine Dissoziationsenergie von 2,78 eV und einen Gleichgewichtsabstand von 1,06 Å. Wie können wir das verstehen?

Eine der anschaulichsten Methoden ist das Aufstellen eines Korrelationsdiagramms, bei dessen Konstruktion die relativen Energien der MOs gegen den zwischenatomaren Abstand aufgetragen werden, hier also auf der einen Seite des Wasserstoffs die Niveaus zweier H-Atome mit $1/(n = 1)^2 = 1$ Ry für den $1s$-Zustand, mit dem eine σ-Bindung erzeugt wird, und mit $1/(n = 2)^2 = \frac{1}{4}$ Ry für den $2s$-Zustand, und auf der anderen Seite des Heliums $\left(\frac{2}{(n=1)^2}\right)^2 = 4$ Ry (Abb. 13.17).

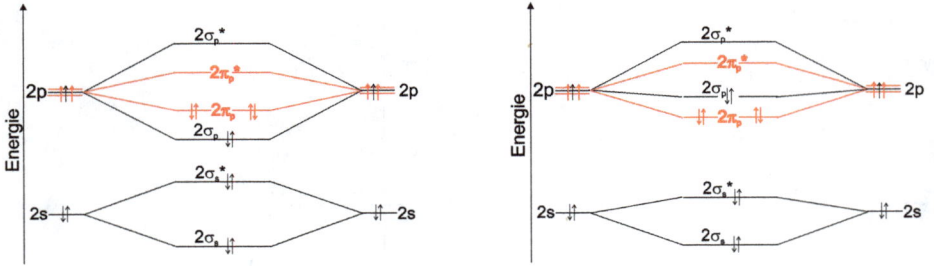

Abb. 13.16. Im homonuklearen N_2-Molekül wird die Anordnung der MOs durch sog. Konfigurationswechselwirkung (*CI*) geändert: der σ_{2s}^*-Zustand wird abgesenkt und der $2\sigma_p$-Zustand angehoben. Die beiden π-Zustände haben anderes Symmetrieverhalten und bleiben daher unbeeinflusst. Gegenüber dem erwarteten MO-Schema (lks.) liegen nun die π_{2p}-bindenden Zustände energetisch tiefer als der σ_{2p}-Zustand (re.).

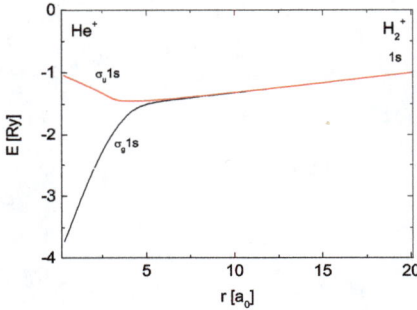

Abb. 13.17. Korrelationsdiagramm für die MOs des $H_2^+ \to$ He^+.

Das MO $\sigma_g 1s$ geht für $r \to 0$ in das „united atom" He^+ über. Dieses MO ist stark bindend. Das antibindende MO $\sigma_u 1s$ kann aber nicht mit dem totalsymmetrischen 2s-AO des He korrelieren, da es unter der Symmetrieoperation einer Inversion falsch transformiert. Daher muss es mit einem 2p-Orbital korrelieren. $\sigma_g 2s$ wird mit dem He-2s-AO korrelieren, wobei seine Energie abgesenkt wird.

Mit diesem Korrelationsdiagramm wird insbesondere der Sachverhalt der Kontraktion der MOs beim Annähern an die „united atom"-Approximation richtig beschrieben, denn das 1s-Orbital des Heliums hat auf Grund der im Vergleich zu Wasserstoff doppelten Kernladung eine wesentlich geringere Ausladung als das 1s-Orbital des Wasserstoffs, was wir aus den Gleichungen

$$R_{nl}(\rho) = \rho^l L_{n+l}^{2l+1}(\rho) \exp(-\rho/2) \tag{13.50}$$

und

$$\rho = \frac{4m_e Z e_0^2}{n\hbar^2} r = \frac{2Zr}{na_0} \tag{13.51}$$

mit Z der Kernladungszahl ersehen können. Für $Z = 2$ wird das $1s$-Orbital demnach wesentlich kompakter. Damit wird uns nahegelegt, einen besseren Ansatz für das $\sigma_g 1s$-MO zu testen, bei dem die $1s$-AOs steiler abfallen [110]:

$$1s = \sqrt{\frac{\zeta^3}{\pi}} e^{-\zeta r} \tag{13.52}$$

COULSON erhielt mit dem Variationsprinzip einen Gleichgewichtsabstand von 1,06 Å für einen Orbitalkoeffizienten ζ von 1,24, was eine Dissoziationsenergie von 2,25 eV ergab.

Ein damit unmittelbar zusammenhängender Effekt ist die gegenseitige Beeinflussung der Elektronen durch die jeweils anderen Kernladungen. Berücksichtigt man dies nicht, ist das Resultat für die Gesamtenergie nur unwesentlich schlechter, jedoch erhält man für die einzelnen Beiträge der potentiellen und kinetischen Energie meist drastische Abweichungen.

Z. B. ist die Gesamtenergie des H_2^+ negativer als die des H^+ und eines H, worin eben die Stabilität des H_2^+-Ions begründet ist. Nach dem Virialsatz bedeutet das ein Größerwerden der kinetischen und der potentiellen Energie. Verwendet man jedoch $1s$-Orbitale ohne Korrektur der Kontraktion, findet man eine Abnahme der kinetische, aber einen Anstieg der potentiellen Energie, und beim Gleichgewichtsabstand ist das Virialtheorem nicht erfüllt.

13.4.5 Mehratomiger Fall

Nun kümmern wir uns um Gerüste mit mehr als zwei Kernen. Dazu schreiben wir die Gl. (13.34) für n Zentren als

$$|\Gamma\rangle = \sum_{j=1}^{n} c_j |\Phi_j\rangle, \tag{13.53}$$

mit der wir die SCHRÖDINGER-Gleichung

$$\sum_{j=1}^{n} c_j \left(\mathbf{H} |\Phi_j\rangle - E |\Phi_j\rangle \right) = 0 \tag{13.54}$$

gewinnen. Wir lösen dieses Eigenwertproblem in bekannter Manier durch Multiplikation mit der konjugiert-komplexen Funktion von links

$$\sum_{i=1}^{n} \sum_{j=1}^{n} c_i c_j \underbrace{\langle \Phi_i | \mathbf{H} | \Phi_j \rangle}_{H_{ij}} - c_i c_j E \underbrace{\langle \Phi_i | \Phi_j \rangle}_{S_{ij}} = 0. \tag{13.55}$$

Differenziert man dieses Gleichungssystem partiell nach c_j (die Matrixelemente H_{ij} der HAMILTON-Matrix und S_{ij} der Überlappungsmatrix sind Konstanten), erhält man

$$2 \sum_{i=1}^{n} c_i \left(H_{ij} - ES_{ij} \right) - \sum_{i=1}^{n} \sum_{j=1}^{n} c_i c_j S_{ij} \frac{\partial E}{\partial c_i} = 0. \tag{13.56}$$

Im Energieminimum ist $\frac{\partial E}{\partial c_i} = 0$, so dass der Subtrahend verschwindet und

$$\sum_{i=1}^{n} c_i \left(H_{ij} - ES_{ij} \right) = 0 \tag{13.57}$$

übrigbleibt. Für die n Koeffizienten c_i finden wir n lineare, homogene Gleichungen. Diese lauten ausgeschrieben

$$\left. \begin{array}{l} (H_{11} - ES_{11})c_1 \; + \; (H_{12} - ES_{12})c_1 \; + \ldots + \; (H_{1n} - ES_{1n})c_1 \; = \; 0 \\ (H_{21} - ES_{21})c_2 \; + \; (H_{22} - ES_{22})c_2 \; + \ldots + \; (H_{2n} - ES_{2n})c_2 \; = \; 0 \\ \qquad\qquad\qquad\qquad\qquad\quad \vdots \\ (H_{n1} - ES_{n1})c_n \; + \; (H_{n2} - ES_{n2})c_n \; + \ldots + \; (H_{nn} - ES_{nn})c_n \; = \; 0. \end{array} \right\} \tag{13.58}$$

Nichttriviale Lösungen dieses Gleichungssystems gibt es nur dann, wenn die Koeffizienten-Determinante der c_i verschwindet:

$$\begin{vmatrix} H_{11} - ES_{11} & H_{12} - ES_{12} & \ldots & H_{1n} - ES_{1n} \\ H_{21} - ES_{21} & H_{22} - ES_{22} & \ldots & H_{2n} - ES_{2n} \\ & & \vdots & \\ H_{n1} - ES_{n1} & H_{n2} - ES_{n2} & \ldots & H_{nn} - ES_{nn}c_n \end{vmatrix} = 0. \tag{13.59}$$

In Kurzschreibweise erhalten wir für die n-dimensionale Säkulardeterminante

$$\left| H_{ij} - ES_{ij} \right| = 0. \tag{13.60}$$

Bevor man an die Lösung dieser wichtigen Determinante geht, müssen also mittels der jeweiligen AOs und des HAMILTON-Operators die Integrale H_{ij} und S_{ij} bestimmt werden. Einsetzen der Wurzeln von E in die Gl. (13.58) ergibt dann die Koeffizienten c_i.

In der als erstem Approach vielfach verwendeten *ZDO*-Näherung (**Z**ero **D**ifferential **O**verlap) werden nach HÜCKEL $S_{ii} = 1$ und $S_{ij} = 0$ gesetzt.

13.4.6 Hückelsche MO-Theorie

ERICH HÜCKEL formulierte bereits in den 1930er Jahren für π-Systeme eine besonders luzide Theorie für Elektronensysteme mit vollständiger Delokalisation. Wie sich im Verlaufe seiner Untersuchung herausstellte, sind diese Systeme alle eben, und ihr Prototyp ist die einfachste aromatische Verbindung, das Benzol. HÜCKEL machte folgende Annahmen:

- Vollständige Trennung von σ- und π-Elektronen.

- Es wird nur die oberste Elektronenschale berücksichtigt.

- Die als Basis-AOs verwendeten Funktionen sind orthonormiert.

- Die MOs werden aus geeigneten LCAOs zusammengestellt.

- Es gibt keine Wechselwirkung zwischen nicht benachbarten Zentren μ und κ, sondern nur zwischen benachbarten Zentren; sie erhalten die Nomenklatur $\mu\nu$:

$$\int_V \Phi_\mu \mathbf{H}_\mathrm{H} \Phi_\nu \mathrm{d}V = \langle \mu \,|\mathbf{H}_\mathrm{H}|\, \nu \rangle \neq 0, \qquad (13.61)$$

$$\int_V \Phi_\mu \mathbf{H}_\mathrm{H} \Phi_\kappa \mathrm{d}V = \langle \mu \,|\mathbf{H}_\mathrm{H}|\, \kappa \rangle = 0. \qquad (13.62)$$

- Die verschiedenen Atomorbitale sollen nirgendwo gleichzeitig endliche Werte haben (**Z**ero **D**ifferential **O**verlap, ZDO).

- Damit ist insbesondere das Überlappungsintegral S Null:

$$\int_V \Phi_\mu \Phi_\nu = \langle \mu |\, \nu \rangle = 0. \qquad (13.63)$$

- Damit enthält der HÜCKEL-Operator bereits die Topologie des (ebenen) Systems.

- Handelt es sich um ein System nur einer Atomsorte (Kohlenstoff-Gerüst), so ist das COULOMB-Integral für alle C-Atome α, das Resonanzintegral zwischen zwei benachbarten Zentren β. *α ist also die Energie eines Elektrons in einem π_p-Orbital des Kohlenstoffs vor der Wechselwirkung mit anderen Orbitalen, und β ist die Energie der Wechselwirkung zwischen Orbitalen benachbarter Atome.*

Mit diesen Axiomen lassen sich nun analog zur Zweizentren-Bindung sofort die HÜCKEL-Determinanten für ein beliebiges C-Gerüst angeben. Als didaktisches Beispiel wird das Benzol vorgestellt.

13.4.6.1 Gesamtenergie des Systems. Durch Aufsummierung der einzelnen Energien der MOs, gewichtet mit der Zahl der Elektronen, erhält man die Gesamtenergie:

$$E_\pi = \sum_{J=1}^{n} b_J \varepsilon_J. \tag{13.64}$$

13.4.6.2 Eigenwerte der Energie. Die Säkulargleichungen (13.58) werden mit den HÜCKELschen Vereinfachungen ($S = 0$, Wechselwirkung nur zwischen benachbarten Atomen μ und ν, $\alpha_A = \alpha_B = \alpha$) zu

$$\left. \begin{array}{rcl} c_A(\alpha - \varepsilon) + c_B \beta_{AB} &=& 0 \\ c_A \beta_{AB} + c_B(\alpha - \varepsilon) &=& 0; \end{array} \right\} \tag{13.65}$$

allgemein also

$$\sum_{\mu} \sum_{\nu} c_{\mu\nu}(\alpha - \varepsilon) + c_{\mu\nu}\beta_{\mu\nu} = 0, \tag{13.66}$$

wobei $\beta_{\mu\nu} = \beta$ Null, nur für $\nu = \mu \pm 1$ verschieden von Null. Dies wird üblicherweise mit $B_{\mu\nu}$ bezeichnet:

$$\sum_{\mu} \sum_{\nu} c_{\mu\nu}(\alpha - \varepsilon_\mu) + c_{\mu\nu}\beta B_{\mu\nu} = 0. \tag{13.67}$$

Mit der Bezeichnung

$$-x_\mu = \frac{\alpha - \varepsilon_\mu}{\beta}, \tag{13.68}$$

wobei α nur dann einen endlichen Wert hat, wenn $\mu = \nu$, was man mit dem KRONECKER-δ

$$\delta_{\mu\nu} = \left\{ \begin{array}{l} 1 \text{ für } \mu = \nu \\ 0 \text{ für } \mu \neq \nu \end{array} \right.$$

erfasst, wird

$$\sum_{\mu} \sum_{\nu} -c_{\mu\nu} x_\mu \delta_{\mu\nu} + c_{\mu\nu} B_{\mu\nu} = 0; \tag{13.69}$$

schließlich für die Säkulardeterminante, die auch HÜCKEL-Determinante genannt wird,

$$\mid B_{\mu\nu} - x_\mu \delta_{\mu\nu} \mid = 0. \tag{13.70}$$

Damit ergeben sich die Bestimmungsgleichungen für die Koeffizienten der einzelnen Energieeigenwerte zu

$$\sum_{\nu=1}^{n} c_\nu \left(B_{\mu\nu} - x_\mu \delta_{\mu\nu} \right) = 0, \tag{13.71}$$

das im Beisp. 13.3 zunächst für die HMO-Eigenwerte des Benzols ausgeführt
wird.

Beispiel 13.3 Determinante und Energie-Eigenwerte des Benzols in der HMO-
Näherung.

$$\begin{vmatrix} \alpha-\varepsilon & \beta & 0 & 0 & 0 & \beta \\ \beta & \alpha-\varepsilon & \beta & 0 & 0 & 0 \\ 0 & \beta & \alpha-\varepsilon & \beta & 0 & 0 \\ 0 & 0 & \beta & \alpha-\varepsilon & \beta & 0 \\ 0 & 0 & 0 & \beta & \alpha-\varepsilon & \beta \\ \beta & 0 & 0 & 0 & \beta & \alpha-\varepsilon \end{vmatrix} = 0,$$

oder, was dasselbe ist (Division durch β, und $\frac{\alpha-\varepsilon}{\beta}$ wird auf $-x$ gesetzt):

$$\begin{vmatrix} -x & 1 & 0 & 0 & 0 & 1 \\ 1 & -x & 1 & 0 & 0 & 0 \\ 0 & 1 & -x & 1 & 0 & 0 \\ 0 & 0 & 1 & -x & 1 & 0 \\ 0 & 0 & 0 & 1 & -x & 1 \\ 1 & 0 & 0 & 0 & 1 & -x \end{vmatrix} = 0. \tag{13.72}$$

Die Auflösung dieser Determinante in zwei Unterdeterminanten wird in Aufg. 13.14
durchgeführt, und es resultiert aus der Auflösung der Unterdeterminante 4. Grades

$$\begin{aligned} -2x\left(-2x^3+4x\right) - 4x^2 + 2\left(-4x^2+8\right) &= 0 \\ 4x^4 - 8x^2 \qquad\qquad - 4x^2 - 8x^2 + 16 &= 0, \end{aligned}$$

die Gleichung

$$x^4 - 5x^2 = -4, z = x^2$$

mit den Lösungen

$$x_{1,2} = \pm 2, x_{3,4} = \pm 1;$$

und aus der Unterdeterminanten 2. Grades nochmals

$$x_{5,6} = \pm 1$$

und damit die Eigenwerte

$$\varepsilon_i = \alpha + x_i \beta, \tag{13.73}$$

wobei die Zustände bei $x_i = \pm 1$ doppelt entartet sind.
Da α und β negative Energiegrößen darstellen, ergibt sich, dass positive Wurzeln
zu bindenden, negative Wurzeln dagegen zu antibindenden Zuständen gehören.
Damit ergibt sich folgendes Termschema (Abb. 13.18).

x_j (left axis, values -2, -1, 0, 1, 2)

B_{2g}; $\beta = -2{,}000$

E_{2u}; $\beta = -1{,}000$

E_{1g}; $\beta = 1{,}000$

A_{2u}; $\beta = 2{,}000$

x_j (right axis, values -2, -1, 0, 1, 2)

B_{2g}; $\beta = -2$

E_{2u}; $\beta = -1$

E_{1g}; $\beta = 1$

A_{2u}; $\beta = 2$

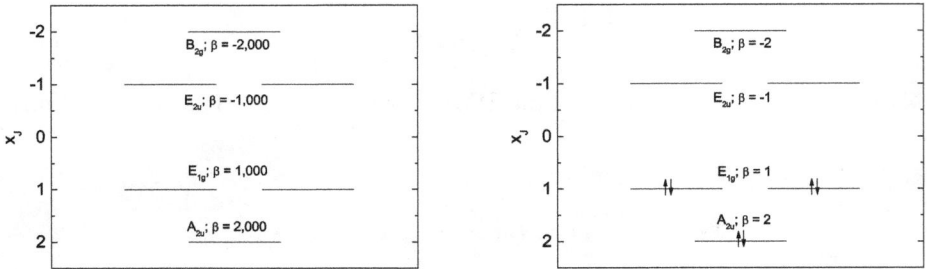

Abb. 13.18. Lks.: Das HÜCKELsche Termschema für Benzol in Einheiten von x_j und den zugehörigen Symmetrietypen der MOs mit den gruppentheoretischen Symbolen nach SCHOENFLIES. Re.: In die drei bindenden Zustände passen insgesamt sechs π-Elektronen hinein.

Wir stellen fest, dass es drei bindende und drei antibindende Zustände gibt, die symmetrisch um das Null-Niveau gruppiert sind. Die beiden obersten bindenden und die beiden untersten antibindenden Zustände sind doppelt entartet. Im Grundzustand passen die sechs π-Elektronen genau in die drei bindenden Zustände hinein. Bevor wir die Symmetrietypen der Zustände diskutieren, bestimmen wir noch die

13.4.6.3 Koeffizienten für die MOs. Die MOs sind Linearkombinationen der AOs, deren Koeffizienten nun genau mit den im Beisp. 13.3 gewonnenen Energieeigenwerten bestimmt werden:

$$\Psi_j = \sum_{i=1}^{i=n} c_{ji} \Phi_i \text{ mit } j = 1, 2, \ldots, n. \tag{13.74}$$

Aus n AOs werden gleich viele MOs konstruiert: LCAOs. Dies wird im Beisp. 13.4 für Benzol ausgeführt.

Beispiel 13.4 Benzol: Koeffizienten der HMOs für das n-te Energieniveau.

$$
\left.
\begin{aligned}
-x_n c_{n1} \quad +c_{n2} \qquad\qquad\qquad\qquad\quad +c_{n6} &= 0 \\
c_{n1} \quad -x_n c_{n2} \quad +c_{n3} \qquad\qquad\qquad\qquad &= 0 \\
c_{n2} \quad -x_n c_{n3} \quad +c_{n4} \qquad\qquad\quad &= 0 \\
c_{n3} \quad -x_n c_{n4} \quad +c_{n5} \qquad &= 0 \\
c_{n4} \quad -x_n c_{n5} \quad +c_{n6} &= 0 \\
c_{n1} \qquad\qquad\qquad\qquad\qquad +c_{n5} \quad -x_n c_{n6} &= 0
\end{aligned}
\right\} \tag{13.75}
$$

Mit den Energieeigenwerten aus Beisp. 13.2: $x_1 = 2, x_2 = x_3 = 1, x_4 = x_5 = -1, x_6 = -2$ wird z. B. für $n = 5$ für Gl. 13.75.1:

$$-(-1) \cdot c_{51} + c_{52} + c_{56} = 0,$$

Annahme: $c_{52} = c_{56} = 1 \Rightarrow c_{51} = -2$; für Gl. (13.75.2):

$$(c_{51} = -2) - (c_{52} = 1) \cdot (-1) + c_{53} = 0 \Rightarrow c_{53} = +1,$$

für Gl. (13.75.3):

$$(c_{52} = 1) + (c_{53} = 1) + c_{54} = 0 \Rightarrow c_{54} = -2,$$

für Gl. (13.75.4):

$$(c_{53} = 1) + (c_{54} = -2) + c_{55} = 0 \Rightarrow c_{55} = 1,$$

für Gl. (13.75.5):

$$(c_{54} = -2) + (c_{55} = 1) + c_{56} = 0 \Rightarrow c_{56} = 1,$$

(zur Probe) für Gl. (13.75.6):

$$(c_{51} = -2) + (c_{55} = 1) + (c_{56} = 1) = 0.$$

Diese Werte müssen noch durch Summenbildung der Quadrate und Division durch deren Wurzel ($\sum_{i=1}^{i=6} c_{5i}^2 = 12; 1/\sqrt{12} = 0{,}289$) normiert werden, so dass sich schließlich ergibt (Normierungsfaktor für die MOs 1 und 6: $\sqrt{1/6} = 0{,}408$, für die MOs 2 und 5: $\sqrt{1/12} = 0{,}289$, für die MOs 3 und 4: $\sqrt{1/16} = 0{,}25$):

$$\Psi_1 = \tfrac{1}{\sqrt{6}}\Phi_1 + \tfrac{1}{\sqrt{6}}\Phi_2 + \tfrac{1}{\sqrt{6}}\Phi_3 + \tfrac{1}{\sqrt{6}}\Phi_4 + \tfrac{1}{\sqrt{6}}\Phi_5 + \tfrac{1}{\sqrt{6}}\Phi_6$$

$$\Psi_2 = \sqrt{\tfrac{22}{12}}\Phi_1 + \sqrt{\tfrac{1}{12}}\Phi_2 - \sqrt{\tfrac{1}{12}}\Phi_3 - \sqrt{\tfrac{22}{12}}\Phi_4 - \sqrt{\tfrac{1}{12}}\Phi_5 + \sqrt{\tfrac{1}{12}}\Phi_6$$

$$\Psi_3 = \sqrt{\tfrac{4}{16}}\Phi_2 + \sqrt{\tfrac{4}{16}}\Phi_3 - \sqrt{\tfrac{4}{16}}\Phi_5 - \sqrt{\tfrac{4}{16}}\Phi_6$$

$$\Psi_4 = -\sqrt{\tfrac{4}{16}}\Phi_2 + \sqrt{\tfrac{4}{16}}\Phi_3 - \sqrt{\tfrac{4}{16}}\Phi_5 + \sqrt{\tfrac{4}{16}}\Phi_6$$

$$\Psi_5 = -\sqrt{\tfrac{22}{12}}\Phi_1 + \sqrt{\tfrac{1}{12}}\Phi_2 + \sqrt{\tfrac{1}{12}}\Phi_3 - \sqrt{\tfrac{22}{12}}\Phi_4 + \sqrt{\tfrac{1}{12}}\Phi_5 + \sqrt{\tfrac{1}{12}}\Phi_6$$

$$\Psi_6 = -\tfrac{1}{\sqrt{6}}\Phi_1 + \tfrac{1}{\sqrt{6}}\Phi_2 - \tfrac{1}{\sqrt{6}}\Phi_3 + \tfrac{1}{\sqrt{6}}\Phi_4 - \tfrac{1}{\sqrt{6}}\Phi_5 + \tfrac{1}{\sqrt{6}}\Phi_6.$$

Die Koeffizienten der sechs Wellenfunktionen sind in Abb. 13.19 in der Draufsicht dargestellt.

Wie man am Beispiel des Benzols sieht, sind die Energien der MO-Zustände symmetrisch zum Wert Null des Resonanzintegrals (Schwerpunktsatz). Das gilt auch für die Elektronendichten, die dem Quadrat der jeweiligen Wellenfunktion proportional sind.

Nun zur Erklärung der Termsymbole in Abb. 13.18. Dazu ziehen wir die Abbn. 13.19 und 13.20 heran, in der das Benzol in einer Schrägansicht mit den Elementen der Symmetrieoperationen dargestellt ist.

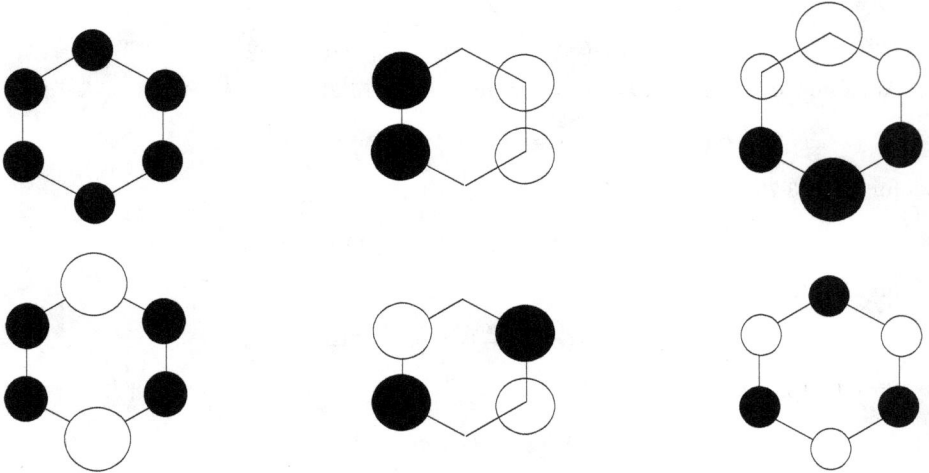

Abb. 13.19. LCAO-MOs von Benzol in der HÜCKELschen Näherung. Anhand der *Knödel-Plots* sieht man sehr schön die Knotigkeitsregel bestätigt: Mit steigender Orbitalenergie nimmt die Zahl der Knoten von 0 (l. o.) über 1 (zweifach entartet, o. M. + o. re.) nach 2 (u. lks. + u. M.) und schließlich 3 (r.u.) zu.

13.3 Benzol im Lichte der Gruppentheorie. Führt man eine Symmetrieoperation an einem Molekül aus, ist es nach dieser von der Ausgangskonfiguration nicht zu unterscheiden. Benzol als hochsymmetrisches „Oblatenmolekül" mit sechs C-Atomen, die hier in CCW-Richtung numeriert sind, weist eine sechszählige Drehachse (rot) senkrecht zur Molekülebene auf, dazu mehrere zweizählige Drehachsen senkrecht zu dieser. Hier ist eine davon in blau eingezeichnet. Damit gehört das Molekül zur Punktgruppe D_6. Da es zusätzlich noch Spiegelebenen aufweist, davon eine horizontal auf dem Molekül liegende (h) und andere, dazu vertikal (v) stehende, erhält es noch ein h im Index und gehört somit zur Punktgruppe D_{6h}.

Die Buchstaben A und B stehen für die beiden Drehachsen höchster Zähligkeit. Das ist im Benzolmolekül die Drehachse senkrecht zur Molekülebene, ihre Zähligkeit beträgt 6. Drehen wir in Abb. 13.20 um den Winkel $\frac{\pi}{6}$, erhalten wir ein zum Ausgangszustand unverändertes Bild der Topologie des Systems. Im untersten Orbital fällt ein positiver „Orbitallappen" auf einen positiven, damit ist diese Operation symmetrisch und erhält den Buchstaben A. Machen wir dasselbe im obersten Zustand, sehen wir, das der positive Orbitallappen nun auf einen negativen fällt: die Operation ist antisymmetrisch und die Operation erhält den Buchstaben B.

Senkrecht zur sechszähligen Drehachse gibt es weitere (zweizählige) Drehachsen. Führen wir diese Operation an beiden Zuständen mit der blau eingezeichneten Achse durch, sehen wir, dass weißer auf schwarzen Orbitallappen fällt: antisymmetrische Operation mit dem Index „2". Im anderen Fall würde eine „1" dort stehen.

Die Indizes „g" und „u" beziehen sich auf das Inversionszentrum. Diese Operation besteht aus zwei Schritten. Im ersten wird das Molekül mit einer zweizähligen

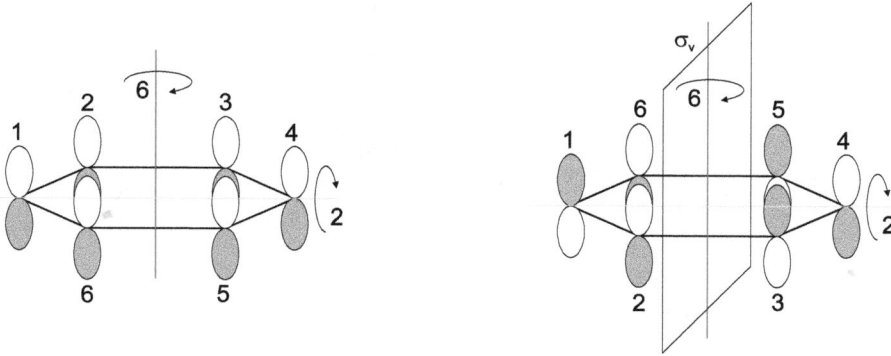

Abb. 13.20. Benzol als Oblatenmolekül gehört zur Punktgruppe D_{6h}. Lks.: Darstellung des Zustands A_{2u}. Die sechszählige Drehachse (rot) steht senkrecht auf der Molekülebene, mehrere zweizählige Achsen senkrecht dazu und liegen in der Molekülebene (hier eine in blau eingezeichnet). Beide treffen sich im Inversionspunkt. Das führt zur Punktgruppe D_6. Re.: Darstellung des Zustands B_{2g}. Zusätzlich weist das Molekül mehrere Spiegelebenen auf, sowohl senkrecht zur Molekülebene orientiert (v für vertikal), vor allem aber eine in der Molekülebene, also horizontal (h) orientierte. Dies wird im Symbol vermerkt, und nach SCHOENFLIES gehört das Benzol zur Punktgruppe D_{6h}.

Achse gedreht, im zweiten an der horizontalen Ebene gespiegelt. Beispielsweise fällt so im Zustand A_{2u} in der Abb. 13.20.1 der obere weiße Orbitallappen des Atoms ① auf den unteren, aber schwarzen Lappen des Atoms ④. Da das Vorzeichen umgekehrt wird, erhält der Zustand A_2 eben den zweiten Index „u". Umgekehrt wird bei derselben Operation am Zustand B_{2g} weißer auf weißer Orbitallappen und *vive versa* abgebildet. Daher erhält dieser Zustand zusätzlich den Index „g".

Mit dem Buchstaben „E" schließlich wird eine zweifache Entartung gekennzeichnet.

13.4.6.4 Das UV-Spektrum von Benzol.
Das HMO-Verfahren wäre nicht mehr als Gehirnakrobatik, würde es sich darauf beschränken, schöne Knödel-Plots zu liefern. Zwar kann es das experimentell erhaltene UV/VIS-Spektrum nicht quantitativ erklären, aber es kann — zusammen mit der Gruppentheorie — wesentliche Aussagen über die Symmetrietypen der Übergänge liefern.

Dazu gehen wir auch hier wieder historisch vor. Anfang der 1930er Jahre lag nämlich das UV-Spektrum des Benzols bereits vor, hier dargestellt in Abb. 13.21, einmal gegen die Wellenlänge, einmal gegen die Energie aufgetragen.

Das UV-Spektrum, gegen die Energie aufgetragen, zeigt drei starke Banden bei 180 nm (stärkste), bei 200 nm (Schulter) und bei 260 nm (mit Schwingungsfeinstruktur) sowie eine sehr schwache Bande bei 340 nm.

Die Berechnungen des HMO-Modells ergeben die Tab. 13.3, in der die Übergänge aufgeführt sind, und zwar ihre Energie in Einheiten von β und ihre erwartete Intensität; in Abb. 13.22 ist das modellmäßig dargestellt. Es sind also

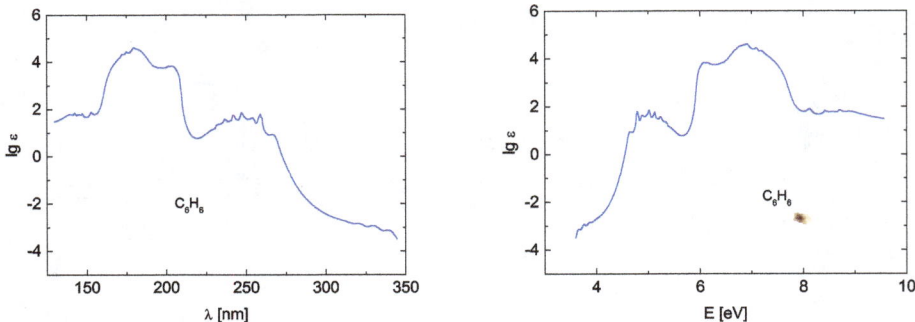

Abb. 13.21. Das UV-Spektrum des Benzols, gegen die Wellenlänge (lks.) und gegen die Energie (re.) aufgetragen [111].

Tabelle 13.3. Elektronische Übergänge im Benzol nach dem HMO-Modell. Energien in Einheiten von β und erwartete Intensität.

Übergang	Energie $[\beta]$	rel. Intensität
$A_{2u} \not\longrightarrow E_{2u}$	3	1
$A_{2u} \longrightarrow B_{2g}$	4	1
$E_{1g} \longrightarrow E_{2u}$	2	4
$E_{1g} \not\longrightarrow B_{2g}$	3	2

insgesamt zwei Übergänge möglich, denn nach den Auswahlregeln des *Elektrons im Kasten* (Abschn. 11.4) sind nur Übergänge von u → g erlaubt.

Aus dem HMO-Schema in Abb. 13.22 ermitteln wir die möglichen Übergänge. Der Grundzustand besteht aus den Zuständen $A_{2u}(2)$ und $E_{1g}(4)$ und hat die Symmetrie A_{1g}, da alle Orbitale doppelt besetzt sind [112]. Daher ist der Grundzustand total-symmetrisch. Der erste angeregte Zustand besteht aus den Zuständen $A_{2u}(2)$, $E_{1g}(3)$ und $E_{2u}(1)$, die die Symmetrieeigenschaften $E_{1g}(1)E_{2u}(1)$ ergeben.

Wie aus Abb. 13.22.1 ersichtlich, kann die Anregung sowohl zu einem Triplett- (schwarze Pfeile) wie zu einem Singulettzustand (rote Pfeile) führen. Im HMO-Modell findet keine Spindiskriminierung statt, und beide Zustände sollten die gleiche Energie aufweisen, nach den HUNDschen Regeln wird der Triplettzustand aber als um etwa 1 bis 2 eV stabiler erwartet. Das ist in Abb. 13.22.2 berücksichtigt.

Für die Darstellung des elektronischen Zustandes sind nur Zustände mit ungepaarten Elektronen von Bedeutung, hier also die beiden E-Zustände. *Die Symmetrie der daraus resultierenden Zustände resultiert aus dem direkten Produkt der zugehörigen irreduziblen Darstellungen*

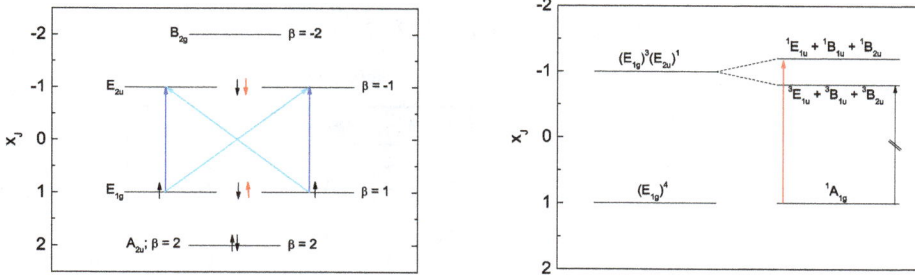

Abb. 13.22. Lks.: Die langwelligsten erlaubten $\pi \to \pi^*$-Übergänge des Benzols im HMO-Modell. Der angeregte Zustand kann sowohl ein Triplett- wie ein Singulettzustand sein (jener ist schwarz, dieser rot eingezeichnet). Re.: Die Wechselwirkung zwischen den beiden „open shell"-E-Zuständen resultiert in den drei Zuständen B_{1u}, B_{2u} und E_{1u}, jeweils im (energieärmeren, aber spinverbotenen) Triplett- als auch im (spinerlaubten) Singulett-Zustand (nach [113]).

$$E_{1g} \otimes E_{2u} = B_{1u} \oplus B_{2u} \oplus E_{1u}. \tag{13.76}$$

13.4 Der Grundzustand eines System mit einer Closed Shell. WIGNER zeigte 1930, dass das direkte Produkt jeder nichtentarteten Darstellung mit sich selbst immer die total-symmetrische Darstellung ergibt. Z. B. ist das tiefste Orbital des Benzols der Zustand A_{2u}, der von zwei Elektronen bevölkert wird, die demnach als a_{2u}-Elektronen kategorisiert werden, so dass sie die Elektronenkonfiguration a_{2u}^2 erzeugen. Ihr Beitrag zur Gesamtsymmetrie ist

$$A_{2u} \otimes A_{2u} = A_{1g},$$

da alle Darstellungen in einer Charaktertafel orthonormierte Vektoren sind. Als Endresultat transformiert der Grundzustand eines jeden molekularen Systems mit abgeschlossener Elektronenschale total-symmetrisch. Dies ist eine der wichtigsten Aussagen des WIGNER-Theorems, oft auch als WIGNER-ECKART-Theorem bezeichnet [114, 115].

Nach der im Abschn. 11.7 durchgeführten Analyse des Übergangsmoments unter gruppentheoretischen Aspekten ist es zwingend erforderlich, dass das direkte Produkt aus Ausgangs- und Endzustand unter Vermittlung des Dipoloperators die total-symmetrische Darstellung A_1 (in der Punktgruppe D_{6h} A_{1g}) enthält.

Dazu benötigen wir aus der Charaktertafel der Punktgruppe D_{6h} die Darstellungen der drei Basisvektoren x, y und z (Tab. 13.4).

Tabelle 13.4. Charaktertafel der Punktgruppe D_{6h}.

D_{6h}	E	$2C_6$	$2C_3$	C_2	$3C_2'$	$3C_2''$	i	$2S_3$	$2S_6$	σ_h	$3\sigma_d$	$3\sigma_v$	$h = 24$
A_{1g}	1	1	1	1	1	1	1	1	1	1	1	1	
A_{2g}	1	1	1	1	-1	-1	1	1	1	1	-1	-1	R_z
B_{1g}	1	-1	1	-1	1	-1	1	-1	1	-1	1	-1	
B_{2g}	1	-1	1	-1	-1	1	1	-1	1	-1	-1	1	
E_{1g}	2	1	-1	-2	0	0	2	1	-1	-2	0	0	(R_x, R_y)
E_{2g}	2	-1	-1	2	0	0	2	-1	-1	2	0	0	
A_{1u}	1	1	1	1	1	1	-1	-1	-1	-1	-1	-1	
A_{2u}	1	1	1	1	-1	-1	-1	-1	-1	-1	1	1	z
B_{1u}	1	-1	1	-1	1	-1	-1	1	-1	1	-1	1	
B_{2u}	1	-1	1	-1	-1	1	-1	1	-1	1	1	-1	
E_{1u}	2	1	-1	-2	0	0	-2	-1	1	2	0	0	(x, y)
E_{2u}	2	-1	-1	2	0	0	-2	1	1	-2	0	0	

Wir sehen, dass die entsprechenden Darstellungen dafür nach A_{2u} und E_{1u} transformieren, und wir bestimmen nun die drei direkten Produkte

$$\langle B_{1u} |\mu| A_{1g}\rangle \propto B_{1u} \begin{pmatrix} A_{2u} \\ E_{1u} \end{pmatrix} A_{1g} = \begin{pmatrix} B_{2g} \\ E_{2g} \end{pmatrix}, \tag{13.77}$$

$$\langle B_{2u} |\mu| A_{1g}\rangle \propto B_{2u} \begin{pmatrix} A_{2u} \\ E_{1u} \end{pmatrix} A_{1g} = \begin{pmatrix} B_{1g} \\ E_{2g} \end{pmatrix}, \tag{13.78}$$

$$\langle E_{1u} |\mu| A_{1g}\rangle \propto E_{1u} \begin{pmatrix} A_{2u} \\ E_{1u} \end{pmatrix} A_{1g} = \begin{pmatrix} E_{1g} \\ A_{1g} \oplus A_{2g} \oplus E_{2g} \end{pmatrix}. \tag{13.79}$$

Nur im Übergang $A_{1g} \to E_{1u}$ ist im Übergangsmoment die total-symmetrische Darstellung enthalten! Sie wird also die intensivste Bande erzeugen. Die beiden anderen hier untersuchten Übergänge (Gln. (13.77/78) werden die zwar spinerlaubten, jedoch orbitalverbotenen Übergänge sein. Daher ist ohne weitere Analyse die Zuordnung wie folgt (Abb. 13.23):

$$^1A_{1g} \to {}^1B_{2u} \text{ bei } 255\,\text{nm}$$
$$^1A_{1g} \to {}^1B_{1u} \text{ bei } 200\,\text{nm}$$
$$^1A_{1g} \to {}^1E_{1u} \text{ bei } 180\,\text{nm}.$$

Der spinverbotene Übergang $^1A_{1g} \to {}^3B_{1u}$ wird dem schwachen Übergang bei 340 nm zugeordnet.

Man sieht: durch Anwendung der Gruppentheorie lässt sich die HMO-Methode, in der die wichtige Elektron-Elektron-Wechselwirkung vollständig negiert wird, auch zur Interpretation komplexerer Spektren heranziehen.

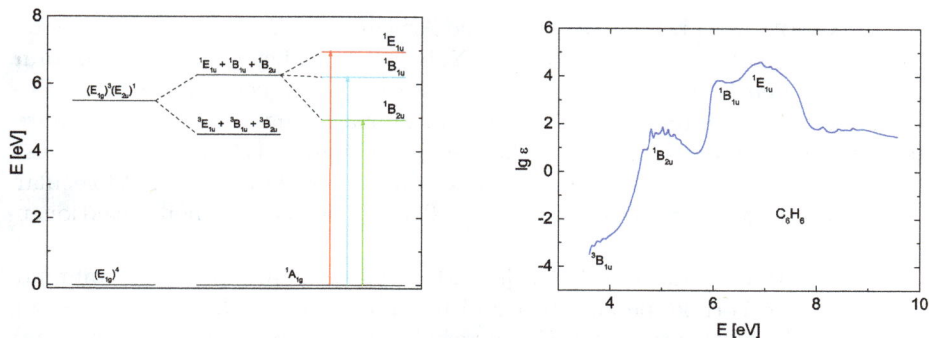

Abb. 13.23. Lks.: Die gruppentheoretische Analyse erlaubt die Zuordnung der drei langwelligsten UV-Banden des Benzols. Das Gap zwischen Singulett- und Triplettzustand ist mit 2 eV angenommen. Re. das indizierte Benzolspektrum.

13.4.6.5 Ausblick. Die Substitution von Heteroatomen (vor allem von N und O) durch parametrisierte COULOMB-Integrale, die Veränderung von Bindungsparametern über eine geeignete Variation des Austauschintegrals erweiterten sehr schnell das Anwendungsgebiet über die Theoretische Chemie hinaus. Dazu werden die reinen Kohlenstoffgerüste mit der gleichen Anzahl von π-Elektronen verwendet, das sind sog. „isokonjugierte Systeme", und die Stelle des mit einem Heteroatom substituierten C-Atoms mit dem entsprechenden COULOMB-Integral (in Einheiten von β) korrigiert. Z. B. ist das für das p-Chinon isokonjugierte System p-Chinodimethan. Die beiden Heteroatome bekommen in der HÜCKEL-Determinante ein COULOMB-Integral von $1 - x$ statt $-x$, weil der O-Kern die Elektronen bedeutend stärker anzieht als der C-Kern — das ist alles. Die freien Elektronenpaare der O-Atome können nicht in das konjugierte C-System integriert werden, da sie senkrecht auf diesem stehen (Abb. 13.24).

Abb. 13.24. Das para-Chinodimethan ist das isokonjugierte System des para-Chinons. Die freien Elektronenpaare der O-Atome können nicht in das π-System integriert werden, da sie senkrecht auf diesem stehen.

Den Höhepunkt ihrer Popularität erreichte die HMO-Theorie in den 1970er Jahren mit der Entwicklung der WOODWARD-HOFFMANN-Regeln durch R.B. WOODWARD und seines Schülers R. HOFFMANN etwa ab 1965, die durch Anwendung der HMO-Theorie die Stereoselektivität einer ganzen Reihe bekannter Namensreaktionen der Organischen Chemie lächerlich einfach deuten konnten, darunter die DIELS-ALDER-Reaktion [116].

Da WOODWARD bereits 1965 für seine Arbeiten zur Synthese von Naturstoffen (Chinin, Cholesterin, etc.) mit dem Nobelpreis geadelt worden war, bekam HOFFMANN den Preis 1981 zusammen mit ihrem japanischen Kollegen K. FUKUI. Dieser hatte durch die bahnbrechende Beobachtung, dass die molekulare Reaktivität in erster Linie durch die *Frontier*-Orbitale **HOMO** für **H**ighest **O**ccupied **M**olecular **O**rbital und **LUMO** für **L**owest **U**noccupied **M**olecular **O**rbital bestimmt wird, ein wesentliches Prinzip der chemischen Reaktionen aufgefunden.

Besonders bemerkenswert ist, dass Moleküle und ihre Dynamik während einer Reaktion korrekt beschrieben und prognostiziert werden konnten — zu einer Zeit, als die theoretischen Chemiker damit beschäftigt waren, (statische) Energieeigenwerte kleiner, dazu noch hochsymmetrischer, Moleküle auf mehrere Stellen hinter dem Komma berechnen zu wollen, was ihnen dann ja auch schließlich gelang.

Die Defizite der HMO-Methode, das ZDO und die vollständige Unterdrückung der Elektron-Elektron-Wechselwirkung wurden von der PARISER-POPLE-PARR- oder kurz *PPP-Methode* adressiert, begründet von POPLE und seinen Kollegen PARISER und PARR etwa zwanzig Jahre später [117] − [119].

13.4.6.6 Fazit. Durch die Beschränkung der Beschreibung der Bindungsverhältnisse auf die direkten Nachbaratome, die ZDO-Näherung, vor allem aber die vollständige Vernachlässigung der Elektron-Elektron-Wechselwirkung sind heuristische Vergleiche zur Beschreibung zahlreicher experimenteller Sachverhalte mit vergleichsweise niedrigem mathematischen Aufwand erzielbar.

13.5 Das H_2-Molekül

13.5.1 Austauschwechselwirkung

Wir haben Einelektronen-Bahnfunktionen zur Beschreibung verschiedener Eigenschaften von Atomen verwendet und teilweise verblüffend suggestive Ergebnisse erhalten. Dies soll jedoch nicht darüber hinwegtäuschen, dass dies trotz allem eine grobe Näherung ist. Dazu soll das folgende Beispiel der Austauschwechselwirkung (Austauschenergie) und Elektronenaffinität dienen: Benutzt man Einelektronen-Bahnfunktionen, um die Energie eines Mehrelektronatoms zu bestimmen, stellt man fest, dass dieser Eigenwert schlecht beschrieben wird. Diese Differenz, die hauptsächlich auf die Benutzung des gleichen Raums durch mehrere Elektronen zurückzuführen ist, ist nicht nur auf die gegenseitige Abschirmung der Kernladung durch Elektronen der gleichen Schale zurückzuführen, sondern auch auf die Austauschwechselwirkung, die zu einer Aufspaltung in zwei Klassen von Funktionen führt, den symmetrischen und antisymmetrischen.

So ist etwa das Ionisationspotential, insbesondere das von Alkaliatomen, mittels elektrostatischer Wechselwirkung recht gut modellierbar, nicht dagegen die Elektronenaffinitäten E_{EA} etwa der Halogene, die ja immer nur durch ein

Edelgasatom von den Alkalimetallen getrennt sind. Z. B. werden bei der Bildung eines Cl$^-$-Ions aus einem Cl-Atom und Elektronen 3,75 eV freigesetzt. Offenbar besteht aber keine COULOMBsche Wechselwirkung zwischen beiden Reaktionspartnern. *Die Wechselwirkung der Elektronen ist ein wesentlicher Teil der chemischen Bindung und mit verschiedenen quantenmechanischen Methoden quantitativ erfassbar.*

13.5.2 Das Pauli-Prinzip

Das PAULI-Prinzip beantwortet die Frage, welche Teilchen mit welcher Funktion zu beschreiben sind, klar mit: Für Fermionen muss die systembeschreibende Wellenfunktion antisymmetrisch sein, für Bosonen symmetrisch.

Wenden wir dieses Prinzip nun auf das einfachste Molekül, das Wasserstoffmolekül, an, dann fügen wir dem Grundzustand, einem σ-Orbital mit zwei Zentren A und B und einem Elektron, dem H$_2^+$-Ion, ein zweites Elektron hinzu:

$$H_2^+ + e^- \rightarrow H_2.$$

Mit dem Hinzufügen des zweiten Elektrons kommt nun die wichtigste Eigenschaft des Elektrons, seine Zugehörigkeit zur Klasse der Fermionen, ins Spiel. Die Forderung lautet weiterhin: Die das H$_2$-Molekül beschreibenden Funktionen müssen auch mit dem zweiten Elektron antisymmetrisch bleiben.

Zur Lösung dieses Problems sind bereits in der Frühphase der Quantenmechanik zwei unterschiedliche Ansätze entwickelt worden. Zur Beschreibung des Moleküls dient die Nomenklatur der Abb. 13.25 mit den Koordinaten der beiden Elektronen r_1 und r_2 und ihren AOs, den Einelektronen-Bahnfunktionen an den Kernen A und B[7] z. B.

$$\psi_A(r_1) \equiv \psi(r_{A1}) = \frac{1}{\sqrt{\pi a_0^3}} e^{-r_{A1}/a_0}$$
$$\psi_B(r_2) \equiv \psi(r_{B2}) = \frac{1}{\sqrt{\pi a_0^3}} e^{-r_{B2}/a_0}. \tag{13.80}$$

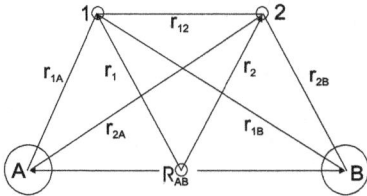

Abb. 13.25. Zur Nomenklatur der Konfiguration im H$_2$-Molekül mit den Kernen A und B und den Elektronen ① und ②.

---

[7]Wir verwenden die allgemein übliche Nomenklatur für die Bezeichnung der Kerne und Elektronen.

13.5.3 Heitler-London-Methode

HEITLER und LONDON entwickelten das erste auf der HEISENBERGschen Methode basierendes Modell, das PAULING später als Basis für seine **Valence-Bond-
Methode** diente. Beide Elektronen befinden sich in einem aus den Bahnfunktionen
der Gl. (13.81) entstandenen Orbital, das durch Bildung des **Produkts der
AOs** entsteht, und

$$\Phi = \frac{1}{N} \left(\psi(r_{A1})\psi(r_{B2}) \right) \tag{13.81}$$

ist die Wahrscheinlichkeitsamplitude, das Elektron ① am Ort A UND das Elektron ② am Ort B zu finden. Damit bewegen die beiden Elektronen sich nicht
unabhängig voneinander. Zwar überlappen die AOs, bleiben aber als solche
erhalten.

Mit dem ersten Ansatz eines VB-MOs ist zunächst die Feststellung verbunden,
dass die Anordnung

$$\Phi = \frac{1}{N} \left(\psi(r_{A2})\psi(r_{B1}) \right)$$

zur Konfiguration (13.81) gleichwahrscheinlich ist. Damit lautet der erste Ansatz
bei Vernachlässigen der Wechselwirkung zwischen den beiden Elektronen für die
Ortsanteile der beiden Funktionen

$$\Psi_{as} = \frac{1}{N_{as}} \left[\psi(r_{A1})\psi(r_{B2}) - \psi(r_{A2})\psi(r_{B1}) \right]$$
$$\Psi_{s} = \frac{1}{N_{s}} \left[\psi(r_{A1})\psi(r_{B2}) + \psi(r_{A2})\psi(r_{B1}) \right];$$

und mit den beiden Spinorbitalen resultieren die beiden Eigenfunktionen

$$\Psi_1 = \frac{1}{\sqrt{2+2S}} \left[\psi(r_{A1})\psi(r_{B2}) + \psi(r_{A2})\psi(r_{B1}) \right] \cdot \chi_{as}$$
$$\Psi_2 = \frac{1}{\sqrt{2-2S}} \left[\psi(r_{A1})\psi(r_{B2}) - \psi(r_{A2})\psi(r_{B1}) \right] \cdot \chi_{s}. \tag{13.82}$$

Mit der Nomenklatur des Kap. 9 [Gl. (9.177)] ist die symmetrische Spinfunktion das Triplett

$$\chi_s = \begin{matrix} \alpha\alpha \\ \alpha\beta + \beta\alpha \\ \beta\beta \end{matrix}$$

und die antisymmetrische Spinfunktion das Singulett

$$\chi_{as} = \alpha\beta - \beta\alpha.$$

Der HAMILTON-Operator dieses Systems ist

$$\mathbf{H} = \mathbf{H}_A + \mathbf{H}_B + \mathbf{H}', \tag{13.83}$$

wobei die ersten beiden Summanden die Operatoren der beiden ungestörten
H-Atome

$$\mathbf{H}_A = -\frac{1}{2}\nabla_1^2 - \frac{1}{r_A(1)} \wedge \mathbf{H}_B = -\frac{1}{2}\nabla_2^2 - \frac{1}{r_B(2)} \tag{13.84}$$

sind und im dritten die Wechselwirkung steckt, die aus den über Kreuz anzie-
henden COULOMBschen Wechselwirkung zwischen Kern A und Elektron ② resp.
Kern B und Elektron ① sowie der abstoßenden COULOMBschen Wechselwirkung
der beiden Elektronen und der beiden Kerne besteht:

$$\mathbf{H}' = -\frac{1}{r_{A2}} - \frac{1}{r_{B1}} + \frac{1}{r_{12}} + \frac{1}{R_{AB}}. \tag{13.85}$$

Die beiden Werte für die Energie dieses Systems resultieren aus

$$E_{1,2} = \langle \Psi_{1,2} | \mathbf{H} | \Psi_{1,2} \rangle$$

und ergeben sich analog zu dem beim H$_2^+$ explizierten Verfahren zu

$$E_{1,2} = 2E_H + \frac{K \pm A}{1 \pm S},$$

mit der Energie des H-Atoms

$$E_H = \int \Psi(r_{A1})^* \mathbf{H} \Psi(r_{A1}) \, \mathrm{d}^3 x_1, \tag{13.86}$$

dem COULOMB-Integral

$$K = \iint |\Psi(r_{A1})\Psi(r_{B2})| \, \mathbf{H}' \, |\Psi(r_{A1})\Psi(r_{B2})| \, \mathrm{d}^3 x_1 \, \mathrm{d}^3 x_2 \tag{13.87}$$

und dem Austausch-Integral

$$A = \iint |\Psi(r_{A1})\Psi(r_{B2})| \, \mathbf{H}' \, |\Psi(r_{A2})\Psi(r_{B1})| \, \mathrm{d}^3 x_1 \, \mathrm{d}^3 x_2. \tag{13.88}$$

Beachtet man, dass in Gl. (13.87) die Integration über die Koordinaten, die nicht
in den Operatoren involviert sind, jeweils Eins ergibt, und in Gl. (13.88) das
Überlappungsintegral

$$S = \int \Psi(r_{A1})\Psi(r_{B1}) \, \mathrm{d}x_1^3$$

als Konstante in dem Integral über $\mathrm{d}^3 x_2$ vor das Integral gezogen werden kann
und umgekehrt, lassen sich Gl. (13.87) und Gl. (13.88) mit der Entwicklung von
$\mathbf{H}'$ in jeweils vier Summanden zerlegen:

$$K = -\int \Psi(r_{A1}) \tfrac{1}{r_{B1}} \Psi(r_{A1})\, d^3x_1 - \int \Psi(r_{B2}) \tfrac{1}{r_{A2}} \Psi(r_{B2})\, d^3x_2$$
$$+ \iint \Psi(r_{A1})\Psi(r_{B2}) \tfrac{1}{r_{12}} \Psi(r_{A1})\Psi(r_{B2})\, d^3x_1 d^3x_2 + \tfrac{1}{R_{AB}} \; : \tag{13.89}$$

die ersten beiden Terme sind die jeweils attraktiven kreuzweisen Wechselwirkungen zwischen Elektron ① und Kern B resp. Elektron ② und Kern A, denen die repulsiven Wechselwirkungen zwischen den Elektronen (Summand ③) und den Kernen (Summand ④) gegenüberstehen — im Prinzip die klassische elektrostatische Wechselwirkung zwischen den beiden (neutralen!) H-Atomen; die Auswertung liefert etwa 5 % der Dissoziationsenergie des H_2-Moleküls, und

$$A = -S\int \Psi(r_{A1}) \tfrac{1}{r_{B1}} \Psi(r_{B1})\, d^3x_1 - S\int \Psi(r_{B2}) \tfrac{1}{r_{A2}} \Psi(r_{A2})\, d^3x_2$$
$$+ \iint \Psi(r_{A1})\Psi(r_{B2}) \tfrac{1}{r_{12}} \Psi(r_{A2})\Psi(r_{B1})\, d^3x_1 d^3x_2 + \tfrac{S^2}{R_{AB}}. \tag{13.90}$$

Es stellt sich heraus, dass beim Gleichgewichtsabstand die Summe der ersten beiden Terme absolut größer ist als die der beiden letzten, so dass das Austauschintegral negativ ist und (entscheidend) zur Bindung beiträgt.

Das Ergebnis der VB-Rechnung ist eine Bindungsenergie von $-3,14$ eV bei einem Gleichgewichtsabstand von $0,87$ Å, zum experimentellen Resultat von $4,75$ eV also eine Abweichung von über $51\,\%$. Verbesserungspotential liegt hier in der breiten Verwendung von STOs, wobei die Orbitalkoeffizienten ζ dicht bei Eins liegen, etwa der von WANG 1928 mitgeteilte Wert von $\zeta = 1,166$ [120].

13.5.4 LCAO-MO-Methode

Beginnen wir dagegen mit zwei Elektronen, die sich jedes für sich im energetisch tiefsten Zustand befinden und sich daher in großer Entfernung voneinander *unabhängig voneinander bewegen*. Bei Annäherung bis schließlich auf den Bindungsabstand wird eine Wechselwirkung quantenmechanischer und elektrostatischer Natur zu einer Veränderung der AOs der Gl. (13.80) führen, und die entstehende Gesamtwellenfunktion des Zweielektronensystems wird als **Summe aus Einelektronen-AOs** komponiert (MULLIKENscher Ansatz mit der LCAO-MO-Methode).

Zur Berechnung der Gesamtenergie des Systems muss wie beim Ansatz von HEITLER und LONDON der HAMILTON-Operator aus Gl. (13.13) wesentlich erweitert werden, und wir schreiben das analog zu den Gln. (13.83) − (13.85) (Abb. 13.25):

$$\mathbf{H} = -\frac{1}{2}\left(\nabla_1^2 + \nabla_2^2\right) - e_0^2\left(\frac{1}{r_{A1}} + \frac{1}{r_{B1}} + \frac{1}{r_{A2}} + \frac{1}{r_{B2}} - \frac{1}{r_{12}} - \frac{1}{R_{AB}}\right).$$

Die Eigenfunktionen zu diesem Operator entwickeln wir nach der Vorgabe LCAO-MO aus den ungestörten Atombahn-Eigenfunktionen (13.80) für $R \to \infty$, da das Molekül für $R \to \infty$ *per definitionem* in die beiden H-Atome H_A und H_B dissoziiert.

Dann stellen wir die Zweielektronenfunktion auf als Produkt der beiden MOs, die bei einer Permutation $r_1 \leftrightarrow r_2$ sich alternativ symmetrisch oder antisymmetrisch verhält:

$$\begin{aligned}
\Psi_s(r_1, r_2) &= \Psi_s(r_1) \cdot \Psi_s(r_2) \\
\Psi_{as}(r_1, r_2) &= \Psi_s(r_1) \cdot \Psi_{as}(r_2)
\end{aligned} \qquad (13.91)$$

mit

$$\begin{aligned}
\Psi_s(r_1) &= \frac{1}{\sqrt{2+2S_{AB}}} \left[\psi(r_{A1}) + \psi(r_{B1}) \right] \\
\Psi_s(r_2) &= \frac{1}{\sqrt{2+2S_{AB}}} \left[\psi(r_{A2}) + \psi(r_{B2}) \right] \\
\Psi_{as}(r_1) &= \frac{1}{\sqrt{2-2S_{AB}}} \left[\psi(r_{A1}) - \psi(r_{B1}) \right] \\
\Psi_{as}(r_2) &= \frac{1}{\sqrt{2-2S_{AB}}} \left[\psi(r_{A2}) - \psi(r_{B2}) \right],
\end{aligned}$$

wobei die symmetrischen und antisymmetrischen Funktionen Ψ_s und Ψ_{as} wegen der Gleichheit der Kerne achsen- resp. punktsymmetrisch zum Molekülzentrum sind.

Sowohl Ψ_s wie Ψ_{as} müssen, da sie Eigenfunktionen von Fermionen sind, antisymmetrisch sich verhalten. D. h. die Funktion (13.91.1) muss einen antisymmetrischen Spinanteil, die Funktion (13.91.2) dagegen einen symmetrischen Spinanteil aufweisen.

Also sehen die beiden Funktionen so aus:

$$\begin{aligned}
\Psi_1(r_1, r_2, s_1, s_2) &= \frac{1}{2+2S_{AB}} \left[\Psi_s(r_1) \cdot \Psi_s(r_2) \right] \cdot \chi_{as} \\
\Psi_2(r_1, r_2, s_1, s_2) &= \frac{1}{2-2S_{AB}} \left[\Psi_s(r_1) \cdot \Psi_{as}(r_2) \right] \cdot \chi_s.
\end{aligned} \qquad (13.92)$$

Der Spinanteil sorgt jeweils dafür, dass die Eigenfunktionen insgesamt ein antisymmetrisches Verhalten aufweisen. Aus der symmetrischen Ortsfunktion erhalten wir die vier Summanden

$$\Psi_1(r_1, r_2) = \frac{1}{2+2S_{AB}} \left(\begin{array}{l} \overbrace{\psi(r_{A1})\psi(r_{A2})}^{①} + \overbrace{\psi(r_{B1})\psi(r_{B2})}^{②} + \\ + \underbrace{\psi(r_{A2})\psi(r_{B1})}_{③} + \underbrace{\psi(r_{A1})\psi(r_{B2})}_{④} \end{array} \right) \qquad (13.93)$$

und aus der antisymmetrischen Ortsfunktion die vier Summanden

$$\Psi_2(r_1, r_2) = \frac{1}{2-2S_{AB}} \left(\begin{array}{l} \overbrace{\psi(r_{A1})\psi(r_{A2})}^{①} - \overbrace{\psi(r_{B1})\psi(r_{B2})}^{②} + \\ + \underbrace{\psi(r_{A2})\psi(r_{B1})}_{③} - \underbrace{\psi(r_{A1})\psi(r_{B2})}_{④} \end{array} \right). \qquad (13.94)$$

Mit der Gl. (13.93) berechnen wir den bindenden Zustand, um den wir uns hier kümmern; die Gl. (13.94) wird für den antibindenden Zustand verwendet. Dabei beschreiben die Summanden ③ und ④ Elektronenwolken an beiden Zentren und entsprechen den Erwartungen an die Gleichverteilung der Elektronendichte für ein unpolares Molekül. Bei weit entfernten H-Atomen beschreibt der letzte Term die Verteilung korrekt; bei Annäherung bis schließlich auf den Bindungsabstand gibt es Abweichungen, die vom dritten Term erfasst werden.

Dagegen beschreiben die ersten beiden Summanden eindeutig Asymmetrien der Verteilung. Wenn beide Elektronen sich an einem Kern aufhalten, dann bedeutet das umgekehrt Absenz von Elektronen am zweiten Kern, m. a. W.: das ist die Beschreibung eines ionischen Zustands in einem homonuklearen Molekül. In Gl. (13.93) tragen diese beiden Terme zu insgesamt 50 % Zustandswahrscheinlichkeit bei, während sich die ionischen Zustände im asymmetrischen Zustand eliminieren.

Das Auftreten dieser ionischen Zustände ist nicht prinzipiell unmöglich. Spontane Fluktuationen selbst kugelsymmetrischer Edelgasatome führen zu Asymmetrieen der Ladungsverteilung; und nur mit ihrer Existenz ist die Kondensation von Edelgasen erklärbar [121].

Selbst wenn die beiden ionischen Terme eher die Unzulänglichkeit eines simplen LCAO-MO-Ansatzes beim Wasserstoff offenlegen, können wir zumindest aus dieser Überlegung mitnehmen: „Schalten" wir im HAMILTON-Operator (13.85) die Elektron-Elektron-Wechselwirkung „aus", dann wird bei großer Entfernung der Kerne voneinander der mit der asymmetrischen Orts-Eigenfunktion (13.92.2) assoziierte Triplett-Zustand stabiler sein als der Singulett-Zustand (13.92.1).

Da es keine andere Möglichkeit gibt, als unter Spinpaarung den energetisch am tiefsten gelegenen Zustand zu besetzen, der zur symmetrischen Orts-Eigenfunktion gehört, liegt die Möglichkeit nahe, die ionischen Zustände $[E_{\text{Ion}}(\text{H}_2) = +13{,}59\ \text{eV}, E_{\text{EA}}(\text{H}_2) = -0{,}75\ \text{eV}]$ zu ignorieren und mit den Termen ③ und ④ eine Störungsrechnung 1. Ordnung in der gleichen Form wie für das H_2^+-Ion durchzuführen:

$$E_{1,2} \approx 2\, E(\text{H}_2^+) + \frac{1}{R_{\text{AB}}} + \frac{K \pm A}{1 \pm S}. \tag{13.95}$$

Das resultiert in $R_{\text{AB}} = 1{,}60\,a_0 = 0{,}85\ \text{Å}$ und $E_{\text{Diss}} = 2{,}68\ \text{eV}$. Auch beim H_2 ist die Übereinstimmung zu den Messgrößen ($R_{\text{AB}} = 1{,}40\,a_0 = 0{,}74\ \text{Å}$ und $E_{\text{Diss}} = 4{,}75\ \text{eV}$) sehr mäßig.

- Verbesserungspotential liegt — wie bei He und dem H_2^+-Ion — in der Variation des Orbitalexponenten (statt $\mathrm{e}^{-r/a_0}\ \mathrm{e}^{-\zeta r/a_0}$) [120]. Der Wert für ζ muss größer als Eins aber kleiner als Zwei sein — das wäre der Wert für das *united atom*, also He.

- Es ist nicht nur möglich, dass die Kerne ihre Elektronen gegenseitig austauschen, sondern auch, dass ionische Zustände entstehen, die im Falle dieser Methode zwingend gebildet werden [Gln. (13.94/95)], und deren „Ausschaltung" eine gewisse Willkür anhaftet. Im Falle $R \to \infty$ müssen die ionischen Anteile verschwinden. Durch die korrelierte Elektronenbewegung, die zwangsläufig durch die Aufstellung des MOs entsteht, ist das beim Ansatz von HEITLER und LONDON gar nicht möglich!

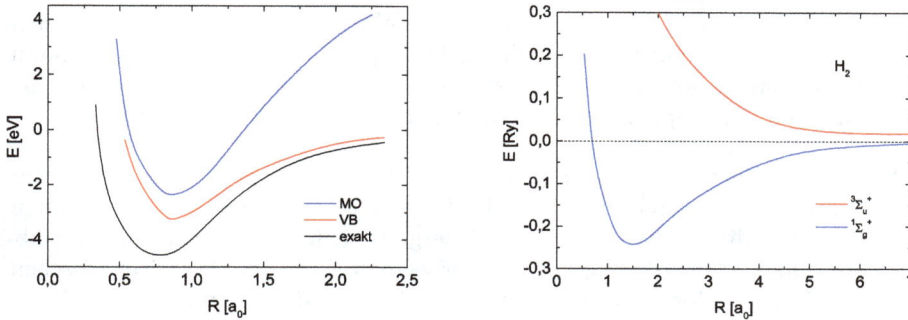

Abb. 13.26. Lks. Mit der LCAO-MO- und der VB-Methode berechnete Potentialkurven werden mit der gemessenen Potentialkurve verglichen. Das experimentelle Minimum wird nach dem Variationstheorem nicht erreicht. Der VB-Ansatz beschreibt die Situation bei großen Abständen R besser, während der MO-Ansatz zu absurd hohen Abweichungen führt. Re.: Experimentelle Potentialkurven des H$_2$.

Das VB-Ergebnis von HEITLER und LONDON ist deutlich besser als das mit der LCAO-MO-Methode erzielte (Abb. 13.26). Insbesondere bei großen Werten von R zeigt die LCAO-MO-Methode deutliche Abweichungen zum Experiment. Trotz des Ansatzes mit zwei isolierten H-Atomen entstehen nach dieser Theorie eben keine zwei H-Atome, sondern eine gemischte Konfiguration, die auch ionische Terme enthält und an die *mesomeren Grenzformeln* der PAULINGschen VB-Methode erinnert:

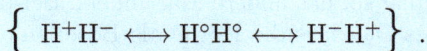

$$\left\{ \ H^+H^- \longleftrightarrow H^\circ H^\circ \longleftrightarrow H^-H^+ \right\} \ .$$

Der Energieaufwand für die ionische Konfiguration ist $E_{\text{Ion}} - E_{\text{EA}} = 12{,}8\,\text{eV}$, und die Moleküldissoziation erfordert $12{,}8/2 = 6{,}4\,\text{eV}$! Dieses Ergebnis und der vergleichsweise niedrige Aufwand sicherten der VB-Methode jahrzehntelang absolute Priorität über die MO-Methode trotz des bereits 1930 von E. HÜCKEL entwickelten HMO-Modells.

Was bedeutet das nun für die Energien der beiden Elektronen?

1. Weil die symmetrische Eigenfunktion im Ursprung nicht nur endlich ist, sondern sogar höhere Werte aufweist als die beiden Summanden im Abstand des Elektrons vom Kern von $0{,}70\,a_0$ ($0{,}371$ Å), muss die potentielle

(Coulomb-)Energie dort deutlich größere Werte aufweisen als die antisymmetrische Eigenfunktion. Genau hier werden die Elektronen von beiden Kernen angezogen und mindern die abstoßende Kraft zwischen den beiden Kernen — trotz der gegenseitigen Abstoßung der Elektronen. Dadurch werden die Bahnfunktionen deformiert. Weil sich in der neu entstandenen Kern-Kern-Verbindungsachse die Elektronendichte auf relativ engem Raum erhöht, steigt dort auch die kinetische Energie, während senkrecht dazu die Orbitale schrumpfen, und sich die kinetische Energie dort erhöht.

2. Andererseits wird durch das Fermi-Loch der Abstand der beiden Elektronen vergrößert, wodurch die Werte der kinetischen Energie beider Elektronen und auch die der Coulombschen Energie zwischen den Elektronen, die abstoßender Natur ist, (absolut) kleiner werden. Genau in der Mitte zwischen den Kernen, dort, wo die Elektronendichte bei der symmetrischen Eigenfunktion bemerkenswert hoch ist, muss die Dichte verschwinden. Daher kommt die eine Bindung favorisierende Konfiguration nie zustande, und es wird kein Minimum in der Potentialkurve beobachtet.

Im Ergebnis überwiegt bei der Bildung des H_2-Moleküls der erste den zweiten Effekt. Das Antisymmetrieprinzip steuert die Coulombsche Wechselwirkung. Dies ist nicht immer so. Wie wir den Überlegungen zum He-Atom entnommen haben, ist von den beiden möglichen Konfigurationen des angeregten Zustands $1s^1 \, 2s^1$ der Triplett- gegenüber dem Singulettzustand derart privilegiert, dass dafür sogar unterschiedliche Namen, nämlich ortho- und para-Helium, geschaffen wurden.

Die Schrödinger-Gleichung ist nicht spin-sensitiv. Die Eigenfunktionen, mit denen die Ergebnisse eines Zwei-Elektronen-Systems für den Grundzustand erzielt wurden, können allein mit dem Antisymmetrieprinzip ausgewählt werden.

Nun sind Moleküle oft aus beiden Spezies zusammengesetzt. In H_2 sind die beiden Kerne Fermionen, die beiden Elektronen auch. Aber im O_2-Molekül sind die Kerne Bosonen, die Elektronen aber Fermionen. Wie verhält es sich da? Die Antwort darauf ist: Je nachdem, welche Frage man an das Molekül stellt, antwortet es einmal so, das andere Mal anders. Beispielsweise zeigt uns das Rotationsspektrum des O_2, dass die Kerne als Bosonen agieren und sogar die sonst geltende Auswahlregel $\Delta J = \pm 1$ mit $\Delta J = \pm 2$ aushebeln.

13.5.5 Wechselwirkung von zwei Spins: Da capo

Wir haben mehrfach gesehen, dass das Antisymmetrieprinzip die Auswahl der Eigenfunktionen zur Bestimmung der Energieeigenwerte dominiert.

Gl. (13.96) zeigt uns, dass die Energien der beiden Zustände des H_2-Moleküls durch

$$E_{S,\,T} = 2\,E_{1s} + \frac{1}{R_{AB}} + \frac{K \pm A}{1 \pm S} \qquad (13.96)$$

mit E_{1s} der Energie eines H-Atoms beschrieben werden kann. Das COULOMB-Integral und die Kernabstoßung löschen sich in der Gegend der Bindungsabstände nahezu aus, und es verbleibt das Austauschintegral, auf das die Energieabsenkung des Gesamtsystems wesentlich zurückzuführen ist, und das damit proportional zur Differenz zwischen Singulett- und Triplettzustand ist. Genau hier versagt also das Argument, das PAULI-Prinzip treibe die Elektronen auseinander und reduziere damit die elektronische Abstoßung.

Zur Berechnung der Energie der beiden Zustände setzten wir in die SCHRÖDINGER-Gleichung zwei Eigenfunktionen ein, die sich durch ihr Symmetrieverhalten unterscheiden. Da global nur antisymmetrische Funktionen zugelassen sind, muss eine symmetrische Ortsfunktion durch eine antisymmetrische Spinfunktion nach dem mathematischen Prinzip $f(g) \otimes f(u) = g(u)$ antisymmetrisch gemacht werden, eine antisymmetrische Ortsfunktion durch eine symmetrische Spinfunktion in ihrem Verhalten nach $f(u) \otimes f(g) = g(u)$ nicht geändert werden.

Die treibende Kraft ist also das Antisymmetrieprinzip, und unser Weg zur Erreichung dieses Ziels ist die Multiplikation einer Funktion, die mit der Wahrscheinlichkeitsdichte assoziiert werden kann, mit der Spinfunktion.

Die Frage lautet: Erhalten wir mit der Spinfunktion eine energetische Diskriminierung zwischen Singulett- und Triplettzustand?

Dazu greifen wir auf die Resultate des Abschn. 9.9 zurück und betrachten die Annäherung zweier H-Atome, die jedes für sich einen Spin von $\alpha = \left| \frac{1}{2} \right\rangle$ und/oder $\beta = \left| -\frac{1}{2} \right\rangle$ aufweisen. Der Gesamtzustand in großer Entfernung besteht aus den Kombinationen $\alpha\alpha$, $\alpha\beta$, $\beta\alpha$ und $\beta\beta$ und ist vierfach entartet. Bei einem gewissen Abstand beginnt eine Aufspaltung in einen Singulett- und einen Triplett-Term, da $E_S \neq E_T$ ist. Die Besetzung dieser Zustände dominiert viele Eigenschaften eines Moleküls, und die Bestimmung der Eigenwerte des Spin-HAMILTON-Operators ist daher von großer Bedeutung.

Für jeden (elektronischen) Spinzustand gilt nach Gl. (9.174), dass

$$\left. \begin{array}{l} \mathbf{S}^2\alpha = s(s+1)\alpha \\ \qquad = \frac{3}{4}\alpha \\ \mathbf{S}^2\beta = \frac{3}{4}\beta, \end{array} \right\} \tag{13.97}$$

und damit für die zwei Elektronenspins der beiden H-Atome A und B, die sich als vektorielle Operatoren nach

$$\mathbf{S}_{\text{tot}} = \mathbf{S}_A + \mathbf{S}_B$$

verhalten, also für das Singulett nach $S(S+1) = 0$ und für das Triplett nach $S(S+1) = 2$ betragen, dass

$$(\mathbf{S}_{\text{tot}})^2 = S_A^2 + S_B^2 + 2\,\mathbf{S}_A \cdot \mathbf{S}_B.$$

Diese Eigenwerte für das Skalarprodukt betragen

$$\mathbf{S}_A \cdot \mathbf{S}_B = \left\{ \begin{array}{ll} \frac{1}{4} & \text{für das Triplett mit} \quad S = 1 \\ -\frac{3}{4} & \text{für das Singulett mit} \quad S = 0. \end{array} \right. \tag{13.98}$$

Damit das die Eigenwerte des Spin-HAMILTON-Operators werden, ist es ausreichend, eine Proportionalität zu fordern, und wir nennen die Proportionalitätskonstante A:

$$\mathbf{H}^{\text{Spin}} = A\mathbf{S}_A \cdot \mathbf{S}_B.$$

Die Multiplizität (Entartung) der Zustände beträgt auch hier

$$M = 2S + 1,$$

das Singulett mit $S = 0$ hat $m_s = 0$, das Triplett mit $S = 1$ dagegen drei Werte für m_s: $-1, 0, +1$.

Die zugehörigen Eigenzustände konstruieren wir aus der Basis der unkorrelierten Spins $\alpha\alpha$, $\beta\beta$, $\alpha\beta$ und $\beta\alpha$. Die ersten beiden sind symmetrisch, die beiden letzten können nicht klassifiziert werden, was allerdings durch deren Linearkombination $\frac{\alpha\beta\pm\beta\alpha}{2}$ gelingt (Tab. 13.5).

Tabelle 13.5. Die beiden Spinzustände Singulett ($S = 0$) und Triplett ($S = 1$) mit ihren charakteristischen Größen.

S	m_s	χ_s	$\mathbf{S}_A \cdot \mathbf{S}_B$
0	0	$\frac{\alpha\beta-\beta\alpha}{\sqrt{2}}$	$-\frac{3}{4}$
1	-1	$\beta\beta$	$\frac{1}{4}$
1	0	$\frac{\alpha\beta+\beta\alpha}{\sqrt{2}}$	$\frac{1}{4}$
1	$+1$	$\alpha\alpha$	$\frac{1}{4}$

Damit gehen wir nochmals in die Gl. (13.82) des HEITLER-LONDON-Ansatzes, der ja offenbar ein prinzipiell besserer Beginn als der MULLIKENsche Ansatz ist. Wir schreiben nun

$$\Psi_S = \tfrac{1}{\sqrt{2}}\left[\psi(r_{A1})\psi(r_{B2}) + \psi(r_{A2})\psi(r_{B1})\right] \cdot \chi_S$$
$$\Psi_T = \tfrac{1}{\sqrt{2}}\left[\psi(r_{A1})\psi(r_{B2}) - \psi(r_{A2})\psi(r_{B1})\right] \cdot \chi_T,$$

die bei normierten Spinfunktionen — die SCHRÖDINGER-Gleichung ist nicht spin-sensitiv — die Energien

$$E_S = \int \Psi_S^* \mathbf{H}\psi_S \, dr_1 \, dr_2$$
$$E_T = \int \Psi_T^* \mathbf{H}\psi_T \, dr_1 \, dr_2$$

liefert, deren Differenz sich mit der Auflösung der Gl. (13.96)

$$\begin{aligned}
\Delta &= E_S - E_T \\
&= \left(2\,E_{1s} + \tfrac{K+A}{1+S} + \tfrac{1}{R_{AB}}\right) - \left(2\,E_{1s} + \tfrac{K-A}{1-S} + \tfrac{1}{R_{AB}}\right) \\
&= \tfrac{K+A}{1+S} - \tfrac{K-A}{1-S} \\
&= 2\tfrac{A-KS}{1-S^2} \\
&\approx 2\,A
\end{aligned}$$

zu $2A$ erweist, da $S \ll 1$ ist, wie wir bei der Lösung des H$_2^+$-Problems gesehen haben. Damit haben wir gezeigt, dass insbesondere für eine schwache Wechselwirkung mit kleinem Überlappungsintegral S

$$E_S - E_T = 2 \int \psi(r_{A1})^* \psi(r_{B2})^* \mathbf{H} \psi(r_{A2}) \psi(r_{B1}) \, \mathrm{d}r_1 \, \mathrm{d}r_2$$
$$\approx 2A$$

(13.99)

ist. Dieses Integral nannte HEISENBERG *Austauschintegral* und bezeichnete es mit J, wobei $\mathbf{H}$ der in Gl. (13.85) aus vier Summanden definierte Operator ist.

Um das mit dem Spin-HAMILTON-Operator so zu verkoppeln, dass

- dieses Skalarprodukt mit der Differenz zwischen Singulett- und Triplett skaliert und

- der Singulett-Zustand den Eigenwert E_S und

- der Triplettzustand den Eigenwert E_T annehmen,

schreiben wir

$$\mathbf{H}^{\mathrm{Spin}} = \frac{1}{4}(E_s + 3E_T) - (E_S - E_T)\mathbf{S_A} \cdot \mathbf{S_B}.$$

Der Spin-HAMILTON-Operator besteht demnach aus zwei Teilen, einem konstanten, der die Summe der Energien der beiden Zustände, gewichtet um ihre Multiplizität, enthält, und einem Term, der mit der Differenz der beiden Zustände skaliert. Da der konstante Achsenabschnitt für alle Zustände gleich ist, kann man den Nullpunkt dieser Geradengleichung durch Umdefinition auch in den Ursprung legen und erhält dann die Gleichung für die Austauschwechselwirkung in der HEISENBERGschen Form:

$$\mathbf{H}^{\mathrm{Spin}} = -2J\mathbf{S_A} \cdot \mathbf{S_B}.$$

(13.100)

Mit dieser Gleichung haben wir eine Diskriminante für die Gesamtstabilität des Systems als Singulett oder Triplett gewonnen.

- Die Spinoperatoren sind als Drehimpulsoperatoren Vektoroperatoren. Der $\cos\varphi$ zwischen den beiden Vektoren $\mathbf{S_A}$ und $\mathbf{S_B}$ besitzt sein Maximum bei $\varphi = 0°$, also Parallelstellung oder Triplett, sein Minimum dagegen bei Antiparallelstellung mit einem Winkel von 180° oder Singulett.

- Ist $J > 0$, dann ist $E_S > E_T$, und der Triplettzustand mit $S = 1$ ist energetisch bevorzugt.

- Ist $J < 0$, ist der Singulettzustand mit $S = 0$ energetisch bevorzugt.

- In dem Skalarprodukt ist zwar eine Winkelabhängigkeit der beiden Spins zueinander enthalten, aber keine Abhängigkeit von einer externen Orientierung, etwa zu R. Das ist konsistent mit dem Sachverhalt der Unabhängigkeit des Spins von HAMILTON-Operator und SCHRÖDINGER-Gleichung.

- Gl. (13.100), hier abgeleitet für die beiden Elektronenspins zweier H-Atome, hat sich als universell einsetzbar erwiesen, wann immer es um Fragen der Kopplung von Spins geht (s. II, Kap. 6). Bei einer Wechselwirkung zwischen N Teilchen wird oft mit einer Wechselwirkung von $\frac{N}{2}$ Paaren begonnen.

13.6 Born-Oppenheimer-Näherung

Nachdem wir uns nun mit der einfachsten Beschreibung kleiner Moleküle beschäftigt haben, kommen wir zum Abschluss dieser Betrachtung auf die anfangs erwähnte Näherung von BORN und OPPENHEIMER zurück.

Ihr Ansatz beginnt mit der Bestimmung der Potentialfunktion, etwa einer MORSE-Kurve, also einer Energiekurve als Funktion der Kernkoordinaten, für jeden elektronischen Zustand. Die zugehörige Wellenfunktion hängt von den elektronischen Koordinaten ab.

Die so erhaltene Energie ist die potentielle Energie für das Problem der Kernbewegung, einer Oszillation, die im Minimum der Potentialfunktion mit dem Modell des harmonischen Oszillators beschrieben wird, das mit dessen Eigenfunktionen assoziiert ist.

Die Separation in diese zwei Bewegungen muss der vollständige HAMILTON-Operator enthalten, allgemein geschrieben mit großen Buchstaben für die Kerne und mit kleinen für die Elektronen (das <-Zeichen, damit die Terme nur einmal gezählt werden)

$$\mathbf{H}(r, R) = -\underbrace{\sum_K \frac{\hbar^2}{2m_K} \nabla_K^2}_{①} - \underbrace{\sum_i \frac{\hbar^2}{2m_e} \nabla_i^2}_{②} + \underbrace{\sum_{K<L} \frac{Z_K Z_L e_0^2}{R_{KL}}}_{③} + \underbrace{\sum_{i<j} \frac{e_0^2}{r_{ij}}}_{④} - \underbrace{\sum_{i,K} \frac{Z_K e_0^2}{r_{iK}}}_{⑤}.$$

$$(13.101)$$

Das spalten wir auf in die beiden Operatoren

$$\mathbf{H}_{\mathrm{n}}(R) = -\underbrace{\sum_K \frac{\hbar^2}{2m_K} \nabla_K^2}_{①}, \tag{13.102}$$

den Term der kinetischen Energie der Kerne, und

$$\mathbf{H}_{\mathrm{e}}(r,R) = -\underbrace{\sum_i \frac{\hbar^2}{2m_{\mathrm{e}}} \nabla_i^2}_{②} + \underbrace{\sum_{K<L} \frac{Z_K Z_L e_0^2}{R_{KL}}}_{③} + \underbrace{\sum_{i<j} \frac{e_0^2}{r_{ij}}}_{④} - \underbrace{\sum_{i,K} \frac{Z_K e_0^2}{r_{iK}}}_{⑤}, \tag{13.103}$$

den HAMILTON-Operator, der die Bewegung der Elektronen bei festen Abständen der Kerne zueinander beschreibt. Zur Beschreibung der potentiellen Energie sind drei Terme erforderlich. Während ③ und ④ die abstoßende Wechselwirkung der gleichsinnig geladenen Kerne resp. Elektronen untereinander beschreiben, wird die attraktive COULOMBsche Wechselwirkung zwischen Elektronen und Kernen durch ⑤ erfasst.

Der Gesamt-HAMILTON-Operator besteht aus den beiden Summanden

$$\mathbf{H}(r,R) = \mathbf{H}_{\mathrm{n}}(R) + \mathbf{H}_{\mathrm{e}}(r,R), \tag{13.104}$$

und offenbar hängt der Operator $\mathbf{H}_{\mathrm{e}}(r,R)$ zwar von den festen Positionen der beiden Kerne ab, aber nicht von deren Impuls! Dieser Anteil steckt nach Gl. (13.102) im Teil-Operator $\mathbf{H}_{\mathrm{n}}(R)$, der aber den Mangel aufweist, dass ihm der Operator der potentiellen Energie fehlt.

Unter der Annahme, dass die Bewegungen der Kerne und die der Elektronen getrennt werden können, also unabhängig voneinander sind, kann man wieder mit einem Produktansatz

$$\Psi(r,R) = \psi_{\mathrm{e}}(r,R)\Phi_{\mathrm{ne}}(R) \tag{13.105}$$

für die Gesamtwellenfunktion $\Psi(r,R)$ beginnen: Die nukleare Funktion hängt nur von den Kernkoordinaten R ab, die damit die unabhängige Veränderliche darstellen. Die elektronische Funktion dagegen hängt sowohl von den Elektronen- wie den Kernkoordinaten ab. Dabei spielt die Koordinate R lediglich die Rolle eines Parameters, die Koordinate r aber die einer Veränderlichen.

Der Eigenwert der Energie des ruhenden Moleküls ist gegeben durch

$$\mathbf{H}_{\mathrm{e}}(r,R)\psi_{\mathrm{e}}(r,R) = E_{\mathrm{e}}(R)\psi_{\mathrm{e}}(r,R) \tag{13.106}$$

mit den Eigenfunktionen des KEPLERschen Problems, und entsprechend die Eigenwerte für Bewegungen der Kerne durch

$$[\mathbf{H}_{\mathrm{n}}(R) + E_{\mathrm{e}}(R)]\Phi_{\mathrm{ne}}(R) = E\Phi_{\mathrm{ne}}(R) \tag{13.107}$$

mit den Eigenfunktionen des Harmonischen Oszillators.

Der Energieeigenwert E_e ist das Minimum einer Potentialkurve, etwa in Abb. 13.27, in der die Energie des zweiatomigen Moleküls I_2 als Funktion des Abstandes der beiden (ruhenden) Massenpunkte dargestellt ist.

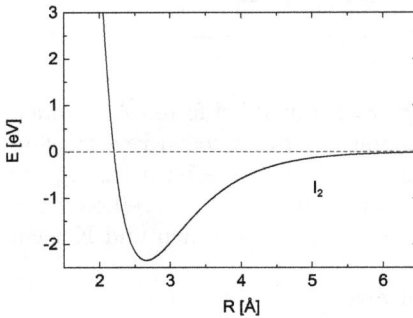

Abb. 13.27. Das Minimum einer Potentialkurve ist das Ergebnis der Lösung der elektronischen Eigenwert-Gleichung (13.86). Der Eigenwert E_e ist der elektronische Beitrag zur Gesamtenergie, dem die potentielle Energie der Kernabstoßung zugeschlagen wird (hier gezeigt am Beispiel des I_2-Moleküls).

Schreiben wir die Eigenwertgleichung aus den Gln. (13.104) und (13.105) mit

$$[\mathbf{H}_e(r, R) + \mathbf{H}_n(R)]\, \psi_e(r, R)\Phi_{ne}(R) = E\psi_e(r, R)\Phi_{ne}(R) \tag{13.108}$$

ausführlich an, dann finden wir im von $\mathbf{H}_e(r, R)$ abhängigen Teil eine fehlende Abhängigkeit der nuklearen Funktion von r, daher wird einfach

$$\begin{aligned}\mathbf{H}_e(r, R)\psi_e(r, R)\Phi_{ne}(R) &= \Phi_{ne}(R)\mathbf{H}_e(r, R)\psi_e(r, R) \\ &= \psi_e(r, R)E_e\Phi_{ne}(R),\end{aligned} \tag{13.109}$$

während aus dem Differentialterm von $\mathbf{H}_n(R)\Psi(r, R)$

1. Die vollständige Wellenfunktion eines Moleküls kann in einen elektronischen und nuklearen Anteil aufgespalten werden (BORN-OPPENHEIMER-Näherung).

2. Für unterschiedliche, aber fixierte, Kernpositionen wird der elektronische Anteil durch Lösen der Gl. (13.86) erhalten. Als abstandsabhängige Energie wird dabei eine typische MORSE-Kurve erhalten (Abb. 13.27).

3. Die so gewonnenen elektronischen Werte sind die in die Gl. (13.107) einzusetzenden Werte für $E_e(R)$, mit der die potentielle Energie der bewegten Kerne erfasst wird.

4. Die Wellenfunktion Φ_{ne} hängt zwar nicht von den Koordinaten der Elektronen ab, aber vom elektronischen Zustand des Moleküls, der etwa durch eine MORSE-Kurve beschrieben wird $\Rightarrow$ Jeder elektronische Zustand $\psi_e(r, R)$ hat seinen eigenen Satz von nuklearen Wellenfunktionen $\Phi_{ne}(R)$.

5. Die Gesamtenergie eines Moleküls beträgt folglich die Summe aus elektronischem Grundzustand und den Anteilen der nuklearen Energie

$$E = E_e + E_n. \tag{13.110}$$

- In der Schwingungsspektroskopie werden in Absorption Übergänge zwischen unterschiedlichen Schwingungsniveaus im elektronischen Grundzustand beobachtet. Die Schwingungsniveaus zeigen eine Feinstruktur aus Rotationsniveaus (Abschn. 9.15).

- Im UV/VIS-Bereich finden in Absorption Übergänge zwischen verschiedenen elektronischen Zuständen statt, die wiederum eine Schwingungs-Feinstruktur zeigen. Nur in schweren Molekülen finden signifikante Beiträge aus Zuständen oberhalb des Schwingungs-Grundzustandes statt (Abschn. 13.7.2).

$$\sum_K -\frac{\hbar^2}{2m_K} \left(\underbrace{\psi_e(r, R)\nabla_K^2\Phi_{ne}(R)}_{①} + \underbrace{2\nabla_K\psi_e(r, R)\nabla_K\Phi_{ne}(R)}_{②} + \underbrace{\Phi_{ne}(R)\nabla_K^2\psi_e(r, R)}_{③} \right)$$
$$\tag{13.111}$$

wird. Die Ableitungen von $\psi_e(r, R)$ nach den Koordinaten der Kerne sind endlich, aber klein, da sie durch die Kernmassen dividiert werden. Setzen wir die Terme ② und ③ auf Null, verbleibt

$$\mathbf{H}_n(R)\psi_e(r,R)\Phi_{ne}(R) = -\sum_K \frac{\hbar^2}{2m_K}\psi_e(r,R)\nabla_K^2\Phi_{ne}(R)$$
$$= \psi_e(r,R)\mathbf{H}_n(R)\Phi_{ne}(R), \tag{13.112}$$

in der Summe [Gln. (13.108), (13.109) und (13.112)]

$$\psi_e(r,R)\left[\mathbf{H}_n(R) + E_e\right]\Phi_{ne}(R) = E\psi_e(r,R)\Phi_{ne}(R),$$

womit wir nach Kürzen von $\psi_e(r,R)$

$$\left[\mathbf{H}_n(R) + E_e\right]\Phi_{ne}(R) = E\Phi_{ne}(R) \tag{13.113}$$

wieder bei Gl. (13.107) angekommen sind, da der elektronische Teil der Wellenfunktion nur einen Parameter darstellt. In der Realität bedeutet das die Entkoppelung der Bewegungen von Kernen und Elektronen. Sie gilt umso besser, je höher das Massenverhältnis $\frac{m_K}{m_e}$ ist, und wir somit die beiden Terme ② und ③ in der Gl. (13.111) verschwinden lassen dürfen. Von Null verschiedene Terme sind verantwortlich für *nicht-adiabatische* Effekte, die bei starker Wechselwirkung zwischen entarteten Elektronenzuständen beobachtet werden (JAHN-TELLER-Effekt). Dann verursachen die Terme ② und ③ eine signifikante Wechselwirkung zwischen den entarteten Zuständen, was zur Aufhebung der Entartung Anlass gibt, so dass der Einelektronen-Ansatz nach Gl. (13.105) keine gute Darstellung des Gesamtsystems ermöglicht.

13.7 Elektronenspektren

Während Schwingungsspektren im nahen IR-Bereich, etwa zwischen 4 000 und 100 cm^{-1}, angeregt werden, benötigt man für elektronische Übergänge den UV/VIS-Bereich, da die durch die Elektronen vermittelten Bindungsenergien zwischen Atomen einige eV betragen. Die Aufnahme eines Elektronenspektrums ist in Emission und in Absorption möglich.

13.7.0.1 Emissionsspektren. Ist die zu untersuchende Probe ein Gas, kann dieses direkt in einem Niederdruckplasma durch Stöße mit Elektronen in höhere Atom- oder Molekülzustände angeregt werden. Eine durch Radiofrequenz kapazitiv oder induktiv gekoppelte Entladung hat als sog. *athermisches Plasma* den Vorteil, dass die anzuregenden Atome oder Moleküle relativ kalt bleiben (maximal 2000 K oder $\frac{1}{5}$ eV), während die Elektronen Energien von einigen 10^4 K haben (1 eV entspricht 11 600 K) [64]. Das hat den Vorteil einer nur geringen Linienverbreiterung, bei der die LORENTZsche durch eine GAUSSsche Glockenkurve ersetzt wird. So gewinnt man *Emissionsspektren*, die eine bedeutende Rolle in der Plasmadiagnostik spielen. Wichtige Parameter wie die Elektronentemperatur werden mit der **O**ptischen **E**missions-**S**pektroskopie (OES) zugänglich, die 1980 von COBURN und CHEN durch Anregung eines Edelgases als *Actinometrie* begründet [122] und durch DONNELLY und MALYSHEV in den 1990er Jahren als **T**race **R**are

Gas-Optical Emission Spectroscopy (TRG-OES) mit der gleichzeitigen Anregung von Spuren mindestens zweier Edelgase wesentlich erweitert und verfeinert wurde [123]. Aber auch die Messung des relativ kalten Plasmakörpers selbst gelingt durch Anregung von geringer Zugaben von N_2 [124].

Im Folgenden beschränken wir uns auf Absorptionsspektren.

13.7.0.2 Absorptionsspektren. Zur Erzeugung eines kontinuierlichen Spektrums für die *Absorption* wird im VIS-Bereich etwa mit einem Wolfram-Draht oder auch mit Hochdrucklampen (H_2 oder Hg) gearbeitet, bei denen durch Druckverbreiterung der Linien die Breitbandigkeit gelingt. Die Anregung der kalten Atome oder Moleküle findet aus dem Grundzustand statt.

Es ist klar, dass die im Strahlengang befindlichen Instrumente, also Kollimatorlinse und Küvette, aus einem Material bestehen müssen, die möglichst weit in den UV-Bereich eine hohe Transparenz aufweisen, etwa hochreiner Saphir (Al_2O_3) oder SiO_2. Ultrasil von Heraeus ist bis 200 nm fast zu 100 % transparent, dann abfallend, aber bei 180 nm immer noch zu 80 %. Dort ist man aber bereits im Vakuum-UV, da die Luft sehr effektiv absorbiert.

Bei Durchstrahlung eines Probenvolumens kann die frequenzabhängige Schwächung zur quantitativ auswertbaren Messung der Absorption nach dem BEER-LAMBERTschen Gesetz verwendet werden — eine unverzichtbare Sonde in der Chemie. Beispiele sind die Aufnahmen sog. Farbkurven beim Studium von Übergangsmetallkomplexen oder die Farbstoffchemie.

Die Anregung von Elektronen geht einher mit Oszillationen des ganzen Moleküls. Da jeder Schwingungsübergang mit Rotationen assoziiert ist, deren Terme sehr viel enger beieinander liegen, wird aus dem Linienspektrum ein Bandenspektrum. Typisch für ein derartiges Bandenspektrum ist eine scharfe Grenze hin zu den niederen Frequenzen, während die hochfrequente Seite verwaschen ist.

Zur Interpretation der äußerst linienreichen Spektren, deren Systeme sich auch noch überlappen können, folgende Überlegungen:

- Werden Elektronen angeregt, erfolgt das derart rasch, dass die Atomkerne wegen der im Vergleich zu den Elektronen großen Trägheit ihren Abstand zueinander noch nicht geändert haben. Das Kerngerüst ändert sich noch nicht. Das ist das FRANCK-CONDON-Prinzip. Im Potentialdiagramm wird das durch einen senkrechten, nach oben zeigenden Energiepfeil bei $R = \text{const}$ gekennzeichnet (Abb. 13.28.1).

- Im mit einem Asterisken * bezeichneten angeregten Zustand wird mindestens eine Bindung deutlich geschwächt, so dass die Gleichgewichtsabstände nun größer als im Grundzustand sind (Abb. 13.28.2). Daher finden derartige Übergänge überwiegend in höhere oszillatorische Energieniveaus statt.

- Der Ausgangszustand wird mit $v'' = 0$ bezeichnet. Damit finden die häufigsten Anregungen bei einem Abstand von $r_0 \approx r_e$ statt. Erst für schwere Moleküle (von Br_2 an aufwärts) finden Übergänge auch aus Grundzuständen verschieden von Null statt. Für diese verschiebt sich das Maximum von $|\psi|^2$ allmählich nach außen zu den Umkehrpunkten.

- Ähnlich wie für atomare Elektronenspektren gilt keine Auswahlregel, und zwar weder für die Anregung der Elektronen noch die zusätzliche Anregung in Schwingungsniveaus, die wir für Übergänge innerhalb eines Elektronenzustandes zu $\Delta v = \pm 1$ gefunden hatten.

- Jedem elektronischen Zustand wird eine Potentialkurve zugeordnet, die etwa mit einer MORSE-Kurve approximiert werden kann.

- Jeder elektronische Zustand $\psi_e(r, R)$ hat seinen eigenen Satz von nuklearen Wellenfunktionen $\Phi_{ne}(R)$. Die Asymmetrie der Potentialkurve führt zu einem Zusammenrutschen der oszillatorischen Energieniveaus (s. Abschn. 8.3).

- Je ausgeprägter das Minimum der Potentialkurve — und wir hatten den Vorteil der MORSE-Kurve als analytischer Kurve beschrieben —, bei umso kürzeren Bindungsabständen ist dessen Wert lokalisiert. Schwache Bindung bedeutet folglich eine flache Potentialkurve.

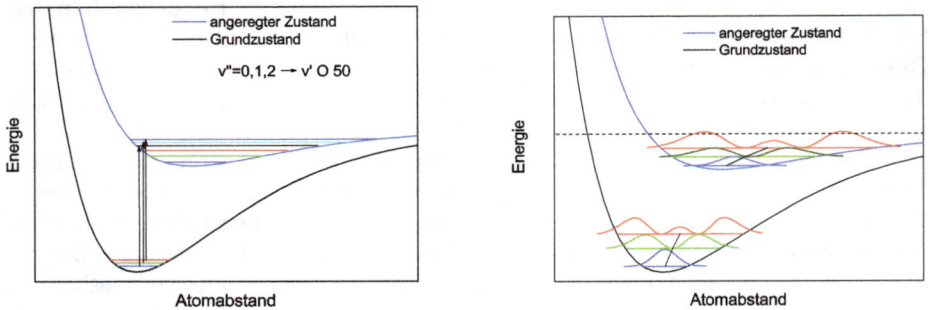

Abb. 13.28. Das Minimum einer Potentialkurve ist das Ergebnis der Lösung der elektronischen Eigenwert-Gleichung (13.106). Jeder Potentialkurve besitzt einen Satz von Kern-Eigenfunktionen für Oszillation (jeweils drei Niveaus für $v'' = 0, 1$ und 2 eingezeichnet, deren Länge die Variation der periodisch sich ändernden Atomabstände beschreibt), diese wiederum einen Satz von Rotationsfunktionen. Lks.: Wegen der Verschiebung der Potentialkurven mit schwächerer Bindung zu höheren Gleichgewichtsabständen finden elektronische Anregungen immer *vertikal* bei gleichem Kernabstand und damit überwiegend in höhere Schwingungszustände statt (FRANCK-CONDON-Prinzip), im I_2-Molekül ist das ein Sprung von $v'' = 0, 1, 2$ im Grundzustand bei r_e nach $v' \bigcirc 50$ in den ersten angeregten Zustand. Mit geringerer Wahrscheinlichkeit werden auch Übergänge zu niedrigeren v' beobachtet.

Re.: Wegen der starken Asymmetrie der Kurven nehmen die Abstände der Kerne mit steigendem v stark zu; die eingezeichneten schwarzen Linien verbinden die Mittelpunkte der periodischen Abstandsvariation. Zusätzlich eingezeichnet ψ^2 der Eigenfunktionen der Oszillation. Insbesondere für $v'' = 0$ ist zu beachten, dass die häufigsten Anregungen bei einem Abstand von $r_0 \approx r_e$ stattfinden.

Misst man in Absorption, findet man bei Auftragung des Extinktionskoeffizienten gegen die Wellenlänge dessen Maximum beim Übergang $v'' \to v'$. Je stärker die Gleichgewichtsabstände der beiden Zustände differieren, bei umso höheren Werten von v' liegt die stärkste Absorption. Für $r(v'') = r(v')$ dagegen ist das also bei der niedrigsten Energie oder größten Wellenlänge der Bande (Abb. 13.29).

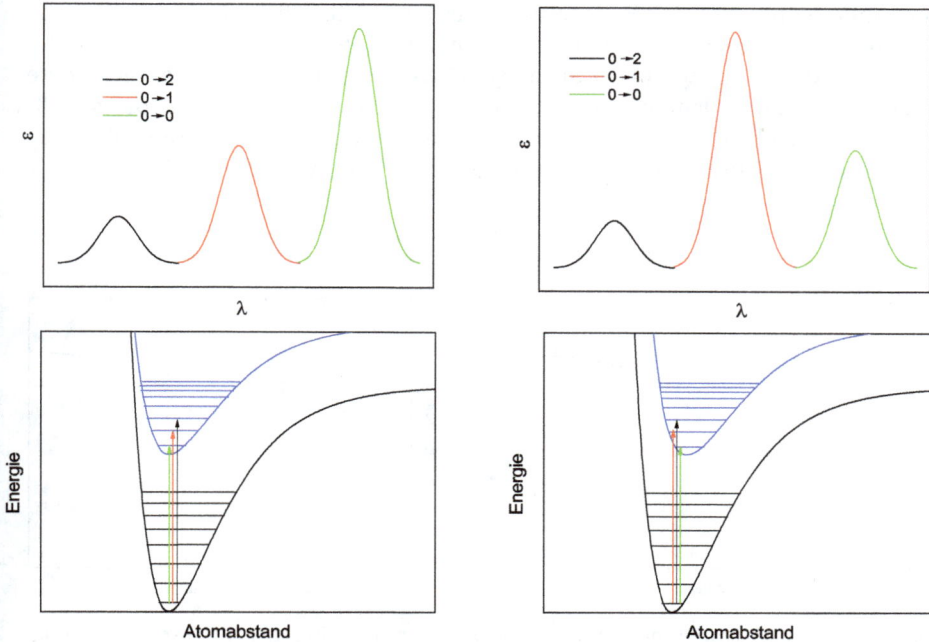

Abb. 13.29. O. lks.: Anregung von Elektronenspektren, weitestgehend aus dem Grundzustand mit $v'' = 0$) in einen angeregten Zustand mit $v' = 0$ und (o. re.) stärkste Anregung von hauptsächlich $v'' = 0$ in einen angeregten Zustand mit $v' = 1$. Aufgetragen ist der Extinktionskoeffizient ε gegen die Wellenlänge λ.
U. lks.: Da der langwelligste Übergang die höchste Intensität aufweist, muss das der Übergang $0 \to 0$ sein: $r_e^* = r_e$. U. re.: Da der mittlere Übergang die höchste Intensität aufweist, muss das der Übergang $0 \to 1$ sein: $r_e^* > r_e$.

Bei sehr unterschiedlichen Werten für den Gleichgewichtsabstand r_e werden folglich Schwingungungszustände mit sehr hohen v' erreicht (Abb. 13.30.1).

13.7.0.3 Zerfall angeregter Zustände. Strahlungsübergänge aus dem angeregten Niveau können sowohl nur Änderungen der Schwingungsquantenzahl betreffen, also Schwingungsrelaxation mit $\Delta v' = -1$, aber auch mit Änderungen des elektronischen Zustands assoziiert sein, also $\Delta n = -1$ oder höher (s. Abschn.

11.4). Durch die kaskadenartige Relaxation wird der Wert von v' um jeweils Eins erniedrigt, bis der Zustand mit $v' = 0$ erreicht worden ist (Abb. 13.30.2).

Während das energetische Ausräumen eines vibratorischen Zustands in der Gegend von 0,1 ps liegt, kann die Halbwertszeit eines elektronischen Zustandes mittels der EINSTEINschen Koeffizienten zu einigen 10 ns abgeschätzt werden (Abschn. 11.5). Das führt besonders bei größeren oder großen Molekülen zu Lebensdauern des angeregten Zustandes in der Größenordnung von etwa 0,1 ms. Zum anderen hat sich das Kerngerüst während der Zerfallskaskade auf die neue elektronische Umgebung adaptiert. Aus dem untersten Schwingungszustand findet nun der elektronische Zerfall des angeregten Zustandes statt; und das ausgesendete Licht ist gegenüber dem anregenden langwellig verschoben. Dieser Prozess heißt *Fluoreszenz* (Abb. 13.30.2). Die so entstehende Serie gibt nun Auskunft über die energetischen Distanzen der Schwingungszustände im Grundzustand.

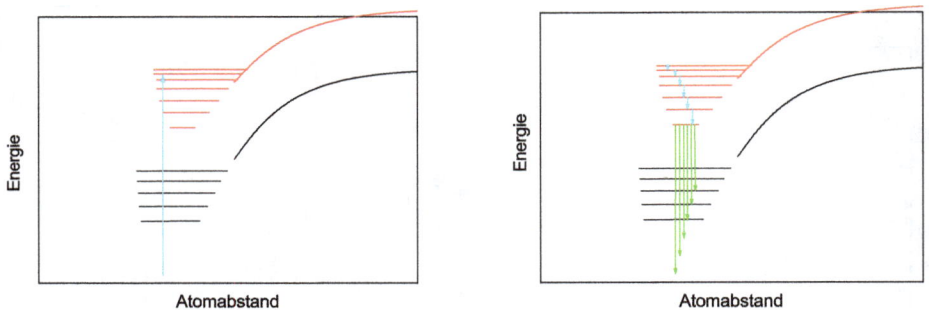

Abb. 13.30. Lks.: Anregung von Elektronenspektren (weitestgehend aus dem Grundzustand mit $v'' = 0$) in einen angeregten Zustand mit hohem v' und re. Emission aus höheren oszillatorischen Zuständen. Strahlungsübergänge im angeregten Niveau bedingen eine Änderung der Schwingungsquantenzahl. Das ist die Schwingungsrelaxation mit $\Delta v = -1$, die eine Serie im angeregten Zustand entstehen lässt, die mit $v' = 0$ ihr Ende findet (s. Abschn. 11.4). Von diesem Zustand aus findet der elektronische Zerfall in verschiedene vibratorische Niveaus des Grundzustandes statt; es entsteht nun eine Serie, aus denen sich die Energie der Schwingungsniveaus des Grundzustandes ergibt (Fluoreszenz).

13.7.0.4 Relaxation in der Dampf- oder flüssigen Phase. Relaxation durch Schwingungen ist nur in der Dampfphase beobachtbar (Abb. 13.30.2); dagegen finden auf Grund der um einen Faktor 1 000 gegenüber der Dampfphase erhöhten Teilchenzahldichte in einer Flüssigkeit zahlreiche Stöße mit anderen Molekülen, meist des Solvens, statt. Auf diese Weise wird die Strahlungsenergie *strahlungslos* dissipiert, wodurch sich die Flüssigkeit erwärmt. Dieser Unterschied ist drastisch zu sehen bei Erwärmung eines Garguts im Mikrowellenofen, der bei 2,45 GHz betrieben wird und Rotationen des H_2O-Moleküls anregt, die effektiv durch Stöße relaxieren. Der Wasserdampf in der Luft erwärmt sich nur unwesentlich,[8] zum einen wegen der geringen Dichte, die eine geringe Wärmekapazität nach sich zieht, zum anderen wegen der fehlenden Stoßpartner.

Als Ergebnis dieser strahlungslosen Relaxation ist der unterste Schwingungszustand $v' = 0$ dann hoch bevölkert, und man beobachtet eine starke Fluoreszenz. Den Einfluss der Stöße kann man erfolgreich durch den Einbau des anzuregenden Moleküls in eine Matrix supprimieren. Dazu löst man es in einem geeigneten Solvens auf, das bei Unterschreitung des Schmelzpunkts zu einem Glas erstarrt. Oft wird Borsäure verwendet; für organische Moleküle hat sich eine Lösung aus Ethanol, Isopentan und Ether bewährt, die man in der Literatur unter EPA findet.

Wie effektiv diese Prozesse dazu beitragen, Energie inter- und intramolekular, insbesondere in Abhängigkeit der Teilchenzahldichte, zu dissipieren, ist Gegenstand intensiver Forschung [125].

13.7.0.5 Auswertung eines Absorptionsspektrums. Die (sehr aufwendige) Aufgabe, ein Elektronenspektrum mit unter Umständen mehreren Systemen von übereinanderliegenden Schwingungsspektren zu analysieren, gelingt mit einem BIRGE-SPONER-Plot.

Man gewinnt aus dem aufgenommenen Spektrum Intensitäten gegen Wellenzahlen und ordnet einen am besten in der Mitte liegenden Übergang $\overline{\nu_{v'' \to v'}}$ einem Literaturwert v' zu. Hat man das richtige v'' (entweder 0, 1 oder maximal 2) getroffen, müssen alle Linienzuordnungen stimmen. Nun bildet man nach Gl. (8.113) die Differenz $A_{v'}$ zweier Schwingungsterme, deren Werte wegen der Anharmonizität mit höherem v schrumpfen:

$$A_{v'} = G_{v'' \to v'+1} - G_{v'' \to v'}, \tag{13.114}$$

was mit E'_{Diss} der Dissoziationsenergie des angeregten Zustandes

$$A_{v'} = \hbar\omega'_0 - \frac{(\hbar\omega'_0)^2}{2E'_{\mathrm{Diss}}} - \frac{(\hbar\omega'_0)^2}{2E'_{\mathrm{Diss}}} v'$$

dann

$$A_{v'} = \hbar\omega'_0 - \frac{(\hbar\omega'_0)^2}{2E'_{\mathrm{Diss}}} (v' + 1) \tag{13.115}$$

ergibt. Für das Kontinuum ist $A_{v'} = 0$, d. h. die Nullstelle der fallenden Geraden sollte v'_{Diss} ergeben und der Achsenabschnitt E'_0 (Abb. 13.31).

Damit wird die Dissoziationsenergie das Integral unter der mit der Steigung $-\frac{(\hbar\omega'_0)^2}{2E'_{\mathrm{Diss}}}$ fallenden Geraden

$$v' \to A_{v'}$$

mit Achsenabschnitt $E'_0 = \hbar\omega'_0$.

Aus den BIRGE-SPONER-Plots gewinnen wir also

- die Anharmonizität $\overline{x_e}$ über die Nullstelle der fallenden Geraden,

---

[8]Die Luftmoleküle selbst, N_2 und O_2, können wegen des fehlenden Dipolmoments nicht zu Rotationen angeregt werden.

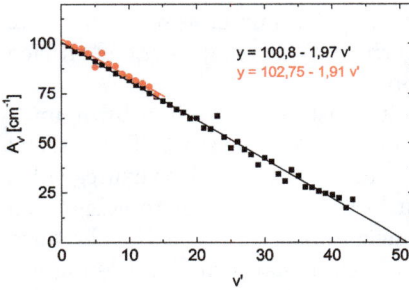

Abb. 13.31. Die Auftragung der Differenzen der Schwingungsterme gegen v' ermöglicht nach BIRGE und SPONER die Bestimmung von v'_{Diss} in Ioddampf [65]. Schwarz: $v'' = 0$, rot: $v'' = 1$. v'_{Diss} wird zu 52 gefunden.

- die Dissoziationsenergie entweder durch Rechnung oder numerisch durch das Integral unter der Geraden,

- die für die Bestimmung der Valenzkraftkonstanten k wichtigen Größe $\overline{\omega_e}$, auch für die angeregten elektronischen Zustände.

Dies ist in Abb. 13.32 für die ersten beiden Systeme für I_2 gezeigt, aus der man für das Bandensystem von $v'' = 0 \to v'$ ein v'_{Diss} von 50 und für das Bandensystem von $v'' = 1 \to v'$ ein v'_{Diss} von 54 findet. Die als MORSE-Kurven angenäherten Potentialkurven weisen Minima bei 2,66 bzw. 2,98 Å auf.

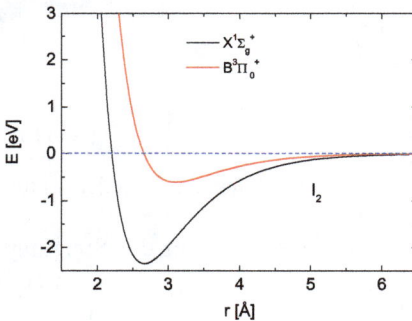

Abb. 13.32. Die ersten beiden nach MORSE angenäherten Potentialkurven des Iods des Singulett-Grundzustandes $X^1\Sigma_g^+$ und des angeregten Zustandes $B^3\Pi_{u_0^+}$.

Da man sowohl in Absorption wie in Emission arbeiten kann, sind die hochaufgelösten Elektronenspektren sehr wertvoll zur Bestimmung der Potentialkurven.

Im Vergleich zu den in den Kap. 8 und 9 getroffenen Feststellungen zu den Schwingungs- resp. Rotations-Schwingungsspektren gewinnt man aus den Elektronenspektren auch Aussagen über die Potentialkurve des angeregten Moleküls, da oft Zustände mit teilweise sehr hohen v'-Quantenzahlen bis hin zur Dissoziation erreicht werden. Der Wert für die Dissoziationsenergie kann aus Rotations-Schwingungsspektren nur als abgeleitete Größe erschlossen werden.

13.8 Abschließende Bemerkung

Die Wechselwirkung von Atomorbitalen „aus dem Lehrbuch" kann unter Vernachlässigung der Elektron-Elektron-Wechselwirkung nur im einfachsten Molekülion, dem H_2^+, untersucht werden, eben deswegen, weil hier das zweite Elektron fehlt. Bei allen anderen Molekülen müssen für einfache Modelle drastische Vereinfachungen angewendet werden. Bereits wenige Jahre nach der Geburt der Quantenmechanik schuf ERICH HÜCKEL unter Verzicht auf die Berücksichtigung der Elektron-Elektron-Wechselwirkung sein einfaches Modell. Aber bereits damit gelingen tiefe Einblicke in das molekulare Geschehen.

Das hier eingeführte Variationstheorem ist seit vielleicht sechzig Jahren zu *der* Methode der Bestimmung von Eigenwerten avanciert; seine leichte Handhabung der Linearen Algebra erscheint geradezu erschaffen für Computer.

Das um Größenordnungen unterschiedlichen Massenverhältnis von Elektron und Kernen erlaubt eine Trennung der Dynamik der beiden unterschiedlichen Ladungsträger; von der BORN-OPPENHEIMER-Näherung machten wir bei den Elektronenspektren bereits Gebrauch. Dies kommt auch im FRANCK-CONDON-Prinzip zum Tragen.

13.9 Aufgaben und Lösungen

13.9.1 Überlappungsintegral

Aufgabe 13.1 Einem $d_{x^2-y^2}$-Orbital nähere sich entlang der x-Achse ein s-, p_x-, p_y- oder ein p_z-Orbital. Zwischen welchen Orbitalen kommt es zu einer σ- bzw. π-Bindung? Zeichnen Sie qualitativ den Verlauf von $S(R)$!

Lösung. Das Überlappungsintegral für die σ-Bindungen zwischen dem $d_{x^2-y^2}$-Orbital und dem s- und dem p_x-Orbital ist prinzipiell identisch. Die anderen beiden sind Null. Exemplarisch ist das an der σ-Bindung zwischen dem $d_{x^2-y^2}$-Orbital und dem s-Orbital gezeigt (Abb. 13.33). Die beiden anderen sind Null.

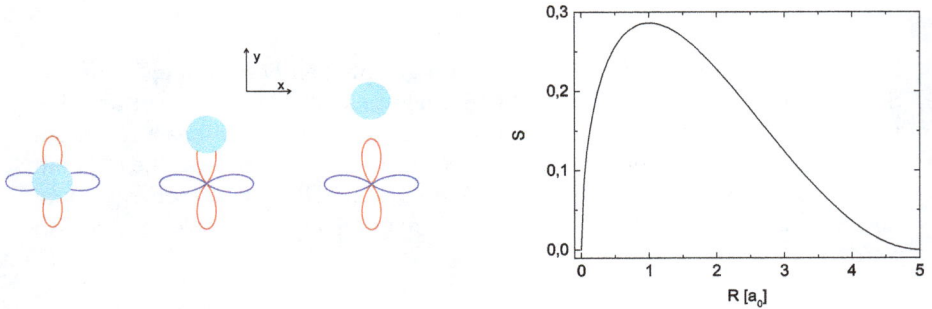

Abb. 13.33. Das Überlappungsintegral für die σ-Bindung zwischen dem $d_{x^2-y^2}$-Orbital und dem s-Orbital in drei verschiedenen Stadien: lks.: *united atom* ($R = 0$), ausgebildete Bindung ($R = R_{\text{max}}$) und verschwindende Wechselwirkung ($R \to \infty$), re. der prinzipielle Graph.

Aufgabe 13.2 Wie sieht die Ausbildung einer σ-Bindung aus zwei p-Funktionen im bindenden und antibindenden Zustand aus? Zeichnen Sie Contourplots und qualitative Überlappungsintegrale von $R = 0$ (*united atom*) bis $R \to \infty$.

Lösung. Zwei p-Funktionen erzeugen eine σ-Bindung, wenn die Funktionen in der Kern-Kern-Verbindungsachse orientiert sind. Um ein positives Überlappungsintegral S zu erzeugen, müssen sie symmetrisch ausgerichtet sein. Im antibindenden Fall σ^* sind die Funktionen antisymmetrisch zueinander orientiert (Abb. 13.34).

Aufgabe 13.3 Bestimmen Sie mit dem Bindungsabstand $R = 0{,}742$ Å das Überlappungsintegral im H_2-Molekül mit der Formel

$$S = \langle \Phi_A \, | \, \Phi_B \rangle = e^{-\frac{R}{a_0}} \left[1 + \frac{R}{a_0} + \frac{1}{3} \left(\frac{R}{a_0} \right)^2 \right]. \tag{1}$$

Lösung. Einsetzen liefert einen Wert von $S = 0{,}753$. Dieser Wert ist wegen des sehr kurzen Abstands der beiden Atome enorm groß [in der Näherung nach HÜCKEL wird S auf Null gesetzt (**Z**ero **D**ifferential **O**verlap-Methode), typische andere Werte liegen zwischen 0,2 und 0,3.].

Aufgabe 13.4 Zeigen Sie, dass das Überlappungsintegral zwischen einem Triplett und einem Singulett verschwindet!

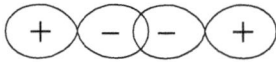

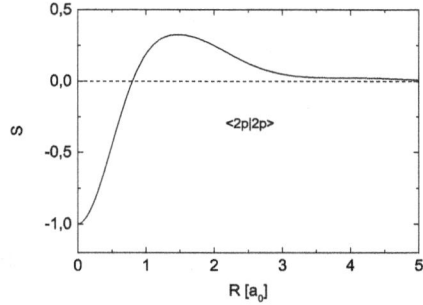

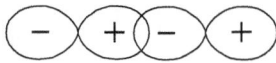

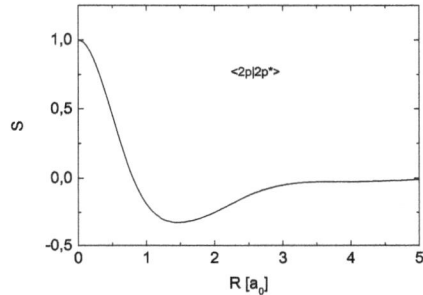

Abb. 13.34. Lks. o.: Zwei p-Funktionen erzeugen eine σ-Bindung, wozu die Funktionen in Kern-Kern-Verbindungsachse orientiert sind. Um ein positives Überlappungsintegral S zu erzeugen (re. o), müssen sie symmetrisch ausgerichtet sein. Im antibindenden Fall σ^* sind die Funktionen antisymmetrisch zueinander orientiert (u.).

Lösung. Wir setzen an mit den beiden Zuständen $\frac{1}{\sqrt{2}}|\alpha(1)\beta(2) - \beta(1)\alpha(2)\rangle$ und $|\alpha(1)\alpha(2)\rangle$.

$$
\begin{aligned}
\langle \chi_1 | \chi_2 \rangle &= \tfrac{1}{\sqrt{2}} \left(|\alpha(1)\beta(2) - \beta(1)\alpha(2)\rangle \cdot |\alpha(1)\alpha(2)\rangle \right) \\
&= \tfrac{1}{\sqrt{2}} \left(|\alpha(1)\beta(2)\alpha(1)\alpha(2) - \beta(1)\alpha(2)\alpha(1)\alpha(2)\rangle \right) \\
&= \tfrac{1}{\sqrt{2}} \left(|\alpha(1)\alpha(1)\rangle\, |\beta(2)\alpha(2)\rangle - |\alpha(2)\alpha2)\rangle\, |\beta(1)\alpha(1)\rangle \right) \qquad (1) \\
&= \tfrac{1}{\sqrt{2}} (1 \cdot 0 - 1 \cdot 0) \\
&= 0.
\end{aligned}
$$

13.9.2 Variationstheorem

Aufgabe 13.5 Zeigen Sie mittels des Variationstheorems, dass gleich die erste Näherung für das He-Atom ein wesentlich besseres Ergebnis liefert als die im Kap.

12 diskutierte Störungsrechnung 1. Ordnung! Zeigen Sie die Übereinstimmung der Abschirmung [Gl. (12.96)] mit dem von SLATER bestimmten Wert von $A = 0{,}3$.

Lösung. Die aus zwei Einelektronenbahnfunktionen

$$\psi_{100} = \sqrt{\frac{Z^3}{\pi a_0^3}}\, e^{-\frac{Zr}{a_0}} \tag{1}$$

zusammengesetzte Produktwellenfunktion

$$\psi_1 = \frac{Z^3}{\pi a_0^3}\, e^{-\frac{Z(r_1+r_2)}{a_0}} \tag{2}$$

wird ersetzt durch die Probefunktion

$$\Psi_1 = \frac{Z_{\text{eff}}^3}{\pi a_0^3}\, e^{-\frac{Z_{\text{eff}}(r_1+r_2)}{a_0}} \tag{3}$$

und soll die Eigenfunktion eines nur durch den Ersatz von Z durch Z_{eff} modifizierten HAMILTON-Operators

$$\begin{aligned}
\mathbf{H} &= \mathbf{T}_1 + \mathbf{T}_2 + \mathbf{V}_1 + \mathbf{V}_2 + \mathbf{V}' \\
&= -\frac{\hbar^2}{2m_{\text{e}}}\left(\nabla_1^2 + \nabla_2^2\right) - \frac{Ze_0^2}{r_1} - \frac{Ze_0^2}{r_2} + \frac{e_0^2}{|r_1 - r_2|}
\end{aligned} \tag{4}$$

sein. Die unbekannte Größe Z_{eff} ist der Parameter, der mit der Variationsmethode zu bestimmen ist.

Als erstes stellen wir fest, dass $\mathbf{T}_1$ und $\mathbf{V}_1$ unabhängig von der Koordinate r_2 und $\mathbf{T}_2$ und $\mathbf{V}_2$ unabhängig von der Koordinate r_1 sind. Da die Testfunktion (2) normiert sein muss, weil die Normierung nicht von Z_{eff} abhängt, finden wir als Erwartungswert des Operators $\mathbf{H}$:

$$\langle H \rangle = 2\langle T_1 \rangle + 2\langle V_1 \rangle + \langle V' \rangle, \tag{5}$$

wobei

$$\left.\begin{aligned}
\langle T_1 \rangle &= \frac{1}{2m_{\text{e}}} \int \psi_1(\boldsymbol{r}_1)\left(\frac{\hbar}{i}\nabla_1\right)^2 \psi_1(\boldsymbol{r}_1)\,\mathrm{d}^3 x_1 \\
\langle V_1 \rangle &= -Ze_0^2 \int \psi_1(\boldsymbol{r}_1)\frac{1}{r_1}\,\mathrm{d}^3 x_1 \\
\langle V' \rangle &= \int \psi_1^2(\boldsymbol{r}_1)\psi_1^2(\boldsymbol{r}_2)\frac{e_0^2}{|r_1-r_2|}\,\mathrm{d}^3 x_1\,\mathrm{d}^3 x_2
\end{aligned}\right\} \tag{6}$$

alles Größen sind, die uns aus früheren Rechnungen her bekannt sind.

- Mit Gl. (6.1) wird die mittlere kinetische Energie eines wasserstoffähnlichen Atoms mit der Ordnungszahl Z_{eff} beschrieben. Diese aber hat den Betrag

$$\langle T_1 \rangle = -E_1 = Z_{\text{eff}}^2 \frac{e_0^2}{2a_0}. \tag{7}$$

- Da wir wissen, dass die potentielle Energie den doppelten Betrag der kinetischen Energie aufweist, könnte man vermuten, dass

$$\langle V_1 \rangle = 2E_1 = Z_{\text{eff}}^2 \frac{e_0^2}{a_0}$$

betragen müsste. Allerdings steht im Integral (6.2) nicht Z_{eff}, sondern Z. Die Kernladung wirkt ja in diesem Modell voll nur auf ein Elektron, das seinerseits die Kernladung für das zweite abschirmt. Würde das erste Elektron genau eine Kernladung abschirmen, hätte man als Produkt ($Z = 2$) · ($Z = 2 - 1$) = 2, bei vollständig fehlender Abschirmung dagegen ($Z = 2$) · ($Z = 2$) = 4. Der Wert muss also zwischen Z_{eff}^2 und Z^2 liegen, was mit dem Skalieren von Z_{eff}^2 mit dem Verhältnis von Z zu Z_{eff} gelingt. Folglich steht im Zähler nicht Z_{eff}^2, sondern $\frac{Z}{Z_{\text{eff}}} \cdot Z_{\text{eff}}^2 = Z Z_{\text{eff}}$, der mit dem Wert für Wasserstoff ($\frac{e_0^2}{a_0} = 2\,\text{Ry}$) multipliziert wird:

$$\langle V_1 \rangle = -Z Z_{\text{eff}} \frac{e_0^2}{a_0}. \tag{8}$$

- In dem Integral für $\langle V' \rangle$ erkennen wir das COULOMB-Integral wieder, das wir in Aufg. 12.1 untersucht haben. Dort fanden wir den Wert [Gl. (18)]

$$K \equiv V' = \frac{5}{8} Z \frac{e_0^2}{a_0}. \tag{9}$$

Die mittlere Energie des He-Atoms ist dann mit Gl. (5)

$$\langle E(Z_{\text{eff}}) \rangle = \frac{e_0^2}{a_0} \left(Z_{\text{eff}}^2 - 2Z Z_{\text{eff}} + \frac{5}{8} Z_{\text{eff}} \right). \tag{10}$$

Den Parameter Z_{eff} bestimmen wir nun leicht durch Extremwertbestimmung (Differenzieren der Gl. (10) und Setzen auf Null) zu

$$Z_{\text{eff}} = Z - \frac{5}{16}, \tag{11}$$

was für He einen Wert von $Z_{\text{eff}} = 1{,}6875$ liefert. Die Bindungsenergie der beiden Elektronen an einen He-Kern ist folglich nicht $-2^2 E_{\text{H}} = -108{,}8\,\text{eV}$, sondern liegt nur bei $-77{,}456\,\text{eV}$. Der Absolutwert ist — wie nach dem Variationstheorem zu erwarten — nicht klein genug. Da das 2. Ionisationspotential $-54{,}4\,\text{eV}$ beträgt, erhält man für das erste einen Wert von $-23{,}06\,\text{eV}$, gegenüber dem experimentellen Wert eine Abweichung von $+5{,}8\,\%$. Die Wellenfunktion (2) mit dem gefundenen Wert für Z_{eff} ist die beste aller Funktionen, die nur von der Summe $r_1 + r_2$ abhängen [126].

Die Abschirmung $A = Z - Z_{\text{eff}}$ beträgt danach genau den von SLATER bestimmten Wert (s. Tab. 12.2).

Aufgabe 13.6 Für die beiden untersten Niveaus im „eindimensionalen Kasten" lauten die Eigenwerte und die Eigenfunktionen (der Ursprung des Koordinatensystems liege in der Kastenmitte):

$$\left.\begin{aligned} E_1 &= \frac{\hbar^2}{2m_e}\frac{\pi^2}{L^2} \\ E_2 &= \frac{\hbar^2}{2m_e}\frac{4\pi^2}{L^2} \end{aligned}\right\} \tag{1}$$

$$\left.\begin{aligned} \Psi_1 &= \sqrt{\frac{2}{L}}\cos\left(\frac{\pi}{L}x\right) \\ \Psi_2 &= \sqrt{\frac{2}{L}}\sin\left(\frac{2\pi}{L}x\right). \end{aligned}\right\} \tag{2}$$

In atomaren Einheiten lauten die Gl. (1)

$$\left.\begin{aligned} E_1 &= \tfrac{1}{2}\left(1\tfrac{\pi}{L}\right)^2 \\ E_2 &= 2\left(2\tfrac{\pi}{L}\right)^2. \end{aligned}\right\} \tag{3}$$

Wie genau approximieren die von den Reihenentwicklungen für die beiden Kreisfunktionen ausgehenden Näherungsfunktionen

$$\left.\begin{aligned} \Gamma_1 &= N_1\left(\left(\tfrac{L}{2}\right)^2 - x^2\right) \\ \Gamma_2 &= N_2 x\left(\left(\tfrac{L}{2}\right)^2 - x^2\right) \end{aligned}\right\} \tag{4}$$

die Eigenwerte und Eigenfunktionen? Überprüfen Sie an diesem Beispiel das Variationstheorem!

Lösung. Die Lösung läuft in mehreren Schritten ab:

- Bestimmung der Normierungsfaktoren N_1 und N_2 in Gl. (3);

- Bestimmung des Kurvenverlaufs der Eigenfunktionen;

- Einsetzen in die SCHRÖDINGER-Gleichung zur Bestimmung der Eigenwerte der Energie;

- Vergleich mit den exakten Werten.

$$\langle\Gamma_1|\Gamma_1\rangle = N_1^2\int_{-L/2}^{L/2}\left(\frac{L^2}{4} - x^2\right)^2 dx = 2N_1^2\int_0^{L/2}\left(\frac{L^2}{4} - x^2\right)^2 dx = 1 \tag{5}$$

$$2N_1^2\cdot\frac{L^5}{60} = 1 \Rightarrow N_1 = \sqrt{\frac{30}{L^5}} \tag{6}$$

$$\langle\Gamma_2|\Gamma_2\rangle = N_2^2\int_{-L/2}^{L/2}\left(\frac{L^2}{4}x - x^3\right)^2 dx = 2N_2^2\int_0^{L/2}\left(\frac{L^2}{4}x - x^3\right)^2 dx = 1 \tag{7}$$

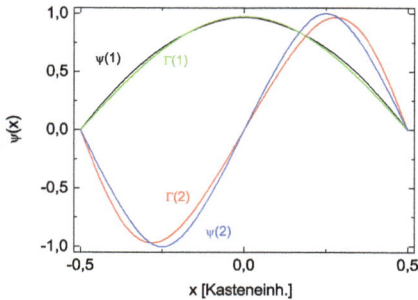

Abb. 13.35. Die Näherungsfunktionen Γ_1 und Γ_2 approximieren die exakten Funktionen für das Elektron im Kasten sehr gut, aber nicht genau. Dadurch werden die Eigenwerte für die Energie absolut zu groß errechnet.

$$2N_2^2 \cdot \frac{L^7}{1680} = 1 \Rightarrow N_2 = \sqrt{\frac{840}{L^7}} \qquad (8)$$

Damit bekommen wir die Näherungsfunktionen in Abb. 13.35

Aus Gl. (1) bestimmen wir die Eigenwerte der Energie in atomaren Einheiten zu

$$
\begin{aligned}
E_1 &= \tfrac{1}{2} k_1^2 \\
&= \tfrac{1}{2} \left(\tfrac{\pi}{L}\right)^2 \\
&= \frac{4{,}93}{L^2} \\
E_2 &= 2 k_2^2 \\
&= 2 \left(\tfrac{\pi}{L}\right)^2 \\
&= \frac{19{,}74}{L2}.
\end{aligned}
$$

Die Näherungswerte ε_i erhalten wir durch das übliche Verfahren:

- $\mathbf{H} \to -\frac{\mathrm{d}^2}{\mathrm{d}x^2}$

- Multiplikation mit der abgeleiteten Gleichung Γ_i mit den Γ_i und

- Integration über x.

Der Lösungsweg sei an $\Gamma_1(x)$ skizziert:

$$\Gamma_1''(x) = 2, \qquad (9)$$

und somit lautet das Integral

$$
\begin{aligned}
\left\langle \Gamma_1 \left| -\tfrac{\mathrm{d}^2}{\mathrm{d}x^2} \right| \Gamma_1 \right\rangle &= 2 \int_{-L/2}^{+L/2} \left(\tfrac{L^2}{4} - x^2\right) \mathrm{d}x \\
&= 4 \int_0^{+L/2} \left(\tfrac{L^2}{4} - x^2\right) \mathrm{d}x \\
&= 4 \left(\tfrac{L^3}{8} - \tfrac{L^3}{24}\right) \\
&= \tfrac{L^3}{3}
\end{aligned}
\qquad (10)
$$

und damit insgesamt

$$\varepsilon_1 = \tfrac{1}{2}\left(\frac{\sqrt{10}}{L}\right)^2$$
$$= \frac{5}{L^2} \tag{11}$$
$$= 1{,}013 E_1.$$

$\sqrt{10}$ ist aber größer als π. Entsprechend erhält man für ε_2

$$\varepsilon_2 = 2\left(\frac{\sqrt{10{,}5}}{L}\right)^2 = 1{,}064 E_2. \tag{12}$$

Auch hier ist also der mit der Näherungsformel gewonnene Wert geringfügig größer als der mit der exakten Funktion erhaltene, liegt also energetisch höher. Wie aus Abb. 13.35 ersichtlich, liegt das an der ungemein guten Übereinstimmung der Testfunktionen Γ_1 und Γ_2 mit den exakten Funktionen, die bereits in der ersten Näherung die Kreisfunktionen sehr gut nachzeichnen.

Das ist aber genau die Aussage des Variationstheorems.

Obwohl wir beim *Elektron im Kasten* nur die kinetische Energie untersuchen, ist dieses Beispiel didaktisch sehr wertvoll. Am Rechenaufwand ist jedoch sichtbar, dass ein vollständiges Beispiel diese Erkenntnis nur sehr mühsam liefern würde — wie bei allen quantenmechanischen Problemen.

13.9.3 Zweiatomige Systeme

Aufgabe 13.7 Die chemische Bindung am Beispiel des H_2^+: Diskutieren Sie den Energiegewinn mittels der Gleichungen für die Wechselwirkung der beiden Kerne $V(R)$ mit R dem Kernabstand, des COULOMB-Integrals $K(R)$, des Austausch- $A(R)$ und des Überlappungsintegrals $S(R)$ für sehr kleine und sehr große Abstände! Zeigen Sie an Hand der Gleichungen explizit,

- welche Abstände für die chemische Bindung von Bedeutung sind,

- ob es zu einem Minimum kommen kann (aber nicht muss), und

- dass die Stärke der Bindung wesentlich durch das Austauschintegral bestimmt wird.

Lösung. Mittels der (angegebenen) Gleichungen für die Kern-Wechselwirkung

$$V(R) = \frac{Z^2 e_0^2}{R}, \tag{1}$$

das COULOMB-Integral

$$K(R) = -Z e_0^2 \left\langle \Phi_A \left| \tfrac{1}{r} \right| \Phi_A \right\rangle$$
$$= -Z e_0^2 \left\langle \Phi_B \left| \tfrac{1}{r} \right| \Phi_B \right\rangle \tag{2}$$
$$= \frac{e_0^2}{R} e^{-2\frac{R}{a_0}}\left(1 + \frac{R}{a_0}\right),$$

die sowohl die Abstoßung der Kerne wie die Anziehung des Elektrons durch beide Kerne beschreiben, das Austauschintegral

$$A(R) = -Ze_0^2 \left\langle \Phi_A \left| \tfrac{1}{r} \right| \Phi_B \right\rangle$$
$$= \frac{e_0^2}{R} \left\{ 1 - \frac{2}{3} \left(\frac{R}{a_0} \right)^2 \right\} e^{-\frac{R}{a_0}} \tag{3}$$

sowie das Überlappungsintegral

$$S(R) = \left\langle \Phi_A \left| \Phi_B \right\rangle = e^{-\frac{R}{a_0}} \left[1 + \frac{R}{a_0} + \frac{1}{3} \left(\frac{R}{a_0} \right)^2 \right] \tag{4}$$

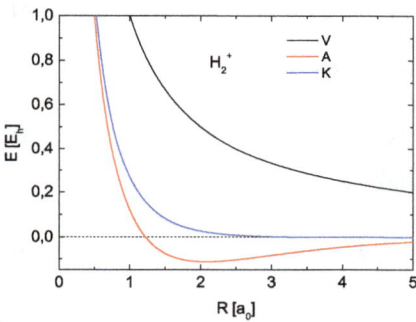

Abb. 13.36. Die Beiträge von V, K und A im H_2^+.

kann ganz einfach (durch Einsetzen etwa) gezeigt werden, dass $K(R)$ nur für Abstände, die wesentlich kleiner als der BOHRsche Radius sind, groß wird und sich für bindungsrelevante Werte von R sehr gut gegen $V(R)$ kompensiert. K vermeidet jedoch die Singularität für $R \to 0$. Damit wird der Ladungsbeitrag des Elektrons *zwischen den Kernen*, dessen Größe durch das Überlappungsintegral $S(R)$ ausgedrückt wird, von überragender Bedeutung für die chemische Bindung, eben das Resonanz- oder Austauschintegral. Auflösen des Austauschintegrals ergibt eine Gleichung 3. Grades in R. Diese hat nach dem Satz von VIETA immer mindestens eine reelle Nullstelle. Ob daraus ein Energie-Minimum entstehen kann, ist eine Frage des COULOMB-Integrals und von $V(R)$. Wie man aus der Formel für A ersieht, entsteht im H_2^+ algebraisch durch die Differenz ein Minimum bei Abständen, die etwa dem doppelten BOHRschen Radius gleich sind (s. Abb. 13.36).

Aufgabe 13.8 Das HOMO des H_2 aus den (natürlich ununterscheidbaren) Atomen H_a und H_b mit den Bahnfunktionen $\psi_{1s,\,a}$ und $\psi_{1s,\,b}$ kann angenähert werden durch die Superposition

$$\Psi = N(\psi_{1s,\,a} + \psi_{1s,\,b}). \tag{1}$$

Berechnen Sie die Normierungskonstante und zeigen Sie, dass am Mittelpunkt der Verbindungsachse der beiden Kerne die Elektronendichte größer ist, als wenn ein Elektron sich im Zustand, der mit $\psi_{1s,\,a}$, und das andere sich im Zustand, der mit $\psi_{1s,\,b}$ beschrieben wird, befindet.

Lösung. Das MO hat die Normierungskonstante

$$\Psi^2 = N^2[\psi_{1s,\,a}^2 + \psi_{1s,\,b}^2 \pm 2\psi_{1s,\,a}\psi_{1s,\,b}] = 2\,N^2(1 \pm S), \tag{2}$$

also

$$N = \frac{1}{\sqrt{2(1 \pm S)}}. \tag{3}$$

Am Mittelpunkt der Kern-Kern-Verbindungsachse ist

$$\psi_{1s,\,a} = \psi_{1s,\,b} = \psi_{\mathrm{M}}, \tag{4}$$

damit die Eigenfunktion im bindenden Zustand

$$\frac{1}{\sqrt{2(1 \pm S)}}(\psi_{\mathrm{M}} + \psi_{\mathrm{M}}), \tag{5}$$

und die Dichte

$$\frac{1}{2(1 \pm S)}2(\psi_{\mathrm{M}} + \psi_{\mathrm{M}})^2 = \frac{2}{(1 \pm S)}\psi_{\mathrm{M}}^2, \tag{6}$$

für zwei Elektronen also im bindenden Zustand

$$\frac{4}{(1 \pm S)}\psi_{\mathrm{M}}^2. \tag{7}$$

Das ist zu vergleichen mit $2\psi_{\mathrm{M}}^2$. S ist größer Null, aber kleiner Eins. Also ist selbst für $S = 1$ der Quotient mindestens so groß wie ψ^2 im ungestörten Fall, für die tatsächlich auftretenden Werte ($S \approx 0{,}2$) bedeutend kleiner.

Folglich ist das HOMO des H_2 an dieser Stelle immer größer als die Summe aus den Quadraten der beiden ungestörten Funktionen ψ_{1s}.

Aufgabe 13.9 Das normierte MO einer homonuklearen zweiatomigen Bindung lautet

$$\psi = a\phi_1 + b\phi_2, \tag{1}$$

das Überlappungsintegral S beträgt

$$\langle \phi_1 | \phi_2 \rangle = S. \tag{2}$$

Dann gilt bei einem Kernabstand R für den Schwerpunkt $R/2$ des Systems

$$\phi_1(R/2) = \phi_2(R/2) \Rightarrow \phi_1 = \phi_2. \tag{3}$$

Bestimmen Sie das Verhältnis $a:b$, für das $\psi(R/2)$ den maximalen Wert besitzt.

Lösung. Wir suchen das MO ψ als Linearkombination der ϕ_i, wobei wir die Koeffizienten a,b als Veränderliche betrachten. Die normierte Funktion lautet zunächst

$$\psi = \frac{a'\phi_1 + b'\phi_2}{\sqrt{a'^2 + b'^2 + 2a'b'S}}. \tag{4}$$

Wir suchen ein Maximum bei $R/2$ und die Abhängigkeit desselben von den Koeffizienten a', b'. Dazu bilden wir das totale Differential von ψ und setzen es auf Null:

$$\mathrm{d}\psi = \frac{\partial\psi}{\partial a'}\mathrm{d}a' + \frac{\partial\psi}{\partial b'}\mathrm{d}b' = 0. \tag{5}$$

Da die beiden Koeffizienten unabhängig voneinander sein sollen, müssen die Ableitungen von ψ nach beiden Koeffizienten für ein Maximum verschwinden. Dazu müssen wir Gl. (4) nach der Quotientenregel differenzieren, und mit Gl. (3) folgt:

$$\left.\begin{array}{l} b'(b' - a') = 0 \\ a'(a' - b') = 0 \end{array}\right\} \tag{6}$$

Dies ist nur für $a':b'=1$ der Fall, also

$$a = b = \frac{1}{\sqrt{2 + 2S}}. \tag{7}$$

Aufgabe 13.10 Die Dissoziationsenergie des Moleküls NO beträgt 6,5 eV, die des zugehörigen NO^+-Ions dagegen 10,6 eV. Erklären Sie diesen dramatischen Zuwachs an Stabilität und die magnetischen Eigenschaften der beiden Spezies mit einem einfachen MO-Schema, das die Unterschiedlichkeit der beiden Atome berücksichtigt!

Lösung. Zur Aufzeichnung der beiden Ausgangszustände ist wichtig, das höhere COULOMB-Integral beim O zu beachten. Der Zustand sitzt also tiefer. Einfüllen in bekannter Manier zeigt, dass das einsame Elektron im NO in einem antibindenden Zustand sitzt und damit für den Paramagnetismus verantwortlich ist. Abspaltung führt zu Bindungsverstärkung und Diamagnetismus (Abb. 13.37).

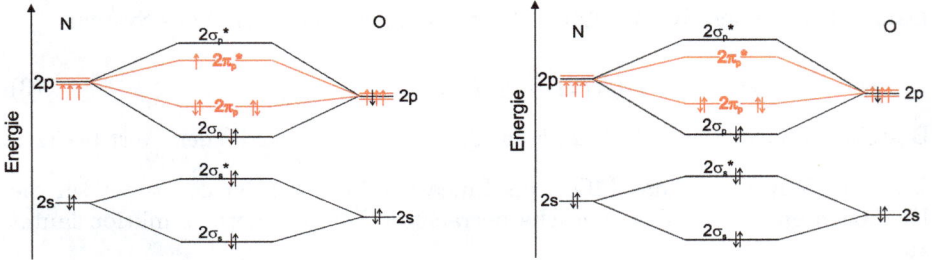

Abb. 13.37. Lks.: Das einsame Elektron im NO sitzt in einem antibindenden Zustand und ist für den Paramagnetismus verantwortlich. Abspaltung führt zu Bindungsverstärkung und Diamagnetismus.

13.9.4 HMO-Modell

Das HMO-Modell wäre überfordert, würde man Bestimmungen der absoluten Energie erwarten. Es ist aber schnell und oft verblüffend zutreffend, was die Prognosen für Molekülgeometrien und viele Reaktionen betrifft. Dies sei an folgenden Beispielen demonstriert.

13.9.4.1 Kohlenstoffgerüste.

Aufgabe 13.11 H_3^+ stellt das einfachste Molekülion mit $n > 2$ dar, eine im interstellaren Raum sehr häufig beobachtete Spezies. Am MPI für Kernphysik konnte 2012 dessen sehr obertonreiches vibronisches Spektrum aufgenommen und analysiert werden [127], womit die hypothetische trigonale Struktur der Punktgruppe D_{3h} bestätigt werden konnte — also kein lineares Molekülion. Bestimmen Sie nach HÜCKEL die sterisch stabilste Konfiguration der Moleküle H_3^+, H_3 und H_3^-!

Lösung. Für die offenen Modifikationen (C_{2v} oder $D_{\infty h}$) lautet die HÜCKEL-Determinante

$$\begin{vmatrix} -x & 1 & 0 \\ 1 & -x & 1 \\ 0 & 1 & -x \end{vmatrix} = 0, \tag{1}$$

was zu den Wurzeln ($x(x^2 - 2) = 0$) für die Eigenwerte der Energie führt:

$$\left.\begin{array}{lll} \varepsilon_1 = \alpha + \sqrt{2}\beta & \Rightarrow & x_1 = \sqrt{2} \\ \varepsilon_2 = \alpha & \Rightarrow & x_2 = 0 \\ \varepsilon_3 = \alpha - \sqrt{2}\beta & \Rightarrow & x_3 = -\sqrt{2}. \end{array}\right\} \tag{2}$$

Damit werden die Gesamtenergien

$$\left.\begin{array}{ll} \mathrm{H}_3^+ & \varepsilon_1 = 2\,\alpha + 2\sqrt{2}\beta \\ \mathrm{H}_3 & \varepsilon_2 = 3\,\alpha + 2\sqrt{2}\beta \\ \mathrm{H}_3^- & \varepsilon_3 = 4\,\alpha + 2\sqrt{2}\beta. \end{array}\right\} \tag{3}$$

Für das cyclische H_3 ($D_{3\mathrm{h}}$) ergibt sich die HÜCKEL-Determinante zu

$$\begin{vmatrix} -x & 1 & 1 \\ 1 & -x & 1 \\ 1 & 1 & -x \end{vmatrix} = 0, \tag{4}$$

was zu den Wurzeln $((x-1)^2(x+2) = 0)$ für die Eigenwerte der Energie führt:

$$\left.\begin{array}{l} \varepsilon_1 = \alpha + 2\beta \\ \varepsilon_2 = \varepsilon_3 = \alpha - \beta. \end{array}\right\} \tag{5}$$

Damit resultieren die Gesamtenergien

$$\left.\begin{array}{ll} \mathrm{H}_3^+ & \varepsilon_1 = 2\,\alpha + 4\beta \\ \mathrm{H}_3 : & \varepsilon_2 = 3\,\alpha + 3\beta \\ \mathrm{H}_3^- & \varepsilon_3 = 4\,\alpha + 2\beta. \end{array}\right\} \tag{6}$$

- H_3^+ ist in der trigonalen Konfiguration ($D_{3\mathrm{h}}$) stabiler.

- Für H_3 ergibt sich nahezu kein Unterschied (genauere Rechnungen zeigen, dass die lineare Anordnung stabiler ist).

- H_3^- ist in der linearen Konfiguration ($D_{\infty\mathrm{h}}$) bedeutend stabiler.

Aufgabe 13.12 Zeigen Sie für ein cyclisches homonucleares System den Zusammenhang zwischen (kinetischer) Energie und quantisiertem Impuls, indem Sie die Quantenbedingung für den Kreis beachten. Zeigen Sie weiterhin mit einem einfachen MO-Schema, dass nach der HÜCKEL-Regel für eine Gesamtheit von $4n + 2$ Elektronen das System besonders stabil, für eine Gesamtheit von $4n$ Elektronen dagegen besonders reaktiv ist.

Lösung. Die Quantenbedingung für ein lineares System lautet: $n\lambda/2 = L \Rightarrow \psi_n(x) = 0$ für $x = 0$ und $x = L$.

Als Zusatzbedingung für ein cyclisches System fordern wir: Es muss nicht nur $\psi(0) = \psi(L)$ sein (**Stetigkeitsbedingung**), sondern auch $\psi'(0) = \psi'(L)$ (**Differenzierbarkeitsbedingung**, Abb. 13.38) $\Rightarrow$

$$n\lambda = L, \tag{1}$$

$$E_{\mathrm{kin}} = \frac{h^2}{2m_{\mathrm{e}}} \frac{1}{\lambda^2}, \tag{2}$$

$$E_n = \frac{h^2}{2m_{\mathrm{e}}\lambda^2} = \frac{h^2}{2m_{\mathrm{e}}L^2} n^2 = \frac{h^2}{8m_{\mathrm{e}}L^2} (2n)^2 \tag{3}$$

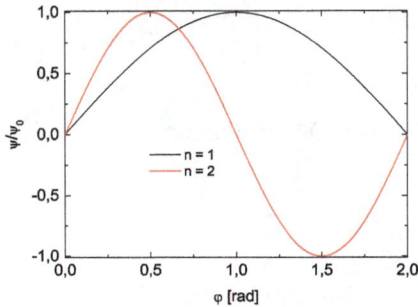

Abb. 13.38. Die Wellenfunktion muss an jeder Stelle stetig und differenzierbar sein. Dies ist für die Wellenfunktion ψ_1 nicht der Fall, die zwei verschiedene Steigungen bei $x = 0$ und $x = L$ aufweist. Sie ist daher für cyclische Systeme „verboten".

mit den Quantenzahlen

$$n = 0, \pm 1, \pm 2 \ldots \tag{4}$$

Die verschiedenen Vorzeichen kommen wg. Rechts- und Linksumlauf des Elektrons auf dem Ring zustande, d. h. mit positivem und negativem Drehimpuls des Elektrons (Abb. 13.39).

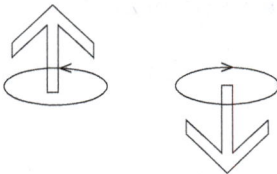

Abb. 13.39. Der unterschiedliche Umlaufsinn des Elektrons erzeugt einen axialen Vektor mit unterschiedlicher Richtung.

In einem cyclischen π-System sind alle Energieeigenwerte E_n mit Ausnahme von E_0 doppelt entartet.

Ein abgeschlossenes System ist chemisch inert (Edelgasatome, Stickstoffmolekül). Dies bezeichnet man als *Closed Shell* System. Wann ist ein derartiger Zustand für ein π-Elektronensystem erreicht?

Lineares π-System: alle $2N$ Elektronen, cyclisches π-System: alle $2 + 4N$ Elektronen. Nach der HUNDschen Regel weisen alle anderen cyclischen Systeme stets Multiplett-Zustände auf und sind wegen der ungepaarten („einsamen") Elektronen sehr reaktiv, und wir formulieren die HÜCKEL-Regel (Aromatizität): Im linearen π-System wird ein Singulett-Zustand bei $Z_\pi = 2N$ Elektronen, im cyclischen dagegen erst bei $Z_\pi = 2 + 4N$ Elektronen erreicht (Abb. 13.40), womit HÜCKEL die erstaunliche Stabilität aromatischer Systeme erklären konnte, die als *4 + 2-Regel*, allgemein

$$Z_\pi = 2 + 4N \tag{5}$$

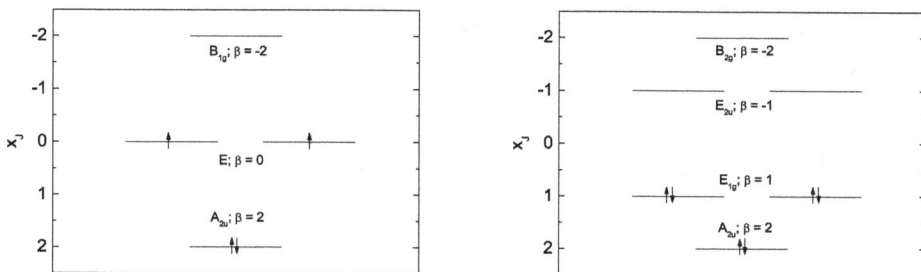

Abb. 13.40. Die HÜCKELsche Termschemata für Cyclobutadien (lks.) und Benzol (re.) in Einheiten von x_j und den zugehörigen Symmetrietypen der MOs mit den gruppentheoretischen Symbolen nach SCHOENFLIES. Eingetragen sind zusätzlich die Elektronen, vier im Falle des Cyclobutadiens, davon zwei ungepaarte im HOMO; sechs für Benzol, davon 2x2 gepaarte im HOMO.

Eingang in das chemische Grundverständnis fand.

Insbesondere Elektronenkonfigurationen mit $Z_\pi = 4n$ weisen zwei Elektronen mit parallelem Spin in den beiden höchsten Niveaus auf. Sie sind antiaromatisch und wegen der zwei ungepaarten Spins besonders reaktiv — so wie das O_2-Molekül. Bei Cyclobutadien kommt noch eine erhebliche Ringspannung hinzu.

Aufgabe 13.13 Natürlich kann man die Determinante 6. Grades

$$\begin{vmatrix} \alpha - \varepsilon & \beta & 0 & 0 & 0 & \beta \\ \beta & \alpha - \varepsilon & \beta & 0 & 0 & 0 \\ 0 & \beta & \alpha - \varepsilon & \beta & 0 & 0 \\ 0 & 0 & \beta & \alpha - \varepsilon & \beta & 0 \\ 0 & 0 & 0 & \beta & \alpha - \varepsilon & \beta \\ \beta & 0 & 0 & 0 & \beta & \alpha - \varepsilon \end{vmatrix} = 0, \tag{1}$$

die durch Division durch β und Substitution von $\frac{\alpha - \varepsilon}{\beta}$ nach $-x$ zu

$$\begin{vmatrix} -x & 1 & 0 & 0 & 0 & 1 \\ 1 & -x & 1 & 0 & 0 & 0 \\ 0 & 1 & -x & 1 & 0 & 0 \\ 0 & 0 & 1 & -x & 1 & 0 \\ 0 & 0 & 0 & 1 & -x & 1 \\ 1 & 0 & 0 & 0 & 1 & -x \end{vmatrix} = 0 \tag{2}$$

umgeschrieben werden kann, in einen Rechner stecken. Man kann das aber auch elegant machen. Denn diese Determinante lässt sich unter Symmetriebetrachtungen faktorisieren in zwei Unterdeterminanten 4. und 2. Grades durch folgende Fragestellungen:

1. Welchem Symmetrietyp gehört das Molekül an?

2. Bei Spiegelung an einer Symmetrieachse: Welche Atome werden ineinander überführt, welche bleiben unverändert?

3. Bilde die Summe der Zeilen von Atomen, die ineinander überführt werden, nehme dann die unveränderten, ziehe dann die Zeilen der Atome, die ineinander überführt werden, voneinander ab.

4. Verfahre genauso mit den Spalten.

$$\begin{vmatrix} -2x & 2 & 2 & 0 & 0 & 0 \\ 2 & -2x & 0 & 2 & 0 & 0 \\ 2 & 0 & -x & 0 & 0 & 0 \\ 0 & 2 & 0 & -x & 0 & 0 \\ 0 & 0 & 0 & 0 & 2x & 2 \\ 0 & 0 & 0 & 0 & -2 & -2x \end{vmatrix} = 0. \tag{1}$$

Diese Determinante ist das Produkt der beiden Unterdeterminanten

$$\begin{vmatrix} -2x & 2 & 2 & 0 \\ 2 & -2x & 0 & 2 \\ 2 & 0 & -x & 0 \\ 0 & 2 & 0 & -x \end{vmatrix} \cdot \begin{vmatrix} 2x & 2 \\ -2 & -2x \end{vmatrix} = 0. \tag{2}$$

Auflösen der ersten Unterdeterminanten liefert eine biquadratische Gleichung mit den Wurzeln

$$x_{1,2} = \pm 2; x_{3,4} = \pm 1, \tag{3}$$

zu der sich aus der zweiten Unterdeterminante nochmals

$$x_{5,6} = \pm 1 \tag{4}$$

gesellt. Die mittleren Niveaus sind also jeweils doppelt entartet.

13.9.4.2 Störungsrechnung 1. Ordnung.

Aufgabe 13.14 Das modifizierte COULOMB-Integral für doppelt gebundenen Sauerstoff ist $+1{,}0\,\beta$. Stellen Sie die HÜCKEL-Determinante für den Formaldehyd $H_2C{=}O$ auf und diskutieren Sie das System.

Lösung. Das isokonjugierte π-Elektronensystems des Formaldehyd ist Ethylen. Dessen HÜCKEL-Determinante lautet

$$\begin{vmatrix} -x & 1 \\ 1 & -x \end{vmatrix} = 0 \tag{1}$$

mit den Lösungen $x_{1,2} = \pm 1$. Wir modifizieren die HÜCKEL-Determinante, indem wir das COULOMB-Integral des O-Atoms an die Stelle des zweiten C-Atoms setzen und erhalten damit

$$\begin{vmatrix} -x & 1 \\ 1 & 1-x \end{vmatrix} = 0 \tag{2}$$

mit den Lösungen $E_1 = \alpha + 1{,}62\,\beta$ und $E_2 = \alpha - 0{,}62\,\beta$. Die Energie beider Zustände wird abgesenkt, das bindende etwa doppelt so stark wie das antibindende, so dass folgendes MO-Bild resultiert (Abb. 13.41):

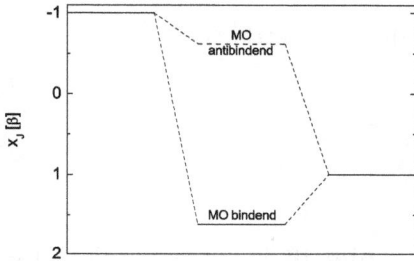

Abb. 13.41. MO-Schema des Formaldehyds mit einer Störungsrechnung 1. Ordnung. Der Schwerpunktsatz ist aufgehoben.

Aufgabe 13.15 Bestimmen Sie das isokonjugierte System des Pyridins und stellen Sie die HÜCKEL-Determinante auf. Bestimmen Sie mit Gl. (13.71) die Eigenwerte der Energie für das gestörte System. Der Korrekturwert für das COULOMB-Integral des Stickstoffs beträgt $+0{,}5\,\beta$, das Austauschintegral ist unverändert.

Lösung. Das zum Pyridin isokonjugierte System ist das Benzol (Abb. 13.42). Also lautet die HÜCKEL-Determinante des Pyridins

$$\begin{vmatrix} -x & 1 & 0 & 0 & 0 & 1 \\ 1 & -x & 1 & 0 & 0 & 0 \\ 0 & 1 & -x & 1 & 0 & 0 \\ 0 & 1 & 1 & -x+0{,}5 & 1 & 0 \\ 0 & 0 & 0 & 1 & -x & 1 \\ 1 & 0 & 0 & 0 & 1 & -x \end{vmatrix} = 0. \tag{1}$$

Wir nehmen die für Benzol ausgerechneten Werte und bestimmen nach Gl. (13.71) die Änderungen der Eigenwerte der Energie nach HÜCKEL:

$$\left. \begin{aligned} \varepsilon_1 &= 2\,\beta + (0{,}408)^2 \cdot 0{,}5\,\beta &= 2{,}083\,\beta \\ \varepsilon_2 &= 1\,\beta + 0^2 \cdot 0{,}5\,\beta &= 1\,\beta \\ \varepsilon_3 &= 1\,\beta + (0{,}577)^2 \cdot 0{,}5\,\beta &= 1{,}166\,\beta \\ \varepsilon_4 &= -1\,\beta + (0{,}577)^2 \cdot 0{,}5\,\beta &= -0{,}834\,\beta \\ \varepsilon_5 &= -1\,\beta + 0^2 \cdot 0{,}5\,\beta &= -1\,\beta \\ \varepsilon_6 &= -2\,\beta + (0{,}408)^2 \cdot 0{,}5\,\beta &= -1{,}917\,\beta. \end{aligned} \right\} \tag{2}$$

Abb. 13.42. Das Benzol (lks.) ist das zum Pyridin (re.) isokonjugierte π-Elektronensystem. Das senkrecht stehende, sog. freie π-Elektronenpaar wird nicht berücksichtigt.

Damit wird die Entartung aufgehoben und die Symmetrie von D_{6h} nach C_{2v} reduziert (Abb. 13.43).

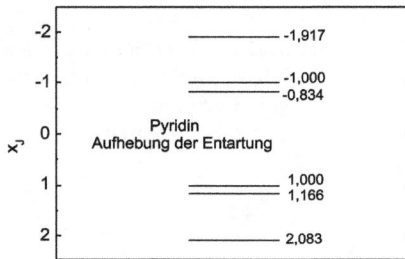

Abb. 13.43. Eigenwerte der Energie für Pyridin. Die Symmetrie wird von D_{6h} nach C_{2v} erniedrigt, die Entartung durch das Heteroatom aufgehoben.

13.9.5 Elektronenspektren

Aufgabe 13.16 Erklären Sie aus dem BIRGE-SPONER-Plot die Behauptung, die Fläche unter der Kurve sei die Dissoziationsenergie!

Lösung. Die mit steigendem v kleiner werdenden Rechtecke, gebildet aus den Differenzen $A_{v'}$ der Schwingungsterme $G_{v'+1}$ und $G_{v'}$, werden aufsummiert, und der Grenzübergang für verschwindendes $A_{v'}$ liefert

$$D_0 = \int_0^\infty A_{v'}\, dv', \tag{1}$$

wozu ein halber Schwingungsterm addiert werden muss, um aus D_0 D_e zu erhalten.

Aufgabe 13.17 Die Kette der Olefine beginnt mit Ethylen, dem das Butadien folgt. Die Maxima der Absorptionsbanden liegen bei 165 nm (C_2H_4) resp. 217 nm im C_4H_8 (Abb. 13.44). Stellen Sie zwei HMO-Modelle auf und beschreiben Sie die bathochrome Verschiebung zu längeren Wellenlängen!

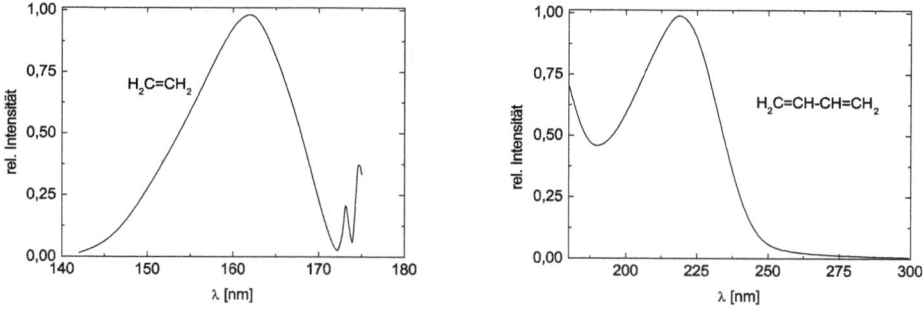

Abb. 13.44. UV-Spektren von Ethylen (lks.) und Butadien (re.) in Absorption. Der Übergang zwischen HOMO und LUMO ($\pi \to \pi^*$) weist eine bathochrome Verschiebung auf [128, 129].

Lösung. Die HÜCKEL-Determinante lautet für Ethylen

$$\begin{vmatrix} -x & 1 \\ 1 & -x \end{vmatrix} = 0 \tag{1}$$

mit den Lösungen $x_{1,2} = \pm 1$. Zwischen diesen Zuständen ist ein Übergang möglich, der die Energie von 2β aufweist.

Für Butadien stellen wir die HÜCKEL-Determinante

$$\begin{vmatrix} -x & 1 & 0 & 0 \\ 1 & -x & 1 & 0 \\ 0 & 1 & -x & 1 \\ 0 & 0 & 1 & -x \end{vmatrix} = 0 \tag{2}$$

auf, die die Lösungen

$$\left.\begin{array}{l} x_1 = 1{,}618 \\ x_2 = 0{,}618 \\ x_3 = -0{,}618 \\ x_4 = -1{,}618 \end{array}\right\} \tag{3}$$

in Einheiten von β hat. Diese Eigenwerte erhält man entweder durch Lösen der Determinante (2) oder durch Anwendung der Formel

$$E_i = \alpha + 2\beta \cos \frac{i\pi}{N+1} \tag{4}$$

mit N der Anzahl der C-Atome, hier also 4. Es entstehen also zwei bindende und zwei antibindende Zustände, um die vier π-Elektronen unterzubringen. Im HMO-Modell sind vier Übergänge möglich (Tab. 13.6). Diese Übergänge sind in

752 13 Molekülorbitale (MOs)

Absorption wie in Emission möglich. Oft kommt es vor, dass beide Übergänge, die in zwei Experimenten erhalten wurden, diskutiert werden.[9]

Tabelle 13.6. HMO-Energiedifferenzen im Butadien.

Start- niveau		Ziel- niveau	$h\nu$ $[\beta]$
E_2	$\rightarrow$	E_3	1,236
E_1	$\rightarrow$	E_3	2,236
E_2	$\rightarrow$	E_4	2,236
E_1	$\rightarrow$	E_4	3,236

Davon sind die Übergänge $E_1 \rightarrow E_3$ und $E_2 \rightarrow E_4$ entartet. Die minimale Differenz zwischen HOMO und LUMO beträgt nur mehr $1,236\,\beta$ gegenüber 2β im Falle des Ethylens. Wir können die bathochrome Verschiebung modellieren.

Aufgabe 13.18 Das modifizierte COULOMB-Integral für doppelt gebundenen Sauerstoff ist $+1,0\,\beta$. Stellen Sie die HÜCKEL-Determinante für Acrolein H_2C-CH=O auf und diskutieren Sie die elektronischen Übergänge im Verhältnis zum Butadien. Aus der NIST-Datei entnehmen wir eine schmale Bande bei 205 nm für Acrolein, dem eine schmale bei 217 nm des Butadiens gegenübersteht. Diskutieren Sie das System.

Lösung. Das isokonjugierte π-Elektronensystems des Acroleins ist Butadien, dessen HÜCKEL-Determinante wir eben aufgestellt und daraus die Energieeigenwerte bestimmt haben.

Für Acrolein modifizieren wir die HÜCKEL-Determinante, indem wir das COULOMB-Integral des O-Atoms an die Stelle des vierten C-Atoms setzen und damit

$$\begin{vmatrix} -x & 1 & 0 & 0 \\ 1 & -x & 1 & 0 \\ 0 & 1 & -x & 1 \\ 0 & 0 & 1 & 1-x \end{vmatrix} = 0 \tag{1}$$

erhalten. Zur Lösung muss diese aber in das Polynom

$$x^4 - x^3 - 3x^2 + 2x + 1 = 0 \tag{2}$$

und nach

---

[9]Um dann klar diskriminieren zu können, schreibt man im Text manchmal den höherenergetischen Term als ersten an und setzt den Pfeil folglich von rechts nach links.

$$(x - 1{,}879)(x - 1)(x + 0.346)(x + 1{,}533) = 0 \qquad (3)$$

faktorisiert werden. Daraus resultiert die Tab. 13.7.

Tabelle 13.7. HMO-Energien der vier MOs im Acrolein.

MO	Energie [β]
E_1	1,879
E_2	1
E_3	−0,346
E_4	−1,533

Im Acrolein sind durch den O-Einbau alle vier Zustände abgesenkt, aber die beiden bindenden Zustände stärker; so dass die Gaps insbesondere zwischen HOMO (E_2) und LUMO (E_3), aber auch zwischen E_1 und E_4, größer sind als im Butadien. Die Symmetrie des Schwerpunktsatzes ist aufgehoben, und es resultiert das Korrelationsdiagramm I der Abb. 13.45.

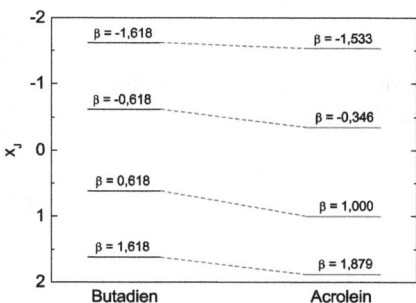

Abb. 13.45. Korrelationsdiagramm von Butadien → Acrolein nach einer Störungsrechnung 1. Ordnung.

Daraus errechnen sich die Energiedifferenzen in beiden Systemen, die in Tab. 13.8 gegenübergestellt sind.

Ebenso wie im Formaldehyd werden auch im Acrolein durch den O-Einbau im Vergleich zu Ethylen und Butadien alle vier Zustände abgesenkt, aber die beiden bindenden Zustände stärker; so dass das Gap zwischen E_1 und E_4 ebenfalls größer als im Butadien. Der Unterschied der Übergänge zwischen HOMO (E_2) und LUMO (E_3) ist zwar nicht sehr groß, geht aber in Richtung kürzerwelliger Übergang [Korrelationsdiagramm II (Abb. 13.46)].

Die relevanten Energien haben sich durch den O-Einbau vergrößert und erklären damit die hypsochrome Verschiebung der Banden im UV/VIS-Spektrum.

Tabelle 13.8. Mit der HMO-Theorie berechnete Übergänge in Butadien und im Acrolein.

Butadien				*Acrolein*		
Start-niveau		*Ziel-niveau*	*$h\nu$* [β]	*Ziel-niveau*		*Start-niveau*	*$h\nu$* [β]
E_2	$\rightarrow$	E_3	**1,236**	E_2	$\rightarrow$	E_3	**1,346**
E_1	$\rightarrow$	E_3	2,236	E_1	$\rightarrow$	E_3	2,225
E_2	$\rightarrow$	E_4	2,236	E_2	$\rightarrow$	E_4	2,533
E_1	$\rightarrow$	E_4	3,236	E_1	$\rightarrow$	E_4	3,413

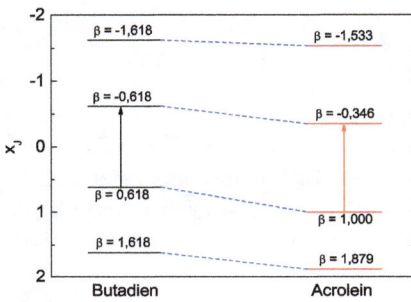

Abb. 13.46. Korrelationsdiagramm von Butadien $\rightarrow$ Acrolein nach einer Störungsrechnung 1. Ordnung. Der $\pi \rightarrow \pi^*$-Übergang findet zwischen den Zuständen ② und ③ statt.

Der Unterschied ist aber geringer als im Formaldehyd. Je länger die der Störung folgende Kette, desto geringer ihr Einfluss auf das Gesamtsystem.

14 Ausblick

Ein weiter Weg!

Mit diesem Status sind wir nun in der Lage, typische Eigenwertprobleme der Quantenmechanik zu lösen. Dazu gehören nicht nur das Elektron im Kasten, der Harmonische Oszillator und der starre Rotator, sondern auch solche ambitionierten Probleme wie der Tunneleffekt und das „Elektron im Kasten mit endlich hohen Wänden". Wir haben einen Einblick in zwei Verfahren bekommen, mit denen wir Eigenwertprobleme iterativ mit im Prinzip beliebig hoher Genauigkeit lösen können, nämlich die Störungstheorie und die Variationsrechnung. Und wir haben mit der vollständigen SCHRÖDINGER-Gleichung und der Störungsrechnung uns das Werkzeug verschafft, um auch die Dynamik von Quantensystemen untersuchen und berechnen zu können. *En passant* fielen dabei die Auswahlregeln für die dipolare Wechselwirkung ab und befestigten so umgekehrt die neue Sichtweise der Quantenmechanik in der klassischen Physik, wogegen sich ja nicht nur PLANCK, sondern auch EINSTEIN mit seinem berühmt gewordenen Diktum *Gott würfelt nicht!* emotional wehrten.

Mit der neu gewonnenen Sichtweise gerieten nun auch wieder Experimente in den Fokus, die längst als „abgearbeitet" galten, wie z. B. der Strahlengang in zwei eng aneinanderliegenden Prismen, die zu einem sog. *Nicol*-Prisma zusammengeklebt werden, und mit dessen Hilfe linear polarisiertes Licht durch Totalreflexion gewonnen werden kann. Totalreflexion bedeutet eben glatt 100 %, d. h. im zweiten Prisma sollte keinerlei Intensität messbar sein. Ein erneute genaue Prüfung der Intensität im Nachbarprisma ergab nun, dass trotz peinlich genauer Versuchsanordnung dennoch Lichtintensität in dieses übertrat: Tunneleffekt!

Bereits seit der photographischen Eroberung des Montblanc, die die Gebrüder BISSON mit der jedem Bergsteiger eigenen Beharrlichkeit in den 1850er Jahren betrieben, bis ihnen endlich im dritten Anlauf im Juni 1861 das Gipfelphoto gelang, wusste man um die deutlich kürzere Belichtungszeit der photographischen Platten in großen Höhen. Die steifen Reifröcke der Damen über Gletscherspalten erregten Aufsehen, die durch den höheren UV-Anteil des Lichtes bedingte kürzere Belichtungszeit aber nicht.

So sind wir gerüstet, um viele Problemstellungen für periodische Potentiale anzugreifen und befriedigend zu lösen. Zwar sind diese eindimensional, aber es wird sich zeigen, dass trotz dieser Beschränkung auf Einfachheit viele quantitative Aussagen möglich sind, die ihrerseits Ansporn zu weiteren Experimenten gaben — mit bahnbrechenden Entdeckungen im Gefolge. Unsere Welt sähe ohne Quantenmechanik und Festkörperphysik anders aus.

https://doi.org/10.1515/9783111238678-014

15 Verwendete Symbole und Akronyme

Vektoren werden durch fett-kursive Darstellung bezeichnet, Tensoren durch fette Darstellung. Ist das Symbol für einen Tensor ein kleiner griechischer Buchstabe, wird er in fetter Darstellung durch die Suffixe „ij" ergänzt. Mittelwerte werden in spitzen $\langle\rangle$ Klammern, Zeitmittelwerte durch Überstreichen dargestellt. Komplexe Zahlen werden durch eine Tilde $\sim$ über ihrem Symbol gekennzeichnet.

Tabelle 15.1. Symbole I

$\boldsymbol{a}$	Beschleunigung
a_0	BOHRscher Radius
c	Lichtgeschwindigkeit im Vakuum
c_p	spezifische Wärme bei konstantem Druck
c_v	spezifische Wärme bei konstantem Volumen
d	Dicke, Länge
e^-	Elektron
e_0	Elementarladung
f	Betriebsfrequenz
f	Verteilungsfunktion
f	Oszillatorenstärke
g	Entartung, Multiplizität
g	LANDÉ-Faktor
h	PLANCKsches Wirkungsquantum
$\hbar$	durch 2π dividiertes PLANCKsches Wirkungsquantum
$\boldsymbol{j}$	Stromdichte
k	Geschwindigkeitskonstante
k	radiale Hauptquantenzahl: $k = n - l - 1$
k	Wellenzahl
$\boldsymbol{k}$	Wellenvektor
k_{B}	Boltzmann-Konstante
m	Masse
n	Brechungsindex
n	Teilchenzahldichte
n_{e}	Elektronendichte
$\boldsymbol{p}$	Druck
r	Radius
t	Zeit
$\boldsymbol{u}$	Driftgeschwindigkeit

https://doi.org/10.1515/9783111238678-015

$\boldsymbol{v}$	Geschwindigkeit
v_{Gr}	Gruppengeschwindigkeit
v_{Ph}	Phasengeschwindigkeit
v_{w}	wahrscheinlichste Geschwindigk. (Maximum d. MB-Verteilung)
$\boldsymbol{x}$	Weg

Tabelle 15.2. Symbole II

A	Abschirmparameter
A	Absorption
A	Austauschintegral
A	Fläche
B	magnetische Flussdichte (Induktion)
B	Rotationskonstante
B_0	Fluss eines statischen Magnetfeldes
C	Kapazität
D	Diffusionskoeffizient
$\boldsymbol{E}$	elektrische Feldstärke
E	Energie
E_{Akt}	Aktivierungsenergie
E_{EA}	Elektronenaffinität
E_{Ion}	Ionisierungsenergie (-potential)
E_{kin}	kinetische Energie
E_{pot}	potentielle Energie
F	freie Energie
F	Gasflussrate
G	freie Enthalpie
H	Enthalpie
I	elektrische Stromstärke
I	Intensität
I	Trägheitsmoment
$\Im$	Imaginärteil
J	Rotationsquantenzahl
J_m	Besselfunktion m-ter Ordnung
K	Kastenkonstante
$\boldsymbol{L}$	Drehimpuls
P	Leistung
P	Wahrscheinlichkeit
Q	elektrische Ladung
Q	Normalkoordinate
Q	Zustandssumme für das kanonische Ensemble

R	elektrischer Widerstand
R	Reflexionskoeffizient
$\Re$	Realteil
S	Entropie
$\boldsymbol{S}$	Poynting-Vektor
S	Wirkung
T	absolute Temperatur
T	kinetische Energie
U	elektrische Spannung
U	innere Energie
V	potentielle Energie
W	Arbeit
W_A	Austrittsarbeit
Z	Ordnungszahl

Tabelle 15.3. Symbole III

α	frequenzabhängiger Absorptionskoeffizient
α	Polarisierbarkeit
γ	gyromagnetisches Verhältnis
$\delta(r)$	Delta-Funktion
$\delta_{1/2}$	Halbwertsbreite (i.d. Ortsdomäne)
ε	Dielektrizitätskonstante
ζ	Orbitalkoeffizient $\zeta = Z/n$
κ	Imaginärteil des Brechungsindex
κ	imaginärer Wellenvektor
λ	Wellenlänge
λ	MFP in Formeln
λ_D	DEBYE-Länge
μ	Beweglichkeit
μ	Dipolmoment
μ	reduzierte Masse
μ_B	BOHRsches Magneton
ν	Frequenz
φ	Wellenfunktion im Impulsraum
ψ	Wellenfunktion im Ortsraum
ρ	Dichte
ρ_ω	spektrale Leistungsdichte
ϱ	spezifischer Widerstand
σ	elektrische Leitfähigkeit
σ	Standardabweichung
τ	Lebensdauer
$\tau_{1/2}$	Halbwertszeit
ω	Kreisfrequenz
$\omega_{1/2}$	Halbwertsbreite (i. d. Frequenzdomäne)

Tabelle 15.4. Symbole IV

Γ	Oberflächenspannung
Γ	Übergangsrate
Λ	Diagonalmatrix mit Eigenwerten
Φ	Potential
Φ	Wellenfunktion im Impulsraum mit Zeitanteil
Ψ	Wellenfunktion im Ortsraum mit Zeitanteil
Ξ	relative Zahl der Zustände
Ω	Raumwinkel

Tabelle 15.5. Spezielle Symbole

$\vee$	logisches oder
$\wedge$	logisches und
$\bigcirc$	in der Größenordnung von
$\odot$	astronomisches Zeichen der Sonne
☿	astronomisches Zeichen des Merkur
♀	astronomisches Zeichen der Venus
♁	astronomisches Zeichen der Erde

Tabelle 15.6. Besondere Symbole

$\mathscr{D}$	Zustandsdichte
$\mathscr{H}$	HAMILTON-Funktion
$\mathcal{H}$	HILBERT-Raum
$\mathscr{L}$	LAGRANGE-Funktion

Tabelle 15.7. Akronyme

amu	atomic mass unit
AC	Wechselspannung
AFM	Atomic Force Microscope
AO	Atomic Orbital
CW	ClockWise
CCW	CounterClockWise
DC	Gleichspannung
DK	Dielektrizitätskonstante (im Text)
FD	Fermi-Dirac
FWHM	Full Width at Half Maximum, Halbwertsbreite
LCAO	Linear Combination of Atomic Orbitals
MB	Maxwell-Boltzmann
MFP	Mean Free Path, mittlere freie Weglänge
MS	Mass Spectrometry

NIR	Nahes **I**nfra-**R**ot
NUV	Nahes **U**ltra-**V**iolett
PE	**P**hotoelektron(en)
PL	**P**hoto-**L**umineszenz
REM	**R**aster-**E**lektronen-**M**ikroskop
RF	**R**adiofrequenz
RMS	**R**oot **M**ean **S**quare, Wurzel aus dem Mittelwert eines Quadrates; Effektivwert
RT	**R**aum-**T**emperatur
UV	**U**ltravioletter Bereich des Spektrums ($400 - 200$ nm oder $3 - 6$ eV, darunter: Vakuum-UV, VUV)
VIS	sichtbarer Bereich des Spektrums, $400 - 800$ nm oder $1.5 - 3$ eV oder $12\,500 - 25\,000$ cm^{-1}

Tabelle 15.8. Wichtige physikalische Grundkonstanten

c	Vakuumlichtgeschwindigkeit	$3 \cdot 10^8$ m/s	
e_0	Elementarladung	$1{,}602 \cdot 10^{-19}$ C	
γ	Gravitationskonstante	$6{,}670 \cdot 10^{-11}$ m^3/kg s^2	
h	PLANCKsche Konstante	$6{,}625 \cdot 10^{-34}$ J s	PLANCKsche Form
$\hbar$	PLANCKsche Konstante	$1{,}054 \cdot 10^{-34}$ J s	DIRACsche Form
k_B	BOLTZMANN-Konstante	$1{,}381 \cdot 10^{-23}$ J/K	
m_e	Elektronenmasse	$9{,}109 \cdot 10^{-31}$ kg	
m_p	Protonenmasse	$1{,}672 \cdot 10^{-27}$ kg	

Tabelle 15.9. Wichtige abgeleitete physikalische Konstanten

a_0	BOHRscher Radius	$0{,}53 \cdot 10^{-10}$ m
α	SOMMERFELDsche Feinstrukturkonstante	137
amu	atomare Masseneinheit	$1{,}660 \cdot 10^{-24}$ kg
ε_0	elektrische Feldkonstante	$1{,}257 \cdot 10^{-6}$ Vs/Am
μ_0	magnetische Feldkonstante	$8{,}854 \cdot 10^{-12}$ C/V m
μ_B	BOHRsches Magneton	$9{,}27 \cdot 10^{-24}$ A m^2
		$9{,}27 \cdot 10^{-24}$ J/T
		$5{,}79 \cdot 10^{-5}$ eV/T
		$1\,\mu_B$
μ_K	Kern-Magneton	$5{,}50 \cdot 10^{-27}$ J/T
N_A	AVOGADRO-Konstante	$0{,}6024 \cdot 10^{24}$/Mol
R	Gaskonstante	$8{,}314$ J/Mol K
R	RYDBERG-Konstante	$13{,}59$ eV
		$107\,690$ cm^{-1}
		$3{,}29 \cdot 10^{15}$ s^{-1}

Literaturverzeichnis

[1] J.D. Jackson: *Classical Electrodynamics*, 1st ed., J. Wiley & Sons, Inc., New York, N.Y., 1962, Abschn. 6.8, S. 189

[2] Chr. Gerthsen: *Physik*, aktuell bearbeitet von D. Meschede, 21. Aufl., Springer-Verlag, Berlin/Heidelberg, 2001

[3] W. Wien: *Über die Energieverteilung im Emissionsspektrum eines schwarzen Körpers*, Ann. Phys. **294**, 662 − 669 (1896)

[4] M. Planck: *Über eine Verbesserung der Wien'schen Spektralgleichung*, Verh. Dtsch. Phys. Ges. **2**, 202 − 204 (1900)

[5] M. Planck: *Vorlesungen über Thermodynamik*, de Gruyter, 1964, Reprint 2011

[6] A. Sommerfeld: *Vorlesungen über Theoretische Physik*, Bd. V, Akadem. Verlagsges. Geest & Portig K.-G., Leipzig 1966, §§ 20 + 35

[7] A. Sommerfeld: *Vorlesungen über Theoretische Physik*, Bd. VI, Akadem. Verlagsges. Geest & Portig K.-G., Leipzig 1966, §2, Integralsinus

[8] A. Unsöld: *Der neue Kosmos*, Springer-Verlag, Berlin/Heidelberg, 1967, § 12, S. 103 ff.

[9] W. Kaiser, C.G.B. Garrett: *Two-Photon Excitation in $CaF_2:Eu^{2+}$*, Phys. Rev. Lett. **7**, 229 − 231 (1961)

[10] R. Bachmann: *Temperaturabhängigkeit der Austrittsarbeit von Silizium*, Phys. kondens. Materie **8**, 31 (1968)

[11] E. Raisig: *Eddingtons Expedition macht Einstein zum Superstar*, DLF, Forschung aktuell, 16.06.2015

[12] F.W. Dyson, A.S. Eddington, C. Davidson: *A Determination of the Deflection of Light by the Sun's Gravitational Field, from Observations Made at the Total Eclipse of May 29, 1919*, Phil. Transact. Royal Soc. **A 220**, 291 (1920)

[13] R.A. Millikan: *On the Elementary Electrical Charge and the Avogadro Constant*, Phys. Rev. **2**, 109 − 144 (1913), https://upload.wikimedia.org/wikipedia/commons/6/6f/Millikan%E2%80%99s_oil-drop_apparatus_1.jpg

[14] W. Finckelnburg: *Einführung in die Atomphysik*, 5. + 6. Auflage, Springer-Verlag, Berlin, 1958, S. 167

[15] schulphysikwiki.de/index.php/Die_Ausbreitungsgeschwindigkeit_einer_Welle

[16] A.H. Compton: *A Quantum Theory of the Scattering of X-Rays by Light Elements*, Phys. Rev. **21**, 483 − 503 (1923)

[17] C. Schäfer: *Einführung in die theoretische Physik*, III, 2: Quantentheorie, Walter de Gruyter, Berlin, 1937, S. 17 ff.

[18] J. Franck, G. Hertz: *Über Zusammenstöße zwischen Elektronen und den Molekülen des Quecksilberdampfs und die Ionisierungsspannung desselben*. Verh. Dtsch. Phys. Ges. **16**, 457 − 467 (1914), zitiert in: *Pioniere der Wissenschaft bei Siemens*, herausgegeben von E. Feldtkeller und H. Goetzeler, Publicis MCD Verlag, Erlangen, 1994, S. 78 − 83

[19] N. Bohr: *Über den Bau der Atome*, Springer-Verlag, Berlin/Heidelberg, 1925, S. 36 ff., ISBN 978-3-642-47130-8

[20] N. Bohr: *On the Constitution of Atoms and Molecules*, Phil. Mag. **Ser. 6**, 1 − 25 (1913)

https://doi.org/10.1515/9783111238678-016

[21] A. Sommerfeld: *Vorlesungen über Theoretische Physik*, Bd. V, Akadem. Verlagsges. Geest & Portig K.-G., Leipzig 1966, § 28.C + 36

[22] L.D. Landau, E.M. Lifschitz: *Lehrbuch der Theoretischen Physik III: Quantenmechanik*, 5. Auflage, Akademie-Verlag, Berlin, 1974, § 70

[23] D.I. Blochinzew: *Grundlagen der Quantenmechanik*, 6. Auflage, Verlag Harri Deutsch, Frankfurt am Main und Zürich, 1972, § 27, S. 99; Nachtrag VII, S. 595 ff.

[24] R. Becker: *Vorstufe zur Theoretischen Physik*, Springer-Verlag, Berlin/Heidelberg, Reprint, 1972, S. 25

[25] A. Einstein, W.J. de Haas: *Experimenteller Nachweis der Ampereschen Molekularströme*, Verhandlungen der Deutschen Physikalischen Gesellschaft **17**, 152 − 170 (1915)

[26] R.W. Pohl: *Optik und Atomphysik*, 3. Band von *Einführung in die Physik*, Springer-Verlag, Berlin/Heidelberg, 12. Auflage 1967, S. 254

[27] W. Gerlach, O. Stern: *Über die Richtungsquantelung im Magnetfeld*, Ann. d. Physik **74**, 673 − 699 (1924)

[28] W. Pauli: *Zur Frage der theoretischen Deutung der Satelliten einiger Spektrallinien und ihrer Beeinflussung durch magnetische Felder*, Naturwiss. **12**, 741 − 743 (1924)

[29] W. Pauli: *Über den Zusammenhang des Abschlusses der Elektronenbahnen im Atom mit der Komplexstruktur der Spektren*, Z. Phys. **31**, 765 − 785 (1925)

[30] W. Steinicke: *Wolfgang Pauli — Leben und Werk*, S. 6 www.klima-luft.de/steinicke/Artikel/Wolfgang%20Pauli.pdf

[31] S. Goudsmit: *Über die Komplexstruktur der Spektren*, Z. Phys. **32**, 794 − 798 (1925)

[32] A. Landeé: *Die absoluten Intervalle der optischen Dubletts und Tripletts*, Z. Phys. **25**, 46 − 57 (1924)

[33] G.E. Uhlenbeck, S. Goudsmit: *Ersetzung der Hypothese vom unmechanischen Zwang durch eine Forderung bezüglich des inneren Verhaltens jedes einzelnen Elektrons*, Naturwiss. **12**, 953 − 954 (1925)

[34] S.A. Goudsmit: *Die Entdeckung des Elektronenspins*, Phys. Blätter **21**, 445 − 453 (1965)

[35] R.P. Feynman, R.B. Leighton, M. Sands: *The Feynman Lectures on Physics*, 6th ed., 1972, Vol. II, Kap. 28, Addison-Wesley, Reading, Mass.

[36] J.D. Jackson: *ibid*, Abschn. 17.2, S. 582 ff.

[37] J.D. Jackson: *ibid*, Abschn. 17.4, S. 589

[38] A. Einstein: *Über den Einfluß der Schwerkraft auf die Ausbreitung des Lichtes*, Ann. Phys. **35**, 898 − 908 (1911)

[39] A. Sommerfeld: *Vorlesungen über Theoretische Physik*, Bd. VI, Akadem. Verlagsges. Geest & Portig K.-G., Leipzig 1966, §1, S. 4

[40] A. Sommerfeld: *Vorlesungen über Theoretische Physik*, Bd. VI, Akadem. Verlagsges. Geest & Portig K.-G., Leipzig 1966, §2, Signumfunktion

[41] A. Sommerfeld: *Vorlesungen über Theoretische Physik*, Bd. VI, Akadem. Verlagsges. Geest & Portig K.-G., Leipzig 1966, §4, Gln. (13)

[42] H.P. Robertson: *The Uncertainty Principle*, Phys. Rev. **34**, 163 − 164 (1929)

[43] J. v. Neumann: *Die Eindeutigkeit der Schrödingerschen Operatoren*, Mathematische Annalen **104**, 570 − 578 (1931)

[44] L.D. Landau, A.I. Achieser, E.M. Lifschitz: *Mechanik und Molekularphysik*, ursprünglich erschienen im Akademie-Verlag, Berlin, Reprint 2021 im Verlag de Gruyter, Berlin/München

[45] W. Steinicke: *ibid*, S. 8

[46] W. Pauli: *Über das Wasserstoffatom vom Standpunkt der neuen Quantenmechanik*, Z. Phys. **36**, 336 − 363 (1926)

[47] E. Schrödinger: *Über das Verhältnis der* Born-Heisenberg-Jordan*schen Quantenmechanik zu der meinen*, Zweite Mitteilung, Ann. Phys. **79**, S. 513 f. (1926)

[48] E.U. Condon: *60 Years of Quantum Physics*, Physics Today **15**, 37 − 49 (1962)

[49] P. Eckle, M. Smolarski, Ph. Schlup, J. Biegert, André Staudte, M. Schöffler, H.G. Muller, R. Dörner, U. Keller: *Attosecond angular streaking*, Nature Physics **4**, 565 − 570 (2008)

[50] E. Schrödinger: *Die gegenwärtige Situation der Quantenmechanik III* Naturwiss. **23**, 844 − 849 (1935)

[51] A. Einstein, B. Podolsky, N. Rosen: *Can Quantum-Mechanical Description of Physical Reality Be Considered Completely?* Phys. Rev. **41**, 777 − 780 (1935)

[52] A. Einstein, M. Born: *Briefwechsel 1916 − 1955*, F.A. Herbig Verlagsbuchhandlung GmbH, München (3. Auflage), 2005, S. 254ff.

[53] E. Schrödinger: *Die gegenwärtige Situation der Quantenmechanik I + II*, Naturwiss. **23**, 807 − 812, 823 − 828 (1935)

[54] St.J. Freedman, J.F. Clauser: *Experimental Test of Local Hidden-Variable Theories*, Phys. Rev. Lett. **28**, 938 − 941 (1972)

[55] D. C. Burnham, D. L. Weinberg: *Observation of simultanity in parametric production of optical photon pairs*, Phys. Rev. Lett. **25**, 84 − 87 (1970)

[56] R. Müller: *Dekohärenz — vom Erscheinen der klassischen Welt*, http://homepages.physik.uni-muenschen.de/ milq/kap6/images/decoher.pdf

[57] L.D. Landau, E.M. Lifschitz: *Lehrbuch der Theoretischen Physik III: Quantenmechanik*, §§ 22 + 33, S. 69 ff. + 115 f.

[58] T. Enoto, Y. Wada, Y. Furuta, K. Nakazawa, T. Yuasa, K. Okuda, K. Makishima, M. Sato, Y. Sato, T. Nakano, D. Umemoto, H. Tsuchiya: *Photonuclear Reactions in Lightning Discovered from Detection of Positrons and Neutrons*, Nature **551**, 481 − 484 (2017)

[59] Handbook of Chemistry and Physics, 51st ed., ed., by R.C. Weast, The Chemical Rubber Co., Cleveland, Oh., 1970, B-516 ff.

[60] G. Binnig, H. Rohrer, Chr. Gerber, E. Weibel: *Surface Studies by Scanning Tunneling Microscopy*, Phys. Rev. Lett. **49**, 57 − 61 (1982)

[61] J.D. Jackson: *ibid*, Abschn. 14.2, S. 468 ff.

[62] L.D. Landau, E.M. Lifschitz: *Lehrbuch der Theoretischen Physik II: Klassische Feldtheorie*, 6. Auflage, Akademie-Verlag, Berlin, 1973, §§ 66, 67 + 72

[63] P.M. Morse: *Diatomic Molecules According to the Wave Mechanics II. Vibrational Levels*, Phys. Rev. **34**, 57 − 65 (1929)

[64] G. Franz: *Low Pressure Plasmas and Microstructuring Technology*, ISBN 978-3-540-85848-5, Springer-Verlag Berlin/Heidelberg, 4th ed., 2009

[65] G. Franz, N. Krüger, eigene Messungen im Fortgeschrittenen-Praktikum Phys. Chem., Philipps-Univ. Marburg/Lahn, Sommer 1974

[66] J.D. Jackson: *ibid*, Kap. 3, S. 56 ff.

[67] G. Joos: *Lehrbuch der Theoretischen Physik*, Akadem. Verlagsges. Geest & Portig KG, Leipzig, 1959, 8. Buch, § 4, S. 772 ff.

[68] A.A. Sokolow, J.M. Loskutow, L.M. Ternow: *ibid*, S. 189 ff.

[69] E. Condon, G. Shortley: *The Theory of Atomic Spectra*, Cambridge Univ. Press, London, 1935

[70] http://pdg.lbl.gov/2002/clebrpp.pdf

[71] J.D. Jackson: *ibid*, Abschn. 11.5, S364 ff.

[72] 152.96.52.69/webMathematica/canum/bronstein2008/kap_23/node95.html, Integral 452

[73] A Messiah: *Quantenmechanik, Band 2*, Abschnitt 13.6.3 de Gruyter, München, 1985

[74] M. Fierz: *Über die relativistische Theorie kräftefreier Teilchen mit beliebigem Spin*, Helv. Phys. Acta **12**, 3 – 17 (1939)

[75] W. Pauli: *The Connection Between Spin and Statistics*, Phys. Rev. **58**, 716 – 722 (1940)

[76] K.F. Bonhoeffer, P. Harteck: *Über Para- und Orthowasserstoff*, Z. Physikal. Chem. **4 B**, 113 – 141 (1929)

[77] K.O. Kiepenheuer: *Ist das allgemeine Magnetfeld der Sonne meßbar?* Z. Naturforsch. **8a**, 225 – 227 (1953)

[78] R.P. Feynman, R.B. Leighton, M. Sands: *The Feynman Lectures on Physics* II, 6th edition, Kap. 34, Addison-Wesley, Reading, Mass., 1972

[79] R.P. Feynman, R.B. Leighton, M. Sands: *The Feynman Lectures on Physics* III, 6th edition, Kap. 19, Addison-Wesley, Reading, Mass., 1972

[80] A.A. Sokolow, J.M. Loskutow, L.M. Ternow: *ibid*, S. 200 ff.

[81] L.D. Landau, E.M. Lifschitz: *Lehrbuch der Theoretischen Physik III: Quantenmechanik*, § d, S. 624 ff.

[82] D.I. Blochinzew: *ibid*, § 50, S. 184

[83] L.D. Landau, E.M. Lifschitz: *Lehrbuch der Theoretischen Physik III: Quantenmechanik*, § 36, Gln. (36.16)

[84] A.A. Sokolow, J.M. Loskutow, L.M. Ternow: *ibid*, S. 519

[85] A.A. Sokolow, J.M. Loskutow, L.M. Ternow: *ibid*, S. 536

[86] L.D. Landau, E.M. Lifschitz: *Lehrbuch der Theoretischen Physik III: Quantenmechanik*, § 42

[87] E. Fermi: *Nuclear Physics*, University of Chicago Press, 1950, S. 142

[88] D.I. Blochinzew: *ibid*, § 90, S. 353 ff.

[89] L.D. Landau, E.M. Lifschitz: *Lehrbuch der Theoretischen Physik II: Klassische Feldtheorie*, S. 205

[90] G. Herzberg: *Molecular Spectroscopy and Molecular Structure I: Diatomic Molecules*, 2nd ed., van Nostrand, New York, 1950, S. 21

[91] J.D. Jackson: *ibid*, Abschn. 13.2, S. 434 ff., + 17.9, S. 589 ff.

[92] J.D. Jackson: *ibid*, Abschn. 17.9, Gl. (17.73)

[93] R.P. Feynman, R.B. Leighton, M. Sands: *The Feynman Lectures on Physics* III, 6th edition, Kap. 4-1, 4-7, Addison-Wesley, Reading, Mass., 1972

[94] Ch. Kittel: *Introduction to Solid State Physics*, 4th ed., J. Wiley & Sons, New York, Chap. 3, Fig. 3.6, p. 106, Chap. 16, p. 532

[95] P. Schmüser: *Faszination Quantenmechanik. Die paradoxen Vorhersagen der Theorie und ihre experimentelle Bestätigung*, www.desy.de/ pschmues/FaszinationQuantentheorie.pdf, 05.08.2015

[96] J.D. Jackson: *ibid*, Abschn. 3.3 – 3.5, speziell Gl. (3.70)

[97] F.A. Cotton, G. Wilkinson: *Anorganische Chemie*, 3. Auflage, Verlag Chemie, Weinheim/Bergstraße, 1972, S. 180

[98] H. Bock, B.G. Ramsey: *Photoelektronen-Spektren von Nichtmetall-Verbindungen und ihre Interpretation durch MO-Modelle*, Angew. Chem. **85**, 773 – 792 (1973)

[99] E. Heilbronner, H. Bock: *Das HMO-Modell und seine Anwendung*, Verlag Chemie, Weinheim/Bergstraße, 1968, Kap. 4

[100] P.W. Atkins, R. Friedman: *Molecular Quantum Mechanics*, 4th ed., Oxford University Press, 2005, Sec. 8.2, p. 251 ff.

[101] A.A. Sokolow, J.M. Loskutow, L.M. Ternow: *ibid*, S. 456 ff.

[102] N.H. March: *Effective Ion-Ion Interaction in Liquid Metals*, Chapter 15 in *Physics of Simple Liquids*, ed. by J.E. Enderby, North-Holland Publ. Co, Amsterdam, 1968

[103] J.-P. Grivet: *The Hydrogen Molecular Ion Revisited*, J. Chem. Edu. **79**, 127 (2002) doi.org/10.1021/ed079p127

[104] U. Lenz: *Dissoziation von H_2-Molekülen*, Master-Thesis, Frankfurt am Main, 2012

[105] J.N. Murrell, S.F.A. Kettle, J.M. Tedder: *Valence Theory*, 2nd ed., J. Wiley & Sons, Ltd., London/New York, 1970, p. 163

[106] A. Schweig: *pers. Mitt.*, 1978

[107] P.W. Atkins, R. Friedman: *ibid*, p. 253 ff.

[108] M. Taketani: *Metholocigal Approaches in the Development of the Meson Theory of Yukawa in Japan*, Suppl. Progress Theoret. Phys. **50**, 12 − 24 (1971)

[109] D. Monaldi: *Life of µ: The Observation of the Spontaneous decay of Mesotrons and its Consequences, 1938 − 1947*, Annals of Science **62**, 419 − 455 (2005) https://doi.org/10.1080/00033790500286320

[110] C.A. Coulson: *The energy and screening constants of the hydrogen molecule*, Trans. Faraday Soc. **33**, 1479 − 1492 (1937)

[111] K.S. Pitzer: *Quantum Chemistry*, Prentice-Hall, Englewood Cliffs, N.J., 1953, p. 377 ff.

[112] E.P. Wigner: *Group theory and its application to the quantum mechanics of atomic spectra*, Academic Press, New York, 1959, p. 233 − 236

[113] D.C. Harris, M.D. Bertolucci: *Symmetry and Spectroscopy*, Dover Publ., Inc. New York, 1978

[114] E. P. Wigner: *Einige Folgerungen aus der Schrödingerschen Theorie für die Termstrukturen*, Z. Physik **43**, 624 − 652 (1927)

[115] C. Eckart: *The Application of Group Theory to the Quantum Dynamics of Monatomic Systems*, Rev. Mod. Phys. **2**, 305 − 380 (1930)

[116] R.B. Woodward, R. Hoffmann: *Die Erhaltung der Orbitalsymmetrie*, Angew. Chem. **81**, 797 − 869 (1969)

[117] J.A. Pople: *Electron interaction in unsaturated hydrocarbons*, Trans. Faraday Soc. **49**, 1375 − 1385 (1953)

[118] R. Pariser, R.G. Parr: *A Semi-Empirical Theory of the Electronic Spectra and Electronic Structure of Complex Unsaturated Molecules. I.*, J. Chem. Phys. **21**, 466 − 471 (1953)

[119] R. Pariser, R.G. Parr: *A Semi-Empirical Theory of the Electronic Spectra and Electronic Structure of Complex Unsaturated Molecules. II.*, J. Chem. Phys. **21**, 767 − 776 (1953)

[120] A.D. McLean, A. Weiss, M. Yoshimine: *Configuration Interaction in the Hydrogen Molecule—The Ground State*, Rev. Mod. Phys. **32**, 211 − 218 (1960)

[121] F. London: *Zur Theorie und Systematik der Molekularkräfte*, Z. Phys. **63**, 245−279 (1930)

[122] J.W. Coburn, M. Chen: *Optical emission spectroscopy of reactive plasmas: A method for correlating emission intensities to reactive particle density*, J. Appl. Phys. **51**, 3134 − 3136 (1980)

[123] M.V. Malyshev, V.M. Donnelly: *Trace Rare Gases Optical Emission Spectroscopy: Nonintrusive Method for Measuring Electron Temperatures in Low-Pressure, Low-Temperature Plasmas*, Phys. Rev. **E 60**, 6016 − 6029 (1999)

[124] V.M. Donnelly and M.V. Malyshev: *Diagnostics of inductively coupled chlorine plasmas: Measurement of the neutral gas temperature,* Appl. Phys. Lett. **77**, 2467 – 2469 (2000)

[125] C.-C. Yu1, K.-Y. Chiang, M. Okuno, T. Seki, T. Ohto, X. Yu1, V. Korepanov, H. Hamaguchi, M. Bonn, J. Hunger, Y. Nagata: *Vibrational couplings and energy transfer pathways of water's bending mode,* Nature Comm. **11**, 5977 (2020), doi.org/10.1038/s41467-020-19759-w

[126] L.D. Landau, E.M. Lifschitz: *Lehrbuch der Theoretischen Physik III: Quantenmechanik,* § 69

[127] M. Pavanello, L. Adamowicz, A. Alijah, N. F. Zobov, I. I. Mizus, O. L. Polyansky, J. Tennyson, T. Szidarovszky, A. G. Császàr, M. Berg: *Precision Measurements and Computations of Transition Energies in Rotationally Cold Triatomic Hydrogen Ions up to the Midvisible Spectral Range,* Phys. Rev. Lett. **108**, 023002 (2012)

[128] W.C. Price: *The absorption spectra of acetylene, ethylene, and ethane in the far ultraviolet,* Phys. Rev. **47**, 444 – 452 (1935)

[129] www.utsc.utoronto.ca/webapps/chemistryonline/production/uv/ uv_measurement.php

Weiterführende Literatur

• P.W. Atkins, R. Friedman: *Molecular Quantum Mechanics*, 4th ed., Oxford University Press, 2005

• L. Bergmann, C. Schaefer, W. Raith, mit Beiträgen von H. Kleinpoppen, M. Fink, N. Risch: *Bestandteile der Materie: Atome, Moleküle, Atomkerne, Elementarteilchen*, de Gruyter, Berlin, 2003

• M. Born: *Optik*, 3. Auflage, Springer-Verlag, Berlin, 1972

• F. A. Cotton: *Chemical Applications of Group Theory*, 2nd edition, J. Wiley-Interscience, New York/London, 1971

• W. Demtröder: *Experimentalphysik 3: Atome, Moleküle und Festkörper*, 2. Aufl., Springer-Verlag, Berlin/Heidelberg, 2002

• W. Demtröder: *Molekülphysik: Theoretische Grundlagen und experimentelle Methoden*, Oldenbourg Verlag, München, 2003

• R. Eisberg, R. Resnick: *Quantum Physics*, 2. Auflage, John Wiley, New York, N.Y., 1985

• H. Haken, H.C. Wolf: *Atomphysik und Quantenphysik*, Springer-Verlag, Berlin/Heidelberg, 2000

• I.V. Hertel, C.P. Schulz: *Atome, Moleküle und optische Physik 1*, Springer-Verlag, Berlin/Heidelberg, 2008

- A. Messiah: *Quantenmechanik I*, Walter de Gruyter, 2. Aufl. Berlin, 1991

- W. Nolting: *Grundkurs Theoretische Physik 5/2. Quantenmechanik — Methoden und Anwendungen*, Springer-Verlag, Berlin/Heidelberg, 2004

- P.A. Tipler, R. Llewellyn: *Modern Physics*, 5th ed., Bedford, Freeman & Worth Publishing Group, LLC, New York, N.Y., 2008

- P. Schmüser: *Theoretische Physik für Studierende des Lehramts, Band I, Quantenmechanik*

- F. Schwabl: *Quantenmechanik I*, 5. Aufl. Springer-Verlag, Berlin/Heidelberg, 1998

Namen- und Sachverzeichnis

https://doi.org/10.1515/9783111238678-017

VONS, 146

Wahrscheinlichkeit, 299
Wahrscheinlichkeitsdichte, 157, 167, 282,
  297, 300–302, 419
Wasserstoff
– ortho-, 524, 629
– para-, 524, 629
Welle-Teilchen-Dualismus, 175
Wellengruppe, 75, 78, 79, 162, 163
Wellenmechanik, 244
Wellenpaket, 77, 162, 163, 167
Wellenvektor, 63
Wellenzahl, 63, 77
WIEN, 5, 13, 14, 16, 265, 266
– Versuch v., 265
WIGNER
– Koeffizient, 500
– Theorem v. WIGNER u. ECKART, 509,
  706, 707
WOODWARD, 709, 710
WURM, 130
Wurzeloperator, 267

YAG-Laser, 649
YUKAWA, 690
– Potential, 656, 679, 688

Zahloperator, 423, 425
ZDO-Methode, 734
ZDO-Näherung, 698, 710
ZEEMAN, 88, 106
– Aufspaltung, 643
– Effekt, 514
– Effekt, anomaler, 514
– Effekt, normaler, 110, 513
Zeitdilatation, 137
Zeitinvarianz, 284
Zeitumkehr, 324
Zentrifugalterm, 554
Zerfallsgesetz, CURIEsches, 395
Zerfallskonstante, 266
Zustand
– angeregter, 264, 266, 306, 643, 727, 731,
  732
– kohärenter, 156, 177, 263, 321, 419, 420
Zustandsdichte, 18
Zustandssumme, 17, 522, 551
– System-, 312
Zwangsbedingung, 436

Zwangskraft, 436
Zweizentren-Bindung, 683, 690
Zweizentrenbindung, 686

www.ingramcontent.com/pod-product-compliance
Lightning Source LLC
Chambersburg PA
CBHW080336220326
41598CB00030B/4519

* 9 7 8 3 1 1 1 2 3 7 9 8 5 *